MECANICA DE FLUIDOS

MECANICA DE FLUIDOS

Frank M. White
Professor of Mechanical Engineering
University of Rhode Island

TRADUCCION:
MANUEL RODRIGUEZ FERNANDEZ
Profesor Adjunto
Dep. Mecánica de Fluidos
E.T.S. Ingenieros Aeronáuticos
Universidad Politécnica de Madrid

RODRIGO MARTINEZ VAL-PEÑALOSA
Profesor Adjunto
Dep. Mecánica de Fluidos
E.T.S. Ingenieros Aeronáuticos
Universidad Politécnica de Madrid

REVISION TECNICA:
AMABLE LIÑAN MARTINEZ
Catedrático y Director
Dep. Mecánica de Fluidos
E.T.S. Ingenieros Aeronáuticos
Universidad Politécnica de Madrid

McGraw-Hill

MADRID • BOGOTA • BUENOS AIRES • GUATEMALA • LISBOA • MEXICO
NUEVA YORK • PANAMA • SAN JUAN • SANTIAGO • SAO PAULO
AUCKLAND • HAMBURGO • JOHANNESBURGO • LONDRES • MONTREAL
NUEVA DELHI • PARÍS • SAN FRANCISCO • SINGAPUR
ST. LOUIS • SIDNEY • TOKIO • TORONTO

MECANICA DE FLUIDOS

ISBN: 968-451-581-2

Traducido de la primera edición en inglés de
FLUID MECHANICS

ISBN: 0-07-069667-5
ISBN: 84-85240-63-4
Depósito legal: M. 24.835-1990

Compuesto en GRAFILIA, S. L.
Impreso en EDIGRAFOS, S. A.
c/Edison, B-22. Pol. Ind. San Marcos. 28906 GETAFE (Madrid).

De esta edición se han impreso 3.000 ejemplares en junio de 1990.

PRINTED IN SPAIN - IMPRESO EN ESPAÑA.

A Jeanne

CONTENIDO

* Estas secciones pueden ser omitidas sin pérdidas de continuidad.

PROLOGO

Este es un libro de texto de mecánica de fluidos para estudiantes no licenciados, cuya materia puede desarrollarse en uno o dos semestres. Los estudiantes deberán tener conocimientos de cálculo y de dinámica del punto. También les será valiosa la termodinámica, si bien sólo es estrictamente necesaria para algunos temas especiales.

La cobertura del libro es amplia y diversa y contiene material de interés para los ingenieros mecánicos, civiles y aeronáuticos. También hay algunos temas del nuevo campo de la ingeniería oceánica.

Los cuatro primeros capítulos cubren los temas básicos: propiedades de los fluidos, hidrostática, volúmenes de control y relaciones diferenciales. Los siete capítulos restantes tratan de temas especializados: semejanza, flujo en conductos, capa límite, flujo potencial, flujo compresible, flujo en canales abiertos y turbomáquinas. Los profesores tienen libertad en la selección de los temas más apropiados para sus estudiantes. Se pueden suprimir capítulos enteros, y cada capítulo contiene aspectos avanzados que pueden omitirse si se desea. Los ingenieros civiles pueden ignorar los capítulos 8 y 9 y concentrarse en los capítulos 10 y 11. Los ingenieros aeronáuticos estarán especialmente interesados en los capítulos 7 y 9, y los ingenieros mecánicos en los capítulos 5, 6 y 11. Hay materia suficiente para un año completo. En nuestra universidad desarrollamos los capítulos 1 al 6 durante el primer semestre y los capítulos 7 a 11 durante el segundo. Existe un *Instructor's Manual* donde se dan más sugerencias sobre la organización del curso.

El autor ha puesto su esfuerzo en la enseñanza, de modo que se ha intentado que este libro fuese instructivo, de fácil lectura e interesante; incluso divertido. Se han expuesto detalladamente 140 ejemplos y hay 1089 problemas. Se podría dar el curso muchas veces sin necesidad de repetir los mismos problemas. Por supuesto, gran parte del material es tradicional, pero hay varias pinceladas no ortodoxas, tales como el uso de tres variantes del diagrama de Moody, en el capítulo 6, en lugar del usual. Se ha intentado utilizar de forma imaginativa los datos experimentales y la teoría. Se dan 218 referencias para consulta, pero el libro es realmente autosuficiente.

En el texto se utilizan paralelamente los sistemas de unidades internacional y británico, y los ejemplos y problemas están divididos por igual entre los dos sistemas. El autor cree que es una lástima que los centros universitarios de los Estados Unidos se muevan tan lentamente hacia el sistema internacional, por lo que muchos de nosotros tenemos que adoptar un camino medio.

Este texto es lo suficientemente amplio y claro como para que el profesor pueda separarse de él durante las clases y, así, enriquecer al alumno. Siempre he visto que es útil presentar los temas de una forma alternativa, si es posible, durante las clases, de modo que los alumnos puedan descubrir la gran variedad de técnicas ingenieriles que cumplen el mismo objetivo de diseño adecuado y en la solución de problemas.

Estoy muy agradecido al profesor Ken Schneider, de la Universidad Politécnica del Estado de California, por la lectura y crítica del manuscrito. También lo estoy a los profesores George Brown, Warren Hagist, Dick Lessmann y Rodger Dowdell, de mi propia universidad, de los que he recibido mucha ayuda y sugerencias. Todos los errores que existan son culpa mía y agradecería que me los comunicasen, así como cualquier sugerencia para mejorar el libro.

Finalmente, la tarea ardua durante tres años para escribirlo fue muy distinta gracias al apoyo y aliento de mi esposa y mis cuatro hijas.

Frank M. White

PROLOGO A LA EDICION ESPAÑOLA

Me complace prologar esta traducción española del libro de Frank M. White, Fluid Mechanics, que a mi juicio representa una introducción excelente a la Mecánica de Fluidos. Cubre muy eficazmente y con el rigor suficiente una gran variedad de temas de interés práctico, sin requerir por parte del alumno un gran nivel de conocimientos matemáticos o físicos de partida.

Quisiera resaltar el papel que los numerosos ejercicios de este libro juegan para complementar la exposición de la Mecánica de Fluidos dada en el texto principal. El autor ha conseguido, mediante una cuidadosa selección de los ejercicios, ofrecer al alumno la posibilidad de aprovechar el trabajo que la realización de los ejercicios representa, no sólo para mejorar su comprensión de los temas desarrollados en el texto sino también para ampliar sus conocimientos y su sentido físico del movimiento de los fluidos y de las aplicaciones prácticas de estos conocimientos. Tanto instructores como alumnos deben ser conscientes de la magnífica oportunidad que este texto les ofrece de hacer más eficaz su labor.

Dado que no existe uniformidad en la nomenclatura en español para los distintos conceptos de Mecánica de Fluidos, los traductores se han visto frecuentemente obligados a hacer una elección entre las varias posibilidades, a sabiendas de que el resultado no puede satisfacer a todos. (Quizás sea especialmente llamativa la elección de tensor de esfuerzos en lugar de la alternativa de tensor de tensiones.) En todo caso los traductores han tratado de hacer aparecer en el texto o en el índice la nomenclatura alternativa.

Teniendo en cuenta que en su actividad profesional los futuros ingenieros tendrán, casi inevitablemente, necesidad de utilizar unidades inglesas, se ha mantenido sensiblemente la proporción en que las unidades inglesas y las métricas aparecían en los ejemplos y ejercicios del texto original.

Amable Liñán Martínez

CAPITULO 1

INTRODUCCION

1.1 NOTAS PRELIMINARES

La Mecánica de Fluidos se ocupa del estudio de los fluidos en movimiento o en reposo y los efectos consiguientes sobre los contornos, que pueden ser una superficie sólida u otro fluido. Como ciencia, está basada en un compromiso adecuado entre teoría y experimentación. Por ser la Mecánica de Fluidos una rama de la mecánica, dispone de un conjunto de leyes de conservación bien documentadas y es posible, por tanto, un tratamiento teórico riguroso. Sin embargo, la teoría es a veces frustrante, porque se refiere principalmente a ciertas situaciones idealizadas que pueden no ser válidas en los casos prácticos.

Los dos obstáculos mayores para el tratamiento teórico son la geometría y la viscosidad. La teoría general del movimiento de los fluidos (Cap. 4) es demasiado difícil para permitir abordar configuraciones geométricas arbitrarias, de modo que la mayor parte de los libros de texto se concentran sobre placas planas, conductos circulares y otras geometrías sencillas. También es posible aplicar métodos numéricos a geometrías arbitrarias, y actualmente están apareciendo libros especializados que explican estas aproximaciones numéricas con ordenador [1][1]. Este libro presentará muchos resultados teóricos, mostrando en todo caso sus limitaciones.

El segundo obstáculo para la teoría es la acción de la viscosidad, que puede ser despreciada solamente en algunos flujos idealizados (Cap. 8). En primer lugar, la viscosidad aumenta la dificultad de las ecuaciones básicas, aunque la aproximación de capa límite, hallada por Ludwig Prandtl en 1904 (Cap. 7), ha simplificado enormemente el análisis de los flujos viscosos. En segundo lugar, la viscosidad tiene un efecto desestabilizador en todos los flujos, dando lugar, incluso a velocidades muy pequeñas, a un fenómeno desordenado y aleatorio llamado *turbulencia*. La teoría de los flujos turbulentos es rudimentaria y descansa principalmente sobre la experimentación (Cap. 6), aunque es muy útil para estimaciones ingenieriles. Los libros de texto comienzan a presentar algoritmos digitales para analizar los flujos turbulentos [2], pero están basados estricta-

[1] Las referencias numeradas aparecen al final de cada capítulo.

mente en suposiciones empíricas sobre la media temporal del campo de esfuerzos turbulentos.

Así pues, existe una teoría para estudiar el flujo de fluidos, pero en todos los casos debe tener soporte experimental. A menudo, los datos experimentales son la fuente principal de información sobre determinados flujos, como es el caso de resistencia y sustentación de cuerpos (Cap. 7). Afortunadamente, la Mecánica de Fluidos es visualizable, existe buena instrumentación [3, 4] y el uso del análisis dimensional y las técnicas de los modelos (Cap. 5) está muy extendido. De este modo, la experimentación proporciona un complemento natural y sencillo a la teoría. El apéndice C presenta una lista de películas interesantes que han sido preparadas para visualizar los flujos. Se debe tener en cuenta que teoría y experimentación van de la mano en todos los estudios de Mecánica de Fluidos.

1.2 CONCEPTO DE FLUIDO

Desde el punto de vista de la Mecánica de Fluidos, la materia sólo puede presentarse en dos estados: sólido y fluido. La diferencia entre ambos es perfectamente obvia para el lego y es un ejercicio interesante preguntar a alguien que explique esa diferencia en palabras. La distinción técnica radica en la reacción de ambos a un esfuerzo tangencial o cortante. Un sólido puede resistir un esfuerzo cortante con una deformación estática; un fluido no. Cualquier esfuerzo cortante aplicado a un fluido, no importa cuán pequeño sea, provocará el movimiento del fluido. Este se mueve y se deforma continuamente mientras se siga aplicando el esfuerzo cortante. Como corolario, podemos decir que un fluido en reposo debe estar en un estado de esfuerzo cortante nulo; estado que se denomina a menudo condición hidrostática de esfuerzos en análisis estructural. En esta condición, el círculo de Mohr se reduce a un punto y no hay esfuerzo cortante en ningún plano que corte al elemento en cuestión.

Dada la definición de fluido, cualquier lego sabe que existen dos clases de fluidos, *líquidos* y *gases*. De nuevo, la distinción es técnica y concierne al efecto de las fuerzas cohesivas. Un líquido, al estar compuesto por agrupaciones de moléculas muy cercanas con enormes fuerzas cohesivas, tiende a conservar su volumen y formará una superficie libre en el campo gravitatorio si no está limitado por arriba. Los flujos con superficie libre están dominados por efectos gravitatorios y se estudian en los capítulos 5 y 10. Como las moléculas de gas están muy separadas entre sí, con fuerzas cohesivas despreciables, un gas es libre de expansionarse hasta que encuentra paredes que lo confinan. Un gas no tiene volumen definido y por sí mismo, sin confinamiento, forma una atmósfera que es esencialmente hidrostática. El comportamiento hidrostático de líquidos y gases se muestra en el capítulo 2. Los gases no forman superficies libres y en los flujos gaseosos raramente influyen otros efectos gravitatorios distintos de los de flotabilidad.

La figura 1.1 muestra un bloque sólido apoyado sobre un plano rígido y deformado por su propio peso. El sólido adquiere una deflexión estática,

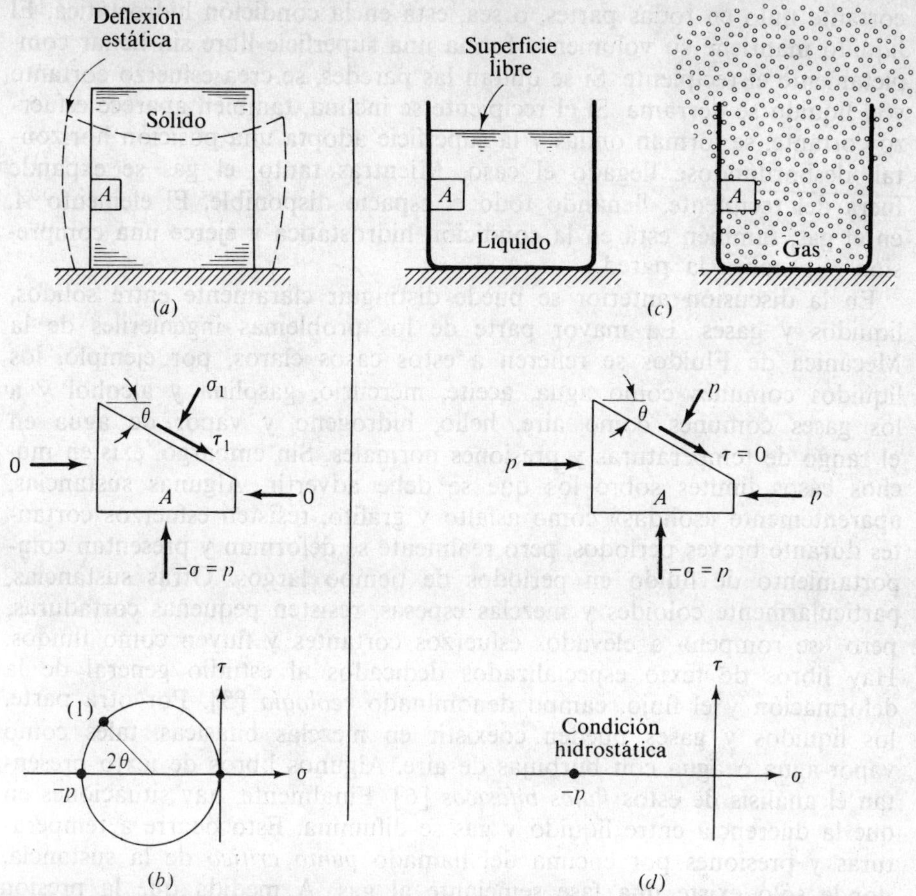

Fig. 1.1 Un sólido en equilibrio puede soportar esfuerzo cortante. (*a*) Deflexión estática del sólido; (*b*) equilibrio y círculo de Mohr del elemento *A* del sólido. Un fluido no puede. (*c*) Se necesitan paredes de contención; (*d*) equilibrio y círculo de Mohr para el elemento *A* del fluido.

marcada exageradamente con una línea a trazos, resistiendo esfuerzos cortantes* sin fluir. El diagrama de equilibrio del elemento *A* del lateral del bloque muestra un esfuerzo cortante a lo largo del plano cortado a un ángulo θ. Como las paredes del bloque no están sometidas a esfuerzos, el elemento *A* tiene esfuerzo nulo a la derecha y a la izquierda y esfuerzo de compresión $\sigma = -p$ arriba y abajo. El círculo de Mohr no se reduce a un punto y no hay esfuerzo cortante nulo en el bloque.

Contrariamente, el líquido y el gas en reposo de la figura 1.1 necesitan paredes para eliminar el esfuerzo cortante. Las paredes ejercen una compresión $-p$ y el círculo de Mohr se reduce a un punto con esfuerzo

* Utilizamos el término esfuerzo análogo al de tensión, es decir, con significado de fuerza por unidad de superficie (*N. del T.*).

cortante nulo en todas partes, o sea, está en la condición hidrostática. El líquido mantiene su volumen y forma una superficie libre sin llenar completamente el recipiente. Si se quitan las paredes, se crea esfuerzo cortante y el líquido se derrama. Si el recipiente se inclina, también aparece esfuerzo cortante, se forman ondas y la superficie adopta una posición horizontal, desbordándose llegado el caso. Mientras tanto, el gas se expande fuera del recipiente, llenando todo el espacio disponible. El elemento *A*, en el gas, también está en la condición hidrostática y ejerce una compresión $-p$ sobre la pared.

En la discusión anterior se puede distinguir claramente entre sólidos, líquidos y gases. La mayor parte de los problemas ingenieriles de la Mecánica de Fluidos se refieren a estos casos claros, por ejemplo, los líquidos comunes como agua, aceite, mercurio, gasolina y alcohol y a los gases comunes como aire, helio, hidrógeno y vapor de agua en el rango de temperaturas y presiones normales. Sin embargo, existen muchos casos límites sobre los que se debe advertir. Algunas sustancias, aparentemente «sólidas» como asfalto y grafito, resisten esfuerzos cortantes durante breves períodos, pero realmente se deforman y presentan comportamiento de fluido en períodos de tiempo largos. Otras sustancias, particularmente coloides y mezclas espesas, resisten pequeñas cortaduras, pero «se rompen» a elevados esfuerzos cortantes y fluyen como fluidos. Hay libros de texto especializados dedicados al estudio general de la deformación y el flujo, campo denominado *reología* [5]. Por otra parte, los líquidos y gases pueden coexistir en mezclas bifásicas, tales como vapor-agua o agua con burbujas de aire. Algunos libros de texto presentan el análisis de estos *flujos bifásicos* [6]. Finalmente, hay situaciones en que la diferencia entre líquido y gas se difumina. Esto ocurre a temperaturas y presiones por encima del llamado *punto crítico* de la sustancia, donde sólo existe una fase semejante al gas. A medida que la presión aumenta muy por encima del punto crítico, la sustancia gaseosa se hace tan densa que parece líquido y las aproximaciones termodinámicas usuales, como la ley de los gases perfectos, dejan de ser fiables. La temperatura y presión críticas del agua son $T_c = 647$ K y $p_c = 219$ atm[1], de manera que los problemas típicos con agua o vapor están por debajo de dicho punto. El aire, por ser una mezcla de gases, no tiene punto crítico propio, pero su principal componente, el nitrógeno, tiene $T_c = 126$ K y $p_c = 34$ atm. Por ello, en los problemas típicos con altas temperaturas y bajas presiones, el aire se comporta claramente como un gas. Este libro tratará solamente sobre líquidos y gases identificables como tales, y los casos límites citados anteriormente quedan fuera de nuestro objetivo.

1.3 EL FLUIDO COMO MEDIO CONTINUO

Hemos utilizado ya términos técnicos tales como presión y densidad del fluido sin una discusión rigurosa de su definición. Sabemos que los fluidos

[1] Una atmósfera equivale a 101 300 Pa = 2116 lbf/ft^2.

son agregaciones de moléculas, muy separadas en los gases y próximas en los líquidos. La distancia entre las moléculas es mucho mayor que el diámetro molecular. Las moléculas no están fijas en una red, sino que se mueven libremente. Por ello, la densidad, o masa por unidad de volumen, no tiene un significado preciso, pues el número de moléculas en el interior de un volumen cualquiera cambia continuamente. Este efecto pierde importancia si la unidad de volumen es mucho mayor que el cubo del espaciado molecular, ya que el número de moléculas contenidas permanecerá prácticamente constante a pesar del considerable intercambio a través de su contorno. Si la unidad de volumen escogida es demasiado grande, puede haber una variación notable en la distribución global de partículas. Esta situación está ilustrada en la figura 1.2, donde la «densidad», $\delta m/\delta\mathscr{V}$, calculada a partir de la masa molecular δm de un volumen dado $\delta\mathscr{V}$, aparece en función del volumen escogido. Hay un volumen límite $\delta\mathscr{V}^*$ por debajo del cual las variaciones moleculares pueden ser importantes y por encima del cual las variaciones macroscópicas también lo pueden ser. La densidad ρ de un fluido se define de modo óptimo como

$$\rho = \lim_{\delta\mathscr{V} \to \delta\mathscr{V}^*} \frac{\delta m}{\delta\mathscr{V}} \tag{1.1}$$

El volumen límite $\delta\mathscr{V}^*$ es alrededor de 10^{-9} mm^3 para todos los líquidos y gases a presión atmosférica. Por ejemplo, 10^{-9} mm^3 de aire en condiciones normales contienen aproximadamente 3×10^7 moléculas, lo cual es suficiente para definir una densidad prácticamente constante de acuerdo con la ecuación (1.1). La mayor parte de los problemas ingenieriles están relacionados con dimensiones físicas mucho mayores que este volumen límite, de modo que la densidad es esencialmente una función puntual y las propiedades del fluido pueden considerarse como variables continuas en el espacio, como se esquematiza en la parte izquierda de la figura 1.2.

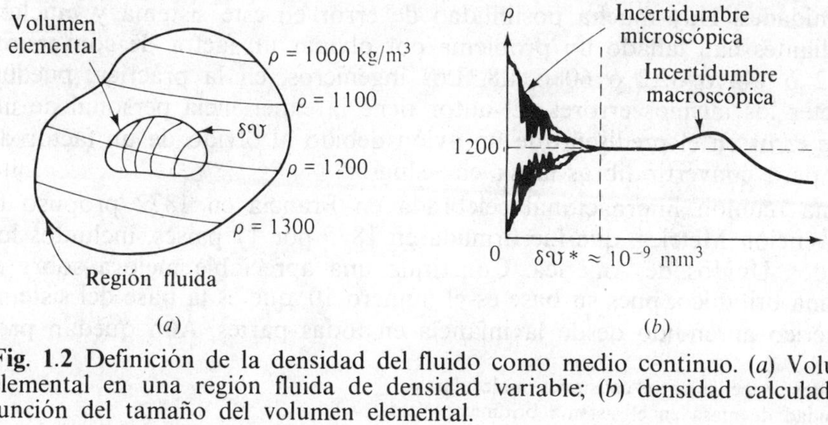

Fig. 1.2 Definición de la densidad del fluido como medio continuo. (*a*) Volumen elemental en una región fluida de densidad variable; (*b*) densidad calculada en función del tamaño del volumen elemental.

Un fluido de este tipo se denomina *medio continuo*, lo cual significa que la variación de sus propiedades es tan suave que se puede utilizar el cálculo diferencial para analizarlo. En todos los estudios incluidos en este libro consideraremos válida esta premisa. También en este sentido hay casos límite para gases a tan bajas presiones que su espaciado molecular y su camino libre medio[1] son comparables o mayores que el tamaño del sistema. Esto obliga a abandonar la aproximación de medio continuo en favor de la teoría molecular del flujo de gases enrarecidos [7]. En principio, todos los problemas de Mecánica de Fluidos pueden ser abordados desde el punto de vista molecular, pero no lo haremos aquí. Se debe resaltar que el uso del cálculo diferencial no prejuzga la posibilidad de saltos discontinuos en las propiedades fluidas a través de superficies libres o de ondas de choque en fluidos compresibles (Cap. 9). Nuestros cálculos del capítulo 4 deben ser suficientemente flexibles para poder trabajar con condiciones de contorno discontinuas.

1.4 DIMENSIONES Y UNIDADES

Dimensión es la medida por la cual una variable física se expresa cuantitativamente. *Unidad* es una forma particular de asignar un número a la dimensión cuantitativa. Así la longitud es una dimensión asociada a variables como distancia, desplazamiento, anchura, deflexión y altura, mientras que centímetros y pulgadas son unidades numéricas para expresar la longitud. La dimensión es un concepto muy poderoso sobre el que se ha desarrollado la espléndida herramienta físico-matemática del *análisis dimensional* (Cap. 5), mientras que las unidades son la base, los números que se buscan como respuesta final.

Los sistemas de unidades han variado siempre de país a país, incluso después de adoptarse acuerdos internacionales. Los ingenieros necesitan números y, por tanto, sistemas de unidades, y esos números deben ser fiables porque la seguridad pública está en juego. No se puede diseñar y construir un sistema de tuberías cuyo diámetro es D y cuya longitud es L. Los ingenieros norteamericanos persisten en utilizar el sistema británico de unidades. Hay mucha posibilidad de error en este sistema y muchos estudiantes han fallado un problema por olvidar un factor de conversión de 12 ó 144 ó 32,2 ó 60 ó 1,8. Los ingenieros, en la práctica, pueden cometer los mismos errores. El autor tiene la experiencia personal de un grave error en el prediseño de un avión debido al olvido de un factor de 32,2 para convertir libras-masa en «slugs»*.

Una reunión internacional celebrada en Francia en 1872 propuso la Convención Métrica, que fue firmada en 1875 por 17 países, incluidos los Estados Unidos de América. Constituía una apreciable mejora sobre el sistema británico, pues su base es el número 10, que es la base del sistema numérico aprendido desde la infancia en todas partes. Aún quedan pro-

[1] Distancia media entre colisiones moleculares.

* Unidad de masa en el sistema británico (*N. del T.*).

Tabla 1.1

DIMENSIONES PRIMARIAS EN LOS SISTEMAS SI Y BRITANICO

Dimensión primaria	*Unidad SI*	*Unidad británica*	*Factor de conversión*
Masa $\{M\}$	Kilogramo (kg)	Slug	1 slug = 14,5939 kg
Longitud $\{L\}$	Metro (m)	Pie (ft)	1 ft = 0,3048 m
Tiempo $\{T\}$	Segundo (s)	Segundo (s)	1 s = 1 s
Temperatura $\{\Theta\}$	Kelvin (K)	Rankine (°R)	1 K = 1,8° R

blemas porque incluso los países con sistema métrico utilizan a veces los kilopondios en lugar de dianas o newtones, o calorías en lugar de julios. Para uniformizar el sistema métrico, una Conferencia General de Pesas y Medidas celebrada en 1960, con asistencia de 40 países, propuso el *Sistema Internacional de Unidades* (SI). Actualmente pasamos un arduo período de transición hacia el SI, que probablemente durará lo que queda de siglo. Las asociaciones profesionales dirigen el cambio. Desde el 1 de julio de 1974 se obliga a utilizar el SI en todos los trabajos publicados por la Sociedad Americana de Ingenieros Mecánicos (ASME), que preparó un folleto explicativo al respecto [8]. El presente libro utilizará simultáneamente el SI y el sistema británico.

En Mecánica de Fluidos sólo hay cuatro *dimensiones primarias*, de las cuales derivan las demás. Son masa, longitud, tiempo y temperatura[1]. Estas dimensiones y sus unidades en ambos sistemas aparecen en la Tabla 1.1. Nótese que la unidad Kelvin no utiliza el símbolo de grado. Las llaves que engloban un símbolo como $\{M\}$ significan «dimensiones de» masa. Todas las demás variables en Mecánica de Fluidos pueden ser expresadas en función de $\{M\}$, $\{L\}$, $\{T\}$ y $\{\Theta\}$. Por ejemplo, la aceleración tiene dimensiones de $\{LT^{-2}\}$. La más importante de estas dimensiones secundarias es la fuerza, directamente relacionada con masa, longitud y tiempo a través de la segunda ley de Newton

$$\mathbf{F} = m\mathbf{a} \tag{1.2}$$

De aquí podemos ver que, dimensionalmente, $\{F\} = \{MLT^{-2}\}$. La constante de proporcionalidad se elimina definiendo la unidad de fuerza exactamente en función de las unidades primarias. Así definimos el newton y la libra-fuerza

$$1 \text{ newton} = 1 \text{ N} \equiv 1 \text{ (kg} \cdot \text{m)/s}^2$$

$$1 \text{ libra-fuerza} = 1 \text{ lbf} \equiv 1 \text{ (slug} \cdot \text{ft)/s}^2 = 4{,}4482 \text{ N} \tag{1.3}$$

[1] Si los efectos electromagnéticos son importantes, se debe incluir una quinta, la corriente eléctrica $\{I\}$, cuya unidad en el SI es el amperio (A).

Tabla 1.2

DIMENSIONES SECUNDARIAS EN MECANICA DE FLUIDOS

Dimensión secundaria	*Unidad SI*	*Unidad británica*	*Factor de conversión*
Area $\{L^2\}$	m^2	ft^2	$1\ m^2 = 10{,}764\ ft^2$
Volumen $\{L^3\}$	m^3	ft^3	$1\ m^3 = 35{,}315\ ft^3$
Velocidad $\{LT^{-1}\}$	m/s	ft/s	1 ft/s = 0,3048 m/s
Aceleración $\{LT^{-2}\}$	m/s^2	ft/s^2	$1\ ft/s^2 = 0{,}3048\ m/s^2$
Presión o esfuerzo $\{ML^{-1}T^{-2}\}$	$Pa = N/m^2$	lbf/ft^2	$1\ lbf/ft^2 = 47{,}88\ Pa$
Velocidad angular $\{T^{-1}\}$	s^{-1}	s^{-1}	$1\ s^{-1} = 1\ s^{-1}$
Energía, calor, trabajo $\{ML^2T^{-2}\}$	J = N · m	ft · lbf	1 ft · lbf = 1,3558 J
Potencia $\{ML^2T^{-3}\}$	W = J/s	ft · lbf/s	1 ft · lbf/s = 1,3558 W
Densidad $\{ML^{-3}\}$	kg/m^3	$slugs/ft^3$	$1\ slug/ft^3 = 515{,}4\ kg/m^3$
Viscosidad $\{ML^{-1}T^{-1}\}$	kg/(m · s)	slugs/(ft · s)	1 slug/(ft · s) = 47,88 kg/(m · s)
Calor específico $\{L^2T^{-2}\Theta^{-1}\}$	$m^2/(s^2 \cdot K)$	$ft^2/(s^2 \cdot °R)$	$1\ m^2/(s^2 \cdot K) = 5{,}980\ ft^2/(s^2 \cdot °R)$

En este libro se usará la abreviatura lbf para la libra-fuerza y lb para la libra-masa. Si se adopta otra unidad de fuerza como la dina o el kilopondio, o se toma otra unidad de masa como el gramo, se debe incluir en la ecuación (1.2) una constante de proporcionalidad g_c. En este libro no se utilizarán este tipo de constantes, ya que se emplearán los sistemas internacional y británico.

La Tabla 1.2 da una lista de algunas variables secundarias importantes en Mecánica de Fluidos, expresando sus dimensiones en función de las cuatro primarias. Una lista más completa de factores de conversión puede encontrarse en el apéndice D.

EJEMPLO 1.1 Un cuerpo pesa 1000 lbf en el campo gravitatorio terrestre con $g = 32{,}174\ ft/s^2$. (*a*) ¿Cuál es su masa en kilogramos? (*b*) ¿Cuál será su peso en newtones en el campo gravitatorio lunar con $g_{\text{luna}} = 1{,}62\ ft/s^2$? (*c*) ¿Cuál será su aceleración si se le aplica una fuerza de 400 lbf en la luna y en la tierra?

Solución (*a*) La ecuación (1.2) dice que $F = \text{peso}$ si $a = g_{\text{tierra}}$

$$F = W = mg = 1000\ \text{lbf} = (m\ \text{slugs})(32{,}174\ \text{ft/s}^2)$$

o $$m = \frac{1000}{32{,}174} = (31{,}08\ \text{slugs})(14{,}5939\ \text{kg/slug}) = 453{,}6\ \text{kg} \qquad \textit{Resp. (a)}$$

El cambio de 31,08 slugs a 453,6 kg muestra la utilidad del factor de conversión 14,5939 kg/slug.

(*b*) La masa del cuerpo sigue siendo la misma en la luna. La ecuación (1.2) nos permite calcular el peso correspondiente

$$F = W_{\text{luna}} = mg_{\text{luna}} = (453{,}6\ \text{kg})(1{,}62\ \text{m/s}^2) = 734{,}8\ \text{N} \qquad \textit{Resp. (b)}$$

(*c*) Este apartado no está relacionado con el peso, sino con la aplicación directa de la segunda ley de Newton

$$F = 400\ \text{lbf} = ma = (31{,}08\ \text{slugs})(a\ \text{ft/s}^2)$$

o

$$a = \frac{400}{31{,}08} = 12{,}43\ \text{ft/s}^2 = 3{,}79\ \text{m/s}^2 \qquad \textit{Resp. (c)}$$

La aceleración obtenida sería la misma en la luna, en la tierra o en cualquier otra parte.

Muchos datos en artículos y trabajos aparecen con unidades arcaicas o inconvenientes, útiles sólo para alguna industria, especialidad o país. El ingeniero debe convertir estos datos al SI o al sistema británico antes de usarlos. Esto requiere la aplicación sistemática de factores de conversión, como en el ejemplo siguiente.

EJEMPLO 1.2 Una antigua unidad de viscosidad en el sistema cgs es el poise, g/(cm · s), nombre tomado de J. L. Poiseuille, médico francés que llevó a cabo experimentos pioneros en 1840 sobre flujo de agua en conductos. La viscosidad del agua (dulce o salada) a 293,16 K = 20° C es alrededor de 0,01 poises. Expresar este valor en (*a*) el SI y (*b*) el sistema británico.

Solución (*a*)

$$\mu = [0{,}01\ \text{g/(cm} \cdot \text{s)}]\ \frac{1\ \text{kg}}{1000\ \text{g}}\ (100\ \text{cm/m}) = 0{,}001\ \text{kg/(m} \cdot \text{s)} \qquad \textit{Resp. (a)}$$

(*b*)

$$\mu = [0{,}001\ \text{kg/(m} \cdot \text{s)}]\ \frac{1\ \text{slug}}{14{,}59\ \text{kg}}\ (0{,}3048\ \text{m/ft}) =$$

$$= 2{,}09 \times 10^{-5}\ \text{slug/(ft} \cdot \text{s)} \qquad \textit{Resp. (b)}$$

Nota: El resultado (*b*) se podría haber obtenido directamente del (*a*) dividiendo éste por el factor de conversión 47,88 de la Tabla 1.2.

Recalcamos el consejo: si aparecen datos con unidades no usuales se deben convertir al SI o al sistema británico, porque 1) es más profesional y 2) las ecuaciones teóricas de la Mecánica de Fluidos son *dimensionalmente consistentes* y no requieren factores de conversión cuando se usan los sistemas citados, como muestra el ejemplo siguiente.

EJEMPLO 1.3 Una de las ecuaciones teóricas más útiles es la que relaciona la presión, la velocidad y la altura en el flujo estacionario de un fluido incompresible no viscoso con transferencia de calor despreciable[1], llamada ecuación de Bernoulli, por Daniel Bernoulli, que publicó un libro de hidrodinámica en 1738:

$$p_0 = p + \tfrac{1}{2}\rho V^2 + \rho g Z \tag{1.4}$$

donde p_0 = presión de remanso
p = presión en el fluido
V = velocidad
ρ = densidad
Z = altura
g = aceleración de la gravedad

(*a*) Demostrar que la ecuación (1.4) satisface el principio de homogeneidad dimensional, esto es, que todos los términos aditivos en una ecuación física deben tener las mismas dimensiones. (*b*) Demostrar que en el SI las unidades son consistentes sin necesitar factores de conversión. (*c*) Repetir el apartado (*b*) para el sistema británico.

Solución (*a*) Podemos expresar la ecuación (1.4) dimensionalmente, usando llaves para representar las dimensiones de cada término:

$$\{ML^{-1}T^{-2}\} = \{ML^{-1}T^{-2}\} + \{ML^{-3}\}\{L^2T^{-2}\} + \{ML^{-3}\}\{LT^{-2}\}\{L\} =$$
$$= \{ML^{-1}T^{-2}\} \text{ para todos los términos} \qquad \textit{Resp. (a)}$$

(*b*) Poniendo las unidades del SI para cada cantidad:

$$[\mathrm{N/m^2}\} = \{\mathrm{N/m^2}\} + \{\mathrm{kg/m^3}\}\{\mathrm{m^2/s^2}\} + \{\mathrm{kg/m^3}\}\{\mathrm{m/s^2}\}\{\mathrm{m}\} =$$
$$= \{\mathrm{N/m^2}\} + \{\mathrm{kg/(m \cdot s^2)}\}$$

El segundo miembro parece complicado, pero no lo es si se recuerda, por medio de la ecuación (1.3), que 1 kg = 1 (N · s²)/m. Sustituyendo obtenemos

$$\{\mathrm{kg/(m \cdot s^2)}\} = \frac{\{(\mathrm{N \cdot s^2})/\mathrm{m}\}}{\{\mathrm{m \cdot s^2}\}} = \{\mathrm{N/m^2}\} \qquad \textit{Resp (b)}$$

De esta forma todos los términos de la ecuación de Bernoulli tienen unidades de pascales, o newtones por metro cuadrado, al utilizar el SI. No se necesitan factores de conversión, lo cual es cierto para todas las ecuaciones de Mecánica de Fluidos.

(*c*) Introduciendo las unidades del sistema británico, tenemos

$$\{\mathrm{lbf/ft^2}\} = \{\mathrm{lbf/ft^2}\} + \{\mathrm{slugs/ft^3}\}\{\mathrm{ft^2/s^2}\} + \{\mathrm{slugs/ft^3}\}\{\mathrm{ft/s^2}\}\{\mathrm{ft}\} =$$
$$= \{\mathrm{lbf/ft^2}\} + \{\mathrm{slugs/(ft \cdot s^2)}\}$$

Pero, por medio de la ecuación (1.3), 1 slug = 1 lbf · s²/ft, de modo que

$$\{\mathrm{slugs/(ft \cdot s^2)}\} = \frac{\{(\mathrm{lbf \cdot s^2})/\mathrm{ft}\}}{\{\mathrm{ft \cdot s^2}\}} = \{\mathrm{lbf/ft^2}\} \qquad \textit{Resp. (c)}$$

[1] Este conjunto de hipótesis será estudiado con detalle en el capítulo 3.

Todos los términos tienen unidades de libra-fuerza por pie cuadrado. Tampoco en el sistema británico se necesitan factores de conversión.

Aún persiste en los países anglosajones la tendencia a usar libras-fuerza por pulgada cuadrada como unidad de presión, porque los números son más manejables. Por ejemplo, la presión atmosférica estándar es 101 300 Pa $= 14{,}7$ lbf/in$^2 = 2116$ lbf/ft^2. El pascal es una unidad muy pequeña, pues un newton es menos de 1/4 de lbf y un metro cuadrado un área muy grande. A pesar de lo cual el pascal va ganando aceptación; por ejemplo, los manuales de reparación de los automóviles americanos especifican ya las medidas de presión es pascales.

Una advertencia final respecto a dimensiones y unidades: varias fórmulas empíricas usadas en ingeniería no son dimensionalmente consistentes, especialmente las propuestas por investigadores pioneros. Considerar este ejemplo.

EJEMPLO 1.4 En 1890, Robert Manning, un ingeniero irlandés, propuso la siguiente fórmula empírica para la velocidad media V en el movimiento uniforme en canales abiertos (en el sistema británico de unidades).

$$V = \frac{1{,}49}{n} R^{2/3} S^{1/2} \tag{1.5}$$

donde R = radio hidráulico del canal (Caps. 6 y 10)
S = pendiente del canal (de la base respecto a la horizontal)
n = factor de rugosidad de Manning (Cap. 10)

n es constante para cada condición de acabado superficial de las paredes y el fondo del canal. (*a*) ¿Es dimensionalmente consistente la fórmula de Manning? (*b*) La ecuación (1.5) se considera válida en unidades del sistema británico tomando n como adimensional. Reescribir la ecuación en el SI.

Solución (*a*) Introduzcamos unidades para cada término. La pendiente, por ser una tangente, es adimensional y aparece como $\{1\}$. La ecuación (1.5) en dimensiones es

$$\left\{\frac{L}{T}\right\} = \left\{\frac{1{,}49}{n}\right\}\{L^{2/3}\}\{1\}$$

Esta fórmula no puede ser consistente a menos que $\{1{,}49/n\} = \{L^{1/3}/T\}$. Si n es adimensional (como aparece siempre en los libros), el valor numérico 1,49 debe tener unidades. Esto puede ser trágico para un ingeniero que trabaje en un sistema de unidades diferente a menos que se dé cuenta de la discrepancia. De hecho, la fórmula de Manning, aunque es muy conocida, es inconsistente tanto dimensional como físicamente y no tiene en cuenta de modo correcto los efectos de la rugosidad del canal salvo para un rango muy estrecho y sólo para agua.

(*b*) Del apartado anterior sabemos que el número 1,49 debe tener dimensiones de $\{L^{1/3}/T\}$ y por eso en el sistema británico debe ser 1,49 ft$^{1/3}$/s. Utilizando el factor de conversión al SI para la longitud, tenemos

$$(1{,}49 \ \text{ft}^{1/3}/\text{s})(0{,}3048 \ \text{m/ft})^{1/3} = 1{,}00 \ \text{m}^{1/3}/\text{s}$$

Por tanto, la fórmula de Manning en el SI es

$$V = \frac{1,0}{n} R^{2/3} S^{1/2} \qquad \textit{Resp. (b)} \quad (1.6)$$

con R en metros y V en metros por segundo. Realmente, estamos despistando al lector: Manning, usuario del sistema métrico, propuso la fórmula de esta manera; posteriormente fue pasada al sistema británico. Estas fórmulas dimensionalmente inconsistentes son peligrosas y deberían ser reanalizadas o aplicadas sólo en algunos casos contados.

1.5 PROPIEDADES DEL CAMPO DE VELOCIDADES

En un flujo dado, la determinación experimental o teórica de las propiedades del fluido como funciones de la posición y del tiempo, se considera *solución* del problema. En casi todos los casos, el énfasis se hace sobre la distribución espacio-temporal de las propiedades fluidas. Raramente se siguen las trayectorias de partículas fluidas concretas[1]. Este tratamiento de las propiedades como funciones continuas distingue la Mecánica de Fluidos de la de Sólidos, donde habitualmente el interés se centra más en las trayectorias de sistemas o partículas individuales.

Descripciones euleriana y lagrangiana

Hay dos puntos de vista posibles para analizar los problemas en mecánica. El primero, apropiado para la Mecánica de Fluidos, trata del campo del flujo y se denomina método descriptivo *euleriano*. En el método euleriano calculamos el campo de presiones $p(x, y, z, t)$ del flujo, y no los cambios de presión $p(t)$ que experimenta una partícula al moverse.

El segundo método, que sigue a las partículas en su movimiento, se denomina descripción *lagrangiana*. Este método, muy apropiado en Mecánica de Sólidos, no será considerado en este libro. Sin embargo, los análisis numéricos de algunos flujos con límites muy marcados, como el movimiento de gotitas aisladas, se llevan a cabo mejor en coordenadas lagrangianas [1].

Un ejemplo casero de ambas descripciones puede ser el análisis del tráfico en una autopista. Seleccionemos un cierto tramo para estudio y determinación del tráfico. Obviamente, con el transcurso del tiempo varios coches entrarán y saldrán del tramo y la identidad de los mismos estará cambiando continuamente. El ingeniero de tráfico ignora la identidad de los coches y se concentra en su velocidad, medida como función de la posición dentro del tramo y del tiempo, y también estudia el flujo o número de coches por hora que pasan por una cierta sección de la autovía. Este ingeniero realiza una descripción euleriana del tráfico. Otros investigadores, como la policía o los sociólogos, pueden estar interesados en la velocidad y trayectoria de determinados coches. Siguiendo a éstos realizan una descripción lagrangiana del tráfico.

[1] Un caso en que las trayectorias son importantes es el análisis de calidad del agua en lo que respecta a las partículas contaminantes.

El campo de velocidades

La más importante de todas las propiedades del flujo es el campo de velocidades $\mathbf{V}(x, y, z, t)$. De hecho, determinar la velocidad es a menudo equivalente a resolver el problema, ya que otras propiedades se obtienen directamente de aquélla. El capítulo 2 está dedicado al cálculo de la presión una vez conocido el campo de velocidades. Los libros que tratan sobre transferencia de calor [9] están especialmente dedicados a encontrar el campo de temperaturas a partir del de velocidades.

En general, la velocidad es un vector, función de la posición y del tiempo, que tiene tres componentes escalares u, v y w.

$$\mathbf{V}(x, y, z, t) = \mathbf{i}u(x, y, z, t) + \mathbf{j}v(x, y, z, t) + \mathbf{k}w(x, y, z, t) \tag{1.7}$$

El uso de u, v y w en lugar de V_x, V_y y V_z, más lógicas, se debe a una duradera tradición fluidodinámica.

Otras magnitudes, denominadas *propiedades cinemáticas*, se pueden calcular matemáticamente a partir de la velocidad. Ejemplos de aquéllas son el vector desplazamiento, el vector aceleración, el vector velocidad angular local y el flujo volumétrico a través de una superficie. El más importante de éstos es el vector aceleración.

Aceleración de una partícula fluida

La aceleración $\mathbf{a}$ es fundamental en Mecánica de Fluidos, ya que aparece en la segunda ley de Newton. Necesitamos una derivada total de $\mathbf{V}$, que depende de cuatro variables independientes x, y, z y t. Por tanto, el vector aceleración contará con cuatro términos

$$\mathbf{a} = \frac{d\mathbf{V}}{dt} = \frac{\partial \mathbf{V}}{\partial t} + \frac{\partial \mathbf{V}}{\partial x}\frac{dx}{dt} + \frac{\partial \mathbf{V}}{\partial y}\frac{dy}{dt} + \frac{\partial \mathbf{V}}{\partial z}\frac{dz}{dt} \tag{1.8}$$

Los cambios infinitesimales de posición de una partícula están directamente relacionados con la velocidad local

$$dx = u\,dt \qquad dy = v\,dt \qquad dz = w\,dt \tag{1.9}$$

Sustituyendo dx, dy y dz en la ecuación (1.8) obtenemos la expresión deseada para la aceleración de la partícula fluida

$$\frac{d\mathbf{V}}{dt} = \frac{\partial \mathbf{V}}{\partial t} + \left(u\frac{\partial \mathbf{V}}{\partial x} + v\frac{\partial \mathbf{V}}{\partial y} + w\frac{\partial \mathbf{V}}{\partial z}\right) \tag{1.10}$$

El primer término del segundo miembro se denomina *aceleración local* y se anula cuando el flujo es estacionario, esto es, independiente del tiempo. Los tres términos entre paréntesis forman la *aceleración convectiva* que aparece cuando la partícula se mueve a través de regiones en que la velocidad varía, como en una tobera o en un difusor.

Como ayuda nemotécnica, la aceleración convectiva puede ser expresada en función de la velocidad y del *operador gradiente* ∇

$$\nabla = \mathbf{i}\,\frac{\partial}{\partial x} + \mathbf{j}\,\frac{\partial}{\partial y} + \mathbf{k}\,\frac{\partial}{\partial z} \tag{1.11}$$

En notación abreviada, la aceleración convectiva es pues

$$u\,\frac{\partial \mathbf{V}}{\partial x} + v\,\frac{\partial \mathbf{V}}{\partial y} + w\,\frac{\partial \mathbf{V}}{\partial z} \equiv (\mathbf{V}\cdot\nabla)\mathbf{V} \tag{1.12}$$

De esta forma, la aceleración total [Ec. (1.10)] en un sistema euleriano puede escribirse abreviadamente como

$$\mathbf{a} = \frac{d\mathbf{V}}{dt} = \underbrace{\frac{\partial \mathbf{V}}{\partial t}}_{\text{Local}} + \underbrace{(\mathbf{V}\cdot\nabla)\mathbf{V}}_{\text{Convectiva}} \tag{1.13}$$

Debido a que el término convectivo $(\mathbf{V}\cdot\nabla)\mathbf{V}$ contiene productos de variables, es un término no lineal y origina dificultades matemáticas en el análisis diferencial exacto de los flujos (Cap. 4). Por otro lado, representa adecuadamente los efectos convectivos del fluido y, por tanto, debemos estar satisfechos de haber encontrado el término correcto.

Nótese que la ecuación (1.13) presenta una expresión general para el operador euleriano derivada temporal siguiendo a una partícula

$$\frac{d}{dt} = \frac{\partial}{\partial t} + (\mathbf{V}\cdot\nabla) \tag{1.14}$$

Este operador puede ser aplicado a cualquier propiedad fluida, escalar o vectorial, como la presión

$$\frac{dp}{dt} = \frac{\partial p}{\partial t} + (\mathbf{V}\cdot\nabla)p = \frac{\partial p}{\partial t} + u\,\frac{\partial p}{\partial x} + v\,\frac{\partial p}{\partial y} + w\,\frac{\partial p}{\partial z} \tag{1.15}$$

Recalcamos que esta derivada temporal total sigue a una partícula de identidad dada, lo cual es conveniente para expresar las leyes de la mecánica en la descripción euleriana. El operador d/dt es denominado a veces *derivada sustancial* o *material* y a menudo se le asigna el símbolo D/Dt como recordatorio de que tiene cuatro términos y es siguiendo a una partícula determinada.

EJEMPLO 1.5 Dado el campo euleriano de velocidades

$$\mathbf{V} = 3t\mathbf{i} + xz\mathbf{j} + ty^2\mathbf{k}$$

hallar la aceleración de una partícula.

Solución Separemos primero las tres componentes de la velocidad

$$u = 3t \qquad v = xz \qquad w = ty^2$$

Calculemos las derivadas indicadas en la ecuación (1.10)

$$\frac{\partial \mathbf{V}}{\partial t} = \mathbf{i}\frac{\partial u}{\partial t} + \mathbf{j}\frac{\partial v}{\partial t} + \mathbf{k}\frac{\partial w}{\partial t} = 3\mathbf{i} + y^2\mathbf{k}$$

$$\frac{\partial \mathbf{V}}{\partial x} = z\mathbf{j} \qquad \frac{\partial \mathbf{V}}{\partial y} = 2ty\mathbf{k} \qquad \frac{\partial \mathbf{V}}{\partial z} = x\mathbf{j}$$

Podría haber sido peor: hay cinco términos en total y podrían haber sido doce. Sustituyendo en la ecuación (1.10)

$$\frac{d\mathbf{V}}{dt} = (3\mathbf{i} + y^2\mathbf{k}) + (3t)(z\mathbf{j}) + (xz)(2ty\mathbf{k}) + (ty^2)(x\mathbf{j})$$

Agrupando términos tenemos finalmente

$$\frac{d\mathbf{V}}{dt} = 3\mathbf{i} + (3tz + txy^2)\mathbf{j} + (2xyzt + y^2)\mathbf{k} \qquad \textit{Resp.}$$

Suponiendo que **V** es válido en todo punto en la forma dada, la aceleración obtenida también lo será en toda posición y en todo instante.

Desarrollando completamente la ecuación (1.10) tendríamos doce términos, cuatro por cada componente escalar

$$\frac{d\mathbf{V}}{dt} = \mathbf{i}\frac{du}{dt} + \mathbf{j}\frac{dv}{dt} + \mathbf{k}\frac{dw}{dt} \tag{1.16}$$

donde $\dfrac{du}{dt} = \dfrac{\partial u}{\partial t} + u\dfrac{\partial u}{\partial x} + v\dfrac{\partial u}{\partial y} + w\dfrac{\partial u}{\partial z}$

$$\frac{dv}{dt} = \frac{\partial v}{\partial t} + u\frac{\partial v}{\partial x} + v\frac{\partial v}{\partial y} + w\frac{\partial v}{\partial z}$$

$$\frac{dw}{dt} = \frac{\partial w}{\partial t} + u\frac{\partial w}{\partial x} + v\frac{\partial w}{\partial y} + w\frac{\partial w}{\partial z}$$

Los nueve términos convectivos son no lineales. A esto nos referimos al decir que la aceleración puede dar lugar a dificultades matemáticas en el análisis de los flujos; sin embargo, en muchos problemas, como el movimiento en conductos, sólo aparecen uno o dos términos de los nueve.

Incluso en movimiento estacionario, la aceleración convectiva puede ser muy grande si lo son las variaciones espaciales de la velocidad. El siguiente ejemplo es muy ilustrativo.

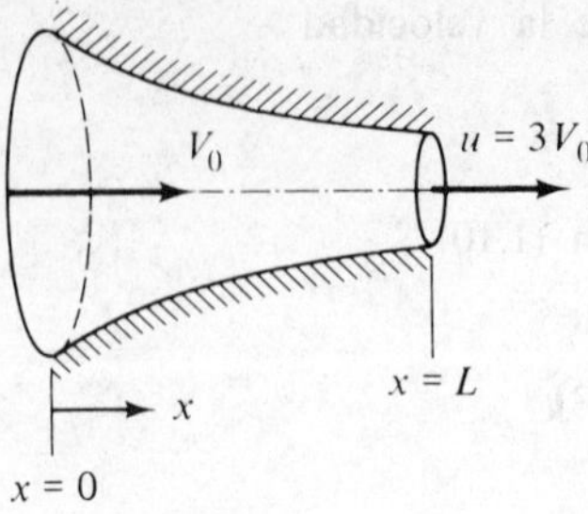

Fig. E1.6

EJEMPLO 1.6 El flujo a través de una tobera convergente se puede aproximar por una distribución unidimensional de la velocidad $u = u(x)$. Para la tobera que aparece en la figura E1.6, suponed que la velocidad varía linealmente desde $u = V_0$ en la entrada hasta $u = 3V_0$ a la salida

$$u(x) = V_0\left(1 + \frac{2x}{L}\right) \qquad \frac{\partial u}{\partial x} = \frac{2V_0}{L}$$

(*a*) Calcular la aceleración du/dt en función de x; (*b*) calcular du/dt a la entrada y a la salida si $V_0 = 10$ ft/s y $L = 1$ ft.

Solución (*a*) De la ecuación (1.16) con $v = w = 0$ y u independiente del tiempo tenemos una aceleración

$$\frac{du}{dt} = u\frac{\partial u}{\partial x} = \left[V_0\left(1 + \frac{2x}{L}\right)\right]\frac{2V_0}{L} = \frac{2V_0^2}{L}\left(1 + \frac{2x}{L}\right) \qquad \textit{Resp. (a)}$$

La aceleración del fluido no es nula aunque el flujo es estacionario.

(*b*) Introduciendo valores numéricos tenemos, a la entrada, con $x = 0$

$$\left(\frac{du}{dt}\right)_{x=0} = \frac{2V_0^2}{L} = \frac{2(10 \text{ ft/s})^2}{1 \text{ ft}} = 200 \text{ ft/s}^2 \qquad \textit{Resp. (b)}$$

Este valor es más de 6 veces la aceleración de la gravedad. A la salida, con $x = L$, tenemos

$$\left(\frac{du}{dt}\right)_{x=L} = \frac{2V_0^2}{L}(1+2) = \frac{6V_0^2}{L} = 3\left(\frac{du}{dt}\right)_{x=0} = 600 \text{ ft/s}^2 \qquad \textit{Resp. (b)}$$

Este valor es 18,6 veces la aceleración de la gravedad. Por ello en movimientos aparentemente sencillos pueden aparecer fuerzas enormes.

Flujo volumétrico y flujo másico

Probablemente, la segunda propiedad cinemática más importante es el flujo volumétrico o caudal Q que pasa a través de una superficie (imaginaria) del campo fluido.

Supongamos que la superficie S de la figura 1.3*a* es una malla mágica a través de la cual pasa el fluido sin resistencia. ¿Cuánto volumen de fluido

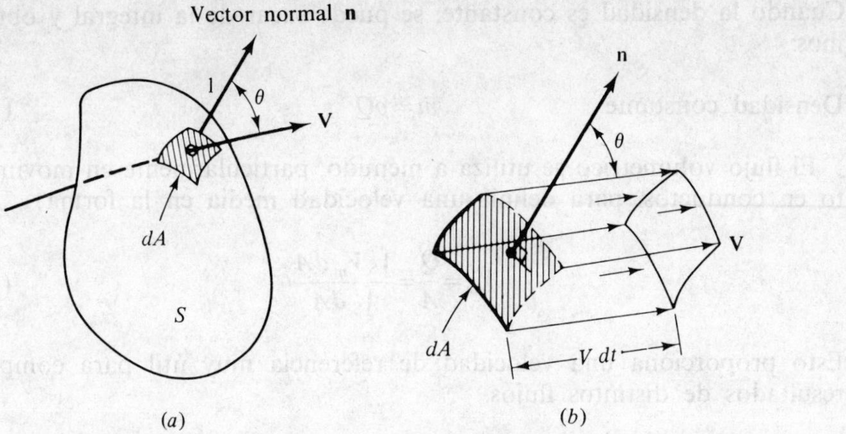

Fig. 1.3 Flujo volumétrico a través de una superficie arbitraria. (*a*) Area elemental dA de la superficie; (*b*) el volumen que atraviesa ese área elemental es $V\,dt\,dA\cos\theta$.

pasa a través de S en la unidad de tiempo? Si, como es normal, **V** varía con la posición, debemos integrar sobre la superficie elemental dA de la figura 1.3*a*. Además, **V** puede pasar a través de dA formando un cierto ángulo con la normal. Sea **n** el vector unitario normal a dA. El volumen que atraviesa dA en el tiempo dt es el volumen del paralelepípedo inclinado de la figura 1.3*b*

$$d\mathcal{V} = V\,dt\,dA\,cos\,\theta = (\mathbf{V}\cdot\mathbf{n})\,dA\,dt \qquad (1.17)$$

La integral de $d\mathcal{V}/dt$ es el flujo volumétrico Q a través de la superficie S

$$Q = \int_S (\mathbf{V}\cdot\mathbf{n})dA = \int_S V_n\,dA \qquad (1.18)$$

Podemos sustituir $\mathbf{V}\cdot\mathbf{n}$ por su equivalente, V_n, la componente de **V** normal a dA, pero el uso del producto escalar nos permite distinguir entre flujo entrante y flujo saliente. Por convención consideraremos siempre en este libro que **n** es el vector unitario normal hacia el exterior. Por tanto, $\mathbf{V}\cdot\mathbf{n}$ será flujo saliente si es positivo y entrante si es negativo. Este convenio nos será de gran utilidad cuando calculemos los flujos volumétricos o de otras magnitudes en las ecuaciones integrales del capítulo 3.

El flujo volumétrico multiplicado por la densidad nos da el flujo másico $\dot{m}$. Si la densidad varía en la superficie de integración, debe ser incluida en el integrando

$$\dot{m} = \int_S \rho(\mathbf{V}\cdot\mathbf{n})dA = \int_S \rho\,V_n\,dA \qquad (1.19)$$

Cuando la densidad es constante, se puede sacar de la integral y obtenemos:

Densidad constante: $$\dot{m} = \rho Q \tag{1.20}$$

El flujo volumétrico se utiliza a menudo, particularmente en movimiento en conductos, para definir una velocidad media en la forma

$$V_m = \frac{Q}{A} = \frac{\int_S V_n \, dA}{\int_S dA} \tag{1.21}$$

Esto proporciona una velocidad de referencia muy útil para comparar resultados de distintos flujos.

EJEMPLO 1.7 Utilizando el vector velocidad del ejemplo 1.5, calcular el flujo volumétrico y la velocidad media a través de la superficie cuyos vértices son los puntos (0, 1, 0), (0, 1, 2), (2, 1, 2) y (2, 1, 0).

Solución La superficie S aparece esquematizada en la figura E1.7 y es tal que $\mathbf{n} = \mathbf{j}$ y $dA = dx\ dz$ en todas partes. El campo de velocidad es $\mathbf{V} = 3t\mathbf{i} + x2\mathbf{j} + t\mathbf{y}^2\mathbf{k}$. La componente de la velocidad normal a S es $\mathbf{V} \cdot \mathbf{n} = \mathbf{V} \cdot \mathbf{j} = v$, la componente según y, del valor xz. Los límites de la integral para calcular Q son 0 y 2 tanto respecto a dx como respecto a dz. El flujo volumétrico es pues

$$Q = \int_S V_n \, dA = \int_0^2 \int xz \, dx \, dz = 4{,}0 \text{ unidades} \qquad \textit{Resp.}$$

El área de la superficie es $2(2) = 4$ unidades. Por tanto, la velocidad media según la ecuación (1.21) es

$$V_m = \frac{Q}{A} = \frac{4{,}0}{4{,}0} = 1{,}0 \text{ unidad} \qquad \textit{Resp.}$$

El problema es demasiado artificial para ponerle unidades a los resultados. El siguiente ejemplo es más práctico.

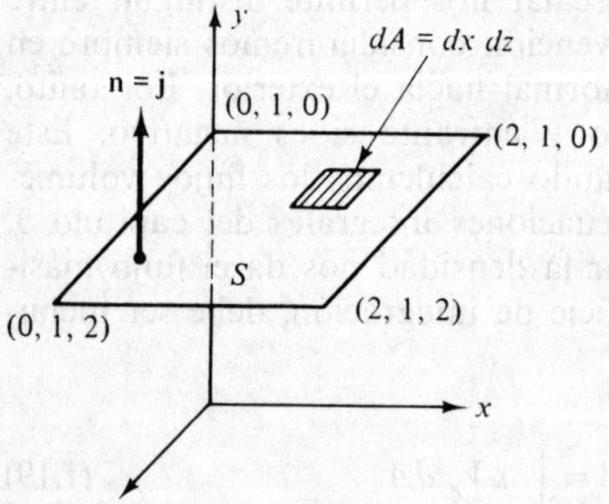

Fig. E1.7

EJEMPLO 1.8 A bajas velocidades, el flujo por el interior de un tubo circular muy largo tiene una distribución parabólica

$$u = u_{\text{máx}}\left(1 - \frac{r^2}{R^2}\right)$$

donde R es el radio del tubo y $u_{\text{máx}}$ la velocidad máxima que se alcanza en el eje. (*a*) Hallar una expresión general para el flujo volumétrico y la velocidad media; (*b*) calcular el flujo volumétrico si $R = 3$ cm y $u_{\text{máx}} = 8$ m/s, y (*c*) calcular el flujo másico si $\rho = 1000$ kg/m^3.

Solución (*a*) El área S es la sección transversal del tubo y $\mathbf{n} = \mathbf{i}$. La componente normal $\mathbf{V} \cdot \mathbf{n} = \mathbf{V} \cdot \mathbf{i} = u$. Como u sólo varía con r, se puede tomar como elemento dA una corona circular $dA = 2\pi r\, dr$. El flujo volumétrico es entonces

$$Q = \int_S u\, dA = \int_0^R u_{\text{máx}}\left(1 - \frac{r^2}{R^2}\right) 2\pi r\, dr$$

Integrando respecto a r, tenemos

$$Q = \tfrac{1}{2} u_{\text{máx}} \pi R^2 \qquad \textit{Resp. (a)}$$

La velocidad media es

$$u_{\text{m}} = \frac{Q}{A} = \frac{\tfrac{1}{2} u_{\text{máx}} \pi R^2}{\pi R^2} = \tfrac{1}{2} u_{\text{máx}} \qquad \textit{Resp. (a)}$$

La velocidad media es la mitad de la máxima, lo cual es aceptable para flujos a baja velocidad, o *laminares*, en tubos. La teoría correspondiente se presenta en la sección 6.4.

(*b*) Para los valores numéricos dados

$$Q = \tfrac{1}{2}(8 \text{ m/s})\pi(0{,}03 \text{ m})^2 = 0{,}0113 \text{ m}^3\text{/s} \qquad \textit{Resp. (b)}$$

(*c*) Con la densidad dada, supuesta constante,

$$\dot{m} = \rho Q = (1000 \text{ kg/m}^3)(0{,}0113 \text{ m}^3\text{/s}) = 11{,}3 \text{ kg/s} \qquad \textit{Resp. (c)}$$

Otras propiedades cinemáticas

De la derivación espacial de la velocidad se pueden deducir otras propiedades cinemáticas. Estas serán estudiadas con detalle en el capítulo 4. Los operadores divergencia y rotacional tienen un significado físico muy importante cuando se aplican al vector velocidad. Discutiremos aquí estas dos operaciones para ilustrar ciertas propiedades del campo de velocidades.

La divergencia de la velocidad es igual a la velocidad de dilatación cúbica por unidad de volumen inicial

$$\frac{1}{\mathscr{V}}\frac{d\mathscr{V}}{dt}=\operatorname{div}\mathbf{V}=\nabla\cdot\mathbf{V} \tag{1.22}$$

De la misma forma, veremos en el capítulo 4 que el rotacional de la velocidad es igual al doble de la velocidad angular local ω de la partícula fluida

$$\boldsymbol{\omega}=\tfrac{1}{2}\operatorname{rot}\mathbf{V}=\tfrac{1}{2}\nabla\times\mathbf{V} \tag{1.23}$$

Ninguna de estas dos propiedades es de gran interés directo en el análisis de los flujos, pero ocurre que en muchos flujos importantes, ambos o uno de los dos es despreciable. Si la velocidad de dilatación cúbica unitaria es despreciable, decimos que el flujo es *incompresible*

$$\nabla\cdot\mathbf{V}=\frac{\partial u}{\partial x}+\frac{\partial v}{\partial y}+\frac{\partial w}{\partial z}=0 \tag{1.24}$$

De la misma manera, un flujo en que la velocidad angular local es despreciable se denomina irrotacional

$$\nabla\times\mathbf{V}=\begin{vmatrix}\mathbf{i} & \mathbf{j} & \mathbf{k}\\ \dfrac{\partial}{\partial x} & \dfrac{\partial}{\partial z} & \dfrac{\partial}{\partial y}\\ u & v & w\end{vmatrix}=0 \tag{1.25}$$

La teoría de los flujos incompresibles y/o irrotacionales es considerablemente más simple que el caso general. Cuando un flujo es incompresible e irrotacional lo podemos estudiar con las técnicas de la teoría del potencial deducidas en electromagnetismo. Estos problemas idealizados, llamados *flujos potenciales*, se discuten en el capítulo 8.

EJEMPLO 1.9 Determinar si el campo de velocidades del ejemplo 1.5 es incompresible, irrotacional, ambas cosas o ninguna de las dos.

Solución El campo de velocidades es

$$\mathbf{V}=3t\mathbf{i}+xz\mathbf{j}+ty^2\mathbf{k}$$

La divergencia será, según la ecuación 1.24,

$$\nabla\cdot\mathbf{V}=\frac{\partial}{\partial x}(3t)+\frac{\partial}{\partial y}(xz)+\frac{\partial}{\partial z}(ty^2)\equiv 0$$

Por tanto, el flujo es incompresible. Aunque, sinceramente, no se trata de un campo de velocidad real. El rotacional de la velocidad es

$$\nabla \times \mathbf{V} = \begin{vmatrix} \mathbf{i} & \mathbf{j} & \mathbf{k} \\ \dfrac{\partial}{\partial x} & \dfrac{\partial}{\partial y} & \dfrac{\partial}{\partial z} \\ 3t & xz & ty^2 \end{vmatrix} = (2ty - x)\mathbf{i} + z\mathbf{k}$$

No es nulo; por tanto, el flujo es rotacional, no irrotacional. La teoría potencial no puede ser utilizada para analizar este flujo.

1.6 PROPIEDADES TERMODINAMICAS DE UN FLUIDO

Aunque el campo de velocidades **V** es la propiedad más importante del flujo, éste interactúa con las propiedades termodinámicas del fluido. A lo largo de la discusión precedente hemos introducido las tres más importantes:

1. Presión p.
2. Densidad ρ.
3. Temperatura T.

Son los compañeros permanentes de la velocidad en el análisis de los flujos. Al entrar en juego el trabajo, el calor y el equilibrio energético aparecen otras cuatro propiedades termodinámicas (Caps. 3 y 4):

4. Energía interna e.
5. Entalpia $h = \hat{u} + p/\rho$.
6. Entropía s.
7. Calores específicos c_p y c_v.

Por otro lado, los efectos de fricción y conducción de calor están gobernados por los *fenómenos de transporte*:

8. Coeficiente de viscosidad μ.
9. Conductividad térmica k.

Estas nueve magnitudes son auténticas propiedades termodinámicas, que se determinan por la condición termodinámica o *estado* del fluido. Por ejemplo, en una sustancia con una sola fase como oxígeno o agua, es suficiente conocer dos de las propiedades básicas, como presión y temperatura, para determinar las demás:

$$\rho = \rho(p,\ T) \qquad h = h(p,\ T) \qquad \mu = \mu(p,\ T) \tag{1.26}$$

y así para todas las magnitudes de la lista. Nótese que el volumen específico, tan importante en termodinámica, es omitido aquí en favor de su inverso, la densidad ρ.

Recuérdese que las propiedades termodinámicas describen el estado del *sistema*, esto es, una porción de materia de identidad conocida que interactúa con su entorno. En la mayor parte de los casos este sistema será una partícula fluida y todas las propiedades serán funciones continuas en el campo fluido: $\rho = \rho(x, y, z, t)$, etc.

Recuérdese también que la termodinámica estudia normalmente sistemas *estáticos*, mientras que los fluidos se encuentran habitualmente en movimiento cambiando todas las propiedades constantemente. Las propiedades termodinámicas estáticas, ¿conservan su significado en un flujo que está técnicamente fuera del equilibrio? La respuesta es sí, desde un punto de vista estadístico. En gases a las presiones normales (y más aún en líquidos) tiene lugar un número enorme de colisiones o interacciones moleculares en distancias tan pequeñas como 1 μm, de modo que un fluido sujeto a cambios repentinos se ajusta casi inmediatamente al nuevo equilibrio. Suponemos, por tanto, que todas las propiedades termodinámicas indicadas anteriormente existen como funciones de punto en un flujo y siguen las leyes y relaciones de estado ordinarias del equilibrio termodinámico. Hay, por supuesto, efectos importantes de no equilibrio en reacciones químicas y nucleares en fluidos, pero no serán estudiados en este libro.

Energías potencial y cinética

En termostática, la única energía asociada a una sustancia es la almacenada en el sistema por actividad molecular y las fuerzas debidas a enlaces químicos. A ésta se le denomina *energía interna* $\hat{u}$. En los flujos, a esta energía se le deben añadir dos términos más, procedentes de la mecánica newtoniana: la energía cinética y la energía potencial.

La energía potencial es el trabajo necesario para mover al sistema de masa m desde el origen hasta una posición $\mathbf{r} = \mathbf{i}x + \mathbf{j}y + \mathbf{k}z$ venciendo al campo gravitatorio $\mathbf{g}$. Su valor es $-m\mathbf{g} \cdot \mathbf{r}$, o $-\mathbf{g} \cdot \mathbf{r}$ por unidad de masa. La energía cinética es el trabajo que se requiere para cambiar la velocidad desde cero hasta V. Su valor es $\frac{1}{2}mV^2$ o $\frac{1}{2}V^2$ por unidad de masa. Por todo ello, la energía interna por unidad de masa e se escribe convencionalmente en Mecánica de Fluidos como suma de tres términos

$$e = \hat{u} + \tfrac{1}{2}V^2 + (-\mathbf{g} \cdot \mathbf{r}) \tag{1.27}$$

En este libro definiremos siempre z positiva hacia arriba; de modo que $\mathbf{g} = -g\mathbf{k}$ y $\mathbf{g} \cdot \mathbf{r} = -gz$. Entonces la ecuación (1.27) se reescribe

$$e = \hat{u} + \tfrac{1}{2}V^2 + gz \tag{1.28}$$

La energía interna molecular $\hat{u}$ es función de T y de p para una sustancia pura con una sola fase, mientras que las energías potencial y cinética son propiedades cinemáticas.

Ecuaciones de estado para gases

Las propiedades termodinámicas se pueden relacionar entre sí, tanto teórica como experimentalmente, por medio de relaciones o ecuaciones de estado que varían de una sustancia a otra. Como se mencionó anteriormente, nos referiremos en este libro sólo a sustancias puras con una fase, por ejemplo, agua en su fase líquida. El segundo fluido más común, el aire, es una mezcla de gases, pero como las proporciones de la mezcla permanecen casi constantes entre los 160 y 2200 K, en este rango se puede considerar como una sustancia pura.

Todos los gases a altas temperaturas y bajas presiones (relativas a su punto crítico) siguen muy bien la *ley de los gases perfectos*

$$p = \rho R T \qquad R = c_p - c_v = \text{constante del gas} \tag{1.29}$$

Como la ecuación (1.29) es dimensionalmente consistente, R tiene las mismas dimensiones que un calor específico, $\{L^2 T^{-2} \Theta^{-1}\}$, o velocidad al cuadrado dividida por grado. Cada gas tiene su propia constante R igual a una constante universal Λ dividida por el peso molecular

$$R_{\text{gas}} = \frac{\Lambda}{M_{\text{gas}}} \tag{1.30}$$

donde $\Lambda = 49\,700\ \text{ft}^2/(\text{s}^2 \cdot {}^\circ\text{R}) = 8310\ \text{m}^2/(\text{s}^2 \cdot \text{K})$.

La mayoría de las aplicaciones de este libro son para aire, $M = 28{,}97$:

$$R_{\text{aire}} = 1717\ \text{ft}^2/(\text{s}^2 \cdot {}^\circ\text{R}) = 287\ \text{m}^2/(\text{s}^2 \cdot \text{K}) \tag{1.31}$$

La presión atmosférica estándar es 101 300 Pa = 2166 lbf/ft^2 y la temperatura estándar es 288 K = 60° F = 520° R. Por tanto, la densidad estándar del aire es

$$\rho_{\text{aire}} = \frac{2116}{(1717)(520)} = 0{,}00237\ \text{slug/ft}^3 = 1{,}22\ \text{kg/m}^3 \tag{1.32}$$

Este valor es el adecuado para los problemas.

En termodinámica se prueba que la ecuación (1.29) requiere que la energía interna molecular $\hat{u}$ de un gas perfecto varíe sólo con la temperatura: $\hat{u} = \hat{u}(T)$. Por tanto, el calor específico c_v sólo variará también con la temperatura

$$c_v = \left(\frac{\partial \hat{u}}{\partial T}\right) = \frac{d\hat{u}}{dT} = c_v(T)$$

o

$$d\hat{u} = c_v(T)\ dT \tag{1.33}$$

De la misma manera la h y c_p de un gas perfecto sólo variarán también con la temperatura.

$$h = \hat{u} + \frac{p}{\rho} = \hat{u} + RT = h(T)$$

$$c_p = \left(\frac{\partial h}{\partial T}\right)_p = \frac{dh}{dT} = c_p(T)$$

$$dh = c_p(T)\ dT \tag{1.34}$$

La relación de calores específicos de un gas perfecto es un parámetro adimensional muy importante en el análisis de los flujos compresibles (Cap. 9)

$$\gamma = \frac{c_p}{c_v} = \gamma(T) \geqslant 1 \tag{1.35}$$

Como primera aproximación, para los flujos de aire se considera normalmente que c_p, c_v y γ son constantes

$$\gamma_{\text{aire}} \approx 1{,}4 \tag{1.36}$$

$$c_v = \frac{R}{\gamma - 1} \approx 4293\ \text{ft}^2/(\text{s}^2 \cdot {}^\circ\text{R}) = 718\ \text{m}^2/(\text{s}^2 \cdot \text{K})$$

$$c_p = \frac{\gamma R}{\gamma - 1} \approx 6010\ \text{ft}^2/(\text{s}^2 \cdot {}^\circ\text{R}) = 1005\ \text{m}^2/(\text{s}^2 \cdot \text{K})$$

En realidad, c_p y c_v aumentan gradualmente con la temperatura en todos los gases, y γ decrece gradualmente. En la figura 1.4 se muestran los valores experimentales de la relación de calores específicos de ocho gases típicos.

En muchos de los problemas ingenieriles interviene el vapor de agua; pero sus condiciones de trabajo suelen estar cerca del punto crítico y la aproximación de gas perfecto no es fiable. Las propiedades del vapor de agua vienen tabuladas [12], aunque, a menudo, el error cometido al usar la ley de gases perfectos no es importante como muestra el ejemplo siguiente.

EJEMPLO 1.10 Estimar ρ y c_p del valor de agua a 100 lbf/in² y 400° F (*a*) mediante la aproximación de gas perfecto y (*b*) de las tablas ASME [12].

Solución (*a*) Convertimos primero los datos al sistema británico: $p = 100$ lbf/in² = = 14 400 lbf/ft², $T = 400°$ F = 860° R. De la Tabla A.4 del apéndice sabemos que el peso molecular del agua es $2M_{\text{H}} + M_{\text{O}} = 2(1{,}008) + 16{,}0 = 18{,}016$. De la ecuación (1.30) obtenemos la constante del vapor

$$R = \frac{49\,700}{18{,}016} = 2759\ \text{ft}^2/(\text{s}^2 \cdot {}^\circ\text{R})$$

de donde, por la ley de gases perfectos,

$$\rho \approx \frac{p}{RT} = \frac{14\,400}{2759\,(860)} = 0{,}00607 \text{ slug/ft}^3 \qquad \textit{Resp. (a)}$$

De la figura 1.4 tenemos que γ es aproximadamente 1,30. Por tanto

$$c_p \approx \frac{\gamma R}{\gamma - 1} = \frac{1{,}30\,(2759)}{1{,}30 - 1} = 12\,000 \text{ ft}^2/(\text{s}^2 \cdot {}^\circ\text{R}) \qquad \textit{Resp. (a)}$$

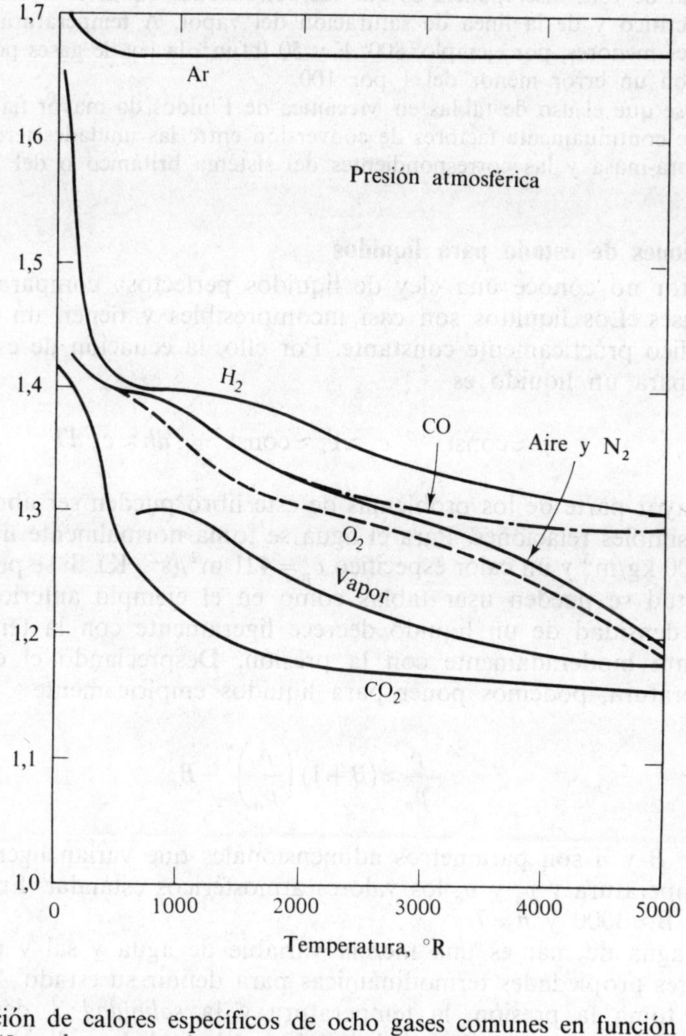

Fig. 1.4 Relación de calores específicos de ocho gases comunes en función de la temperatura. (*Los datos proceden de la Ref.* 11.)

(*b*) De la referencia 12, el volumen específico del vapor a 100 lbf/in^2 y 400° F es 159 ft^3/slug. Su inverso es

$$\rho = 1/159 = 0{,}00630 \text{ slug/ft}^3 \qquad \textit{Resp. (b)}$$

La estimación de gas perfecto se queda corta en un 3,6 por 100.

La referencia 12 da para c_p a 100 lbf/in^2 y 400° F el valor 0,536 Btu/(lb · °F). Convirtiéndolo al sistema británico

$$c_p = (0{,}536 \text{ Btu/lb} \cdot {}^\circ\text{F})(778{,}2 \text{ ft} \cdot \text{lbf/Btu})(32{,}174 \text{ lb/slug}) =$$

$$= 13\,400 \text{ ft} \cdot \text{lbf/(slug} \cdot {}^\circ\text{R}) = 13\,400 \text{ ft}^2/(\text{s}^2 \cdot {}^\circ\text{R}) \qquad \textit{Resp. (b)}$$

La estimación de gas perfecto es alrededor de 10,5 menor que la real. La razón principal de esta discrepancia es que las condiciones dadas están muy cerca del punto crítico y de la línea de saturación del vapor. A temperaturas mayores y presiones menores, por ejemplo, 800° F y 50 lbf/in^2, la ley de gases perfectos da ρ y c_p, con un error menor del 1 por 100.

Nótese que el uso de tablas en Mecánica de Fluidos da mayor fiabilidad, pero requiere continuamente factores de conversión entre las unidades termodinámicas Btu, libra-masa y las correspondientes del sistema británico o del SI.

Ecuaciones de estado para líquidos

El autor no conoce una «ley de líquidos perfectos» comparable a la de los gases. Los líquidos son casi incompresibles y tienen un único calor específico prácticamente constante. Por ello, la ecuación de estado idealizada para un líquido es

$$\rho \approx \text{const} \qquad c_p \approx c_v \approx \text{const} \qquad dh \approx c_p\, dT \tag{1.37}$$

La mayor parte de los problemas de este libro pueden ser abordados con estas simples relaciones. Para el agua se toma normalmente una densidad de 1000 kg/m^3 y un calor específico $c_p = 421$ m^2/(s^2 · K). Si se precisa mayor exactitud se pueden usar tablas como en el ejemplo anterior.

La densidad de un líquido decrece ligeramente con la temperatura y aumenta moderadamente con la presión. Despreciando el efecto de la temperatura, podemos poner para líquidos empíricamente

$$\frac{p}{p_a} \approx (B+1)\left(\frac{\rho}{\rho_a}\right)^n - B \tag{1.38}$$

donde B y n son parámetros adimensionales que varían ligeramente con la temperatura y p_a y ρ_a los valores atmosféricos estándar. En el caso del agua, $B \approx 3000$ y $n \approx 7$.

El agua de mar es una mezcla variable de agua y sal y requiere por ello tres propiedades termodinámicas para definir su estado. Normalmente se toma la presión, la temperatura y la *salinidad* $\hat{S}$, definida como relación entre el peso de la sal disuelta y el total. La salinidad media del agua de mar es 0,035, representada usualmente como 35 ‰. La densidad media del agua de mar es 1030 kg/m^3. Estrictamente hablando, el agua de mar tiene tres calores específicos, todos ellos aproximadamente iguales y con el mismo valor del agua pura, 421 $m^2/(s^2 \cdot K) = 25\,200\ ft^2/(s^2 \cdot {}^\circ R)$.

EJEMPLO 1.11 La presión en la parte más profunda del océano es 1100 atm. Calcular la densidad del agua de mar a dicha presión.

Solución La ecuación (1.38) es válida también para agua de mar. Si la relación de presiones es 1100, tendremos

$$1100 \approx (3001)\left(\frac{\rho}{\rho_a}\right)^7 - 3000$$

o
$$\frac{\rho}{\rho_a} = \left(\frac{4100}{3001}\right)^{1/7} = 1{,}046$$

Suponiendo una densidad en la superficie $\rho_a = 2{,}00$ $slugs/ft^3$, será

$$\rho \approx (1{,}046)(2{,}00) = 2{,}09 \text{ slugs/ft}^3 \qquad \textit{Resp.}$$

Incluso a estas inmensas presiones, la densidad aumenta menos del 5 por 100, lo cual justifica que consideremos al agua incompresible.

1.7 VISCOSIDAD Y OTRAS PROPIEDADES SECUNDARIAS

Las magnitudes tales como presión, temperatura y densidad estudiadas en la sección anterior son variables termodinámicas *primarias* características de todo sistema. Existen además otras magnitudes secundarias que caracterizan el comportamiento específico de cada fluido. La más importante de éstas es la viscosidad, que relaciona el esfuerzo o tensión local en un fluido en movimiento con la velocidad de deformación de las partículas fluidas.

Viscosidad

Cuando un fluido es sometido a esfuerzo cortante comienza a moverse con una velocidad de deformación inversamente proporcional a una propiedad denominada *coeficiente de viscosidad* μ. Consideremos una partícula fluida sometida a esfuerzo cortante de valor τ en un plano, como indica la figura 1.5*a*. El ángulo $\delta\theta$ de la deformación aumentará continuamente con el tiempo mientras siga actuando el esfuerzo τ, moviéndose la superficie superior con una velocidad δu mayor que la de la inferior. Los fluidos comunes como el agua, el aceite y el aire presentan una relación lineal entre el esfuerzo aplicado y la velocidad de deformación resultante

$$\tau \propto \frac{\partial\theta}{\delta t} \qquad (1.39)$$

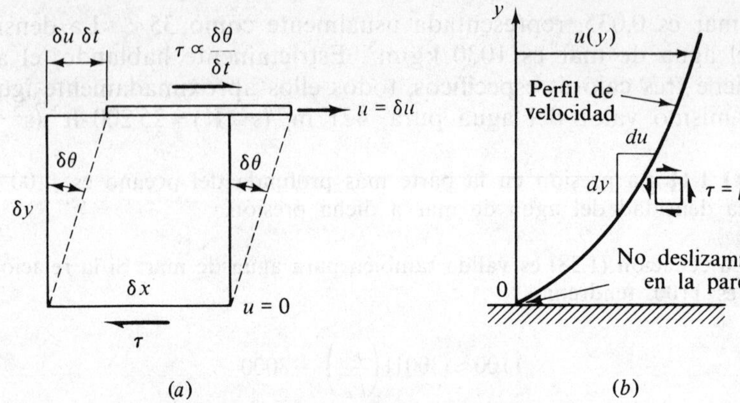

Fig. 1.5 El esfuerzo cortante produce una deformación continua en el fluido. (*a*) Elemento deformándose a una velocidad $d\theta/dt$; (*b*) esfuerzo cortante en un fluido newtoniano en la zona cercana a la pared.

De la geometría de la figura 1.5*a* vemos que

$$\operatorname{tg} \delta\theta = \frac{\delta u\, \delta t}{\delta y} \tag{1.40}$$

En el caso límite de variaciones infinitesimales, queda una relación entre la velocidad de deformación y el gradiente de la velocidad

$$\frac{d\theta}{dt} = \frac{du}{dy} \tag{1.41}$$

La ecuación (1.39) indica que el esfuerzo aplicado es también proporcional al gradiente de la velocidad para los fluidos comunes. La constante de proporcionalidad es el coeficiente de viscosidad μ

$$\tau = \mu \frac{d\theta}{dt} = \mu \frac{du}{dy} \tag{1.42}$$

La ecuación (1.42) es dimensionalmente consistente; por tanto, μ tiene dimensiones de esfuerzo-tiempo: $\{FT/L^2\}$ o $\{M/LT\}$. La unidad en el sistema británico es slug por pie y segundo, y en el SI es kilogramos por metro y segundo. Los fluidos que obedecen a la ecuación (1.42) se denominan *fluidos newtonianos*, por Sir Isaac Newton, que propuso por primera vez esta ley en 1687.

En Mecánica de Fluidos no estudiamos la evolución de $\theta(t)$, sino que concentramos la atención en la distribución de velocidad $u(y)$, como en la figura 1.5*b*. Utilizaremos la ecuación (1.42), en el capítulo 4, para obtener una ecuación diferencial que nos permita hallar la distribución de velocidad $u(y)$ —y más generalmente $\mathbf{V}(x, y, z, t)$— en un fluido viscoso. La figura. 1.5*b* ilustra una capa de cortadura, denominada *capa límite*, cerca de una pared. El esfuerzo cortante es proporcional a la pendiente de la velocidad y es máximo en la pared. Además, en la pared, la velocidad u es cero respecto a la pared: este hecho recibe el nombre de *condición de no deslizamiento* y es una característica de todos los fluidos viscosos.

La viscosidad de un fluido newtoniano es una auténtica propiedad termodinámica y varía con la temperatura y la presión. En un estado dado (p, T) hay un amplio rango de valores para los distintos fluidos más comunes. La Tabla 1.3 presenta una lista de la viscosidad de ocho fluidos a presión y temperatura estándar. Hay una variación de seis órdenes de magnitud del hidrógeno a la glicerina. Por ello habrá grandes diferencias en el comportamiento de fluidos sometidos a los mismos esfuerzos.

Como veremos en los capítulos 5 y 6, el parámetro primario que determina el comportamiento, viscoso o no, de los fluidos newtonianos es el número adimensional de Reynolds

$$\mathrm{Re} = \frac{\rho V L}{\mu} = \frac{V L}{\nu} \tag{1.43}$$

donde V y L representan la velocidad y longitud características del flujo. Como ρ y μ entran como cociente en este parámetro, dicho cociente tiene significado propio y se denomina viscosidad cinemática

$$\nu = \frac{\mu}{\rho} \tag{1.44}$$

Las unidades de masa se cancelan, y así ν tiene unidades de metros al cuadrado por segundo o pies al cuadrado por segundo, de donde le viene el nombre de viscosidad cinemática.

La Tabla 1.3 da también los valores de ν para los mismos ocho fluidos.

Tabla 1.3

VISCOSIDAD Y VISCOSIDAD CINEMATICA DE OCHO FLUIDOS A 1 atm y 20° C

Fluido	μ, kg/(m · s)†	*Relación* $\mu/\mu(H_2)$	ρ, kg/m^3	ν, m^2/s†	*Relación* $\nu/\nu(Hg)$
1. Hidrógeno	$8{,}9 \times 10^{-6}$	1,0	0,084	$1{,}06 \times 10^{-4}$	910
2. Aire	$1{,}8 \times 10^{-5}$	2,1	1,20	$1{,}51 \times 10^{-5}$	130
3. Gasolina	$2{,}9 \times 10^{-4}$	33	680	$4{,}27 \times 10^{-7}$	3,7
4. Agua	$1{,}0 \times 10^{-3}$	114	999	$1{,}01 \times 10^{-6}$	8,7
5. Alcohol etílico	$1{,}2 \times 10^{-3}$	135	789	$1{,}51 \times 10^{-6}$	13
6. Mercurio	$1{,}5 \times 10^{-3}$	170	13 540	$1{,}16 \times 10^{-7}$	1,0
7. Aceite SAE 30	0,26	29 700	933	$2{,}79 \times 10^{-4}$	2 430
8. Glicerina	1,5	168 000	1 263	$1{,}19 \times 10^{-3}$	10 200

† 1 kg/(m · s) = 0,0209 slug/(ft · s); 1 m^2/s = 10,76 ft^2/s.

Los órdenes de magnitud varían considerablemente y el mercurio, el más pesado, tiene la menor viscosidad cinemática. Todos los gases tienen una ν elevada en comparación con líquidos tales como gasolina, agua y alcohol. Los aceites y la glicerina siguen teniendo los mayores ν, pero el rango total de variación es menor. Para valores dados de V y L en un flujo, los diversos fluidos presentan una variación de cuatro órdenes de magnitud en el número de Reynolds.

Aunque la viscosidad tiene un efecto determinante en el movimiento de los fluidos, los valores reales de los esfuerzos viscosos son muy pequeños en magnitud, incluso para aceites, como muestra el ejemplo siguiente.

EJEMPLO 1.12 Aceite SAE 30 a 20° C es sometido de modo continuo a esfuerzo cortante entre una placa fija inferior y otra superior que se mueve con velocidad V. La holgura entre las placas es h. (*a*) Demostrar que si no hay deslizamiento en ninguna de las dos placas, el perfil de velocidades que se produce es el lineal indicado en la figura; (*b*) calcular el esfuerzo sobre el aceite en pascales si $V=3$ m/s y $h=2$ cm.

Solución (*a*) El esfuerzo cortante τ es uniforme en todo el fluido para esta disposición. Suponiendo que $u=u(y)$, la ecuación (1.42) nos da

$$\frac{du}{dy}=\frac{\tau}{\mu}=\text{const}$$

o

$$u=a+by \tag{1}$$

Las constantes a y b se calculan con la condición de no deslizamiento en las paredes superior e inferior:

$$u=\begin{cases}0=a+b(0) & \text{a } y=0\\ V=a+b(h) & \text{a } y=h\end{cases}$$

Por ello $a=0$ y $b=V/h$. El perfil de velocidad es entonces

$$u=\frac{Vy}{h} \qquad \textit{Resp. (a)} \quad (2)$$

como se indica en la figura E1.12.

(*b*) De las ecuaciones (1) y (2), el esfuerzo es

$$\tau=\mu\frac{du}{dy}=\frac{\mu V}{h} \tag{3}$$

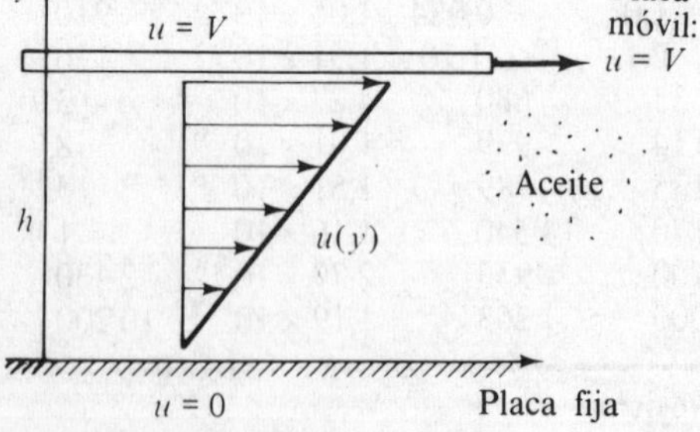

Fig. E1.12

De la Tabla 1.3, tenemos $\mu = 0{,}26$ kg/(m · s). Con los valores de V y h dados, el esfuerzo es

$$\tau = \frac{[0{,}26 \text{ kg/(m}\cdot\text{s)}](3 \text{ m/s})}{0{,}02 \text{ m}} = 39 \text{ kg/(m}\cdot\text{s}^2) = 39 \text{ N/m}^2 = 39 \text{ Pa} \quad \textit{Resp. (b)}$$

Aunque el aceite es muy viscoso, el esfuerzo es muy pequeño, alrededor de 2500 veces menor que la presión atmosférica. Los esfuerzos viscosos en gases y en otros líquidos son incluso menores.

Variación de la viscosidad con la temperatura

La temperatura tiene un efecto considerable sobre la viscosidad; la presión influye mucho menos. La viscosidad de los gases y de algunos líquidos aumenta lentamente con la temperatura; el agua muestra una ligera disminución. Como las variaciones de viscosidad representan una mínima fracción hasta 100 atm, despreciaremos el efecto de la presión en este libro.

Según hemos indicado, la viscosidad de los gases aumenta con la temperatura. Hay dos aproximaciones conocidas para describir esta variación:

$$\frac{\mu}{\mu_0} \approx \begin{cases} \left(\dfrac{T}{T_0}\right)^n & \text{fórmula potencial} \\[2ex] \dfrac{(T/T_0)^{3/2}\ (T_0+S)}{T+S} & \text{fórmula de Sutherland} \end{cases} \tag{1.45}$$

donde μ_0 es la viscosidad conocida a una temperatura absoluta de referencia T_0 (habitualmente, 273 K). Las constantes n y S se ajustan a los datos, y ambas fórmulas son adecuadas en un amplio margen de temperaturas. Para el aire, $n \approx 0{,}67$ y $S \approx 110$ K $= 199°$ R. Otros valores pueden encontrarse en la referencia 5 del capítulo 4.

La viscosidad de los líquidos decrece con la temperatura de forma casi exponencial, $\mu \approx ae^{-bT}$; pero se obtiene una expresión más aproximada excribiendo $\ln \mu$ como función cuadrática de $1/T$, donde T es la temperatura absoluta

$$\ln \frac{\mu}{\mu_0} \approx a + b\left(\frac{T_0}{T}\right) + c\left(\frac{T_0}{T}\right)^2 \tag{1.46}$$

Para el agua, con $T_0 = 273{,}16$ K, $\mu_0 = 0{,}001792$ kg/(m · s), los valores adecuados son $a = -1{,}94$, $b = -4{,}80$ y $c = 6{,}74$, con una fiabilidad de ± 1 por 100. La viscosidad del agua aparece tabulada en la Tabla A.1 del apéndice.

Conductividad térmica

De la misma forma que la viscosidad relaciona el esfuerzo cortante con la velocidad de deformación, hay una propiedad denominada *conductividad térmica* k que relaciona el vector flujo de calor por unidad de área $\mathbf{q}$ con el vector gradiente de temperatura ∇T. Esta proporcionalidad, observada experimentalmente para fluidos y sólidos, es conocida como *ley de Fourier de la conducción del calor*

$$\mathbf{q} = -k \, \nabla T \tag{1.47a}$$

que puede ser escrita también escalarmente como:

$$q_x = -k \frac{\partial T}{\partial x} \qquad q_y = -k \frac{\partial T}{\partial y} \qquad q_z = -k \frac{\partial T}{\partial z} \tag{1.47b}$$

El signo menos satisface la convención usual de considerar positivo el flujo en el sentido de temperaturas decrecientes. La ley de Fourier es dimensionalmente consistente, y k tiene unidades de julios por segundo, metro y Kelvin o de libras-fuerza por pie, segundo y grado Rankine. La conductividad térmica k es una propiedad termodinámica y varía con la temperatura y la presión en forma análoga a la viscosidad. El cociente k/k_0 puede ser relacionado con T/T_0 en forma parecida a las ecuaciones (1.45) y (1.46) para gases y líquidos, respectivamente.

En la referencia 10 pueden encontrarse datos adicionales sobre la viscosidad y la conductividad térmica.

Fluidos no-newtonianos

Los fluidos que no siguen la ley lineal de la ecuación (1.42) se denominan no-newtonianos y son estudiados en libros de reología [5]. La figura 1.6*a*

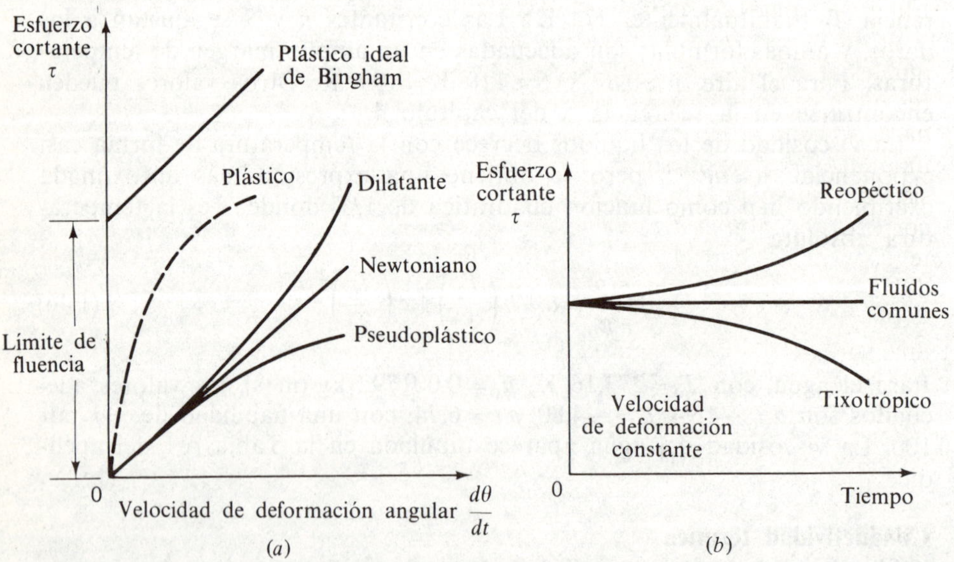

Fig. 1.6 Comportamiento reológico de diversos materiales. (*a*) Esfuerzo en función de la velocidad de deformación; (*b*) efecto del tiempo sobre los esfuerzos aplicados.

compara cuatro ejemplos de fluidos con uno newtoniano. Un fluido *dilatante* es aquel en que la resistencia a la deformación aumenta al aumentar el esfuerzo cortante. Por el contrario, un fluido *pseudoplástico* es el que disminuye su resistencia al aumentar el esfuerzo. Si este efecto es muy importante, como el caso marcado en la figura con línea discontinua, el fluido se denomina *plástico.* El caso límite de sustancia plástica es aquel que requiere un esfuerzo finito (límite de fluencia) antes de que fluya. La idealización del *fluido plástico de Bingham* se muestra en la figura; pero el comportamiento en la fluencia puede ser también no lineal. Un ejemplo de fluido plástico es la pasta de dientes, que no fluye al exterior hasta que por apretar el tubo se sobrepasa un cierto esfuerzo.

Una complicación adicional al comportamiento no newtoniano es el efecto transitorio que se muestra en la figura 1.6*b*. Algunos fluidos precisan un aumento gradual en el esfuerzo cortante para mantener constante la velocidad de deformación; a éstos se les denomina *reopécticos.* El caso opuesto es el de un fluido que requiere esfuerzos decrecientes; es el denominado *tixotrópico.* En este libro no se considerarán los efectos no newtonianos; para profundizar sobre éstos, véase la referencia 5.

Tensión superficial

Un líquido, al no ser capaz de expansionarse libremente, formará una *entrefase* con un segundo líquido o un gas. La físico-química de estas superficies es muy compleja, y existen libros enteros dedicados a esta especialidad [13]. Las moléculas inmersas en la masa líquida se repelen mutuamente debido a su proximidad, pero las moléculas de la superficie libre están en desequilibrio, y por ello la superficie está sometida a tensión. Estos efectos superficiales son los que englobamos en Mecánica de Fluidos dentro del concepto de tensión superficial.

Si en una entrefase se hace un corte de longitud dL, aparecen fuerzas iguales y opuestas en ambos lados del corte, de valor $\Upsilon\, dL$, perpendiculares al corte y coplanarias con la entrefase; a la magnitud Υ se la denomina *coeficiente de tensión superficial.* Las dimensiones de Υ son $\{F/L\}$, con unidades de newtones por metro en el SI y libras-fuerza por pie en el sistema británico. Un concepto alternativo procede de que para abrir el corte hasta un área dA se necesita un trabajo $\Upsilon\, dA$. Por ello, el coeficiente Υ puede ser considerado también como una energía por unidad de área de la entrefase, con las mismas unidades ya citadas.

Las dos entrefases más comunes son agua-aire y mercurio-aire. Con una superficie limpia a 20° C = 68° F, las tensiones superficiales son

$$\Upsilon = \begin{cases} 0{,}0050 \ \text{lbf/ft} = 0{,}073 \ \text{N/m} & \text{aire-agua} \\ 0{,}033 \ \text{lbf/ft} = 0{,}48 \ \text{N/m} & \text{aire-mercurio} \end{cases} \tag{1.48}$$

Estos valores pueden cambiar considerablemente si la superficie está contaminada. Generalmente, Υ decrece con la temperatura y es cero en el punto crítico.

Si la entrefase es una superficie curva, el equilibrio mecánico muestra que debe haber una diferencia de presiones entre ambos lados, estando la presión alta en el lado cóncavo. La figura 1.7 ilustra este aspecto. En la figura 1.7*a* se observa que el aumento de presión en el interior de un cilindro está equilibrado con las fuerzas en las dos generatrices

$$2RL\,\Delta p = 2\Upsilon L$$

o

$$\Delta p = \frac{\Upsilon}{R} \qquad (1.49)$$

No estamos teniendo en cuenta el peso del líquido en estos cálculos. En la figura 1.7*b* se puede ver que el aumento de presión en el interior de

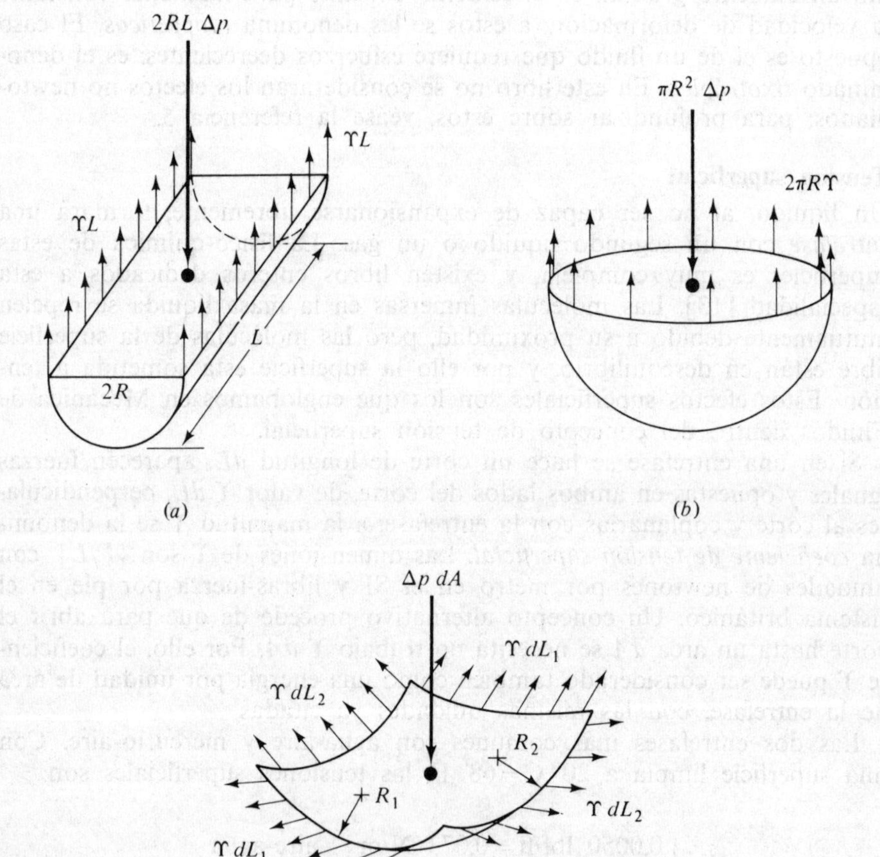

Fig. 1.7 Aumento de presión a través de una entrefase curvada por efecto de la tensión superficial: (*a*) en el interior de un cilindro líquido; (*b*) en el interior de una gota esférica; (*c*) en una entrefase de curvatura arbitraria.

una gota esférica equilibra una fuerza distribuida anularmente, debida a la tensión superficial de

$$\pi R^2 \, \Delta p = 2\pi R \Upsilon$$

o

$$\Delta p = \frac{2\Upsilon}{R} \tag{1.50}$$

Podemos usar este resultado para predecir el aumento de presión existente en el interior de una pompa de jabón, que tiene dos entrefases con el aire, una interior y otra exterior, prácticamente con el mismo radio R

$$\Delta p_{\text{pompa}} \approx 2 \;\; \Delta p_{\text{gota}} = \frac{4\Upsilon}{R} \tag{1.51}$$

La figura 1.7*c* muestra el caso general de una entrefase de forma arbitraria, cuyos radios principales de curvatura son R_1 y R_2. El equilibrio de fuerzas en dirección normal a la superficie indica que el aumento de presión en el lado cóncavo es

$$\Delta p = \Upsilon(R_1^{-1} + R_2^{-1}) \tag{1.52}$$

Las ecuaciones (1.49) a (1.51) se pueden obtener de esta relación general; por ejemplo, la ecuación (1.49) haciendo $R_1 = R$ y $R_2 = \infty$.

Un segundo efecto importante es el *ángulo de contacto* θ que aparece cuando la entrefase llega hasta una pared sólida, como en la figura 1.8. En el equilibrio de fuerzas contarán tanto Υ como θ. Si el ángulo de contacto es menor de 90°, se dice que el líquido *moja* al sólido. Si es mayor de 90° *no moja.* Por ejemplo, el agua moja al jabón, pero no moja la cera. El agua moja muy bien el vidrio limpio, con $\theta = 0°$. En una entrefase mercurio-aire-vidrio, $\theta = 130°$. Al igual que Υ, el ángulo de contacto es muy sensible a las condiciones físico-químicas de la superficie.

El ejemplo 1.13 ilustra cómo la tensión superficial da lugar al ascenso capilar en un tubo.

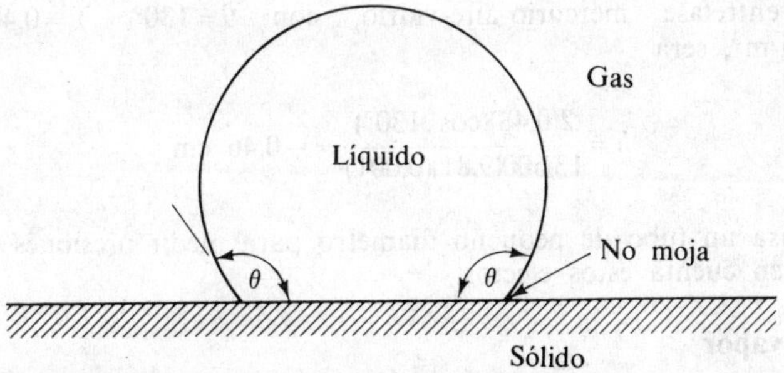

Fig. 1.8 Efecto del ángulo de contacto en una entrefase líquido-gas-sólido. Cuando $\theta < 90°$, el líquido «moja» al sólido; cuando $\theta > 90°$, el líquido «no moja».

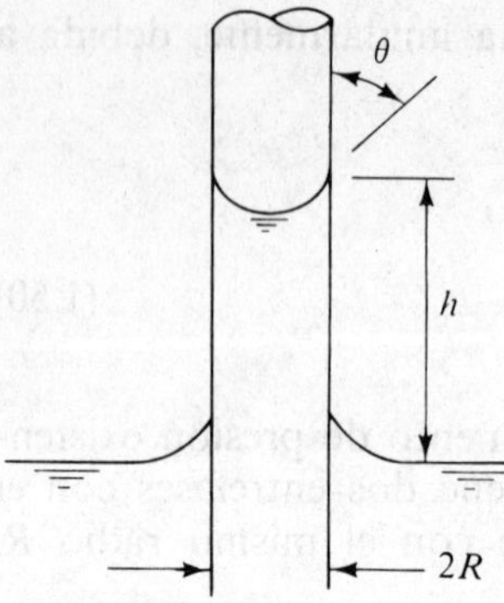

Fig. E1.13

EJEMPLO 1.13 Hallar una expresión para el ascenso capilar h en un tubo circular, de un líquido con tensión superficial Υ y ángulo de contacto θ, como muestra la figura E1.13.

Solución La componente vertical de la fuerza de tensión superficial en las paredes del tubo debe equilibrar al peso de la columna de agua de altura h

$$2\pi R\Upsilon \cos\theta = \rho g \pi R^2 h$$

Despejando h obtenemos

$$h = \frac{2\Upsilon \cos\theta}{\rho g R} \qquad \textit{Resp.}$$

Vemos que el ascenso capilar es inversamente proporcional al radio del tubo R y es positivo si $\theta < 90°$ (moja) y negativo (depresión capilar) si $\theta > 90°$.

Supongamos que $R = 1$ mm. El ascenso capilar para una entrefase agua-aire-vidrio, $\theta = 0°$, $\Upsilon = 0{,}073$ N/m y $\rho = 1000$ kg/m³ es

$$h = \frac{2(0{,}073\ \text{N/m})(\cos 0°)}{1000\,\text{kg/m}^3(9{,}81\ \text{m/s}^2)(0{,}001\ \text{m})} = 0{,}015\ (\text{N}\cdot\text{s}^2)/\text{kg} = 0{,}015\ \text{m} = 1{,}5\ \text{cm}$$

Para una entrefase mercurio-aire-vidrio, con $\theta = 130°$, $\Upsilon = 0{,}48$ N/m y $\rho = 13\,600$ kg/m³, será

$$h = \frac{2(0{,}48)(\cos 130°)}{13\,600(9{,}81)(0{,}001)} = -0{,}46\ \text{cm}$$

Cuando se usa un tubo de pequeño diámetro para medir presiones (Cap. 2), se deben tener en cuenta estos efectos.

Presión de vapor

La presión de vapor es la presión a la que un líquido hierve y está en equilibrio con su propio vapor. Por ejemplo, la presión de vapor del agua

Fig. 1.9 En los flujos a alta velocidad puede aparecer cavitación. En la fotografía se observan las burbujas asociadas a los torbellinos de punta de pala de una hélice de barco. (*Por cortesía del Garfield Thomas Water Tunnel, Pennsylvania State University.*)

a 20° C es 2337 Pa, mientras que la del mercurio es 0,168 Pa. Si la presión del líquido es mayor que la presión de vapor, el único intercambio entre líquido y vapor es la evaporación en la entrefase. Si la presión del líquido se acerca a la presión de vapor, comenzarán a aparecer burbujas de vapor en el líquido. Cuando el agua se calienta hasta 100° C, su presión de vapor sube hasta 101 300 Pa y por eso a la presión atmosférica normal hervirá. Cuando la presión del líquido cae por debajo de la presión de vapor debido al flujo, aparece la *cavitación*. Como veremos en el capítulo 2, si aceleramos al agua desde el reposo hasta unos 15 m/s, la presión desciende alrededor de 1 atm, o sea, 15 lbf/in^2. Esto producirá cavitación. La figura 1.9 muestra la cavitación que se presenta en la región de bajas presiones asociada a los torbellinos de punta de pala en una hélice de barco.

El parámetro adimensional que describe este fenómeno es el *número de cavitación*

$$\mathrm{Ca} = \frac{p_a - p_v}{\frac{1}{2}\rho V^2} \tag{1.53}$$

donde p_a = presión ambiente
p_v = presión de vapor
V = velocidad característica

Dependiendo de la geometría, un flujo dado tiene un valor crítico de Ca por debajo del cual comenzará la cavitación. Los valores de la tensión superficial y de la presión de vapor del agua se muestran en la Tabla 1.4.

Condiciones de no deslizamiento y continuidad de temperaturas

Cuando un fluido está limitado por una superficie sólida, las interacciones moleculares en la zona de contacto hacen que la superficie esté en equilibrio energético y mecánico con ella. Todos los líquidos están esencialmente en equilibrio con las superficies que los limitan. Los gases también, excepto bajo condiciones de extrema rarefacción [7]. Excluyendo estos últimos casos, todo fluido en contacto con una superficie sólida obedecerá a las condiciones

$$\mathbf{V}_{\text{fluido}} \equiv \mathbf{V}_{\text{pared}} \qquad \mathbf{T}_{\text{fluido}} \equiv \mathbf{T}_{\text{pared}} \tag{1.54}$$

Estas condiciones se denominan de *no deslizamiento* y *continuidad de temperaturas*, respectivamente; son *condiciones de contorno* en el análisis de los flujos limitados por superficies sólidas (Cap. 6). La figura 1.10 es un ejemplo clásico de la condición de no deslizamiento, en el flujo alrededor de una placa plana. El flujo en la parte superior es desordenado, turbulento, mientras que el flujo en la parte inferior es suave, laminar[1]. En

Tabla 1.4

TENSION SUPERFICIAL† Y PRESION DE VAPOR DEL AGUA PURA

T, °C	Υ, N/m	p_v, kPa
0	0,0756	0,611
10	0,0742	1,227
20	0,0728	2,337
30	0,0712	4,242
40	0,0696	7,375
50	0,0679	12,34
60	0,0662	19,92
70	0,0644	31,16
80	0,0626	47,35
90	0,0608	70,11
100	0,0589	101,33

† En contacto con el aire.

[1] Los flujos laminares y turbulentos se estudian en los capítulos 6 y 7.

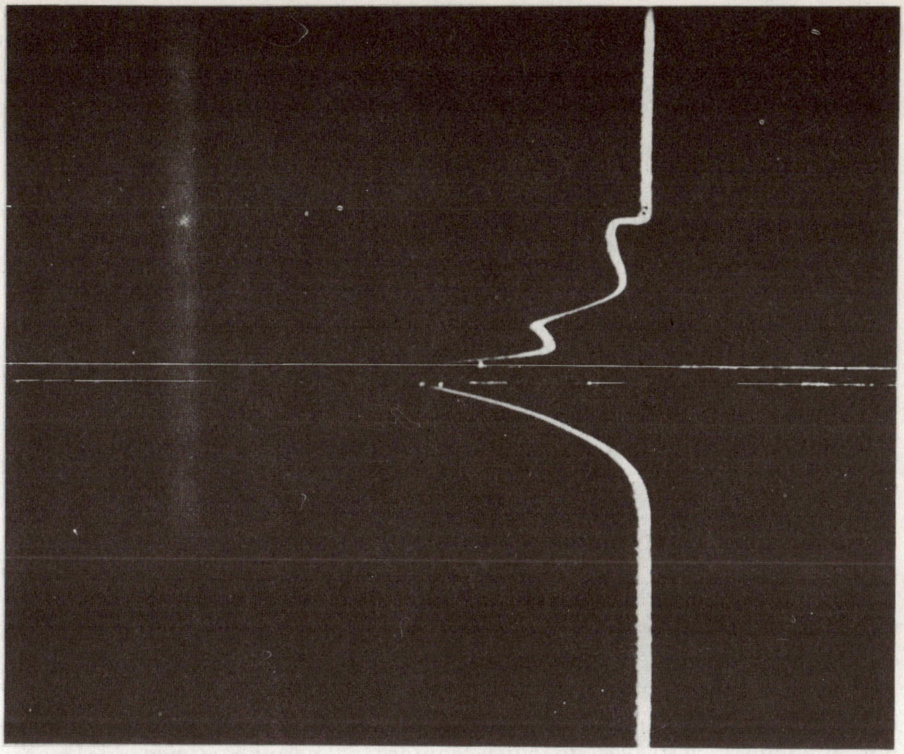

Fig. 1.10 Condición de no deslizamiento en el movimiento de agua alrededor de una placa plana. El flujo superior es turbulento; el inferior laminar. El perfil de velocidad se visualiza por medio de una línea de burbujas de hidrógeno producidas por un alambre puesto en el flujo. [*La fotografía procede de* Illustrated Experiments in Fluid Mechanics (*The NCFMF Book of Film Notes*), *National Committee for Fluid Mechanics Films, Education Development Center, Inc.*, 1972.]

ambos casos queda claro el no deslizamiento en la placa; el fluido toma la velocidad de ésta, nula en este caso por ser una placa fija. El perfil de velocidad se visualiza por medio de una línea de burbujas de hidrógeno producidas en un alambre puesto en el flujo.

En el análisis de los flujos no viscosos (Cap. 8), la condición de no deslizamiento puede ser suprimida parcialmente para disminuir las dificultades matemáticas del problema. En estos casos, el flujo puede «deslizar» sobre la superficie sólida, aunque no puede penetrar en ella si es impermeable

$$V_{\text{normal}}(\text{fluido}) \equiv V_{\text{normal}}(\text{sólido}) \qquad (1.55)$$

La velocidad tangencial V_t puede ser cualquiera. El análisis es mucho más sencillo, pero los flujos obtenidos pueden no ser reales.

1.8 TECNICAS BASICAS DE ANALISIS DE LOS FLUJOS

Hay tres vías posibles para abordar un problema fluidodinámico. Las tres son importantes y este libro trata de cubrirlas adecuadamente:

1. Volumen de control, o análisis *integral* (Cap. 3).
2. Partícula fluida, o análisis *diferencial* (Cap. 4).
3. Estudio experimental, o análisis *dimensional* (Cap. 5).

En todos los casos, el flujo debe satisfacer las tres leyes de conservación de la mecánica[1], más una relación de estado (termodinámica) y las condiciones iniciales y de contorno apropiadas:

1. Conservación de la masa (continuidad).
2. Conservación de la cantidad de movimiento (2.ª ley de Newton).
3. Conservación de la energía (primer principio de la termodinámica).
4. Una relación de estado como $\rho = \rho(p, T)$.
5. Condiciones de contorno sobre superficies sólidas, entrefases, etc.

En los análisis integral y diferencial, estas cinco leyes están expresadas en términos matemáticos y han de ser resueltas en el mismo sentido. En un estudio experimental, se supone que el fluido cumple estas relaciones de por sí.

Un volumen de control es una región finita, escogida cuidadosamente por el analista, a través de cuya frontera se permite el paso de masa, cantidad de movimiento o energía. El analista hace un balance entre las entradas y salidas, y los cambios que se operan en el interior del volumen de control. El método es muy poderoso pero demasiado global, ya que no tiene en cuenta los detalles del flujo. Aun así, esta técnica nunca fracasa en el papel de proporcionar cierta información cuantitativa.

Cuando aplicamos las leyes de conservación a un volumen infinitesimal o partícula fluida, obtenemos las ecuaciones diferenciales básicas del flujo. En un problema concreto, las ecuaciones deben ser integradas con las condiciones iniciales y de contorno adecuadas. Las soluciones analíticas exactas sólo se pueden hallar con facilidad en ciertos casos de geometrías o condiciones de contorno simples (Cap. 4). En general, la solución debe ser buscada por medio de integración numérica con ayuda de ordenador [1]. A veces incluso el ordenador falla por falta de memoria o por la imposibilidad de reproducir fielmente los detalles finos del flujo asociados a geometrías irregulares o a los flujos turbulentos. Realmente, el análisis diferencial promete más de lo que puede, aunque gracias a él se conocen bien diversos flujos.

Un experimento bien preparado es, a veces, la mejor manera de analizar un problema concreto. Las líneas maestras para planificar experimentos se presentan en el capítulo 5. Por ejemplo, ningún análisis teórico, ni

[1] En fluidos que sean mezclas, como el agua de mar, se necesita una cuarta, la de *conservación de las especies*. Como ejemplo véase la referencia 15, pág. 427.

diferencial ni integral, puede predecir con suficiente fiabilidad la resistencia y la fuerza lateral que se ejerce sobre un automóvil que circula por una autopista con viento cruzado. Este problema debe ser resuelto experimentalmente. La experimentación se puede hacer a escala real, o sea, con un automóvil real en una autopista y con viento cruzado. Para llevar a cabo estos análisis existen túneles aerodinámicos del tamaño suficiente. Sin embargo, lo normal es reproducir el fenómeno a escala en la fase de prediseño. Sin una interpretación adecuada, los resultados obtenidos con el modelo a escala pueden equivocar al diseñador (Cap. 5). Por ejemplo, el modelo puede no tener ciertos detalles de protuberancias o acabado superficial; o el «viento» producido en el túnel aerodinámico puede no tener las ráfagas turbulentas del viento real. El papel del ingeniero analista debe ser, pues, utilizando técnicas de análisis dimensional, preparar los experimentos que reproduzcan con la adecuada fidelidad los resultados que se obtendrán con el *prototipo* real.

Es posible realizar una clasificación de los tipos de flujos, aunque no hay acuerdo general en este punto. La mayor parte de las clasificaciones se refieren a las hipótesis ya mencionadas anteriormente. Vienen por parejas, de modo que un cierto flujo puede ser

Estacionario	o	no estacionario	(1.56*a*)
No viscoso	o	viscoso	(1.56*b*)
Incompresible	o	compresible	(1.56*c*)
Gas	o	líquido	(1.56*d*)

Como se ve en la figura 1.11, podemos escoger una hipótesis de cada pareja. Podemos tener un flujo estacionario, viscoso, compresible de gas o un flujo no estacionario, no viscoso e incompresible de líquido. Aunque no existe ningún fluido verdaderamente no viscoso, la hipótesis $\mu = 0$ es adecuada en muchos casos (Cap. 8). A menudo las hipótesis se solapan: un flujo puede ser viscoso en la capa límite inmediatamente próxima a una superficie sólida (Fig. 1.10) y prácticamente no viscoso lejos de ésta. La región viscosa del flujo puede ser laminar, turbulenta, o estar en transición, o con diversas zonas de los tres tipos. En un flujo pueden intervenir simultáneamente un gas, un líquido y la superficie libre o entrefase existente entre ambos (Cap. 10). Un flujo puede ser compresible en una región y tener densidad casi constante en otra. A pesar de ello, las

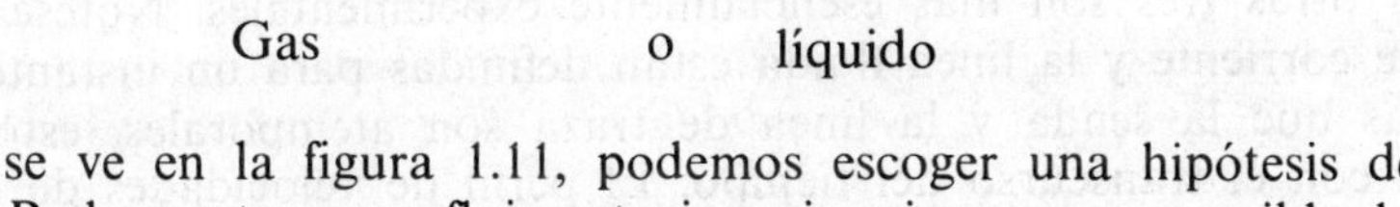

Fig. 1.11 ¿Dispuesto para el análisis de los flujos? Escoja entonces una hipótesis de cada casilla.

ecuaciones (1.56) y la figura 1.11 suministran las combinaciones básicas para analizar los flujos, y así, en los capítulos 6 a 10, intentaremos separarlas aislando las características propias de cada una de ellas.

1.9 DESCRIPCION DEL FLUJO: LINEAS DE CORRIENTE, SENDAS Y LINEAS DE TRAZA

Los problemas fluidomecánicos se pueden visualizar. El flujo puede ser visualizado de muchas maneras distintas, y observando las fotografías o las diversas representaciones gráficas posibles se pueden conocer cualitativa y cuantitativamente aspectos del mismo. El apéndice E presenta una lista de buenas películas que ilustran varios fenómenos fluidomecánicos.

Hay cuatro formas básicas de describir un flujo:

1. Una *línea de corriente* es aquella línea que en un instante dado es tangente al vector velocidad en todo punto.
2. Una *senda* es el camino seguido realmente por una partícula fluida.
3. Una *línea de traza* es el lugar geométrico de las partículas que en instantes sucesivos pasaron por un punto dado.
4. Una *línea fluida* es un conjunto de partículas fluidas que en un instante dado forman una línea.

La línea de corriente tiene un profundo sustrato matemático, mientras que las otras tres son más esencialmente experimentales. Nótese que la línea de corriente y la línea fluida están definidas para un instante dado, mientras que la senda y la línea de traza son atemporales, esto es, se forman con el transcurso del tiempo. El perfil de velocidades de la figura 1.10 es realmente una línea fluida generada por una descarga previa de burbujas por un alambre. Una senda se describe con las posiciones ocupadas en instantes sucesivos por una partícula marcada. Es difícil producir experimentalmente líneas de corriente en un flujo no estacionario, a menos que se marquen muchas partículas y se pueda conocer la dirección de la velocidad comparando las fotografías tomadas en instantes inmediatos [14]. Cuando el flujo es estacionario, la situación se simplifica notablemente:

Las líneas de corriente, sendas y líneas de traza coinciden.

Desde el punto de vista matemático, el resultado más útil de la visualización es la línea de corriente. La figura 1.12*a* muestra un conjunto típico de líneas de corriente y la figura 1.12*b* muestra una superficie denominada *tubo de corriente*. Por definición, el fluido contenido en el interior del tubo de corriente está confinado, ya que no puede atravesar las líneas de corriente; las paredes del tubo de corriente pueden ser, pues, tanto superficies sólidas como fluidas.

Las líneas de corriente se calculan a partir del campo de velocidades por medio de las relaciones geométricas expuestas en la figura 1.13. Dado

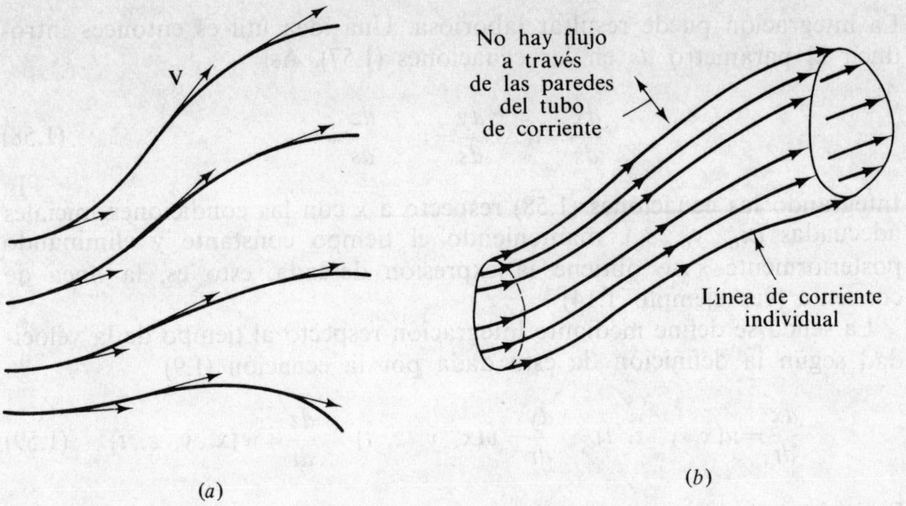

Fig. 1.12 El método más común de descripción de los flujos: (*a*) líneas de corriente, tangentes en todo punto al vector velocidad local; (*b*) tubo de corriente formado por un conjunto cerrado de líneas de corriente.

que la velocidad **V** debe ser localmente tangente al elemento de línea $d\mathbf{r}$, tendremos

$$\frac{dx}{u} = \frac{dy}{v} = \frac{dz}{w} = \frac{dr}{V} \tag{1.57}$$

Si las componentes u, v y w son funciones conocidas de la posición y del tiempo, las ecuaciones (1.57) pueden ser integradas, obteniéndose así la línea de corriente que en un cierto instante t_0 pasa por el punto (z_0, y_0, z_0).

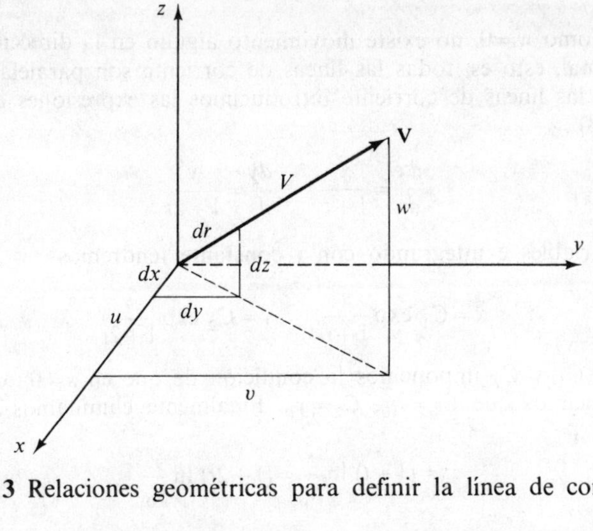

Fig. 1.13 Relaciones geométricas para definir la línea de corriente.

La integración puede resultar laboriosa. Una idea útil es entonces introducir el parámetro ds en las ecuaciones (1.57). Así

$$\frac{dx}{ds}=u \qquad \frac{dy}{ds}=v \qquad \frac{dz}{ds}=w \tag{1.58}$$

Integrando las ecuaciones (1.58) respecto a s con las condiciones iniciales adecuadas (x_0, y_0, z_0), manteniendo el tiempo constante y eliminando posteriormente s se obtiene la expresión deseada, esto es, la línea de corriente (ver ejemplo 1.14).

La senda se define mediante integración respecto al tiempo de la velocidad según la definición de ésta dada por la ecuación (1.9)

$$\frac{dx}{dt}=u(x, y, z, t) \qquad \frac{dy}{dt}=v(x, y, z, t) \qquad \frac{dz}{dt}=w(x, y, z, t) \tag{1.59}$$

En primer lugar se integra respecto al tiempo usando la condición (x_0, y_0, z_0, t_0). Después se elimina el tiempo para obtener la senda $f(x, y, z, t)$. De nuevo, la integración puede ser laboriosa (ver ejemplo 1.14).

Finalmente, para calcular la traza tomamos el resultado de la integración de la ecuación (1.59) y retenemos el tiempo como parámetro. Las constantes de integración deben ser tales que las sendas pasen por (x_0, y_0, z_0) en tiempo $\xi<t$. Eliminando después ξ obtenemos las líneas de traza. Esto se ilustra también en el ejemplo 1.14.

EJEMPLO 1.14 Una cierta distribución ideal de velocidad viene dada por

$$u=\frac{x}{1+t} \qquad v=\frac{y}{1+2t} \qquad w=0$$

Calcular y dibujar (*a*) la línea de corriente; (*b*) la senda, y (*c*) la línea de traza que en el instante $t=0$ pasa por el punto (x_0, y_0, z_0).

Solución (*a*) Como $w=0$, no existe movimiento alguno en la dirección z y el flujo es bidimensional, esto es, todas las líneas de corriente son paralelas al plano xy. Para calcular las líneas de corriente introducimos las expresiones de u y v en la ecuación (1.58)

$$\frac{dx}{ds}=\frac{x}{1+t} \qquad \frac{dy}{ds}=\frac{y}{1+2t}$$

Separando variables e integrando con t constante tendremos

$$x=C_1 \exp\frac{s}{1+t} \qquad y=C_2 \exp\frac{s}{1+2t}$$

Para calcular C_1 y C_2 imponemos la condición de que en $s=0$, $x=x_0$ e $y=y_0$. De aquí deducimos que $C_1=x_0$, $C_2=y_0$. Finalmente eliminamos s y queda

$$s=(1+t)\ln\frac{x}{x_0}=(1+2t)\ln\frac{y}{y_0}$$

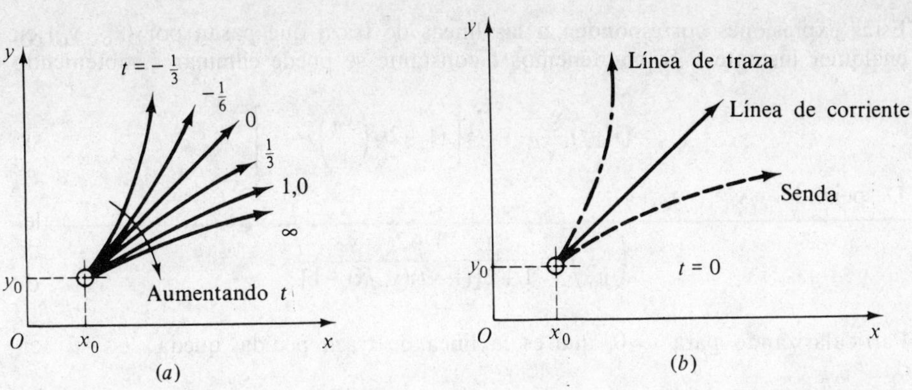

Fig. E1.14 (*a*) Líneas de corriente que pasan por $(x_0,\ y_0)$ en función del tiempo; (*b*) línea de corriente, senda y línea de traza que pasan por $(x_0,\ y_0)$ en el instante $t=0$.

Reagrupando en x e y ponemos:

$$y=y_0\left(\frac{x}{x_0}\right)^n \qquad \text{donde} \qquad n=\frac{1+t}{1+2t}$$

Esta es la ecuación de las líneas de corriente que pasan por $(x_0,\ y_0)$ en cualquier instante t. La variación con t queda bien reflejada en la figura E1.14*a*. Cuando $t\to\infty$, la ecuación queda $y/y_0=(x/x_0)^{1/2}$. En $t=0$ tendremos

$$\frac{y}{y_0}=\frac{x}{x_0} \qquad \textit{Resp. (a)}$$

que es una línea inclinada 45° que pasa por $(x_0,\ y_0)$. Esto se ha representado en la figura E1.14*b*.

(*b*) Las sendas se determinan integrando las ecuaciones (1.59):

$$\frac{dx}{dt}=\frac{x}{1+t} \qquad \frac{dy}{dt}=\frac{y}{1+2t}$$

Por supuesto, esta vez integramos con t como una variable, resultando

$$x=C_1(1+t) \qquad y=C_2(1+2t)^{1/2} \qquad (1)$$

Introduciendo la condición inicial $x=x_0$, $y=y_0$ para $t=0$, tenemos $C_1=x_0$ y $C_2=y_0$. Eliminando el tiempo tendremos

$$y=y_0\left[1+\left(\frac{x}{x_0}-1\right)\right]^{1/2} \qquad \textit{Resp. (b)}$$

Esta es la senda pedida. Al representarla, figura E1.14*b*, vemos que *no* coincide con la línea de corriente en $t=0$.

(*c*) Para hallar la traza, volvemos a la ecuación (1) y calculamos la familia de partículas que pasaron por $(x_0,\ y_0)$ en instantes $\xi<t$. Así tendremos

$$C_1=\frac{x_0}{1+\xi} \qquad C_2=\frac{y_0}{(1+2\xi)^{1/2}}$$

o

$$x=\frac{x_0(1+t)}{1+\xi} \qquad y=y_0\left(\frac{1+2t}{1+2\xi}\right)^{1/2}$$

Estas expresiones corresponden a las líneas de traza que pasan por (x_0, y_0) en cualquier instante t. Si mantenemos t constante se puede eliminar ξ, obteniendo

$$\xi=(1+t)\frac{x_0}{x}-1=\tfrac{1}{2}\left[(1+2t)\left(\frac{y_0}{y}\right)^2-1\right]$$

Despejando y/y_0

$$\left(\frac{y}{y_0}\right)^2=\frac{1+2t}{1+2[(1+t)(x_0/x)-1]}$$

Particularizando para $t=0$, que es la línea de traza pedida, queda

$$\frac{y}{y_0}=\left[1+2\left(\frac{x_0}{x}-1\right)\right]^{-1/2} \qquad \textit{Resp. (c)}$$

Esta línea aparece también representada en la figura E1.14*b*, y *no* coincide con la línea de corriente ni con la senda. Físicamente, la línea de traza refleja el comportamiento de las líneas de corriente antes del instante $t=0$, mientras que la senda refleja lo que ocurre después.

Aunque a primera vista parece un ejemplo complicado, permite un tratamiento matemático muy fácil. Si no piensa lo mismo, intente poner un campo de velocidades que incluya w, o en el que u y v varíen con x, y y t a la vez. En un caso general, resulta más sencillo estudiar la descripción del flujo visualizando con humo, tinta o burbujas que con papel y lápiz.

Una línea de traza se genera experimentalmente por medio de la inyeccción continua de partículas marcadas (tinta, humo o burbujas) desde un punto fijo. La figura 1.14 presenta dos ejemplos. El flujo de la figura 1.14*b* es no estacionario, aunque sí periódico, por la oscilación de la placa en la corriente. Vemos que la línea de traza (de puntos y rayas en la figura) no coincide ni con la senda ni con la línea de corriente que pasa por el mismo punto en el mismo instante. Esta característica es típica de los flujos no estacionarios; en la figura 1.14*a*, por el contrario, los filamentos de humo, que son realmente líneas de traza, sí coinciden con las sendas y las líneas de corriente. Ya destacamos anteriormente que esto ocurre cuando el flujo es estacionario, pues, al no cambiar la velocidad de magnitud ni dirección en ningún punto, todas las partículas siguen el camino de sus predecesoras.

Los métodos de visualización son:

1. Inyección de humo, tinta o burbujas.
2. Viruta o polvo sobre la superficie libre.
3. Partículas trazadoras con flotabilidad neutra.
4. Técnicas que detectan cambios en la densidad del fluido: método de las sombras, «Schlieren» e interferometría.
5. Hilos o lanas sujetos a las superficies que limitan el flujo.
6. Sustancias que se evaporan sobre las superficies sólidas.
7. Sustancias luminescentes, etc.

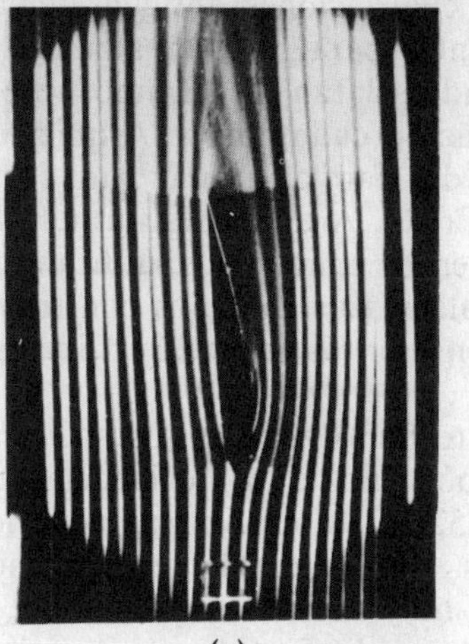

(*a*)

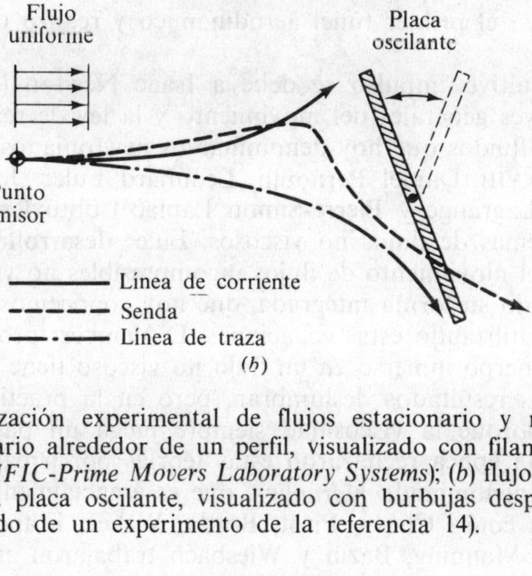

(*b*)

Fig. 1.14 Visualización experimental de flujos estacionario y no estacionario: (*a*) flujo estacionario alrededor de un perfil, visualizado con filamentos de humo (*C.A.A. SCIENTIFIC-Prime Movers Laboratory Systems*); (*b*) flujo no estacionario alrededor de una placa oscilante, visualizado con burbujas desprendidas de un punto fijo (tomado de un experimento de la referencia 14).

Estos métodos se presentan en las películas 17*b* y *c* del apéndice C. Las implicaciones matemáticas de la descripción del flujo mediante visualización se analizan con detalle en la referencia 16.

1.10 HISTORIA Y PERSPECTIVA DE LA MECANICA DE FLUIDOS

Como la mayor parte de las ciencias, la Mecánica de Fluidos tiene una historia de antecedentes lejanos aislados, después una época de descubrimientos fundamentales en los siglos XVIII y XIX y, finalmente, una época de «práctica actual», como denominamos a nuestros conocimientos ya bien establecidos. Las civilizaciones antiguas tenían conocimientos rudimentarios, pero suficientes para resolver algunos problemas. La navegación a vela y el regadío datan de tiempos prehistóricos. Los griegos introdujeron la información cuantitativa. Arquímedes y Herón de Alejandría postularon la ley del paralelogramo para la suma de vectores en el siglo tercero antes de Cristo. Arquímedes formuló las leyes de flotabilidad y las supo aplicar a cuerpos sumergidos, utilizando cierta forma de cálculo diferencial en su análisis. Los romanos construyeron multitud de acueductos, pero no dejaron escritos sobre los principios cuantitativos de sus diseños.

Hasta el Renacimiento hubo mejoras sustanciales en el diseño de naves, canales, etc., pero tampoco nos queda evidencia de los análisis realizados. Leonardo da Vinci (1452-1519) obtuvo una ecuación de continuidad para flujos unidimensionales. Fue un excelente experimentalista y en sus notas nos dejó descripciones muy reales sobre chorros, olas, resalto hidráulico, formación de torbellinos y diseños de cuerpos de baja y alta resistencia (cuerpos fuselados y paracaídas). Un francés, Edme Mariotte (1620-1684), construyó el primer túnel aerodinámico y realizó diversas pruebas en él.

Pero el definitivo impulso se debe a Isaac Newton (1642-1727), que propuso las leyes generales del movimiento y la ley de resistencia viscosa lineal para los fluidos que hoy denominamos newtonianos. Los matemáticos del siglo XVIII (Daniel Bernoulli, Leonhard Euler, Jean D'Alembert, Joseph-Louis Lagrange y Pierre-Simon Laplace) obtuvieron soluciones a muchos problemas de flujos no viscosos. Euler desarrolló las ecuaciones diferenciales del movimiento de flujos incompresibles no viscosos, y posteriormente dedujo su forma integrada, que hoy conocemos como ecuación de Bernoulli. Utilizando estas ecuaciones, D'Alembert propuso su famosa paradoja: un cuerpo inmerso en un flujo no viscoso tiene resistencia nula. Estos brillantes resultados deslumbran, pero en la práctica tienen pocas aplicaciones, porque la viscosidad siempre juega un papel crucial. Los ingenieros de la época rechazaron estas teorías por irreales y desarrollaron la ciencia denominada *hidráulica*, que es esencialmente empírica. Experimentalistas como Chézy, Pitot, Borda, Weber, Francis, Hagen, Poiseuille, Darcy, Manning, Bazin y Wiesbach trabajaron en gran variedad de flujos como canales abiertos, resistencia de barcos, flujos en tuberías, olas y turbinas. La mayor parte de los datos eran utilizados sin tener en cuenta los fundamentos físicos de los flujos.

Al final del siglo XIX comenzó la unificación entre hidráulicos e hidrodinámicos. William Froude (1810-1879) y su hijo Robert (1846-1924) desarrollaron leyes para el estudio con modelos a escala; Lord Rayleigh (1842-1919) propuso la técnica del análisis dimensional; y Osborne Reynolds (1842-1912) publicó en 1883 su clásico experimento, mostrando la importancia de los efectos viscosos a través de un parámetro adimensional, el número de Reynolds, como se denomina hoy a dicho parámetro. Mientras tanto, la teoría de los flujos viscosos que había sido desarrollada por Navier (1785-1836) y Stokes (1819-1903), añadiendo los términos viscosos a las ecuaciones del movimiento, permanecía en el olvido debido a su dificultad matemática. Fue entonces, en 1904, cuando un ingeniero alemán, Ludwig Prandtl (1875-1953), publicó el artículo quizá más importante de la historia de la Mecánica de Fluidos. Según Prandtl, en los flujos de fluidos poco viscosos como los del aire y del agua, el campo fluido puede dividirse en dos regiones: una capa viscosa delgada o capa límite en las proximidades de superficies sólidas y entrefases donde los efectos viscosos son importantes, y una región exterior que se puede analizar con las ecuaciones de Euler y Bernoulli. La teoría de la capa límite ha demostrado ser la herramienta más importante en el análisis de los flujos. Las aportaciones esenciales a la Mecánica de Fluidos durante el siglo XX son diversos trabajos teóricos y experimentales de Prandtl y de sus dos principales competidores, Theodore von Kármán (1881-1963) y Sir Geoffrey I. Taylor (1886-1975). La mayor parte de las contribuciones citadas en este breve resumen histórico serán expuestas detalladamente a lo largo del libro. Para una perspectiva más detallada se puede consultar la referencia 17.

Como la tierra está cubierta en un 75 por 100 por agua y en un 100 por 100 por aire, las posibilidades de la Mecánica de Fluidos son enormes y abarcan de alguna forma la totalidad de la actividad humana. Ciencias como la meteorología, la oceanografía o la hidrología versan sobre los flujos naturales, sin olvidar las implicaciones fluidomecánicas de la circulación sanguínea o la respiración. El transporte en general está relacionado con el movimiento de los fluidos, bien sea a través de la aerodinámica de los aviones y cohetes o de la hidrodinámica de barcos y submarinos. La casi totalidad de la energía eléctrica procede de turbinas hidráulicas o de vapor. Todos los problemas de combustión incluyen movimiento de fluidos, como también lo hacen las técnicas modernas de regadío, control de inundaciones, abastecimiento de agua y transporte de petróleo o gas por conductos. La finalidad de este libro es presentar los conceptos fundamentales y las aplicaciones prácticas de la Mecánica de Fluidos, para que el futuro ingeniero pueda adentrarse en cualquiera de los campos específicos señalados anteriormente y estar en condiciones de comprender los posibles desarrollos tecnológicos posteriores.

REFERENCIAS

1. P. J. Roache, «Computational Fluid Dynamics», Hermosa, Alburquerque, N.M., 1972.
2. T. Cebeci y A. M. O. Smith, «Analysis of Turbulent Boundary Layers», Academic, Nueva York, 1974.
3. V. A. Sandborn, «Class Notes for Experimental Methods in Fluid Mechanics», Colorado State University, Civil Engineering Department, Fort Collins, Colo., 1972.
4. P. Bradshaw, «Experimental Fluid Mechanics», Macmillan, Nueva York, 1964.
5. M. Reiner, «Deformation, Strain and Flow: An Elementary Introduction to Rheology», 3.ª ed., Lewis, Londres, 1969.

6. G. B. Wallis, «One-dimensional Two-Phase Flow», McGraw-Hill, Nueva York, 1969.
7. G. N. Patterson, «Introduction to the Kinetic Theory of Gas Flows», University of Toronto Press, Toronto, 1971.
8. «ASME Orientation and Guide for Use of SI Units», Guide No. SI-1, 7.ª ed., American Society of Mechanical Engineers, 1976.
9. J. P. Holman, «Heat Transfer», 3.ª ed., McGraw-Hill, Nueva York, 1972.
10. R. C. Reid, J. M. Pravsnitz, y T. K. Sherwood, «The Properties of Gases and Liquids», 3.ª ed., McGraw-Hill, Nueva York, 1977.
11. J. Hilsenrath y col., Tables of Thermodynamic and Transport Properties, *U.S. Nat. Bur. Stand Circ.* 564, 1955; reprinted Pergamon, Nueva York, 1960.
12. «ASME Steam Tables», American Society of Mechanical Engineers, Nueva York, 1967.
13. A. W. Adamson, «Physical Chemistry of Surfaces», Interscience, Nueva York, 1960.
14. National Committee for Fluid Mechanics Films, «Illustrated Experiments in Fluid Mechanics», M.I.T. Press, Cambridge, Mass., 1972.
15. G. Neumann y W. J. Pierson, Jr., «Principles of Physical Oceanography», Prentice-Hall, Englewood Cliffs, N.J., 1966.
16. I. G. Currie, «Fundamental Mechanics of Fluids», McGraw-Hill, Nueva York, 1974.
17. H. Rouse y S. Ince, «History of Hydraulics», Iowa Institute of Hydraulic Research, State University of Iowa, Ames, 1957.
18. W. Merzkirch, «Flow Visualization», Academic, Nueva York, 1974.

PELICULAS RECOMENDADAS

Películas 3, 4, 6, 13 y 16 del apéndice C.

PROBLEMAS

1.1 Si el número de Avogadro es $6{,}023 \times 10^{23}$ moléculas por mol, ¿cuántas moléculas habrá en 1 cm³ de (*a*) aire, (*b*) agua, (*c*) hidrógeno y (*d*) helio a 1 atm y 20° C?

1.2 Estimar el número de moléculas de la atmósfera terrestre.

1.3 Un gas comienza a desviarse de la hipótesis de medio continuo cuando hay menos de 10^{12} moléculas en 1 mm³. ¿A qué presión corresponde este límite en aire a 20° C?

1.4 Si un recipiente transparente está completamente lleno de líquido, transparente también, sin presentar ningún menisco o superficie libre, ¿cómo se puede saber si se trata de un líquido o de un gas?

1.5 Una medida que caracteriza si un gas se comporta como medio continuo o no, es el camino libre medio o distancia media entre colisiones. Según la teoría cinética [7], el camino libre medio es $1{,}26\mu\rho^{-1}(RT)^{-(1/2)}$, donde R es la constante del gas. ¿Cuál es la densidad del aire en kg/m³ cuando el camino libre medio es 1 cm?

1.6 ¿Hasta qué altura llegará 1 ft³ de agua vertida en un recipiente cónico de 18 pulgadas de altura y un diámetro en la base de 20 pulgadas? ¿Qué cantidad adicional de agua es necesaria para llenar el recipiente?

1.7 Responda si es correcto o falso: (*a*) Un fluido no puede soportar esfuerzos cortantes; (*b*) el flujo de fluidos no puede ser analizado sin teoría molecular; (*c*) tanto sólidos como fluidos deben satisfacer las leyes de la física; (*d*) el asfalto es un sólido; (*e*) una mezcla de agua y vapor es un fluido; (*f*) la consideración de medio continuo no es aplicable a flujos compresibles.

1.8 ¿Cuáles de las siguientes leyes físicas son apropiadas para el análisis del movimiento de los fluidos?: (*a*) ley de Boyle; (*b*) ley de Charles; (*c*) segunda ley de Newton; (*d*) ley de Ohm; (*e*) primer principio de la termodinámica; (*f*) ley de Hooke; (*g*) segundo principio de la termodinámica; (*h*) ley de los gases perfectos; (*i*) ley de Gibbs.

1.9 Si la ecuación (1.2) se escribe en la forma $F = ma/g_c$, ¿cuál es el valor de g_c (*a*) cuando la fuerza viene en libras-fuerza, la masa en libras y la aceleración en pies por segundo al cuadrado?; (*b*) cuando la fuerza está en dinas, la masa en gramos y la aceleración en cm/s^2; (*c*) cuando la fuerza está en unidades de kilogramo-fuerza, la masa en kg y la aceleración en metros por segundo al cuadrado.

1.10 En el sistema $\{MLT\Theta\}$, ¿cuál es la representación dimensional de (*a*) el momento de una fuerza; (*b*) el módulo de elasticidad; (*c*) la viscosidad cinemática; (*d*) el flujo másico; (*e*) la aceleración angular; (*f*) el flujo de calor, y (*g*) la entropía?

1.11 Una masa de 3 kg está en un planeta donde la aceleración de la gravedad es 5 m/s^2. (*a*) ¿Cuál es su masa en kilogramos?; (*b*) ¿cuál es su peso en newtones?; (*c*) ¿qué fuerza será necesaria para acelerarla a 2 m/s^2?

1.12 La densidad relativa de un gas es el cociente entre su densidad y la que tiene el aire en condiciones normales. ¿Cuál es la densidad relativa del hidrógeno a 100° C y 150 000 Pa?

1.13 El gas más pesado que conoce el autor es el hexafluoruro de uranio, UF_6. Calcular su densidad relativa a 20° C y 1 atm.

1.14 El *peso específico* de un fluido es su peso (en la tierra) por unidad de volumen, y equivale al producto de la densidad por la aceleración de la gravedad terrestre. Estimar, en N/m^3, el peso específico de (*a*) el hidrógeno del problema 1.12 y (*b*) el hexafluoruro de uranio del problema 1.13.

1.15 La densidad relativa de un líquido es el cociente entre su densidad y la del agua a 20° C y 1 atm. Si el peso específico de la gasolina es 44 lbf/ft^3, ¿cuál es su densidad relativa? ¿Cuál es la densidad relativa del mercurio a 20° C y 1 atm?

1.16 La viscosidad de un aceite SAE 30 a 20° C es aproximadamente 0,0092 slug/(ft · s). ¿Cuál es su viscosidad en el SI? Si su peso específico es 57 lbf/ft^3, ¿cuál es su viscosidad cinemática en unidades SI?

1.17 El calor específico c_p del aire en condiciones ambientales es 0,24 Btu/(lb °F), unidades muy útiles en problemas termodinámicos. En Mecánica de Fluidos es más conveniente expresarlo como velocidad al cuadrado por grado, como en la Tabla 1.2. ¿Cuál será entonces el calor específico del aire en unidades del sistema británico y del SI?

1.18 Hemos visto que las ecuaciones algebraicas como la de Bernoulli son dimensionalmente consistentes. ¿Son también consistentes las ecuaciones diferenciales físicas? Por ejemplo, determinar si la ecuación de conducción de calor

$$\rho c_p \, \partial T/\partial t = k \, \partial^2 T/\partial x^2$$

es dimensionalmente consistente. ¿Se puede generalizar este resultado?

1.19 El caballo de vapor (hp) es una unidad de potencia que equivale a 550 lbf · ft/s. ¿Cuántos kilowatios hora de energía produce un motor de 25 hp en 12 horas?

1.20 Una fórmula muy común en hidráulica es la fórmula de Hazen-Williams, para determinar el flujo volumétrico Q en una tubería de diámetro D con un gradiente de presión dp/dx

$$Q = 61{,}9\, D^{2,63} \left(\frac{dp}{dx} \right)^{0,54}$$

¿Cuáles son las dimensiones de la constante 61,9? ¿Puede aplicarse esta fórmula a diversos líquidos y gases?

1.21 Cierto campo de velocidades viene dado por $u = 2y$, $v = x$, $w = 0$. Obtener una expresión general del vector aceleración. Calcular (*a*) la aceleración local y (*b*) la aceleración convectiva en el punto $x = 3$, $y = 1$.

1.22 En el campo de velocidades del problema 1.21, y en $x = 3$, $y = 1$, calcular (*a*) la componente de la aceleración paralela al vector velocidad y (*b*) la componente normal a dicho vector. La respuesta *b* no es cero, ¿qué representa esto físicamente?

1.23 En el campo de velocidades del problema 1.21, hallar una expresión general para las líneas de corriente en el plano *xy*. Dibujar las correspondientes al primer cuadrante. ¿Cuál es la ecuación de la línea de corriente que pasa por el punto (3,1)?

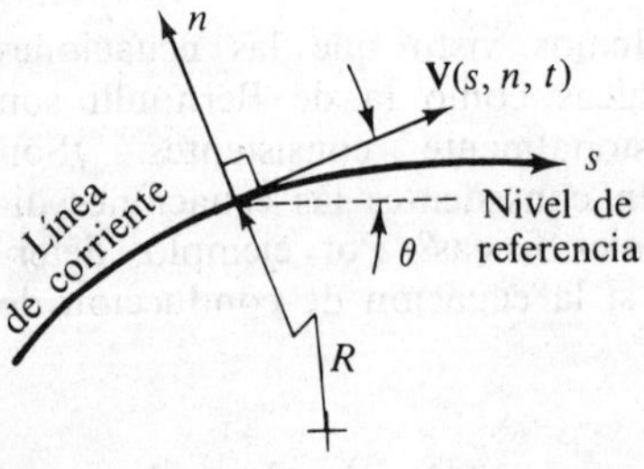

Fig. P1.24

1.24 A veces es conveniente utilizar un sistema curvilíneo de coordenadas «a lo largo de las líneas de corriente» (*s*, *n*), donde *s* es la coordenada tangencial a la línea de corriente y *n* es la normal en el propio plano de ésta, según se ve en la figura P1.24. Respecto a una línea cualquiera, la línea de corriente tiene una inclinación $\theta(s, n, t)$. Demostrar que las componentes de la aceleración según *s* y *n* se pueden escribir en la forma

$$a_s = \frac{\partial V}{\partial t} + V \frac{\partial V}{\partial s}$$

$$a_n = -V \frac{\partial \theta}{\partial t} + \frac{V^2}{R}$$

donde $R = \partial s / \partial \theta$ es el radio de curvatura de la línea de corriente.

1.25 La velocidad axial en el movimiento estacionario a través de una tobera cónica se puede expresar aproximadamente como

$$u = U_0 \left(1 - \frac{x}{L} \right)^{-2}$$

donde U_0 es la velocidad a la entrada y *L* la distancia al vértice aparente del cono. Calcular (*a*) la expresión general de la aceleración axial y (*b*) la aceleración en la entrada cuando $x = 1$ m, $U_0 = 5$ m/s y $L = 2$ m, expresada en unidades de *g*.

1.26 Un campo bidimensional de velocidades viene dado por

$$\mathbf{V} = (x^2 - y^2 + x)\mathbf{i} - (2xy + y)\mathbf{j}$$

en unidades arbitrarias. Calcular, en el punto (2,1), (*a*) las aceleraciones a_x y a_y, (*b*) la componente de la velocidad en la dirección $\theta = 30°$, (*c*) las direcciones de máxima velocidad y máxima aceleración.

1.27 El campo bidimensional de presiones $p = 4x^3 - 2y^2$, en unidades arbitrarias, está asociado a la velocidad del problema anterior. Calcular el valor de dp/dt en el punto (2,1).

1.28 En las proximidades de un punto de remanso bidimensional, la velocidad viene dada por $u = U_0 x/L$, $v = -U_0 y/L$ y $w = 0$. (*a*) Demostrar que el vector aceleración es puramente radial. (*b*) Si $L = 2$ ft, ¿cuál debe ser el valor de U_0 para que la aceleración en el punto $(L, L, 0)$ valga 30 ft/s²?

1.29 Demostrar que en coordenadas polares planas, $x = r\cos\theta$, $y = r \operatorname{sen}\theta$, las componentes radial y tangencial de la aceleración son

$$a_r = \frac{\partial v_r}{\partial t} + v_r \frac{\partial v_r}{\partial r} + \frac{v_\theta}{r}\frac{\partial v_r}{\partial \theta} - \frac{v_\theta^2}{r}$$

$$a_\theta = \frac{\partial v_\theta}{\partial t} + v_r \frac{\partial v_\theta}{\partial r} + \frac{v_\theta}{r}\frac{\partial v_\theta}{\partial \theta} + \frac{v_r v_\theta}{r}$$

1.30 Supongamos que una partícula fluida se mueve alrededor del origen describiendo una trayectoria circular de 2 m de radio y con $v_r = 0$ y $v_\theta = 3$ m/s. ¿Cuánto vale su aceleración radial y tangencial al pasar por el punto (0,2)?

1.31 El campo de velocidades en un difusor viene dado por $u = U_0 e^{-2x/L}$ y la densidad por $\rho = \rho_0 e^{-x/L}$. Calcular la derivada temporal de la densidad de las partículas fluidas al pasar por la sección $x = L$.

1.32 Cierto campo de velocidades viene dado, en unidades arbitrarias, por

$$\mathbf{V} = 2x^2\mathbf{i} - xy\mathbf{j} - 3xz\mathbf{k}$$

Hallar el flujo volumétrico Q a través del cuadrado de vértices (1, 0, 0), (1, 1, 0), (1, 1, 1) y (1, 0, 1).

1.33 Con el mismo campo de velocidades del problema anterior, calcular el flujo volumétrico que pasa a través del triángulo de vértices (1, 0, 0), (0, 1, 0) y (0, 0, 1).

1.34 El flujo a través de cierto conducto circular de radio r_0 tiene una velocidad axial dada por $u = U_0(1 - r^4/r_0^4)$. Calcular la velocidad media en función de U_0.

1.35 Si el fluido del problema anterior es agua a 20° C y 1 atm, ¿cuál es la velocidad en el eje U_0 si el radio vale 1 cm y el flujo másico es 1,2 kg/s?

1.36 Si el flujo volumétrico a través de la superficie superior de la figura P1.36 es igual a la diferencia entre la entrada y la salida de las secciones verticales, ¿cuánto vale dicho Q en función de U_0 y de s?

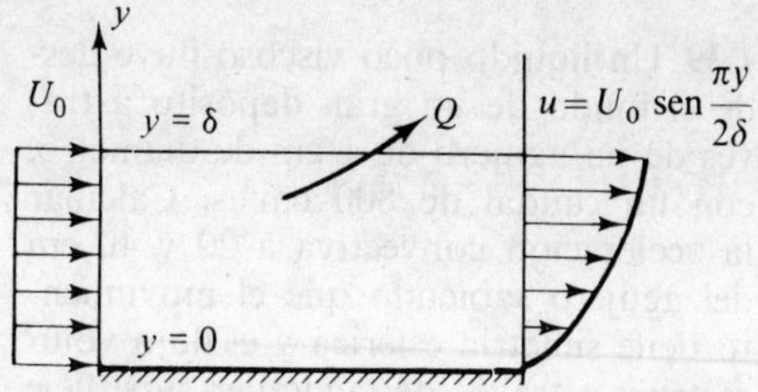

Fig. P1.36

1.37 El perfil de velocidades en la capa líquida de un rebosadero es aproximadamente

$$u = U_0 \left(\frac{y}{h}\right)^{1/7}$$

siendo h la profundidad. Si $U_0 = 1{,}5$ m/s, $h = 2$ m y la anchura es 20 m, ¿cuánto tiempo será necesario para que fluyan 10^6 m^3 de agua?

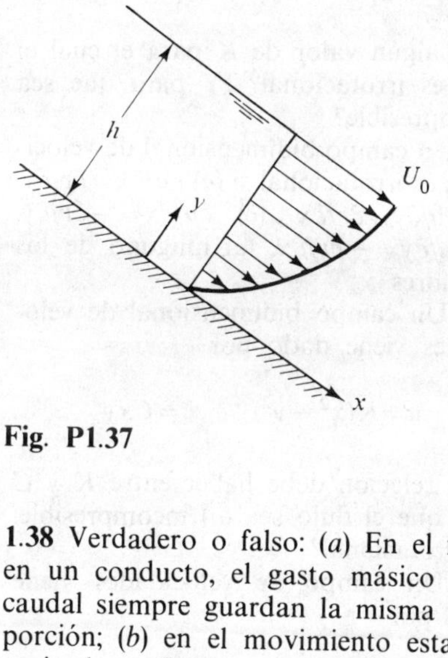

Fig. P1.37

1.38 Verdadero o falso: (*a*) En el flujo en un conducto, el gasto másico y el caudal siempre guardan la misma proporción; (*b*) en el movimiento estacionario de un fluido no puede haber aceleración; (*c*) en el flujo en un tubo, la velocidad media siempre es igual o menor que la máxima; (*d*) en el movimiento de un torbellino circular no hay aceleración; (*e*) en un movimiento no estacionario siempre hay aceleración.

1.39 Un líquido poco viscoso fluye desde el fondo de un gran depósito a través de un agujero de 1 cm de diámetro, con un caudal de 800 cm^3/s. Calcular la aceleración convectiva a 20 y 40 cm del agujero sabiendo que el movimiento tiene simetría esférica y el flujo volumétrico a través de cualquier superficie que se apoye en el fondo es el mismo.

1.40 Determinar si el campo de velocidades del problema 1.32 es incompresible, irrotacional, ambas cosas o ninguna de las dos.

1.41 Determinar la divergencia y el rotacional del campo de velocidades en (*a*) un torbellino viscoso, $v_r = 0$, $v_\theta = Kr$, y (*b*) un torbellino no viscoso, $v_\theta = K/r$, donde K es una constante. ¿Alguno de estos movimientos es potencial o incompresible?

1.42 Un campo de velocidades viene dado por

$$u = Kx \qquad v = y^2 + z \qquad w = 2z + y$$

¿Hay algún valor de K para el cual el flujo es irrotacional? ¿Y para que sea incompresible?

1.43 Un campo bidimensional de velocidades es irrotacional si (*a*) $\partial u/\partial x = \partial v/\partial y$, (*b*) $\partial u/\partial y = \partial v/\partial x$, (*c*) $\partial u/\partial x = -\partial v/\partial y$, (*d*) $\partial u/\partial y = -\partial v/\partial x$, (*e*) ninguno de los anteriores.

1.44 Un campo bidimensional de velocidades viene dado por

$$u = K(x^2 - y^2) \qquad v = Cxy$$

¿Qué relación debe haber entre K y C para que el flujo sea (*a*) incompresible; (*b*) irrotacional?

1.45 Un campo de velocidades viene dado por

$$u = 3t + x \qquad v = ? \qquad w = yz^2 + t$$

¿Cómo debe ser $v(x, y, z, t)$ para que el flujo sea (*a*) incompresible; (*b*) irrotacional?

1.46 El aire a 1 atm y 60° F tiene una energía interna de aproximadamente $u = 3{,}12 \times 10^6$ (ft · lb)/slug. Si se está moviendo a $V = 400$ ft/s y tiene energía potencial nula, ¿cuál es su energía total?

1.47 Si el nitrógeno tiene un peso molecular de 28, ¿cuál es, según la ley de gases perfectos, su densidad a 200 000 Pa y 50° C?

1.48 Un depósito contiene 3 ft^3 de aire a 70° F y 20 lbf/in^2. ¿Cuál es el peso del aire con $g = 32{,}2$ ft/s^2?

1.49 ¿Por qué tiene, según muestra la figura 1.4, el argón un valor tan elevado de γ?

1.50 Utilizando la ley de gases perfectos y la figura 1.4, calcular el calor específico c_p del dióxido de carbono a 1 atm y 1000 K en (*a*) ft · lb/slug °R, (*b*) en julios/kg K.

1.51 Si un gas ocupa 1 m^3 a 1 atm, ¿qué presión será necesaria para reducir dicho volumen en 1 por 100 bajo condiciones isotermas si el fluido es (*a*) aire; (*b*) argón, y (*c*) hidrógeno?

1.52 Si una cierta porción de agua ocupa 1 m^3 a 1 atm de presión, ¿qué presión se necesitará para reducir su volumen en 1 por 100 según la ecuación (1.38)?

1.53 Utilizando la ley de gases perfectos, calcular la densidad del vapor en slugs por pie cúbico a 1800° R y 4 atm y comparar estos valores con las Tablas ASME.

1.54 El módulo de compresibilidad isentrópico de un fluido se define en la forma

$$B = \rho\left(\frac{\partial p}{\partial \rho}\right)_s$$

y tiene dimensiones de presión o esfuerzo. Calcular su valor para (*a*) un gas perfecto y (*b*) agua en condiciones estándar en función de la presión atmosférica.

1.55 Si 1 m^3 de CO a 1 atm y 20° C se comprime isotérmicamente hasta 0,6 m^3, ¿cuáles serán su presión y su densidad?

1.56 Un gas tiene un peso molecular de 56 y un calor específico $c_v = 3000$ (ft · lb)/(slug · °R). ¿Cuál será su relación de calores específicos?

1.57 Calcular el cambio de entalpia del CO_2, suponiéndole gas perfecto, al pasar de 0 a 100° C. Dar el valor en julios por kilogramo.

1.58 Calcular hasta qué valor se reduce la densidad del agua si la presión desciende hasta cero.

1.59 ¿Qué significa el número 10 en la denominación aceite SAE 10?

1.60 El tetracloruro de carbono tiene una viscosidad de 0,00097 kg/(m·s) a 20° C. ¿Cuál es el esfuerzo cortante que se requiere para producir una velocidad de deformación de 500 s^{-1}?

1.61 Aceite SAE 10 es obligado a fluir, a 20° C, entre dos placas paralelas separadas 0,01 pulgadas y con una velocidad relativa de 15 ft/s. Calcular el esfuerzo cortante a que es sometido.

1.62 Conociendo la viscosidad μ del aire a 20° C por la Tabla 1.3, calcular su viscosidad a 1500° F a partir de (*a*) la fórmula potencial, (*b*) la fórmula de Sutherland, y comparar los resultados con el valor real de $9{,}1 \times 10^{-7}$ slug/(ft · s).

1.63 Conociendo la viscosidad μ del agua a 20° C por la Tabla 1.3, calcular su viscosidad a 90° C con la ecuación (1.46) y comparar el resultado con el valor real de 0,000317 kg/(m · s).

1.64 Clasificar las sustancias siguientes según su comportamiento reológico:

Pintura	Gelatina
Grasa	Margarina
Pasta de dientes	Caucho
Alquitrán	Mahonesa
Plastilina	Cerveza
Masilla	Champú

¿Alguno de ellos es un auténtico fluido según nuestra definición?

1.65 Un bloque plano de metal cuya masa es 30 lb se desliza sobre un plano inclinado 25°. Una película de aceite de 0,006 pulgadas de espesor y viscosidad de 0,002 slug/(ft·s) se extiende entre el bloque y el plano. El aceite y el bloque tienen una superficie de contacto de 1 ft^2. Calcular la velocidad terminal del bloque en ft/s.

1.66 Un eje de 8,00 cm de diámetro está alojado en una carcasa de 8,02 cm de diámetro interior y 30 cm de longitud. La holgura, que se supone uniforme, está llena con aceite de $\nu = 0{,}005$ m^2/s y densidad relativa 0,9. Si el eje se mueve axialmente a 0,5 m/s, calcular la fuerza de resistencia producida por el aceite.

1.67 El eje del problema anterior se supone fijo en sentido axial, pero gira a 1800 rpm. Calcular (*a*) el par resistente en newtones-metro, (*b*) la potencia en kilowatios que se necesita para producir este movimiento.

1.68 Un eje de acero (7850 kg/m^3) de 3 cm de diámetro y 40 cm de longitud cae por su propio peso dentro de un tubo vertical de 3,02 cm de diámetro interior. La holgura, que se supone uniforme, está llena de glicerina a 20° C. ¿Cuál será la velocidad terminal del eje de acero?

1.69 ¿Cuál será la velocidad terminal del problema anterior si la glicerina se calienta hasta 100° C?

1.70 Aire a 20° C forma una capa límite con un perfil de velocidad sinusoidal. El espesor de la capa límite es 6 mm y la velocidad máxima 10 m/s. Calcular el esfuerzo cortante en (*a*) $y = 0$; (*b*) 3 mm, y (*c*) 6 mm.

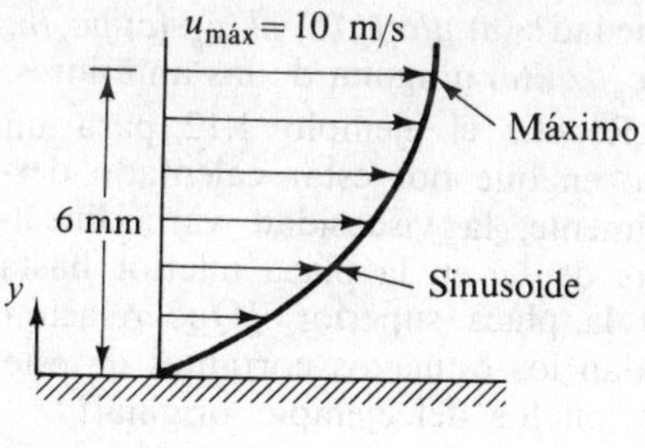

Fig. P1.70

1.71 Un cono sólido de ángulo 2θ, radio de la base r_0 y densidad ρ_c está girando con una velocidad angular ω_0 en su asiento cónico. La holgura h está llena de aceite de viscosidad μ. Despreciando la resistencia del aire, obtener

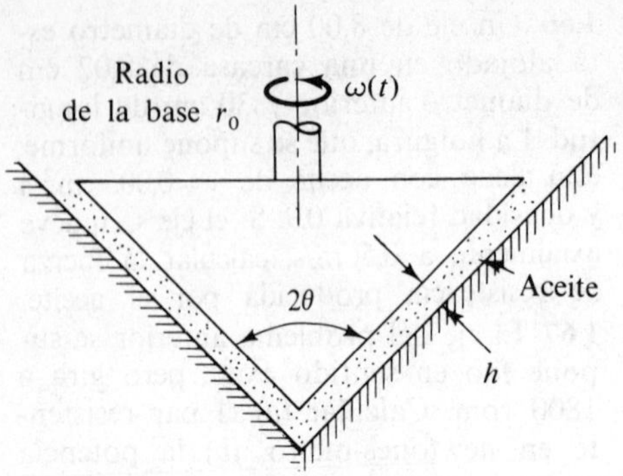

Fig. P1.71

una expresión que dé el tiempo necesario para reducir la velocidad angular hasta el 10 por 100 de su valor inicial, si no se aplica ningún par motor.

1.72 ¿Cuánto tiempo se tardaría, en el problema anterior, en llegarse a velocidad angular nula?

1.73 ¿Cuál es el número de Reynolds del problema 1.70, basado en la velocidad máxima y en el espesor de la capa límite?

1.74 Una propiedad adimensional de los fluidos, denominada número de Prandtl, importante en análisis de transferencia de calor, depende de la viscosidad, la conductividad térmica y el calor específico. ¿Cuál de las siguientes expresiones representa correctamente dicha propiedad?: (*a*) μ/c_pk; (*b*) $\mu k/c_p$; (*c*) $\mu c_p/k$; (*d*) $\mu c_p/k^2$; (*e*) ninguna de las anteriores.

1.75 Repetir el ejemplo 1.12 para un fluido en que por estar calentado desigualmente, la viscosidad varía linealmente de $\frac{1}{2}\mu$ en la placa inferior hasta μ en la placa superior. ¿Qué relación guardan los esfuerzos cortantes de este caso con los del ejemplo original?

1.76 Suponiendo que una burbuja de agua carbónica (soda) se comporta como una entrefase aire-agua con $\Upsilon = 0{,}005$ lbf/ft, ¿cuál es la sobrepresión en su interior si el diámetro de la burbuja es 0,004 pulgadas?

1.77 Deducir la ecuación (1.52) a partir del equilibrio de la entrefase esquematizada en la figura 1.7*c*.

1.78 Si la forma de la entrefase tiene una expresión funcional $\eta = \eta(x, y, t)$, demostrar que los términos de curvatura de la ecuación (1.52) pueden ser expresados como

$$R_1^{-1} + R_2^{-1} = \frac{\partial^2\eta/\partial x^2 + \partial^2\eta/\partial y^2}{[1 + (\partial\eta/\partial x)^2 + (\partial\eta/\partial y)^2]^{3/2}}$$

¿Bajo qué condiciones puede aproximarse por 1 el denominador, que es no lineal y por tanto de difícil manejo?

1.79 Analizar la forma de la entrefase agua-aire en las proximidades de una pared plana, suponiendo que la pendiente es pequeña y por tanto $R^{-1} \approx \approx d^2\eta/dx^2$, y que la diferencia de presión a través de aquélla está equilibrada por el peso de la altura de la entrefase, $\Delta p \approx \rho g \eta$. Las condiciones de contorno son: un ángulo de contacto θ en $x = 0$ y una superficie horizontal $\eta = 0$ al hacer $x \to \infty$. ¿Cuál es la máxima altura en la pared?

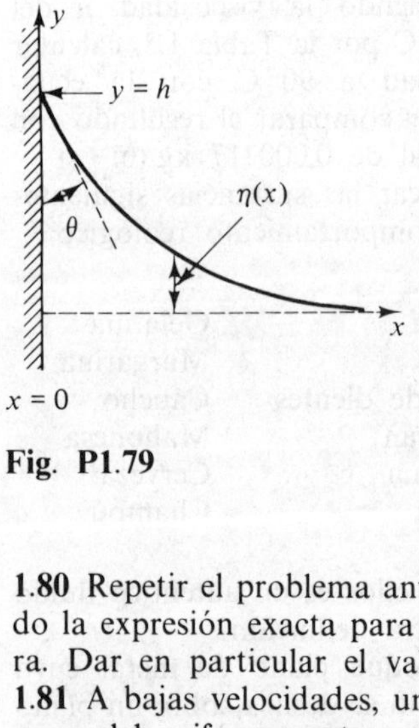

Fig. P1.79

1.80 Repetir el problema anterior usando la expresión exacta para la curvatura. Dar en particular el valor de *h*.

1.81 A bajas velocidades, un chorro de agua del grifo presenta una entrefase agua-aire aproximadamente cilíndrica. ¿Cuál es la sobrepresión interior si el diámetro del chorro es 2 mm y la temperatura 10° C?

1.82 Calcular el valor del ascenso capilar a 20° C en un tubo de vidrio de

1 mm de diámetro interior para (*a*) agua y (*b*) mercurio.

1.83 A 30° C, ¿cuál es el diámetro necesario para que en un tubo de vidrio el ascenso capilar del agua sea 1 mm?

1.84 Una pompa de jabón de 1 pulgada de diámetro tiene una sobrepresión interior de 0,004 lbf/in^2. Calcular la tensión superficial de la entrefase aire-agua jabonosa.

1.85 Obtener una expresión que nos dé el ascenso capilar de un fluido de tensión superficial Υ y ángulo de contacto θ entre dos placas paralelas verticales separadas una distancia W. ¿Cuál será el valor de h si $W=1$ mm en agua a 20° C?

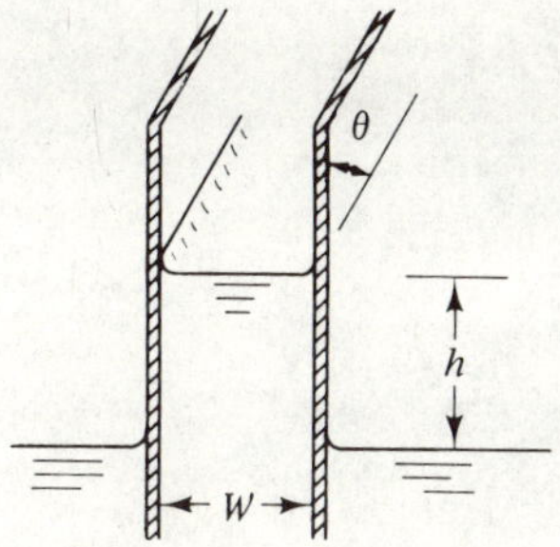

Fig. P1.85

1.86 Obtener una expresión que nos dé el ascenso capilar $h(x)$ que habrá entre dos placas que forman un ángulo 2θ, como indica la figura P1.86. La tensión superficial es Υ y la altura de las placas sobre el nivel del depósito es h_0.

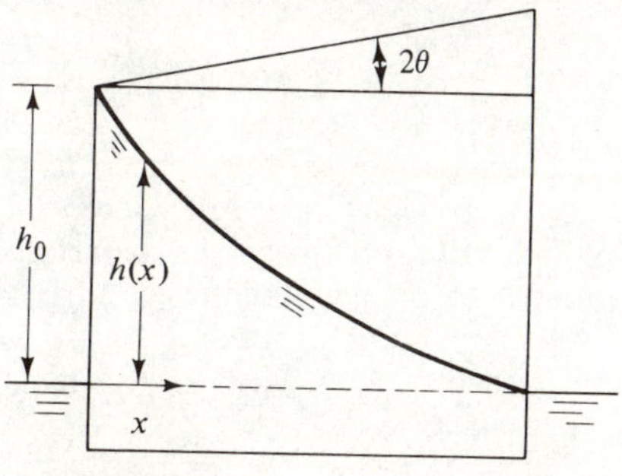

Fig. P1.86

1.87 Despreciando el peso del metal, ¿qué fuerza se necesitaría para levantar un anillo delgado de 4 cm de diámetro de la superficie del agua a 20° C? ¿Puede ser ésta una buena forma de medir la tensión superficial? ¿Debería ser el anillo de algún material determinado?

1.88 Una pompa de jabón esférica de diámetro d_1 coalesce con otra de diámetro d_2 para formar otra que contenga el aire de ambas y diámetro d_3. Suponiendo que el proceso es isotermo, dar una expresión analítica que nos relacione d_3 con d_1, d_2, la presión ambiente p_a y la tensión superficial Υ.

1.89 Resolver el problema anterior en el caso particular de que $d_1=2$ cm, $d_2=4$ cm, $p_a=101$ kPa y $\Upsilon=0{,}09$ N/m.

1.90 Un atomizador forma gotitas de agua de 50 μm de diámetro, ¿qué sobrepresión existe en su interior a 30° C?

1.91 En una bomba, la presión mínima se alcanza habitualmente en la entrada. Si la temperatura del agua es 30° C, ¿a qué presión a la entrada comenzará la cavitación?

1.92 ¿A qué temperatura hierve el agua en Bogotá (Colombia), que está a 8000 ft de altura?

1.93 Si 1 bar $=10^5$ Pa, ¿a qué presión en milibares hervirá el agua en la cima del Everest, a 9000 m?

1.94 Dar la expresión de las líneas de corriente para el punto de remanso del problema 1.28, y dibujarlas esquemáticamente.

1.95 Un campo de velocidades bidimensional y estacionario viene dado por $u=x^2-y^2$, $v=-2xy$. Obtener la expresión de las líneas de corriente y dibujarlas esquemáticamente en el semiplano $y>0$. *Nota:* la ecuación diferencial es exacta.

1.96 Los problemas 1.94 y 1.95 muestran la posibilidad de obtener las líneas de corriente a partir del campo de velocidades. ¿Es posible el proceso inverso, es decir, obtener el campo de velocidades a partir de las líneas de corriente?

1.97 Un campo de velocidades bidimensional no estacionario viene dado por $u = x(1 + 2t)$, $v = y$. Dar la expresión de las líneas de corriente que en diversos instantes pasan por el punto (x_0, y_0) y esquematizar alguna de ellas.

1.98 Repetir el problema 1.97 para determinar la senda que en $t = 0$ pasa por el punto (x_0, y_0) y dibujarla.

1.99 Repetir el problema 1.97 para determinar las líneas de traza que en diversos instantes pasan por el punto (x_0, y_0). Dibujar la correspondiente a $t = 0$.

1.100 Enumerar algunas de las contribuciones principales de Ludwig Prandtl, Theodore von Kármán y Sir Geoffrey I. Taylor a la Mecánica de Fluidos.

CAPITULO 2

DISTRIBUCION DE PRESIONES EN UN FLUIDO

2.1 PRESION Y GRADIENTE DE PRESION

En la figura 1.1 vimos que un fluido en reposo no puede soportar esfuerzo cortante y por ello el círculo de Mohr se reduce a un punto. En otras palabras, el esfuerzo normal sobre cualquier plano que pase por una partícula fluida en reposo es igual a un único valor denominado *presión del fluido p;* convencionalmente se considera positivo este esfuerzo a pesar de ser de compresión. Este concepto es tan importante que lo vamos a ver con otra perspectiva.

La figura 2.1 muestra una pequeña cuña de fluido en reposo de tamaño Δx por Δz por Δs y anchura b perpendicular al papel. Por definición no hay esfuerzo cortante, pero postulamos que las presiones p_x, p_z y p_s pueden ser diferentes. El peso del elemento puede ser importante también. La suma de fuerzas debe ser cero (no hay aceleración) en ninguna dirección

$$\Sigma F_x = 0 = p_x b\ \Delta z - p_n b\ \Delta s \operatorname{sen} \theta$$
$$\Sigma F_z = 0 = p_z b\ \Delta x - p_n b\ \Delta s \cos \theta - \tfrac{1}{2} \rho g b\ \Delta x\ \Delta z \qquad (2.1)$$

pero por la geometría de la cuña tenemos que

$$\Delta s \operatorname{sen} \theta = \Delta z \qquad \Delta s \cos \theta = \Delta x \qquad (2.2)$$

Sustituyendo en la ecuación (2.1) y reagrupando queda

$$p_x = p_n \qquad p_z = p_n + \tfrac{1}{2} \rho g\ \Delta z \qquad (2.3)$$

Estas expresiones muestran dos resultados importantes de la hidrostática: (1) no hay variación de presión en dirección horizontal y (2) hay una variación vertical proporcional a la densidad, la gravedad y la diferencia de alturas. Analizaremos exhaustivamente estos resultados a partir de la sección 2.3.

En el límite en que la cuña colapsa hasta ser «un punto», $\Delta z \to 0$ y las ecuaciones (2.3) quedan

$$p_x = p_z = p_n = p \qquad (2.4)$$

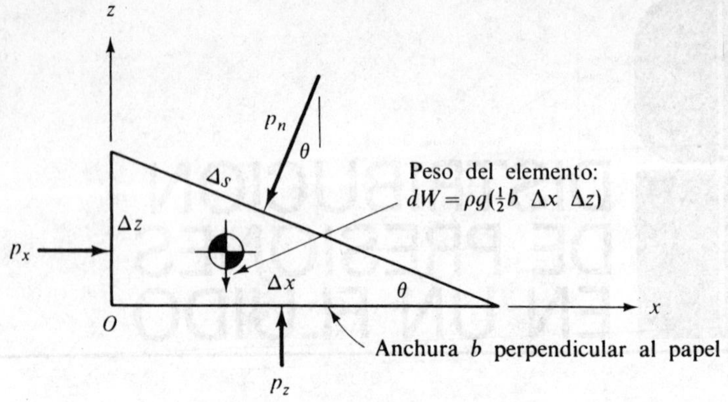

Fig. 2.1 Equilibrio de una pequeña cuña de fluido en reposo.

Como θ es arbitrario, concluimos que la presión p en cualquier punto de un fluido en reposo es independiente de la orientación.

¿Qué ocurre cuando el fluido se mueve? Como se vio en la sección 1.7, si hay velocidades de deformación habrá esfuerzos viscosos, tanto normales como tangenciales (Sec. 4.3). En este caso puede definirse la presión (ver Cap. 4) como la media de los tres esfuerzos normales que actúan sobre el elemento

$$p=-\tfrac{1}{3}(\sigma_{xx}+\sigma_{yy}+\sigma_{zz}) \qquad (2.5)$$

El signo negativo procede de que los esfuerzos de compresión se consideran normalmente negativos, mientras que la presión p es positiva. La ecuación (2.5) se usa en raras ocasiones, ya que la mayoría de los flujos viscosos tienen esfuerzos viscosos normales despreciables (ver Cap. 4).

Fuerzas de presión en una partícula fluida

La presión (o cualquier otro esfuerzo, para este particular) no produce fuerza resultante sobre una partícula fluida a menos que varíe *espacialmente*[1]. Para ver esto mejor, considere la presión que actúa sobre las dos caras perpendiculares al eje x de la figura 2.2. Supongamos que la presión varía arbitrariamente

$$p=p(x,\ y,\ z,\ t) \qquad (2.6)$$

La fuerza resultante en dirección x sobre el elemento de la figura 2.2 vendrá dada por

$$dF_x=p\ dy\ dz-\left(p+\frac{\partial p}{\partial x}\,dx\right)dy\ dz=-\frac{\partial p}{\partial x}\,dx\ dy\ dz \qquad (2.7)$$

[1] Una aplicación interesante de este enunciado a un volumen de control se muestra en la figura 3.7.

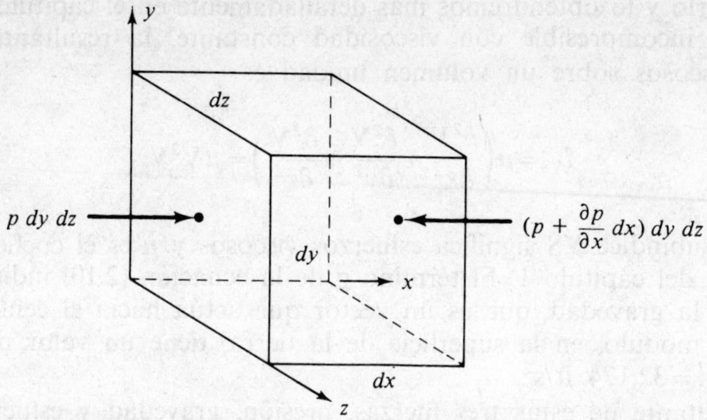

Fig. 2.2 Fuerza resultante en dirección x sobre un elemento, debida a variaciones de presión.

De la misma manera, la fuerza resultante dF_y depende de $-\partial p/\partial y$ y la componente dF_z de $-\partial p/\partial z$. El vector fuerza resultante sobre el elemento, debido a la presión, es

$$d\mathbf{F}_{\text{pres}} = \left(-\mathbf{i}\,\frac{\partial p}{\partial x} - \mathbf{j}\,\frac{\partial p}{\partial y} - \mathbf{k}\,\frac{\partial p}{\partial z}\right) dx\ dy\ dz \tag{2.8}$$

El término entre paréntesis es el opuesto al vector gradiente de p. Tomando f como resultante por unidad de volumen, reescribimos la ecuación (2.8) como

$$\mathbf{f}_{\text{pres}} = -\nabla p \tag{2.9}$$

Así, no es la presión, sino el *gradiente* de presión el causante de la fuerza que debe ser equilibrada por la gravedad, la aceleración u otro efecto en el fluido.

2.2 EQUILIBRIO DE UNA PARTICULA FLUIDA

El gradiente de presión es, pues, la resultante de fuerzas de superficie que actúa sobre la superficie de la partícula. Puede haber también fuerzas de *volumen*, debidas a efectos gravitatorios o electromagnéticos, actuando sobre toda la masa de la partícula. Aquí sólo consideraremos la fuerza de la gravedad, o peso del elemento

$$d\mathbf{F}_{\text{grav}} = \rho\mathbf{g}\ dx\ dy\ dz$$

o

$$\mathbf{f}_{\text{grav}} = \rho\mathbf{g} \tag{2.10}$$

En general puede haber también una fuerza de superficie debida al gradiente, si existe, de los esfuerzos viscosos. Escribimos este término aquí sin deducirlo y lo obtendremos más detalladamente en el capítulo 4. Para un fluido incompresible con viscosidad constante, la resultante de los efectos viscosos sobre un volumen unidad es

$$\mathbf{f}_{\mathrm{VS}}=\mu\left(\frac{\partial^2\mathbf{V}}{\partial x^2}+\frac{\partial^2\mathbf{V}}{\partial y^2}+\frac{\partial^2\mathbf{V}}{\partial z^2}\right)=\mu\,\nabla^2\mathbf{V} \tag{2.11}$$

donde el subíndice VS significa esfuerzos viscosos y μ es el coeficiente de viscosidad del capítulo 1. El término **g** de la ecuación (2.10) indica aceleración de la gravedad, que es un vector que actúa hacia el centro de la tierra. Su módulo, en la superficie de la tierra, tiene un valor medio de 9,807 $\mathrm{m/s^2}=32{,}174\ \mathrm{ft/s^2}$.

La resultante de estas tres fuerzas, presión, gravedad y esfuerzos viscosos, debe mantener a la partícula en equilibrio o bien producir una aceleración **a** en ésta. De la segunda ley de Newton, ecuación (1.2), tendremos

$$\rho\mathbf{a}=\Sigma\,\mathbf{f}=\mathbf{f}_{\mathrm{pres}}+\mathbf{f}_{\mathrm{grav}}+\mathbf{f}_{\mathrm{visc}}=-\nabla p+\rho\mathbf{g}+\mu\,\nabla^2\mathbf{V} \tag{2.12}$$

Que es una forma de la ecuación diferencial de cantidad de movimiento para una partícula fluida, que ampliaremos más detalladamente en el capítulo 4. La figura 2.3 muestra el vector suma implícito en la ecuación (2.12): la aceleración refleja el equilibrio local de fuerzas y no tiene por qué ser paralelo al vector velocidad local, que refleja la dirección del movimiento en ese instante.

El presente capítulo trata de aquellos casos en que la velocidad y la aceleración son conocidas, lo que nos permite calcular las variaciones de presión en el fluido. En capítulos posteriores se analizará el problema general en que tanto la presión como la velocidad y la aceleración son incógnitas. Reescribamos la ecuación (2.12) en la forma

$$\nabla p=\rho(\mathbf{g}-\mathbf{a})+\mu\,\nabla^2\mathbf{V}=\mathbf{B}(x,\ y,\ z,\ t) \tag{2.13}$$

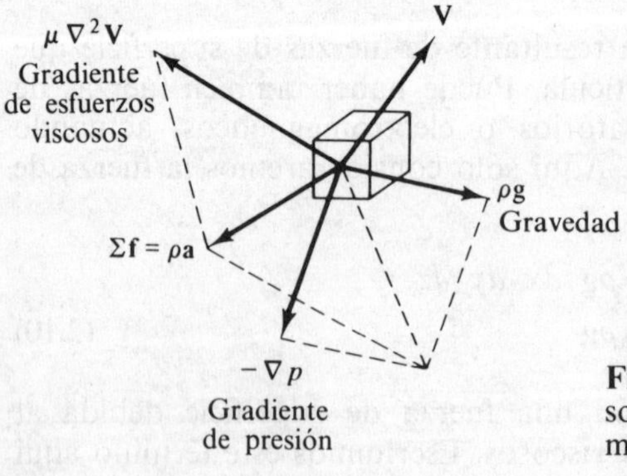

Fig. 2.3 Aceleración y fuerza resultante sobre una partícula fluida en movimiento.

donde **B** es el símbolo del vector suma del segundo miembro. Si **V** y $\mathbf{a} = d\mathbf{V}/dt$ son funciones conocidas del espacio y del tiempo y conocemos también la densidad y la viscosidad, podemos resolver la ecuación (2.13) mediante integración para hallar $p(x, y, z, t)$. La ecuación (2.13) es equivalente a tres ecuaciones diferenciales simultáneas de primer orden

$$\frac{\partial p}{\partial x} = B_x(x, y, z, t) \qquad \frac{\partial p}{\partial y} = B_y(x, y, z, t) \qquad \frac{\partial p}{\partial z} = B_z(x, y, z, t) \qquad (2.14)$$

Como los segundos miembros son conocidos, las ecuaciones pueden ser integradas sistemáticamente para obtener la distribución $p(x, y, z, t)$, salvo una función del tiempo, ya que no disponemos de una relación para $\partial p/\partial t$. Esta función extra se determina al conocer la variación temporal $p_0(t)$ en algún punto (x_0, y_0, z_0). Si el flujo es estacionario (independiente del tiempo), la función incógnita es una constante que se determina conociendo el valor de la presión p_0 en un punto (x_0, y_0, z_0). Aunque parezca complicado, no lo es: lo demostraremos con múltiples ejemplos. Hallar la distribución de presiones, conocida la de velocidades, es uno de los problemas más fáciles de Mecánica de Fluidos, y es por lo que lo ponemos en el capítulo 2.

Analizando la ecuación (2.13), podemos entresacar cuatro casos especiales:

1. Flujo en reposo o a velocidad constante: la aceleración y los esfuerzos viscosos desaparecen, y p depende sólo de la densidad y la gravedad. Es la condición *hidrostática.*
2. Traslación y giro como sólido rígido: el término viscoso desaparece, y p depende sólo del término $\rho(\mathbf{g} - \mathbf{a})$.
3. Movimiento irrotacional ($\nabla \times \mathbf{V} \equiv 0$): el término viscoso desaparece, y existe una integral primera denominada *ecuación de Bernoulli* para hallar la distribución de presiones.
4. Movimiento viscoso arbitrario: no hay ninguna ayuda particular, ni regla general, pero aun así la integración es sencilla.

Veremos estos casos en el orden señalado.

Presión absoluta, manométrica y de vacío

Antes de embarcarnos en los diversos casos señalados, debemos resaltar que los ingenieros suelen medir la presión de dos formas, denominando presión *absoluta* a la que está tomada respecto al nivel de presión nula y, por otro lado, todas las demás, referidas a la presión atmosférica local. Si la presión es superior a ésta, la diferencia se denomina presión *manométrica;* si es inferior se denomina presión *de vacío**. Estas denominaciones se

* No se debe confundir *presión de vacío* con *vacío*. La primera expresa la diferencia entre la presión atmosférica y la presión, según se indica en el texto; mientras que se denomina vacío a la presión absoluta cuando es muy pequeña (*N. del T.*).

ilustran en la figura 2.4. La presión atmosférica local es, por ejemplo, 93 380 Pa = 1950 lbf/ft^2, que puede reflejar condiciones de borrasca en una ciudad a nivel del mar, o condiciones normales en una ciudad que esté a 700 m. Esto lo escribiremos como $p_a = 1950$ lbf/ft^2 absoluta o 0 lbf/ft^2 manométrica o 0 lbf/ft^2 de vacío. Supongamos que un barómetro en un laboratorio señala una presión absoluta de 3000 lbf/ft^2. Esta presión es mayor que la atmosférica local y la diferencia será 3000 − 1950 = 1050 lbf/ft^2 manométrica. (Problema aparte será el determinar posteriormente cuál era el valor de p_a ese día.) Supongamos que otro barómetro señala 1200 lbf/ft^2 absoluta. Localmente ésta será una presión de vacío que se expresará como 1950 − 1200 = 750 lbf/ft^2 de vacío. (De nuevo puede necesitarse más tarde el valor de p_a para llevar a cabo los análisis precisos.) La presión manométrica es lo opuesto a la presión de vacío: 750 lbf/ft^2 manométrica = −750 lbf/ft^2 de vacío, pero valores con signo menos se utilizan muy pocas veces. De cuando en cuando especificaremos presión absoluta o manométrica para recordar estas definiciones.

2.3 DISTRIBUCION DE PRESIONES EN HIDROSTATICA

Cuando el fluido se mantiene en reposo o a velocidad constante, $\mathbf{a} = 0$ y $\nabla^2\mathbf{V} = 0$. La ecuación (2.13) se reduce entonces a

$$\nabla p = \rho \mathbf{g} \tag{2.15}$$

Esta es la distribución *hidrostática* y la expresión es correcta para todo fluido en reposo, no importa cuál sea su viscosidad, ya que el término viscoso se hace idénticamente nulo.

Recuérdese del análisis vectorial que el vector ∇p expresa la magnitud y dirección del máximo ritmo de variación espacial de la propiedad escalar p.

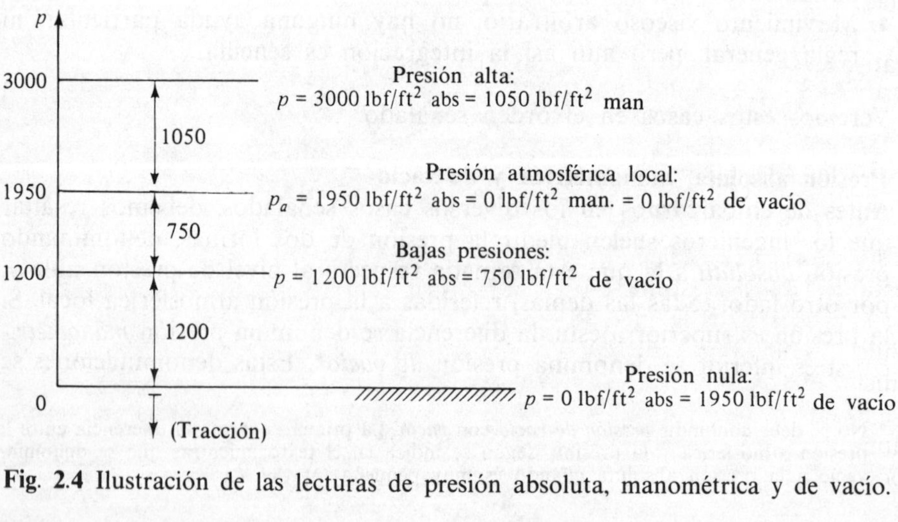

Fig. 2.4 Ilustración de las lecturas de presión absoluta, manométrica y de vacío.

Por ello, ∇p es perpendicular en todo punto a las superficies p constante. La ecuación (2.15) indica, pues, que en un fluido en equilibrio hidrostático las superficies de presión constante serán perpendiculares en todo punto al vector gravedad local. El máximo aumento de presión tendrá lugar en la dirección de la gravedad, esto es, «hacia abajo». Si el fluido es un líquido, su superficie libre, que estará a la presión atmosférica, será normal a la gravedad local, o sea, «horizontal». Probablemente el lector ya sabía esto de antes, pero la ecuación (2.15) es su prueba rigurosa.

En nuestro sistema de coordenadas habitual el eje z es «hacia arriba»; por eso el vector gravedad local debe ser representado por

$$\mathbf{g} = -g\mathbf{k} \tag{2.16}$$

donde g es la magnitud de la gravedad local, por ejemplo, 9,807 m/s^2. Con estas coordenadas, la ecuación (2.15) tiene las siguientes componentes:

$$\frac{\partial p}{\partial x} = 0 \qquad \frac{\partial p}{\partial y} = 0 \qquad \frac{\partial p}{\partial z} = -\rho g \tag{2.17}$$

Las dos primeras nos indican que p es independiente de x y de z. Entonces $\partial p/\partial z$ puede ser sustituido por la derivada total dp/dz, y la condición hidrostática se escribe

$$\frac{dp}{dz} = -\rho g$$

o

$$p_2 - p_1 = -\int_1^2 \rho g \, dz \tag{2.18}$$

La ecuación (2.18) es la solución del problema hidrostático. La integración requiere hipótesis acerca de las distribuciones de densidad y gravedad. Los gases y los líquidos se tratan habitualmente de distinta forma.

Podemos extraer las siguientes conclusiones sobre la condición hidrostática:

> En un fluido uniforme en reposo, que ocupa una región conexa, la presión varía sólo con la distancia vertical y es independiente de la forma del depósito. La presión en todos los puntos de un plano horizontal dado es la misma. La presión en el fluido aumenta con la profundidad.

Esto queda bien reflejado en la figura 2.5. La superficie libre del depósito está a la presión atmosférica y forma un plano horizontal. Los puntos a, b, c y d están a la misma profundidad e interconectados por el mismo fluido, agua; por tanto, todos los puntos tienen la misma presión. Lo mismo ocurre con los puntos A, B y C del fondo, todos los cuales tienen la misma presión, superior a la de a, b, c y d. Sin embargo, el punto D, aunque está a la misma profundidad que A, B y C, tiene distinta presión porque está debajo de un fluido diferente, mercurio.

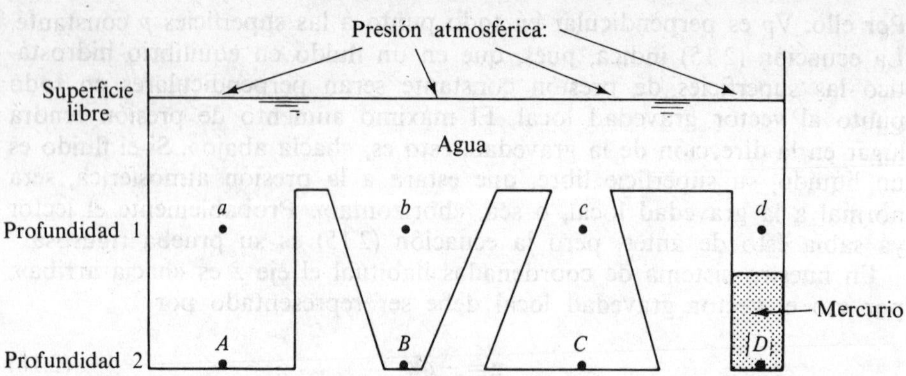

Fig. 2.5 Distribución de presión hidrostática. Los puntos *a, b, c* y *d* están a la misma profundidad dentro del agua y tienen, por tanto, presiones idénticas. Los puntos *A, B* y *C* están también a la misma profundidad en el agua y tienen presiones idénticas, mayores que la correspondiente a *a, b, c* y *d*. El punto *D* tiene presión diferente de *A, B* y *C* porque no está conectado con ellos a través del agua.

Efecto de una gravedad variable

En un planeta esférico de densidad uniforme, la aceleración de la gravedad varía inversamente proporcional al cuadrado de la distancia hasta su centro

$$g = g_0 \left(\frac{r_0}{r}\right)^2 \tag{2.19}$$

donde r_0 es el radio del planeta y g_0 la aceleración de la gravedad en la superficie. Para la tierra, $r_0 = 6400$ km. En los problemas ingenieriles típicos, las variaciones en la distancia al centro no sobrepasan los 11 km de las profundidades oceánicas o los 20 km de los vuelos supersónicos comerciales. Esto da una variación máxima de g de $(6400/6420)^2$, o sea, un 0,6 por 100. Por ello, en la mayoría de los problemas no se tendrá en cuenta la variación de g.

Presión hidrostática en líquidos

Los líquidos son tan incompresibles que podemos despreciar la variación de su densidad en hidrostática. En el ejemplo 1.11 vimos que la densidad del agua aumentaba un 4,6 por 100 tan sólo en la máxima profundidad oceánica. Sus efectos en hidrostática serían como máximo la mitad de esto, o sea, 2,3 por 100. Por eso supondremos que la densidad es constante en estos casos y la ecuación (2.18) se integra para dar

$$p_2 - p_1 = -\rho g (z_2 - z_1) \tag{2.20}$$

o

$$z_1 - z_2 = \frac{p_2}{\rho g} - \frac{p_1}{\rho g}$$

Se suele utilizar la expresión superior en la mayoría de los problemas. La cantidad ρg es denominada *peso específico* del fluido, con dimensiones de peso por unidad de volumen; algunos valores típicos aparecen tabulados en la Tabla 2.1. La cantidad $p/\rho g$ es una longitud denominada *carga* o *altura manométrica* del fluido.

En lagos y océanos, el sistema de coordenadas utilizado habitualmente es el de la figura 2.6, con $z=0$ en la superficie libre, donde p tiene el valor de la presión atmosférica p_a. Al introducir esto en la ecuación (2.20) tendremos, para el valor p de la presión a una profundidad z (de valor negativo),

Lagos y océanos: $$p = p_a - \rho g z \tag{2.21}$$

donde ρg es el peso específico medio en el océano o lago. Como veremos, la ecuación (2.21) es válida también en los niveles más bajos de la atmósfera, con un error del 2 por 100 a 300 m de altura.

EJEMPLO 2.1 El lago Newfound, un lago de agua dulce cerca de Bristol, New Hampshire, tiene una profundidad máxima de 60 m, y la presión atmosférica media es 91 kPa. Calcular la presión absoluta en kilopascales a la profundidad máxima.

Solución De la Tabla 2.1 tenemos que $\rho g \approx 9790\ \text{N/m}^3$. Con $p_a = 91$ kPa y $z = -60$ m, la ecuación (2.21) nos da una presión de

$$p = 91\ \text{kN/m}^2 - (9790\ \text{N/m}^3)(-60\ \text{m})\frac{1\ \text{kN}}{1000\ \text{N}} =$$

$$= 91\ \text{kPa} + 587\ \text{kN/m}^2 = 678\ \text{kPa}$$ *Resp.*

Presión hidrostática en gases

Los gases son compresibles, con densidad casi proporcional a la presión. La densidad debe ser considerada, pues, variable en la ecuación (2.18), si

Tabla 2.1

PESO ESPECIFICO DE VARIOS FLUIDOS

Fluido	Peso específico ρg a 68° F = 20° C	
	lbf/ft^3	N/m^3
Aire (a 1 atm)	0,0752	11,8
Alcohol etílico	49,2	7 733
Aceite SAE 30	57,3	8 996
Agua	62,4	9 790
Agua salada	64,0	10 050
Glicerina	78,7	12 360
Tetracloruro de carbono	99,1	15 570
Mercurio	846	132 800

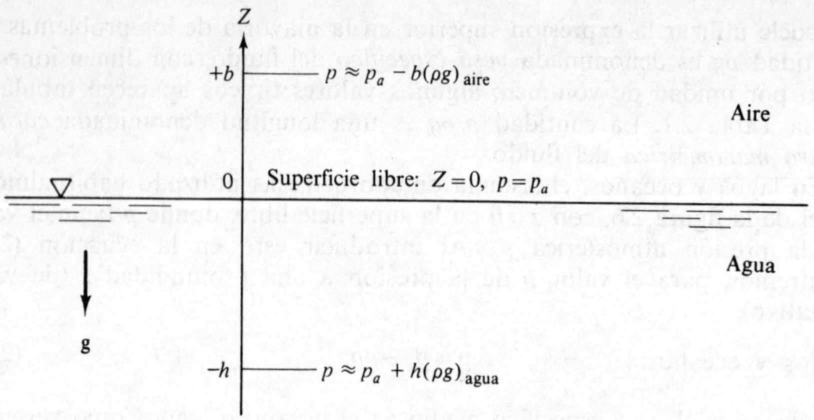

Fig. 2.6 Distribución de presión hidrostática en océanos y en la atmósfera.

la integración supone grandes cambios de presión. Pueden obtenerse resultados muy precisos utilizando la ley de gases perfectos junto con la ecuación (2.18)

$$\frac{dp}{dz} = -\rho g = -\frac{p}{RT} g \tag{2.22}$$

Separando variables e integrando entre 1 y 2, tenemos:

$$\int_1^2 \frac{dp}{p} = \ln \frac{p_2}{p_1} = -\frac{g}{R} \int_1^2 \frac{dz}{T} \tag{2.23}$$

La integración respecto a z requiere conocer la variación de temperatura $T(z)$. Una aproximación muy común es la de *atmósfera isoterma*, en que $T = T_0$:

$$p_2 = p_1 \exp\left[-\frac{g(z_2 - z_1)}{RT_0}\right] \tag{2.24}$$

La cantidad entre corchetes es adimensional. (Piénselo bien, debe ser adimensional, ¿de acuerdo?) La ecuación (2.24) es una buena aproximación para alturas pequeñas, pero realmente la temperatura atmosférica media disminuye casi linealmente con z hasta una altura de unos 11 000 m (36 000 ft):

$$T \approx T_0 - Bz \tag{2.25}$$

donde T_0 es la temperatura (absoluta) a nivel del mar y B es el *gradiente térmico*, los cuales pueden variar de día en día. Por acuerdo internacional

[1] se toman los siguientes valores para el intervalo de 0 a 11 000 m:

$$T_0 = 518{,}69° \text{ R} = 288{,}16 \text{ K} = 15° \text{ C}$$
$$B = 0{,}003566° \text{ R/ft} = 0{,}00650 \text{ K/m} \qquad (2.26)$$

Esta parte inferior de la atmósfera se denomina *troposfera.* Introduciendo la ecuación (2.25) en la (2.23) e integrando, tenemos una relación muy precisa

$$p = p_a\left(1 - \frac{Bz}{T_0}\right)^{g/RB} \qquad \text{donde } g/RB = 5{,}26 \text{ (aire)} \qquad (2.27)$$

en la troposfera, con $z=0$ a nivel del mar. El exponente g/RB es adimensional (de nuevo debe serlo) y tiene un valor estándar para aire de 5,26, con $R = 287 \text{ m}^2/(\text{s}^2 \cdot °\text{R})$.

La atmósfera estándar aparece esquematizada en la figura 2.7. La presión es casi nula a $z = 30$ km.

EJEMPLO 2.2 Si la presión atmosférica estándar es 101.300 Pa, calcular la presión estándar a una altura de 3 000 m (*a*) con la fórmula exacta y compararla con (*b*) la hipótesis de atmósfera isoterma y (*c*) la fórmula de densidad constante.

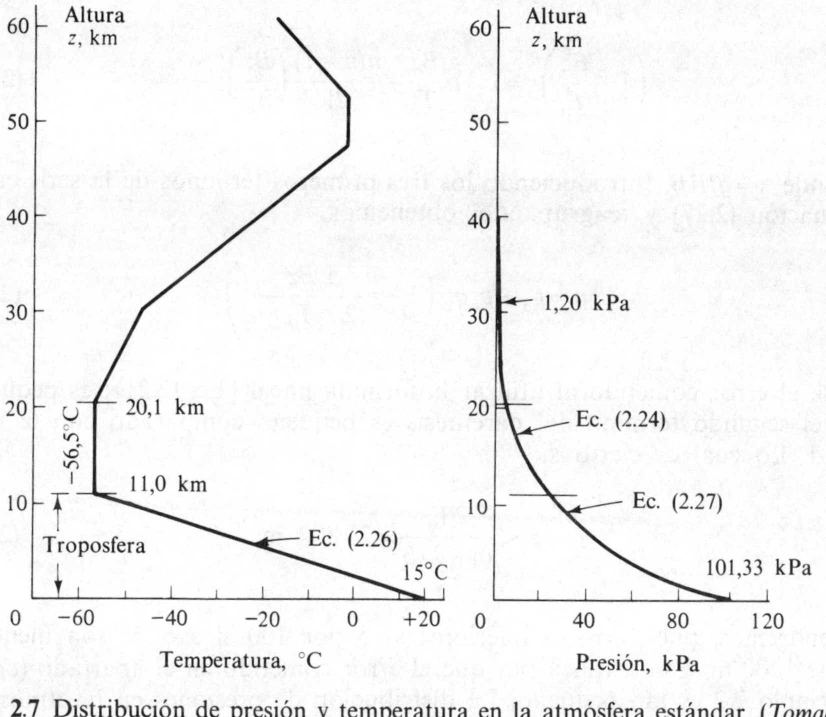

Fig. 2.7 Distribución de presión y temperatura en la atmósfera estándar. (*Tomada de la referencia* 1.)

Solución (*a*) La ecuación (2.27) nos da

$$p = p_a \left[\frac{1-(0{,}00650 \text{ K/m})(3000 \text{ m})}{(288{,}16 \text{ K})} \right]^{5,26} = p_a(0{,}9323)^{5,26} =$$
$$= 101\,300(0{,}6917) = 70\,070 \text{ Pa} = 70{,}07 \text{ kPa} \qquad \textit{Resp. (a)}$$

(*b*) La atmósfera isoterma, ecuación (2.24), con $p_1 = p_a$ a $z_1 = 0$:

$$p \approx p_a \exp\left\{ -\frac{(9{,}807 \text{ m/s}^2)(3000 \text{ m})}{[287 \text{ m}^2/(\text{s}^2 \cdot \text{K})](288{,}16 \text{ K})} \right\} =$$
$$= p_a \exp(-0{,}3557) = 101\,300\,(0{,}7006) = 70{,}98 \text{ kPa} \qquad \textit{Resp. (b)}$$

que es un 1,3 por 100 mayor que el resultado exacto.

(*c*) La relación lineal simple [Ec. (2.21)] es sorprendentemente fiable incluso a una altura de 3000 m. Tomando $\rho g \approx 11{,}8$ N/m^3 de la Tabla 2.1, tenemos

$$p \approx p_a - \rho g z = 101\,300 - (11{,}8 \text{ N/m}^3)(3000 \text{ m}) =$$
$$= 101\,300 - 35\,400 = 65\,900 \text{ Pa} = 65{,}90 \text{ kPa} \qquad \textit{Resp. (c)}$$

que es sólo un 6,0 por 100 menor que el resultado exacto.

El error que se comete al utilizar la aproximación lineal, ecuación (2.21), puede ser estimado desarrollando en serie la fórmula exacta [Ec. (2.27)]

$$\left(1 - \frac{Bz}{T_0}\right)^n = 1 - n\frac{Bz}{T_0} + \frac{n(n-1)}{2!}\left(\frac{Bz}{T_0}\right)^2 - \cdots \qquad (2.28)$$

donde $n = g/RB$. Introduciendo los tres primeros términos de la serie en la ecuación (2.27) y reagrupando, obtenemos

$$p = p_a - \rho_a g z \left(1 - \frac{n-1}{2}\frac{Bz}{T_0} + \cdots\right) \qquad (2.29)$$

Así, el error cometido al utilizar la fórmula lineal [Ec. (2.21)] es pequeño si el segundo término del paréntesis es pequeño comparado con la unidad. Lo cual es cierto si

$$z \ll \frac{2T_0}{(n-1)B} = 20\,800 \text{ m} \qquad (2.30)$$

Tendremos, pues, errores inferiores al 5 por 100 si z o δz son menores que 1000 m. Esto explica por qué el error cometido en el apartado (*c*) del ejemplo 2.2 es tan pequeño. La distribución de presiones en la atmósfera estándar viene dada en la Tabla A.5 del apéndice.

2.4 APLICACION A LA MEDIDA DE PRESIONES

En la ecuación (2.20) vemos que un cambio de altura $z_2 - z_1$ de un líquido es equivalente a una diferencia de presión de $(p_2 - p_1)/\rho g$. Por ello, para medir diferencias de presión entre dos puntos se pueden utilizar columnas estáticas de uno o más líquidos o gases. Un instrumento de este tipo se denomina *manómetro*. Si se utilizan varios fluidos se debe cambiar la densidad que aparece en la ecuación (2.20) al pasar de unos a otros. La figura 2.8 ilustra el procedimiento a seguir. Las variaciones de presión se calculan para cada fluido por separado. Si se quiere conocer la variación total $p_5 - p_1$, sumaremos las variaciones sucesivas $p_2 - p_1$, $p_3 - p_2$, $p_4 - p_3$ y $p_5 - p_4$. Los valores intermedios de p se cancelan y tenemos, para el ejemplo de la figura 2.8,

$$p_5 - p_1 = -\rho_0 g(z_2 - z_1) - \rho_w g(z_3 - z_2) - \rho_G g(z_4 - z_3) - \rho_M g(z_5 - z_4) \quad (2.31)$$

No se puede hacer ninguna simplificación adicional en el segundo miembro porque las densidades son diferentes. Nótese que hemos colocado los fluidos verticalmente en orden de menor a mayor densidad. Esta es la única configuración estable. Si los intentamos estratificar de cualquier otra forma, habrá una agitación y al cabo de un tiempo corto aparecerá la configuración estable.

La figura 2.9 muestra un manómetro simple abierto para medir la presión p_A de la cámara cerrada respecto a la presión atmosférica p_a; en otras palabras, para medir la presión manométrica. El fluido de la cámara se combina con otro fluido, por dos razones: (1) para proteger de los posibles efectos corrosivos del fluido de la cámara o (2) porque un fluido pesado necesitará menor z_2 y el tubo de medida podrá ser más corto. Aplicamos la relación hidrostática básica [Ec. (2.20)] en dos etapas, primero de z_A a z_1 y luego de z_1 a z_2:

$$p_A - p_1 = -\rho_1 g(z_A - z_1) \qquad p_1 - p_2 = -\rho_2 g(z_1 - z_2) \quad (2.32)$$

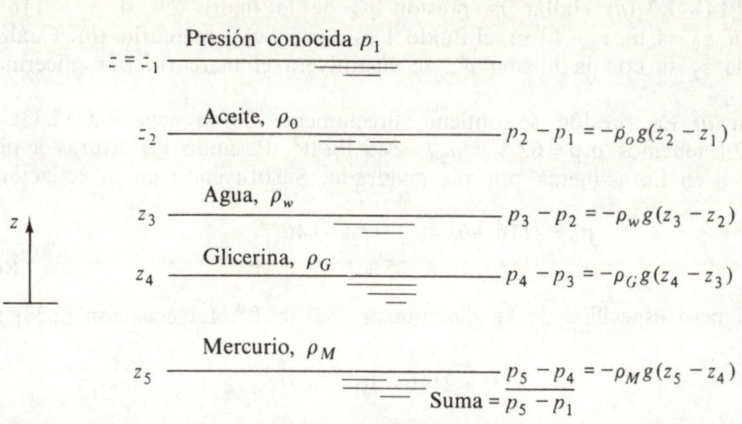

Fig. 2.8 Cálculo de las variaciones de presión a través de una serie vertical de fluidos diferentes.

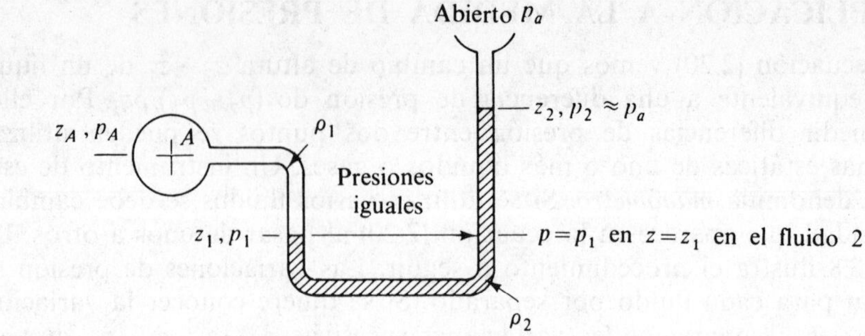

Fig. 2.9 Manómetro simple abierto para medir p_A relativa a la presión atmosférica.

El peso de la pequeña cantidad de aire existente entre z_2 y el extremo abierto se desprecia y suponemos que $p_2 \approx p_a$. Cuando sumamos las dos ecuaciones anteriores, p_1 se cancela y obtenemos el resultado deseado

$$p_A = p_a - \rho_1 g(z_A - z_1) - \rho_2 g(z_1 - z_2) \qquad (2.33)$$

Nótese que la presión al nivel z_1 es igual a p_1 en ambas ramas del tubo en U de la figura 2.9. Esto ocurre porque hay continuidad a través del fluido que conecta las dos ramas. La relación hidrostática [Ec. (2.20)] expresa de esta forma la ley de Pascal:

> Dos puntos cualesquiera, situados a la misma altura y unidos por una masa continua del mismo fluido en reposo, tendrán la misma presión.

Esta regla puede ser utilizada para facilitar los cálculos en problemas con tubos múltiples. Se puede saltar de una rama a otra si permanecemos dentro del mismo fluido.

EJEMPLO 2.3 (*a*) Hallar la presión p_A de la figura 2.9 si $p_a = 2116$ lbf/ft^2, $z_A = 7$ in, $z_1 = 4$ in, $z_2 = 13$ in, el fluido 1 es agua y el 2 mercurio. (*b*) ¿Cuál sería el valor de z_2 si, con la misma p_A, se sustituyera el mercurio por glicerina?

Solución (*a*) La presión se obtiene directamente de la ecuación (2.33). De la Tabla 2.1 tenemos $\rho_1 g = 62{,}4$ y $\rho_2 g = 846$ lbf/ft^2. Pasando las alturas a pies tendremos p en libras-fuerza por pie cuadrado. Sustituyendo en la ecuación (2.33)

$$p_A = 2116 - 62{,}4(\tfrac{7}{12} - \tfrac{4}{12}) - 846(\tfrac{4}{12} - \tfrac{13}{12}) =$$
$$= 2116 - 16 + 635 = 2735 \text{ lbf/ft}^2 \qquad \textit{Resp. (a)}$$

(*b*) El peso específico de la glicerina es 78,7 lbf/ft^3. La ecuación (2.33) nos da ahora

$$2735 = 2116 - 16 - 78{,}7(\tfrac{4}{12} - z_2)$$

o

$$z_2 = \frac{635}{78{,}7} + \frac{4}{12} = 8{,}4 \text{ ft} = 101 \text{ in} \qquad \textit{Resp. (b)}$$

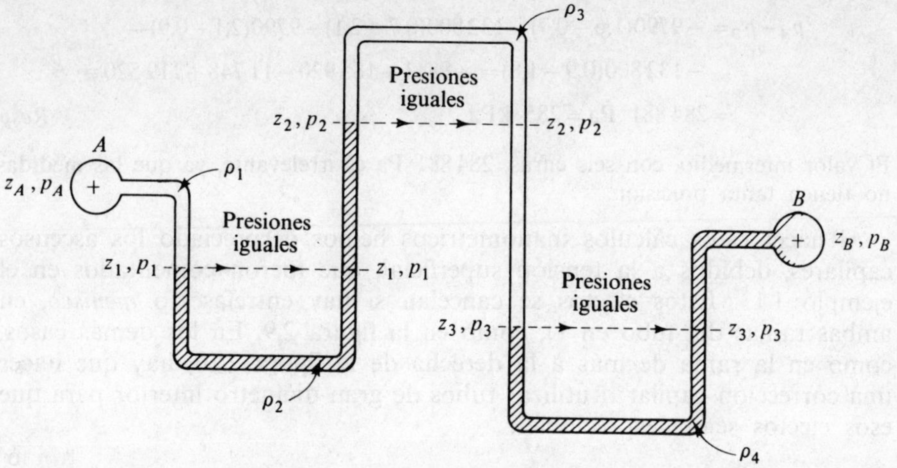

Fig. 2.10 Manómetro complicado de múltiples fluidos, para relacionar p_A con p_B. Este sistema no es especialmente práctico, pero puede ser un buen trabajo casero o un problema de examen.

Este caso requerirá un tubo en U mucho más alto y además tampoco sería bueno porque al cabo del tiempo la glicerina se mezcla con el agua.

En lugar de intentar acordarse de formulaciones manométricas, es más eficaz recordar la ecuación (2.20)[1] y deducir las relaciones adecuadas para las variaciones de presión en cada situación nueva. La figura 2.10 ilustra el problema de un manómetro de múltiples fluidos utilizado para hallar la diferencia de presión entre dos cámaras A y B, Aplicando repetidamente la ecuación (2.20) tenemos[1]

$$p_A - p_1 = -\rho_1 g(z_A - z_1) \qquad p_1 - p_2 = -\rho_2 g(z_1 - z_2)$$
$$p_2 - p_3 = -\rho_3 g(z_2 - z_3) \qquad p_3 - p_B = -\rho_4 g(z_3 - z_B) \qquad (2.34)$$

Sumando las cuatro diferenciales obtendríamos $p_A - p_B$.

EJEMPLO 2.4 Hallar la diferencia de presión $p_A - p_B$ en la figura 2.10 si $z_A = 1{,}6$ m, $z_1 = 0{,}7$ m, $z_2 = 2{,}1$ m, $z_3 = 0{,}9$ m, $z_4 = 1{,}8$ m, los fluidos 1 y 3 son agua y los 2 y 4 mercurio.

Solución Los pesos específicos del agua y del mercurio son 9790 y 132 800 N/m^3, respectivamente. Sustituyendo los valores numéricos en las expresiones de la ecuación (2.34), tenemos

[1] El autor prefiere, como regla nemotécnica, adscribir el signo menos a ρg, de forma que los subíndices de p y z se correspondan.

$$p_A - p_B = -9790(1{,}6-0{,}7) - 132\,800(0{,}7-2{,}1) - 9790(2{,}1-0{,}9) -$$

$$-132\,800(0{,}9-1{,}8) = -8811 + 185\,920 - 11\,748 + 119\,520 =$$

$$= 284\,881 \text{ Pa} = 285 \text{ kPa} \qquad \textit{Resp.}$$

El valor intermedio, con seis cifras, 284 881 Pa es irrelevante, ya que las medidas no tienen tanta precisión.

Al hacer estos cálculos manométricos hemos despreciado los ascensos capilares, debidos a la tensión superficial, que fueron comentados en el ejemplo 1.13. Estos efectos se cancelan si hay entrefase, o *menisco*, en ambas ramas del tubo en U, como en la figura 2.9. En los demás casos, como en la rama de más a la derecha de la figura 2.10, hay que hacer una corrección capilar o utilizar tubos de gran diámetro interior para que esos efectos sean despreciables.

2.5 FUERZAS HIDROSTATICAS SOBRE SUPERFICIES PLANAS

Un problema muy común en el diseño de estructuras que interaccionan con fluidos es el cálculo de la fuerza hidrostática sobre una superficie plana. Si despreciamos las variaciones de densidad en el fluido, podemos aplicar la ecuación (2.20), que nos indica que la presión sobre cualquier superficie sumergida varía linealmente con la profundidad. El caso de una superficie plana es análogo al problema de flexión y compresión combinadas en resistencia de materiales, en cuanto a la distribución lineal de esfuerzos que se presenta en ambos. El problema hidrostático se reduce, pues, a fórmulas simples que atañen al centroide o centro de gravedad y a los momentos de inercia de la sección plana.

La figura 2.11 muestra una placa de forma arbitraria sumergida completamente en un líquido. La placa forma un ángulo arbitrario θ con la superficie horizontal, de forma que la profundidad varía de un punto a otro de aquélla. Si h es la profundidad de un área elemental dA de la placa, según la ecuación (2.20) la presión sobre ésta será $p = p_a + \rho g h$.

Para deducir expresiones que tengan en cuenta la forma de la placa, tomemos un sistema de coordenadas xy sobre el plano de ésta con origen en su centroide, y una coordenada muda ξ que mide la distancia por debajo de la superficie en el plano de la placa. La fuerza hidrostática total sobre una cara de la placa será entonces

$$F = \int p \, dA = \int (p_a + \rho g h) dA = p_a A + \rho g \int h \, dA \tag{2.35}$$

La integral que queda se calcula teniendo en cuenta que, según la figura 2.11, $h = \xi \operatorname{sen} \theta$ y, por definición, la distancia del centroide a la superficie es tal que

$$\xi_{CG} = \frac{1}{A} \int \xi \, dA \tag{2.36}$$

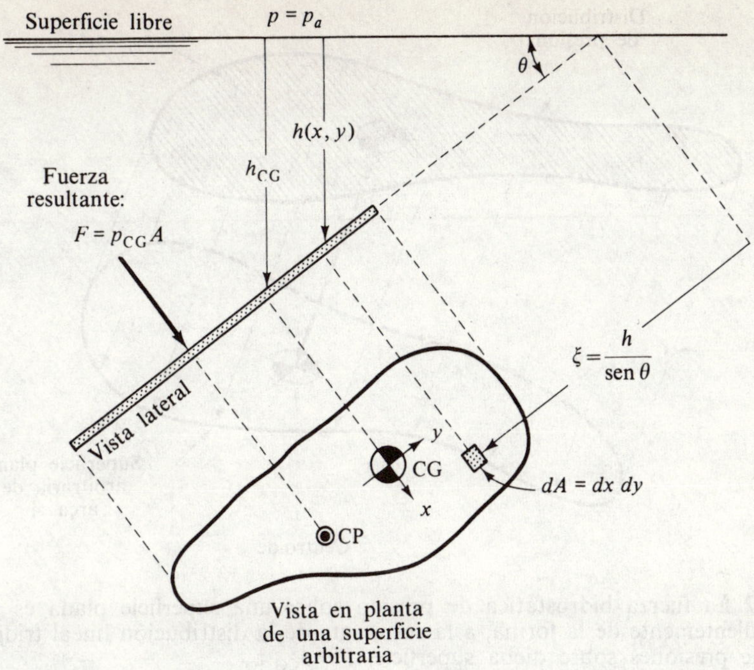

Fig. 2.11 Fuerza hidrostática y centro de presión sobre una superficie plana arbitraria de área A, inclinada un ángulo θ, debajo de la superficie libre.

Por tanto, como θ es constante sobre la placa, la ecuación (2.35) queda

$$F = p_a A + \rho g \text{ sen}\,\theta \int \xi\, dA = p_a A + \rho g \text{ sen}\,\theta\, \xi_{CG} A \tag{2.37}$$

Finalmente, recordando que $\xi_{CG} \text{ sen}\,\theta = h_{CG}$ es la profundidad del centroide de la placa, tendremos

$$F = p_a A + \rho g h_{CG} A = (p_a + \rho g h_{CG}) A = p_{CG} A \tag{2.38}$$

La fuerza sobre una cara de cualquier superficie plana sumergida en un fluido uniforme es igual a la presión que hay en el centro de gravedad de dicha cara por su área, independientemente de la forma de la placa o de su ángulo de inclinación θ.

La ecuación (2.38) puede ser visualizada físicamente en la figura 2.12 como la resultante de una distribución lineal de esfuerzos sobre la placa. Esto es semejante a la flexión y compresión combinadas sobre una viga de la misma sección transversal. Ocurre que la parte del esfuerzo que procede de la «flexión» da resultante nula si su «eje neutro» pasa por el centro de gravedad de la sección. La parte resultante, procedente de la «compresión», es la que produce la fuerza resultante, igual al esfuerzo

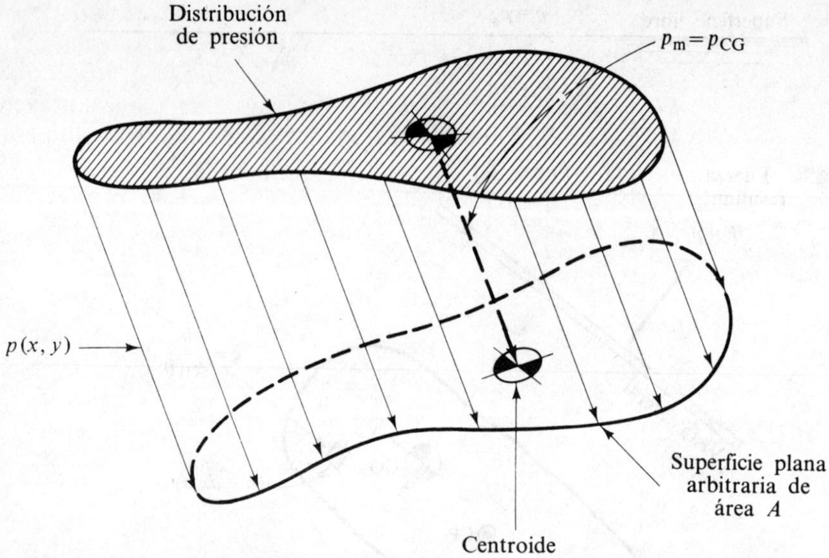

Fig. 2.12 La fuerza hidrostática de presión sobre una superficie plana es igual, independientemente de la forma, a la resultante de la distribución lineal tridimensional de presiones sobre dicha superficie, $F = p_{CG} A$.

existente en el centro de gravedad por el área de la sección. Este resultado es el que expresa la ecuación (2.38).

Sin embargo, para equilibrar la contribución de la flexión, la fuerza resultante F no debe actuar en el centroide, sino más abajo, hacia la zona de presiones más elevadas. Su línea de acción pasará por el *centro de presiones* CP de la placa, como se indica en la figura 2.11. Para hallar las coordenadas (X_{CP}, Y_{CP}), sumamos los momentos de todas las fuerzas elementales $p\,dA$ respecto al centro de gravedad e igualamos al momento de la resultante F. Para calcular Y_{CP}, haremos

$$F y_{CP} = \int yp\ dA = \int y(p_a + \rho g \xi \ \text{sen}\,\theta)\, dA = \rho g \ \text{sen}\,\theta \int y\xi\ dA \quad (2.39)$$

El término $\int p_a y\ dA$ se anula por definición de centro de gravedad. Introduciendo $\xi = \xi_{CG} - y$, obtenemos

$$F y_{CP} = \rho g \ \text{sen}\,\theta \left(\xi_{CG} \int y\ dA - \int y^2\ dA \right) = -\rho g \ \text{sen}\,\theta\, I_{xx} \quad (2.40)$$

donde de nuevo $\int y\ dA = 0$ e I_{xx} es el momento de inercia del área de la placa respecto a su eje central x, calculado en el plano de la placa. Sustituyendo F por su valor, resulta

$$y_{CP} = -\rho g \ \text{sen}\,\theta \, \frac{I_{xx}}{p_{CG} A} \quad (2.41)$$

El signo negativo de la ecuación (2.41) muestra que y_{CP} está por debajo del centro de gravedad, a una profundidad mayor y, contrariamente a F, sí depende del ángulo de inclinación θ. Si ponemos la placa a profundidades mayores, y_{CP} se acerca al centro de gravedad, ya que todos los factores de la ecuación (2.41) permanecen constantes, excepto p_{CG} que aumenta.

La determinación de x_{CP} es exactamente igual:

$$Fx_{CP}=\int xp\ dA=\int x[p_a+\rho g(\xi_{CG}-y)\ \text{sen}\ \theta]dA=$$

$$=-\rho g\ \text{sen}\,\theta\int xy\ dA=-\rho g\ \text{sen}\,\theta\, I_{xy} \qquad (2.42)$$

donde I_{xy} es el producto de inercia de la placa, calculado en el plano de la placa respecto a ejes que pasan por el centro de gravedad. Sustituyendo F por su valor, tendremos

$$x_{CP}=-\rho g\ \text{sen}\,\theta\ \frac{I_{xy}}{p_{CG}A} \qquad (2.43)$$

Cuando I_{xy} es positivo, x_{CP} es negativo porque la fuerza de presión actúa en el tercer cuadrante, o inferior izquierdo, de la placa. Si $I_{xy}=0$, lo que suele implicar simetría, $x_{CP}=0$ y el centro de presión está directamente debajo del centroide, sobre el eje y.

Fórmulas útiles

En muchos casos la presión ambiente p_a se desprecia porque actúa en ambos lados de la placa; por ejemplo, la cara interna de un barco o la cara seca de una compuerta o presa. En este caso $p_{CG}=\rho g h_{CG}$ y el centro de presión queda independiente del peso específico del fluido

$$F=\rho g h_{CG}A \qquad y_{CP}=-\frac{I_{xx}\ \text{sen}\,\theta}{h_{CG}A} \qquad x_{CP}=-\frac{I_{xy}\ \text{sen}\,\theta}{h_{CG}A} \qquad (2.44)$$

La figura 2.13 da el área y los momentos de inercia de varias secciones transversales comunes, para su uso en estas fórmulas.

EJEMPLO 2.5 Una compuerta de 5 ft de ancho está articulada en la línea B y descansa sobre una pared lisa en la línea A. Calcular (*a*) la fuerza sobre la compuerta debida a la presión del agua; (*b*) la fuerza horizontal P que se ejerce sobre la pared en A; (*c*) las reacciones de la charnela B.

Solución (*a*) Por geometría, la compuerta mide 10 ft de A a B, y su centro de gravedad está a mitad de camino entre ambos, o sea, a una altura de 3 ft por encima de B. La profundidad h_{CG} es, pues, $15-3=12$ ft. El área de la compuerta

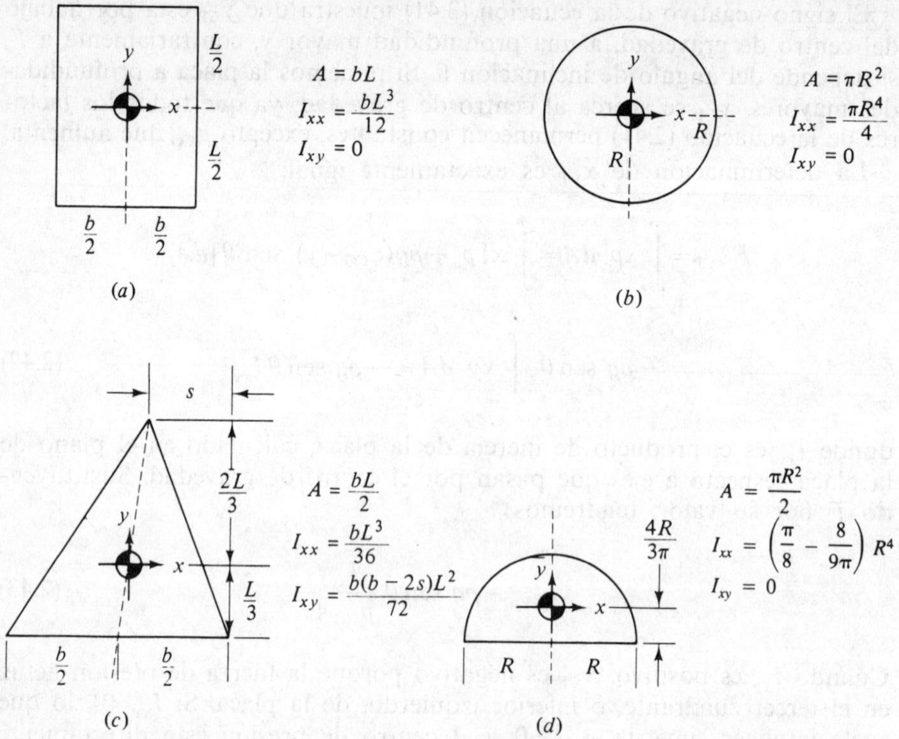

Fig. 2.13 Momentos de inercia respecto al centroide para varias formas planas: (*a*) rectángulo, (*b*) círculo, (*c*) triángulo y (*d*) semicírculo.

es $5 \times 10 = 50\ \text{ft}^2$. Despreciamos p_a, ya que actúa en ambas caras. De la ecuación (2.38) tenemos que la fuerza es

$$F = p_{\text{CG}}A = \rho g h_{\text{CG}}A = (64\ \text{lbf/ft}^3)(12\ \text{ft})(50\ \text{ft}^2) = 38\,400\ \text{lbf} \qquad \textit{Resp. (a)}$$

(*b*) Hallemos primero el centro de presión. El diagrama de cuerpo libre de la componente se muestra en la figura E2.5*b*. La compuerta es un rectángulo y, por tanto, $I_{xy} = 0$ e $I_{xx} = bL^3/12 = [(5\ \text{ft}) \times (10\ \text{ft})^3]/12 = 417\ \text{ft}^4$. La distancia l de CG a CP viene dada por la ecuación (2.44), ya que p_a es despreciable:

$$l = -y_{\text{CP}} = +\frac{I_{xx}\ \text{sen}\ \theta}{h_{\text{CG}}A} = \frac{(417\ \text{ft}^4)(\frac{6}{10})}{(12\ \text{ft})(50\ \text{ft}^2)} = 0{,}417\ \text{ft}$$

La distancia de B a la fuerza F es, pues, $10 - l - 5 = 4{,}583$ ft. Sumando momentos respecto a B, tenemos:

$$PL\ \text{sen}\ \theta - F(5 - l) = P(6\ \text{ft}) - (28\,400\ \text{lbf})(4{,}583\ \text{ft}) = 0$$

o

$$P = 29\,300\ \text{lbf} \qquad \textit{Resp. (b)}$$

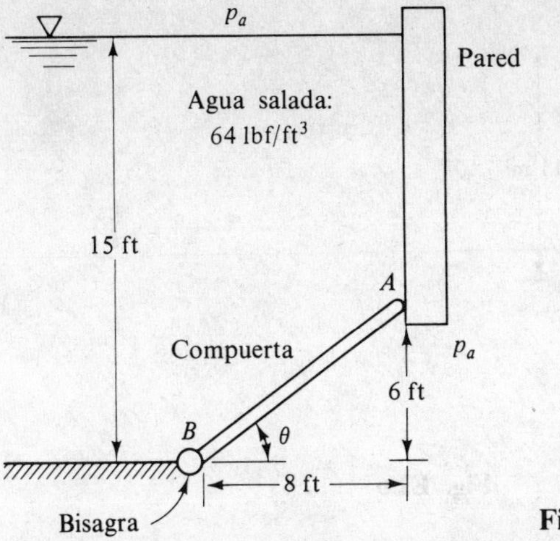

Fig. E2.5a

(*c*) Conocidas F y P, las reacciones B_x y B_z se obtienen por equilibrio de fuerzas sobre la compuerta

$$\Sigma F_x = 0 = B_x + F \text{ sen } \theta - P = B_x + 38\,400(0{,}6) - 29\,300$$

o

$$B_x = 6300 \text{ lbf}$$

$$\Sigma F_z = 0 = B_z - F \cos\theta = B_z - 38\,400(0{,}8)$$

o

$$B_z = 30\,700 \text{ lbf} \qquad \textit{Resp. (c)}$$

Este ejemplo debe haber servido para recordar los conocimientos de estática.

EJEMPLO 2.6 Un depósito de aceite tiene el fondo con forma de triángulo rectángulo, como muestra la figura E2.6. Omitiendo p_a, hallar (*a*) la fuerza hidrostática sobre el fondo, (*b*) el centro de presiones de éste.

Solución (*a*) El triángulo tiene las propiedades dadas en la figura 2.13*c*. El centroide está a un tercio en cada sentido (4 y 2 m, respectivamente) de la esquina del ángulo recto, como se muestra en la figura E2.6. El área vale $\frac{1}{2}(6 \text{ m}) \times (12 \text{ m}) = 36 \text{ m}^2$. Los momentos de inercia son $I_{xx} = bL^3/36 = [(6 \text{ m})(12 \text{ m})^3]/36 = 288 \text{ m}^4$ e $I_{xy} = b(b-2s)L^2/72 = \{6 \text{ m}[6 \text{ m} - 2(6 \text{ m})](12 \text{ m})^2\}/72 = -72 \text{ m}^4$. La profundidad

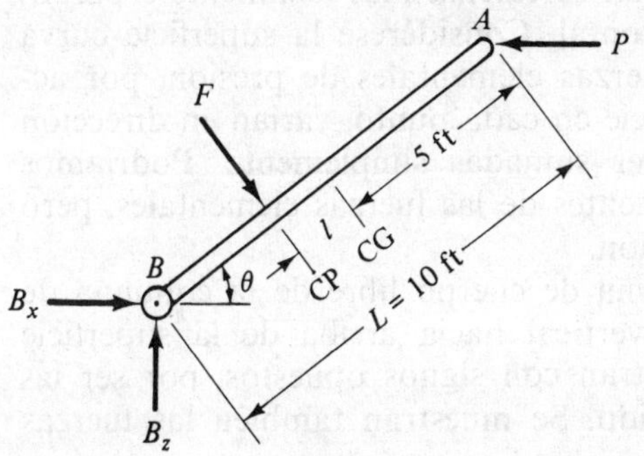

Fig. E2.5b

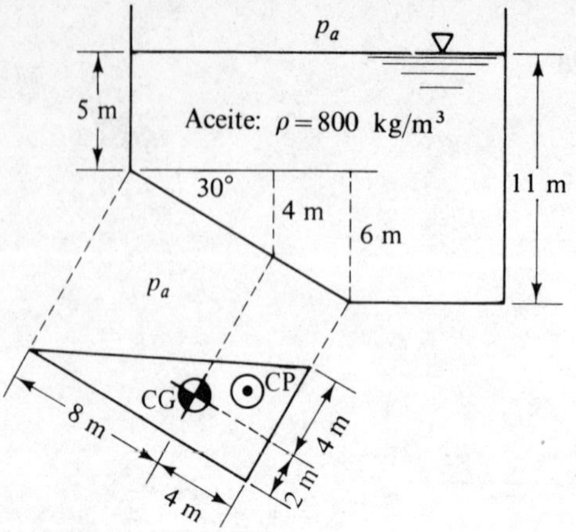

Fig. E2.6

del centro de gravedad es $h_{CG} = 5 + 4 = 9$ m; la fuerza hidrostática según la ecuación (2.44) vale

$$F = \rho g h_{CG} A = (800 \text{ kg/m}^3)(9{,}807 \text{ m}^2/\text{s})(9 \text{ m})(36 \text{ m}^2) =$$

$$= 2{,}54 \times 10^6 (\text{kg} \cdot \text{m})/\text{s}^2 = 2{,}54 \times 10^6 \text{ N} = 2{,}54 \text{ MN} \qquad \textit{Resp. (a)}$$

(*b*) La posición del centro de presiones es, según la ecuación (2.44),

$$y_{CP} = -\frac{I_{xx} \operatorname{sen} \theta}{h_{CG} A} = \frac{(288 \text{ m}^4)(\operatorname{sen} 30^\circ)}{(9 \text{ m})(36 \text{ m}^2)} = -0{,}444 \text{ m}$$

$$x_{CP} = -\frac{I_{xy} \operatorname{sen} \theta}{h_{CG} A} = -\frac{(-72 \text{ m}^4)(\operatorname{sen} 30^\circ)}{(9 \text{ m})(36 \text{ m}^2)} = +0{,}111 \text{ m} \qquad \textit{Resp. (b)}$$

La fuerza resultante $F = 2{,}54$ MN actúa en este punto, que está más bajo y a la derecha del centro de gravedad.

2.6 FUERZAS HIDROSTATICAS SOBRE SUPERFICIES CURVAS

La resultante de las fuerzas de presión se calcula más fácilmente separando las componentes vertical y horizontal. Considérese la superficie curva arbitraria de la figura 2.14*a*. Las fuerzas elementales de presión, por actuar perpendicularmente a la superficie en cada punto, varían en dirección a lo largo de ésta y no pueden ser sumadas simplemente. Podríamos sumar por separado las tres componentes de las fuerzas elementales, pero no es necesaria esta triple integración.

La figura 2.14*b* muestra el diagrama de cuerpo libre de la columna de fluido contenida en la proyección vertical hacia arriba de la superficie curva. Las fuerzas F_H y F_V se muestran con signos opuestos, por ser las que la superficie ejerce sobre el fluido. Se muestran también las fuerzas

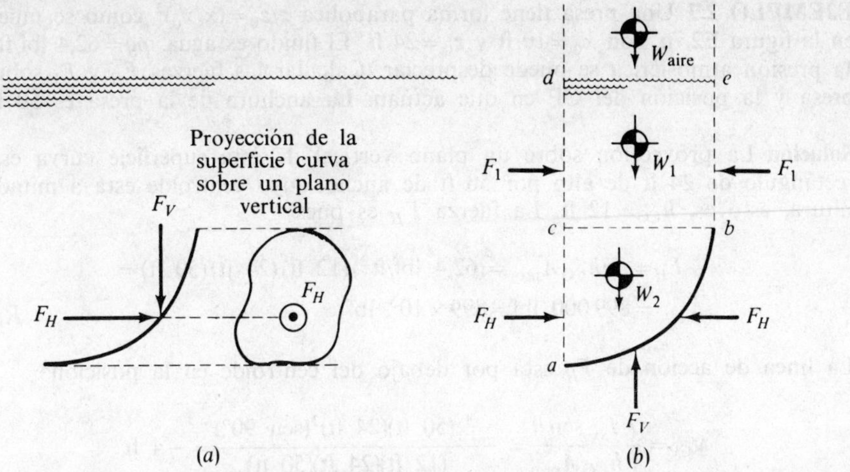

Fig. 2.14 Cálculo de la fuerza hidrostática sobre una superficie curva: (*a*) superficie curva sumergida; (*b*) diagrama de cuerpo libre del fluido que está sobre la superficie curva.

debidas al peso y a la presión que actúa sobre las paredes verticales. La columna de fluido debe estar en equilibrio estático. En la parte superior, *bcde*, las componentes horizontales se equilibran y son irrelevantes en la discusión. En la parte inferior, la región irregular de fluido *abc* próxima a la superficie curva, el equilibrio de fuerzas muestra que la componente horizontal F_H, que ejerce la superficie sobre el fluido, ha de ser igual a la fuerza F_H que actúa en la pared vertical izquierda. Esta última puede calcularse con las expresiones conocidas para superficies planas [ecuación (2.38)], aplicadas a la proyección sobre un plano vertical de la superficie curva considerada. Esta regla general simplifica el análisis:

La componente horizontal de la fuerza ejercida sobre una superficie curva es igual a la fuerza ejercida sobre el área plana formada por la proyección de aquélla sobre un plano vertical.

Si existen dos componentes horizontales, ambas pueden ser calculadas con el procedimiento anterior.

La suma de las fuerzas verticales muestra que

$$F_V = W_1 + W_2 + W_{aire} \tag{2.45}$$

Podemos resumir ésto en la forma siguiente:

La componente vertical de las fuerzas de presión que actúan sobre una superficie curva es igual en magnitud y dirección al peso de la columna de fluido, líquido y aire atmosférico que hay encima de dicha superficie.

Por ello, el cálculo de F_V es poco más que encontrar el centro de gravedad de la columna de fluido; quizá una pequeña integración si la región inferior *abc* tiene una forma particularmente curva.

EJEMPLO 2.7 Una presa tiene forma parabólica $z/z_0=(x/x_0)^2$ como se muestra en la figura E2.7*a*, con $x_0=10$ ft y $z_0=24$ ft. El fluido es agua, $\rho g=62{,}4$ lbf/ft³, y la presión atmosférica se puede despreciar. Calcular las fuerzas F_H y F_V sobre la presa y la posición del CP en que actúan. La anchura de la presa es 50 ft.

Solución La proyección sobre un plano vertical de esta superficie curva es un rectángulo de 24 ft de alto por 50 ft de ancho, cuyo centroide está a mitad de altura, esto es, $h_{CG}=12$ ft. La fuerza F_H es pues

$$F_H=\rho g h_{CG} A_{proy}=(62{,}4\ \text{lbf/ft}^3)(12\ \text{ft})(24\ \text{ft})(50\ \text{ft})=$$
$$=899\,000\ \text{lbf}=899\times 10^3\ \text{lbf} \qquad \textit{Resp.}$$

La línea de acción de F_H está por debajo del centroide en la posición

$$y_{CP}=-\frac{I_{xx}\operatorname{sen}\theta}{h_{CG}A_{proy}}=-\frac{\frac{1}{12}(50\ \text{ft})(24\ \text{ft})^3(\operatorname{sen}\ 90°)}{(12\ \text{ft})(24\ \text{ft})(50\ \text{ft})}=-4\ \text{ft}$$

Así, F_H está a $12+4=16$ ft, o dos tercios por debajo de la superficie libre, o a 8 ft sobre el fondo, como es evidente teniendo en cuenta que la distribución de presión es triangular.

La componente vertical F_V es igual al peso del fluido de la región parabólica. Las propiedades geométricas de la parábola se muestran en la figura 2.7*b*. El peso de esta columna de agua es

$$F_V=\rho g(\tfrac{2}{3}x_0 z_0 b)=(62{,}4\ \text{lbf/ft}^3)(\tfrac{2}{3})(10\ \text{ft})(24\ \text{ft})(50\ \text{ft})=$$
$$=499\,000\ \text{lbf}=499+10^3\ \text{lbf} \qquad \textit{Resp.}$$

Esta resultante actúa hacia abajo a una distancia $3x_0/8=3{,}75$ ft del origen de coordenadas. Nótese que la distancia vertical $3z_0/5$ de la figura E2.7*b* es irrelevante.

La fuerza total sobre la presa es

$$F=(F_H^2+F_V^2)^{1/2}=[(499)^2+(899)^2]^{1/2}=1028\times 10^3\ \text{lbf}$$

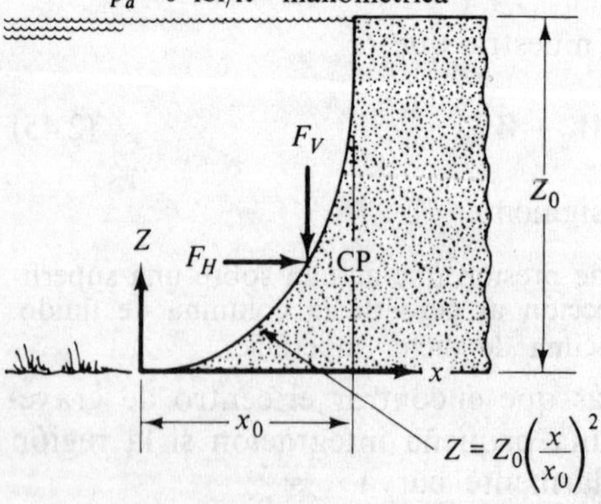

Fig. E2.7a

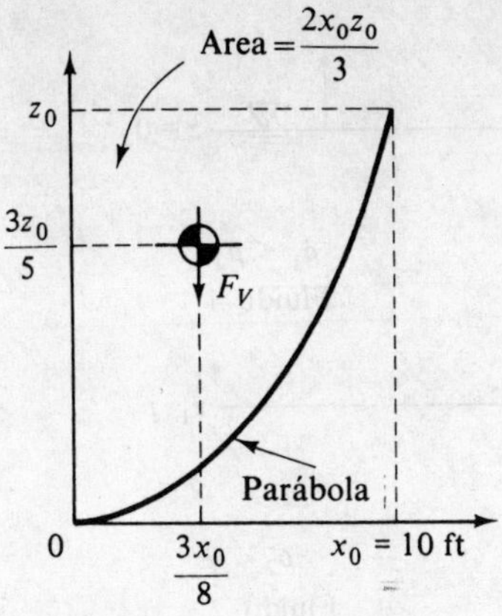

Fig. E2.7b

Como se ve en la figura 2.7*c*, esta fuerza actúa hacia abajo y hacia la derecha a un ángulo de 29° = arc tg 499/899. La fuerza *F* pasa por el punto $(x, z) = (3{,}75$ ft, 8 ft). Si seguimos la línea de 29° hasta la presa, tendremos el centro de presiones sobre la presa

$$x_{CP} = 5{,}43 \text{ ft} \qquad z_{CP} = 7{,}07 \text{ ft} \qquad \textit{Resp.}$$

Esta definición de CP es bastante artificial, pero la complicación es insoslayable por tratarse de una superficie curva.

2.7 FUERZAS HIDROSTATICAS EN FLUIDOS ESTRATIFICADOS

Las fórmulas descritas en las secciones 2.5 y 2.6 para superficies planas y curvas son válidas únicamente si el fluido es de densidad uniforme. Si el

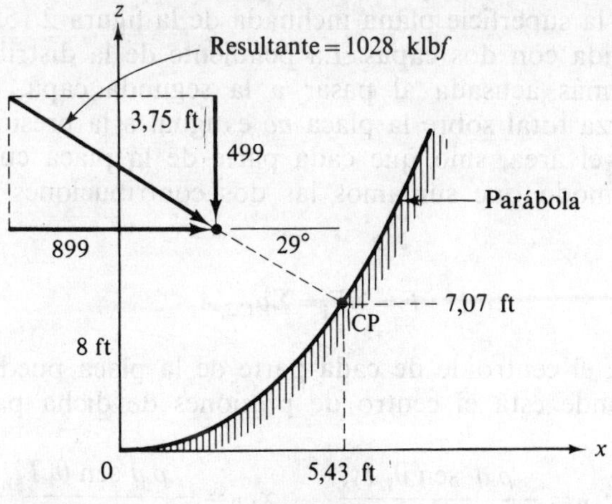

Fig. E2.7c

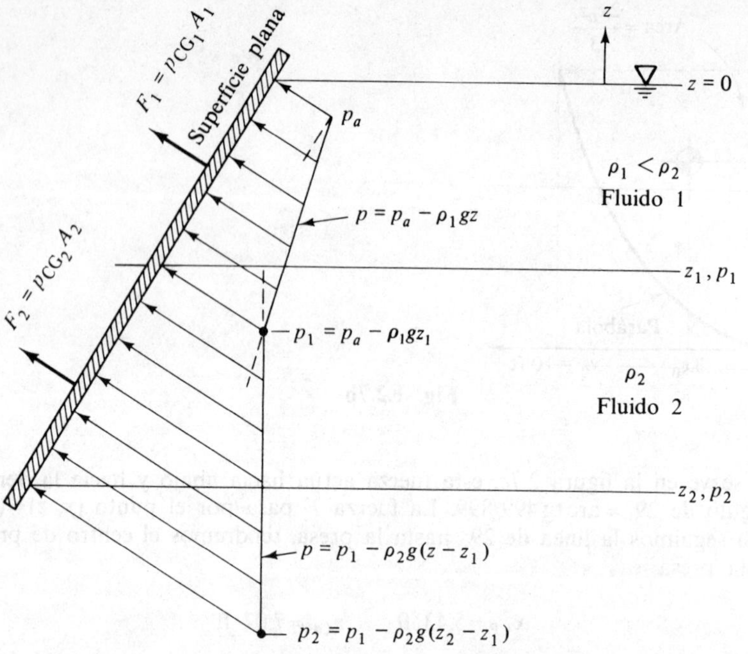

Fig. 2.15 Las fuerzas hidrostáticas sobre una superficie inmersa en fluidos estratificados deben ser obtenidas por separado y sumadas posteriormente.

fluido está estratificado con diferentes densidades, como en la figura 2.15, una fórmula simple no puede dar la solución del problema, ya que la pendiente de la distribución lineal de presiones cambia de capa a capa. Sin embargo, las fórmulas ya conocidas se pueden aplicar por separado a cada capa, de modo que el procedimiento adecuado es calcular las fuerzas y momentos de cada una y sumarlas posteriormente.

Considérese la superficie plana inclinada de la figura 2.15, sumergida en una región fluida con dos capas. La pendiente de la distribución de presión se hace más acusada al pasar a la segunda capa, de fluido más denso. La fuerza total sobre la placa *no* es igual a la presión en el centro de masas por el área, sino que cada parte de la placa cumple esto por separado, de modo que sumamos las dos contribuciones para hallar el total

$$F = \Sigma F_i = \Sigma p_{CG_i} A_i \tag{2.46}$$

Análogamente, el centroide de cada parte de la placa puede ser utilizado para saber dónde está el centro de presiones de dicha parte

$$y_{CP_i} = -\frac{\rho_i g \text{ sen } \theta_i \, I_{xx_i}}{p_{CG_i} A_i} \qquad x_{CP_i} = -\frac{\rho_i g \text{ sen } \theta_i \, I_{xy_i}}{p_{CG_i} A_i} \tag{2.47}$$

Estas fórmulas sitúan el centro de presiones de cada F_i respecto al centroide de la parte respectiva, no respecto al de la placa completa. El centro de presiones de la fuerza total $F = \Sigma F_i$ debe obtenerse sumando momentos respecto a algún punto conveniente, por ejemplo, la superficie libre. El siguiente ejemplo servirá de ilustración.

EJEMPLO 2.8 Un depósito de 20 ft de profundidad y 7 ft de anchura contiene 8 ft de aceite, 6 ft de agua y 4 ft de mercurio. Calcular (*a*) la fuerza hidrostática total y (*b*) el centro de presiones resultante sobre la pared lateral del depósito.

Solución (*a*) Dividimos la pared en tres partes, como se esquematiza en la figura E2.8, y calculamos la presión en el centroide de cada parte haciendo uso de la ecuación (2.38):

$$p_{CG_1} = (55{,}0 \text{ lbf/ft}^3)(4 \text{ ft}) = 220 \text{ lbf/ft}^2$$

$$p_{CG_2} = (55{,}0)(8) + (62{,}4)(3) = 627 \text{ lbf/ft}^2$$

$$p_{CG_3} = (55{,}0)(8) + (62{,}4)(6) + (846)(2) = 2506 \text{ lbf/ft}^2$$

Multiplicamos estas presiones por las áreas respectivas para obtener la fuerza que actúa en cada parte:

$$F_1 = p_{CG_1} A_1 = (220 \text{ lbf/ft}^2)(8 \text{ ft})(7 \text{ ft}) = 12\,300 \text{ lbf}$$

$$F_2 = p_{CG_2} A_2 = 627(6)(7) = 26\,300 \text{ lbf}$$

$$F_3 = p_{CG_3} A_3 = 2506(4)(7) = 70\,200 \text{ lbf}$$

$$F = \Sigma F_i = 108\,800 \text{ lbf} \qquad \textit{Resp. (a)}$$

(*b*) Podemos hacer uso de las ecuaciones (2.47) para hallar el CP de cada fuerza, teniendo en cuenta que $\theta = 90°$ y $\operatorname{sen} \theta = 1$ en las tres partes. Los momentos

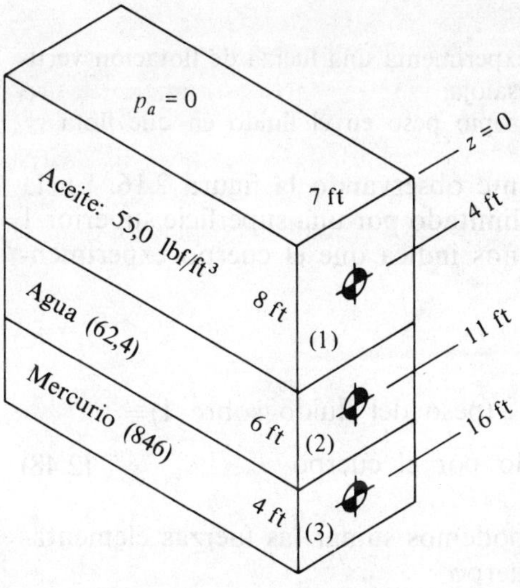

Fig. E2.8

de inercia son $I_{xx_1}=(7 \text{ ft})(8 \text{ ft})^3/12=298{,}7 \text{ ft}^4$, $I_{xx_2}=(7)(6)^3/12=126{,}0 \text{ ft}^4$ e $I_{xx_3}= =(7)(4)^3/12=37{,}3 \text{ ft}^4$. Los centros de presiones son entonces

$$y_{\text{CP}_1}=-\frac{\rho_1 g I_{xx_1}}{F_1}=-\frac{(55{,}0 \text{ lbf/ft}^3)(298{,}7 \text{ ft}^4)}{12\,300 \text{ lbf}}=-1{,}33 \text{ ft}$$

$$y_{\text{CP}_2}=-\frac{62{,}4\,(126{,}0)}{26\,300}=-0{,}30 \text{ ft}$$

$$y_{\text{CP}_3}=-\frac{846\,(37{,}3)}{70\,200}=-0{,}45 \text{ ft}$$

Esto hace que $z_{\text{CP}_1}=-4-1{,}33=-5{,}33$ ft, $z_{\text{CP}_2}=-11-0{,}30=-11{,}3$ ft y $z_{\text{CP}_3}= =-16-0{,}45=-16{,}45$ ft. Sumando momentos respecto a la superficie tenemos

$$\Sigma F_i z_{\text{CP}_i}=F z_{\text{CP}}$$

o $$12\,300(-5{,}33)+26\,300(-11{,}30)+70\,200(-16{,}45)=108\,800 z_{\text{CP}}$$

o $$z_{\text{CP}}=-\frac{1\,518\,000}{108\,800}=-13{,}95 \text{ ft}$$ *Resp.* (*b*)

El centro de presiones de la fuerza total que actúa sobre la pared del depósito está a 13,95 ft bajo la superficie libre.

2.8 FLOTACION Y ESTABILIDAD

Los mismos principios que utilizamos para calcular las fuerzas hidrostáticas sobre superficies pueden ser aplicados al cálculo de la resultante sobre un cuerpo completamente sumergido o un cuerpo que flota. Se deducen entonces las dos leyes de flotación enunciadas por Arquímedes en el siglo tercero antes de Cristo:

1. Un cuerpo sumergido en un fluido experimenta una fuerza de flotación vertical igual al peso del fluido que desaloja.
2. Un cuerpo que flota desaloja su propio peso en el fluido en que flota.

Estas dos leyes se deducen fácilmente observando la figura 2.16. En la figura 2.16*a* vemos que el cuerpo está limitado por una superficie superior 1 y otra inferior 2. La ecuación (2.45) nos indica que el cuerpo experimenta un empuje vertical de

$$\begin{aligned} F_B&=F_V(2)-F_V(1)=\\ &=(\text{peso del fluido sobre 2})-(\text{peso del fluido sobre 1})=\\ &=\text{peso del fluido desplazado por el cuerpo} \qquad (2.48)\end{aligned}$$

Alternativamente, en la figura 2.16*b* podemos sumar las fuerzas elementales verticales que actúan sobre el cuerpo

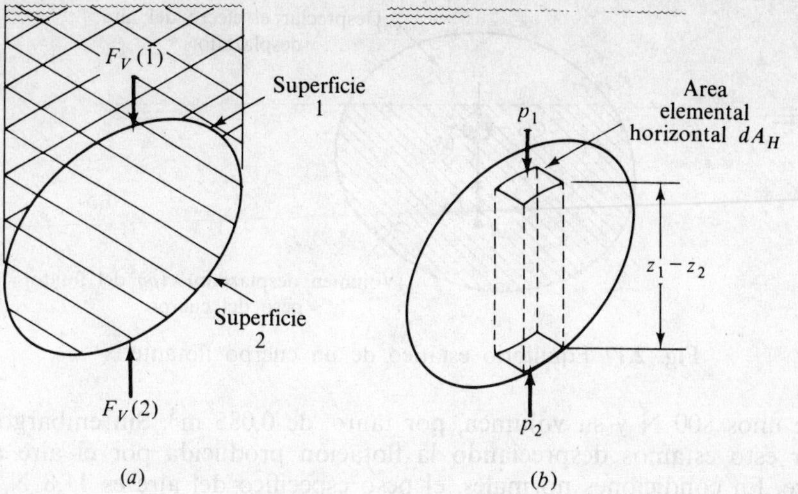

Fig. 2.16 Dos perspectivas distintas de la fuerza de flotación sobre un cuerpo arbitrario sumergido: (*a*) fuerzas sobre las superficies curvas superior e inferior; (*b*) suma de fuerzas de presión verticales elementales.

$$F_B = \int_{\text{cuerpo}} (p_2 - p_1)\,dA_H = -\rho g \int (z_2 - z_1)\,dA_H = (\rho g)(\text{volumen del cuerpo}) \quad (2.49)$$

El resultado es la expresión matemática de la ley 1 expuesta anteriormente.

La ecuación (2.49) supone que el fluido tiene un peso específico uniforme. La línea de acción de la fuerza de flotación pasa por el centro de volumen del cuerpo; o su centro de gravedad sí tiene densidad uniforme. Este punto en el que actúa F_B se denomina *centro de flotación*, designado con B o CB en las figuras. Por supuesto, el punto B no tiene por qué coincidir con el centro de gravedad del cuerpo, que puede tener densidad variable.

La ecuación (2.49) se puede generalizar para el caso de fluidos estratificados sumando las contribuciones de cada capa de densidad ρ_i desalojada por el cuerpo

$$(F_B)_{\text{LF}} = \Sigma \rho_i g(\text{volumen desplazado})_i \quad (2.50)$$

Cada capa desalojada tendría su propio centro de volumen y tendríamos que sumar los momentos de las distintas fuerzas para encontrar el centro de flotación del cuerpo.

Como los líquidos son relativamente pesados, somos conscientes de sus fuerzas de flotación, pero los gases también ejercen fuerzas análogas en los cuerpos inmersos en ellos. Por ejemplo, los seres humanos tienen un peso específico medio de alrededor de 9425 N/m³. El peso de una persona

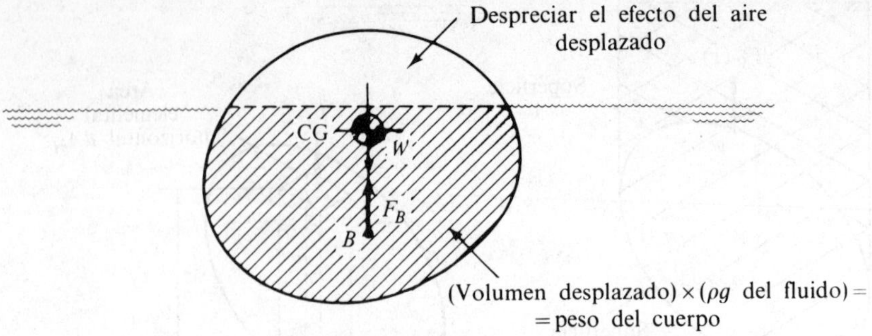

Fig. 2.17 Equilibrio estático de un cuerpo flotante.

es de unos 800 N y su volumen, por tanto, de 0,085 m^3. Sin embargo, al hacer esto estamos despreciando la flotación producida por el aire ambiente. En condiciones normales, el peso específico del aire es 11,8 N/m^3, y, por tanto, la fuerza de flotación es aproximadamente 1 N. Si se midiera en el vacío, el peso de esa persona aumentaría en 1 N. En el caso de globos y sondas, la fuerza de flotación es el factor dominante en el diseño, a pesar de ser muy pequeña. Muchos otros fenómenos, como la convección natural de calor y la mezcla vertical en los océanos, dependen decisivamente de fuerzas de flotación muy pequeñas también.

Los cuerpos que flotan son un caso especial; sólo una parte está sumergida y el resto sobresale de la superficie libre. La figura 2.17 ilustra este caso, apareciendo sombreado el volumen desplazado. La ecuación (2.49) se modifica ligeramente para quedar

$$F_B = (\rho g)(\text{volumen desplazado}) = \text{peso del cuerpo flotante} \quad (2.51)$$

La fuerza de flotación no sólo equilibra al peso, sino que debe estar aplicada en la misma línea vertical, ya que en equilibrio estático no puede haber momentos. La ecuación 2.51 es el equivalente matemático de la segunda ley de Arquímedes, citada anteriormente.

EJEMPLO 2.9 Un bloque de hormigón pesa 100 lbf en el aire y «pesa» sólo 60 lbf al sumergirlo en agua (62,4 lbf/ft^3). ¿Cuál es el peso específico medio del bloque?

Solución El diagrama de cuerpo libre del bloque sumergido muestra el equilibrio entre el peso aparente, la fuerza de flotación y el peso real

$$\Sigma F_z = 0 = 60 + F_B - 100$$

o

$$F_B = 40 \text{ lbf} = (62{,}4)(\text{volumen del bloque en ft}^3)$$

De la expresión anterior tenemos que el volumen del bloque es 40/62,4 = 0,641 ft^3. Por tanto, el peso específico pedido es

$$(\rho g)_{\text{bloque}} = \frac{100 \text{ lbf}}{0{,}641 \text{ ft}^3} = 156 \text{ lbf/ft}^3 \qquad \textit{Resp.}$$

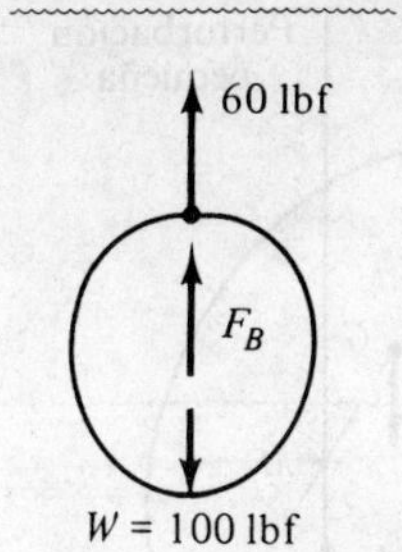

Fig. E2.9

Eventualmente, un cuerpo puede tener el peso y volumen adecuados para que su peso específico sea igual al del fluido. En este caso, el cuerpo tendrá *flotabilidad neutra* y permanecerá en el punto en que se le sumerja. En visualización se utilizan a veces partículas pequeñas con flotabilidad neutra, y cierto tipo de boya, el *flotador Swallow* [2], se utiliza para seguir las corrientes oceánicas. Un submarino puede adquirir flotabilidad negativa, neutra o positiva al bombear agua hacia dentro o hacia afuera de los tanques de lastre.

Estabilidad

Un cuerpo que flota puede encontrarse en una posición estáticamente *inestable*. En ese caso, volcará a la primera oportunidad, como un lápiz cuando está apoyado sobre su punta y se le desplaza de la vertical. La más mínima perturbación le llevará a buscar otra posición de equilibrio que sí sea estable. Los ingenieros deben cuidar los diseños para impedir la inestabilidad de la flotación. La única forma de asegurar que una posición de equilibrio es estable, es dar una pequeña «perturbación» matemática al cuerpo y ver si aparece un momento restaurador que lo lleve a la posición de equilibrio original. Si esto ocurre, es estable; en caso contrario, será inestable. Este tipo de cálculos, para cuerpos flotantes arbitrarios, constituyen un arte específico de los ingenieros navales [3], pero aquí podemos dar también los principios básicos del cálculo de la estabilidad estática. La figura 2.18 ilustra el cálculo para el caso muy común de un cuerpo simétrico. Los pasos son:

1. La posición inicial de flotación se calcula con la ecuación (2.51). Se calculan, asimismo, el centro de gravedad G y el de flotación B.
2. Se desvía al cuerpo un pequeño ángulo $\Delta\theta$ apareciendo una nueva línea de flotación. Se calcula el nuevo centro de flotación B'. La vertical trazada desde B' corta a la línea de simetría en el punto M, denominado *metacentro*, que es independiente de $\Delta\theta$ si éste es pequeño.
3. Si el punto M está por encima de G, esto es, si la *altura metacéntrica* es positiva, aparecerá un momento restaurador y decimos que la posición original es estable. Si M está por debajo de G, el cuerpo es inestable y volcará a la mínima perturbación. Cuanto mayor sea $\overline{MG}$ más estable será la posición original.

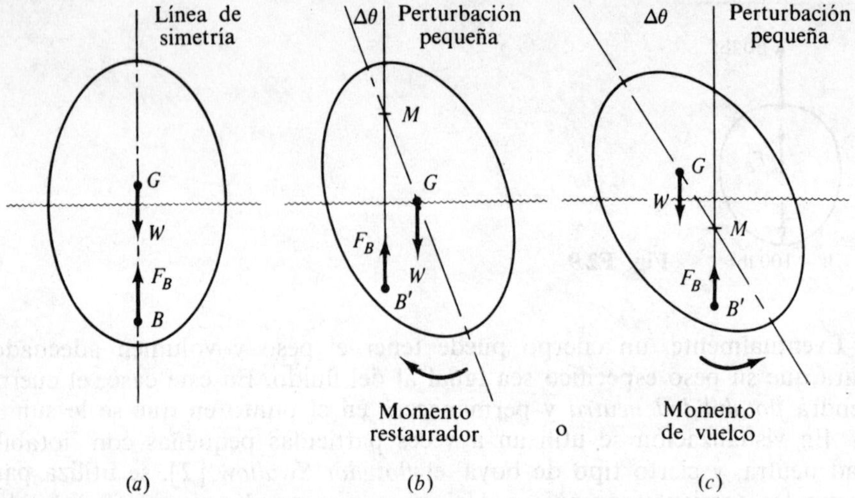

Fig. 2.18 Cálculo de la altura metacéntrica M de un cuerpo flotante para determinar su estabilidad estática: (*a*) posición de flotación inicial; (*b*) B' se aleja (el punto M sobre G denota estabilidad); (*c*) B' se mueve ligeramente (el punto M por debajo de G denota inestabilidad).

La altura metacéntrica es una magnitud característica de la sección transversal del cuerpo para un peso dado, y su valor da una indicación de la estabilidad del cuerpo. Si el cuerpo tiene sección transversal y calado variables, como en un barco, el cálculo del metacentro es muy arduo. Vamos a utilizar aquí, como ejemplo, una sección uniforme correspondiente a un cuerpo bidimensional.

EJEMPLO 2.10 Una gabarra tiene una sección transversal uniforme, rectangular, de anchura $2L$ y calado H. Determinar (*a*) la altura metacéntrica para un pequeño ángulo de balance y (*b*) el rango del cociente L/H para que la gabarra sea estáticamente estable. Supóngase que el centro de gravedad está exactamente en la línea de flotación, tal como se muestra.

Solución. Se desvía la gabarra un ángulo $\Delta\theta$ como se muestra en la figura E2.10*b*. Debido a la simetría, el cuerpo flota manteniendo G en la línea de flotación, y los triángulos *aeG* y *fbG* son idénticos. El nuevo centro de flotación B' se determina sumando los momentos de las áreas sumergidas respecto al punto G e igualando esta suma al producto del área total sumergida ($2HL$) por la distancia l. El área sumergida *aGbcde* es suma del rectángulo *efdc* más el triángulo *aeG* y menos el

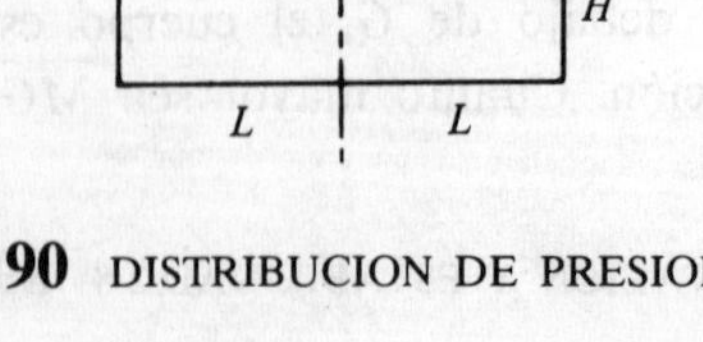

Fig. E2.10a

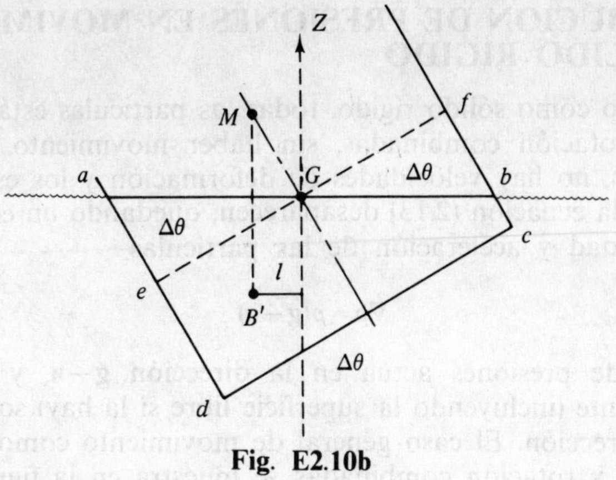

Fig. E2.10b

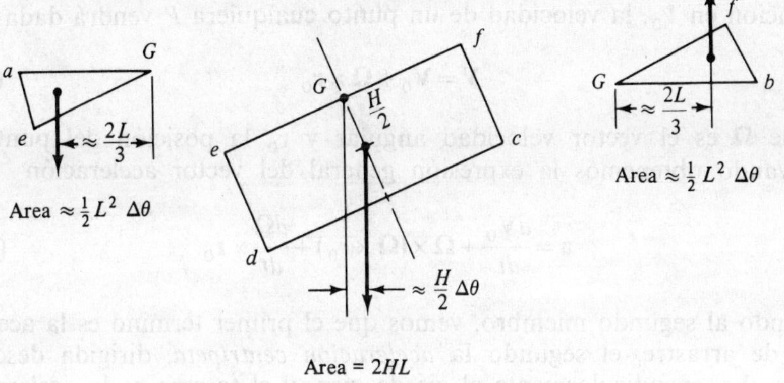

Fig. E2.10c

triángulo fbG; los centroides de cada una de las partes se calculan fácilmente para pequeños ángulos de balance (Fig. E2.10*c*). Sumando momentos respecto a G, tendremos

$$2(\tfrac{1}{2}L^2\,\Delta\theta)\,\frac{2L}{3}-2HL\left(\frac{H}{2}\,\Delta\theta\right)\equiv 2HLl$$

La distancia vale, pues, $l=(L^2/3H-H/2)\Delta\theta$. La distancia metacéntrica, para los ángulos pequeños del ejemplo, es, pues, $\overline{MG}\approx l/\Delta\theta$. El resultado aproximado que tenemos, independiente de $\Delta\theta$, es

$$\overline{MG}=\frac{L^2}{3H}-\frac{H}{2} \qquad \textit{Resp. } (a)$$

que sólo puede ser positiva (posición estable) si $L^2>3H^2/2$, o sea,

$$L>1{,}225H \qquad \textit{Resp. } (b)$$

Cuanto más ancha sea la gabarra respecto a su calado, más estable será.

2.9 DISTRIBUCION DE PRESIONES EN MOVIMIENTO COMO SOLIDO RIGIDO

En movimiento como sólido rígido, todas las partículas están sometidas a traslación y rotación combinadas, sin haber movimiento relativo entre ellas. Entonces, no hay velocidades de deformación y los esfuerzos viscosos $\mu \nabla^2 \mathbf{V}$ de la ecuación (2.13) desaparecen, quedando un equilibrio entre presión, gravedad y aceleración de las partículas

$$\nabla p = \rho(\mathbf{g} - \mathbf{a}) \tag{2.52}$$

El gradiente de presiones actúa en la dirección $\mathbf{g} - \mathbf{a}$, y las líneas de presión constante (incluyendo la superficie libre si la hay) son perpendiculares a esta dirección. El caso general de movimiento como sólido rígido con traslación y rotación combinadas se muestra en la figura 2.19. Si el centro instantáneo de rotación está en el punto O y su velocidad de traslación en V_0, la velocidad de un punto cualquiera P vendrá dada por[1]

$$\mathbf{V} = \mathbf{V}_0 + \mathbf{\Omega} \times \mathbf{r}_0 \tag{2.53}$$

donde $\mathbf{\Omega}$ es el vector velocidad angular y $\mathbf{r}_0$ la posición del punto P. Derivando obtenemos la expresión general del vector aceleración

$$\mathbf{a} = \frac{d\mathbf{V}_0}{dt} + \mathbf{\Omega} \times (\mathbf{\Omega} \times r_0) + \frac{d\mathbf{\Omega}}{dt} \times \mathbf{r}_0 \tag{2.54}$$

Mirando al segundo miembro, vemos que el primer término es la aceleración de arrastre, el segundo la *aceleración centrípeta*, dirigida desde el punto P perpendicularmente al eje de giro, y el tercero es la aceleración debida a variaciones de la velocidad angular. Raramente intervienen los tres términos simultáneamente en el movimiento de un fluido. De hecho, los fluidos no suelen moverse como sólidos rígidos a menos que se les confine durante largo tiempo. Supongamos, por ejemplo, que tenemos un depósito lleno de agua en un coche que arranca con aceleración constante. El agua comenzaría a agitarse y esta agitación se iría amortiguando muy lentamente hasta que al final las partículas de agua estarían aproximadamente en aceleración como un sólido rígido. Esto llevaría tanto tiempo que el coche habría alcanzado velocidades hipersónicas. Sin embargo, por lo menos podemos saber cuál es la distribución de presiones en el depósito, si el agua tiene un movimiento acelerado como sólido rígido. El ejemplo siguiente es un caso particular en que el agua alcanza rápidamente una aceleración uniforme.

EJEMPLO 2.11 Un depósito de agua de 1 m de profundidad cae libremente por acción de la gravedad, con resistencia nula. Calcular la presión en el fondo del depósito si $p_a = 101$ kPa.

[1] Para una deducción más detallada, ver la sección 2.7 de la referencia 4.

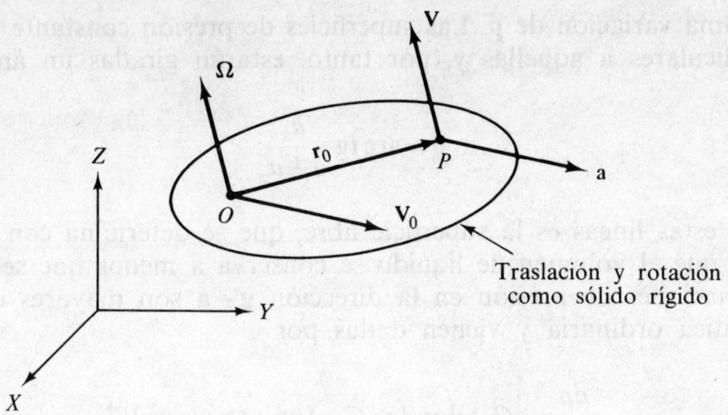

Fig. 2.19 Cinemática de la velocidad y aceleración como sólido rígido.

Solución En estas condiciones, las partículas de agua tienden a caer como un bloque rígido de fluido. En caída libre, si no hay resistencia, la aceleración vale $\mathbf{a}=\mathbf{g}$. La ecuación (2.52) expresa entonces que $\nabla p=\rho(\mathbf{g}-\mathbf{a})=0$. La presión en el agua es *constante en todo punto* e igual a la atmosférica, 101 kPa. En otras palabras, las paredes no rinden el servicio que hacen normalmente de contener al fluido y soportar su presión.

Aceleración lineal uniforme

En este caso particular de movimiento, **a** tiene la misma magnitud y dirección para todas las partículas. Como se observa en la figura 2.20, el vector suma de **g** y $-\mathbf{a}$ da la dirección del gradiente de presiones o línea

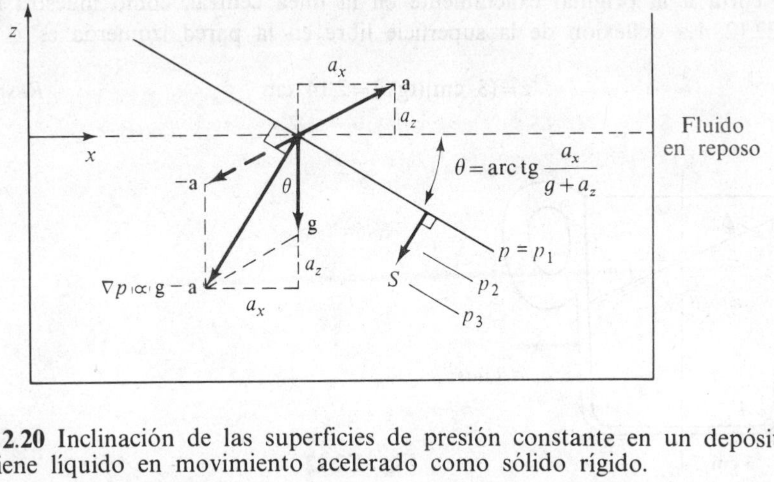

Fig. 2.20 Inclinación de las superficies de presión constante en un depósito que contiene líquido en movimiento acelerado como sólido rígido.

de máxima variación de p. Las superficies de presión constante deben ser perpendiculares a aquéllas y, por tanto, estarán giradas un ángulo θ

$$\theta = \text{arc tg}\,\frac{a_x}{g + a_z} \tag{2.55}$$

Una de estas líneas es la superficie libre, que se determina con la condición de que el volumen de líquido se conserva a menos que se derrame. Las variaciones de presión en la dirección $\mathbf{g} - \mathbf{a}$ son mayores que en la hidrostática ordinaria y vienen dadas por

$$\frac{dp}{ds} = \rho G \quad \text{donde} \quad G = [a_x^2 + (g + a_z)^2]^{1/2} \tag{2.56}$$

Este resultado es independiente del tamaño y de la forma del depósito siempre que el fluido ocupe una región simplemente conexa.

EJEMPLO 2.12 Una cinta transportadora lleva una taza de café sobre una bandeja horizontal mientras se acelera a 7 m/s². La taza tiene 10 cm de profundidad y 6 cm de diámetro y el café que contiene llega hasta 3 cm del borde en reposo. (*a*) Suponiendo que el café adquiere una aceleración uniforme de 7 m/s², determinar si rebosará o no; (*b*) calcular la presión manométrica en el punto *A* del rincón si la densidad del café es 1010 kg/m³.

Solución (*a*) La superficie libre gira un ángulo θ dado por la ecuación (2.55), independiente de la forma de la taza. Con $a_z = 0$, tenemos

$$\theta = \text{arc tg}\,\frac{a_x}{g} = \text{arc tg}\,\frac{7{,}0}{9{,}81} = 35{,}5°$$

Si la taza es simétrica respecto a su eje, el volumen se conservará si la superficie girada corta a la original exactamente en la línea central, como muestra la figura E2.12. La deflexión de la superficie libre en la pared izquierda es

$$z = (3\ \text{cm})(\text{tg}\,\theta) = 2{,}14\ \text{cm} \qquad \textit{Resp. (a)}$$

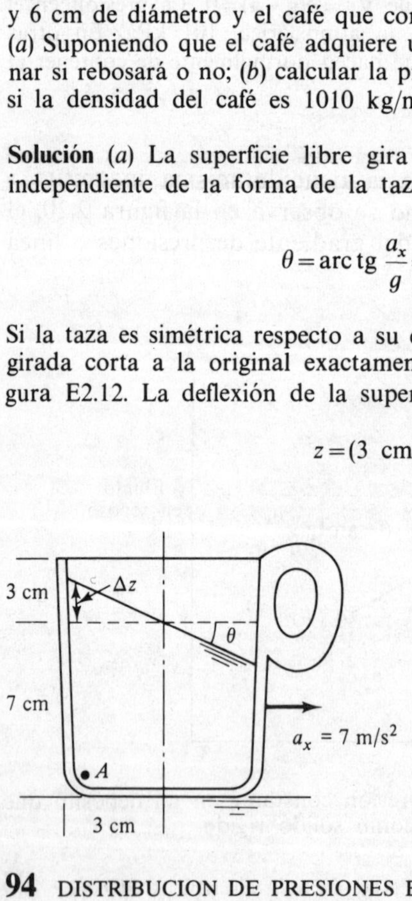

Fig. E2.12

Esta altura es menor que los 3 cm disponibles hasta el borde, de modo que el café no se derramará a menos que hubiese habido chapoteo durante el principio de la aceleración

(*b*) En reposo, la presión manométrica en el punto *A* viene dada por la ecuación (2.20)

$$p_A = \rho g(z_{\text{sup}} - z_A) = 1010\ \text{kg/m}^3)(9{,}81\ \text{m/s}^2)(0{,}07\ \text{m}) = 694\ \text{N/m}^2 = 694\ \text{Pa}$$

Durante la aceleración se debe aplicar la ecuación (2.56) con

$$G = [(7{,}0)^2 + (9{,}81)^2]^{1/2} = 12{,}05\ \text{m/s}^2$$

La distancia Δs desde la nueva superficie libre hasta el punto *A* es

$$\Delta s = (7{,}0 + 2{,}14)\cos\theta = 7{,}44\ \text{cm}$$

La presión en el punto *A* es

$$p_A = pG\,\Delta s = (1010)(12{,}05)(0{,}0744) = 906\ \text{Pa} \qquad \textit{Resp. (b)}$$

que es un aumento del 31 por 100 respecto al reposo.

Rotación como sólido rígido

Un segundo caso especial es el de la rotación de un fluido alrededor del eje *z*, sin traslación, como se indica en la figura 2.21. Suponemos que el recipiente lleva girando tanto tiempo a velocidad angular constante Ω que el fluido ha alcanzado la rotación como sólido rígido. El fluido tendrá entonces sólo la aceleración centrípeta de la ecuación (2.54). En el sistema de coordenadas de la figura 2.21 los vectores velocidad angular y posición vienen dados por

$$\mathbf{\Omega} = \mathbf{k}\Omega \qquad \mathbf{r}_0 = \mathbf{i}_r r \tag{2.57}$$

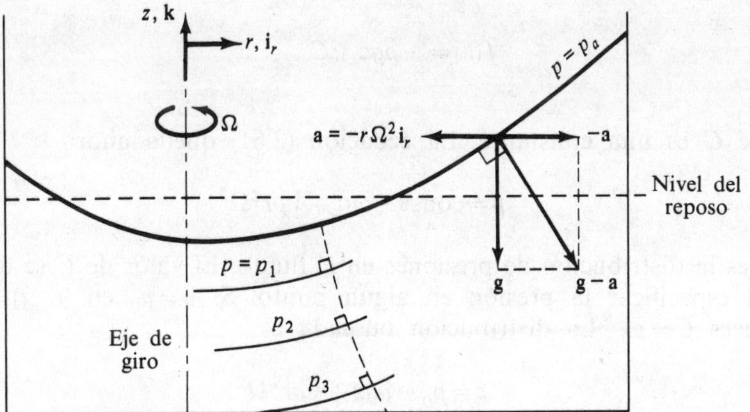

Fig. 2.21 Paraboloides de presión constante en un fluido en rotación como sólido rígido. La línea de puntos que indica la dirección de máximo aumento de presión es una exponencial.

La aceleración será pues

$$\mathbf{\Omega} \times (\mathbf{\Omega} \times \mathbf{r}_0) = -r\Omega^2 \mathbf{i}_r \tag{2.58}$$

como se indica en la figura 2.21, y la ecuación (2.52) queda

$$\nabla p = \mathbf{i}_r \frac{\partial p}{\partial r} + \mathbf{k}\frac{\partial p}{\partial z} = \rho(\mathbf{g} - \mathbf{a}) = \rho(r\Omega^2 \mathbf{i}_r - g\mathbf{k}) \tag{2.59}$$

Igualando componentes se determina el campo de presiones al resolver las ecuaciones diferenciales en derivadas parciales de primer orden

$$\frac{\partial p}{\partial r} = \rho r \Omega^2 \qquad \frac{\partial p}{\partial z} = -\rho g \tag{2.60}$$

Este es nuestro primer ejemplo de problema tridimensional descrito por las ecuaciones (2.14), para más de una variable independiente. Los segundos miembros de (2.60) son funciones conocidas de r y z. Se procede de la forma siguiente: se integra «parcialmente» la primera ecuación, esto es, manteniendo z constante respecto a r. El resultado es

$$p = \tfrac{1}{2}\rho r^2 \Omega^2 + f(z) \tag{2.61}$$

donde la «constante» de integración es realmente una función de z[1]. Derivamos ahora esto respecto a z y la comparamos con la segunda relación de la ecuación (2.60):

$$\frac{\partial p}{\partial z} = 0 + f'(z) = -\rho g$$

o

$$f(z) = -\rho g z + C \tag{2.62a}$$

donde C es una constante. La ecuación (2.61) queda ahora

$$p = \text{const} - \rho g z + \tfrac{1}{2}\rho r^2 \Omega^2 \tag{2.62b}$$

Esta es la distribución de presiones en el fluido. El valor de C se determina al especificar la presión en algún punto. Si $p = p_0$ en $(r, z) = (0, 0)$, entonces $C = p_0$. La distribución buscada es

$$p = p_0 - \rho g z + \tfrac{1}{2}\rho r^2 \Omega^2 \tag{2.63}$$

[1] Esto ocurre porque $f(z)$ desaparece cuando derivamos parcialmente respecto a r. Si no ve esto, repase sus conocimientos de cálculo.

La distribución es lineal respecto a z y parabólica respecto a r. Si queremos un gráfico de superficies de presión constante, por ejemplo, $p=p_n$, la ecuación (2.63) toma la forma

$$z=\frac{p_1-p_0}{\rho g}+\frac{r^2\Omega^2}{2g}=a+br^2 \tag{2.64}$$

Estas superficies son paraboloides de revolución, con la concavidad hacia arriba, con su punto mínimo en el eje de giro. Algunos ejemplos de aquéllos se muestran en la figura 2.21.

Como en el ejemplo de aceleración lineal anterior, la posición de la superficie libre se determina mediante la condición de que el volumen de fluido se conserva. El caso de un recipiente no circular y con un eje de giro que no pase por el centro, como en la figura 2.21, es muy laborioso y un solo problema puede llevar todo un fin de semana. Sin embargo, el de un cilindro girando alrededor de su eje, como en la figura 2.22, es muy sencillo. Como el volumen de un paraboloide es la mitad del área de la base por la altura, el nivel del reposo está exactamente a mitad de camino entre el máximo y el mínimo de la superficie libre. El mínimo queda a $h/2=\Omega^2 R^2/4g$, por debajo de aquél, y los bordes suben la misma cantidad.

EJEMPLO 2.13 La taza de café del ejemplo 2.12 se quita de la cinta transportadora y se coloca sobre una mesa giratoria, girando alrededor de su eje hasta girar como un sólido rígido. Calcular (*a*) la velocidad angular a la que el café llega justo al borde de la taza y (*b*) la presión manométrica en el punto A en esas condiciones.

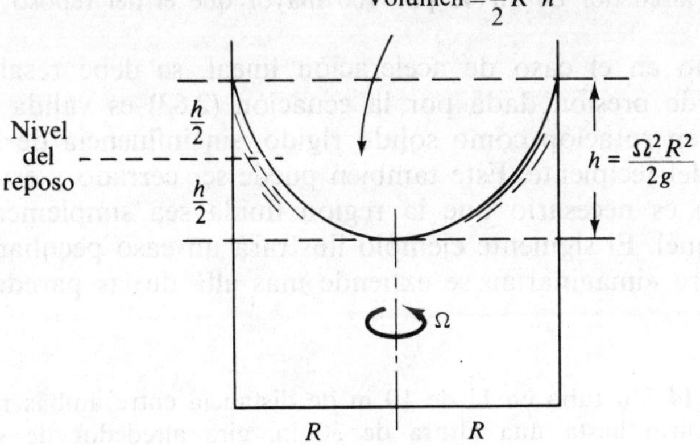

Fig. 2.22 Determinación de la posición de la superficie libre en la rotación de un cilindro de fluido alrededor de su eje central.

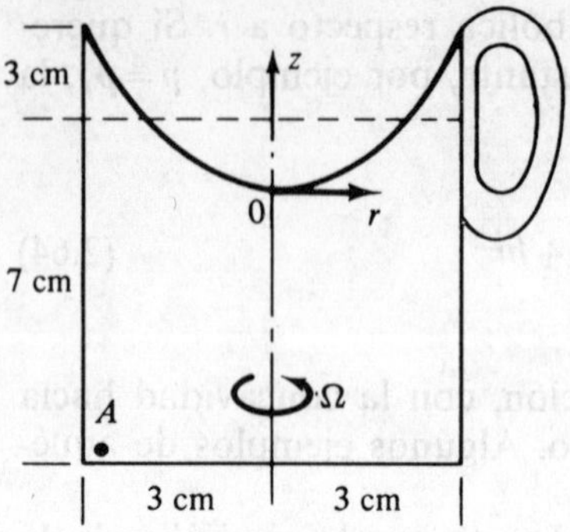

Fig. E2.13

Solución (*a*) La taza contiene 7 cm de café. La distancia de 3 cm hasta el borde debe ser igual a $h/2$ en la figura 2.22. Así

$$\frac{h}{2}=0{,}03\ \text{m}=\frac{\Omega^2 R^2}{4g}=\frac{\Omega^2(0{,}03\ \text{m})^2}{4(9{,}81\ \text{m/s}^2)}$$

Despejando, obtenemos

$$\Omega^2=1308 \quad \text{o} \quad \Omega=36{,}2\ \text{rad/s}=345\ \text{rpm} \qquad \textit{Resp. (a)}$$

(*b*) Para calcular la presión es conveniente tomar como origen de coordenadas el mínimo de la superficie libre. La presión manométrica allí es $p_0=0$, y en el punto A con $(r, z)=(3\ \text{cm}, -4\ \text{cm})$, la ecuación (2.63) nos da

$$p_A=0-(1010\ \text{kg/m}^3)(9{,}81\ \text{m/s}^2)(-0{,}04\ \text{m})+$$
$$+\tfrac{1}{2}(1010\ \text{kg/m}^3)(0{,}03\ \text{m})^2(1308\ \text{rad}^2/\text{s}^2)=$$
$$=396\ \text{N/m}^2+594\ \text{N/m}^2=990\ \text{Pa} \qquad \textit{Resp. (b)}$$

Este valor es alrededor de un 43 por 100 mayor que el del reposo $p_A=694$ Pa.

Aquí, como en el caso de aceleración lineal, se debe resaltar que la distribución de presión dada por la ecuación (2.63) es válida para cualquier fluido en rotación como sólido rígido, sin influencia de la forma o del tamaño del recipiente. Este también puede ser cerrado y estar lleno de líquido. Sólo es necesario que la región fluida sea simplemente conexa dentro de aquél. El siguiente ejemplo ilustrará un caso peculiar en que la superficie libre «imaginaria» se extiende más allá de las paredes del recipiente.

EJEMPLO 2.14 Un tubo en U de 10 in de distancia entre ambas ramas y que contiene mercurio hasta una altura de 30 in, gira alrededor de su centro a 180 rpm hasta que se alcanza la rotación como sólido rígido. El diámetro del tubo es despreciable. La presión atmosférica es 2116 lbf/ft^2. Calcular la presión en el punto A en las condiciones anteriores.

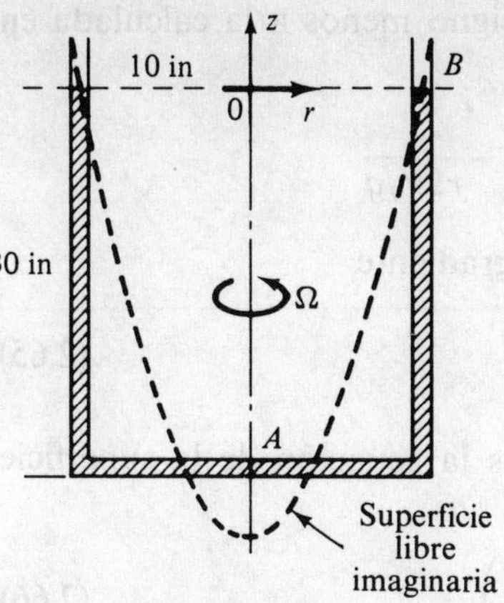

Fig. E2.14

Solución Pasemos la velocidad angular a radianes por segundo: $\Omega = (180 \text{ rpm}) \times \times (2\pi/60) = 18{,}85$ rad/s. En la Tabla 2.1 tenemos que para el mercurio $\rho g = 846$ lbf/ft^3 y, por tanto, $\rho = 846/32{,}2 = 26{,}3$ slugs/ft^3. A esta elevada velocidad de giro, la superficie libre se inclinará hacia arriba un ángulo muy acusado [alrededor de 84°; compruébese con la ecuación (2.64)], pero el tubo es tan delgado que la superficie libre permanecerá aproximadamente al mismo nivel de 30 in, punto *B*. Situando el origen de coordenadas a esta altura, podemos calcular la constante *C* de la ecuación (2.63), con la condición de que $p_B = 2116$ lbf/ft^2 en $(r, z) = (10 \text{ in}, 0)$:

$$p_B = 2116 \text{ lbf/ft}^2 = C - 0 + \tfrac{1}{2}(26{,}3 \text{ slugs/ft}^3)(\tfrac{10}{12}\text{ft})^2(18{,}85 \text{ rad/s})^2$$

o

$$C = 2116 - 3245 = -1129 \text{ lbf/ft}^2$$

Particularizando la ecuación (2.63) para $(r, z) = (0, -30 \text{ in})$, obtenemos

$$p_A = -1129 - (846 \text{ lbf/ft}^3)(-\tfrac{30}{12}\text{ ft}) = -1129 + 2115 = 968 \text{ lbf/ft}^2 \qquad \textit{Resp.}$$

Este valor es inferior a la presión atmosférica, y podemos ver por qué si seguimos al paraboloide de la superficie libre desde *B* a lo largo de la línea de trazos: corta al tramo horizontal del tubo en U (en puntos en que $p = p_a$) y cae por *debajo* de *A*. La figura 2.22 indica que la caída de presión desde *B* es $h = \Omega R^2/2g = (18{,}85)^2 \times \times (\tfrac{10}{12})^2/2(32{,}2) = 3{,}83$ ft $= 46$ in. Esto significa que p_A es alrededor de 10 in Hg inferior a la presión atmosférica, o sea, $\tfrac{16}{12}(846) = 1128$ lbf/ft^2 por debajo de $p_a = = 2116$ lbf/ft^2, que concuerda con la respuesta dada anteriormente. Cuando el tubo está en reposo, $p_A = 2116 - (846)(-\tfrac{30}{12}) = 4231$ lbf/ft^2. Vemos que el giro reduce la presión en el punto *A* un 77 por 100. Si se gira más de prisa, p_A puede reducirse hasta casi presión nula y aparecerá cavitación.

Un interesante subproducto de este análisis de rotación como sólido rígido, es que las líneas paralelas en todo punto al gradiente de presión forman una familia de superficies curvas, como se muestra en la figura 2.21. Son, en todo punto, ortogonales a las superficies de presión constante y, por tanto, su pendiente es inversa con signo menos a la calculada en la ecuación (2.64):

$$\left.\frac{dz}{dr}\right|_{GL} = -\frac{1}{(dz/dr)_{p=\text{const}}} = -\frac{1}{r\Omega^2/g}$$

donde el subíndice GL significa línea del gradiente

o
$$\frac{dz}{dr} = -\frac{g}{r\Omega^2} \tag{2.65}$$

Separando variables e integrando, obtenemos la ecuación de la superficie del gradiente de presiones

$$r = C_1 \exp\left(-\frac{\Omega^2 z}{g}\right) \tag{2.66}$$

Es notable que tanto este resultado como la ecuación (2.64) son independientes de la densidad del fluido. En ausencia de fricción y de efectos de Coriolis, la ecuación (2.66) define las líneas a lo largo de las cuales actuaría el campo gravitatorio equivalente. Dependiendo de su densidad, una partícula pequeña o una burbuja tenderán a subir o a caer en el fluido a lo largo de estas líneas exponenciales, como se demuestra experimentalmente en la referencia 5. Los flotadores lineales también se alinearán con estas exponenciales, impidiendo que se haga otro efecto distinto de la pura tensión. La figura 2.23 muestra la configuración de dichos flotadores antes y durante la rotación.

2.10 DISTRIBUCION DE PRESIONES EN FLUJO IRROTACIONAL[1]

Como se vio en la sección 2.2, si el flujo es irrotacional, o sea, si $\nabla \times \mathbf{V} \equiv 0$, ocurren dos cosas. Primera, que en la ecuación de cantidad de movimiento (2.12) desaparecen los términos viscosos cuando el flujo es incompresible. Esto se ve fácilmente por la identidad

$$\nabla^2 \mathbf{V} \equiv \nabla(\nabla \cdot \mathbf{V}) - \nabla \times (\nabla \times \mathbf{V}) \tag{2.67a}$$

El primer término del segundo miembro se anula si el fluido es incompresible ($\nabla \cdot \mathbf{V} = 0$), y el segundo término se anula por ser irrotacional. Todo el término viscoso se anula; esto es, puede haber esfuerzos viscosos, pero no son gradientes.

Lo segundo que ocurre es que la aceleración convectiva se reduce a un único término en que cuenta sólo el gradiente de energía cinética. Esto es evidente en la identidad

$$(\mathbf{V} \cdot \nabla)\mathbf{V} \equiv \nabla \frac{V^2}{2} - \mathbf{V} \times (\nabla \times \mathbf{V}) \tag{2.67b}$$

[1] Esta sección puede ser omitida sin pérdida de continuidad.

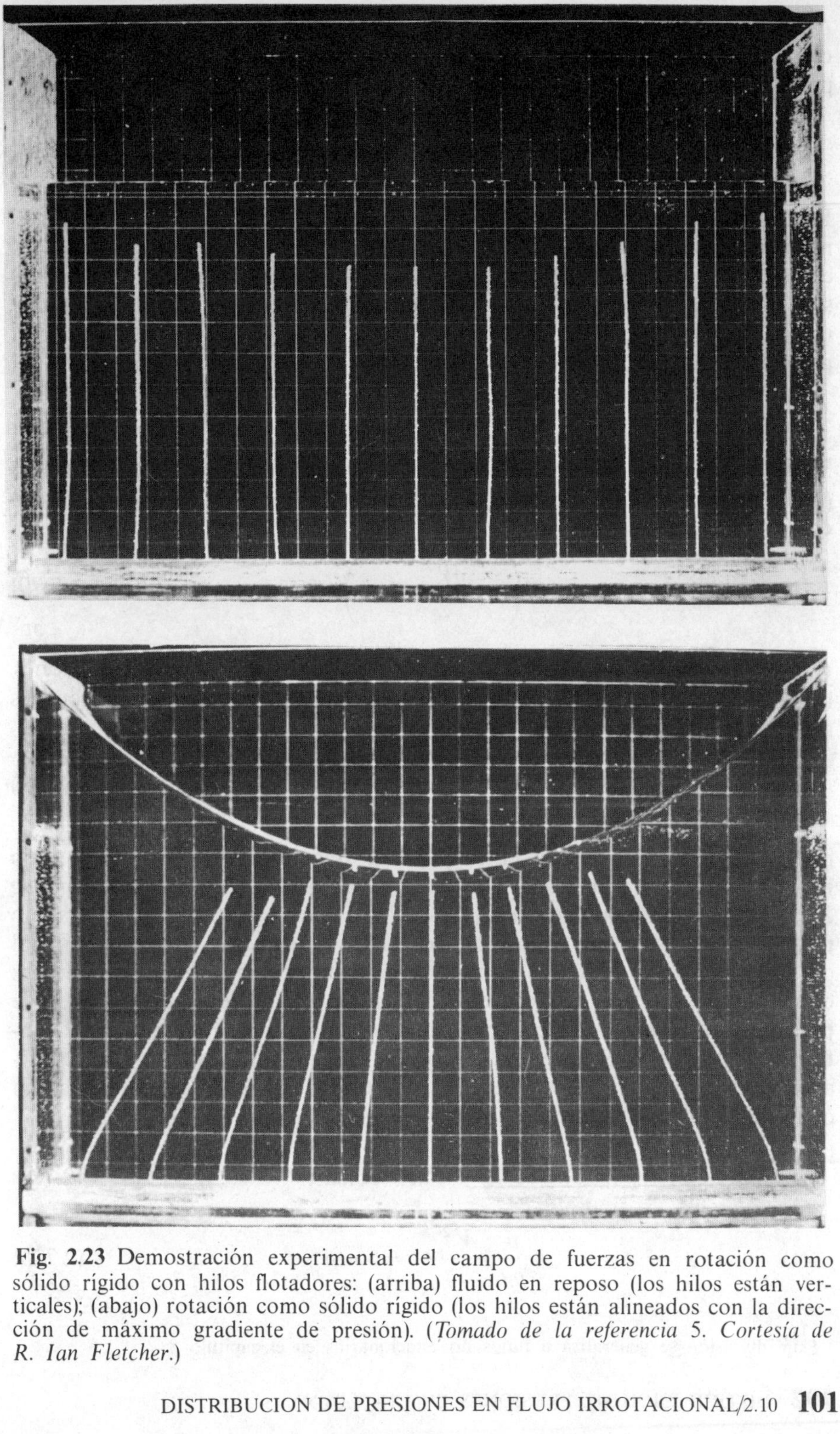

Fig. 2.23 Demostración experimental del campo de fuerzas en rotación como sólido rígido con hilos flotadores: (arriba) fluido en reposo (los hilos están verticales); (abajo) rotación como sólido rígido (los hilos están alineados con la dirección de máximo gradiente de presión). (*Tomado de la referencia* 5. *Cortesía de R. Ian Fletcher.*)

Aquí desaparece el segundo término del segundo miembro por la irrotacionalidad. El resultado final es que la ecuación (2.12), para flujo incompresible irrotacional y estacionario[1], se reduce a

$$\rho \nabla \frac{V^2}{2} = -\nabla p + \rho \mathbf{g} \tag{2.68}$$

La expresión anterior se denomina *ecuación de Euler*, en honor al matemático suizo Leonhard Euler (1707-1783), que la dedujo por primera vez e indicó cómo integrarla para llegar a una relación algebraica entre presión, gravedad y velocidad. Es lo que querríamos mostrar ahora. Antes, recordemos que la coordenada z es hacia arriba, en cuyo caso el vector gravedad se puede escribir en función del gradiente de z como

$$\mathbf{g} = -g \nabla z \quad \text{con } z \text{ hacia arriba} \tag{2.69}$$

Sustituyendo esto en la ecuación (2.68) y recordando que ρ es constante (fluido incompresible), vemos que todos los términos pueden ser englobados en un gran paréntesis

$$\nabla \left(p + \frac{\rho V^2}{2} + \rho g z \right) = 0 \tag{2.70}$$

Como el operador gradiente ∇ incluye derivación en las tres direcciones, la única forma de que (2.70) sea válida es que la cantidad entre paréntesis sea constante

$$p + \frac{\rho V^2}{2} + \rho g z = \text{const} \tag{2.71}$$

que es la relación deseada entre presión, velocidad y altura en un flujo incompresible, irrotacional y estacionario. Se denomina *ecuación de Bernoulli*, por Daniel Bernoulli (1700-1782), que la propuso en un trabajo publicado en 1738. La deducción actual de la ecuación (2.71) es original de Euler, pero no podemos denominar a todo ecuación de Euler. Nótese que la constante que aparece en la ecuación (2.71) tiene dimensiones de presión; esta forma de la ecuación de Bernoulli es utilizada principalmente por los ingenieros aeronáuticos, que trabajan directamente con distribuciones de presión. Dividiendo la expresión por ρ o ρg encontramos otras dos formas alternativas:

$$\frac{p}{\rho} + \frac{V^2}{2} + gz = \text{const} \tag{2.72a}$$

$$\frac{p}{\rho g} + \frac{V^2}{2g} + z = \text{const} \tag{2.72b}$$

[1] Esta discusión se generaliza a flujos no estacionarios en el capítulo 8.

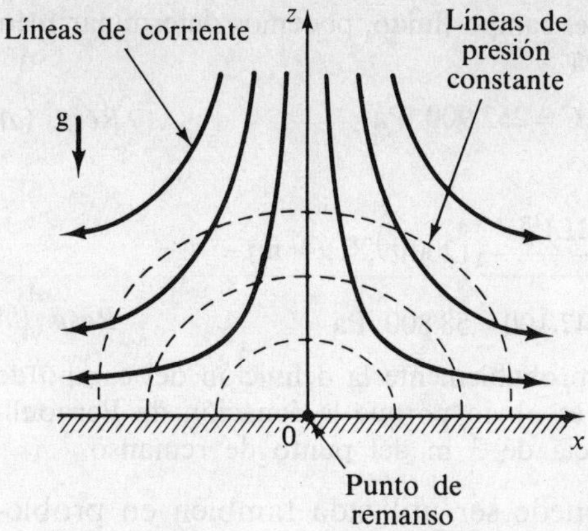

Fig. E2.15

En la relación 2.72*a* la constante tiene dimensiones de energía por unidad de masa, y es la comúnmente utilizada por los ingenieros mecánicos. La constante de la expresión 2.72*b* tiene dimensiones de longitud o *carga*, propia de los ingenieros civiles. Las tres formas corresponden, por supuesto, a la misma fórmula. El valor numérico de las constantes está relacionado con datos concretos del problema a tratar, digamos una presión p_1, una velocidad V_1 y una altura z_1, todas ellas conocidas.

EJEMPLO 2.15 Un campo de velocidades clásico, que simula el flujo incompresible e irrotacional en las proximidades del punto de remanso (punto de velocidad nula), es el dado en el plano xz por

$$u = \frac{V_0 x}{L} \qquad w = -\frac{V_0 z}{L}$$

donde V_0 y L_0 son la velocidad y longitud de referencia, respectivamente. Esta fórmula no es válida lejos de dicho punto, ya que la velocidad crecería hasta infinito. Nótese también que la condición de no deslizamiento no se cumple; esto es, $u \neq 0$ en $z=0$. Si la presión en $(x, z)=(0, L)$ es conocida y de valor 200 000 Pa, calcular la presión (*a*) en el punto de remanso (0, 0) y (*b*) en el punto $(x, z)=(L, 2L)$ cuando $L=2$ m, $V_0=7$ m/s y $\rho=1200$ kg/m^3.

Solución Con el campo de velocidades dado, el problema es estacionario, incompresible e irrotacional; esto último se comprueba viendo que $\nabla \cdot \mathbf{V}$ y $\nabla \times \mathbf{V}$ son ambos nulos. Sustituyendo u y w en la ecuación de Bernoulli, que es aplicable a este caso, tenemos

$$p + \frac{\rho V_0^2 (x^2 + z^2)}{SL^2} + \rho g z = C$$

Calculamos la constante C imponiendo las condiciones en $(0, L)$

$$C = 200\,000 + \frac{(1200 \text{ kg/m}^3)(7 \text{ m/s})^2 (0^2 + L^2)}{2L^2} + (1200 \text{ kg/m}^3)(9{,}81 \text{ m/s}^2)(2 \text{ m}) =$$

$$= 200\,000 + 29\,400 + 23\,500 = 252\,900 \text{ Pa}$$

Como este valor es el mismo para todo el campo fluido, podemos determinar p en cualquier punto. En el de remanso será

$$p = C - 0 - 0 = C = 252\,900 \text{ Pa} \qquad \textit{Resp. (a)}$$

En el punto $(x, z) = (L, 2L)$, tendremos

$$p = C - \frac{(1200)(7)^2[L^2 + (2L)^2]}{2L^2} - (1200)(9{,}81)(4 \text{ m}) =$$

$$= 252\,900 - 147\,000 - 47\,100 = 58\,800 \text{ Pa} \qquad \textit{Resp. (b)}$$

La presión se está acercando a cero, y probablemente la definición del campo de velocidades está dejando de ser válida; es obvio porque la ecuación de Bernoulli daría presiones negativas a una distancia de 3 m del punto de remanso.

La ecuación de Bernoulli (2.71) puede ser utilizada también en problemas con superficie libre si el flujo es irrotacional. El siguiente ejemplo ilustrará este punto.

EJEMPLO 2.16 Un flujo irrotacional con líneas de corriente circulares es el llamado *torbellino potencial*, al que se asemeja el flujo cercano al drenaje de un recipiente. En coordenadas polares las velocidades v_r y v_θ son

$$v_r = 0 \qquad v_\theta = \frac{K}{r}$$

donde $K = V_0\, r_0$ es la intensidad del torbellino y V_0 y r_0 son las magnitudes de referencia. Calcular la forma de la superficie libre de un líquido girando como un torbellino potencial.

Solución El lector deberá verificar previamente que esta distribución es incompresible $(\nabla \cdot \mathbf{V} = 0)$ e irrotacional $(\nabla \times \mathbf{V} = 0)$. La ecuación de Bernoulli se expresa en este caso en la forma

$$p + \frac{\rho K^2}{2r^2} + \rho g z = C$$

Una superficie de presión constante tendrá la forma

$$z|_{p=p_1} = C_1 - \frac{K^2}{2gr^2} \qquad C_1 = \frac{C - p_1}{\rho g} \qquad \textit{Resp.}$$

Todas las superficies de presión constante, incluida la superficie libre $p = p_a$, tienen forma de hiperboloide de segundo orden; esto es, z varía inversamente proporcional a r^2. Si la intensidad K es muy grande, la depresión en el eje del torbellino puede ser muy profunda, pero no infinita como sugiere la fórmula anterior, ya que aparecerá un pequeño núcleo rotacional.

La ecuación de Bernoulli puesta en la forma (2.71) expresa un balance entre energías cinética y potencial, y el trabajo debido a las fuerzas de presión, cuando todos los demás efectos son despreciables. Puede ser generalizada para incluir efectos no estacionarios, fricción, transferencia de calor y trabajo comunicado desde el exterior; cada uno de los nuevos efectos requiere información adicional acerca del campo de velocidades. Esto será estudiado en los capítulos 3 y 4. La ecuación (2.71) es la forma más idealizada y limitada de la ecuación de Bernoulli.

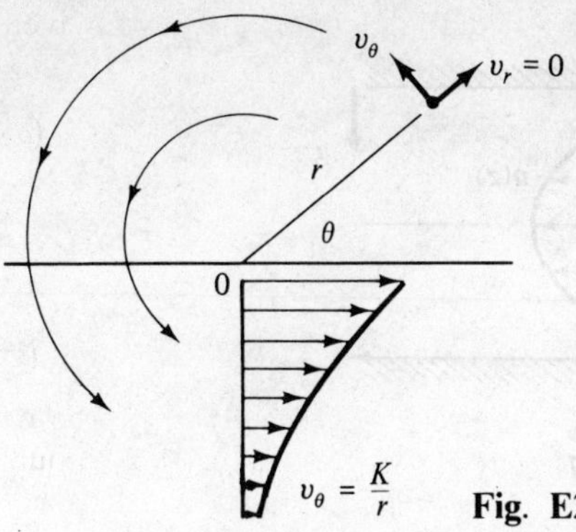

Fig. E2.16a

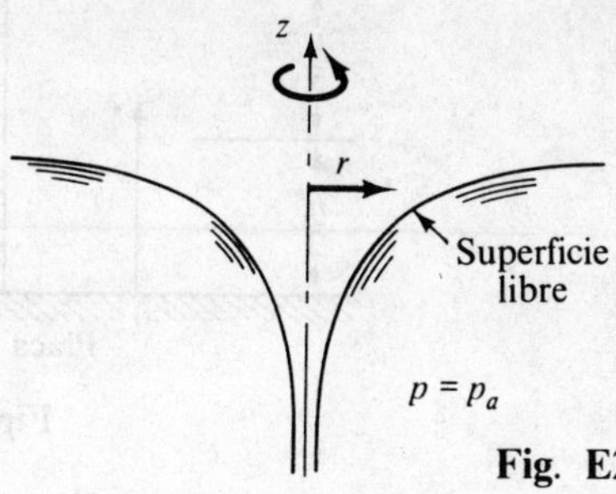

Fig. E2.16b

2.11 DISTRIBUCION DE PRESIONES EN FLUJO VISCOSO ARBITRARIO[1]

Incluso en flujo viscoso general, en que no ocurre nada matemáticamente especial, el cálculo de la distribución de presiones es relativamente fácil si el campo de velocidades y las demás propiedades son conocidas. Esto procede de que en la ecuación de cantidad de movimiento (2.12), sólo aparecen derivadas primeras de la presión; escrita en sus tres componentes tendremos

$$\frac{\partial p}{\partial x} = -\rho(\mathbf{V}\cdot\nabla)u + \rho g_x + \mu\nabla^2 u$$

$$\frac{\partial p}{\partial y} = -\rho(\mathbf{V}\cdot\nabla)v + \rho g_y + \mu\nabla^2 v$$

$$\frac{\partial p}{\partial z} = -\rho(\mathbf{V}\cdot\nabla)w + \rho g_z + \mu\nabla^2 w \qquad (2.73)$$

Si el campo de velocidades (u, v, w) es conocido, los segundos miembros son funciones conocidas y se pueden integrar una vez para hallar la expresión deseada $p(x, y, z, t)$. Es mucho más difícil determinar (u, v, w) cuando p es conocido, y algunas veces hay que hacerlo. El siguiente ejemplo ilustra el cálculo de la distribución de presiones en un flujo viscoso.

EJEMPLO 2.17 En el capítulo 6 se presenta el resultado clásico de flujo a baja velocidad entre dos placas paralelas separadas una distancia h

$$u = K(hz - z^2) \qquad K = \text{const} \qquad v = 0 \qquad w = 0$$

[1] Esta sección puede ser omitida sin pérdida de continuidad.

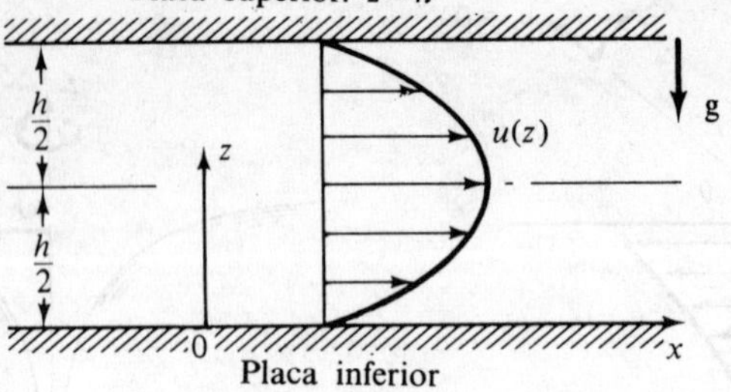

Fig. E2.17

La distribución de velocidad $u(z)$ es parabólica con valor cero en ambas placas debido a la condición de no deslizamiento, como se ve en la figura E2.17. Hallar la distribución de presiones $p(x, y, z)$ en el flujo suponiendo que z es hacia arriba y que ρ y μ son constantes. La presión en $(x, y, z)=(0, 0, 0)$ es p_0.

Solución En este caso g_x y g_y son nulos y $g_z=-g$, y la primera componente de la ecuación (2.73) será

$$\frac{\partial p}{\partial x}=-\rho\left(u\frac{\partial u}{\partial x}+v\frac{\partial u}{\partial y}+w\frac{\partial u}{\partial z}\right)+\mu\left(\frac{\partial^2 u}{\partial x^2}+\frac{\partial^2 u}{\partial y^2}+\frac{\partial^2 u}{\partial z^2}\right)$$

Sustituyendo $u(z)$ obtenemos

$$\frac{\partial p}{\partial x}=0+\mu(-2K) \qquad (1)$$

De la misma forma, las otras dos componentes son

$$\frac{\partial p}{\partial y}=0 \qquad (2)$$

$$\frac{\partial p}{\partial z}=-\rho g \qquad (3)$$

La ecuación (2) nos dice que $p=p(x, z)$ solamente. Integrando la ecuación (1) «parcialmente», tendremos

$$p=-2\mu Kx+f(z) \qquad (4)$$

Derivando respecto a z y comparando con la ecuación (3)

$$\frac{\partial p}{\partial z}=0+f'(z)=-\rho g \quad \text{de donde} \quad f(z)=-\rho gz+C$$

donde C es una constante. Con $f(z)$ conocida, la ecuación (4) da la distribución deseada:

$$p=C-2\mu Kx-\rho gz$$

El valor de C se determina imponiendo las condiciones en (0, 0)

$$p = p_0 = C - 0 - 0 \quad \text{de donde} \quad C = p_0$$

El resultado final es

$$p = p_0 - 2\mu K x - \rho g z \qquad \textit{Resp.}$$

La presión en este flujo viscoso varía linealmente tanto con x como con z. La presión disminuye con x debido a la resistencia debida a los esfuerzos viscosos sobre las paredes del conducto. La variación con z es equivalente a un efecto hidrostático, como en la ecuación (2.20). Así, un flujo puede tener una distribución hidrostática de presiones en una dirección a pesar de los esfuerzos viscosos y de otros efectos. Veremos el porqué de esto en el capítulo 4. Otra cuestión a aprender de este ejemplo es que la elegante y compacta notación vectorial se descarta a veces cuando hay que realizar cálculos reales.

2.12 MEDIDA DE LA PRESION

Hay muchos instrumentos para medir la presión, tanto en fluidos en reposo como en movimiento. Todos están basados en el hecho de que la presión aplicada sobre un área finita de material produce fuerza y esfuerzo y desplazamiento en éste. Estos efectos mecánicos pueden ser cuantificados de diversas formas:

1. Balanzas.
2. Altura de una columna líquida (manómetro).
3. Medida directa del desplazamiento.
4. Medida indirecta (eléctrica) del desplazamiento.

Las balanzas se usan comúnmente para *calibrar* los demás instrumentos, más que como medidores propiamente. El manómetro, analizado en la sección 2.4, es un instrumento simple y barato sin más partes móviles que la columna líquida. Puede ser construido con fiabilidad extrema utilizando fluidos con pequeñas diferencias de densidad, columnas líquidas inclinadas, y micrómetros y oculares para localizar el menisco con precisión. La figura 2.24 muestra dos ejemplos.

Al medir la presión en un fluido en movimiento (la denominada *presión estática*), se debe tomar la precaución de no perturbar el flujo. La mejor forma de hacerlo es medir en una *toma estática* en la pared del flujo, como muestran los instrumentos de la figura 2.24. El agujero de la toma debe ser perpendicular a la pared y se deben limpiar bien las rebabas. Si la toma es suficientemente pequeña (1 mm de diámetro es un valor muy común), no habrá flujo hacia el tubo de medida una vez que la presión se haya ajustado a su valor estacionario. Por ello el flujo principal está prácticamente sin perturbar. Sin embargo, cuando la presión en el flujo es variable, se puede cometer un gran error en la medida debido a la respuesta dinámica del tubo. Para medidas de presión dinámica (ver figura 2.27*d*) se usan también instrumentos de pequeñas dimensiones. Nótese que

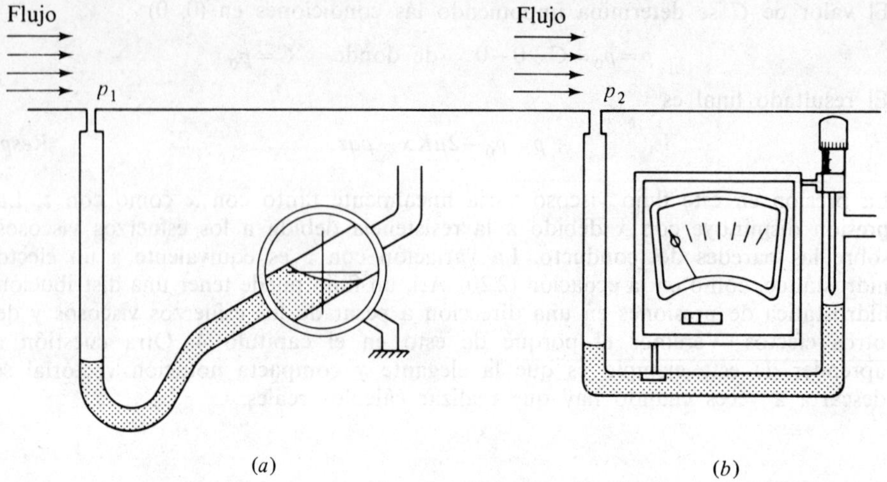

Fig. 2.24 Dos tipos de manómetros de precisión: (*a*) tubo inclinado con lupa; (*b*) micromanómetro con amperímetro.

los manómetros de la figura 2.24 están dispuestos de forma que midan presiones absolutas p_1 y p_2. Si se desea conocer la diferencia $p_1 - p_2$ se puede incurrir en un error importante si se restan dos medidas independientes, siendo preferible conectar ambas tomas a los extremos de un instrumento único de forma que se mida directamente la diferencia.

A menudo, medir la presión en la pared no es suficiente. El experimentalista necesita conocer la distribución de presiones a través del flujo, de modo que hay que introducir algún instrumento en él. El instrumento típico es el *tubo pitot*, esquematizado en la figura 2.25. Tiene agujeros en las paredes para medir la presión estática y un agujero en el frente para medir la presión de *remanso*, o de *impacto*, ya que allí la corriente se decelera hasta velocidad nula. La presión estática p_s y la de remanso p_0 se pueden medir por separado; su diferencia está relacionada con la velocidad del flujo. Como la sonda es pequeña, las pérdidas por fricción son despreciables entre las tomas estática y de remanso, y podemos aplicar la ecuación de Bernoulli (2.71) con buena fiabilidad

$$p_s + \frac{\rho V_s^2}{2} + \rho g z_s = p_0 + \frac{\rho (0)^2}{2} + \rho g z_0 \qquad (2.74)$$

Los agujeros de la toma estática están situados a unos ocho diámetros por detrás del extremo de la sonda, donde la velocidad V_s es ya prácticamente igual a la velocidad del flujo V. La velocidad en el agujero frontal es cero y la diferencia de alturas $\rho g(z_s - z_0)$ despreciable normalmente. La ecuación (2.74) se reduce entonces a

$$V_s \approx V = \left[\frac{2(p_0 - p_s)}{\rho}\right]^{1/2} \qquad (2.75)$$

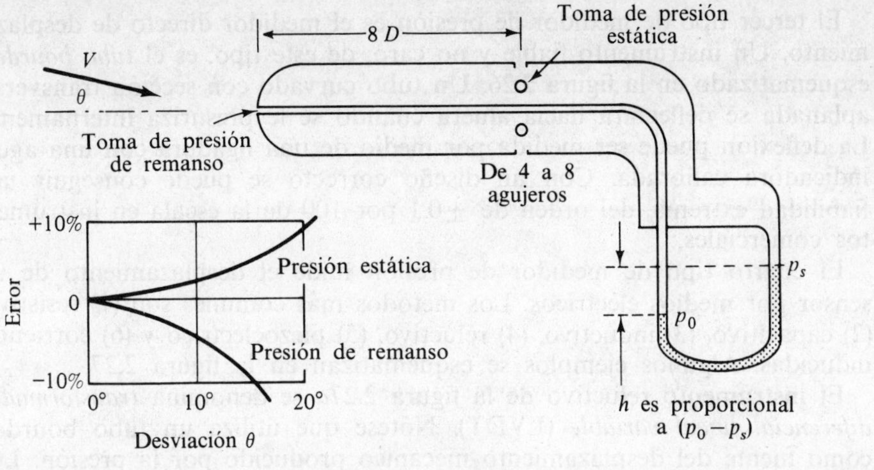

Fig. 2.25 Tubo pitot para medir presión estática y presión de remanso en una corriente.

Esta es la *fórmula de Pitot*, llamada así por el ingeniero francés que diseñó el instrumento en 1732. Su principal desventaja es que el tubo debe estar alineado con la corriente, cuya dirección puede no ser conocida; esto produce errores en las medidas de p_0 y p_s, como muestra la figura 2.25. Por ejemplo, con un ángulo de 10°, la presión estática es un 2 por 100 mayor que su valor real respecto a la presión dinámica $\rho V^2/2$, y la de remanso un 3 por 100 menor, de modo que en la diferencia $p_0 - p_s$ hay un 5 por 100 de error total.

EJEMPLO 2.18 El fluido del manómetro del tubo pitot de la figura 2.25 es mercurio. Al introducir dicho tubo en una corriente de agua, la altura manométrica es $h = 8{,}4$ in. Despreciando efectos de deslineamiento y otros errores, ¿cuál es la velocidad V del flujo en pies por segundo?

Solución De la relación (2.33), con $z_A = z_2$, tendremos

$$p_0 - p_s = (\rho_M g - \rho_w g)h$$

Tomando los pesos específicos del mercurio y del agua de la Tabla 2.1

$$p_0 - p_s = (846 - 62{,}4 \text{ lbf/ft}^3)\,\frac{8{,}4}{12}\text{ ft} = 549 \text{ lbf/ft}^2$$

La densidad del agua es $62{,}4/32{,}2 = 1{,}94$ slugs/ft³. Introduciendo este valor en la fórmula de Pitot (2.75), obtenemos

$$V = \left[\frac{2(549 \text{ lbf/ft}^2)}{1{,}94 \text{ slugs/ft}^3}\right]^{1/2} = 23{,}8 \text{ ft/s} \qquad \textit{Resp.}$$

Por tratarse de un flujo a baja velocidad, no se necesita corrección por compresibilidad.

El tercer tipo de medidor de presión es el medidor directo de desplazamiento. Un instrumento fiable y no caro, de este tipo, es el *tubo bourdon*, esquematizado en la figura 2.26. Un tubo curvado con sección transversal aplanada se deflectará hacia afuera cuando se le presuriza internamente. La deflexión puede ser medida por medio de una ligadura con una aguja indicadora calibrada. Con un diseño correcto se puede conseguir una fiabilidad extrema, del orden de $\pm 0{,}1$ por 100 de la escala en instrumentos comerciales.

El cuarto tipo de medidor de presión mide el desplazamiento de un sensor por medios eléctricos. Los métodos más comunes son (1) resistivo, (2) capacitivo, (3) inductivo, (4) reluctivo, (5) piezoeléctrico y (6) corrientes inducidas. Algunos ejemplos se esquematizan en la figura 2.27.

El instrumento reluctivo de la figura 2.27*a* se denomina *transformador diferencial lineal variable* (LVDT). Nótese que utiliza un tubo bourdon como fuente del desplazamiento mecánico producido por la presión. Los extensímetros de la figura 2.27*b* están pegados a una membrana que se deflecta por la presión, mientras que el medidor de potenciómetro (figura 2.27*c*) tiene una pequeña cápsula que mueve el cursor de una resistencia variable. El transductor piezoeléctrico (Fig. 2.27*d*) utiliza el descubrimiento de Pierre y Jacques Curie, en 1880, de que ciertos cristales de cuarzo producen descargas eléctricas al ser sometidos a esfuerzos. El medidor piezoeléctrico no tiene fluido interno; el diafragma está colocado a ras de la pared y reacciona casi instantáneamente a los cambios de presión local. La respuesta dinámica es excelente, y por ello los sensores piezoeléctricos se utilizan ampliamente para medir fluctuaciones rápidas, como las que ocurren en ondas de explosión y en movimientos turbulentos.

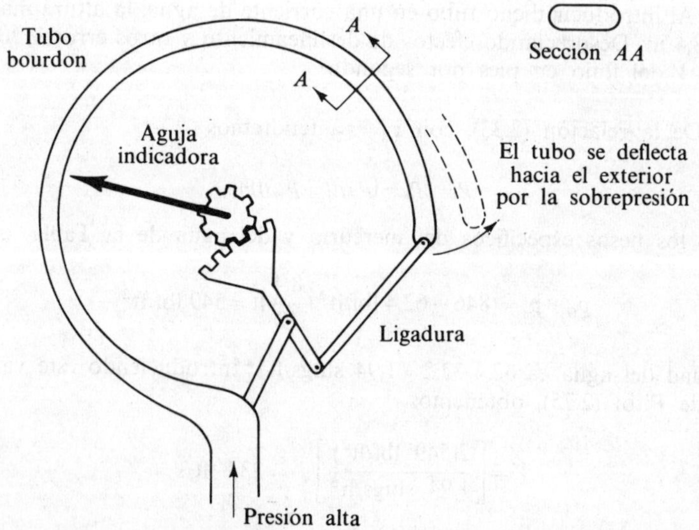

Fig. 2.26 Esquema de tubo bourdon para la medida mecánica de altas presiones.

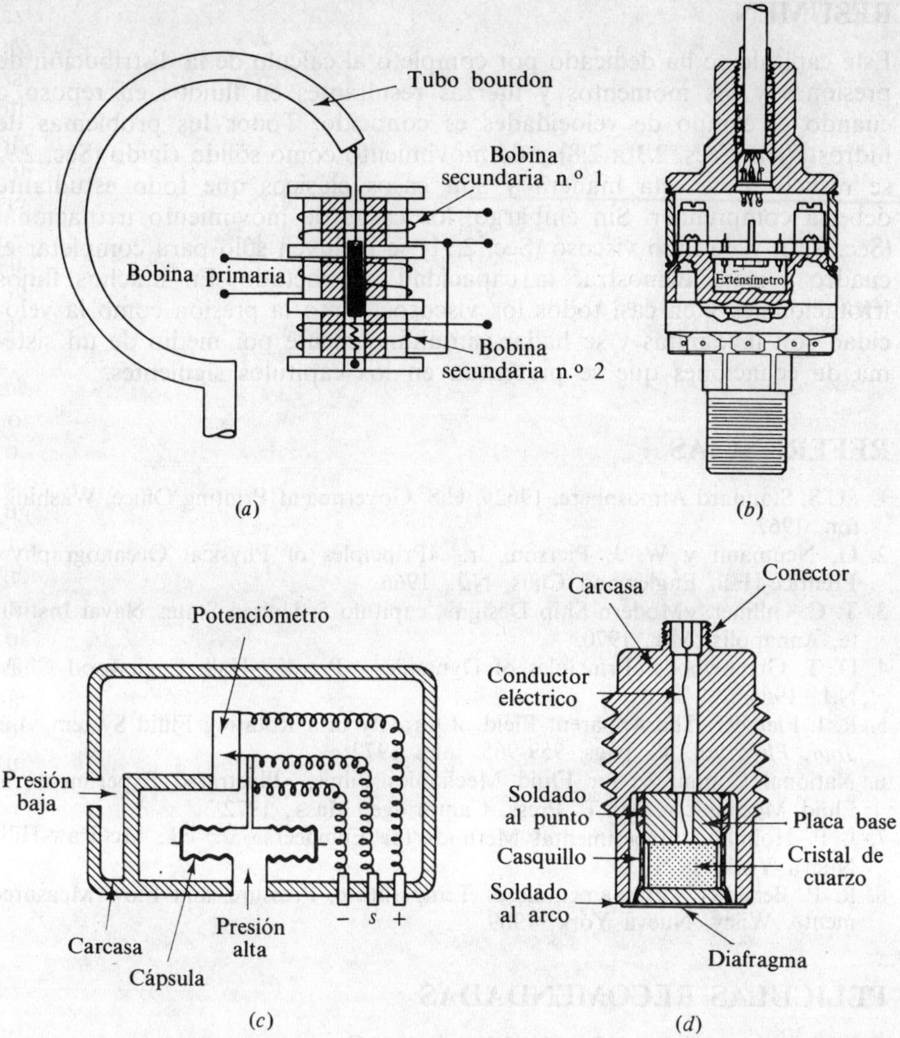

Fig. 2.27 Cuatro tipos de transductores de presión con salida eléctrica: (*a*) transformador diferencial (el desplazamiento del núcleo produce un cambio en la reluctancia); (*b*) transductor de extensímetros (la deflexión de la membrana produce deformación); (*c*) transductor potenciómetro (la deflexión de la cápsula varía la resistencia); (*d*) transductor piezoeléctrico (la deflexión del diafragma induce cargas eléctricas en el cristal de cuarzo).

Todos los medidores de presión con sensores eléctricos tienen la gran ventaja de que su salida puede ser grabada en cinta magnética, papel u otras formas de registro permanente. Esta ventaja compensa el relativamente alto coste (de 100 a 2000 $) de estos transductores electromecánicos.

En Holman [7] y Benedict [8] se pueden encontrar datos adicionales sobre los medidores de presión.

RESUMEN

Este capítulo se ha dedicado por completo al cálculo de la distribución de presiones y los momentos y fuerzas resultantes en fluidos en reposo o cuando el campo de velocidades es conocido. Todos los problemas de hidrostática (Secs. 2.3 a 2.8) y de movimiento como sólido rígido (Sec. 2.9) se resuelven de esta manera y son casos clásicos que todo estudiante debería comprender. Sin embargo, los casos de movimiento irrotacional (Sec. 2.10) y de flujo viscoso (Sec. 2.11) se incluyen sólo para completar el cuadro y para demostrar la capacidad del método. En muchos flujos irrotacionales y en casi todos los viscosos, tanto la presión como la velocidad son incógnitas y se hallan simultáneamente por medio de un sistema de ecuaciones que se presentan en los capítulos siguientes.

REFERENCIAS

1. «U.S. Standard Atmosphere, 1962», U.S. Government Printing Office, Washington, 1962.
2. G. Neumann y W. J. Pierson, Jr., «Principles of Physical Oceanography», Prentice-Hall, Englewood Cliffs, N.J., 1966.
3. T. C. Gillmer, «Modern Ship Design», capítulo 5, United States Naval Institute, Annapolis, Md., 1970.
4. D. T. Greenwood, «Principles of Dynamics», Prentice-Hall, Englewood Cliffs, N.J., 1965.
5. R. I. Fletcher, The Apparent Field of Gravity in a Rotating Fluid System, *Am. Jour. Phy.*, vol. 40, págs. 959-965, julio 1972.
6. National Committee for Fluid Mechanics Films, «Illustrated Experiments in Fluid Mechanics», M.I.T. Press, Cambridge, Mass., 1972.
7. J. P. Holman, «Experimental Methods for Engineers», 2.ª ed., McGraw-Hill, Nueva York, 1971.
8. R. P. Benedict, «Fundamentals of Temperature, Pressure, and Flow Measurement», Wiley, Nueva York, 1969.

PELICULAS RECOMENDADAS

Películas numeradas 5, 17 y 24 del apéndice C.

PROBLEMAS

2.1 La figura 2.1 y las ecuaciones (2.3) y (2.4) indican que la presión es la misma en todas las direcciones en un fluido en reposo. ¿En qué difiere este análisis de la discusión de la sección 1.2 y de la figura 1.1*c* y *d*, que muestran que el círculo de Mohr se reduce a un punto en la condición hidrostática?

2.2 Para cambios Δz pequeños, la relación hidrostática de la ecuación (2.20) conduce a $\Delta p = \rho g\ \Delta z$, mientras que la ecuación (2.3) parece indicar que $\Delta p = \rho g\ \Delta z/2$. Explicar el factor 1/2 en esta segunda relación.

2.3 En el campo bidimensional de esfuerzos de la figura P2.3 se tiene que

$$\sigma_{xx} = 2000\ \text{lbf/ft}^2$$
$$\sigma_{yy} = 1800\ \text{lbf/ft}^2$$
$$\sigma_{xy} = \sigma_{yx} = 100\ \text{lbf/ft}^2$$

Calcular los esfuerzos normal y tangencial en libras-fuerza por pie cuadrado en el plano AA cortado a 30°, como se muestra en la figura.

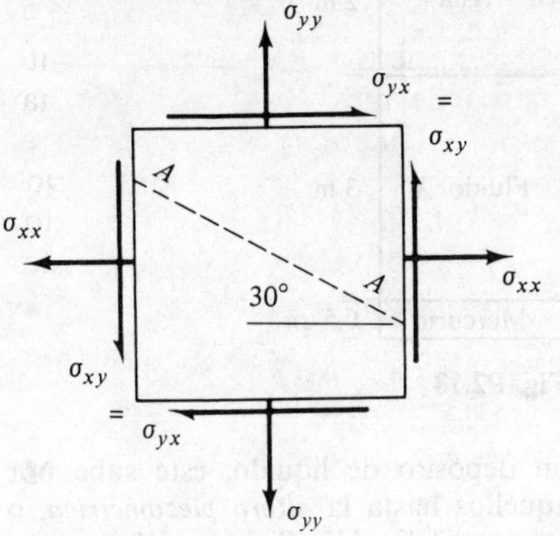

Fig. P2.3

2.4 En el campo de esfuerzos de la figura P2.3 tenemos

$$\sigma_{xx}=2000\ \text{lbf/ft}^2 \qquad \sigma_{yy}=1800\ \text{lbf/ft}^2$$
$$\sigma_n(AA)=2100\ \text{lbf/ft}^2$$

Calcular el esfuerzo cortante en el plano AA y el esfuerzo cortante σxy.

2.5 La ecuación (2.13) es una expresión en notación vectorial que incluye tres componentes. Detallar la componente y de la misma.

2.6 Atlanta, en Georgia (EE.UU.), está a una altura de 1100 ft. Un día, en que la presión atmosférica es la estándar que corresponde a dicha altura, un manómetro A marca 99 000 Pa en cierto experimento y otro manómetro B marca 97 000 Pa. Expresar estas lecturas en presiones manométricas o de vacío según corresponda.

2.7 Cualquier medida de presión puede ser expresada como altura o carga $h=p/\rho g$. ¿Cuál es la presión normal a nivel del mar expresada en (*a*) metros de agua, (*b*) pies de agua, (*c*) pulgadas de mercurio y (*d*) milímetros de mercurio?

2.8 Cierto día en que el barómetro indica 29 inHg, un manómetro señala 1,5 lbf/in^2 de vacío. Expresar la presión absoluta del manómetro en (*a*) pulgadas de mercurio y (*b*) pascales.

2.9 Expresar en pascales la presión absoluta existente en el punto B de la figura 2.5, si dicho punto está a 60 cm de la superficie y el barómetro señala 30 inHg.

2.10 El keroseno tiene una densidad relativa de 0,81. ¿Qué altura de columna de keroseno equivale a una presión de 2000 Pa?

2.11 ¿Qué variación de profundidad se necesita, en metros de (*a*) agua, (*b*) agua de mar, (*c*) mercurio, para producir un aumento de presión de 1 atm?

2.12 El punto más profundo conocido del océano es la Fosa de las Marianas en el Pacífico, con 11 034 m. Suponiendo que el agua de mar tiene un peso específico constante de 10 050 N/cm^3, ¿cuál es la presión de dicho punto, expresada en atmósferas?

2.13 Repítase el problema 2.12 integrando la relación no lineal densidad-presión de la ecuación (1.38), desde la superficie hasta el fondo. ¿Cuál es la diferencia porcentual entre ambos casos?

2.14 El depósito cerrado de la figura P2.14 está a 20° C. Si la presión absoluta en el punto A es 90 000 Pa, ¿cuál es la presión absoluta en el punto B, en pascales?

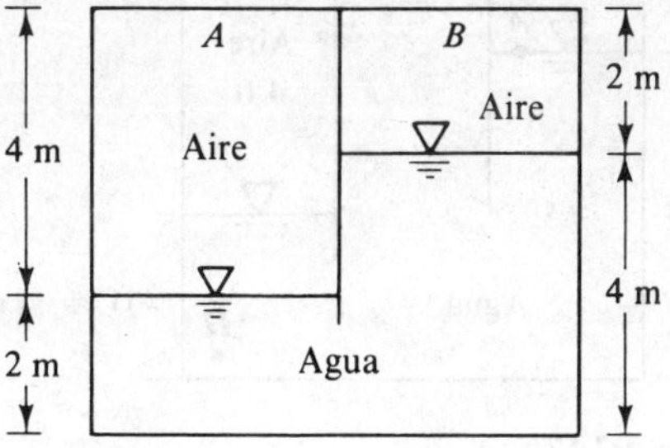

Fig. P2.14

2.15 ¿Qué variación porcentual se tiene en la solución del problema 2.14 si se tiene en cuenta o se desprecia el peso específico del aire de ambas cámaras?

2.16 El sistema aire-aceite-agua de la figura P2.16 está a 20° C. Sabiendo que

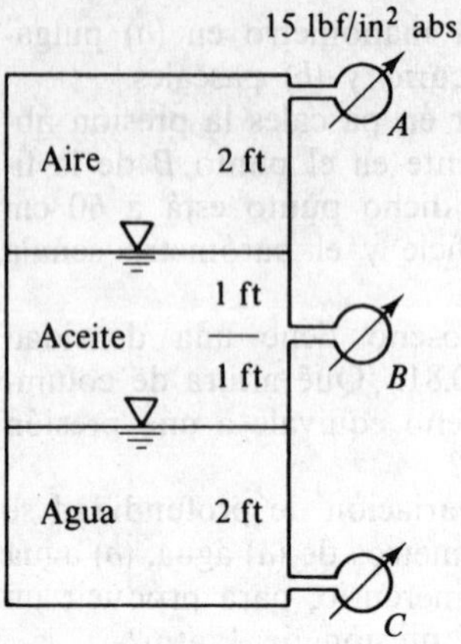

Fig. P2.16

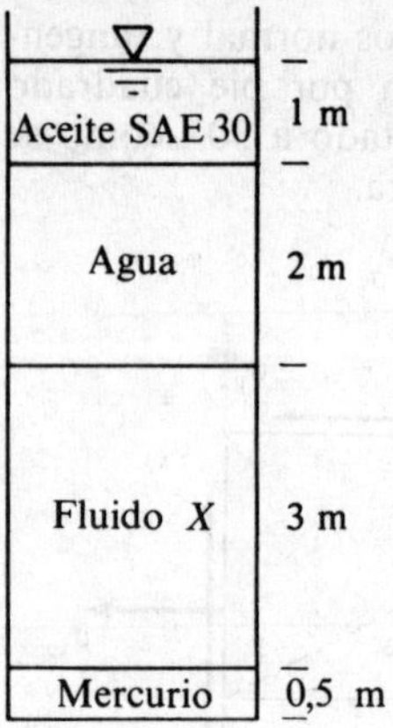

Fig. P2.18

el manómetro A marca 15 lbf/in^2 de presión absoluta, y el B señala 1,25 lbf/in^2 menos que el C, calcular (*a*) el peso específico del aceite en libras-fuerza por pie cúbico y (*b*) la lectura del manómetro C en libras-fuerza por pulgada cuadrada de presión absoluta.

2.17 El sistema de la figura P2.17 está a 20° C. Si la presión en el punto A es 2000 lbf/ft^2, hallar la presión en B, C y D en libras-fuerza por pie cuadrado.

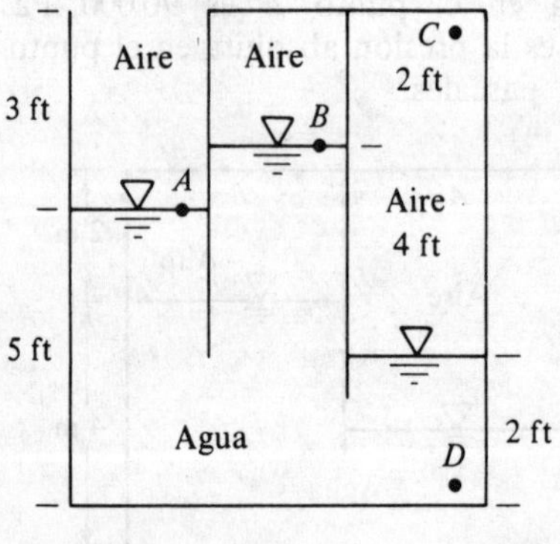

Fig. P2.17

2.18 El sistema de la figura P2.18 está a 20° C. Si la presión atmosférica es 101 330 Pa y la presión en el fondo es 237 kPa, ¿cuál es el peso específico del fluido X?

2.19 Cuando ciertos tubos abiertos denominados *piezómetros* se conectan a un depósito de líquido, éste sube por aquéllos hasta la *altura piezométrica*, o *carga*, del líquido. Si la presión manométrica en el punto A es p_A, demostrar que los tres piezómetros de la figura P2.19 marcarán el mismo nivel $h = P_A/\rho g$.

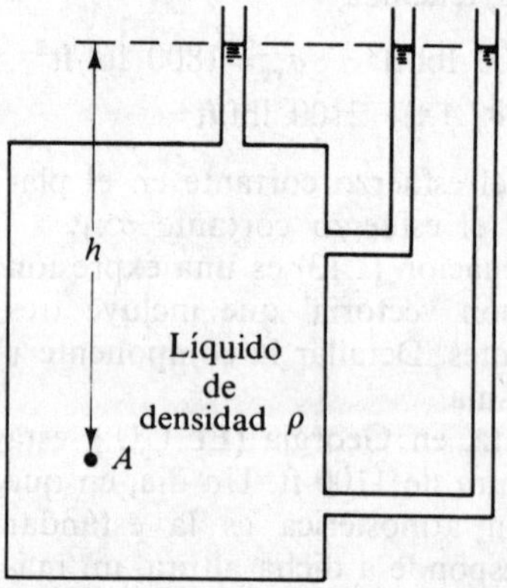

Fig. P2.19

2.20 El gato hidráulico de la figura P2.20 está lleno de un aceite de peso específico 56 lbf/ft^3 ¿Qué fuerza F será necesario aplicar en la empuñadura para soportar una carga de diseño de 2000 lbf? Supónganse despreciables los pesos de los pistones.

2.21 El Mar Rojo, por estar en una región de alta evaporación, es muy salado. La presión media a una profundidad de 20 m es de 202 kPa por encima

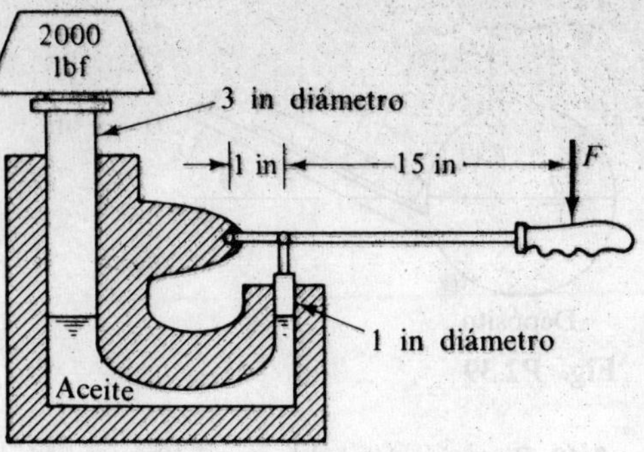

Fig. P2.20

de la atmosférica. ¿Cuál es la densidad de su agua en kilogramos por metro cúbico? ¿Qué porcentaje de sal, en peso, contiene?

2.22 El indicador de gasolina de un coche marca proporcionalmente a la presión manométrica del fondo del depósito, como muestra la figura P2.22. Si el depósito tiene 30 cm de alto y contiene accidentalmente 2 cm de agua, ¿cuántos centímetros de aire habrá en la parte superior cuando el indicador señale erróneamente «lleno»?

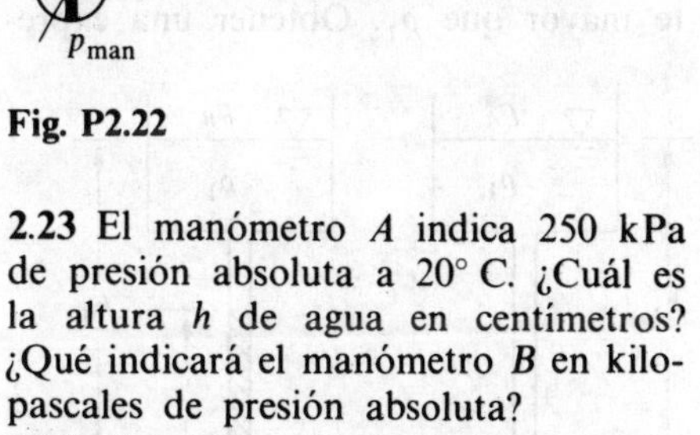

Fig. P2.22

2.23 El manómetro *A* indica 250 kPa de presión absoluta a 20° C. ¿Cuál es la altura *h* de agua en centímetros? ¿Qué indicará el manómetro *B* en kilopascales de presión absoluta?

2.24 El tubo en U de la figura P2.24 tiene un diámetro interior de 1 cm y contiene mercurio en la forma que se muestra. Si en la rama derecha se ponen 10 cm^3 de agua, ¿cuáles serán los

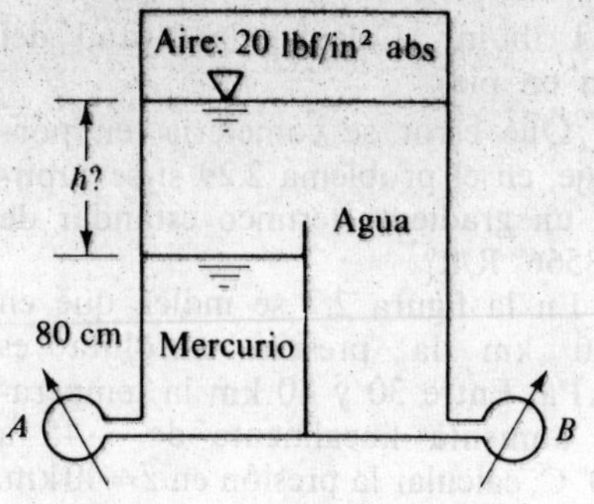

Fig. P2.23

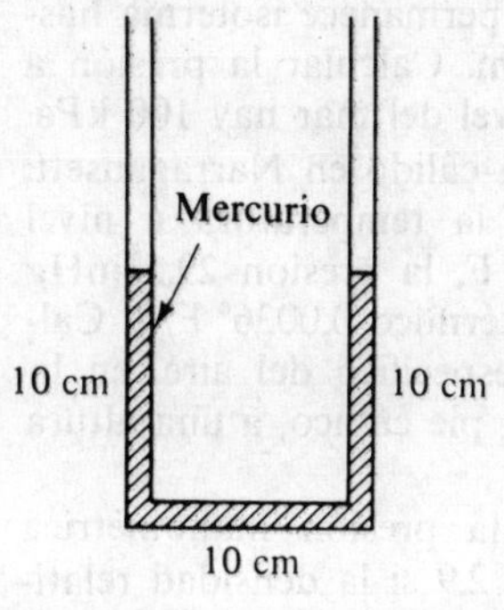

Fig. P2.24

nuevos niveles de mercurio en ambas ramas?

2.25 Si el aire fuese incompresible y con un peso específico nominal de 11,8 N/m^3, ¿cuál sería la altura de la atmósfera, si la presión a nivel del mar se conservase en su valor nominal de 101 330 Pa?

2.26 ¿A qué altitud de la atmósfera estándar corresponde la presión de 50 000 Pa?

2.27 A partir de la figura 2.7 de la atmósfera estándar, deducir la masa total de la atmósfera, suponiendo que el radio de la tierra es 6400 km.

2.28 ¿A qué altitud de la atmósfera estándar la densidad es un 10 por 100 menor que a nivel del mar?

2.29 La temperatura y la presión a nivel del mar y el gradiente térmico varían de día en día. Cierto día la temperatura y presión a nivel del mar son 50° F y 29 inHg, respectivamente. El sensor de un avión señala una temperatura de 20° F y una presión absoluta de 11 lbf/in^2. Calcular la altitud del avión en pies.

2.30 ¿Qué error se cometería, en porcentaje, en el problema 2.29 si se supusiera un gradiente térmico estándar de 0,003566° R/ft?

2.31 En la figura 2.7 se indica que en $z = 30$ km la presión absoluta es 1,2 kPa. Entre 30 y 40 km la temperatura aumenta linealmente de -45 a $-20°$ C; calcular la presión en $z = 40$ km.

2.32 En días fríos en el Polo Norte la temperatura a nivel del mar es $-50°$ C y la atmósfera permanece isoterma hasta unos 3000 m. Calcular la presión a 3000 m si a nivel del mar hay 100 kPa.

2.33 En un día cálido en Narragansett, Rhode Island, la temperatura a nivel del mar es 80° F, la presión 29,5 inHg y el gradiente térmico 0,0036° F/ft. Calcular el peso específico del aire, en libras-fuerza por pie cúbico, a una altura de 5000 ft.

2.34 Calcular la presión manométrica p_A de la figura 2.9 si la densidad relativa de los fluidos 1 y 2 es 0,82 y 1, respectivamente, $z_A = 30$ cm, $z_1 = 20$ cm y $z_2 = 45$ cm.

2.35 Repetir el problema 2.34 para el caso de que el fluido 2 sea mercurio con densidad relativa 13,56.

2.36 Repetir el problema 2.34 cuando el fluido 1 es aire a 20° C.

2.37 Si en la figura 2.9 el fluido 1 es agua y el 2 mercurio, con $z_A = 0$ y $z_1 = -10$ cm, ¿cuál debe ser el valor de z_2 para que $p_A = p_{atm}$?

2.38 En la figura 2.9 el fluido 1 es aire y el 2 mercurio; la rama derecha está graduada para leer p_A en unidades de kilopascales de presión manométrica. ¿Qué diferencia habría si la escala estuviera graduada en milímetros?

2.39 El manómetro inclinado de la figura P2.39 contiene aceite Meriam rojo de densidad relativa 0,827. Se supone que el depósito es muy grande. Si el tubo inclinado tiene marcas de pulgada en pulgada, ¿cuál debe ser el ángulo θ para que cada división corresponda a una presión manométrica de 1 lbf/ft?

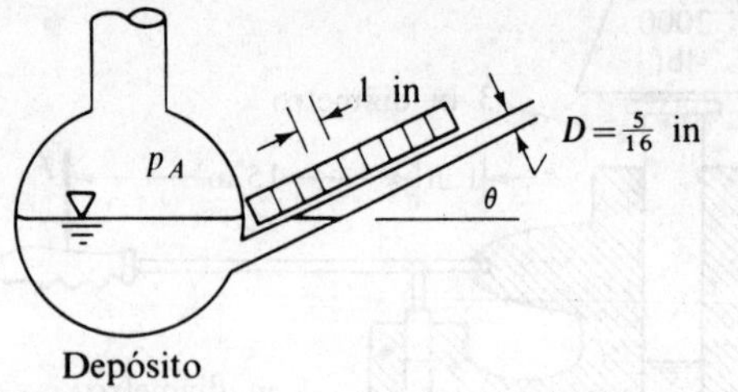

Fig. P2.39

2.40 Repetir el problema 2.39 para el caso en que el recipiente tenga un tamaño finito, semejante a una esfera de 6 in de diámetro medio llena.

2.41 El sistema de la figura P2.41 está a 20° C. Calcular la presión absoluta en el punto A en libras-fuerza por pie cuadrado.

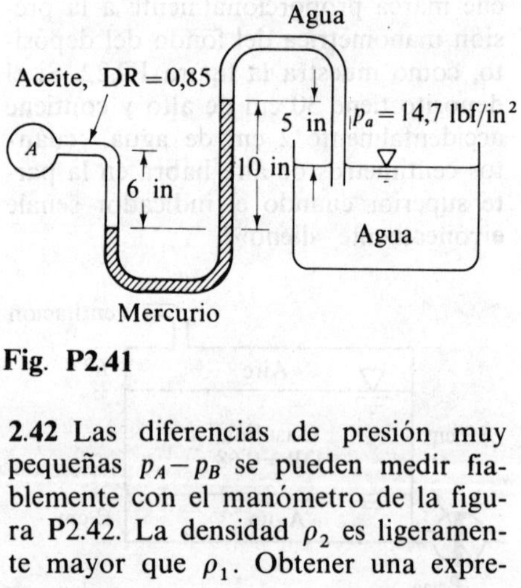

Fig. P2.41

2.42 Las diferencias de presión muy pequeñas $p_A - p_B$ se pueden medir fiablemente con el manómetro de la figura P2.42. La densidad ρ_2 es ligeramente mayor que ρ_1. Obtener una expre-

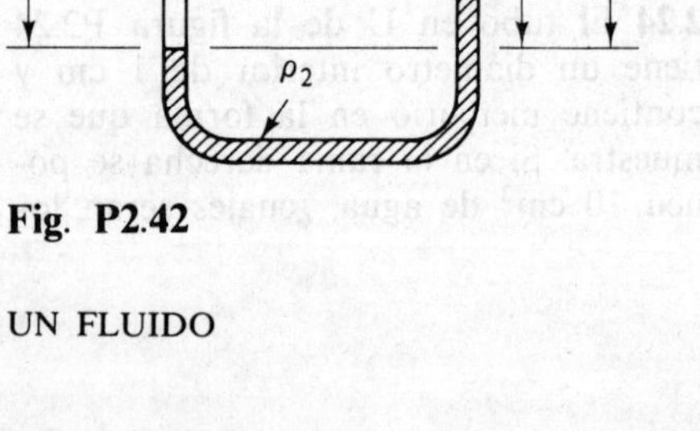

Fig. P2.42

sión que relacione h con $p_A - p_B$ cuando los depósitos son muy grandes.

2.43 Para ilustrar la eficacia del sistema de la figura P2.42, considérese que una diferencia de alturas de 1 cm en un fluido con densidad relativa 0,82 corresponde a una diferencia de presión de 80,3 Pa. ¿Qué diferencia de presiones correspondería a $h = 1$ cm, cuando las densidades relativas de los fluidos 1 y 2 fueran 0,81 y 0,83, respectivamente? ¿Cuál sería el aumento en resolución?

2.44 Por un conducto inclinado 45°, como indica la figura P2.44, fluye agua. La caída de presión $p_1 - p_2$ es debida en parte a la gravedad y en parte a la fricción. El manómetro de mercurio señala una diferencia de alturas de 15 cm. ¿Cuál es la diferencia total de presiones $p_1 - p_2$ en Pa? ¿Cuál es la caída de presión debida a la fricción? ¿La lectura del manómetro corresponde sólo a efectos de fricción?, ¿por qué?

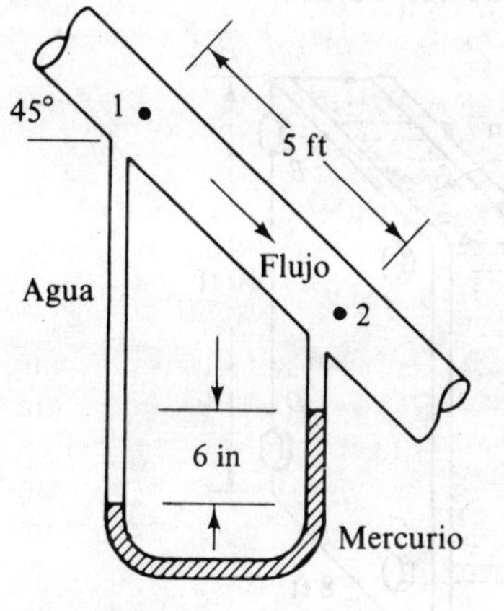

Fig. P2.44

2.45 Calcular la presión en el recipiente de agua de la figura P2.45. ¿Es mayor o menor que la atmosférica?

2.46 ¿Cuál es, en centímetros, la altura h del nivel de aceite de la figura P2.46? Ambos tubos están abiertos a la atmósfera.

2.47 Repetir el problema 2.46 para el caso en que el fluido de la izquierda es mercurio en vez de agua.

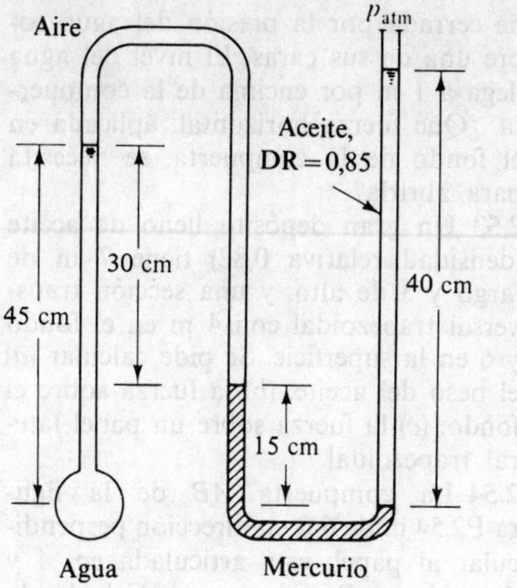

Fig. P2.45

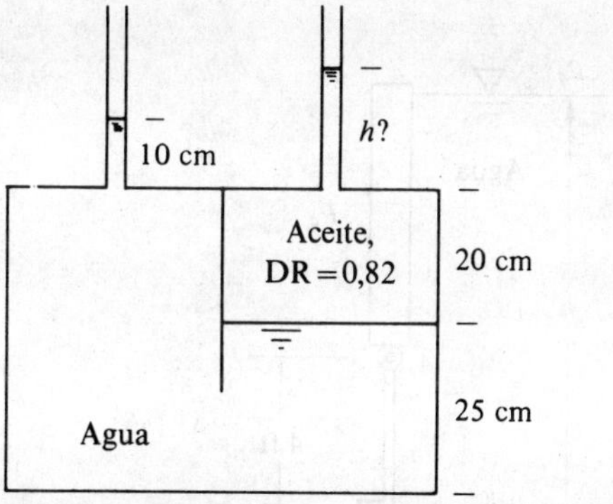

Fig. P2.46

2.48 El depósito del problema 2.46 tiene 30 cm en dirección perpendicular al papel. Calcular la fuerza que se ejerce sobre la pared izquierda y la posición del centro de presiones.

2.49 Repetir el problema 2.48, pero calculando la fuerza y el centro de presiones de la pared derecha.

2.50 Repetir el ejemplo 2.5, pero con la charnela en A y el punto B descansando sobre un fondo liso.

2.51 Repetir el ejemplo 2.6 con agua en vez de aceite.

2.52 Una compuerta vertical, de 2 m de ancho y 3 de alto, está abisagrada en su extremo superior y se mantiene cerrada por la presión del agua sobre una de sus caras. El nivel del agua llega a 1 m por encima de la compuerta. ¿Qué fuerza horizontal, aplicada en el fondo de la compuerta, se necesita para abrirla?

2.53 Un gran depósito lleno de aceite (densidad relativa 0,82) tiene 7 m de largo y 3 de alto, y una sección transversal trapezoidal con 4 m en el fondo y 6 en la superficie. Se pide calcular (*a*) el peso del aceite; (*b*) la fuerza sobre el fondo; (*c*) la fuerza sobre un panel lateral trapezoidal.

2.54 La compuerta *AB* de la figura P2.54 mide 6 ft en dirección perpendicular al papel; está articulada en *A* y detenida en *B* por un tope. Calcular la fuerza en el tope y las reacciones en *A* si $h = 10$ ft.

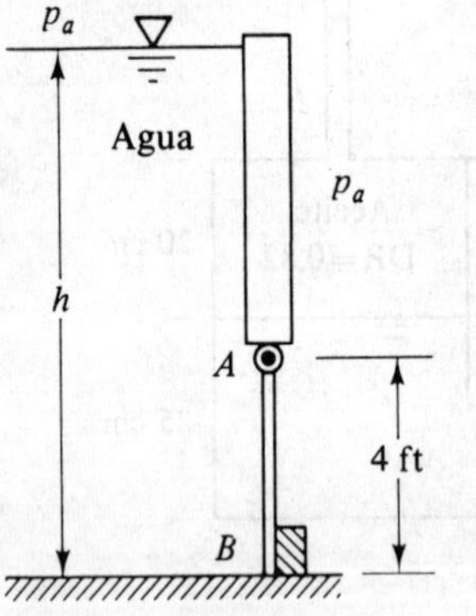

Fig. P2.54

2.55 El tope *B* de la figura P2.54 se rompe si la fuerza que actúa sobre él alcanza las 10 000 lbf. ¿Para qué profundidad *h* ocurrirá esto?

2.56 La charnela *A* de la figura P2.54 se rompe si la reacción horizontal alcanza 9000 lbf. ¿Para qué profundidad *h* ocurrirá esto?

2.57 Repetir el problema 2.56 si el fluido es aceite en vez de agua.

2.58 La tapa *AB* de la figura P2.58 está cerrando una apertura circular de 80 cm de diámetro, por medio de una masa de 200 kg como se muestra en aquélla. Suponiendo que el agua está a 20° C, ¿a qué altura *h* se abrirá la tapa *AB*?

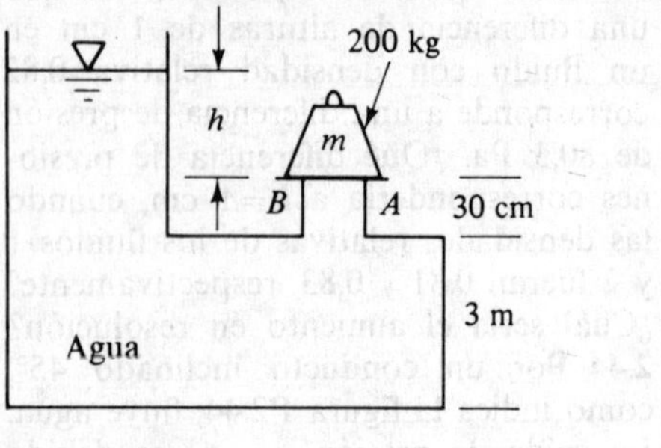

Fig. P2.58

2.59 Al verter hormigón para formar un encofrado, aquél se comporta como un fluido con densidad relativa 2,4. La figura P2.59 muestra una configuración típica, con cuatro espárragos en las esquinas *A*, *B*, *C* y *D*. Calcular la fuerza sobre cada espárrago, despreciando los efectos de los bordes.

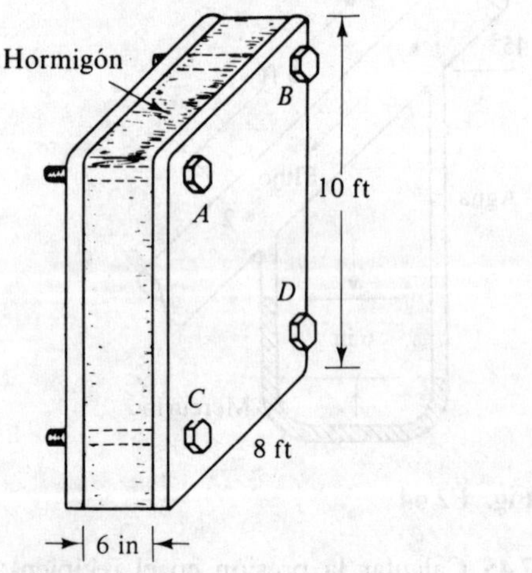

Fig. P2.59

2.60 Repetir el problema 2.59 con espesor del encofrado de 9 in.

2.61 Un tonel de madera mide 1 m de diámetro y 5 m de alto y está reforzado por aros de acero, con una sección transversal de 2 cm², en sus extremos superior e inferior. Calcular el esfuerzo de tracción en cada aro si el tonel está lleno de zumo de manzana, de densidad relativa 1,02.

2.62 La compuerta *AB* de la figura P2.62 mide 10 ft en dirección perpendicular al papel; está articulada en *A* y tiene un tope en *B*. Calcular el nivel *h* de agua necesario para que la compuerta comience a abrirse, suponiendo que el peso de la compuerta es despreciable.

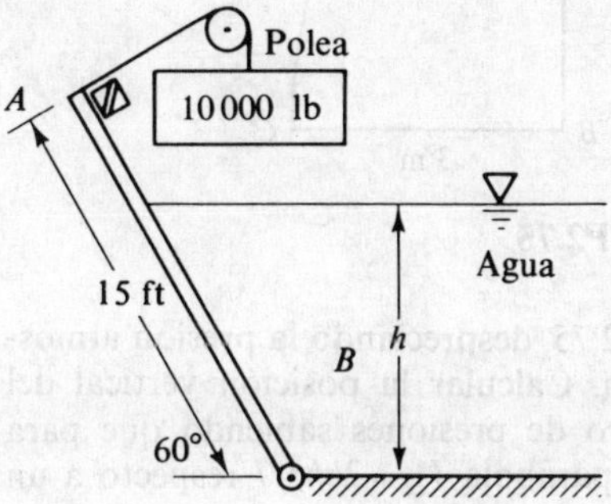

Fig. P2.62

2.63 Repetir el problema 2.62 incluyendo el peso de la compuerta que es una plancha de acero de 1 in de espesor. La densidad relativa del acero es 7,85.

2.64 El conducto de entrada a la turbina, del agua procedente de una presa, tiene 3 m de diámetro. Está cerrado por una compuerta circular, cuyo centro está a 50 m por debajo del nivel de la presa. Calcular la fuerza sobre la compuerta y el centro de presiones.

2.65 Un depósito cilíndrico horizontal de 3 m de largo y 2 de diámetro está lleno hasta la mitad con agua y el resto con aceite de densidad relativa 0,85. Calcular la fuerza y el centro de presiones en una de las caras circulares.

2.66 Repetir el problema 2.58 suponiendo que la masa de 200 kg es hormigón (densidad relativa 2,40) y está sumergida en el agua, en lugar de estar sobre la tapa.

2.67 Repetir el problema 2.62 suponiendo que la masa de 10 000 lb es hormigón y está sumergida en el agua.

2.68 El depósito de la figura P2.68 mide 50 cm en dirección perpendicular al papel. Calcular (*a*) la fuerza y el centro de presiones en la pared del fondo *BC* y (*b*) la fuerza y el centro de presiones en la pared lateral *AB*. Despreciar la presión atmosférica.

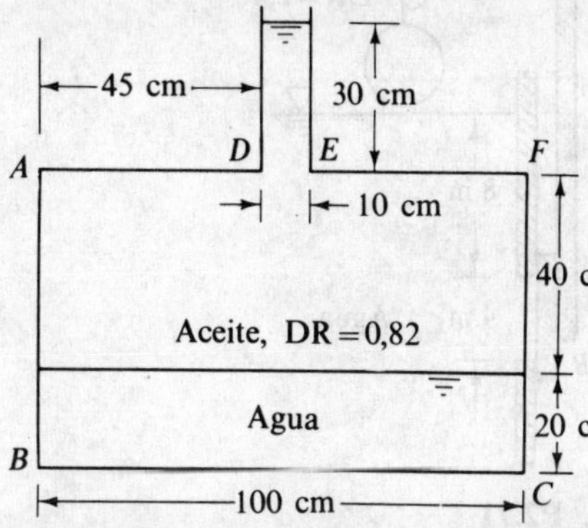

Fig. P2.68

2.69 Calcular la fuerza sobre las paredes *AD* y *EF* del depósito del problema 2.68.

2.70 Calcular la fuerza y el centro de presiones en un lado del panel *ABC* de la figura P2.70. Despreciar la presión atmosférica.

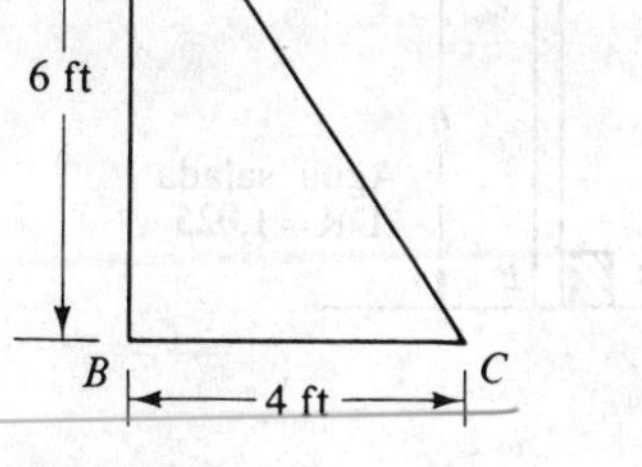

Fig. P2.70

2.71 La compuerta *AB* de la figura P2.71 mide 3 m en dirección perpendicular al papel y está unida, mediante un cable y una polea, a una esfera de hormigón (densidad relativa 2,40). ¿Cuál es el diámetro mínimo de la esfera que mantiene cerrada la compuerta?

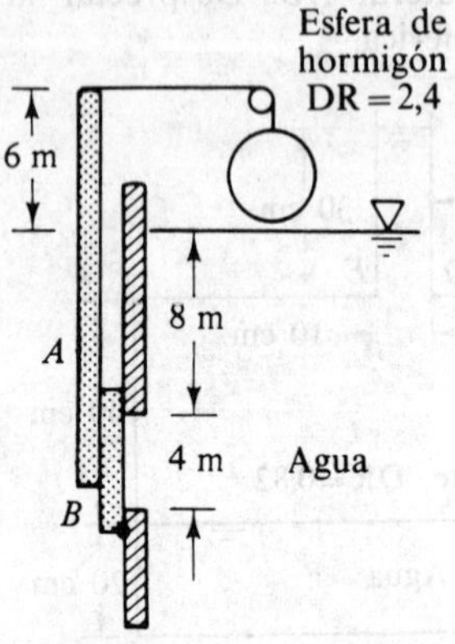

Fig. P2.71

2.72 Repetir el problema 2.71 suponiendo que la esfera de hormigón está sumergida en el agua.

2.73 La compuerta *AB* de la figura P2.73 mide 5 ft en dirección perpendicular al papel y se abre para permitir el flujo de agua dulce hacia el océano cuando baja la marea. La charnela situada en *A* está a 2 ft por encima del nivel del agua dulce. ¿A qué nivel *h* del océano se abrirá la compuerta? Despreciar el peso de ésta.

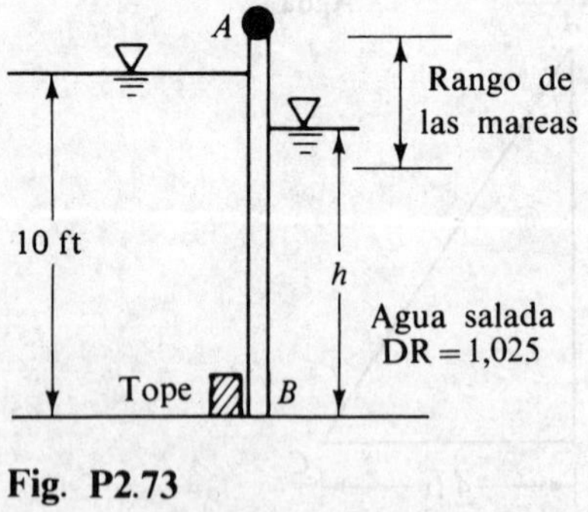

Fig. P2.73

2.74 Repetir el problema 2.73 para una anchura de la compuerta de 8 ft.

2.75 Calcular la fuerza sobre una cara del panel parabólico *ABC* de la figu-

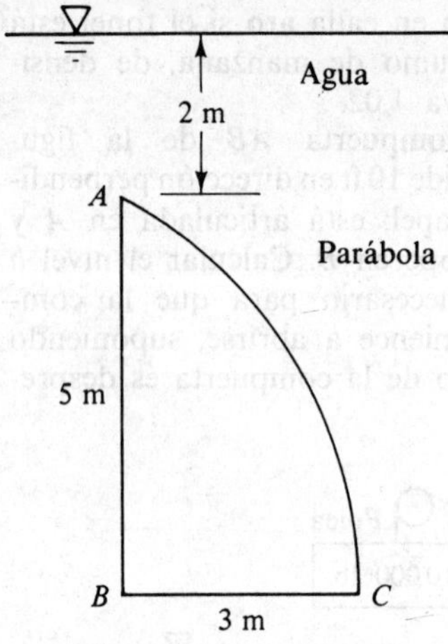

Fig. P2.75

ra P2.75, despreciando la presión atmosférica. Calcular la posición vertical del centro de presiones sabiendo que para una parábola $I_{xx} = 2bh^3/7$ respecto a un eje horizontal que pasa por *A*.

2.76 El gran recipiente cónico de la figura P2.76 está lleno de keroseno (densidad relativa 0,62). Una semiesfera hueca *ABC* de 2 m de diámetro yace en el fondo. Calcular la fuerza total sobre la base circular *AB* de la semiesfera. No intente ver el significado del problema.

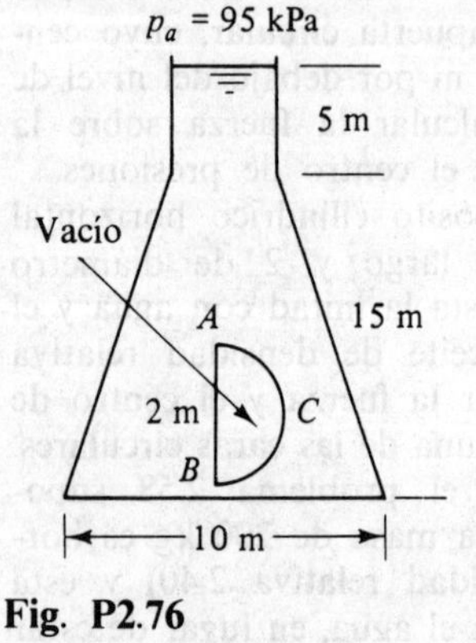

Fig. P2.76

2.77 La compuerta circular *ABC* de la figura P2.77 tiene un metro de radio y el eje de giro en *B*. Calcular la fuerza *P*

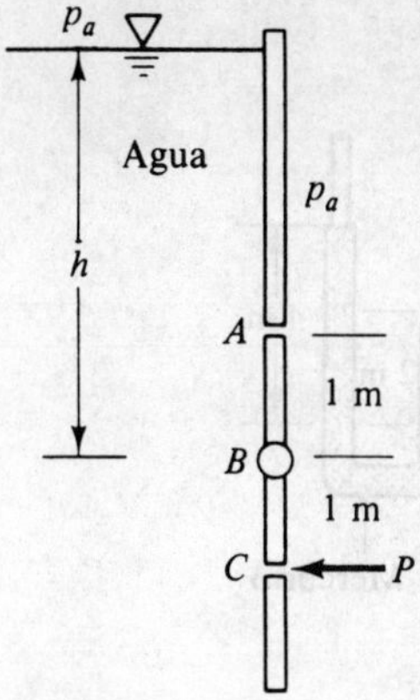

Fig. P2.77

necesaria para mantenerla cerrada cuando $h = 10$ m.

2.78 Repetir el problema 2.77 obteniendo una expresión analítica para *P* como función de *h*. ¿Hay algo fuera de lo corriente en la solución?

2.79 La compuerta *ABC* de la figura P2.79 es un cuadrado de 1 m de lado y tiene el eje de giro en *B*, se abre automáticamente al aumentar el nivel *h*. Determinar el nivel mínimo para que se abra. Despréciese la presión atmosférica.

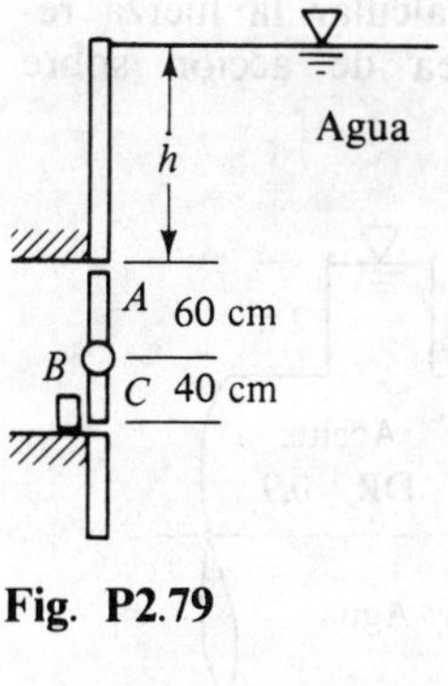

Fig. P2.79

2.80 Repetir el problema 2.79 para determinar analíticamente el valor de *h* para un fluido de densidad arbitraria *ρ*. ¿Tiene algo fuera de lo normal la solución hallada?.

2.81 La compuerta *AB* mide 7 ft en dirección perpendicular al papel y pesa 3000 lbf cuando está sumergida. Está abisagrada en *B* y se apoya en *A* sobre una pared lisa. Determinar el nivel *h* de agua a la izquierda para que la compuerta comience a abrirse.

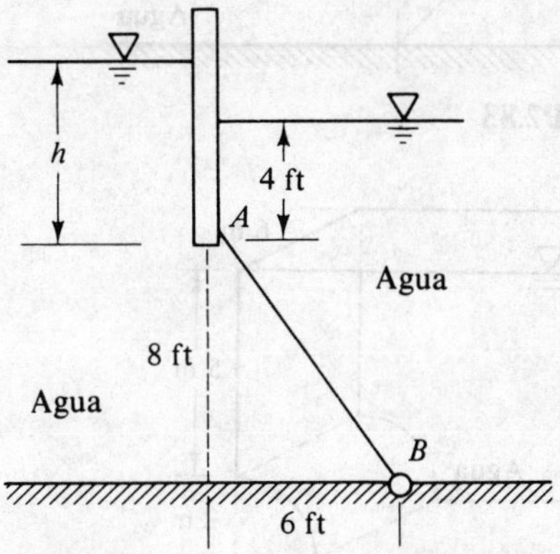

Fig. P2.81

2.82 La presa de la figura P2.82 tiene forma de cuarto de círculo y 50 m de anchura. Determinar las componentes vertical y horizontal de la fuerza hidrostática y el punto CP donde parece aplicarse la resultante.

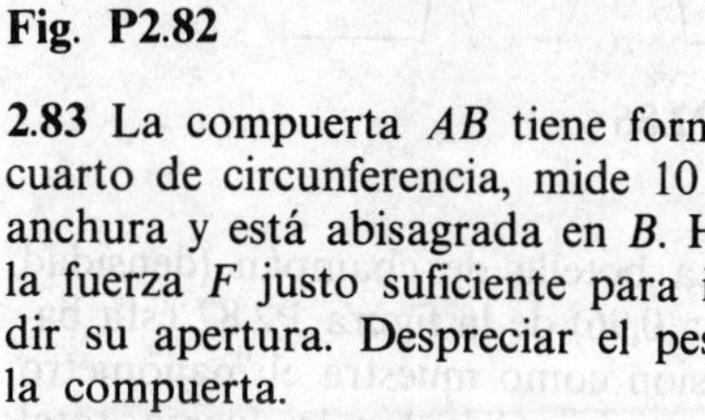

Fig. P2.82

2.83 La compuerta *AB* tiene forma de cuarto de circunferencia, mide 10 ft de anchura y está abisagrada en *B*. Hallar la fuerza *F* justo suficiente para impedir su apertura. Despreciar el peso de la compuerta.

2.84 Repetir el problema 2.83 incluyendo las 4000 lbf de peso de la compuerta, que es de acero y espesor uniforme.

2.85 Calcular las componentes horizontal y vertical de la fuerza hidrostática que se ejerce sobre la pared cilíndrica del fondo del depósito de agua de la figura P2.85.

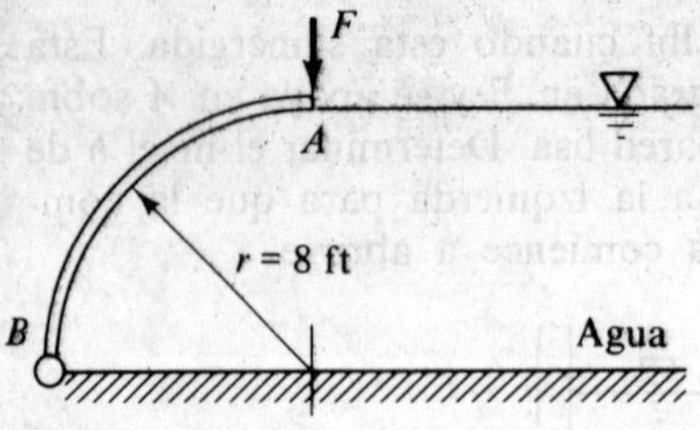

Fig. P2.83

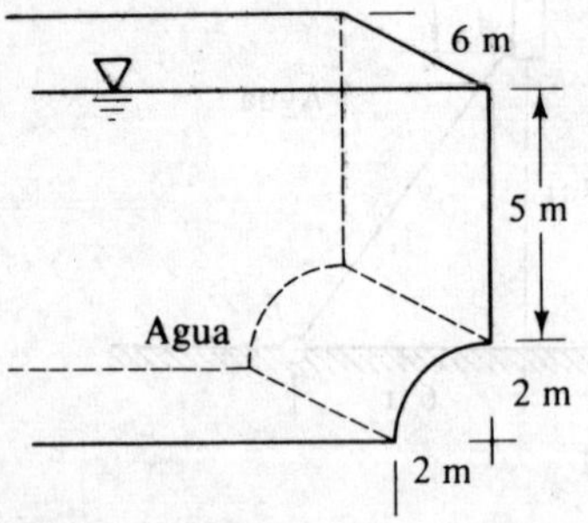

Fig. P2.85

2.86 Calcular las componentes horizontal y vertical de la fuerza hidrostática sobre la pared semiesférica del fondo del depósito de la figura P2.86.

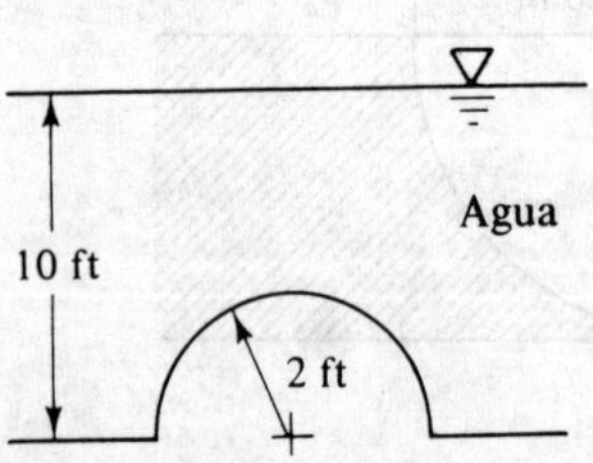

Fig. P2.86

2.87 La botella de champán (densidad relativa 0,96) de la figura P2.87 está bajo presión como muestra el manómetro de mercurio. Calcular la fuerza total que se ejerce sobre el fondo semiesférico de la botella.

2.88 El semicilindro *ABC* de la figura P2.88 mide 10 ft en dirección perpendicular al papel. Calcular el momento resultante de las fuerzas hidrostáticas respecto al punto *C*.

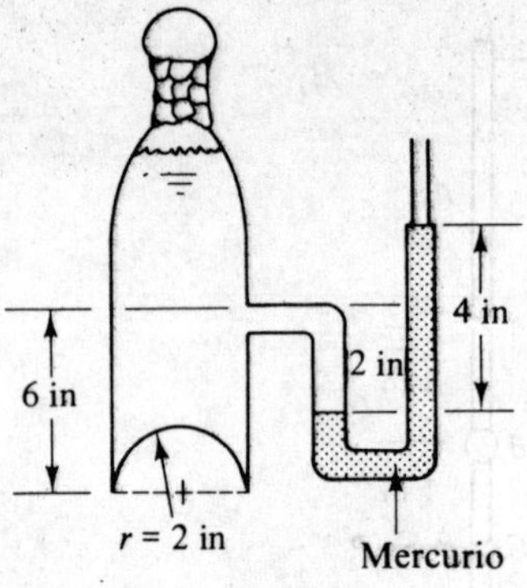

Fig. P2.87

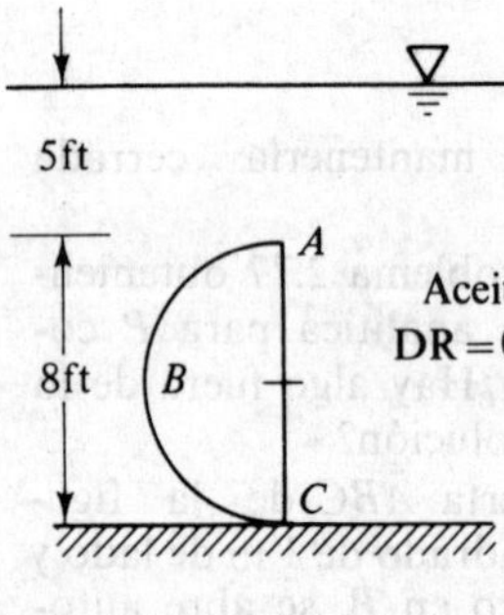

Fig. P2.88

2.89 El depósito cilíndrico de la figura P2.89 tiene un extremo semiesférico *ABC*, y contiene aceite y agua en la forma indicada. Calcular la fuerza resultante y la línea de acción sobre *ABC*.

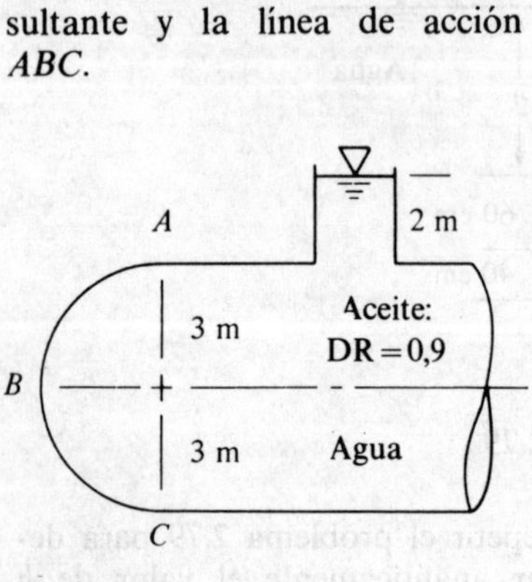

Fig. P2.89

2.90 El agujero de 1 ft de diámetro que hay en el fondo del depósito de la figura P2.90 está cerrado con un tapón cónico de 45°. Despreciando el peso del tapón, calcular la fuerza F necesaria para mantener cerrado el depósito.

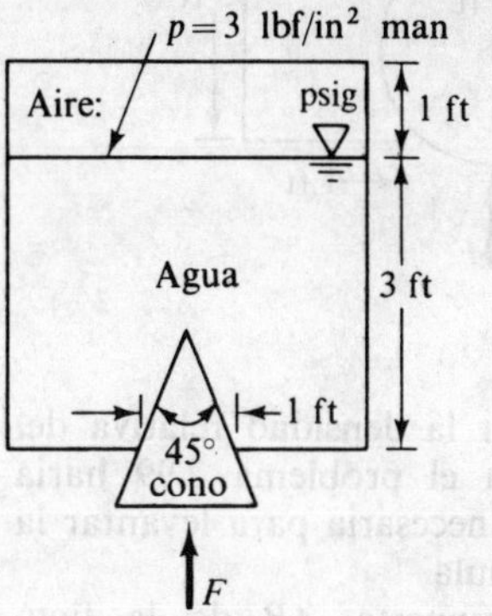

Fig. P2.90

2.91 La cúpula semiesférica de la figura P2.91 pesa 30 kN, está llena de agua y sujeta al suelo por medio de seis tornillos igualmente espaciados. ¿Qué fuerza está soportando cada tornillo?

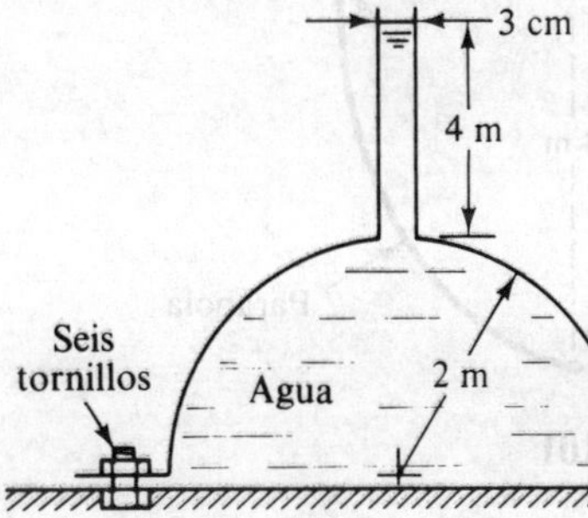

Fig. P2.91

2.92 Repetir el problema 2.91, pero eliminando el tubo de 4 m de alto y dejando en su lugar un orificio de comunicación con la atmósfera.

2.93 El cilindro de 2 ft de radio de la figura P2.93 mide 8 ft en dirección perpendicular al papel. Calcular las componentes horizontal y vertical de la fuerza que ejerce el agua sobre el cilindro.

2.94 El tronco de madera (densidad relativa 0,65) de la figura P2.94, de 10 ft de largo, represa el agua en la forma

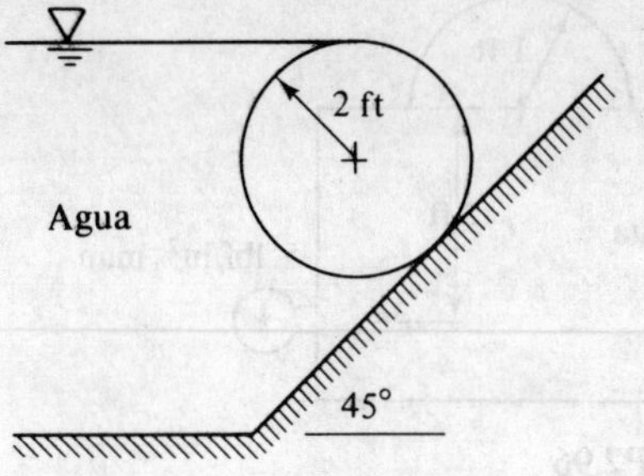

Fig. P2.93

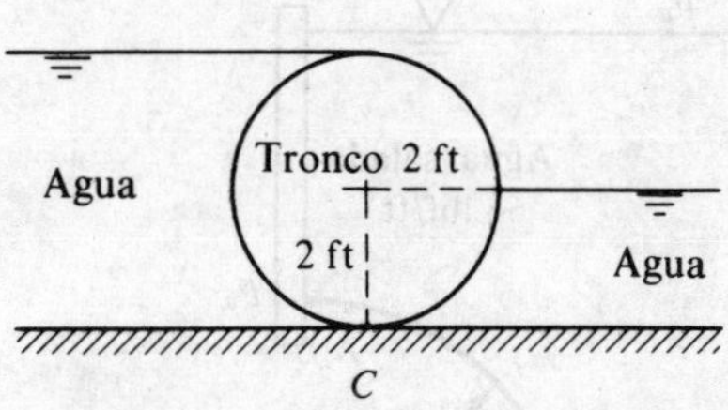

Fig. P2.94

indicada. Calcular las reacciones vertical y horizontal en el punto C.

2.95 El cilindro de 2 m de diámetro de la figura P2.95 tiene 5 m de longitud y descansa en equilibrio estático contra una pared lisa en el punto B. Calcular (*a*) el peso y (*b*) la densidad relativa del material del cilindro. Suponer coeficiente de rozamiento nulo en el punto B.

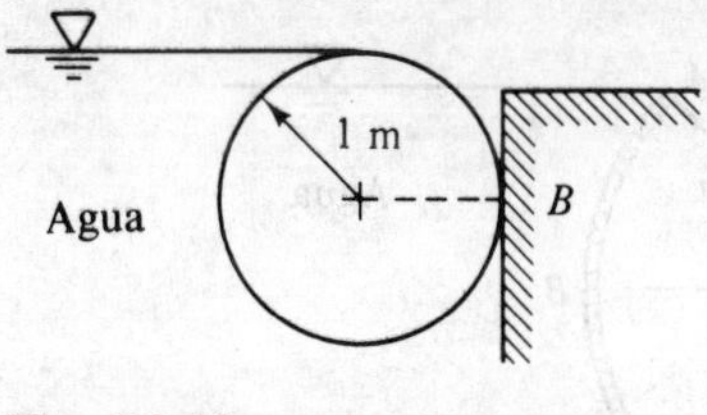

Fig. P2.95

2.96 El depósito con una cúpula semiesférica de la figura P2.96 está lleno de agua a presión. Calcular la fuerza hidrostática sobre la cúpula.

2.97 La compuerta AB tiene forma de cuarto de circunferencia, tiene una charnela en B y se apoya en A sobre una pared lisa. Calcular las reacciones en los puntos A y B.

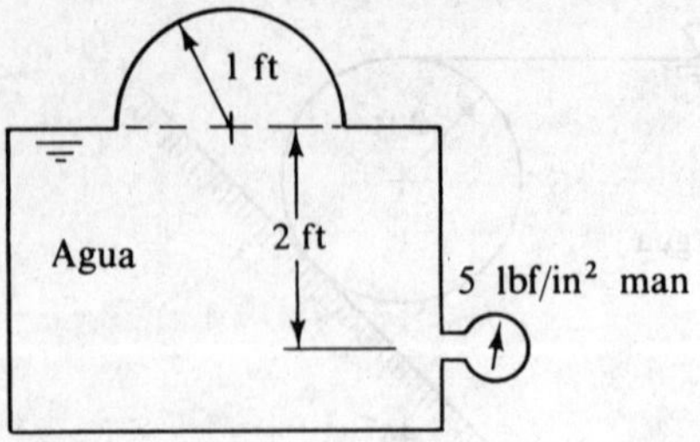

Fig. P2.96

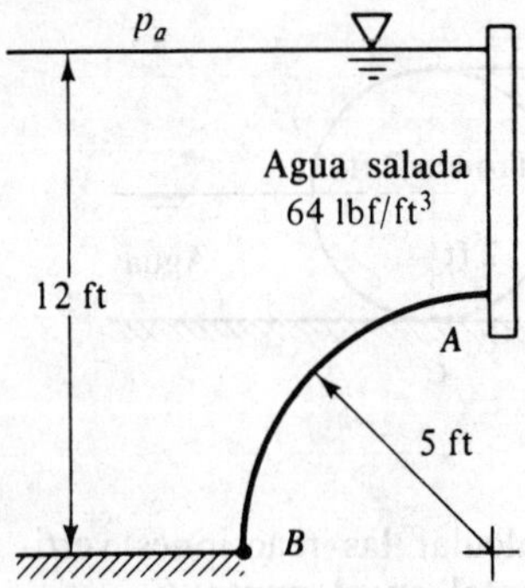

Fig. P2.97

2.98 La compuerta *ABC* de la figura P2.98 tiene la forma de un cuarto de circunferencia y mide 10 ft de anchura. Calcular las componentes horizontal y vertical sobre la misma, así como la línea de acción de la resultante.

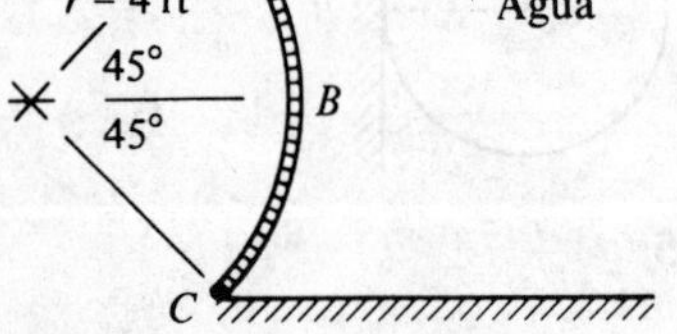

Fig. P2.98

2.99 Una esfera de 2 ft de diámetro, que pesa 500 lbf, cierra el agujero de 1 ft de diámetro que hay en el fondo del depósito de la figura P2.99. Calcular la fuerza necesaria para levantar la esfera del agujero.

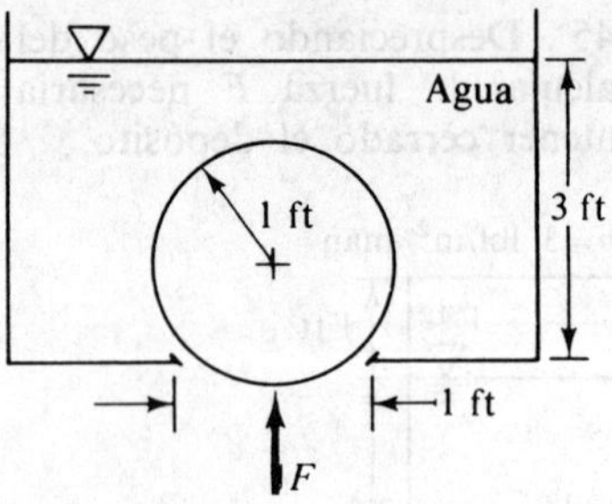

Fig. P2.99

2.100 Calcular la densidad relativa del fluido que en el problema 2.99 haría que la fuerza necesaria para levantar la esfera fuese nula.

2.101 La compuerta *AB* de la figura P2.101, de 10 m de anchura, tiene forma parabólica y está abisagrada en *B*. Calcular la fuerza *F* necesaria para mantenerla en equilibrio. Despreciar la presión atmosférica.

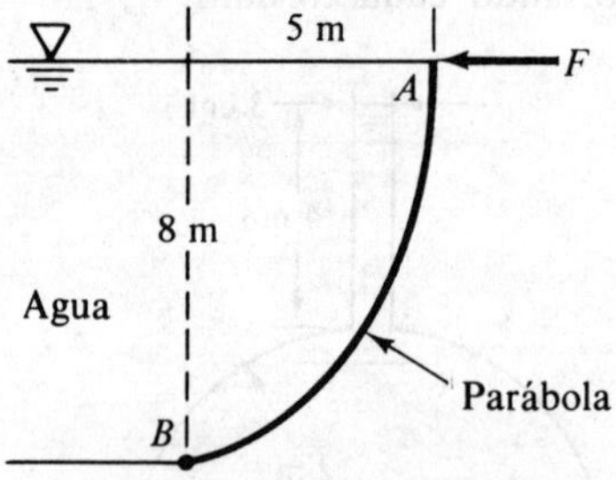

Fig. P2.101

2.102 El cuerpo *ABC* de la figura P2.102 está formado por un cuarto de cilindro de 3 ft de diámetro y una cuña de sección triangular de 3 por 4 ft, con

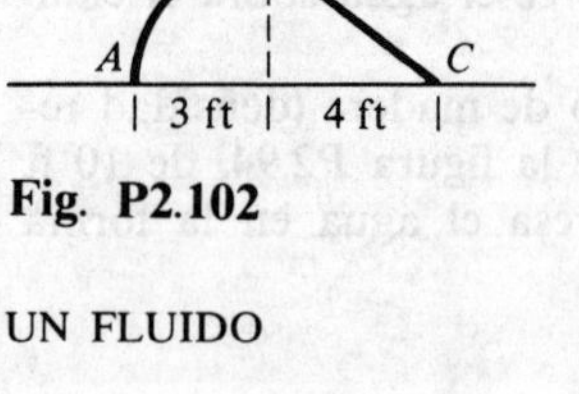

Fig. P2.102

una anchura uniforme de 8 ft. Calcular las componentes horizontal y vertical de la fuerza que se ejerce sobre las paredes *AB* y *BC* (no sobre el fondo *AC*).

2.103 La compuerta *ABC* de la figura P2.103 tiene una anchura de 10 ft y está articulada en *B*. La distancia *BC* es de 5 ft. Al aumentar el nivel, la compuerta se abre automáticamente. ¿A qué altura *h* ocurre esto?

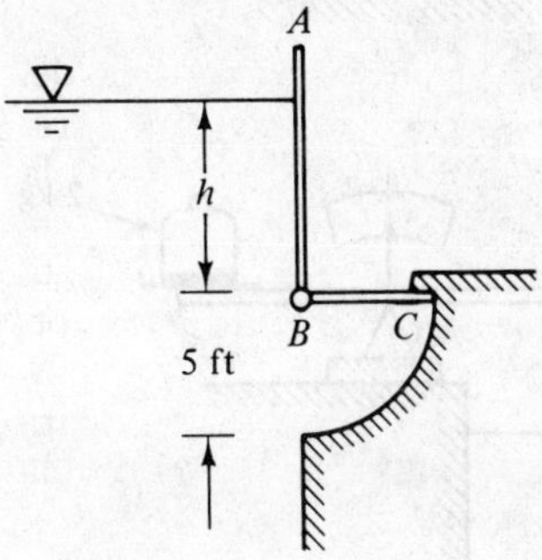

Fig. P2.103

2.104 El bote de la figura P2.104 flota en la posición indicada. ¿Cuál es su peso en newtones?

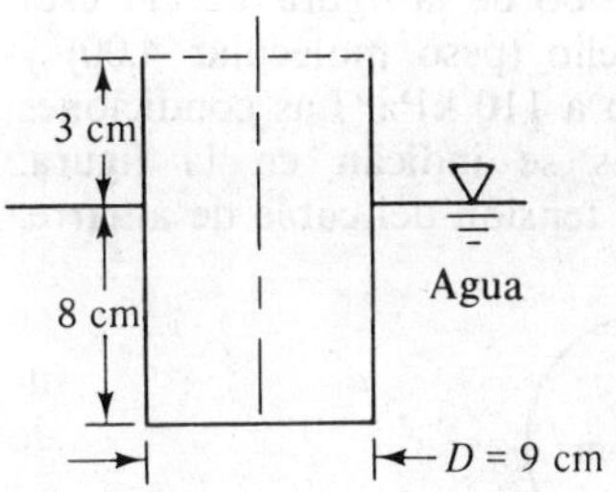

Fig. P2.104

2.105 Se dice que Arquímedes descubrió las leyes de flotabilidad cuando el rey Herón de Siracusa le pidió que le dijera si su nueva corona era de oro (densidad relativa 19,3). Arquímedes comprobó que la corona pesaba 13,0 N en el aire y 11,8 N en agua. ¿Era de oro o no?

2.106 Repetir el problema 2.105 suponiendo que la corona era de una aleación de oro y plata (densidad relativa 10,5). Con los datos dados del enunciado anterior, determinar el porcentaje de plata en la corona.

2.107 Una esfera de goma espuma flotante es sumergida en agua salada (64 lbf/ft^3) y amarrada al fondo. La esfera tiene 14 in de radio. La tensión del cable de amarre es de 150 lbf. ¿Cuál es el peso específico de la esfera?

2.108 Si la esfera del problema 2.107 se sumergiera en aceite (densidad relativa 0,86), ¿cuál sería la tensión del cable de amarre?

2.109 El nivel de flotación de un *hidrómetro* da una medida de la densidad relativa del líquido. La varilla es de diámetro constante *D*, y un peso en el extremo inferior estabiliza el instrumento, como se muestra en la figura P2.109. Si el peso del hidrómetro es 0,03 lbf y el diámetro *D* es 0,3 in, calcular el nivel *h* a que flota si la densidad relativa del líquido es 1,3.

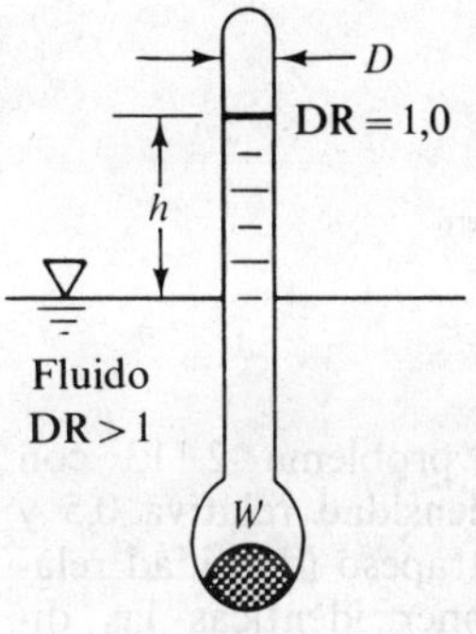

Fig. P2.109

2.110 Repetir el problema 2.109 incluyendo la corrección por la flotación debida al aire a 14,7 lbf/in^2 y 60° F. Suponer que el peso del hidrómetro en aire es *W* y que una longitud 2*h* de la varilla sobresale del agua. ¿Qué diferencia porcentual significa esto?

2.111 Un hidrómetro pesa 0,16 N y tiene un diámetro de 1 cm. ¿Cuál es la distancia entre las marcas correspondientes a densidades relativas de 1,0 a 1,1? ¿Y entre 1,1 y 1,2?

2.112 Obtener una fórmula analítica que relacione h con W, D la densidad relativa del fluido y el peso específico del agua para el hidrómetro de la figura P2.109. ¿Son lineales o no lineales las marcas respecto a las densidades relativas?

2.113 Una boya vertical es un prisma con un peso en el fondo de manera que flote hacia arriba, y es utilizada para medidas o como señal. El prisma de la figura P2.113 es de madera (densidad relativa 0,6) de 2 por 2 y por 12 ft y flota en agua salada (densidad relativa 1,025). ¿Cuántas libras de acero (de densidad relativa 7,85) se deben poner en el extremo inferior para que sobresalgan 2 ft de prisma por encima del agua?

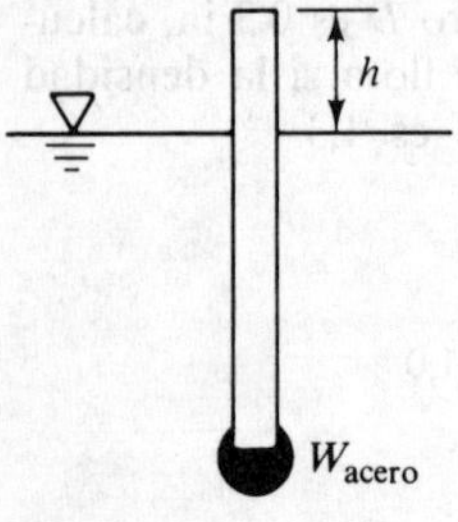

Fig. P2.113

2.114 Repetir el problema 2.113 con una madera de densidad relativa 0,5 y plomo como contrapeso (densidad relativa 11,36). Suponer idénticas las dimensiones y el fluido en que flota.

2.115 La boya prismática del problema 2.113, de 2 por 2 por 12 ft, tiene un contrapeso de acero de 6 libras y se ha embarrancado en una roca a 8 ft de profundidad (ver figura P2.115). Calcular el ángulo θ a que quedará la boya, suponiendo que la roca no ejerce momento alguno sobre aquélla.

2.116 El cubo sólido de 12 cm de arista de la figura P2.116 se equilibra en la balanza con una masa de 2 kg cuando se sumerge en agua. ¿Cuál es el peso específico del material del cubo?

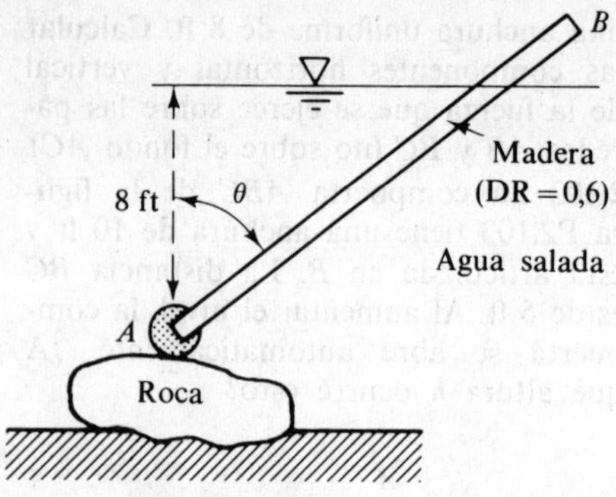

Fig. P2.115

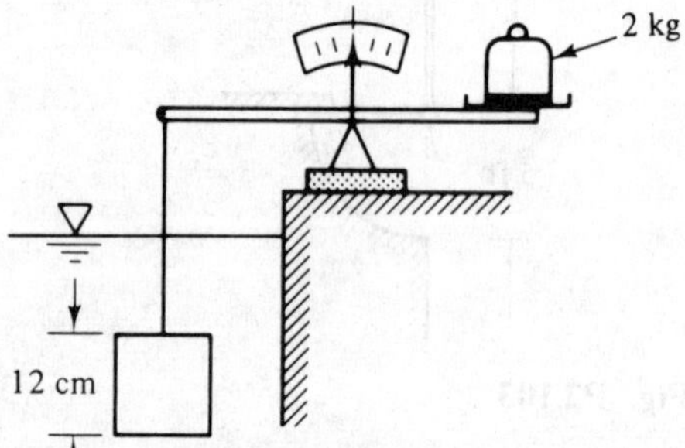

Fig. P2.116

2.117 El globo de la figura P2.117 está lleno de helio (peso molecular 4,00) y presurizado a 110 kPa. Las condiciones atmosféricas se indican en la figura. Calcular la tensión del cable de amarre.

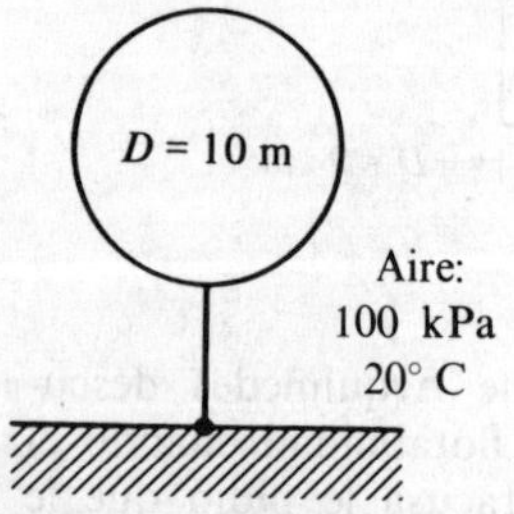

Fig. P2.117

2.118 Una esfera hueca de acero (densidad relativa 7,85) tiene 30 cm de diámetro y un espesor de pared de 0,4 cm. ¿A qué altura flotará en agua esta esfera? ¿Qué peso adicional se debe poner para que tenga flotabilidad neutra?

2.119 Al colocar una masa de 5 lb sobre el extremo de una viga de madera de 4 por 4 pulgadas y 9 ft de largo, ésta se inclina 1,5°, quedando el extremo del contrapeso a ras del agua, como muestra la figura P2.119. ¿Cuál es el peso específico de la madera?

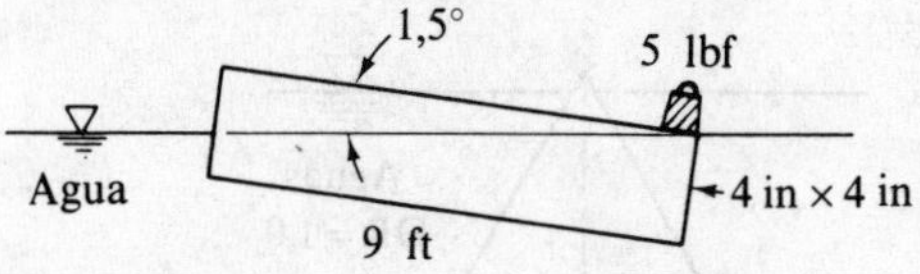

Fig. P2.119

2.120 Una viga de madera (de densidad relativa 0,6), de 15 por 15 cm por 4 m, está articulada en *A*. ¿A qué ángulo θ quedará la viga flotando en el agua?

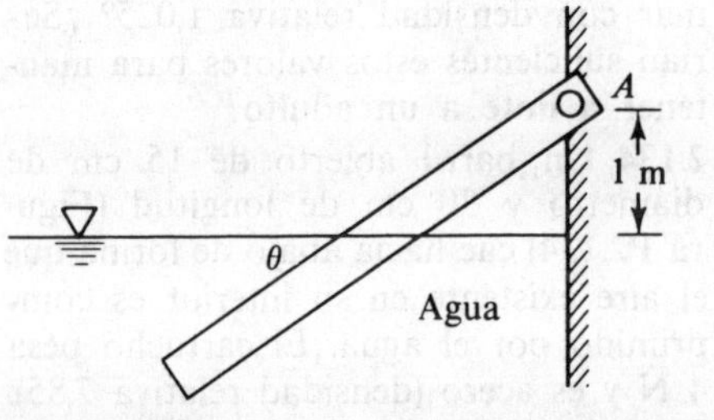

Fig. P2.120

2.121 Una gabarra pesa en vacío 50 toneladas y mide 20 ft de ancho, 50 ft de largo y 8 ft de alto. ¿Cuál será su *calado*, esto es, la altura sumergida en el agua, cuando queda cargada con 130 toneladas de grava flotando en agua de mar (densidad relativa 1,025)? Una tonelada = 2000 lbf.

2.122 Un bloque de acero (de densidad relativa 7,85) «flota» en una entrefase agua-mercurio como muestra la figura P2.122. ¿Cuál es la relación entre *a* y *b*?

2.123 En un estuario, donde el agua dulce se mezcla con la salada, suele presentarse estratificación en la salinidad, quedando el agua dulce encima, como muestra la figura P2.123. La entrefase se denomina *haloclina.* Una idealización de esta situación sería poner densidad constante en cada lado de la haloclina. Una esfera de 35 cm de diámetro y 50 lbf de peso «flotaría» en esa entrefase. Calcular la posición de la esfera en la condición idealizada.

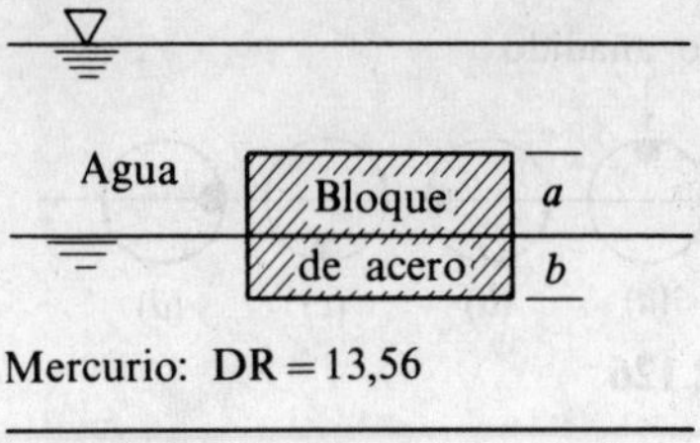

Fig. P2.122

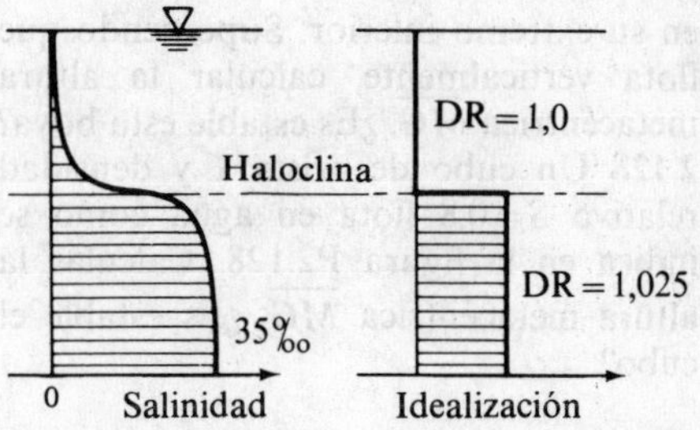

Fig. P2.123

2.124 Un globo de 5 ft de diámetro pesa 3 lbf. Está lleno de hidrógeno (peso molecular 2,02) a 15 lbf/in^2 y 60° F. ¿A qué altura quedaría flotando en la atmósfera estándar?

2.125 Una gabarra rectangular de 7 m de ancho, 15 m de largo y 2,5 m de alto flota vacía con un calado de 1 m en una exclusa de 9 m de ancho, 18 m de largo; la profundidad de la exclusa es de 1,8 m cuando la gabarra está vacía. Si se carga la gabarra con 100 000 kg de acero, ¿cuál será el nuevo calado de la gabarra y la nueva profundidad de la exclusa?

2.126 Demostrar que una esfera hueca con contrapeso flotando por su mitad es sólo estable en una de las cuatro posiciones indicadas en la figura P2.126.

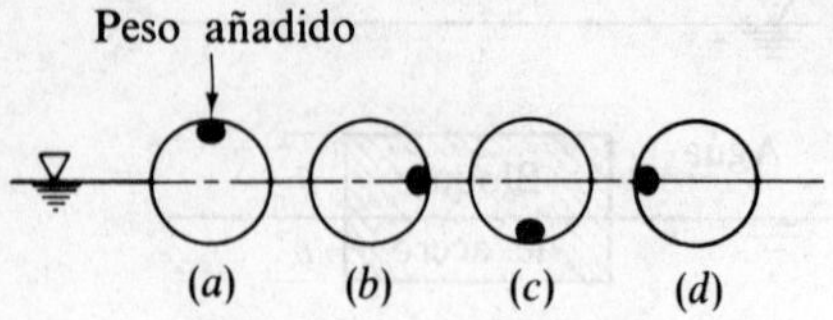

Fig. P2.126

2.127 Una boya prismática de madera (40 lbf/ft³), de 2 por 2 in y 10 ft de alto, tiene un contrapeso de acero de 4 lbf en su extremo inferior. Suponiendo que flota verticalmente, calcular la altura metacéntrica $\overline{MG}$. ¿Es estable esta boya?

2.128 Un cubo de arista L y densidad relativa $S = 0{,}8$ flota en agua como se indica en la figura P2.128. Calcular la altura metacéntrica $\overline{MG}$. ¿Es estable el cubo?

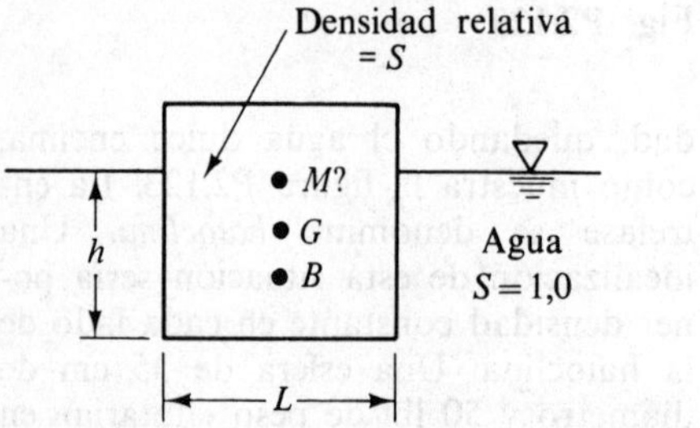

Fig. P2.128

2.129 Repetir el problema 2.128 cuando la densidad relativa del cubo es $S = 0{,}6$.

2.130 Hacer un estudio analítico completo del problema 2.128 y determinar el rango de valores de S entre 0 y 1 para los cuales el cubo es estable.

2.131 Una gabarra rectangular, de 6 por 15 ft y 30 ft de largo, está cargada con grava hasta tal cantidad que su centro de gravedad está a 2 ft por encima de la línea de flotación, como indica la figura P2.131. ¿Es estable la gabarra en esta configuración?

2.132 Un cono circular de densidad relativa 0,99 flota verticalmente como indica la figura P2.132. ¿Es estable esta posición del cono?

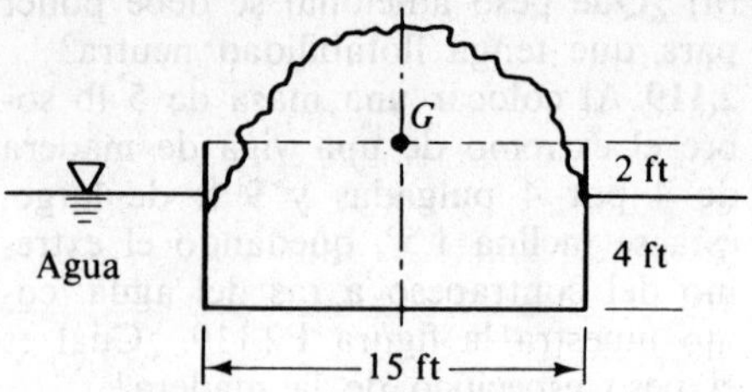

Fig. P2.131

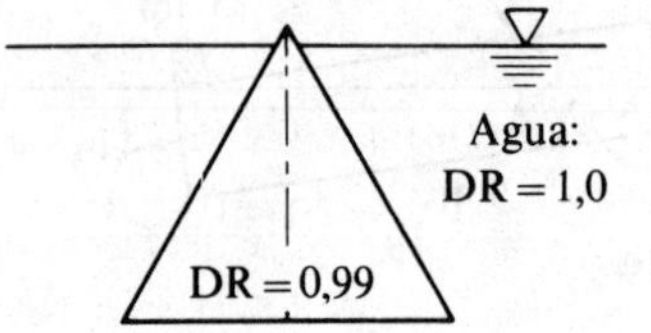

Fig. P2.132

2.133 Un salvavidas pesa 15 lbf y tiene un peso específico de 20 lbf/ft³. ¿Qué peso neto adicional puede soportar flotando en (*a*) agua dulce y (*b*) agua de mar con densidad relativa 1,025? ¿Serían suficientes estos valores para mantener a flote a un adulto?

2.134 Un barril abierto de 15 cm de diámetro y 30 cm de longitud (Figura P2.134) cae hacia abajo de forma que el aire existente en su interior es comprimido por el agua. El cartucho pesa 4 N y es acero (densidad relativa 7,85). Suponiendo que la compresión del aire sea isoterma, calcular la altura h de agua que penetrará en su interior y la altura L que sobresaldrá por encima de agua al flotar. Suponer que la posición es estable.

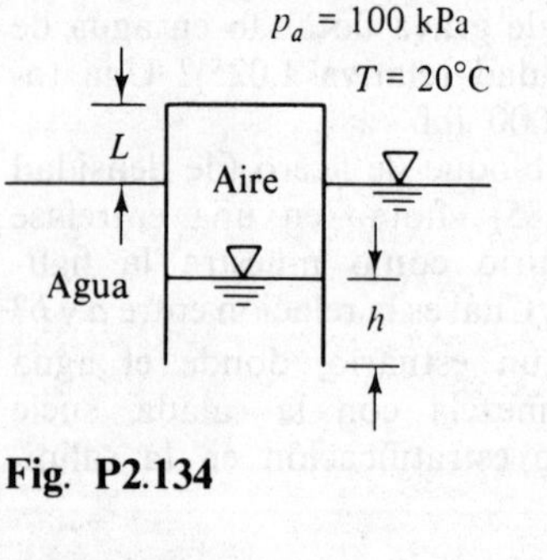

Fig. P2.134

2.135 Si se coloca un peso de 10 N encima del barril del problema 2.134, ¿cuáles serán los valores de h y L? Supongan de nuevo que la configuración es estable.

2.136 Investigar la estabilidad del barril del problema 2.134. Haga las suposiciones simplificatorias necesarias.

2.137 Un depósito de agua abierto, de 3 m de profundidad, es acelerado hacia arriba a 4 m/s². Calcular la presión en el fondo en pascales.

2.138 El combustible líquido (densidad relativa 0,72) de un cohete tiene una profundidad de 8 ft y está en comunicación con la atmósfera por su parte superior. Calcular la presión en el fondo del combustible, en libras-fuerza por pulgada cuadrada de presión manométrica, cuando el cohete se acelera hacia arriba a 3 g.

2.139 El depósito de agua de la figura P2.139 se acelera hacia la derecha con el fluido moviéndose como sólido rígido. Calcular a_x en metros por segundo cuadrado. ¿Cambiaría la solución si fuese mercurio?

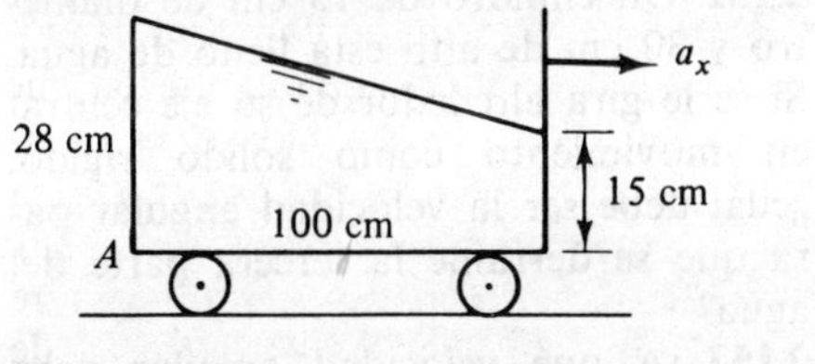

Fig. P2.139

2.140 Calcular la presión manométrica en el punto A de la figura P2.139 cuando el fluido es mercurio (densidad relativa 13,56).

2.141 El depósito de agua del problema 2.139 se está moviendo como sólido rígido sobre un plano inclinado 30° con una aceleración constante. Calcular a en metros por segundo cuadrado. ¿Es hacia arriba o hacia abajo esta aceleración?

2.142 Calcular la presión atmosférica en el punto A de la figura P2.141 cuando el fluido es agua.

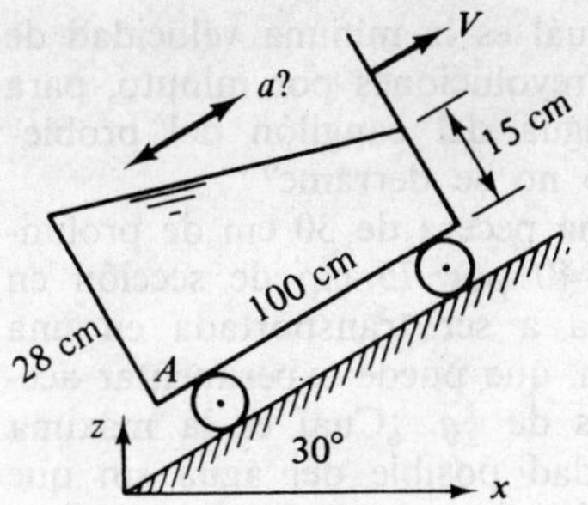

Fig. P2.141

2.143 El depósito de la figura P2.143 está lleno de agua y abierto a la atmósfera por el punto A. ¿Para qué aceleración a_x, en pies por segundo cuadrado, tendremos en B la presión atmosférica?

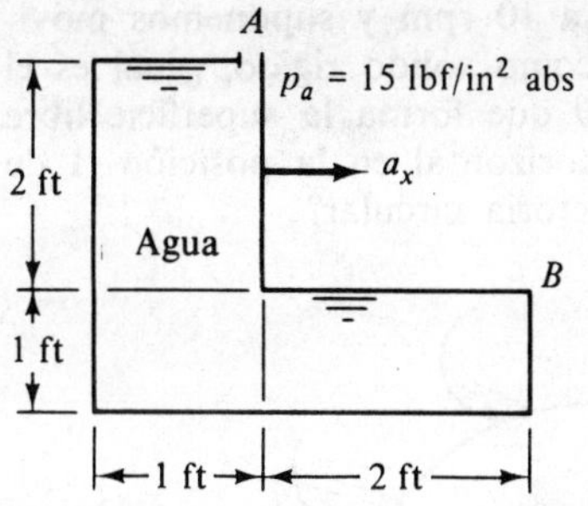

Fig. P2.143

2.144 En el depósito de agua de la figura P2.143, ¿cuál deberá ser la aceleración a_x para que la presión en B sea nula?

2.145 Un barril de 30 cm de diámetro y 60 cm de altura está lleno de agua. ¿Qué aceleración como sólido rígido, aplicada gradualmente, haría que se derramase la cuarta parte del agua?

2.146 Un cangilón de 30 cm de profundidad contiene 15 cm de agua y describe una trayectoria circular en un plano vertical con un radio de 90 cm y una velocidad angular de 60 rpm. Calcular la presión manométrica en el fondo del cangilón cuando está en (*a*) su posición más alta, (*b*) su posición más baja.

2.147 ¿Cuál es la mínima velocidad de giro, en revoluciones por minuto, para que el agua del cangilón del problema 2.146 no se derrame?

2.148 Una pecera de 30 cm de profundidad y 40 por 75 cm de sección en planta va a ser transportada en una furgoneta, que puede experimentar aceleraciones de $\frac{1}{2}g$. ¿Cuál es la máxima profundidad posible del agua sin que ésta se derrame en movimiento como sólido rígido? ¿Cuál es la mejor alineación de la pecera respecto al sentido de la marcha? ¿Cuál sería el factor de seguridad adecuado, desde el punto de vista ingenieril, para evitar los derrames?

2.149 La noria de la figura P2.149, de 6 ft de radio, es utilizada para elevar agua por medio de sus poleas semicilíndricas de 1 ft de diámetro. Si la noria gira a 10 rpm y suponemos movimiento como sólido rígido, ¿cuál es el ángulo θ que forma la superficie libre con la horizontal en la posición A de su trayectoria circular?

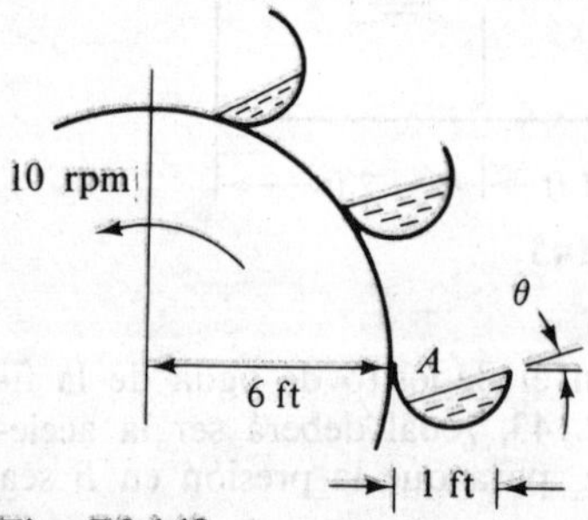

Fig. P2.149

2.150 Un acelerómetro barato, probablemente el más barato, puede hacerse con un tubo en U como indica la figura P2.150. Las variaciones de nivel h son una medida de a_x. Si $L = 20$ cm y $D = 1$ cm, ¿cuánto valdrá h si $a_x = 5$ m/s^2? ¿Pueden hacerse las marcas en el tubo en forma de múltiplos lineales de a_x? ¿Cuáles son las desventajas de este diseño?

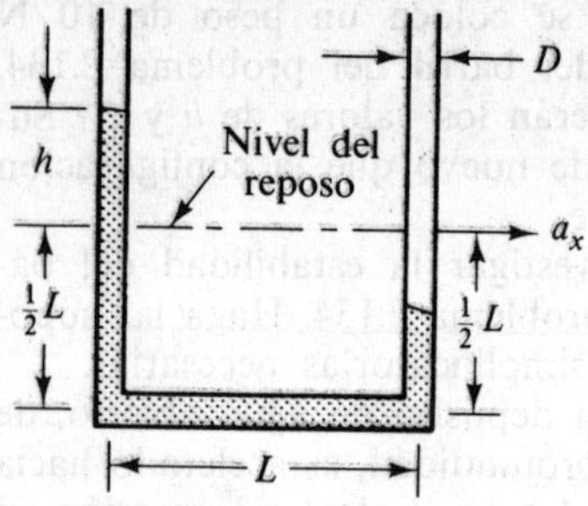

Fig. P2.150

2.151 El tubo en U de la figura P2.151 está abierto en A y cerrado en D. Si se acelera hacia la derecha con una a_x uniforme, ¿cuál debe ser a_x para que en el punto C se tenga presión atmosférica? El fluido es agua.

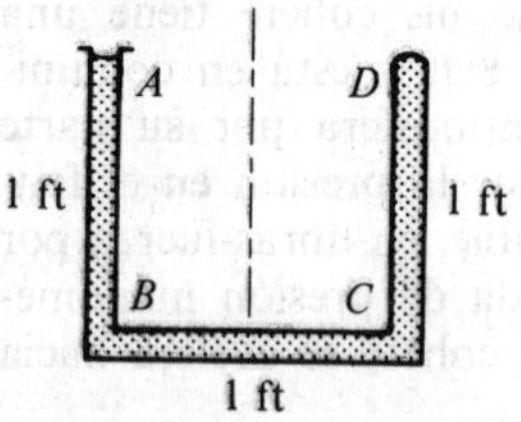

Fig. P2.151

2.152 Un cilindro de 15 cm de diámetro y 30 cm de alto está lleno de agua. Si se le gira alrededor de su eje central en movimiento como sólido rígido, ¿cuál debe ser la velocidad angular para que se derrame la tercera parte del agua?

2.153 ¿A qué velocidad angular debe girar el cilindro del problema 2.152 para que comience el fondo a estar sin agua?

2.154 Si el tubo en U del problema 2.150 se gira alrededor de su eje central con 3 rpm y $a_x = 0$, ¿cuál será la altura h de la rama izquierda?

2.155 Repetir el problema 2.154, pero con giro alrededor de la rama derecha.

2.156 Supóngase que el tubo en U de la figura P2.151 está girando alrededor del eje DC. Si el fluido es agua a 122° F y la presión atmosférica es 2166 lfb/ft^2, ¿a qué velocidad angular comenzará a evaporarse el agua del tubo? ¿En qué punto ocurrirá esto?

2.157 El recipiente de la figura P2.157 mide 40 cm en dirección perpendicular al papel, y es acelerado hacia la derecha con $a_x = 6$ m/s^2. Calcular la fuerza hidrostática que ejerce el agua sobre la pared *BC*. El punto *A* está abierto a la atmósfera.

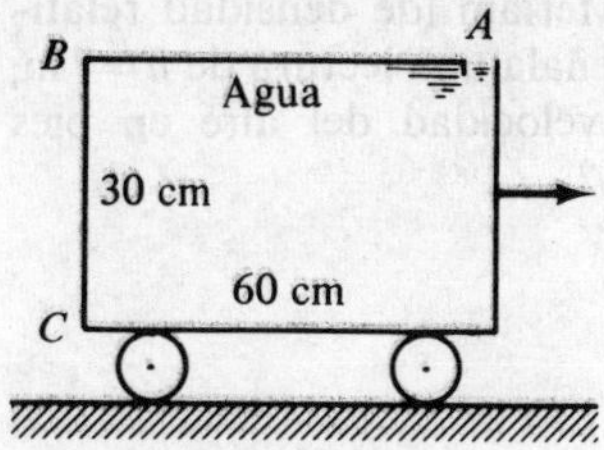

Fig. P2.157

2.158 Un bote de 9 in de alto y 6 in de diámetro está lleno de aceite SAE 30 a 20° C y se cierra y sella a la presión atmosférica estándar. Después se somete al bote a un giro alrededor de su eje central a 3000 rpm. Suponiendo movimiento como sólido rígido, ¿cuál será la máxima presión alcanzada por el aceite en el bote?

2.159 Calcular la fuerza hidrostática sobre el fondo del bote del problema 2.158.

2.160 El recipiente de la figura P2.157 es acelerado sobre un plano inclinado 30° a 4 m/s^2. Suponer que no se derrama agua. ¿Cuál será la máxima presión dentro del recipiente?

2.161 El campo de velocidades bidimensionales estacionario es incompresible e irrotacional, con U_0 y L constantes. Si la gravedad actúa en la dirección z y p_0 es la presión en el punto $(x, y) = (0, 0)$, ¿cuál es la presión en el punto (L, L) según la ecuación de Bernoulli si la densidad es ρ?

$$u = \frac{U_0}{L^2}(x^2 - y^2) \quad v = -\frac{U_0 x y}{L^2}$$

2.162 El flujo unidimensional a través de una tobera cónica del problema 1.25 es aproximadamente incompresible e irrotacional. Si el fluido es agua a 20° C y la gravedad actúa en la dirección z, hallar la diferencia de presiones entre $x = 0$ y $x = 1$ m cuando $U_0 = 5$ cm y $L = 2$ m.

2.163 Un bote muy profundo, de 8 in de diámetro, contiene 6 in de agua bajo una capa de 6 in de aceite (de densidad relativa 0,86). Si el bote se gira alrededor de su eje central a 300 rpm y se alcanza el movimiento como sólido rígido, ¿cuáles serán las formas de las entrefases aceite-aire y agua-aceite? ¿Cuál será la máxima presión en libras-fuerza por pulgada cuadrada de presión manométrica?

2.164 En la ecuación (2.63) de rotación como sólido rígido, el término $r\Omega$ es la velocidad del fluido V en cualquier punto. Por ello, dicha ecuación puede reescribirse en la forma

$$p - \tfrac{1}{2}\rho V^2 + \rho g z = p_0 = \text{const}$$

Esta expresión se parece a la ecuación de Bernoulli (2.71) excepto en que el término de velocidad es negativo. Explicar esta discrepancia.

2.165 Tomar, en el flujo cerca del punto de remanso del ejemplo 2.15, $L = 2$ m y $\rho = 900$ kg/m^3. Si la diferencia de presión entre el origen y el punto $(L, 0)$ es 90 kPa, ¿cuánto vale la velocidad en el punto $(x, z) = (L, L)$ en módulo y dirección?

2.166 El flujo que se forma cerca del drenaje de un gran depósito se asemeja al torbellino potencial del ejemplo 2.16.

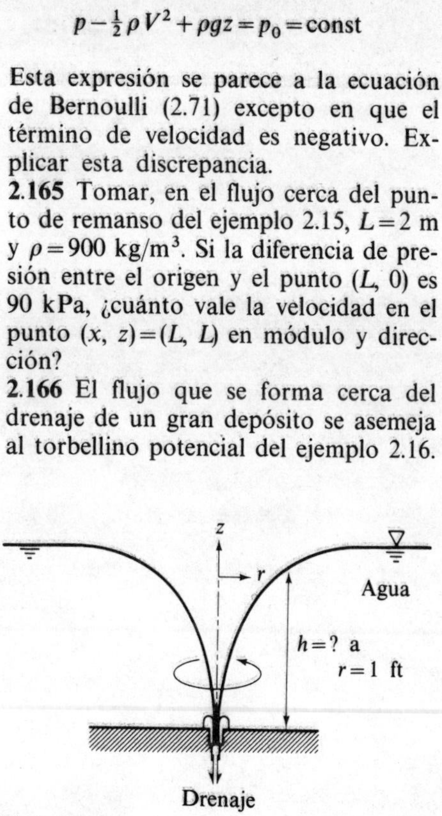

Fig. P2.166

De acuerdo con esta aproximación, si la velocidad tangencial en $r=1$ ft es 7 ft/s y la profundidad del agua lejos del drenaje es 2 ft, ¿cuál es la profundidad en $r=1$ ft?

2.167 En el ejemplo 1.12 se dedujo la distribución de velocidades para el movimiento laminar entre una placa fija y otra móvil. Siguiendo el procedimiento indicado en el ejemplo 2.17 y suponiendo que la gravedad actúa en el sentido de la y negativa, hallar una expresión general para la distribución de presiones en el fluido, tomando como condición de contorno que $p=p_0$ en el punto $(x, y)=(0, 0)$.

2.168 Supóngase que el tubo pitot de la figura 2.25 se sitúa frente a una corriente de aire en condiciones estándar. Si el fluido del manómetro es aceite rojo Meriam (de densidad relativa 0,827) y señala una lectura de $h=7$ in, ¿cuál es la velocidad del aire en pies por segundo?

CAPITULO 3

RELACIONES INTEGRALES PARA UN VOLUMEN DE CONTROL

3.1 LEYES BASICAS DE LA MECANICA DE FLUIDOS

Es el momento de abordar seriamente el análisis de los flujos. Las aplicaciones fluidostáticas del capítulo 2 eran más diversión que trabajo, al menos en opinión del autor. Los problemas estáticos sólo requieren, básicamente, conocer la densidad del fluido y la posición de la superficie; sin embargo, en la mayoría de los problemas con flujos es necesario analizar un estado arbitrario de movimiento del fluido definido por la geometría, las condiciones de contorno y las leyes de la mecánica. Este capítulo y los dos siguientes presentan las tres técnicas básicas del análisis de los problemas de flujos arbitrarios:

1. Volumen de control, o análisis integral en escala grande (Cap. 3).
2. Diferencial, o análisis en escala pequeña (Cap. 4).
3. Experimental, o análisis dimensional (Cap. 5).

Los tres métodos son aproximadamente iguales en importancia, pero el análisis con volúmenes de control está quizá por encima, siendo la herramienta aislada más valiosa para el ingeniero de cara al análisis de los flujos. Da respuestas «ingenieriles», a veces groseras y burdas, pero siempre útiles. En principio, la descripción diferencial del capítulo 4 puede ser utilizada para cualquier problema; pero, en la práctica, la falta de herramientas matemáticas y la incapacidad de los ordenadores para describir los procesos en sus escalas más pequeñas hacen que la descripción diferencial esté muy limitada. Análogamente, aunque el análisis dimensional del capítulo 5 puede ser aplicado a cualquier problema, la falta de tiempo, dinero y universalidad hacen a menudo de la experimentación una técnica muy limitada. Sin embargo, un análisis con volúmenes de control lleva alrededor de media hora y da resultados útiles. Por ello, en este trío de métodos de análisis, el de volúmenes de control es el rey. Por otra parte, es el más moderno de los tres. En análisis diferencial comenzó con Euler y Lagrange en el siglo XVIII, y el análisis dimensional tuvo sus primeros pasos con Lord Rayleigh a finales del siglo XIX, pero el de volumen de control, aunque había sido propuesto por Euler, no ha sido desarrollado sobre una base rigurosa como herramienta analítica hasta hace 40 años.

Volúmenes de control y sistemas

Todas las leyes de la mecánica están escritas para *sistemas* que se definen como cantidades arbitrarias de masa de identidad fija. Todo lo externo al sistema constituye el *entorno*, y el sistema está separado de su entorno por su *frontera o contorno*. Las leyes de la mecánica establecen lo que ocurre cuando hay una interacción entre el sistema y su entorno.

Primero, el sistema es una cantidad fija de masa, que designamos con *m*. Por ello, la masa del sistema se conserva y no cambia[1]. Esta ley de la mecánica tiene una expresión matemática muy simple denominada *conservación de la masa*:

$$m_{\text{sist}} = \text{const}$$

o
$$\frac{dm}{dt} = 0 \tag{3.1}$$

Esto es tan obvio en los problemas de mecánica de sólidos que a menudo nos olvidamos de ello. En Mecánica de Fluidos debemos prestar mucha atención a la conservación de la masa, y debemos asegurar que se cumple en nuestro análisis.

Segundo, si el entorno ejerce una fuerza resultante **F** sobre el sistema, la segunda ley de Newton expresa que la masa comenzará a acelerarse[2]

$$\mathbf{F} = m\mathbf{a} = m\frac{d\mathbf{V}}{dt} = \frac{d}{dt}(m\mathbf{V}) \tag{3.2}$$

En la ecuación (2.12) vimos cómo se aplicaba esta relación a un elemento diferencial de un fluido viscoso incompresible. En Mecánica de Fluidos, la segunda ley de Newton se denomina ley de conservación de la cantidad de movimiento o, alternativamente, ecuación de cantidad de movimiento. Nótese que se trata de una ley vectorial que implica tres ecuaciones escalares $F_x = ma_x$, $F_y = ma_y$ y $F_z = ma_z$.

Tercero, si el entorno ejerce un momento resultante **M** respecto al centro de masa del sistema, habrá un efecto de rotación

$$\mathbf{M} = \frac{d\mathbf{H}}{dt} \tag{3.3}$$

[1] Estamos suponiendo que no hay reacciones nucleares, en las que la masa se puede convertir en energía.

[2] Estamos suponiendo que no hay efectos relativistas, en cuyo caso habría que modificar la segunda ley de Newton.

donde $\mathbf{H} = \Sigma(\mathbf{r} \times \mathbf{V})\,\delta m$ es el momento cinético o momento de la cantidad de movimiento del sistema respecto a su centro de masa. Aquí denominaremos a la ecuación (3.3) conservación del momento cinético o, alternativamente, ecuación del momento cinético. Nótese que se trata también de una ecuación vectorial que implica tres ecuaciones escalares de la forma $M_x = dH_x/dt$.

Para masa y momento arbitrarios, **H** es muy complicado y contiene nueve términos (véase, por ejemplo, la referencia 1, página 309). En dinámica elemental sólo consideramos habitualmente la rotación como sólido rígido alrededor del eje x fijo, en cuyo caso, la ecuación (3.3) se reduce a

$$M_x = I_x \frac{d}{dt}(\omega_x) \tag{3.4}$$

donde ω_x es la velocidad angular del cuerpo e I_x es un momento de inercia másico respecto al eje x. Desgraciadamente, los sitemas fluidos no son rígidos y raramente se pueden aplicar relaciones tan simples, como veremos en la sección 3.6.

Cuarto, si se le comunica un calor dQ al sistema o éste ejerce un trabajo dW sobre su entorno, la energía del sistema debe cambiar en un dE de acuerdo con la ecuación de conservación de la energía, o primera ley de la termodinámica,

$$dQ - dW = dE \tag{3.5}$$

o

$$\frac{dQ}{dt} - \frac{dW}{dt} = \frac{dE}{dt}$$

Igual que la de conservación de la masa, ecuación (3.1), ésta es una relación escalar.

Finalmente, la segunda ley de la termodinámica relaciona los cambios de entropía dS con el calor añadido dQ y la temperatura absoluta T

$$dS \geqslant \frac{dQ}{T} \tag{3.6}$$

Esto es válido también para un sistema y puede ser expresado para un volumen de control, pero no tiene apenas aplicaciones en Mecánica de Fluidos excepto para analizar detalles de pérdidas por fricción en flujos.

Todas estas leyes incluyen propiedades termodinámicas, y, por tanto, debemos complementarlas con las ecuaciones de estado $p = p(\rho, T)$ y $e = e(\rho, t)$ para el fluido particular que se estudia, como se muestra en la sección 1.6.

El propósito de este capítulo es aplicar nuestras cuatro leyes básicas a volúmenes de control, apropiados para el análisis a escala macroscópica de los flujos:

1. Conservación de la masa (Sec. 3.3).
2. Conservación de la cantidad de movimiento (Sec. 3.4).
3. Conservación del momento cinético (Sec. 3.6).
4. Ecuación de la energía (Sec. 3.7).

Siempre que sea necesario para completar el análisis, introduciremos una o más relaciones de estado del tipo de la ecuación de los gases perfectos.

Las ecuaciones (3.1) a (3.6) se aplican tanto a sistemas sólidos como fluidos. Son ideales para la mecánica de sólidos, en que seguimos siempre al mismo sistema, ya que representa el objeto que estamos diseñando o construyendo. Por ejemplo, seguimos a la viga a medida que se deflecta por acción de una carga. Seguimos a un pistón en su movimiento oscilatorio adelante y atrás. Seguimos a una sonda espacial camino de Marte.

Pero los sistemas fluidos no piden esa atención concentrada. Es muy raro que nos interese seguir la trayectoria de una partícula fluida concreta. En lugar de esto, es muy probable que el fluido sea el entorno de nuestro objeto y que deseemos conocer la interacción mutua. En los tres ejemplos citados anteriormente, desearíamos conocer las cargas o fuerzas del viento sobre la viga, las presiones del fluido sobre el pistón y la sustentación y resistencia de la sonda espacial. Esto requiere que las leyes básicas sean reescritas para poderlas aplicar a una *región* específica en la proximidad de nuestro objeto. En otras palabras, lo que ocurre a las partículas fluidas del viento lejos de la viga es de muy poco interés para el proyectista de la viga. Es este punto de vista del usuario el que determina el tipo de análisis de volúmenes de control de este capítulo.

Aunque la termodinámica no es el tema principal de este libro, sería una vergüenza que el estudiante no repasase, como mínimo, la primera ley de la termodinámica y las ecuaciones de estado, en la forma que se exponen, por ejemplo, en las referencias 6 y 7.

El método de análisis de volumen de control se ilustra en la figura 3.1. Si queremos analizar los sistemas de la figura 3.1*a*, debemos aplicar las leyes básicas (3.1) a (3.5) a cada sistema y tener en cuenta todas las interacciones en sus entornos respectivos. El estudio de cada sistema debe llegar hasta aquellos contornos en que se conozcan las interacciones sobre él. Como los sistemas fluidos se deforman constantemente e interaccionan unos con otros, esto significa que, en la práctica, las leyes básicas deben ser aplicadas a partículas fluidas; posteriormente, por integración numérica o analítica, se acoplarán todas para describir el campo fluido resultante. Así vemos que el análisis por sistemas en Mecánica de Fluidos es un *análisis diferencial*, que será tratado en el capítulo 4.

Contrariamente, el volumen de control imaginario de la figura 3.1*b* incluye a los dos sistemas anteriores mientras pasan a través de él en un momento dado. Pronto se marcharán y llegarán otros, pero no importa. Reescribiremos las leyes básicas para que sean aplicables a esta región determinada del flujo denominada volumen de control. Todo lo que necesitamos conocer es el campo fluido en esta región; habitualmente es suficiente hacer hipótesis razonables acerca del campo fluido local. Las con-

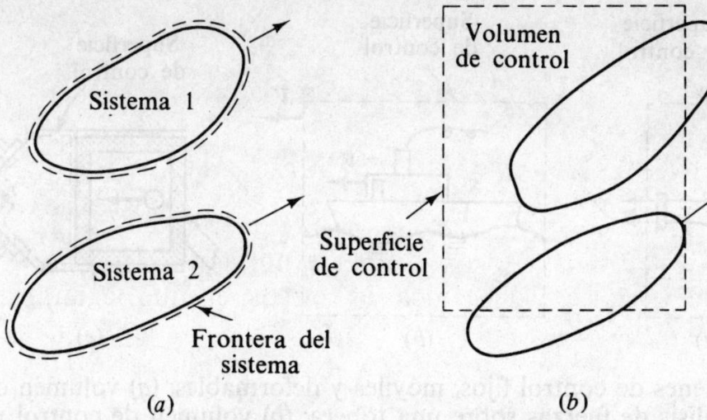

Fig. 3.1 Análisis de sistemas frente a análisis de volúmenes de control: (*a*) dos sistemas en movimiento que satisfacen todas las leyes básicas mientras se dirigen hacia el infinito; (*b*) dos sistemas que pasan a través de un volumen de control, lo cual permite analizar los efectos locales que producen.

diciones del flujo lejos de esta región son entonces irrelevantes. La técnica de cómo hacer ésto es el objeto del presente capítulo.

3.2 TEOREMA DEL TRANSPORTE DE REYNOLDS

Para convertir el análisis de sistemas en análisis de volúmenes de control debemos utilizar muestras matemáticas para poder aplicar las leyes básicas a regiones específicas en lugar de a masas concretas. Esta conversión se consigue mediante el llamado *teorema del transporte de Reynolds*. Examinando las leyes básicas (3.1) a (3.3) y (3.5) vemos que todas se refieren a derivadas temporales de propiedades fluidas *m*, **V**, **H** y *E*. Por tanto, lo que necesitamos es relacionar la derivada temporal de una propiedad del sistema con la variación de dicha propiedad dentro de una región concreta.

La fórmula de conversión difiere ligeramente según se trate de volúmenes fijos, móviles o deformables. La figura 3.2 ilustra los tres casos. El volumen de control fijo de la figura 3.2*a* encierra una región de interés para el proyectista de la tobera. La superficie de control es un concepto abstracto y no obstruye de ninguna forma al flujo. Corta al chorro que sale de la tobera, la rodea y corta de nuevo por los tornillos de sujeción y por el fluido que circula por el interior de aquélla. Este volumen de control particular resalta los esfuerzos de los tornillos de sujeción, reacciones que forman parte de las fuerzas aplicadas en la ecuación de cantidad de movimiento. En este sentido, el volumen de control recuerda al concepto de *cuerpo libre*, que se aplica a los sistemas en mecánica de sólidos.

La figura 3.2*b* muestra un volumen de control móvil. Aquí el interés se centra en el barco, no en el océano, de forma que el volumen de control se mueve con el barco a la velocidad de éste *V*. El volumen de control

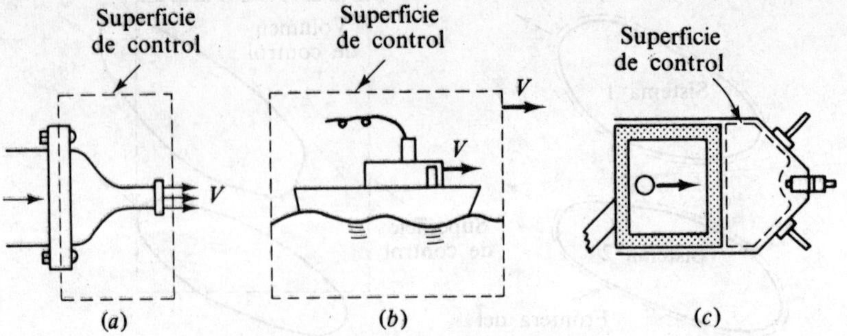

Fig. 3.2 Volúmenes de control fijos, móviles y deformables: (*a*) volumen de control fijo para el análisis de fuerzas sobre una tobera; (*b*) volumen de control móvil con el barco para analizar su resistencia; (*c*) volumen de control deformable dentro de un cilindro para analizar transitorios de presión.

tiene volumen fijo, pero hay que tener en cuenta el movimiento relativo entre el agua y el barco. Si V=constante, este movimiento relativo tendrá una configuración estacionaria, lo cual simplifica el análisis[1]. Si V es variable, el movimiento relativo será no estacionario, de forma que habrá dependencia temporal en los resultados obtenidos; en la ecuación de cantidad de movimiento aparecerán ciertos términos que reflejarán el carácter no inercial del sistema de referencia.

La figura 3.2*c* muestra un volumen de control deformable. Ha de tenerse en cuenta la variación del movimiento relativo en el contorno, y también deberá entrar en el análisis el cambio de forma del volumen de control. Comenzaremos por estudiar el caso del volumen de control fijo y consideraremos más adelante los otros como temas avanzados.

Volumen de control fijo unidimensional

Como primer ejemplo, consideremos un conducto o tubo de corriente con flujo casi-unidimensional $V = V(x)$, como muestra la figura 3.3. El volumen de control seleccionado es una porción del conducto, que coincide exactamente con el sistema 2 en un instante determinado t. En el instante $t + dt$, el sistema 2 ha comenzado a salir del volumen de control y una pequeña parte del sistema 1 ha entrado por la izquierda. Las áreas rayadas muestran un volumen saliente $A_b\, V_b\, dt$ y un volumen entrante $A_a\, V_a\, dt$.

Sea B una propiedad cualquiera del fluido (energía, cantidad de movimiento, etc.) y sea $\beta = dB/dm$ el *valor intensivo* o cantidad B por unidad de masa de una pequeña porción de fluido. La cantidad total de B en el volumen de control es

$$B_{VC} = \int_{VC} \beta \rho \, d\mathcal{V} \qquad \beta = \frac{dB}{dm} \tag{3.7}$$

[1] Un túnel aerodinámico con una maqueta fija simula un volumen de control móvil con un cuerpo en movimiento, mientras que un tanque de arrastre simula un volumen de control fijo con un cuerpo en movimiento.

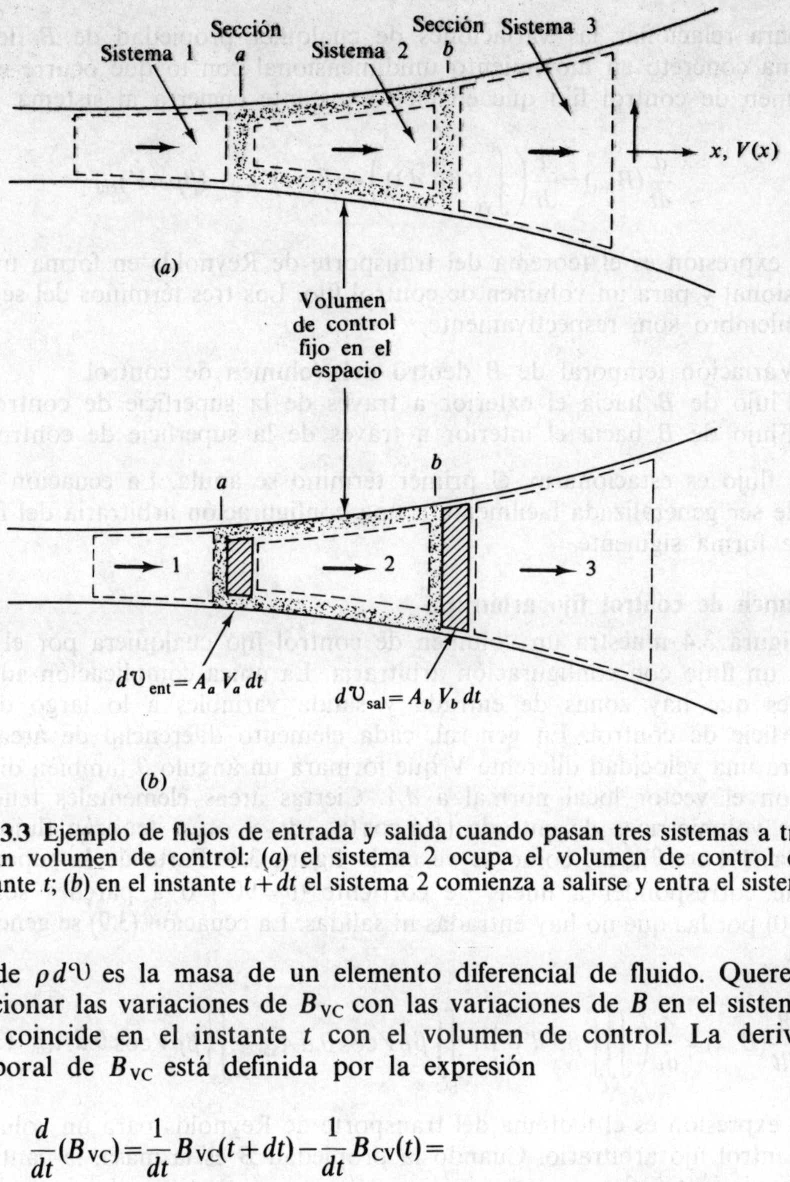

Fig. 3.3 Ejemplo de flujos de entrada y salida cuando pasan tres sistemas a través de un volumen de control: (*a*) el sistema 2 ocupa el volumen de control en el instante *t*; (*b*) en el instante $t + dt$ el sistema 2 comienza a salirse y entra el sistema 1.

donde $\rho\, d\mathcal{V}$ es la masa de un elemento diferencial de fluido. Queremos relacionar las variaciones de B_{VC} con las variaciones de *B* en el sistema 2 que coincide en el instante *t* con el volumen de control. La derivada temporal de B_{VC} está definida por la expresión

$$\frac{d}{dt}(B_{\text{VC}}) = \frac{1}{dt} B_{\text{VC}}(t+dt) - \frac{1}{dt} B_{\text{CV}}(t) =$$

$$= \frac{1}{dt}[B_2(t+dt) - (\beta\rho\, d\mathcal{V})_{\text{sal}} + (\beta\rho\, d\mathcal{V})_{\text{ent}}] - \frac{1}{dt}[B_2(t)] =$$

$$= \frac{1}{dt}[B_2(t+dt) - B_2(t)] - (\beta\rho A V)_{\text{sal}} + (\beta\rho A V)_{\text{ent}} \qquad (3.8)$$

El primer término del segundo miembro es la variación temporal de *B* dentro del sistema 2 en el instante en que ocupa el volumen de control. Reagrupando la ecuación (3.8) obtenemos la fórmula de conversión deseada para relacionar las variaciones de cualquier propiedad de B de un sistema concreto en movimiento unidimensional con lo que ocurre en el volumen de control fijo que en cierto instante encierra al sistema.

$$\frac{d}{dt}(B_{\text{sist}})=\frac{d}{dt}\left(\int_{\text{VC}}\beta\rho\, d\mathcal{V}\right)+(\beta\rho A V)_{\text{sal}}-(\beta\rho A V)_{\text{ent}} \tag{3.9}$$

Esta expresión es el teorema del transporte de Reynolds en forma unidimensional y para un volumen de control fijo. Los tres términos del segundo miembro son, respectivamente,

1. Variación temporal de B dentro del volumen de control.
2. Flujo de B hacia el exterior a través de la superficie de control.
3. Flujo de B hacia el interior a través de la superficie de control.

Si el flujo es estacionario, el primer término se anula. La ecuación (3.9) puede ser generalizada fácilmente a una configuración arbitraria del flujo, en la forma siguiente.

Volumen de control fijo arbitrario

La figura 3.4 muestra un volumen de control fijo cualquiera por el que pasa un flujo con configuración arbitraria. La única complicación adicional es que hay zonas de entrada y salida variables a lo largo de la superficie de control. En general, cada elemento diferencial de área dA tendrá una velocidad diferente $\mathbf{V}$ que formará un ángulo θ también distinto con el vector local normal a dA. Ciertas áreas elementales tendrán flujos volumétricos de entrada $(VA\cos\theta)_{\text{ent}}\,dt$, y otros tendrán flujos de salida $(VA\cos\theta)_{\text{sal}}\,dt$, como se ve en la figura 3.4. Parte de la superficie puede corresponder a líneas de corriente ($\theta=90°$) o a paredes sólidas ($\mathbf{V}=0$) por las que no hay entradas ni salidas. La ecuación (3.9) se generaliza a

$$\frac{d}{dt}(B_{\text{sist}})=\frac{d}{dt}\left(\iiint_{\text{VC}}\beta\rho\, d\mathcal{V}\right)+\iint_{\text{SC}}\beta\rho V\cos\theta\, dA_{\text{sal}}-\iint_{\text{SC}}\beta\rho V\cos\theta\, dA_{\text{ent}} \tag{3.10}$$

Esta expresión es el teorema del transporte de Reynolds para un volumen de control fijo arbitrario. Cuando la propiedad B es la masa, la cantidad de movimiento, el momento cinético o la energía tenemos las leyes básicas en forma de volumen de control o forma integral. Nótese que las tres integrales que aparecen están relacionadas con la propiedad intensiva β. Como el volumen de control está fijo en el espacio, los volúmenes elementales $d\mathcal{V}$ no varían con el tiempo, de forma que la derivada temporal que aparece en el segundo miembro se anulará a menos que β o ρ varíen con el tiempo (flujo no estacionario).

La ecuación (3.10) expresa el resultado esencial de que la derivada temporal de un sistema es igual a la variación dentro del volumen de control más el flujo de salida a través de la superficie de control menos el

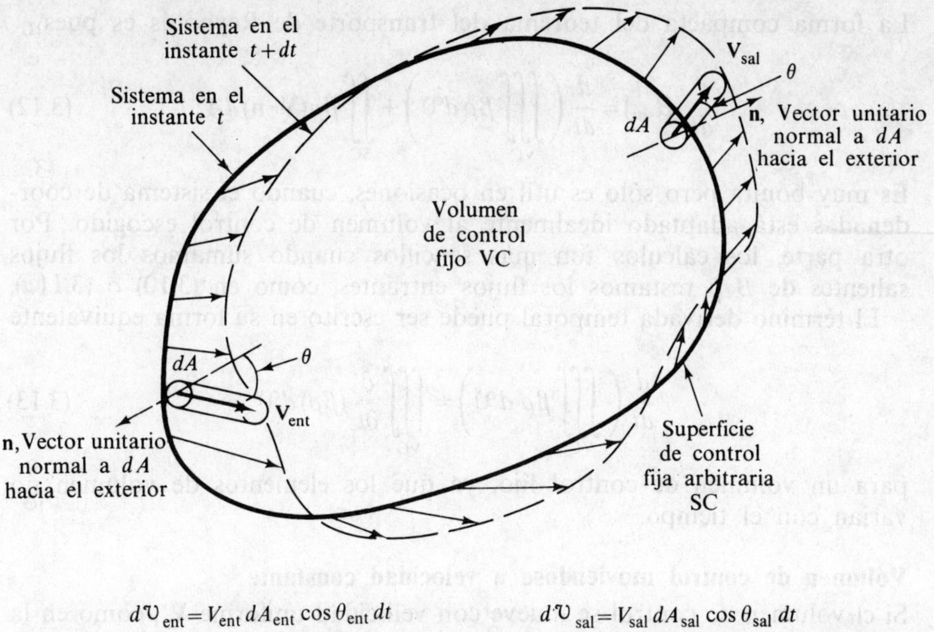

$$d\mathcal{V}_{ent} = V_{ent}\, dA_{ent} \cos\theta_{ent}\, dt \qquad d\mathcal{V}_{sal} = V_{sal}\, dA_{sal} \cos\theta_{sal}\, dt$$
$$= -\mathbf{V}\cdot\mathbf{n}\, dA\, dt \qquad\qquad = \mathbf{V}\cdot\mathbf{n}\, dA\, dt$$

Fig. 3.4 Generalización de la figura 3.3 a un volumen de control arbitrario en una configuración de flujo arbitraria.

flujo de entrada. La magnitud B (o β) puede ser cualquier propiedad vectorial o escalar del fluido. Para los flujos hay dos formas alternativas. Primeramente, tengamos en cuenta que $V\cos\theta$ es la componente de V normal al elemento de área de la superficie de control. Así, podemos escribir

$$\text{Términos de flujo} = \iint_{SC} \beta\rho V_n\, dA_{sal} - \iint_{SC} \beta\rho V_n\, dA_{ent} = \iint_{SC} \beta\, d\dot{m}_{sal} - \iint_{SC} \beta\, d\dot{m}_{ent} \qquad (3.11a)$$

donde $d\dot{m} = \rho V_n\, dA$ es el flujo másico diferencial a través de la superficie. La expresión (3.11a) ayuda a entender qué es lo que estamos calculando.

La segunda alternativa ofrece las ventajas de elegancia y compacidad. Si definimos **n** como el vector unitario normal *hacia el exterior* en cualquier punto de la superficie de control, entonces $\mathbf{V}\cdot\mathbf{n} = V_n$ para el flujo saliente y $-V_n$ para el flujo entrante. Por tanto, los términos de flujo se pueden representar por medio de integrales simples que incluyen a $\mathbf{V}\cdot\mathbf{n}$ en el integrando, lo cual sirve tanto para flujos salientes positivos como para flujos entrantes negativos.

$$\text{Términos de flujo} = \iint_{SC} \beta\rho(\mathbf{V}\cdot\mathbf{n})\, dA \qquad (3.11b)$$

La forma compacta del teorema del transporte de Reynolds es pues

$$\frac{d}{dt}(B_{\text{sist}}) = \frac{d}{dt}\left(\iiint\limits_{\text{VC}} \beta\rho \, d\mathcal{V}\right) + \iint\limits_{\text{SC}} \beta\rho(\mathbf{V}\cdot\mathbf{n})\, dA \qquad (3.12)$$

Es muy bonita pero sólo es útil en ocasiones, cuando el sistema de coordenadas está adaptado idealmente al volumen de control escogido. Por otra parte, los cálculos son más sencillos cuando sumamos los flujos salientes de B y restamos los flujos entrantes, como en (3.10) o (3.11*a*).

El término derivada temporal puede ser escrito en su forma equivalente

$$\frac{d}{dt}\left(\iiint\limits_{\text{VC}} \beta\rho \, d\mathcal{V}\right) = \iiint\limits_{\text{VC}} \frac{\partial}{\partial t}(\beta\rho)\, d\mathcal{V} \qquad (3.13)$$

para un volumen de control fijo, ya que los elementos de volumen no varían con el tiempo.

Volumen de control moviéndose a velocidad constante

Si el volumen de control se mueve con velocidad uniforme $\mathbf{V}_s$, como en la figura 3.2*b*, un observador fijo al volumen de control verá al fluido moverse con una velocidad relativa $\mathbf{V}_r$, definida como

$$\mathbf{V}_r = \mathbf{V} - \mathbf{V}_s \qquad (3.14)$$

donde $\mathbf{V}$ es la velocidad del fluido respecto al mismo sistema de referencia para el que la velocidad del volumen de control es $\mathbf{V}_s$. Nótese que en la ecuación (3.14) hay una diferencia de vectores. Los términos de flujo serán proporcionales a $\mathbf{V}_r$, pero la integral de volumen permanece igual porque el volumen de control se mueve con una forma fija sin deformarse. El teorema del transporte de Reynolds en este caso de movimiento uniforme del volumen de control queda

$$\frac{d}{dt}(B_{\text{sist}}) = \iiint\limits_{\text{VC}} \frac{\partial}{\partial t}(\beta\rho)\, d\mathcal{V} + \iint\limits_{\text{SC}} \beta\rho(\mathbf{V}_r\cdot\mathbf{n})\, dA \qquad (3.15)$$

que se reduce a la ecuación (3.12) si $\mathbf{V}_s \equiv 0$.

Volumen de control de forma constante para velocidad variable[1]

Si el volumen de control se mueve con una velocidad $\mathbf{V}_s(t)$, pero conservando su forma, los elementos de volumen no cambiarán con el tiempo; sin embargo, la velocidad relativa del contorno $\mathbf{V}_r = \mathbf{V}(\mathbf{r}, t) - \mathbf{V}_s(t)$ queda algo más complicada. La ecuación (3.15) sigue siendo válida para este caso, aunque el cálculo de la integral de área puede ser muy laborioso.

[1] Este apartado puede ser omitido sin pérdida de continuidad.

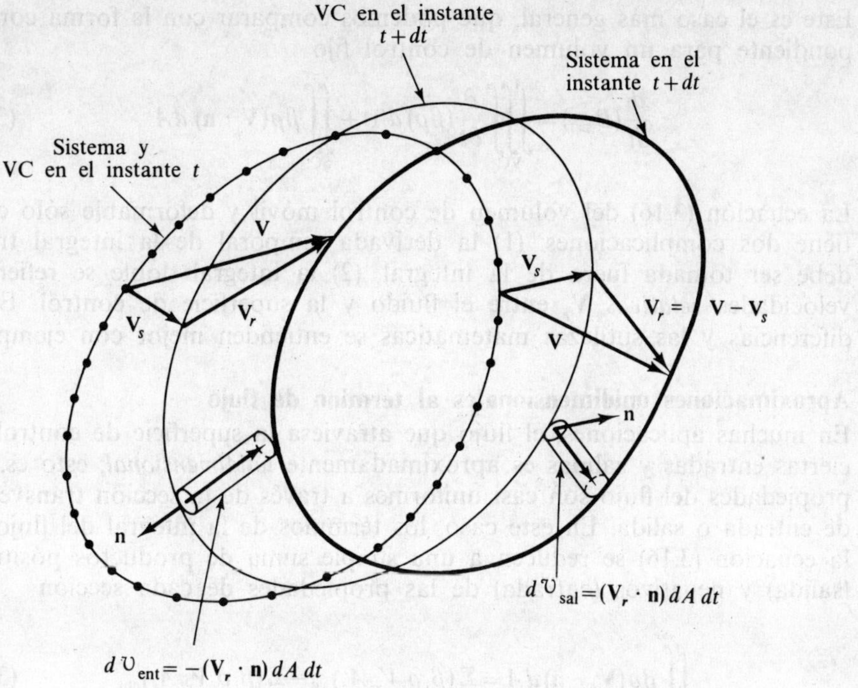

Fig. 3.5 Efectos de las velocidades relativas entre el sistema y el volumen de control cuando ambos se mueven y se deforman. La frontera del sistema se mueve con velocidad **V**, y la superficie de control lo hace con velocidad $\mathbf{V}_s$.

Volumen de control con deformación y movimiento arbitrarios[1]

La situación más general se presenta cuando el volumen de control se mueve y deforma arbitrariamente, como ilustra la figura 3.5. El flujo de volumen a través de la superficie de control es proporcional de nuevo a la velocidad relativa normal $\mathbf{V}_r \cdot \mathbf{n}$, como en la ecuación (3.15). Sin embargo, como la superficie de control se deforma, con velocidad $\mathbf{V}_s = \mathbf{V}_s(\mathbf{r}, t)$, la velocidad relativa $\mathbf{V}_r = \mathbf{V}(\mathbf{r}, t) - \mathbf{V}_s(\mathbf{r}, t)$ es o puede ser una función complicada, aunque la integral del flujo es la misma que en la ecuación (3.15). Por otra parte, debe tenerse en cuenta que los elementos de volumen de la integral de volumen que aparece en la ecuación (3.15) se distorsionan con el tiempo. Por ello, la derivada temporal debe ser tomada *después* de la integración. Para el volumen de control deformable, el teorema del transporte adopta la forma

$$\frac{d}{dt}(B_{\text{sist}}) = \frac{d}{dt}\left(\iiint_{\text{VC}} \beta\rho\, d\mathcal{V}\right) + \iint_{\text{SC}} \beta\rho(\mathbf{V}_r \cdot \mathbf{n})\, dA \qquad (3.16)$$

[1] Este apartado puede ser omitido sin pérdida de continuidad.

Este es el caso más general, que podemos comparar con la forma correspondiente para un volumen de control fijo

$$\frac{d}{dt}(B_{\text{sist}}) = \iiint_{\text{VC}} \frac{\partial}{\partial t}(\beta\rho)\, d\mathcal{V} + \iint_{\text{SC}} \beta\rho(\mathbf{V}\cdot\mathbf{n})\, dA \tag{3.17}$$

La ecuación (3.16) del volumen de control móvil y deformable sólo contiene dos complicaciones: (1) la derivada temporal de la integral triple debe ser tomada fuera de la integral, (2) la integral doble se refiere a velocidades *relativas* $\mathbf{V}_r$ entre el fluido y la superficie de control. Estas diferencias y las sutilezas matemáticas se entienden mejor con ejemplos.

Aproximaciones unidimensionales al término de flujo

En muchas aplicaciones, el flujo que atraviesa la superficie de control en ciertas entradas y salidas es aproximadamente *unidimensional*; esto es, las propiedades del flujo son casi uniformes a través de la sección transversal de entrada o salida. En este caso, los términos de la integral del flujo de la ecuación (3.16) se reducen a una simple suma de productos positivos (salida) y negativos (entrada) de las propiedades de cada sección

$$\iint_{\text{SC}} \beta\rho(\mathbf{V}_r\cdot\mathbf{n})\, dA = \Sigma(\beta_i\rho_i V_{ri} A_i)_{\text{sal}} - \Sigma(\beta_i\rho_i V_{ri} A_i)_{\text{ent}} \tag{3.18}$$

Un ejemplo de esta situación se muestra en la figura 3.6. Hay entradas de flujo en las secciones 1 y 4, y salidas en las secciones 2, 3 y 5. En este problema particular la ecuación (3.18) sería

$$\iint_{\text{SC}} \beta\rho(\mathbf{V}_r\cdot\mathbf{n})\, dA = \beta_2\rho_2 V_{r2} A_2 + \beta_3\rho_3 V_{r3} A_3 + \beta_5\rho_5 V_{r5} A_5 - \beta_1\rho_1 V_{r1} A_1 - \beta_4\rho_4 V_{r4} A_4 \tag{3.19}$$

sin contribución de ninguna otra parte de la superficie de control donde no hay flujo.

EJEMPLO 3.1 Un volumen de control fijo tiene tres secciones unidimensionales en el contorno, como muestra la figura E3.1. El flujo es estacionario en el interior del volumen de control. Las propiedades del flujo en cada sección están tabuladas a continuación:

Sección	*Tipo*	ρ, kg/m^3	*V*, m/s	*A*, m^2	*e*, J/kg
1	Entrada	800	5,0	2,0	300
2	Entrada	800	8,0	3,0	100
3	Salida	800	17,0	2,0	150

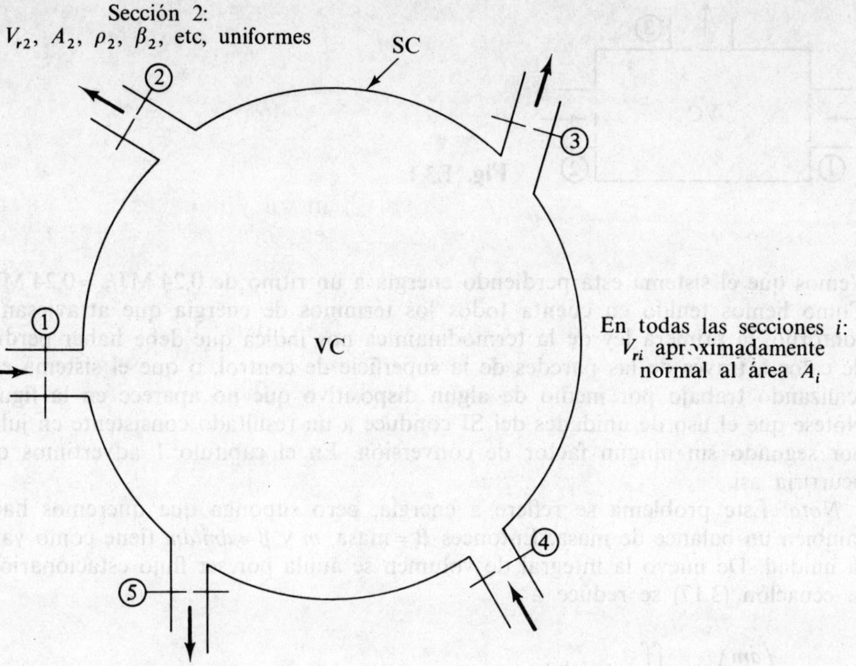

Fig. 3.6 Volumen de control con entradas y salidas unidimensionales.

Hallar la variación temporal de energía del sistema que ocupa en este instante el volumen de control.

Solución La propiedad que estudiamos en este caso es la energía y, por tanto, $B = E$; $\beta = dE/dm = e$ es la energía por unidad de masa. Como el volumen de control es fijo, aplicamos la ecuación (3.17)

$$\left(\frac{dE}{dt}\right)_{\text{sist}} = \iiint_{\text{VC}} \frac{\partial}{\partial t}(e\rho)\, d\mathcal{V} + \iint_{\text{SC}} e\rho(\mathbf{V}\cdot\mathbf{n})\, dA$$

El flujo en el interior es estacionario, de forma que $\partial(e\rho)/\partial t \equiv 0$ y la integral de volumen se anula. La integral de área se extiende a dos secciones de entrada y una de salida dadas en la tabla

$$\left(\frac{dE}{dt}\right)_{\text{sist}} = -e_1\rho_1 A_1 V_1 - e_2\rho_2 A_2 V_2 + e_3\rho_3 A_3 V_3$$

Introduciendo los valores numéricos de la tabla, tenemos

$$\left(\frac{dE}{dt}\right)_{\text{sist}} = -(300\ \text{J/kg})(800\ \text{kg/m}^3)(2\ \text{m}^2)(5\ \text{m/s}) -$$

$$-(100)(800)(3)(8) + (150)(800)(2)(17) =$$

$$= (-2\,400\,000 - 1\,920\,000 + 4\,080\,000)\ \text{J/s} =$$

$$= -240\,000\ \text{J/s} = -0{,}24\ \text{MJ/s}$$ *Resp.*

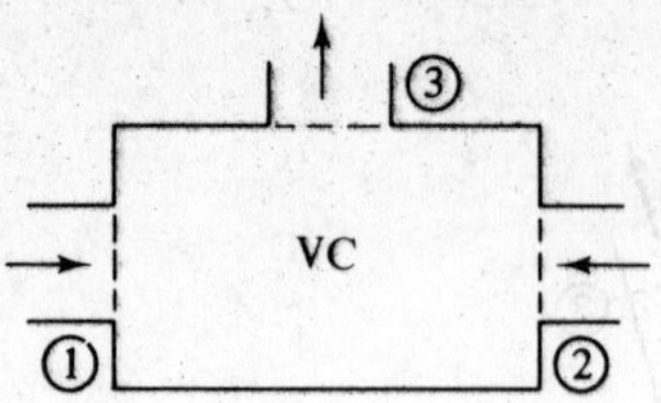

Fig. E3.1

Vemos que el sistema está perdiendo energía a un ritmo de 0,24 MJ/s = 0,24 MW. Como hemos tenido en cuenta todos los términos de energía que atraviesan el contorno, la primera ley de la termodinámica nos indica que debe haber pérdida de calor a través de las paredes de la superficie de control, o que el sistema está realizando trabajo por medio de algún dispositivo que no aparece en la figura. Nótese que el uso de unidades del SI conduce a un resultado consistente en julios por segundo sin ningún factor de conversión. En el capítulo 1 advertimos que ocurriría así.

Nota: Este problema se refiere a energía, pero suponga que queremos hacer también un balance de masa. Entonces B = masa, m y $\beta = dm/dm$ tiene como valor la unidad. De nuevo la integral de volumen se anula por ser flujo estacionario, y la ecuación (3.17) se reduce a

$$\left(\frac{dm}{dt}\right)_{\text{sist}} = \iint_{SC} \rho(\mathbf{V}\cdot\mathbf{n})\,dA$$

$$= -\rho_1 A_1 V_1 - \rho_2 A_2 V_2 + \rho_3 A_3 V_3$$

$$= -(800\ \text{kg/m}^3)(2\ \text{m}^2)(5\ \text{m/s}) - (800)(3)(8) + (800)(17)(2)$$

$$= (-8000 - 19\,200 + 27\,300)\ \text{kg/s}$$

$$= 0\ \text{kg/s}$$

La masa del sistema no cambia, lo cual expresa correctamente la ley de conservación de la masa, ecuación (3.1).

EJEMPLO 3.2 Un globo se llena a través de la sección 1, donde el área es A_1, la velocidad es V_1 y la densidad del fluido ρ_1. La densidad media en el globo es $\rho_b(t)$. Hallar una expresión que nos dé el ritmo de variación temporal de la masa del sistema dentro del globo.

Solución Es conveniente definir una superficie de control deformable justo fuera del globo, que se expande al mismo ritmo $R(t)$. Aplicamos la ecuación (3.16) con $V_r = 0$ sobre la superficie del globo y $V_r = V_1$ en el conducto de entrada. Para estudiar la variación de masa tomamos $B = m$ y $\beta = dm/dm = 1$. La ecuación (3.16) queda

$$\left(\frac{dm}{dt}\right)_{\text{sist}} = \frac{d}{dt}\left(\iiint_{VC} \rho\, d\mathcal{V}\right) + \iint_{SC} \rho(\mathbf{V}_r\cdot\mathbf{n})\,dA$$

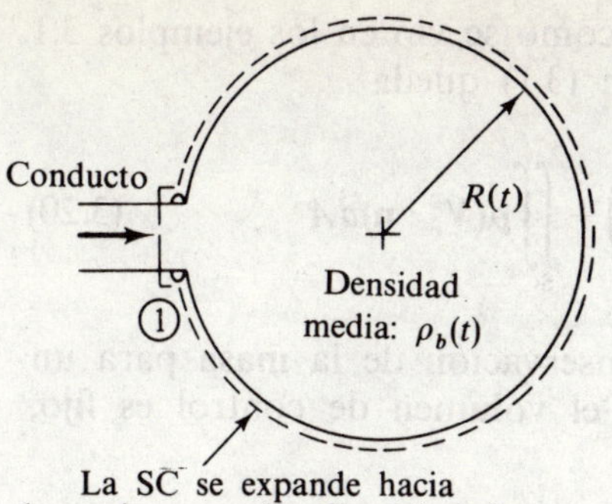

Fig. E3.2

El flujo de masa sólo es distinto de cero en la entrada, de forma que la integral de superficie se reduce al término $-\rho_1 A_1 V_1$. La masa de fluido dentro del volumen de control es aproximadamente igual al producto de la densidad media por el volumen de la esfera. La ecuación queda

$$\left(\frac{dm}{dt}\right)_{\text{sist}} = \frac{d}{dt}(\rho_b \tfrac{4}{3}\pi R^3) - \rho_1 A_1 V_1 \qquad \textit{Resp.}$$

Que es la expresión buscada para la variación de masa. Realmente, por la ley de conservación (3.1), esta variación debe ser nula. Así, la densidad y el radio del globo están relacionados con el flujo másico a la entrada por

$$\frac{d}{dt}(\rho_b R^3) = \frac{3}{4\pi}\rho_1 A_1 V_1$$

Tenemos una ecuación diferencial de primer orden que formaría parte del análisis del inflado del globo. Para resolverla necesitamos información adicional, procedente de la mecánica o la termodinámica, para relacionar las cuatro incógnitas ρ_b, ρ_1, V_1 y R. También habría que introducir en el análisis la presión y la temperatura del fluido y las propiedades elásticas del globo.

Para un estudio más profundo y detallado del análisis de volúmenes de control deformables, véanse los textos de Hansen [4] y Potter y Foss [5].

3.3 CONSERVACION DE LA MASA

El teorema del transporte de Reynolds, ecuaciones (3.16) o (3.17), establece una relación entre variaciones temporales del sistema e integrales de volumen y de superficie de control. Pero las derivadas de las propiedades del sistema están dadas por las leyes básicas de la mecánica, ecuaciones (3.1) a (3.5). Eliminando las derivadas temporales entre ambas relaciones obtenemos las leyes básicas de la Mecánica de Fluidos en forma integral. La variable muda B toma, sucesivamente, valores de magnitudes de masa, cantidad de movimiento, momento cinético y energía.

En el caso de conservación de la masa, como se vio en los ejemplos 3.1 y 3.2, $B=m$ y $\beta=dm/dm=1$. La ecuación (3.1) queda

$$\left(\frac{dm}{dt}\right)_{\text{sist}}=0=\frac{d}{dt}\left(\iiint_{VC}\rho\, d\mathcal{V}\right)+\iint_{SC}\rho(\mathbf{V}_r\cdot\mathbf{n})dA \tag{3.20}$$

Esta es la forma integral de la ley de conservación de la masa para un volumen de control deformable. Cuando el volumen de control es fijo, tenemos

$$\iiint_{VC}\frac{\partial\rho}{\partial t}d\mathcal{V}+\iint_{SC}\rho(\mathbf{V}\cdot\mathbf{n})dA=0 \tag{3.21}$$

Si el volumen de control tiene sólo cierto número de entradas y salidas, podemos escribir

$$\iiint_{VC}\frac{\partial\rho}{\partial t}d\mathcal{V}+\sum_i(\rho_i A_i V_i)_{\text{sal}}-\sum_i(\rho_i A_i V_i)_{\text{ent}}=0 \tag{3.22}$$

También pueden darse otros casos especiales. Supongamos que el flujo en el interior del volumen de control es estacionario o permanente; entonces $\partial\rho/\partial t\equiv 0$ y la ecuación (3.21) se reduce a

$$\iint_{SC}\rho(\mathbf{V}\cdot\mathbf{n})dA=0 \tag{3.23}$$

Esta expresión indica que en flujo estacionario, los flujos másicos que entran y salen del volumen de control deben compensarse idénticamente[1]. Si, además, las entradas y salidas son unidimensionales, tendremos para flujo estacionario

$$\sum_i(\rho_i A_i V_i)_{\text{ent}}=\sum_i(\rho_i A_i V_i)_{\text{sal}} \tag{3.24}$$

Esta aproximación simple se utiliza frecuentemente en análisis de tipo ingenieril. Por ejemplo, volviendo a la figura 3.6, si el flujo en ese volumen de control es estacionario, los flujos másicos de las tres salidas equilibran a los de las dos entradas

$$\text{Flujo saliente} = \text{Flujo entrante}$$
$$\rho_2 A_2 V_2+\rho_3 A_3 V_3+\rho_5 A_5 V_5=\rho_1 A_1 V_1+\rho_4 A_4 V_4 \tag{3.25}$$

[1] A lo largo de toda esta sección consideraremos que no existen *fuentes* o *sumideros* inmersos en el volumen de control. Las ecuaciones (3.20) y (3.21) pueden modificarse fácilmente para tenerlos en cuenta, pero raras veces se necesita.

La cantidad $\rho A V$ se denomina *flujo másico* $\dot{m}$ que pasa a través de una sección transversal y tiene unidades de kilogramos por segundo (o slugs por segundo) cuando se utiliza el SI (o el británico). La ecuación (3.25) puede ser reescrita abreviadamente en la forma

$$\dot{m}_2 + \dot{m}_3 + \dot{m}_5 = \dot{m}_1 + \dot{m}_4 \qquad (3.26)$$

y, en general, la relación (3.23) de conservación de la masa para un flujo estacionario puede ser escrita como

$$\sum_i (\dot{m}_i)_{\text{sal}} = \sum_i (\dot{m}_i)_{\text{ent}} \qquad (3.27)$$

Si las entradas y salidas no son unidimensionales, $\dot{m}$ debe ser obtenido mediante integración

$$\dot{m}_{\text{st}} = \iint_{\text{st}} \rho(\mathbf{V} \cdot \mathbf{n})\, dA \qquad (3.28)$$

donde st significa sección transversal. El ejemplo 3.4 ilustra este punto.

Flujo incompresible

Mayor simplificación cabe aún si el fluido es incompresible, que es equivalente a decir que las variaciones de densidad son despreciables en las relaciones de conservación de la masa[1]. Como vimos en el capítulo 1, todos los líquidos son prácticamente incompresibles, y los flujos de gases se *comportan* a veces como si lo fueran, particularmente si la velocidad es menor que alrededor del 30 por 100 de la del sonido.

Consideremos de nuevo el volumen de control fijo. Si el fluido es casi incompresible, $\partial\rho/\partial t$ es despreciable y la integral de volumen de la ecuación (3.21) se puede suponer nula, después de lo cual la densidad puede salir fuera de la integral de superficie y desaparecer ya que es distinta de cero. El resultado es la ley de conservación de la masa para flujos incompresibles, tanto estacionarios como no estacionarios

$$\iint_{\text{SC}} (\mathbf{V} \cdot \mathbf{n})\, dA = 0 \qquad (3.29)$$

[1] Adviértase que esta definición entraña subjetividad. Los oceanógrafos consideran significativa una variación de densidad del 0,1 por 100, mientras que los aerodinámicos desprecian a veces variaciones de densidad en flujos de gas altamente compresibles, incluso hipersónicos. Es labor de cada analista justificar la aproximación de incompresible cuando se hace.

Si las entradas y salidas son unidimensionales, tenemos

$$\sum_i (V_i A_i)_{sal} = \sum_i (V_i A_i)_{ent} \tag{3.30}$$

o

$$\Sigma Q_{sal} = \Sigma Q_{ent}$$

donde $Q_i = V_i A_i$ es el *flujo volumétrico* o *caudal* que atraviesa la sección. De nuevo, si se utilizan unidades consistentes, $Q = VA$ tendrá unidades de metros cúbicos por segundo (SI) o pies cúbicos por segundo (sistema británico). Si la sección transversal no es unidimensional, debemos integrar

$$Q_{st} = \iint_{st} (\mathbf{V} \cdot \mathbf{n}) \, dA \tag{3.31}$$

La ecuación (3.31) nos permite definir una *velocidad media* V_m, que multiplicada por el área de la sección nos da el flujo volumétrico

$$V_m = \frac{Q}{A} = \frac{1}{A} \iint (\mathbf{V} \cdot \mathbf{n}) \, dA \tag{3.32}$$

Esta velocidad puede ser denominada *velocidad media volumétrica.* Si la densidad varía a través de la sección, podemos definir una densidad media de la misma manera

$$\rho_m = \frac{1}{A} \iint \rho \, dA \tag{3.33}$$

Sin embargo, el flujo másico contiene el producto de densidad por velocidad, y la media del producto $(\rho V)_m$ tendrá en general un valor diferente del producto de las medias

$$(\rho V)_m = \frac{1}{A} \iint \rho (\mathbf{V} \cdot \mathbf{n}) \, dA \approx \rho_m V_m \tag{3.34}$$

Ilustraremos esto en el ejemplo 3.3. A menudo despreciamos estas diferencias o, si es necesario, utilizamos un factor de corrección entre medias másicas y medias volumétricas.

EJEMPLO 3.3 Escribir la relación de conservación de la masa para el flujo estacionario por el interior de un tubo de corriente (flujo paralelo a las paredes en todo punto) con una entrada unidimensional en 1 y una salida unidimensional en 2.

Solución Para este flujo estacionario aplicamos la ecuación (3.24)

$$\dot{m} = \rho_1 A_1 V_1 = \rho_2 A_2 V_2 = \text{const}$$

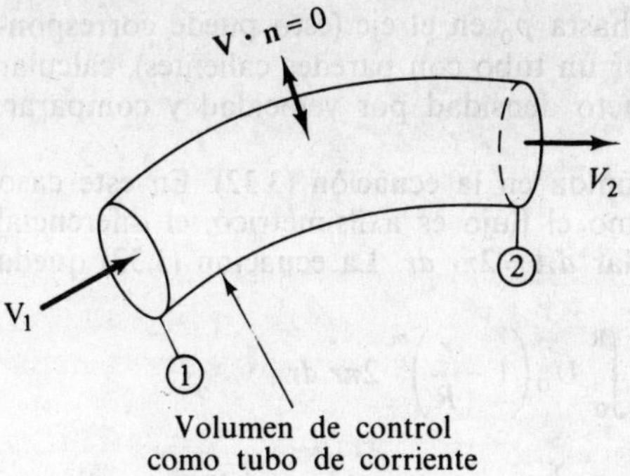

Fig. E3.3

Así, en el flujo estacionario en un tubo de corriente, el flujo de masa es constante a través de cualquier sección de dicho tubo. Si la densidad es constante tenemos entonces

$$Q = A_1 V_1 = A_2 V_2 = \text{const} \quad \text{o} \quad V_2 = \frac{A_1}{A_2} V_1$$

En el flujo estacionario e incompresible en un tubo de corriente, el flujo volumétrico es constante. Esta relación fue obtenida por Leonardo da Vinci en 1500.

EJEMPLO 3.4 En el flujo estacionario viscoso por un tubo circular, el perfil de velocidad longitudinal viene dado aproximadamente por

$$u = U_0 \left(1 - \frac{r}{R}\right)^m$$

de forma que u varía de cero en la pared ($r = R$), no deslizamiento, hasta un máximo $u = U_0$ en el eje del tubo ($r = 0$). Cuando el flujo es muy viscoso (laminar), $m \approx \frac{1}{2}$, mientras que si es muy poco viscoso (turbulento), $m \approx \frac{1}{7}$. (*a*) Calcular la velocidad media si la densidad es constante. (*b*) Suponiendo que la densidad también varía, según la fórmula

$$\rho = \tfrac{1}{2}\rho_0 \left[1 + \left(1 - \frac{r}{R}\right)^n\right]$$

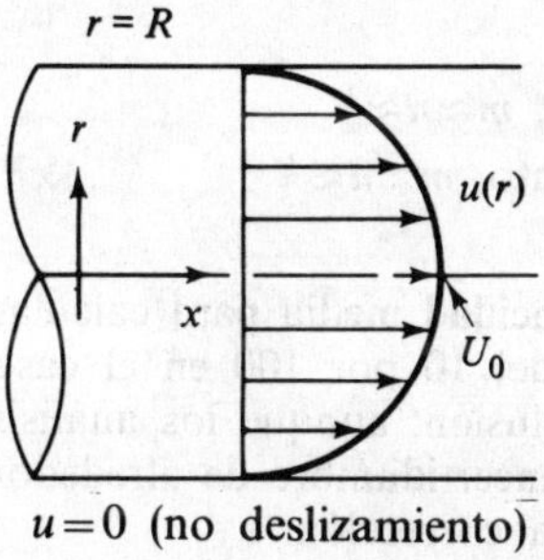

Fig. E3.4

o sea, aumenta desde $0{,}5\rho_0$ en la pared hasta ρ_0 en el eje (esto puede corresponder al flujo de un gas a alta velocidad por un tubo con paredes calientes), calcular la densidad media y la media del producto densidad por velocidad y comparar.

Solución (*a*) La velocidad media está definida en la ecuación (3.32). En este caso $\mathbf{V}=\mathbf{i}u$ y $\mathbf{n}=\mathbf{i}$ y, por tanto, $\mathbf{V}\cdot\mathbf{n}=u$. Como el flujo es axilsimétrico, el diferencial de área corresponde a una corona circular $dA=2\pi r\,dr$. La ecuación (3.32) queda

$$V_m=\frac{1}{A}\iint u\,dA=\frac{1}{\pi R^2}\int_0^R U_0\left(1-\frac{r}{R}\right)^m 2\pi r\,dr$$

$$V_m=U_0\frac{2}{(1+m)(2+m)} \qquad \textit{Resp. (a)}$$

La aproximación de flujo laminar, $m\approx\frac{1}{2}$, nos da $V_m\approx 0{,}53\ U_0$. (La teoría laminar exacta del capítulo 6 da $V_m=0{,}50U_0$.) En flujo turbulento, $m\approx\frac{1}{7}$, $V_m\approx 0{,}82U_0$. (No hay teoría exacta para la turbulencia, de modo que aceptamos esta aproximación.) El perfil de velocidad en régimen turbulento es más uniforme a través de la sección, y por ello la velocidad media queda solo ligeramente por debajo del máximo.

(*b*) La densidad media viene dada por la ecuación (3.33)

$$\rho_m=\frac{1}{\pi R^2}\int_0^R \tfrac{1}{2}\rho_0\left[1+\left(1-\frac{r}{R}\right)^n\right]2\pi r\,dr=\rho_0\left[\frac{1}{2}+\frac{1}{(1+n)(2+n)}\right] \qquad \textit{Resp. (b)}$$

Para la aproximación laminar, $n\approx\frac{1}{2}$, tenemos $\rho_m=0{,}77\ \rho_0$. El valor turbulento $n\approx\frac{1}{7}$ da $\rho_m=0{,}91\rho_0$, que de nuevo está más cerca del máximo. (No hay teoría exacta para la distribución de densidad en un tubo ni en régimen laminar ni en régimen turbulento.) La media del producto de velocidad por densidad se obtiene de la ecuación (3.34)

$$(\rho V)_m=\frac{1}{\pi R^2}\int_0^R \tfrac{1}{2}\rho_0\left[1+\left(1-\frac{r}{R}\right)^n\right]U_0\left(1-\frac{r}{R}\right)^m 2\pi r\,dr=$$

$$=\rho_0 U_0\left[\frac{2+2m+n}{(1+m)(1+m+n)}-\frac{4+m+n}{(2+m)(2+n)}\right] \qquad \textit{Resp. (b)}$$

Que *no* es igual al producto de ρ_m por V_m. Comprobémoslo con las dos aproximaciones

$$(\rho V)_m=\begin{cases}0{,}367\rho_0 U_0=0{,}90\rho_m V_m & \text{laminar, } m\approx n\approx\frac{1}{2}\\ 0{,}719\rho_0 U_0=0{,}97\rho_m V_m & \text{turbulento, } m\approx n\approx\frac{1}{7}\end{cases}$$

Así vemos que si se utiliza la densidad media y la velocidad media para calcular el flujo másico en este ejemplo, se comete un error del 10 por 100 en el caso laminar y un 3 por 100 en el turbulento. Como conclusión: aunque los análisis ingenieriles de flujos de densidad variable tienen una incertidumbre de alrededor del 10 por 100, habitualmente se tiene en cuenta esta corrección.

EJEMPLO 3.5 Consideremos el campo de velocidades del ejemplo 2.15 (con densidad constante)

$$u = \frac{V_0 x}{L} \qquad v = 0 \qquad w = -\frac{V_0 z}{L}$$

Utilícese el volumen de control triangular que se muestra en la figura E3.5, limitado por (0, 0), (L, L) y (0, L), con profundidad b en dirección perpendicular al papel. Calcular el flujo volumétrico a través de las secciones 1, 2 y 3 y comprobar si la masa se conserva.

Solución El campo de velocidades tiene en todo punto la forma $\mathbf{V} = \mathbf{i}u + \mathbf{k}w$. Calcularemos el flujo en cada sección. Dejaremos la sección 2 para el final porque parece más complicada. La sección 1 es el plano $z = L$ con profundidad b. El vector unitario normal hacia el exterior es $\mathbf{n} = \mathbf{k}$, como se muestra. El diferencial de área corresponde a un rectángulo de profundidad b y anchura dx: $dA = b\,dx$. La velocidad normal es

$$(\mathbf{V}\cdot\mathbf{n})_1 = (\mathbf{i}u + \mathbf{k}w)\cdot\mathbf{k} = w|_1 = -\frac{V_0 z}{L}\bigg|_{z=L} = -V_0$$

El flujo volumétrico a través de la sección 1 es, pues, según la ecuación (3.31),

$$Q_1 = \int_1 (\mathbf{V}\cdot\mathbf{n})\,dA = \int_0^L (-V_0)\,b\,dx = -V_0\,bL \qquad \textit{Resp. } 1$$

Como es negativo, en la sección 1 hay un flujo neto de entrada. Comprobemos las unidades: $V_0\,bL$ es una velocidad por un área; correcto.

La sección 3 es el plano $x = 0$ con profundidad b. El vector unitario normal es $\mathbf{n} = -\mathbf{i}$, según se muestra, y $dA = b\,dz$. La velocidad normal es

$$(\mathbf{V}\cdot\mathbf{n})_3 = (\mathbf{i}u + \mathbf{k}w)\cdot(-\mathbf{i}) = -\mathbf{u}|_3 = -\frac{V_0 x}{L}\bigg|_{x=0} = 0 \qquad \textit{Resp } 3$$

Así, $V_n \equiv 0$ en toda sección 3; por tanto, $Q_3 = 0$.

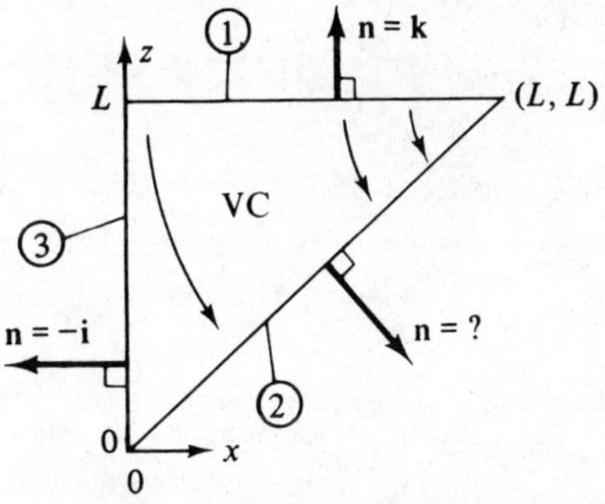

Profundidad b en el papel **Fig. E3.5**

Finalmente, la sección 2 es el plano $x=z$ con profundidad b. La dirección de la normal es hacia la derecha **i** y hacia abajo $-\mathbf{k}$, pero debe tener módulo unidad; por ello, $\mathbf{n}=(1/\sqrt{2})(\mathbf{i}-\mathbf{k})$. La diferencial de área es $dA=\sqrt{2}b\ dx$ o $dA=\sqrt{2}b\ dz$. La velocidad normal es

$$(\mathbf{V}\cdot\mathbf{n})_2=(\mathbf{i}u+\mathbf{k}w)\cdot\frac{1}{\sqrt{2}}(\mathbf{i}-\mathbf{k})=\frac{1}{\sqrt{2}}(u-w)_2=$$

$$=\frac{1}{\sqrt{2}}\left[V_0\frac{x}{L}-\left(-V_0\frac{z}{L}\right)\right]_{x=z}=\frac{\sqrt{2}V_0x}{L}\quad \text{o}\quad \frac{\sqrt{2}V_0z}{L}$$

El flujo volumétrico a través de la sección 2 es pues

$$Q_2=\int_2(\mathbf{V}\cdot\mathbf{n})\,dA=\int_0^L\frac{\sqrt{2}V_0x}{L}(\sqrt{2}b\ dx)=V_0\ bL \qquad \textit{Resp. } 2$$

Esta respuesta es positiva, lo cual indica flujo neto saliente. Estos son los resultados pedidos. Podemos señalar que el flujo volumétrico a través de las caras triangulares anterior y posterior del volumen de control prismático es cero porque $V_n=v=0$ en estas caras.

La suma de los flujos volumétricos es

$$Q_1+Q_2+Q_3=-V_0\ bL+V_0\ bL+0=0$$

La masa se conserva en este flujo con densidad constante, y no hay fuentes ni sumideros dentro del volumen de control. Se trata de un flujo real, según vimos en el ejemplo 2.15.

EJEMPLO 3.6 Un depósito está siendo llenado con agua por dos entradas unidimensionales, como muestra la figura E3.6. En la parte superior del depósito va quedando aire atrapado. La altura del agua es h. (a) Hallar una expresión que nos proporcione la variación de altura del agua dh/dt. (b) Calcular dh/dt si $D_1=1$ in, $D_2=3$ in, $V_1=3$ ft/s y $A_t=2$ ft^2, suponiendo que el agua está a 20° C.

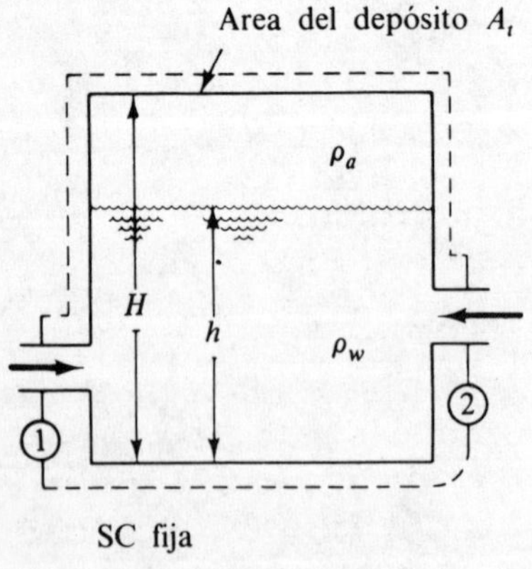

Fig. E3.6

Solución (*a*) El volumen de control que se sugiere encierra el depósito y corta las dos entradas. El flujo en su interior es no estacionario, y hay que aplicar la ecuación (3.22) con dos entradas y ninguna salida

$$\frac{\partial}{\partial t}\left(\iiint_{\mathrm{VC}} \rho \, d\mathcal{V}\right) - \rho_1 A_1 V_1 - \rho_2 A_2 V_2 = 0 \qquad (1)$$

Ahora bien, si A_t es el área transversal del depósito, el término no estacionario puede ser calculado de la forma siguiente:

$$\frac{\partial}{\partial t}\left(\iiint_{\mathrm{VC}} \rho \, d\mathcal{V}\right) = \frac{\partial}{\partial t}(\rho_w A_t h) + \frac{\partial}{\partial t}[\rho_a A_t (H-h)] = \rho_w A_t \frac{dh}{dt} \qquad (2)$$

El término con ρ_a desaparece porque representa el cambio de masa de aire y es cero ya que el aire queda atrapado. Sustituyendo (2) en (1), hallamos

$$\frac{dh}{dt} = \frac{\rho_1 A_1 V_1 + \rho_2 A_2 V_2}{\rho_w A_t} \qquad \textit{Resp. (a)}$$

Para el agua, $\rho_1 = \rho_2 = \rho_w$, y el resultado anterior queda

$$\frac{dh}{dt} = \frac{A_1 V_1 + A_2 V_2}{A_t} = \frac{Q_1 + Q_2}{A_t} \qquad (3)$$

(*b*) Los dos flujos volumétricos que entran son

$$Q_1 = A_1 V_1 = \tfrac{1}{4}\pi(\tfrac{1}{12}\,\mathrm{ft})^2(3\ \mathrm{ft/s}) = 0{,}016\ \mathrm{ft^3/s}$$

$$Q_2 = A_2 V_2 = \tfrac{1}{4}\pi(\tfrac{3}{12}\,\mathrm{ft})^2(2\ \mathrm{ft/s}) = 0{,}098\ \mathrm{ft^3/s}$$

Por tanto, de la ecuación (3),

$$\frac{dh}{dt} = \frac{0{,}016 + 0{,}098\ \mathrm{ft^3/s}}{2\ \mathrm{ft^2}} = 0{,}057\ \mathrm{ft/s} \qquad \textit{Resp. (b)}$$

Sugerencia: Repita el problema con el depósito abierto por arriba.

El balance de masa con un volumen de control deformable ha sido mostrado en el ejemplo 3.2.

Las relaciones de conservación de la masa, ecuaciones (3.20) y (3.21), son fundamentales en todos los análisis de flujos. Sólo atañen a la velocidad y a la densidad. Las direcciones de los vectores no influyen más que para determinar la velocidad normal en la superficie de control y saber si el flujo es saliente o entrante. Aunque un análisis determinado pueda limitarse a fuerzas o momentos o energía, siempre se debe comprobar, como parte del análisis, el balance de masas; si no se cumpliese, los resultados no serían realistas y probablemente estarían equivocados. En los ejemplos siguientes veremos cómo la conservación de la masa se comprueba constantemente mientras se están analizando otras propiedades fluidas.

3.4 CONSERVACION DE LA CANTIDAD DE MOVIMIENTO

En la segunda ley de Newton, ecuación (3.2), la propiedad que se derivaba era la cantidad de movimiento $m\mathbf{V}$. Por tanto, la variable muda es $\mathbf{B}=m\mathbf{V}$ y $\beta=d\mathbf{B}/dm=\mathbf{V}$; la aplicación del teorema del transporte de Reynolds proporciona la ecuación de cantidad de movimiento para un volumen de control deformable

$$\frac{d}{dt}(m\mathbf{V})_{\text{sist}}=\Sigma\,\mathbf{F}=\frac{d}{dt}\left(\iiint_{\text{VC}}\mathbf{V}\rho\,d\mho\right)+\iint_{\text{SC}}\mathbf{V}\rho(\mathbf{V}_r\cdot\mathbf{n})\,dA \qquad (3.35)$$

Debemos hacer especial énfasis en los siguientes puntos que conciernen a esta relación:

1. El término $\mathbf{V}$ es la velocidad del fluido respecto a un sistema de coordenadas inercial (sin aceleración); en otro caso, la ley de Newton debe ser modificada para incluir los términos de aceleración no inerciales (ver el final de esta sección).
2. El término $\Sigma\mathbf{F}$ es el *vector* suma de todas las fuerzas que actúan sobre el volumen de control material considerado como cuerpo libre; o sea, incluye las fuerzas de superficies ejercidas por todos los fluidos y sólidos cortados por la superficie de control, más todas las fuerzas de volumen (gravitatorias, electromagnéticas) que actúan sobre las masas contenidas en el volumen de control.
3. La ecuación completa es una relación vectorial; ambas integrales son vectores debido al término $\mathbf{V}$ de los integrandos. La ecuación tiene, pues, tres componentes. Si sólo queremos la componente x, por ejemplo, la ecuación se reduce a

$$\Sigma F_x=\frac{d}{dt}\left(\iiint_{\text{VC}}u\rho\,d\mho\right)+\iint_{\text{SC}}u\rho(\mathbf{V}_r\cdot\mathbf{n})\,dA \qquad (3.36)$$

y, análogamente, ΣF_y y ΣF_z sólo tendrían v y w, respectivamente. El fallo de no tener en cuenta el carácter vectorial de la ecuación de cantidad de movimiento (3.35) es probablemente la fuente de errores más común en el análisis con volúmenes de control.

Para un volumen de control fijo, la velocidad es $\mathbf{V}_r\equiv\mathbf{V}$, y podemos utilizar derivadas parciales

$$\Sigma\mathbf{F}=\frac{\partial}{\partial t}\left(\iiint_{\text{VC}}\mathbf{V}\rho\,d\mho\right)+\iint_{\text{SC}}\mathbf{V}\rho(\mathbf{V}\cdot\mathbf{n})\,dA \qquad (3.37)$$

De nuevo recalcamos que ésta es una relación vectorial y que **V** debe estar referida a un sistema inercial. La mayor parte de los análisis de cantidad de movimiento de este libro conciernen a la ecuación (3.37).

Flujo unidimensional de cantidad de movimiento

Por analogía con el término de flujo másico utilizado en la ecuación (3.28), la integral de superficie de la ecuación (3.37) se denomina *flujo de cantidad de movimiento.* Si **M** es la cantidad de movimiento, entonces

$$\dot{\mathbf{M}}_{\text{st}} = \iint_{\text{st}} \mathbf{V}\rho(\mathbf{V}\cdot\mathbf{n})\,dA \qquad (3.38)$$

Debido al producto escalar, el resultado será negativo en las entradas de cantidad de movimiento y positivo en las salidas. Si la sección se comporta como unidimensional, **V** y ρ son uniformes y tendremos

$$\dot{\mathbf{M}}_{\text{st}\,i} = \mathbf{V}_i(\rho_i V_{ni} A_i) = \dot{m}_i \mathbf{V}_i \qquad (3.39)$$

en las salidas y $-\dot{m}_i\mathbf{V}_i$ en las entradas. Así, si el volumen de control tiene únicamente entradas y salidas unidimensionales, la ecuación (3.37) se reduce a

$$\Sigma\mathbf{F} = \frac{\partial}{\partial t}\left(\iiint_{\text{VC}} \mathbf{V}\rho\, d\mathcal{V}\right) + \Sigma(\dot{m}_i\mathbf{V}_i)_{\text{sal}} - \Sigma(\dot{m}_i\mathbf{V}_i)_{\text{ent}} \qquad (3.40)$$

Esta es una aproximación muy utilizada en análisis ingenieriles. Es crucial constatar que estamos tratando con suma de vectores. La ecuación (3.40) indica que el vector fuerza resultante sobre un volumen de control fijo es igual a la variación temporal de la cantidad de movimiento que hay dentro del volumen más el vector suma de los flujos de cantidad de movimiento en las salidas menos el vector suma en las entradas.

Resultante de las fuerzas de presión sobre una superficie de control cerrada

Las fuerzas de superficie sobre un volumen de control son debidas a (1) fuerzas que aparecen en el corte de cuerpos sólidos que penetran a través de la superficie de control, (2) fuerzas debidas a presión y viscosidad en el fluido del contorno. El cálculo de la fuerza de presión es relativamente simple, como muestra la figura 3.7. Recuérdese del capítulo 2 que la fuerza de presión sobre una superficie es perpendicular a ésta y dirigida *hacia ella.* Como estamos definiendo el vector unitario normal **n** *hacia el exterior*, escribiremos

$$\mathbf{F}_{\text{pres}} = \iint_{\text{SC}} p(-\mathbf{n})\,dA \qquad (3.41)$$

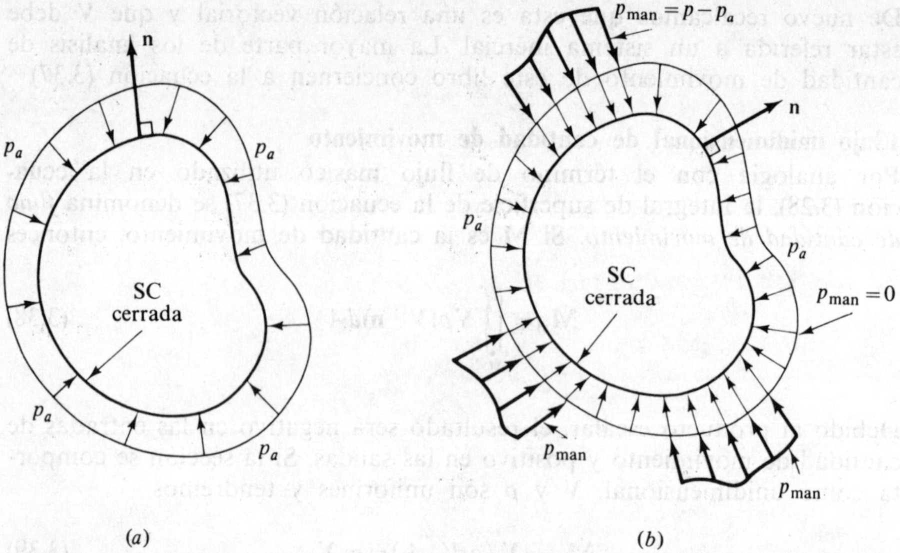

Fig. 3.7 Cálculo de las fuerzas de presión sustrayendo una presión uniforme: (*a*) presión uniforme, $\mathbf{F} = -\mathbf{p}_a \iint \mathbf{n}\, dA \equiv 0$; (*b*) presión no uniforme, $\mathbf{F} = -\iint (p - p_a)\mathbf{n}\, dA$.

Si la presión tiene un valor uniforme sobre toda la superficie, como en la figura 3.7*a*, la resultante es nula[1]

$$\mathbf{F}_{\text{PU}} = \iint p_a(-\mathbf{n})\, dA = -p_a \iint \mathbf{n}\, dA \equiv 0 \tag{3.42}$$

donde el subíndice PU indica presión uniforme. Este resultado *es independiente de la forma de la superficie*[1] siempre que ésta sea cerrada, y todos nuestros volúmenes de control lo son. Por ello, un problema aparentemente complicado en cuanto a fuerzas de presión se puede simplificar restando una presión uniforme adecuada p_a y trabajando después con la presión manométrica resultante, como indica la figura 3.7*b*. La ecuación (3.41) es equivalente a

$$\mathbf{F}_{\text{pres}} = \iint_{\text{SC}} (p - p_a)(-\mathbf{n})\, dA = \iint_{\text{SC}} p_{\text{man}}(-\mathbf{n})\, dA \tag{3.43}$$

Este truco puede ahorrar tiempo de cálculo.

EJEMPLO 3.7 Un volumen de control de una tobera tiene presiones absolutas de 40 lbf/in^2 en la sección 1 y de 15 lbf/in^2 en la sección 2 y en las paredes laterales exteriores, como indica la figura E3.7*a*. Calcular la resultante de las fuerzas de presión si $D_1 = 3$ in y $D_2 = 1$ in.

[1] ¿Sabe demostrar esto? Es consecuencia del teorema de Gauss del análisis vectorial.

Solución Si restamos en todas partes las 15 lbf/in^2 de la presión atmosférica podremos olvidarnos de ella. Esto da una presión manométrica de 25 lbf/in^2 en la sección 1 y nula en el resto, como indica la figura E3.7*b*. Por ello, la resultante de las fuerzas de presión se obtiene con los datos de la sección 1 solamente

$$\mathbf{F} = p_{g1}(-\mathbf{n})_1 A_1 = (25\ \text{lb/in}^2)\frac{\pi}{4}(3\ \text{in})^2\mathbf{i} = 177\mathbf{i}\ \text{lb} \qquad \textit{Resp.}$$

Nótese que no hemos cambiado las pulgadas por pies, ya que como la presión viene en libras-fuerza por pulgada cuadrada y el área en pulgadas cuadradas, el producto da directamente libras-fuerza. Sin embargo, lo usual es que debamos pasar todo a unidades estándar.

Nota: Este problema sólo determina las fuerzas de presión. Probablemente hay otras fuerzas en la figura E3.7; por ejemplo, esfuerzos en las paredes de la tobera en los cortes 1 y 2 y el peso del fluido que hay en el volumen de control.

Condición de presión en la salida de un chorro

La figura E3.7 ilustra una condición de contorno comúnmente utilizada en los problemas de salida de chorros. Cuando un fluido abandona el conducto que lo confina y sale a la «atmósfera» ambiente, su superficie libre queda expuesta a esta atmósfera. Por tanto, el propio chorro estará también a presión atmosférica. Esta condición fue utilizada en la sección 2 de la figura E3.7.

Sólo dos efectos pueden mantener una diferencia de presión entre la atmósfera y el chorro libre. El primero es la tensión superficial, ecuación (1.49), que es despreciable habitualmente. El segundo efecto se presenta en chorros *supersónicos*, que pueden estar separados de la atmósfera por ondas de expansión y compresión (Cap. 9). Sin embargo, para la mayoría de las explicaciones pondremos como condición de salida la atmosférica.

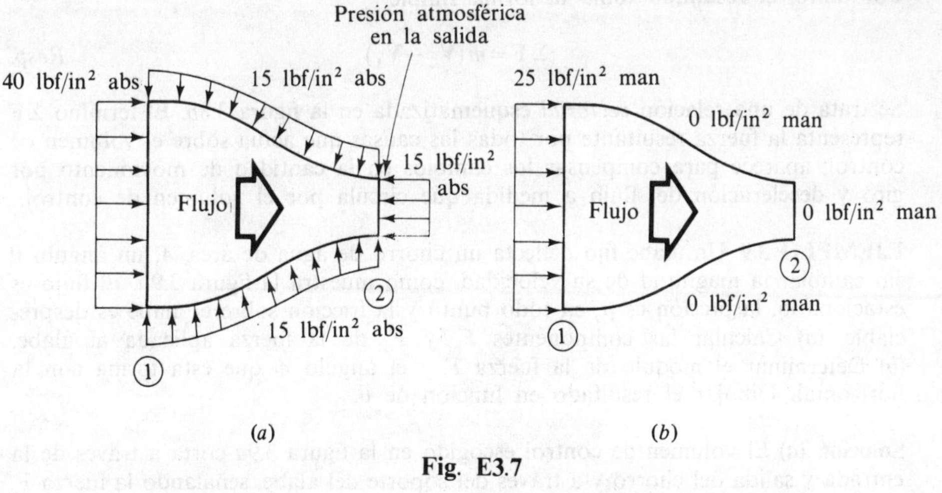

Fig. E3.7

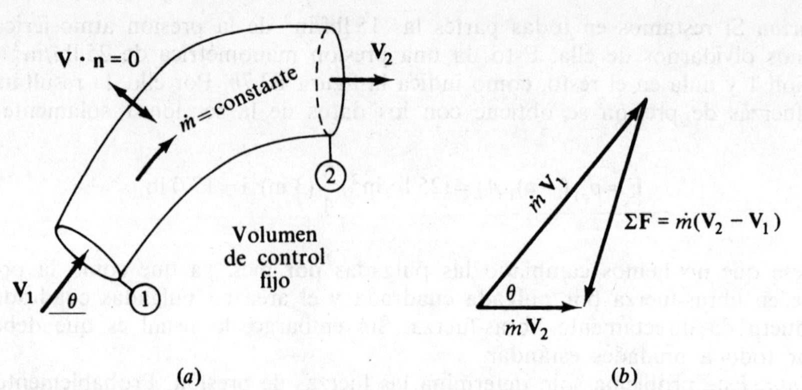

Fig. 3.8 Fuerza resultante sobre un tubo de corriente unidimensional con flujo estacionario: (*a*) tubo de corriente con flujo estacionario; (*b*) diagrama vectorial para el cálculo de la resultante.

EJEMPLO 3.8 Un volumen de control de un tubo de corriente, en flujo estacionario, tiene una entrada uniforme (ρ_1, A_1, V_1) y una salida uniforme (ρ_2, A_2, V_2), como muestra la figura 3.8. Calcular la fuerza resultante sobre el volumen de control.

Solución Utilizando la ecuación (3.40) con una entrada y una salida

$$\Sigma\mathbf{F} = \dot{m}_2\mathbf{V}_2 - \dot{m}_1\mathbf{V}_1 = (\rho_2 A_2 V_2)\mathbf{V}_2 - (\rho_1 A_1 V_1)\mathbf{V}_1$$

El término de la integral de volumen ha desaparecido por ser el flujo estacionario; por otra parte, de la ecuación de conservación de la masa del ejemplo 3.3 vemos que

$$\dot{m}_1 = \dot{m}_2 = \dot{m} = \text{const}$$

Por tanto, el resultado toma la forma simple

$$\Sigma\,\mathbf{F} = \dot{m}(\mathbf{V}_2 - \mathbf{V}_1) \qquad \textit{Resp.}$$

Se trata de una relación *vectorial* esquematizada en la figura 3.8*b*. El término $\Sigma\mathbf{F}$ representa la fuerza resultante por todas las causas que actúa sobre el volumen de control; aparece para compensar los cambios en la cantidad de movimiento por giro y deceleración del flujo a medida que circula por el volumen de control.

EJEMPLO 3.9 Un álabe fijo deflecta un chorro de agua de área A, un ángulo θ sin cambiar la magnitud de su velocidad, como muestra la figura 3.9*a*. El flujo es estacionario, la presión es p_a en todo punto y la fricción sobre el álabe es despreciable. (*a*) Calcular las componentes F_x y F_y de la fuerza aplicada al álabe. (*b*) Determinar el módulo de la fuerza F y el ángulo ϕ que ésta forma con la horizontal. Dibujar el resultado en función de θ.

Solución (*a*) El volumen de control escogido en la figura 3.9*a* corta a través de la entrada y salida del chorro y a través del soporte del álabe, señalando la fuerza **F**.

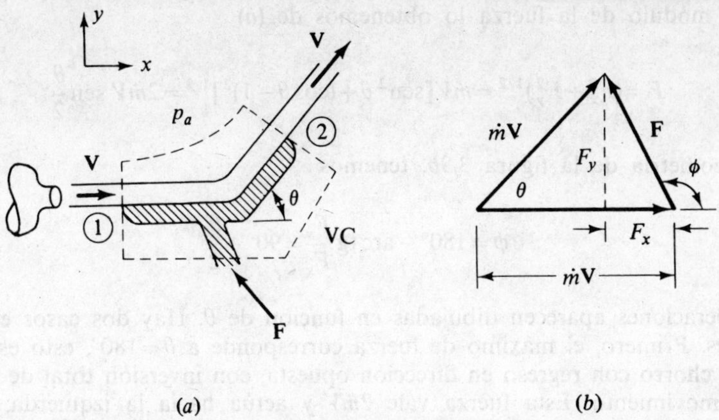

Fig. 3.9 Fuerza resultante sobre un álabe deflector: (*a*) geometría del álabe y del chorro de agua deflectado; (*b*) diagrama vectorial de la resultante.
placa.

Como no hay corte a través de la interfase álabe-chorro, la fricción entre ambos se cancela internamente. La fuerza de presión es nula en atmósfera uniforme. Despreciamos el peso del álabe y del fluido contenido en el volumen de control. En este caso, la ecuación (3.40) se reduce a

$$\mathbf{F} = \dot{m}_2 \mathbf{V}_2 - \dot{m}_1 \mathbf{V}_1$$

Según se indica $V_1 = V_2 = V$, y la conservación de la masa en el tubo de corriente hace que $\dot{m}_1 = \dot{m}_2 = \dot{m} = \rho A V$. El diagrama vectorial de la fuerza y de la variación de la cantidad de movimiento es un triángulo isósceles con lados $\dot{m}V$ y base F según indica la figura 3.9*b*. Las componentes de la fuerza se pueden calcular fácilmente a partir de este diagrama

$$F_x = \dot{m}V(\cos\theta - 1) \qquad F_y = \dot{m}V \operatorname{sen}\theta \qquad \textit{Resp. (a)}$$

donde $\dot{m}V = \rho A V^2$; que es el resultado pedido.

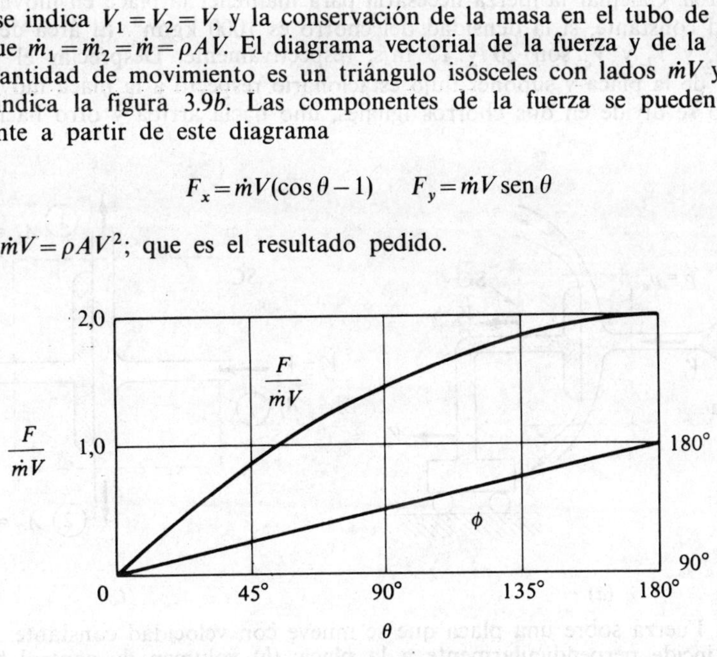

Fig. E3.9

(*b*) El módulo de la fuerza lo obtenemos de (*a*)

$$F=(F_x^2+F_y^2)^{1/2}=\dot{m}V[\text{sen}^2\,\theta+(\cos\theta-1)^2]^{1/2}=2\dot{m}V\,\text{sen}\,\frac{\theta}{2} \qquad \textit{Resp. (b)}$$

De la geometría de la figura 3.9*b*, tenemos

$$\phi=180°-\text{arc tg}\,\frac{F_y}{F_x}=90°+\frac{\theta}{2} \qquad \textit{Resp. (b)}$$

Estas operaciones aparecen dibujadas en función de θ. Hay dos casos especiales de interés. Primero, el máximo de fuerza corresponde a $\theta=180°$, esto es, al giro total del chorro con regreso en dirección opuesta, con inversión total de la cantidad de movimiento. Esta fuerza vale $2\dot{m}V$ y actúa hacia la izquierda; esto es, $\theta=180°$. Segundo, con ángulos de deflexión muy pequeños ($\theta<10°$) obtenemos aproximadamente

$$F\approx\dot{m}V\theta \qquad \phi\approx 90°$$

La fuerza es directamente proporcional al ángulo de deflexión y está dirigida perpendicularmente al chorro. Este es el principio del álabe sustentador o perfil, que produce una pequeña deflexión de la corriente incidente y crea una fuerza de sustentación perpendicular al flujo.

EJEMPLO 3.10 Un chorro de agua de velocidad V_j incide perpendicularmente a una placa plana que se mueve hacia la derecha a velocidad V_c, como muestra la figura 3.10*a*. Calcular la fuerza necesaria para mantener la placa en movimiento a velocidad constante, si la densidad del chorro es 1000 kg/m³. El área del chorro es 3 cm, y V_j y V_c son 20 y 15 m/s, respectivamente. Despreciar el peso del chorro y de la placa y suponer flujo estacionario respecto a la placa móvil, y que el chorro se divide en dos chorros iguales, uno hacia arriba y otro hacia abajo.

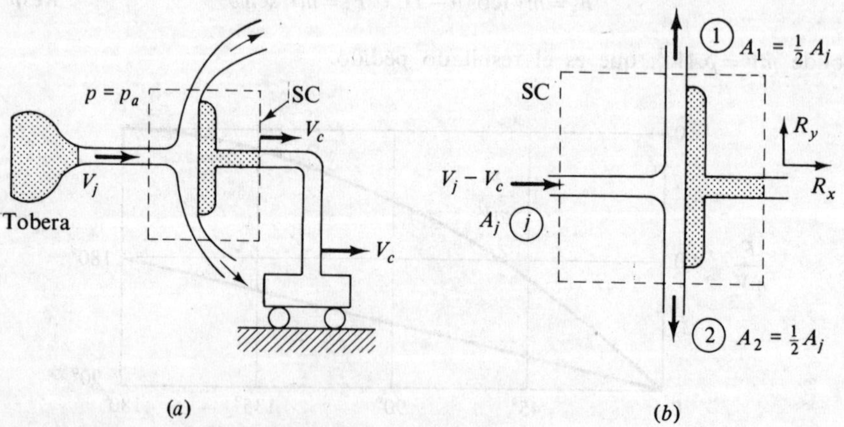

Fig. 3.10 Fuerza sobre una placa que se mueve con velocidad constante: (*a*) chorro que incide perpendicularmente a la placa; (*b*) volumen de control fijo a la placa.

Solución El volumen de control que se sugiere en la figura 3.10*a* corta a través del soporte de la placa, para resaltar las fuerzas R_x y R_y pedidas. Este volumen de control se mueve a velocidad V_c y está, por tanto, fijo a la placa, como indica la figura 3.10*b*. Debemos expresar la conservación de masa y de cantidad de movimiento para la configuración estacionaria de la figura 3.10*b*. Hay dos salidas y una entrada, y aplicando la ecuación (3.30) tenemos

$$\dot{m}_{\text{sal}} = \dot{m}_{\text{ent}}$$

o

$$\rho_1 A_1 V_1 + \rho_2 A_2 V_2 = \rho_j A_j (V_j - V_c) \tag{1}$$

Suponemos que el agua es incompresible, $\rho_1 = \rho_2 = \rho_j$, y que $A_1 = A_2 = \frac{1}{2} A_j$. Por tanto, la ecuación (1) se reduce a

$$V_1 + V_2 = 2(V_j - V_c) \tag{2}$$

Estrictamente hablando, esto es todo lo que la conservación de la masa nos puede decir. Sin embargo, de la simetría de los chorros deflectados y por haber despreciado el peso del fluido, concluimos que las velocidades V_1 y V_2 deben ser iguales, quedando

$$V_1 = V_2 = V_j - V_c \tag{3}$$

Con los valores numéricos dados

$$V_1 = V_2 = 20 - 15 = 5 \text{ m/s}$$

Ahora podemos calcular R_x y R_y con las dos componentes de la ecuación de cantidad de movimiento. La ecuación (3.40) nos da

$$\Sigma F_x = R_x = \dot{m}_1 u_1 + \dot{m}_2 u_2 - \dot{m}_j u_j \tag{4}$$

donde hemos puesto, según la ecuación de continuidad, $\dot{m}_1 = \dot{m}_2 = \frac{1}{2}\dot{m}_j = \frac{1}{2}\rho_j A_j (V_j - V_c)$. Introduzcamos ahora la dirección del flujo en cada sección: $u_1 = u_2 = 0$, y $u_j = V_j - V_c = 5$ m/s. Entonces la ecuación (4) quedará

$$R_x = -\dot{m}_j u_j = -[\rho_j A_j (V_j - V_c)](V_j - V_c) \tag{5}$$

Sustituyendo los valores numéricos dados, tenemos

$$R_x = -(1000\,\text{kg/m}^3)(0{,}0003\,\text{m}^2)(5\,\text{m/s})^2 = -7{,}5\,(\text{kg}\cdot\text{m})/\text{s}^2 = -7{,}5\,\text{N} \quad \textit{Resp. (a)}$$

Esta fuerza actúa hacia la *izquierda*; o sea, se necesita una fuerza que se oponga a la aceleración que produciría el impacto del chorro. La fuerza vertical es

$$F_y = R_y = \dot{m}_1 v_1 + \dot{m}_2 v_2 - \dot{m}_j v_j$$

Introduciendo las direcciones del flujo, de nuevo: $v_1 = V_1$, $v_2 = -V_2$, $v_j = 0$. Así

$$R_y = \dot{m}_1(V_1) + \dot{m}_2(-V_2) = \tfrac{1}{2}\dot{m}_j (V_1 - V_2) \tag{6}$$

Pero, como vimos anteriormente, $V_1 = V_2$ y, por tanto, $R_y = 0$, como debíamos esperar de la simetría de la deflexión del chorro[1]. Hay dos resultados interesantes más. Primero, la velocidad relativa en la sección 1 es 5 m/s hacia arriba, según la ecuación (3). Si pasamos a movimiento absoluto sumando la velocidad del volumen de control $V_c = 15$ m/s hacia la derecha, encontramos una velocidad absoluta $\mathbf{V}_1 = 15\mathbf{i} + 5\mathbf{j}$ m/s, esto es, 15,8 m/s a un ángulo de 18,4° hacia arriba, como se indica en la figura 3.10*a*. Así, la velocidad absoluta del chorro varía después de haber incidido sobre la placa. Segundo, la fuerza R_x no varía si suponemos que el chorro se deflecta radialmente en todas direcciones sobre la placa, en lugar de ser hacia arriba y hacia abajo. Como la placa es perpendicular al eje x, el flujo de cantidad de movimiento según x a la salida seguiría siendo cero, cuando reescribiéramos la ecuación (4) para esta configuración radial.

EJEMPLO 3.11 El ejemplo previo consideraba el problema de un flujo que incidía perpendicularmente a una placa. En la figura 3.11 ambos son paralelos. La corriente no es un chorro, sino un río ancho, o una *corriente libre*, de velocidad uniforme $\mathbf{V} = U_0\mathbf{i}$. Se supone que la presión es uniforme y, por tanto, no da resultante sobre la placa. Esta no bloquea al flujo como en la figura 3.10, de modo que el único efecto es el debido a fricción, que se despreció en el ejemplo precedente. La condición de no deslizamiento en la pared obliga al fluido a tener velocidad nula en ésta, y estas partículas que se mueven lentamente van decelerando a sus vecinas, de modo que al final de la placa hay una capa de cortadura con flujo no uniforme retardado, una *capa límite*, de espesor $y = \delta$. El esfuerzo viscoso sobre la pared se suma para dar una fuerza finita de resistencia sobre la placa. Estos efectos están ilustrados en la figura 3.11. Se trata de llevar a cabo un análisis integral que nos permita hallar la resistencia D en función de las propiedades de flujo ρ, U_0 y δ y de las dimensiones de la placa L y b[2].

Solución Como en la mayoría de los casos prácticos, este problema requiere el uso de las ecuaciones de continuidad y cantidad de movimiento. Es esencial seleccionar adecuadamente el volumen de control, y aquí escogemos la región de O a h a δ y a L y vuelta al origen O, que se muestra en la figura 3.11. Si hubiésemos cortado horizontalmente a una altura h, habríamos cortado a través de la capa de cortadura y tendríamos esfuerzos desconocidos. En lugar de esto, seguimos a la línea de corriente que pasa por $(x, y) = (0, h)$, justo por fuera de la capa de cortadura, por donde tampoco hay flujo másico. Las cuatro caras del volumen de control son:

1. De (0, 0) a (0, h): entrada unidimensional, $\mathbf{V} \cdot \mathbf{n} = -U_0$.
2. De (0, h) a (L, δ): línea de corriente, sin cortadura, $\mathbf{V} \cdot \mathbf{n} \equiv 0$.
3. De (L, δ) a (L, 0): salida bidimensional, $\mathbf{V} \cdot \mathbf{n} = +u(y)$.
4. De (L, 0) a (0, 0): una línea de corriente justo por encima de la placa, $\mathbf{V} \cdot \mathbf{n} = 0$; las fuerzas de fricción existentes dan una resistencia $-D\mathbf{i}$ que actúa en dirección paralela y sentido opuesto al flujo inicial.

[1] La consideración de simetría puede ser una herramienta poderosa si se la utiliza adecuadamente. Intente aprender algo más respecto a los usos y errores de las condiciones de simetría. Aquí hemos calculado los resultados sin haberla invocado.

[2] El análisis general de estos problemas, denominado *teoría de la capa límite*, se presenta en la sección 7.3.

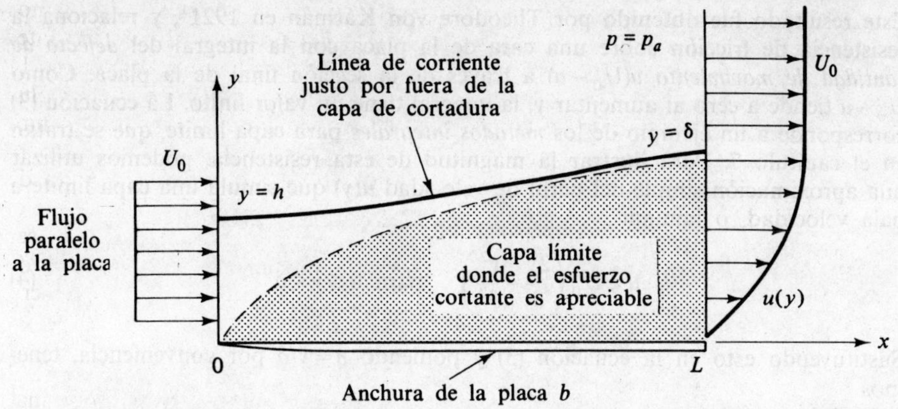

Fig. 3.11 Análisis de la resistencia de fricción sobre una placa plana con ayuda de un volumen de control.

La presión es uniforme y, por tanto, no hay resultante de las fuerzas de presión. Como suponemos que el flujo es incompresible y estacionario, utilizamos la ecuación (3.37) sin términos no estacionarios y flujo únicamente en las secciones 1 y 3:

$$\Sigma F_x = -D = \rho \iint_1 u(\mathbf{V}\cdot\mathbf{n})\,dA + \rho \iint_3 u(\mathbf{V}\cdot\mathbf{n})\,dA =$$

$$= \rho \int_0^h U_0(-U_0)b\,dy + \rho \int_0^\delta u(+u)b\,dy$$

Calculando la primera integral y reagrupando tenemos

$$D = \rho U_0^2 bh - \rho b \int_0^\delta u^2\,dy \tag{1}$$

Esto podría ser considerado como respuesta al problema, pero no es útil porque la altura h es desconocida. La podemos determinar en función de δ con la ecuación de continuidad

$$\rho \iint_{SC} (\mathbf{V}\cdot\mathbf{n})\,dA = 0 = \rho \int_0^h (-U_0)b\,dy + \rho \int_0^\delta ub\,dy$$

o

$$U_0 h = \int_0^\delta u\,dy \tag{2}$$

que se obtiene suprimiendo b y ρ y calculando la primera integral. Introduciendo el valor de h en la ecuación (1), tenemos

$$D = \rho b \int_0^\delta u(U_0 - u)\,dy \tag{3}$$ *Resp.*

Este resultado fue obtenido por Theodore von Kármán en 1921[1], y relaciona la resistencia de fricción sobre una cara de la placa con la integral del *defecto de cantidad de movimiento* $u(U_0-u)$ a través de la sección final de la placa. Como U_0-u tiende a cero al aumentar y, la integral tiene un valor finito. La ecuación (3) corresponde a un ejemplo de los *métodos integrales* para capa límite, que se tratan en el capítulo 7. Para ilustrar la magnitud de esta resistencia, podemos utilizar una aproximación simple del perfil de velocidad $u(y)$ que simula una capa límite a baja velocidad, o laminar

$$u \approx U_0\left(\frac{2y}{\delta}-\frac{y^2}{\delta^2}\right) \quad \text{para } 0 \leqslant y \leqslant \delta \tag{4}$$

Sustituyendo esto en la ecuación (3) y poniendo $\eta = y/\delta$ por conveniencia, tenemos

$$D = \rho b U_0^2 \delta \int_0^1 (2\eta-\eta^2)(1-2\eta+\eta^2)\,d\eta = \tfrac{2}{15}\rho U_0^2 b\delta \tag{5}$$

Este resultado está dentro del 1 por 100 dado por la teoría de la capa límite laminar (Cap. 7) a pesar de lo grosero de la aproximación de la ecuación (4). Esta feliz situación ha llevado a un uso muy extendido de la ecuación integral de von Kármán en el análisis de los flujos viscosos. Nótese que D aumenta con el espesor de la capa límite δ, que a su vez aumenta con la longitud de la placa y la viscosidad del fluido (ver Sec. 7.4).

Factor de corrección del flujo de cantidad de movimiento

En un conducto, la velocidad axial suele ser no-uniforme, como en ejemplo 3.4. En este caso, el cálculo simplificado del flujo de cantidad de movimiento $\int u\rho(\mathbf{V}\cdot\mathbf{n})\,dA = \dot{m}V = \rho A V^2$ tiene un ligero error y debería ser corregido para quedar $\beta\rho A V^2$, donde β es un factor de corrección adimensional $\beta \geqslant 1$.

El factor β se incluye para tener en cuenta las variaciones de u^2 a través de la sección. Esto es, calculamos el flujo exacto y lo igualamos al flujo basado en la velocidad media

$$\rho \int u^2\,dA = \beta \dot{m} V_m = \beta\rho A V_m^2$$

o

$$\beta = \frac{1}{A}\int\left(\frac{u}{V_m}\right)^2 dA \tag{3.43a}$$

Los valores de β se pueden calcular, para perfiles de velocidades típicos, de forma similar al ejemplo 3.4. Los resultados son:

Flujo laminar:

$$u = U_0\left(1-\frac{r^2}{R^2}\right) \qquad \beta = \tfrac{4}{3} \tag{3.43b}$$

[1] La autobiografía de este gran profesor e ingeniero del siglo XX [2] es especialmente recomendable por su perspectiva histórica y científica.

Flujo turbulento:

$$u \approx U_0 \left(1 - \frac{r}{R}\right)^m \qquad \tfrac{1}{9} \leqslant m \leqslant \tfrac{1}{5}$$

$$\beta = \frac{(1+m)^2(2+m)^2}{2(1+2m)(2+2m)} \qquad (3.43c)$$

Los factores de corrección turbulentos tienen el siguiente rango de valores:

Flujo turbulento:

m	$\frac{1}{5}$	$\frac{1}{6}$	$\frac{1}{7}$	$\frac{1}{8}$	$\frac{1}{9}$
β	1,037	1,027	1,020	1,016	1,013

Estos valores de corrección son tan próximos a la unidad que normalmente no se incluyen. La corrección laminar puede ser a veces importante.

Como ilustración del uso de estos factores de corrección, la solución del ejemplo 3.8, con velocidades no uniformes en 1 y 2, vendría dada por

$$\Sigma \mathbf{F} = \dot{m}(\beta_2 \mathbf{V}_2 - \beta_1 \mathbf{V}_1) \qquad (3.43d)$$

Nótese que los parámetros básicos y el carácter vectorial del resultado no se alteran por esta corrección.

Sistema de referencia no inercial[1]

Todos los ejemplos y deducciones anteriores presuponen que el sistema de coordenadas es inercial, o sea, que está en reposo o moviéndose a velocidad constante. En este caso, la derivada sustancial de la velocidad iguala a la aceleración absoluta del sistema, y la segunda ley de Newton es aplicable directamente en la forma dada por las ecuaciones (3.1) y (3.35).

En muchos casos es conveniente utilizar un sistema de coordenadas *no inercial* o acelerado. Un sistema de coordenadas fijo a un cohete durante su despegue serviría de ejemplo. Un segundo ejemplo se presenta al analizar cualquier flujo sobre la superficie de la tierra, la cual se acelera respecto a estrellas fijas debido a su rotación. Los flujos atmosféricos y oceánicos experimentan la llamada *aceleración de Coriolis*, comentada más adelante. Esta es muy pequeña, normalmente menor que 10^{-5} veces la de la gravedad, pero sus efectos acumulados sobre distancias de muchos kilómetros pueden ser dominantes en flujos geofísicos. Sin embargo, la aceleración de Coriolis es despreciable en problemas de escalas pequeñas, como flujo en conductos o alrededor de perfiles.

Supongamos que el flujo tiene una velocidad **V** respecto a un sistema de referencia *xyz* no inercial, como muestra la figura 3.12. En este caso,

[1] Esta sección puede ser omitida sin pérdida de continuidad.

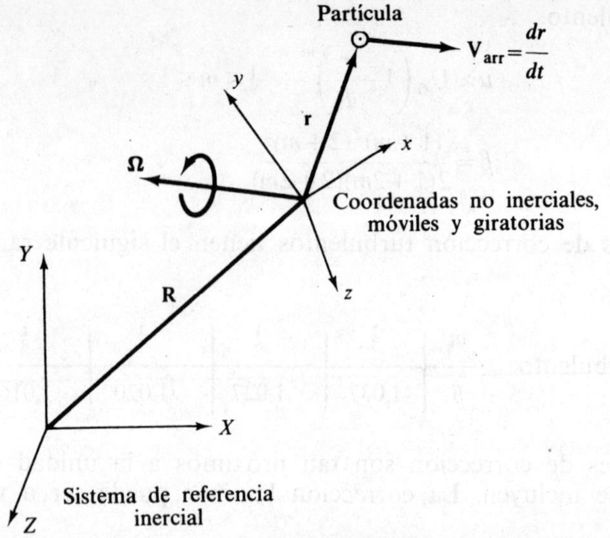

Fig. 3.12 Sistemas de coordenadas inercial y no inercial.

$d\mathbf{V}/dt$ representa una aceleración no inercial a la que se debe sumar la aceleración de arrastre $\mathbf{a}_{arr}$ para tener la aceleración absoluta $\mathbf{a}_i$ respecto a algún sistema de referencia XYZ inercial, como se representa en la figura 3.12. Así

$$\mathbf{a}_i = \frac{d\mathbf{V}}{dt} + \mathbf{a}_{arr} \tag{3.44}$$

Como la ley de Newton es aplicable a la aceleración absoluta

$$\Sigma \mathbf{F} = m\mathbf{a}_i = m\left(\frac{d\mathbf{V}}{dt} + \mathbf{a}_{arr}\right)$$

o

$$\Sigma \mathbf{F} - m\mathbf{a}_{arr} = m\frac{d\mathbf{V}}{dt} \tag{3.45}$$

La ley de Newton en un sistema de coordenadas xyz no inercial es equivalente a añadir una «fuerza» $-m\mathbf{a}_{arr}$ para tener en cuenta los efectos no inerciales. En el caso más general, esquematizado en la figura 3.12, el término $\mathbf{a}_{arr}$ contiene cuatro partes, tres de las cuales muestran el efecto de la velocidad angular $\mathbf{\Omega}(t)$ en las coordenadas no inerciales. Observando la figura 3.12, vemos que el desplazamiento absoluto de una partícula es

$$\mathbf{S}_i = \mathbf{r} + \mathbf{R} \tag{3.46}$$

Derivando obtenemos la velocidad absoluta

$$\mathbf{V}_i = \mathbf{V} + \frac{d\mathbf{R}}{dt} + \mathbf{\Omega} \times \mathbf{r} \qquad (3.47)$$

Una segunda derivación proporciona la aceleración absoluta:

$$\mathbf{a}_i = \frac{d\mathbf{V}}{dt} + \frac{d^2\mathbf{R}}{dt^2} + \frac{d\mathbf{\Omega}}{dt} \times \mathbf{r} + 2\mathbf{\Omega} \times \mathbf{V} + \mathbf{\Omega} \times (\mathbf{\Omega} \times \mathbf{r}) \qquad (3.48)$$

Comparando con la ecuación (3.44), vemos que los últimos cuatro términos del segundo miembro representan la aceleración de arrastre adicional. Estos términos pueden ser descritos así:

1. $d^2\mathbf{R}/dt^2$ es la aceleración del origen del sistema de coordenadas xyz no inercial.
2. $(d\mathbf{\Omega}/dt) \times \mathbf{r}$ es el efecto de la aceleración angular.
3. $2\mathbf{\Omega} \times \mathbf{V}$ es la aceleración de Coriolis.
4. $\mathbf{\Omega} \times (\mathbf{\Omega} \times \mathbf{r})$ es la aceleración centrípeta, dirigida desde la partícula perpendicular al eje de rotación, de magnitud $\Omega^2 L$, donde L es la distancia perpendicular a dicho eje[1].

La ecuación (3.45) difiere de la ecuación (3.2) únicamente en las fuerzas de inercia añadidas en el primer miembro. Por ello, la ecuación de cantidad de movimiento para un volumen de control, respecto a un sistema de coordenadas no inercial, se obtiene añadiendo simplemente los términos de inercia; esto es, integrando el efecto de la aceleración de arrastre sobre cada elemento diferencial de masa del volumen de control

$$\Sigma \mathbf{F} - \iiint_{VC} \mathbf{a}_{arr}\, dm = \frac{d}{dt}\left(\iiint_{VC} \mathbf{V}\rho\, d\mathcal{V}\right) + \iint_{SC} \mathbf{V}\rho(\mathbf{V}_r \cdot \mathbf{n})\, dA \qquad (3.49)$$

donde $\mathbf{a}_{arr} = \dfrac{d^2\mathbf{R}}{dt^2} + \dfrac{d\mathbf{\Omega}}{dt} \times \mathbf{r} + 2\mathbf{\Omega} \times \mathbf{V} + \mathbf{\Omega} \times (\mathbf{\Omega} \times \mathbf{r})$

Esta es la forma no inercial equivalente a la inercial dada por la ecuación (3.35). Para analizar estos problemas debe conocerse el desplazamiento del origen $\mathbf{R}$ y la aceleración angular $\dot{\mathbf{\Omega}}$ del sistema de coordenadas no inercial.

[1] Una discusión completa de estos términos no inerciales puede encontrarse, por ejemplo, en el capítulo 2, de la referencia 4, págs. 52-55.

Si el volumen de control no es deformable, la ecuación (3.49) se reduce a

$$\Sigma \mathbf{F} - \iiint_{VC} \mathbf{a}_{arr}\, dm = \frac{\partial}{\partial t}\left(\iiint_{VC} \mathbf{V}\rho\; d\mathcal{V}\right) + \iint_{SC} \mathbf{V}\rho(\mathbf{V}\cdot\mathbf{n})\, dA \qquad (3.50)$$

Vemos que el segundo miembro es el mismo de la ecuación (3.37).

EJEMPLO 3.12 Repetir el ejemplo 3.10 para el caso en que no hay restricción al movimiento en sentido horizontal, y puede haber por tanto aceleración. Obtener (*a*) una ecuación del movimiento para la velocidad de la carretilla $V_c(t)$, (*b*) tiempo necesario para que la carretilla alcance el 95 por 100 de la velocidad del chorro y (*c*) calcular los valores numéricos de (*b*) para las condiciones del ejemplo 3.10 con una masa de la carretilla de 3 kg. Despreciar la fricción de las ruedas.

Solución (*a*) El volumen de control mostrado en la figura E3.12 incluye la carretilla y sus ruedas. El volumen de control se mueve a velocidad $V_c(t)$. El flujo en el interior del volumen de control es no estacionario debido a que la velocidad que entra $V_j - V_c$ varía con el tiempo. La ecuación de conservación de la masa es la (3.22):

$$\frac{\partial}{\partial t}\left(\iiint_{VC} \rho\; d\mathcal{V}\right) + \rho_1 A_1 V_1 + \rho_2 A_2 V_2 - \rho_j A_j (V_j - V_c) = 0 \qquad (1)$$

Suponemos de nuevo que el flujo es incompresible, de modo que la densidad desaparece. La integral de volumen es la masa contenida en el volumen de con-

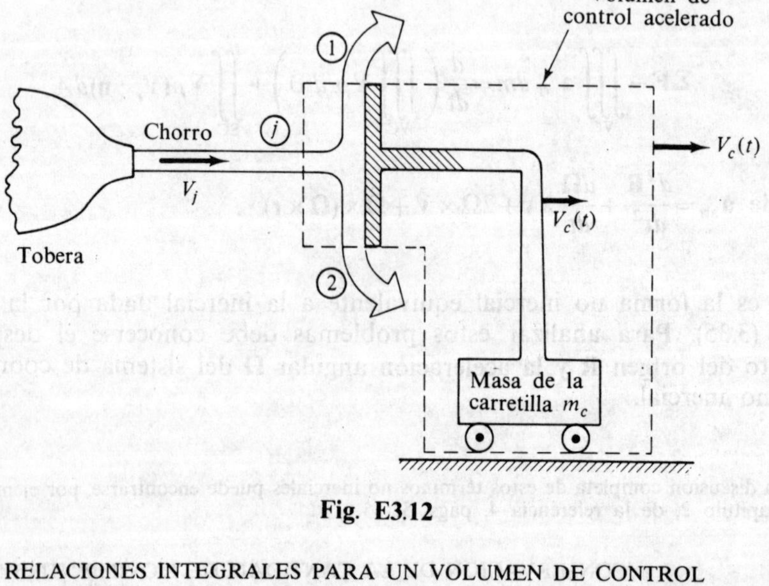

Fig. E3.12

trol, que permanece constante si la sección del chorro es constante. Por tanto, la derivada temporal es nula y llegamos al resultado ya conocido

$$V_1 = V_2 = V_j - V_c \tag{2}$$

Las velocidades V_1 y V_2 son relativas a la carretilla. Aplicamos ahora la ecuación de cantidad de movimiento (3.50) en la dirección x, con el sistema de coordenadas xyz fijo a la carretilla

$$\Sigma F_x - \iiint_{VC} a_{x,\text{arr}}\, dm = \frac{\partial}{\partial t}\left(\iiint_{VC} u\rho\, d\mathcal{V}\right) + \iint_{SC} u\rho(\mathbf{V}\cdot\mathbf{n})\, dA$$

Como el movimiento de la carretilla no está impedido por nada y la presión es constante, $\Sigma F_x = 0$. La aceleración de arrastre del volumen de control no es más que la derivada de la velocidad de la carretilla, ya que ésta no gira respecto a un sistema inercial

$$a_{x,\text{arr}} = \frac{d}{dt}(V_c) \tag{3}$$

Las integrales de superficie del segundo miembro son las mismas que en el ejemplo 3.10

$$\iint_{SC} u\rho(\mathbf{V}\cdot\mathbf{n})\, dA = -\dot{m}_j u_j = -\rho_j A_j (V_j - V_c)^2 \tag{4}$$

ya que u sólo es distinta de cero en el chorro que entra. Finalmente, para el cálculo de las dos integrales triples restantes ha de hacerse alguna hipótesis sobre la masa y la cantidad de movimiento del fluido que hay en el volumen de control. Como éstas son probablemente pequeñas respecto a la masa y a la cantidad de movimiento de la carretilla, hacemos la simplificación de despreciar su contribución a dichas integrales[1], de forma que éstas quedan aproximadamente

$$\iiint_{VC} a_{x,\text{arr}}\, dm \approx m_c \frac{dV_c}{dt} \qquad \frac{\partial}{\partial t}\left(\iiint_{VC} u\rho\, d\mathcal{V}\right) \approx 0$$

donde m_c es la masa de la carretilla y la placa. Sustituyendo tenemos

$$0 - m_c \frac{dV_c}{dt} = 0 - \rho A_j (V_j - V_c)^2$$

o

$$\frac{dV_c}{dt} = K(V_j - V_c)^2 \qquad K = \frac{\rho A_j}{m_c} \qquad \textit{Resp. (a)} \tag{5}$$

Que es la ecuación diferencial pedida.

[1] Pídale a su instructor que le encargue el análisis de las condiciones de validez de estas hipótesis.

(*b*) Integrando la expresión (5), suponiendo K y V_j constantes, obtenemos el tiempo necesario para alcanzar el 95 por 100 de la velocidad del chorro. Separando variables y poniendo como condición inicial el reposo, $V_c=0$ en $t=0$.

$$\int_0^{V_c}(V_j-V_c)^{-2}\,dV_c=\int_0^t K\,dt$$

Calculando las integrales

$$\frac{1}{V_j-V_c}-\frac{1}{V_j}=Kt$$

o

$$\frac{V_c}{V_j}=\frac{V_jKt}{1+V_jKt} \qquad (6)$$

Esta es la solución general para la velocidad $V_c(t)$ de la carretilla cuando ésta parte del reposo. El tiempo t^* necesario para alcanzar $V_c/V_j=0{,}95$ viene dado por

$$0{,}95=\frac{V_jKt^*}{1+V_jKt^*}$$

o

$$t^*=\frac{19}{KV_j}=\frac{19m_c}{\rho A_jV_j} \qquad \textit{Resp. (b)}$$

(c) La constante $1/KV_j$ es una indicación del tiempo de respuesta de la carretilla al impacto del chorro. Para las condiciones indicadas

$$t^*=\frac{19\,(3\ \text{kg})}{(1000\ \text{kg/m}^3)(0{,}0003\ \text{m}^2)(20\ \text{m/s})}=9{,}5\ \text{s} \qquad \textit{Resp. (c)}$$

3.5 ECUACION DE BERNOULLI

El estudio del flujo sin fricción a través de un tubo de corriente infinitesimal, como muestra la figura 3.13*a*, nos proporciona una relación muy utilizada entre presión, velocidad y altura, que fue obtenida por Daniel Bernoulli y Leonhard Euler en el siglo XVIII. Suponemos que el área A es lo suficientemente pequeña para que las propiedades ρ, V y p se puedan considerar uniformes en la sección. Las propiedades ρ, V, p y A pueden variar gradualmente en la dirección de la corriente s. El tubo de corriente está inclinado un ángulo arbitrario θ, de forma que la variación de altura entre secciones es $dz=ds\,\text{sen}\,\theta$. La figura muestra una fricción inevitable en las paredes del tubo de corriente, que aquí estamos despreciando[1].

[1] Aunque más sutilmente, también estamos despreciando la adición de calor y trabajo motor o de órganos móviles al fluido.

La conservación de la masa en este volumen de control infinitesimal queda

$$\frac{\partial}{\partial t}\left(\iiint_{\mathrm{VC}} \rho \, d\mathcal{V}\right) + \dot{m}_{\mathrm{sal}} - \dot{m}_{\mathrm{ent}} = 0$$

o

$$\frac{\partial \rho}{\partial t} d\mathcal{V} + d\dot{m} = 0 \tag{3.51}$$

El diferencial de volumen es

$$d\mathcal{V} \approx (A + \tfrac{1}{2}\, dA)ds \approx A\, ds \tag{3.52}$$

La ecuación (3.51) relaciona los cambios de flujo másico con las variaciones de densidad

$$d\dot{m} = d(\rho A V) = -\frac{\partial \rho}{\partial t} A\, ds \tag{3.53}$$

Escribamos ahora la ecuación de cantidad de movimiento en la dirección de la corriente

$$\Sigma F_s = \frac{\partial}{\partial t}\left(\iiint_{\mathrm{VC}} V_s\, dm\right) + \iint_{\mathrm{SC}} V_s\, d\dot{m} \tag{3.54}$$

Los términos de fuerza son debidos a presión y gravedad. El término de gravedad es la componente del peso en la dirección de la corriente, que es negativo

$$dF_{s,\mathrm{grav}} = -dW \operatorname{sen}\theta \approx -\rho g A\, ds \operatorname{sen}\theta \approx -\rho g A\, dz \tag{3.55}$$

La fuerza de presión es fácil de obtener restando una presión uniforme en todas las superficies; recordemos de la figura 3.7 que esto no produce ningún efecto resultante. El resultado se muestra en la figura 3.13*b*. La fuerza resultante de la presión sobre las paredes cónicas del tubo de corriente tiene una componente en la dirección de la corriente que es idéntica a la que resultaría si la presión actuase, no sobre el área A, sino sobre la corona circular dA, de aumento de área. La fuerza resultante es, aproximadamente,

$$dF_{s,\mathrm{pres}} \approx \tfrac{1}{2} dp\; dA - dp(A + dA) \approx -A\, dp \tag{3.56}$$

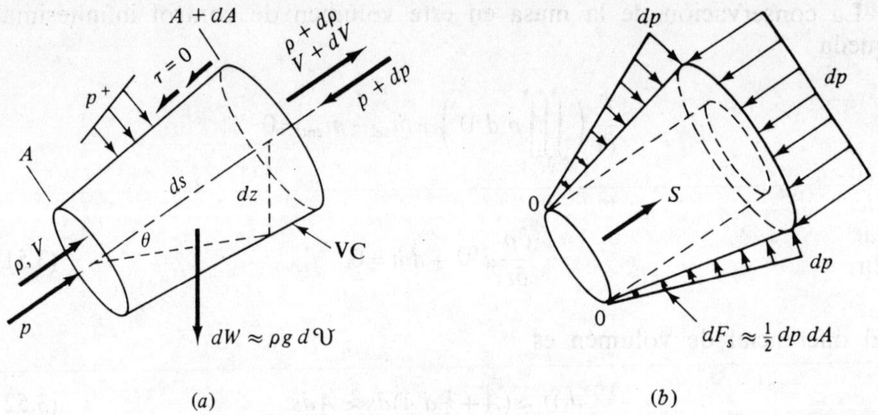

Fig. 3.13 Ecuación de Bernoulli para un flujo sin fricción a lo largo de una línea de corriente: (*a*) fuerzas y flujos; (*b*) resultante de las fuerzas de presión después de restar una presión uniforme.

Los términos integrales de la ecuación (3.54) son, aproximadamente,

$$\frac{\partial}{\partial t}\left(\iiint_{VC} V_c\, dm\right) \approx \frac{\partial}{\partial t}(\rho V_s A\, ds) \approx \frac{\partial}{\partial t}(\rho V)\, A\, ds$$

$$\iint_{SC} V_s\, d\dot{m} \approx (V + dV)(\dot{m} + d\dot{m}) - V\dot{m} \approx \dot{m}\, dV + V\, d\dot{m} \tag{3.57}$$

donde de nuevo se han despreciado términos de segundo orden. Ahora podemos calcular todos los términos de la ecuación (3.54)

$$-A\ dp - \rho g A\ dz = \frac{\partial}{\partial t}(\rho V)\, A\, ds + \dot{m}\ dV + V\ d\dot{m} \tag{3.58}$$

Si separamos en dos el término de derivada temporal nos queda

$$\frac{\partial}{\partial t}(\rho V) = \rho\frac{\partial V}{\partial t} + V\frac{\partial \rho}{\partial t} = \rho\frac{\partial V}{\partial t} + V\frac{-d\dot{m}}{A\, ds} \tag{3.59}$$

donde se ha modificado el último término con ayuda de la ecuación de continuidad, ecuación (3.53). Con las ecuaciones (3.58) y (3.59) queda

$$-A\, dp - \rho g A\ dz = \frac{\partial V}{\partial t}\rho A\ ds + \rho A V\ dV \tag{3.60}$$

que dividiendo por ρA y reagrupando proporciona

$$\frac{\partial V}{\partial t} ds + \frac{dp}{\rho} + V\,dV + g\,dz = 0 \qquad (3.61)$$

Esta expresión es la ecuación de Bernoulli para *flujo no estacionario sin fricción a lo largo de una línea de corriente**. Es una ecuación diferencial que puede ser integrada entre dos puntos 1 y 2 a lo largo de la línea de corriente

$$\int_1^2 \frac{\partial V}{\partial t} ds + \int_1^2 \frac{dp}{\rho} + \tfrac{1}{2}(V_2^2 - V_1^2) + g(z_2 - z_1) = 0 \qquad (3.62)$$

Para calcular las dos integrales que aparecen hay que estimar los efectos no estacionarios $\partial V/\partial t$ y la variación de la densidad con la temperatura, que se posponen a los capítulos 8 y 9. Consideraremos aquí sólo flujo estacionario ($\partial V/\partial t = 0$) e incompresible (densidad constante), con lo que la ecuación (3.62) queda

$$\frac{p_2 - p_1}{\rho} + \tfrac{1}{2}(V_2^2 - V_1^2) + g(z_2 - z_1) = 0$$

o

$$\frac{p_1}{\rho} + \tfrac{1}{2}V_1^2 + gz_1 = \frac{p_2}{\rho} + \tfrac{1}{2}V_2^2 + gz_2 = \text{const} \qquad (3.63)$$

Que es la ecuación de Bernoulli para flujo estacionario incompresible y sin fricción a lo largo de una línea de corriente.

Nótese que la ecuación (3.63) es idéntica a la (2.71) obtenida para determinar la distribución de presiones en flujo estacionario incompresible irrotacional. ¿Cuál es entonces la diferencia? Bien, el flujo irrotacional (velocidad angular local nula) es más restrictivo, pero tiene la ventaja de que la constante que aparece en el segundo miembro es la misma para todo el campo fluido, y no sólo para cada línea de corriente como en la ecuación (3.63). En flujo sin fricción, que puede ser rotacional (velocidad angular local no nula), la constante de Bernoulli puede variar de unas líneas de corriente a otras. Por lo demás, las ecuaciones (2.71) y (3.63) son idénticas.

Hay dos restricciones sutiles adicionales para la ecuación (3.63):

La ecuación (3.63) no es válida en una región en que se comunique calor o trabajo motor al fluido, y la constante de Bernoulli *cambia* al atravesar dicha región.

La razón básica de esta restricción es que el calor y el trabajo van acompañados por efectos de fricción que invalidan nuestras hipótesis de

* También llamada ecuación de Euler-Bernoulli (*N. del T.*).

flujo sin fricción. Esto queda más claro en la sección 3.7, al escribir la primera ley de la termodinámica (ecuación de la energía) para un volumen de control y compararla con la ecuación de Bernoulli.

Como veremos en la sección 3.7, cuando escribimos la ecuación de la energía para el caso particular de flujo a lo largo de un tubo de corriente con fricción y trabajo motor, obtenemos

$$\frac{p_1}{\rho}+\tfrac{1}{2}V_1^2+gz_1=\left(\frac{p_2}{\rho}+\tfrac{1}{2}V_2^2+gz_2\right)+W_s+W_f \qquad (3.64a)$$

o

$$\frac{p_1}{\rho g}+\frac{V_1^2}{2g}+z_1=\left(\frac{p_2}{\rho g}+\frac{V_2^2}{2g}+z_2\right)+h_s+h_f \qquad (3.64b)$$

En la ecuación (3.64*a*) todos los términos son energías por unidad de masa: W_s es el trabajo motor por unidad de masa dado por el fluido (positivo en turbinas y negativo en bombas), y W_f es la pérdida de energía por unidad de masa debida a la fricción entre las secciones 1 y 2.

En la forma alternativa (3.64*b*) todos los términos son cargas, o alturas; realmente energías por unidad de peso. En el sistema SI, julios dividido por newton es igual a metros. En el sistema británico, (ft · lbf)/lbf = ft. El término $h_s = W_s/g$ es el trabajo específico dado por el fluido, y $h_f = W_f/g$ la pérdida de carga por fricción entre 1 y 2. Vemos que la ecuación de Bernoulli (3.63) es mucho más restrictiva que la ecuación de la energía (3.64) porque sólo contiene los términos «mecánicos» de presión, energía cinética y energía potencial que proceden de la ecuación de cantidad de movimiento en forma integral sin fricción, ecuación (3.58).

La figura 3.14 ilustra algunas limitaciones prácticas del uso de la ecuación de Bernoulli en la forma (3.63). En el ensayo en túnel de la figura 3.14*a*, la ecuación (3.63) es válida en el núcleo del flujo del túnel, pero no en las capas límite de las paredes de éste, ni en las capas límite ni en la estela del modelo, que son regiones con fricción.

En la figura 3.14*b*, la ecuación de Bernoulli es válida aguas arriba y aguas abajo de la hélice, pero con una constante $h_0 = z + p/\rho g + V^2/2g$ distinta debido al trabajo aportado al fluido. La ecuación de Bernoulli no es válida cerca de las palas de la hélice ni en los torbellinos helicoidales (que no se muestran en la figura) que se desprenden de los bordes de las palas. Además, las constantes de Bernoulli son mayores en el flujo que atraviesa el disco de la hélice que en el ambiente a causa de la energía cinética de este flujo.

En la figura 3.14*c*, la ecuación (3.63) es válida antes y después del fuego de la chimenea, pero con constantes diferentes debido a la adición de calor. La ecuación de Bernoulli no es válida en el propio fuego ni en las capas límite de la chimenea.

Lo ético es utilizar la ecuación (3.63) sólo cuando se cumplen las condiciones restrictivas para las que es válida: flujo estacionario incompresible

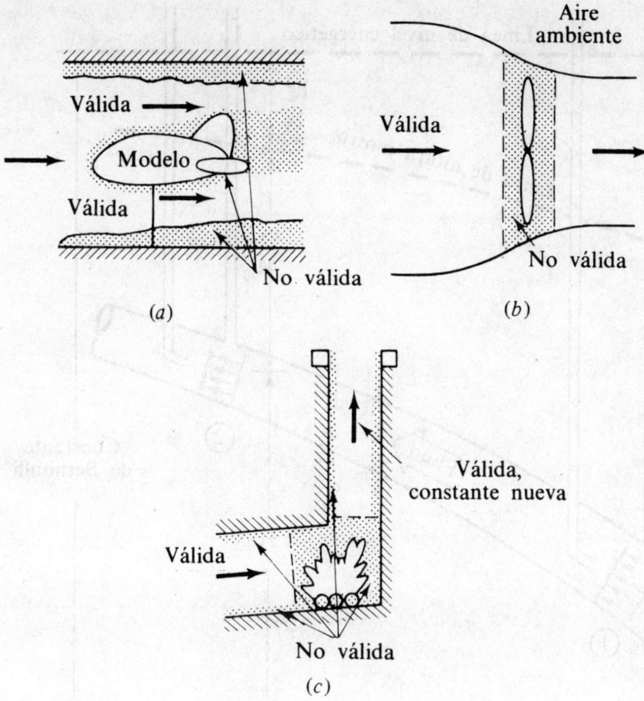

Fig. 3.14 Ilustración de las zonas de validez o no validez de la ecuación de Bernoulli: (*a*) modelo en un túnel aerodinámico; (*b*) hélice; (*c*) chimenea.

a lo largo de una línea de corriente, sin pérdidas por fricción, ni adición de calor o trabajo entre las secciones 1 y 2.

Líneas de nivel energético y de altura motriz

Una interpretación visual útil de la ecuación de Bernoulli se obtiene representando dos líneas del flujo. La línea de nivel energético (LNE) muestra la altura de la constante de Bernoulli $h_0 = z + p/\rho g + V^2/2g$. En un flujo sin fricción y sin adición de calor o trabajo, la LNE es una línea de nivel constante, ecuación (3.63). La línea de altura motriz (LAM) indica el nivel correspondiente a la altura geométrica más la de presión $z + p/\rho g$, esto es, la LNE menos la altura de velocidad $V^2/2g$. La LAM es la altura a que subiría el líquido en un tubo piezométrico (ver Prob. 2.19) incorporado al flujo. En el flujo en un canal abierto, la LAM es la superficie libre del agua.

La figura 3.15 muestra las líneas LNE y LAM para un flujo sin fricción en un conducto. Los tubos piezométricos de las secciones 1 y 2 miden la carga de la presión estática $z + \rho g$ y, por tanto, la LAM. Los tubos pitot de presión de remanso miden la carga total $z + p/\rho g + V^2/2g$, que corresponde a la LNE. En este caso particular, la LNE es constante y la LAM asciende debido a una disminución de la velocidad.

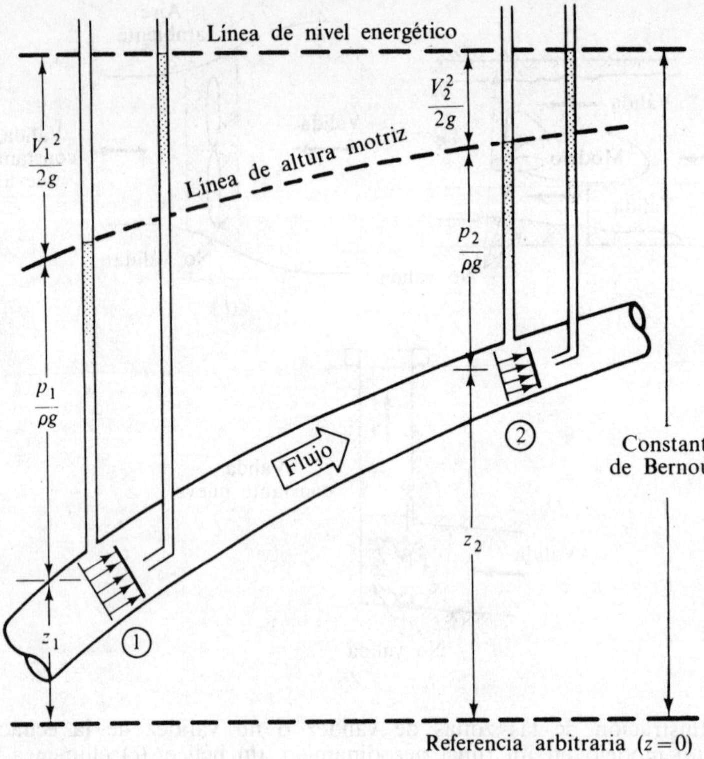

Fig. 3.15 Línea de nivel energético y línea piezométrica para flujo sin fricción en un conducto.

En condiciones más generales de flujo, la LNE disminuiría lentamente debido a pérdidas por fricción y descendería bruscamente por pérdidas localizadas (una válvula u obstrucción) o debido a extracción de trabajo (en una turbina). La LNE sólo puede ascender si se comunica trabajo (como en una bomba o hélice). La LAM sigue el comportamiento de la LNE respecto a pérdidas y trabajo motor y asciende o desciende al disminuir o aumentar la velocidad respectivamente. Estos detalles serán estudiados en la sección 3.7.

Como se mencionó anteriormente, para los cálculos con la ecuación de Bernoulli no se necesitan factores de conversión si se utilizan unidades SI o británicas consistentes, como mostrarán los ejemplos siguientes.

En todos los problemas relacionados con la ecuación de Bernoulli presentados en este texto tomaremos el punto 1 aguas arriba y el 2 aguas abajo.

EJEMPLO 3.13 Hallar una relación entre la velocidad de descarga V_2 y la altura de la superficie libre h de la figura E3.13. Suponer flujo estacionario sin fricción.

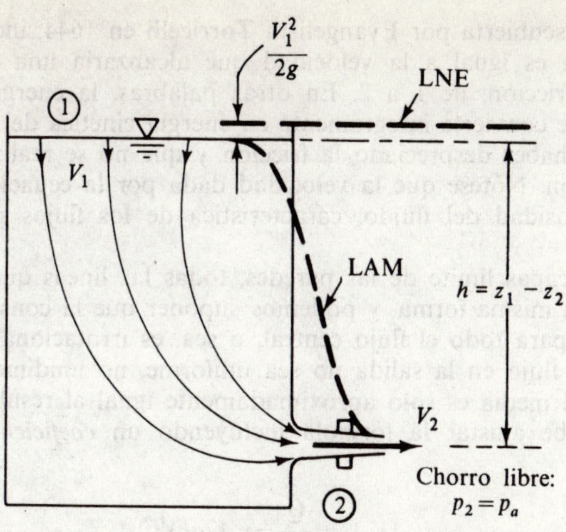

Fig. E3.13

Solución Como se mencionó, tomaremos el punto 1 aguas arriba y el punto 2 aguas abajo. Tomemos 1 y 2 donde tengamos o deseemos más información. Aquí tomaremos 1 en la superficie libre del depósito, donde la altura y la presión son conocidas, y el punto 2 en la salida de la tobera, donde también son conocidas la presión y la altura. Las dos incógnitas son V_1 y V_2.

La conservación de la masa es vital en este tipo de análisis. Si A_1 es la sección transversal del depósito y A_2 la de la tobera de salida, y tenemos un flujo aproximadamente unidimensional con densidad constante, la ecuación (3.30) nos dice que

$$A_1 V_1 = A_2 V_2 \tag{1}$$

La ecuación de Bernoulli (3.63) da

$$\frac{p_1}{\rho} + \frac{1}{2} V_1^2 + g z_1 = \frac{p_2}{\rho} + \frac{1}{2} V_2^2 + g z_2$$

Como en ambas secciones 1 y 2 la presión es la atmosférica, $p_1 = p_2 = p_a$, los términos de presión desaparecen, quedando

$$V_2^2 - V_1^2 = 2g(z_1 - z_2) = 2gh \tag{2}$$

Eliminando V_1 entre las expresiones (1) y (2), obtenemos

$$V_2^2 = \frac{2gh}{1 - A_2^2/A_1^2} \qquad \textit{Resp.} \quad (3)$$

Generalmente, el área de la tobera A_2 es mucho menor que el área del depósito A_1, de modo que el cociente $(A_2/A_1)^2$ es doblemente despreciable, y podemos utilizar esta aproximación fiable para la velocidad de salida

$$V_2 \approx (2gh)^{1/2} \qquad \textit{Resp.} \quad (4)$$

Esta fórmula, descubierta por Evangelista Torricelli en 1644, indica que la velocidad de descarga es igual a la velocidad que alcanzaría una partícula cayendo libremente, sin fricción, de 1 a 2. En otras palabras, la energía potencial de la superficie libre se convierte íntegramente en energía cinética del chorro, lo cual es consistente con haber despreciado la fricción y que no se realiza trabajo por las fuerzas de presión. Nótese que la velocidad dada por la ecuación (4) es independiente de la densidad del fluido, característica de los flujos producidos por la gravedad.

Fuera de las capas límite de las paredes, todas las líneas que van de 1 a 2 se comportan de la misma forma, y podemos suponer que la constante de Bernoulli h_0 es la misma para todo el flujo central, o sea, es irrotacional. Sin embargo, es probable que el flujo en la salida no sea uniforme, no unidimensional, de modo que la velocidad media es solo aproximadamente igual al resultado de Torricelli. El ingeniero debe ajustar la fórmula incluyendo un *coeficiente de descarga* c_d adimensional

$$(V_2)_{\mathrm{m}} = \frac{Q}{A_2} = c_d (2gh)^{1/2} \tag{5}$$

Como se verá en la sección 6.10, el coeficiente de descarga de una tobera varía de 0,6 a 1,0, en función de las condiciones (adimensionales) del flujo y de la geometría de la misma.

Antes de seguir con más ejemplos, hagamos notar que la ecuación de Bernoulli (3.63) *no* necesita un análisis de volúmenes de control, sino simplemente seleccionar los puntos 1 y 2 a lo largo de una línea de corriente. El volumen de control fue utilizado para obtener una ecuación diferencial (3.61), cuya forma integrada (3.63) es válida a lo largo de líneas de corriente para flujo sin fricción ni adición de calor o trabajo, y por ello no se necesita ningún volumen de control.

EJEMPLO 3.14 Rehacer el ejemplo 3.13 reteniendo, al menos aproximadamente, los efectos no estacionarios que se producen en el vaciado del depósito.

Solución Lo que se pide es, esencialmente, retener el término $\partial V/\partial t$ de la ecuación (3.62). Con ello tendremos un nuevo término que añadir a la expresión (2) del ejemplo 3.13:

$$2\int_1^2 \frac{\partial V}{\partial t}\, ds + V_2^2 - V_1^2 = 2gh \tag{1}$$

Como el flujo es incompresible, la ecuación de continuidad sigue siendo simplemente $V_1 A_1 = V_2 A_2$, como en el ejemplo 3.13. Para integrar el término no estacionario, debemos estimar la aceleración a lo largo de la línea de corriente. La mayor parte de la línea está en el depósito en que $\partial V/\partial t \approx dV_1/dt$. La longitud de la línea de corriente es ligeramente mayor que la profundidad h. Una primera aproximación a la integral será pues

$$\int_1^2 \frac{\partial V}{\partial t}\, ds \approx \int_1^2 \frac{dV_1}{dt}\, ds \approx \frac{dV_1}{dt}\, h \tag{2}$$

Pero como A_1 y A_2 son constantes, $dV_1/dt \approx (A_2/A_1)(dV_2/dt)$. Sustituyendo esto en (1) tenemos

$$2h \frac{A_2}{A_1} \frac{dV_2}{dt} + V_2^2 \left(1 - \frac{A_2^2}{A_1^2}\right) \approx 2gh \tag{3}$$

Esto es una ecuación diferencial de primer orden para determinar $V_2(t)$. Es complicada por el hecho de que la profundidad h es variable, $h = h(t)$, determinada en función de $V_1(t)$

$$h(t) = h_0 - \int_0^t V_1 \, dt \tag{4}$$

Las expresiones (3) y (4) deben resolverse simultáneamente, pero el problema está bien puesto y puede ser resuelto analítica o numéricamente. Además, podemos estimar el orden del primer término de la expresión (3) utilizando la aproximación $V_2 \approx (2gh)^{1/2}$ del ejemplo anterior. Derivando obtendríamos

$$2h \frac{A_2}{A_1} \frac{dV_2}{dt} \approx -\left(\frac{A_2}{A_1}\right)^2 V_2^2 \tag{5}$$

que es despreciable si $A_2 \ll A_1$, como se había supuesto.

EJEMPLO 3.15 Una constricción en un conducto produce un aumento de velocidad y una disminución de presión en la garganta. La disminución de presión da una medida del caudal o flujo volumétrico en el conducto. El sistema con variaciones suaves de la figura E3.15 se denomina *tubo venturi*. Hallar una expresión que relacione el flujo másico con la disminución de presión.

Solución Suponemos aplicable la ecuación de Bernoulli por el centro del conducto

$$\frac{p_1}{\rho} + \tfrac{1}{2} V_1^2 + gz_1 = \frac{p_2}{\rho} + \tfrac{1}{2} V_2^2 + gz_2$$

Si el tubo está horizontal, $z_1 = z_2$ y podemos despejar V_2

$$V_2^2 - V_1^2 = \frac{2\,\Delta p}{\rho} \qquad \Delta p = p_1 - p_2 \tag{1}$$

La ecuación de continuidad nos permite relacionar las velocidades

$$A_1 V_1 = A_2 V_2$$

o

$$V_1 = B^2 V_2 \qquad \beta = \frac{D_2}{D_1} \tag{2}$$

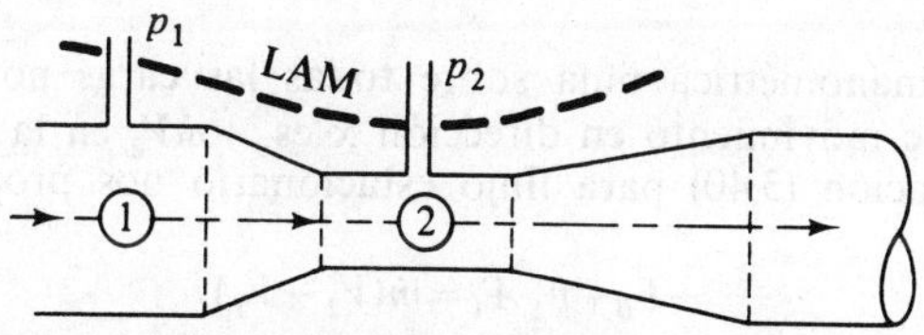

Fig. E3.15

Combinando (1) y (2) obtenemos una fórmula para la velocidad en la garganta

$$V_2 = \left[\frac{2\,\Delta p}{\rho(1-\beta^4)} \right]^{1/2} \tag{3}$$

El flujo másico viene dado por

$$\dot{m} = \rho A_2 V_2 = A_2 \left(\frac{2\rho\,\Delta p}{1-\beta^4} \right)^{1/2} \tag{4}$$

Este es el flujo másico ideal sin fricción. En la práctica, $\dot{m}_{\text{real}} = c_d \dot{m}_{\text{ideal}}$, donde interviene un coeficiente de descarga.

EJEMPLO 3.16 Una manguera de 10 cm de diámetro tiene una tobera de 3 cm por donde se descargan 1,5 m³/min. Suponiendo flujo sin fricción, hallar la fuerza F_B que se ejerce sobre los tornillos que sujetan la tobera a la manguera.

Solución Utilizamos las ecuaciones de Bernoulli y continuidad para hallar el valor de p_1 aguas arriba de la tobera y, entonces, mediante la ecuación de cantidad de movimiento aplicada a un volumen de control, calculamos la fuerza.

El flujo entre 1 y 2 es una constricción semejante al efecto venturi del ejemplo 3.15, cuya expresión (1) daba

$$p_1 = p_2 + \tfrac{1}{2}\rho(V_2^2 - V_1^2) \tag{1}$$

Las velocidades se determinan a partir del caudal $Q = 1{,}5$ m³/min o 0,025 m³/s:

$$V_2 = \frac{Q}{A_2} = \frac{0{,}025\ \text{m}^3/\text{s}}{(\pi/4)(0{,}03\ \text{m})^2} = 35{,}4\ \text{m/s}$$

$$V_1 = \frac{Q}{A_1} = \frac{0{,}025\ \text{m}^3/\text{s}}{(\pi/4)(0{,}1\ \text{m})^2} = 3{,}2\ \text{m/s}$$

Pondremos $p_2 = p_a = 0$ de presión manométrica. La expresión (1) queda

$$p_1 = \tfrac{1}{2}(1000\ \text{kg/m}^3)(35{,}4^2 - 3{,}2^2)\ \text{m}^2/\text{s}^2 =$$
$$= 620\,000\ \text{kg/(m}\cdot\text{s}^2) = 620\,000\ \text{Pa man}$$

El equilibrio de fuerzas en el volumen de control se muestra en la figura E3.16*b*:

$$\Sigma F_x = -F_B + p_1 A_1$$

donde la presión manométrica nula sobre todas las caras no da resultante. El flujo de cantidad de movimiento en dirección x es $+\dot{m}V_2$ en la salida y $-\dot{m}V_1$ en la entrada. La relación (3.40) para flujo estacionario nos proporciona

$$-F_B + p_1 A_1 = \dot{m}(V_2 - V_1)$$

o

$$F_B = p_1 A_1 - \dot{m}(V_2 - V_1) \tag{2}$$

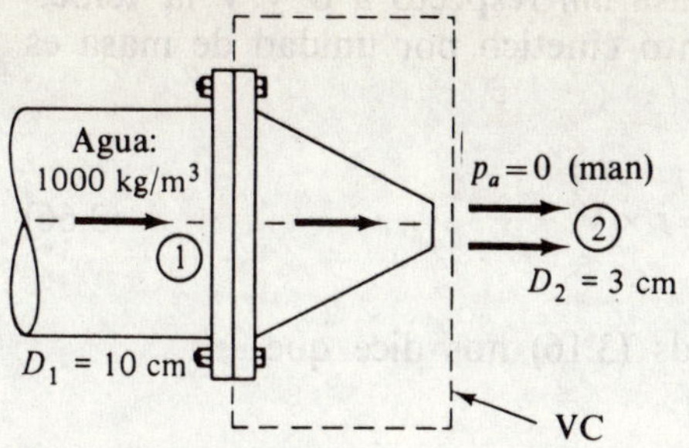

Fig. E3.16a

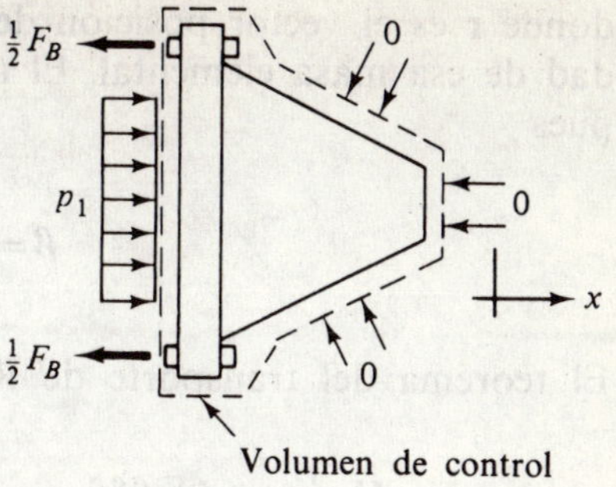

Fig. E3.16b

Sustituyendo con los valores numéricos dados tenemos

$$\dot{m} = \rho Q = (1000 \text{ kg/m}^3)(0{,}025 \text{ m}^3/\text{s}) = 25 \text{ kg/s}$$

$$A_1 = \frac{\pi}{4} D_1^2 = \frac{\pi}{4} (0{,}1 \text{ m})^2 = 0{,}00785 \text{ m}^2$$

$$F_B = (620\,000 \text{ N/m}^2)(0{,}00785 \text{ m}^2) - (25 \text{ kg/s})(35{,}4 - 3{,}2 \text{ m/s}) =$$

$$= 4872 \text{ N} - 805 \text{ (kg} \cdot \text{m)/s}^2 = 4067 \text{ N (915 lb)} \qquad \textit{Resp.}$$

Esto da una idea de por qué se necesita más de un bombero para sujetar la manguera a plena descarga.

Nótese de los ejemplos anteriores que la solución de cualquier problema con la ecuación de Bernoulli casi siempre necesita que la ecuación de continuidad participe de forma análoga en el análisis. La única excepción es cuando se conoce completamente la distribución de velocidades por medio de un análisis previo, lo cual significa que la ecuación de continuidad ya se ha utilizado para obtener esa información. Puntualizando, la ecuación de continuidad es siempre esencial en el análisis de los flujos.

3.6 TEOREMA DEL MOMENTO CINETICO[1]

El análisis de volúmenes de control puede ser aplicado también a la ecuación del momento cinético, ecuación (3.3), haciendo que la variable muda **B** sea el vector momento cinético **H**. Sin embargo, como el sistema que consideramos aquí es un grupo de partículas fluidas no rígidas con velocidad variable, el concepto de momento de inercia másico no es de ninguna ayuda y tenemos que integrar sobre cada masa elemental *dm* para obtener el momento cinético instantáneo. Si *O* es el punto respecto al cual queremos conocer los momentos, el momento cinético será

$$\mathbf{H}_O = \int_{\text{sist}} (\mathbf{r} \times \mathbf{V})\, dm \qquad (3.65)$$

[1] Esta sección puede ser omitida sin pérdida de continuidad.

donde **r** es el vector posición de la masa dm respecto a O y **V** la velocidad de esa masa elemental. El momento cinético por unidad de masa es pues

$$\boldsymbol{\beta} = \frac{d\mathbf{H}_O}{dm} = \mathbf{r} \times \mathbf{V} \tag{3.66}$$

El teorema del transporte de Reynolds (3.16) nos dice que

$$\left.\frac{d\mathbf{H}_O}{dt}\right|_{\text{sist}} = \frac{d}{dt}\left[\iiint_{VC} (\mathbf{r} \times \mathbf{V})\rho \, d\mathcal{V}\right] + \iint_{SC} (\mathbf{r} \times \mathbf{V})\rho(\mathbf{V}_r \cdot \mathbf{n}) \, dA \tag{3.67}$$

para el caso general de un volumen de control deformable. Por la conservación del momento cinético (3.3) su ritmo de variación debe ser igual a la suma de los momentos respecto al punto O de todas las fuerzas aplicadas al volumen de control

$$\frac{d\mathbf{H}_O}{dt} = \Sigma \, \mathbf{M}_O = \Sigma \, (\mathbf{r} \times \mathbf{F})_O \tag{3.68}$$

Recuérdese, sin embargo, que esta ley, como la ley de Newton (3.2), supone que la velocidad **V** de la partícula es relativa a un sistema de coordenadas inercial. Si no es así, se debe incluir el momento producido por los términos de la aceleración de arrastre de la ecuación (3.49) respecto al punto O

$$\Sigma \, \mathbf{M}_O = \Sigma \, (\mathbf{r} \times \mathbf{F})_O - \iiint_{VC} (\mathbf{r} \times \mathbf{a}_{\text{arr}}) \, dm \tag{3.69}$$

donde los cuatro términos que constituyen $\mathbf{a}_{\text{arr}}$ son los dados por la ecuación (3.49). Así, el caso más general del teorema del momento cinético para un volumen de control deformable y un sistema de coordenadas no inercial, se obtiene combinando las ecuaciones (3.67) y (3.69).

$$\Sigma (\mathbf{r} \times \mathbf{F})_O - \iiint_{VC} (\mathbf{r} \times \mathbf{a}_{\text{arr}}) \, dm = \frac{d}{dt}\left[\iiint_{VC} (\mathbf{r} \times \mathbf{V})\rho \, d\mathcal{V}\right] + \iint_{SC} (\mathbf{r} \times \mathbf{V})\rho(\mathbf{V}_r \cdot \mathbf{n}) \, dA \tag{3.70}$$

Para un volumen de control no deformable, se reduce a

$$\Sigma \mathbf{M}_O = \frac{\partial}{\partial t}\left[\iiint_{VC} (\mathbf{r} \times \mathbf{V})\rho \, d\mathcal{V}\right] + \iint_{SC} (\mathbf{r} \times \mathbf{V})\rho(\mathbf{V} \cdot \mathbf{n}) \, dA \tag{3.71}$$

Además, si sólo hay entradas y salidas unidimensionales, los términos de flujo del momento cinético quedan en la forma

$$\iint_{SC} (\mathbf{r} \times \mathbf{V}) \rho (\mathbf{V} \cdot \mathbf{n})\, dA = \Sigma\, (\mathbf{r} \times \mathbf{V})_{sal} \dot{m}_{sal} - \Sigma\, (\mathbf{r} \times \mathbf{V})_{ent} \dot{m}_{ent} \qquad (3.72)$$

Aunque en este momento del libro el teorema del momento cinético puede ser considerado como un tema secundario, tiene aplicaciones directas a muchos problemas de flujos en que aparecen momentos. Un caso particularmente importante corresponde al análisis de aparatos con flujos giratorios, denominados habitualmente *turbomáquinas* (Cap. 11).

EJEMPLO 3.17 La figura E3.17*a* muestra unos codos de un conducto sujetos al punto A y conectados al resto de la instalación mediante acoplamientos flexibles en 1 y 2. El fluido es incompresible y la presión ambiente p_a es nula. (*a*) Calcular el par T ejercido sobre el soporte en A, en función de las propiedades del flujo en las secciones 1 y 2 y las distancias h_1 y h_2. (*b*) Calcular este par cuando $D_1 = D_2 = 3$ in, $p_1 = 100$ lbf/in^2 de presión manométrica, $p_2 = 80$ lbf/in^2 manométrica, $V_1 = 40$ ft/s, $h_1 = 2$ in, $h_2 = 10$ in y $\rho = 1{,}94$ slugs/ft^3.

Solución (*a*) El volumen de control escogido en la figura E3.17*b* corta a través de las secciones 1 y 2 y del soporte en A, donde se ejerce el par pedido. La denominación de acoplamientos flexibles hace referencia a que no hay par en las secciones 1 y 2, de modo que en los cortes dados allí no hay momentos. En los términos de momento cinético $\mathbf{r} \times \mathbf{V}$, $\mathbf{r}$ debe tomarse respecto a A. Nótese que las fuerzas de las presiones manométricas $p_1 A_1$ y $p_2 A_2$ dan ambas momento respecto a A. La ecuación (3.71) con flujos unidimensionales queda

$$\begin{aligned} \Sigma\, \mathbf{M}_A = \mathbf{T}_A + \mathbf{r}_1 \times (-p_1 A_1 \mathbf{n}_1) + \mathbf{r}_2 \times (-p_2 A_2 \mathbf{n}_2) = \\ = (\mathbf{r}_2 \times \mathbf{V}_2)(+\dot{m}_{sal}) + (\mathbf{r}_1 \times \mathbf{V}_1)(-\dot{m}_{ent}) \end{aligned} \qquad (1)$$

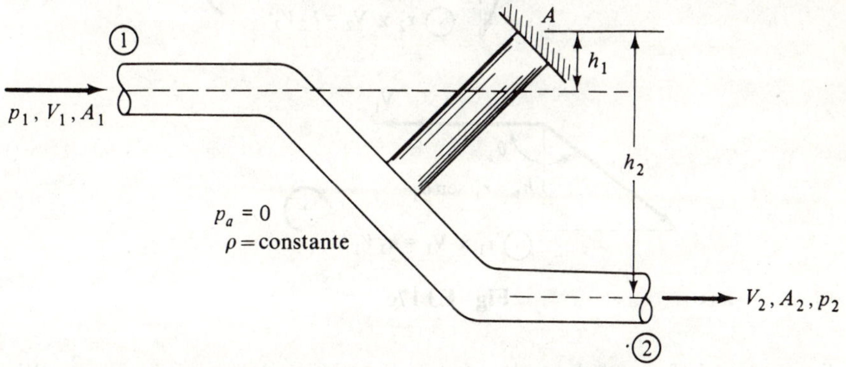

Fig. E3.17a Momento ejercido por un codo en un conducto.

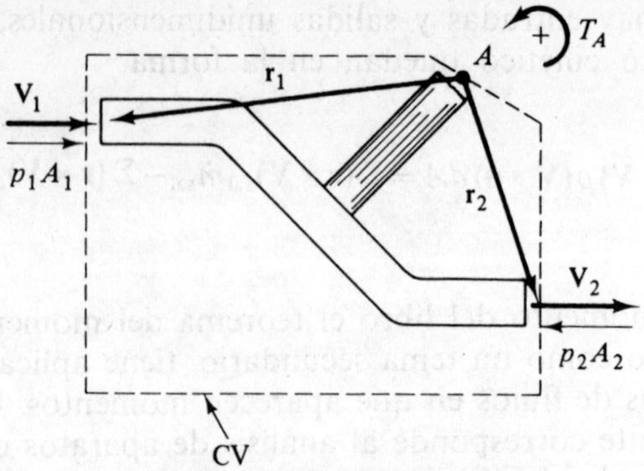

Fig. E3.17b

La figura E3.7*c* muestra que todos los productos vectoriales están relacionados con $r_1 \operatorname{sen}\theta_1 = h_1$ o $r_2 \operatorname{sen}\theta_2 = h_2$, que son las distancias perpendiculares a los ejes del conducto en 1 y 2 desde *A*. Recuérdese que $\dot{m}_{\text{ent}} = \dot{m}_{\text{sal}}$ por la ecuación de continuidad. Contando como positivos los momentos en sentido contrario a las agujas del reloj, la expresión (1) queda

$$T_A + p_1 A_1 h_1 - p_2 A_2 h_2 = \dot{m}(h_2 V_2 - h_1 V_1) \tag{2}$$

Reagrupando, el par pedido es

$$T_A = h_2(p_2 A_2 + \dot{m} V_2) - h_1(p_1 A_1 + \dot{m} V_1) \qquad \textit{Resp. (a)} \tag{3}$$

en sentido contrario a las agujas del reloj. Las presiones p_1 y p_2 son manométricas. Nótese que este resultado es independiente de la forma de los codos y sólo depende de las propiedades en las secciones 1 y 2 y de las distancias h_1 y h_2[1].

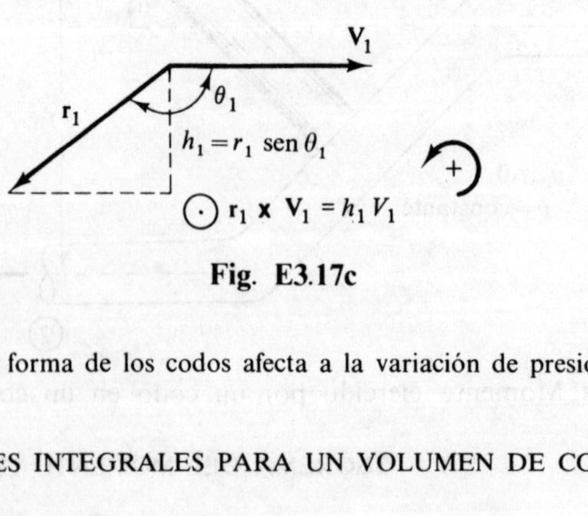

Fig. E3.17c

[1] Indirectamente, la forma de los codos afecta a la variación de presión de p_1 a p_2. (Véase Sec. 6.7.)

(b) El área de las entradas y salidas es la misma:

$$A_1 = A_2 = \frac{\pi}{4}(3)^2 = 7{,}07 \text{ in}^2 = 0{,}0491 \text{ ft}^2$$

Como la densidad es constante, tenemos por continuidad $V_2 = V_1 = 40$ ft/s. El flujo másico es

$$\dot{m} = \rho A_1 V_1 = 1{,}94(0{,}0491)(40) = 3{,}81 \text{ slugs/s}$$

La expresión (3), con los datos numéricos, nos da

$$\begin{aligned} T_A &= (\tfrac{10}{12} \text{ ft})[100(7{,}07) \text{ lbf} + 3{,}81(40) \text{ lbf}] - \\ &\quad - (\tfrac{2}{12} \text{ ft})[80(7{,}07) \text{ lbf} + 3{,}81(40) \text{ lbf}] = \\ &= 716 - 120 = 596 \text{ ft} \cdot \text{lbf antihorario} \end{aligned}$$ *Resp.* (b)

Hemos simplificado los cálculos al haber multiplicado la presión p en lbf por pulgada cuadrada por áreas A en pulgadas cuadradas, para tener la fuerza en lbf sin cambiar la presión y el área a lbf por pie cuadrado y pies cuadrados.

EJEMPLO 3.18 La figura 3.16 muestra el esquema de una bomba centrífuga. El fluido entra axialmente y pasa a través de unos álabes que giran a velocidad angular ω; la velocidad del fluido cambia de V_1 a V_2 y la presión de p_1 a p_2. (a) Calcular el par T_0 que debe aplicarse a los álabes para producir este flujo. (b) La potencia ideal comunicada a la bomba sería $P = \omega T_0$. Para ilustrar esto numéricamente supóngase que $r_1 = 0{,}2$ m, $r_2 = 0{,}5$ m y $b = 0{,}15$ m. La bomba gira a 600 revoluciones por minuto y suministra un caudal de agua (densidad 1000 kg/m^3) de 2,5 m^3/s. Calcular el par y la potencia ideales en este caso.

Solución (a) El volumen de control escogido es la región anular entre las secciones 1 y 2 en que el flujo pasa entre los álabes (ver Fig. 3.16). El flujo es estacionario e incompresible. La contribución de la presión al par respecto al eje O es nula porque las presiones en 1 y 2 actúan radialmente hacia O. La ecuación (3.71) queda

$$\Sigma \mathbf{M}_O = \mathbf{T}_O = (\mathbf{r}_2 \times \mathbf{V}_2)\dot{m}_{\text{sal}} - (\mathbf{r}_1 \times \mathbf{V}_1)\dot{m}_{\text{ent}} \qquad (1)$$

donde la ecuación de continuidad nos dice que

$$\dot{m}_{\text{ent}} = \rho V_{n1} 2\pi r_1 b = \dot{m}_{\text{sal}} = \rho V_{n2} 2\pi r_2 b = \rho Q$$

El producto vectorial $\mathbf{r} \times \mathbf{V}$ es en sentido de las agujas del reloj respecto a O en ambas secciones:

$$\mathbf{r}_2 \times \mathbf{V}_2 = r_2 V_{t2} \text{ sen } 90° \, \mathbf{k} = r_2 V_{t2} \mathbf{k} \quad \text{en sentido horario}$$
$$\mathbf{r}_1 \times \mathbf{V}_1 = r_1 V_{t1} \mathbf{k} \quad \text{horario}$$

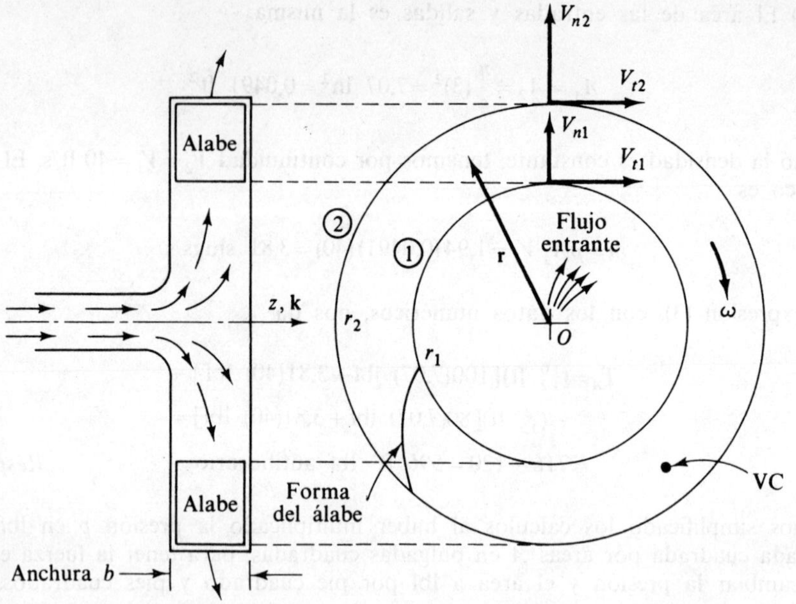

Fig. 3.16 Esquema simplificado de una bomba centrífuga.

La expresión (1) se convierte así en la fórmula del par pedida

$$\mathbf{T}_O = \rho Q (r_2 V_{t2} - r_1 V_{t1})\mathbf{k} \quad \text{horario} \qquad \textit{Resp.} \ (2a)$$

En una bomba idealizada las velocidades tangenciales de entrada y salida se igualarían a las velocidades de giro del álabe $V_{t1} = \omega r_1$ y $V_{t2} = \omega r_2$. El par aplicado queda entonces

$$T_O = \rho Q \omega (r_2^2 - r_1^2) \quad \text{horario} \qquad (2b)$$

(*b*) Convertimos ω en $600(2\pi/60) = 62{,}8$ rad/s. En estos cálculos no intervienen las velocidades normales, que se pueden obtener del caudal

$$V_{n1} = \frac{Q}{2\pi r_1 b} = \frac{2{,}5 \text{ m}^3/\text{s}}{2\pi(0{,}2 \text{ m})(0{,}15 \text{ m})} = 13{,}3 \text{ m/s}$$

$$V_{n2} = \frac{Q}{2\pi r_2 b} = \frac{2{,}5}{2\pi(0{,}5)(0{,}15)} = 5{,}3 \text{ m/s}$$

Como las velocidades tangenciales igualan a las velocidades respectivas del álabe

$$V_{t1} = \omega r_1 = (62{,}8 \text{ rad/s})(0{,}2 \text{ m}) = 12{,}6 \text{ m/s}$$

$$V_{t2} = \omega r_2 = 62{,}8(0{,}5) = 31{,}4 \text{ m/s}$$

El par pedido, según la expresión (2*a*), es

$$T_O = (100\ \text{kg/m}^3)(2{,}5\ \text{m}^3/\text{s})[(0{,}5\ \text{m})(31{,}4\ \text{m/s}) - (0{,}2\ \text{m})(12{,}6\ \text{m/s})] =$$

$$= 33\,000\ (\text{kg}\cdot\text{m}^2)/\text{s}^2 = 33\,000\ \text{N}\cdot\text{m} \qquad \textit{Resp.}$$

La potencia ideal requerida es

$$P = \omega T_O = (62{,}8\ \text{rad/s})(33\,000\ \text{N}\cdot\text{m}) = 2\,070\,000\ (\text{N}\cdot\text{m})/\text{s} =$$

$$= 2{,}07\ \text{MW}\ (2780\ \text{hp}) \qquad \textit{Resp.}$$

En la práctica, las velocidades tangenciales son considerablemente menores que las del extremo del álabe, y la potencia de diseño de esta bomba puede ser 1 MW o menos.

EJEMPLO 3.19 La figura 3.17 muestra un brazo de aspersor visto desde arriba. El brazo gira a velocidad angular constante ω alrededor de O. El flujo volumétrico que entra en el brazo en O es Q, y suponemos el fluido incompresible. Hay un par resistente en O, debido a fricción de los cojinetes, de valor $T_0\mathbf{k}$. Calcular la velocidad de giro ω en función de la geometría y de las propiedades de flujo.

Solución La velocidad de entrada es $V_0\mathbf{k}$, donde $V_0 = Q/A_{\text{cond}}$. La ecuación (3.71) sólo es aplicable al volumen de control de la figura 3.17 si **V** es velocidad absoluta respecto a un sistema de referencia inercial. Por tanto, la velocidad en la sección 2 de salida es

$$\mathbf{V}_2 = V_0\mathbf{i} - R\omega\mathbf{i}$$

La ecuación (3.71) indica en este caso, para flujo estacionario,

$$\Sigma\mathbf{M}_O = -T_O\mathbf{k} = (\mathbf{r}_2 \times \mathbf{V}_2)\dot{m}_{\text{sal}} - (\mathbf{r}_1 \times \mathbf{V}_1)\dot{m}_{\text{ent}} \qquad (1)$$

donde, por continuidad, $\dot{m}_{\text{ent}} = \dot{m}_{\text{sal}} = \rho Q$. Los productos vectoriales respecto a O son

$$\mathbf{r}_2 \times \mathbf{V}_2 = R\mathbf{j} \times (V_0 - R\omega)\mathbf{i} = (R^2\omega - RV_0)\mathbf{k}$$

$$\mathbf{r}_1 \times \mathbf{V}_1 = 0\mathbf{j} \times V_0\mathbf{k} = 0$$

La expresión (1) queda pues

$$-T_O\mathbf{k} = \rho Q(R^2\omega - RV_0)\mathbf{k}$$

o

$$\omega = \frac{V_0}{R} - \frac{T_O}{\rho Q R^2} \qquad \textit{Resp.}$$

El resultado es sorprendente: incluso si el par resistente T_O es despreciable, la velocidad de giro está limitada a V_0/R impuesta por la velocidad de entrada y la longitud del brazo.

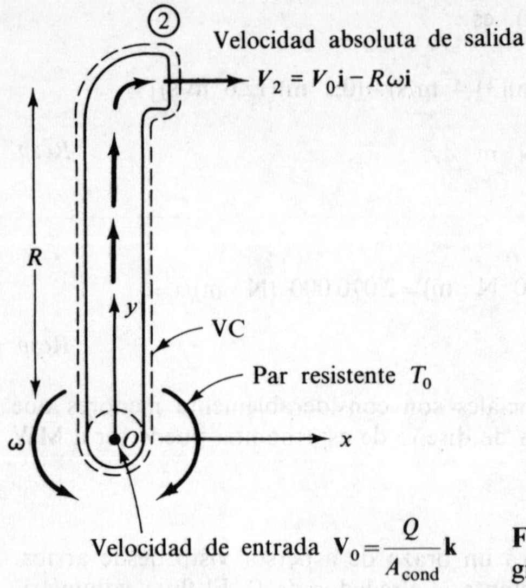

Fig. 3.17 Vista en planta de un aspersor giratorio de un solo brazo.

3.7 ECUACION DE LA ENERGIA[1]

Obtendremos una cuarta y última ecuación aplicando el teorema del transporte de Reynolds (3.12) a la primera ley de la termodinámica, ecuación (3.5). La variable muda B es ahora la energía E, y la energía por unidad de masa es $\beta = dE/dm = e$. La ecuación (3.5) se puede escribir para un volumen de control en la forma siguiente[2]:

$$\frac{dQ}{dt} - \frac{dW}{dt} = \frac{dE}{dt} = \frac{\partial}{\partial t}\left(\iiint_{VC} e\rho \, d\mathcal{V}\right) + \iint_{SC} e\rho(\mathbf{V}\cdot\mathbf{n})\,dA \qquad (3.73)$$

Recordemos que Q positivo significa calor comunicado al sistema y que W positivo significa trabajo realizado por el sistema.

La energía del sistema, por unidad de masa, puede ser de varios tipos:

$$e = e_{\text{interna}} + e_{\text{cinética}} + e_{\text{potencial}} + e_{\text{otras}} \qquad (3.74)$$

donde e_{otras} se refiere a cambios de composición química, reacciones nucleares y efectos electrostáticos y magnéticos. Aquí despreciaremos este término y consideraremos sólo los tres primeros, como vimos en la ecuación (1.28), con z definida hacia arriba:

$$e = \hat{u} + \tfrac{1}{2}V^2 + gz \qquad (3.75)$$

[1] Esta sección debería ser leída para información y enriquecimiento, incluso si le falta al lector soporte termodinámico.

[2] La ecuación de la energía para un volumen de control deformable es muy complicada y no la trataremos aquí. Para más detalles, consúltense las referencias 4 y 5.

Los términos de calor y trabajo podrían ser analizados en detalle. Si este libro versase sobre transferencia de calor, dQ/dt sería dividido en efectos de conducción, convección y radiación y escribiríamos capítulos enteros sobre cada uno (véase, por ejemplo, Ref. 3). Aquí dejaremos el término en esta forma y sólo lo analizaremos en algún caso particular.

Utilizando por conveniencia el punto encima para indicar derivada temporal, dividimos el término de trabajo en tres partes

$$\dot{W} = \dot{W}_{\text{motor}} + \dot{W}_{\text{pres}} + \dot{W}_{\text{esfuerzos viscosos}} = \dot{W}_s + \dot{W}_p + \dot{W}_v \tag{3.76}$$

El trabajo de las fuerzas gravitatorias ya ha sido incluido como energía potencial en la ecuación (3.75). Otros tipos de trabajo, como los debidos a fuerzas electromagnéticas, se excluyen en este análisis.

El trabajo de partes móviles, que llamaremos motor, muestra la porción de trabajo suministrada por una máquina (álabe de una bomba, álabe de un ventilador, pistón, etc.) cuyo eje atraviesa la superficie de control hacia el interior del volumen de control. No haremos mayor comentario sobre este término $\dot{W}_s$, dejando para el capítulo 11 el estudio de las actuaciones de turbomáquinas.

El trabajo de las fuerzas de presión sólo se produce en la superficie; en el interior del volumen de control aparecen fuerzas iguales y opuestas cuyos trabajos se anulan. El trabajo de las fuerzas de presión sobre un elemento de área dA es igual a la fuerza elemental por la componente normal de la velocidad hacia el volumen de control

$$d\dot{W}_p = -(p\, dA)\, V_{n,\text{ent}} = -p(-\mathbf{V} \cdot \mathbf{n})\, dA \tag{3.77}$$

El trabajo total, por unidad de tiempo, es la integral sobre la superficie de control

$$\dot{W}_p = \iint_{\text{SC}} p(\mathbf{V} \cdot \mathbf{n})\, dA \tag{3.78}$$

Una advertencia: si parte de la superficie de control es superficie de una máquina, el trabajo de las fuerzas de presión correspondiente lo incorporamos al término de partes móviles $\dot{W}_s$ y no a $\dot{W}_p$, dejando este último para representar los efectos del flujo.

Finalmente, el trabajo de deformación debido a los esfuerzos viscosos sólo cuenta en la superficie (ya que el de los esfuerzos del interior se cancelan), y consiste en el producto de cada esfuerzo viscoso (uno normal y dos tangenciales) por la componente respectiva de la velocidad

$$d\dot{W}_v = -\tau \cdot \mathbf{V}\, dA$$

o

$$\dot{W}_v = -\iint_{\text{SC}} \tau \cdot \mathbf{V}\, dA \tag{3.79}$$

donde $\boldsymbol{\tau}$ es el vector esfuerzo sobre el elemento de área dA. Este término puede ser nulo o despreciable en ciertos tipos particulares de superficies de control:

Superficie sólida. En aquellas partes de la superficie de control que sean paredes sólidas fijas, $\mathbf{V}=0$ por la condición de no deslizamiento; por tanto, $\dot{W}_v=0$ idénticamente.

Superficie de una máquina. En este caso, el esfuerzo viscoso es una contribución de la máquina y por ello lo incluimos en el término $\dot{W}_s$.

Entrada o salida. En una entrada o salida, el flujo es aproximadamente normal al elemento de área dA; por ello, la única contribución procede del esfuerzo viscoso normal $\tau_{nn} V_n \, dA$. Como los esfuerzos viscosos normales son muy pequeños salvo raros casos, por ejemplo, en el interior de una onda de choque, es habitual despreciar el trabajo de los esfuerzos viscosos en las entradas y salidas del volumen de control.

Superficie de corriente. Si la superficie de control es una superficie de corriente, como la curva sobre la capa límite de la figura 3.11, los términos viscosos pueden ser calculados y retenidos sobre la superficie de corriente si son apreciables. En el caso particular de la figura 3.11, la línea de corriente pasa justo por el exterior de la capa límite y el término viscoso es despreciable.

El resultado global de toda la discusión anterior indica que el término de trabajo de la ecuación (3.73) consiste en

$$\dot{W}=\dot{W}_s+\iint_{SC} p(\mathbf{V}\cdot\mathbf{n})\,dA-\iint_{SC}(\boldsymbol{\tau}\cdot\mathbf{V})_{SS}\,dA \tag{3.80}$$

donde el subíndice SS indica superficie de corriente. Al introducir (3.80) y (3.75) en (3.73), vemos que el término de trabajo de las fuerzas de presión puede incorporarse a los términos de flujo de energía, ya que ambos incluyen integrales de superficie con el factor $\mathbf{V}\cdot\mathbf{n}$. La ecuación de la energía para un volumen de control queda entonces

$$\dot{Q}-\dot{W}_s-(\dot{W}_v)_{SS}=\frac{\partial}{\partial t}\left(\iiint_{VC} e\rho\, d\mathcal{V}\right)+\iint_{SC}\left(e+\frac{p}{\rho}\right)\rho(\mathbf{V}\cdot\mathbf{n})\,dA \tag{3.81}$$

Tomando e de (3.75) vemos que en la integral de superficie aparece la entalpia $\hat{h}=\hat{u}+p/\rho$. La forma final de la ecuación de la energía para un volumen de control es pues

$$\dot{Q}-\dot{W}_s-\dot{W}_v=\frac{\partial}{\partial t}\left[\iiint_{VC}(\hat{u}+\tfrac{1}{2}V^2+gz)\rho\, d\mathcal{V}\right]+\iint_{SC}(\hat{h}+\tfrac{1}{2}V^2+gz)\rho(\mathbf{V}\cdot\mathbf{n})\,dA \tag{3.82}$$

Como se mencionó anteriormente, el término $\dot{W}_v$ es raras veces importante.

Flujos de energía unidimensionales

Si el volumen de control tiene una serie de entradas y salidas unidimensionales, como en la figura 3.6, la integral de superficie que aparece en (3.82) se reduce a la suma de los flujos en las salidas menos los flujos de entrada

$$\iint_{SC} (\hat{h}+\tfrac{1}{2}V^2+gz)\rho(\mathbf{V}\cdot\mathbf{n})\,dA =$$

$$= \Sigma(\hat{h}+\tfrac{1}{2}V^2+gz)_{sal}\dot{m}_{sal} - \Sigma(\hat{h}+\tfrac{1}{2}V^2+gz)_{ent}\dot{m}_{ent} \qquad (3.83)$$

donde los valores de $\hat{h}$, $\frac{1}{2}V^2$ y gz son los medios en cada sección.

EJEMPLO 3.20 Una máquina toma aire, en régimen estacionario, a través de la sección 1 y lo descarga por las secciones 2 y 3. Las propiedades en cada sección son las siguientes:

Sección	A, ft²	Q, ft³/s	T, °F	p, lbf/in² abs	z, ft
1	0,4	100	70	20	1,0
2	1,0	40	100	30	4,0
3	0,25	50	200	??	1,5

La máquina comunica al aire una potencia de 150 hp. Calcular la presión p_3 en libras-fuerza por pulgada cuadrada y el calor $\dot{Q}$ en Btu por segundo. Suponer que el aire es un gas perfecto con $R = 1715$ y $c_p = 6003$ (ft · lbf)/(slug · °R).

Solución El volumen de control escogido corta a través de las tres secciones unidimensionales y en el resto sigue las paredes de la máquina. Por ello el trabajo

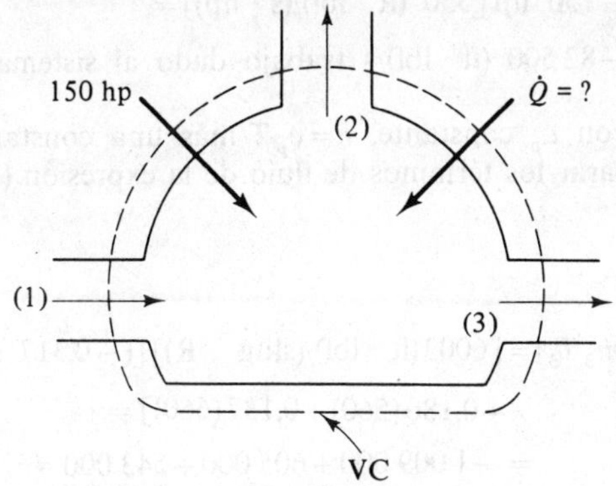

Fig. E3.20

de los esfuerzos viscosos $\dot{W}_v$ es despreciable. Disponemos de información suficiente para calcular inmediatamente $V_i = Q_i/A_i$

$$V_1 = \frac{100}{0{,}4} = 250 \text{ ft/s} \quad V_2 = \frac{40}{1{,}0} = 40 \text{ ft/s} \quad V_3 = \frac{50}{0{,}25} = 200 \text{ ft/s}$$

y también las densidades $\rho_i = p_i/RT_i$

$$\rho_1 = \frac{20(144)}{1715(70+460)} = 0{,}00317 \text{ slug/ft}^3$$

$$\rho_2 = \frac{30(144)}{1715(560)} = 0{,}00450 \text{ slug/ft}^3$$

mientras que ρ_3 se determina con la ecuación de la continuidad:

$$\dot{m}_1 = \dot{m}_2 + \dot{m}_3$$

$$\rho_1 Q_1 = \rho_2 Q_2 + \rho_3 Q_3 \qquad (1)$$

$$0{,}00317(100) = 0{,}00450(40) + \rho_3(50)$$

o $$50\rho_3 = 0{,}317 - 0{,}180 = 0{,}137 \text{ slug/s}$$

$$\rho_3 = \frac{0{,}137}{50} = 0{,}00274 \text{ slug/ft}^3 = \frac{144 p_3}{1715(660)}$$

Despejando $$p_3 = 21{,}5 \text{ lbf/in}^2 \text{ abs}$$ *Resp.*

Nótese que el flujo volumétrico $Q_1 \neq Q_2 + Q_3$ debido a las variaciones de densidad.

En flujo estacionario, la integral de volumen de (3.82) se anula, y ya hemos quedado en que el término viscoso es despreciable. Con una entrada y dos salidas tenemos

$$\dot{Q} - \dot{W}_s = -\dot{m}_1(\hat{h}_1 + \tfrac{1}{2}V_1^2 + gz_1) + \dot{m}_2(\hat{h}_2 + \tfrac{1}{2}V_2^2 + gz_2) + \dot{m}_3(\hat{h}_3 + \tfrac{1}{2}V_3^2 + gz_3) \qquad (2)$$

donde $\dot{W}_s$ es la potencia dada, que hay que pasar a unidades británicas:

$$\dot{W}_s = -150 \text{ hp}[550 \text{ (ft} \cdot \text{lbf)/(s} \cdot \text{hp)}] =$$
$$= -82\,500 \text{ (ft} \cdot \text{lbf)/s trabajo dado al sistema}$$

En un gas perfecto con c_p constante, $\hat{h} = c_p T$ más una constante arbitraria. Es muy instructivo el separar los términos de flujo de la expresión (2) y examinar sus magnitudes:

Flujo de entalpia:

$$c_p(-\dot{m}_1 T_1 + \dot{m}_2 T_2 + \dot{m}_3 T_3) = [6003 \text{ (ft} \cdot \text{lbf)/(slug} \cdot {}^\circ\text{R)}][(-0{,}317 \text{ slug/s})(530^\circ \text{ R}) +$$
$$+ 0{,}180(560) + 0{,}137(660)] =$$
$$= -1\,009\,000 + 605\,000 + 543\,000 =$$
$$= +139\,000 \text{ (ft} \cdot \text{lbf)/s}$$

Flujo de energía cinética:

$$-\dot{m}_1(\tfrac{1}{2}V_1^2)+\dot{m}_2(\tfrac{1}{2}V_2^2)+\dot{m}_3(\tfrac{1}{2}V_3^2)=\tfrac{1}{2}[-0{,}317(250)^2+0{,}180(40)^2+0{,}137(200)^2]=$$
$$=-9900+150+2750=-700 \text{ (ft}\cdot\text{lbf)/s}$$

Flujo de energía potencial:

$$g(-\dot{m}_1 z_1+\dot{m}_2 z_2+\dot{m}_3 z_3)=32{,}2[-0{,}317(1{,}0)+0{,}180(4{,}0)+0{,}137(1{,}5)]=$$
$$=-10+23+7=+20 \text{ (ft}\cdot\text{lbf)/s}$$

Como vemos, y esto es típico de los gases, el flujo de energía potencial es despreciable; el flujo de energía cinética es pequeño a bajas velocidades y queda como dominante el flujo de entalpia. Los términos de energía cinética y potencial sólo son importantes cuando los efectos de transferencia de calor son despreciables. En este caso, el flujo de calor es

$$\dot{Q}=-82\,500+139\,000-7000+20=49\,520 \text{ (ft}\cdot\text{lbf)/s} \qquad (3)$$

Cambiando de unidades

$$\dot{Q}=49\,520\div 778{,}2 \text{ ft-lbf/Btu}=+63{,}6 \text{ Btu/s}$$ *Resp.*

Ecuación de la energía en flujo estacionario

En flujo estacionario con una entrada y una salida, supuestas ambas unidimensionales, la ecuación (3.82) se reduce a una relación muy usada en ingeniería. Sea 1 la sección de entrada y 2 la de salida. Tendremos

$$\dot{Q}-\dot{W}_s-\dot{W}_v=-\dot{m}_1(\hat{h}_1+\tfrac{1}{2}V_1^2+gz_1)+\dot{m}_2(\hat{h}_2+\tfrac{1}{2}V_2^2+gz_2) \qquad (3.84)$$

Pero como por la ecuación de continuidad $\dot{m}_1=\dot{m}_2=\dot{m}$, reagrupando (3.84) queda:

$$\hat{h}_1+\tfrac{1}{2}V_1^2+gz_1=(\hat{h}_2+\tfrac{1}{2}V_2^2+gz_2)-q+w_s+w_v \qquad (3.85)$$

donde $q=\dot{Q}/\dot{m}=dQ/dm$ es el calor comunicado al fluido por unidad de masa. Análogamente, $w_s=\dot{W}_s/\dot{m}=dW_s/dm$ y $w_v=\dot{W}_v/\dot{m}=dW_v/dm$. La ecuación (3.85) es una forma general de *ecuación de la energía para flujo estacionario*, que indica que la *entalpia de remanso* $H_1=(\hat{h}+\tfrac{1}{2}V^2+gz)_1$ difiere del valor H_2 sólo si hay transferencia de calor o trabajo de esfuerzos viscosos o partes móviles entre las secciones 1 y 2. Recuérdese que q es positivo si se comunica calor al fluido y w_s y w_v son positivos cuando el fluido realiza un trabajo sobre su entorno.

Cada término de la ecuación (3.85) tiene dimensiones de energía por unidad de masa, o velocidad al cuadrado, que es la forma comúnmente utilizada por los ingenieros mecánicos. Si dividimos todo por g cada término es una altura, o carga, que es la forma utilizada por los ingenieros civiles. Como tanto la entalpia como la carga tienen el símbolo h, separaremos la entalpia en $\hat{u}+p/\rho$ para evitar confusiones. La ecuación (3.85) queda

$$\frac{p_1}{\rho g}+\frac{\hat{u}_1}{g}+\frac{V_1^2}{2g}+z_1=\left(\frac{p_2}{\rho g}+\frac{\hat{u}_2}{g}+\frac{V_2^2}{2g}+z_2\right)-h_q+h_s+h_v \qquad (3.86)$$

donde $h_q=q/g$, $h_v=w_v/g$ y $h_s=w_s/g$ son las variaciones de carga debidas a transferencia de calor y trabajo de esfuerzos viscosos y partes móviles.

Comparación con la ecuación de Bernoulli

Al deducir la ecuación de Bernoulli (3.63) en una sección anterior, se indicó que se había despreciado la fricción, la transferencia de calor y cualquier otro trabajo excepto el de las fuerzas de presión. La ecuación de la energía en régimen estacionario (3.86) también corresponde al flujo en un tubo de corriente (una entrada y una salida) y permite, por tanto, una comparación. La ecuación (3.86) puede ser reagrupada en la forma

$$\frac{p_1}{\rho}+\tfrac{1}{2}V_1^2+gz_1=\left(\frac{p_2}{\rho}+\tfrac{1}{2}V_2^2+gz_2\right)+w_s+w_v+(\hat{u}_2-\hat{u}_1-q) \qquad (3.87)$$

La forma equivalente con cargas sería

$$h_{0_1}=h_{0_2}+h_s+h_v+\frac{\hat{u}_2-\hat{u}_1-q}{g} \qquad (3.88)$$

donde $h_0=z+p/\rho g+V^2/2g$ es la carga total de Bernoulli o altura de la LNE. Así vemos que la carga total puede variar de 1 a 2 debido a trabajo de partes móviles, trabajo viscoso, transferencia de calor y disipación. La ecuación (3.88) es mucho menos restrictiva que la ecuación de cantidad de movimiento de Bernoulli (3.63).

El último término de (3.88) puede contener disipaciones reversibles e irreversibles

$$\frac{\hat{u}_2-\hat{u}_1-q}{g}=\Delta h_{\text{rev}}+\Delta h_{\text{pérdidas}} \qquad (3.89)$$

Las variaciones reversibles de carga se deben a transferencia de calor gradual o a intercambio entre energía mecánica e interna durante procesos de expansión o compresión. Esto es lo que ocurre normalmente en problemas de dinámica de gases, que se tratan en el capítulo 9.

Las pérdidas irreversibles tienen lugar en los flujos reales como resultado de la disipación viscosa que convierte energía mecánica en energía interna, no recuperable, y transferencia de calor. Indicaremos $\Delta h_{\text{pérdidas}}$ con h_f para señalar que las pérdidas son debidas a fricción. La segunda ley de la termodinámica impone que h_f sea siempre positiva en un flujo real. Los métodos que relacionan las pérdidas con las condiciones del flujo se estudian en la sección 6.7.

La figura 3.18 ilustra algunos efectos que pueden presentarse en flujos generales con transferencia de calor, trabajo y fricción. La constante de Bernoulli h_0 determina la LNE, que comienza a la altura del depósito y desciende lentamente a lo largo del primer conducto debido a la fricción h_f. La LAM desciende con la misma pendiente, ya que la velocidad en el conducto es constante como obliga la ecuación de continuidad.

La LNE se eleva bruscamente al pasar la bomba, en una cantidad h_s, correspondiente a la potencia comunicada por la bomba. Hay un aumento en la presión que se refleja en la LAM. Ambas líneas descienden después debido a la fricción en el segundo tubo. El cambiador de calor añade energía al fluido y produce una subida más o menos lineal en las LNE y LAM. Este aumento está representado por $h_q - h_f$, para indicar que puede haber pérdidas en el cambiador. Después tendremos el efecto de la fricción en el tercer tubo.

Las LNE y LAM caen bruscamente a través de la turbina en una cantidad h_s que corresponde a la potencia extraída por la turbina. El flujo descarga finalmente en la atmósfera. La LNE muestra en este último conducto el ligero descenso debido a la fricción mientras que la LAM asciende una cantidad despreciable reflejando la gran variación de veloci-

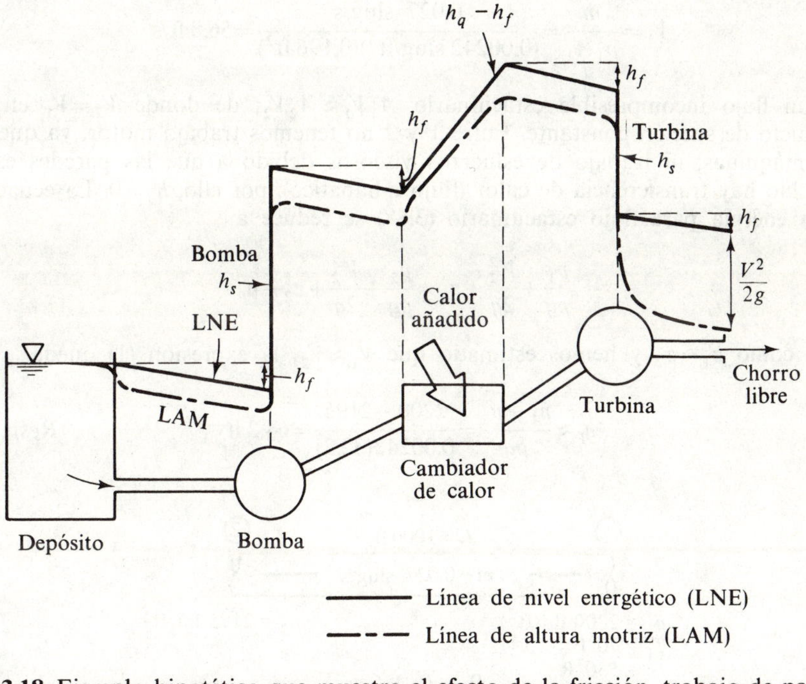

Fig. 3.18 Ejemplo hipotético que muestra el efecto de la fricción, trabajo de partes móviles y transferencia de calor en la constante de Bernoulli o LNE y en la presión motriz o LP.

dad y presión en este conducto de descarga. La LAM acaba exactamente a la altura de la boca de salida, donde la presión del chorro cae a la atmosférica y aumenta la energía cinética.

Debe advertirse, antes de ver algunos ejemplos, que la ecuación de la energía para flujo estacionario (3.87), aunque es una herramienta poderosa, es tan sólo un caso especial de la ecuación de la energía para un volumen de control, ecuación (3.82).

EJEMPLO 3.21 Un flujo de aire de 0,027 slug/s circula en régimen estacionario y adiabático por un conducto de 6 in de diámetro y 1000 ft de longitud, como indica la figura E3.21. La presión disminuye de 2200 a 2195 lbf/ft^2, siendo 70° F la temperatura de entrada. La tubería es horizontal. Calcular (*a*) la pérdida de carga entre 1 y 2, (*b*) la temperatura T_2, suponiendo que el flujo es incompresible. (*c*) Repetir el cálculo de T_2, suponiendo que el aire es un gas perfecto compresible. El proceso entre 1 y 2, ¿es reversible o irreversible?

Solución (*a*) Podemos estimar la densidad casi constante con las condiciones de entrada, suponiendo que $R = 1715\ \text{ft}^2/(\text{s}^2 \cdot {}^\circ\text{R})$:

$$\rho \approx \rho_1 = \frac{p_1}{RT_1} = \frac{2200}{1715(530)} = 0{,}00242\ \text{slug/ft}^3$$

El área del conducto es $A_1 = A_2 = \pi D^2/4 = \pi(0{,}5\ \text{ft})^2/4 = 0{,}196\ \text{ft}^2$. La velocidad de entrada se obtiene del flujo másico

$$V_1 = \frac{\dot{m}}{\rho_1 A_1} = \frac{0{,}027\ \text{slug/s}}{(0{,}00242\ \text{slug/ft}^3)(0{,}196\ \text{ft}^2)} = 56{,}8\ \text{ft/s}$$

En un flujo incompresible estacionario $A_1 V_1 \approx A_2 V_2$; de donde $V_2 = V_1$ en un conducto de sección constante. Entre 1 y 2 no tenemos trabajo motor, ya que no hay máquinas, ni trabajo de esfuerzos viscosos debido a que las paredes están fijas. No hay transferencia de calor (flujo adiabático); por ello, $h_q = 0$. La ecuación de la energía para flujo estacionario (3.88) se reduce a

$$\frac{p_1}{\rho g} + \frac{V_1^2}{2g} + z_1 = \frac{p_2}{\rho g} + \frac{V_2^2}{2g} + z_2 + h_f \qquad (1)$$

Pero como $z_1 = z_2$ y hemos estimado que $V_1 \approx V_2$, la expresión (1) queda

$$h_f \approx \frac{p_1 - p_2}{\rho g} = \frac{2200 - 2195}{0{,}00242(32{,}2)} = 64{,}2\ \text{ft} \qquad \textit{Resp. (a)}$$

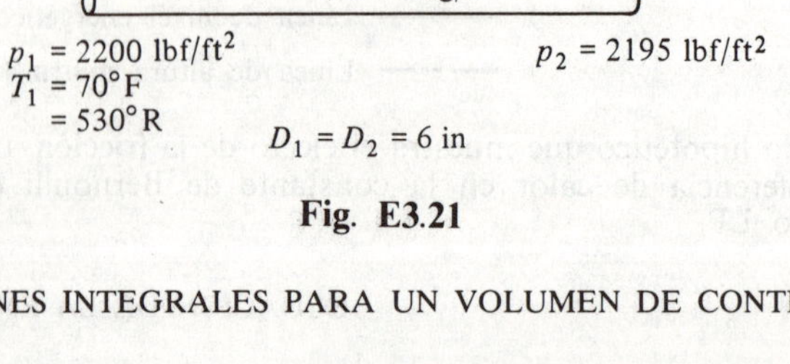

Fig. E3.21

(*b*) Según la ecuación (3.89) esta pérdida de carga se traduce en un aumento de temperatura

$$h_f = \frac{\hat{u}_2 - \hat{u}_1}{g} = \frac{c_v(T_2 - T_1)}{g}$$

con la $c_v = 4290\ \text{ft}^2/(\text{s}^2 \cdot {}^\circ\text{R})$ para el aire. El aumento de temperatura es

$$T_2 - T_1 = \frac{gh_f}{c_v} = \frac{32{,}2(64{,}2)}{4290} = 0{,}48^\circ\ \text{F}$$

o $$T_2 = 70{,}48^\circ\ \text{F} \qquad \textit{Resp (b)}$$

El aumento de temperatura debido a la disipación a estas velocidades tan pequeñas es también pequeño.

(*c*) Para calcular T_2 con más exactitud, calculamos ρ_2 a partir de la ecuación de gases perfectos

$$\rho_2 = \frac{p_2}{RT_2} = \frac{2195}{1715\,T_2} = \frac{1{,}28}{T_2}$$

Utilizando la ecuación de continuidad en forma exacta

$$\rho_1 A_1 V_1 = \rho_2 A_2 V_2$$

o $$V_2 = V_1 \frac{\rho_1}{\rho_2} = 0{,}1074\,T_2 \qquad (2)$$

podemos utilizar ahora la ecuación (3.86) sin preocuparnos de si es reversible o no la variación de temperatura

$$\frac{p_1}{\rho_1} + c_v T_1 + \tfrac{1}{2}V_1^2 = \frac{p_2}{\rho_2} + c_v T_2 + \tfrac{1}{2}V_2^2 \qquad (3)$$

Sustituyendo $\rho_2 = 1{,}28/T_2$ y $V_2 = 0{,}1074\,T_2$, la expresión (3) queda cuadrática en T_2

$$0{,}00577\,T_2^2 + 6005\,T_2 - 3\,184\,000 = 0$$

con unidades consistentes en todos los términos. Las dos raíces son $T_2 = -1\,041\,000^\circ$ R, que es irreal, y

$$T_2 = 529{,}95^\circ\ \text{R} \qquad \textit{Resp. (c)}$$

De modo que, en realidad, la temperatura disminuye ligeramente aguas abajo. Lo que ha ocurrido es que ha habido un aumento de 0,48° F debido a la fricción, y una caída reversible de 0,53° F debido a conversión de presión y energía cinética en energía interna.

EJEMPLO 3.22 Una central hidroeléctrica toma 30 m³/s de agua a través de su turbina, y la descarga a 2 m/s a la atmósfera. La pérdida de carga en el conducto de alimentación es de 20 m. Calcular la potencia extraída por la turbina en MW.

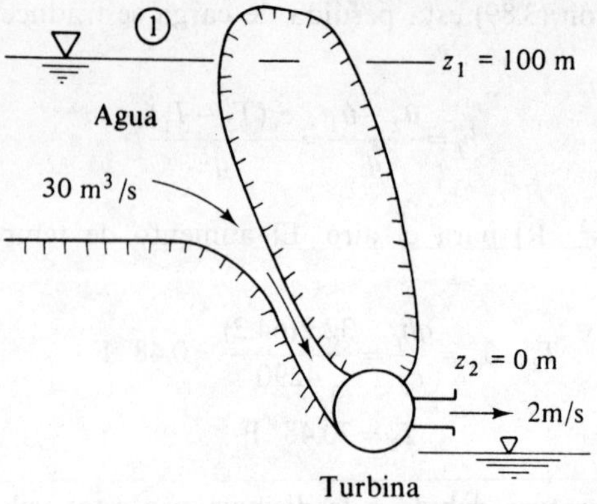

Fig. E3.22

Solución Despreciamos el trabajo de los esfuerzos viscosos y la transferencia de calor. Tomamos la sección 1 en la superficie del embalse, donde $V_1 \approx 0$ y $p_1 = p_a$, y la sección 2 en la salida de la turbina. La ecuación (3.88) queda

$$\frac{p_a}{\rho g} + \tfrac{1}{2}(0)^2 + 100 \text{ m} = \frac{p_a}{\rho g} + \frac{\tfrac{1}{2}(2 \text{ m/s})^2}{9{,}81 \text{ m/s}^2} + 0 \text{ m} + h_f + h_s \qquad (1)$$

Con $h_f = 20$ m tendremos

$$h_s = 100 - 20 - 0{,}2 = 79{,}8 \text{ m}$$

o
$$w_s = h_s g = (79{,}8 \text{ m})(9{,}81 \text{ m/s}^2) = 783 \text{ m}^2/\text{s}^2 = 783 \,(\text{N} \cdot \text{m})/\text{kg} = 783 \text{ J/kg} \qquad (2)$$

El resultado es positivo de acuerdo con la convención de que el trabajo dado por el fluido a la turbina es positivo. La potencia es

$$P = \dot{m} w_s = \rho Q w_s = (1000 \text{ kg/m}^3)(30 \text{ m}^3/\text{s})(783 \text{ J/kg}) =$$
$$= 23{,}5 \times 10^6 \text{ J/s} = 23{,}5 \times 10^6 \text{ W} = 23{,}5 \text{ MW} \qquad \textit{Resp.}$$

La turbina arrastra un generador eléctrico con unas pérdidas en la transmisión y generación de alrededor del 15 por 100 y la potencia eléctrica de salida quedaría en unos 20 MW.

EJEMPLO 3.23 Una bomba suministra 3 ft³/s de agua a una máquina, sección 2, que está a 20 ft por encima del nivel del depósito. Las pérdidas entre 1 y 2 vienen dadas por $h_f = K V_2^2/2g$, donde $K = 7{,}5$ es un coeficiente adimensional (ver Sec. 6.7). Calcular la potencia necesaria para arrastrar la bomba si el rendimiento es un 80 por 100.

Solución El flujo es estacionario si se desprecia el lento descenso del nivel del depósito; consideramos además que $V_1 \approx 0$. V_2 se calcula a partir del caudal y el diámetro

$$V_2 = \frac{Q}{A_2} = \frac{3 \text{ ft}^3/\text{s}}{(\pi/4)(\frac{3}{12} \text{ ft})^2} = 6{,}11 \text{ ft/s}$$

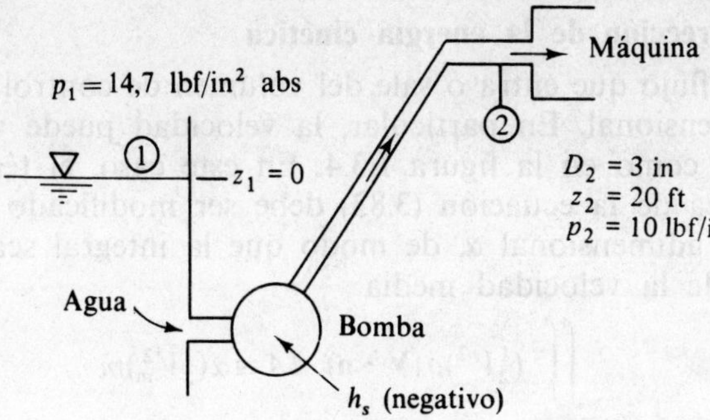

Fig. E3.23

En las paredes, y en las entradas y salidas unidimensionales, el trabajo viscoso es cero. La ecuación (3.88) queda entonces

$$\frac{p_1}{\rho g}+\frac{V_1^2}{2g}+z_1=\frac{p_2}{\rho g}+\frac{V_2^2}{2g}+z_2+h_s+h_f$$

Con $V_1=0$, $z_1=0$ y $h_f=K\,V_2^2/2g$ tenemos

$$h_s=\frac{p_1-p_2}{\rho g}-z_2-(1+K)\frac{V_2^2}{2g} \tag{1}$$

Las presiones deben ponerse en libras-fuerza por pie cuadrado para que las unidades sean consistentes, con $\rho g=62,4$ lbf/ft³ para el agua. Introduciendo los valores numéricos llegamos a

$$h_s=\frac{(14,7-10)(144)\ \text{lbf/ft}^2}{62,4\ \text{lbf/ft}^3}-20\ \text{ft}-\frac{(1+7,5)(61,1\ \text{ft/s})^2}{2(32,2\ \text{ft/s}^2)}=$$
$$=11-20-493=-502\ \text{ft} \tag{2}$$

La carga de la bomba es negativa, indicando trabajo dado al fluido cuyo valor es

$$P=\dot{m}w_s=\rho Q g h_s=$$
$$=(1,94\ \text{slugs/ft}^3)(3\ \text{ft}^3/\text{s})(32,2\ \text{ft/s}^2)(-502\ \text{ft})=$$
$$=-94\,100\ (\text{ft}\cdot\text{lbf})/\text{s}$$
$$\text{hp}=\frac{94\,100\ \text{ft}\cdot\text{lbf})/\text{s}}{550(\text{ft}\cdot\text{lbf})/(\text{s}\cdot\text{hp})}=171\ \text{hp}$$

La potencia necesaria para bombear el agua, sabiendo que el rendimiento es de un 80 por 100, será

$$P_{\text{entrada}}=\frac{P}{\text{rendimiento}}=\frac{171}{0,8}=214\ \text{hp}$$ *Resp.*

Factor de corrección de la energía cinética

A menudo, el flujo que entra o sale del volumen de control no es estrictamente unidimensional. En particular, la velocidad puede variar a través de la sección, como en la figura E3.4. En este caso, el término flujo de energía cinética de la ecuación (3.83) debe ser modificado con un factor de corrección adimensional α, de modo que la integral sea proporcional al cuadrado de la velocidad media

$$\iint_{\text{sección}} (\tfrac{1}{2}V^2)\rho(\mathbf{V}\cdot\mathbf{n})\; dA \equiv \alpha(\tfrac{1}{2}V_m^2)\dot{m} \qquad (3.90)$$

donde $$V_m = \frac{1}{A}\iint u\, dA \quad \text{en flujo incompresible}$$

Si la densidad es también variable, el cálculo de la integral resulta bastante complicado; esta complicación no será tratada en este texto. Si u es la velocidad normal a la sección, la ecuación (3.90) queda, para flujo incompresible,

$$\tfrac{1}{2}\rho \iint u^3\, dA = \tfrac{1}{2}\rho\alpha V_m^3 A$$

o $$\alpha = \frac{1}{A}\iint \left(\frac{u}{V_m}\right)^3 dA \qquad (3.91)$$

Este es el factor de corrección del flujo de energía cinética, que tiene un valor de 2,0 aproximadamente para flujo laminar desarrollado en un tubo y de 1,04 a 1,11 para flujo turbulento. La ecuación de la energía en régimen estacionario (3.87) quedaría

$$\frac{p_1}{\rho} + \tfrac{1}{2}\alpha_1 V_1^2 + gz_1 = \left(\frac{p_2}{\rho} + \tfrac{1}{2}\alpha_2 V_2^2 + gz_2\right) + w_s + \Delta H_{\text{pérdidas}} \qquad (3.92)$$

Para calcular el valor numérico de α hacemos las siguientes aproximaciones:

Flujo laminar:

$$u = U_0\left[1 - \left(\frac{r}{R}\right)^2\right]$$

de donde $$V = 0{,}5U_0$$

y $$\alpha = 2{,}0 \qquad (3.93)$$

Flujo turbulento: $$u \approx U_0\left(1 - \frac{r}{R}\right)^m \qquad m \approx \tfrac{1}{7}$$

De donde, según el ejemplo 3.4,

$$V = \frac{2U_0}{(1+m)(2+m)}$$

Sustituyendo esto en la ecuación (3.91) tenemos

$$\alpha = \frac{(1+m)^3(2+m)^3}{4(1+3m)(2+3m)} \qquad (3.94)$$

que proporciona los valores numéricos siguientes:

Flujo turbulento:

m	$\frac{1}{5}$	$\frac{1}{6}$	$\frac{1}{7}$	$\frac{1}{8}$	$\frac{1}{9}$
α	1,106	1,077	1,058	1,046	1,037

Estos valores son prácticamente iguales a la unidad y, normalmente, se desprecian en los análisis elementales.

RESUMEN

En este capítulo se han analizado las cuatro ecuaciones básicas de la Mecánica de Fluidos: conservación de (1) masa, (2) cantidad de movimiento, (3) momento cinético y (4) energía. Las ecuaciones fueron estudiadas en «escalas grandes», es decir, aplicadas a regiones completas del flujo. Por ello, el análisis típico incluye una aproximación del campo fluido en el interior de la región, proporcionando resultados cuantitativos groseros aunque siempre instructivos. Sin embargo, las ecuaciones básicas aplicadas a volúmenes de control son rigurosas y correctas y darán resultados exactos si se conoce bien el campo fluido.

Hay dos aspectos principales en el análisis de volúmenes de control. El primero es la selección de un volumen de control adecuado, ingenioso y manejable. La experiencia es insustituible, aunque se pueden seguir estas directrices: el volumen de control debe cortar por donde se pide la información; debería cortar por donde se dispone de la máxima información; si se utiliza la ecuación de cantidad de movimiento *no* debe estar limitado por paredes fijas, a menos que sea absolutamente necesario, ya que esto nos daría esfuerzos, fuerzas y momentos desconocidos que dificultarían o imposibilitarían el hallar la solución. Finalmente, se debe intentar trabajar en un sistema de referencia en el cual el flujo sea estacionario o casi estacionario, ya que la formulación correspondiente es mucho más simple.

El segundo aspecto a destacar es cómo puede reducirse el problema real a otro que se puede abordar con el análisis de volúmenes de control. Los 23 ejemplos de este capítulo son sólo una introducción en busca de las aproximaciones apropiadas. Es necesario resolver 23 ó 123 ejemplos adicionales para llegar a tener la experiencia suficiente para saber simplificar un problema sin pasarse. Mientras tanto, es bueno que el principiante trabaje con la forma general de las ecuaciones y haga las simplificaciones que le permitan llegar al resultado. Al comenzar con la forma general, uno se puede preguntar por los siguientes puntos:

1. ¿Es indeformable o carece de aceleración el volumen de control?
2. ¿Es estacionario el flujo? ¿Podemos utilizar un sistema de referencia estacionario?
3. ¿Se puede despreciar la fricción?
4. ¿Es incompresible el fluido del problema? En caso contrario, ¿se puede aplicar la ecuación de los gases perfectos?
5. ¿Son despreciables las fuerzas gravitatorias y las otras fuerzas másicas?
6. ¿Hay transferencia de calor, trabajo de partes móviles o de esfuerzos viscosos?
7. Las entradas y salidas, ¿son aproximadamente unidimensionales?
8. ¿Es importante, en el análisis, la presión atmosférica? ¿Es hidrostática en alguna parte de la superficie de control la distribución de presiones?
9. ¿Son tan lentamente variables las condiciones en el depósito como para que la velocidad en él y su derivada temporal sean despreciables?

De esta forma, aceptando o rechazando simplificaciones básicas como las de arriba, se puede, por ejemplo, distinguir cuándo es aplicable la ecuación de Bernoulli y cuándo no lo es.

REFERENCIAS

1. D. T. Greenwood, «Principles of Dynamics», Prentice-Hall, Englewood Cliffs, N. J., 1965.
2. T. von Kármán, «The Wind and Beyond», Little, Brown, Boston, 1967.
3. J. P. Holman, «Heat Transfer», 4.ª ed., McGraw-Hill, Nueva York, 1976.
4. A. G. Hansen, «Fluid Mechanics», Wiley, Nueva York, 1967.
5. M. C. Potter y J. F. Foss, «Fluid Mechanics», Ronald, Nueva York, 1975.
6. G. J. Van Wylen y R. E. Sonntag, «Fundamentals of Classical Thermodynamics», Wiley, Nueva York.
7. W. C. Reynolds y H. C. Perkins, «Engineering Thermodynamics», 2.ª ed., McGraw-Hill, Nueva York, 1977.

PROBLEMAS

3.1 En termodinámica [6, 7] las ecuaciones básicas se escriben normalmente para un «sistema abierto». ¿Cómo se podrían comparar estos términos con el volumen de control que se ha usado en este capítulo?

3.2 Dibújense las líneas de corriente del aire y del agua en las proximidades del barco de la figura 3.2*b* cuando (*a*) el volumen de control se mueve a la velocidad del barco y (*b*) el volumen de control está fijo a tierra. Indique las direcciones.

3.3 Escriba las propiedades intensivas β, o por unidad de masa, de cada una de las siguientes propiedades fluidas B: (*a*) masa, (*b*) cantidad de movimiento, (*c*) momento cinético, (*d*) energía, (*e*) entropía, (*f*) entalpia, (*g*) sal disuelta en agua.

3.4 Indique si son estacionarios o no los siguiente flujos: (*a*) proximidades de un avión que se mueve a 200 km/h, (*b*) flujo en un conducto cuando una válvula aguas abajo se va abriendo de modo uniforme, (*c*) flujo alrededor del pilar de un puente, (*d*) movimiento del agua en las proximidades de una playa al pasar un tren uniforme de ondas, (*e*) flujo sobre el rebosadero de un embalse. Razone si alguna de las preguntas le parecen ambiguas.

3.5 A través de un tubo de 6 pulgadas de diámetro fluye agua a 20° C y 1 atm y una velocidad media de 20 ft/s. Calcular (*a*) el flujo volumétrico en metros cúbicos por segundo, (*b*) el flujo volumétrico en galones americanos (1 galón americano = 231 in^3), (*c*) el flujo de peso en libras-fuerza por segundo.

3.6 Por un conducto rectangular de 15 por 30 cm fluye aire a 30° C y 100 kPa a razón de 15 N/s. Calcular (*a*) el flujo volumétrico en metros cúbicos por segundo y (*b*) la velocidad media en metros por segundo.

3.7 Un caudal de 8000 gal/min (1 galón americano = 231 in^3) de aceite de densidad relativa 0,86 fluye por un oleoducto de 30 in de diámetro. Calcular (*a*) la velocidad media en pies por segundo, (*b*) el flujo volumétrico en pies cúbicos por segundo, (*c*) el flujo másico en slugs por segundo.

3.8 Un flujo estacionario de agua circula por el depósito de la figura P3.8. La sección 1 tiene un diámetro de 3 in y un flujo de 1 ft^3/s. La sección 2 tiene un diámetro de 2 in y una velocidad media de salida de 30 ft/s. Calcular la velocidad y el flujo volumétrico por la sección 3 si $D_3 = 1$ in. ¿Es este flujo de entrada o de salida?

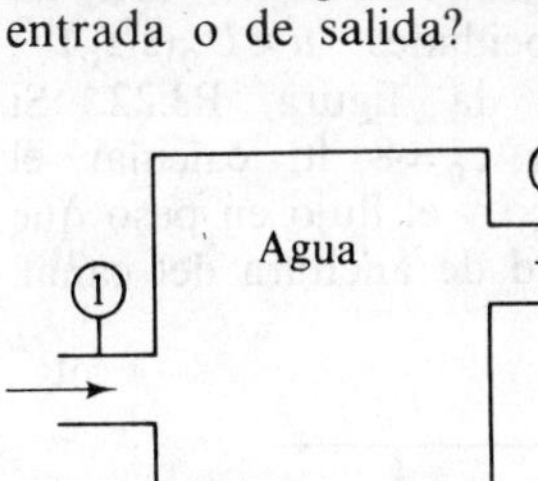

Fig. P3.8

3.9 El depósito de agua de la figura P3.9 se llena a través de la sección 1 a $V_1 = 10$ ft/s y a través de la sección 3 con 0,5 ft^3/s. Determinar la velocidad de salida V_2 en pies por segundo si el nivel de agua h permanece constante.

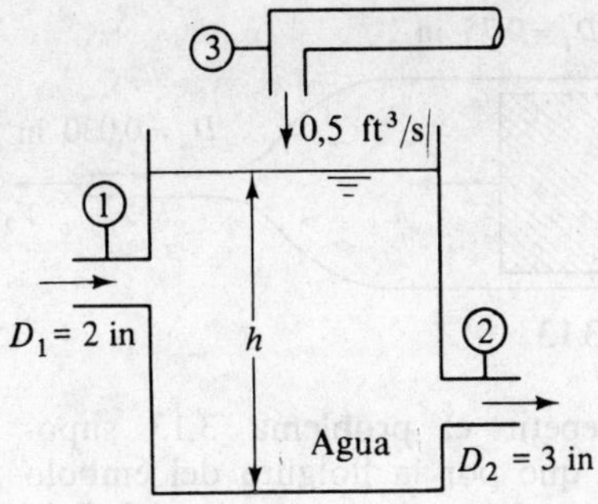

Fig. P3.9

3.10 Calcular la variación de altura dh/dt del depósito del problema 3.9 si la velocidad de salida es $V_2 = 12$ ft/s y el diámetro del depósito es 30 in.

3.11 Hallar una expresión general para la variación de altura dh/dt del depósito del problema 3.9 en función de los flujos volumétricos Q_1, Q_2 y Q_3 y del diámetro del depósito D.

3.12 Un flujo de agua de 50 kg/s circula a través de la tobera de la figura P3.12. Los diámetros son $D_1 = 20$ centímetros y $D_2 = 6$ cm. Calcular las velocidades medias en las secciones 1 y 2 en metros por segundo.

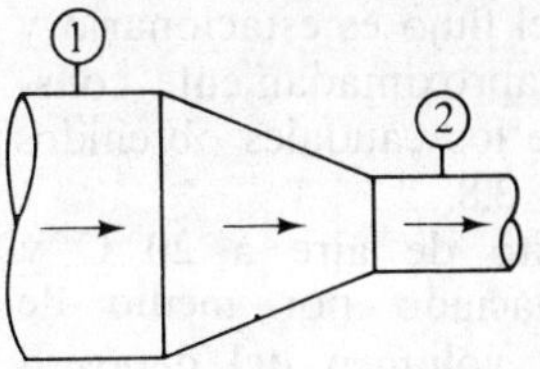

Fig. P3.12

3.13 La jeringa hipodérmica de la figura P3.13 contiene cierta clase de suero (de densidad relativa 1,02). Si se presiona el émbolo a una velocidad constante de 0,8 in/s, ¿cuál es la velocidad de salida V_2 en pies por segundo? Suponer que no hay fugas por el émbolo.

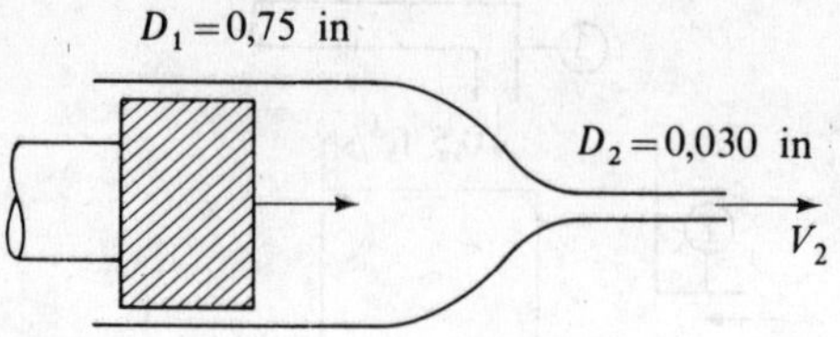

Fig. P3.13

3.14 Repetir el problema 3.13 suponiendo que por la holgura del émbolo hay unas fugas de un tercio del flujo volumétrico que sale por la aguja. Calcular V_2 en pies por segundo y la velocidad media de las fugas si el diámetro del émbolo es de 0,746 in.

3.15 Un émbolo de acero entra a 5 in/s por la sección 1, de 8 cm de diámetro, de un conducto que tiene gasolina. Suponiendo que el fluido es incompresible (densidad relativa 0,68), ¿cuántas libras de gasolina por segundo saldrán por la sección 2, $D_2 = 2$ cm?

3.16 Un surtidor de gasolina llena un depósito de 75 litros en 1 minuto y 10 segundos. Si el diámetro de salida del surtidor es 3 cm, ¿cuál es la velocidad media del suministro en centímetros por segundo?

3.17 Supóngase que a través de las tres secciones de la figura P3.8 se producen flujos de energía $e_1 = 25\,000$, $e_2 = 40\,000$ y $e_3 = 10\,000$ (ft · lbf)/slug. Calcular la variación de energía del sistema que ocupa el depósito en ese instante, para el caso en que el flujo es estacionario y la densidad es aproximadamente constante. Utilícense los caudales obtenidos en el problema 3.8.

3.18 Un depósito de aire a 20° C y 100 kPa es vaciado por medio de una bomba. El volumen del depósito es 1 m^3 y la bomba evacúa 80 litros por minuto de aire, independientemente de la presión. Suponiendo que el aire es gas perfecto y que el proceso es isotermo, calcular el tiempo que se tarda en reducir la presión a 1 kPa. *Nota:* Este problema conduce a una ecuación diferencial de primer orden.

3.19 Un depósito de 5 ft^3 de volumen, con vacío parcial a 60° F, tiene una fuga de manera que la presión aumenta de 1 a 2 lbf/in^2 en 1,5 minutos. Calcular el flujo medio en peso de aire que entra en el depósito, en libras-fuerza por hora.

3.20 El depósito de la figura P3.20 admite un flujo de agua de 20 lb/s y expulsa 12 lb/s de gasolina. Si todos los fluidos se comportan como incompresibles, ¿qué flujo másico de aire pasa por la sección? ¿En qué dirección?

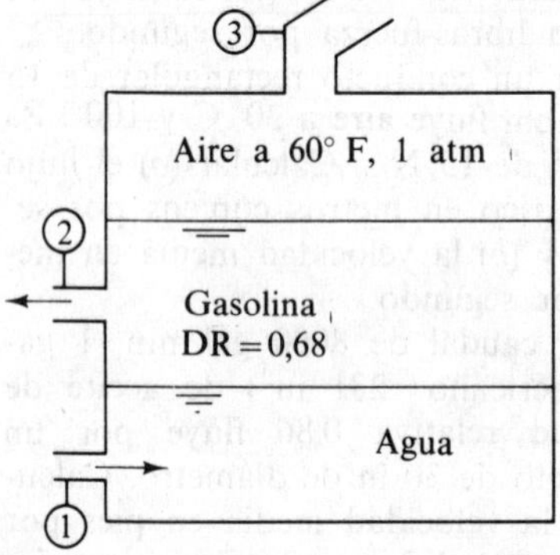

Fig. P3.20

3.21 Por un tubo fluye aceite (densidad relativa 0,86) en forma laminar con un perfil de velocidades $u = U_0(1 - r^2/R^2)$. Si el flujo másico es 0,1 kg/s y $R = 1$ cm, ¿cuánto vale la velocidad U_0 en metros por segundo?

3.22 Por un canal ancho y liso fluye agua en régimen turbulento con un perfil de velocidades $u \approx U_0(z/z_0)^{1/7}$, como muestra la figura P3.22. Si $U_0 = 2{,}8$ ft/s y $z_0 = 8$ ft, calcular el flujo volumétrico y el flujo en peso que pasa por unidad de anchura del canal.

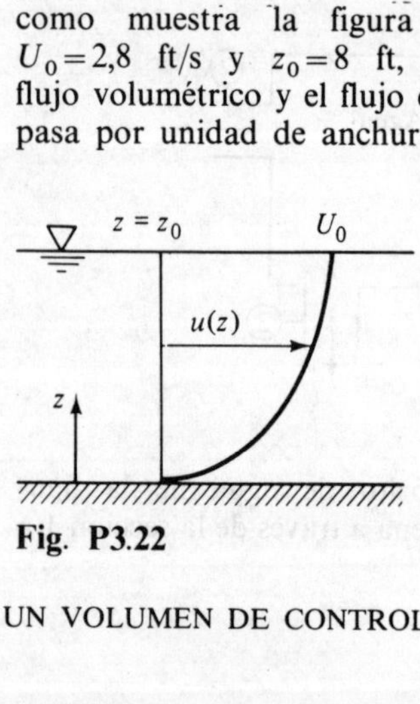

Fig. P3.22

3.23 El flujo en la zona de entrada entre las placas paralelas de la figura P3.23 es uniforme, $u = U_0 = 4$ cm/s, mientras que aguas abajo el flujo se desarrolla hasta alcanzar el perfil parabólico laminar $u = az(z_0 - z)$, donde a es una constante. ¿Cuál es el valor de $u_{máx}$ en centímetros por segundo si el flujo es estacionario con $z_0 = 1$ cm y el fluido es glicerina a 20° C?

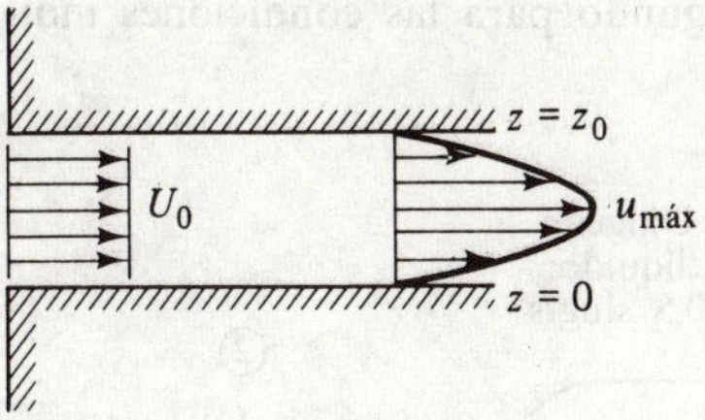

Fig. P3.23

3.24 En un depósito entra aire por la sección 1 a 70° F y 15 lbf/in^2 de presión absoluta, y una velocidad de 200 ft/s, y sale por la sección 2 a 1200° F y 200 lbf/in^2. ¿Cuál es la velocidad de salida en pies por segundo si $D_1 = 6$ in y $D_2 = 2$ in? Suponer que el flujo es estacionario.

3.25 Un depósito esférico rígido de 1 ft de diámetro se llena de aire comprimido a través de un orificio de 3/8 in de diámetro. La densidad del aire comprimido es aproximadamente igual a la del depósito. El proceso es aproximadamente isotermo, a 70° F. Si la presión inicial es 35 lbf/in^2 y el flujo másico inicial es de 0,005 slug/s, calcular la presión del depósito después de 0,3 s.

3.26 Un globo es inflado con aire a razón de 6 kg/min, de modo constante. Si en un instante dado el diámetro es 30 cm y el ritmo de variación de la densidad del aire es de 1,0 kg/(m^3 · s), ¿cuál es la velocidad de inflado dR/dt en metros por segundo en este instante?

3.27 Un flujo de 0,06 N/s de aceite de densidad relativa 0,86 entra por la sección 1 de la figura P3.27 para lubricar

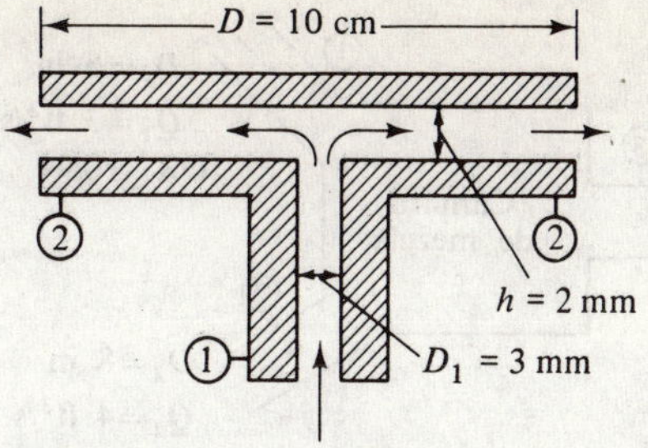

Fig. P3.27

un cojinete de empuje. Los dos discos del cojinete tienen 10 cm de diámetro y están a 2 mm uno de otro. Suponiendo que el flujo es estacionario, calcular (*a*) la velocidad media V_1 en la entrada, (*b*) la velocidad media V_2 a la salida, suponiendo flujo radial, y (*c*) el flujo volumétrico de salida en mililitros por segundo.

3.28 Hay gente que dice que para mojarse lo mínimo cuando está lloviendo y uno no tiene paraguas es mejor correr, y otros dicen que es mejor ir despacio. Suponga que llueve verticalmente con un flujo de 10^{-5} m^3/s y por metro cuadrado, y hay que recorrer 100 m bajo la lluvia. Las gotas tienen un tamaño medio de 1 mm^3. Modelando a una persona adulta por una caja de 2 m de altura, 1 m de ancho y 0,5 m de profundidad, determine si en esta situación es mejor andar a 1 m/s o correr a 4 m/s. ¿Hay que tener en cuenta otras circunstancias o fenómenos físicos?

3.29 Dos fluidos miscibles de densidades relativas (56) diferentes entran en una cámara por las secciones 1 y 2 como indica la figura P3.29. Si el flujo es estacionario y antes de salir la mezcla ya es total, calcular la velocidad media, el flujo másico y la densidad relativa media del fluido que sale por la sección 3 de diámetro 10 in.

3.30 Los ingenieros de tráfico han notado que en una carretera de mucho tráfico, el flujo de automóviles a través de una sección dada aumenta con la velocidad de éstos hasta unos 80 km/h

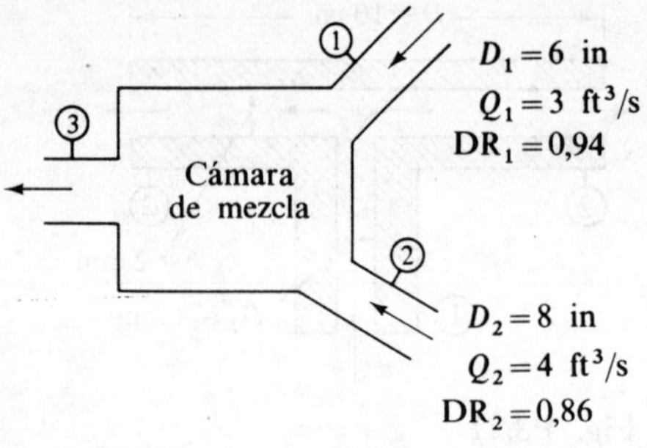

Fig. P3.29

y después decrece. La razón aparente de esto es que los conductores dejan más distancia de separación a altas velocidades. Analizar este problema para determinar si hay un máximo de flujo de automóviles cuando la separación es proporcional a (*a*) la velocidad del automóvil; (*b*) la velocidad al cuadrado.

3.31 En una autopista de cinco carriles la velocidad está limitada a 90 km/h. La longitud media de los automóviles es de 5 m. Todos los carriles están llenos de coches en movimiento. Una zona en obras obliga a que todos los automóviles pasen por sólo dos carriles. Si todos los conductores son buenos ciudadanos que obedecen la limitación de velocidad y mantienen una separación de una longitud de automóvil por cada 20 km/h de velocidad, y el flujo es estacionario, ¿cuál será el flujo de automóviles por hora y cuál será la velocidad media en la sección de cinco carriles?

3.32 Un depósito de 10 m^3 se llena de agua dulce. En cierto instante comienza a entrar un flujo de 0,5 m^3/s de solución salina con una concentración de 500 N/m^3, y va saliendo un flujo igual (0,5 m^3/s) con la mezcla instantánea del depósito. Suponiendo que hay un agitador que diluye inmediatamente la solución entrante, ¿cuántos newtones de sal habrá disueltos en el depósito al cabo de un minuto? ¿Cuánto tiempo se tardará en alcanzar en el depósito una concentración de 200 N/m^3?

3.33 Repetir el problema 3.32 suponiendo que el depósito está lleno inicialmente de una solución de 500 N/m^3 y entra agua dulce. Los flujos volumétricos siguen siendo de 0,5 m^3/s.

3.34 Un motor cohete opera en condiciones estacionarias como se indica en la figura P3.34. Los productos de la combustión que salen por la tobera se comportan como un gas perfecto de peso molecular 26. Calcular V_2 en pies por segundo para las condiciones indicadas.

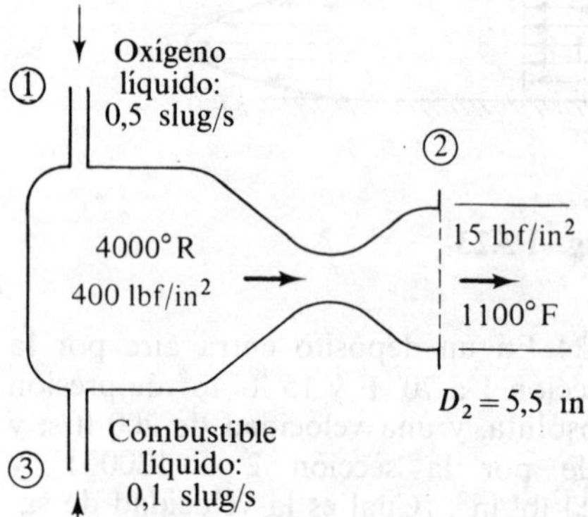

Fig. P3.34

3.35 Una piscina de 10 por 20 m se llena con una manguera de 8 cm de diámetro y una velocidad media de 6 m/s. ¿Cuánto tiempo se tardará en alcanzar una profundidad $h=2$ m? Este problema puede hacerse mentalmente, pero hay que mostrar la habilidad de análisis de volúmenes de control deformables.

3.36 La bomba de chorro de la figura P3.36 inyecta agua a $U_1=100$ ft/s a través de un tubo de 3 in de diámetro y arrastra un flujo secundario de agua a $U_2=10$ ft/s en la región anular indicada. Los dos flujos se mezclan completamente aguas abajo, adquiriendo una velocidad U_3 aproximadamente constante. Si el flujo es estacionario e incompresible, calcular el valor de U_3 en pies por segundo.

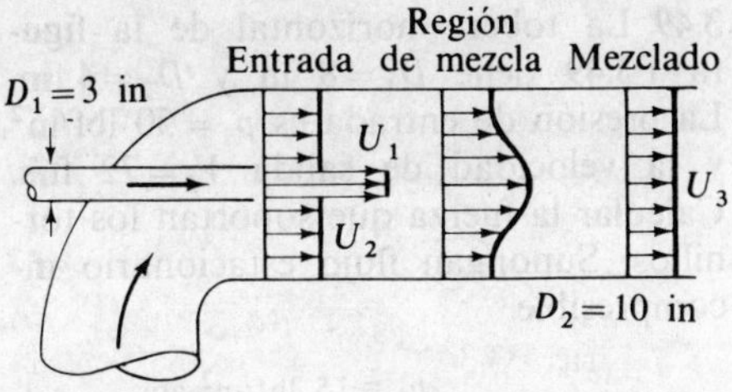

Fig. P3.36

3.37 Por la sección 1 de la figura P3.37 entra un flujo de agua de 200 N/s y sale a un ángulo de 30° por la sección 2. La sección 1 tiene un perfil de velocidad de tipo laminar $u = u_{m1}(1 - r^2/R^2)$, mientras que en la sección 2 hay un perfil turbulento

$$u = u_{m2}(1 - r/R)^{1/7}$$

¿Cuáles son los valores de u_{m1} y u_{m2}, en metros por segundo, si el flujo es estacionario e incompresible?

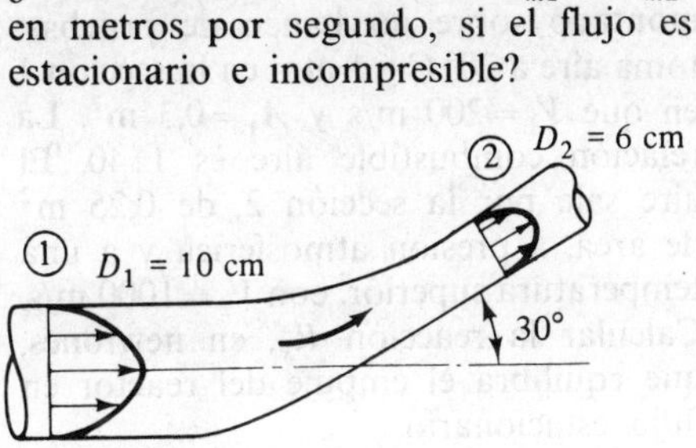

Fig. P3.37

3.38 Calcular la magnitud y la dirección de la fuerza que el agua ejerce sobre el codo de 30° del problema 3.37 suponiendo (*a*) velocidades uniformes en ambas secciones, (*b*) perfiles de velocidad como los indicados en el problema 3.37. Suponer flujo estacionario con la misma presión ambiente y sin fricción en las secciones 1 y 2.

3.39 Calcular la fuerza que ejerce el fluido sobre el álabe de la figura 3.9*a*, si el diámetro del chorro es 2 in y el fluido es aceite (densidad relativa 0,86), con un flujo volumétrico de 0,1 ft^3/s. El ángulo del álabe es $\theta = 70°$.

3.40 El chorro de agua de la figura P3.40 incide normal a una placa fija. Despreciando efectos de gravedad y

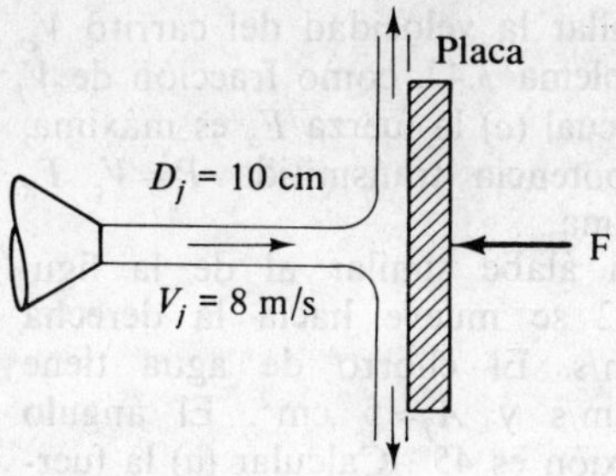

Fig. P3.40

fricción, calcular la fuerza F necesaria para mantener fija la placa.

3.41 En un anuncio de TV de los años setenta una compañía petrolífera mostraba que, de acuerdo con su simulación experimental, se tardaba más en llenar el depósito con su gasolina que con la de la marca X, porque la de esta última era cara. ¿Cómo puede ser esto?

3.42 Repita el análisis del ejemplo 3.9 para el caso de la figura P3.42, en que el álabe se mueve con velocidad constante V_c sobre un carrito. La velocidad del chorro es V_j y su área A_j. La presión es uniforme. Calcular las fuerzas F_x y F_y necesarias para mantener al carrito en esta situación sin aceleración. Despréciense el peso del carrito y la fricción.

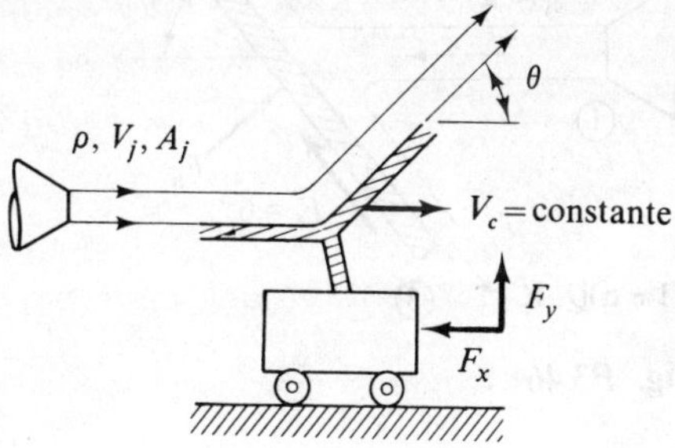

Fig. P3.42

3.43 Suponga que en el problema 3.42, el chorro de agua es de 3 in de diámetro y tiene una velocidad de 35 ft/s. Calcular F_x sabiendo que $\theta = 120°$ y el carrito se mueve a 15 ft/s.

3.44 Hallar la velocidad del carrito V_c, del problema 3.42, como fracción de V_j para la cual (*a*) la fuerza F_x es máxima, (*b*) la potencia transmitida $P = V_c\ F_x$ es máxima.

3.45 Un álabe similar al de la figura P3.42 se mueve hacia la derecha a 10 m/s. El chorro de agua tiene $V_j = 40$ m/s y $A_j = 5$ cm^2. El ángulo de deflexión es 45°. Calcular (*a*) la fuerza F_x ejercida sobre el deflector en newtones y (*b*) la potencia transmitida en kilowatios.

3.46 Cuando un chorro incide sobre una placa inclinada como en la figura P3.46, se parte en dos chorros de la misma velocidad $V = V_j$, pero flujos distintos αQ en la región 2 y $(1-\alpha)Q$ en 3, siendo α una fracción. La razón radica en que en el flujo sin fricción el fluido no puede ejercer ninguna fuerza tangencial sobre la placa. La condición $F_t = 0$ nos permite determinar α. Analice este problema para hallar α en función de θ. ¿Por qué la respuesta no depende de las propiedades del chorro?

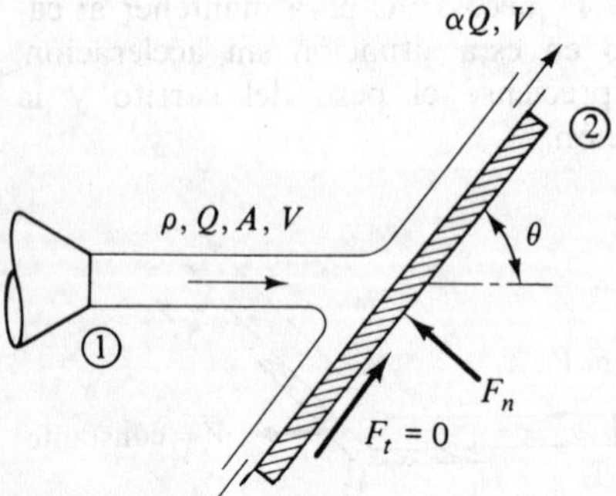

Fig. P3.46

3.47 Calcular la fuerza normal F_n, del problema 3.46, necesaria para mantener la placa fija para el caso en que $\theta = 60°$, $V = 40$ ft/s y $A = 0{,}1$ ft^2.

3.48 Repetir el problema 3.46 para hallar el ángulo α que corresponde a (*a*) $\alpha = 0{,}5$, (*b*) $\alpha = 0{,}99$.

3.49 La tobera horizontal de la figura P3.49 tiene $D_1 = 8$ in y $D_2 = 4$ in. La presión de entrada es $p_1 = 50$ lbf/in^2 y la velocidad de salida $V_2 = 72$ ft/s. Calcular la fuerza que soportan los tornillos. Supongan flujo estacionario incompresible.

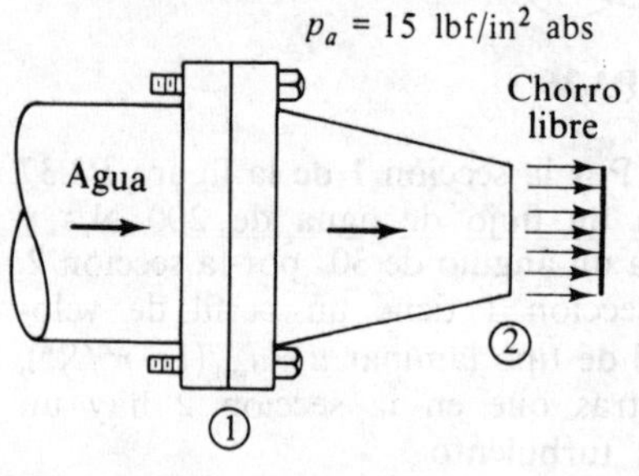

Fig. P3.49

3.50 El reactor de la figura P3.50, montado sobre un banco de pruebas, toma aire a 20° C y 1 atm en la sección 1 en que $V_1 = 200$ m/s y $A_1 = 0{,}3$ m^2. La relación combustible aire es 1 : 40. El aire sale por la sección 2, de 0,25 m^2 de área, a presión atmosférica y a una temperatura superior, con $V_2 = 1000$ m/s. Calcular la reacción R_x, en newtones, que equilibra el empuje del reactor en flujo estacionario.

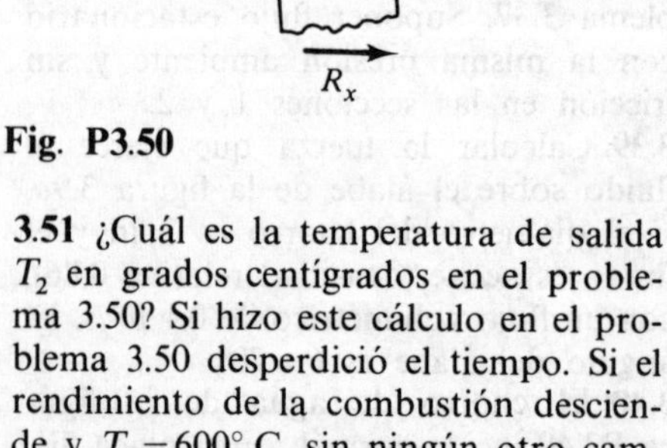

Fig. P3.50

3.51 ¿Cuál es la temperatura de salida T_2 en grados centígrados en el problema 3.50? Si hizo este cálculo en el problema 3.50 desperdició el tiempo. Si el rendimiento de la combustión desciende y $T_2 = 600°$ C, sin ningún otro cambio, ¿cuál será el empuje del reactor?

3.52 En el reactor de la figura P3.50 tanto la entrada como la salida están abiertas y a la presión atmosférica. ¿Cuál es entonces el empuje *aplicado* al reactor? Esto es, ¿qué efecto físico relaciona la variación de cantidad de movimiento del fluido con la fuerza sobre la estructura interna del reactor?

3.53 El flujo estacionario de la entrada, de la figura P3.53, evoluciona desde un perfil uniforme U_0 en la sección 1 hasta el paraboloide laminar

$$u = u_{\text{máx}}(1 - r^2/R^2)$$

de la sección 2. Calcular la fricción de la pared F en función de p_1, p_2, ρ, U_0 y R.

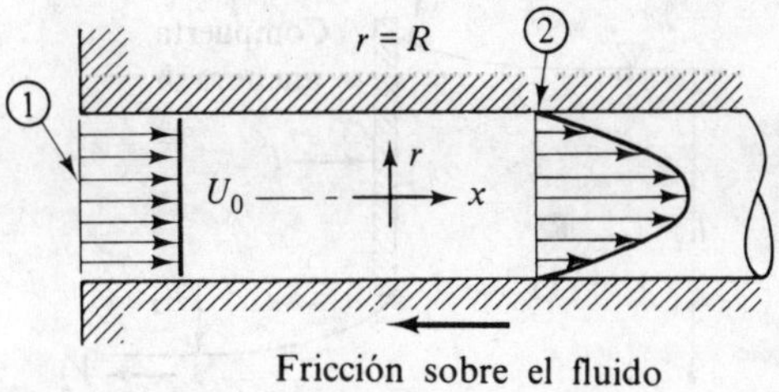

Fig. P3.53

3.54 En el flujo de la figura P3.53 el fluido es aciete (densidad relativa 0,86) con $U_0 = 50$ cm/s y $R = 3$ cm. La presión a la entrada es 110 kPa y la resistencia de fricción medida entre 1 y 2 es 15 N. ¿Cuál es la presión p_2 en kilopascales?

3.55 En el flujo alrededor de la placa plana de la figura 3.11, aire en condiciones normales circula a 10 m/s sobre una placa $L = 1$ m y $b = 2$ m, dando una resistencia en una de las caras de 0,2 N. Si el flujo es laminar, como en la expresión (4) del ejemplo 3.11, estimar en milímetros el espesor de la capa límite δ en el borde de salida.

3.56 Repetir el análisis del ejemplo 3.11 para hallar D en función de ρ, b, δ y U_0 con dos perfiles de velocidad alternativos: (*a*) un perfil lineal $u \approx U_0\ y/\delta$, (*b*) una sinusoide $u \approx U_0 \operatorname{sen}(\pi y/2\delta)$. ¿Cuál de las dos será más precisa?

3.57 Un chorro de agua empuja una cuchara de 180° de una turbina, figura P3.57, a 40 ft/s hacia la derecha. Calcular (*a*) la fuerza ejercida sobre la cuchara en libras y (*b*) la potencia comunicada.

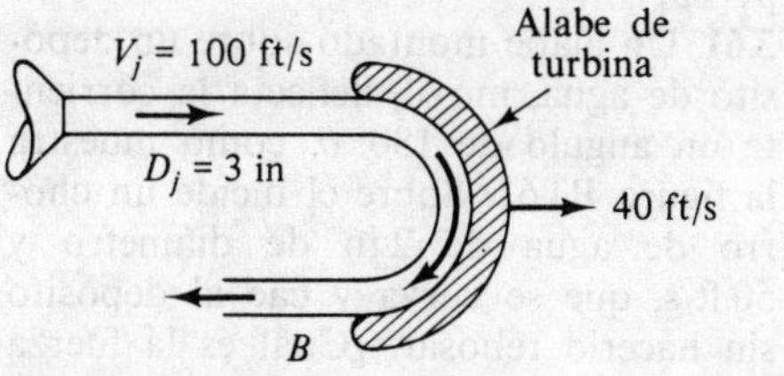

Fig. P3.57

3.58 ¿Cuál es la velocidad absoluta del chorro al abandonar la cuchara en el punto B de la figura P3.57? ¿Cómo se puede compaginar este resultado con la física del movimiento del chorro?

3.59 Cuando un conducto se ensancha bruscamente, el flujo se expande gradualmente de A_1 a A_2 como en la figura P3.59, apareciendo en los rincones torbellinos lentos de baja fricción. Utilizando el volumen de control que se sugiere, con flujo estacionario incompresible, y suponiendo que la presión en la sección anular es $p \approx p_1$, demostrar que la presión aguas abajo viene dada por

$$p_2 = p_1 + \rho V_1^2 \frac{A_1}{A_2}\left(1 - \frac{A_1}{A_2}\right)$$

Despreciar la fricción en la pared

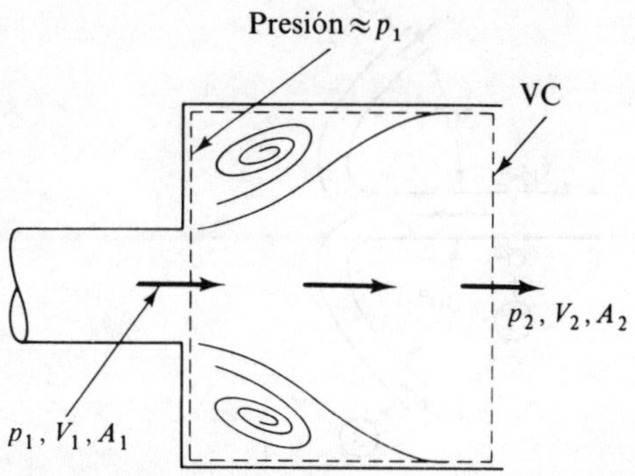

Fig. P3.59

3.60 Repetir el problema 3.59 suponiendo que la presión de la sección anular es $\frac{1}{2}(p_1+p_2)$, que es un caso extremo que corresponde a una cierta configuración del torbellino. ¿Cuál es en porcentaje la variación que hay en p_2-p_1?

3.61 Un álabe montado sobre un depósito de agua, móvil, deflecta la corriente un ángulo de 180° θ, como muestra la figura P3.61. Sobre él incide un chorro de agua de 2 in de diámetro y 50 ft/s, que se curva y cae al depósito sin hacerlo rebosar. ¿Cuál es la fuerza F necesaria para mantener este movimiento, si $\theta=90°$?

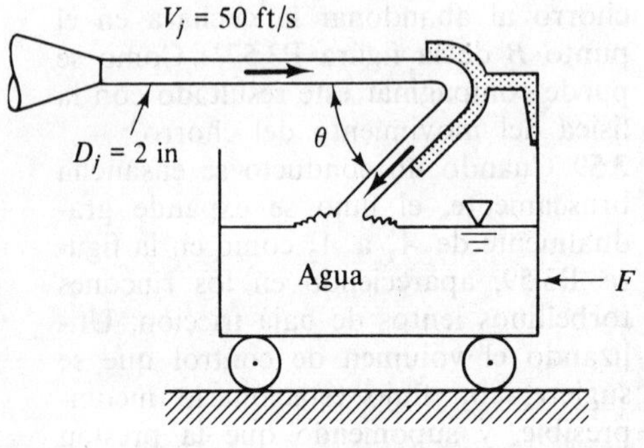

Fig. P3.61

3.62 Un chorro de agua descarga a la atmósfera ($p_a = 15$ lbf/in^2) a través de una tobera que lo divide, como indica la figura P3.62. Las áreas son $A_1 = 0{,}1$ ft^2 y $A_2 = A_3 = 0{,}05$ ft^2. El flujo es $Q_2 = Q_3 = 1{,}5$ ft^3/s. La presión $p_1 = 20$ lbf/in^2. Calcular la fuerza que se ejerce sobre los tornillos de la sección 1.

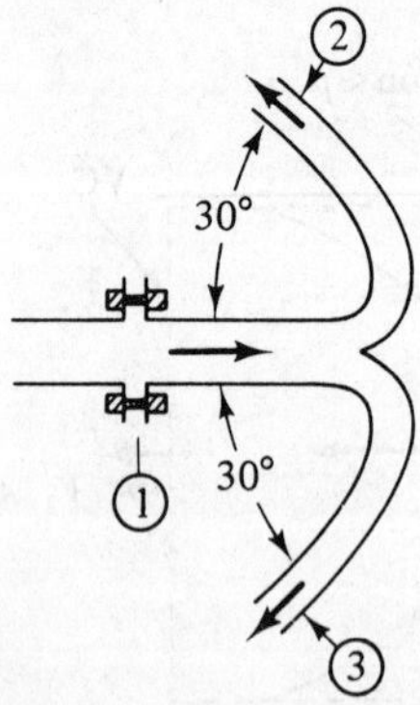

Fig. P3.62

3.63 El flujo de agua en canales abiertos se puede controlar por medio de compuertas como la de la figura P3.63. A distancias moderadas de la compuerta aguas arriba y aguas abajo, secciones 1 y 2, el flujo es uniforme y la presión es hidrostática. Obtener una expresión que relacione la fuerza F, necesaria para sujetar la compuerta, con ρ, V_1, g, h_1 y h_2. ¿Por qué sube el nivel de agua en el punto A de la compuerta? Despreciar la fricción del fondo del canal.

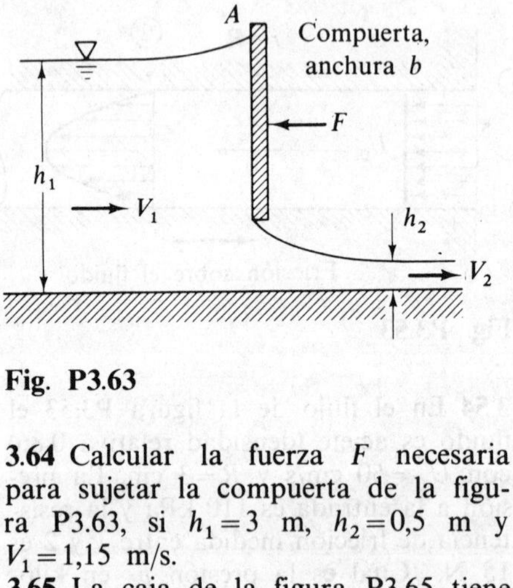

Fig. P3.63

3.64 Calcular la fuerza F necesaria para sujetar la compuerta de la figura P3.63, si $h_1 = 3$ m, $h_2 = 0{,}5$ m y $V_1 = 1{,}15$ m/s.

3.65 La caja de la figura P3.65 tiene tres agujeros de 1 in de diámetro en la cara derecha. Por el agujero central en-

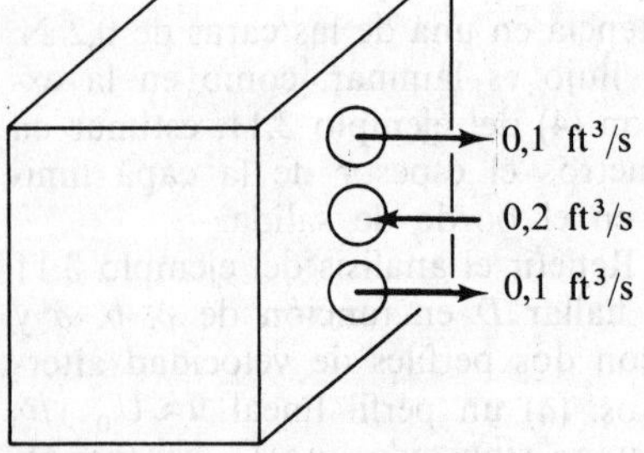

Fig. P3.65

tra un flujo de agua de 0,2 ft^2/s y por los agujeros superior e inferior sale 0,1 ft^3/s en cada uno. Se desconocen los detalles del interior de la caja. Calcular, si existe, la fuerza que ejerce el fluido sobre la caja.

3.66 El depósito de la figura P3.66 pesa 300 lbf en vacío y contiene 25 ft^3 de agua. Los conductos de entrada y salida son idénticos, $D_1 = D_2 = 2$ in, y ambos flujos son de 0,3 ft^3/s. ¿Qué peso indicará la balanza?

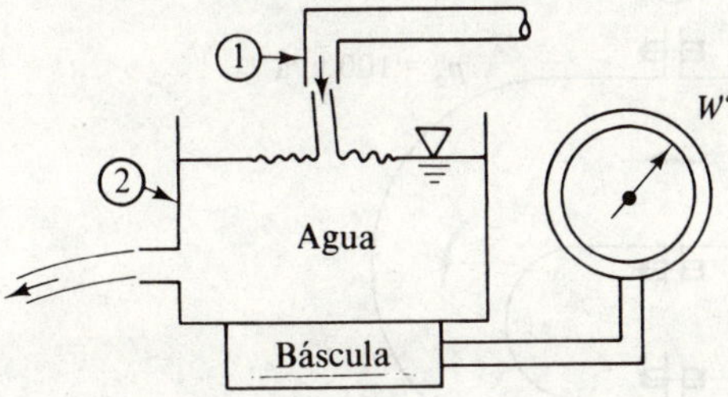

Fig. P3.66

3.67 Calcular el empuje del motor cohete del problema 3.34 si la presión atmosférica es de 15 lbf/in^2.

3.68 El cohete de la figura P3.68 tiene una salida supersónica, y por ello la presión p_e no es igual a p_a. Mostrar que la fuerza necesaria para sujetar este cohete a un banco de pruebas sería $F = \rho_e V_e V_e^2 + A_e(p_e - p_a)$. ¿A qué llamaríamos empuje del cohete?

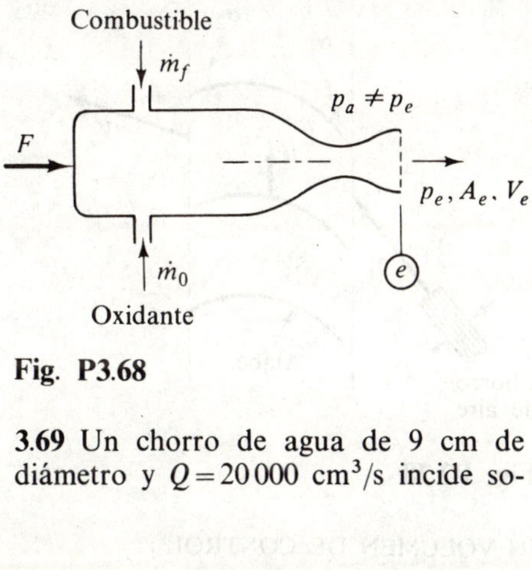

Fig. P3.68

3.69 Un chorro de agua de 9 cm de diámetro y $Q = 20\,000$ cm^3/s incide sobre un cono fijo de semiángulo θ, como muestra la figura P3.69; el diámetro de la base del cono es 40 cm. Si el agua resbala sobre el cono con la velocidad del chorro incidente, ¿cuál será la fuerza F necesaria para mantener al cono fijo? ¿Cómo varía esta fuerza con el diámetro de la base?

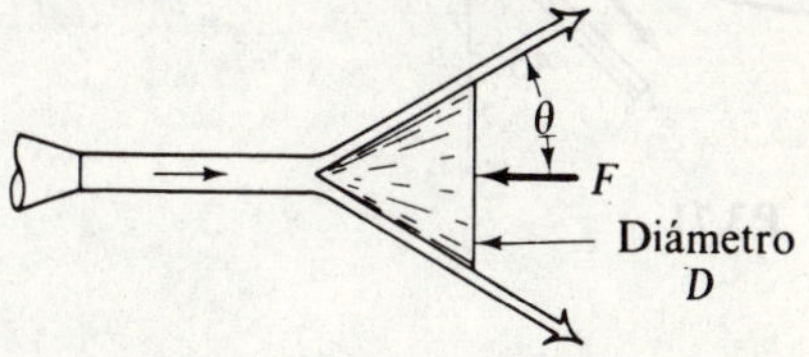

Fig. P3.69

3.70 Una barcaza está siendo cargada con un chorro de arena (densidad relativa 2,65) como muestra la figura P3.70. La arena sale a 5 ft/s con un flujo de 800 lbf/s. ¿Cuál es la fuerza de tensión en la maroma de amarre producida por el impacto de la arena sobre la barcaza?

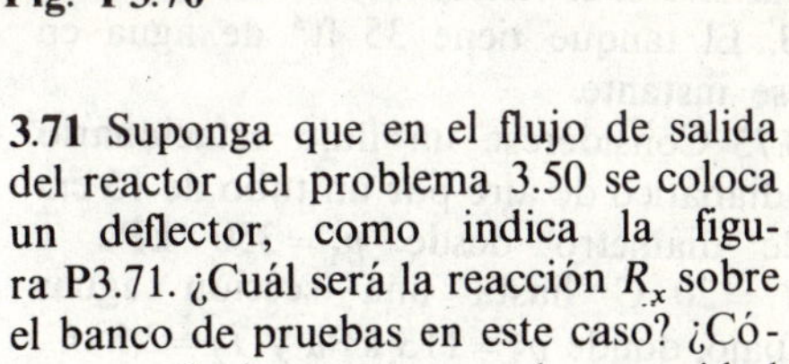

Fig. P3.70

3.71 Suponga que en el flujo de salida del reactor del problema 3.50 se coloca un deflector, como indica la figura P3.71. ¿Cuál será la reacción R_x sobre el banco de pruebas en este caso? ¿Cómo se relaciona esto con la capacidad de frenado del deflector?

3.72 En el problema 3.61, ¿cuál es el porcentaje de variación de la fuerza F si θ varía de 45 a 135°?

3.73 Una bomba de un depósito de agua dirige un chorro de agua de 0,4 ft^3/s y 30 ft/s sobre un deflector, como en la figura P3.73. Calcular la fuerza F

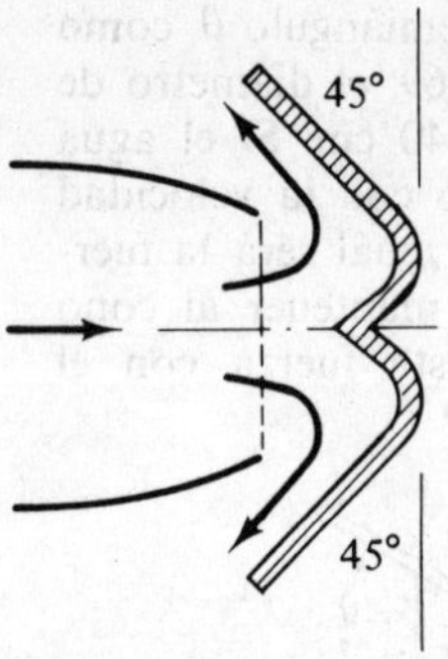

Fig. P3.71

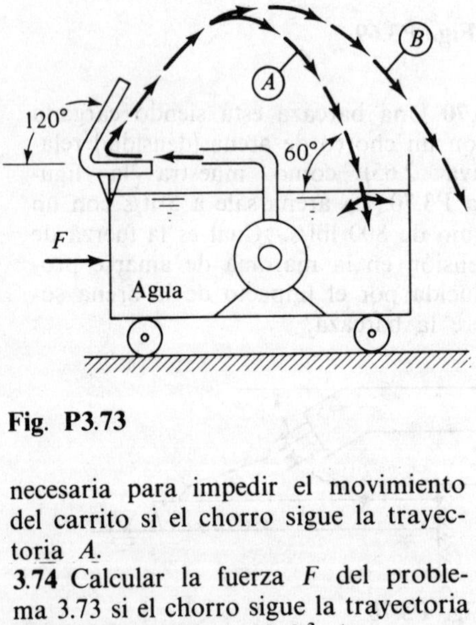

Fig. P3.73

necesaria para impedir el movimiento del carrito si el chorro sigue la trayectoria *A*.

3.74 Calcular la fuerza *F* del problema 3.73 si el chorro sigue la trayectoria *B*. El tanque tiene 35 ft^3 de agua en ese instante.

3.75 Considérese un flujo estacionario adiabático de aire por un tubo de 15 cm de diámetro desde $p_1 = 350$ kPa y $T_1 = 20°$ C hasta una sección aguas abajo, donde $p_2 = 113$ kPa y $T_2 = 2{,}5°$ C. Si $V_1 = 69$ m/s y el tubo mide 70 m de 1 a 2, ¿cuál es el esfuerzo medio en la pared entre 1 y 2?

3.76 El reactor de un avión que vuela a 900 km/h toma 700 N/s de aire, quema 15 N/s de combustible y descarga los gases de escape a la presión atmosférica. Si el empuje del reactor es 40 000 N, ¿cuál es la velocidad absoluta de los gases de escape en metros por segundo?

3.77 Un flujo estacionario de agua circula por el interior de un codo con reducción de sección, como muestra la figura P3.77. Los datos son $p_1 = 300$ kPa, $D_1 = 30$ cm, $V_1 = 2$ m/s, $p_2 = 150$ kPa y $D_2 = 10$ cm. Calcular la fuerza axial a que están sometidos los tornillos de sujeción, descontando el peso del agua y del codo.

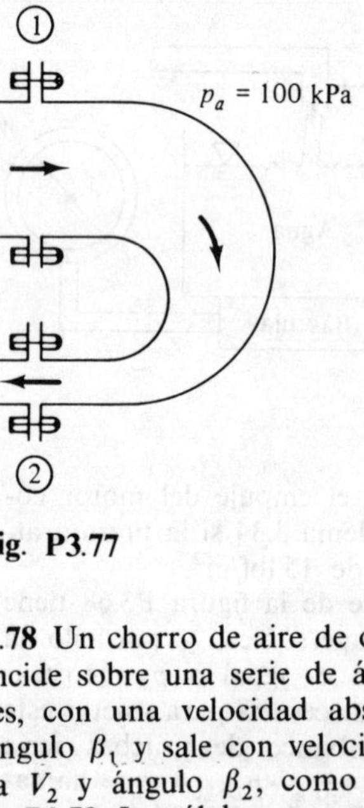

Fig. P3.77

3.78 Un chorro de aire de diámetro D_1 incide sobre una serie de álabes móviles, con una velocidad absoluta V_1 y ángulo β_1 y sale con velocidad absoluta V_2 y ángulo β_2, como en la figura P3.78. Los álabes se mueven a velo-

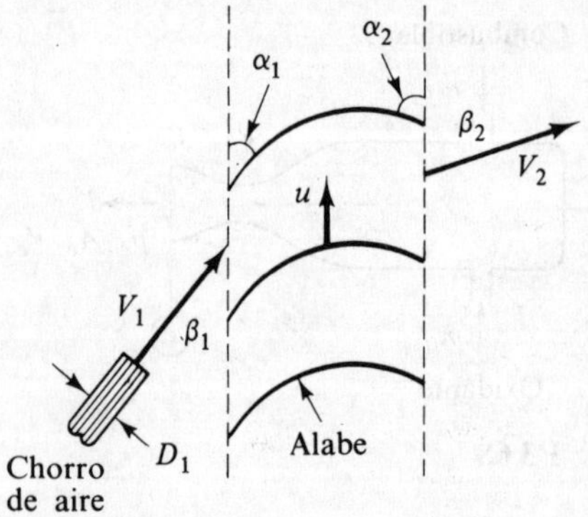

Fig. P3.78

cidad u. Si $V_1 = 60$ m/s, $V_2 = 40$ m/s, $\beta_1 = 30°$ y $\beta_2 = 60°$, hallar la velocidad de los álabes u suponiendo flujo uniforme incompresible. Si $\rho = 1{,}2$ kg/m^3 y $D_1 = 5$ cm, hallar la potencia en watios comunicada a los álabes.

3.79 Obtener una expresión analítica que relacione la potencia suministrada a los álabes del problema 3.78 con el flujo másico $\dot{m}$, las velocidades V_1 y V_2 y los ángulos β_1 y β_2.

3.80 Con los valores numéricos del problema 3.78, ¿cuáles son los ángulos α_1 y α_2 de entrada y salida del flujo alineado localmente con el álabe? ¿Cuál es el diámetro D_2 del chorro de salida?

3.81 Según el ejemplo 3.13, el teorema de Torricelli dice que la velocidad ideal de salida por el agujero de un depósito es $V = (2gh)^{1/2}$. En el depósito circular de la figura P3.81, el diámetro del agujero es 10 cm y $h = 3$ m. El depósito pesa en vacío 1000 N. ¿Para qué coeficiente de rozamiento depósito-suelo μ' comenzará a moverse el depósito hacia la derecha?

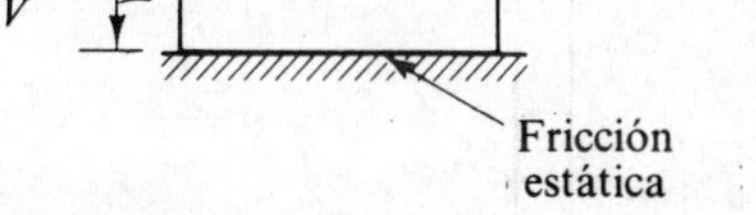

Fig. P3.81

3.82 El carrito de la figura P3.82 es empujado por un chorro de agua de caudal 5 ft^3/s y velocidad 50 ft/s. El chorro es deflectado hacia atrás por el carrito. ¿Qué fuerza F se necesita para mantener fijo el carrito? Despreciar la fricción de las ruedas.

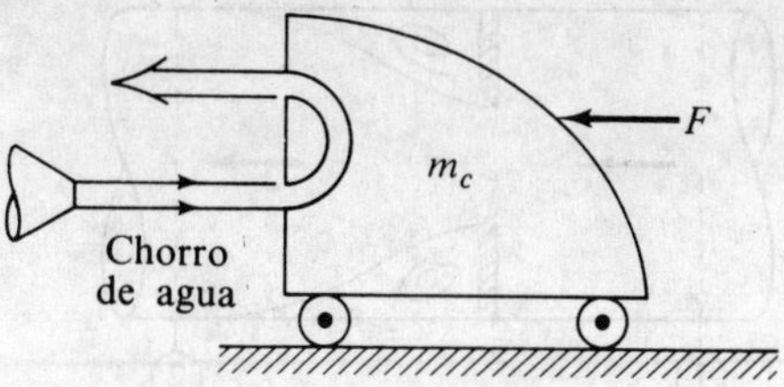

Fig. P3.82

3.83 El sistema de álabes de la figura P3.78, cuando está movido por un chorro libre, forma una *turbina de impulso* (Cap. 11). Supongamos que el chorro es de agua con $V_1 = 200$ ft/s y $\beta_1 = 40°$. Si los álabes se mueven a $u = 80$ ft/s y desarrollan una potencia de 180 hp [1 hp = 550 (ft · lbf)/s], calcular las condiciones de salida V_2 y β_2 y los ángulos α_1 y α_2.

3.84 Un flujo de aire (1,2 kg/m^3) a 10 m/s que circula por un tubo de 25 cm de diámetro es detenido por un cono de 90° a la salida, como indica la figura P3.84. Despreciando la fricción de las paredes, estimar la fuerza que ejerce el aire sobre el cono.

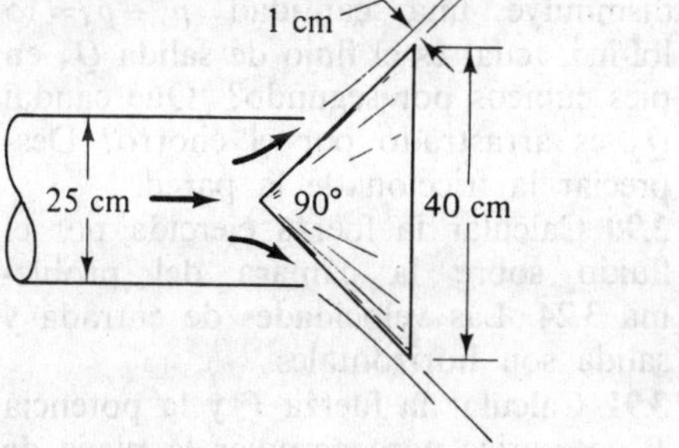

Fig. P3.84

3.85 El orificio de la figura P3.85 produce una caída grande de presión. En un flujo de agua de 4 ft^3/s, con $D = 8$ in y un orificio $d = 5$ in, se tiene $p_1 - p_2 = 13$ lbf/in^2. Estimar la fuerza sobre la placa obstructora si la fricción en la pared es despreciable.

3.86 Para la bomba a chorro del problema 3.36 supóngase que en la entrada $p_1 = p_2 = 20$ lbf/in^2 de presión manométrica y la distancia desde la entrada a la sección 3 es 90 in. Si el esfuerzo

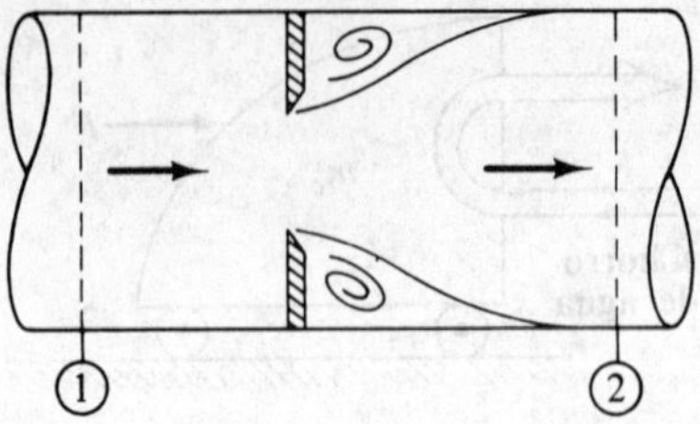

Fig. P3.85

medio en la pared es 3 lbf/ft^2, ¿cuánto vale p_3? ¿Por qué es mayor que p_1?

3.87 Para el problema 3.86, ¿por qué factor se multiplica la fuerza sobre el cono si el fluido es agua en vez de aire? Razone físicamente el resultado.

3.88 Un flujo de agua de 0,1 ft^3/s a 68° F circula por un tubo recto de 1 in de diámetro y 10 ft de longitud. La presión a la entrada es 4500 lbf/ft^2 y a la salida 3200 lbf/ft^2. ¿Cuál es el esfuerzo de fricción medio sobre el tubo?

3.89 Considérese un eyector como el de la figura P3.36 con $D_1 = 2$ in y $D_2 = D_3 = 8$ in. Si $V_1 = 100$ ft/s y la presión disminuye una cantidad $p_1 - p_3 = 15$ lbf/in^2, ¿cuál es el flujo de salida Q_3 en pies cúbicos por segundo? ¿Qué caudal Q_2 es arrastrado por el chorro? Despreciar la fricción de la pared.

3.90 Calcular la fuerza ejercida por el fluido sobre la cámara del problema 3.24. Las velocidades de entrada y salida son horizontales.

3.91 Calcular la fuerza F y la potencia P necesarias para empujar la placa de la figura P3.40 contra el chorro a una velocidad constante de 5 m/s.

3.92 Supóngase que en el carrito de la figura P3.42 no hay fricción en las ruedas ni fuerza F_x que impida el movimiento. Obtener una ecuación diferencial que nos dé la aceleración del carrito si su masa más la del álabe es m_c. Resolver la ecuación con las condiciones iniciales $V_c = 0$ en $t = 0$ suponiendo que el chorro continúa incidiendo sobre el álabe.

3.93 En el problema 3.92 tenemos $V_j = 35$ ft/s, $D_j = 3$ in, $\theta = 120°$ y $m_c = 3$ slugs; ¿cuánto tiempo tardará el carrito en alcanzar $V_c = 15$ ft/s si el chorro es de agua?

3.94 En el problema 3.92 tenemos $D_j = 3$ in y $\theta = 90°$ con un chorro de agua. Si la masa $m_c = 2$ slugs, ¿cuál deberá ser la velocidad V_j para que el carrito se acelere de 0 a 10 ft/s en 1 s?

3.95 Repetir el problema 3.61 suponiendo que no hay fricción en las ruedas ni fuerza que impida el movimiento. Si la masa inicial del carrito es M_0, obtener y resolver la ecuación diferencial del movimiento del carrito $V_c(t)$ a medida que éste se acelera hacia la derecha.

3.96 Resolver el problema 3.95 con los datos numéricos del problema 3.61 y una masa inicial $M_0 = 30$ slugs. ¿Cuánto tiempo tardará el carrito en alcanzar $V_c = 10$ ft/s?

3.97 Suponiendo que en el problema 3.73 no actúa ninguna fuerza que impide el movimiento del carrito y que no hay fricción en las ruedas, obtener y resolver la ecuación diferencial del movimiento que da $V_c(t)$ con $V_c = 0$ en $t = 0$. Calcular el tiempo que tarda el carrito en alcanzar $V_c = 5$ ft/s para ambas trayectorias del chorro, A y B.

3.98 Considérese un cohete de masa inicial M_0, flujo másico de salida constante $\dot{m}$ y velocidad relativa de salida

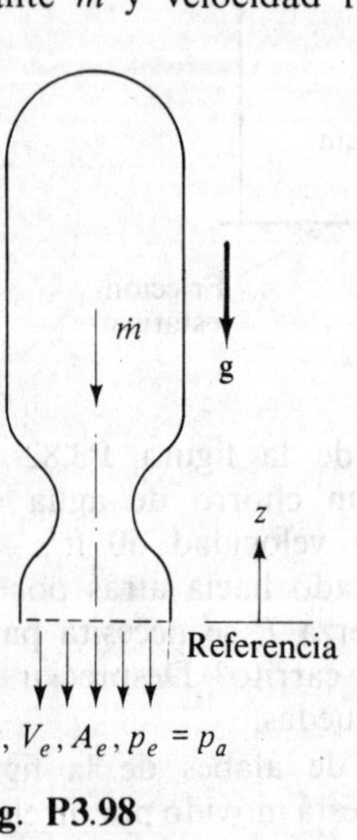

Fig. P3.98

V_e. El cohete se mueve verticalmente, como indica la figura P3.98. Obtener la ecuación diferencial del movimiento $V(t)$ y comprobar que la solución es

$$V = V_e \ln\left(1 - \frac{\dot{m}t}{M_0}\right) - gt$$

Si se desprecia la resistencia del aire, el flujo en el interior del cohete es estacionario.

3.99 Supóngase que el motor cohete de la figura P3.34 comienza a subir verticalmente, como en la figura P3.98. Si el peso inicial del cohete es de 2000 lbf, ¿cuál será la velocidad del mismo al cabo de 10 s? ¿Hasta qué altura habrá subido?

3.100 ¿Cuál debería ser el peso inicial del cohete de la figura P3.34 para que al cabo de 8 s de subida alcanzase los 1000 ft/s? ¿Cuál sería entonces el peso del cohete? Despreciar la resistencia del aire.

3.101 Una cápsula espacial navega a 2000 m/s en el espacio exterior, donde la gravedad es despreciable. Se desea reducir su velocidad hasta 8900 m/s encendiendo un retrocohete. El retrocohete quema 7 kg/s de combustible y oxidante que sale a 1500 m/s respecto al cohete. Si la masa inicial del cohete es 1600 kg, ¿cuánto tiempo debe estar funcionando el retrocohete y cuánta masa habrá quemado? Suponga que la presión de salida es prácticamente igual a la del ambiente.

3.102 Un avión tiene dos reactores, con especificaciones análogas a las del problema 3.50, cada uno de ellos equipado con un deflector como en la figura P3.71. El avión aterriza a 50 m/s con una masa de 90 000 kg. Manteniendo el empuje y con los deflectores desplegados, sin aplicar frenos a las ruedas, ¿cuánto se habrá reducido la velocidad del avión al cabo de 20 s? ¿Qué distancia habrá recorrido por la pista de aterrizaje?

3.103 Supóngase que el carrito del problema 3.82 no está sometido a fuerza que impida el movimiento y tiene fricción nula en las ruedas. Si en el instante inicial $t = 0$, $V_c = 0$, ¿cuánto tiempo tardará en acelerarse hasta 10 ft/s? ¿Cuál será la velocidad al cabo de 3 s?

3.104 Un cohete está unido mediante una varilla a un eje de giro situado en el origen, como muestra la figura P3.104. La masa inicial es M_0 y las propiedades a la salida del mismo son $\dot{m}$ y V_e respecto al cohete. Obtener la ecuación diferencial del movimiento que nos permita calcular $\omega(t)$. Despreciar la gravedad, la resistencia del aire y la masa de la varilla.

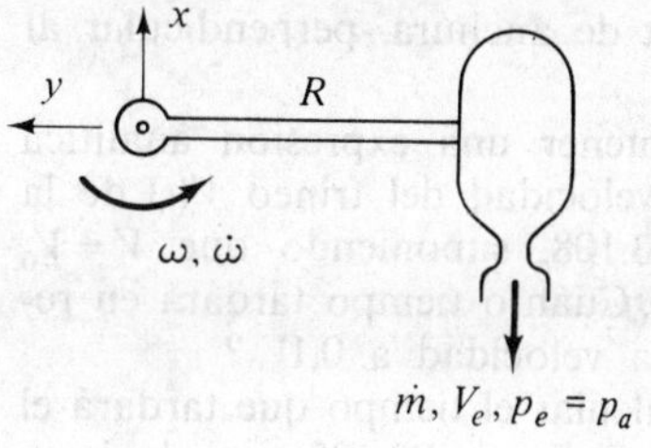

Fig. P3.104

3.105 Supóngase que en la figura P3.104 $R = 2$ m, $M_0 = 3$ kg, $\dot{m} = 0{,}08$ kilogramos por segundo y $V_e = 1600$ m/s. ¿Cuál será la velocidad angular del cohete al cabo de 10 s de funcionamiento. ¿Cuál será la tensión de la varilla?

3.106 Supóngase que en la figura P3.104, en un cierto instante, la masa del cohete es 0,15 slug, $\dot{m} = 0{,}2$ lb/s, $V_e = 5000$ ft/s, $\omega = 100$ rad/s con $R = 4$ ft. ¿Cuál es la aceleración angular y la tensión de la varilla en ese instante?

3.107 Repetir el problema 3.106 incluyendo una resistencia del aire de 5 lbf sobre el cohete.

3.108 Supóngase que un trineo cohete debe ser decelerado mediante un deflector, como en la figura P3.108, que penetra en agua una profundidad h y la deflecta hacia arriba a 60°. Despreciar la resistencia del aire. Si el peso del trineo más el deflector es de 2500 lbf y $h = 4$ in, ¿cuál será la deceleración en el instante en que $V = 500$ ft/s? El trineo cohete no tiene ya empuje y el deflector

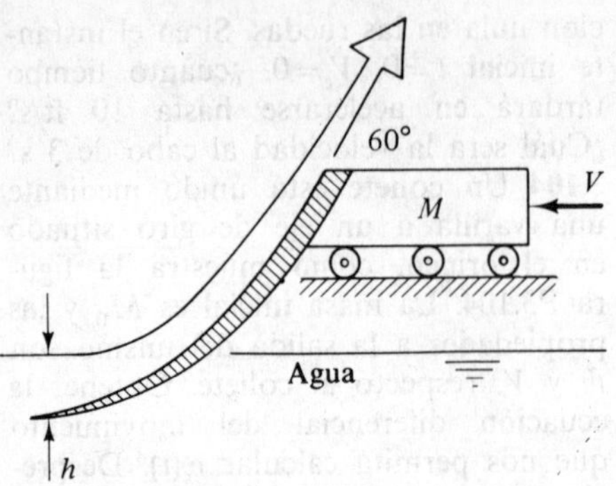

Fig. P3.108

mide 1 ft de anchura, perpendicular al papel.

3.109 Obtener una expresión analítica para la velocidad del trineo $V(t)$ de la figura P3.108, suponiendo que $V = V_0$ en $t = 0$. ¿Cuánto tiempo tardará en reducirse la velocidad a $0{,}1V_0$?

3.110 Calcular el tiempo que tardará el trineo de la figura P3.108 en reducir su velocidad de 500 a 50 ft/s.

3.111 En problemas con chorros, como el de la figura P3.46, hemos supuesto que las diversas velocidades eran $V_1 = V_2 = V_3 = V$. ¿Puede justificarse esto con la ecuación de Bernoulli (3.63)? ¿Qué hipótesis se deben hacer?

3.112 Repetir el problema 3.49 suponiendo que p_1 es desconocida, y utilizando la ecuación de Bernoulli sin pérdidas. Calcular la fuerza ejercida sobre los tornillos en estas condiciones. ¿Cuál es la pérdida de carga h_f entre 1 y 2 con los datos del problema 3.49?

3.113 Analice de nuevo el problema 3.54 con la ecuación de Bernoulli sin pérdidas. Calcular la pérdida de carga h_f entre 1 y 2. Incluya el factor de corrección de energía cinética.

3.114 En el problema de la resistencia de una placa plana del ejemplo 3.11, ¿cómo puede interpretarse la aplicación de la ecuación de Bernoulli con pérdidas a (*a*) la línea de corriente que limita por arriba el volumen de control, (*b*) la línea de corriente de la pared, (*c*) una línea de corriente intermedia.

3.115 Planteado el problema 3.59 como aplicación de la ecuación de Bernoulli con pérdidas, hallar una expresión que relacione la pérdida de carga h_f entre las secciones 1 y 2, en función de V_1 y A_1/A_2.

3.116 En el problema 3.63 se suponía conocida la velocidad V_1 aguas arriba. Sin embargo, si se desprecian las pérdidas, V_1 se puede determinar en función de h_1 y h_2. Obtenga dicha expresión. ¿Es aplicable a cualquier línea de corriente (por la superficie, por el fondo o intermedia)? Calcular V_1 con los datos del problema 3.64 y compararla con el valor de 1,15 m/s. Si $V_1 = 1{,}15$ m/s es fiable, ¿cuál es la pérdida de carga h_f en metros?

3.117 Planteando el problema 3.77 como aplicación de la ecuación de Bernoulli con pérdidas, calcular la pérdida de carga entre 1 y 2 suponiendo que $z_1 - z_2 = 1$ m. ¿Es realista el resultado?

3.118 Con los datos del problema 3.85, ¿cuál es la pérdida de carga en metros entre las secciones 1 y 2? ¿Cuál es la pérdida de carga adimensional $h_f/(V_1^2/2g)$? ¿Es una pérdida grande o pequeña?

3.119 Un chorro libre de líquido, como el de la figura P3.119, tiene la presión constante del ambiente y pérdidas muy pequeñas; por ello, la ecuación de Bernoulli da $z + V^2/2g$ constante a lo largo del chorro. Para la manguera de la figura y con $V_s = 100$ ft/s, ¿cuál es (*a*) el mínimo y (*b*) el máximo valor de θ para que el chorro pase por encima de la esquina del edificio? Para estos dos casos, ¿cuál es (*c*) la velocidad del chorro

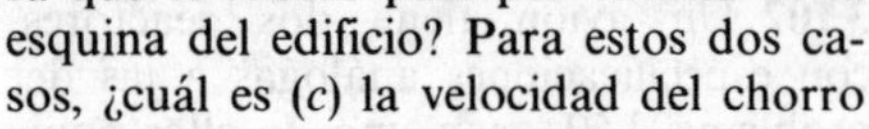

Fig. P3.119

en las proximidades de la esquina y (*d*) la distancia X en la que el chorro hace impacto?

3.120 Suponiendo que el depósito de la figura P3.120 es muy grande y las pérdidas son despreciables, obtener una expresión que dé la distancia X en que el chorro llega al suelo, en función de h y H. ¿Para qué relación de h/H será máxima X? Dibuje esquemáticamente las trayectorias correspondientes a $h/H = 0{,}25$, 0,5 y 0,75.

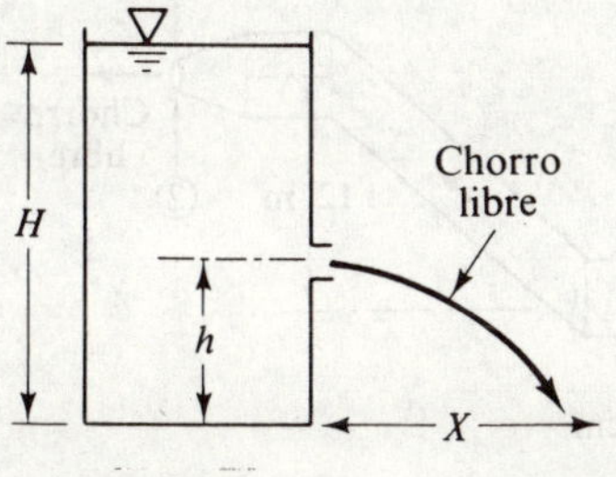

Fig. P3.120

3.121 ¿Cuál deberá ser el nivel de agua h de la figura P3.121, para que el chorro libre exactamente la pared?

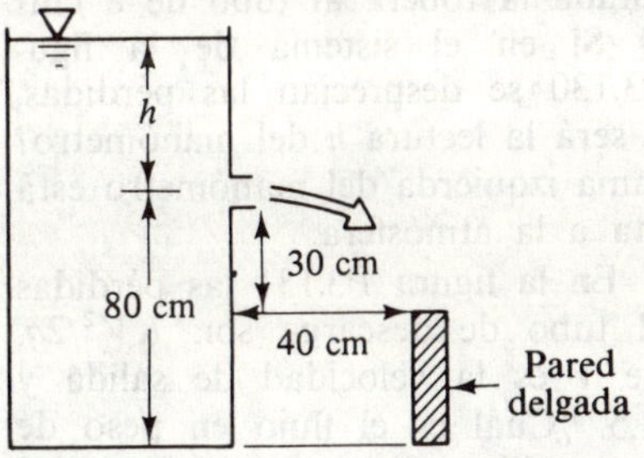

Fig. P3.121

3.122 Calcular, despreciando las pérdidas, el nivel de agua h de la figura P3.122, para el cual comienzan a formarse burbujas de vapor en la garganta de la tobera.

3.123 En el flujo de agua de la figura P3.123, la presión atmosférica es 15 lbf/in^2 y la presión de vapor 2 lbf/in^2. Despreciando las pérdidas, ¿para qué diámetro de tobera D comenzará la cavitación? Para impedir esto, ¿se debería aumentar o disminuir el diámetro D respecto al valor crítico calculado antes?

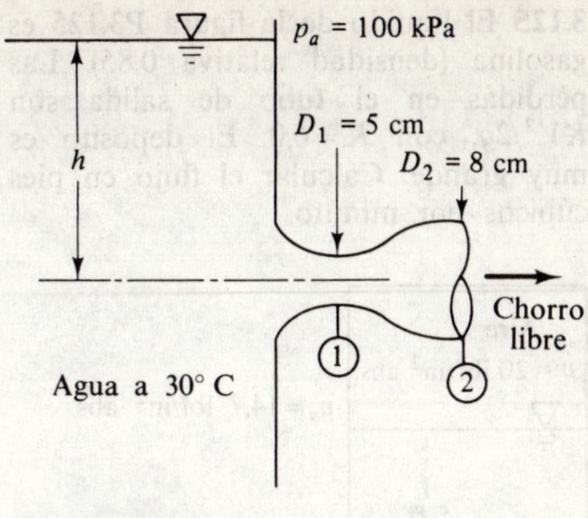

Fig. P3.122

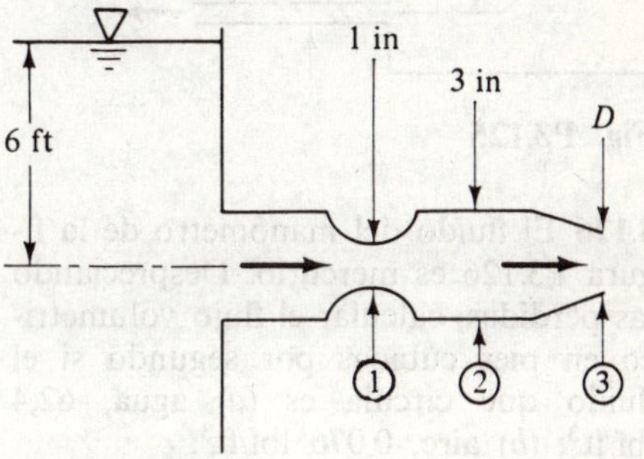

Fig. P3.123

3.124 En el flujo de la figura P3.124, la presión atmosférica es 100 kPa y las pérdidas son despreciables. ¿Cuáles serán las lecturas p_1 y p_2? ¿Hay algún fallo en el sistema de medida?

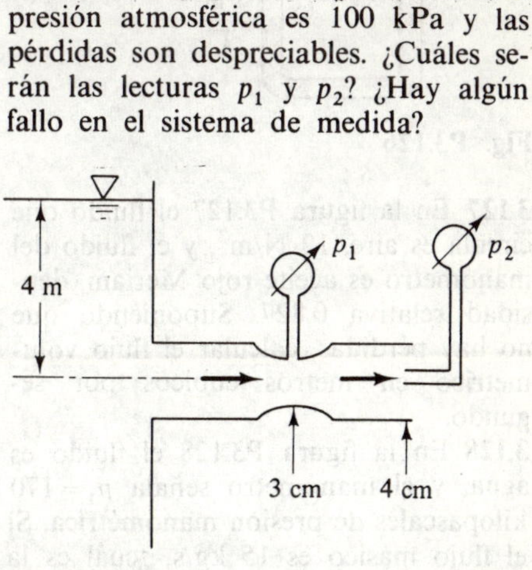

Fig. P3.124

3.125 El líquido de la figura P3.125 es gasolina (densidad relativa 0,85). Las pérdidas en el tubo de salida son $KV^2/2g$, con $K = 6,0$. El depósito es muy grande. Calcular el flujo en pies cúbicos por minuto.

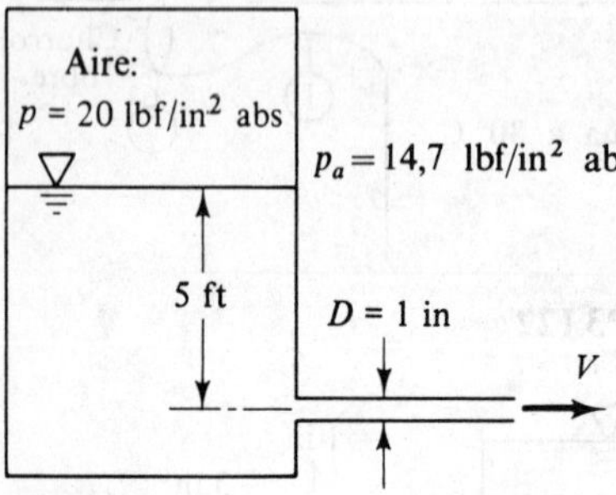

Fig. P3.125

3.126 El fluido del manómetro de la figura P3.126 es mercurio. Despreciando las pérdidas, calcular el flujo volumétrico en pies cúbicos por segundo si el fluido que circula es (*a*) agua, 62,4 lbf/ft^3; (*b*) aire, 0,076 lbf/ft^3.

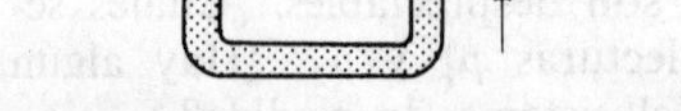

Fig. P3.126

3.127 En la figura P3.127 el fluido que circula es aire, 12 N/m^3, y el fluido del manómetro es aceite rojo Meriam, densidad relativa 0,827. Suponiendo que no hay pérdidas, calcular el flujo volumétrico en metros cúbicos por segundo.

3.128 En la figura P3.128 el fluido es agua, y el manómetro señala $p_1 = 170$ kilopascales de presión manométrica. Si el flujo másico es 15 kg/s, ¿cuál es la pérdida de carga h_f entre 1 y 2?

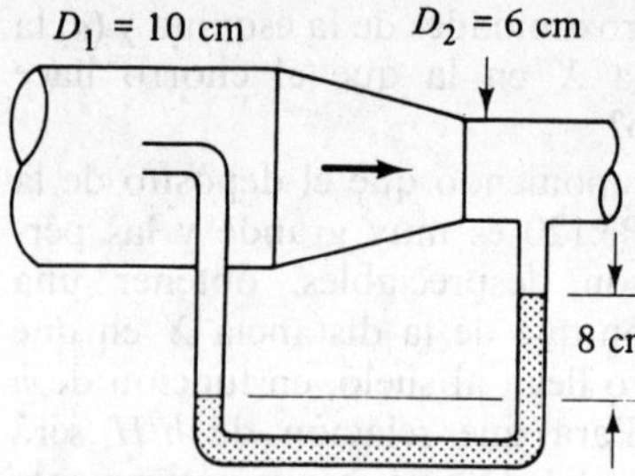

Fig P3.127

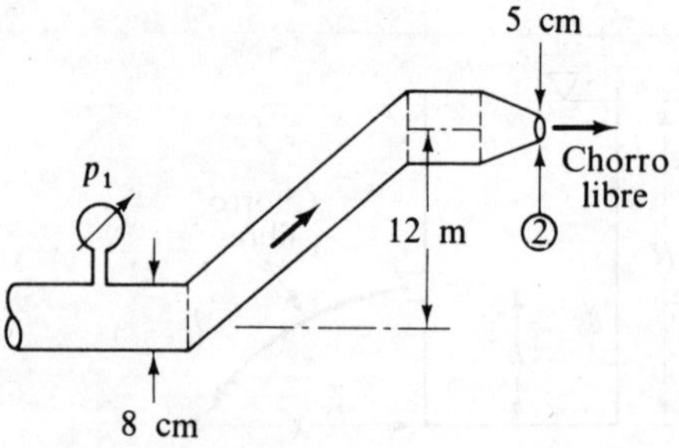

Fig. P3.128

3.129 Si la pérdida de carga en la tobera del problema 3.128 es 0,5, ¿qué fuerza horizontal F se necesita para mantener unida la tobera al tubo de 8 cm?

3.130 Si en el sistema de la figura P3.130 se desprecian las pérdidas, ¿cuál será la lectura h del manómetro? La rama izquierda del manómetro está abierta a la atmósfera.

3.131 En la figura P3.131 las pérdidas en el tubo de descarga son $KV^2/2g$, donde V es la velocidad de salida y $K = 1,5$. ¿Cuál es el flujo en peso de agua en libras-fuerza por segundo? Cuidado al aplicar la ecuación de Bernoulli a través de dos fluidos distintos: gasolina y agua.

3.132 En el flujo entre dos depósitos de la figura P3.132, el caudal es 0,016 m^3/s. ¿Cuál es la pérdida de carga en el tubo? Si la presión atmosférica es 100 kPa y la presión de vapor es 8 kPa, ¿para qué diámetro D de la constricción aparece la cavitación? Suponga que no hay pérdidas adicionales en la constricción.

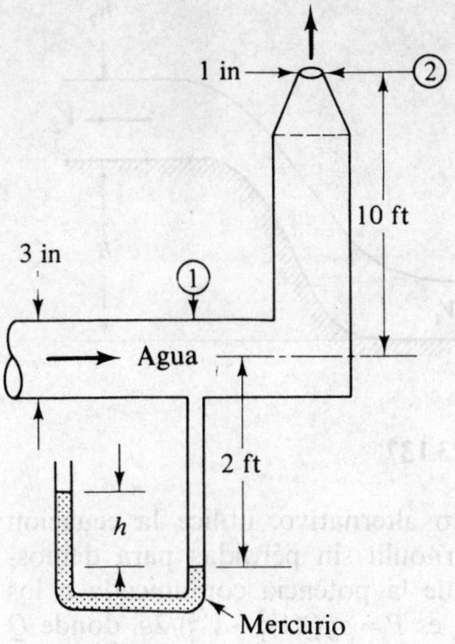

Fig. P3.130

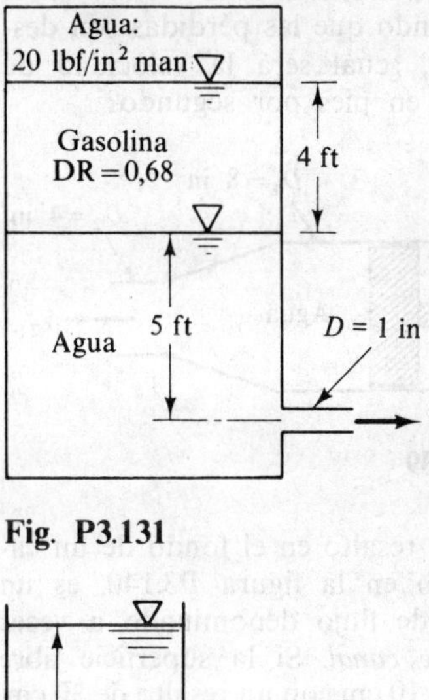

Fig. P3.131

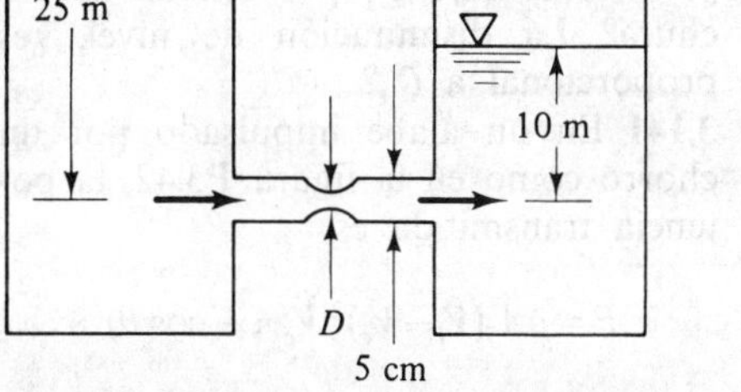

Fig. P3.132

3.133 La bifurcación horizontal de la figura P3.133 divide el caudal Q_1 en dos flujos iguales. En la sección 1, $Q_1 = 4\ \text{ft}^3/\text{s}$ y $p_1 = 20\ \text{lbf/in}^2$ de presión manométrica. Despreciando las pérdidas, calcular las presiones p_2 y p_3 y las dos componentes de la fuerza que el fluido ejerce sobre la bifurcación.

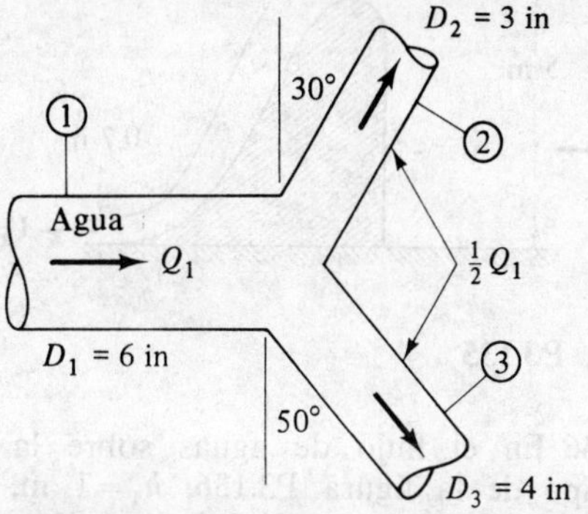

Fig. P3.133

3.134 En la «T» horizontal de la figura P3.134 la presión de entrada es $p_1 = 200$ kPa. Suponer perfiles de velocidad uniformes. Despreciando las pérdidas, calcular p_2 y p_3 y la magnitud y dirección de la fuerza aplicada sobre la «T». El fluido es agua.

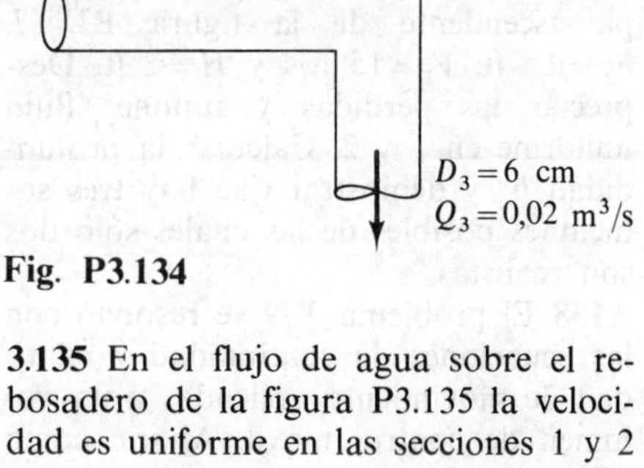

Fig. P3.134

3.135 En el flujo de agua sobre el rebosadero de la figura P3.135 la velocidad es uniforme en las secciones 1 y 2 y la presión es aproximadamente hidrostática. Despreciando las pérdidas, calcular V_1 y V_2 y la fuerza horizontal ejercida sobre el rebosadero. Suponga anchura unidad.

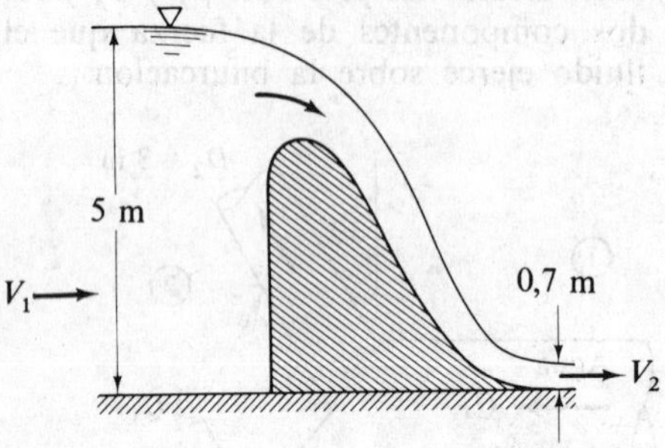

Fig. P3.135

3.136 En el flujo de aguas sobre la rampa de la figura P3.136, $h_1 = 1$ m, $H = 3$ m y $V_1 = 4$ m/s. El flujo es uniforme en 1 y 2. Despreciando las pérdidas, hallar la profundidad h_2 y demostrar que de las tres soluciones posibles sólo dos son realistas.

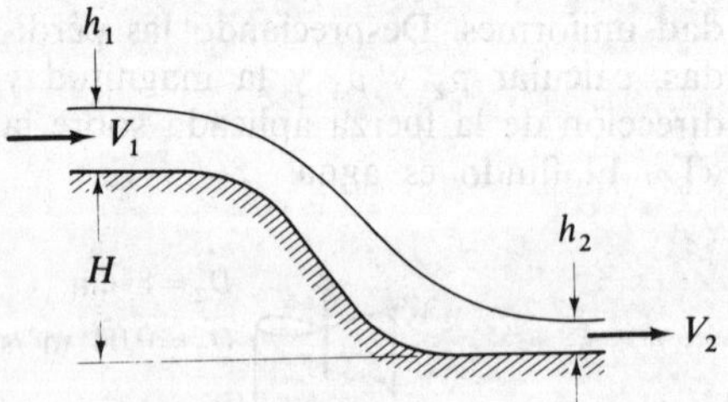

Fig. P3.136

3.137 En el flujo de agua sobre la rampa ascendente de la figura P3.137, $h_1 = 0{,}5$ ft, $V_1 = 15$ ft/s y $H = 2$ ft. Despreciar las pérdidas y suponer flujo uniforme en 1 y 2. Calcular la profundidad h_2 y demostrar que hay tres soluciones posibles de las cuales sólo dos son realistas.

3.138 El problema 3.79 se resolvió con las ecuaciones de continuidad y cantidad de movimiento aplicadas a un volumen de control móvil. Ahora, como

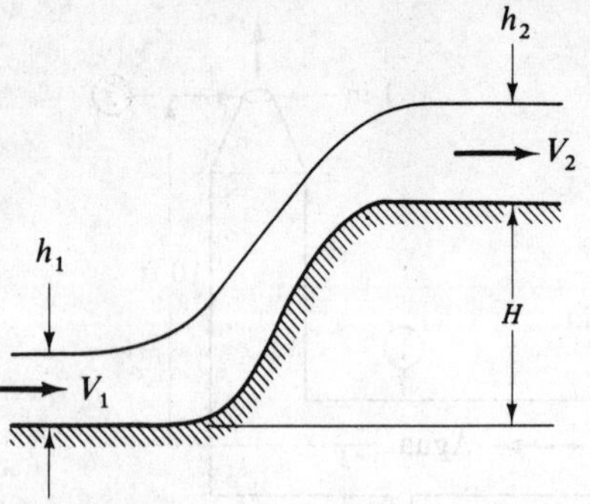

Fig. P3.137

método alternativo, utilice la ecuación de Bernoulli sin pérdidas para demostrar que la potencia comunicada a los álabes es $P = \rho g Q(V_1^2 - V_2^2)/2g$, donde Q es el flujo volumétrico del chorro.

3.139 Aplicando al pistón de la figura P3.139 una fuerza constante de 10 lbf y suponiendo que las pérdidas son despreciables, ¿cuál será la velocidad de salida V_2 en pies por segundo?

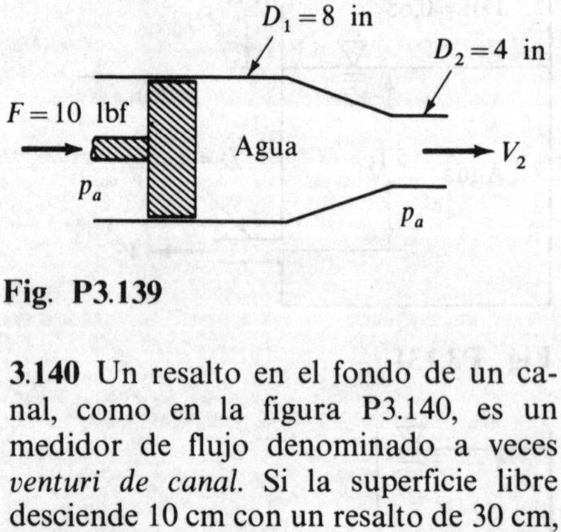

Fig. P3.139

3.140 Un resalto en el fondo de un canal, como en la figura P3.140, es un medidor de flujo denominado a veces *venturi de canal*. Si la superficie libre desciende 10 cm con un resalto de 30 cm, y suponiendo que no hay pérdidas, ¿cuál es el flujo Q_1 por unidad de anchura? La disminución de nivel, ¿es proporcional a Q_1?

3.141 En un álabe impulsado por un chorro como en la figura P3.42, la potencia transmitida es

$$P = \rho A_j (V_j - V_c)^2 \, V_c (1 - \cos\theta)$$

mientras que para una serie de álabes

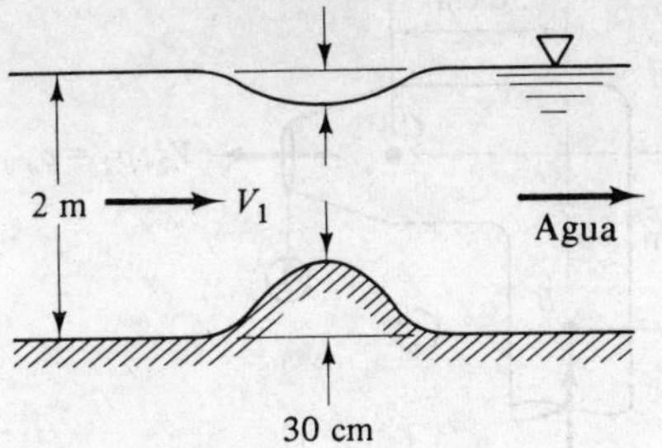

Fig. P3.140

semejantes impulsados por el mismo chorro la potencia es mayor, a saber,

$$P = \rho A_j V_j (V_j - V_c) V_c (1 - \cos\theta)$$

Verificar que esto es cierto y explicar la diferencia.

3.142 Como puede verse fácilmente al caer el agua en un fregadero, un flujo a alta velocidad (V_1, h_1) puede «saltar» a otro de baja velocidad y menor energía (V_2, h_2) como indica la figura P3.142. La presión en las secciones 1 y 2 es aproximadamente hidrostática y la fricción en la pared es despreciable. Utilícense las ecuaciones de continuidad y cantidad de movimiento para determinar h_2 y V_2 en función de (V_1, h_1). La ecuación de Bernoulli no es aplicable debido a las pérdidas en la zona del resalto hidráulico.

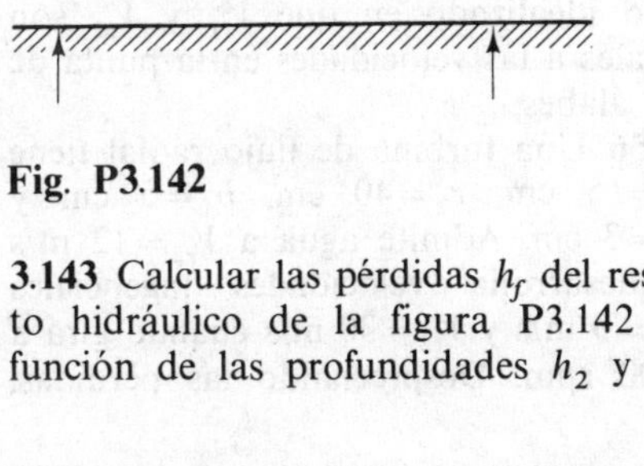

Fig. P3.142

3.143 Calcular las pérdidas h_f del resalto hidráulico de la figura P3.142 en función de las profundidades h_2 y h_1. ¿Es siempre positiva esta pérdida cuando $h_2 > h_1$?

3.144 Un flujo en un canal, con 2 ft de profundidad de agua a 15 ft/s, experimenta un resalto hidráulico. Calcular la velocidad y la profundidad aguas abajo del resalto y la pérdida de carga en pies.

3.145 Después de pasar un resalto hidráulico un flujo tiene $V_2 = 3$ m/s y $h_2 = 4$ m. ¿Cuáles son la velocidad y profundidad aguas arriba? ¿Cuál es la pérdida de carga en metros?

3.146 El aspersor horizontal de la figura P3.146 tiene un caudal de 0,01 ft^3/s introducido verticalmente en su centro. Suponiendo que no hay fricción, ¿qué par se necesita para impedir que gire?

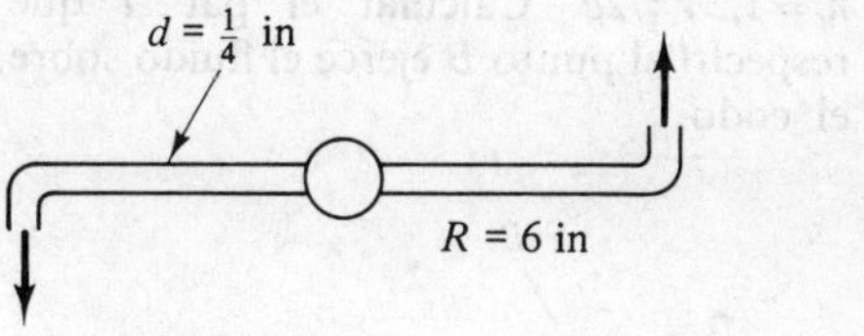

Fig. P3.146

3.147 Si el aspersor de la figura P3.146 gira sin fricción, ¿cuál será la velocidad de giro en régimen estacionario?

3.148 Repetir el problema 3.147 suponiendo que hay un par de fricción de 0,05 ft · lbf.

3.149 El aspersor de tres brazos de la figura P3.149 recibe por su centro un

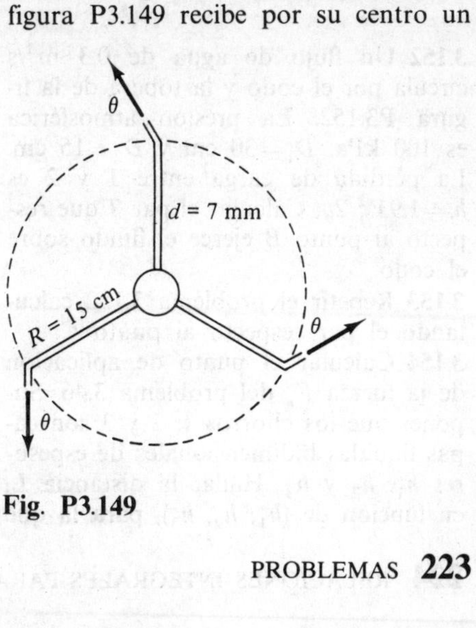

Fig. P3.149

flujo de 1,2 litros por segundo. Si la fricción es despreciable, ¿cuál será su velocidad de rotación en revoluciones por minuto para (*a*) $\theta = 0°$; (*b*) $\theta = 30°$.

3.150 Repetir el ejemplo 3.19 para el caso en que el brazo parte del reposo y aumenta su velocidad de giro hasta su valor final. El momento de inercia respecto al origen es I_O. Obtener la ecuación diferencial para la aceleración angular $d\omega/dt$ del brazo y resolverla con la condición inicial $\omega = 0$ en $t = 0$.

3.151 Un flujo de agua de 0,15 ft^3/s circula por un doble codo, como se ve en la figura P3.151. El diámetro es de 1 in en los tres tramos. La presión en la entrada es 25 lbf/in^2 manométrica y la pérdida de carga entre 1 y 2 es $h_f = 1{,}2\, V_1^2/2g$. Calcular el par T que respecto al punto B ejerce el fluido sobre el codo.

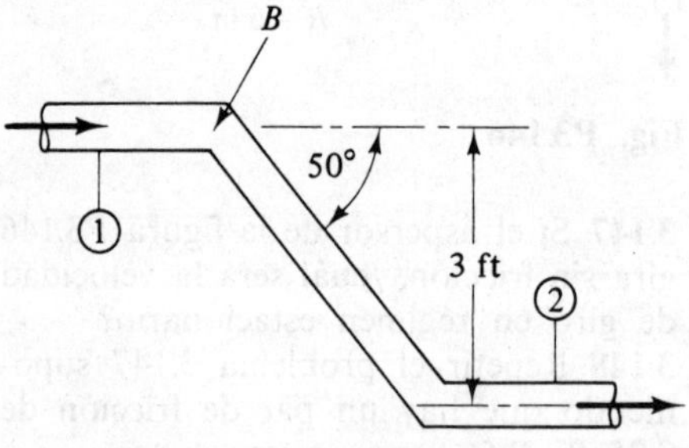

Fig. P3.151

3.152 Un flujo de agua de 0,3 m^3/s circula por el codo y la tobera de la figura P3.152. La presión atmosférica es 100 kPa, $D_1 = 30$ cm y $D_2 = 15$ cm. La pérdida de carga entre 1 y 2 es $h_f = 1{,}9\, V_1^2/2g$. Calcular el par T que respecto al punto B ejerce el fluido sobre el codo.

3.153 Repetir el problema 3.152 calculando el par respecto al punto C.

3.154 Calcular el punto de aplicación de la fuerza F_n del problema 3.46. Suponer que los chorros 1, 2 y 3 son capas líquidas bidimensionales de espesores h_1, h_2 y h_3. Hallar la distancia L, en función de (h_1, h_2, h_3), para la que

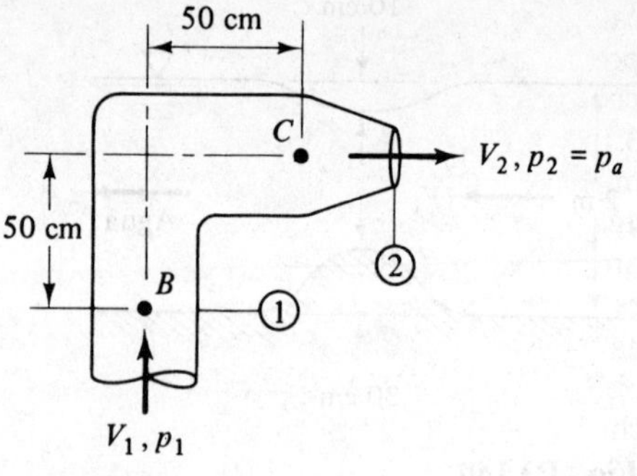

Fig. P3.152

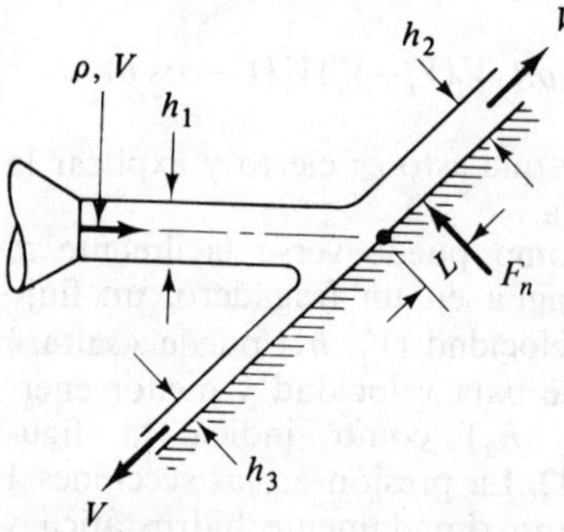

Fig. P3.154

no se necesite ningún par adicional para mantener la placa en esta posición.

3.155 El rotor de una bomba centrífuga tiene $r_1 = 3$ in, $r_2 = 12$ in y $b = 2$ in. Cuando gira a 1800 revoluciones por minuto bombea 8 ft^3/s de agua, con $V_{t1} \approx 0$ y $V_{t2} = 100$ ft/s. Las pérdidas son despreciables. Calcular (*a*) las velocidades absolutas V_1 y V_2, (*b*) la potencia necesaria, (*c*) el incremento de carga H a través de la bomba, (*d*) el incremento de presión $p_2 - p_1$ en lbf/in^2. Compare el resultado de la potencia con el caso idealizado en que V_{t1} y V_{t2} son iguales a las velocidades en la punta de los álabes.

3.156 Una turbina de flujo radial tiene $r_1 = 15$ cm, $r_2 = 40$ cm, $b_1 = 5$ cm y $b_2 = 3$ cm. Admite agua a $V_{r2} = 12$ m/s y desarrolla velocidades tagenciales $V_{t1} = 5$ m/s y $V_{t2} = 30$ m/s cuando gira a 1200 rpm. Despreciando las pérdidas, calcular (*a*) la potencia suministrada por la turbina, (*b*) la variación total de carga *H*, (*c*) $p_2 - p_1$.

3.157 La turbina de la figura P3.157 es movida a 150 rpm por un chorro de agua de 3 in de diámetro y 150 ft/s. Suponiendo que no hay pérdidas, ¿cuál es la potencia desarrollada por la turbina? ¿Para qué velocidad de giro Ω se obtendría potencia máxima con ese chorro?

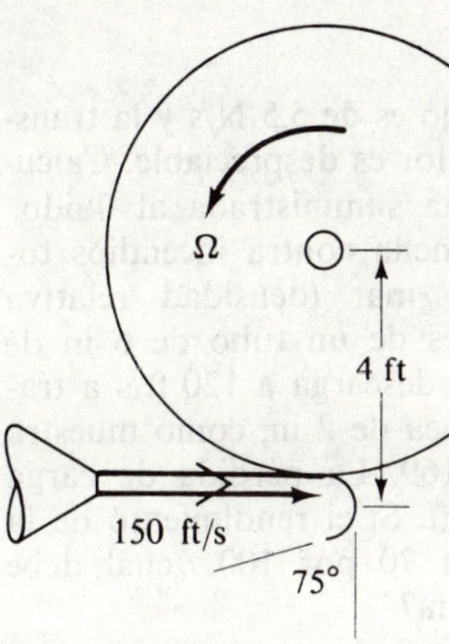

Fig. P3.157

3.158 En el flujo estacionario de agua, a través de la caja negra de la figura P3.158, tenemos $D_1 = 4$ in, $Q_1 = 2$ ft^3/s, $p_1 = 10$ lbf/in^2 de presión manométrica, $D_2 = 3$ in, $Q_2 = 1$ ft^3/s y $p_2 = 15$ lbf/in^2 manométrica, y en la sección 3 tenemos $D_3 = 2$ in y $p_3 = 20$ lbf/in^2 de presión manométrica. Los efectos de transferencia de calor, gravitatorios y térmicos son despreciables. Calcular en hp el trabajo motor que realizan por unidad de tiempo las partes móviles en el interior de la caja. ¿Es trabajo dado por el fluido o dado al fluido?

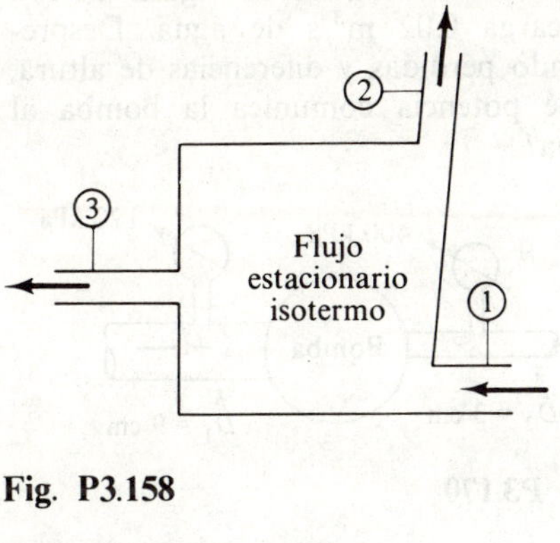

Fig. P3.158

3.159 Repetir el problema 3.158 con aire a 70° F como fluido y presión atmosférica de 15 lbf/in^2

3.160 Una central eléctrica situada a orillas de un río, figura P3.160, debe evacuar 40 MW de energía térmica. Las condiciones del río aguas arriba son $Q_i = 2$ m^3/s y $T_i = 20°$ C. Con flujo estacionario y pérdidas de calor a la atmósfera y al suelo despreciables, ¿cuál será la temperatura del río aguas abajo T_0? Tomar $c_p = 4200$ J/(kg · °C).

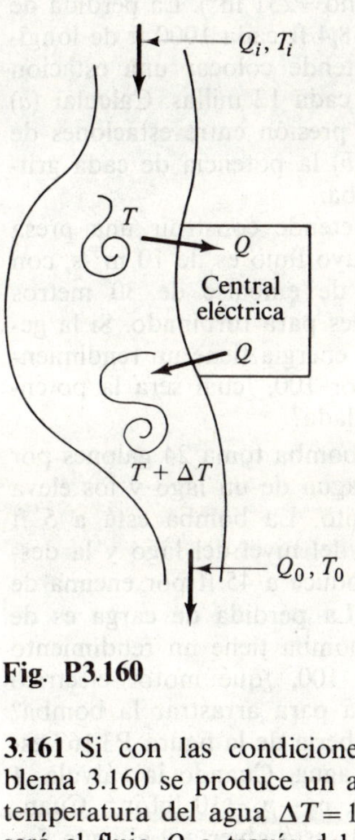

Fig. P3.160

3.161 Si con las condiciones del problema 3.160 se produce un aumento de temperatura del agua $\Delta T = 10°$ C, ¿cuál será el flujo Q a través del cambiador de calor de la central? ¿Cómo afectará el valor de Q a T_0?

3.162 Un flujo estacionario de aire circula por un tubo de 20 cm de diámetro y 1500 m de longitud. En la entrada $p_1 = 120$ kPa, $T_1 = 20°$ C y $V_1 = 17$ m/s, mientras que en la salida $V_2 = 41$ m/s. Calcular (*a*) $\dot{m}$, (*b*) p_2, (*c*) T_2. ¿Hay alguna forma adecuada de estimar la pérdida de carga h_f? Despreciar la transferencia de calor y el trabajo de partes móviles.

3.163 Un flujo de agua circula a 10 ft/s por una tubería de 1 in de diámetro y 1000 ft de longitud. La presión manométrica a la entrada es 200 lbf/in^2, y la sección de salida está a 100 ft por encima de la entrada. ¿Cuál es la presión a la salida p_2 si la pérdida de carga es $h_f = 350$ ft?

3.164 Un oleoducto de 30 in de diámetro transporta 500 000 barriles de petróleo (densidad relativa 0,86) por día (1 barril = 42 galones americanos, 1 galón americano = 231 in^3). La pérdida de carga es de 8,4 ft cada 1000 ft de longitud. Se pretende colocar una estación de bombeo cada 12 millas. Calcular (*a*) la caída de presión entre estaciones de bombeo y (*b*) la potencia de cada grupo de bomba.

3.165 Se pretende construir una presa en un río cuyo flujo es de 10 m^3/s, con una áltura de embalse de 30 metros aprovechables para turbinado. Si la generación de energía tiene un rendimiento del 80 por 100, ¿cuál será la potencia desarrollada?

3.166 Una bomba toma 24 galones por minuto de agua de un lago y los eleva a un depósito. La bomba está a 5 ft por encima del nivel del lago y la descarga se produce a 45 ft por encima de la bomba. La pérdida de carga es de 4 ft. Si la bomba tiene un rendimiento del 65 por 100, ¿qué motor eléctrico se necesitará para arrastrar la bomba?

3.167 La tubería de la figura P3.167 está llena de agua. Cuando la válvula *A* está cerrada, $p_2 - p_1 = 10$ lbf/in^2. Cuando la válvula está abierta y el agua fluye a 10 ft^3/s, $p_1 - p_2 = 34$ lbf/in^2. ¿Cuál es la pérdida de carga entre 1 y 2 en este segundo caso?

3.168 Un flujo estacionario de aire entra en un compresor a 100 kPa, 20° C y 10 m/s y sale a 350 kPa, 100° C y

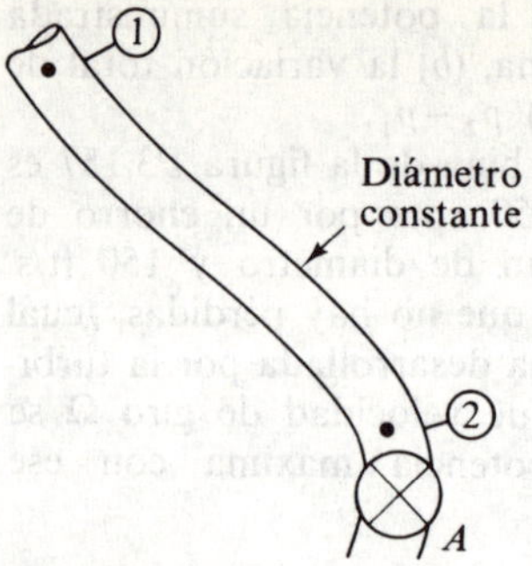

Fig. P3.167

80 m/s. El flujo es de 5,5 N/s y la transferencia de calor es despreciable. Calcular la potencia suministrada al fluido.

3.169 Una lancha contra incendios toma agua de mar (densidad relativa 1,025) a través de un tubo de 6 in de diámetro y la descarga a 120 ft/s a través de una boca de 2 in, como muestra la figura P3.169. La pérdida de carga total es de 8 ft. Si el rendimiento de la bomba es del 70 por 100, ¿cuál debe ser su potencia?

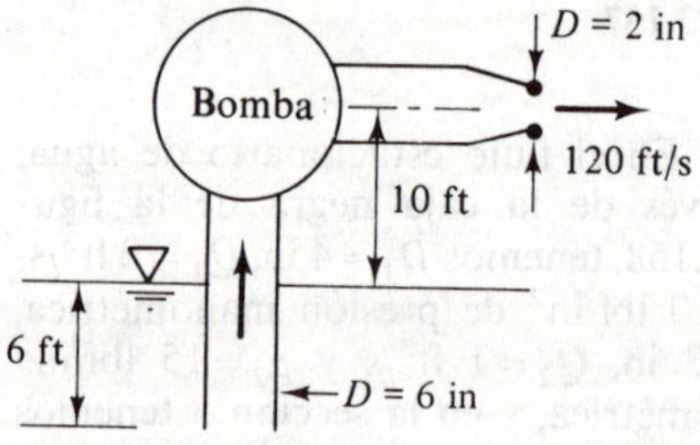

Fig. P3.169

3.170 La bomba de la figura P3.170 descarga 0,02 m^3/s de agua. Despreciando pérdidas y diferencias de altura, ¿qué potencia comunica la bomba al agua?

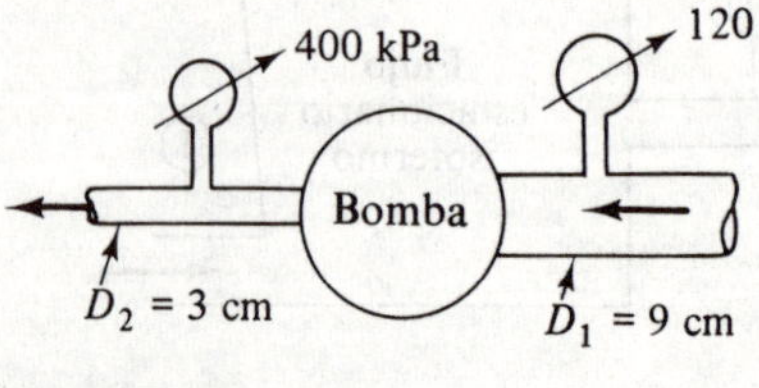

Fig. P3.170

3.171 Repetir el problema 3.168 considerando que el aire pierde por refrigeración 15 000 J/kg al pasar por el compresor.

3.172 Una turbina recibe vapor a 400 lbf/ft^2, 600° F y 10 ft/s y lo descarga a 100 ft/s y 20 lbf/in^2 en condiciones saturadas. El flujo másico es de 2,0 lb/s y la pérdida de carga es de 6 Btu por libra de vapor. Despreciar las variaciones de altura. ¿Qué potencia desarrolla la turbina?

3.173 La bomba de la figura P3.173 traslada 4 ft^3/s de agua del depósito inferior al superior. La pérdida de carga es $35V^2/2g$. Si el rendimiento de la bomba es el 70 por 100, ¿cuál debe ser su potencia?

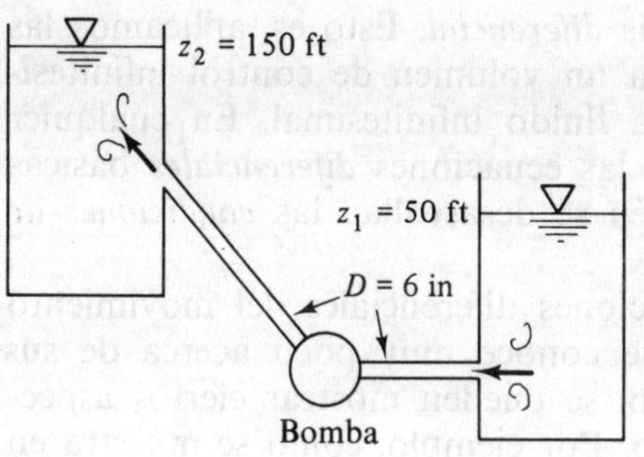

Fig. P3.173

3.174 El vehículo de colchón de aire de la figura P3.174 toma aire a través de un soplante; el aire sale al exterior a través de una ranura anular de altura *h*.

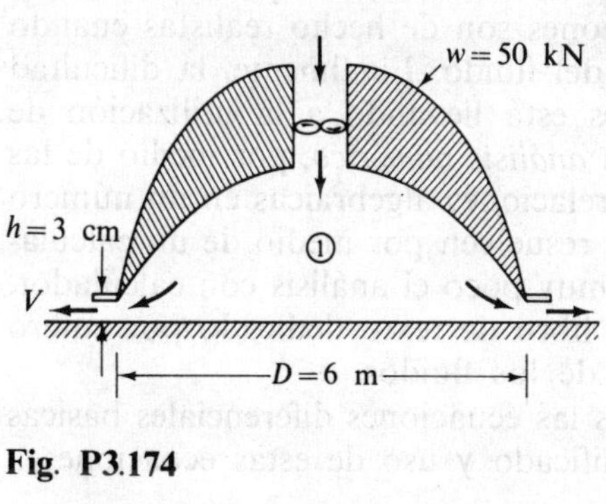

Fig. P3.174

Si el vehículo pesa 50 kN, $p_a = 101$ kPa y $T_a = 20°$ C, estimar el flujo de aire y la potencia dada por el soplante. *Nota:* El aire está prácticamente en reposo en la región 1 con una presión alta que soporta el peso del vehículo.

3.175 Un flujo de 3 ft^3/s de gasolina (densidad relativa 0,68) circula a través de una bomba, como indica la figura P3.175. Las pérdidas de carga entre 1 y 2 son 10 ft y la bomba comunica al fluido 30 hp. ¿Cuál será la lectura *h* del manómetro de mercurio?

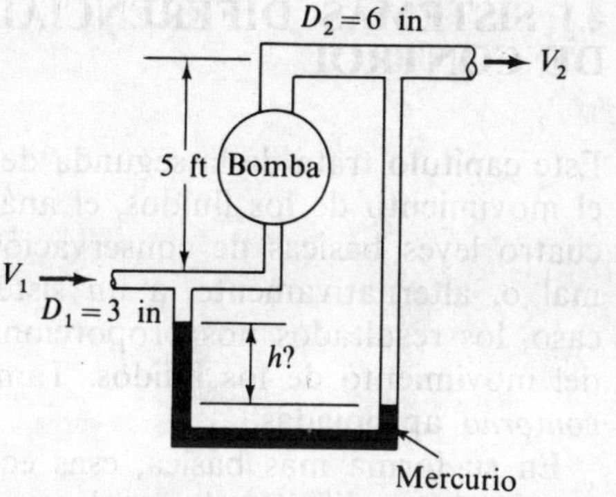

Fig. P3.175

3.176 La turbina de la figura P3.176 toma 100 m^3/s de agua y la descarga a 10 m por debajo de la superficie libre inferior. Las pérdidas de carga en la tubería son $2{,}5V^2/2g$. ¿Qué potencia desarrolla la turbina?

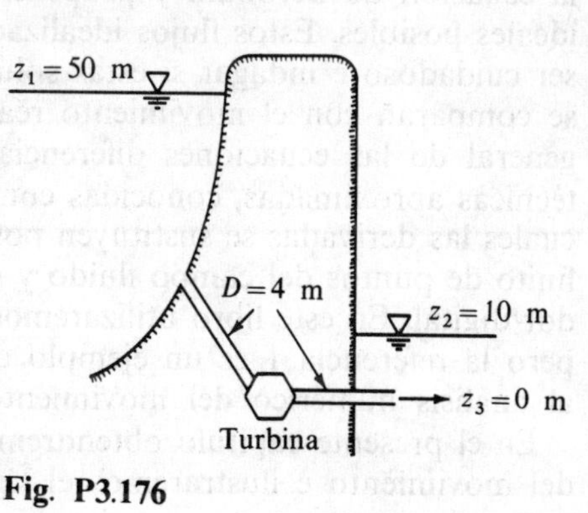

Fig. P3.176

CAPITULO 4

RELACIONES DIFERENCIALES PARA UNA PARTICULA FLUIDA

4.1 SISTEMAS DIFERENCIALES FRENTE A VOLUMENES DE CONTROL

Este capítulo trata de la segunda de nuestro trío de técnicas para analizar el movimiento de los fluidos, el análisis *diferencial.* Esto es, aplicamos las cuatro leyes básicas de conservación a un volumen de control infinitesimal o, alternativamente, a un sistema fluido infinitesimal. En cualquier caso, los resultados nos proporcionan las ecuaciones *diferenciales* básicas del movimiento de los fluidos. También se desarrollan las *condiciones de contorno* apropiadas.

En su forma más básica, esas ecuaciones diferenciales del movimiento son bastante difíciles de resolver, y se conoce muy poco acerca de sus propiedades matemáticas. Sin embargo, se pueden mostrar ciertos aspectos que tienen un gran valor educativo. Por ejemplo, como se muestra en el capítulo 5, las ecuaciones (aunque no se resuelvan) descubren los parámetros básicos adimensionales que gobiernan el movimiento de los fluidos. En segundo lugar, como se muestra en el capítulo 6, se pueden encontrar un gran número de soluciones útiles si se hacen dos simplificaciones: (1) movimiento estacionario y (2) fluido compresible. Una tercera y bastante más drástica simplificación, flujo no viscoso, hace que sea válida la ecuación de Bernoulli y proporciona una gran variedad de soluciones ideales posibles. Estos flujos idealizados se tratan en el capítulo 8; se debe ser cuidadoso e indagar si estas soluciones son de hecho realistas cuando se comparan con el movimiento real del fluido. Finalmente, la dificultad general de las ecuaciones diferenciales está llevando a la utilización de técnicas aproximadas, conocidas como *análisis numérico*, por medio de las cuales las derivadas se sustituyen por relaciones algebraicas en un número finito de puntos del campo fluido y se resuelven por medio de un calculador digital. En este libro utilizaremos muy poco el análisis con calculador, pero la referencia 1 es un ejemplo de libro de texto dedicado por entero al análisis numérico del movimiento de los fluidos.

En el presente capítulo obtendremos las ecuaciones diferenciales básicas del movimiento e ilustraremos el significado y uso de estas ecuaciones a través de ejemplos. Los capítulos siguientes se refieren a aplicaciones específicas y soluciones particulares de las ecuaciones.

4.2 ECUACION DIFERENCIAL DE LA CONSERVACION DE LA MASA

Todas las ecuaciones diferenciales básicas se pueden obtener considerando un volumen de control elemental o un sistema elemental. Elegiremos aquí un volumen de control infinitesimal y fijo (dx, dy, dz) como el de la figura 4.1, y utilizaremos las relaciones básicas para los volúmenes de control del capítulo 3. El flujo a través de cada cara del elemento es aproximadamente unidimensional y la relación de conservación de la masa es aquí

$$\iiint_{VC} \frac{\partial}{\partial t} \rho \, d\mathcal{V} + \sum_i (\rho_i A_i V_i)_{\text{sal}} - \sum_i (\rho_i A_i V_i)_{\text{ent}} = 0 \qquad (3.22)$$

El elemento es tan pequeño que la integral de volumen se reduce al término diferencial

$$\iiint_{VC} \frac{\partial}{\partial t} \rho \, d\mathcal{V} \approx \frac{\partial \rho}{\partial t} \, dx \, dy \, dz \qquad (4.1)$$

Los términos del flujo másico aparecen en las seis caras, tres de entrada y tres de salida. Hacemos uso del concepto de continuo del capítulo 1, donde todas las propiedades fluidas se consideran descritas por funciones que varían uniformemente con el tiempo y la posición, tal como $\rho = \rho(x, y, z, t)$. Entonces, si T es la temperatura en la cara izquierda del elemento de la figura 4.1, la cara derecha deberá tener una temperatura ligeramente diferente $T + (\partial T/\partial x)dx$. Para la conservación de la masa, si ρu es conocido en la cara izquierda, el valor de este producto en la cara derecha es $\rho u + (\partial \rho u/\partial x)dx$.

La figura 4.1 muestra los flujos másicos en las caras izquierda y derecha perpendiculares al eje x. Los flujos en las caras perpendiculares a los ejes y (inferior y superior) y z (anterior y posterior) se han omitido para más claridad en el dibujo. Haremos un listado de los seis flujos como sigue:

Caras	*Flujo másico de entrada*	*Flujo másico de salida*
x	$\rho u \, dy \, dz$	$\left[\rho u + \frac{\partial}{\partial x}(\rho u)\, dx\right] dy \, dz$
y	$\rho v \, dx \, dz$	$\left[\rho v + \frac{\partial}{\partial y}(\rho v)\, dy\right] dx \, dz$
z	$\rho w \, dx \, dy$	$\left[\rho w + \frac{\partial}{\partial z}(\rho w)\, dz\right] dx \, dy$

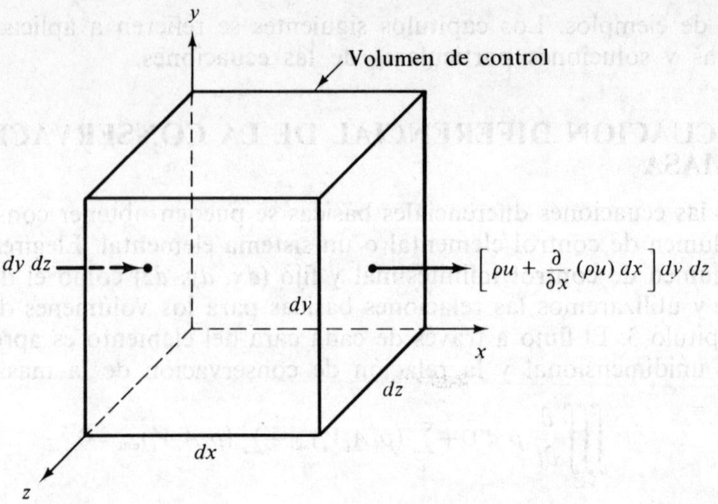

Fig. 4.1 Volumen de control infinitesimal fijo en coordenadas cartesianas mostrando los flujos másicos de entrada y salida en las caras perpendiculares al eje *x*.

Introduciendo estos términos y la ecuación (4.1) en la ecuación (3.22) tenemos

$$\frac{\partial\rho}{\partial t}dx\,dy\,dz+\frac{\partial}{\partial x}(\rho u)\,dx\,dy\,dz+\frac{\partial}{\partial y}(\rho v)\,dx\,dy\,dz+\frac{\partial}{\partial z}(\rho w)\,dx\,dy\,dz=0 \quad (4.2)$$

La diferencial de volumen desaparece de todos los términos, quedando una ecuación diferencial pura que relaciona las derivadas parciales de la densidad y la velocidad

$$\frac{\partial\rho}{\partial t}+\frac{\partial}{\partial x}(\rho u)+\frac{\partial}{\partial y}(\rho v)+\frac{\partial}{\partial z}(\rho w)=0 \quad (4.3)$$

Este es el resultado deseado: la conservación de la masa para un volumen de control infinitesimal. A menudo se le llama *ecuación de la continuidad* porque no requiere más suposición que la de continuidad de las funciones que dan la densidad y velocidad. Esto es, el flujo puede ser estacionario o no, viscoso o sin fricción, compresible o incompresible[1]. Sin embargo, la ecuación no tiene en cuenta ninguna singularidad del tipo fuentes o sumideros dentro del elemento.

El operador gradiente

$$\nabla=\mathbf{i}\,\frac{\partial}{\partial x}+\mathbf{j}\,\frac{\partial}{\partial y}+\mathbf{k}\,\frac{\partial}{\partial z} \quad (4.4)$$

[1] Un caso en el que la ecuación (4.3) podria necesitar de un cuidado especial es en el *flujo con dos fases*, donde la densidad es discontinua entre las fases. Para más detalles sobre este caso, ver, por ejemplo, la referencia 2.

nos permite escribir la ecuación de la continuidad en una forma compacta, que no ayuda mucho a encontrar la solución. Los últimos tres términos de la ecuación (4.3) son equivalentes a la divergencia del vector $\rho\mathbf{V}$

$$\frac{\partial}{\partial x}(\rho u)+\frac{\partial}{\partial y}(\rho v)+\frac{\partial}{\partial z}(\rho w)\equiv\nabla\cdot(\rho\mathbf{V}) \tag{4.5}$$

de modo que la forma compacta de la ecuación de la continuidad es

$$\frac{\partial\rho}{\partial t}+\nabla\cdot(\rho\mathbf{V})=0 \tag{4.6}$$

En esta forma vectorial, la ecuación es bastante general y puede utilizarse en otros sitemas de coordenadas distintos del cartesiano.

Coordenadas cilíndricas

La alternativa más común al sistema cartesiano son las *coordenadas cilíndricas*, esquematizadas en la figura 4.2. Un punto arbitrario P está definido por la distancia z a lo largo del eje, la distancia radial r desde el eje y el ángulo θ de rotación alrededor del eje. Las tres componentes independientes de la velocidad son la componente axial v_z, la componente radial v_r y la componente circunferencial v_θ, que se considera positiva en el sentido contrario al de giro de las agujas del reloj, esto es, en la dirección de las θ crecientes. En general, todas las componentes de la velocidad, así como la presión y densidad y otras propiedades fluidas, son funciones continuas de r, θ, z y t.

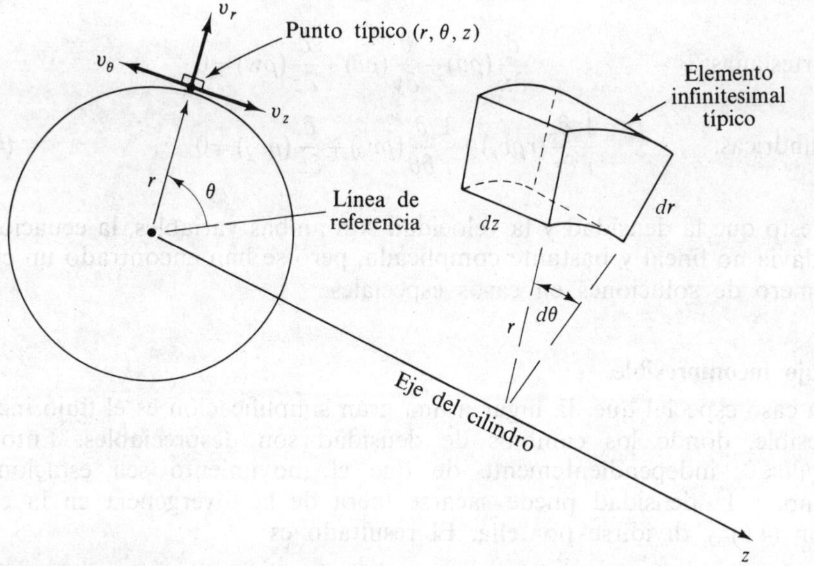

Fig. 4.2 Esquema para la definición del sistema de coordenadas cilíndricas.

La divergencia de cualquier vector $\mathbf{A}(r, \theta, z, t)$ se obtiene haciendo la transformación de coordenadas,

$$r=(x^2+y^2)^{1/2} \qquad \theta=\text{arc tg}\,\frac{y}{x} \qquad z=z \tag{4.7}$$

y el resultado lo daremos aquí sin demostración[1]

$$\nabla \cdot \mathbf{A}=\frac{1}{r}\frac{\partial}{\partial r}(rA_r)+\frac{1}{r}\frac{\partial}{\partial \theta}(A_\theta)+\frac{\partial}{\partial z}(A_z) \tag{4.8}$$

La ecuación (4.6) de la continuidad en coordenadas cilíndricas es entonces

$$\frac{\partial \rho}{\partial t}+\frac{1}{r}\frac{\partial}{\partial r}(r\rho v_r)+\frac{1}{r}\frac{\partial}{\partial \theta}(\rho v_\theta)+\frac{\partial}{\partial z}(\rho v_z)=0 \tag{4.9}$$

Hay otros sistemas de coordenadas curvilíneas ortogonales, especialmente las *coordenadas esféricas*, que ocasionalmente se utilizan en problemas de mecánica de fluidos. No utilizaremos aquí estos sistemas.

Hay otras formas de obtener la ecuación (4.6) de la continuidad que son interesantes e instructivas. Pregunte a su profesor acerca de estas otras formas.

Flujo compresible estacionario

Si el flujo es estacionario, $\partial/\partial t \equiv 0$ y todas las magnitudes son sólo función de la posición. La ecuación (4.6) se reduce a

Cartesianas:
$$\frac{\partial}{\partial x}(\rho u)+\frac{\partial}{\partial y}(\rho v)+\frac{\partial}{\partial z}(\rho w)=0$$

Cilíndricas:
$$\frac{1}{r}\frac{\partial}{\partial r}(r\rho v_r)+\frac{1}{r}\frac{\partial}{\partial \theta}(\rho v_\theta)+\frac{\partial}{\partial z}(\rho v_z)=0 \tag{4.10}$$

Puesto que la densidad y la velocidad son ambas variables, la ecuación es todavía no lineal y bastante complicada, pero se han encontrado un cierto número de soluciones en casos especiales.

Flujo incompresible

Un caso especial que da lugar a una gran simplificación es el flujo incompresible, donde los cambios de densidad son despreciables. Entonces $\partial\rho/\partial t \approx 0$, independientemente de que el movimiento sea estacionario o no, y la densidad puede sacarse fuera de la divergencia en la ecuación (4.6) y dividirse por ella. El resultado es

$$\nabla \cdot \mathbf{V}=0 \tag{4.11}$$

Válida para un flujo incompresible estacionario o no. Para los dos tipos de coordenadas es

Cartesianas: $$\frac{\partial u}{\partial x}+\frac{\partial v}{\partial y}+\frac{\partial w}{\partial z}=0$$

Cilíndricas: $$\frac{1}{r}\frac{\partial}{\partial r}(rv_r)+\frac{1}{r}\frac{\partial}{\partial \theta}(v_\theta)+\frac{\partial}{\partial z}(v_z)=0 \qquad (4.12)$$

Estas son ecuaciones diferenciales *lineales* y, como se discute en los capítulos 6 a 8, se conocen una gran cantidad de soluciones. Puesto que ningún autor o instructor puede resistirse a una gran variedad de soluciones, se gasta mucho tiempo estudiando los flujos incompresibles. Afortunadamente, es exactamente lo que debe hacerse, porque muchos flujos prácticos de la ingeniería son aproximadamente incompresibles, la excepción principal son los flujos de gases a altas velocidades tratados en el capítulo 9.

¿Cuándo puede considerarse un flujo aproximadamente incompresible? Deduciremos un criterio delicado jugando un poco con dos barajas en las aproximaciones de la densidad. En esencia queremos quitar la densidad fuera de la divergencia en la ecuación (4.6) y aproximar un término típico, por ejemplo, como

$$\frac{\partial}{\partial x}(\rho u)\approx\rho\frac{\partial u}{\partial x} \qquad (4.13)$$

esto es equivalente a la desigualdad

$$\left|u\frac{\partial \rho}{\partial x}\right|\ll\left|\rho\frac{\partial u}{\partial x}\right|$$

o $$\left|\frac{\delta\rho}{\rho}\right|\ll\left|\frac{\delta V}{V}\right| \qquad (4.14)$$

Como veremos en el capítulo 9, los cambios de densidad son aproximadamente proporcionales a los cambios de presión y al cuadrado de la velocidad del sonido a del fluido

$$\delta p\approx a^2\,\delta\rho \qquad (4.15)$$

Por otra parte, si los cambios de altura son despreciables, los incrementos de presión se estiman relacionándolos con los de velocidad por la ecuación (3.63) de Bernoulli para fluidos incompresibles

$$\delta p\approx-\rho V\;\delta V \qquad (4.16)$$

Combinando las ecuaciones (4.14) a (4.16), obtenemos un criterio para flujo incompresible

$$\frac{V^2}{a^2} = \mathrm{Ma}^2 \ll 1 \tag{4.17}$$

donde $\mathrm{Ma} = V/a$ es el número adimensional de Mach de la corriente. ¿Cómo debe de ser de pequeño? El límite comúnmente aceptado es

$$\mathrm{Ma} \leqslant 0{,}3 \tag{4.18}$$

Para aire en condiciones estándar, un flujo puede considerarse incompresible si la velocidad es menor que unos 100 m/s (350 ft/s). Esto comprende una gran variedad de flujos de aire: movimiento de automóviles y trenes, aviones ligeros, despegue y aterrizaje de aviones de gran velocidad, la mayoría de los flujos en tuberías y en turbomáquinas a moderadas velocidades de giro. Además, es claro que la mayor parte de los flujos de líquidos son incompresibles, puesto que las velocidades del flujo son pequeñas y la velocidad del sonido muy grande[1].

Antes de intentar analizar la ecuación de la continuidad, obtendremos las ecuaciones de cantidad de movimiento y energía, de modo que podamos analizarlas como un conjunto. En algunos casos se puede utilizar la *función de corriente*, con lo que se asegura que la ecuación de continuidad se satisface automáticamente, tal como veremos en la sección 4.7.

Una última observación es importante: la ecuación de la continuidad es indispensable y debe satisfacerse siempre en todo análisis racional del modelo de flujo. Cualquier «solución» de las ecuaciones de cantidad de movimiento o energía se estrellará ante cualquier análisis crítico si no se satisface la ecuación de la continuidad.

EJEMPLO 4.1 ¿Bajo qué condiciones el campo de velocidades

$$\mathbf{V} = (a_1x + b_1y + c_1z)\mathbf{i} + (a_2x + b_2y + c_2z)\mathbf{j} + (a_3x + b_3y + c_3z)\mathbf{k}$$

$$a_1,\ b_1,\ \text{etc.} = \text{const}$$

representa un flujo incompresible en el que se conserva la masa?

Solución Teniendo en cuenta que $\mathbf{V} = u\mathbf{i} + v\mathbf{j} + w\mathbf{k}$, vemos que $u = (a_1x + b_1y + c_1z)$, etcétera. Sustituyendo en la ecuación (4.12*a*) para un flujo incompresible, obtenemos

$$\frac{\partial}{\partial x}(a_1x + b_1y + c_1z) + \frac{\partial}{\partial y}(a_2x + b_2y + c_2z) + \frac{\partial}{\partial z}(a_3x + b_3y + c_3z) = 0$$

o $$a_1 + b_2 + c_3 = 0 \qquad \textit{Resp.}$$

[1] Un caso excepcional aparece en geofísica, donde los cambios de densidad están impuestos térmica o mecánicamente más que por las condiciones del flujo propiamente dichas. Un ejemplo son las capas de agua dulce entre agua salada o de aire caliente entre aire frío en la atmósfera. En estos casos se dice que el fluido está *estratificado*, y se deben tener en cuenta las variaciones verticales de densidad en la ecuación (4.6), aunque las velocidades sean pequeñas.

Al menos dos de las constantes a_1, b_2 y c_3 deben tener signos opuestos. La ecuación de la continuidad no impone restricciones acerca de las constantes b_1, c_1, a_2, c_2, a_3 y b_3, que no contribuyen al aumento o disminución de masa de un elemento diferencial.

EJEMPLO 4.2 El campo de velocidades de un fluido incompresible está dado por

$$u = a(x^2 - y^2) \quad v \text{ desconocida} \quad w = b$$

donde a y b son constantes. ¿Cuál debe ser la forma de la componente v de la velocidad?

Solución Aplicando de nuevo la ecuación (4.12*a*)

$$\frac{\partial}{\partial x}(ax^2 - ay^2) + \frac{\partial v}{\partial y} + \frac{\partial b}{\partial z} = 0$$

o

$$\frac{\partial v}{\partial y} = -2ax \tag{1}$$

Que se puede integrar fácilmente con respecto a y para dar

$$v(x, y, z, t) = -2axy + f(x, z, t) \qquad \textit{Resp.}$$

Esta es la única forma posible de la componente v que satisface la ecuación de la continuidad para un fluido incompresible. La función de integración f es totalmente arbitraria, puesto que desaparece cuando se deriva v con respecto a y[1].

EJEMPLO 4.3 Un rotor centrífugo de 40 cm de diámetro se utiliza para bombear hidrógeno a 15° C y 1 atm de presión. ¿Cuál es la máxima velocidad angular de giro del rotor para que sea permisible no tener en cuenta los efectos de compresibilidad en la punta de los álabes?

Solución La velocidad del sonido del hidrógeno en estas condiciones es $a = 1300$ m/s. Considerando que la velocidad del gas a la salida del rotor es aproximadamente igual a la velocidad del extremo del álabe

$$V = \Omega r = \tfrac{1}{2}\Omega D$$

Según la ecuación (4.18) la compresibilidad es despreciable si

$$V = \tfrac{1}{2}\Omega D \leqslant 0{,}3a = 390 \text{ m/s}$$

o

$$\tfrac{1}{2}\Omega(0{,}4 \text{ m}) \leqslant 390 \text{ m/s} \quad \Omega \leqslant 1950 \text{ rad/s}$$

La velocidad admisible es bastante grande

$$\Omega \leqslant 310 \text{ r/s} (18\,600 \text{ rpm}) \qquad \textit{Resp.}$$

Un rotor moviéndose a esta velocidad con aire podría generar ondas de choque en los extremos de los álabes, pero no en un gas ligero como el hidrógeno.

[1] Es un flujo muy realista que simula la corriente en un rincón de 60°; ver los ejemplos 4.6 y 4.8.

4.3 FORMA DIFERENCIAL DE LA ECUACION DE CANTIDAD DE MOVIMIENTO

Habiendo hecho el análisis una vez en la sección 4.2 para la conservación de la masa, podemos hacerlo más rápido esta vez. Utilizamos el mismo volumen de control elemental de la figura 4.1, para el cual la forma apropiada de la ecuación de cantidad de movimiento es

$$\Sigma \mathbf{F} = \frac{\partial}{\partial t}\left(\iiint_{\mathrm{VC}} \mathbf{V}\rho \, d\mathcal{V}\right) + \Sigma(\dot{m}_i \mathbf{V}_i)_{\mathrm{sal}} - \Sigma(\dot{m}_i \mathbf{V}_i)_{\mathrm{ent}} \tag{3.40}$$

De nuevo el elemento de volumen es tan pequeño que la integral de volumen se reduce a

$$\frac{\partial}{\partial t}\left(\iiint_{\mathrm{VC}} \mathbf{V}\rho \, d\mathcal{V}\right) \approx \frac{\partial}{\partial t}(\rho \mathbf{V})\, dx\, dy\, dz \tag{4.19}$$

Aparecen flujos de cantidad de movimiento en las seis caras, tres de entrada y tres de salida. Refiriéndonos otra vez a la figura 4.1, podemos hacer una tabla con los flujos de cantidad de movimiento en forma análoga a la utilizada para obtener el flujo másico que nos llevó a la ecuación (4.2):

Caras	*Flujo de cantidad de movimiento a la entrada*	*Flujo de cantidad de movimiento a la salida*
x	$\rho u \mathbf{V}\, dy\, dz$	$\left[\rho u \mathbf{V} + \frac{\partial}{\partial x}(\rho u \mathbf{V})\, dx\right] dy\, dz$
y	$\rho v \mathbf{V}\, dx\, dz$	$\left[\rho v \mathbf{V} + \frac{\partial}{\partial y}(\rho v \mathbf{V})\, dy\right] dx\, dz$
z	$\rho w \mathbf{V}\, dx\, dy$	$\left[\rho w \mathbf{V} + \frac{\partial}{\partial z}(\rho w \mathbf{V})\, dz\right] dx\, dy$

Introduciendo estos términos y la ecuación (4.19) en la ecuación (3.40), obtenemos la expresión intermedia

$$\Sigma \mathbf{F} = dx\, dy\, dz \left[\frac{\partial}{\partial t}(\rho \mathbf{V}) + \frac{\partial}{\partial x}(\rho u \mathbf{V}) + \frac{\partial}{\partial y}(\rho v \mathbf{V}) + \frac{\partial}{\partial z}(\rho w \mathbf{V})\right] \tag{4.20}$$

Obsérvese que es una relación vectorial. Se puede simplificar si dividimos el término entre corchetes como sigue:

$$\frac{\partial}{\partial t}(\rho\mathbf{V})+\frac{\partial}{\partial x}(\rho u\mathbf{V})+\frac{\partial}{\partial y}(\rho v\mathbf{V})+\frac{\partial}{\partial z}(\rho w\mathbf{V})=$$

$$=\mathbf{V}\left[\frac{\partial\rho}{\partial t}+\nabla\cdot(\rho\mathbf{V})\right]+\rho\left(\frac{\partial\mathbf{V}}{\partial t}+u\frac{\partial\mathbf{V}}{\partial x}+v\frac{\partial\mathbf{V}}{\partial y}+w\frac{\partial\mathbf{V}}{\partial z}\right)\qquad(4.21)$$

El término entre corchetes del segundo miembro es idénticamente nulo según la ecuación (4.6) de la continuidad. El término entre paréntesis del segundo miembro es, según la ecuación (1.10), la aceleración total de la partícula que ocupa en ese instante el volumen de control

$$\frac{\partial\mathbf{V}}{\partial t}+u\frac{\partial\mathbf{V}}{\partial x}+v\frac{\partial\mathbf{V}}{\partial y}+w\frac{\partial\mathbf{V}}{\partial z}=\frac{d\mathbf{V}}{dt}\qquad(1.10)$$

Por tanto, hemos reducido la ecuación (4.20) a

$$\Sigma\mathbf{F}=\rho\frac{d\mathbf{V}}{dt}\,dx\,dy\,dz\qquad(4.22)$$

Sería bueno detenerse a pensar sobre lo que se ha obtenido. ¿Cuál es la relación entre las ecuaciones (4.22) y (3.40) para un volumen de control infinitesimal? ¿Podría haber *comenzado* el análisis con la ecuación (4.22)?

La ecuación (4.22) indica que la fuerza neta sobre el volumen de control debe ser diferencial y proporcional al elemento de volumen. Estas fuerzas son de dos tipos, fuerzas *másicas* y fuerzas de *superficie*. Las fuerzas másicas son debidas a campos externos (gravitatorios, magnéticos, eléctricos) que actúan sobre toda la masa del volumen elemental. Las únicas fuerzas másicas que consideraremos en este libro son las gravitatorias. La fuerza de gravedad sobre una masa diferencial $\rho\,dx\,dy\,dz$ dentro del volumen de control es

$$d\mathbf{F}_{\text{grav}}=\rho\mathbf{g}\,dx\,dy\,dz\qquad(4.23)$$

donde **g** tendrá en general una orientación arbitraria con respecto al sistema de coordenadas. En muchas aplicaciones, en especial en la ecuación de Bernoulli, tomaremos z «hacia arriba» y $\mathbf{g}=-g\mathbf{k}$.

Las fuerzas de superficie son debidas a los esfuerzos en las caras de la superficie de control. Estos esfuerzos, como se discutió en el capítulo 2, son suma de la presión hidrostática y de los esfuerzos viscosos τ_{ij} que aparecen en el movimiento con gradientes de velocidad

$$\sigma_{ij}=\begin{vmatrix}-p+\tau_{xx} & \tau_{yx} & \tau_{zx}\\ \tau_{xy} & -p+\tau_{yy} & \tau_{zy}\\ \tau_{xz} & \tau_{yz} & -p+\tau_{zz}\end{vmatrix}\qquad(4.24)$$

La notación con subíndices para los esfuerzos se da en la figura 4.3.

No son estos esfuerzos, sino sus *gradientes* o diferencias, los que originan una fuerza neta sobre la superficie total del volumen de control infinitesimal. Esto se ve en la figura 4.4, donde sólo se muestra, para mayor claridad en el dibujo, el esfuerzo en la dirección del eje x. Por ejemplo, la fuerza dirigida hacia la izquierda $\sigma_{xx}\, dy\, dz$ en la cara izquierda está equilibrada parcialmente por la fuerza dirigida hacia la derecha $\sigma_{xx}\, dy\, dz$ en la cara derecha, quedando sólo la fuerza neta hacia la derecha $\partial\sigma_{xx}/\partial x\, dx\, dy\, dz$ en la cara derecha. Lo mismo ocurre en las otras cuatro caras, de modo que la fuerza neta en la dirección x está dada por

$$dF_{x,\text{sup.}}=\left[\frac{\partial}{\partial x}(\sigma_{xx})+\frac{\partial}{\partial y}(\sigma_{yx})+\frac{\partial}{\partial z}(\sigma_{zx})\right] dx\, dy\, dz \tag{4.25}$$

Se ve que esta fuerza es proporcional al volumen infinitesimal. Obsérvese que los esfuerzos se han tomado de la fila superior de la matriz de la ecuación (4.24). Dividiendo esta fila en presión y esfuerzos viscosos, podemos reescribir la ecuación (4.25) como

$$\frac{dF_x}{d\mathcal{V}}=-\frac{\partial p}{\partial x}+\frac{\partial}{\partial x}(\tau_{xx})+\frac{\partial}{\partial y}(\tau_{yx})+\frac{\partial}{\partial z}(\tau_{zx}) \tag{4.26}$$

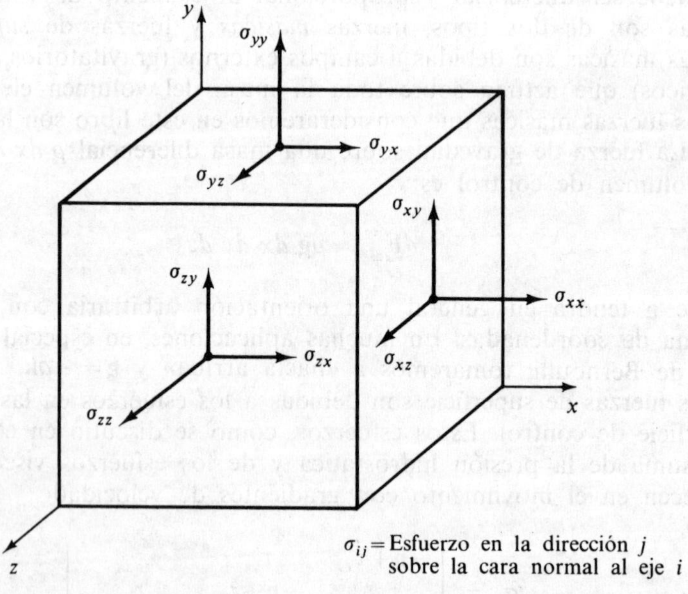

Fig. 4.3 Notación para los esfuerzos.

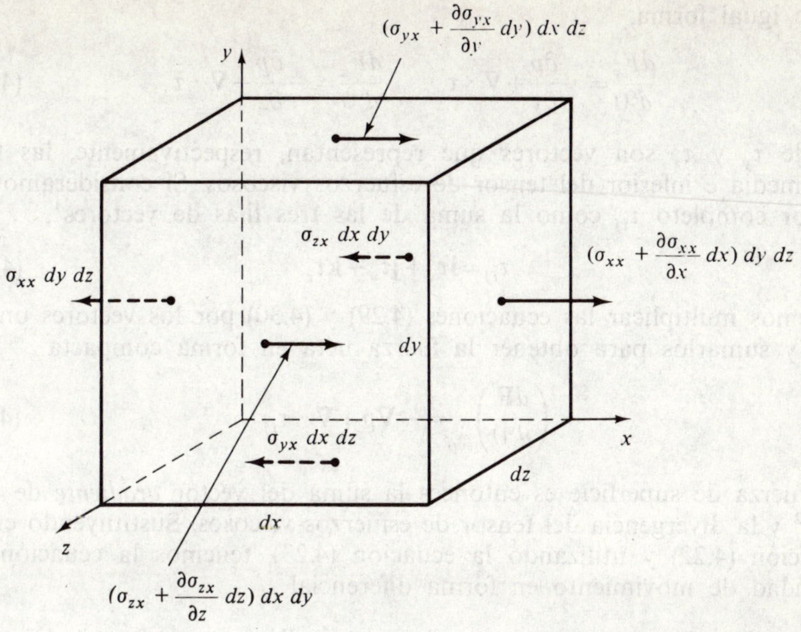

Fig. 4.4 Volumen de control infinitesimal fijo en coordenadas cartesianas mostrando sólo la componente x de las fuerzas de superficie.

De forma análoga podemos obtener las fuerzas, por unidad de volumen sobre las superficies del volumen de control, en las direcciones de los ejes y y z

$$\frac{dF_y}{d\mathcal{V}} = -\frac{\partial p}{\partial y} + \frac{\partial}{\partial x}(\tau_{xy}) + \frac{\partial}{\partial y}(\tau_{yy}) + \frac{\partial}{\partial z}(\tau_{zy})$$

$$\frac{dF_z}{d\mathcal{V}} = -\frac{\partial p}{\partial z} + \frac{\partial}{\partial x}(\tau_{xz}) + \frac{\partial}{\partial y}(\tau_{yz}) + \frac{\partial}{\partial z}(\tau_{zz}) \tag{4.27}$$

Ahora podemos multiplicar las ecuaciones (4.26) y (4.27) por **i**, **j** y **k**, respectivamente, y sumarlas para obtener $(d\mathbf{F})_{\text{sup}}$, combinándolas con $(d\mathbf{F})_{\text{grav}}$ y sustituyéndolas en la ecuación (4.22) para obtener la ecuación diferencial de la cantidad de movimiento. Pero las fuerzas de superficie tienen una expresión tan larga que economizaremos observando que los términos de los esfuerzos viscosos en la ecuación (4.26) son equivalentes a la divergencia de un vector cuyas componentes son los elementos de la fila superior del tensor de esfuerzos viscosos. Esto es, definiendo el vector

$$\boldsymbol{\tau}_x = \mathbf{i}\,\tau_{xx} + \mathbf{j}\,\tau_{yx} + \mathbf{k}\,\tau_{zx} \tag{4.28}$$

Entonces la ecuación (4.26) es equivalente a

$$\frac{dF_x}{d\mathcal{V}} = -\frac{\partial p}{\partial x} + \nabla \cdot \boldsymbol{\tau}_x \tag{4.29}$$

y, de igual forma,

$$\frac{dF_y}{d\mathcal{V}}=-\frac{\partial p}{\partial y}+\nabla\cdot\boldsymbol{\tau}_y \qquad \frac{dF_z}{d\mathcal{V}}=-\frac{\partial p}{\partial z}+\nabla\cdot\boldsymbol{\tau}_z \tag{4.30}$$

donde $\boldsymbol{\tau}_y$ y $\boldsymbol{\tau}_z$ son vectores que representan, respectivamente, las filas intermedia e inferior del tensor de esfuerzos viscosos. Si consideramos al tensor completo τ_{ij} como la suma de las tres filas de vectores[1],

$$\tau_{ij}=\mathbf{i}\boldsymbol{\tau}_x+\mathbf{j}\boldsymbol{\tau}_y+\mathbf{k}\boldsymbol{\tau}_z \tag{4.31}$$

podemos multiplicar las ecuaciones (4.29) y (4.30) por los vectores unitarios y sumarlos para obtener la fuerza neta en forma compacta

$$\left(\frac{d\mathbf{F}}{d\mathcal{V}}\right)_{\text{sup}}=-\nabla p+\nabla\cdot\tau_{ij} \tag{4.32}$$

La fuerza de superficie es entonces la suma del vector *gradiente* de presión[2] y la divergencia del tensor de esfuerzos viscosos. Sustituyendo en la ecuación (4.22) y utilizando la ecuación (4.23), tenemos la ecuación de cantidad de movimiento en forma diferencial

$$\rho\mathbf{g}-\nabla p+\nabla\cdot\tau_{ij}=\rho\frac{d\mathbf{V}}{dt} \tag{4.33}$$

donde $\dfrac{d\mathbf{V}}{dt}=\dfrac{\partial\mathbf{V}}{\partial t}+u\dfrac{\partial\mathbf{V}}{\partial x}+v\dfrac{\partial\mathbf{V}}{\partial y}+w\dfrac{\partial\mathbf{V}}{\partial z}$

También podemos expresar la ecuación (4.33) en palabras:

Fuerza gravitatoria por unidad de volumen + fuerza de presión por unidad de volumen + fuerza viscosa por unidad de volumen = densidad × aceleración (4.34)

La ecuación (4.33) es tan breve y compacta que su inherente complejidad queda casi invisible. Es una ecuación *vectorial*, cada una de sus componentes tiene nueve términos. Escribamos las tres componentes en forma explícita para ilustrar las dificultades matemáticas inherentes a la ecuación de cantidad de movimiento

$$\rho g_x-\frac{\partial p}{\partial x}+\frac{\partial\tau_{xx}}{\partial x}+\frac{\partial\tau_{yx}}{\partial y}+\frac{\partial\tau_{zx}}{\partial z}=\rho\left(\frac{\partial u}{\partial t}+u\frac{\partial u}{\partial x}+v\frac{\partial u}{\partial y}+w\frac{\partial u}{\partial z}\right)$$

$$\rho g_y-\frac{\partial p}{\partial y}+\frac{\partial\tau_{xy}}{\partial x}+\frac{\partial\tau_{yy}}{\partial y}+\frac{\partial\tau_{zy}}{\partial z}=\rho\left(\frac{\partial v}{\partial t}+u\frac{\partial v}{\partial x}+v\frac{\partial v}{\partial y}+w\frac{\partial v}{\partial z}\right)$$

$$\rho g_z-\frac{\partial p}{\partial z}+\frac{\partial\tau_{xz}}{\partial x}+\frac{\partial\tau_{yz}}{\partial y}+\frac{\partial\tau_{zz}}{\partial z}=\rho\left(\frac{\partial w}{\partial t}+u\frac{\partial w}{\partial x}+v\frac{\partial w}{\partial y}+w\frac{\partial w}{\partial z}\right) \tag{4.35}$$

[1] Es tan larga que utilizaremos notación tensorial.
[2] Compárese con la ecuación (2.12).

Esta es la ecuación diferencial de la cantidad de movimiento en toda su extensión, idéntica a la forma compacta (4.33). Es válida para cualquier fluido con cualquier movimiento, cada fluido está caracterizado por términos viscosos particulares. Obsérvese que los tres últimos sumandos del segundo miembro de las ecuaciones (4.35) son no lineales, lo que complica el análisis matemático.

Flujo no viscoso: Ecuación de Euler

La ecuación (4.35) no está lista para su uso a menos que escribamos los términos viscosos en función de la velocidad. La simplificación más importante corresponde al flujo no viscoso, $\tau_{ij}=0$, para el cual la ecuación (4.36) se reduce a

$$\rho \mathbf{g} - \nabla p = \rho \frac{d\mathbf{V}}{dt} \qquad (4.36)$$

Esta es la ecuación de Euler para flujos no viscosos, que ya vimos anteriormente, ecuación (2.68). Como se mostró en las secciones 2.10 y 3.5, la ecuación de Euler puede integrarse a lo largo de las líneas de corriente para obtener la ecuación de Bernoulli (3.61) o (3.63). En el capítulo 8 se da el análisis completo de los flujos no viscosos, utilizando la ecuación de la continuidad y la de Bernoulli.

Fluido newtoniano: Ecuaciones de Navier-Stokes

Para un fluido newtoniano los esfuerzos viscosos son, como se discutió en la sección 1.7, proporcionales a la velocidad de deformación y al coeficiente de viscosidad. Para flujos incompresibles, la generalización de la ecuación (1.42) al caso tridimensional es [4, 5][1]

$$\tau_{xx} = 2\mu \frac{\partial u}{\partial x} \qquad \tau_{yy} = 2\mu \frac{\partial v}{\partial y} \qquad \tau_{zz} = 2\mu \frac{\partial w}{\partial z}$$

$$\tau_{xy} = \tau_{yx} = \mu\left(\frac{\partial u}{\partial y} + \frac{\partial v}{\partial x}\right) \qquad \tau_{xz} = \tau_{zx} = \mu\left(\frac{\partial w}{\partial x} + \frac{\partial u}{\partial z}\right) \qquad (4.37)$$

$$\tau_{yz} = \tau_{zy} = \mu\left(\frac{\partial v}{\partial z} + \frac{\partial w}{\partial y}\right)$$

donde μ es el coeficiente de viscosidad. La sustitución en la ecuación (4.35) proporciona la ecuación de la cantidad de movimiento para un fluido newtoniano de densidad y viscosidad constantes

[1] Cuando la compresibilidad es importante, aparecen términos adicionales proporcionales a la velocidad de dilatación cúbica unitaria y a un *segundo* coeficiente de viscosidad; para más detalles ver referencias 4 y 5.

$$\rho g_x - \frac{\partial p}{\partial x} + \mu\left(\frac{\partial^2 u}{\partial x^2} + \frac{\partial^2 u}{\partial y^2} + \frac{\partial^2 u}{\partial z^2}\right) = \rho\frac{du}{dt}$$

$$\rho g_y - \frac{\partial p}{\partial y} + \mu\left(\frac{\partial^2 v}{\partial x^2} + \frac{\partial^2 v}{\partial y^2} + \frac{\partial^2 v}{\partial z^2}\right) = \rho\frac{dv}{dt}$$

$$\rho g_z - \frac{\partial p}{\partial z} + \mu\left(\frac{\partial^2 w}{\partial x^2} + \frac{\partial^2 w}{\partial y^2} + \frac{\partial^2 w}{\partial z^2}\right) = \rho\frac{dw}{dt} \qquad (4.38)$$

Estas son las *ecuaciones de Navier-Stokes,* llamadas así en honor de C. L. M. H. Navier (1785-1836) y Sir George G. Stokes (1819-1903), por haber sido los primeros en deducirlas. Son ecuaciones diferenciales en derivadas parciales de segundo orden y no lineales. Sorprendentemente se han encontrado soluciones a una variedad de problemas viscosos de interés, algunos de los cuales se discuten en el capítulo 6 (ver también referencias 4 y 5).

La ecuación (4.38) tiene cuatro incógnitas: p, u, v y w. Debe combinarse con la ecuación (4.12) de la continuidad para fluidos incompresibles para tener la cuarta ecuación para las cuatro incógnitas. Discutiremos esto de nuevo en la sección 4.6, donde se presentan las condiciones de contorno apropiadas a estas ecuaciones.

EJEMPLO 4.4 Tome el campo de velocidades del ejemplo 4.2, con $b=0$ por conveniencia

$$u = a(x^2 - y^2) \qquad v = -2axy \qquad w = 0$$

y determine bajo qué condiciones es una solución de las ecuaciones (4.38) de Navier-Stokes. Suponga que se dan esas condiciones y determine la distribución de presiones resultante cuando z se mide «hacia arriba» ($g_x=0$, $g_y=0$, $g_z=-g$).

Solución Sustituyendo directamente u, v y w en (4.38), se tiene

$$\rho(0) - \frac{\partial p}{\partial x} + \mu(2a - 2a) = 2a^2\rho(x^3 + xy^2) \qquad (1)$$

$$\rho(0) - \frac{\partial p}{\partial y} + \mu(0) = 2a^2\rho(x^2 y + y^3) \qquad (2)$$

$$\rho(-g) - \frac{\partial p}{\partial z} + \mu(0) = 0 \qquad (3)$$

Los términos viscosos se anulan (aunque μ no es cero). La ecuación (3) puede integrarse parcialmente para dar

$$p = -\rho g z + f_1(x, y) \qquad (4)$$

esto es, la presión es la hidrostática en la dirección z, que proviene del hecho de que el movimiento es bidimensional ($w=0$). Ahora, la cuestión es: ¿Muestran las ecuaciones (1) y (2) que el campo de velocidades dado *es* una solución? Un camino para verlo consiste en determinar la derivada cruzada $\partial^2 p/(\partial x \partial y)$, separadamente, a partir de (1) y (2) y luego compararlas.

Derivando la ecuación (1) con respecto a y

$$\frac{\partial^2 p}{\partial x\, \partial y} = -4a^2\rho xy \qquad (5)$$

Y ahora derivando la ecuación (2) con respecto a x

$$\frac{\partial^2 p}{\partial x\,\partial y}=\frac{\partial}{\partial x}[2a^2\rho(x^2y+y^3)]=-4a^2\rho xy \tag{6}$$

Ambas son idénticas. Por tanto, el campo de velocidades dado es una solución *exacta* de las ecuaciones de Navier-Stokes. *Resp.*

Para determinar la distribución de presiones, sustituimos la ecuación (4) en las ecuaciones (1) y (2), lo que nos permitirá obtener $f_1(x, y)$

$$\frac{\partial f_1}{\partial x}=-2a^2\rho(x^3+xy^2) \tag{7}$$

$$\frac{\partial f_1}{\partial y}=-2a^2\rho(x^2y+y^3) \tag{8}$$

Integrando la ecuación (7) con respecto a x

$$f_1=-\tfrac{1}{2}a^2\rho(x^4+2x^2y^2)+f_2(y) \tag{9}$$

Derivándola con respecto a y y comparándola con la ecuación (8)

$$\frac{\partial f_1}{\partial y}=-2a^2\rho x^2y+f_2'(y) \tag{10}$$

Comparando (8) y (10) vemos que son equivalentes si

$$f_2'(y)=-2a^2\rho y^3$$

o

$$f_2(y)=-\tfrac{1}{2}a^2\rho y^4+C \tag{11}$$

donde C es una constante. Combinando las ecuaciones (4), (9) y (11) se obtiene la expresión completa para la distribución de presiones

$$p(x, y, z)=-\rho gz-\tfrac{1}{2}a^2\rho(x^4+y^4+2x^2y^2)+C \qquad \textit{Resp.} \tag{12}$$

Esta es la solución buscada. ¿La reconoce? No, a menos que vuelva al principio y calcule el cuadrado de la velocidad

$$u^2+v^2+w^2=V^2=a^2(x^4+y^4+2x^2y^2) \tag{13}$$

Comparando con la ecuación (12), la distribución de presiones puede reescribirse como

$$\rho+\tfrac{1}{2}\rho V^2+\rho gz=C \tag{14}$$

Esta es la ecuación (2.71) de Bernoulli. Esto no es accidental, porque la distribución de velocidades dada en este problema corresponde a una de la familia de flujos que son solución de las ecuaciones de Navier-Stokes y que satisfacen la ecuación de Bernoulli en todo el campo para un fluido incompresible. Son los llamados flujos irrotacionales, para los cuales $\text{rot}\,\mathbf{V}=\nabla\times\mathbf{V}\equiv 0$. Este asunto se discutió en la sección 2.10, y como complemento a este ejemplo debería revisar dicha sección.

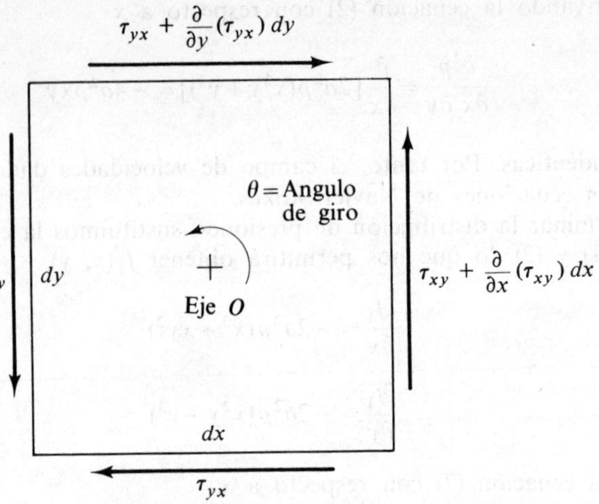

Fig. 4.5 Volumen de control infinitesimal fijo en coordenadas cartesianas mostrando los esfuerzos que pueden producir una aceleración angular alrededor del eje *O*.

4.4 ECUACION DIFERENCIAL DEL MOMENTO CINETICO

Iremos rápidamente en la deducción de la ecuación diferencial del momento cinético, ya que se utilizan las mismas ideas que para las de continuidad y cantidad de movimiento. La ecuación del momento cinético en forma integral para un volumen de control fijo es

$$\Sigma \mathbf{M}_O = \frac{\partial}{\partial t}\left[\iiint_{VC} (\mathbf{r}\times\mathbf{V})\rho\, d\mathcal{V}\right] + \iint_{SC} (\mathbf{r}\times\mathbf{V})\rho(\mathbf{V}\cdot\mathbf{n})\, dA \qquad (3.71)$$

Nos referiremos a un eje *O* que es paralelo al eje *z* y pasa a través del centro de masas del volumen de control infinitesimal. Los únicos esfuerzos que dan momento alrededor de *O* son τ_{xy} y τ_{yx}. Podemos evaluar los momentos y los términos del momento cinético alrededor de *O*. La obtención necesita muchas transformaciones algebraicas, sólo daremos aquí el resultado

$$\left[\tau_{xy} - \tau_{yx} + \frac{1}{2}\frac{\partial}{\partial x}(\tau_{xy})\,dx - \frac{1}{2}\frac{\partial}{\partial y}(\tau_{yx})\,dy\right] dx\; dy\; dz =$$

$$= \tfrac{1}{12}\rho(dx\;\; dy\;\; dz)(dx^2 + dy^2)\,\frac{d^2\theta}{dt^2} \qquad (4.39)$$

Considerando que la aceleración angular $d^2\theta/dt^2$ no es infinita, podemos despreciar los términos diferenciales de orden superior, lo que nos proporciona el resultado

$$\tau_{xy} \approx \tau_{yx} \qquad (4.40)$$

Procediendo de forma análoga con los momentos alrededor de los ejes x e y, se obtiene

$$\tau_{xz} \approx \tau_{zx} \qquad \tau_{yz} \approx \tau_{zy} \tag{4.41}$$

No existe ecuación diferencial del momento cinético. La aplicación de la ecuación en forma integral a un volumen de control infinitesimal proporciona el resultado bien conocido de que los esfuerzos son simétricos: $\tau_{ij} = \tau_{ji}$. Este es el único resultado de esta sección[1]. No hay ninguna ecuación que recordar, lo que deja espacio en su cerebro para la próxima, la ecuación diferencial de la energía.

4.5 ECUACION DIFERENCIAL DE LA ENERGIA[2]

Estamos ya tan acostumbrados a la obtención de este tipo de ecuaciones que podemos hacerlo de forma rápida. La forma integral apropiada para el volumen de control fijo de la figura 4.1 es

$$\dot{\boldsymbol{Q}} - \dot{\boldsymbol{W}}_s - \dot{\boldsymbol{W}}_v = \frac{\partial}{\partial t}\left(\iiint_{\text{VC}} e\rho \; d\mathcal{V}\right) + \iint_{\text{SC}}\left(e + \frac{p}{\rho}\right)\rho(\mathbf{V} \cdot \mathbf{n})\, dA \tag{3.81}$$

donde $\dot{\boldsymbol{W}}_s = 0$ ya que no hay trabajo motor sobre el volumen de control por no haber partes móviles introducidas en un volumen infinitesimal fijo. Por analogía con la ecuación (4.20), el segundo miembro toma la forma

$$\dot{\boldsymbol{Q}} - \dot{\boldsymbol{W}}_v = \left[\frac{\partial}{\partial t}(\rho e) + \frac{\partial}{\partial x}(\rho u \xi) + \frac{\partial}{\partial y}(\rho v \xi) + \frac{\partial}{\partial z}(\rho w \xi)\right] dx \; dy \; dz$$

$$\text{donde} \quad \xi = e + \frac{p}{\rho} \tag{4.42}$$

Cuando utilizamos la ecuación de la continuidad, en forma análoga a la ecuación (4.21), la ecuación (4.42) se reduce a

$$\dot{\boldsymbol{Q}} - \dot{\boldsymbol{W}}_v = \left(\rho \frac{de}{dt} + \mathbf{V} \cdot \nabla p\right) dx \; dy \; dz \tag{4.43}$$

Para evaluar $\dot{\boldsymbol{Q}}$ despreciamos la radiación y consideramos sólo la conducción de calor a través de las caras del elemento. Como se vio en el capítulo 1, el flujo de calor por conducción sigue la ley de Fourier

$$\mathbf{q} = -k \, \nabla T \tag{1.47}$$

[1] Estamos despreciando la posibilidad de un *par* finito aplicado al elemento debido a un campo exterior de fuerzas muy intenso. Ver, por ejemplo, referencia 6, página 46.
[2] Esta sección puede omitirse sin pérdida de continuidad.

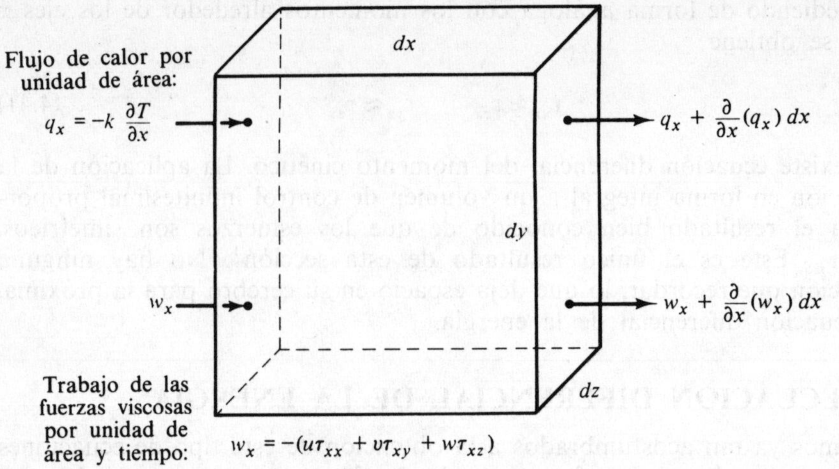

Fig. 4.6 Volumen de control infinitesimal en coordenadas cartesianas mostrando los términos del flujo de calor y el trabajo de los esfuerzos viscosos por unidad de tiempo en la dirección del eje x.

donde k es el coeficiente de conductividad térmica del fluido. La figura 4.6 muestra el flujo de calor que atraviesa las caras perpendiculares al eje x. Los flujos de calor a través de las caras perpendiculares a los ejes z e y se han omitido para más claridad. Los seis términos del flujo de calor son:

Caras	*Flujo de calor a la entrada*	*Flujo de calor a la salida*
x	$q_x\,dy\,dx$	$\left[q_x + \dfrac{\partial}{\partial x}(q_x)\,dx\right] dy\,dz$
y	$q_y\,dx\,dz$	$\left[q_y + \dfrac{\partial}{\partial y}(q_y)\,dy\right] dx\,dz$
z	$q_z\,dx\,dy$	$\left[q_z + \dfrac{\partial}{\partial z}(q_z)\,dz\right] dx\,dy$

Sumando los términos a la entrada y restando los de salida obtenemos el flujo neto de calor añadido al elemento

$$\dot{Q} = -\left[\frac{\partial}{\partial x}(q_x) + \frac{\partial}{\partial y}(q_y) + \frac{\partial}{\partial z}(q_z)\right] dx\,dy\,dz = -\nabla\cdot\mathbf{q}\,dx\,dy\,dz \qquad (4.44)$$

Como era de esperar, el flujo de calor es proporcional al elemento de volumen. Introduciendo la ley de Fourier dada por la ecuación (1.47), tenemos

$$\dot{Q} = \nabla \cdot (k\nabla T)\, dx\ dy\ dz \tag{4.45}$$

El trabajo por unidad de tiempo debido a los esfuerzos viscosos es igual al producto de las componentes de los esfuerzos viscosos multiplicadas por la componente de la velocidad correspondiente y por el área de la cara. La figura 4.6 muestra que este trabajo por unidad de tiempo en la cara izquierda, perpendicular al eje x, es

$$\dot{W}_{v,\,\mathrm{LF}} = w_x\ dy\ dz \quad \text{donde } w_x = -(u\tau_{xx} + v\tau_{xy} + w\tau_{xz}) \tag{4.46}$$

(donde el subíndice LF significa cara izquierda) y se obtiene una potencia ligeramente diferente en la cara derecha debido al gradiente de w_x. Estos flujos de energía se pueden tabular del mismo modo que los flujos de calor en la tabla anterior, reemplazando q_x por w_x, etc. Después de restar los términos de salida de los de entrada, la potencia debida a la viscosidad toma la forma

$$\dot{W}_v = -\left[\frac{\partial}{\partial x}(u\tau_{xx} + v\tau_{xy} + w\tau_{xz}) + \frac{\partial}{\partial y}(u\tau_{yx} + v\tau_{yy} + w\tau_{yz}) + \right.$$

$$\left. + \frac{\partial}{\partial z}(u\tau_{zx} + v\tau_{zy} + w\tau_{zz})\right] dx\ dy\ dz =$$

$$= -\nabla \cdot (\mathbf{V} \cdot \tau_{ij})\, dx\ dy\ dz \tag{4.47}$$

Sustituyendo las ecuaciones (4.45) y (4.47) en la ecuación (4.43) obtenemos una forma de la ecuación diferencial de la energía

$$\rho \frac{de}{dt} + \mathbf{V} \cdot \nabla p = \nabla \cdot (k\ \nabla T) + \nabla \cdot (\mathbf{V} \cdot \tau_{ij}) \qquad \text{donde } e = \hat{u} + \tfrac{1}{2}V^2 + gz \tag{4.48}$$

Se obtiene una forma más útil separando el término viscoso como suma de dos

$$\nabla \cdot (\mathbf{V} \cdot \tau_{ij}) \equiv \mathbf{V} \cdot (\nabla \cdot \tau_{ij}) + \Phi \tag{4.49}$$

donde Φ es la *función de disipación viscosa*[1]. Para un fluido newtoniano, esta función toma la forma

$$\Phi = \mu\left[2\left(\frac{\partial u}{\partial x}\right)^2 + 2\left(\frac{\partial v}{\partial y}\right)^2 + 2\left(\frac{\partial w}{\partial z}\right)^2 + \left(\frac{\partial v}{\partial x} + \frac{\partial u}{\partial y}\right)^2 + \right.$$

$$\left. + \left(\frac{\partial w}{\partial y} + \frac{\partial v}{\partial z}\right)^2 + \left(\frac{\partial u}{\partial z} + \frac{\partial w}{\partial x}\right)^2\right] \tag{4.50}$$

[1] Para más detalles, ver, por ejemplo, referencia 5, página 80.

Puesto que todos los términos son cuadráticos, la disipación viscosa es siempre positiva, de modo que un flujo viscoso tiende a perder su energía disponible a causa de la disipación, de acuerdo con el segundo principio de la termodinámica.

Sustituyendo la ecuación (4.49) en la ecuación (4.48) y utilizando la ecuación (4.43) de la cantidad de movimiento multiplicada escalarmente por **V** para eliminar $\mathbf{V} \cdot (\nabla \cdot \tau_{ij})$, se obtiene una forma más utilizada de la ecuación diferencial de la energía, en la que no aparece la energía cinética ni la potencial

$$\rho \frac{d\hat{u}}{dt} + p(\nabla \cdot \mathbf{V}) = \nabla \cdot (k \nabla T) + \Phi \tag{4.51}$$

Esta ecuación es válida para un fluido newtoniano en condiciones muy generales de flujo no estacionario, compresible, viscoso y conductor de calor; sólo se desprecian el calor por radiación y las *fuentes* internas de calor que podrían aparecer en una reacción química o nuclear.

La ecuación (4.51) que ha de resolverse junto con las ecuaciones de continuidad, cantidad de movimiento y estado hace el problema difícil de analizar, excepto en un ordenador digital [1]. Es común hacer las siguientes aproximaciones en la ecuación (4.51):

$$d\hat{u} \approx c_v \, dT \qquad c_v, \ \mu, \ k, \ \rho \approx \text{const} \tag{4.52}$$

La ecuación (4.51) toma en este caso la forma más simple

$$\rho c_v \frac{dT}{dt} = k \nabla^2 T + \Phi \tag{4.53}$$

que involucra a la temperatura T como variable primaria y a la velocidad como variable secundaria a través de la derivada sustancial

$$\frac{dT}{dt} = \frac{\partial T}{\partial t} + u \frac{\partial T}{\partial x} + v \frac{\partial T}{\partial y} + w \frac{\partial T}{\partial z} \tag{4.54}$$

Se conocen muchas soluciones interesantes de la ecuación (4.53) para varios tipos de flujos, se dan extensos tratamientos en textos avanzados de flujos viscosos [4, 5] y libros de transporte de calor [7, 8].

Un caso especial bien conocido de la ecuación (4.53) es cuando el fluido está en reposo o tiene una velocidad pequeña para que la disipación viscosa Φ y los términos convectivos sean despreciables

$$\rho c_v \frac{\partial T}{\partial t} = k \nabla^2 T \tag{4.55}$$

Esta es la llamada *ecuación de la conducción de calor* en matemática aplicada y es válida para sólidos y fluidos en reposo. Las soluciones de la ecuación (4.55) para distintas condiciones cubren una gran parte de los cursos y libros de transporte de calor.

Esto completa la obtención de las ecuaciones diferenciales básicas del movimiento de los fluidos.

4.6 CONDICIONES DE CONTORNO PARA LAS ECUACIONES BASICAS

Resumamos aquí las ecuaciones que hemos obtenido:

Continuidad: $$\frac{\partial \rho}{\partial t} + \nabla \cdot (\rho \mathbf{V}) = 0 \tag{4.56}$$

Cantidad de movimiento: $$\rho \frac{d\mathbf{V}}{dt} = \rho \mathbf{g} - \nabla p + \mu \nabla^2 \mathbf{V} \tag{4.57}$$

Energía: $$\rho \frac{d\hat{u}}{dt} + p(\nabla \cdot \mathbf{V}) = \nabla \cdot (k \nabla T) + \Phi \tag{4.58}$$

donde Φ está dado por la ecuación (4.50). En general, la densidad es variable, de modo que estas tres ecuaciones contienen cinco incógnitas: ρ, V, p, $\hat{u}$ y T. Por tanto, necesitamos dos relaciones adicionales para completar el sistema de ecuaciones. Estas son las ecuaciones de estado de la termodinámica dadas en forma algebraica o mediante gráficos

$$\rho = \rho(p, T) \qquad \hat{u} = \hat{u}(p, T) \tag{4.59}$$

Por ejemplo, para un gas perfecto, con calores específicos constantes, completamos el sistema con

$$\rho = \frac{p}{RT} \qquad \hat{u} = \int c_v \, dT = c_v T + \text{const} \tag{4.60}$$

Se ha demostrado en libros avanzados [4, 5] que el sistema de ecuaciones, (4.56) a (4.59), está bien puesto y se puede resolver analítica o numéricamente con las condiciones de contorno apropiadas a cada caso.

¿Cuáles son las condiciones de contorno apropiadas? Primero, si el flujo es no estacionario, debe haber *condiciones iniciales*, esto es, distribuciones espaciales conocidas para cada variable:

En $t=0$: $$\rho,\ V,\ p,\ \hat{u},\ T = f(x, y, z) \text{ conocidas*} \tag{4.61}$$

Por otra parte, para todo tiempo t, debemos conocer algo acerca de las variables en cada *contorno* que encierra al flujo.

* Para $t=0$ sólo se necesita dar la distribución espacial de dos variables termodinámicas; la distribución espacial del resto se obtiene de las ecuaciones de estado (*N. del T.*).

La figura 4.7 ilustra los tres tipos de contornos más comunes que se encuentran en los análisis de flujos: (1) una pared sólida, (2) una entrada o salida y (3) una superficie de separación líquido-gas.

En una pared sólida impermeable no hay deslizamiento ni salto de temperatura del fluido cuando éste es viscoso y conductor del calor

$$\mathbf{V}_{\text{fluido}} = \mathbf{V}_{\text{pared}} \qquad T_{\text{fluido}} = T_{\text{pared}} \qquad \text{pared sólida} \tag{4.62}$$

La única excepción a las condiciones (4.62) se tiene en el flujo de gases muy rarificados, en cuyo caso puede haber deslizamiento [5].

En las secciones de entrada o salida se deben conocer las distribuciones de velocidad, presión y temperatura en todo instante:

$$\text{Entrada o salida:} \qquad \mathbf{V}, p, T \quad \text{conocidos} \tag{4.63}$$

Estas secciones de entrada y salida a menudo están situadas en $\pm\infty$, simulando un cuerpo sumergido en un fluido que se extiende hasta el infinito.

Finalmente, las condiciones más complejas se tienen en la superficie de separación entre un líquido y un gas, o superficie libre, como la esquematizada en la figura 4.7. Sea la superficie de separación dada por

$$\text{Superficie de separación:} \qquad z = \eta(x, y, t) \tag{4.64}$$

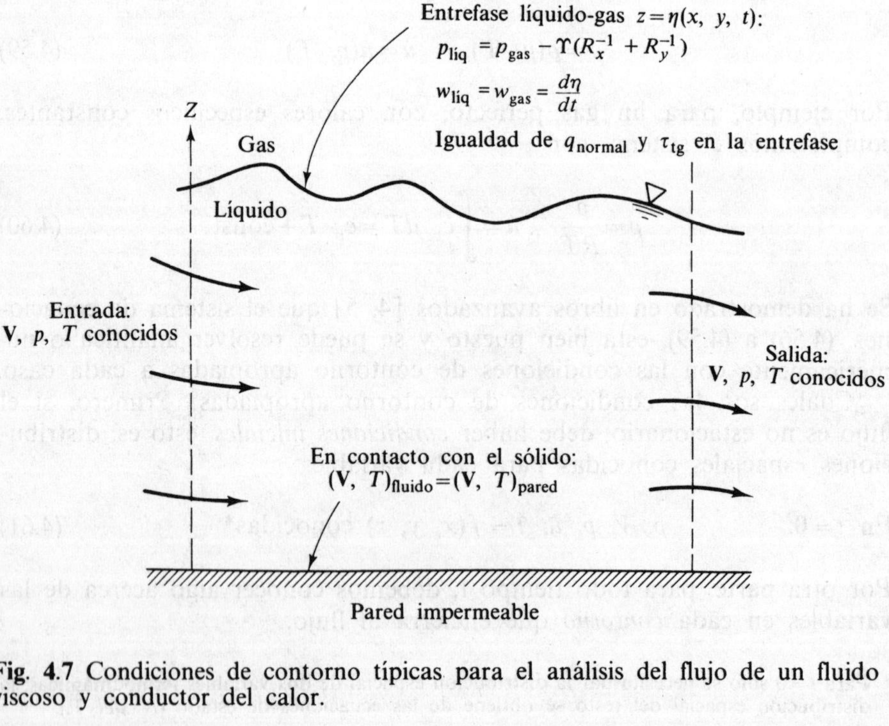

Fig. 4.7 Condiciones de contorno típicas para el análisis del flujo de un fluido viscoso y conductor del calor.

Debe haber igualdad de velocidades verticales en la superficie de separación, de modo que no aparezcan huecos entre el liquido y el gas:

$$w_{\text{liq}}=w_{\text{gas}}=\frac{d\eta}{dt}=\frac{\partial\eta}{\partial t}+u\frac{\partial\eta}{\partial x}+v\frac{\partial\eta}{\partial y} \tag{4.65}$$

Esta es la llamada *condición cinemática de contorno**.

También debe haber equilibrio mecánico en la entrefase. Los esfuerzos viscosos tangenciales a la superficie deben equilibrarse si la tensión superficial es constante. En este caso, si la superficie es plana, $z=$constante

$$(\tau_{zy})_{\text{liq}}=(\tau_{zy})_{\text{gas}} \qquad (\tau_{zx})_{\text{liq}}=(\tau_{zx})_{\text{gas}} \tag{4.66}$$

Estas relaciones pueden utilizarse también con buena aproximación cuando la superficie es casi plana. Despreciando los esfuerzos viscosos normales, las presiones deben equilibrarse en la superficie excepto por los efectos de tensión superficial

$$p_{\text{liq}}=p_{\text{gas}}-\Upsilon(R_x^{-1}+R_y^{-1}) \tag{4.67}$$

que es equivalente a la ecuación (1.52). Los radios de curvatura pueden escribirse en términos de la posición de la superficie libre η

$$R_x^{-1}+R_y^{-1}=\frac{\partial}{\partial x}\left[\frac{\partial\eta/\partial x}{\sqrt{1+(\partial\eta/\partial x)^2+(\partial\eta/\partial y)^2}}\right]+\frac{\partial}{\partial y}\left[\frac{\partial\eta/\partial y}{\sqrt{1+(\partial\eta/\partial x)^2+(\partial\eta/\partial y)^2}}\right] \tag{4.68}$$

Tenga usted suerte si tiene que usar la ecuación (4.68). Probablemente, querría simplificarla sustituyendo por la unidad la raíz cuadrada que aparece en la expresión, lo que está justificado cuando la superficie es casi plana.

Finalmente, el flujo de calor normal a la superficie debe ser el mismo en ambos lados, puesto que no se puede almacenar en una superficie infinitamente delgada. Si es casi plana $q_n \approx q_z$

$$(q_z)_{\text{liq}}=(q_z)_{\text{gas}} \tag{4.69}$$

Despreciando la radiación, es equivalente a

$$\left(k\frac{\partial T}{\partial z}\right)_{\text{liq}}=\left(k\frac{\partial T}{\partial z}\right)_{\text{gas}} \tag{4.70}$$

Para el nivel de exposición de este libro, este detalle es más del deseable. En las referencias [5 y 9] se dan detalles más amplios y complicados sobre las condiciones de contorno para los movimientos de los fluidos.

* También debe haber continuidad de temperaturas y velocidades horizontales (*N. del T.*).

Condiciones simplificadas en la superficie libre
En algunos de los análisis introductorios dados en este libro, tal como el del flujo en canales abiertos del capítulo 10, deberíamos utilizar las condiciones (4.65) a (4.69), pero consideraremos que el fluido sobre la superficie libre es simplemente la «atmósfera» que solamente ejerce presión sobre el fluido situado debajo, con rozamiento y conducción de calor despreciables. También despreciaremos los términos no lineales que involucran las pendientes de la superficie libre. En ese caso tenemos unas condiciones mucho más simples en la superficie libre

$$p_{\text{liq}} \approx p_{\text{gas}} - \Upsilon\left(\frac{\partial^2 \eta}{\partial x^2} + \frac{\partial^2 \eta}{\partial y^2}\right) \qquad w_{\text{liq}} \approx \frac{\partial \eta}{\partial t}$$

$$\left(\frac{\partial V}{\partial z}\right)_{\text{liq}} \approx 0 \qquad \left(\frac{\partial T}{\partial z}\right)_{\text{liq}} \approx 0 \tag{4.71}$$

En muchos casos, como en canales abiertos, también es posible despreciar los efectos de tensión superficial, de modo que

$$p_{\text{liq}} \approx p_{\text{atm}} \tag{4.72}$$

Estos son los tipos de aproximaciones que usaremos en el capítulo 10. En el capítulo 5 se utilizarán las formas adimensionales de estas condiciones.

Flujo incompresible con propiedades constantes
En el capítulo 6 se simplificará el análisis de los flujos haciendo la hipótesis de que ρ, μ y k son constantes. En este caso, las ecuaciones básicas del movimiento (4.56) a (4.58) se reducen a

Continuidad: $$\nabla \cdot \mathbf{V} = 0 \tag{4.73}$$

Cantidad de movimiento: $$\rho \frac{d\mathbf{V}}{dt} = \rho \mathbf{g} - \nabla p + \mu\, \nabla^2 \mathbf{V} \tag{4.74}$$

Energía: $$\rho c_v \frac{dT}{dt} = k\, \nabla^2 T + \Phi \tag{4.75}$$

Puesto que ρ es constante, hay sólo tres incógnitas: p, $\mathbf{V}$ y T. El sistema está cerrado[1]. No sólo eso, el sistema se divide en dos; puesto que las ecuaciones de continuidad y cantidad de movimiento son independientes de T. Por tanto, podemos resolver, separadamente, las ecuaciones (4.73 y (4.74) para la presión y la velocidad, utilizando condiciones de contorno tales como

Superficie sólida: $$\mathbf{V} = \mathbf{V}_{\text{pared}} \tag{4.76}$$

[1] Para este sistema, ¿cuáles son los equivalentes termodinámicos a la ecuación (4.59)?

Entrada o salida: $\mathbf{V}$, p conocidos (4.77)

Superficie libre: $p \approx p_a \quad w \approx \dfrac{\partial \eta}{\partial t}$ (4.78)

Posteriormente, si se quiere[1], podemos obtener la distribución de temperaturas de la ecuación (4.75), que depende de la velocidad **V** a través de la disipación viscosa Φ y de la derivada sustancial d/dt.

Aproximaciones para flujos no viscosos

En el capítulo 8 se consideran los flujos no viscosos para los cuales la viscosidad $\mu = 0$. La ecuación (4.74) de cantidad de movimiento se reduce a

$$\rho \frac{d\mathbf{V}}{dt} = \rho \mathbf{g} - \nabla p \tag{4.79}$$

Esta es la *ecuación de Euler*; puede integrarse a lo largo de una línea de corriente para obtener la ecuación de Bernoulli (véase Sec. 4.8). Al despreciar la viscosidad, hemos perdido los términos de derivadas de segundo orden de **V** en la ecuación (4.74); por tanto, debemos relajar una condición de contorno de la velocidad. La única condición que matemáticamente se puede quitar es la de no deslizamiento en la pared. Permitiremos al fluido deslizar paralelamente a la pared, pero no penetrar en la pared impermeable. La condición apropiada para flujo no viscoso es que las velocidades normales sean iguales a las de las paredes sólidas:

Flujo no viscoso: $(V_n)_{\text{fluido}} = (V_n)_{\text{pared}}$ (4.80)

En muchos casos la pared es fija; por tanto, la condición apropiada es

$$V_n = 0 \tag{4.81}$$

No hay condición para la componente de la velocidad tangencial a la pared en los flujos no viscosos. La velocidad tangencial se obtendrá como parte de la solución cuando se complete el análisis (véase Cap. 8).

EJEMPLO 4.5 Para el flujo estacionario, laminar e incompresible en un tubo largo, la distribución de velocidades está dada por

$$v_z = U\left(1 - \frac{r^2}{R^2}\right) \quad v_r = v_\theta = 0$$

donde U es la velocidad máxima, en la línea central, y R el radio del tubo. Si la temperatura de la pared es T_w constante y $T = T(r)$ sólo, determinar $T(r)$ en este movimiento.

[1] Dado que la temperatura está *desacoplada*, aquí no la resolveremos nunca, ya que se hará en el curso del transporte de calor.

Solución Con $T=T(r)$, la ecuación (4.75) para movimiento estacionario se reduce a

$$\rho c_v v_r \frac{dT}{dr}=\frac{k}{r}\frac{d}{dr}\left(r\frac{dT}{dr}\right)+\mu\left(\frac{dv_z}{dr}\right)^2 \tag{1}$$

pero, puesto que $v_r=0$, el término convectivo del primer miembro desaparece. Introduciendo v_z en la ecuación (1), se obtiene

$$\frac{k}{r}\frac{d}{dr}\left(r\frac{dT}{dr}\right)=-\mu\left(\frac{dv_z}{dr}\right)^2=-\frac{4U^2\mu r^2}{R^4} \tag{2}$$

Multiplicando por r/k e integrando una vez:

$$r\frac{dT}{dr}=-\frac{\mu U^2 r^4}{kR^4}+C_1 \tag{3}$$

Dividiendo por r e integrando de nuevo:

$$T=-\frac{\mu U^2 r^4}{4kR^4}+C_1 \ln\ r+C_2 \tag{4}$$

Impondremos ahora las condiciones de contorno para determinar C_1 y C_2.

Puesto que el logaritmo de cero es $-\infty$, la temperatura sería infinita en $r=0$ a menos que

$$C_1=0 \tag{5}$$

Hemos eliminado la posibilidad de una singularidad logarítmica. Lo mismo habría ocurrido si imponemos la condición de *simetría* $dT/dr=0$ en $r=0$ a la ecuación (3). La constante C_2 se obtiene de la condición de que la temperatura es igual a la de la pared en $r=R$

$$T=T_w=-\frac{\mu U^2}{4k}+C_2$$

o

$$C_2=T_w+\frac{\mu U^2}{4k} \tag{6}$$

La solución correcta es entonces

$$T(r)=T_w+\frac{\mu U^2}{4k}\left(1-\frac{r^4}{R^4}\right) \qquad \textit{Resp.} \tag{7}$$

que corresponde a una distribución parabólica de cuarto orden con un valor máximo $T_0=T_w+\mu U^2/4k$ en la línea central.

4.7 LA FUNCION DE CORRIENTE

Hemos visto en la sección 4.6 que cuando la temperatura está desacoplada del sistema de ecuaciones del movimiento, se pueden resolver simultáneamente las ecuaciones de la continuidad y cantidad de movimiento para obtener la presión y la velocidad. La *función de corriente* nos permite eliminar la ecuación de la continuidad y resolver la ecuación de la cantidad de movimiento directamente para una única variable ψ.

La idea de la función de corriente es aplicable sólo si la ecuación (4.56) de la continuidad se puede reducir a *dos* sumandos. En general tenemos *cuatro* sumandos:

Cartesianas: $$\frac{\partial \rho}{\partial t}+\frac{\partial}{\partial x}(\rho u)+\frac{\partial}{\partial y}(\rho v)+\frac{\partial}{\partial z}(\rho w)=0$$

Cilíndricas: $$\frac{\partial \rho}{\partial t}+\frac{1}{r}\frac{\partial}{\partial r}(r\rho v_r)+\frac{1}{r}\frac{\partial}{\partial \theta}(\rho v_\theta)+\frac{\partial}{\partial z}(\rho v_z)=0 \tag{4.82}$$

Considerando primero movimiento estacionario eliminamos $\partial\rho/\partial t$. Reduciendo a continuación cualquiera de las ecuaciones (4.82) como suma de *dos* sumandos, se puede utilizar ya la función de corriente. El caso más corriente es el flujo bidimensional, en el plano xy, e incompresible

$$\frac{\partial u}{\partial x}+\frac{\partial v}{\partial y}=0 \tag{4.83}$$

Esta ecuación se satisface *idénticamente* si se define una función $\psi(x, y)$ de tal modo que la ecuación (4.83) tome la forma

$$\frac{\partial}{\partial x}\left(\frac{\partial \psi}{\partial y}\right)+\frac{\partial}{\partial y}\left(-\frac{\partial \psi}{\partial x}\right)\equiv 0 \tag{4.84}$$

Comparando (4.83) con (4.84), la nueva función ψ debe definirse de tal modo que

$$u=\frac{\partial \psi}{\partial y} \qquad v=-\frac{\partial \psi}{\partial x} \tag{4.85}$$

o $$\mathbf{V}=\mathbf{i}\frac{\partial \psi}{\partial y}-\mathbf{j}\frac{\partial \psi}{\partial x}$$

¿Es esto legítimo? Sí, no es más que un truco matemático para reemplazar dos variables (u y v) por una única función ψ. La vorticidad, o rot **V**, es una función interesante

$$\text{rot }\mathbf{V}=\mathbf{k}\omega_z=-\mathbf{k}\ \nabla^2\psi \qquad \text{donde } \nabla^2\psi=\frac{\partial^2\psi}{\partial x^2}+\frac{\partial^2\psi}{\partial y^2} \tag{4.86}$$

Si hallamos el rotor de la ecuación (4.74) de la cantidad de movimiento y utilizamos la ecuación (4.86), obtenemos una ecuación única para ψ.

$$\frac{\partial \psi}{\partial y}\frac{\partial}{\partial x}(\nabla^2\psi)-\frac{\partial \psi}{\partial x}\frac{\partial}{\partial y}(\nabla^2\psi)=\nu\nabla^2(\nabla^2\psi) \tag{4.87}$$

donde $\nu=\mu/\rho$ es la viscosidad cinemática. Esta ecuación tiene ventajas e inconvenientes: ventajas porque la ecuación (4.81) es escalar y sólo hay una variable ψ, pero como contrapartida contiene derivadas de *cuarto* orden, y probablemente necesite análisis numérico. Se necesitan cuatro condiciones de contorno para ψ. Por ejemplo, si el flujo es una corriente uniforme en la dirección del eje x lejos de un cuerpo sólido, las cuatro condiciones de contorno serían

$$\text{En el infinito:} \qquad \frac{\partial\psi}{\partial y}=U_\infty \qquad \frac{\partial\psi}{\partial x}=0$$

$$\text{En el cuerpo:} \qquad \frac{\partial\psi}{\partial y}=\frac{\partial\psi}{\partial x}=0 \tag{4.88}$$

En la referencia 1 se dan muchos ejemplos de soluciones numéricas de las ecuaciones (4.87) y (4.88).

Una aplicación importante es la del flujo no viscoso e irrotacional en el plano xy, donde $\omega_z\equiv 0$. Las ecuaciones (4.86) y (4.87) se reducen a

$$\nabla^2\psi=\frac{\partial^2\psi}{\partial x^2}+\frac{\partial^2\psi}{\partial y^2}=0 \tag{4.89}$$

Esta es la *ecuación de Laplace* (Cap. 8), para la que se conocen muchas soluciones y técnicas analíticas para encontrarlas. Las condiciones de contorno tales como las dadas en (4.88) se reducen también a

$$\text{En el infinito:} \qquad \psi=U_\infty y+\text{const}$$

$$\text{En el cuerpo:} \qquad \psi=\text{const} \tag{4.90}$$

Está dentro de nuestras posibilidades el encontrar soluciones simples a las ecuaciones (4.89) y (4.90), como las que daremos en el capítulo 8.

Interpretación geométrica de ψ

La idea matemática anterior podría servir por sí misma para hacer inmortal y siempre muy útil para los ingenieros a la función de corriente. Por si fuera poco, ψ tiene una bella interpretación geométrica: las líneas ψ constante son *líneas de corriente* del flujo. Esto puede demostrarse como sigue: la definición de las líneas de corriente, ecuación (1.57) en movimiento bidimensional es

$$\frac{dx}{u}=\frac{dy}{v}$$

o

$$u\,dy-v\,dx=0 \quad \text{líneas de corriente} \tag{4.91}$$

Introduciendo la función de corriente de la ecuación (4.85), tenemos

$$\frac{\partial\psi}{\partial x}\,dx+\frac{\partial\psi}{\partial y}\,dy=0=d\psi \tag{4.92}$$

Entonces, el cambio de ψ a lo largo de las líneas de corriente es cero, o

$$\psi=\text{constante a lo largo de las líneas de corriente} \tag{4.93}$$

Dada una solución $\psi(x, y)$, podemos representar las líneas ψ constante para obtener las líneas de corriente de flujo.

Hay también una interpretación física que relaciona ψ con el flujo volumétrico. De la figura 4.8 podemos determinar el flujo volumétrico dQ a través de un elemento de superficie de control ds de profundidad unidad

$$dQ=\mathbf{V}\cdot\mathbf{n}\,dA=\left(\mathbf{i}\,\frac{\partial\psi}{\psi y}-\mathbf{j}\,\frac{\partial\psi}{\partial x}\right)\cdot\left(\mathbf{i}\,\frac{dy}{ds}-\mathbf{j}\,\frac{dx}{ds}\right)ds(1)=$$

$$=\frac{\partial\psi}{\partial x}\,dx+\frac{\partial\psi}{\partial y}\,dy=d\psi \tag{4.94}$$

Por tanto, el cambio de ψ a través del elemento es numéricamente igual al flujo volumétrico a través del elemento. El flujo volumétrico entre dos puntos cualesquiera del campo fluido es igual a la diferencia de valores de la función de corriente en esos dos puntos:

$$Q_{1\to 2}=\int_1^2(\mathbf{V}\cdot\mathbf{n})\,dA=\int_1^2 d\psi=\psi_2-\psi_1 \tag{4.95}$$

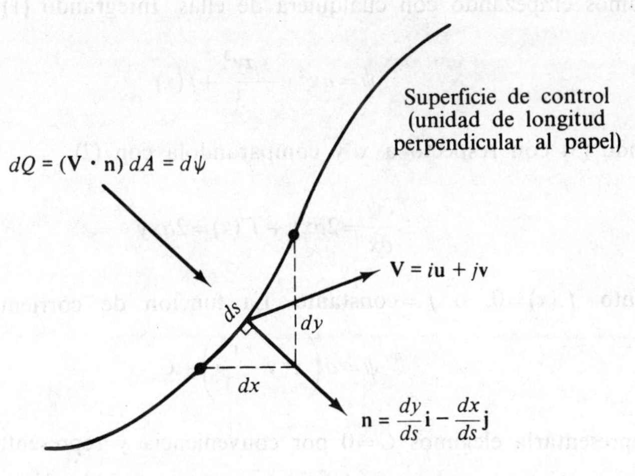

Fig. 4.8 Interpretación geométrica de la función de corriente: flujo volumétrico a través de un elemento infinitesimal de superficie de control.

Por otra parte, puede determinarse la dirección del flujo observando cuándo crece o decrece ψ. Como se esquematiza en la figura 4.9, el flujo es hacia la derecha si ψ_U es mayor que ψ_L, donde los subíndices indican superior (U) e inferior (L); en caso contrario, el flujo es hacia la izquierda.

Tanto la función de corriente como el potencial de velocidades fueron inventados por el matemático francés J. L. Lagrange, y publicados en su tratado sobre mecánica de fluidos en 1781.

EJEMPLO 4.6 ¿Existe función de corriente para el campo de velocidades del ejemplo 4.4?

$$u=a(x^2-y^2) \qquad v=-2axy \qquad w=0$$

Si es así, determínela, dibújela e interprétela.

Solución Puesto que en el ejemplo 4.2 se mostró que este campo de velocidades satisfacía la ecuación de la continuidad, estamos bastante seguros de que existe función de corriente. Podemos comprobarlo de nuevo

$$\frac{\partial u}{\partial x}+\frac{\partial v}{\partial y}=0$$

Sustituyendo: $\qquad 2ax+(-2ax)=0 \qquad$ se cancela

Por tanto, podemos asegurar que existe función de corriente. Para determinar ψ ponemos

$$u=\frac{\partial \psi}{\partial y}=ax^2-ay^2 \tag{1}$$

$$v=-\frac{\partial \psi}{\partial x}=-2axy \tag{2}$$

y operamos empezando con cualquiera de ellas. Integrando (1) parcialmente

$$\psi=ax^2y-\frac{ay^3}{3}+f(x) \tag{3}$$

Derivando (3) con respecto a x y comparándola con (2)

$$\frac{\partial \psi}{\partial x}=2axy+f'(x)=2axy \tag{4}$$

Por tanto, $f'(x)=0$, o $f=$constante. La función de corriente es por tanto

$$\psi=a\left(x^2y-\frac{y^3}{3}\right)+C \qquad \textit{Resp.} \tag{5}$$

Para representarla elegimos $C=0$ por conveniencia y representamos la función

$$3x^2y-y^3=\frac{3\psi}{a} \tag{6}$$

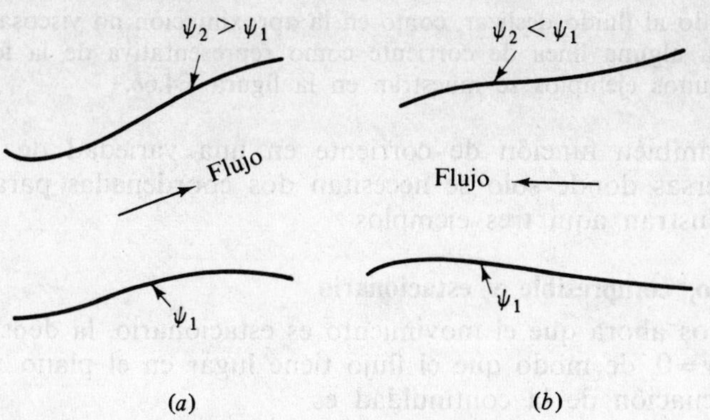

Fig. 4.9 Convenio de signos para la dirección del flujo de acuerdo con la variación de la función de corriente: (*a*) flujo hacia la derecha si ψ_U es el más grande; (*b*) flujo hacia la izquierda si ψ_L es el más grande.

para valores constantes de ψ. El resultado que se muestra más abajo, figura E4.6*a*, representa un movimiento circulatorio en seis cuñas de 60°, en cuyo interior el movimiento es idéntico excepto en el sentido que indican las flechas. Una vez que se tienen las líneas de corriente, la dirección del flujo se obtiene a partir del convenio de signos de la figura 4.9. ¿Cómo puede interpretarse el flujo? Puesto que hay deslizamiento a lo largo de todas las líneas de corriente, ninguna de ellas puede representar a una superficie en un flujo viscoso. Sin embargo, el flujo podría representar la deflexión de tres corrientes incidiendo a 60, 180 y 300°. Esta es una solución exacta de las ecuaciones de Navier-Stokes, como se mostró en el ejemplo 4.4, todavía poco realista.

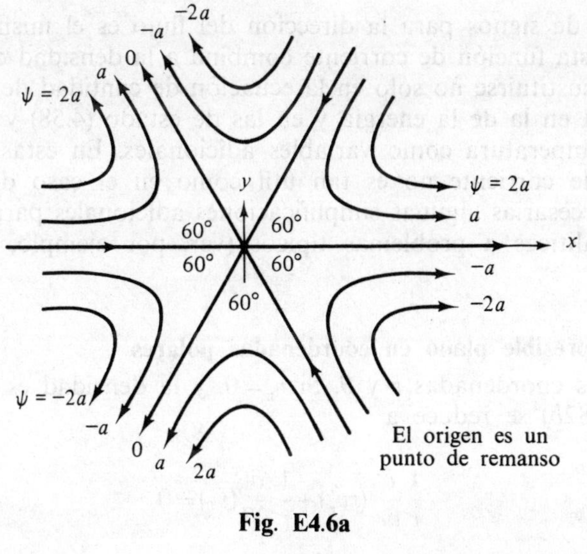

Fig. E4.6a

Permitiendo al fluido deslizar, como en la aproximación no viscosa, podríamos considerar a alguna línea de corriente como representativa de la forma de un cuerpo. Algunos ejemplos se muestran en la figura E4.6*b*.

Existe también función de corriente en una variedad de situaciones físicas diversas donde sólo se necesitan dos coordenadas para definir el flujo. Se ilustran aquí tres ejemplos.

Flujo plano, compresible y estacionario

Supongamos ahora que el movimiento es estacionario, la densidad variable pero $w=0$, de modo que el flujo tiene lugar en el plano xy. En este caso, la ecuación de la continuidad es

$$\frac{\partial}{\partial x}(\rho u)+\frac{\partial}{\partial y}(\rho v)=0 \tag{4.96}$$

Vemos que es exactamente de la misma forma que la ecuación (4.34). Por tanto, la función de corriente para un flujo compresible puede definirse de tal modo que

$$\rho u=\frac{\partial \psi}{\partial y} \qquad \rho v=-\frac{\partial \psi}{\partial x} \tag{4.97}$$

De nuevo, las líneas ψ constante son líneas de corriente, pero la diferencia de valores de ψ es ahora el flujo *másico*, no el volumétrico

$$d\dot{m}=\rho(\mathbf{V}\cdot\mathbf{n})\,dA=d\psi$$

o

$$\dot{m}_{1\to 2}=\int_1^2 \rho(\mathbf{V}\cdot\mathbf{n})\,dA=\psi_2-\psi_1 \tag{4.98}$$

El convenio de signos para la dirección del flujo es el mismo que en la figura 4.9. Esta función de corriente combina a la densidad con la velocidad y debe sustituirse no sólo en la ecuación de cantidad de movimiento, sino también en la de la energía y en las de estado (4.58) y (4.59) con la presión y temperatura como variables adicionales. En estas condiciones, la función de corriente no es tan útil como en el caso de líquidos, y suelen ser necesarias algunas simplificaciones adicionales para obtener soluciones analíticas a problemas típicos (ver, por ejemplo, referencia 5, capítulo 7).

Flujo incompresible plano en coordenadas polares

Utilícense las coordenadas r y θ. Si $v_z=0$, y la densidad es constante, la ecuación (4.82*b*) se reduce a

$$\frac{1}{r}\frac{\partial}{\partial r}(rv_r)+\frac{1}{r}\frac{\partial}{\partial \theta}(v_\theta)=0 \tag{4.99}$$

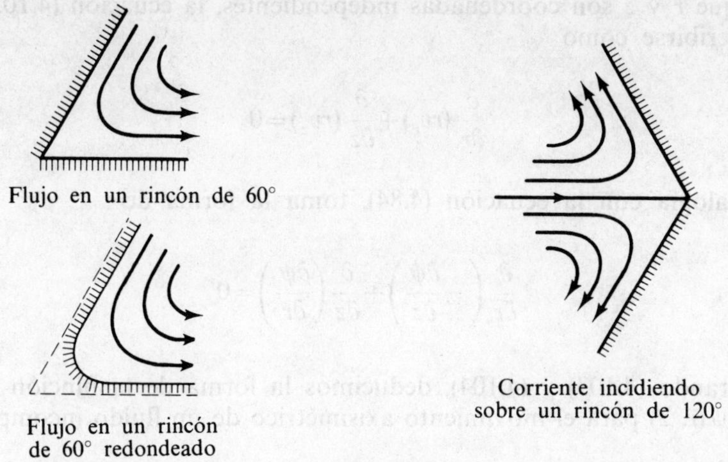

Fig. E4.6b

Después de multiplicar por r, toma una forma análoga a la ecuación (4.84)

$$\frac{\partial}{\partial r}\left(\frac{\partial \psi}{\partial \theta}\right)+\frac{\partial}{\partial \theta}\left(-\frac{\partial \psi}{\partial r}\right)=0 \qquad (4.100)$$

Comparando (4.99) con (4.100) se deduce la forma de la función de corriente en coordenadas polares

$$v_r=\frac{1}{r}\frac{\partial \psi}{\partial \theta} \qquad v_\theta=-\frac{\partial \psi}{\partial r} \qquad (4.101)$$

De nuevo, las líneas ψ constante son líneas de corriente, y la diferencia de los valores de ψ es el flujo volumétrico, $Q_{1\to 2}=\psi_2-\psi_1$. El convenio de signos es el mismo que en la figura 4.9. Este tipo de función de corriente es muy útil para analizar flujos alrededor de cilindros, con torbellinos, fuentes y sumideros (Cap. 8).

Flujo incompresible axisimétrico

Como ejemplo final, supongamos que el flujo es tridimensional (v_r, v_z) pero sin variaciones circunferenciales, $v_\theta=\partial/\partial\theta=0$. (Véase Fig. 4.2 para la definición de las coordenadas.) Tal tipo de flujo se denomina *axisimétrico*, y el modelo de flujo es idéntico en cualquier plano meridional que contiene al eje de revolución z. Para flujo incompresible, la ecuación (4.82) toma la forma

$$\frac{1}{r}\frac{\partial}{\partial r}(rv_r)+\frac{\partial}{\partial z}(v_z)=0 \qquad (4.102)$$

Dado que r y z son coordenadas independientes, la ecuación (4.102) puede reescribirse como

$$\frac{\partial}{\partial r}(rv_r)+\frac{\partial}{\partial z}(rv_z)=0 \tag{4.103}$$

Por analogía con la ecuación (4.84), toma la forma de

$$\frac{\partial}{\partial r}\left(-\frac{\partial\psi}{\partial z}\right)+\frac{\partial}{\partial z}\left(\frac{\partial\psi}{\partial r}\right)=0 \tag{4.104}$$

Comparando (4.103) y (4.104), deducimos la forma de la función de corriente $\psi(r, z)$ para el movimiento axisimétrico de un fluido incompresible

$$v_r=-\frac{1}{r}\frac{\partial\psi}{\partial z} \qquad v_z=\frac{1}{r}\frac{\partial\psi}{\partial r} \tag{4.105}$$

Las líneas ψ constante son, de nuevo, líneas de corriente, pero hay un factor (2π) en el flujo volumétrico: $Q_{1\to 2}=2\pi(\psi_2-\psi_1)$. El convenio de signos para el flujo es el mismo que en la figura 4.9.

EJEMPLO 4.7 Investigar la función de corriente en coordenadas polares

$$\psi=U\,\text{sen}\,\theta\left(r-\frac{R^2}{r}\right) \tag{1}$$

donde U y R son constantes, una velocidad y una longitud, respectivamente. Dibujar las líneas de corriente. ¿Qué tipo de flujo representa? ¿Es una solución realista de las ecuaciones básicas?

Solución En las líneas de corriente es constante el valor de ψ, que tiene dimensiones de metro cuadrado por segundo. Obsérvese que ψ/UR es adimensional. Reescribimos la ecuación (1) en forma adimensional

$$\frac{\psi}{UR}=\text{sen}\,\theta\left(\eta-\frac{1}{\eta}\right) \qquad \eta=\frac{r}{R} \tag{2}$$

La línea $\psi=0$ es de particular interés. De la ecuación (1) o (2) se obtiene que esto ocurre cuando (*a*) $\theta=0°$ ó $180°$ y (*b*) $r=R$. El caso (*a*) es el eje x y el caso (*b*) es un círculo de radio R, ambos están dibujados en la figura E4.7.

Para cualquier otro valor de ψ distinto de cero, es fácil despejar θ en función de r:

$$\text{sen}\,\theta=\frac{\psi/UR}{r/R-R/r} \tag{3}$$

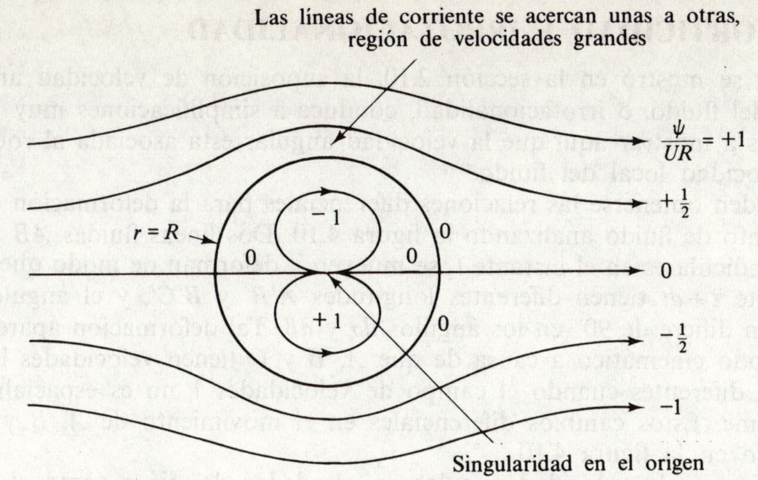

Fig. E4.7

En general habrá dos valores de θ a causa de la simetría alrededor del eje y. Por ejemplo, tomando $\psi/UR = +1{,}0$:

r/R	3,0	2,5	2,0	1,8	1,7	1,618
θ	22° 158°	28° 152°	42° 138°	54° 156°	64° 116°	90°

Esta línea representada en la figura E4.7 es exterior al círculo $r = R$. Obsérvese que hay una segunda curva para $\psi/UR = 1$ con valores de $r < R$ que está situada por debajo del eje x:

r/R	0,618	0,6	0,5	0,4	0,3	0,2	0,1
θ	−90°	−70° −110°	−42° −138°	−28° −152°	−19° −161°	−12° −168°	−6° −174°

Esta segunda curva está representada como una curva cerrada en el interior del círculo $r = R$. Hay una singularidad en el origen, donde la velocidad es infinita y la dirección de la corriente está indeterminada. En la figura E4.7 se muestra el esquema completo de las líneas de corriente.

La función de corriente de la ecuación (1) corresponde a una solución exacta, ya clásica, de la ecuación de cantidad de movimiento (4.38) para flujo no viscoso. Fuera del círculo, $r = R$ representa el flujo no viscoso bidimensional de una corriente uniforme alrededor de un cilindro circular (Sec. 8.3). En el interior del círculo representa un movimiento recirculatorio, bastante poco realista, denominado *doblete*.

4.8 VORTICIDAD E IRROTACIONALIDAD

Como se mostró en la sección 2.10, la suposición de velocidad angular nula del fluido, o irrotacionalidad, conduce a simplificaciones muy útiles. Vamos a mostrar aquí que la velocidad angular está asociada al rotor de la velocidad local del fluido.

Pueden obtenerse las relaciones diferenciales para la deformación de un elemento de fluido analizando la figura 4.10. Dos líneas fluidas AB y BC, perpendiculares en el instante t, se mueven y deforman de modo que en el instante $t+dt$ tienen diferentes longitudes $A'B'$ y $B'C'$, y el ángulo que forman difiere de 90° en los ángulos $d\alpha$ y $d\beta$. Tal deformación aparece de un modo cinemático a causa de que A, B y C tienen velocidades ligeramente diferentes cuando el campo de velocidades V no es espacialmente uniforme. Estos cambios diferenciales en el movimiento de A, B y C se indican en la figura 4.10

Definimos la velocidad angular ω_z alrededor del eje z como el valor medio del giro, en la unidad de tiempo, de las dos líneas en el sentido contrario a las agujas del reloj

$$\omega_z = \frac{1}{2}\left(\frac{d\alpha}{dt} - \frac{d\beta}{dt}\right) \tag{4.106}$$

Pero $d\alpha$ y $d\beta$ están directamente relacionados para valores infinitesimales de dt con las derivadas de la velocidad, tal como se muestra en la figura 4.10.

$$d\alpha = \lim_{dt\to 0}\left(\text{arc tg}\,\frac{\partial v/\partial x\; dx\; dt}{dx + \partial u/\partial x\; dx\; dt}\right) = \frac{\partial v}{\partial x}\,dt$$

$$d\beta = \lim_{dt\to 0}\left(\text{arc tg}\,\frac{\partial u/\partial y\; dy\; dt}{dy + \partial v/\partial y\; dy\; dt}\right) = \frac{\partial u}{\partial y}\,dt \tag{4.107}$$

Combinando las ecuaciones (4.106) y (4.107) se obtiene el resultado:

$$\omega_z = \frac{1}{2}\left(\frac{\partial v}{\partial x} - \frac{\partial u}{\partial y}\right) \tag{4.108}$$

De forma análoga se obtiene

$$\omega_x = \frac{1}{2}\left(\frac{\partial w}{\partial y} - \frac{\partial v}{\partial z}\right) \qquad \omega_y = \frac{1}{2}\left(\frac{\partial u}{\partial z} - \frac{\partial w}{\partial x}\right) \tag{4.109}$$

El vector $\boldsymbol{\omega} = \mathbf{i}\omega_x + \mathbf{j}\omega_y + \mathbf{k}\omega_z$ es la mitad del rotacional de la velocidad

$$\boldsymbol{\omega} = \tfrac{1}{2}\text{rot}\;\mathbf{V} = \frac{1}{2}\begin{vmatrix} \mathbf{i} & \mathbf{j} & \mathbf{k} \\ \dfrac{\partial}{\partial x} & \dfrac{\partial}{\partial y} & \dfrac{\partial}{\partial z} \\ u & v & w \end{vmatrix} \tag{4.110}$$

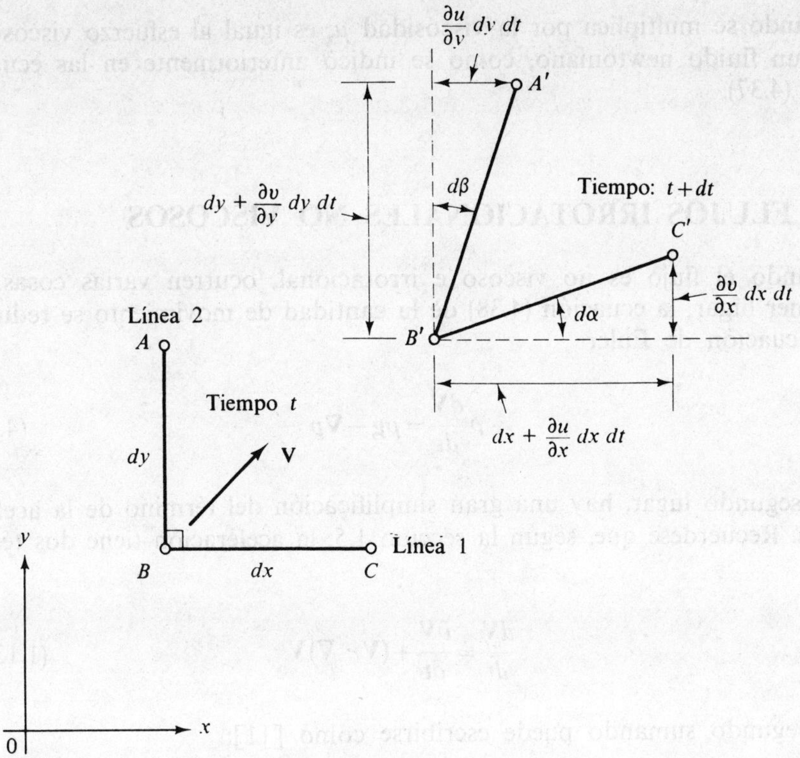

Fig. 4.10 Velocidad angular y velocidad de deformación de dos líneas fluidas que se deforman en el plano *xy*.

El factor $\frac{1}{2}$ es incómodo, de modo que se trabaja preferentemente con el vector doble, llamado *vorticidad*:

$$\zeta = 2\boldsymbol{\omega} = \text{rot } \mathbf{V} \tag{4.111}$$

Muchos flujos tienen vorticidad nula y se les llama *irrotacionales*

$$\text{rot } \mathbf{V} \equiv 0 \tag{4.112}$$

La próxima sección amplía esta idea. Tales flujos pueden ser incompresibles o compresibles, estacionarios o no.

Podemos observar que en la figura 4.10 se muestra también cómo calcular la velocidad de deformación del elemento, definida como el ritmo a que se separan las líneas del ángulo inicialmente recto

$$\dot{\varepsilon}_{xy} = \frac{d\alpha}{dt} + \frac{d\beta}{dt} = \frac{\partial v}{\partial x} + \frac{\partial u}{\partial y} \tag{4.113}$$

Cuando se multiplica por la viscosidad μ, es igual al esfuerzo viscoso τ_{xy} en un fluido newtoniano, como se indicó anteriormente en las ecuaciones (4.37).

4.9 FLUJOS IRROTACIONALES NO VISCOSOS

Cuando el flujo es no viscoso e irrotacional, ocurren varias cosas. En primer lugar, la ecuación (4.38) de la cantidad de movimiento se reduce a la ecuación de Euler

$$\rho \frac{d\mathbf{V}}{dt} = \rho \mathbf{g} - \nabla p \tag{4.114}$$

En segundo lugar, hay una gran simplificación del término de la aceleración. Recuérdese que, según la sección 1.5, la aceleración tiene dos términos

$$\frac{d\mathbf{V}}{dt} = \frac{\partial \mathbf{V}}{\partial t} + (\mathbf{V} \cdot \nabla)\mathbf{V} \tag{1.13}$$

El segundo sumando puede escribirse como [11]:

$$(\mathbf{V} \cdot \nabla)\mathbf{V} \equiv \nabla(\tfrac{1}{2}V^2) + \zeta \times \mathbf{V} \tag{4.115}$$

donde $\zeta = \text{rot } \mathbf{V}$ es la vorticidad local del fluido, ecuación (4.111).

Combinemos ahora (4.114) y (4.115), dividamos primero por ρ y reagrupemos todos los términos en el primer miembro. Multipliquemos escalarmente toda la ecuación por un vector desplazamiento $d\mathbf{r}$, arbitrario

$$\left[\frac{\partial \mathbf{V}}{\partial t} + \nabla(\tfrac{1}{2}V^2) + \zeta \times \mathbf{V} + \frac{1}{\rho}\nabla p - \mathbf{g}\right] \cdot (d\mathbf{r}) = 0 \tag{4.116}$$

El tercer sumando desaparece si

$$(\zeta \times \mathbf{V}) \cdot (d\mathbf{r}) \equiv 0 \tag{4.117}$$

Lo que ocurrirá en las siguientes condiciones:

1. $\mathbf{V}$ es cero: caso trivial, no hay flujo.
2. ζ es cero: flujo irrotacional (véase Sec. 2.10).
3. $d\mathbf{r}$ es perpendicular a $\zeta \times \mathbf{V}$: este es el llamado *flujo de Beltrami*, que es bastante especializado y raro.
4. $d\mathbf{r}$ es paralelo a $\mathbf{V}$: integramos a lo *largo de una línea de corriente* (véase Sec. 3.5).

La condición 4 es la que conduce a resultados más útiles. Si integramos a lo largo de una línea de corriente en un flujo compresible sin fricción y tomamos por conveniencia $\mathbf{g} = -g\mathbf{k}$, la ecuación (4.116) se reduce a

$$\frac{\partial \mathbf{V}}{\partial t} \cdot d\mathbf{r} + d(\tfrac{1}{2}V^2) + \frac{dp}{\rho} + g\ dz = 0 \qquad (4.118)$$

Todos los términos, excepto el primer y tercer sumando, son diferenciales exactas. Integrando entre dos puntos 1 y 2 de una línea de corriente:

$$\int_1^2 \frac{\partial V}{\partial t}\, ds + \int_1^2 \frac{dp}{\rho} + \tfrac{1}{2}(V_2^2 - V_1^2) + g(z_2 - z_1) = 0 \qquad (4.119)$$

donde ds es el elemento de longitud a lo largo de la línea de corriente. La ecuación (4.119) es la ecuación de Bernoulli para flujo no estacionario y no viscoso a lo largo de una línea de corriente y es idéntica a la ecuación (3.62). Para flujo incompresible estacionario, se reduce a

$$\frac{p}{\rho} + \tfrac{1}{2}V^2 + gz = \text{constante en la línea de corriente} \qquad (4.120)$$

La constante puede variar de una línea de corriente a otra a menos que el flujo sea también irrotacional (suposición 2). Para flujo irrotacional, $\zeta = 0$, la ecuación (4.117) se cumple independientemente de la dirección de $d\mathbf{r}$, y la constante de la ecuación (4.120) es la misma en todo el campo fluido.

Potencial de velocidades

La irrotacionalidad da lugar a una función escalar ϕ similar y complementaria a la función de corriente ψ. Un teorema del análisis vectorial [11] muestra que un vector con rotacional nulo es el gradiente de una función escalar

$$\text{Si } \nabla \times \mathbf{V} \equiv 0 \qquad \text{tenemos} \qquad \mathbf{V} = \nabla\phi \qquad (4.121)$$

donde $\phi = \phi(x, y, z, t)$ se denomina *potencial de velocidades.* Conocida ϕ pueden obtenerse inmediatamente las componentes de la velocidad

$$u = \frac{\partial \phi}{\partial x} \qquad v = \frac{\partial \phi}{\partial y} \qquad w = \frac{\partial \phi}{\partial z} \qquad (4.122)$$

Las líneas o superficies ϕ constante se denominan *líneas* (*o superficies*) *potenciales del flujo.*

Obsérvese que ϕ, al contrario que la función de corriente, es totalmente tridimensional y no está limitada a dos coordenadas. Reduce un problema con tres componentes u, v y w de la velocidad desconocidas a una única función desconocida ϕ; se darán muchos ejemplos en el capítulo 8.

La ecuación (4.118) de Bernoulli no estacionaria también se simplifica cuando existe potencial de velocidades, ya que si existe ϕ tenemos

$$\frac{\partial \mathbf{V}}{\partial t} \cdot d\mathbf{r} = \frac{\partial}{\partial t}(\nabla \phi) \cdot d\mathbf{r} = d\,\frac{\partial \phi}{\partial t} \tag{4.123}$$

La ecuación (4.118) se convierte en una relación entre ϕ y p

$$\frac{\partial \phi}{\partial t} + \int \frac{dp}{\rho} + \tfrac{1}{2}|\nabla \phi|^2 + gz = \text{const} \tag{4.124}$$

Esta es la ecuación de Bernoulli para movimiento irrotacional no estacionario. Es muy importante en el análisis de flujos no estacionarios (ver, por ejemplo, las referencias 10 y 15), pero sólo se dará una única aplicación en este texto en el capítulo 10.

Ortogonalidad de las líneas de corriente y equipotenciales

Si un flujo es irrotacional y descrito solamente por dos coordenadas, existen tanto la función de corriente ψ como el potencial de velocidades ϕ, y las líneas de corriente y equipotenciales son ortogonales excepto en los puntos de remanso. Por ejemplo, para el flujo incompresible en el plano xy, tendríamos

$$u = \frac{\partial \psi}{\partial y} = \frac{\partial \phi}{\partial x} \tag{4.125}$$

$$v = -\frac{\partial \psi}{\partial x} = \frac{\partial \phi}{\partial y} \tag{4.126}$$

¿Podría deducir por simple inspección que estas relaciones no sólo implican ortogonalidad, sino que ϕ y ψ también satisfacen la ecuación de Laplace?[1]. Una línea ϕ constante será tal que a lo largo de ella el cambio de ϕ es nulo

$$d\phi = \frac{\partial \phi}{\partial x}\,dx + \frac{\partial \phi}{\partial y}\,dy = 0 = u\;dx + v\;dy \tag{4.127}$$

De donde

$$\left(\frac{dy}{dx}\right)_{\phi=\text{const}} = -\frac{u}{v} = -\frac{1}{(dy/dx)_{\psi=\text{const}}} \tag{4.128}$$

La ecuación (4.128) es la condición matemática de ortogonalidad mutua entre las líneas ϕ y ψ constantes. Esto puede no ser cierto en un punto

[1] Las ecuaciones (4.125) y (4.126) se denominan *condiciones de Cauchy-Riemann* y se estudian en teoría de variable compleja.

de remanso, donde u y v son cero, de modo que su cociente en la ecuación (4.128) está indeterminado.

Generación de vorticidad

Esta es la tercera vez que tratamos sobre la ecuación de Bernoulli, encontrada siempre (Secs. 2.9 y 3.5) y ahora aquí en diferentes circunstancias cias. Tanta insistencia es útil, puesto que probablemente es la ecuación más utilizada en Mecánica de Fluidos. Para su validez es necesario que el flujo sea sin fricción, sin trabajo exterior ni adición de calor entre las secciones 1 y 2. El flujo puede ser o no irrotacional; si es irrotacional, la constante de la ecuación de Bernoulli es universal.

Queda una única pregunta: ¿*Cuándo* es el flujo irrotacional? En otras palabras, ¿cuándo tiene la corriente una velocidad angular despreciable? El análisis exacto de la rotacionalidad del fluido en condiciones arbitrarias es un tema para estudios avanzados; ver, por ejemplo, la referencia 10, sección 8.5; referencia 9, sección 5.2, y referencia 5, sección 2.10. Daremos aquí los resultados sin demostrarlo.

Un flujo que es inicialmente irrotacional puede llegar a ser rotacional si

1. Hay fuerzas viscosas apreciables inducidas por chorros, estelas o paredes sólidas.
2. Hay gradientes de entropía originados por ondas de choque curvadas (ver Fig. 4.11*b*).
3. Hay gradientes de densidad originados por *estratificación* (calentamiento desigual) más que por gradientes de presión.
4. Hay efectos *no inerciales* importantes tales como la rotación de la tierra (aceleración de Coriolis).

En los casos 2 a 4, la ecuación de Bernoulli todavía es válida a lo largo de una línea de corriente si la fricción es despreciable. En este libro no estudiaremos los casos 3 y 4. El caso 2 se tratará brevemente en el capítulo 9 de dinámica de gases. Nos centraremos primeramente en el caso 1, donde la vorticidad se induce por los esfuerzos viscosos. Esto ocurre cerca de las superficies sólidas, donde la condición de no deslizamiento crea una capa límite a través de la cual la velocidad cae a cero, y en chorros y estelas donde corrientes de distintas velocidades aparecen separadas por una capa delgada de gran cortadura.

Flujos internos, tales como en tubos y conductos, son principalmente viscosos, pues las capas de las paredes al crecer pueden extenderse a todo el conducto. La ecuación de Bernoulli no se puede utilizar en estos flujos a menos que se modifique incluyendo los efectos de las pérdidas viscosas.

Los flujos externos, tales como los flujos alrededor de cuerpos sumergidos en una corriente, son parcialmente viscosos y parcialmente no viscosos; las dos regiones se acoplan en el borde de la capa de cortadura o capa límite. Se muestran dos ejemplos en la figura 4.11. La figura 4.11*a* muestra un flujo subsónico alrededor de un cuerpo. La corriente incidente

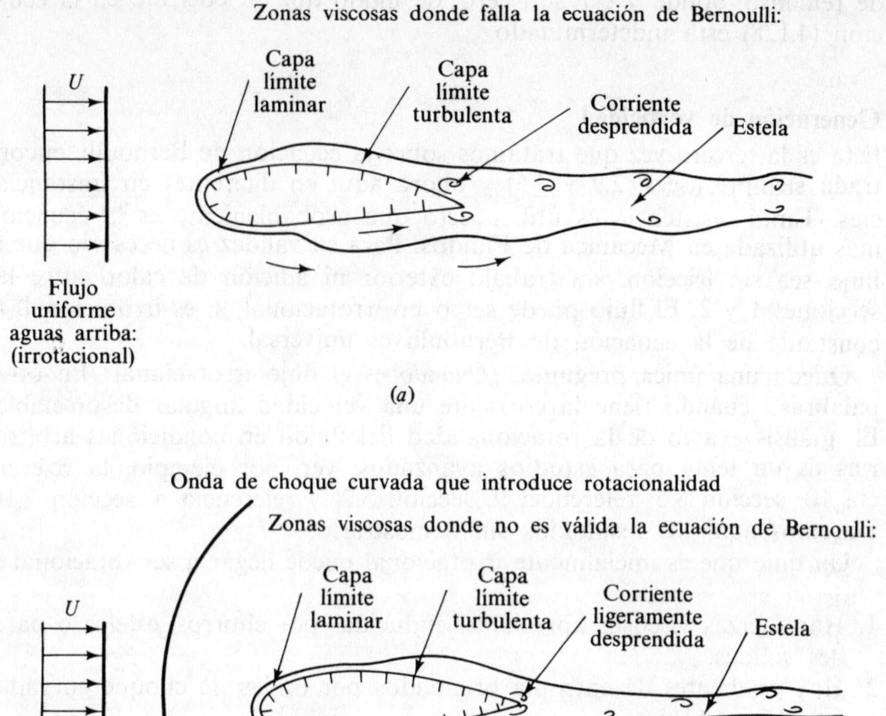

Fig. 4.11 Modelos típicos del flujo que muestran las regiones viscosas acopladas a regiones no viscosas: (*a*) flujo subsónico alrededor de un cuerpo ($U \ll a$); flujo no viscoso e irrotacional fuera de la capa límite y estela (donde son válidas las ecuaciones de Bernoulli y Laplace); (*b*) flujo supersónico alrededor de un cuerpo ($U > a$); flujo rotacional no viscoso fuera de la capa límite y estela (ecuación de Bernoulli válida, pero no existe potencial de velocidades).

uniforme es irrotacional, pues el rotor de una constante es cero, pero los esfuerzos viscosos originan una capa de cortadura en torno y aguas abajo del cuerpo. Hablando en términos generales (véase Cap. 6), la capa es laminar, u ordenada, cerca del borde de ataque del cuerpo y turbulenta, o desordenada, en la parte posterior. Generalmente aparece una zona desprendida cerca del borde de salida, seguida de una estela turbulenta no estacionaria que se extiende lejos aguas abajo. Existen teorías aproximadas viscosas laminares o turbulentas para analizar estas regiones: las soluciones deben acoplarse entonces con la solución para la corriente exterior, que es irrotacional y no viscosa. Si el número de Mach de la corriente es menor que 0,3, se puede combinar la ecuación (4.122) con la ecuación (4.73) de la continuidad para fluido incompresible

$$\nabla \cdot \mathbf{V} = \nabla \cdot (\nabla \phi) = 0$$

o

$$\nabla^2 \phi = 0 = \frac{\partial^2 \phi}{\partial x^2} + \frac{\partial^2 \phi}{\partial y^2} + \frac{\partial^2 \phi}{\partial z^2} \qquad (4.129$$

Esta es la ecuación de Laplace en tres dimensiones, sin la restricción necesaria de coordenadas en el flujo potencial en dos dimensiones. Gran parte del capítulo 8 se trata de la solución de la ecuación (4.129) para problemas ingenieriles prácticos; es válida en toda la región de la figura 4.11*a*, fuera de las capas de cortadura.

La figura 4.11*b* muestra un flujo supersónico alrededor de un cuerpo. Generalmente se forma una onda de choque curvada en la parte delantera, y el flujo aguas abajo es *rotacional* debido a los gradientes de entropía (caso 2). Podemos utilizar la ecuación (4.114) de Euler en esta región no viscosa, pero no la teoría potencial. Las capas de cortadura tienen el mismo carácter general que en la figura 4.11*a* excepto que la zona de separación es pequeña o a menudo no existe y la estela es normalmente delgada. La teoría de flujos desprendidos es actualmente de carácter cualitativo, pero se pueden hacer estimaciones cuantitativas de las capas límites laminares y turbulentas y de las estelas.

EJEMPLO 4.8 ¿Existe potencial de velocidades para el campo de velocidades del ejemplo 4.4?

$$u = a(x^2 - y^2) \qquad v = -2axy \qquad w = 0$$

Si es así, determínelo, dibújelo y compárelo con el ejemplo 4.6.

Solución Puesto que $w=0$, el rotor de $\mathbf{V}$ tiene sólo una componente (z), y podemos mostrar que es cero

$$(\nabla \times \mathbf{V})_z = \omega_z = \frac{\partial v}{\partial x} - \frac{\partial u}{\partial y} = \frac{\partial}{\partial x}(-2axy) - \frac{\partial}{\partial y}(ax^2 - ay^2) =$$

$$= -2ay + 2ay = 0 \qquad \textit{Resp.}$$

El flujo es, por tanto, irrotacional y existe potencial de velocidades.

Para determinar $\phi(x, y)$, escribimos

$$u = \frac{\partial \phi}{\partial x} = ax^2 - ay^2 \qquad (1)$$

$$v = \frac{\partial \phi}{\partial y} = -2axy \qquad (2)$$

Integrando (1)

$$\phi = \frac{ax^3}{3} - axy^2 + f(y) \qquad (3)$$

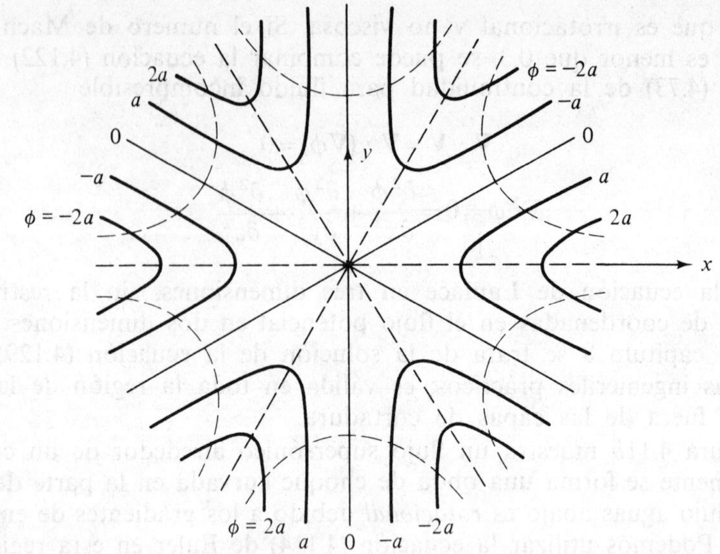

Fig. E4.8

Derivando (3) y comparándola con (2)

$$\frac{\partial \phi}{\partial y} = -2axy + f'(y) = -2axy \tag{4}$$

Por tanto, $f' = 0$, o $f =$constante. El potencial de velocidades es

$$\phi = \frac{ax^3}{3} - axy^2 + C \qquad \textit{Resp.}$$

Haciendo $C = 0$, podemos representar las líneas ϕ constante del mismo modo que las ψ constante en el ejemplo 4.6. El resultado se muestra en la figura E4.8 (sin flechas para ϕ). Para este problema particular, las líneas ϕ constante son las mismas que las ψ constante del ejemplo 4.6 (que se muestran en trazo discontinuo), pero están desplazadas 30°. Las líneas ϕ y ψ constantes son perpendiculares excepto en el origen, que es un punto de remanso, donde forman un ángulo de 30°. Ya esperábamos que ocurriese esto en el punto de remanso, en general no hay ninguna regla simple para determinar el comportamiento de las líneas en estos puntos.

RESUMEN

Este capítulo suplementa al capítulo 3 utilizando un volumen de control infinitesimal para obtener las tres ecuaciones diferenciales básicas, en derivadas parciales, para la descripción del movimiento de los fluidos: (1) la ecuación de la continuidad (4.56), (2) la ecuación de cantidad de movimiento (4.57) y (3) la ecuación de la energía (4.58). Estas ecuaciones, junto con las ecuaciones termodinámicas de estado para el fluido y las condiciones de contorno apropiadas, pueden resolverse, en principio, para determinar el campo fluido de un problema dado de mecánica de fluidos.

En la práctica muchos de los capítulos siguientes tratarán de fluidos con densidad y viscosidad constantes, para los cuales la ecuación de la energía (temperatura) está desacoplada y la dejaremos para un estudio posterior. En tales problemas sólo nos ocuparemos de las variaciones de presión y velocidad. Esta será nuestra preocupación principal en el análisis dimensional (Cap. 5), flujo viscoso (Cap. 6), flujo no viscoso (Cap. 8), flujo en canales abiertos (Cap. 10) y turbomáquinas (Cap. 11). Sólo en el capítulo 9 se considerará el flujo compresible con variaciones de densidad y temperatura y entonces despreciaremos la fricción.

En este capítulo se ha presentado una discusión detallada sobre el significado de las ecuaciones básicas, pero hay mucho más que decir. Se han escrito libros enteros sobre las ecuaciones básicas [11], la referencia 12 contiene 360 problemas resueltos que relacionan la mecánica de fluidos con la mecánica general de los medios continuos.

REFERENCIAS

1. P. J. Roache, «Computational Fluid Dynamics», Hermosa, Albuquerque, N.M., 1972.
2. G. B. Wallis, «One-dimensional Two-Phase Flow», McGraw-Hill, Nueva York, 1969.
3. S. M. Selby, «CRC Handbook of Tables for Mathematics», 4.ª ed., CRC Press Inc., Cleveland, 1976.
4. H. Schlichting, «Boundary Layer Theory», 6.ª ed., McGraw-Hill, Nueva York, 1968.
5. F. M. White, «Viscous Fluid Flow», McGraw-Hill, Nueva York, 1974.
6. D. Frederick y T. S. Chang, «Continuum Mechanics», Allyn & Bacon, Boston, 1965.
7. J. P. Holman, «Heat Transfer», 4.ª ed., McGraw-Hill, Nueva York, 1976.
8. W. M. Kays, «Convective Heat and Mass Transfer», McGraw-Hill, Nueva York, 1966.
9. G. K. Batchelor, «An Introduction to Fluid Dynamics», Cambridge University Press, Cambridge, 1967.
10. L. Prandtl y O. G. Tietjens, «Fundamentals of Hydro-and Aeromechanics», Dover, Nueva York, 1957.
11. R. Aris, «Vectors, Tensors, and the Basic Equations of Fluid Mechanics», Prentice-Hall, Englewood Cliffs, N.J., 1962.
12. G. E. Mase, «Continuum Mechanics», Schaum's Outline Series, McGraw-Hill, Nueva York, 1970.
13. W. F. Hughes y E. W. Gaylord, «Basic Equations of Engineering Science», Schaum's Outline Series, McGraw-Hill, Nueva York, 1964.
14. G. Astarita y G. Marrucci, «Principles of Non-Newtonian Fluid Mechanics», McGraw-Hill, Nueva York, 1974.
15. H. Lamb, «Hidrodynamics», 6.ª ed., Dover, Nueva York, 1945.

PROBLEMAS

4.1 Demostrar que la ecuación (4.3) de la continuidad puede escribirse en la forma equivalente $d\rho/dt+\rho\nabla\cdot V)=0$.

4.2 Escribir la ecuación de la continuidad para (*a*) flujo estacionario compresible en el plano *yz*, (*b*) flujo incompresible y no estacionario en el plano *yz*, (*c*) flujo compresible no estacionario sólo en la dirección *y*, (*d*) flujo estacionario compresible plano en coordenadas polares.

4.3 Obtener la ecuación (4.12) para coordenadas cilíndricas considerando el flujo de un fluido incompresible que entra y sale del volumen de control de la figura 4.2

4.4 Obtener la ecuación (4.9) considerando el flujo no estacionario de un fluido compresible a través del volumen de control elemental de la figura 4.2.

4.5 ¿Cuáles de los siguientes campos de velocidades satisfacen la ecuación de la continuidad para un fluido incompresible plano?

(*a*) $u=x,\ v=y$
(*b*) $u=y,\ v=x$
(*c*) $u=2x,\ v=-2y$
(*d*) $u=3xt,\ v=-3yt$
(*e*) $u=xy+y^2t,\ v=xy+x^2t$
(*f*) $u=3x^2y^2,\ v=-2xy^3$

No tenga en cuenta las inconsistencias dimensionales.

4.6 Determinar cuándo el campo de velocidades en coordenadas polares satisface la ecuación de conservación de la masa para un fluido incompresible. ¿Cuáles deben ser las dimensiones de las constantes *a* y *b*? Representar la línea donde $v_r=0$.

$$v_r=\cos\theta\left(a-\frac{b}{r^2}\right)$$

$$v_\theta=-\operatorname{sen}\theta\left(a+\frac{b}{r^2}\right)$$

4.7 Determinar si el campo fluido del ejemplo 1.12 satisface idénticamente la ecuación de la continuidad. ¿Podría *u* ser no lineal en *y* y todavía ser aceptable físicamente?

4.8 Dadas las dos componentes de la velocidad de un flujo incompresible,

$$u=x^2+y^2+z^2 \qquad w=3xy+y^3$$

¿cuál es la forma más general de la tercera componente $v(x, y, z)$ que satisface la ecuación de la continuidad?

4.9 Dadas las dos componentes de la velocidad de un flujo incompresible,

$$u=xy^2+x^2z \qquad v=y^2z$$

¿cuál es la forma más general de la tercera componente $w(x, y, z)$ que satisface la ecuación de la continuidad?

4.10 Si la velocidad tangencial de un fluido incompresible en movimiento plano es $v_\theta=r\cos\theta$, ¿cuál es la forma más general de la componente radial $v_r(r, \theta)$ que satisface la ecuación de la continuidad?

4.11 Si la velocidad radial de un fluido incompresible está dada por $v_r=(b\cos\theta)/r^2$, $b=$constante, ¿cuál es la forma más general de $v_\theta(r, \theta)$ que satisface la ecuación de la continuidad?

4.12 Las coordenadas esféricas (r, θ, ϕ) están definidas en el dibujo de la figura P4.12. La transformación a cartesianas es

$$x=r\operatorname{sen}\theta\cos\phi$$
$$y=r\operatorname{sen}\theta\operatorname{sen}\phi$$
$$z=r\cos\theta$$

Demostrar que la ecuación de la continuidad (4.12) para un fluido incompresible se puede transformar a la forma

$$\frac{1}{r^2}\frac{\partial}{\partial r}(r^2v_r)+\frac{1}{r\operatorname{sen}\theta}\frac{\partial}{\partial\theta}(v_\theta\operatorname{sen}\theta)+\frac{1}{r\operatorname{sen}\theta}\frac{\partial}{\partial\phi}(v_\phi)=0$$

en coordenadas esféricas. ¿Cuál es la forma más general de v_r cuando el flujo es puramente radial, esto es, cuando v_θ y v_ϕ son cero?

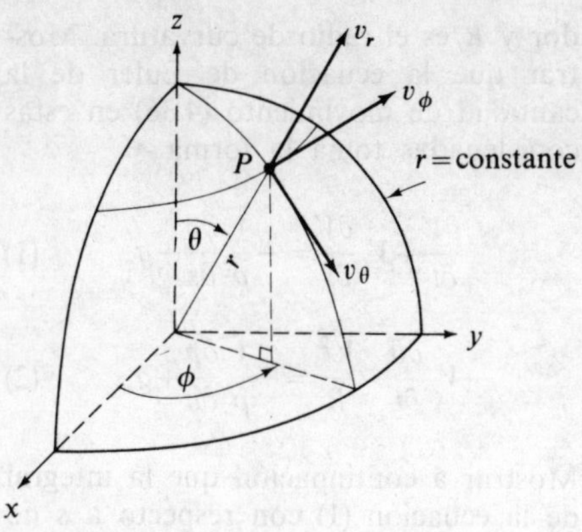

Fig. P4.12

4.13 Un campo de velocidades bidimensional está dado por

$$u = -\frac{Ky}{x^2+y^2} \qquad v = \frac{Kx}{x^2+y^2}$$

donde K es constante. ¿Satisface la ecuación de la continuidad para un fluido incompresible? Transformar este campo de velocidades a sus componentes v_r y v_θ en polares. ¿Qué flujo podría representar?

4.14 El campo bidimensional de velocidades dado por

$$u = U + \frac{Ax}{x^2+y^2} \qquad v = \frac{Ay}{x^2+y^2}$$

¿Satisface la ecuación de la continuidad para un fluido incompresible? Encontrar la posición del punto de remanso donde $V=0$.

4.15 ¿Cuál es la forma más general del movimiento circulatorio de un fluido incompresible, cuando $v_\theta = v_\theta(r, \theta, t)$ y $v_r = 0$?

4.16 Repetir el problema 4.15, pero en el caso en que el movimiento sea sólo radial $v_r = v_r(r, \theta, t)$ y $v_\theta = 0$.

4.17 Un cierto movimiento bidimensional cerca de una pared, como en la figura P4.17, tiene la componente de la velocidad

$$u = U\left(\frac{2y}{ax} - \frac{y^2}{a^2x^2}\right)$$

donde a es una constante. Obtener la componente $v(x, y)$ de la velocidad a partir de la ecuación de la continuidad para un fluido incompresible suponiendo que $v=0$ en la pared, $y=0$.

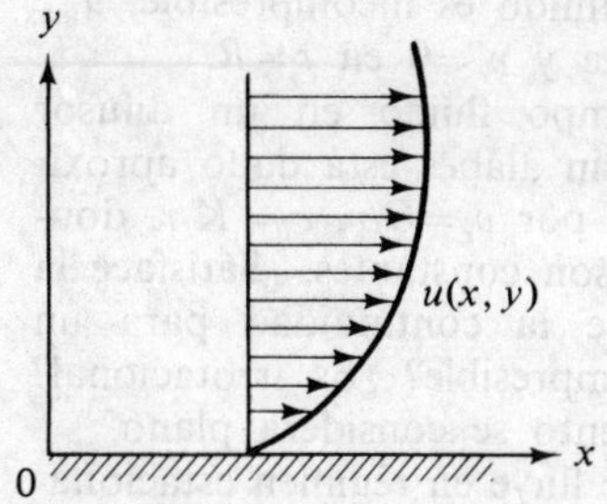

Fig. P4.17

4.18 El problema 4.17 se convierte en artificial y en parte engañoso como consecuencia de la expresión algebraica elegida para $u(x, y)$. Sin embargo, podemos deducir muchas cosas de la ecuación de la continuidad sin sustituir ningún número. Considérese el flujo en la capa límite de la placa plana de la figura P4.18 (recuerde el ejemplo 3.11). De la condición de no deslizamiento $v=0$ a lo largo de la pared $y=0$, y $u=U=$constante fuera de la capa. Si el espesor δ de la capa aumenta con x como se mostró, comprobar con la ecuación de la continuidad para un fluido incompresible que (*a*) la componente $v(x, y)$ es siempre positiva dentro de la capa; (*b*) v aumenta parabólicamente con y muy cerca de la pared; (*c*) v alcanza un máximo positivo $y=\delta$.

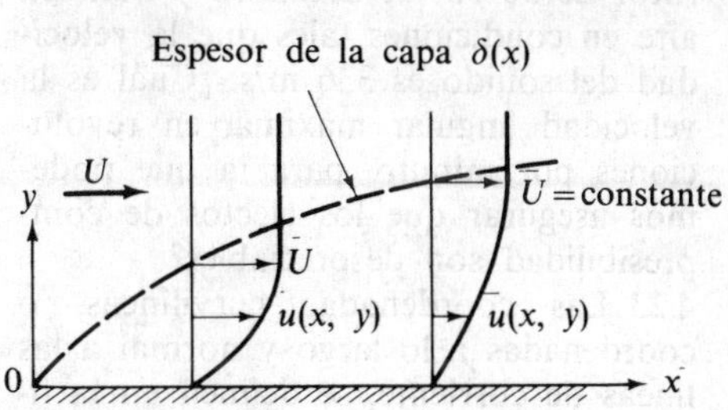

Fig. P4.18

4.19 Del problema 3.53, la velocidad axial para el flujo laminar totalmente desarrollado en un tubo es

$$v_z = u_{\text{máx}}(1 - r^2/R^2), \text{ y } v_0 = 0$$

Determinar la velocidad radial $v_r(r, z)$ cuando el fluido es incompresible, $u_{\text{máx}}$ es constante y $v_r = 0$ en $r = R$.

4.20 El campo fluido en un difusor centrífugo sin álabes está dado aproximadamente por $v_r = Q/r$, $v_\theta = K/r$, donde Q y K son constantes. ¿Satisface la ecuación de la continuidad para un fluido incompresible? ¿Es irrotacional? El movimiento se considera plano.

4.21 El aire fluye en régimen estacionario a través de una tobera cónica como la de la figura P4.21, con movimiento aproximadamente unidimensional. Si la velocidad del sonido es aproximadamente 340 m/s, ¿cuál es la mínima relación de diámetros D_e/D_0 para la cual se puede asegurar que los efectos de compresibilidad son despreciables si $V_0 = (a)$ 10 m/s; (b) 30 m/s?

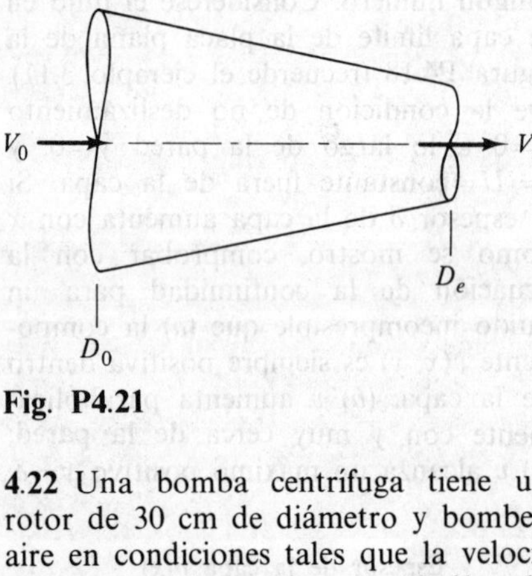

Fig. P4.21

4.22 Una bomba centrífuga tiene un rotor de 30 cm de diámetro y bombea aire en condiciones tales que la velocidad del sonido es 336 m/s. ¿Cuál es la velocidad angular máxima, en revoluciones por minuto, para la que podemos asegurar que los efectos de compresibilidad son despreciables?

4.23 Las coordenadas curvilíneas, o coordenadas a lo largo y normal a las líneas de corriente, se definen en la figura P4.23, donde n es la normal a las líneas de corriente en el plano osculador y R es el radio de curvatura. Mostrar que la ecuación de Euler de la cantidad de movimiento (4.36) en estas coordenadas toma la forma

$$\frac{\partial V}{\partial t} + V\frac{\partial V}{\partial s} = -\frac{1}{\rho}\frac{\partial p}{\partial s} + g_s \qquad (1)$$

$$-V\frac{\partial \theta}{\partial t} - \frac{V^2}{R} = -\frac{1}{\rho}\frac{\partial p}{\partial n} + g_n \qquad (2)$$

Mostrar a continuación que la integral de la ecuación (1) con respecto a s no es otra que la ecuación (3.62) de Bernoulli.

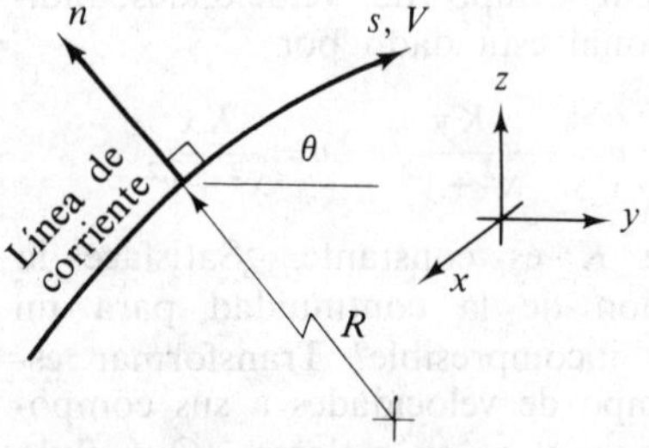

Fig. P4.23

4.24 Si z es vertical, positiva hacia arriba, ¿qué condiciones deben cumplir las constantes a y b para que el campo de velocidades $u = ay$, $v = bx$, $w = 0$ sea una solución exacta de las ecuaciones del movimiento de un fluido incompresible?

4.25 Si z es vertical, positiva hacia arriba, ¿qué condiciones deben cumplir las constantes (a_1, b_1, a_2, b_2) para que el campo de velocidades $u = a_1x + b_1y$, $v = a_2x + b_2y$, $w = 0$ sea solución exacta de las ecuaciones del movimiento de un fluido incompresible?

4.26 Mostrar que el campo de velocidades del problema 1.28 en las proximidades del punto de remanso es una solución exacta de la ecuación (4.38). Calcular el campo de presiones y referirlo a la velocidad absoluta $V^2 = u^2 + v^2$, interpretando el resultado. Despréciese la gravedad.

4.27 La ecuación (4.38) de Navier-Stokes en coordenadas cilíndricas se da en el apéndice E. Demostrar que el campo de velocidades del problema 4.6 es una solución exacta.

4.28 Usando coordenadas cartesianas o polares, mostrar que el campo de velocidades del problema 4.14 es una solución exacta de las ecuaciones (4.38) de Navier-Stokes.

4.29 En los problemas 4.15 y 4.16 hemos obtenido las formas más generales de un movimiento puramente circulatorio v_θ y puramente radial v_r que cumplen la ecuación de la continuidad para un fluido incompresible. ¿Cuáles son los casos especiales de estos dos campos que también satisfacen las ecuaciones de Navier-Stokes (véase el apéndice E para la formulación en coordenadas cilíndricas)? ¿Puede interpretar físicamente cada uno de los resultados?

4.30 La solución del problema 3.53, $v_z = u_{\text{máx}}(1 - r^2/R^2)$, $v_\theta = 0$, $v_r = 0$ correspondiente al flujo laminar totalmente desarrollado en tubos, es una solución exacta de las ecuaciones de Navier-Stokes en coordenadas cilíndricas (apéndice E). Despreciando la gravedad, calcular la distribución de presiones en el tubo $p(r, z)$ y la distribución de esfuerzos viscosos $\tau(r, z)$ utilizando R, $u_{\text{máx}}$ y μ como parámetros. ¿Por qué el máximo esfuerzo se da en la pared? ¿Por qué no aparece la densidad como parámetro?

4.31 Para el flujo laminar completamente desarrollado entre dos placas paralelas, como en el problema 3.23, el perfil de velocidades es $u = 4u_{\text{máx}}z(z_0 - z)/z_0^2$, $v = 0$, $w = 0$, una solución exacta de las ecuaciones de Navier-Stokes. Despreciando la gravedad, calcular la distribución de presiones $p(x, z)$ y la distribución de esfuerzos viscosos $\tau(x, z)$, utilizando z_0, $u_{\text{máx}}$ y μ como parámetros. ¿Por qué se da en la pared el máximo esfuerzo? ¿Por qué la densidad no aparece como parámetro?

4.32 Para el problema 4.17 calcular y esquematizar la distribución de esfuerzos viscosos en la capa límite desde $y = 0$ hasta el borde de la capa $y = ax$. ¿Es realista esta distribución?

4.33 De las ecuaciones de Navier-Stokes en coordenadas polares (ver apéndice E para coordenadas cilíndricas) para un fluido incompresible, encontrar la forma más general de un movimiento puramente circular $v_\theta(r)$, $v_r = v_z = 0$, para el flujo sin deslizamiento entre dos cilindros concéntricos fijos, como en la figura P4.33.

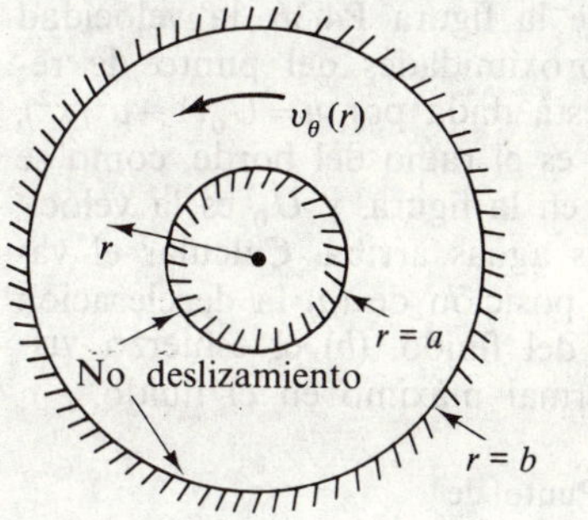

Fig. P4.33

4.34 Una película líquida de espesor constante y viscosa fluye en movimiento laminar sobre una placa inclinada un ángulo θ, como en la figura P4.34. El perfil de velocidades es $u = Cy(2h - y)$, $v = w = 0$. Determinar la constante C en función del peso específico, la viscosidad y el ángulo θ. Determinar el gasto volumétrico Q por unidad de anchura en función de estos parámetros.

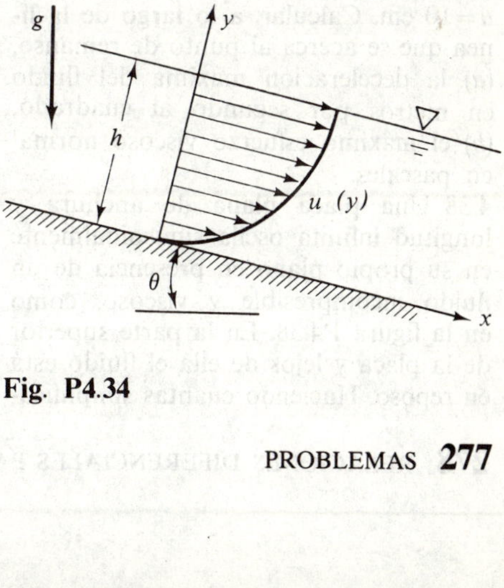

Fig. P4.34

4.35 Utilizando las ecuaciones de Navier-Stokes en coordenadas polares (ver apéndice E para coordenadas cilíndricas), mostrar que el campo fluido dado en el problema 4.6 es una solución exacta. Despreciando la gravedad, calcular la distribución de presiones $p(r, \theta)$ en términos de la densidad y la velocidad $V^2 = v_r^2 + v_\theta^2$. ¿Puede interpretar el resultado?

4.36 De acuerdo con la teoría del capítulo 8, cerca del borde de ataque de un cuerpo bidimensional redondeado, como el de la figura P4.36, la velocidad en las proximidades del punto de remanso está dada por $u = U_0(1 - a^2/x^2)$, donde a es el radio del borde, como se muestra en la figura, y U_0 es la velocidad lejos aguas arriba. Calcular el valor y la posición de (*a*) la deceleración máxima del fluido, (*b*) el esfuerzo viscoso normal máximo en el fluido.

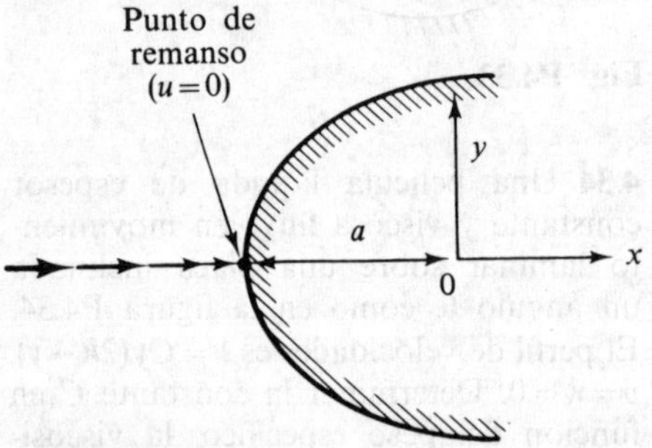

Fig. P4.36

4.37 En el problema 4.36 considere que el fluido es aire a 20° C y $U_0 = 5$ m/s, $a = 10$ cm. Calcular, a lo largo de la línea que se acerca al punto de remanso, (*a*) la deceleración máxima del fluido en metros por segundo al cuadrado, (*b*) el máximo esfuerzo viscoso normal en pascales.

4.38 Una placa plana de anchura y longitud infinita oscila sinusoidalmente en su propio plano en presencia de un fluido incompresible y viscoso, como en la figura P4.38. En la parte superior de la placa y lejos de ella el fluido está en reposo. Haciendo cuantas simplificaciones pueda, obtenga la ecuación diferencial y condiciones de contorno que Determinan la velocidad v_θ en el fluido. No la resuelva (si *puede* resolverla inmediatamente, podría considerársele liberado de este curso con nota).

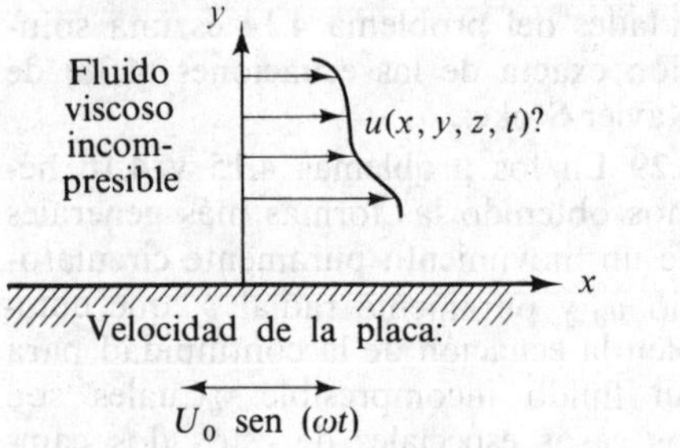

Fig. P4.38

4.39 Un cilindro circular de radio R gira con velocidad angular Ω en un fluido incompresible y viscoso que está en reposo lejos del cilindro, como en la figura P4.39. Haga las simplificaciones pertinentes y obtenga la ecuación diferencial y condiciones de contorno que determinan la velocidad v_θ en el fluido. No la resuelva a menos que se obsesione con este problema.

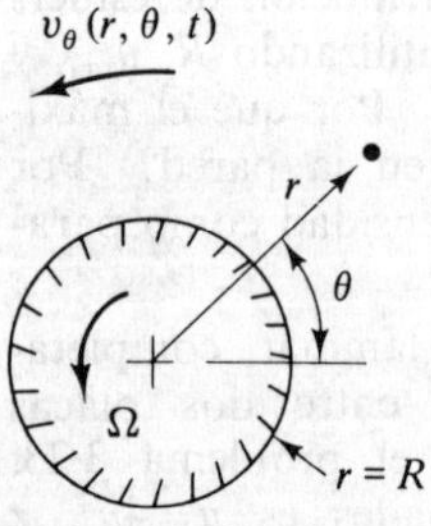

Fig. P4.39

4.40 Manipule la ecuación (4.51) de la energía para mostrar que la variación de la entropía s en un fluido newtoniano con k constante está dada por

$$\rho T \frac{ds}{dt} = k \nabla^2 T + \Phi$$

Guía: Recuerde de termodinámica que $T\,ds = d\hat{h} - dp/\rho$.

4.41 En el ejemplo 4.5 considere flujo laminar a través de un tubo con $D = 10$ centímetros, $U_{\text{máx}} = 5$ m/s, $T_w = 20°$ C. Calcular la temperatura del fluido en la línea central ($r = 0$) debida a la disipación viscosa en grados centígrados si el fluido es (*a*) aire y (*b*) glicerina.

4.42 Como se ha mencionado en el problema 4.31, el perfil de velocidades para flujo laminar entre dos placas, como en la figura P4.42, es

$$u = 4u_{\text{máx}}\, y(h - y)/h^2,$$

$v = w = 0$. Si la temperatura en la pared es T_w en ambas placas, utilizar la ecuación (4.75) de la energía para un fluido incompresible y obtener la distribución de temperaturas $T(y)$ entre las placas para movimiento estacionario.

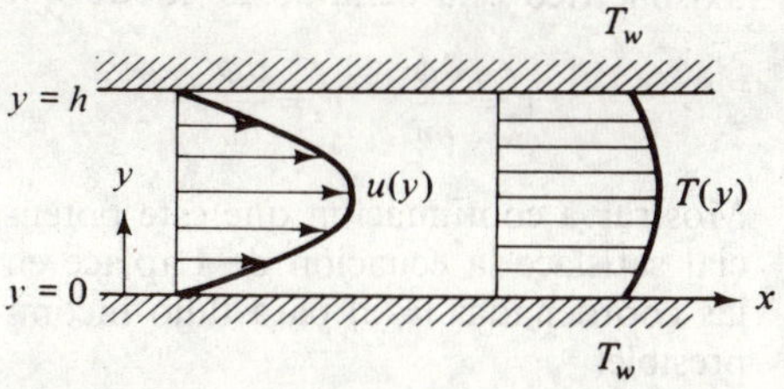

Fig. P4.42

4.43 En el problema 4.42, si $U_{\text{máx}} = 10$ ft/s y $h = 1$ in, con $T_w = 68°$ F, calcular la temperatura en la línea central en grados Fahrenheit si el fluido es (*a*) aire y (*b*) aceite SAE 30.

4.44 Repetir el análisis del problema 4.42 si la temperatura de la pared inferior es T_0 y la de la superior T_1, ambas constantes.

4.45 Investigar la función de corriente $\psi = Kxy$, con K constante. Dibujar las líneas de corriente en el plano superior $y \geqslant 0$ y determinar los puntos de remanso de la corriente. ¿Qué flujo representa?

4.46 Investigar la función de corriente $\psi = K(x^2 - y^2)$, $K =$ constante. Dibujar las líneas de corriente en todo el plano xy, determinar los puntos de remanso e interpretar qué tipo de flujo representa.

4.47 Investigar la función de corriente en coordenadas polares

$$\psi = Kr^{1/2} \text{ sen } \tfrac{1}{2}\theta, \quad K = \text{constante}$$

Dibujar las líneas de corriente en todo el plano xy, obtener los puntos de remanso e interpretar el flujo.

4.48 Investigar la función de corriente en coordenadas polares

$$\psi = Kr^{2/3} \text{ sen } (2\theta/3), \quad K = \text{constante}$$

Dibujar las líneas de corriente en todas partes, excepto en el cuadrante inferior de la derecha, e interpretar el flujo.

4.49 El campo de velocidades dado en el problema 4.13 tiene función de corriente. Encontrar esta función $\psi(x, y)$. Representar las líneas de corriente e interpretarlas.

4.50 Existe función de corriente para el campo de velocidades dado en el problema 4.14. Determinar esta función $\psi(x, y)$. La representación es bastante complicada y no se pide, pero merece la pena intentarlo.

4.51 Determinar la función de corriente $\psi(r, \theta)$ en coordenadas polares para el campo de velocidades del problema 4.20 y dibujar las líneas de corriente. ¿Qué flujo podría representar que aparezca en la naturaleza? ¿Conoce el nombre geométrico de estas líneas de corriente?

4.52 Determinar la función de corriente $\psi(r, \theta)$ para el campo de velocidades del problema 4.6 y dibujar las líneas de corriente en la región $r^2 \geqslant a/b$. ¿Qué flujo podrían representar? Determinar los dos puntos de remanso.

4.53 En coordenadas esféricas, como las de la figura P4.12, el flujo se denomina axisimétrico si $v_\phi \equiv 0$ y $\partial/\partial\phi \equiv 0$, de modo $v_r = v_r(r, \theta)$ y $v_\theta = v(r, \theta)$. Demostrar que en este caso existe una función de corriente $\psi(r, \theta)$ dada por

$$v_r = \frac{1}{r^2 \text{ sen } \theta}\frac{\partial\psi}{\partial\theta} \qquad v_\theta = -\frac{1}{r \text{ sen } \theta}\frac{\partial\psi}{\partial r}$$

Esta función se llama *función de corriente de Stokes* [5, pág. 222].

4.54 Investigar el potencial de velocidades $\phi = Kxy$, $K =$ constante. Representar las líneas equipotenciales en todo el plano xy y determinar los puntos de remanso. Representar esquemáticamente las líneas de corriente ortogonales a las equipotenciales. ¿Qué flujo podrían representar?

4.55 Determinar el potencial de velocidades que corresponde a la función de corriente del problema 4.45. Representar esquemáticamente algunas líneas de corriente y equipotenciales en el semiplano superior.

4.56 Mostrar que el potencial de velocidades correspondiente al movimiento plano de un fluido incompresible en coordenadas polares $\phi(r, \theta)$ es tal que

$$v_r = \frac{\partial \phi}{\partial r} \qquad v_\theta = \frac{1}{r}\frac{\partial \phi}{\partial \theta}$$

A continuación mostrar que la componente z de la vorticidad en estos flujos está dada por

$$2\omega_z = \frac{1}{r}\frac{\partial}{\partial r}(rv_\theta) - \frac{1}{r}\frac{\partial}{\partial \theta}(v_r)$$

Finalmente mostrar que ϕ, tal como está definido más arriba, satisface la ecuación de Laplace en coordenadas polares.

4.57 Investigar el potencial de velocidades en coordenadas polares

$$\phi = Kr^{1/2} \cos \tfrac{1}{2}\theta, \; K = \text{constante}$$

Dibujar las líneas equipotenciales en todo el plano xy, dibujar esquemáticamente las líneas de corriente e interpretar el flujo.

4.58 Investigar el potencial de velocidades en coordenadas polares

$$\phi = Kr^{3/2} \cos(3\theta/2), \; K = \text{constante}$$

Dibujar esquemáticamente las líneas equipotenciales en la región $0 \leqslant \theta \leqslant 120°$, y también las líneas de corriente e interpretar el flujo.

4.59 Determinar el potencial de velocidades en coordenadas polares para el campo de velocidades del problema 4.20 y dibujar esquemáticamente algunas líneas equipotenciales. Hacer lo mismo con las líneas de corriente o utilizar los resultados del problema 4.51.

4.60 Determinar el potencial de velocidades en coordenadas polares para el campo de velocidades del problema 4.6 y dibujar las líneas equipotenciales en la región $r^2 \geqslant a/b$. Representar esquemáticamente las líneas de corriente o utilizar los resultados del problema 4.52.

4.61 Mostrar que el potencial de velocidades $\phi(r, z)$ en coordenadas cilíndricas (véase Fig. 4.2) para movimiento axisimétrico está definido de modo que

$$v_r = \frac{\partial \phi}{\partial r} \qquad v_z = \frac{\partial \phi}{\partial z}$$

Mostrar a continuación que este potencial satisface la ecuación de Laplace en las coordenadas (r, z) para flujo incompresible.

4.62 Mostrar que el campo fluido del problema 4.13 tiene función potencial. Encontrar su forma funcional $\phi(r, \theta)$.

4.63 Mostrar que el campo fluido del problema 4.14 tiene función potencial y encontrar su forma funcional $\phi(r, \theta)$.

4.64 Mostrar que el flujo laminar completamente desarrollado del problema 3.53,

$$v_z = u_{\text{máx}}(1 - r^2/R^2),$$

$v_r = 0$, tiene función de corriente $\psi(r, z)$, pero no tiene potencial de velocidades. ¿Por qué ocurre esto?

4.65 Encontrar el potencial de velocidades en coordenadas polares correspondientes a la función de corriente (*a*) $\psi = K\theta$, (*b*) $\psi = K \ln r$, donde $K =$ constante.

CAPITULO 5

ANALISIS DIMENSIONAL Y SEMEJANZA

5.1 INTRODUCCION

Este capítulo trata del análisis dimensional, el tercero y último de nuestro trío de métodos o técnicas para estudiar el flujo de los fluidos. Se pone aquí el énfasis en el uso del análisis dimensional para planificar experimentos y presentar los resultados en forma compacta, pero también se utiliza frecuentemente en estudios teóricos.

Básicamente, el análisis dimensional es un método que permite reducir el número y complejidad de las variables que intervienen en la descripción de un fenómeno físico dado, con ayuda de una serie de técnicas. Si un fenómeno depende de n variables dimensionales, el análisis dimensional reduce el problema a sólo k variables adimensionales, donde la reducción es $n-k=1$, 2, 3, ó 4, dependiendo de la complejidad del problema. Generalmente $n-k$ es igual al número de dimensiones independientes (a veces llamadas dimensiones básicas o primarias) que aparecen en el problema. En Mecánica de Fluidos, las cuatro dimensiones básicas se toman generalmente como la masa M, la longitud L, el tiempo T y la temperatura Θ, o en resumen un sistema $MLT\Theta$. Algunas veces se utiliza el sistema $FLT\Theta$, con la fuerza F reemplazando a la masa.

Dado que el objeto del análisis dimensional es reducir variables y agruparlas en forma adimensional, ofrece varias ventajas. La primera es un enorme ahorro de tiempo y dinero. Supongamos que se sabe que la fuerza sobre un cuerpo inmerso en la corriente de un fluido depende sólo de la longitud del cuerpo L, de la velocidad de la corriente V, de la densidad del fluido ρ y de su viscosidad μ; esto es,

$$F=f(L, V, \rho, \mu) \tag{5.1}$$

Supongamos además que la geometría y las condiciones del flujo son tan complicadas que las ecuaciones en forma integral (Cap. 3) y diferencial (Cap. 4) no pueden resolverse para obtener la fuerza. En ese caso debemos determinar experimentalmente la función $f(L, V, \rho, \mu)$.

Generalmente se necesitan unos 10 puntos para dar una curva. Para determinar la influencia de la longitud del cuerpo en la fuerza necesitaremos repetir el experimento para 10 longitudes L. Para cada L necesitaremos 10 valores de V, 10 valores de ρ y 10 valores de μ, debiendo realizarse en total 10^4 experimentos. A 100 pesetas por experimento, ya pueden observarse las consecuencias. Sin embargo, con el análisis dimensional, podemos reducir la ecuación (5.1) a su forma equivalente

$$\frac{F}{\rho V^2 L^2} = g\left(\frac{\rho V L}{\mu}\right)$$

o

$$C_F = g(\text{Re}) \tag{5.2}$$

esto es, el *coeficiente adimensional de la fuerza* $F/\rho V^2 L^2$ es sólo función del *número adimensional de Reynolds* $\rho VL/\mu$. Aprenderemos a hacer esta reducción en las secciones 5.2 y 5.4.

La función g es matemáticamente diferente de la función original f, pero contiene la misma información. Con el análisis dimensional no se pierde ninguna información. Pensando en el ahorro, podemos determinar g sólo con 10 experimentos para la única variable denominada número de Reynolds. No es necesario cambiar los valores de L, V, ρ o μ separadamente, basta con variar el *grupo* $\rho VL/\mu$. Esto se puede hacer variando, por ejemplo, sólo la velocidad V, en los ensayos, del túnel aerodinámico o canal hidrodinámico; pero no es necesario construir 10 cuerpos de tamaño diferente ni utilizar 100 fluidos diferentes con 10 densidades y 10 viscosidades distintas. El coste es ahora mucho más bajo, sólo 1000 pesetas.

Un segundo aspecto favorable del análisis dimensional consiste en que nos ayuda a pensar y planificar un experimento o teoría. Sugiere formas adimensionales de las ecuaciones antes de gastar tiempo y dinero para encontrar las soluciones con ordenador. Sugiere las variables que deben descartarse; algunas veces se pueden rechazar variables, o grupos de variables, mediante el análisis dimensional, haciendo algunos ensayos que muestran que son poco importantes. Finalmente, el análisis dimensional da a menudo gran información sobre las relaciones físicas que estamos intentando estudiar.

Una tercera ventaja del análisis dimensional es que proporciona las *leyes de escala* que pueden convertir los datos obtenidos sobre un pequeño *modelo* en información para el diseño de un prototipo grande. No construimos un avión de cien millones de pesetas para ver si proporciona la sustentación suficiente. Mediremos primero la sustentación sobre un pequeño modelo y utilizaremos después las leyes de semejanza para predecir la sustentación del prototipo. Hay métodos, que explicaremos más adelante, para encontrar las leyes de escala. Cuando las reglas de escala son válidas, diremos que existe *semejanza* entre el modelo y el prototipo. En el caso simple de la ecuación (5.2), existe semejanza si el número de Reynolds es el mismo para el modelo y prototipo porque la función g exige entonces que el coeficiente de fuerza sea también el mismo

$$\text{Si } \text{Re}_m = \text{Re}_p \quad \text{entonces} \quad C_{Fm} = C_{Fp} \tag{5.3}$$

donde los subíndices m y p significan modelo y prototipo, respectivamente. De la definición del coeficiente de fuerza, resulta

$$\frac{F_p}{F_m}=\left(\frac{\rho_p}{\rho_m}\right)\left(\frac{V_p}{V_m}\right)^2\left(\frac{L_p}{L_m}\right)^2 \tag{5.4}$$

cuando los datos tomados cumplen la condición $\rho_p V_p L_p/\mu_p=\rho_m V_m L_m/\mu_m$. La ecuación (5.4) es una ley de escala; si medimos la fuerza sobre el modelo para el número de Reynolds del modelo, la fuerza sobre el prototipo para el mismo número de Reynolds es igual a la fuerza sobre el modelo multiplicada por la relación de densidades, la relación de velocidades al cuadrado y la relación de longitudes al cuadrado. Más adelante daremos más ejemplos.

¿Ha entendido estas explicaciones introductorias? Tenga en cuenta que aprender análisis dimensional es como aprender a jugar al tenis; hay distintos niveles de juego. Podemos establecer algunas reglas básicas y hacer bastante trabajo eficaz en este breve capítulo, pero el análisis dimensional en toda su extensión tiene muchas sutilezas y matices que sólo con el tiempo, práctica y madurez se pueden dominar. Aunque el análisis dimensional tiene un fundamento físico y matemático, para utilizarlo de un modo efectivo se necesita considerable arte e ingenio.

EJEMPLO 5.1 Un copépodo es un crustáceo acuático de un diámetro aproximado de 1 mm. Queremos conocer la resistencia al movimiento del copépodo cuando se mueve lentamente en el agua. Se construye un modelo a escala 100 veces mayor y se ensaya en glicerina a una velocidad $V=30$ cm/s. La resistencia medida en el modelo es 1,3 N. Para asegurar la semejanza, ¿cuál es la velocidad y resistencia del copépodo en agua? Considere que es aplicable la ecuación (5.1) y que la temperatura es 20° C.

Solución De la Tabla 1.3 las propiedades del fluido son:

Agua (prototipo): $\mu_p=0{,}001$ kg/(m · s) $\quad \rho_p=999$ kg/m³
Glicerina (modelo): $\mu_m=1{,}5$ kg/(m · s) $\quad \rho_m=1263$ kg/m³

Las escalas de longitud son $L_m=100$ mm y $L_p=1$ mm. Tenemos los datos suficientes para determinar el número de Reynolds y el coeficiente de fuerza

$$\mathrm{Re}_m=\frac{\rho_m V_m L_m}{\mu_m}=\frac{(1263\ \mathrm{kg/m^3})(0{,}3\ \mathrm{m/s})(0{,}1\ \mathrm{m})}{1{,}5\ \mathrm{kg/(m\cdot s)}}=25{,}3$$

$$C_{Fm}=\frac{F_m}{\rho_m V_m^2 L_m^2}=\frac{1{,}3\ \mathrm{N}}{(1263\ \mathrm{kg/m^3})(0{,}3\ \mathrm{m/s})^2(0{,}1\ \mathrm{m})^2}=1{,}14$$

Ambos números son adimensionales como se puede comprobar. Para asegurar la semejanza, el número de Reynolds del prototipo debe ser igual al del modelo, y entonces la ecuación (5.2) dice que el coeficiente de fuerza es el mismo

$$\mathrm{Re}_p = \mathrm{Re}_m = 25{,}3 = \frac{999 V_p (0{,}001)}{0{,}001}$$

o $$V_p = 0{,}0253 \text{ m/s} = 2{,}53 \text{ cm/s}$$ *Resp.*

$$C_{Fp} = C_{Fm} = 1{,}14 = \frac{F_p}{999(0{,}0253)^2(0{,}001)^2}$$

o $$F_p = 7{,}31 \times 10^{-7} \text{ N}$$ *Resp.*

Es obvio que sería difícil medir una fuerza de resistencia tan pequeña.

Históricamente, fue Euler la primera persona que trató con extensión en sus escritos en 1765 sobre las unidades y razonamientos dimensionales en las relaciones físicas. Las ideas de Euler se adelantaron a su tiempo, al igual que las de Joseph Fourier, en cuyo libro de 1882, «Analytical Theory of Heat», se establece lo que ahora se llama el principio de homogeneidad dimensional, y también desarrolló algunas reglas de semejanza para el flujo de calor. No hubo más avances significativos hasta el libro de Lord Rayleigh de 1877, «Theory of Sound», donde propuso un «método de dimensiones» y dio varios ejemplos de análisis dimensional. El avance final que dio al método la forma en que lo conocemos hoy se ha atribuido a E. Buckingham en 1914 [24], en cuyo trabajo se introduce lo que ahora se llama el *teorema pi de Buckingham* para describir los parámetros adimensionales (ver Sec. 5.4). Sin embargo, hoy sabemos que un francés, A. Vaschy, en 1892, y un ruso, D. Riabouchinsky, en 1911, publicaron independientemente trabajos en los que se obtienen resultados equivalentes a los del teorema pi. P. W. Bridgman publicó en 1922 un libro [1], donde se describe la teoría general del análisis dimensional desarrollada a partir del trabajo de Buckingham. El tema continúa siendo objeto de controversia porque hay mucho arte y sutileza en el uso del análisis dimensional. Así, después del de Bridgman, ha habido al menos 20 libros publicados sobre el tema [1-20]. Probablemente habrá aún más, pero quizá a la vista de una lista tan amplia, algún autor novel se lo pensará dos veces. La utilidad del análisis dimensional no está limitada a la mecánica de fluidos o a la ingeniería. Se han escrito libros especializados donde el análisis dimensional se aplica a la metrología [21], astrofísica [22], e incluso a la economía [23]. El libro más reciente [20] es uno de los más interesantes incluso para las personas con más experiencia en el uso del análisis dimensional.

5.2 EL PRINCIPIO DE HOMOGENEIDAD DIMENSIONAL

Para hacer el salto importante de las cinco variables de la ecuación (5.1) a las dos variables de la ecuación (5.2), utilizaremos una regla que es en física un axioma casi evidente. Esta regla, *el principio de homogeneidad dimensional*, puede establecerse como sigue:

Si una ecuación expresa correctamente una relación entre variables de un proceso físico, debe ser *dimensionalmente homogénea*; esto es, todos sus sumandos deben tener las mismas dimensiones.

Todas las ecuaciones deducidas mediante la teoría de la mecánica son de esta forma. Por ejemplo, consideremos la relación que expresa el espacio que recorre un cuerpo en caída libre en función del tiempo

$$S = S_0 + V_0 t + \tfrac{1}{2} g t^2 \tag{5.5}$$

Cada término de esta ecuación es una longitud y tiene la dimensión $\{L\}$. La ecuación es dimensionalmente homogénea. Obsérvese que se puede utilizar cualquier sistema coherente de unidades para calcular el resultado.

Consideremos la ecuación de Bernoulli para un fluido incompresible

$$\frac{p}{\rho} + \tfrac{1}{2} V^2 + gz = \text{const} \tag{5.6}$$

Todos los términos, incluyendo la constante, tienen dimensiones de velocidad al cuadrado, $\{L^2 T^{-2}\}$. La ecuación es dimensionalmente homogénea y da el resultado apropiado para todo sistema coherente de unidades.

Los estudiantes pueden tener en cuenta la homogeneidad dimensional y utilizarla para comprobar sus resultados cuando no pueden recordar una ecuación durante un examen. Por ejemplo, ¿cuál de las dos relaciones es verdadera, la

$$S = \tfrac{1}{2} g t^2? \qquad \text{o} \qquad S = \tfrac{1}{2} g^2 t? \tag{5.7}$$

Chequeando las dimensiones, desestimamos la segunda relación y sustituimos así la falta de memoria. Estamos sacando provecho del principio de homogeneidad dimensional (PHD), y en este capítulo se explotará más adelante.

Las ecuaciones (5.5) y (5.6) ilustran también los tipos de factores que intervienen a menudo en el análisis dimensional: variables dimensionales, constantes dimensionales y constantes puras.

Las variables dimensionales son las cantidades que varían en un caso dado y podrían representarse unas en función de otras para mostrar los resultados. En la ecuación (5.5) son S y t, en la ecuación (5.6) son p, V y z. Todas tienen dimensiones y todas pueden hacerse adimensionales mediante alguna técnica del análisis dimensional.

Las constantes dimensionales pueden variar de un caso a otro, pero se mantienen constantes S_0, V_0 y g, y en la ecuación (5.6) lo son ρ, g y C. Todas tienen dimensiones y podrían hacerse adimensionales con otras, pero normalmente se utilizan para hacer adimensionales las variables del problema.

Las constantes puras no tienen dimensiones y nunca tendrán. Aparecen en las manipulaciones matemáticas. En las ecuaciones (5.5) y (5.6) son $\frac{1}{2}$ y el exponente 2, ambas provienen de una integración: $\int t \ dt = \frac{1}{2}t^2$, $\int V \ dV = \frac{1}{2}V^2$. Otras constantes adimensionales corrientes son π y e.

Obsérvese que la integración y diferenciación de una ecuación puede cambiar las dimensiones, pero no la homogeneidad de la ecuación. Por ejemplo, integrando o diferenciando la ecuación (5.5):

$$\int S \ dt = S_0 t + \tfrac{1}{2}V_0 t^2 + \tfrac{1}{6}gt^3 \tag{5.8a}$$

$$\frac{dS}{dt} = V_0 + gt \tag{5.8b}$$

En la forma integrada (5.8*a*) cada término tiene las dimensiones de $\{LT\}$, mientras que en la forma derivada (5.8*b*) cada término es una velocidad $\{LT^{-1}\}$.

Finalmente, hay algunas variables físicas que son adimensionales en virtud de su definición como relación de cantidades dimensionales. Algunos ejemplos son la deformación (cambio de longitud por unidad de longitud), módulo de Poisson (relación entre el esfuerzo transversal y el esfuerzo longitudinal) y la densidad relativa (relación entre la densidad y la estándar del agua). Todos los ángulos son adimensionales (relación entre la longitud del arco y el radio) y se miden en radianes por esta razón.

El motivo del uso del análisis dimensional proviene de que es posible escribir cualquier ecuación dimensionalmente homogénea en una forma equivalente, totalmente adimensional, más compacta. Los detalles exactos se dan en la sección 5.4 con el teorema pi. Por ejemplo, se puede manipular la ecuación (5.6) definiendo las variables adimensionales

$$S^* = \frac{S}{S_0} \qquad t^* = \frac{V_0 t}{S_0} \tag{5.9a}$$

o

$$S^{**} = \frac{gS}{V_0^2} \qquad t^{**} = \frac{gt}{V_0} \tag{5.9b}$$

Obsérvese que hay dos formas de adimensionalizar las variables. Esto es bastante común; algunas veces hay tres o más formas. ¿Cuál es la mejor? Normalmente, ninguna; es cuestión de gustos, costumbre y elección del usuario. Se debe aceptar el hecho de que hay varias formulaciones equivalentes para la mayoría de los problemas de análisis dimensional, todas ellas correctas.

Hay dos reglas negativas en operaciones similares a las de las ecuaciones (5.9). Primero, *no* adimensionalizar dejando las variables en el denominador:

$$S^* = \frac{S_0}{S} \qquad t^* = \frac{S_0}{V_0 t} \tag{5.10}$$

Estas son adimensionales, no hay problema con ello, pero con las constantes en el numerador y las variables en el denominador; podría haber singularidades donde S y $t=0$, los gráficos podrían parecer cómicos y confundir a los usuarios y enfadar al supervisor. No es, pues, una buena idea. Ponga siempre las variables más importantes en el numerador y las constantes en el denominador.

Segundo, *no utilice* sus variables (S, t) juntas para formar una variable adimensional:

$$S^* = \frac{V_0 t}{S} \tag{5.11}$$

Esto parece elegante y atractivo, pero podría dar lugar a problemas matemáticos y también a dificultades en la representación. Estas combinaciones se utilizan a veces en la técnica avanzada de la llamada *teoría de semejanza* (ver, por ejemplo, Ref. 11), pero no debe utilizarse en el análisis dimensional.

Introduzcamos ahora las definiciones (5.9) en la ecuación (5.5):

$$S_0 S^* = S_0 + V_0 \frac{S_0 t^*}{V_0} + \tfrac{1}{2} g \left(\frac{S_0 t^*}{V_0}\right)^2 \tag{5.12a}$$

$$\frac{V_0^2 S^{**}}{g} = S_0 + V_0 \frac{V_0 t^{**}}{g} + \tfrac{1}{2} g \left(\frac{V_0 t^{**}}{g}\right)^2 \tag{5.12b}$$

Los términos de estas ecuaciones tienen todavía dimensiones de longitud, pero si dividimos todos los términos por el factor adecuado que deje aislada, por ejemplo, a S^* o a S^{**}, el PDH garantiza que todos los términos deben ser adimensionales. Por tanto, dividiendo (5.12*a*) por S_0 y (5.12*b*) por V_0^2/g

$$S^* = 1 + t^* + \frac{1}{2} \frac{g S_0}{V_0^2} t^{*2} \tag{5.13a}$$

$$S^{**} = \frac{g S_0}{V_0^2} + t^{**} + \tfrac{1}{2} t^{**2} \tag{5.13b}$$

Ambas relaciones son adimensionales, una equivale a la otra y ambas son equivalentes a la ecuación (5.5) original. Se han representado en la figura 5.1. ¿Qué forma cree usted que es mejor y más efectiva? En el problema 5.1 se le pide que explique su elección.

En tanto que la ecuación (5.5) es de la forma

$$S = f(t, S_0, V_0, g) \tag{5.14}$$

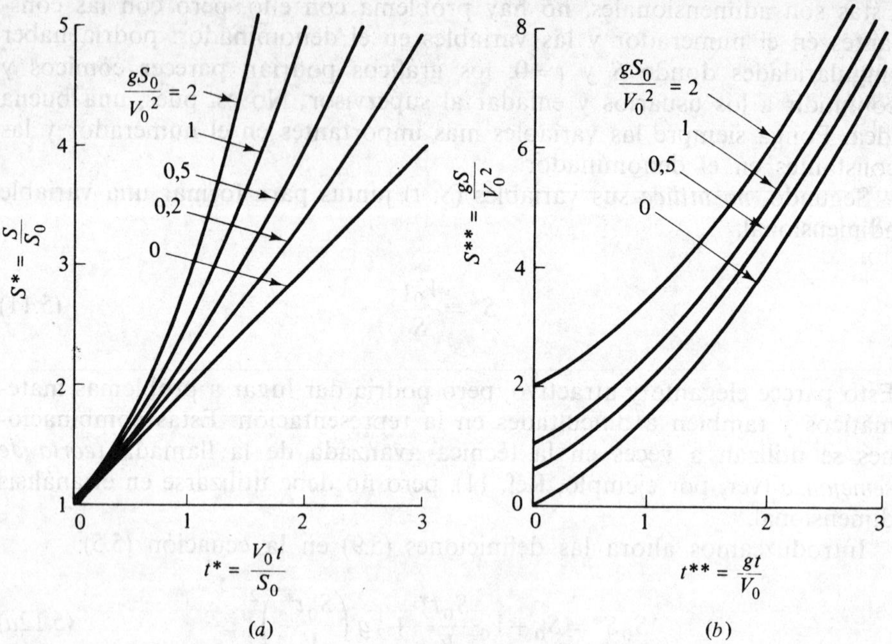

Fig. 5.1 Dos formas adimensionales equivalentes de la ecuación (5.5) de la caída libre de los cuerpos: (*a*) ecuación (5.13*a*) y (*b*) ecuación (5.13*b*). ¿Cuál es la forma más efectiva?

que relaciona cinco cantidades dimensionales, las ecuaciones (5.13) son de la forma

$$S' = g(t', \alpha) \qquad \alpha = \frac{gS_0}{V_0^2} \tag{5.15}$$

que relacionan sólo tres cantidades adimensionales. El parámetro α aparece normalmente en procesos donde entra la gravedad y es una de las formas del número de Froude (véase Tabla 5.2).

Este ejemplo sirve de ilustración de las afirmaciones anteriores acerca del análisis dimensional. La función original de cinco variables se reduce a una función adimensional de tres variables. La reducción $5-3=2$ debe ser igual al número de dimensiones que aparecen en el problema. Lo comprobamos para nuestras variables:

$$\{S, S_0\} = \{L\} \qquad \{t\} = \{T\} \qquad \{V_0\} = \{LT^{-1}\} \qquad \{g\} = \{LT^{-2}\} \tag{5.16}$$

Como era de esperar, sólo intervienen dos dimensiones independientes, $\{L\}$ y $\{T\}$. Esta idea se desarrolla en el teorema pi (Sec. 5.4).

Método del producto de potencias

Veamos el ejemplo anterior desde otra perspectiva. Supongamos que ignoramos la teoría y que tenemos que hacer experimentos para determinar la relación funcional de la ecuación (5.15). Puesto que S es una longitud, el PHD nos indica que la función f debe ser una longitud, de modo que t, S_0, V_0 y g deben combinarse de tal modo que desaparezca el tiempo y quede sólo la dimensión longitud. Como mostró Buckingham [24], la única forma de que esto ocurra es que cada término de f sea un monomio formado por productos de *potencias* de las cantidades:

$$f_1 = (\text{const})(t)^a(S_0)^b(V_0)^c(g)^d \tag{5.17}$$

donde la constante de proporcionalidad es adimensional y a, b, c y d son exponentes constantes a determinar. Dimensionalmente, la ecuación (5.17) debe ser longitud = longitud:

$$\{L\} = \{T\}^a\{L\}^b\{LT^{-1}\}^c\{LT^{-2}\}^d \tag{5.18}$$

Agrupando las potencias de longitud y tiempo, obtenemos dos relaciones algebraicas:

Longitud: $$1 = b + c + d \tag{5.19a}$$

Tiempo: $$0 = a - c - 2d \tag{5.19b}$$

Puesto que tenemos dos ecuaciones y cuatro incógnitas, a, b, c y d, dos de ellas deben determinarse en función de las otras dos. Por ejemplo, despejemos c y d en función de a y b

$$c = 2 - a - 2b \qquad d = a + b - 1 \tag{5.20}$$

La ecuación (5.17) toma la forma

$$f_1 = (\text{const})\frac{V_0^2}{g}\left(\frac{gt}{V_0}\right)^a\left(\frac{gS_0}{V_0^2}\right)^b \tag{5.21}$$

Puesto que f_1 es un término «típico» de f, y como a y b son totalmente arbitrarios, la ecuación (5.21) nos dice que f puede variar de forma *arbitraria* con los dos parámetros gt/V_0 y gS_0/V_0^2. Ambos parámetros son adimensionales, y esto no es un accidente; es una consecuencia del método del *producto de potencias.* Concluimos que la ecuación (5.14) es equivalente a la relación funcional adimensional

$$\frac{gS}{V_0^2} = F\left(\frac{gt}{V_0}, \frac{gS_0}{V_0^2}\right) \quad \text{o} \quad S^{**} = F(t^{**}, \alpha) \tag{5.22}$$

Acabamos de hacer el análisis dimensional completo del proceso físico representado por la ecuación (5.14). El análisis dimensional no nos determina la forma de la función F, que debemos determinar teóricamente o por experimentos, que conducen a la ecuación (5.13*b*).

El método del producto de potencias muestra también la arbitrariedad de los grupos finales obtenidos. Si hubiésemos decidido despejar b y c en función de a y d, hubiésemos obtenido

$$b = 1 - a + d \qquad c = a - 2d \tag{5.23}$$

Sustituyendo en la ecuación (5.17) obtendríamos

$$f_1 = (\text{const})(S_0)\left(\frac{V_0 t}{S_0}\right)^a \left(\frac{gS_0}{V_0^2}\right)^d$$

que puede interpretarse como una nueva relación funcional adimensional

$$\frac{S}{S_0} = F\left(\frac{V_0 t}{S_0}, \frac{gS_0}{V_0^2}\right) \quad \text{o} \quad S^* = F(t^*, \alpha) \tag{5.24}$$

Entonces, una solución alternativa perfectamente legítima para los exponentes da la segunda forma de la relación. Debe acostumbrarse a aceptar las elecciones alternativas que el análisis dimensional proporciona a un análisis típico.

En la Tabla 5.1 se da una lista de dimensiones típicas en Mecánica de Fluidos.

EJEMPLO 5.2 A bajas velocidades (flujo laminar), el caudal Q a través de un tubo es sólo función del radio del tubo r, de la viscosidad del fluido μ y la caída de presión por unidad de longitud del tubo dp/dx. Utilizando el método del producto de potencias, reescriba la relación sugerida $Q = f(r, \mu, dp/dx)$ en forma adimensional.

Solución Haciendo una lista de las dimensiones de las variables (Tabla 5.1):

$$Q = \{L^3T^{-1}\} \qquad r = \{L\} \qquad \mu = \{ML^{-1}T^{-1}\} \qquad \frac{dp}{dx} = \{ML^{-2}T^{-2}\}$$

Puesto que Q es un flujo volumétrico y suponemos homogeneidad dimensional, la función f debe ser un volumen por unidad de tiempo. Considerando un producto de potencias

$$f_1 = (\text{const})(r)^a(\mu)^b\left(\frac{dp}{dx}\right)^c$$

o

$$\{L^3T^{-1}\} = \{L\}^a\{ML^{-1}T^{-1}\}^b\{ML^{-2}T^{-2}\}^c$$

Tabla 5.1

DIMENSIONES DE LAS CANTIDADES DE MECANICA DE FLUIDOS

Cantidad	*Símbolo*	Dimensiones $\{MLT\Theta\}$	Dimensiones $\{FLT\Theta\}$
Longitud	L	L	L
Area	A	L^2	L^2
Volumen	$\mathcal{V}$	L^3	L^3
Velocidad	V	LT^{-1}	LT^{-1}
Velocidad del sonido	a	LT^{-1}	LT^{-1}
Flujo volumétrico	Q	L^3T^{-1}	L^3T^{-1}
Flujo másico	$\dot{m}$	MT^{-1}	FTL^{-1}
Presión, esfuerzo	p, σ	$ML^{-1}T^{-2}$	FL^{-2}
Velocidad de deformación	$\dot{\varepsilon}$	T^{-1}	T^{-1}
Angulo	θ	Ninguna	Ninguna
Velocidad angular	ω	T^{-1}	T^{-1}
Viscosidad	μ	$ML^{-1}T^{-1}$	FTL^{-2}
Viscosidad cinemática	ν	L^2T^{-1}	L^2T^{-1}
Tensión superficial	Υ	MT^{-2}	FL^{-1}
Fuerza	F	MLT^{-2}	F
Momento, par	M	ML^2T^{-2}	FL
Potencia	P	ML^2T^{-3}	FLT^{-1}
Densidad	ρ	ML^{-3}	FT^2L^{-4}
Temperatura	T	Θ	Θ
Calor específico	c_p, c_v	$L^2T^{-2}\Theta^{-1}$	$L^2T^{-2}\Theta^{-1}$
Conductividad térmica	k	$MLT^{-3}\Theta^{-1}$	$FT^{-1}\Theta^{-1}$
Coeficiente de expansión	β	Θ^{-1}	Θ^{-1}

Igualando los respectivos exponentes, tenemos:

Longitud: $\qquad 3 = a - b - 2c$

Masa: $\qquad 0 = b + c$

Tiempo: $\qquad -1 = -b - 2c$

Con tres ecuaciones y tres incógnitas, la solución es

$$a = 4 \qquad b = -1 \qquad c = 1$$

Esto no es arbitrario, ya que sólo se puede formar un solo producto

$$Q = (\text{const})\,\frac{r^4}{\mu}\,\frac{dp}{dx} \qquad \textit{Resp.}$$

La constante es adimensional. La teoría del flujo laminar del capítulo 6 muestra que el valor de la constante es $\pi/8$.

EJEMPLO 5.3 La velocidad de propagación C de una onda de agua se considera una función de la densidad del agua ρ, profundidad h, longitud de onda λ y aceleración de la gravedad g:

$$C = f(\rho, h, \lambda, g) \tag{1}$$

Reescriba la ecuación (1) en forma adimensional, utilizando el método del producto de potencias. ¿Hemos hecho alguna suposición falsa?

Solución Las dimensiones de las cantidades son

$$C = \{LT^{-1}\} \qquad \rho = \{ML^{-3}\} \qquad h = \{L\} \qquad \lambda = \{L\} \qquad g = \{LT^{-2}\}$$

La función f debe ser una velocidad y el producto de potencias es

$$f_1 = (\text{const})(\rho)^a (h)^b (\lambda)^c (g)^d \tag{2}$$

o

$$\{LT^{-1}\} = \{ML^{-3}\}^a \{L\}^b \{L\}^c \{LT^{-2}\}^d$$

Igualando los exponentes:

Longitud: $1 = -3a + b + c + d$

Masa: $0 = a$

Tiempo: $-1 = -2d$

Hay tres ecuaciones para cuatro incógnitas. La solución es

$$a = 0 \qquad d = \tfrac{1}{2} \qquad c = -b + \tfrac{1}{2}$$

La ecuación (2) toma la forma

$$f_1 = (\text{const})(\rho)^0 (h)^b (\lambda)^{-b+1/2} (g)^{1/2} = (\text{const})(g\lambda)^{1/2} \left(\frac{h}{\lambda}\right)^b \tag{3}$$

Como se discutió en la ecuación (5.21), esto implica que f debe variar arbitrariamente con h/λ, de modo que la ecuación (1) es equivalente a

$$\frac{C}{(g\lambda)^{1/2}} = F\left(\frac{h}{\lambda}\right) \qquad \textit{Resp.}$$

Supusimos que la densidad era importante, pero el análisis dimensional muestra que no interviene. La teoría de ondas superficiales muestra que la función F es

$$F = \left(\frac{1}{2\pi} \operatorname{tgh} \frac{2\pi h}{\lambda}\right)^{1/2} \tag{4}$$

por supuesto, ésta no puede determinarse con el análisis dimensional solamente.

EJEMPLO 5.4 Considere que la deflexión δ del extremo de una viga de sección circular, en voladizo, es función de la carga P en el extremo, del radio r, longitud

L de la viga, y del módulo de elasticidad E del material: $\delta = f(P, r, L, E)$. Expresar esta relación en forma adimensional utilizando el método del producto de potencias. ¿Hay algo peculiar acerca de la reducción en el número de variables?

Solución Las dimensiones de las cantidades, en función de la masa, longitud y tiempo, son:

$$\{\delta\} = \{L\} \qquad \{P\} = \{MLT^{-2}\} \qquad \{r\} = \{L\} \qquad \{L\} = \{L\} \qquad \{E\} = \{ML^{-1}T^{-2}\}$$

La función f debe ser una deflexión o longitud, y el producto de potencias es

$$f_1 = (\text{const})\,(P)^a (r)^b (L)^c (E)^d \tag{1}$$

o

$$\{L\} = \{MLT^{-2}\}^a \{L\}^b \{L\}^c \{ML^{-1}T^{-2}\}^d$$

Igualando exponentes:

Longitud: $1 = a + b + c - d$

Masa: $0 = a + d$

Tiempo: $0 = -2a - 2d$

Dando la solución en función de a y c:

$$d = -a \qquad b = 1 - c - 2a$$

La ecuación (1) toma la forma

$$f_1 = (\text{const})\,(P)^a (r)^{1-c-2a} (L)^c (E)^{-a} = (\text{const})(r)\left(\frac{P}{Er^2}\right)^a \left(\frac{L}{r}\right)^c \tag{2}$$

Por analogía con la ecuación (5.21), los exponentes indeterminados a y c implican una función general de dos variables. Ahora podemos reescribir la función original $\delta = f(P, r, L, E)$ como

$$\frac{\delta}{r} = F\left(\frac{P}{Er^2}, \frac{L}{r}\right) \tag{3}$$

Esto es lo máximo que podemos obtener con el análisis dimensional, y el resultado parecer peculiar; hay cinco variables originales y tres dimensiones diferentes (MLT), de modo que esperábamos $5 - 3 = 2$ variables adimensionales y hemos obtenido tres. Esto se debe a que la masa y el tiempo afectan a la ecuación (1) de la misma forma, dando $a = -d$. Las dimensiones MLT no son independientes en este caso, como podemos ver expresando las variables en el sistema FLT:

$$\{\delta\} = \{L\} \qquad \{P\} = \{F\} \qquad \{r\} = \{L\} \qquad \{E\} = \{FT^{-2}\}$$

Esto muestra que realmente hay sólo dos dimensiones diferentes, fuerza y longitud, lo que es característico de problemas de estática estructural.

Podemos «mejorar» la ecuación (3) teniendo en cuenta algunos conocimientos físicos, como indica Langhaar [8, pág. 98]. Para pequeñas deflexiones, δ es proporcional a la carga P. Puesto que P sólo aparece en una variable en la ecuación (3), podemos sacar fuera esta variable para asegurar la proporcionalidad

$$\frac{\delta}{r}=\frac{P}{Er^2}G\left(\frac{L}{r}\right)$$

o

$$\frac{\delta Er}{P}=G\left(\frac{L}{r}\right) \tag{4}$$

Para una «geometría» L/r dada, $\delta \propto P/Er \propto P/EL$. La teoría de flexión de vigas indica que $G(L/r)=(\frac{4}{3}\pi)(L/r)^3$.

EJEMPLO 5.5 Intente obtener la ecuación (5.2) a partir de la ecuación (5.1) utilizando el método del producto de potencias. Explique los distintos «coeficientes de fuerza» que pueden aparecer.

Solución Nuestra función básica es $F=f(L,\ U,\ \rho,\ \mu)$. Las dimensiones de estas cinco variables son

$$\{F\}=\{MLT^{-2}\}\ \{L\}=\{L\}\ \{U\}=\{LT^{-1}\}\ \{\rho\}=\{ML^{-3}\}\ \{\mu\}=\{ML^{-1}T^{-1}\}$$

Esperamos no menos de $5-3=2$ variables adimensionales. Con f igual a una fuerza, el producto de potencias es

$$f_1=(\text{const})(L)^a(U)^b(\rho)^c(\mu)^d$$

o

$$\{MLT^{-2}\}=\{L\}^a\{LT^{-1}\}^b\{ML^{-3}\}^c\{ML^{-1}T^{-1}\}^d \tag{1}$$

Igualando exponentes:

Longitud: $\quad 1=a+b-3c-d$

Masa: $\quad 1=c+d$

Tiempo: $\quad -2=-b-d$

Obtenemos tres de la incógnitas en función de la cuarta. Dependiendo de qué exponente tomemos como «libre», tendremos una expresión diferente. Si escogemos d, tenemos

$$a=2-d \qquad b=2-d \qquad c=1-d$$

La ecuación (1) toma la forma

$$f_1=(\text{const})L^{2-d}U^{2-d}\rho^{1-d}\mu^d=(\text{const})(\rho U^2L^2)\left(\frac{\rho UL}{\mu}\right)^{-d} \tag{2}$$

Como es usual, la arbitrariedad de d implica una función arbitraria de su argumento. La función original puede reescribirse ahora como

$$\frac{F}{\rho U^2L^2}=G\left(\frac{\rho UL}{\mu}\right) \quad \text{o} \quad C_F=G(\text{Re}) \qquad \textit{Resp.} \tag{3}$$

Que es exactamente la ecuación (5.2). La función $G(\mathrm{Re})$ se determina generalmente mediante experimentos.

Si escogemos otro exponente como libre, aparecerá otro coeficiente de fuerza diferente que puede relacionarse con el anterior. Por ejemplo, si determinamos a, b y d en función de c, la solución es

$$a=1+c \qquad b=1+c \qquad d=1-c$$

o
$$f_1=(\text{const})(LU\mu)\left(\frac{\rho UL}{\mu}\right)^c$$

o
$$\frac{F}{LU\mu}=G_1\left(\frac{\rho UL}{\mu}\right)=G_1(\mathrm{Re}) \tag{4}$$

El nuevo coeficiente de fuerza se relaciona con el anterior

$$\frac{F}{LU\mu}=\frac{F}{\rho U^2L^2}\,\frac{\rho UL}{\mu}\equiv C_F\ \mathrm{Re} \tag{5}$$

El coeficiente de fuerza «correcto» es, pues, una cuestión de gusto y costumbre. Esta elección particular $F/LU\mu$ no es muy corriente, pero se utiliza mucho en movimientos muy viscosos, o movimientos lentos, para los que es una constante (Cap. 7).

Por otra parte, si despejamos a, c y d en función de b, habríamos obtenido

$$a=b \qquad c=b-1 \qquad d=2-b$$

o
$$\frac{F\rho}{\mu^2}=G_2\left(\frac{\rho UL}{\mu}\right)=G_2(\mathrm{Re}) \tag{6}$$

Este coeficiente de fuerza es equivalente a

$$\frac{F\rho}{\mu^2}=\frac{F}{\rho U^2L^2}\left(\frac{\rho UL}{\mu}\right)^2\equiv C_F\ \mathrm{Re}^2 \tag{7}$$

¿Le gusta? El autor nunca ha visto que se utilice. Tiene el mérito de que se adimensionaliza F con las propiedades físicas del fluido exclusivamente, dejando el efecto de la velocidad y el tamaño en el segundo miembro de la ecuación (6). Sugeriremos una utilización de él en la sección 5.6.

Si en el análisis dimensional aparecen dos o más grupos adimensionales, siempre tendremos esta libertad de escoger entre una variedad de grupos relacionados algebraicamente entre ellos.

Algunas ecuaciones peculiares en ingeniería

El método de análisis dimensional se apoya en dos hipótesis: (1) que la relación física propuesta es dimensionalmente homogénea, (2) que todas las variables importantes se han incluido en la relación propuesta.

Si se olvida una variable importante, el análisis dimensional falla, dando lugar a dificultades algebraicas o, lo que es peor, proporcionando una relación adimensional que no es aplicable al proceso. Un caso típico es la fórmula de Manning para canales abiertos, discutida en el ejemplo 1.4:

$$V = \frac{1{,}49}{n} R^{2/3} S^{1/2} \tag{1.5}$$

Puesto que V es una velocidad, R un radio y n y S son adimensionales, la fórmula no es dimensionalmente homogénea. Esto puede ser peligroso porque (1) la fórmula cambia si cambian las *unidades* de V y R y (2), si es válida, sólo representa un caso muy especial. La ecuación (1.5) precedió a las técnicas del análisis dimensional y es válida sólo para corrientes de agua en canales rugosos con velocidades moderadas y radios grandes y sólo en unidades inglesas.

En la literatura sobre hidráulica abundan las fórmulas que no son dimensionalmente homogéneas. Otro ejemplo es la fórmula de Hazen-Williams [25] que determina el gasto volumétrico a través de tubos rectos lisos

$$Q = 61{,}9 D^{2,63} \left(\frac{dp}{dx}\right)^{0,54} \tag{5.25}$$

donde D es el diámetro y dp/dx el gradiente de presión. Algunas de estas fórmulas se deben a que en los coeficientes que aparecen en las fórmulas perfectamente homogéneas se han sustituido anteriormente valores de propiedades del fluido y otros datos físicos. No damos las unidades de la ecuación (5.25) para evitar que se utilice.

Por otra parte, otras fórmulas responden a correlaciones que no pueden convertirse en dimensionalmente homogéneas. Las «variables» que relacionan no pueden ser objeto de las técnicas del análisis dimensional. Muchas de estas fórmulas son empíricas y las utilizan un reducido grupo de especialistas. Se dan aquí tres ejemplos:

$$B = \frac{25\,000}{100 - R} \tag{5.26}$$

$$S = \frac{140}{130 + \mathrm{API}} \tag{5.27}$$

$$0{,}0147 D_E - \frac{3{,}74}{D_E} = 0{,}26\, t_R - \frac{172}{t_R} \tag{5.28}$$

La ecuación (5.26) relaciona la dureza de Brinell, B, de un metal con su dureza Rockwell, R. La ecuación (5.27) relaciona la densidad relativa S de un aceite con su densidad en grados API. La ecuación (5.28) relaciona la viscosidad de un líquido en grados Engler, D_E, con su viscosidad en segundos Saybolt, t_R. Tales fórmulas tienen una cierta utilidad en las comunicaciones entre especialistas, pero no pueden considerarse aquí. Variables tales como la dureza Brinell y la viscosidad Saybolt no admiten expresión en un sistema de unidades tal como $MLT\Theta$.

5.3 ADIMENSIONALIZACION DE LAS ECUACIONES BASICAS

Podríamos utilizar el método del producto de potencias de la sección anterior para analizar un problema tras otro, determinando los parámetros adimensionales que gobiernan cada caso. Algunos libros de texto sobre análisis dimensional hacen esto [p. ej., 7]. Una técnica alternativa y muy eficaz consiste en utilizar directamente las ecuaciones básicas del movimiento dadas en el capítulo 4. Aunque en general estas ecuaciones no pueden resolverse, revelan los parámetros adimensionales básicos, por ejemplo, el número de Reynolds, con su forma y posición correcta en las ecuaciones, dando pistas de cuándo son despreciables los términos donde aparecen. Las condiciones de contorno e iniciales también deben ser adimensionalizadas.

Apliquemos brevemente esta técnica a las ecuaciones de continuidad y cantidad de movimiento para un fluido incompresible con viscosidad constante:

Continuidad: $$\nabla \cdot \mathbf{V} = 0 \qquad (5.29a)$$

Cantidad de movimiento: $$\rho \frac{d\mathbf{V}}{dt} = \rho \mathbf{g} - \nabla p + \mu \nabla^2 \mathbf{V} \qquad (5.29b)$$

Las condiciones de contorno típicas para estas ecuaciones son:

Superficie fija: $\mathbf{V} = 0$

Entrada o salida: $\mathbf{V}$, p conocidos (5.30)

Superficie libre, $z = \eta$: $w = \dfrac{d\eta}{dt}$ $\quad p = p_a - \Upsilon (R_x^{-1} + R_y^{-1})$

Omitimos la ecuación (4.75) de la energía por no ser necesaria en este caso, pero veremos su forma adimensional en algunos problemas (Problemas 5.31 y 5.32).

Las ecuaciones (5.29) y (5.30) contienen tres dimensiones básicas, MLT. Todas las variables p, $\mathbf{V}$, x, y, z y t pueden adimensionalizarse utilizando la densidad y dos constantes de referencia, que podrían ser características del flujo particular que se esté tratando:

$$\text{Velocidad de referencia} = U \qquad \text{Longitud de referencia} = L \qquad (5.31)$$

Por ejemplo, U podría ser la velocidad a la entrada o aguas arriba y L el diámetro de un cuerpo sumergido en la corriente.

A continuación definimos las variables adimensionales, designándolas con un asterisco:

$$\mathbf{V}^* = \frac{\mathbf{V}}{U}$$

$$x^* = \frac{x}{L} \qquad y^* = \frac{y}{L} \qquad z^* = \frac{z}{L} \tag{5.32}$$

$$t^* = \frac{tU}{L} \qquad p^* = \frac{p + \rho g z}{\rho U^2}$$

Todas ellas son bastante obvias excepto p^*, escrita para incluir los efectos gravitatorios, donde z es «vertical» positiva hacia arriba. Esta idea está sugerida por la ecuación (3.63) de Bernoulli.

Puesto que ρ, U y L son constantes, las derivadas de las ecuaciones (5.29) pueden escribirse en forma adimensional con coeficientes con dimensiones. Por ejemplo:

$$\frac{\partial u}{\partial x} = \frac{\partial(Uu^*)}{\partial(Lx^*)} = \frac{U}{L}\frac{\partial u^*}{\partial x^*} \tag{5.33}$$

Sustituyendo las variables dadas en las ecuaciones (5.32) en las ecuaciones (5.29) y (5.30) y dividiéndolas, al igual que hicimos con la ecuación (5.12), por uno de los coeficientes con dimensiones, las ecuaciones adimensionales del movimiento resultan

Continuidad: $$\nabla^* \cdot \mathbf{V}^* = 0 \tag{5.34a}$$

Cantidad de movimiento: $$\frac{d\mathbf{V}^*}{dt^*} = -\nabla^* p^* + \frac{\mu}{\rho U L} \nabla^{*2}(\mathbf{V}^*) \tag{5.34b}$$

Las condiciones de contorno adimensionalizadas son

Superficie fija: $\mathbf{V}^* = 0$

Entrada o salida: $\mathbf{V}^*$, p^* conocidos

Superficie libre, $z^* = \eta^*$: $$w^* = \frac{d\eta^*}{dt^*} \tag{5.35}$$

$$p^* = \frac{p_a}{\rho U^2} + \frac{gL}{U^2} z^* + \frac{\Upsilon}{\rho U^2 L}(R_x^{*-1} + R_y^{*-1})$$

En estas ecuaciones aparecen cuatro parámetros adimensionales, uno en la ecuación de cantidad de movimiento y tres en las condiciones de contorno en la superficie libre.

Parámetros adimensionales

En la ecuación de continuidad no aparece ningún parámetro. La ecuación de cantidad de movimiento contiene sólo uno, considerado, generalmente, como el más importante en Mecánica de Fluidos:

$$\text{Número de Reynolds, } \mathrm{Re} = \frac{\rho U L}{\mu} \tag{5.36}$$

Su nombre se debe a Osborne Reynolds (1842-1912), un ingeniero británico que fue quien lo introdujo en 1883 (Ref. 4 del Cap. 6). El número de Reynolds es siempre importante haya o no superficie libre, su efecto puede despreciarse sólo fuera de las regiones donde hay gradientes altos de velocidad, por ejemplo, lejos de las superficies fijas, chorros o estelas.

Las condiciones de contorno a la entrada o salida y la condición de no deslizamiento no contienen parámetros. La condición en la superficie libre contiene tres:

$$\text{Número de Euler (coeficiente de presión), } \mathrm{Eu} = \frac{p_a}{\rho U^2} \tag{5.37}$$

Debe su nombre a Leonhard Euler (1707-1783) y es poco importante a menos que las caídas de presión sean lo suficientes para dar lugar a formación de vapor (cavitación) en el líquido. El número de Euler se escribe a menudo en función de las diferencias de presión, $\mathrm{Eu} = \Delta p/\rho U^2$. Si Δp incluye la presión de vapor p_v, se denomina número de cavitación $\mathrm{Ca} = (p_a - p_v)/(\rho U^2)$.

El segundo parámetro es mucho más importante:

$$\text{Número de Froude, } \mathrm{Fr} = \frac{U^2}{gL} \tag{5.38}$$

Su nombre se debe a William Froude (1810-1879), un arquitecto naval británico que, junto con su hijo Robert, desarrolló el concepto de utilizar modelos de barcos en canales y propuso leyes de semejanza para flujos con superficie libre (resistencia de barcos, ondas superficiales, canales abiertos). El número de Froude tiene un efecto dominante en flujos con superficie libre y su efecto puede despreciarse cuando no hay superficie libre. En el capítulo 10 se investigan con detalle los efectos del número de Froude.

El tercer parámetro de la superficie libre es

$$\text{Número de Weber, } \mathrm{We} = \frac{\rho U^2 L}{\Upsilon} \tag{5.39}$$

Debe su nombre a Moritz Weber (1871-1951) del Instituto Politécnico de Berlín, que desarrolló las leyes de semejanza en su forma actual. Fue

Weber quien puso nombre a los números de Reynolds y Froude. El número de Weber juega un papel importante sólo si es de orden unidad o menor; lo que ocurre normalmente cuando la curvatura de la superficie es comparable en tamaño a la profundidad del líquido, por ejemplo, en gotas, flujos capilares, ondas de pequeña longitud de onda y en modelos hidráulicos de pequeñas dimensiones. Si We es grande, sus efectos son despreciables.

Los números Fr, Eu, We no intervienen, si no hay superficie libre, excepto si hay posibilidad de cavitación del líquido a valores muy bajos de Eu. Por tanto, en flujos viscosos a bajas velocidades sin superficie libre, el único parámetro adimensional importante es el número de Reynolds.

Parámetros de compresibilidad

En flujos de gases a altas velocidades hay cambios significativos de presión, densidad y temperatura que deben relacionarse por medio de una ecuación de estado tal como la ecuación (1.29) de los gases perfectos. Estos cambios termodinámicos introducen dos nuevos parámetros adimensionales mencionados brevemente en capítulos anteriores:

$$\text{Número de Mach, Ma} = \frac{U}{a}$$

$$\text{Relación de calores específicos, } \gamma = \frac{c_p}{c_v} \qquad (5.40)$$

El número de Mach debe su nombre al físico austriaco Ernst Mach (1838-1916). El efecto de γ es sólo moderado, pero el número de Mach, si es mayor que alrededor de 0,3, determina los efectos de compresibilidad en el flujo. Estos efectos se estudian en el capítulo 9.

Flujos oscilatorios

Si el flujo es oscilatorio, interviene un nuevo parámetro a través de las condiciones a la entrada. Por ejemplo, supongamos que la corriente a la entrada es de la forma

$$u = U \cos \omega t \qquad (5.41)$$

Adimensionalizando esta relación se tiene

$$\frac{u}{U} = u^* = \cos\left(\frac{\omega L}{U} t^*\right) \qquad (5.42)$$

El argumento del coseno contiene al nuevo parámetro

$$\text{Número de Strouhal, St} = \frac{\omega L}{U} \qquad (5.43)$$

Los valores adimensionales de las fuerzas y momentos, de la fricción y el transporte de calor, etc., en estos flujos oscilatorios, serán funciones del número de Reynolds y del número de Strouhal. Este parámetro debe su nombre al físico alemán V. Strouhal, que en 1878 hizo experimentos con alambres que vibraban en el aire.

Algunos flujos que podrían parecer perfectamente estacionarios tienen en realidad un comportamiento oscilatorio que depende del número de Reynolds. Un ejemplo es la calle de torbellinos en la estela de un cuerpo romo inmerso en una corriente estacionaria de velocidad U. La figura 5.2*a* muestra la disposición de los torbellinos alternativos emitidos por un cilindro circular sumergido en una corriente transversal estacionaria. Esta estructura regular de los torbellinos desprendidos periódicamente se denomina *calle de torbellinos de Kármán*, ya que fue T. von Kármán quien la explicó teóricamente en 1912. La disposición regular aparece en el rango $10^2 < \mathrm{Re} < 10^7$, con un valor medio del número de Strouhal $\omega d/2\pi U \approx 0{,}21$. La figura 5.2*b* muestra las frecuencias de desprendimiento medidas.

Puede aparecer resonancia si la frecuencia de desprendimiento de los torbellinos es próxima a la frecuencia de vibración estructural del cuerpo. Los cables eléctricos silban con el viento, los cables de fondeo submarino tienen oscilaciones galopantes a ciertas velocidades de la corriente, y algunas estructuras esbeltas flamean o trepidan a velocidades críticas del viento o de los vehículos. Un ejemplo es el fallo catastrófico del puente colgante de Tacoma Narrows, en 1940, cuando los torbellinos desprendidos entraron en resonancia con las oscilaciones naturales de torsión del puente.

Otros parámetros adimensionales

Hemos discutido siete de los parámetros importantes en Mecánica de Fluidos, pero hay otros. Aparecen cuatro parámetros adicionales al adimensionalizar la ecuación (4.75) de la energía y sus condiciones de contorno. Estos cuatro (número de Prandtl, número de Eckert, número de Grashof y relación de temperaturas) se dan en la Tabla 5.2 y los encontrará al resolver el problema 5.31. Otro parámetro importante, aunque a menudo no tenido en cuenta, es la rugosidad relativa ε/L (véase Tabla 5.2)[1]. Pequeños cambios en la rugosidad de la superficie tienen afectos importantes en el flujo turbulento o flujo a altos números de Reynolds, como veremos en el capítulo 6.

En este libro nos ocuparemos principalmente de los efectos de los números de Reynolds, Mach y Froude, que caracterizan la mayoría de los flujos. Obsérvese que hemos descubierto todos estos parámetros (excepto ε/L) por simple adimensionalización de las ecuaciones básicas sin resolverlas.

[1] La rugosidad es fácil de olvidar porque es un pequeño efecto geométrico que no aparece en las ecuaciones del movimiento.

(*a*)

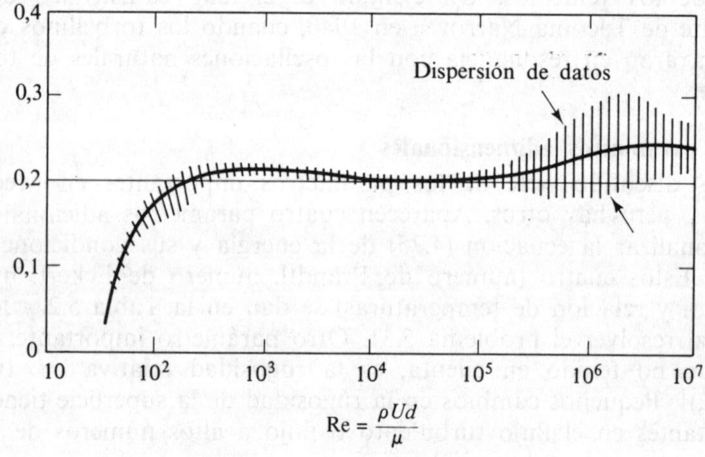

(*b*)

Fig. 5.2 Desprendimiento de torbellinos de un cilindro circular. (*a*) Calle de torbellinos en la estela de un cilindro circular (*de la Ref.* 28, *por cortesía del U.S. Naval Research Laboratory*); (*b*) frecuencias de desprendimiento experimentales (*de las Refs.* 26 *y* 27).

Si el lector no está satisfecho con los 12 parámetros dados en la Tabla 5.2, puede encontrar en la referencia 29 alrededor de 300 parámetros adimensionales de uso en ingeniería.

Tabla 5.2

GRUPOS ADIMENSIONALES EN MECANICA DE FLUIDOS

Parámetro	*Definición*	*Relación cualitativa de efectos*	*Importancia*
Número de Reynolds	$\mathrm{Re}=\dfrac{\rho U L}{\mu}$	$\dfrac{\text{Inercia}}{\text{Viscosidad}}$	Siempre
Número de Mach	$\mathrm{Ma}=\dfrac{U}{a}$	$\dfrac{\text{Velocidad flujo}}{\text{Velocidad sonido}}$	Flujo compresible
Número de Froude	$\mathrm{Fr}=\dfrac{U^2}{gL}$	$\dfrac{\text{Inercia}}{\text{Gravedad}}$	Flujo con superficie libre
Número de Weber	$\mathrm{We}=\dfrac{\rho U^2 L}{\Upsilon}$	$\dfrac{\text{Inercia}}{\text{Tensión superficial}}$	Flujo con superficie libre
Número de cavitación (número de Euler)	$\mathrm{Ca}=\dfrac{p-p_v}{\rho U^2}$	$\dfrac{\text{Presión}}{\text{Inercia}}$	Cavitación
Número de Prandtl	$\mathrm{Pr}=\dfrac{\mu c_p}{k}$	$\dfrac{\text{Disipación}}{\text{Conducción}}$	Convección de calor
Número de Eckert	$\mathrm{Ec}=\dfrac{U^2}{c_p T_0}$	$\dfrac{\text{Energía cinética}}{\text{Entalpia}}$	Disipación
Relación de calores específicos	$\gamma=\dfrac{c_p}{c_v}$	$\dfrac{\text{Entalpia}}{\text{Energía interna}}$	Flujo compresible
Número de Strouhal	$\mathrm{St}=\dfrac{\omega L}{U}$	$\dfrac{\text{Oscilación}}{\text{Velocidad media}}$	Flujo oscilatorio
Rugosidad relativa	$\dfrac{\varepsilon}{L}$	$\dfrac{\text{Rugosidad}}{\text{Longitud del cuerpo}}$	Turbulento, pared rugosa
Número de Grashof	$\mathrm{Gr}=\dfrac{\beta \Delta T g L^3 \rho^2}{\mu^2}$	$\dfrac{\text{Flotabilidad}}{\text{Viscosidad}}$	Convección natural
Relación de temperaturas	$\dfrac{T_w}{T_0}$	$\dfrac{\text{Temperatura de la pared}}{\text{Temperatura de la corriente}}$	Transporte de calor

5.4 TEOREMA PI[1]

El método del producto de potencias desarrollado en la sección 5.2 es suficiente para obtener los grupos adimensionales de cualquier problema de análisis dimensional, pero si las ecuaciones son pocas y las variables muchas, la determinación de los exponentes libres es laboriosa y los resultados bastante arbitrarios (véase, por ejemplo, el ejemplo 5.5). E. Buckingham [24], en 1914, dio un procedimiento alternativo ahora deno-

[1] Esta sección se puede omitir sin pérdida de continuidad.

minado *teorema pi de Buckingham.* El término pi proviene de la notación matemática π, que significa un producto de variables. Los grupos adimensionales encontrados con el teorema son productos de potencias denominadas Π_1, Π_2, Π_3, etc. El método nos permite determinar los parámetros sin necesidad de utilizar los exponentes libres.

La primera parte del teorema pi explica cuál es la reducción de variables esperada:

> Si un proceso físico satisface el PHD y relaciona n variables dimensionales, se puede describir mediante una relación entre sólo k variables adimensionales. La reducción $j=n-k$ es igual al máximo número de variables que no pueden formar un grupo adimensional entre ellas y es siempre menor o igual que el número de dimensiones que describen estas variables.

Tomando el caso específico de la fuerza sobre un cuerpo sumergido, la ecuación (5.1) contiene cinco variables, F, L, U, ρ y μ, descritas por tres dimensiones (MLT). Por tanto, $n=5$ y $j \leqslant 3$, con lo que podremos reducir el problema a k parámetros adimensionales, con $k=n-j \geqslant 5-3=2$. Y esto es exactamente lo que hemos obtenido: dos variables adimensionales $\Pi_1 = C_F$ y $\Pi_2 = \mathrm{Re}$. En algunas ocasiones aparecen más parámetros adimensionales que este mínimo (véase ejemplo 5.4).

La segunda parte del teorema muestra cómo encontrar los parámetros adimensionales:

> Para encontrar la reducción j, se seleccionan j variables que no puedan formar un parámetro adimensional entre ellas[1]. Cada parámetro adimensional deseado estará formado por el producto de potencias de estas j variables con una variable adicional a la que se le asigna un exponente conveniente no nulo. Todos los grupos adimensionales así determinados son independientes.

Con objeto de aclarar lo dicho, supongamos que el proceso establece una relación entre cinco variables

$$v_1 = f(v_2, v_3, v_4, v_5) \tag{5.44}$$

Supongamos que hay tres dimensiones (MLT) y después de una inspección adecuada encontramos que $j=3$. Entonces, $k=5-3=2$ y, por tanto, habrá dos, y sólo dos, grupos adimensionales. Elegimos tres variables, por ejemplo, v_2, v_3 y v_4, que *no* puedan formar un grupo adimensional. Según esto, los dos grupos adimensionales estarán formados por esas tres variables más una variable adicional distinta para cada uno, v_1 y v_5, respectivamente

$$\Pi_1 = (v_2)^a (v_3)^b (v_4)^c v_1 = M^0 L^0 T^0 \qquad \Pi_2 = (v_2)^a (v_3)^b (v_4)^c v_5 = M^0 L^0 T^0 \tag{5.45}$$

[1] Haga una inteligente elección, porque todos los grupos adimensionales contendrán a estas j variables.

Hemos escogido, arbitrariamente, exponente unidad para v_1 y v_5. Agrupando los exponentes de las distintas dimensiones e igualándolos a cero, el teorema pi garantiza un valor único de a, b y c para cada grupo adimensional. Además son independientes porque v_1 sólo aparece en Π_1 y v_5 sólo en Π_2. Es un procedimiento claro y sistemático una vez que uno se ha acostumbrado al mismo. Lo ilustraremos con varios ejemplos.

Normalmente, hay que realizar seis pasos:

1. Hacer una lista de las n variables relacionadas en el problema. Si se omite alguna variable importante, fallará el análisis dimensional.
2. Escribir las dimensiones de cada variable de acuerdo con el sistema utilizado $MLT\Theta$ o $FLT\Theta$. Se da una lista en la Tabla 5.1.
3. Determinación de j. Elija inicialmente j igual al número de dimensiones diferentes que aparecen en el problema y busque j variables que no puedan formar un grupo adimensional. Si no lo encuentra, reduzca j en una unidad y búsquelas de nuevo. Con cierta práctica, encontrará j rápidamente.
4. Seleccione un grupo de j variables que no puedan formar un grupo adimensional, tratando de que le parezcan satisfactorias y, a ser posible, que tengan bastante generalidad, porque aparecerán en la mayoría de los grupos adimensionales. Elija la densidad, velocidad o longitud. No elija la tensión superficial, por ejemplo, ya que en caso contrario obtendría varios números de Weber independientes, lo que va a ser molesto.
5. Añada una variable adicional a sus j variables y forme un producto de potencias. Determine algebraicamente los exponentes que hacen al producto adimensional. Intente disponerlo de forma que las *variables* dependientes (fuerza, incremento de presiones, par, potencia) aparezcan en el numerador de modo que su representación gráfica sea más sencilla. Repita esto, secuencialmente, con una variable nueva cada vez y encontrará todos los $n-j=k$ grupos adimensionales buscados.
6. Escriba la función adimensional resultante y compruebe que todos los grupos son realmente adimensionales.

EJEMPLO 5.6 Obtenga de nuevo la ecuación (5.2) a partir de la ecuación (5.1), utilizando el teorema pi.

Solución *Paso 1.* Escribimos la función y contamos las variables:

$$F = f(L,\ U,\ \rho,\ \mu) \quad \text{hay cinco variables } (n=5)$$

Paso 2. Las dimensiones de cada variable, de la Tabla 5.1, son

F	L	U	ρ	μ
$\{MLT^{-2}\}$	$\{L\}$	$\{LT^{-1}\}$	$\{ML^{-3}\}$	$\{ML^{-1}T^{-1}\}$

Paso 3. Determinación de j. Ninguna variable contiene la dimensión Θ, de modo que j es menor o igual que 3 (MLT). Inspeccionamos la lista y vemos que L, U y ρ no pueden formar ningún grupo adimensional porque sólo ρ contiene la masa y sólo U contiene al tiempo. Por tanto, j es igual a 3, y $n-j=5-3=2=k$. El teorema pi garantiza que hay exactamente dos grupos adimensionales independientes en este problema.

Paso 4. Seleccione j variables. El grupo L, U, ρ, que utilizamos para demostrar que $j=3$, parece adecuado.

Paso 5. Combinamos L, U, ρ, sucesivamente, con cada una de las variables adicionales para encontrar los dos grupos adimensionales.

Primero añadimos la fuerza para determinar Π_1. Se puede elegir cualquier exponente para esta variable adicional y así situarla en el numerador o denominador elevada a cualquier potencia. Puesto que F es la variable dependiente, la situamos en el numerador elevada a la primera potencia

$$\Pi_1 = L^a U^b \rho^c F = (L)^a (LT^{-1})^b (ML^{-3})^c (MLT^{-2}) = M^0 L^0 T^0$$

Agrupando exponentes:

Longitud:	$a+b-3c+1=0$
Masa:	$c+1=0$
Tiempo:	$-b \quad -2=0$

Podemos resolver el sistema para darnos

$$a=-2 \qquad b=-2 \qquad c=-1$$

Por tanto

$$\Pi_1 = L^{-2} U^{-2} \rho^{-1} F = \frac{F}{\rho U^2 L^2} = C_F \qquad \textit{Resp.}$$

Este es exactamente el mismo grupo adimensional que aparece en la ecuación (5.2). Variando el exponente de F, podríamos haber obtenido otros grupos equivalentes tal como $UL\rho^{1/2}/F^{1/2}$.

Finalmente, añadiremos la viscosidad a L, U y ρ para determinar Π_2. Se puede elegir la potencia que se quiera para la viscosidad. Siguiendo la costumbre, elegiremos la potencia -1 para situarla en el denominador:

$$\Pi_2 = L^a U^b \rho^c \mu^{-1} = L^a (LT^{-1})^b (ML^{-3})^c (ML^{-1}T^{-1})^{-1} = M^0 L^0 T^0$$

Agrupando los exponentes:

Longitud:	$a+b-3c+1=0$
Masa:	$c-1=0$
Tiempo:	$-b \quad +1=0$

de donde obtenemos

$$a=b=c=1$$

Por tanto

$$\Pi_2 = L^1 U^1 \rho^1 \mu^{-1} = \frac{\rho U L}{\mu} = \text{Re} \qquad \textit{Resp.}$$

Ya sabemos que hemos terminado: este es el segundo y último grupo adimensional. El teorema pi garantiza que la relación funcional debe ser de la forma

$$\frac{F}{\rho U^2 L^2} = g\left(\frac{\rho U L}{\mu}\right) \qquad \textit{Resp.}$$

que coincide exactamente con la obtenida usando el método del producto de potencias en el ejemplo 5.5.

Una aplicación de gran utilidad

El análisis dimensional es divertido, pero ¿sirve para algo? Sí: si todas las variables se incluyen en la función propuesta, la función adimensional obtenida mediante el análisis dimensional agrupará todos los datos en una curva única o en una serie de curvas.

Un ejemplo de la utilidad del análisis dimensional se da en la figura 5.3 para la resistencia medida en cilindros y esferas lisas. La corriente es perpendicular al eje del cilindro, que es muy largo, $L/d \to \infty$. Los datos proceden de muchas fuentes, corresponden tanto a flujos de líquidos como de gases, e incluyen sólidos de varios metros de diámetro, hasta hilos delgados y bolas de menos de 1 mm de diámetro. Las dos curvas de la figura 5.3*a* son totalmente experimentales. El análisis de la resistencia de cuerpos sumergidos es una de las áreas más débiles de la teoría moderna de Mecánica de Fluidos. Si se exceptúan algunos cálculos aislados mediante calculador, no existe ninguna teoría para la determinación de la resistencia de un cilindro o una esfera salvo en el caso de *movimientos lentos* $\text{Re} < 1$.

El número de Reynolds para ambos casos está basado en el diámetro de ambos cuerpos, de ahí la notación Re_d. Sin embargo, los coeficientes de resistencia se definen en forma diferente

$$C_D = \begin{cases} \dfrac{\text{resistencia}}{\frac{1}{2}\rho U^2 L d} & \text{cilindro} \\[2ex] \dfrac{\text{resistencia}}{\frac{1}{2}\rho U^2 \frac{1}{4}\pi d^2} & \text{esfera} \end{cases} \qquad (5.46)$$

Ambos tienen un factor $\frac{1}{2}$ como tributo tradicional a Bernoulli y Euler, y ambos están basados en el área proyectada, esto es; el área que se ve cuando se mira hacia el cuerpo desde aguas arriba. La definición corriente de C_D es pues

$$C_D = \frac{\text{resistencia}}{\frac{1}{2}\rho U^2 (\text{área frontal})} \qquad (5.47)$$

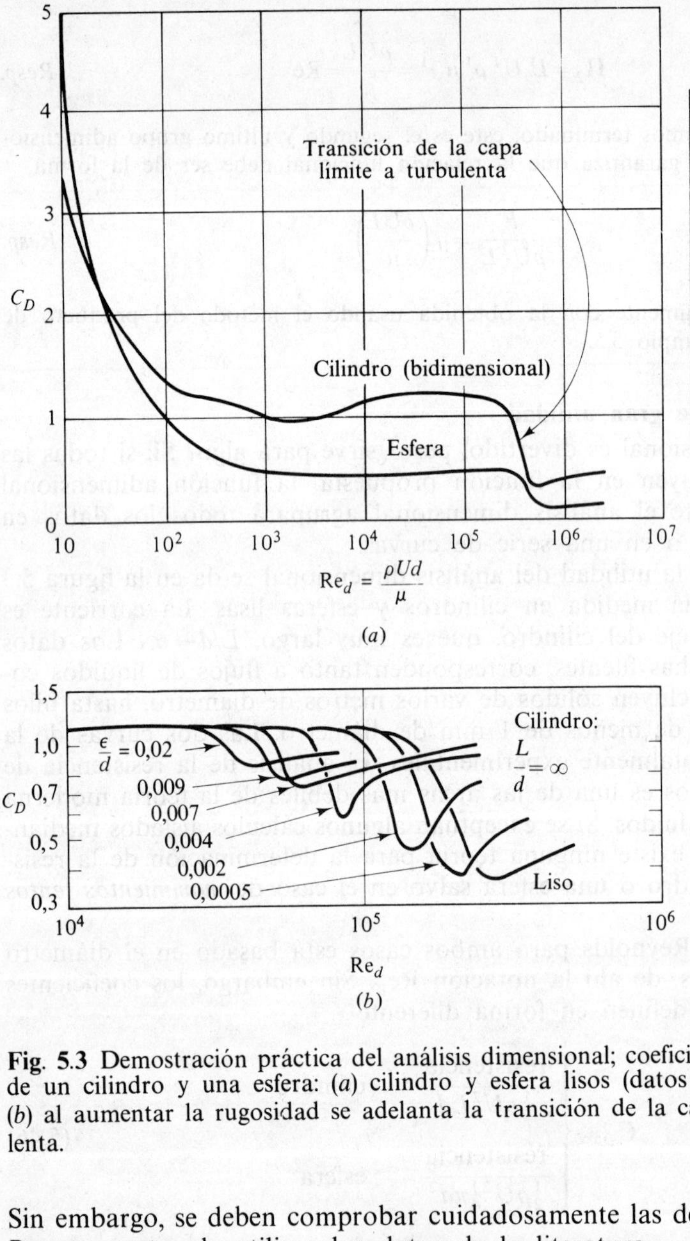

Cilindro efecto de la longitud ($10^4 < \mathrm{Re} < 10^5$)

L/d	C_D
∞	1,20
40	0,98
20	0,91
10	0,82
5	0,74
3	0,72
2	0,68
1	0,64

Fig. 5.3 Demostración práctica del análisis dimensional; coeficientes de resistencia de un cilindro y una esfera: (*a*) cilindro y esfera lisos (datos de varias fuentes); (*b*) al aumentar la rugosidad se adelanta la transición de la capa límite a turbulenta.

Sin embargo, se deben comprobar cuidadosamente las definiciones de C_D, Re, etc., antes de utilizar los datos de la literatura.

En la figura 5.3*a* los cilindros son lisos y largos. Si se incluyen la rugosidad y longitud del cilindro como variables del análisis dimensional, obtenemos una función más complicada con tres parámetros

$$C_D = f\left(\mathrm{Re}_d, \frac{\varepsilon}{d}, \frac{L}{d}\right) \tag{5.48}$$

Para describir adecuadamente esta función se requerirán más de 1000 experimentos. Sin embargo, es costumbre explorar los efectos de la longitud y rugosidad por separado para establecer tendencias.

La tabla que se añade a la figura 5.3*a* muestra el efecto de la longitud del cilindro con rugosidad de la pared nula. Cuando la longitud decrece, la resistencia decrece más del 50 por 100. Esto se debe a que la sobrepresión cae en los extremos, ya que allí la corriente puede rodearlos en lugar de deflectarse hacia arriba y hacia abajo del cuerpo.

La figura 5.3*b* muestra el efecto de la rugosidad en un cilindro infinito. La caída brusca de la resistencia ocurre a Re_d más bajos cuando la rugosidad aumenta a causa de que la capa límite se hace antes turbulenta. La rugosidad produce el mismo efecto en la resistencia de una esfera, un hecho que se explota en deportes como el golf, donde los hoyuelos de las pelotas les proporcionan una menor resistencia en su movimiento $\mathrm{Re}_d \approx 10^5$.

La figura 5.3 corresponde a un análisis experimental típico, con ayuda del análisis dimensional, de un problema de mecánica de fluidos. Cuando el tiempo, dinero y demanda lo permiten, la relación tri-paramétrica (5.48) podría ampliarse con más experimentos.

EJEMPLO 5.7 La elevación capilar h de un líquido en un tubo varía con el diámetro d del tubo, la gravedad g, la densidad del fluido ρ, la tensión superficial Υ y el ángulo de contacto θ. (*a*) Determinar la expresión adimensional de esta relación. (*b*) Si $h=3$ cm en un experimento dado, ¿cuánto valdrá h en un caso similar si el diámetro y la tensión superficial son la mitad, la densidad es el doble y el ángulo de contacto el mismo?

Solución (*a*) *Paso 1.* Escribimos la función y contamos la variables

$$h=f(d,\ g,\ \rho,\ \Upsilon,\ \theta) \qquad n=6 \text{ variables}$$

Paso 2. De la lista de dimensiones (FLT) de la Tabla 5.2, tenemos:

h	d	g	ρ	Υ	θ
$\{L\}$	$\{L\}$	$\{LT^{-2}\}$	$\{FT^2L^{-4}\}$	$\{FL^{-1}\}$	Ninguna

Paso 3. Determinación de j. Hay varios grupos de tres variables que no forman un parámetro adimensional: Υ, ρ y g o ρ, g y d. Por tanto, $j=3$, y esperamos $n-j=6-3=3$ grupos adimensionales. Uno de éstos es obviamente θ, que ya es adimensional:

$$\Pi_3=\theta \qquad \textit{Resp. } (a)$$

De cualquier forma que hagamos los pasos 4 y 5, siempre obtendremos $\Pi_3=\theta$.

Paso 4. Seleccionamos ρ, g, d como las j variables que no forman un grupo adimensional.

Paso 5. Añadimos de modo secuencial una variable adicional para obtener los grupos adimensionales:

Añadiendo h: $\Pi_1 = \rho^a g^b d^c h = (FT^2L^{-4})^a(LT^{-2})^b(L)^c(L) = F^0L^0T^0$

resolviendo el sistema se tiene

$$a = b = 0 \qquad c = -1$$

Por tanto $\Pi_1 = \rho^0 g^0 d^{-1} h = \dfrac{h}{d}$ *Resp.* (*a*)

Finalmente, añadiendo Υ y eligiendo su exponente igual a 1

$$\Pi_2 = \rho^a g^b d^c \Upsilon = (FT^2L^{-4})^a(LT^{-2})^b(L)^c(FL^{-1}) = F^0L^0T^0$$

Obtenemos

$$a = b = -1 \qquad c = -2$$

Por tanto $\Pi_2 = \rho^{-1} g^{-1} d^{-2} \Upsilon = \dfrac{\Upsilon}{\rho g d^2}$ *Resp.* (*a*)

Paso 6. La relación adimensional completa para este problema es entonces

$$\frac{h}{d} = F\left(\frac{\Upsilon}{\rho g d^2}, \theta\right) \qquad \textit{Resp. (a) (1)}$$

Esto es todo lo que nos puede proporcionar el análisis dimensional. Sin embargo, la teoría establece que h es proporcional a Υ. Dado que Υ aparece sólo en el segundo parámetro, podemos sacarlo fuera

$$\left(\frac{h}{d}\right)_{\text{real}} = \frac{\Upsilon}{\rho g d^2} F_1(\theta) \qquad \text{o} \qquad \frac{h\rho g d}{\Upsilon} = F_1(\theta)$$

En el ejemplo 1.13 se muestra que $F_1(\theta) = 4\cos\theta$.

(*b*) Hemos dado h_1 para unas ciertas condiciones d_1, Υ_1, ρ_1 y θ_1. Si $h_1 = 3$ cm, ¿cuánto vale h_2 para $d_2 = \frac{1}{2}d_1$, $\Upsilon_2 = \frac{1}{2}\Upsilon_1$, $\rho_2 = 2\rho_1$ y $\theta_2 = \theta_1$? Sabemos que la relación funcional dada por la ecuación (1) debe ser válida también en las condiciones 2

$$\frac{h_2}{d_2} = F\left(\frac{\Upsilon_2}{\rho_2 g d_2^2}, \theta_2\right)$$

Pero

$$\frac{\Upsilon_2}{\rho_2 g d_2^2} = \frac{\frac{1}{2}\Upsilon_1}{2\rho_1 g(\frac{1}{2}d_1)^2} = \frac{\Upsilon_1}{\rho_1 g d_1^2}$$

Por tanto

$$\frac{h_2}{d_2} = F\left(\frac{\Upsilon_1}{\rho_1 g d_1^2}, \theta_1\right) = \frac{h_1}{d_1}$$

HALF PRICE BOOKS®

Half Price Books
1835 Forms Drive
Carrollton, TX 75006
OFS OrderID 39926724

Thank you for your order, AMZ APTP ORDER!

Thank you for shopping with Half Price Books! Please contact Support@hpb.com. if you have any questions, comments or concerns about your order (111-8166559-9770666)

Visit our stores to sell your books, music, movies games for cash.

SKU	ISBN/UPC	Title & Author/Artist	Shelf ID	Qty	OrderSKU
S380765307	9789684515819	Mecanica de Fluidos (Spanish Edition) White, Frank M.	52--09--4	1	

SHIPPED STANDARD TO:
AMZ APTP ORDER
800 AVONDALE AVE
COLUMBUS OH 43212-3473
m4hjl3fx2jln2d8@marketplace.amazon.com

ORDER# **111-8166559-9770666**
AmazonMarketplaceUS

Hemos dado unas condiciones 2 que son semejantes a las condiciones 1, por tanto se cumple la ley de escala

$$h_2 = h_1 \frac{d_2}{d_1} = (3 \text{ cm}) \frac{\frac{1}{2} d_1}{d_1} = 1{,}5 \text{ cm} \qquad \textit{Resp. (b)}$$

Si los grupos adimensionales no fuesen exactamente iguales en ambas condiciones, para poder determinar h_2, necesitaríamos más información a cerca de la relación funcional F.

5.5 LA MODELIZACION Y SUS DIFICULTADES

Lo que hemos aprendido hasta ahora acerca de la homogeneidad dimensional se resume en los dos métodos, el producto de potencias y el teorema pi, para llevar una relación físicamente homogénea a su forma adimensional. Aunque esta transformación sea matemáticamente correcta, hay ciertas dificultades ingenieriles previas que necesitan ser discutidas.

En primer lugar, hemos dado más o menos por cierto que es posible especificar todas las variables que intervienen en el proceso. Realmente, la selección de las variables que influyen en el mismo necesita gran juicio y experiencia. El ingeniero debe decidir, por ejemplo, cuándo debe despreciarse la viscosidad. ¿Son importantes los efectos de la temperatura? ¿Es importante la tensión superficial? ¿Qué pasa con la rugosidad? Cada grupo adimensional que se retiene aumenta el precio y el esfuerzo necesario. El juicio correcto sobre qué variables deben retenerse en cada caso es consecuencia de la práctica y madurez: este libro proporcionará parte de la experiencia necesaria.

Una vez que se han seleccionado las variables y realizado el análisis dimensional, el investigador debe buscar la *semejanza* entre el modelo ensayado y el prototipo a diseñar. Con suficientes ensayos, los datos obtenidos del modelo proporcionarán la función adimensional buscada

$$\Pi_1 = f(\Pi_2, \Pi_3, \ldots, \Pi_k) \tag{5.49}$$

Con la ecuación (5.49) disponible en tablas, gráficas o en forma analítica, estamos en posición de asegurar la semejanza completa entre el modelo y prototipo. Una definición formal podría ser la siguiente:

> Las condiciones del flujo para un modelo de ensayo son completamente semejantes a las del prototipo si los valores correspondientes al modelo y prototipo coinciden para todos los parámetros adimensionales.

Esto se obtiene matemáticamente de la ecuación (5.49). Si $\Pi_{2m} = \Pi_{2p}$, $\Pi_{3m} = \Pi_{3p}$, etc., la ecuación (5.49) garantiza que el valor buscado de Π_{1m} es igual a Π_{1p}. Pero esto es más fácil de decir que de hacer, como veremos ahora.

Por ser difícil de conseguir la semejanza completa, la literatura ingenieril habla de tipos particulares de semejanza, las más comunes son la geométrica, cinemática, dinámica y térmica. Consideremos cada una por separado.

Semejanza geométrica

La semejanza geométrica se refiere a la dimensión longitud $\{L\}$ y debe asegurarse que se cumple, antes de proceder a los ensayos con cualquier modelo. Una definición formal es la siguiente:

> Un modelo y prototipo son geométricamente semejantes si, y sólo si, todas las dimensiones espaciales en las tres coordenadas tienen la misma relación de escala lineal.

Obsérvese que *todas* las longitudes deben de estar referidas a la misma escala. Es como si se tomase una fotografía del prototipo y la redujésemos o agrandásemos hasta que tuviese el tamaño del modelo. Si el modelo está hecho a un décimo de tamaño del prototipo, su longitud anchura y altura deben ser diez veces más pequeñas. No sólo eso, sino que cualquiera de sus dimensiones debe ser diez veces más pequeña, y, técnicamente, hablaremos de puntos *homólogos*, que son los puntos que tienen la misma posición relativa. Por ejemplo, el borde de ataque del prototipo es homólogo al borde de ataque del modelo. El extremo izquierdo del prototipo de un ala es homólogo al extremo izquierdo del modelo. La semejanza geométrica requiere que todos los puntos homólogos estén relacionados por la misma relación de escala lineal. Esto se aplica tanto a la geometría del fluido como del modelo:

> En la semejanza geométrica todos los ángulos se conservan. Todas las direcciones del flujo se conservan. La orientación del modelo y del prototipo con respecto a los objetos de los alrededores debe ser idéntica.

La figura 5.4 ilustra un prototipo de ala y su modelo a escala un décimo. Las longitudes del modelo son todas un décimo más pequeñas, pero su ángulo de ataque con respecto a la corriente libre es el mismo: 10° no 1°. Todos los detalles geométricos del modelo deben estar a escala, y a veces se pasan por alto algunos de ellos por ser muy sutiles:

1. El radio de borde de ataque del modelo debe ser un décimo más pequeño.
2. La rugosidad de la superficie del modelo debe ser un décimo más pequeña.
3. Si el prototipo tiene un alambre perturbador de 5 mm, para inducir la transición de la capa límite a turbulenta, situado a 1,5 m del borde de salida, el modelo debe tener un alambre de 0,5 mm situado a 0,15 m del borde de salida.
4. Si el prototipo se construye con remaches que sobresalen, el modelo debe tener los remaches correspondientes de tamaño un décimo menor.

Y así sucesivamente. Habrá violación de la semejanza geométrica cuando el modelo no cumple todas estas exigencias, si bien quizá sea posible

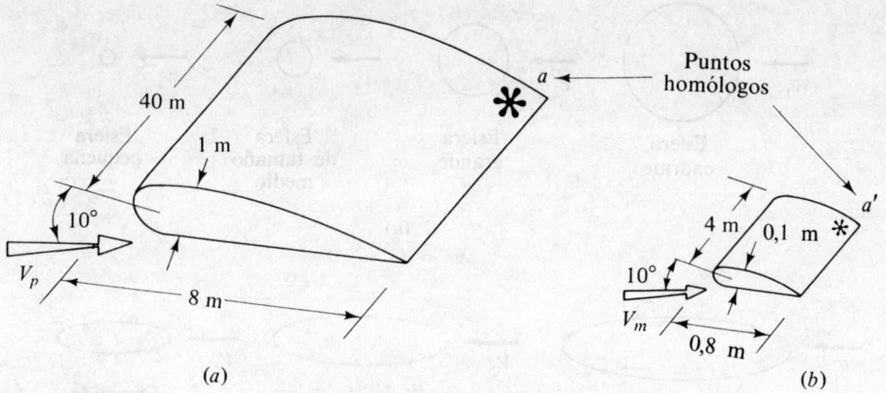

Fig. 5.4 Semejanza geométrica en el ensayo con modelos: (*a*) prototipo; (*b*) modelo a escala un décimo.

mostrar mediante contraste experimental que el comportamiento del prototipo no va a estar afectado por la discrepancia.

El usuario de modelos se arriesga cuando utiliza modelos que parecen semejantes en su forma, pero que violan claramente la semejanza geométrica. La figura 5.5 ilustra este punto. Las esferas de la figura 5.5*a* son todas geométricamente semejantes y puede esperarse que los ensayos den buenos resultados si los números de Reynolds, Froude, etc., son los mismos. Sin embargo, los elipsoides de la figura 5.5*b* sólo *parecen* semejantes. En realidad sus dos ejes tienen relaciones de escala lineal diferentes y no pueden compararse de ninguna forma racional, aunque los números de Reynolds, Froude, etc., sean idénticos. Los resultados no serán los mismos para estos elipsoides y cualquier intento de «compararlos» es una cuestión de juicio ingenieril grosero.

Semejanza cinemática

La semejanza cinemática exige que todas las relaciones entre longitudes homólogas del modelo y prototipo tengan el mismo valor, relación de escala de longitudes, y también que todas las relaciones entre tiempos homólogos tengan un valor común, relación de escala de tiempos. Entonces habrá una relación única de escala de velocidades. Langhaar [8] lo expresa:

> «Los movimientos de dos sistemas son cinemáticamente semejantes si partículas homólogas alcanzan puntos homólogos en instantes homólogos.»

La equivalencia de las escalas de longitud implica simplemente semejanza geométrica, pero la equivalencia de las escalas de tiempo puede exigir consideraciones dinámicas adicionales tales como igualdad de los números de Reynolds y de Mach.

Un caso especial es el flujo sin fricción y sin superficie libre de un fluido incompresible, que se esquematiza en la figura 5.6*a*. Este flujo es

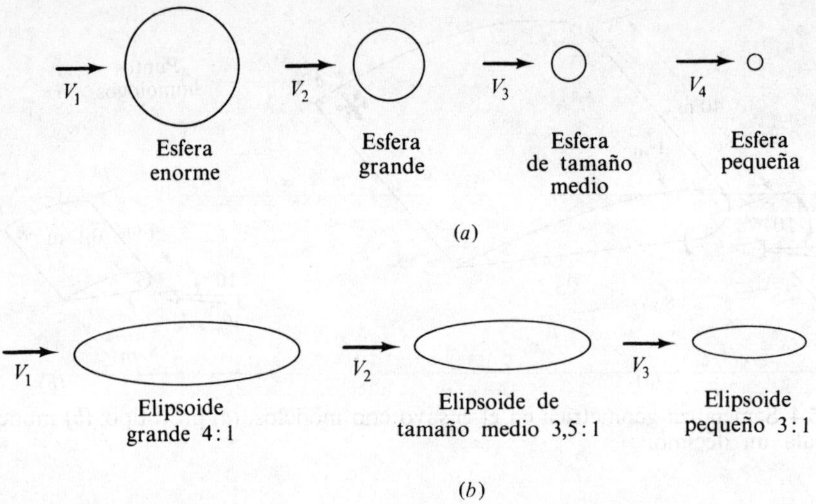

Fig. 5.5 Semejanza y no semejanza geométrica de flujos: (*a*) semejantes; (*b*) no semejantes.

cinemáticamente semejante con escalas de longitud y tiempo independientes, y no son necesarios parámetros adicionales (véase Cap. 8 para más detalles).

Los flujos sin fricción con superficie libre, como el de la figura 5.6*b*, son cinemáticamente semejantes si sus números de Froude son iguales

$$\mathrm{Fr}_m = \frac{V_m^2}{gL_m} = \frac{V_p^2}{gL_p} = \mathrm{Fr}_p \tag{5.50}$$

Obsérvese que el número de Froude sólo relaciona magnitudes con dimensiones de longitud y tiempo. De la ecuación (5.50), si la escala de longitud es

$$L_m = \alpha L_p \tag{5.51}$$

donde α es un factor adimensional, la escala de velocidades es

$$\frac{V_m}{V_p} = \left(\frac{L_m}{L_p}\right)^{1/2} = \sqrt{\alpha} \tag{5.52}$$

y la escala de tiempos es

$$\frac{T_m}{T_p} = \frac{L_m/V_m}{L_p/V_p} = \sqrt{\alpha} \tag{5.53}$$

Estas relaciones cinemáticas obtenidas de la igualdad de los números de Froude se ilustran en la figura 5.6*b* que se refiere a la modelización del

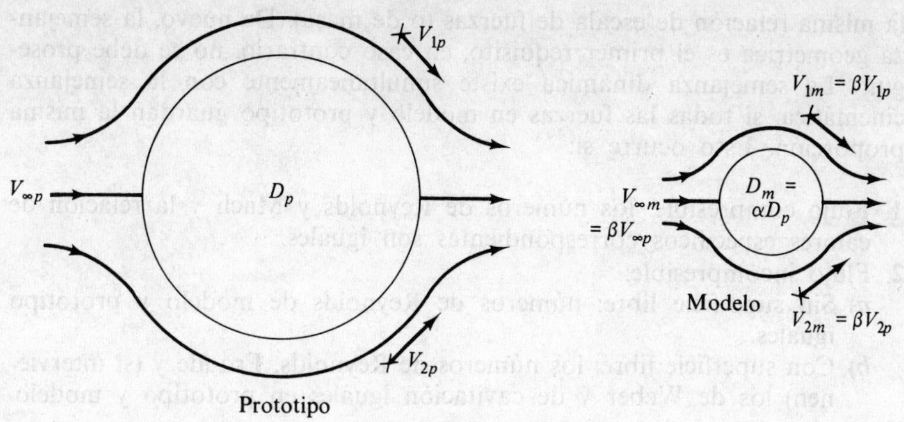

(*a*)

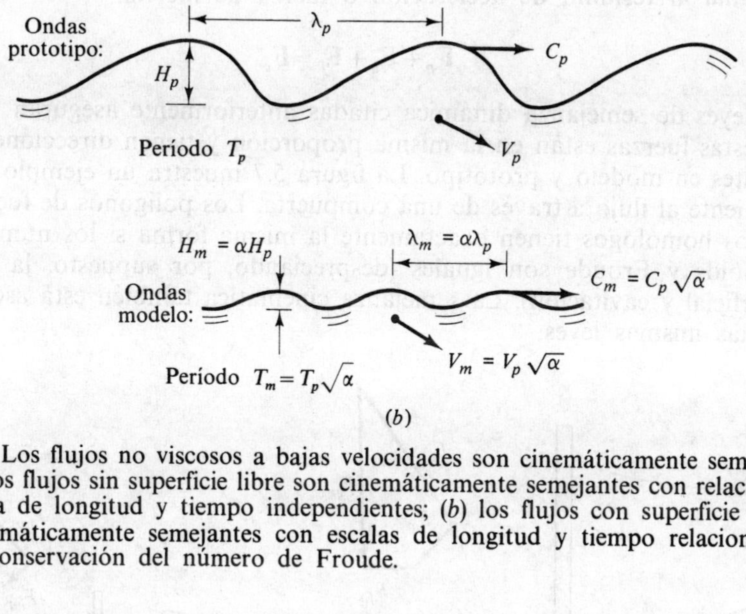

(*b*)

Fig. 5.6 Los flujos no viscosos a bajas velocidades son cinemáticamente semejantes: (*a*) los flujos sin superficie libre son cinemáticamente semejantes con relaciones de escala de longitud y tiempo independientes; (*b*) los flujos con superficie libre son cinemáticamente semejantes con escalas de longitud y tiempo relacionadas por la conservación del número de Froude.

movimiento de ondas. Si la relación de escala de longitudes de las ondas es α, la relación entre períodos de onda, velocidades de propagación y velocidades de las partículas es $\sqrt{\alpha}$.

Si los efectos de viscosidad, tensión superficial o de la compresibilidad son importantes, la semejanza cinemática está condicionada a que haya semejanza dinámica.

Semejanza dinámica

Existe semejanza dinámica cuando modelo y prototipo tienen la misma relación de escala de longitudes, la misma relación de escala de tiempos y la misma relación de escala de fuerzas (o de masa). De nuevo, la semejanza geométrica es el primer requisito; en caso contrario, no se debe proseguir. La semejanza dinámica existe simultáneamente con la semejanza cinemática, si todas las fuerzas en modelo y prototipo guardan la misma proporción. Esto ocurre si:

1. Flujo compresible: los números de Reynolds y Mach y la relación de calores específicos correspondientes son iguales.
2. Flujo incompresible:
   a) Sin superficie libre: números de Reynolds de modelo y prototipo iguales.
   b) Con superficie libre: los números de Reynolds, Froude y (si intervienen) los de Weber y de cavitación iguales en prototipo y modelo.

Esto es consecuencia de que la ley de Newton exige que para toda partícula fluida la suma de las fuerzas de presión, gravedad y fricción ha de ser igual al término de aceleración o fuerza de inercia,

$$\mathbf{F}_p + \mathbf{F}_g + \mathbf{F}_f = \mathbf{F}_i \qquad (5.54)$$

Las leyes de semejanza dinámica citadas anteriormente aseguran que todas estas fuerzas están en la misma proporción y tienen direcciones equivalentes en modelo y prototipo. La figura 5.7 muestra un ejemplo correspondiente al flujo a través de una compuerta. Los polígonos de fuerzas en puntos homólogos tienen exactamente la misma forma si los números de Reynolds y Froude son iguales (despreciando, por supuesto, la tensión superficial y cavitación). La semejanza cinemática también está asegurada por las mismas leyes.

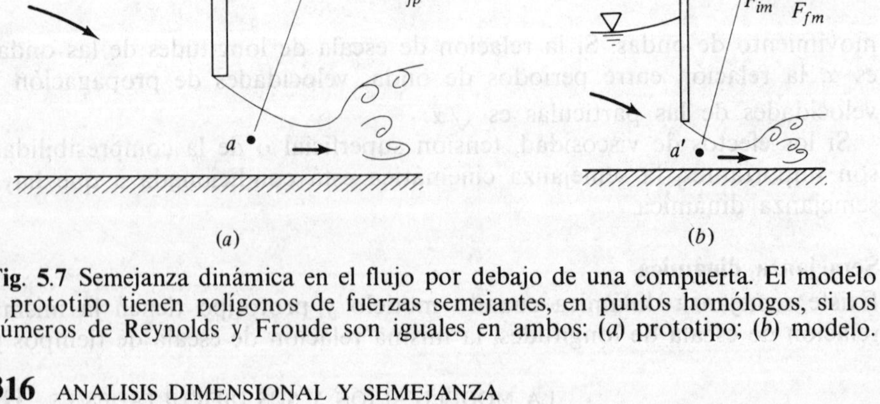

Fig. 5.7 Semejanza dinámica en el flujo por debajo de una compuerta. El modelo y prototipo tienen polígonos de fuerzas semejantes, en puntos homólogos, si los números de Reynolds y Froude son iguales en ambos: (*a*) prototipo; (*b*) modelo.

Discrepancias de los ensayos en aire y agua

La semejanza dinámica perfecta mostrada en la figura 5.7 es más una ilusión que una realidad, ya que la igualdad de los números de Reynolds y de Froude sólo se puede conseguir con cambios importantes en las propiedades de los fluidos; por el contrario, la mayor parte de los ensayos se hacen en agua o aire, los fluidos más baratos disponibles.

Consideremos en primer lugar los ensayos hidráulicos con superficie libre. La semejanza dinámica requiere que los números de Froude, ecuación (5.50), sean iguales, y también los números de Reynolds

$$\frac{V_m L_m}{\nu_m}=\frac{V_p L_p}{\nu_p} \tag{5.55}$$

Pero tanto la velocidad como la longitud están relacionadas por la identidad del número de Froude, ecuaciones (5.51) y (5.52). Por tanto, para una relación de escala de longitudes α dada, la ecuación (5.55) se cumple sólo si

$$\frac{\nu_m}{\nu_p}=\frac{L_m}{L_p}\frac{V_m}{V_p}=\alpha\sqrt{\alpha}=\alpha^{3/2} \tag{5.56}$$

Por ejemplo, en un modelo a escala un décimo, $\alpha=0{,}1$ y $\alpha^{3/2}=0{,}032$. Puesto que ν_p es indudablemente la del agua, necesitamos un fluido con una viscosidad cinemática de 0,032 veces la del agua para conseguir la semejanza dinámica. Refiriéndonos a la Tabla 1.3, vemos que esto es imposible: aunque el mercurio tiene una viscosidad cinemática un décimo de la del agua, un ensayo hidráulico con mercurio es caro y de efectos nocivos para la salud. En la práctica se utiliza el agua tanto para el modelo como para el prototipo, y la igualdad de los números de Reynolds (5.55) se viola inevitablemente. El número de Froude se mantiene constante, puesto que es el parámetro dominante en flujos con superficie libre. Normalmente, el número de Reynolds del modelo es de 10 a 1000 veces más pequeño que el del prototipo. Como se muestra en la figura 5.8, los datos obtenidos de los ensayos con modelos a números de Reynolds más bajos se utilizan para estimar, por extrapolación, los datos del prototipo a números de Reynolds más altos. Como indica la figura, hay una incertidumbre considerable a la hora de utilizar tal extrapolación, pero no hay otra alternativa práctica en el ensayo de modelos hidráulicos.

En segundo lugar, consideremos el ensayo de modelos areodinámicos en aire (donde no hay superficie libre). Los parámetros importantes son los números de Reynolds y de Mach. Se debe satisfacer la ecuación (5.55), y además el criterio de compresibilidad

$$\frac{V_m}{a_m}=\frac{V_p}{a_p} \tag{5.57}$$

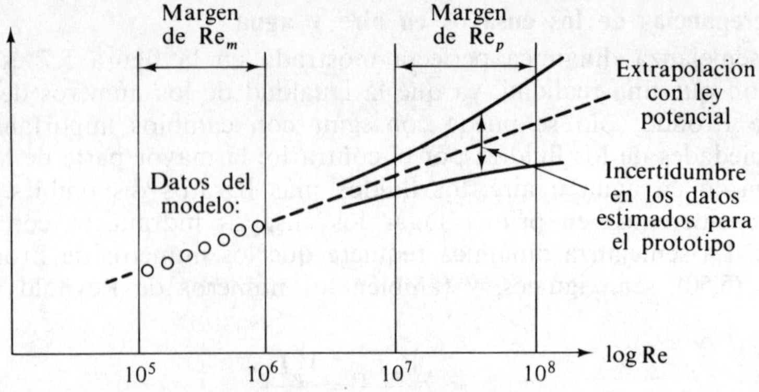

Fig. 5.8 Extrapolación a números de Reynolds más altos de los datos obtenidos en ensayos hidráulicos con igual número de Froude.

Eliminando V_m/V_p entre (5.55) y (5.57), se obtiene

$$\frac{v_m}{v_p} = \frac{L_m}{L_p}\frac{a_p}{a_m} \tag{5.58}$$

Dado que el prototipo va a operar en aire, necesitamos un túnel aerodinámico con fluido de baja viscosidad y alta velocidad del sonido. El hidrógeno es el único ejemplo práctico, pero está claro que es demasiado caro y peligroso. Por tanto, los túneles aerodinámicos funcionan normalmente con aire. Si se enfría y presuriza el aire, se puede conseguir una aproximación a la ecuación (5.58), pero no lo suficiente para satisfacer la reducción de escalas de longitudes de, por ejemplo, un décimo. Por tanto, en ensayos aerodinámicos también se viola la igualdad de los números de Reynolds, necesitándose una extrapolación semejante a la de la figura 5.8.

De hecho, cuando aumentan la velocidad y tamaño del vehículo aerodinámico, la diferencia de los números de Reynolds del prototipo y modelo aumenta, como se muestra en la figura 5.9. Lukasiewicz [30] utiliza la figura 5.9 para justificar la necesidad de nuevos túneles aerodinámicos donde se puedan conseguir números de Reynolds más altos.

Finalmente, hay discrepancias serias de otro tipo en modelos hidráulicos de flujos naturales, tales como los de ríos, puertos, estuarios y entradas de bahías. Tales flujos tienen dimensiones horizontales grandes y dimensiones verticales relativamente pequeñas. Si tuviésemos un modelo a escala de un estuario con una relación de longitudes de, por ejemplo, 1 : 1000, el modelo resultante sería de sólo unos pocos milímetros de profundidad, dominado por efectos de tensión superficial o efectos caracterizados por el número de Weber. Como consecuencia, los modelos hidráulicos utilizados violan frecuentemente la semejanza *geométrica*, «distorsionando» la escala vertical con un factor de 10 o más. La figura 5.10 muestra el modelo hidráulico de un sistema de espigones de apantalla-

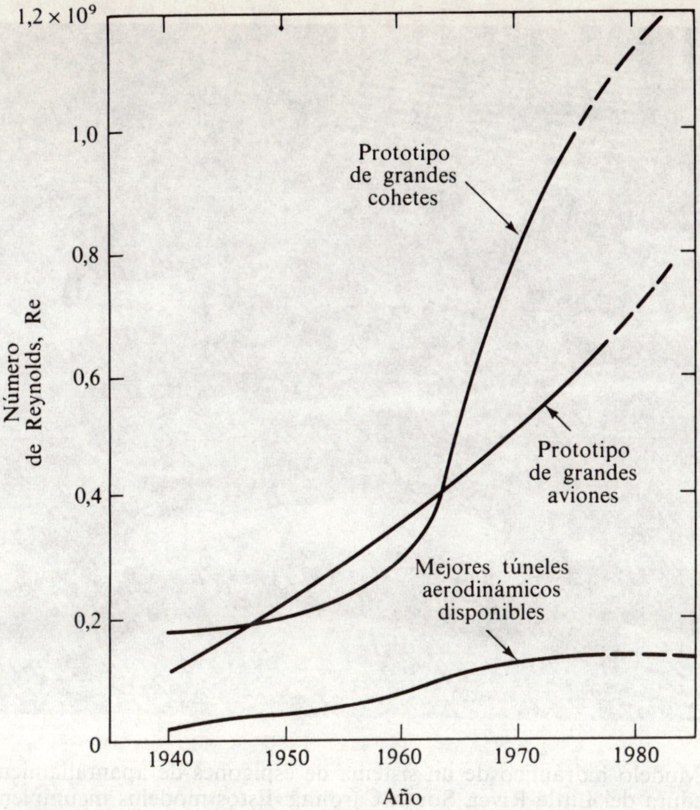

5.9 Crecimiento del rango de números de Reynolds de prototipos inalcanzable en ensayos con modelos en túneles aerodinámicos. (*Adaptado a la referencia* 30, *con datos adicionales, con permiso del American Institute of Aeronautics and Astronautics.*)

miento en la desembocadura de un río en South Carolina. La reducción de la escala horizontal es 1 : 300, pero la de la escala vertical es sólo 1 : 60. Puesto que el flujo en un canal más profundo es más eficiente, la base del modelo se hace deliberadamente más rugosa que la del canal natural para corregir los efectos de la discrepancia geométrica. De esta forma puede corregirse el efecto de las distintas escalas en la fricción, pero su efecto en la dispersión de calor y masa, por ejemplo, es poco conocido.

5.6 USO IMAGINATIVO DE LOS DATOS

Los métodos del análisis dimensional discutidos nos permiten organizar la teoría y los experimentos de forma eficiente. Los parámetros obtenidos son los acostumbrados y tradicionales: número de Reynolds, número de Froude, coeficiente de resistencia, etc. No son necesariamente los mejores

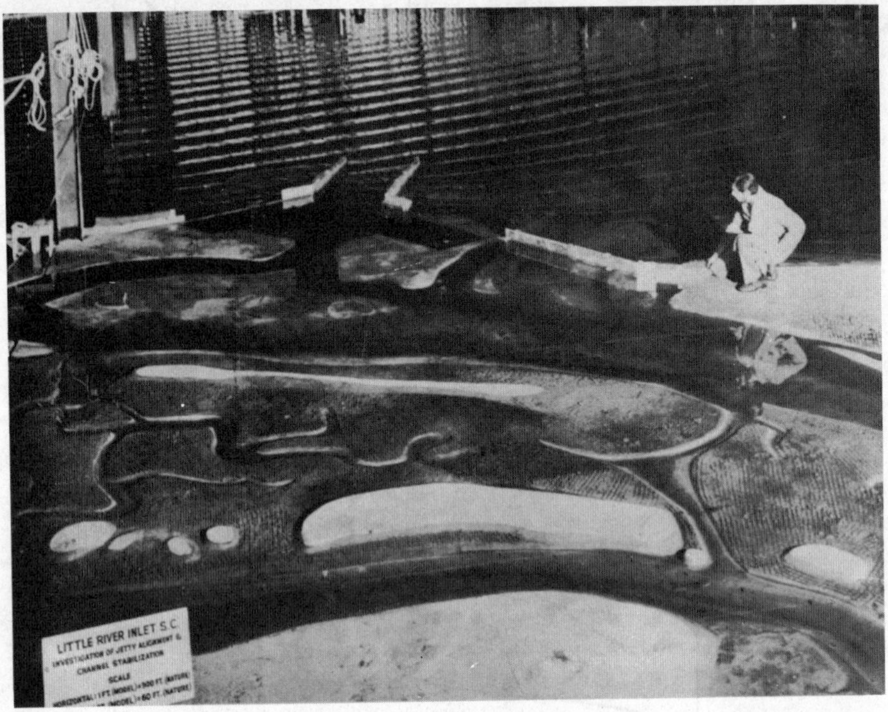

Fig. 5.10 Modelo hidráulico de un sistema de espigones de apantallamiento en la desembocadura del Little River, South Carolina. Estos modelos incumplen necesariamente la semejanza geométrica y no alcanzan el número de Reynolds de la entrada real. (*Por cortesía de la U.S. Army Engineer Waterways Experiment Station.*)

parámetros para un caso dado, y algunas veces no dan una indicación clara de qué es lo que está ocurriendo físicamente en un experimento. El remedio para esto es reagrupar los parámetros hasta que el problema que se está investigando aparezca más claro.

Como ejemplo de un procedimiento de reagrupación, considérese la figura 5.3*a*, que muestra el coeficiente de resistencia de una esfera en una corriente uniforme. Esta figura es clásica y se reproduce en casi todos los textos de Mecánica de Fluidos. Normalmente se supone que el tipo de fluido, el diámetro y la velocidad son datos, obteniéndose así el número de Reynolds, con lo que se puede leer el coeficiente de resistencia y determinar, por tanto, la resistencia de la esfera. Por el contrario, supongamos que se conoce la resistencia, pero no la velocidad del fluido. Entonces, dado que V aparece tanto en C_D como en el Re, se debería iterar con el gráfico de la figura 5.3*a* hasta encontrar la velocidad. Con suerte, el procedimiento de iteración converge. Considérese el siguiente ejemplo numérico.

EJEMPLO 5.8 Una esfera de acero de 0,1 ft de diámetro ($\rho_s = 15{,}2$ slugs/ft^3) se deja caer en agua [$\rho = 1{,}94$ slugs/ft^3, $\mu = 0{,}000021$ slug/(ft · s)] y alcanza la velocidad límite de caída, o caída sin aceleración. Utilizar los datos de la figura 5.3*a* para determinar la velocidad límite de caída de la esfera en pies por segundo.

Solución A la velocidad límite, el peso de la esfera se equilibra con la resistencia; por tanto, la resistencia se conoce en este problema

$$D = W_{\text{neto}} = (\rho_s - \rho) g \frac{\pi}{6} d^3 =$$

$$= (15{,}2 - 1{,}94 \text{ slugs/ft}^3)(32{,}2 \text{ ft/s}^2) \frac{\pi}{6} (0{,}1 \text{ ft})^3 = 0{,}224 \text{ lb}$$

Podemos determinar C_D y el Re en función de la velocidad

$$C_D = \frac{D}{\frac{1}{2}\rho(\pi/4)d^2V^2} = \frac{0{,}224 \text{ lb}}{1{,}94(\pi/8)(0{,}1 \text{ ft})^2V^2} = \frac{29{,}4}{(V \text{ ft/s})^2}$$

$$\text{Re} = \frac{\rho V d}{\mu} = \frac{(1{,}94 \text{ slugs/ft}^3)(V)(0{,}1 \text{ ft})}{2{,}1 \times 10^{-5} \text{ slug/(ft} \cdot \text{s)}} = 9240\, V \text{ ft/s}$$

Ahora deberemos suponer un valor de la velocidad V para iniciar la iteración.

Suponiendo $V = 1{,}0$ ft/s: tenemos $\text{Re} = 9240(1) = 9240$. De la figura 5.3*a* leemos $C_D \approx 0{,}38$; por tanto, $V \approx (29{,}4/C_D)^{1/2} = 8{,}8$ ft/s. Lo intentamos con este nuevo valor.

Suponiendo $V = 8{,}8$ ft/s, $\text{Re} = 9240(8{,}8) = 81\,000$. De la figura 5.3*a* leemos $C_D \approx 0{,}52$, $V \approx (29{,}4/0{,}52)^{1/2} = 7{,}5$ ft/s. Un intento más nos dará una buena aproximación.

Suponiendo $V = 7{,}5$ ft/s, $\text{Re} = 9240(7{,}5) = 69\,000$. De la figura 5.3*a* leemos $C_D \approx 0{,}51$, $V \approx (29{,}4/0{,}51)^{1/2} = 7{,}6$ ft/s. Dentro de la aproximación que da la figura tomamos

$$V_{\text{lim}} \approx 7{,}6 \text{ ft/s} \qquad \textit{Resp.}$$

La iteración en el ejemplo 5.8 converge hacia la velocidad límite correcta. Sin embargo, cerca de la transición, $\text{Re} \approx 3 \times 10^5$, la iteración puede dar valores oscilantes y no converger. El proceso de cálculo es también laborioso. El remedio consiste en reagrupar los parámetros adimensionales de manera que sólo uno contenga la velocidad, que es la incógnita. Ya en el ejemplo 5.5 determinaremos el parámetro donde no aparece la velocidad

$$C'_F = \frac{D\rho}{\mu^2} = \frac{D}{\mu\nu} = \frac{\pi}{8} C_D \text{ Re}^2 \qquad (5.59)$$

Este es un parámetro perfectamente utilizable, aunque poco corriente, y un gráfico de C'_F en función del Re es equivalente al gráfico de C_D en función del Re. La representación del nuevo parámetro adimensional en función del Re se da en la figura 5.11. Este gráfico nos permite determinar directamente la velocidad si D, ρ, μ y d son conocidos. También muestra cómo varía realmente la resistencia de la esfera con la velocidad.

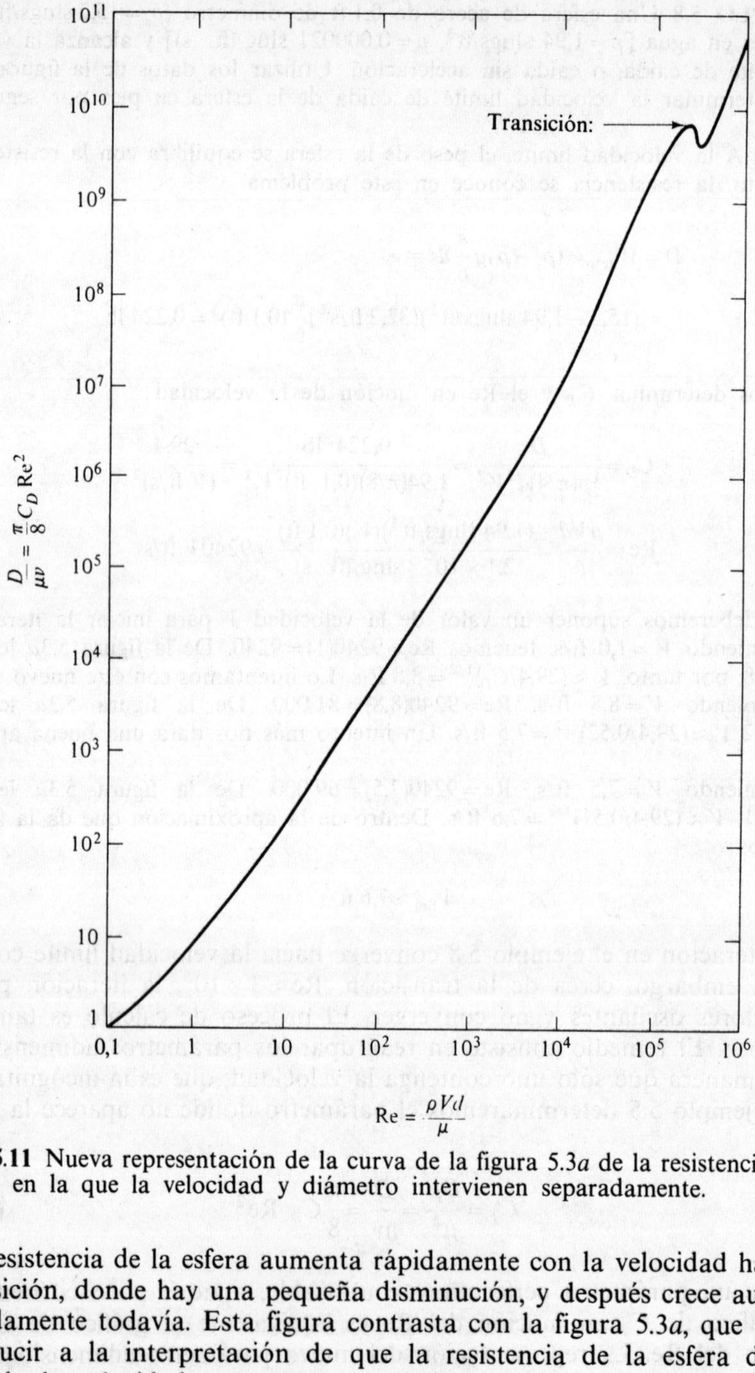

Fig. 5.11 Nueva representación de la curva de la figura 5.3*a* de la resistencia de la esfera en la que la velocidad y diámetro intervienen separadamente.

La resistencia de la esfera aumenta rápidamente con la velocidad hasta la transición, donde hay una pequeña disminución, y después crece aun más rápidamente todavía. Esta figura contrasta con la figura 5.3*a*, que podría conducir a la interpretación de que la resistencia de la esfera decrece cuando la velocidad aumenta y que baja mucho en la transición.

EJEMPLO 5.9 Repetir el ejemplo 5.8, utilizando el gráfico de la figura 5.11.

Solución Ya hemos visto que $D = W_{\text{neto}} = 0{,}224$ lb. Pero ahora podemos calcular directamente el nuevo coeficiente de resistencia

$$C'_F = \frac{(0{,}224 \text{ lb})(1{,}94 \text{ slugs/ft}^3)}{[2{,}1 \times 10^{-5} \text{ slug/(ft} \cdot \text{s)}]^2} = 9{,}8 \times 10^8 = \frac{D\rho}{\mu^2}$$

Ahora entramos en la figura 5.11 y leemos $\text{Re} \approx 70\,000$. Por tanto, la velocidad es

$$V = \frac{\mu \text{Re}}{\rho d} = \frac{[2{,}1 \times 10^{-5} \text{ slug/(ft} \cdot \text{s)}](70\,000)}{(1{,}94 \text{ slugs/ft}^3)(0{,}1 \text{ ft})}$$

o $$V_{\text{lim}} = 7{,}6 \text{ ft/s}$$ *Resp.*

Donde no se ha necesitado ninguna iteración.

Con este ejemplo se ha querido ilustrar la potencia y eficacia de reagrupar los parámetros adimensionales para hacer patentes ciertos efectos de un modo conveniente a un análisis particular. Si sólo hemos de realizar un único cálculo, utilizaríamos la figura 5.3*a*, ya que nos llevaría mucho tiempo la obtención del nuevo gráfico (Fig. 5.11). Sin embargo, queda a la voluntad del analista la presentación de sus resultados en la forma adimensional más apropiada al propósito deseado. No es necesario estar constantemente repitiendo los parámetros tradicionales a menos que sean los convenientes para el problema que se tenga entre manos.

REFERENCIAS

1. P. W. Bridgman, «Dimensional Analysis», Yale University Press, New Haven, Conn., 1922, rev. ed., 1931.
2. A. W. Porter, «The Method of Dimensions», Methuen, Londres, 1933.
3. F. M. Lanchester, «The Theory of Dimensions and Its Applications for Engineers», Crosby-Lockwood, Londres, 1940.
4. R. Esnault-Pelterie, «L'Analyse dimensionelle», F. Rouge, Lausanne, 1946.
5. G. W. Stubbings, «Dimensions in Engineering Theory», Crosby-Lockwood, Londres, 1948.
6. G. Murphy, «Similitude in Engineering», Ronald, Nueva York, 1950.
7. H. E. Huntley, «Dimensional Analysis», Rinehart, Nueva York, 1951.
8. H. L. Langhaar, «Dimensional Analysis and the Theory of Models», Wiley, Nueva York, 1951.
9. W. J. Duncan, «Physical Similarity and Dimensional Analysis», Arnold, Londres 1953.
10. C. M. Focken, «Dimensional Methods and Their Applications», Arnold, Londres, 1953.
11. L. I. Sedov, «Similarity and Dimensional Methods in Mechanics», Academic, Nueva York, 1959.
12. E. C. Ipsen, «Units, Dimensions, and Dimensionless Numbers», McGraw-Hill, Nueva York, 1960.
13. E. E. Jupp, «An Introduction to Dimensional Methods», Cleaver-Hume, Londres, 1962.

14. R. Pankhurst, «Dimensional Analysis and Scale Factors», Reinhold, Nueva York, 1964.
15. S. J. Kline, «Similitude and Approximation Theory», McGraw-Hill, Nueva York, 1965.
16. B. S. Massey, «Units Dimensional Analysis, and Physical Similarity», Van Nostrand Reinhold, Nueva York, 1971.
17. J. Zierep, «Similarity Laws and Modeling», Dekker, Nueva York, 1971.
18. W. E. Baker y col., «Similarity Methods in Engineering Dynamics», Spartan, Rochelle Park, N.J., 1973.
19. E. S. Taylor, «Dimensional Analysis for Engineers», Clarendon Press, Oxford, 1974.
20. E. de St. Q. Isaacson y M. de St. Q. Isaacson, «Dimensional Methods in Engineering and Physics», Arnold, Londres, 1975.
21. R. Esnault-Pelterie, «Dimensional Analysis and Metrology», F. Rouge, Lausanne, 1950.
22. R. Kurth, «Dimensional Analysis and Group Theory in Astrophysics», Pergamon, Nueva York, 1972.
23. F. J. Jong, «Dimensional Analysis for Economists», North Holland, Amsterdam, 1967.
24. E. Buckingham, On Physically Similar Systems: Illustrations of the Use of Dimensional Equations, *Phys. Rev.*, vol. 4, núm. 4, págs. 345-376, 1914.
25. Flow of Fluids Through Valves, Fittings, and Pipe, *Crane Co. Tech. Pap.* 410, Chicago, 1957.
26. A. Roshko, On the Development of Turbulent Wakes from Vortex Streets, *NACA Rep.* 1191, 1954.
27. G. W. Jones, Jr., Unsteady Lift Forces Generated by Vortex Shedding about a Large, Stationary, Oscillating Cylinder at High Reynolds Numbers, *ASME Symp. Unsteady Flow*, 1968.
28. O. M. Griffin y S. E. Ramberg, The Vortex Street Wakes of Vibrating Cylinders, *J. Fluid Mech.*, vol. 66, parte 3, págs. 553-576, 1974.
29. «Encyclopedia of Science and Technology», 3.ª ed., McGraw-Hill, Nueva York, 1970.
30. J. Lukasiewicz, The Need for Developing a High Reynolds Number Transonic Wind Tunnel in the U.S., *Aeronaut. Astronaut.*, vol. 9, págs. 64-71, abril 1971.

PROBLEMAS

5.1 De las dos formas adimensionales (*a*) o (*b*) dadas en la figura 5.1 para un cuerpo en caída libre, ¿cuál es mejor? Explique las razones de su elección.

5.2 Una esfera de 5 cm de diámetro se ensaya en agua a 20° C y a una velocidad de 4 m/s, obteniéndose una resistencia de 6,5 N. ¿Cuál será la velocidad y resistencia de un globo atmosférico, que se mueve en aire a 20° C y 1 atm de presión, en condiciones semejantes?

5.3 Una esfera de 8 cm de diámetro se ensaya en aceite SAE 30 a 20° C a las velocidades de 1, 2 y 3 m/s, y las fuerzas resultantes son 1,92, 6,40 y 13,2 N, respectivamente. Determinar la resistencia de la misma esfera en glicerina a 20° C y a una velocidad de 6 m/s.

5.4 Adimensionalice la ecuación (5.6) de Bernoulli utilizando los parámetros ρ, U y L para definir las variables adimensionales p^*, V^* y z^*. ¿Cuántos parámetros adimensionales aparecen? ¿Cuántas expresiones diferentes para $p^* = f(V^*, z^*)$ puede escribir?

5.5 Para una partícula que se mueve

sobre una circunferencia, considere que la aceleración centrípeta a es una función de la velocidad V y del radio R. Sin hacer ningún cálculo, por razonamiento de análisis dimensional solamente, demostrar que su forma es $a = (\text{const})(V^2)/R$.

5.6 La velocidad del sonido a de un gas varía con la presión p y densidad ρ. Mostrar por razonamientos puramente dimensionales que la forma debe ser $a = (\text{const})(p/\rho)^{1/2}$.

5.7 La velocidad de propagación C de una onda capilar en aguas profundas es sólo función de la densidad ρ, la longitud de onda λ y de la tensión superficial Υ. Utilizar el método del producto de potencias para obtener el único parámetro adimensional que interviene en el problema. Para la misma densidad y longitud de onda, ¿cómo debe cambiar la velocidad de propagación si la tensión superficial se duplica?

5.8 La sobrepresión Δp en el interior de una burbuja es una función de la tensión superficial y del radio. Determinar por análisis dimensional cómo debe variar la sobrepresión si se multiplica por dos (*a*) el radio, (*b*) la tensión superficial.

5.9 Un aeroplano tiene una longitud característica de 125 ft y se diseña para volar a 200 mi/h a 10 000 ft de altura en atmósfera estándar. Para el coeficiente de resistencia, definido en la ecuación (5.2), se ha obtenido midiendo con un pequeño modelo el valor 0,011. ¿Cuál es la potencia necesaria para mover el prototipo?

5.10 Se desea medir la resistencia de un avión cuya velocidad es 400 mi/h. ¿Es posible ensayar con un modelo a escala de un veinteavo, en un túnel aerodinámico a la misma presión y temperatura, para determinar el coeficiente de resistencia del prototipo?

5.11 Un modelo a escala un veinteavo de un submarino se ensaya a 200 ft/s en un túnel aerodinámico utilizando aire a las condiciones estándar del nivel del mar. ¿Cuál debe ser la velocidad del prototipo en agua del mar a 20° C para que exista semejanza dinámica? Si la resistencia del modelo es 1 lbf, ¿cuál es la del prototipo?

Los problemas 5.12 *a* 5.30 *deben resolverse tanto por el método del producto de potencias como por el teorema pi.*

5.12 El período de oscilación T de un péndulo simple se considera función de su longitud L, masa m, aceleración de la gravedad y ángulo de oscilación máxima θ. Utilizar el análisis dimensional para reescribir esta relación como una función adimensional ¿Ocurre algo interesante? ¿Qué le ocurrirá al período si la longitud es el doble y los demás parámetros permanecen constantes?

5.13 Repetir el problema 5.12 suponiendo que hay un efecto amortiguador importante debido al fluido de densidad ρ y viscosidad μ que rodea al péndulo.

5.14 El período de oscilación T de una onda superficial en agua se considera que es función de la densidad ρ, longitud de onda λ, profundidad h, gravedad g y tensión superficial Υ. Reescriba esta relación en forma adimensional. ¿Qué resulta si Υ es despreciable?

5.15 La potencia P suministrada a una bomba centrífuga se supone función del caudal Q, diámetro del rotor D, velocidad angular de giro Ω y de la densidad ρ y viscosidad μ del fluido. Escriba esta relación en forma adimensional.

5.16 Amplíe el problema 5.15 para escribir en forma adimensional la relación entre el incremento de presión Δp a través de la bomba y las mismas cinco magnitudes Q, D, Ω, ρ y μ. ¿Qué ocurre si la viscosidad es despreciable?

5.17 La fuerza de resistencia F al movimiento de un barco de superficie es función de su longitud L, velocidad V, gravedad g y la densidad ρ y viscosidad μ del agua. Escriba esta relación en forma adimensional.

5.18 La fuerza F de sustentación de un misil es función de su longitud L, velocidad V, diámetro D, ángulo de ataque

α, y de la densidad ρ, viscosidad μ y velocidad del sonido a del aire. Escriba esta relación en forma adimensional.

5.19 El período de vibración T de una viga es función de su longitud L, momento de inercia I de su sección, módulo de elasticidad E, densidad ρ y el módulo de Poisson σ. Escriba esta relación en forma adimensional. ¿Qué simplificaciones podría hacer si E e I sólo apareciesen formando el producto EI?

5.20 El par M de una turbina de flujo axial es función de la densidad del fluido ρ, del diámetro del rotor D, de la velocidad angular de giro Ω y del caudal Q. Escríbala en forma adimensional. Si se sabe que para una turbina particular, M es proporcional a Q, ¿cómo variará M con Ω y D para esta turbina?

5.21 El período de oscilación T de una boya tipo mástil (véase Probl. 2.113) varía con su área transversal A, su masa m, gravedad g y densidad del agua ρ. Escribir la relación en forma adimensional. ¿Qué le ocurrirá a T si el área se duplica? Las boyas con instrumentos deberán tener un período largo para evitar la resonancia con el oleaje. Proponga un diseño que pueda tener un período largo.

5.22 De acuerdo con la teoría cinética elemental (Ref. 7 del Cap. 1), la conductividad térmica k de un gas es función de su densidad ρ, constante del gas R, camino libre medio λ y de la temperatura absoluta T. Escribir esta relación en forma adimensional. ¿Cómo cambia k si R se duplica y los otros parámetros permanecen constantes?

5.23 El flujo de calor q, por unidad de área, hacia una pared, de un fluido en movimiento es función de la diferencia de temperaturas ΔT, velocidad U y de las propiedades físicas del fluido ρ, μ, c_p y k. Escriba esta relación en forma adimensional si se sabe que q es proporcional a ΔT.

5.24 El flujo de calor q por unidad de área recibido por un cuerpo desde un fluido que se mueve por convección natural (o gravitacional) es función de la diferencia de temperatura ΔT, gravedad g, longitud del cuerpo L y de tres propiedades del fluido: viscosidad cinemática ν, conductividad k y coeficiente de expansión térmica β. Escriba la relación en forma adimensional si se sabe que g y β aparecen sólo formando el producto $g\beta$.

5.25 Se sabe, por vía experimental, que la velocidad u de un fluido en movimiento turbulento muy cerca de una pared varía sólo con la distancia y a la pared, el esfuerzo en la pared τ_w y las propiedades ρ y μ del fluido. Escriba esta relación en forma adimensional.

5.26 La velocidad u de un fluido en las proximidades de un disco giratorio varía sólo con la velocidad angular del disco ω, el radio local R, la distancia z al disco y la viscosidad cinemática ν. Escriba esta relación en forma adimensional.

5.27 La diferencia de presiones Δp a través de una onda explosiva es función de la distancia r al punto donde se produjo la explosión, del tiempo t, de la velocidad del sonido a del medio sin perturbar y de la energía total E liberada en la explosión (para más detalles sobre leyes de escala en ondas explosivas, ver la referencia 18, capítulo 4). ¿Cómo cambia Δp si se duplica E?

5.28 Un vertedero es una obstrucción en un canal que se utiliza para medir el caudal (véase Fig. 10.12*b*). El caudal Q varía con la gravedad g, anchura del vertedero b y altura del nivel del agua H aguas arriba del vertedero, medida desde el borde superior de éste. Si se sabe que Q es proporcional a b, utilizar el análisis dimensional para dar la relación $Q = f(g, b, H)$ en forma adimensional.

5.29 Se cree que el tamaño d de las gotas del líquido producidas en la tobera de un pulverizador (spray) depende del diámetro D de la tobera, velocidad U, del chorro y de las propiedades del líquido ρ, μ y Υ. Escriba esta relación en forma adimensional.

5.30 El espesor δ de la capa límite de una placa plana es una función de la velocidad de la corriente exterior U, distancia x medida desde el borde de ataque de la placa y de las propiedades ρ y μ del fluido. Escribir esta relación en forma adimensional.

5.31 Adimensionalice la ecuación (4.75) de la energía y sus condiciones de contorno (4.62), (4.63) y (4.70) definiendo $T^* = T/T_0$, donde T_0 es la temperatura a la entrada que se considera constante. Seleccione las demás variables adimensionales que necesite entre las dadas en las ecuaciones (5.32). Aísle todos los parámetros adimensionales que encuentre y relaciónelos con los de la Tabla 5.2.

5.32 En problemas de convección natural, las diferencias de densidad debidas a los incrementos de temperatura ΔT, dan lugar a un término de flotabilidad en la ecuación (5.29*b*) de cantidad de movimiento. En primera aproximación la densidad puede escribirse como $\rho \approx \rho_0(1-\beta\Delta T)$, donde β es el coeficiente de expansión térmica. En este caso, la ecuación de cantidad de movimiento toma la forma

$$\rho_0 \frac{d\mathbf{V}}{dt} = -\nabla(p+\rho_0 gz) + \rho_0\beta\ \Delta Tg\mathbf{k} + \mu\ \nabla^2\mathbf{V}$$

donde se ha tomado z vertical y positiva hacia arriba. Adimensionalice esta ecuación utilizando las ecuaciones (5.32) y relacione los parámetros que encuentre con los de la Tabla 5.2.

5.33 La ecuación diferencial de conservación de la concentración de sal en agua de mar en movimiento es

$$\frac{\partial S}{\partial t} + u\frac{\partial S}{\partial x} + v\frac{\partial S}{\partial y} + w\frac{\partial S}{\partial z} = \kappa\left(\frac{\partial^2 S}{\partial x^2} + \frac{\partial^2 S}{\partial y^2} + \frac{\partial^2 S}{\partial z^2}\right)$$

donde la constante κ es un coeficiente de difusión, con dimensiones de longitud al cuadrado por unidad de tiempo, y S es la salinidad en partes por mil. Adimensionalice esta ecuación y discuta todos los parámetros que aparezcan.

5.34 La ecuación diferencial que describe el movimiento bidimensional en el plano xy de un fluido compresible y no viscoso es

$$\frac{\partial^2 \phi}{\partial t^2} + \frac{\partial}{\partial t}(u^2+v^2) + (u^2-a^2)\frac{\partial^2 \phi}{\partial x^2} + (v^2-a^2)\frac{\partial^2 \phi}{\partial y^2} + 2uv\frac{\partial^2 \phi}{\partial x\,\partial y} = 0$$

donde ϕ es el potencial de velocidades y a es la velocidad local (variable) del sonido en el gas. Adimensionalice esta ecuación utilizando una longitud L de referencia y la velocidad del sonido a_0 a la entrada, como magnitudes para definir las variables adimensionales.

Para los problemas 5.35 *a* 5.42 *puede hacer uso de las figuras* 5.2 *y* 5.3.

5.35 Una esfera de 3 cm de diámetro se mueve con una velocidad de 50 cm/s en alcohol etílico a 20° C. ¿Cuál será su resistencia en newtones? ¿Cuánto debe aumentar la velocidad para que la resistencia se cuadruplique?

5.36 Una esfera de acero (densidad relativa = 7,86) de 1 cm de diámetro se deja caer en agua a 20° C. ¿Cuál será su velocidad límite en metros por segundo? *Guía:* Utilice la figura 5.3*a*.

5.37 Repetir el problema 5.36 si el fluido es glicerina a 20° C.

5.38 Una esfera de acero se deja caer en aceite SAE 30 a 20° C, siendo su velocidad límite de 1 cm/s ¿Cuál es su diámetro en milímetros?

5.39 Un pilote de sujeción de un espigón tiene un diámetro de 6 in y está cubierto por agua hasta una altura de 12 ft. Si la velocidad del agua es 3 ft/s, ¿cuál es la fuerza que el agua ejerce sobre el pilote en libras-fuerza?

5.40 Un cable telefónico de 1 in de diámetro tiene una frecuencia natural de vibración de 12 Hz. ¿A qué velocidad del viento en pies por segundo silbará el cable? En estas condiciones, ¿cuál será la resistencia media por unidad de longitud de cable?

5.41 Un barco arrastra una antena de sonar que se puede simular por un cilindro circular de 1 ft de diámetro y 30 ft de largo, sumergido en el agua y con su eje perpendicular a la dirección del movimiento. Si la velocidad del barco es 12 nudos (1 nudo = 1,69 ft/s), determinar la potencia necesaria para remolcar el cilindro. ¿Cuál será la frecuencia de los torbellinos desprendidos del cilindro?

5.42 La bola del extremo del mástil de una bandera tiene 10 cm de diámetro. Su coeficiente de resistencia es mínimo a una velocidad del viento de 10 m/s. Estimar la rugosidad medida de la superficie de la bola en milímetros.

5.43 Queremos conocer la resistencia de un dirigible que se moverá en aire a 20° C a una velocidad de 20 ft/s. Se ensaya en agua a 20° C un modelo a escala un treintavo, ¿cuál debe ser la velocidad del agua? Si la resistencia medida en el modelo es 700 lbf, ¿cuál es la resistencia del prototipo y qué potencia se necesita para moverlo?

5.44 La caída de presión en un modelo de medidor tipo orificio es 0,1 lbf/in^2 cuando se ensaya en agua a 20° C con una velocidad incidente de 4,5 ft/s. ¿Cuál será la caída de presión en el prototipo si éste es 4 veces más grande, se utiliza en aceite SAE 30 a 20° C y con una velocidad incidente dinámicamente semejante?

5.45 Un prototipo de bomba para agua tiene un rotor de 2 ft de diámetro y se ha diseñado para bombear 12 ft^3/s a 750 rpm. Se ensaya en aire a 20° C con un modelo de 1 ft de diámetro a 1800 rpm, y observándose que los efectos del número de Reynolds son despreciables. ¿Cuál debe ser el caudal en el modelo en pies cúbicos por segundo para conseguir la semejanza. Si para mover el modelo se necesita una potencia de 0,082 hp, ¿qué potencia necesita el prototipo?

5.46 Se sabe experimentalmente que la explosión de 1 lbf de dinamita origina una sobrepresión de 100 lbf/in^2 a una distancia de 4 ft, 3,5 ms después de la explosión. Admitiendo que se cumplen las condiciones de semejanza dinámica, ¿en qué radio e instante se tendrá la misma sobrepresión si explota 1 ton (2000 lbf) de dinamita? (En el problema 5.27 se da una lista de variables.)

5.47 Un cierto fluido de densidad relativa 0,92 tiene un ascenso capilar de 2 mm en un tubo de 3 cm de diámetro. ¿Cuál será su ascenso capilar en un tubo de 5 cm de diámetro? ¿Para qué diámetro del tubo el ascenso capilar será de 1 cm?

5.48 Hay cavitación cuando un torpedo se mueve a 8 m por debajo de la superficie del agua del mar (a 20° C) con una velocidad de 21 m/s, siendo la presión atmosférica 101 kPa. Si los efectos de los números de Reynolds y Froude son despreciables, ¿a qué velocidad se producirá cavitación cuando se mueva a una profundidad de 20 m? ¿A qué profundidad se evitaría la cavitación si la velocidad fuese 30 m/s?

5.49 El modelo a escala un quinto de un automóvil se ensaya en un túnel aerodinámico por el que fluye aire en las mismas condiciones que para el prototipo. La velocidad del prototipo es 80 km/h. En condiciones de semejanza dinámica la resistencia del modelo es 450 N. ¿Cuál es la resistencia del prototipo y la potencia, en kilowatios, para vencer esta resistencia?

5.50 Un mezclador giratorio se diseña para agitar alcohol etílico. Los ensayos con un modelo a escala un cuarto en aceite SAE 30 muestran que la mezcla más efectiva se da a 1770 rpm. ¿Cuál debe ser la velocidad del prototipo en revoluciones por minuto?

5.51 La ecuación de un elipsoide es

$$\left(\frac{x}{a}\right)^2 + \left(\frac{y}{b}\right)^2 + \left(\frac{z}{c}\right)^2 = 1$$

donde a, b y c son las longitudes de los semiejes. Si el elipsoide considerado como prototipo tiene $a = 5$ m, $b = 3$ m y $c = 1$ m, ¿cuánto deben valer c y b en un elipsoide considerado como modelo en el que $a = 1$ m?

5.52 Los ensayos con agua a 20° C en una tubería de $\frac{1}{2}$ in de diámetro y 100 ft de largo, muestran que la caída de presión es de 13 lbf/in^2 cuando el caudal es de 12 gal/min (1 gal = 231 in^3). En condiciones de semejanza dinámica se sabe que Δp es proporcional a la longitud de la tubería. ¿Cuánto valdrá Δp, en libras-fuerza por pulgada cuadrada, y Q, en galones por minuto, para el caso en que fluya gasolina por una tubería de 6 in de diámetro y 50 mi de largo? *Guía:* Este problema requiere un análisis dimensional similar al del ejemplo 5.2, con la densidad y longitud del tubo como variables adicionales.

5.53 Se ensaya un modelo de un vertedero de presa a escala un treintavo, conservando el número de Froude de modelo y prototipo. La velocidad media de la corriente para el modelo es 0,6 m/s y el caudal 0,05 m^3/s. ¿Cuál será la velocidad y caudal en el prototipo? Si la fuerza media en cierta parte del modelo es 1,5 N. ¿cuál será la fuerza en la parte correspondiente del prototipo?

5.54 En un rebosadero de 10 m de longitud característica hay una velocidad característica de 3 m/s. Se construye un modelo a escala conservando el número de Froude. ¿Cuál es la mínima relación de escala del modelo que permite asegurar que el número de Weber es 100 como mínimo? En ambos casos el fluido es agua a 20° C.

5.55 En un estuario de la costa Este (de EE.UU.) la marea lunar semidiurna tiene un período de 12,42 h con unas corrientes de 80 cm/s, aproximadamente. Si se construye un modelo a escala un quinientosavo en el que las mareas se simulan utilizando un sistema de bombeo y almacenaje, ¿cuál debe ser el período de las mareas del modelo y qué velocidades de la corriente se pueden esperar?

5.56 Un barco prototipo tiene 400 ft de largo y una superficie mojada de 30 000 ft^2. Se ensaya un modelo a escala un ochentavo en un canal hidrodinámico, conservando el número de Froude, a las velocidades de 2 y 2,7 nudos (1 nudo = 1689 ft/s). La resistencia de fricción medida en el modelo a estas velocidades es de 0,11, 0,24 y 0,41 lbf, respectivamente. ¿A qué velocidades del prototipo corresponden? ¿Cuál es la resistencia de fricción del prototipo a estas velocidades si corregimos, por extrapolación, las diferencias en los números de Reynolds?

5.57 Se diseña un avión para volar a 575 mi/h a 35 000 ft de altura estándar. Si se ensaya un modelo a escala un décimo en un túnel aerodinámico presurizado, a una temperatura de 68° F, ¿cuál deberá ser la presión del túnel, en libras-fuerza por pulgada cuadrada, para simular correctamente los números de Reynolds y de Mach?

5.58 Sobre los pilotes de una plataforma oceánica se esperan encontrar corrientes de 150 cm/s y olas de 3 m de altura con un período de 12 s. Si se ensaya en un canal un modelo a escala un quinceavo, ¿cuáles deben ser, para el modelo, la velocidad de la corriente y la altura y período de las olas?

5.59 Para determinar el momento de guiñada sobre las superficies de control de un torpedo se ensaya un modelo a escala un octavo, en un túnel de agua a 20 m/s, conservando el número de Reynolds de modelo y prototipo. Si el momento medido en el modelo es 14 N · m, ¿cuál será el momento en el prototipo en condiciones de semejanza?

5.60 En el modelo a escala un doceavo de un vertedero (ver Fig. 10.12*b*) se ha medido un caudal de 1,9 ft^3/s cuando la altura de agua aguas arriba es $h = 6$ in. Utilizar los resultados del problema 5.28 para predecir el caudal en el prototipo cuando $h = 3$ ft. *Guía:* Tenga en cuenta que en estas condiciones no hay semejanza geométrica.

5.61 Se pretende bombear helio con un compresor axial a 1200 rpm. Se ensaya un modelo a escala un tercio a 600 rpm con aire, dando un caudal de 6 ft^3/s, un incremento de presión de 145 Pa y necesitando una potencia de 1 kW. En condiciones de semejanza dinámica determinar Q, Δp y la potencia que necesita el prototipo. Desprecie los efectos del número de Reynolds y de Mach y suponga condiciones estándar al nivel del mar.

5.62 El modelo a escala un quinceavo de un paracaídas tiene una resistencia de 450 lbf cuando se ensaya en un túnel de agua a 20 ft/s. Si los efectos del número de Reynolds son despreciables, determinar la velocidad limite de caída de una paracaidista que utiliza el prototipo, a 5000 ft de altura estándar, si ella y su equipo pesan 160 lbf. Considere despreciable el coeficiente de resistencia de la mujer.

5.63 Un modelo de un medidor venturi se ensaya en agua, mostrando una caída de presión de 0,7 lbf/in^2 cuando la velocidad aguas arriba es 12 ft/s. Los efectos del número de Reynolds son despreciables. El prototipo del medidor se utiliza para medir un caudal de 2400 gal/min (1 gal = 231 in^3) de gasolina. Si el transductor de presión del prototipo tiene su máxima precisión cuando Δp es 2,5 lbf/in^2, ¿cuál debe ser el diámetro del tubo aguas arriba del medidor?

5.64 El modelo, a escala un cuarentavo, de la hélice de un barco se ensaya en un canal hidrodinámico a 1000 rpm proporcionando una potencia de 1,4 (ft · lbf)/s. Conservando el número de Froude de modelo y prototipo, ¿cuáles deberán ser las revoluciones por minuto y la potencia suministrada por el prototipo en condiciones de semejanza dinámica?

5.65 El modelo a escala un décimo de un ala supersónica se ensaya en una corriente de aire de 700 m/s a 20° C y 1 atm de presión, obteniéndose un momento de cabeceo de 0,25 kN · m. Si los efectos del número de Reynolds son despreciables, ¿cuál será el momento de cabeceo del prototipo volando al mismo número de Mach a una altura estándar de 8 km?

CAPITULO 6

FLUJO VISCOSO EN CONDUCTOS

6.1 REGIMENES EN FUNCION DEL NUMERO DE REYNOLDS

El resto de este libro trata de aplicaciones específicas del análisis de los flujos. Por ejemplo, el presente capítulo estudia el flujo viscoso en el interior de conductos, como tubos o difusores.

Ahora que ya hemos obtenido y estudiado las ecuaciones básicas en el capítulo 4, se podría pensar en la exhibición de una miriada de soluciones elegantes que ilustrasen el abanico de comportamientos de los fluidos, expresando, por supuesto, todos estos resultados en forma adimensional mediante la nueva herramienta del capítulo 5: el análisis dimensional.

El hecho es que aún no existe un análisis general del movimiento de los fluidos. Hay varias docenas de soluciones particulares conocidas, hay algunas soluciones muy específicas obtenidas con ordenador, y hay una gran cantidad de datos experimentales. También se dispone de teoría adecuada para el caso en que se desprecien los efectos de viscosidad y compresibilidad (Cap. 8), pero no hay una teoría general y quizá no la haya nunca. La razón es que a moderados números de Reynolds se produce un cambio profundo y complicado en el comportamiento de los flujos. El movimiento deja de ser suave (*laminar*) y se convierte en fluctuante y agitado (*turbulento*). Este proceso de cambio se denomina *transición* hacia la turbulencia. En la figura 5.3 veíamos que la transición en un cilindro o en una esfera ocurre a números de Reynolds en torno a $Re = 3 \times 10^5$, en que aparece una caída brusca de la resistencia. En la transición influyen muchos efectos, por ejemplo, de la rugosidad de la pared (Fig. 5.3*b*) o de las fluctuaciones en la corriente libre, pero el parámetro básico es el número de Reynolds. Hay muy poca teoría y muchos datos experimentales sobre la transición [1-3].

La turbulencia puede ser detectada con medidas mediante un instrumento muy pequeño y sensible, el anemómetro de sensor caliente (Figura 6.28*e*) o con un transductor de presión piezoeléctrico (Fig. 2.28*d*). El flujo parece estacionario en media, pero muestra fluctuaciones rápidas y aleatorias cuando la turbulencia está presente, como indica la figura 6.1. Si el flujo es laminar, puede haber perturbaciones naturales ocasionales que se

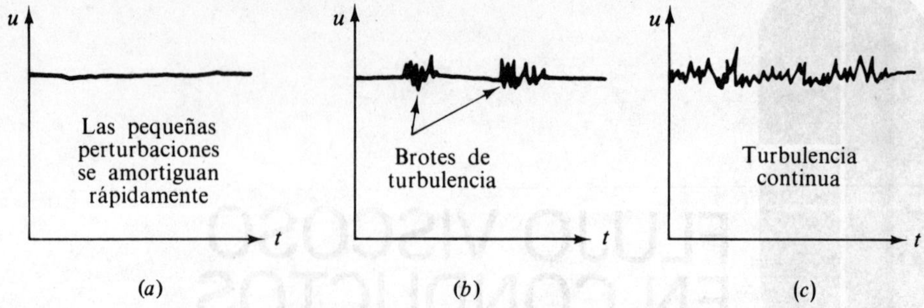

Fig. 6.1 Tres regímenes de flujo viscoso: (*a*) laminar a bajos Re; (*b*) transición a Re intermedios; (*c*) turbulento a elevados Re.

amortiguan rápidamente (Fig. 6.1*a*). Cuando se inicia la transición aparecen eclosiones de fluctuaciones turbulentas (Fig. 6.1*b*) a medida que aumenta el número de Reynolds, debido a la inestabilidad del movimiento laminar. A Re suficientemente altos el flujo fluctúa permanentemente (Figura 6.1*c*) y se denomina *totalmente turbulento*. Las fluctuaciones, y valores entre el 1 y el 20 por 100 de la velocidad media, no son estrictamente periódicas, sino aleatorias y distribuidas en un amplio rango, o espectro, de frecuencias. En un túnel aerodinámico típico a altos números de Reynolds, el rango de frecuencias va de 1 a 10 000 Hz, y el de longitudes de onda de 0,01 a 400 cm.

EJEMPLO 6.1 El número de Reynolds de transición para el flujo alrededor de una esfera lisa es $\text{Re}_{\text{crit}} = 250\,000$ (Fig. 5.3*a*) ¿A qué velocidad corresponde en aire a 20° C si el diámetro de la esfera es 12 cm?

Solución De la Tabla 1.3 tomamos $\nu = 1{,}51 \times 10^{-5}$ m²/s. El número de Reynolds crítico es

$$\text{Re}_{\text{crit}} = 250\,000 = \frac{VD}{\nu} = \frac{V(0{,}12 \text{ m})}{1{,}51 \times 10^{-5} \text{ m}^2/\text{s}}$$

Que da $$V = 31{,}5 \text{ m/s}$$ *Resp.*

Esta velocidad, alrededor de 110 km/h, está dentro del rango de muchos problemas ingenieriles importantes, de modo que la transición y la turbulencia se presentan muy a menudo en estudios prácticos.

En los flujos con superficie libre la turbulencia es observable directamente. La figura 6.2 muestra un chorro de agua a la salida de un tubo. A bajo número de Reynolds (Fig. 6.2*a*) es suave y laminar. A alto número

---

Fig. 6.2 Flujo saliendo a velocidad constante de una tubería: (*a*) viscosidad alta, bajo número de Reynolds, flujo laminar; (*b*) viscosidad baja, número de Reynolds elevado, flujo turbulento. [*De* Illustrated Experiments in Fluid Mechanics (*The NCFMF Book of Film Notes*), *National Committee for Fluid Mechanics Films, Education Development Center, Inc.*, 1972.]

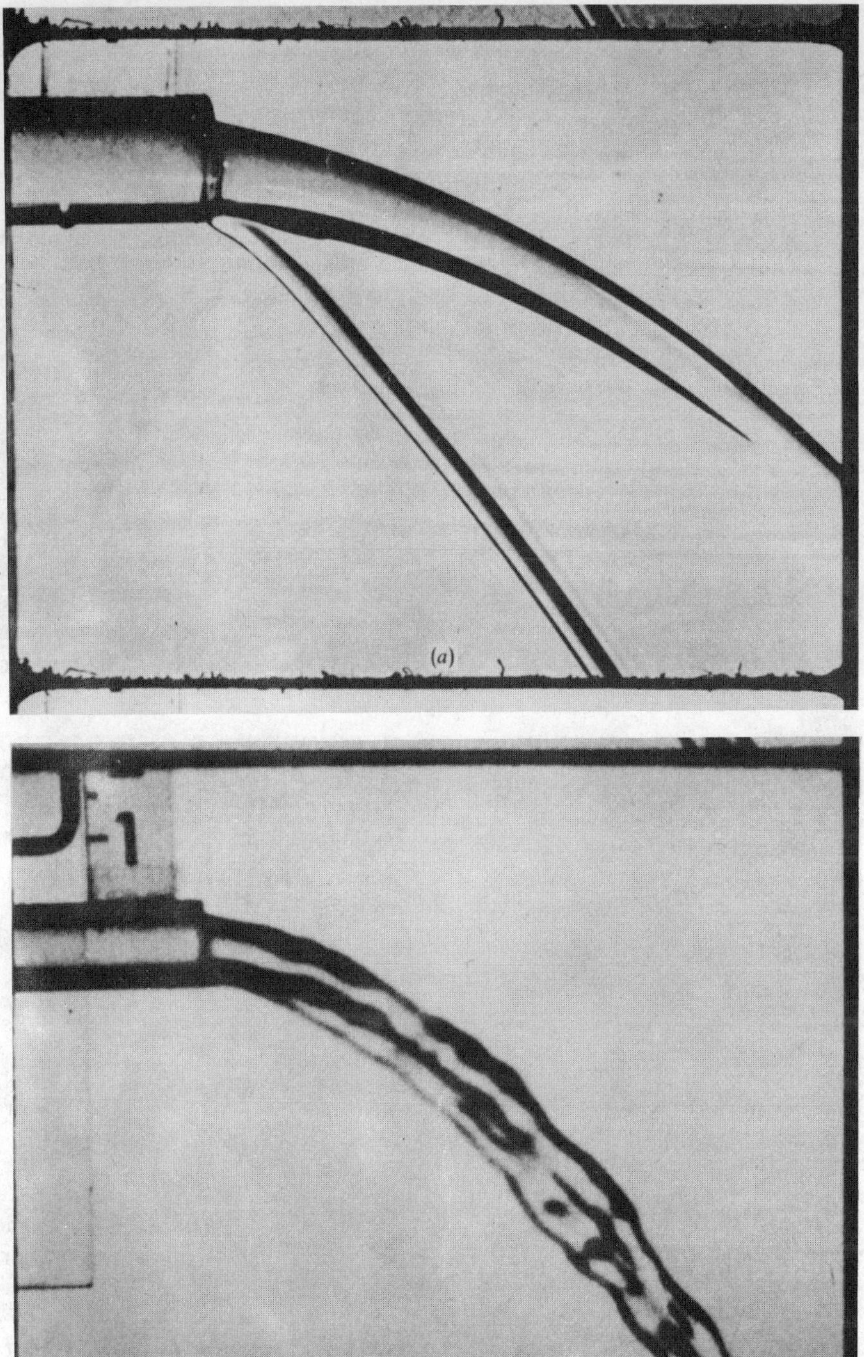
(a)
1
(b)

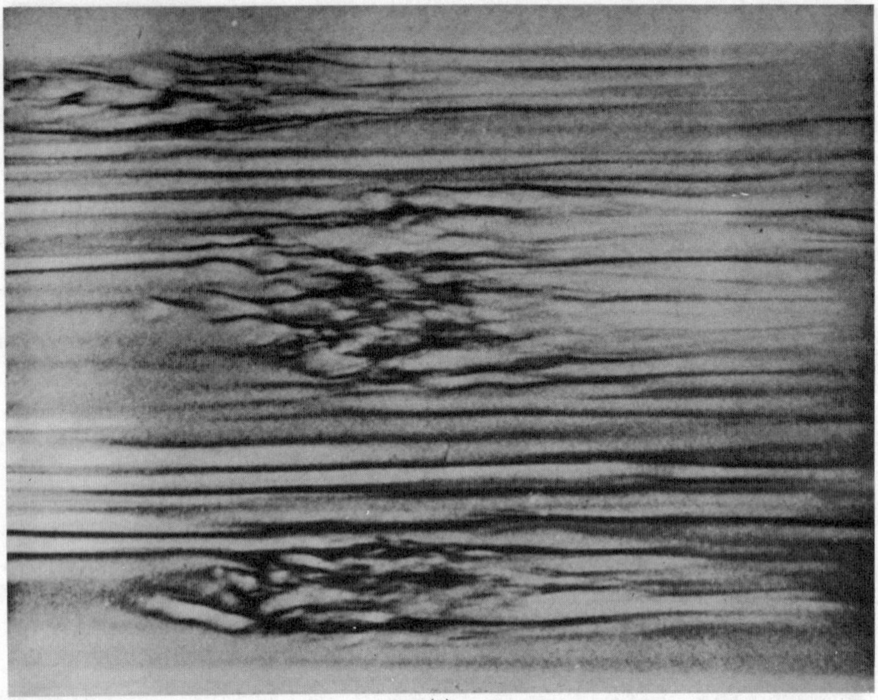

(*a*)

(*b*)

de Reynolds (Fig. 6.2*b*) es no estacionario e irregular, pero estacionario y predictible en media.

Fluctuaciones similares se pueden apreciar en la superficie libre del flujo en canales, figura 6.3. En el rango de transición (Fig. 6.3*a*) la turbulencia queda reducida a «manchas» o pequeñas zonas, mientras que en un flujo completamente turbulento (Fig. 6.3*b*) las fluctuaciones están más o menos uniformemente distribuidas.

Una descripción completa de los aspectos estadísticos de la turbulencia se puede hallar en la referencia 1, mientras que la teoría y los datos de los efectos de la transición están en las referencias 2 y 3. En este nivel de introducción destacaremos simplemente que el parámetro primario que afecta a la transición es el número de Reynolds. Si $\mathrm{Re}=UL/\nu$, donde U es la velocidad media y L es la «anchura», o longitud característica transversal, de la capa de cortadura, podemos encontrar los siguientes comportamientos:

$0<\mathrm{Re}<1$: movimiento laminar «lento» altamente viscoso
$1<\mathrm{Re}<100$: laminar, fuerte dependencia del Re
$100<\mathrm{Re}<10^3$: laminar, es útil la teoría de capa límite
$10^3<\mathrm{Re}<10^4$: transición a la turbulencia
$10^4<\mathrm{Re}<10^6$: turbulento, moderada dependencia del Re
$10^6<\mathrm{Re}<\infty$: turbulento, débil dependencia del Re

Estos son rangos indicativos que pueden variar con la geometría del flujo, la rugosidad de la superficie y los niveles de fluctuación de la corriente a la entrada. La mayoría de nuestros análisis versarán sobre flujos laminares o turbulentos, y normalmente no sobre flujos en la región de transición.

Perspectiva histórica

Como el movimiento turbulento es más común que el laminar, los experimentalistas han observado la turbulencia durante siglos, aunque sin percibir sus detalles. Antes de 1930 los instrumentos de medida eran muy poco sensibles y no recogían las fluctuaciones rápidas, y los científicos sólo medían valores medios de velocidad, presión, fuerza, etc. Pero la turbulencia puede variar estos valores medios drásticamente, por ejemplo, la caída brusca del coeficiente de resistencia de la figura 5.3. En 1839 un ingeniero alemán, G. H. L. Hagen, indicó por primera vez la existencia de *dos* regímenes de flujo viscoso. Midió la caída de presión en un flujo de agua en tubos largos de latón y dedujo la ley

$$\Delta p=(\mathrm{const})\frac{LQ}{r^4}+\text{efectos de la entrada} \tag{6.1}$$

Fig. 6.3 Visualización de la transición en una capa límite: (*a*) aparición de brotes turbulentos en Re de transición; (*b*) flujo completamente turbulento a Re elevados. [*De* Illustrated Experiments in Fluid Mechanics (*The NCFMF Book of Film Notes*), *National Committee of Fluid Mechanics Films, Education Development Center, Inc.*, 1972.]

Esta es exactamente la ley de semejanza del ejemplo 5.2, pero Hagen no se dio cuenta de que la constante era proporcional a la viscosidad del fluido.

La ley dejaba de ser válida al pasar Q de cierto límite, esto es, al sobrepasar el número de Reynolds crítico, y señalaba en su trabajo que debía haber un segundo modo de flujo caracterizado por «fuertes movimientos de agua en los cuales Δp varía como la segunda potencia del caudal...» Admitía que no podía clarificar las razones del cambio.

Un ejemplo típico de los datos de Hagen se muestra en la figura 6.4. La presión varía linealmente con $V=Q/A$ hasta 1,1 ft/s (0,34 m/s), en que había un cambio brusco. Para valores de V, de aproximadamente $V=2,2$ pies por segundo (0,67 m/s), la presión disminuye casi cuadráticamente con V. La expresión $\Delta p \propto V^{1,75}$ parece imposible sobre la base del análisis dimensional, pero puede ser explicada fácilmente con los datos adimensionales del diagrama de Moody (Fig. 6.13).

En 1883 Osborne Reynolds, un profesor de ingeniería británico, demostró que el cambio dependía del parámetro $\rho Vd/\mu$, ahora denominado

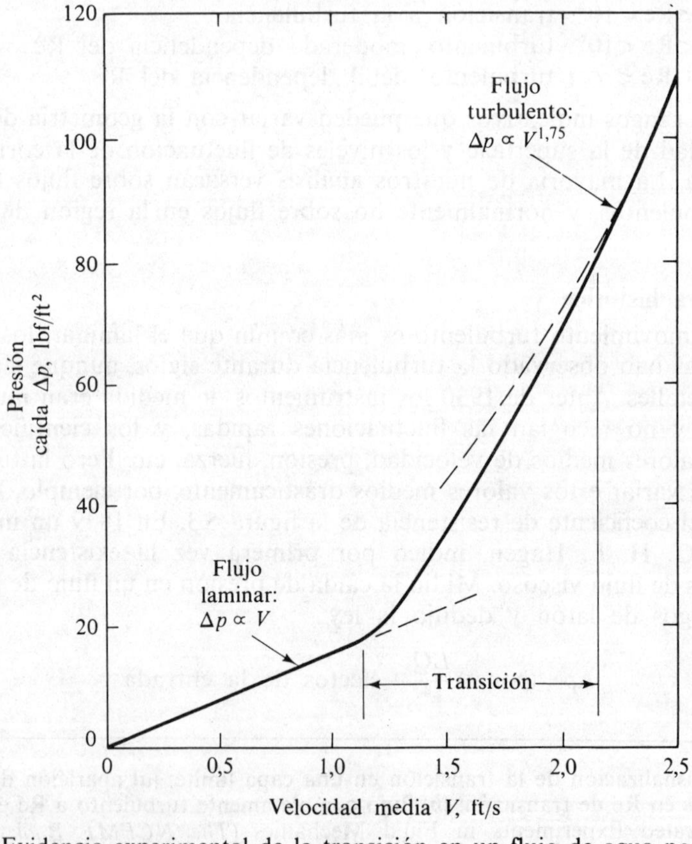

Fig. 6.4 Evidencia experimental de la transición en un flujo de agua por un tubo liso de $\frac{1}{4}$ in de diámetro y 10 ft de largo.

número de Reynolds en su honor. Introduciendo un hilo de tinta en el flujo, Reynolds observó la transición y la turbulencia. Sus esquemas sobre el comportamiento del flujo se muestran en la figura 6.5.

Si examinamos los datos de Hagen y calculamos el número de Reynolds para $V = 0{,}34$ m/s $= 1{,}1$ ft/s, obtenemos $Re_d = 2100$. El flujo se hacía completamente turbulento para $V = 0{,}67$ m/s $= 2{,}2$ ft/s, a $Re_d = 4200$. El valor de diseño aceptado para transición en tubos es

$$Re_{d,\text{crit}} \approx 2300 \tag{6.2}$$

Este valor es fiable para tubos comerciales (Fig. 6.13); pero, teniendo especial cuidado en redondear la entrada, poner paredes lisas y con la corriente de entrada libre de perturbaciones, el $Re_{d,\text{crit}}$ puede llevarse a valores muy superiores.

La transición también acontece en el flujo alrededor de cuerpos como la esfera y el cilindro de la figura 5.3. Ludwig Prandtl, profesor alemán de mecánica y matemática aplicada, demostró en 1904 que la delgada capa límite que rodea al cuerpo podía pasar de laminar a turbulenta. Por tanto, el coeficiente de resistencia aparecía como función del número de Reynolds [(Ec. (5.2)].

Actualmente existen teorías y experimentos sobre la inestabilidad del flujo laminar que explican por qué un flujo se hace turbulento. La referencia 5 es un texto avanzado sobre el tema.

La teoría del flujo laminar está bien desarrollada y se conocen muchas soluciones [2, 3], pero no hay análisis, ni siquiera soluciones de ordenador, que puedan simular las fluctuaciones aleatorias de escala pequeña del flujo turbulento. Por ello la teoría que existe sobre flujo turbulento es semiempírica, basada en análisis dimensional y razonamientos físicos; y se refiere sólo a las propiedades medias y a las varianzas de las fluctuaciones, pero no a sus variaciones rápidas. La «teoría» del flujo turbulento

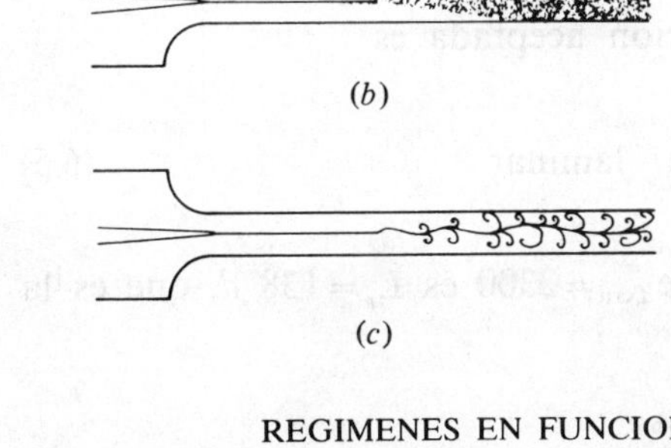

Fig. 6.5 Esquemas de Reynolds sobre la transición en tubos: (*a*) baja velocidad, movimiento laminar; (*b*) alta velocidad, movimiento turbulento; (*c*) fotografía instantánea del flujo en la condición (*b*). (*De la Ref.* 4.)

que se presenta en los capítulos 6 y 7 es increíblemente burda, aunque también sorprendentemente efectiva. Intentaremos una descripción racional que sitúe al análisis del flujo turbulento sobre una base física firme.

6.2 FLUJO INTERNO Y CORRIENTE EXTERIOR

Tanto el flujo laminar como el turbulento pueden ser internos, o sea, «confinados» por paredes, o externos y libres. En este capítulo estudiaremos los flujos internos, y en el capítulo 7 las corrientes exteriores.

Un flujo interno está confinado por paredes, y las capas fluidas sometidas a los efectos viscosos crecerán y se encontrarán ocupando todo el flujo. La figura 6.6 muestra el flujo interno en un conducto largo. Hay una *región de entrada* donde la corriente no viscosa inicial converge por entrar en el conducto. Las capas límites viscosas crecen aguas abajo, frenando el flujo axial $u(r, x)$ en la pared y acelerando el núcleo central para mantener el requisito de continuidad, que en un flujo incompresible es

$$Q = \int u \, dA = \text{const} \tag{6.3}$$

A una distancia finita de la entrada, las capas límite se unen y el núcleo no viscoso desaparece. El flujo en el tubo es entonces completamente viscoso, y la velocidad axial se va ajustando hasta $x = L_e$ en que ya no cambia prácticamente con x y se dice que el flujo está totalmente desarrollado, $u \approx u(r)$ sólo. Aguas abajo de $x = L_e$ el perfil de velocidad es constante, el esfuerzo en la pared es constante y la presión disminuye linealmente con x, tanto en flujo laminar como turbulento. Estos detalles se muestran en la figura 6.6.

El análisis dimensional indica que el número de Reynolds es el único parámetro que determina la longitud de entrada. Si

$$L_e = f(d, V, \rho, \mu) \qquad V = \frac{Q}{A}$$

de donde

$$\frac{L_e}{d} = g\left(\frac{\rho V d}{\mu}\right) = g(\text{Re}) \tag{6.4}$$

Para flujo laminar [2, 3], la correlación aceptada es

$$\frac{L_e}{d} \approx 0{,}06 \text{ Re} \quad \text{laminar} \tag{6.5}$$

La longitud máxima de entrada, a $\text{Re}_{d,\text{crit}} = 2300$ es $L_e = 138\ d$, que es la máxima posible.

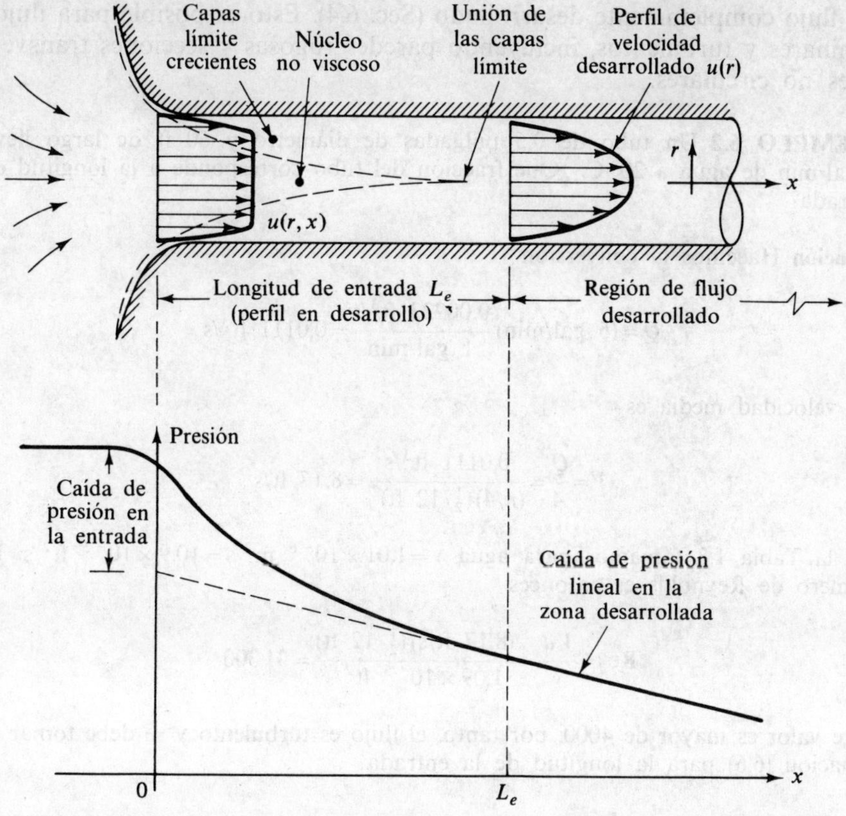

Fig. 6.6 Desarrollo de los perfiles de velocidad y variación de la presión en la entrada de un conducto.

En flujo turbulento las capas límite crecen más de prisa y L_e es relativamente más corto, siguiendo la expresión aproximada

$$\frac{L_e}{d} \approx 4{,}4\ \mathrm{Re}_d^{1/6} \quad \text{turbulento} \tag{6.6}$$

Algunas longitudes de entrada en régimen turbulento son pues

Re_d	4000	10^4	10^5	10^6	10^7	10^8
L_e/d	18	20	30	44	65	95

Ciertamente 44 diámetros pueden parecer «mucha longitud», pero las aplicaciones típicas con tubos tienen L/d de 1000 o más, en cuyo caso los efectos de la entrada son despreciables y se puede hacer un análisis simple del flujo completamente desarrollado (Sec. 6.4). Esto es posible para flujos laminares y turbulentos, incluyendo paredes rugosas y secciones transversales no circulares.

EJEMPLO 6.2 Un tubo de 0,5 pulgadas de diámetro y 60 ft de largo lleva 5 gal/min de agua a 20° C. ¿Qué fracción del tubo corresponde a la longitud de entrada?

Solución Hacemos la conversión

$$Q = (5 \text{ gal/min}) \frac{0{,}00223 \text{ ft}^3/\text{s}}{1 \text{ gal/min}} = 0{,}0111 \text{ ft}^3/\text{s}$$

La velocidad media es

$$V = \frac{Q}{A} = \frac{0{,}0111 \text{ ft}^3/\text{s}}{(\pi/4)(\frac{1}{2}/12 \text{ ft})^2} = 8{,}17 \text{ ft/s}$$

De la Tabla 1.3 tomamos para agua $\nu = 1{,}01 \times 10^{-6}$ m²/s $= 10{,}9 \times 10^{-5}$ ft²/s. El número de Reynolds es entonces

$$\text{Re}_d = \frac{Vd}{\nu} = \frac{(8{,}17 \text{ ft/s})(\frac{1}{2}/12 \text{ ft})}{1{,}09 \times 10^{-5} \text{ ft}^2/\text{s}} = 31\,300$$

Este valor es mayor de 4000; por tanto, el flujo es turbulento y se debe tomar la ecuación (6.6) para la longitud de la entrada

$$\frac{L_e}{d} \approx 4{,}4 \text{ Re}_d^{1/6} = (4{,}4)(31\,300)^{1/6} = 25$$

El tubo tiene $L/d = (60 \text{ ft})/[(\frac{1}{2}/12)\text{ft}] = 1440$. La región de entrada corresponde, pues, a la siguiente fracción

$$\frac{L_e}{L} = \frac{25}{1440} = 0{,}017 = 1{,}7\,\% \qquad \textit{Resp.}$$

Es un porcentaje muy pequeño, de modo que podemos considerar que el flujo está completamente desarrollado.

Una longitud corta puede sernos útil si se desea mantener un núcleo no viscoso. Por ejemplo, un túnel aerodinámico «largo» sería ridículo, ya que el flujo sería viscoso en todas partes, lo cual invalidaría la simulación de condiciones de corriente libre. Un túnel aerodinámico típico de baja velocidad mide 1 m de diámetro y 5 m de largo hasta la sección de ensayos, con $V = 30$ m/s. Tomando $\nu_{\text{aire}} = 1{,}51 \times 10^{-5}$ m/s de la Tabla 1.3, tenemos $\text{Re}_d = 1{,}99 \times 10^6$, y de la ecuación (6.6), $L_e/d \approx 49$. La sección de ensayos está a $L/d = 5$, que es mucho menor que la longitud de entrada. Al final de los 5 m la capa límite tendrá un espesor de 10 cm y quedarán 80 cm libres para los ensayos en los modelos

Una corriente exterior no tiene paredes confinantes y es libre de expandirse a pesar de que puedan crecer las capas viscosas de los cuerpos inmersos en él. Por ello, lejos de los cuerpos el flujo es prácticamente no viscoso, y muestra técnica analítica, del capítulo 7, intentará acoplar la solución no viscosa lejana con la solución de capa límite calculada para la región cercana a la pared. En el flujo externo no hay nada equivalente al flujo completamente desarrollado.

6.3 CORRELACIONES SEMIEMPIRICAS DE LOS ESFUERZOS TURBULENTOS

A lo largo de este capítulo vamos a suponer densidad y viscosidad constantes, sin efectos térmicos, de forma que las ecuaciones de continuidad y cantidad de movimiento son suficientes para poder determinar la velocidad y la presión

Continuidad:
$$\frac{\partial u}{\partial x}+\frac{\partial v}{\partial y}+\frac{\partial w}{\partial z}=0$$

Cantidad de movimiento:
$$\rho\frac{d\mathbf{V}}{dt}=-\nabla p+\rho\mathbf{g}+\mu\nabla^2\mathbf{V} \qquad (6.7)$$

sujetas a la condición de no deslizamiento en la pared y con condiciones de entrada y salida conocidas. (Dejaremos los flujos con superficie libre para el capítulo 10).

Tanto los flujos laminares como los turbulentos satisfacen las ecuaciones (6.7). En flujo laminar, en que no hay fluctuaciones aleatorias, podemos abordar y resolver movimientos con una gran variedad de geometrías [2, 3], dejando, por supuesto, muchas para los problemas.

Concepto de media temporal de Reynolds

En un flujo turbulento, debido a las fluctuaciones, cada término de presión o velocidad de las ecuaciones (6.7) varía rápida y aleatoriamente en función de la posición y del tiempo. Actualmente nuestras matemáticas no pueden manejar estas variables fluctuantes. No se conoce una pareja de funciones aleatorias $\mathbf{V}(x, y, z, t)$ y $p(x, y, z, t)$ que pueda ser solución de las ecuaciones (6.7). Además, nuestra atención como ingenieros está dirigida hacia los valores *medios* de velocidad, presión, esfuerzo cortante, etc., en los flujos a altos números de Reynolds (turbulentos). Esta filosofía llevó a Osborne Reynolds en 1895 a reescribir las ecuaciones (6.7) en términos de las medias temporales de las diversas variables turbulentas.

La media temporal $\bar{u}$ de una función turbulenta $u(x, y, z, t)$ se define como

$$\bar{u}=\frac{1}{T}\int_0^T u\,dt \qquad (6.8)$$

donde T es un período de promediado que debe ser mayor que cualquier período significativo de las fluctuaciones. Los valores medios de la velocidad y la presión se ilustran en la figura 6.7. Para flujos turbulentos comunes de agua o gases un período $T \approx 5$ s es en principio adecuado.

La fluctuación u' se define como la desviación de u de su valor medio

$$u' = u - \bar{u} \tag{6.9}$$

como muestra la figura 6.7. Por definición la media de la fluctuación es cero

$$\overline{u'} = \frac{1}{T} \int_0^T (u - \bar{u})\, dt = \bar{u} - \bar{u} = 0 \tag{6.10}$$

Sin embargo, la media del cuadrado de la fluctuación no es cero y es una medida de la *intensidad* de la turbulencia

$$\overline{u'^2} = \frac{1}{T} \int_0^T u^2\, dt \neq 0 \tag{6.11}$$

En general, ninguno de los productos de la forma $\overline{u'v'}$, $\overline{u'p'}$ es cero en un flujo turbulento.

La idea de Reynolds fue separar cada propiedad en sus medias más las fluctuaciones correspondientes

$$u = \bar{u} + u' \qquad v = \bar{v} + v' \qquad w = \bar{w} + w' \qquad p = \bar{p} + p' \tag{6.12}$$

Sustituyamos esto en las ecuaciones (6.7) y tomemos las medias temporales. La ecuación de continuidad se reduce a

$$\frac{\partial \bar{u}}{\partial x} + \frac{\partial \bar{v}}{\partial y} + \frac{\partial \bar{w}}{\partial z} = 0 \tag{6.13}$$

que es idéntica a la expresión laminar.

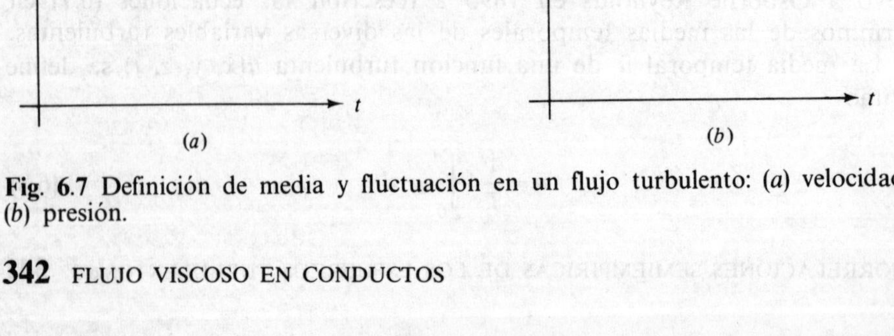

Fig. 6.7 Definición de media y fluctuación en un flujo turbulento: (*a*) velocidad; (*b*) presión.

Sin embargo, cada componente de la ecuación de cantidad de movimiento (6.7*b*), después de la media temporal, contendrá valores medios de tres productos, o *correlaciones*, de las fluctuaciones de velocidad. La más importante de éstas es la ecuación en la dirección del movimiento principal, dirección x, que toma la forma

$$\rho\frac{d\bar{u}}{dt}=-\frac{\partial\bar{p}}{\partial x}+\rho g_x+\frac{\partial}{\partial x}\left(\mu\frac{\partial\bar{u}}{\partial x}-\rho\overline{u'^2}\right)+$$
$$+\frac{\partial}{\partial y}\left(\mu\frac{\partial\bar{u}}{\partial y}-\rho\overline{u'v'}\right)+\frac{\partial}{\partial z}\left(\mu\frac{\partial\bar{u}}{\partial z}-\rho\overline{u'w'}\right) \qquad (6.14)$$

Los tres términos de correlaciones $-\rho\overline{u'^2}$, $-\rho\overline{u'v'}$ y $-\rho\overline{u'w'}$ se denominan *esfuerzos turbulentos* porque tienen esas dimensiones y aparecen conjuntamente con los esfuerzos (laminares) newtonianos $\mu(\partial\bar{u}/\partial x)$, etc. Realmente son términos de aceleración convectiva (que es por lo que aparece la densidad), no esfuerzos, pero tienen el mismo efecto matemático y se denominan así en la literatura universal.

Los esfuerzos turbulentos son a priori incógnitas que deben relacionarse experimentalmente con las condiciones y la geometría del flujo, como se detalla en las referencias 1 a 3. Afortunadamente, en flujos en conductos y en capas límite, los esfuerzos $-\rho\overline{u'v'}$ asociados con la dirección y normal a la pared son dominantes, y la ecuación de cantidad de movimiento longitudinal puede ser aproximada con fidelidad por

$$\rho\frac{d\bar{u}}{dt}\approx-\frac{\partial\bar{p}}{\partial x}+\rho g_x+\frac{\partial\tau}{\partial y} \qquad (6.15)$$

donde

$$\tau=\mu\frac{\partial\bar{u}}{\partial y}-\rho\overline{u'v'}=\tau_{\text{lam}}+\tau_{\text{turb}} \qquad (6.16)$$

La figura 6.8 muestra la distribución de τ_{lam} y τ_{turb} tomadas de medidas típicas a través de una capa límite turbulenta. El esfuerzo laminar es

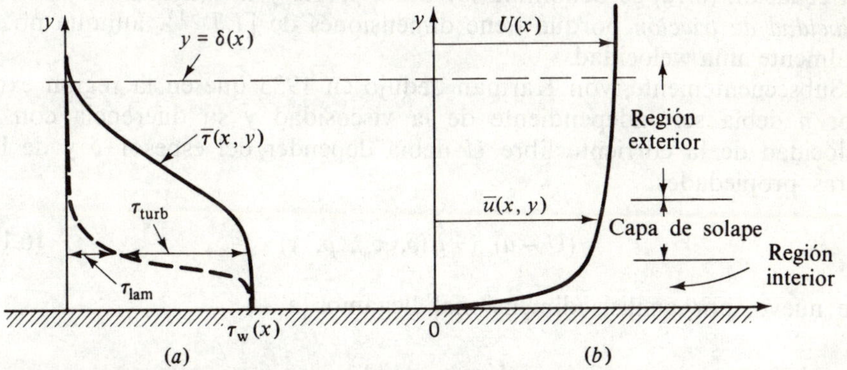

Fig. 6.8 Distribuciones típicas de velocidad y esfuerzo cortante en un flujo turbulento cerca de la pared: (*a*) esfuerzo cortante; (*b*) velocidad.

dominante cerca de la pared (*región de la pared*) y los esfuerzos turbulentos lo son en la *región exterior*. Hay una región de transición, intermedia, denominada *capa de solape*, donde tanto los esfuerzos laminares como los turbulentos son importantes. Estas tres regiones están indicadas en la figura 6.8.

En la región exterior, τ_{turb} es dos o tres órdenes de magnitud mayor que τ_{lam}, y en la subcapa viscosa ocurre lo contrario. Estos datos experimentales nos permiten establecer un modelo, simple pero efectivo, de la distribución $\bar{u}(y)$ a través de la capa límite turbulenta.

Ley de la capa logarítmica

Hemos visto en la figura 6.8 que en el flujo turbulento próximo a la pared hay tres regiones:

1. Región interior: esfuerzos viscosos dominantes.
2. Región exterior: esfuerzos turbulentos dominantes.
3. Capa de solape: ambos tipos de esfuerzos son importantes.

Permítasenos a partir de ahora suprimir el superrayado de la velocidad $\bar{u}$. Sea τ_w el esfuerzo en la pared y sean δ y U el espesor y la velocidad en el borde de la región exterior, $y = \delta$.

Para la región interior, Prandtl dedujo en 1930 que u debía ser independiente del espesor de la capa límite

$$u = f(\mu,\ \tau_w,\ \rho,\ y) \tag{6.17}$$

Por análisis dimensional esto es equivalente a

$$u^+ = \frac{u}{u^*} = F\left(\frac{yu^*}{\nu}\right) \qquad u^* = \left(\frac{\tau_w}{\rho}\right)^{1/2} \tag{6.18}$$

La ecuación (6.18) se denomina *ley de la pared*, y la magnitud u^* es una *velocidad de fricción* porque tiene dimensiones de $[LT^{-1}\}$, aunque no es realmente una velocidad.

Subsecuentemente, von Kármán dedujo en 1933 que en la región exterior u debía ser independiente de la viscosidad y su diferencia con la velocidad de la corriente libre U debía depender del espesor δ y de las otras propiedades

$$(U - u)_{\text{ext}} = g(\delta,\ \tau_w,\ \rho,\ y) \tag{6.19}$$

De nuevo, por análisis dimensional llegamos a

$$\frac{U - u}{u^*} = G\left(\frac{y}{\delta}\right) \tag{6.20}$$

donde u^* tiene el mismo significado que en la ecuación (6.11). La ecuación (6.20) se denomina *ley del defecto de la velocidad* para la región exterior.

Ambas leyes (6.18) y (6.20) se cumplen con buena aproximación en una amplia gama de flujos turbulentos en conductos y capas límite [1, 3]. Las dos son diferentes aunque deben acoplarse, dando el mismo resultado en la subcapa intermedia. En 1937, C. B. Millikan demostró que esto sólo podía ocurrir si la velocidad en esta zona variaba logarítmicamente con y:

$$\frac{u}{u^*} = \frac{1}{\kappa} \ln \frac{yu^*}{\nu} + B \quad \text{capa logarítmica} \tag{6.21}$$

Para una amplia gama de flujos las constantes adimensionales κ y B valen aproximadamente $\kappa \approx 0{,}41$ y $B \approx 5{,}0$. La ecuación (6.21) corresponde a la llamada capa logarítmica.

Así pues, mediante razonamientos de análisis dimensional e intuición física, podemos inferir que una representación de u en función de $\ln y$ en una capa límite turbulenta mostraría un aspecto curvo cerca de la pared y en la zona más lejana, y sería una recta en la subcapa logarítmica de solape. La figura 6.9 muestra dicha función. Los cuatro perfiles de la región exterior que se muestran tienden suavemente a la subcapa logarítmica, y la diferencia entre ellos resulta de diferencias en el gradiente de presiones exterior. La ley de la pared es única y obedece a la relación lineal

$$u^+ = \frac{u}{u^*} = \frac{yu^*}{\nu} = y^+ \tag{6.22}$$

desde la pared hasta aproximadamente $y^+ = 5$, y se desvía después para alcanzar la recta logarítmica para valores de y^+ en torno a 30.

Se crea o no, la figura 6.9, que no es sino el resultado de una hábil correlación de perfiles de velocidad, es la base de toda la «teoría» existente sobre la capa límite turbulenta. Nótese que no se ha resuelto ninguna ecuación, sino que simplemente se ha expresado la componente longitudinal de la velocidad en forma eficaz para posteriores desarrollos.

En la figura 6.9 hay una sorpresa inesperada: la ley logarítmica (6.21), en lugar de corresponder a un intervalo corto de acoplamiento, es válida en casi toda la capa límite salvo en la región exterior cuando hay un gradiente de presiones adverso muy fuerte (como en un difusor). La región interior no suele ocupar más de un 2 por 100 del espesor y suele despreciarse. Así, podemos utilizar la ecuación (6.21) como una aproximación excelente para resolver casi todos los problemas que se presentan en este capítulo y el siguiente. En las referencias 2 y 3 se pueden encontrar muchas aplicaciones adicionales.

EJEMPLO 6.3 Un flujo de aire a 20° C circula por un tubo de 14 cm de diámetro con movimiento totalmente desarrollado. La velocidad en el eje es $u_0 = 5$ m/s.

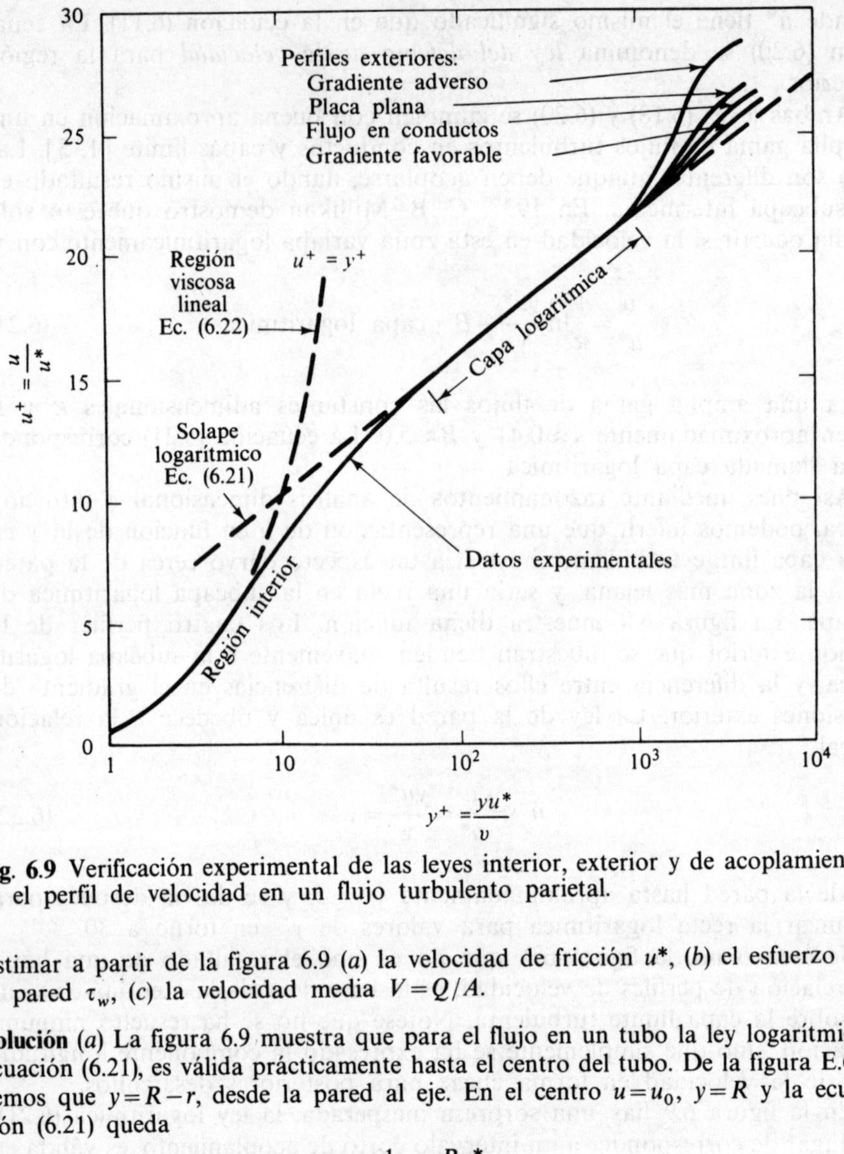

Fig. 6.9 Verificación experimental de las leyes interior, exterior y de acoplamiento en el perfil de velocidad en un flujo turbulento parietal.

Estimar a partir de la figura 6.9 (*a*) la velocidad de fricción u^*, (*b*) el esfuerzo en la pared τ_w, (*c*) la velocidad media $V = Q/A$.

Solución (*a*) La figura 6.9 muestra que para el flujo en un tubo la ley logarítmica, ecuación (6.21), es válida prácticamente hasta el centro del tubo. De la figura E.6.3 vemos que $y = R - r$, desde la pared al eje. En el centro $u = u_0$, $y = R$ y la ecuación (6.21) queda

$$\frac{u_0}{u^*} = \frac{1}{0{,}41} \ln \frac{Ru^*}{\nu} + 5{,}0 \qquad (1)$$

Como ya sabemos que $u_0 = 5$ m/s y $R = 0{,}07$ m, u^* es la única incógnita en esa expresión. Iterando se llega a

$$u^* = 0{,}228 \text{ m/s} = 22{,}8 \text{ cm/s} \qquad \textit{Resp. (a)}$$

donde se ha tomado para el aire $\nu = 1{,}51 \times 10^{-5}$ m²/s de la Tabla 1.3.

(*b*) Suponiendo una presión de 1 atm, tenemos $\rho = p/RT = 1{,}205$ kg/m³. Como por definición $u^* = (\tau_w/\rho)^{1/2}$, tenemos

$$\tau_w = \rho u^{*2} = (1{,}205 \text{ kg/m}^3)(0{,}228 \text{ m/s})^2 = 0{,}062 \text{ kg/(m} \cdot \text{s}^2) = 0{,}062 \text{ Pa} \qquad \textit{Resp. (b)}$$

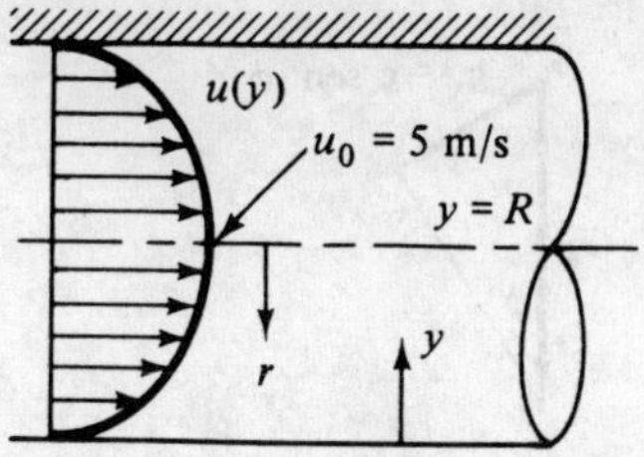

Fig. E6.3

Es un esfuerzo muy pequeño, pero puede producir una gran caída de presión en un tubo largo (170 Pa cada 100 m).

(*c*) La velocidad media V se obtiene integrando el perfil logarítmico

$$V = \frac{Q}{A} = \frac{1}{\pi R^2} \int_0^R u 2\pi r \, dr \tag{2}$$

Introduciendo $u = u^*[1/\kappa \ln (yu^*/\nu) + B]$, ecuación (6.21), y teniendo en cuenta que $y = R - r$, podemos integrar la expresión (2). El resultado final es

$$V = 0{,}835 u_0 = 4{,}17 \text{ m/s} \qquad \textit{Resp. } (c)$$

No vamos a aburrir aquí con la integración que es laboriosa; el resultado se da en una forma muy clara en las ecuaciones (6.49) y (6.59).

Nótese que hemos empezado con casi nada (el diámetro del tubo y la velocidad en el eje) y hemos obtenido las respuestas sin haber resuelto las ecuaciones diferenciales de continuidad y cantidad de movimiento. Simplemente hemos utilizado la ley logarítmica, ecuaciones (6.21), la cual hace innecesarias las ecuaciones diferenciales del movimiento. Esta herramienta es muy poderosa, pero se debe recordar que lo que estamos haciendo es utilizar una correlación experimental para aproximar la solución real del problema.

Debemos calcular el número de Reynolds para asegurarnos de que estamos en flujo turbulento

$$\text{Re}_d = \frac{Vd}{\nu} = \frac{(4{,}17 \text{ m/s})(0{,}14 \text{ m})}{1{,}51 \times 10^{-5} \text{ m}^2/\text{s}} = 38\,700$$

Como es mayor de 4000, el flujo es completamente turbulento.

6.4 FLUJO EN CONDUCTOS CIRCULARES

Como primer ejemplo de análisis de un flujo viscoso específico vamos a considerar el problema clásico de flujo en un tubo, originado por un gradiente de presión, la gravedad, o ambos. La figura 6.10 muestra la geometría del tubo de radio R. El eje x tiene la dirección del flujo y forma con la horizontal un ángulo ϕ.

Antes de resolver las ecuaciones del movimiento, podemos aprender mucho con el análisis de un volumen de control entre las secciones 1 y 2 de la figura 6.10. La ecuación de continuidad, ecuación (3.23), queda

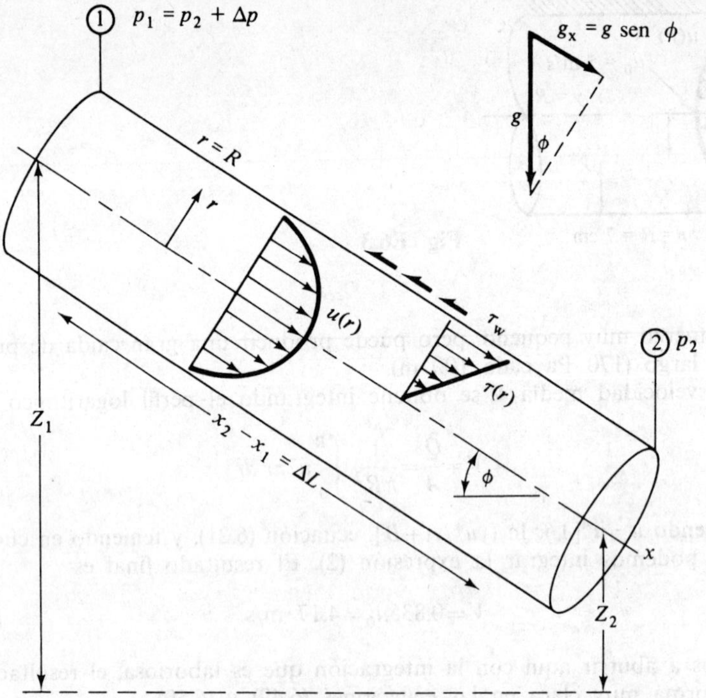

Fig. 6.10 Volumen de control para el flujo estacionario, totalmente desarrollado, entre dos secciones de un tubo inclinado.

$$Q_1 = Q_2 = \text{const}$$

o

$$V_1 = \frac{Q_1}{A_1} = V_2 = \frac{Q_2}{A_2} \tag{6.23}$$

ya que el tubo es de sección constante. La ecuación de la energía para flujo estacionario (3.85) se reduce a

$$\frac{p_1}{\rho} + \tfrac{1}{2}\alpha_1 V_1^2 + gz_1 = \frac{p_2}{\rho} + \tfrac{1}{2}\alpha_2 V_2^2 + gz_2 + gh_f \tag{6.24}$$

ya que no hay trabajo de partes móviles ni transferencia de calor. Supondremos ahora que el flujo está completamente desarrollado (Fig. 6.6) y corregiremos más tarde por los efectos de entrada. En este caso, el factor de corrección de energía cinética $\alpha_1 = \alpha_2$ y, como $V_1 = V_2$ por (6.23), la ecuación (6.24) se reduce a una expresión simple

$$h_f = \left(z_1 + \frac{p_1}{\rho g}\right) - \left(z_2 + \frac{p_2}{\rho g}\right) = \Delta\left(z + \frac{p}{\rho g}\right) = \Delta z + \frac{\Delta p}{\rho g} \tag{6.25}$$

La pérdida de carga es igual a la suma de variaciones de presión y altura, o sea, a la variación en nivel de la LAM. Como la energía cinética media es constante a lo largo del conducto, h_f también es igual a la variación de nivel de la LNE. Recuérdese de la figura 3.17 que la LNE desciende debido a las pérdidas a menos que el flujo atraviese una fuente de energía, como una bomba o un cambiador de calor.

Finalmente apliquemos la ecuación de cantidad de movimiento (3.40) al volumen de control de la figura 6.10, teniendo en cuenta como fuerzas aplicadas las de presión, gravedad y fricción en la pared

$$\Delta p \ \pi R^2 + \rho g(\pi R^2) \ \Delta L \text{ sen } \phi - \tau_w(2\pi R) \ \Delta L = \dot{m}(V_1 - V_2) = 0 \quad (6.26)$$

Esta ecuación relaciona h_f con el esfuerzo en la pared

$$\Delta z + \frac{\Delta p}{\rho g} = h_f = \frac{2\tau_w}{\rho g} \frac{\Delta L}{R} \quad (6.27)$$

donde hemos puesto $\Delta z = \Delta L$ sen ϕ, según la figura 6.10.

Hasta aquí no hemos supuesto flujo laminar ni turbulento. Si podemos correlacionar τ_w con las condiciones del flujo, habremos resuelto el problema de la pérdida de carga en tubos. Funcionalmente, suponemos que

$$\tau_w = F(\rho, \ V, \ \mu, \ d, \ \varepsilon) \quad (6.28)$$

donde ε es la altura de rugosidad de la pared. El análisis dimensional nos dice que

$$\frac{8\tau_w}{\rho V^2} = f = F\left(\text{Re}_d, \frac{\varepsilon}{d}\right) \quad (6.29)$$

El parámetro adimensional f se denomina *coeficiente de fricción de Darcy*, en honor a Henry Darcy (1803-1858), ingeniero francés cuyos trabajos de 1857 sobre flujo en tubos expusieron por primera vez el efecto de la rugosidad en la fricción.

Combinando las ecuaciones (6.27) y (6.29), obtenemos la expresión adecuada para calcular las pérdidas de carga

$$h_f = f \ \frac{L}{d} \ \frac{V^2}{2g} \quad (6.30)$$

Esta es la ecuación de Darcy-Weisbach, válida para flujos tanto laminares como turbulentos, en conductos de sección transversal arbitraria. Fue propuesta por Julius Weisbach, profesor alemán que en 1850 publicó el primer texto moderno en hidrodinámica.

Ahora sólo queda el problema de hallar la función F de la ecuación (6.29) y dibujarla en el diagrama de Moody, figura 6.13.

Ecuaciones del movimiento

Para flujo laminar o turbulento la ecuación de continuidad en coordenadas cilíndricas viene dada por (Apéndice E)

$$\frac{1}{r}\frac{\partial}{\partial r}(rv_r) + \frac{1}{r}\frac{\partial}{\partial \theta}(v_\theta) + \frac{\partial u}{\partial z} = 0 \quad (6.31)$$

Supondremos que no hay rotación ni variación circunferencial, $v_\theta = \partial/\partial\theta = 0$, y que el flujo está completamente desarrollado: $u = u(r)$ solamente. La ecuación (6.31) se reduce entonces a

$$\frac{1}{r}\frac{\partial}{\partial r}(rv_r) = 0$$

o

$$rv_r = \text{const} \tag{6.32}$$

Pero en la pared, $r = R$, $v_r = 0$ (no deslizamiento); por tanto, (6.32) implica que $v_r = 0$ en todo punto. Así, en flujo completamente desarrollado sólo hay una componente de la velocidad, $u = u(r)$.

La ecuación diferencial de cantidad de movimiento en coordenadas cilíndricas queda

$$\rho u \frac{\partial u}{\partial z} = -\frac{dp}{dx} + \rho g_x + \frac{1}{r}\frac{\partial}{\partial r}(r\tau) \tag{6.33}$$

donde τ puede representar tanto al esfuerzo laminar como al turbulento. El primer miembro es nulo, ya que $u = u(r)$. Reagrupando y tomando de la figura 6.10 que $g_x = g$ sen ϕ

$$\frac{1}{r}\frac{\partial}{\partial r}(r\tau) = \frac{d}{dx}(p - \rho g x \text{ sen } \phi) = \frac{d}{dx}(p + \rho g z) \tag{6.34}$$

Como el primer miembro sólo depende de r y el segundo sólo de x, ambos deben ser constantes[1]. Por tanto, la ecuación (6.34) puede ser integrada para darnos la distribución de esfuerzos a través del conducto, utilizando la condición de simetría $\tau = 0$ en $r = 0$

$$\tau = \tfrac{1}{2} r \frac{d}{dx}(p + \rho g z) = (\text{const})(r) \tag{6.35}$$

Así vemos que el esfuerzo cortante varía linealmente desde el eje hasta la pared, tanto en régimen laminar como en turbulento. Esto también se muestra en la figura 6.10. Para $r = R$ tenemos un esfuerzo en la pared

$$\tau_w = \tfrac{1}{2} R \frac{\Delta p + \rho g \, \Delta z}{\Delta L} \tag{6.36}$$

resultado que es idéntico al (6.27) de la ecuación de cantidad de movimiento. Ahora podemos completar nuestro estudio de flujo en conductos introduciendo las expresiones apropiadas para el flujo laminar o turbulento en la ecuación (6.35).

Solución para flujo laminar

Nótese que en la ecuación (6.35) la pendiente de la LAM $d(p + \rho g z)/dx$ es *negativa* porque tanto la presión como la altura disminuyen con x. En flujo laminar, $\tau = \mu du/dr$, que sustituido en la ecuación (6.35) da

[1] Pida aclaraciones a su instructor si lo necesita.

$$\mu \frac{du}{dr} = \tfrac{1}{2} r K \qquad K = \frac{d}{dx}(p + \rho g z) \tag{6.37}$$

Integrando una vez

$$u = \tfrac{1}{4} r^2 \frac{K}{\mu} + C_1 \tag{6.38}$$

La constante C_1 se calcula con la condición de no deslizamiento en la pared: $u=0$ en $r=R$

$$0 = \tfrac{1}{4} R^2 \frac{K}{\mu} + C_1 \tag{6.39}$$

o sea, $C_1 = -\tfrac{1}{4} R^2 K/\mu$. Introduciendo esto en la ecuación (6.38) obtenemos la solución exacta del flujo laminar completamente desarrollado

$$u = \frac{1}{4\mu}\left[-\frac{d}{dx}(p + \rho g z)\right](R^2 - r^2) \tag{6.40}$$

El perfil del flujo laminar es un paraboloide que cae a cero en la pared y alcanza su máximo en el eje

$$u_{\text{máx}} = \frac{R^2}{4\mu}\left[-\frac{d}{dx}(p + \rho g z)\right] \tag{6.41}$$

Recuerda al esquema de $u(r)$ de la figura 6.10.

La distribución laminar (6.40) se denomina *flujo de Hagen-Poiseuille* en memoria de los trabajos experimentales de G. Hagen en 1839 y J. L. Poiseuille en 1840, que establecieron la ley de variación de la presión, ecuación (6.1). La primera deducción teórica de la ecuación (6.40) procede de E. Hagenbach y F. Neumann, obtenida independientemente alrededor de 1859.

A partir de la ecuación (6.40) se obtienen inmediatamente otros resultados. El flujo volumétrico es

$$Q = \int u \, dA = \int_0^R u_{\text{máx}}\left(1 - \frac{r^2}{R^2}\right) 2\pi r \, dr =$$

$$= \tfrac{1}{2} u_{\text{máx}} \pi R^2 = \frac{\pi R^2}{8\mu}\left[-\frac{d}{dx}(p + \rho g z)\right] \tag{6.42}$$

La velocidad media en régimen laminar es, pues, la mitad de la velocidad máxima

$$V = \frac{Q}{A} = \frac{Q}{\pi R^2} = \tfrac{1}{2} u_{\text{máx}} \tag{6.43}$$

En un tubo horizontal ($\Delta z=0$), la ecuación (6.42) toma la forma predicha por Hagen; ecuación (6.1)

$$\Delta p=\frac{8\mu LQ}{\pi R^4} \tag{6.44}$$

El esfuerzo en la pared se calcula a partir del gradiente de la velocidad en la pared

$$\tau_w=\left|\mu\frac{du}{dr}\right|_{r=R}=\frac{2\mu u_{\text{máx}}}{R}=\tfrac{1}{2}R\left|\frac{d}{dx}(p+\rho gz)\right| \tag{6.45}$$

Lo cual da un coeficiente de fricción laminar de

$$f=\frac{8\tau_w}{\rho V^2}=\frac{8(8\mu V/d)}{\rho V^2}=\frac{64\mu}{\rho Vd}$$

o

$$f_{\text{lam}}=\frac{64}{\text{Re}_d} \tag{6.46}$$

Esta expresión está representada en el diagrama de Moody, figura 6.13. El hecho de que f disminuya al aumentar Re_d no debe llevar al equívoco de pensar que el esfuerzo decrece con la velocidad. La ecuación (6.45) muestra claramente que τ_w es proporcional a $u_{\text{máx}}$ y, lo que es más interesante, independiente de la densidad ya que la aceleración del fluido es nula.

La pérdida de carga laminar se deduce de la ecuación (6.30)

$$h_{f,\,\text{lam}}=\frac{64\mu}{\rho Vd}\,\frac{L}{d}\,\frac{V^2}{2g}=\frac{32\mu LV}{\rho gd^2}=\frac{128\mu LQ}{\pi\rho gd^4} \tag{6.47}$$

La pérdida de carga laminar es, según vemos, proporcional a V.

EJEMPLO 6.4 Un flujo de aceite con $\rho=900$ kg/m³ y $\nu=0{,}0002$ m²/s circula hacia arriba por el tubo inclinado de la figura. La presión y la altura de las secciones 1 y 2 son conocidas, y éstas distan 10 m una de otra. Suponiendo flujo laminar estacionario, (*a*) verificar que el flujo es hacia arriba, (*b*) calcular h_f entre 1 y 2, y calcular (*c*) Q, (*d*) V y (*e*) Re_d. ¿Es laminar el flujo?

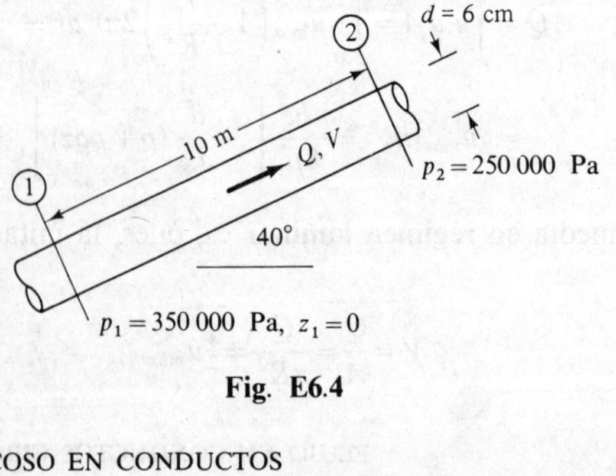

Fig. E6.4

Solución (*a*) Para uso ulterior calculemos

$$\mu = \rho\nu = (900\ \text{kg/m}^3)(0{,}0002\ \text{m}^2/\text{s}) = 0{,}18\ \text{kg/(m}\cdot\text{s)}$$
$$z_2 = \Delta L \operatorname{sen} 40° = (10\ \text{m})(0{,}643) = 6{,}43\ \text{m}$$

El flujo va en el sentido en que disminuye la LAM; por tanto, calculemos la altura de ésta en cada sección

$$\text{LAM}_1 = z_1 + \frac{p_1}{\rho g} = 0 + \frac{350\,000}{900(9{,}807)} = 39{,}65\ \text{m}$$
$$\text{LAM}_2 = z_2 + \frac{p_2}{\rho g} = 6{,}43 + \frac{250\,000}{900(9{,}807)} = 34{,}75\ \text{m}$$

La LAM está más baja en la sección 2; luego el flujo va de 1 a 2. *Resp.* (*a*)

(*b*) La pérdida de carga es la variación en la LAM

$$h_f = \text{LAM}_1 - \text{LAM}_2 = 39{,}65\ \text{m} - 34{,}75\ \text{m} = 4{,}9\ \text{m} \qquad \textit{Resp. (b)}$$

Una pérdida equivalente a la mitad de la longitud del conducto es una pérdida muy elevada.

(*c*) El valor de Q se puede deducir de varias fórmulas, por ejemplo, de la ecuación (6.47)

$$Q = \frac{\pi\rho g d^4 h_f}{128\mu L} = \frac{\pi(900)(9{,}807)(0{,}06)^4(4{,}9)}{128(0{,}18)(10)} = 0{,}0076\ \text{m}^3/\text{s} \qquad \textit{Resp. (c)}$$

(*d*) Dividiendo Q por el área tenemos la velocidad media

$$V = \frac{Q}{\pi R^2} = \frac{0{,}0076}{\pi(0{,}03)^2} = 2{,}7\ \text{m/s} \qquad \textit{Resp. (d)}$$

(*e*) Conocida V, el número de Reynolds es

$$\text{Re}_d = \frac{Vd}{\nu} = \frac{2{,}7(0{,}06)}{0{,}0002} = 810 \qquad \textit{Resp. (e)}$$

Este valor es menor que el de la transición $\text{Re}_d = 2300$, por lo cual es seguro que estamos en régimen laminar.

Nótese que por haber utilizado sólo unidades SI (metros, segundos, kilogramos, newtones) en todas las variables, no se ha necesitado ningún factor de conversión en los cálculos.

EJEMPLO 6.5 Un líquido de peso específico $\rho g = 58\ \text{lb/ft}^3$ fluye por gravedad desde un depósito de 1 ft a través de un capilar de 1 ft de longitud, con un caudal de $0{,}15\ \text{ft}^3/\text{h}$. Las secciones 1 y 2 están a la presión atmosférica. Despreciando los efectos de la entrada, calcular la viscosidad del líquido en slugs por pie y segundo.

Solución Aplicamos la ecuación de la energía para flujo estacionario (3.86) sin trabajo de partes móviles ni transferencia de calor

$$\frac{p_1}{\rho g} + \frac{V_1^2}{2g} + z_1 = \left(\frac{p_2}{\rho g} + \frac{V_2^2}{2g} + z_2\right) + h_f$$

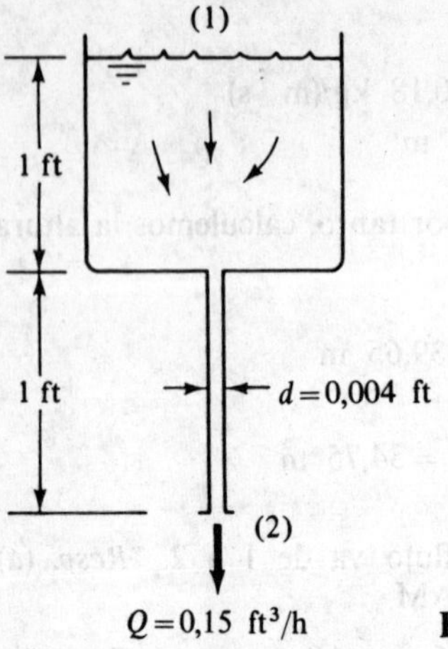

Fig. E6.5

Como $p_1 = p_2 = p_a$ y V_1 es despreciable, tenemos aproximadamente

$$h_f = z_1 - z_2 - \frac{V_2^2}{2g} = 2 \text{ ft} - \frac{V_2^2}{2g} \quad (1)$$

La velocidad V_2 se puede obtener del caudal y del diámetro del capilar

$$V_2 = \frac{Q}{\pi R^2} = \frac{0{,}15/3600 \text{ ft}^3/\text{s}}{\pi(0{,}002 \text{ ft})^2} = 3{,}32 \text{ ft/s}$$

Sustituyendo en la expresión (1) tenemos la pérdida de carga neta

$$h_f = 2{,}0 - \frac{(3{,}32)^2}{2(32{,}2)} = 1{,}83 \text{ ft} \quad (2)$$

Nótese que h_f incluye los 2 ft completos y no sólo el pie de longitud del capilar.

Hasta aquí no hemos especificado si el flujo es laminar o turbulento. Para flujo laminar con pérdidas despreciables en la entrada, la pérdida de carga viene dada por la ecuación (6.47)

$$h_f = 1{,}83 \text{ ft} = \frac{32\mu L V}{\rho g d^2} = \frac{32\mu(1{,}0 \text{ ft})(3{,}32 \text{ ft/s})}{(58 \text{ lb/ft}^3)(0{,}004 \text{ ft})^2} = 114\,500\mu$$

o

$$\mu = \frac{1{,}83}{114.500} = 1{,}60 \times 10^{-5} \text{ slug/(ft} \cdot \text{s)} \qquad \textit{Resp.}$$

Nótese que L en esta fórmula es la longitud del capilar 1 ft. Comprobemos el número de Reynolds para ver si el flujo es laminar

$$\rho = \frac{\rho g}{g} = \frac{58{,}0}{32{,}2} = 1{,}80 \text{ slugs/ft}^3$$

$$\text{Re}_d = \frac{\rho V d}{\mu} = \frac{(1{,}80)(3{,}32)(0{,}004)}{1{,}60 \times 10^{-5}} = 1500 \quad \text{laminar}$$

Como es menor de 2300, el flujo parece ser efectivamente laminar. En realidad, podemos estar equivocados como mostrará el ejemplo 6.8.

Solución para flujo turbulento

En flujo turbulento no necesitamos resolver ninguna ecuación diferencial, sino simplemente utilizar la ley logarítmica, como en el ejemplo 6.3. Supongamos que la ecuación (6.21) representa fiablemente el perfil de velocidad medida $u(r)$ a través del conducto

$$\frac{u(r)}{u^*} \approx \frac{1}{\kappa} \ln \frac{(R-r)u^*}{\nu} + B \qquad (6.48)$$

donde hemos sustituido y por $R-r$. La velocidad media será para este perfil

$$V = \frac{Q}{A} = \frac{1}{\pi R^2} \int_0^R u^* \left[\frac{1}{\kappa} \ln \frac{(R-r)u^*}{\nu} + B \right] 2\pi r \; dr =$$

$$= \tfrac{1}{2} u^* \left(\frac{2}{\kappa} \ln \frac{Ru^*}{\nu} + 2B - \frac{3}{\kappa} \right) \qquad (6.49)$$

Introduciendo $\kappa = 0{,}41$ y $B = 5{,}0$, obtenemos, numéricamente,

$$\frac{V}{u^*} \approx 2{,}44 \ \ln \frac{Ru^*}{\nu} + 1{,}34 \qquad (6.50)$$

Esto parece de interés marginal hasta que nos damos cuenta de que V/u^* está relacionado directamente con el coeficiente de fricción de Darcy

$$\frac{V}{u^*} = \left(\frac{\rho V^2}{\tau_w} \right)^{1/2} = \left(\frac{8}{f} \right)^{1/2} \qquad (6.51)$$

Además, el argumento del logaritmo de (6.50) es equivalente a

$$\frac{Ru^*}{\nu} = \frac{\frac{1}{2} Vd}{\nu} \frac{u^*}{V} = \tfrac{1}{2} \mathrm{Re}_d \left(\frac{f}{8} \right)^{1/2} \qquad (6.52)$$

Introduciendo (6.52) y (6.51) en la ecuación (6.50), cambiando a base decimal el logaritmo y reordenando, tenemos

$$\frac{1}{f^{1/2}} \approx 1{,}99 \ \log \ (\mathrm{Re}_d \, f^{1/2}) - 1{,}02 \qquad (6.53)$$

En otras palabras, calculando la velocidad media del flujo por integración del perfil logarítmico, hemos obtenido una relación entre el coeficiente de fricción y el número de Reynolds para el flujo turbulento en un conducto. Prandtl dedujo la ecuación (6.53) en 1935 y varió ligeramente las constantes para ajustarlas mejor a los datos experimentales

$$\frac{1}{f^{1/2}} = 2{,}0 \ \log \ (\mathrm{Re}_d \, f^{1/2}) - 0{,}8 \qquad (6.54)$$

Esta es la expresión comúnmente aceptada para conductos de paredes lisas. A continuación se indican algunos valores numéricos:

Re_d	4000	10^4	10^5	10^6	10^7	10^8
f	0,0399	0,0309	0,0180	0,0116	0,0081	0,0059

Vemos que f sólo disminuye en un factor de 5 frente a uno de 10000 en el número de Reynolds. Si se desea conocer f a partir de Re_d, la ecuación (6.54) es demasiado complicada. En la literatura hay muchas aproximaciones alternativas para calcular f a partir de Re_d

$$f \approx \begin{cases} 0{,}316\ \mathrm{Re}_d^{-1/4} & 4000 < \mathrm{Re}_d < 10^5 \quad \text{H. Blasius (1911)} \\ 1{,}02(\log\ \mathrm{Re}_d)^{-2,5} & \quad \text{F. White (1974)} \end{cases} \tag{6.55}$$

Blasius, discípulo de Prandtl, presentó con su fórmula la primera correlación entre fricción y número de Reynolds. Aunque esta fórmula tiene un rango limitado, basta para cubrir los datos experimentales de Hagen de 1839. En un conducto horizontal, la ecuación (6.55) indica

$$h_f = \frac{\Delta p}{\rho g} = f\frac{L}{d}\frac{V^2}{2g} \approx 0{,}316\left(\frac{\mu}{\rho V d}\right)^{1/4}\frac{L}{d}\frac{V^2}{2g}$$

o

$$\Delta p \approx 0{,}158\, L\rho^{3/4}\mu^{1/4}d^{-5/4}V^{7/4} \tag{6.56}$$

en movimiento turbulento a bajos números de Reynolds. Esto explica por qué en los datos de Hagen la caída de presión iba como la potencia 1,75 de la velocidad, figura 6.4. Nótese que Δp sólo varía ligeramente con la viscosidad, lo cual es característico de los movimientos turbulentos. Escribiendo $Q = \frac{1}{4}\pi d^2 V$, la ecuación (6.56) queda en la forma

$$\Delta p \approx 0{,}241 L\rho^{3/4}\mu^{1/4}d^{-4,75}Q^{1,75} \tag{6.57}$$

Para un flujo volumétrico Q dado, la presión disminuye con el diámetro más aún que en régimen laminar. Por ello, la forma más fácil de reducir la presión de bombeo es poner tubos de más diámetro, aunque por supuesto son más caros. Duplicando el diámetro Δp disminuye, para un Q dado, aproximadamente en un factor de 27.

La velocidad máxima en flujo turbulento en conductos viene dada por la ecuación (6.48) particularizada en $r = 0$

$$\frac{u_{\text{máx}}}{u^*} \approx \frac{1}{\kappa}\ln\frac{Ru^*}{\nu} + B \tag{6.58}$$

Combinando ésta con la ecuación (6.49), obtenemos una fórmula que relaciona la velocidad media con la máxima

$$\frac{V}{u_{\text{máx}}} \approx (1 + 1{,}33\sqrt{f})^{-1} \tag{6.59}$$

Algunos de los valores numéricos son

Re_d	4000	10^4	10^5	10^6	10^7	10^8
$V/u_{\text{máx}}$	0,790	0,811	0,849	0,875	0,893	0,907

El cociente varía con el número de Reynolds y es mucho mayor que el valor 0,5 del régimen laminar, ecuación (6.43). Por ello, el perfil de velocidad turbulento es muy plano en el centro y cae bruscamente a cero en la pared, como muestra la figura 6.11.

Efecto de la rugosidad de la pared

Hasta los experimentos de Coulomb [6] en 1800 no se supo que la rugosidad de la pared influía en la fricción. Sucede que este efecto es despreciable en flujo laminar y las fórmulas obtenidas en esta sección para régimen laminar son válidas incluso con paredes rugosas. Sin embargo, el flujo turbulento sí que se ve afectado por la rugosidad. En la figura 6.9 la parte lineal de la subcapa viscosa sólo llega a $y^+ = yu^*/\nu = 5$. Así, comparado con el diámetro, su espesor es

$$\frac{y_s}{d} = \frac{5\nu/u^*}{d} = \frac{14{,}1}{\mathrm{Re}_d f^{1/2}} \tag{6.60}$$

Por ejemplo, a $\mathrm{Re}_d = 10^5$, $f = 0{,}018$, $y_s/d = 0{,}001$. Una rugosidad de la pared de alrededor de $0{,}001d$ interrumpe dicha subcapa y produce cambios importantes en la ley de la pared de la figura 6.9

Las medidas de $u(y)$ en flujo turbulento con paredes rugosas por Nikuradse [7], discípulo de Prandtl, muestran, figura 6.12*a*, que una rugosidad ε desplaza al perfil logarítmico de la pared en una cantidad aproximada-

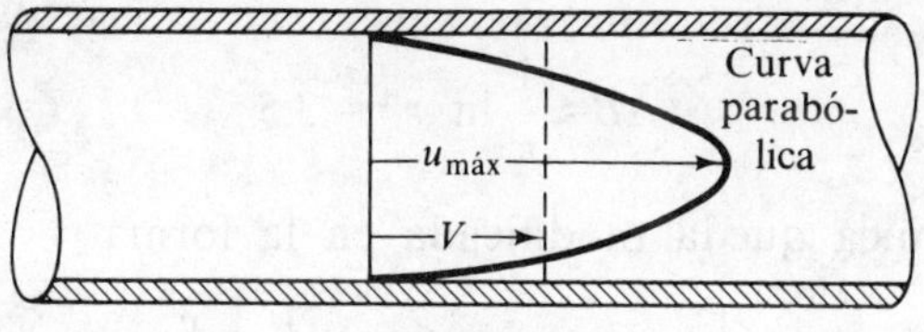

(*a*)

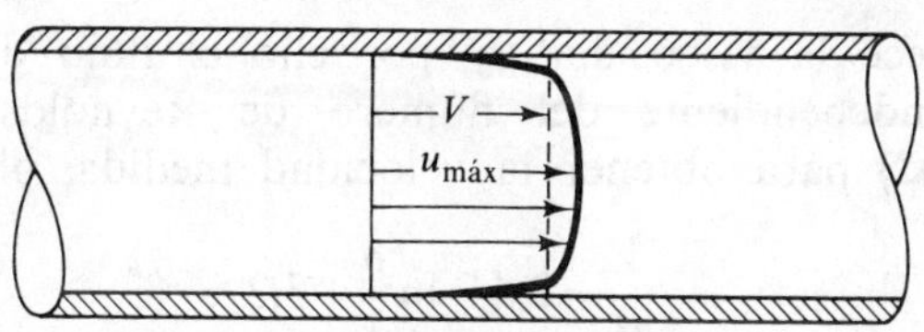

(*b*)

Fig. 6.11 Comparación de los perfiles de velocidad en dos flujos, laminar y turbulento, con el mismo caudal: (*a*) flujo laminar; (*b*) flujo turbulento.

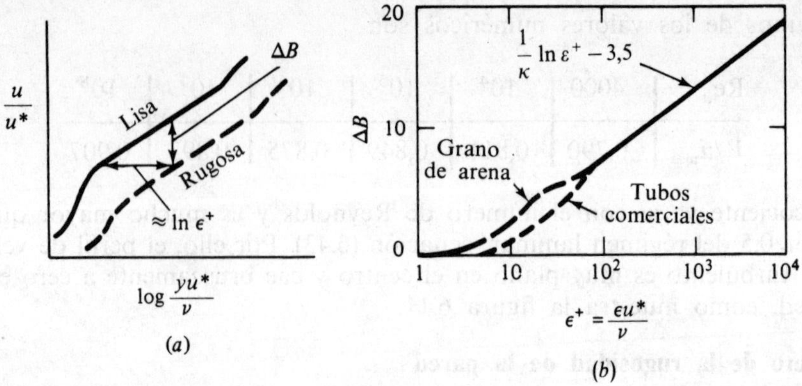

Fig. 6.12 Efecto de la rugosidad de la pared en los perfiles de velocidad turbulentos: (*a*) desplazamiento de la ley logarítmica; (*b*) correlación con la rugosidad.

mente igual a ln ε^+, donde $\varepsilon^+ = \varepsilon u^*/\nu$. La pendiente de la ley logarítmica permanece invariable, $1/\kappa$, pero el desplazamiento disminuye la constante B en $\Delta B \approx 1/\kappa \ln \varepsilon^+$. Los valores reales de ΔB para rugosidad controlada [7] y rugosidad de tubos comerciales [8] se muestran en la figura 6.12*b*.

La figura 6.12*b* revela tres regímenes respecto a la rugosidad:

- $\varepsilon u^*/\nu < 5$: pared *hidráulicamente lisa*, sin efecto de la rugosidad en la fricción.
- $5 < \varepsilon u^*/\nu < 70$: rugosidad de *transición*, moderado efecto del número de Reynolds.
- $\varepsilon u^*/\nu > 70$: flujo *dominado por la rugosidad*, la subcapa viscosa no existe y la fricción es independiente del número de Reynolds.

En flujo dominado por la rugosidad, $\varepsilon^+ > 70$, los datos de la figura 6.12*b* siguen la línea

$$\Delta B \approx \frac{1}{\kappa} \ln \varepsilon^+ - 3{,}5 \tag{6.61}$$

y la ley logarítmica queda modificada en la forma

$$u^+ = \frac{1}{\kappa} \ln y^+ + B - \Delta B = \frac{1}{\kappa} \ln \frac{y}{\varepsilon} + 8{,}5 \tag{6.62}$$

donde no aparece la viscosidad, y por ello el flujo dominado por la rugosidad es independiente del número de Reynolds. Si integramos la ecuación (6.62) para obtener la velocidad medida, obtenemos

$$\frac{V}{u^*} = 2{,}44 \ln \frac{d}{\varepsilon} + 3{,}2$$

o $$\frac{1}{f^{1/2}} = -2{,}0 \log \frac{\varepsilon/d}{3{,}7} \quad \text{flujo dominado por la rugosidad} \tag{6.63}$$

No hay efecto del número de Reynolds; por eso la pérdida de carga varía en este caso exactamente con el cuadrado de la velocidad. Algunos valores numéricos del coeficiente de fricción son:

ε/d	0,00001	0,0001	0,001	0,01	0,05
f	0,00806	0,0120	0,0196	0,0379	0,0716

El coeficiente de fricción aumenta en un factor de 9 al hacerlo la rugosidad en uno de 5000.

Diagrama de Moody

Para cubrir el rango de transición, C. F. Colebrook [9] combinó en 1939 las relaciones de paredes lisas [Ec. (6.54)] y flujo dominado por la rugosidad [Ec. (6.63)] en una fórmula única

$$\frac{1}{f^{1/2}} = -2{,}0 \log\left(\frac{\varepsilon/d}{3{,}7} + \frac{2{,}51}{\mathrm{Re}_d\, f^{1/2}}\right) \tag{6.64}$$

Esta fórmula se considera aceptable para el cálculo de la fricción turbulenta. En 1944 fue dibujada por L. F. Moody [8] en lo que ahora denominamos *diagrama de Moody* de pérdida de carga (Fig. 6.13). Este diagrama es probablemente la figura más útil y conocida de la Mecánica de Fluidos. Es fiable si se aceptan errores inferiores al 15 por 100 en cálculos de diseño sobre el rango completo mostrado en la figura 6.13. Puede ser utilizada para conductos circulares y no circulares (Sec. 6.6) y también para flujos en canales abiertos (Cap. 10). Incluso puede adaptarse para el cálculo aproximado de capas límites turbulentas (Cap. 7).

La zona sombreada del diagrama de Moody indica el rango de transición de flujo laminar a flujo turbulento. No existen coeficientes de fricción fiables para este rango, $2000 < \mathrm{Re}_d < 4000$. Nótese que las curvas de rugosidad constante son horizontales en el régimen dominado por la rugosidad, a la derecha de la línea de puntos.

A partir de ensayos con tubos comerciales Moody halló los valores típicos de rugosidad que se indican en la Tabla 6.1.

EJEMPLO 6.6[1] Calcular la pérdida de carga y la caída de presión en un tubo horizontal de 6 in de diámetro y 2000 ft de longitud de hierro fundido asfáltico, por el que circula agua a una velocidad media de 6 ft/s.

Solución El número de Reynolds de flujos de agua y aire se puede calcular con el diagrama de Moody. En su parte superior vemos que $V(\mathrm{ft/s}) \times d(\mathrm{in}) = 36$ y en la abscisa inferior hallamos $\mathrm{Re}_d(\mathrm{agua}) \approx 2{,}7 \times 10^5$. La rugosidad relativa de este tubo ($\varepsilon = 0{,}0004$ ft) es

$$\frac{\varepsilon}{d} = \frac{0{,}0004}{6/12} = 0{,}0008$$

[1] Este ejemplo fue incluido por Moody en su trabajo de 1944 [8].

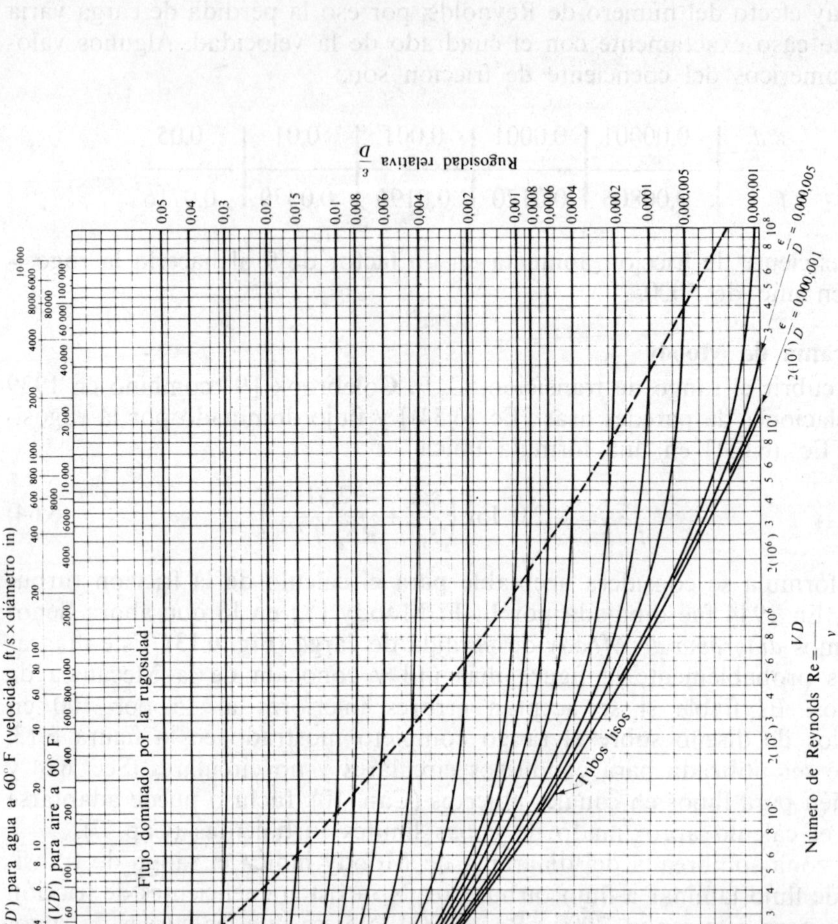

Fig. 6.13 Diagrama de Moody de la fricción en conductos de paredes lisas y rugosas. *(De la Ref. 8, con permiso de ASME.)*

Tabla 6.1

RUGOSIDAD MEDIA DE TUBOS COMERCIALES

Material (*nuevo*)	ε ft	ε mm
Acero remachado	0,003-0,03	0,9-9,0
Hormigón	0,001-0,01	0,3-3,0
Madera	0,0006-0,003	0,18-0,9
Hierro fundido	0,00085	0,26
Hierro galvanizado	0,0005	0,15
Hierro fundido asfáltico	0,0004	0,12
Acero comercial o hierro estirado	0,00015	0,046
Latón o cobre estirado	0,000005	0,0015
Vidrio	«Liso»	«Liso»

La intersección de la línea de rugosidad constante $\varepsilon/d = 0{,}0008$ y la vorticidad desde $\text{Re} = 27 \times 10^5$ nos da, aproximadamente, $f = 0{,}02$. La pérdida de carga es entonces

$$h_f = f\frac{L}{d}\frac{V^2}{2g} = (0{,}02)\frac{200}{0{,}5}\frac{(6\ \text{ft/s})^2}{2\,(32{,}2\ \text{ft/s}^2)} = 4{,}5\ \text{ft} \qquad \textit{Resp.}$$

La caída de presión en un tubo horizontal ($z_1 = z_2$) es

$$\Delta p = \rho g h_f = (62{,}4\ \text{lbf/ft}^3)\,(4{,}5\ \text{ft}) = 280\ \text{lbf/ft}^2 \qquad \textit{Resp.}$$

Moody indicaba que este cálculo, incluso para un tubo nuevo, sólo era preciso salvo un ± 10 por 100.

EJEMPLO 6.7 Un flujo de aceite, $\rho = 900\ \text{kg/m}^3$ y $\nu = 0{,}00001\ \text{m}^2/\text{s}$, circula con un caudal de $0{,}2\ \text{m}^3/\text{s}$ a través de un tubo de hierro fundido de 200 mm de diámetro y 500 m de longitud. Determinar (*a*) la pérdida de carga y (*b*) la caída de presión si el tubo tiene una pendiente hacia abajo de 10° en el sentido del flujo.

Solución Calculemos primero la velocidad media

$$V = \frac{Q}{\pi R^2} = \frac{0{,}2\ \text{m}^3/\text{s}}{\pi (0{,}1\ \text{m})^2} = 6{,}4\ \text{m/s}$$

El número de Reynolds en este caso

$$\text{Re}_d = \frac{Vd}{\nu} = \frac{(6{,}4\ \text{m/s})(0{,}2\ \text{m})}{0{,}00001\ \text{m}^2/\text{s}} = 128\,000$$

De la Tabla 6.1 tenemos que $\varepsilon = 0{,}26$ mm. Por ello

$$\frac{\varepsilon}{d} = \frac{0{,}26 \text{ mm}}{200 \text{ mm}} = 0{,}0013$$

Entrando en el diagrama de Moody por $\varepsilon/d = 0{,}0013$ (hay que interpolar) y por $\mathrm{Re} = 128\,000$, leemos $f \approx 0{,}0225$ [con la Ec. (6.64) habríamos obtenido un valor de $f = 0{,}0227$]. La pérdida de carga es

$$h_f = f\,\frac{L}{d}\,\frac{V^2}{2g} = (0{,}0225)\,\frac{500 \text{ m}}{0{,}2 \text{ m}}\,\frac{(6{,}4 \text{ m/s})^2}{2(9{,}81 \text{ m/s}^2)} = 117 \text{ m} \qquad \textit{Resp. (a)}$$

De la ecuación (6.25) para tubos inclinados tenemos

$$h_f = \frac{\Delta p}{\rho g} + z_1 - z_2 = \frac{\Delta p}{\rho g} + L \operatorname{sen} 10^\circ$$

o $\quad \Delta p = \rho g[h_f - (500 \text{ m}) \operatorname{sen} 10^\circ] = \rho g(117 \text{ m} - 87 \text{ m}) =$

$$= (900 \text{ kg/m}^3)(9{,}81 \text{ m/s}^2)(30 \text{ m}) = 265\,000 \text{ kg/(m} \cdot \text{s}^2) = 265\,000 \text{ Pa} \qquad \textit{Resp. (b)}$$

EJEMPLO 6.8 Repítase el ejemplo 6.5 para ver si es posible que haya una solución turbulenta, suponiendo paredes lisas.

Solución Como se mencionó en el citado ejemplo, la pérdida de carga h_f se obtuvo independientemente de suponer flujo laminar o turbulento. El coeficiente de fricción es

$$f = h_f\,\frac{d}{L}\,\frac{2g}{V^2} = (1{,}83 \text{ ft})\,\frac{0{,}004 \text{ ft}}{1{,}0 \text{ ft}}\,\frac{2(32{,}2 \text{ ft/s}^2)}{(3{,}32 \text{ ft/s})^2} = 0{,}0428$$

Suponiendo flujo laminar, $f = 64/\mathrm{Re}_d$, predecíamos $\mathrm{Re}_d = 64/0{,}0428 = 1500$, que es lo que hicimos en el ejemplo 6.5. Sin embargo, el diagrama de Moody nos indica que también podemos tener $f = 0{,}0428$ con flujo *turbulento*. Para paredes lisas leemos $f = 0{,}0428$ con un valor aproximado de $\mathrm{Re}_d = 3400$, muy cerca del área sombreada de transición. También podemos calcular Re a partir de las fórmulas. Si $f = 0{,}0428$

$$\mathrm{Re}_d = \begin{cases} 3600 & \text{Ec. (6.55}b\text{)} \\ 3200 & \text{Ec. (6.64)} \end{cases}$$

De modo que el flujo *podría* haber sido turbulento, en cuyo caso la viscosidad del fluido habría sido

$$\mu = \frac{\rho V d}{\mathrm{Re}_d} = \frac{1{,}80(3{,}32)(0{,}004)}{3400} = 7{,}0 \times 10^{-6} \text{ slug/(ft} \cdot \text{s)} \qquad \textit{Resp.}$$

Esto es alrededor de un 60 por 100 menor que nuestra estimación laminar del ejemplo 6.5. Si se quiere evitar esta duplicidad de soluciones, al poner el problema conviene elegir números de Reynolds inferiores a 1000.

6.5 FORMAS ALTERNATIVAS DEL DIAGRAMA DE MOODY[1]

El diagrama de Moody (Fig. 6.13) puede ser utilizado para resolver prácticamente todos los problemas sobre flujos con fricción en conductos. Sin embargo, muchos de los problemas necesitan iteraciones y repetición de cálculos porque el diagrama de Moody es esencialmente un *diagrama de pérdidas de carga.* Se suponen conocidas todas las demás variables, se calcula Re_d entrando en el diagrama se obtiene f y con él determinamos h_f. Este es uno de los tres problemas fundamentales que encontramos en los cálculos de flujos en conductos:

1. Dados d, L y V o Q, ρ, μ y g, calcular la pérdida de carga h_f (problema de pérdida de carga).
2. Dados d, L, h_f, ρ, μ y g, calcular la velocidad V o el caudal Q (problema del flujo volumétrico o caudal).
3. Dados Q, L, h_f, ρ, μ y g, calcular el diámetro d del tubo (problema del tamaño).

El problema 1 es el único a cuya solución se ajusta bien el diagrama de Moody. Para calcular la velocidad o el diámetro tenemos que iterar ya que V y d están en ordenadas y en abscisas en el diagrama.

Si estamos interesados en la solución de un único problema de flujo o tamaño, podemos iterar respectivamente utilizando el diagrama de Moody. Pero si hay que resolver un gran número de este tipo de problemas, debemos reorganizar el diagrama para aislar la incógnita. Este era el espíritu de la sección 5.6 en que reordenábamos el problema de la resistencia de la esfera para aislar su velocidad de caída.

Diagrama modificado de Moody para calcular el flujo volumétrico

Supongamos un problema del tipo 2, de modo que la velocidad es desconocida. Debemos eliminar V de f o Re_d y rehacer el diagrama. El producto de f por Re_d^2 elimina la velocidad

$$\alpha = \tfrac{1}{2} f\,\mathrm{Re}_d^2 = \frac{g d^3 h_f}{L \nu^2} \qquad (6.65)$$

Podemos retener el parámetro ε/d porque d es dato. Ahora dibujamos Re_d en función del nuevo parámetro[2] α para diversos valores de ε/d en la figura 6.14. Con los datos disponibles podemos conocer α y ε/d, entrar en el diagrama, obtener Re_d, y de éste calcular la velocidad V y el flujo volumétrico $Q = \pi V d^2/4$. No se necesita ninguna iteración.

No solamente esto, sino que además el diagrama es innecesario porque al introducir α en la fórmula de Colebrook, ecuación (6.64), se puede obtener Re_d explícitamente

$$\mathrm{Re}_d = -\sqrt{8\alpha}\,\log\left(\frac{\varepsilon/d}{3{,}7} + \frac{2{,}51}{\sqrt{2\alpha}}\right) \qquad (6.66)$$

[1] Esta sección puede ser omitida sin pérdida de continuidad.

[2] Este parámetro α fue propuesto por H. Rouse en 1942.

De modo que el cálculo es inmediato y el diagrama nos puede servir como comprobación visual. En flujo laminar, la fórmula de Hagen-Poiseuille $f = 64/\mathrm{Re}_d$ se convierte en

$$\mathrm{Re}_d = \frac{\alpha}{32} \tag{6.67}$$

que también está representada en la figura 6.14.

EJEMPLO 6.9 A través de un tubo de 30 cm de diámetro y 100 m de longitud fluye petróleo, con $\rho = 950$ kg/m³ y $\nu = 0{,}000002$ m²/s, con una pérdida de carga de 8 m. La rugosidad relativa es $\varepsilon/d = 0{,}0002$. Calcular la velocidad media y el caudal.

Solución De la ecuación (6.65) obtenemos

$$\alpha = \frac{gd^3h_f}{L\nu^2} = \frac{(9{,}807 \text{ m/s}^2)(0{,}3 \text{ m})^3(8 \text{ m})}{(100 \text{ m})(0{,}00002 \text{ m}^2/\text{s})^2} = 5{,}3 \times 10^7$$

Entrando en la figura 6,14 con $\varepsilon/d = 0{,}0002$ hallamos $\mathrm{Re}_d \approx 70\,000$. Para más precisión calculamos $\mathrm{Re}_d = 72\,600$ con la ecuación (6.66). Entonces

$$V = \frac{\nu \mathrm{Re}_d}{d} = \frac{0{,}00002\,(72\,600)}{0{,}3} = 4{,}84 \text{ m/s}$$

$$Q = \tfrac{1}{4}\pi(0{,}3 \text{ m})^2(4{,}84 \text{ m/s}) = 0{,}342 \text{ m}^3/\text{s} \qquad \textit{Resp.}$$

No se requiere iteración.

EJEMPLO 6.10 Repetir el ejemplo de Moody, ejemplo 6.6, suponiendo conocida la pérdida de carga y desconocida la velocidad.

Solución Calculamos α con la información disponible

$$\alpha = \frac{(32{,}2 \text{ ft/s}^2)(0{,}5 \text{ ft})^3(4{,}5 \text{ ft})}{(200 \text{ ft})(0{,}000011 \text{ ft}^2/\text{s})^2} = 7{,}48 \times 10^8$$

donde hemos tomado para el agua a 60° F $\nu = 0{,}000011$ ft²/s. Entrando en la figura 6.14 con $\varepsilon/d = 0{,}0008$ (del Ejemplo 6.6) leemos $\mathrm{Re}_d \approx 250\,000$. Para mayor exactitud utilizamos la ecuación (6.66) obteniendo $\mathrm{Re}_d = 275\,000$. Entonces

$$V = \frac{\nu \mathrm{Re}_d}{d} = \frac{0{,}000011\,(275\,000)}{0{,}5} = 6{,}04 \text{ ft/s} \qquad \textit{Resp.}$$

No hemos obtenido $V = 6{,}0$ ft/s exactamente porque la pérdida de carga $h_f = 4{,}5$ ft del ejemplo 6.6 estaba redondeada.

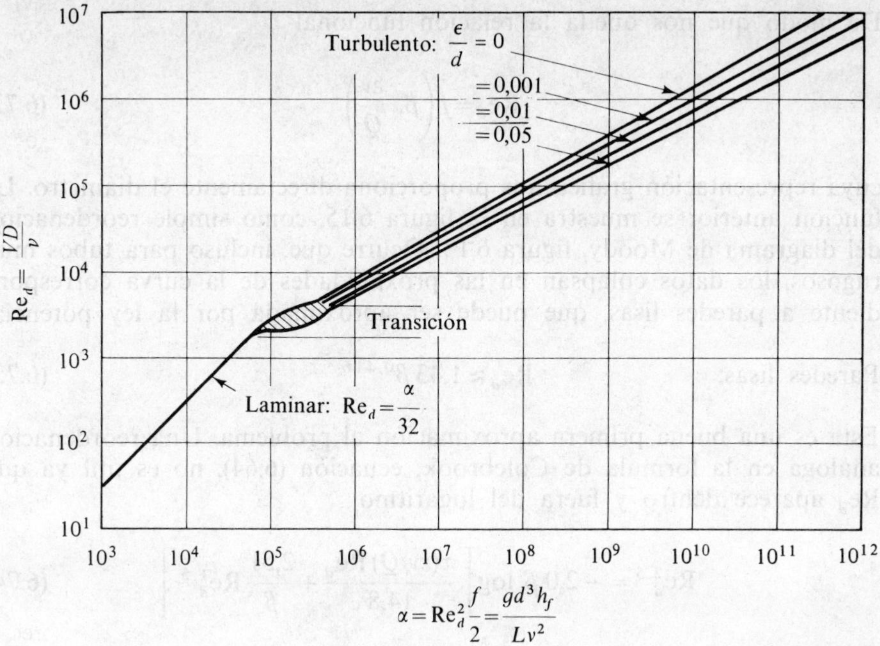

Fig. 6.14 Diagrama de Moody modificado para el cálculo de la velocidad media en un conducto.

Diagrama modificado de Moody para determinar el diámetro

Cuando se desconoce el diámetro del conducto, la situación es más complicada, ya que éste aparece en los tres parámetros Re_d, ε/d y f. Además depende de que se conozca la velocidad media V o el caudal Q; no se pueden conocer ambos, porque tendríamos $d = (4\,Q/\pi V)^{1/2}$.

Supongamos conocido el flujo volumétrico Q. El número de Reynolds toma la forma

$$\mathrm{Re}_d = \frac{Vd}{\nu} = \frac{4Q}{\pi\ d\nu} \tag{6.68}$$

Análogamente, el coeficiente de fricción queda en función del caudal

$$f = h_f \frac{d}{L}\frac{2g}{V^2} = \frac{\pi^2}{8}\frac{gh_f d^5}{LQ^2} \tag{6.69}$$

Por tanto, el diámetro puede eliminarse agrupando

$$\beta = (f\,\mathrm{Re}_d^5)^{1/2} = \left(\frac{128 g h_f Q^3}{\pi^3 L \nu^5}\right)^{1/2} \tag{6.70}$$

Por otra parte, d puede ser también eliminado de la rugosidad relativa

$$\frac{\varepsilon\nu}{Q} = \frac{4}{\pi}\frac{\varepsilon/d}{\mathrm{Re}_d} \tag{6.71}$$

De modo que nos queda la relación funcional

$$\mathrm{Re}_d = f\left(\beta, \frac{\varepsilon \nu}{Q}\right) \tag{6.72}$$

cuya representación gráfica nos proporciona directamente el diámetro. La función anterior se muestra en la figura 6.15, como simple reordenación del diagrama de Moody, figura 6.13. Ocurre que, incluso para tubos muy rugosos, los datos colapsan en las proximidades de la curva correspondiente a paredes lisas, que puede ser aproximada por la ley potencial

Paredes lisas: $$\mathrm{Re}_d \approx 1{,}43\, \beta^{0,416} \tag{6.73}$$

Esta es una buena primera aproximación al problema. Una reordenación análoga en la fórmula de Colebrook, ecuación (6.64), no es útil ya que Re_d aparece dentro y fuera del logaritmo

$$\mathrm{Re}_d^{2,5} = -2{,}0\, \beta \log \left[\frac{\pi(\varepsilon \nu/Q)\, \mathrm{Re}_d}{14{,}8} + \frac{2{,}51}{\beta} \mathrm{Re}_d^{1,5} \right] \tag{6.74}$$

Partiendo de β y $\varepsilon \nu/Q$ conocidos, esta fórmula requiere iteración. Sin embargo, si se toma Re_d de la figura 6.15 y se sustituye este valor dentro

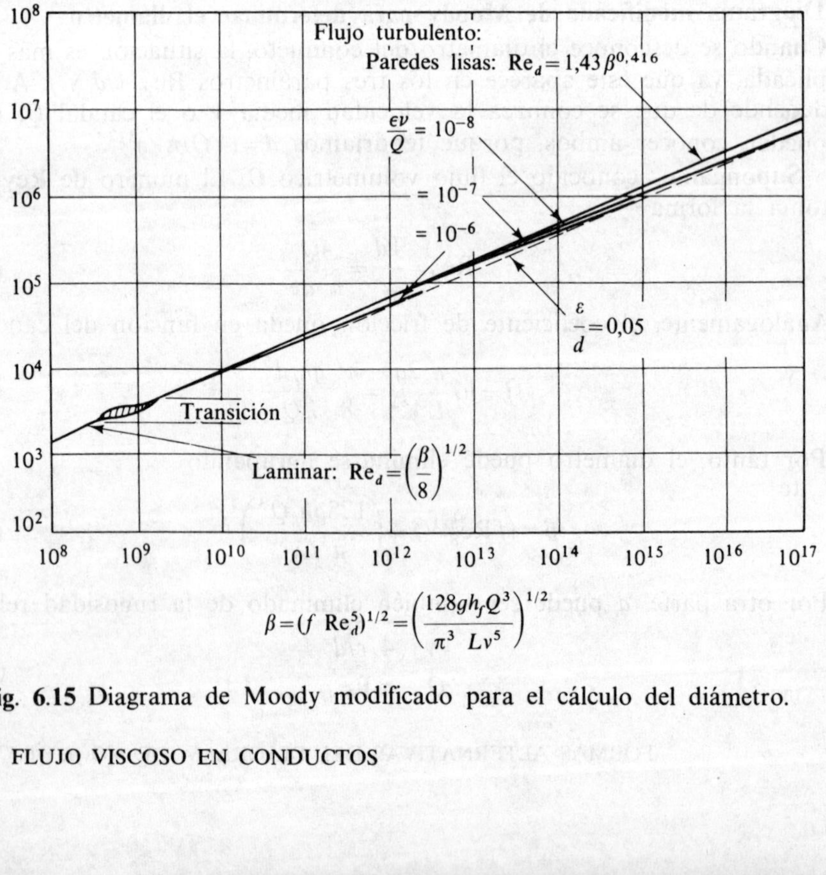

Fig. 6.15 Diagrama de Moody modificado para el cálculo del diámetro.

del logaritmo, el valor de $\mathrm{Re}_d^{2,5}$ es ya muy fiable y no se precisa iteración. Alternativamente, se puede calcular Re_d de la ecuación (6.73). El regimen laminar viene representado en la figura 6.15 por $\mathrm{Re}_d = (\beta/8)^{1/2}$.

EJEMPLO 6.11 Repítase el ejemplo 6.9 suponiendo que $Q = 0{,}342\ \mathrm{m^2/s}$ y $\varepsilon = 0{,}06$ milímetros con d desconocido.

Solución Calculamos $\varepsilon\nu/Q$ y β

$$\frac{\varepsilon\nu}{Q} = \frac{(0{,}00006\ \mathrm{m})(0{,}00002\ \mathrm{m^2/s})}{0{,}342\ \mathrm{m^3/s}} = 3{,}51 \times 10^{-9}$$

$$\beta = \left[\frac{128\,(9{,}81)\,(8{,}0)\,(0{,}342)^3}{\pi^3\,(100)\,(0{,}00002)^5}\right]^{1/2} = 2{,}012 \times 10^{11}$$

En la figura 6.15 este punto cae prácticamente sobre la curva de pared lisa. Por tanto, de la ecuación (6.73)

$$\mathrm{Re}_d \approx 1{,}43\,(2{,}012 \times 10^{11})^{0,416} = 72\,100$$

y

$$d = \frac{4Q}{\pi\nu\,\mathrm{Re}_d} = \frac{4\,(0{,}342)}{\pi\,(0{,}00002)\,(72\,100)} = 0{,}302\ \mathrm{m} \qquad \textit{Resp.}$$

Que está dentro del 1 por 100 del valor original de 30 cm.

EJEMPLO 6.12 Repetir el ejemplo de Moody, ejemplo 6.6, suponiendo que el diámetro es la única incógnita y $Q = 1{,}178\ \mathrm{ft^3/s}$.

Solución Calculamos $\varepsilon\nu/Q$ y β

$$\frac{\varepsilon\nu}{Q} = \frac{(0{,}0004\ \mathrm{ft})(0{,}000011\ \mathrm{ft^2/s})}{1{,}178\ \mathrm{ft^3/s}} = 3{,}74 \times 10^{-9}$$

$$\beta = \left[\frac{128(32{,}2)(4{,}5)(1{,}178)^3}{\pi^3(200)(0{,}000011)^5}\right]^{1/2} = 5{,}51 \times 10^{12}$$

De nuevo vemos en la figura 6.15 que $\varepsilon\nu/Q$ es tan pequeño que estamos sobre la curva de paredes lisas. Por tanto, de la ecuación (6.73)

$$\mathrm{Re}_d \approx 1{,}43\,(5{,}51 \times 10^{12})^{0,416} = 285\,000$$

Entonces, aproximadamente,

$$d = \frac{4Q}{\pi\nu\,\mathrm{Re}_d} = \frac{4\,(1{,}178)}{\pi\,(0{,}000011)\,(285\,000)} = 0{,}478\ \mathrm{ft} = 5{,}74\ \mathrm{in} \qquad \textit{Resp.}$$

Este valor queda un 4 por 100 por debajo del valor real de 6 in. La mayor parte de la discrepancia es debida a la rugosidad. Sustituyendo $\mathrm{Re}_d \approx 285\,000$ en la ecuación (6.74), tendríamos, si lo deseamos, una mejor estimación

$$\mathrm{Re}_d^{2,5} = -2,0(5,51\times 10^{12})\log\left[\frac{\pi(3,74\times 10^{-9})(285\,000)}{14,8} + \frac{2,51(285\,000)^{1,5}}{5,51\times 10^{12}}\right] = 3,89\times 10^{13}$$

o

$$\mathrm{Re}_d = (3,89\times 10^{13})^{0,4} = 273\,000$$

El resultado mejorado es

$$d = \frac{4Q}{\pi\nu\,\mathrm{Re}_d} = 0,499 \text{ ft} = 5,99 \text{ in}$$

La única discrepancia procede ahora de haber redondeado la pérdida de carga del ejemplo 6.6 a 4,5 ft.

Al discutir sobre problemas de tamaño o diámetro, debemos resaltar que los tubos comerciales sólo se fabrican en ciertos diámetros específicos. La Tabla 6.2 da una lista de los diámetros existentes para tubos de agua estándar en Estados Unidos. Si en el cálculo de un diámetro obtenemos un valor intermedio, se debe escoger el tamaño inmediatamente superior.

6.6 FLUJO EN CONDUCTOS NO CIRCULARES[1]

Si el conducto no tiene sección circular, el análisis del flujo completamente desarrollado es análogo al de tubos circulares, aunque algo más complicado algebraicamente. En flujo laminar las ecuaciones de continuidad y cantidad de movimiento se pueden resolver en forma exacta. En flujos turbulentos se puede hacer uso del perfil logarítmico o, aún mejor y más simple, del diámetro hidráulico que es una aproximación excelente.

Diámetro hidráulico

En un conducto de sección no circular, podemos seguir utilizando el volumen de control de la figura 6.10, pero el área transversal A no es πR^2, ni el perímetro mojado $\mathscr{P}$ (sometido a esfuerzos de fricción) es $2\pi R$. La ecuación de cantidad de movimiento (6.26) queda entonces

$$\Delta p\, A + \rho g A\ \ \Delta L \operatorname{sen}\ \phi - \bar{\tau}_w \mathscr{P}\Delta L = 0$$

o

$$h_f = \frac{\Delta p}{\rho g} + \Delta z = \frac{\bar{\tau}_w}{\rho g}\,\frac{\Delta L}{A/\mathscr{P}} \tag{6.75}$$

Esta expresión es idéntica a la ecuación (6.27) salvo que (1) el esfuerzo en la pared es aquí un valor medio integrado a lo largo del perímetro y (2) aparece una escala de longitud $A/\mathscr{P}$ en lugar del radio del conducto R. Por esta razón se dice que un conducto de sección no circular tiene un *radio hidráulico* R_h definido por

$$R_h = \frac{A}{\mathscr{P}} = \frac{\text{área transversal}}{\text{perímetro mojado}} \tag{6.76}$$

[1] Esta sección puede ser omitida sin pérdida de continuidad.

Tabla 6.2

DIAMETRO NOMINAL Y REAL DE LOS TUBOS DE ACERO ESTIRADO†

Nominal, in	*Real* (*interior*), in
$\frac{1}{8}$	0,269
$\frac{1}{4}$	0,364
$\frac{3}{8}$	0,493
$\frac{1}{2}$	0,622
$\frac{3}{4}$	0,824
1	1,049
$1\frac{1}{2}$	1,610
2	2,067
$2\frac{1}{2}$	2,469
3	3,068

† Para 4 in o mayor el diámetro nominal y el real difieren en menos de 1 por 100.

Este concepto es muy utilizado en flujo en canales abiertos (Cap. 10), donde la sección del canal no es casi nunca circular. Si por comparación con la ecuación (6.29) para flujo en tubos definimos el coeficiente de fricción en función del esfuerzo medio

$$f_{\mathrm{NCD}} = \frac{8\,\bar{\tau}_w}{\rho V^2} \tag{6.77}$$

con $V = Q/A$ como es usual, la ecuación (6.75) queda

$$h_f = f\,\frac{L}{4R_h}\,\frac{V^2}{2g} \tag{6.78}$$

Esta expresión es equivalente a la ecuación (6.30) excepto en que d está sustituido por $4R_h$. Por eso se define habitualmente el diámetro hidráulico como

$$D_h = \frac{4A}{\mathscr{P}} = \frac{4 \times \text{área}}{\text{perímetro mojado}} \tag{6.79}$$

Debemos resaltar que el perímetro mojado está determinado por todas las superficies sometidas a esfuerzos de fricción. Por ejemplo, en un anillo circular se deben incluir el perímetro interior y el exterior. El hecho de que D_h sea igual a $4R_h$ es simplemente esto; una nota

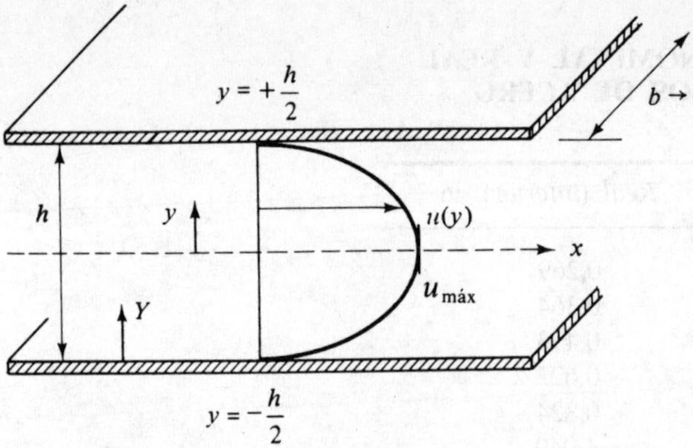

Fig. 6.16 Flujo completamente desarrollado entre placas paralelas.

de sentido del humor ingenieril. En el caso degenerado de conductos circulares, $D_h = 4\pi R^2/2\pi R = 2R$, como se esperaba.

Debemos esperar, por tanto, a partir del análisis dimensional que el coeficiente de fricción basado en el diámetro hidráulico, como en la ecuación (6.78), sea función del número de Reynolds y de la rugosidad relativa basados también en el diámetro hidráulico

$$f = F\left(\frac{VD_h}{\nu}, \frac{\varepsilon}{D_h}\right) \tag{6.80}$$

y realmente ocurre así. Pero no podemos esperar que el diagrama de Moody (Fig. 6.13) sea válido con esta nueva escala de longitud; y estrictamente no lo es, aunque da resultados sorprendentemente precisos:

Flujo laminar: $f \approx \dfrac{64}{\mathrm{Re}_{Dh}} \qquad \pm 40\%$

Flujo turbulento: $f \approx_{\text{Moody}} \left(\mathrm{Re}_{Dh}, \dfrac{\varepsilon}{D_h}\right) \qquad \pm 15\% \qquad (6.81)$

Examinemos ahora algunos casos particulares.

Flujo entre placas paralelas

Como se ve en la figura 6.16, el flujo entre placas paralelas separadas una distancia h es el caso límite de flujo en un canal rectangular muy ancho. Para flujo completamente desarrollado, $u = u(y)$ solamente, lo cual satisface ya la ecuación de continuidad. La ecuación de cantidad de movimiento en coordenadas cartesianas se reduce a

$$0 = -\frac{dp}{dx} + \rho g_x + \frac{d\tau}{dy} \qquad \tau_{\text{lam}} = \mu\frac{du}{dy} \tag{6.82}$$

con la condición de no deslizamiento: $u=0$ en $y=+h/2$ e $y=-h/2$. Introduciendo el esfuerzo cortante laminar y reagrupando, se obtiene

$$\mu \frac{d^2u}{dy^2}=\frac{d}{dx}(p+\rho gz)=\text{const}=-K \tag{6.83}$$

Integrando dos veces, tenemos la distribución de velocidad

$$u=\frac{-K}{2\mu}y^2+C_1y+C_2 \tag{6.84}$$

Las constantes se determinan con las dos condiciones de no deslizamiento

$$u\left(\frac{+h}{2}\right)=0=\frac{-K}{2\mu}\frac{h^2}{4}+\frac{C_1h}{2}+C_2$$

$$u\left(\frac{-h}{2}\right)=0=\frac{-K}{2\mu}\frac{h^2}{4}-\frac{C_1h}{2}+C_2 \tag{6.85}$$

Despejando obtenemos $C_1=0$ y $C_2=Kh^2/8\mu$. La solución buscada para flujo laminar entre placas paralelas es pues

$$u=\frac{1}{8\mu}\left[-\frac{d}{dx}(p+\rho gz)\right](h^2-4y^2) \tag{6.86}$$

Es una distribución parabólica similar a la de Hagen-Poiseuille, ecuación (6.40). El flujo volumétrico, suponiendo una anchura b muy grande, es

$$Q=\int_{-h/2}^{+h/2}u(b\,dy)=\frac{bh^3}{12\mu}\left[-\frac{d}{dx}(p+\rho gz)\right] \tag{6.87}$$

La velocidad media entre las placas viene dada por

$$V=\frac{Q}{bh}=\frac{h^2}{12\mu}\left[-\frac{d}{dx}(p+\rho gz)\right]=\tfrac{2}{3}u_{\text{máx}} \tag{6.88}$$

El esfuerzo en la pared se calcula mediante

$$\tau_w=\left|\mu\frac{du}{dy}\right|_{y=\pm h/2}=\frac{h}{2}\left[-\frac{d}{dx}(p+\rho gz)\right] \tag{6.89}$$

El esfuerzo en la pared es constante en este caso particular. El coeficiente de fricción o pérdida de carga es

$$f=\frac{8\tau_w}{\rho V^2}=\frac{48\mu}{\rho Vh}=\frac{48}{\text{Re}_h} \tag{6.90}$$

Estos resultados analíticos son exactos y no hay motivo alguno para utilizar el diámetro hidráulico. Sin embargo, si utilizamos D_h, el resultado es diferente. Con placas paralelas

$$D_h = \lim_{b\to\infty} \frac{4bh}{2b+2h} = 2h \qquad (6.91)$$

o sea, dos veces la separación entre placas. Sustituyendo en la ecuación (6.90), con subíndice PP para indicar placas paralelas, tenemos

$$f_{PP} = \frac{96\mu}{2h\rho V} = \frac{96}{\mathrm{Re}_{Dh}} \qquad (6.92)$$

Si no hubiésemos podido utilizar la teoría laminar y hubiéramos tomado como aproximación $f \approx 64/\mathrm{Re}_{Dh}$, subestimando el valor con error del 33 por 100. La aproximación del diámetro hidráulico es demasiado burda para flujos laminares en conductos no circulares, como previene la ecuación (6.81).

La solución laminar, en el caso general, se hace inestable para valores de $\mathrm{Re}_{Dh} = 2300$, igual que ocurre en flujos en tubos; aparece la transición y el flujo se hace turbulento.

En el caso de flujo entre placas paralelas, podemos emplear de nuevo la ley logarítmica, ecuación (6.21), como aproximación válida en todo el campo fluido, tomando como coordenada Y de la figura 6.16 en lugar de y

$$\frac{u(y)}{u^*} \approx \frac{1}{\kappa} \ln \frac{Yu^*}{\nu} + B \qquad 0 < Y < \frac{h}{2} \qquad (6.93)$$

Esta distribución se parece mucho al perfil turbulento aplanado de flujo en conductos de la figura 6.11*b;* la velocidad media es

$$V = \frac{2}{h} \int_0^{h/2} u \; dY = u^* \left(\frac{1}{\kappa} \ln \frac{hu^*}{2\nu} + B - \frac{1}{\kappa} \right) \qquad (6.94)$$

Recordando que $V/u^* = (8/f)^{1/2}$, vemos que la ecuación (6.94) es realmente una ley de fricción entre placas paralelas. Reagrupando e introduciendo los valores numéricos de las constantes, tenemos

$$\frac{1}{f^{1/2}} \approx 2{,}0 \; \log \left(\mathrm{Re}_{Dh} \, f^{1/2} \right) - 1{,}19 \qquad (6.95)$$

donde hemos introducido el diámetro hidráulico $D_h = 2h$. La expresión es notablemente parecida a la ecuación (6.54) de fricción en tubos. Por tanto, podemos concluir que el uso del diámetro hidráulico en este movimiento turbulento es muy apropiado. Lo mismo sucede con otras formas de secciones no circulares.

La ecuación (6.95) puede reescribirse en forma aún más parecida a la correspondiente a flujo en tubos

$$\frac{1}{f^{1/2}}=2{,}0 \log (0{,}64 \ \mathrm{Re}_{Dh} f^{1/2})-0{,}8 \tag{6.96}$$

Vemos que la fricción turbulenta se puede predecir de un modo aún más preciso utilizando un diámetro efectivo igual a 0,64 veces el diámetro hidráulico. El efecto en f es bastante menor, un 10 por 100 como máximo. Este resultado se puede comparar con la expresión laminar, ecuación (6.92), que predice

$$\text{Placas paralelas:} \qquad D_{\mathrm{ef}}=\tfrac{64}{96}D_h=\tfrac{2}{3}D_h \tag{6.97}$$

Esta gran semejanza (0,64 D_h frente a 0,667 D_h) aparece muy a menudo en flujos en conductos no circulares y podemos considerarla como regla general para el cálculo de la fricción o de la pérdida de carga en conductos:

$$D_{\mathrm{ef}}=D_h=\frac{4A}{\mathscr{P}} \qquad \text{fiabilidad razonable}$$

$$D_{\mathrm{ef}}(\text{teoría laminar}) \qquad \text{gran precisión} \tag{6.98}$$

Jones [10] ha demostrado que el empleo del diámetro efectivo laminar hace colapsar todos los datos disponibles de conductos rectangulares de cualquier cociente altura-anchura sobre la línea correspondiente del diagrama de Moody. Recomendamos esta idea para conductos de sección no circular.

EJEMPLO 6.13 Un flujo con velocidad media de 6 ft/s circula entre dos placas paralelas horizontales separadas una distancia 2,4 in. Calcular la pérdida de carga y la caída de presión por cada 100 ft de longitud si el fluido tiene $\rho=1{,}9$ slugs/ft^3 y (*a*) $\nu=0{,}00002$ ft^2/s y (*b*) $\nu=0{,}002$ ft^2/s. Suponer paredes lisas.

Solución (*a*) La viscosidad es $\mu=\rho\nu=3{,}8\times10^5$ slug/(ft · s). La separación es $h=2{,}4$ in $=0{,}2$ ft y $D_h=2h=0{,}4$ ft. El número de Reynolds es

$$\mathrm{Re}_{Dh}=\frac{VD_h}{\nu}=\frac{(6{,}0 \text{ ft/s})(0{,}4 \text{ ft})}{0{,}00002 \text{ ft}^2/\text{s}}=120\,000$$

El flujo es turbulento. Mirando en el diagrama de Moody (Fig. 6.13) tenemos, aproximadamente, con paredes lisas

$$f\approx 0{,}0173 \qquad h_f\approx f\,\frac{L}{D_h}\frac{V^2}{2g}=0{,}0173\,\frac{100}{0{,}4}\,\frac{(6{,}0)^2}{2(32{,}2)}\approx 2{,}42 \text{ ft} \qquad \textit{Resp. (a)}$$

Como no hay variaciones de altura,

$$\Delta p=\rho g h_f=1{,}9(32{,}2)(2{,}42)=148 \text{ lbf/ft}^2 \qquad \textit{Resp. (a)}$$

Estas son la pérdida de carga y la caída de presión cada 100 ft de canal. Para mayor exactitud tomamos $D_{\text{ef}} = \frac{2}{3} D_h$ de la teoría laminar y entonces

$$\text{Re}_{\text{ef}} = \tfrac{2}{3}(120\,000) = 80\,000$$

y del diagrama de Moody obtenemos $f \approx 0{,}0189$ para paredes lisas. Por ello una mejor estimación de nuestras incógnitas es

$$h_f = 0{,}0189 \frac{100}{0{,}4} \frac{(6{,}0)^2}{1(32{,}2)} = 2{,}64 \text{ ft}$$

y $$\Delta p = 1{,}9(32{,}2)(2{,}64) = 161 \text{ lbf/ft}^2 \qquad \textit{Mejor resp. (a)}$$

Que predice valores un 9 por 100 superiores.

(*b*) Calculamos $\mu = \rho \nu = 0{,}0038$ slug/(ft · s). El número de Reynolds es $6{,}0(0{,}4)/0{,}002 = 1200$; por tanto, el flujo es laminar ya que Re es menor que 2300. Podemos utilizar la expresión laminar correspondiente, ecuación (6.92)

$$f_{\text{lam}} = \frac{96}{\text{Re}_{Dh}} = \frac{96}{1200} = 0{,}08$$

de donde

$$h_f = 0{,}08 \frac{100}{0{,}4} \frac{(6{,}0)^2}{2(32{,}2)} = 11{,}2 \text{ ft}$$

y $$\Delta p = 1{,}9(32{,}2)(11{,}2) = 684 \text{ lbf/ft}^2 \qquad \textit{Resp. (b)}$$

También podemos dejar a un lado el número de Reynolds e ir directamente a la expresión apropiada de flujo laminar, ecuación (6.88)

$$V = \frac{h^2}{12\mu} \frac{\Delta p}{L}$$

o $$\Delta p = \frac{12(6{,}0 \text{ ft/s})[0{,}0038 \text{ slug/(ft} \cdot \text{s)}](100 \text{ ft})}{(0{,}2 \text{ ft})^3} = 684 \text{ slugs/(ft} \cdot \text{s}^2) = 684 \text{ lbf/ft}^2$$

y $$h_f = \frac{\Delta p}{\rho g} = \frac{684}{1{,}9(32{,}2)} = 11{,}2 \text{ ft}$$

Este es uno de los —quizá inesperados— casos en que la fricción laminar es mayor que la turbulenta.

Flujo a través de una sección anular

Consideremos un flujo laminar estacionario en un conducto de sección anular entre dos cilindros concéntricos, como en la figura 6.17. No hay deslizamiento ni en el radio interior ($r = b$) ni en el exterior ($r = a$). Como $u = u(r)$ solamente, la ecuación que gobierna el movimiento es la ecuación (6,34)

$$\frac{d}{dr}\left(r\mu \frac{du}{dr}\right) = Kr \qquad K = \frac{d}{dx}(p + \rho g z) \qquad (6.99)$$

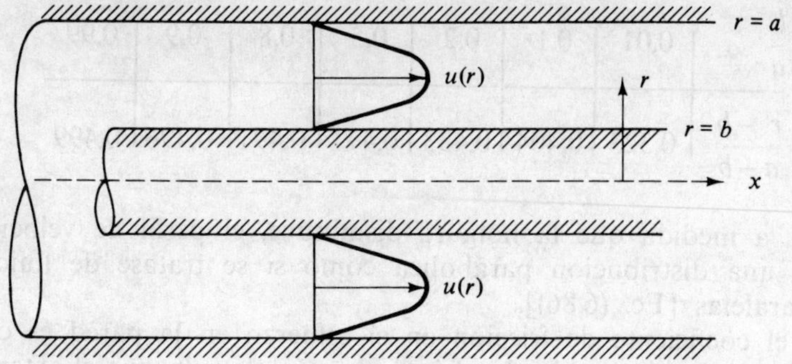

Fig. 6.17 Flujo completamente desarrollado entre cilindros concéntricos.

Integrando dos veces

$$u = \tfrac{1}{4} r^2 \frac{K}{\mu} + C_1 \ \ln \ r + C_2 \qquad (6.100)$$

Las constantes se determinan con las dos condiciones de no deslizamiento

$$u(r = a) = 0 = \tfrac{1}{4} a^2 \frac{K}{\mu} + C_1 \ln a + C_2$$

$$u(r = b) = 0 = \tfrac{1}{4} b^2 \frac{K}{\mu} + C_1 \ln b + C_2 \qquad (6.101)$$

El perfil de velocidades es, finalmente,

$$u = \frac{1}{4\mu} \left[-\frac{d}{dx} (p + \rho g z) \right] \left[a^2 - r^2 + \frac{a^2 - b^2}{\ln (b/a)} \ln \frac{a}{r} \right] \qquad (6.102)$$

El flujo volumétrico viene dado por

$$Q = \int_b^a u 2\pi r \ \ dr = \frac{\pi}{8\mu} \left[-\frac{d}{dx} (p + \rho g z) \right] \left[a^4 - b^4 - \frac{(a^2 - b^2)^2}{\ln \ (a/b)} \right] \qquad (6.103)$$

El perfil de velocidades $u(r)$ se asemeja a una parábola apoyada sobre un círculo formado como una rosquilla partida, como muestra la figura 6.17. El máximo de velocidad tiene lugar en el radio

$$r' = \left[\frac{a^2 - b^2}{2 \ \ln \ (a/b)} \right]^{1/2} \qquad u = u_{\text{máx}} \qquad (6.104)$$

Este máximo está más cerca del radio interior, pero se acerca al punto medio a medida que la holgura $a - b$ disminuye. A continuación se indican algunos valores numéricos:

$\frac{b}{a}$	0,01	0,1	0,2	0,5	0,8	0,9	0,99
$\frac{r'-b}{a-b}$	0,323	0,404	0,433	0,471	0,491	0,496	0,499

También, a medida que la holgura disminuye, el perfil de velocidad se acerca a una distribución parabólica como si se tratase de flujo entre placas paralelas [Ec. (6.86)].

Basar el coeficiente de fricción en el esfuerzo en la pared es confuso porque hay dos valores, siendo el interior más elevado que el exterior. Es mejor definir f en función de la pérdida de carga, como en la ecuación (6.88),

$$f = h_f \frac{D_h}{L} \frac{2g}{V^2} \qquad \text{donde } V = \frac{Q}{\pi(a^2 - b^2)} \tag{6.105}$$

El hidráulico es en este caso

$$D_h = \frac{4\pi(a^2 - b^2)}{2\pi(a+b)} = 2(a-b) \tag{6.106}$$

O sea, dos veces la holgura, como el flujo entre placas paralelas [Ecuación (6.91)].

Sustituyendo h_f, D_h y V en la ecuación (6.105), hallamos el coeficiente de fricción para flujo laminar entre cilindros concéntricos, que es de la forma

$$f = \frac{64\zeta}{\text{Re}_{Dh}} \qquad \zeta = \frac{(a-b)^2(a^2-b^2)}{a^4 - b^4 - (a^2-b^2)^2/[\ln\,(a/b)]} \tag{6.107}$$

El parámetro adimensional ζ es una especie de factor de corrección del diámetro hidráulico. Podemos reescribir la ecuación (6.107) como

$$\text{Cilindros concéntricos: } f = \frac{64}{\text{Re}_{\text{ef}}} \qquad \text{Re}_{\text{ef}} = \frac{1}{\zeta}\,\text{Re}_{Dh} \tag{6.108}$$

La Tabla 6.3 muestra algunos valores numéricos de $f\text{Re}_{Dh}$ y $D_{\text{ef}}/D_h = D_h = 1/\zeta$.

En el caso de flujo turbulento a través de una sección anular, el análisis podría hacerse empalmando los perfiles logarítmicos procedentes de ambas paredes cilíndricas. Vamos a omitir estos pasos tratanto de obtener directamente el coeficiente de fricción. De acuerdo con la regla general propuesta en la ecuación (6.98), la fricción turbulenta se puede predecir con precisión si se sustituye en el diagrama de Moody d por $D_{\text{ef}} = 2(a-b)/\zeta$, con los valores de la Tabla 6.3[1]. Esta idea también es

[1] Jones señala [10] que sus datos más recientes, aún sin publicar, sobre flujo en conductos anulares también se ajustan al concepto de diámetro efectivo laminar.

Tabla 6.3

COEFICIENTES DE FRICCION LAMINARES PARA FLUJO ENTRE CILINDROS CONCENTRICOS

b/a	$f\,\mathrm{Re}_{Dh}$	D_{ef}/D_h
0,0	64,00	1,000
0,00001	70,09	0,913
0,0001	71,78	0,892
0,001	74,68	0,857
0,01	80,11	0,799
0,05	86,27	0,742
0,1	89,37	0,716
0,2	92,35	0,693
0,4	94,71	0,676
0,6	95,59	0,670
0,8	95,92	0,667
1,0	96,00	0,667

aplicable a la rugosidad (sustituyendo ε/d por ε/D_{ef}). Para un diseño rápido con una fiabilidad de alrededor del 10 por 100, se puede usar el diámetro hidráulico $D_h = 2(a-b)$.

EJEMPLO 6.14 ¿Cuál debe ser el nivel h del depósito para que el flujo a través del conducto anular de acero de 30 m de largo sea 0,01 m^3/s? Desprecie los efectos de entrada y tome para el agua $\rho = 1000$ kg/m^3 y $\nu = 1{,}02 \times 10^{-6}$ m^2/s.

Solución Calculemos la velocidad media y el diámetro hidráulico

$$V = \frac{Q}{A} = \frac{0{,}01 \text{ m}^3/\text{s}}{\pi[(0{,}05 \text{ m})^2 - (0{,}03 \text{ m})^2]} = 1{,}99 \text{ m/s}$$

$$D_h = 2(a-b) = 2(0{,}05 - 0{,}03) \text{ m} = 0{,}04 \text{ m}$$

Aplicando la ecuación de la energía para flujo estacionario entre (1) y (2)

$$\frac{p_1}{\rho} + \tfrac{1}{2}V_1^2 + gz_1 = \left(\frac{P_2}{\rho} + \tfrac{1}{2}V_2^2 + gz_2\right) + gh_f$$

Pero $p_1 = p_2 = p_a$, $V_1 \approx 0$ y $V_2 = V$ en el conducto. Por tanto

$$h_f = f\frac{L}{D_h}\frac{V^2}{2g} = z_1 - z_2 - \frac{V^2}{2g}$$

Pero siendo $z_1 - z_2 = h$ el nivel buscado en el depósito, tenemos, finalmente,

$$h = \frac{V^2}{2g}\left(1 + f\frac{L}{D_h}\right) \qquad (1)$$

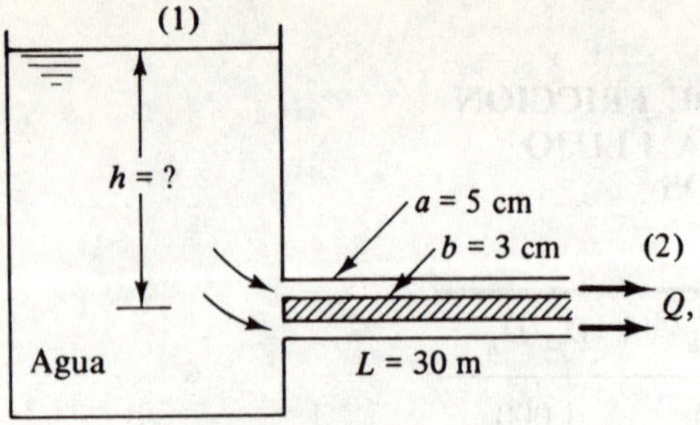

Fig. E6.14

Como V, L y D_h son conocidos, nuestro único problema es calcular el coeficiente de pérdida de carga f. Una primera aproximación es tomar $D_{ef}=D_h=0{,}04$ m. Entonces

$$\mathrm{Re}_{Dh}=\frac{VD_h}{\nu}=\frac{1{,}99(0{,}04)}{1{,}02\times 10^{-6}}=78\,000$$

$$\frac{\varepsilon}{D_h}=\frac{0{,}046\ \text{mm}}{40\ \text{mm}}=0{,}00115$$

donde se ha tomado $\varepsilon=0{,}046$ mm de la Tabla 6.1 de rugosidades del acero comercial. En el diagrama de Moody leemos $f=0{,}0232$. Entonces, de la expresión (1) obtenemos

$$h\approx\frac{(1{,}99\ \text{m/s})^2}{2(9{,}81\ \text{m/s}^2)}\left(1+0{,}0232\,\frac{30\ \text{m}}{0{,}04\ \text{m}}\right)=3{,}71\ \text{m} \qquad \textit{Resp.}$$

Para una mejor aproximación tomamos $D_{ef}=D_h/\zeta=0{,}670D_h=2{,}68$ cm, donde hemos tomado $\zeta=0{,}679$ de la Tabla 6.3 con $b/a=3/5=0{,}6$. El número de Reynolds y la rugosidad corregidos son

$$\mathrm{Re}_{ef}=\frac{VD_{ef}}{\nu}=52\,300 \qquad \frac{\varepsilon}{D_{ef}}=0{,}00172$$

En el diagrama de Moody leemos $f=0{,}0257$. El valor más exacto de la altura del depósito es pues

$$h=\frac{(1{,}99\ \text{m/s})^2}{2(9{,}81\ \text{m/s}^2)}\left(1+0{,}0257\,\frac{30\ \text{m}}{0{,}04\ \text{m}}\right)=4{,}09\ \text{m} \qquad \textit{Mejor resp.}$$

Con la estimación del diámetro hidráulico nos habíamos quedado un 9 por 100 por debajo. Nótese que *no* hemos sustituido D_h por D_{ef} en el cociente L/D_h de la expresión (1), ya que esto va implícito en la definición del coeficiente de fricción.

Otras secciones no circulares

En principio, es posible resolver analíticamente el problema del flujo en régimen laminar en conductos de sección de forma arbitraria. Esto se debe a que cualquier sección puede ser convertida en un círculo con métodos de variable compleja, y también mediante otras herramientas analíticas muy poderosas. Gran cantidad de ejemplos se pueden encontrar en White [3, págs. 133 a 140], Berker [11] y Olson [12, págs. 242-243]. Algunos resultados recientes con secciones formadas por yuxtaposición de rectángulos y círculos se pueden encontrar en Zarling [13].

Sin embargo, en general, las secciones no habituales tienen un interés estrictamente académico y no comercial. Aquí indicaremos, en la Tabla 6.4, sólo datos de las secciones rectangular y en triángulo isósceles, dejando que el lector busque las demás en las referencias.

Si en un conducto de sección poco común no se dispone de teoría laminar, el flujo turbulento se puede analizar sustituyendo d por D_h. Si por el contrario son conocidos los resultados laminares, como los de la Tabla 6.4, se debe utilizar $D_{ef} = [64/(f\,\mathrm{Re})]D_h$ en lugar de d para la geometría del caso particular.

En flujo laminar en secciones triangulares y rectangulares la fricción en la pared varía mucho, siendo máxima cerca de los puntos medios de los lados y cero en los rincones. En flujo turbulento a través de las mismas secciones el esfuerzo es prácticamente constante a lo largo de las paredes y cae bruscamente a cero en los rincones. Esto es debido al fenómeno turbulento de *flujo secundario*, por el que las velocidades transversales medias v y w no son nulas. La figura 6.18 representa algunas configuraciones de flujo secundario, tal como las esquematizó Nikuradse en su tesis de 1926. Las «células» de flujo secundario llevan el flujo medio

Tabla 6.4

COEFICIENTE DE FRICCION LAMINAR f Y Re EN CONDUCTOS TRIANGULARES Y RECTANGULARES

Rectángulo

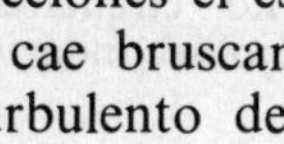

Triángulo isósceles

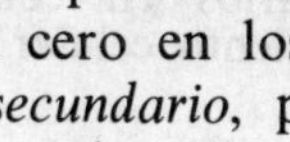

b/a	$f\,\mathrm{Re}_{Dh}$	θ, grados	$f\,\mathrm{Re}_{Dh}$
0,0	96,00	0	48,0
0,05	89,91	10	51,6
0,1	84,68	20	52,9
0,125	82,34	30	53,3
0,167	78,81	40	52,9
0,25	72,93	50	52,0
0,4	65,47	60	51,1
0,5	62,19	70	49,5
0,75	57,89	80	48,3
1,0	56,91	90	48,0

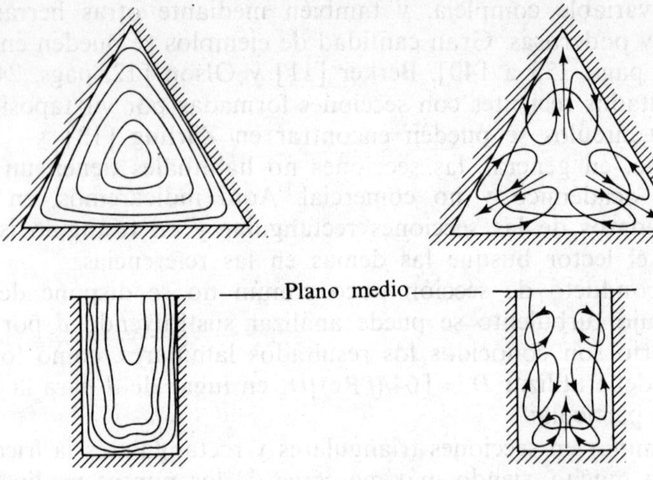

Fig. 6.18 Ilustración de los flujos secundarios en conductos no circulares: (*a*) líneas de igual velocidad axial; (*b*) movimiento celular en el flujo secundario. (*Según J. Nikuradse, tesis, Göttingen,* 1926.)

hacia las esquinas, de modo que las líneas de igual velocidad axial son semejantes a la propia sección y el esfuerzo en las paredes es prácticamente constante. Este es el motivo de por qué el concepto de diámetro hidráulico es tan útil en flujo turbulento. El flujo laminar en un conducto recto de sección no circular no tiene flujo secundario. La predicción teórica fiable de flujo secundario turbulento aún está por conseguir.

EJEMPLO 6.15 Por un conducto horizontal cuadrado de 9×9 in y 100 ft de largo fluye aire con $\rho = 0{,}00237$ slug/ft^2 y $\nu = 0{,}000157$ ft^2/s, a razón de 25 ft^3/s. Calcular la caída de presión si $\varepsilon = 0{,}0003$ ft.

Solución Calculamos la velocidad media y el diámetro hidráulico

$$V = \frac{25 \text{ ft}^3/\text{s}}{(0{,}75 \text{ ft})^2} = 44{,}4 \text{ ft/s}$$

$$D_h = \frac{4A}{\mathscr{P}} = \frac{4(81 \text{ in}^2)}{36 \text{ in}} = 9 \text{ in} = 0{,}75 \text{ ft}$$

De la Tabla 6.4, con $b/a = 1{,}0$ tenemos

$$D_{\text{ef}} = \frac{64}{56{,}91} D_h = 0{,}843 \text{ ft}$$

de donde
$$\text{Re}_{\text{ef}} = \frac{V D_{\text{ef}}}{\nu} = \frac{44{,}4(0{,}843)}{0{,}000157} = 239\,000$$

$$\frac{\varepsilon}{D_{\text{ef}}} = \frac{0{,}0003}{0{,}843} = 0{,}000356$$

En el diagrama de Moody leemos $f=0{,}0177$. La caída de presión es pues

$$\Delta p=\rho g h_f=\rho g\left(f\ \frac{L}{D_h}\frac{V^2}{2g}\right)=0{,}00237(32{,}2)\left[0{,}0177\ \frac{100}{0{,}75}\ \frac{44{,}4^2}{2(32{,}2)}\right]$$

o $$\Delta p=5{,}5\ \text{lbf/ft}^2$$ *Resp.*

La caída de presión en flujos de aire es pequeña habitualmente debido a la baja densidad de éste.

6.7 PERDIDAS LOCALIZADAS EN TUBERIAS[1]

En cualquier sistema de tuberías, además de la pérdida de carga por fricción a lo largo de aquéllas, existen *pérdidas menores o localizadas* debidas a

1. Entrada o salida de tuberías.
2. Ensanchamiento o contracción brusca.
3. Curvas, codos, tes y otros accesorios.
4. Válvulas, abiertas o parcialmente cerradas.
5. Ensanchamiento o contracciones graduales.

Las pérdidas no tienen por qué ser pequeñas; por ejemplo, una válvula parcialmente cerrada puede producir una caída de presión mayor que una tubería muy larga.

Como la configuración del flujo en estos elementos es muy compleja, la teoría existente es muy pobre. Habitualmente las pérdidas se miden experimentalmente y se correlacionan con los parámetros del flujo. Los datos, especialmente en válvulas, dependen además del diseño de cada fabricante, de modo que los valores que se indican en esta sección son simples estimaciones medias.

Las pérdidas localizadas vienen dadas usualmente como cociente entre la pérdida de carga $h_m=\Delta p/\rho g$ a través del elemento y la altura cinética o de velocidad $V^2/2g$

$$\text{Coeficiente de pérdida } K=\frac{h_m}{V^2/2g} \tag{6.109}$$

Aunque K es adimensional, desafortunadamente no aparece en la literatura correlacionado con el número de Reynolds y la rugosidad relativa, sino con el tamaño de la tubería. La mayor parte de los datos disponibles son relativos a flujo turbulento.

Una forma alternativa, nada deseable, es indicar la pérdida de carga localizada en forma de *longitud equivalente* L_{eq} de tubería, a través de la correlación de Darcy

[1] Esta sección puede ser omitida sin pérdida de continuidad.

$$h_m = f\frac{L_{\text{eq}}}{d}\frac{V^2}{2g} = K\frac{V^2}{2g}$$

o

$$L_{\text{eq}} = \frac{Kd}{f} \tag{6.110}$$

Aunque la longitud equivalente elimina en parte la variabilidad de datos de pérdida de carga, es un concepto artificial y no es considerado en este libro.

Una tubería puede tener varias pérdidas localizadas. Como todos los términos están referidos a $V^2/2g$, se puede efectuar la suma de todos ellos si el diámetro de la tubería es constante

$$\Delta h_{\text{tot}} = h_f + \Sigma\, h_m = \frac{V^2}{2g}\left(\frac{fL}{d} + \Sigma K\right) \tag{6.111}$$

Nótese, sin embargo, que si el diámetro cambia, las pérdidas hay que sumarlas separadamente, ya que V^2 cambiará también. La longitud L de la ecuación (6.111) es la longitud total de la tubería incluyendo los codos.

La Tabla 6.5 muestra los coeficientes de pérdida de carga K para cuatro tipos comunes de válvulas, tres codos y una «t». Los elementos pequeños suelen estar roscados interiormente, mientras que los elementos

Tabla 6.5

COEFICIENTES DE PERDIDA $K = \frac{h_m}{V^2/2g}$ PARA VALVULAS ABIERTAS, CODOS Y TES

Diámetro nominal, in	Roscado				Acoplado				
	$\frac{1}{2}$	1	2	4	1	2	4	8	20
Válvulas (abiertas):									
Esfera	14	8,2	6,9	5,7	13	8,5	6,0	5,8	5,5
Compuerta	0,30	0,24	0,16	0,11	0,80	0,35	0,16	0,07	0,03
Antirretorno	5,1	2,9	2,1	2,0	2,0	2,0	2,0	2,0	2,0
De ángulo	9,0	4,7	2,0	1,0	4,5	2,4	2,0	2,0	2,0
Codos:									
45° normal	0,39	0,32	0,30	0,29	—	—	—	—	—
45° suave	—	—	—	—	0,21	0,20	0,19	0,16	0,14
90° normal	2,0	1,5	0,95	0,64	0,50	0,39	0,30	0,26	0,21
90° suave	1,0	0,72	0,41	0,23	0,40	0,30	0,19	0,15	0,10
180° normal	2,0	1,5	0,95	0,64	0,41	0,35	0,30	0,25	0,20
180° suave	—	—	—	—	0,40	0,30	0,21	0,15	0,10
Tes:									
Flujo directo	0,90	0,90	0,90	0,90	0,24	0,19	0,14	0,10	0,07
Flujo lateral	2,4	1,8	1,4	1,1	1,0	0,80	0,64	0,58	0,41

Tabla 6.6

AUMENTO DE PERDIDAS EN VALVULAS PARCIALMENTE ABIERTAS

Condición	Cociente K/K (abierta)	
	Compuerta	*Esfera*
Abierta	1,0	1,0
Cerrada, 25%	3,0-5,0	1,5-2,0
50%	12-22	2,0-3,0
75%	70-120	6,0-8,0

de tamaños mayores suelen ajustarse a las tuberías; de ahí las dos listas. Vemos que K disminuye generalmente al aumentar el tamaño de la tubería a que se conecta, lo cual es consistente con el aumento de número de Reynolds y la disminución de la rugosidad relativa.

Los valores de los coeficientes de pérdida de carga son para válvulas abiertas. Cuando las válvulas están parcialmente abiertas, las pérdidas son enormes. La Tabla 6.6 da valores aproximados de los coeficientes de pérdida de carga para válvulas de bola y compuerta parcialmente abiertas. De todos los elementos mencionados, las válvulas son las más sensibles al diseño del fabricante debido a su complejidad geométrica. Si se necesitan datos fiables hay que recurrir a la información del fabricante.

Las curvas o codos, como los de la figura 6.19, producen siempre una pérdida de carga mayor que la de fricción simple de Moody, debido a la separación del flujo en las paredes y a la formación de flujos secundarios inducidos por la aceleración centrípeta. Los coeficientes K de la figura 6.20 se refieren a estas pérdidas adicionales. Las pérdidas por fricción simple se calculan aparte, o sea, se deben incluir en las pérdidas por longitud del conducto.

Como se observa en la figura 6.20, las pérdidas en la entrada dependen mucho de la geometría, mientras que las de salida no. Los bordes vivos y los tramos de tubo que penetran en los depósitos provocan la separación del flujo y por ello grandes pérdidas. Una ligera redondez de los bordes arregla gran parte del problema y una entrada muy suave ($R=0{,}2d$) tiene pérdidas prácticamente despreciables, $K=0{,}05$. En la salida, por otra parte, el flujo simplemente deja el conducto y se introduce en el depósito grande, perdiendo toda su altura cinética debido a la disipación viscosa. Por tanto, $K=1{,}0$ en todas las salidas, sin influencia de la geometría.

Si la entrada es desde un depósito finito, la denominamos *contracción brusca* (CB) entre dos áreas distintas del conducto. Si la salida es a un conducto mayor, la denominamos *ensanchamiento brusco* (EB). Las pérdidas de ambos están indicadas en la figura 6.21. En el ensanchamiento brusco, el esfuerzo cortante en la zona del rincón con recirculación, o zona de aguas muertas, es despreciable, de modo que un análisis del volumen de control entre

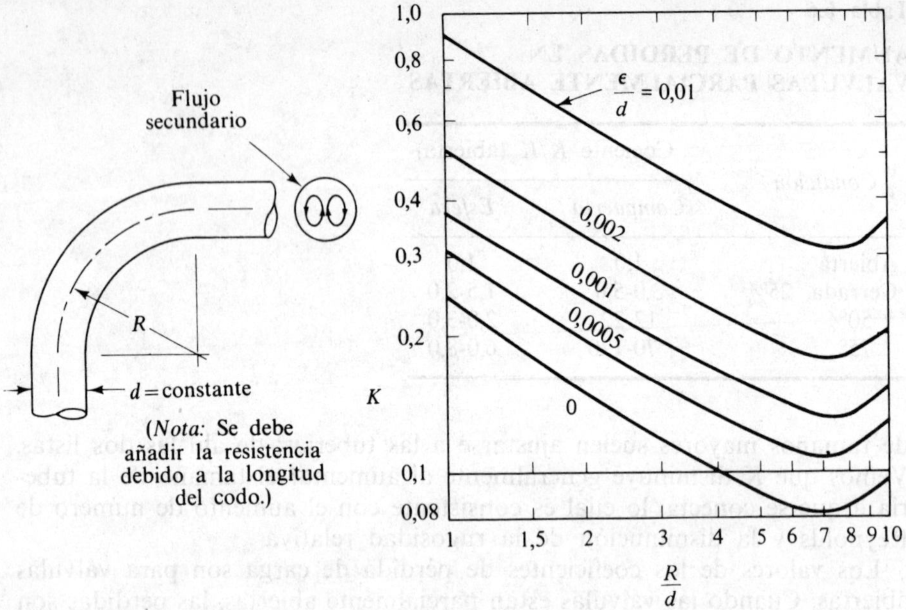

Fig. 6.19 Coeficientes de pérdida de carga en codos de 90°.

la sección de ensanchamiento y el final de la zona de separación da una pérdida teórica de

$$K_{EB} = \left(1 - \frac{d^2}{D^2}\right)^2 = \frac{h_m}{V^2/2g} \tag{6.112}$$

Nótese que K está basado en la velocidad del conducto pequeño. La ecuación (6.112) concuerda muy bien con los experimentos.

En la contracción brusca, sin embargo, la separación del flujo produce una contracción de la corriente hasta un diámetro mínimo d_{min} denominado *vena contracta*, como se indica en la figura 6.22. Debido a que la

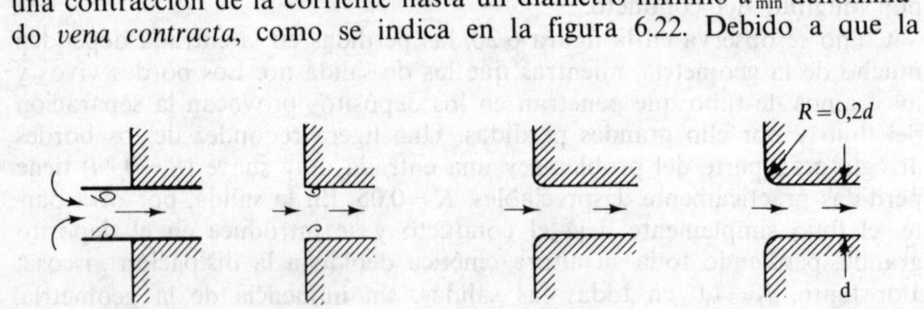

Pérdidas en la salida: $K = 1{,}0$ para todos los tipos de salida

Fig. 6.20 Coeficientes de pérdida de carga en entradas y salidas.

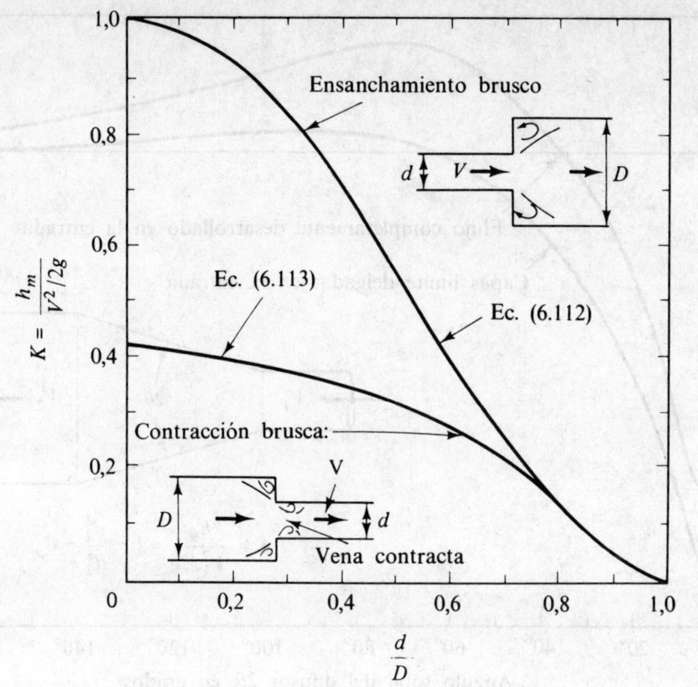

Fig. 6.21 Pérdidas en ensanchamientos y contracciones bruscas. Nótese que las pérdidas están basadas en la velocidad del fluido en el tubo de menor diámetro.

teoría de la vena contracta no está apenas desarrollada, los coeficientes de pérdida de carga son experimentales y siguen la fórmula

$$K_{CB} \approx 0{,}42\left(1 - \frac{d^2}{D^2}\right) \tag{6.113}$$

hasta el valor $d/D = 0{,}76$ por encima del cual coinciden con la expresión de ensanchamiento brusco, ecuación (6.112).

Si el ensanchamiento o la contracción son graduales, las pérdidas son muy diferentes. La figura 6.22 muestra las pérdidas a través de un ensanchamiento cónico o *difusor* [14]. Hay cierta dispersión en los datos, dependiendo de las condiciones de las capas límite aguas arriba. Una capa límite delgada, con un perfil como el de la figura 6.6, da pérdidas pequeñas. Como la finalidad del difusor es aumentar la presión estática del flujo, los datos vienen en forma de coeficiente de recuperación de presión

$$C_p = \frac{p_2 - p_1}{\frac{1}{2}\rho V_1^2} \tag{6.114}$$

El coeficiente de pérdida de carga se relaciona con aquél de esta forma

$$K = \frac{h_m}{V^2/2g} = 1 - \frac{d_1^4}{d_2^4} - C_p \tag{6.115}$$

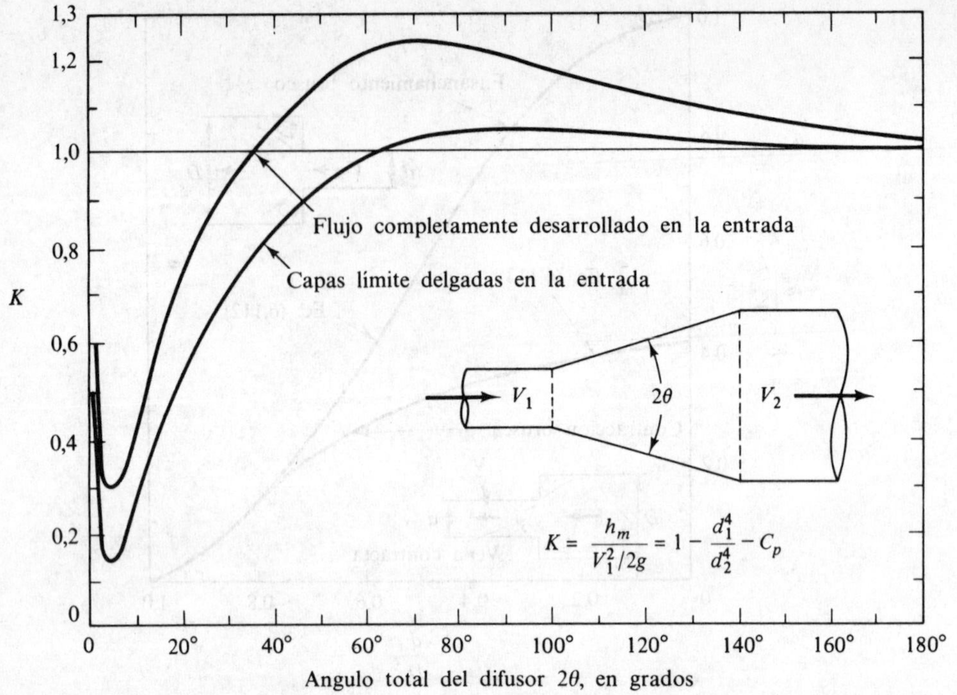

Fig. 6.22 Pérdidas en un ensanchamiento cónico gradual.

Para una relación de áreas dada, cuanto mayor sea el coeficiente de recuperación de presión menores serán las pérdidas; así, un C_p elevado significa que el difusor está bien diseñado. En la figura 6.22 se ve que la mínima pérdida (máxima recuperación) tiene lugar para 2θ aproximadamente igual a 5°. Angulos menores dan una gran pérdida de fricción debido a su longitud excesiva; para ángulos de 40 a 60° y mayores, las pérdidas son tan altas que es preferible utilizar un ensanchamiento brusco. Este efecto inesperado es debido a la separación del flujo en difusores de ángulos grandes, como veremos al estudiar las capas límite. La referencia 14 incluye gran cantidad de datos de difusores.

En una contracción la pérdida es muy pequeña, como muestran los siguientes valores experimentales [15]:

Angulo de contracción 2θ, grados	*K en contracciones graduales*
30	0,02
45	0,04
60	0,07

En las referencias 15 y 16 se pueden encontrar más datos sobre pérdidas localizadas.

EJEMPLO 6.16 Entre dos depósitos se bombea agua, $\rho=1{,}49$ slugs/ft^3 y $\nu=0{,}000011$ ft^2/s, a razón de 0,2 ft/s a través de una tubería de 2 in de diámetro y 400 ft de longitud con varios elementos intermedios, como se muestra en la figura E6.16. La rugosidad relativa del tubo es $\varepsilon/d=0{,}001$. Calcular la potencia requerida para el bombeo.

Solución La ecuación de la energía para el flujo estacionario entre las superficies de los dos depósitos es

$$\frac{p_1}{\rho g}+\tfrac{1}{2}V_1^2+z_1=\left(\frac{p_2}{\rho g}+\tfrac{1}{2}V_2^2+z_2\right)+h_f+\Sigma h_m-h_p$$

donde h_p es el incremento de carga debido a la bomba. Como $p_1=p_2$ y $V_1=V_2\approx 0$, despejando tenemos

$$h_p=z_2-z_1+h_f+\Sigma h_m=120\ \text{ft}-20\ \text{ft}+\frac{V^2}{2g}\left(\frac{fL}{d}+\Sigma K\right) \tag{1}$$

La velocidad media asociada al caudal es

$$V=\frac{Q}{A}=\frac{0{,}2\ \text{ft}^3/\text{s}}{\frac{1}{4}\pi(\frac{2}{12}\ \text{ft})^2}=9{,}17\ \text{ft/s}$$

Hagamos ahora una lista de los coeficientes de las pérdidas localizadas:

Pérdida	*K*
1. Entrada viva (Fig. 6.20)	0,5
2. Válvula de esfera abierta (2 in, Tabla 6.5)	6,9
3. Curva de 12 in (Fig. 6.19)	0,15
4. Codo normal de 90° (Tabla 6.5)	0,95
5. Válvula de compuerta semiabierta (0,16 de la Tabla 6.5 por 17 de la Tabla 6.6)	2,7
6. Salida brusca (Fig. 6.20)	1,0
	$\Sigma K=12{,}2$

Calculemos el número de Reynolds y el coeficiente de fricción

$$\text{Re}_d=\frac{Vd}{\nu}=\frac{9{,}17(\frac{2}{12})}{0{,}000011}=139\,000$$

Con $\varepsilon/d=0{,}001$, el diagrama de Moody nos da $f=0{,}0216$. Sustituyendo en la expresión (1)

$$h_p=100\ \text{ft}+\frac{(9{,}17\ \text{ft/s})^2}{2(32{,}2\ \text{ft/s}^2)}\left[\frac{0{,}0216(400)}{\frac{2}{12}}+12{,}2\right]=$$

$$=100\ \text{ft}+84\ \text{ft}=184\ \text{ft}\qquad \text{carga de la bomba}$$

La bomba debe comunicar al agua una potencia de

$$P=\rho g Q h_p=[1{,}94(32{,}2\ \text{lb/ft}^3)](0{,}2\ \text{ft}^3/\text{s})(184\ \text{ft})=2300\ (\text{ft}\cdot\text{lb})/\text{s}$$

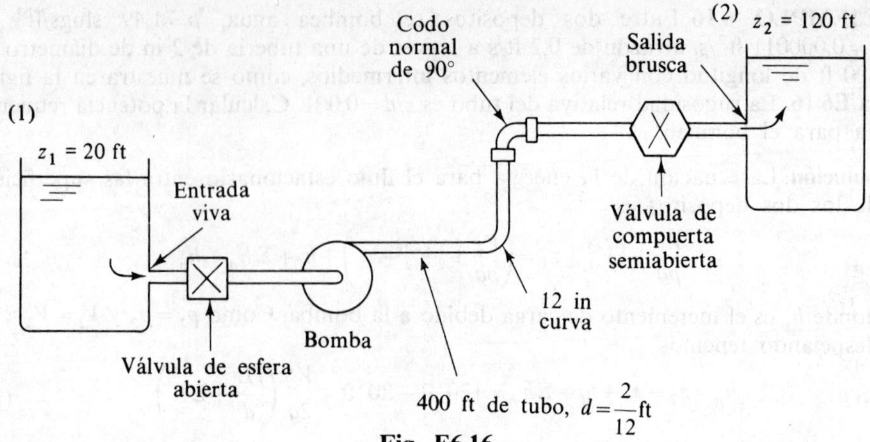

Fig. E6.16

Cambiando de unidades, 1 hp = 550 (ft · lb)/s, tenemos

$$P=\frac{2300}{550}=4{,}2 \text{ hp} \qquad \textit{Resp.}$$

Suponiendo un rendimiento aproximado del 70 al 80 por 100, la potencia de la bomba será de unos 6 hp.

6.8 SISTEMAS DE TUBERIAS[1]

Una vez que se saben hacer los cálculos de una tubería, se saben hacer los de todas; pero cuando los sistemas tienen varias, hay que tener en cuenta ciertas reglas para facilitar los cálculos. El parecido entre estas reglas y las de circuitos eléctricos no es en absoluto simple coincidencia.

La figura 6.23 muestra tres ejemplos de sistemas de tuberías. El primero es un sistema de tres (o más) tuberías en serie. La regla es que el flujo en todas es el mismo

$$Q_1=Q_2=Q_3=\text{const}$$

o

$$V_1\, d_1^2=V_2\, d_2^2=V_3\, d_3^2 \tag{6.116}$$

La regla 2 es que la pérdida de carga total es igual a la suma de las pérdidas en cada tramo

$$\Delta h_{A\to B}=\Delta h_1+\Delta h_2+\Delta h_3 \tag{6.117}$$

Estas últimas se componen de pérdidas por fricción y pérdidas localizadas, por lo que podemos escribir

$$\Delta h_{A\to B}=\frac{V_1^2}{2g}\left(\frac{f_1 L_1}{d_1}+\Sigma K_1\right)+\frac{V_2^2}{2g}\left(\frac{f_2 L_2}{d_2}+\Sigma K_2\right)+ +\frac{V_3^2}{2g}\left(\frac{f_3 L_3}{d_3}+\Sigma K_3\right) \tag{6.118}$$

[1] Esta sección puede ser omitida sin pérdida de continuidad.

y así sucesivamente para cualquier número de tuberías en serie. Como V_2 y V_3 son proporcionales a V_1 por la ecuación (6.116), la ecuación (6.118) toma la forma

$$\Delta h_{A\to B}=\frac{V_1^2}{2g}\,(\alpha_0+\alpha_1 f_1+\alpha_2 f_2+\alpha_3 f_3) \qquad (6.119)$$

donde α_i son constantes adimensionales. Si se conoce el caudal, todo el segundo miembro es conocido y podemos calcular la pérdida de carga. Si lo que se conoce es esta última, hay que iterar, ya que $f_{1,2,3}$ dependen de V_1 a través del número de Reynolds. Se suele comenzar calculando $f_{1,2,3}$ como si el flujo estuviera dominado por la rugosidad y la solución converge a la primera o segunda iteración.

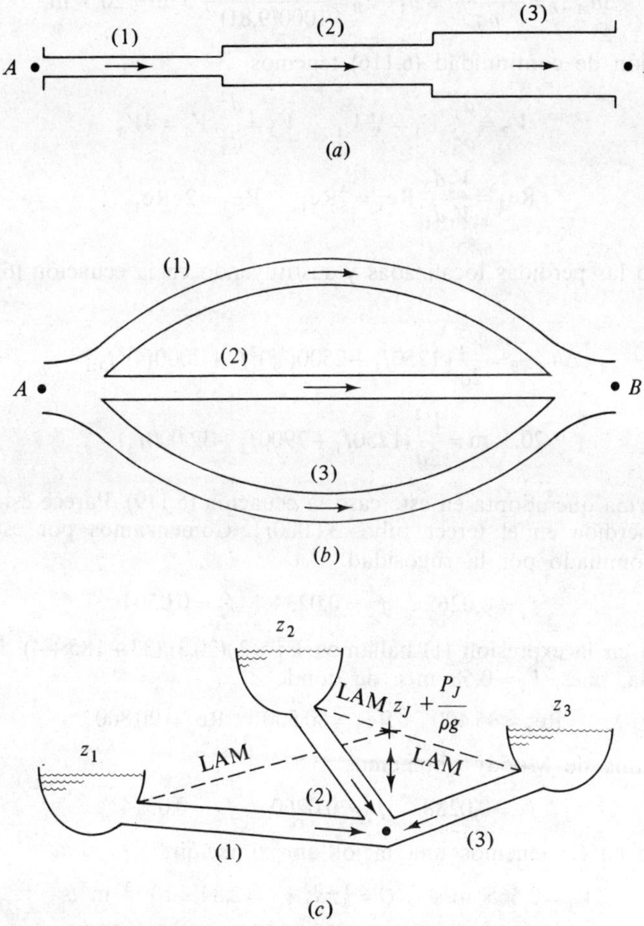

Fig. 6.23 Ejemplos de sistemas con varias tuberías: (*a*) conductos en serie; (*b*) en paralelo; (*c*) problema de la unión de tres depósitos.

EJEMPLO 6.17 Se tiene un sistema de tuberías como el de la figura 6.23*a*. La caída de presión total es $p_A - p_B = 150\,000$ Pa, y la diferencia del nivel $z_A - z_B = 5$ metros. Los datos de los tubos son

Tubo	*L*, m	*d*, cm	ε, mm	ε/*d*
1	100	8	0,24	0,003
2	150	6	0,12	0,002
3	80	4	0,20	0,005

El fluido es agua, $\rho = 1000$ kg/m³ y $\nu = 102 \times 10^{-6}$ m²/s. Calcular el caudal Q en metros cúbicos por hora.

Solución La pérdida de carga total en el sistema es

$$\Delta h_{A\to B} = \frac{p_A - p_B}{\rho g} + z_A - z_B = \frac{150\,000}{1000(9{,}81)} + 5 \text{ m} = 20{,}3 \text{ m}$$

De la ecuación de continuidad (6.116) tenemos

$$V_2 = \frac{d_1^2}{d_2^2} V_1 = \tfrac{16}{9} V_1 \qquad V_3 = \frac{d_1^2}{d_3^2} V_1 = 4V_1$$

y

$$\mathrm{Re}_2 = \frac{V_2 d_2}{V_1 d_1} \mathrm{Re}_1 = \tfrac{4}{3}\mathrm{Re}_1 \qquad \mathrm{Re}_3 = 2\ \mathrm{Re}_1$$

Despreciando las pérdidas localizadas y sustituyendo en la ecuación (6.130), tenemos

$$\Delta h_{A\to B} = \frac{V_1^2}{2g}[1250 f_1 + 2500(\tfrac{16}{9})^2 f_2 + 2000(4)^2 f_3]$$

o

$$20{,}3 \text{ m} = \frac{V_1^2}{2g}(1250 f_1 + 7900 f_2 + 32\,000 f_3) \tag{1}$$

Esta es la forma que adopta en este caso la ecuación (6.119). Parece estar dominada por la pérdida en el tercer tubo, $32\,000 f_3$. Comenzamos por estimar $f_{1,2,3}$ para flujo dominado por la rugosidad.

$$f_1 = 0{,}0262 \qquad f_2 = 0{,}0234 \qquad f_3 = 0{,}0304$$

Sustituyendo en la expresión (1) hallamos $V_1^2 \approx 2g(20{,}3)/(33 + 185 + 4)$. La primera estimación da, pues, $V_1 = 0{,}58$ m/s, de donde

$$\mathrm{Re}_1 \approx 45\,400 \qquad \mathrm{Re}_2 = 60\,500 \qquad \mathrm{Re}_3 = 90\,800$$

En el diagrama de Moody obtenemos

$$f_1 = 0{,}0288 \qquad f_2 = 0{,}0260 \qquad f_3 = 0{,}0314$$

Sustituyendo en (1) tenemos una mejor aproximación

$$V_1 = 0{,}565 \text{ m/s} \qquad Q = \tfrac{1}{4}\pi d_1^2 V_1 = 2{,}84 \times 10^{-3} \text{ m}^3/\text{s}$$

o

$$Q_1 = 10{,}2 \text{ m}^3/\text{h}$$ *Resp.*

La segunda iteración nos daría $Q = 10{,}22$ m³/h, un cambio inapreciable.

El segundo sistema de tuberías, que se muestra en la figura 6.23*b*, tiene las *tuberías en paralelo*. Ahora las pérdidas son las mismas para todos los tubos y el caudal total es la suma de los caudales individuales

$$\Delta h_{A\to B} = \Delta h_1 = \Delta h_2 = \Delta h_3 \qquad (6.120a)$$

$$Q = Q_1 + Q_2 + Q_3 \qquad (6.120b)$$

Si se conoce la pérdida de carga total, es muy sencillo calcular cada Q_i y el total. El problema inverso, Q conocido, requiere también iteración para determinar cómo se divide éste entre las diversas ramas. El procedimiento normal es imaginar que, digamos, $Q_1 = Q/3$, y calcular la pérdida de carga y de ahí hallar Q_2 y Q_3 con la ecuación (6.120*a*). Entonces, si la suma es incorrecta, por ejemplo, $Q_1 + Q_2 + Q_3 = 1{,}14Q$, hay que cambiar el valor supuesto anteriormente $Q_{1,\text{nuevo}} = Q_{1,\text{anterior}}/1{,}14$ y volver a obtener Q_2 y Q_3. Y así sucesivamente. El proceso converge.

EJEMPLO 6.18 Suponga que los tres tubos del ejemplo 6.17 están en paralelo con una pérdida de carga total de 20,3 m. Calcular el caudal total Q, despreciando las pérdidas localizadas.

Solución De la ecuación (6.120*a*) podemos obtener cada V separadamente

$$20{,}3\ \text{m} = \frac{V_1^2}{2g}\,1250 f_1 = \frac{V_2^2}{2g}\,2500 f_2 = \frac{V_3^2}{2g}\,2000 f_3 \qquad (1)$$

Supongamos que el flujo del tubo 1 está dominado por la rugosidad: $f_1 = 0{,}0262$, $V_1 = 3{,}49$ m/s; de ahí $\text{Re}_1 = V_1 d_1/\nu = 273\,000$. En el diagrama de Moody leemos $f_1 = 0{,}0267$, recalculamos $V_1 = 3{,}46$ m/s, $Q_1 = 6{,}25$ m^3/h. (Este problema se puede resolver también utilizando la figura 6.14.)

Supongamos ahora que se trata del tubo 2: $f_2 \approx 0{,}0234$, $V_2 \approx 2{,}61$ m/s; entonces $\text{Re}_2 = 153\,000$, de donde $f_2 = 0{,}0246$, $V_2 = 2{,}55$ m/s, $Q_2 = 25{,}9$ m^3/h.

Finalmente hagamos lo mismo con el 3: $f_3 \approx 0{,}0304$, $V_3 \approx 2{,}56$ m/s; entonces $\text{Re}_3 = 100\,000$ y de aquí $f_3 = 0{,}0313$, $V_3 = 2{,}52$ m/s, $Q_3 = 11{,}4$ m^3/h.

La convergencia es suficiente. El caudal total es

$$Q = Q_1 + Q_2 + Q_3 = 62{,}5 + 25{,}9 + 11{,}4 = 99{,}8\ \text{m}^3/\text{h} \qquad \textit{Resp.}$$

Este sistema de tres tubos lleva diez veces más caudal en paralelo que en serie.

Consideremos el tercer ejemplo de *tres depósitos interconectados*, figura 6.23*c*. Si suponemos que todos los caudales se dirigen hacia el punto de unión, debe cumplirse.

$$Q_1 + Q_2 + Q_3 = 0 \qquad (6.121)$$

que implica obviamente que alguno de ellos debe ir en sentido inverso al indicado. Las variaciones de presión deben ser tales que la carga en la unión debe ser única. En otras palabras, la LAM debe tener una altura única

$$h_J = z_J + \frac{p_J}{\rho g} \qquad (6.122)$$

donde p_J es, por simplicidad, la presión manométrica en ese punto. La pérdida de carga en cada rama, suponiendo que $p_1 = p_2 = p_3 = 0$ (manométrica) en la superficie de los depósitos, debe ser tal que

$$\Delta h_1 = \frac{V_1^2}{2g}\frac{f_1 L_1}{d_1} = z_1 - h_J$$

$$\Delta h_2 = \frac{V_2^2}{2g}\frac{f_2 L_2}{d_2} = z_2 - h_J \qquad (6.123)$$

$$\Delta h_3 = \frac{V_3^2}{2g}\frac{f_3 L_3}{d_3} = z_3 - h_J$$

Suponemos un valor de h_J y calculamos $V_{1,2,3}$ por medio de las ecuaciones (6.123), y de aquéllas $Q_{1,2,3}$; el proceso es iterativo hasta que se cumpla la ecuación (6.121). Si hemos puesto h_J muy *alto*, la suma $Q_1 + Q_2 + Q_3$ saldrá *negativa* y tendremos que bajar h_J, o viceversa

EJEMPLO 6.19 Tomemos los tres tubos del ejemplo 6.17 y supongamos que están conectados tres depósitos cuyos niveles están en

$$z_1 = 20 \text{ m} \qquad z_2 = 100 \text{ m} \qquad z_3 = 40 \text{ m}$$

Calcular los caudales que circulan por cada tubo, despreciando las pérdidas localizadas.

Solución Supongamos que h_J está a nivel de la superficie del depósito 3, $z_3 = h_J = 40$ m. Esto nos ahorra un cálculo ($Q_3 = 0$) y nos permite obtener lo siguiente:

Depósito	h_J, m	$z_i - h_J$, m	f_i	V_i, m/s	Q_i, m³/h	L_i/d_i
1	40	−20	0,0267	−3,43	−62,1	1250
2	40	60	0,0241	4,42	45,0	2500
3	40	0	—	0	0	2000
					$\Sigma Q = -17,1$	

Como la suma de caudales es negativa, debemos bajar h_J. Poniendo h_J en 30 m tendremos:

Depósito	h_J, m	$z_i - h_J$, m	f_i	V_i, m/s	Q_i, m³/h
1	30	−10	0,0269	−2,42	−43,7
2	30	70	0,0241	4,78	48,6
3	30	10	0,0317	1,76	8,0
					$\Sigma Q = 12,9$

Ahora ΣQ es positivo, y podemos interpolar linealmente con el caso anterior para tener $h_J \approx 34{,}3$ m. La tabla final es:

Depósito	h_J, m	$z_i - h_J$, m	f_i	V_i, m/s	Q_i, m³/h
1	34,3	−14,3	0,0268	−2,90	−52,4
2	34,3	65,7	0,0241	4,63	47,1
3	34,3	5,7	0,0321	1,32	6,0
				$\Sigma Q =$	0,7

Esta es ya suficiente; vemos que al depósito 1 le llegan 52,4 m³/h, 47,1 m³/h procedentes del 2 y 6,0 m³/h procedentes del 3.

Una iteración ulterior nos daría $h_J = 34{,}53$ m, con $Q_1 = -52{,}8$ m³/h, $Q_2 = 47{,}0$ m³/h y $Q_3 = 5{,}8$ m³/h, de modo que $\Sigma Q = 0$. Pedagógicamente hablando, habríamos agotado el tema.

La *red de tuberías* de la figura 6.24 es un caso extremo de sistema de tuberías. Esta puede ser la alimentación de agua de un apartamento, o de una ciudad. El procedimiento de trabajo es algebraicamente complejo, pero también sigue tres reglas básicas:

1. La suma de flujos en cualquier nudo debe ser cero.

2. La pérdida de carga total alrededor de cualquier bucle cerrado debe ser cero. En otras palabras, la LAM en cada nudo tiene una altura única.

3. Todas las pérdidas deben satisfacer el diagrama de Moody o las correlaciones experimentales de las pérdidas localizadas.

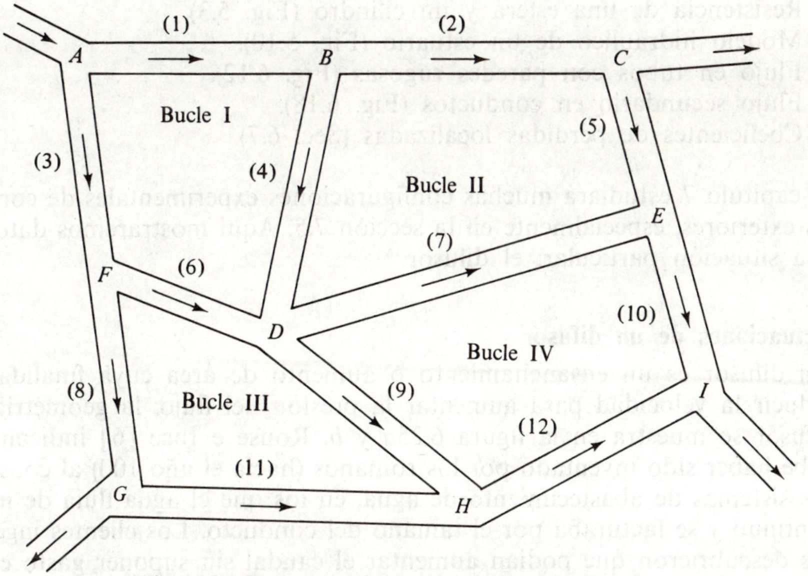

Fig. 6.24 Esquema de una red de tuberías.

Aplicando estas reglas básicas a cada nudo y a cada bucle se obtiene un conjunto de ecuaciones algebraicas simultáneas para determinar los caudales en cada tubo y la LAM de cada nudo. Como las ecuaciones no son lineales, la solución se obtiene como en el ejemplo 6.19, por iteración. La técnica de iteración más antigua fue desarrollada por Hardy Cross en 1936 [17]. Este método está aplicado detalladamente, incluyendo un programa de ordenador, en la referencia 18, páginas 609-626. Otros muchos métodos, supuestamente mejorados, se han desarrollado para trabajar con ordenador (véase Ref. 19); pero todo ello queda más allá de las perspectivas del libro.

6.9 EXPERIMENTACION DE FLUJOS EN CONDUCTOS; ACTUACIONES DE UN DIFUSOR

El diagrama de Moody es tan útil para el movimiento en tubos de cualquier sección, con cualquier rugosidad y cualquier caudal, que podemos deslumbrarnos y pensar que la predicción de este tipo de flujos está a nuestro alcance. No es así. La teoría sólo es fiable para conductos de sección constante. Si la sección varía, las propiedades del flujo se deben determinar experimentalmente. Como se ha mencionado ya varias veces, la experimentación es una parte vital de la Mecánica de Fluidos.

En la literatura se pueden encontrar miles de trabajos sobre datos experimentales de flujos viscosos concretos, internos y externos. Ya hemos visto varios ejemplos:

1. Desprendimiento de torbellinos de un cilindro (Fig. 5.2).
2. Resistencia de una esfera y un cilindro (Fig. 5.3).
3. Modelo hidráulico de un estuario (Fig. 5.10).
4. Flujo en tubos con paredes rugosas (Fig. 6.12).
5. Flujo secundario en conductos (Fig. 6.18).
6. Coeficientes de pérdidas localizadas (Sec. 6.7).

El capítulo 7 estudiará muchas configuraciones experimentales de corrientes exteriores, especialmente en la sección 7.5. Aquí mostraremos datos de una situación particular: el difusor.

Actuaciones de un difusor

Un difusor es un ensanchamiento o aumento de área cuya finalidad es reducir la velocidad para aumentar la presión del flujo; la geometría del difusor se muestra en la figura 6.25*a* y *b*. Rouse e Ince [6] indican que debe haber sido inventado por los romanos (hacia el año 100) al construir sus sistemas de abastecimiento de agua, en los que el agua fluía de modo continuo y se facturaba por el tamaño del conducto. Los clientes ingeniosos descubrieron que podían aumentar el caudal sin suponer gasto extra, ensanchando la sección de salida del conducto.

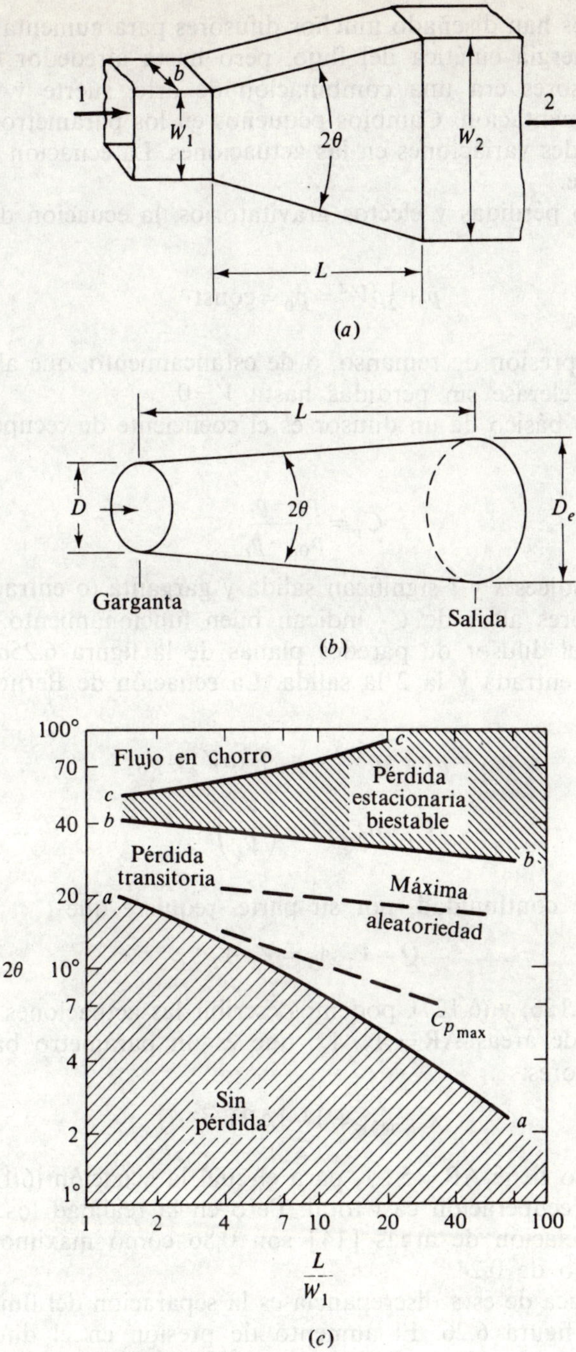

Fig. 6.25 Geometría de los difusores y regímenes típicos de flujo: (*a*) difusor de paredes planas; (*b*) difusor cónico; (*c*) diagrama de estabilidad de un difusor de paredes planas. (*De la Ref.* 14, *con permiso de Creare, Inc.*)

Los ingenieros han diseñado muchos difusores para aumentar la presión y reducir la energía cinética del flujo, pero hasta alrededor de 1950, el diseño de difusores era una combinación de arte, suerte y una buena dosis de experimentación. Cambios pequeños en los parámetros de diseño producían grandes variaciones en las actuaciones. La ecuación de Bernoulli no era fiable.

Despreciando pérdidas y efectos gravitatorios, la ecuación de Bernoulli indica que

$$p+\tfrac{1}{2}\rho V^2=p_0=\text{const} \tag{6.124}$$

donde p_0 es la presión de remanso, o de estancamiento, que alcanzaría el fluido si se decelerase sin pérdidas hasta $V=0$.

El parámetro básico de un difusor es el coeficiente de recuperación C_p, definido como

$$C_p=\frac{p_e-p_t}{p_{0t}-p_t} \tag{6.125}$$

donde los subíndices *s* y *t* significan salida y garganta (o entrada), respectivamente. Valores altos de C_p indican buen funcionamiento.

Considérese el difusor de paredes planas de la figura 6.25*a*, donde la sección 1 es la entrada y la 2 la salida. La ecuación de Bernoulli (6.124) nos diría

$$p_{01}=p_1+\tfrac{1}{2}\rho V_1^2=p_2+\tfrac{1}{2}\rho V_2^2=p_{02}$$

o

$$C_{p,\text{sin fric}}=1-\left(\frac{V_2}{V_1}\right)^2 \tag{6.126}$$

La ecuación de continuidad, por su parte, requiere que

$$Q=V_1\,A_1=V_2\,A_2 \tag{6.127}$$

Combinando (6.126) y (6.127), podemos escribir las actuaciones en función de la relación de áreas $\text{AR}=A_2/A_1$, que es un parámetro básico en el diseño de difusores:

$$C_{p,\text{sin fric}}=1-(\text{AR})^{-2} \tag{6.128}$$

Un diseño típico tiene $\text{AR}=5:1$, para el cual la ecuación (6.128) predice $C_p=0{,}96$, una recuperación casi total. Pero en la realidad los valores de C_p para esta relación de áreas [14] son 0,86 como máximo y pueden llegar a ser sólo de 0,24.

La razón básica de esta discrepancia es la separación del flujo, como se muestra en la figura 6.26. El aumento de presión en el difusor es un gradiente desfavorable (Sec. 7.4), que produce la separación de la capa límite de la pared y una reducción apreciable de las actuaciones. Las teorías que predicen este comportamiento son muy recientes (ver, por ejemplo, la Ref. 20).

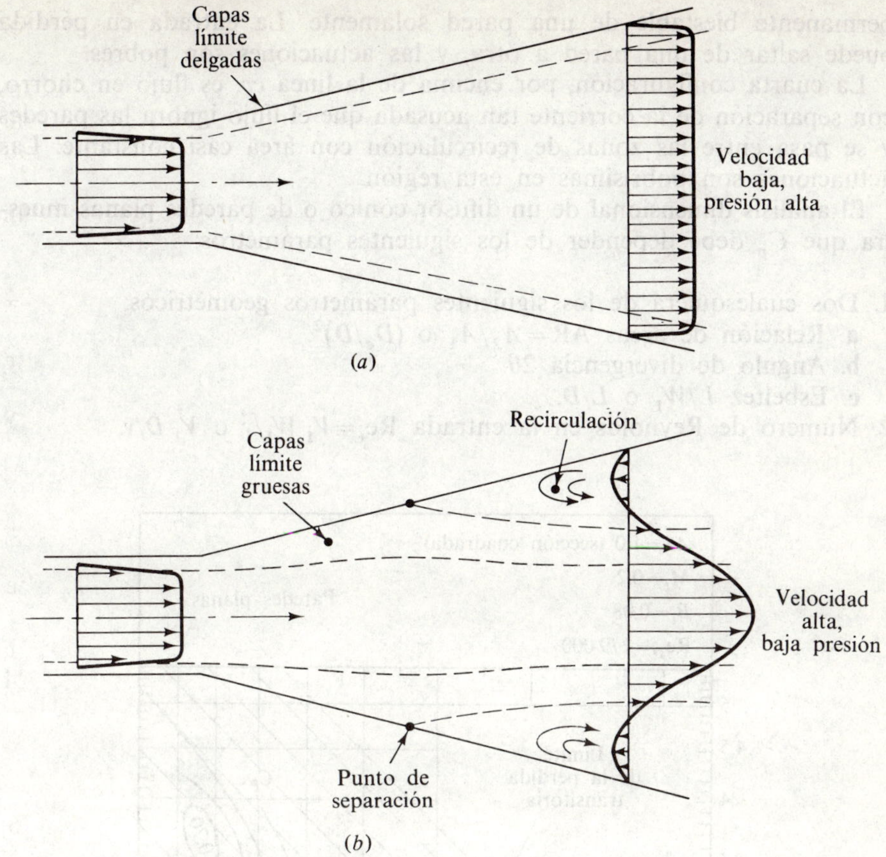

Fig. 6.26 Actuaciones de un difusor: (*a*) configuración ideal con actuaciones óptimas; (*b*) situación real, con separación de la capa límite y actuaciones mediocres.

Una complicación adicional a la separación de la capa límite es que la configuración del flujo en un difusor es muy variable, y era considerada misteriosa y errática hasta que en 1955 S. J. Kline descubrió la estructura de estas configuraciones mediante técnicas de visualización en un canal de agua.

Fox y Kline [21] publicaron en 1962 un diagrama completo de estabilidad de las configuraciones del flujo en difusores, diagrama que se muestra en la figura 6.25*c*. Hay cuatro regímenes básicos. Por debajo de la línea *aa* el flujo es estacionario, sin separación, y con actuaciones moderadamente buenas. Nótese que incluso en un difusor muy corto se produce la separación, o entrada en pérdida, si el semiángulo es mayor de 10°.

Entre las líneas *aa* y *bb* aparece separación de la capa límite con entrada en pérdidas transitoria y flujo marcadamente no estacionario. Las máximas actuaciones, máximos C_p, se obtienen en este régimen. La tercera configuración, entre las líneas *bb* y *cc*, es una entrada en pérdida permanente biestable de una pared solamente. La entrada en pérdida puede saltar de una pared a otra, y las actuaciones son pobres.

La cuarta configuración, por encima de la línea *cc*, es flujo en chorro, con separación de la corriente tan acusada que el flujo ignora las paredes y se pasa entre las zonas de recirculación con área casi constante. Las actuaciones son pobrísimas en esta región.

El análisis dimensional de un difusor cónico o de paredes planas muestra que C_p debe depender de los siguientes parámetros:

1. Dos cualesquiera de los siguientes parámetros geométricos:
   a. Relación de áreas $AR = A_2/A_1$ o $(D_e/D)^2$.
   b. Angulo de divergencia 2θ.
   c. Esbeltez L/W_1 o L/D.
2. Número de Reynolds en la entrada $Re_t = V_1 W_1/\nu$ o $V_1 D/\nu$.

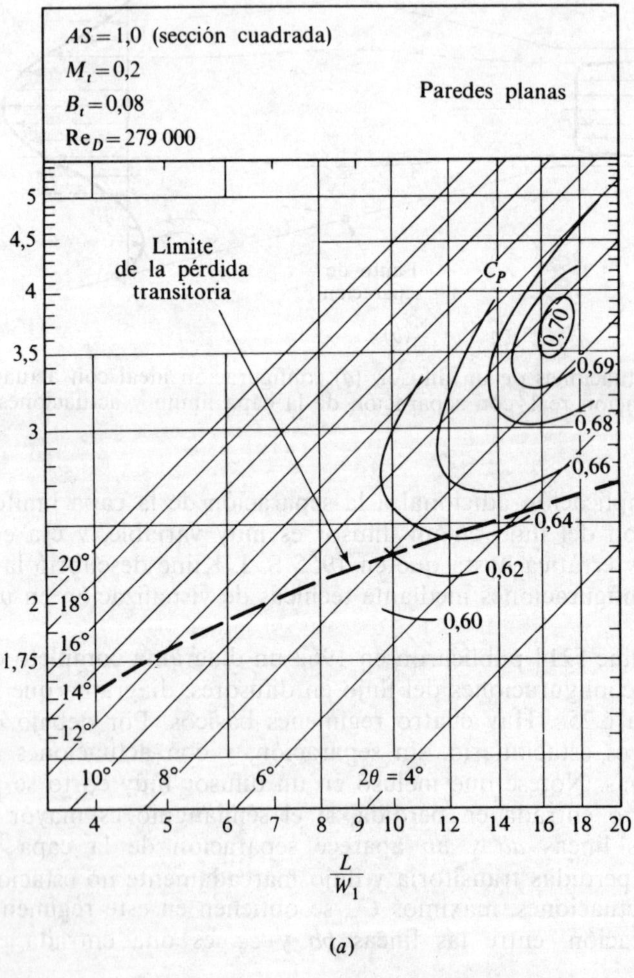

(*a*)

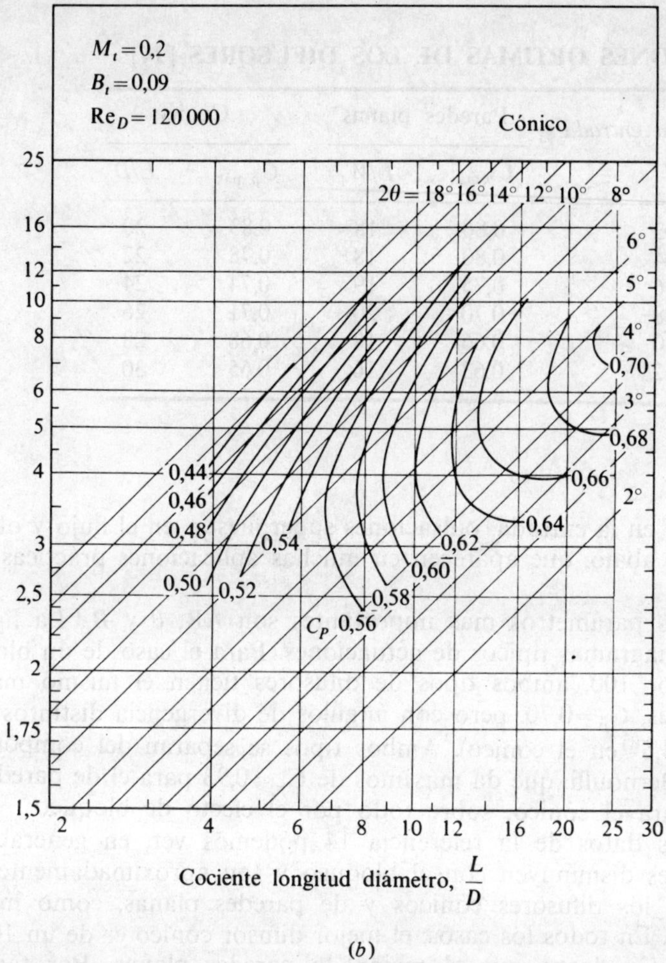

Fig. 6.27 Diagramas típicos de actuación de difusores cónicos y de paredes planas en condiciones similares de operación: (*a*) de paredes planas; (*b*) cónico. (*De la Ref.* 14, *con permiso de Creare, Inc.*)

3. Número de Mach en la entrada $Ma_t = V_1/a_1$.
4. Coeficiente de bloqueo de la capa límite en la entrada $B_t = A_{BL}/A_1$, donde A_{BL} es el área bloqueada por el flujo lento de la capa límite en la entrada. Valores típicos de B_t oscilan de 0,03 a 0,12.

Un difusor con paredes planas necesitaría un parámetro geométrico adicional para describir su sección transversal:

5. Alargamiento $AS = b/W_1$.

Incluso con esta lista tan extensa se han omitido cinco efectos que pueden ser importantes: nivel de turbulencia en la entrada, torsión de la corriente,

Tabla 6.7

ACTUACIONES OPTIMAS DE LOS DIFUSORES [14]

Bloque a la entrada B_t	Paredes planas		Cónico	
	$C_{p,\text{máx}}$	L/W_1	$C_{p,\text{máx}}$	L/D
0,02	0,86	18	0,83	20
0,04	0,80	18	0,78	22
0,06	0,75	19	0,74	24
0,08	0,70	20	0,71	26
0,10	0,66	18	0,68	28
0,12	0,63	16	0,65	30

vorticidad en la entrada, pulsaciones superpuestas en el flujo y obstrucciones aguas abajo, que aparecen en muchas aplicaciones prácticas con máquinas.

Los tres parámetros más importantes son AR, θ y B_t. La figura 6.27 muestra diagramas típicos de actuaciones. Para el caso de un bloqueo del 8 al 9 por 100, ambos tipos de difusores tienen el mismo máximo de actuaciones, $C_p = 0{,}70$, pero con ángulos de divergencia distintos (9° en el plano y 4,5° en el cónico). Ambos tipos se separan del comportamiento ideal de Bernoulli, que da máximos de $C_p = 0{,}93$ para el de paredes planas y 0,99 para el cónico, sobre todo por el efecto de bloqueo.

Con los datos de la referencia 14 podemos ver, en general, que las actuaciones disminuyen con el bloqueo y son aproximadamente las mismas para los difusores cónicos y de paredes planas, como muestra la Tabla 6.7. En todos los casos, el mejor difusor cónico es de un 10 a un 80 por 100 más largo que el mejor de paredes planas. Por tanto, si la longitud está limitada en el diseño, se debe emplear uno de estos últimos por sus mejores actuaciones.

El diseño experimental de un difusor es un ejemplo excelente de intento de cómo minimizar los efectos indeseables de un gradiente de presión adverso y la separación del flujo.

6.10 MEDIDORES EN FLUIDOS

Casi todos los problemas prácticos con fluidos en ingeniería están relacionados con una medida precisa del flujo. Hay necesidad de medir propiedades *locales* (velocidad, presión, temperatura, densidad, viscosidad, nivel de turbulencia), *integradas* (flujo másico y flujo volumétrico) y *globales* (visualización de todo el campo fluido). Vamos a concentrar nuestra atención ahora en las medidas de velocidad o corriente y flujo volumétrico.

La medida de la presión se ha discutido en la sección 1.2. La medida de otras propiedades termodinámicas, como densidad, temperatura y viscosidad, quedan más allá de la perspectiva de este texto, y están recogidas en libros especializados como las referencias 22 y 23. Las técnicas de visualización global para flujos a baja velocidad se analizaron en la sección 1.7, y las técnicas ópticas especiales utilizadas en flujos a alta velocidad se pueden encontrar en la referencia 18 del capítulo 1. Las medidas de flujo en canales abiertos y otros flujos con superficie libre se estudian en el capítulo 10.

Medidores locales de velocidad

La velocidad media de una región pequeña, o puntual, puede ser medida mediante diversos principios físicos:

1. Trayectoria de partículas de flotabilidad neutra o flotantes.
2. Dispositivos mecánicos giratorios.
   a. Anemómetro de copas.
   b. Rotor de Savonius.
   c. Molinete.
   d. Medidor de turbina.
3. Tubo pitot (Fig. 2.25).
4. Medidor electromagnético.
5. Hilos y placas calientes.
6. Anemómetro de láser por efecto Doppler.

Aparecen por orden de complejidad y sofisticación creciente. Algunos de ellos se muestran en la figura 6.28.

Partículas flotantes o con flotabilidad neutra. Una estimación simple, pero efectiva de la velocidad del flujo, se puede obtener mediante la introducción de partículas en aquél. Serían ejemplos virutas en la superficie libre de un canal, pequeñas partículas esféricas mezcladas con un líquido, o las burbujas de hidrógeno. A veces el movimiento de los gases se puede estimar a través de las partículas de polvo que llevan. Pero se debe comprobar si las partículas se mueven realmente con el flujo. Las boyas se utilizan a menudo para seguir el movimiento de las aguas oceánicas y se pueden diseñar para que se muevan en la superficie, en el fondo o a cualquier profundidad [24]. Muchos mapas oficiales de mareas [25] se han obtenido estudiando el movimiento de boyas amarradas. Con un gran número de éstas se puede determinar la configuración del flujo.

Sensores giratorios. Los dispositivos giratorios se pueden usar en gases o en líquidos. El anemómetro de copas de la figura 6.28*a* gira siempre de la misma forma sin tener en cuenta el sentido del flujo. Puede acoplarse a una veleta para alinearse con la dirección del flujo. Lo mismo ocurre con el rotor de Savonius (Fig. 6.28*b*), que es muy común en aplicaciones oceanográficas. El medidor de turbina (Fig. 6.28*c*) está rodeado de una carcasa cilíndrica y puede ser montado en un conducto o sostenido a mano. El

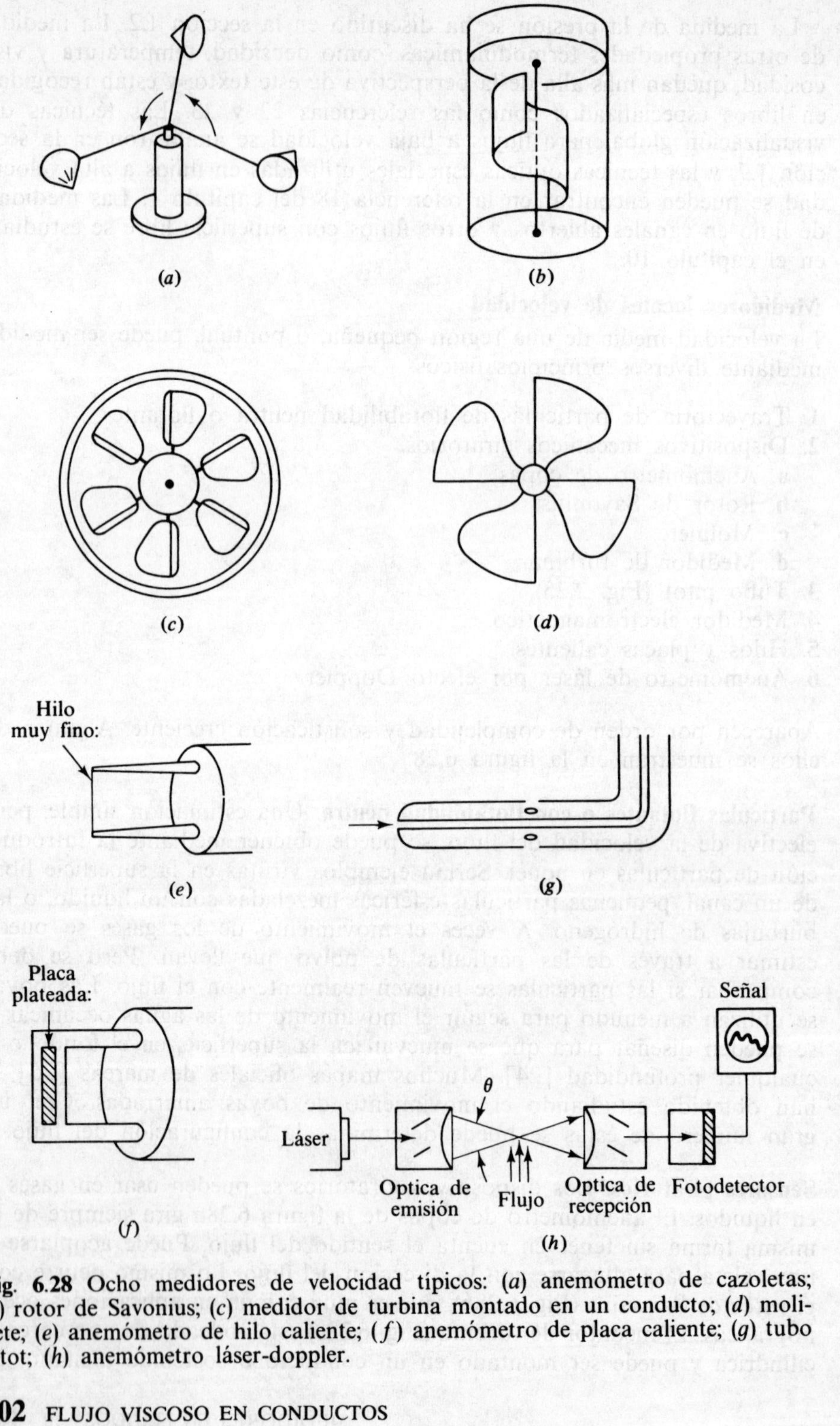

Fig. 6.28 Ocho medidores de velocidad típicos: (*a*) anemómetro de cazoletas; (*b*) rotor de Savonius; (*c*) medidor de turbina montado en un conducto; (*d*) molinete; (*e*) anemómetro de hilo caliente; (*f*) anemómetro de placa caliente; (*g*) tubo pitot; (*h*) anemómetro láser-doppler.

molinete (Fig. 6.28*d*) se suele sostener con la mano, introduciéndolo en una corriente de agua o aire. El molinete y el medidor de turbina tienen la ventaja de la asimetría, de modo que giran en sentido contrario cuando el flujo se invierte. Todos estos medidores pueden conectarse a contadores que registran la cantidad de vueltas o el flujo que pasa por ellos; o a un sensor magnético que mide el flujo volumétrico. Todos tienen la desventaja de que son relativamente grandes y no dan, por tanto, una medida «puntual».

Tubo pitot. Por encima de $Re_d > 1000$, el tubo pitot (Figs. 2.25 y 6.28*g*) se comporta auténticamente como si el fluido no tuviera viscosidad, y en este caso la velocidad puede obtenerse de la diferencia entre la presión estática y la de remanso según la ecuación de Bernoulli

$$V = \left[\frac{2(p_0 - p)}{\rho}\right]^{1/2} \tag{6.129}$$

Sin embargo, es sensible al ángulo de desalineamiento entre flujo y tubo, como se vio en la sección 2.12. El tubo pitot es muy útil en líquidos y gases; en gases, si el número de Mach de la corriente es alto (Cap. 9), se debe introducir un término de corrección por compresibilidad. Debido a la lentitud de respuesta de los tubos llenos de líquido que transmiten la presión a los sensores, el pitot no es útil en flujos no estacionarios. Por su pequeño tamaño, la medida es puntual y puede usarse incluso para medir flujo sanguíneo en arterias y venas. No es adecuado para bajas velocidades en gases debido a las pequeñas diferencias de presión que aparecen. Por ejemplo, si $V = 0{,}3$ m/s (1 ft/s) de aire en condiciones normales, de la ecuación (6.129) obtenemos que $p_0 - p$ es igual a sólo 0,048 Pa (0,001 lbf/ft^2). Lo cual queda más allá de la resolución de los sensores de presión normales.

Medidor electromagnético. Si se aplica un campo magnético a un fluido conductor, el movimiento del fluido inducirá una diferencia de voltaje entre dos electrodos situados dentro o en las proximidades del flujo. Los electrodos se pueden construir fuselados o puestos en la pared de modo que no perturben apenas al flujo. La señal es muy fuerte en líquidos muy conductores, como los metales líquidos. El agua de mar también da buena señal, y estos medidores se usan corrientemente en oceanografía. Incluso se puede medir en agua dulce de baja conductividad, amplificando la señal y aislando los electrodos. Hay equipos comerciales para la mayor parte de los líquidos, pero son relativamente costosos. Los medidores electromagnéticos se tratan en la referencia 26.

Anemómetro de hilo caliente. Para medir fluctuaciones rápidas del flujo, como las que hay en la capa límite turbulenta, un dispositivo ideal es un hilo muy fino ($d = 0{,}01$ mm o menor) caliente y sostenido entre dos puntas, como en la figura 6.28. La idea procede de un trabajo de L. V. King, de 1914, sobre la pérdida de calor de cilindros esbeltos. Si se suministra energía eléctrica para calentar el cilindro, la pérdida de calor se puede relacionar con la velocidad según la ley de King

$$q = I^2 R \approx a + b(\rho V)^n \tag{6.130}$$

donde $n \approx \frac{1}{3}$ a muy bajos números de Reynolds e igual a $\frac{1}{2}$ a altos números de Reynolds. Habitualmente el hilo caliente trabaja en el rango de altos números de Reynolds, pero debe ser calibrado para hallar a, b y n en cada situación. El anemómetro puede trabajar con intensidad constante I, de modo que su resistencia R es una medida de la velocidad V; o con resistencia del hilo constante R, dando I la medida de la velocidad. En cualquier caso, la salida no es una función lineal de V, y el equipo debe disponer de un *linealizador* para proporcionar los datos de velocidad de un modo conveniente. Se dispone de muchas variedades de equipos comerciales de hilo caliente, así como diseños para montarlos uno mismo [27]. Se pueden encontrar discusiones detalladas excelentes sobre el tema de las referencias 1 y 28.

Debido a su fragilidad, el hilo caliente no es adecuado para líquidos, cuya alta densidad y partículas transportadas pueden dañarlo y romperlo. La alternativa, igual de sensible pero de mayor rigidez, es el anemómetro de placa o película caliente, figura 6.28*f*. Sobre un soporte de cierto espesor con forma cónica, cilíndrica o en cuña se deposita una placa metálica delgada, habitualmente de platino. El funcionamiento es análogo al del hilo caliente. El cono da la mejor respuesta, pero está sujeto a errores por deslizamiento.

Los hilos calientes se pueden agrupar para medir varias componentes de la velocidad.

Anemómetro láser-doppler. En este caso el láser proporciona un haz de luz muy intensa y monocromática que pasa a través del fluido. Cuando la luz es dispersada por una partícula arrastrada por el flujo, un observador fijo a tierra detectará una variación en la frecuencia de la luz dispersada respecto a la original, por el efecto doppler. La variación Δf es proporcional a la velocidad de la partícula. El láser no perturba al flujo en absoluto.

La figura 6.28*h* muestra la disposición común de doble haz de este anemómetro (LDA). La óptica de emisión divide al láser en dos haces que se cruzan después con un ángulo θ. Su intersección, que es el volumen de medida o resolución espacial, es un elipsoide de unos 0,5 mm de largo y 0,1 mm de diámetro. Las partículas que pasan por esta intersección dispersan la luz de los haces; la luz dispersada pasa, a través de la óptica de recepción, a un fotodetector que convierte la luz en señal eléctrica. Un analizador de señales convierte la frecuencia eléctrica en voltaje que puede ser presentado en un indicador o almacenado. Si λ es la longitud de onda del láser, la velocidad medida viene dada por

$$V = \frac{\lambda \ \Delta f}{2 \ \mathrm{sen} \ (\theta/2)} \tag{6.131}$$

Utilizando más de un fotodetector o con otros modos de operación se puede medir más de una componente de la velocidad*. Con este sistema se puede medir en líquidos y gases siempre que haya partículas en el flujo. En los líquidos normales las impurezas sirven como partículas dispersantes, pero los gases deben ser sembrados. Las partículas pueden ser tan pequeñas como la longitud de onda de la luz. Aunque el volumen de medida no es tan pequeño como un hilo caliente, el LDA es capaz de medir fluctuaciones turbulentas.

Las ventajas del LDA son (1) que no perturba el flujo, (2) alta resolución espacial del campo fluido, (3) se obtiene directamente la velocidad independientemente de las demás propiedades fluidas, (4) la señal es lineal con la velocidad y (5) no necesita calibración. Las desventajas son (1) que tanto la instalación del flujo como el fluido deben ser transparentes y (2) su elevado coste (un sistema básico como el de la figura 6.29*h* tiene un precio mínimo de unos 20 000 dólares).

Una vez puesto a punto, un LDA puede medir el campo fluido con detalle minucioso. Para apreciar todo el poder del LDA, véase, por ejemplo, el asombroso detalle de los perfiles tridimensionales de velocidad medidos por Eckardt [29] en un compresor centrífugo de alta velocidad.

Medidas de flujo volumétrico

A menudo es deseable medir la masa o el volumen que pasa por un conducto. Una medida fiable del flujo es vital para facturarle a un cliente el suministro de un líquido o de un gas. Los diversos dispositivos que realizan tales medidas se analizan con gran detalle en el texto de ASME sobre medidores [30]. Estos dispositivos son de dos clases, instrumentos mecánicos e instrumentos de pérdida de carga.

Los instrumentos mecánicos miden realmente la masa o el volumen del fluido atrapándolo y midiéndolo. Los diversos tipos de medida son:

1. Medida de masa.
 a. Depósitos con báscula.
 b. Trampas basculantes.
2. Medida de volumen.
 a. Depósitos calibrados.
 b. Pistones con movimiento alternativo.
 c. Anillos ranurados giratorios.
 d. Disco con movimiento de rotación.
 e. Máquinas de paletas deslizantes.
 f. Máquinas de engranajes o lóbulos.
 g. Membranas pulsantes.
 h. Compartimentos sellados.

* Con la configuración indicada sólo se mide la componente coplanaria con los haces que se cruzan y es perpendicular al eje óptico (*N. del T*).

Los tres últimos son adecuados para medidas con gases*.

Los instrumentos de medida con pérdida de carga obstruyen el flujo y provocan una caída de presión que nos da la medida del flujo:

1. Dispositivo de contracción de vena fluida (tipo Bernoulli).
   a. Orificio en placa delgada.
   b. Tobera.
   c. Tubo venturi.
2. Dispositivos de pérdida por fricción.
   a. Tubo capilar.
   b. Tapón poroso.

Generalmente los medidores por fricción producen una pérdida de carga muy grande y no recuperable, y obstruyen demasiado el flujo para ser útiles. Por ello los del tipo Bernoulli han recibido la máxima atención entre los medidores de flujos. De hecho, orificio, tobera y venturi son prácticamente sinónimos con el término medidor de flujo en la literatura ASME.

Teoría de la obstrucción. Consideremos la obstrucción genérica del flujo mostrada en la figura 6.29. El flujo que circula por el conducto de diámetro D es obligado a pasar por un estrechamiento de diámetro d; el cociente β es un parámetro clave

$$\beta = \frac{d}{D} \tag{6.132}$$

Después de la obstrucción el flujo puede estrecharse más incluso hasta una vena contracta de diámetro $D_2 < d$, como se indica. Apliquemos las ecuaciones de continuidad y Bernoulli a un flujo estacionario y sin fricción para estimar la variación de presión:

Continuidad: $$Q = \frac{\pi}{4} D^2 V_1 = \frac{\pi}{4} D_2^2 V_2$$

Bernoulli: $$p_0 = p_1 + \tfrac{1}{2}\rho V_1^2 = p_2 + \tfrac{1}{2}\rho V_2^2 \tag{6.133}$$

Eliminando V_1, podemos poner V_2 o Q en función de $p_1 - p_2$

$$\frac{Q}{A_2} = V_2 \approx \left[\frac{2(p_1 - p_2)}{\rho(1 - D_2^4/D^4)} \right]^{1/2} \tag{6.134}$$

Esta expresión no es completamente exacta porque hemos despreciado la fricción, y sabemos que es importante. Tampoco queremos adentrarnos en la medida de la vena contracta, D_2/d, que habría que introducir en

* Los dispositivos incluidos en los apartados **b**, **e** y **f** son las llamadas máquinas volumétricas o de desplazamiento positivo. (*N. del T.*)

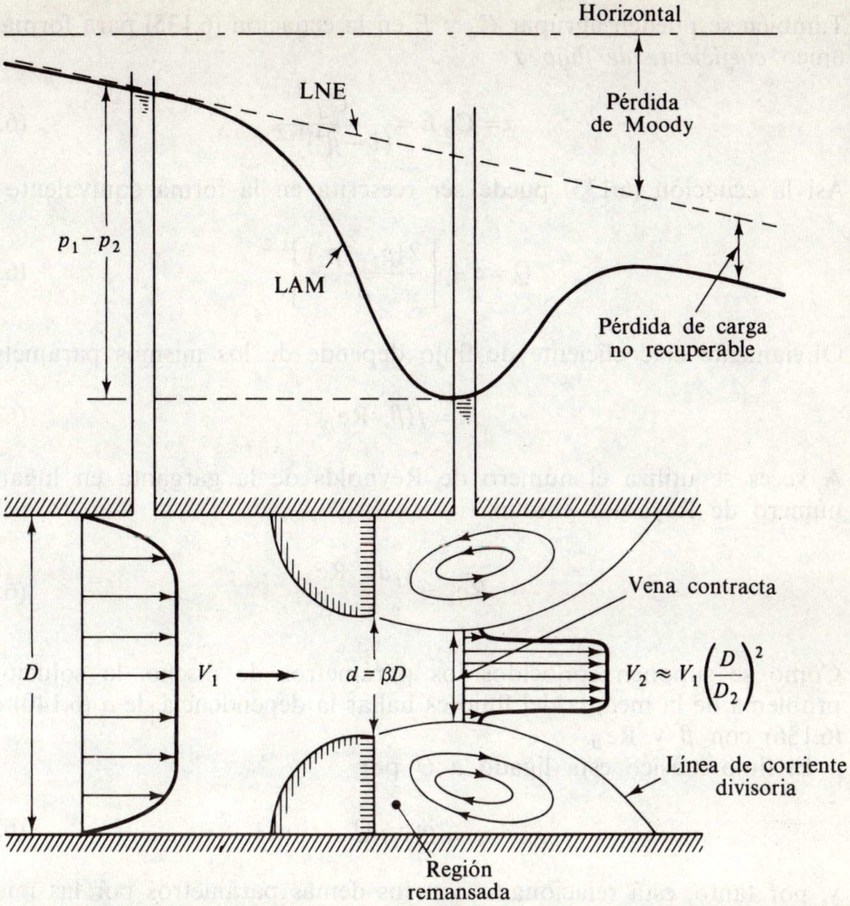

Fig. 6.29 Variaciones de velocidad y presión en un medidor de flujo por obstrucción, tipo Bernoulli.

(6.134). Por tanto, suponemos que $D_2/D \approx \beta$ y calibramos el dispositivo para obtener la relación

$$Q = A_t V_t = C_d A_t \left[\frac{2(p_1 - p_2)/\rho}{1 - \beta^4} \right]^{1/2} \tag{6.135}$$

donde el subíndice t indica garganta de la obstrucción. El *coeficiente de descarga* C_d adimensional tiene en cuenta los posibles errores del análisis aproximado. Por análisis dimensional en un diseño dado esperamos que

$$C_d = f(\beta, \mathrm{Re}_D) \quad \text{donde } \mathrm{Re}_D = \frac{V_1 D}{\nu} \tag{6.136}$$

El cociente geométrico de la ecuación (6.135) en que aparece β se denomina factor de velocidad

$$E = (1 - \beta^4)^{-1/2} \tag{6.137}$$

También se pueden agrupar C_d y E en la ecuación (6.135) para formar un único *coeficiente de flujo* α

$$\alpha = C_d E = \frac{C_d}{(1-\beta^4)^{1/2}} \tag{6.138}$$

Así la ecuación (6.135) puede ser reescrita en la forma equivalente

$$Q = \alpha A_t \left[\frac{2(p_1 - p_2)}{\rho} \right]^{1/2} \tag{6.139}$$

Obviamente el coeficiente de flujo depende de los mismos parámetros:

$$\alpha = f(\beta, \ \mathrm{Re}_D) \tag{6.140}$$

A veces se utiliza el número de Reynolds de la garganta en lugar del número de Reynolds común

$$\mathrm{Re}_d = \frac{V_t d}{\nu} = \frac{\mathrm{Re}_D}{\beta} \tag{6.141}$$

Como se suponen conocidos los parámetros de diseño, la solución al problema de la medida del flujo es hallar la dependencia de α (6.140) o C_d (6.136) con β y Re_D.

El flujo másico está ligado a Q por

$$\dot{m} = \rho Q \tag{6.142}$$

y, por tanto, está relacionado con los demás parámetros por las mismas fórmulas.

La figura 6.30 muestra tres dispositivos recomendados por la «International Organization for Standardization» (ISO) [31], orificio en placa delgada, tobera y tubo venturi.

Orificio en placa delgada. Este dispositivo, mostrado en la figura 6.30*b*, suele tener un β entre 0,2 y 0,8, aunque el diámetro d no debe ser menor de 12,5 mm. Para medir p_1 y p_2 se utilizan tres tipos de tomas:

1. Tomas de presión en los rincones que forma la placa con el tubo.
2. Tomas $D:\frac{1}{2}D$: una situada D aguas arriba y otra $\frac{1}{2}D$ aguas abajo.
3. Tomas con rebajes: 1 in (25 mm) aguas arriba y 1 in (25 mm) aguas abajo de la placa, independientemente del diámetro D.

Los tipos 1 y 2 son geométricamente semejantes, mientras que las tomas del tipo 3 no lo son y, por tanto, deben ser correlacionadas por separado para cada tamaño de conducto en que se utilizan [30, 31].

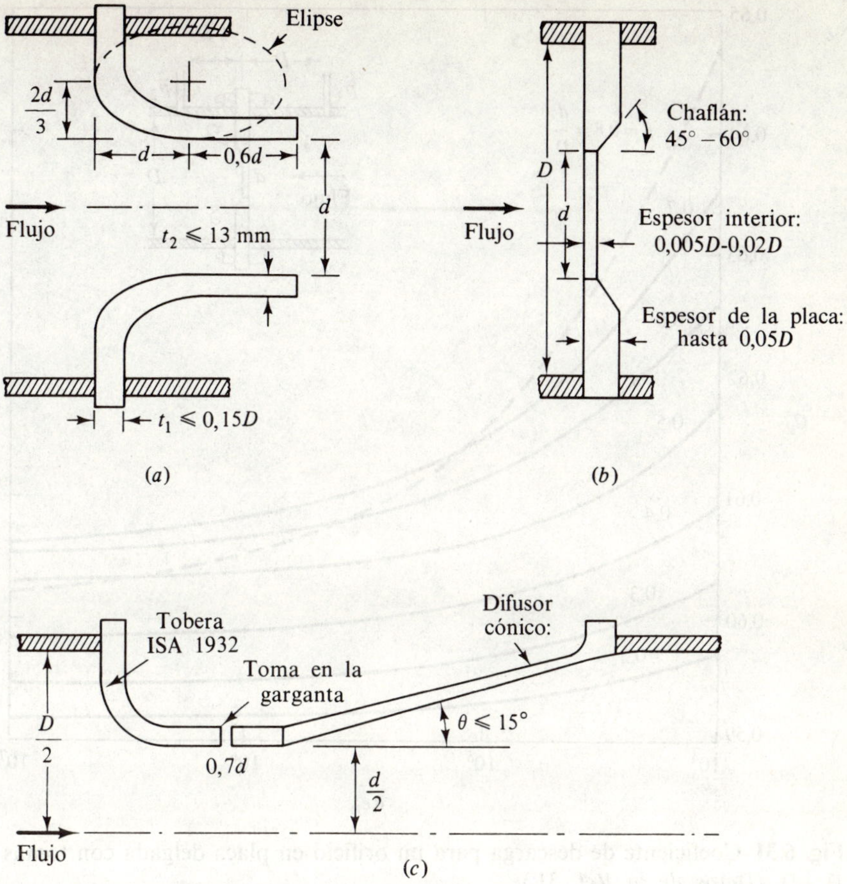

Fig. 6.30 Configuraciones usuales de los tres medidores de flujo típicos: (*a*) tobera suave; (*b*) orificio en placa delgada; (*c*) venturi. (*De la referencia* 31, *con permiso de ISO.*)

La figura 6.31 muestra el coeficiente de descarga de un orificio con tomas tipo 2, o sea, $D:\frac{1}{2}D$, en el rango de números de Reynolds de 10^4 a 10^7, de uso más común. La ISO [31] recomienda la siguiente interpolación en los cálculos de C_d o α para este tipo de tomas:

$$C_d \approx 0{,}5899 + 0{,}05\beta^2 - 0{,}08\beta^6 + (0{,}0037\beta^{1{,}25} + 0{,}011\beta^8)\left(\frac{10^6}{\mathrm{Re}_D}\right)^{1/2} \qquad (6.143)$$

Para tomas en las esquinas recomiendan una expresión semejante

$$C_d \approx 0{,}5959 + 0{,}0312\beta^{2{,}1} - 0{,}184\beta^8 + (0{,}0029\beta^{2{,}5})\left(\frac{10^6}{\mathrm{Re}_D}\right)^{0{,}75} \qquad (6.144)$$

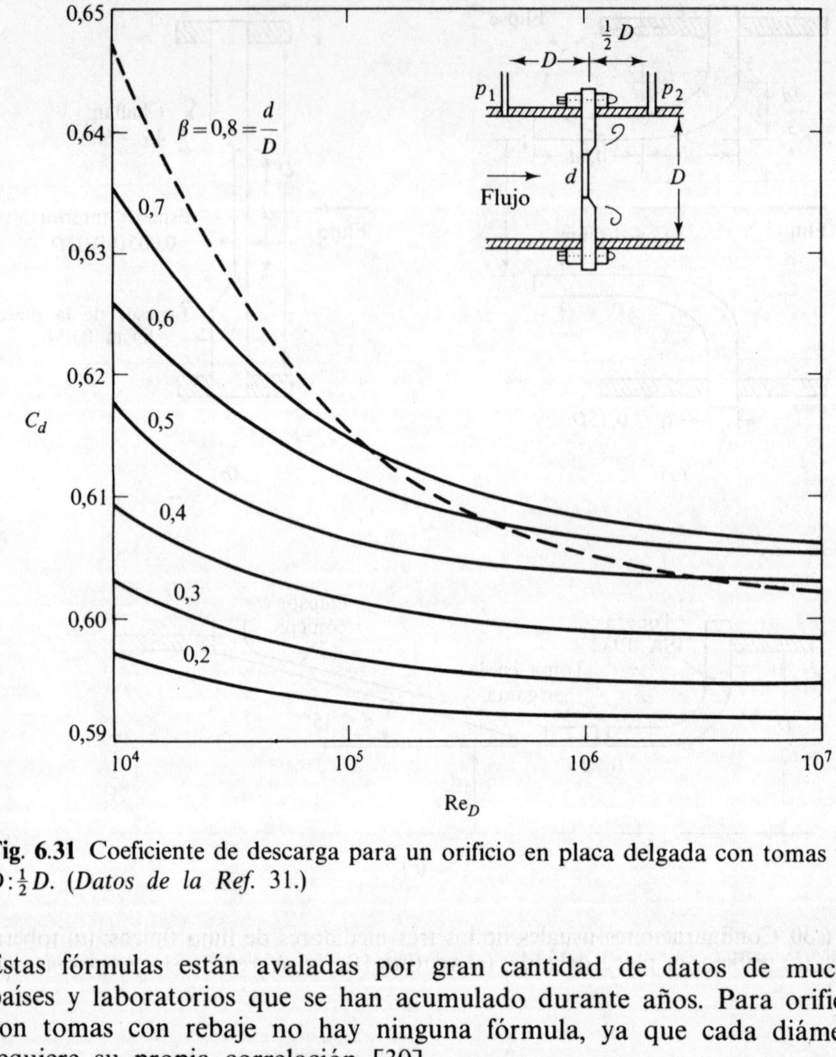

Fig. 6.31 Coeficiente de descarga para un orificio en placa delgada con tomas tipo $D\!:\!\frac{1}{2}D$. (*Datos de la Ref.* 31.)

Estas fórmulas están avaladas por gran cantidad de datos de muchos países y laboratorios que se han acumulado durante años. Para orificios con tomas con rebaje no hay ninguna fórmula, ya que cada diámetro requiere su propia correlación [30].

Toberas. Las toberas son de dos tipos, las de radio grande que se muestran en la figura 6.30*a* y las de radio pequeño (que no se muestran) denominadas toberas ISA 1932 [30, 31]. La tobera, con su entrada suave redondeada, elimina prácticamente la vena contracta y da coeficientes de descarga próximos a la unidad. Las pérdidas no recuperables siguen siendo grandes ya que no hay difusor para la expansión gradual posterior.

El coeficiente de descarga para toberas de radio grande recomendado por la ISO es

$$C_d \approx 0{,}9965 - 0{,}00653\beta^{1/2}\left(\frac{10^6}{\mathrm{Re}_D}\right)^{1/2} = 0{,}9965 - 0{,}00653\left(\frac{10^6}{\mathrm{Re}_d}\right)^{1/2} \quad (6.145)$$

La segunda expresión es independiente de β y aparece en la figura 6.32. Para toberas de radio corto, ISA 1932, se recomienda una correlación semejante

$$C_d \approx 0{,}9900 - 0{,}2262\beta^{4,1} + \\ + (0{,}000215 - 0{,}001125\beta + 0{,}00249\beta^{4,7}) \left(\frac{10^6}{\mathrm{Re}_D}\right)^{1,15} \qquad (6.146)$$

Las toberas tienen β entre 0,2 y 0,8.

Medir venturi. El tercero y último de los tipos indicados es el venturi, llamado así en honor a Giovanni Venturi (1746-1822), físico italiano que estudió por primera vez las contracciones y expansiones cónicas. El medidor venturi original, *clásico*, fue inventado por el ingeniero norteamericano Clemens Herschel en 1898. Consiste en una contracción cónica de 21°, una garganta recta de diámetro d y longitud d, y una expansión cónica entre 7 y 15°. El coeficiente de descarga es casi la unidad y las pérdidas no recuperables son muy pequeñas. Los tubos venturi de este tipo ya no se usan apenas.

Las toberas venturi modernas, figura 6.30*c*, consisten en una tobera de entrada tipo ISA 1932, y una expansión cónica de semiángulo no mayor de 15°. Están ideadas para trabajar en el rango de números de Reynolds entre $1{,}5 \times 10^5$ y 2×10^6. Su coeficiente de descarga, que se muestra en la figura 6.33, viene dado por la expresión ISO

$$C_d \approx 0{,}9858 - 0{,}196\beta^{4,5} \qquad (6.147)$$

Es independiente de Re_d en el rango indicado. El coeficiente de descarga

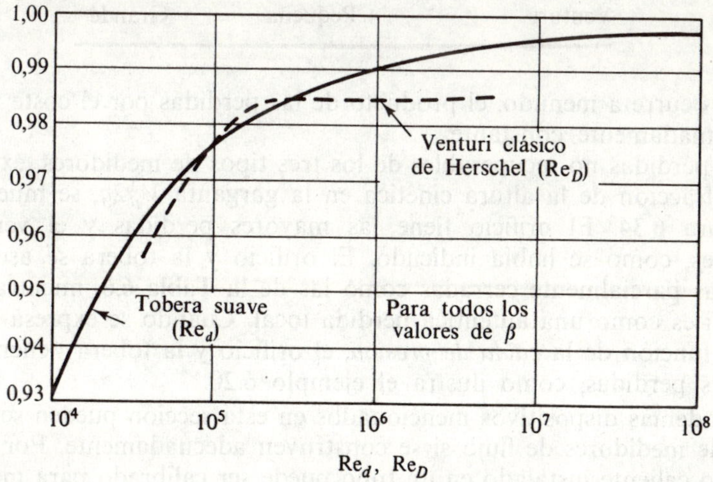

Fig. 6.32 Coeficientes de descarga de los venturi actual y de Herschel.

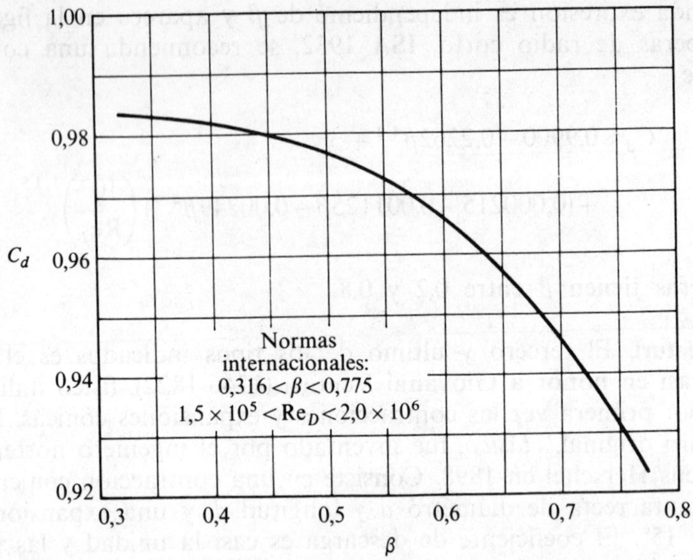

Fig. 6.33 Coeficiente de descarga para un venturi típico.

del venturi de Herschel varía con Re_d pero no con β, como muestra la figura 6.32. Ambos tienen unas pérdidas netas muy pequeñas.

La elección del medidor depende de las pérdidas y del coste y puede ser ilustrada con la siguiente tabla:

Tipo de medidor	*Pérdida de carga*	*Coste*
Orificio	Grande	Pequeño
Tobera	Media	Medio
Venturi	Pequeña	Grande

Como ocurre a menudo, el producto de las pérdidas por el coste inicial es aproximadamente constante.

Las pérdidas no recuperables de los tres tipos de medidores, expresadas como fracción de la altura cinética en la garganta $V_t^2/2g$, se muestran en la figura 6.34. El orificio tiene las mayores pérdidas y el venturi las menores, como se había indicado. El orificio y la tobera se asemejan a válvulas parcialmente cerradas como las de la Tabla 6.6, mientras que el venturi es como una auténtica pérdida local. Cuando se expresa la pérdida en función de la *caída de presión*, el orificio y la tobera tienen casi las mismas pérdidas, como ilustra el ejemplo 6.20.

Los demás dispositivos mencionados en esta sección pueden servir también de medidores de flujo si se construyen adecuadamente. Por ejemplo, un hilo caliente instalado en un tubo puede ser calibrado para medir flujo volumétrico en lugar de velocidad puntual. Este tipo de medidores, así

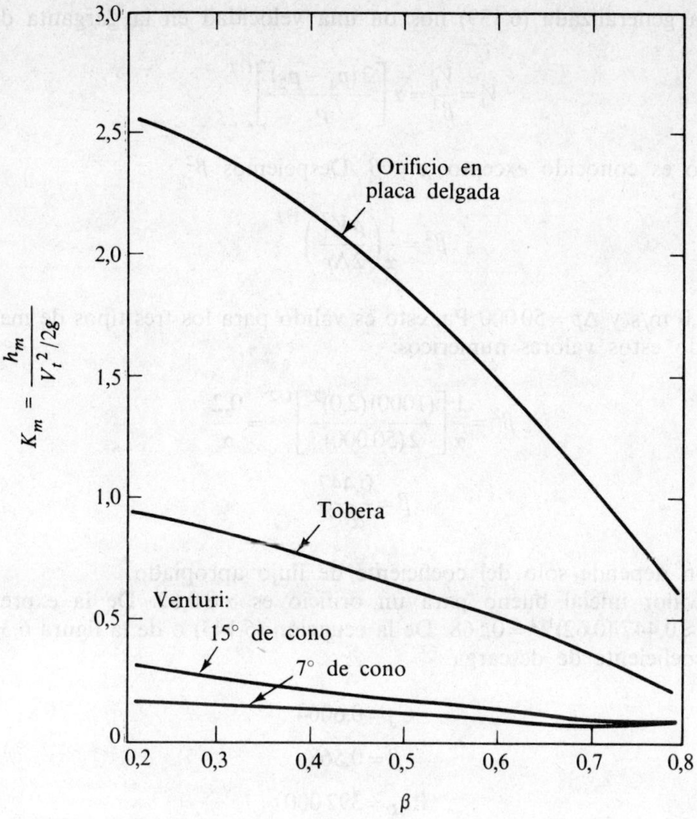

Fig. 6.34 Pérdidas no recuperables en medidores de flujo por obstrucción, tipo Bernoulli. (*Tomado de la Ref.* 30.)

como otros medidores modificados, están disponibles en el comercio. Para más detalles véase la referencia 30.

EJEMPLO 6.20 Queremos medir el flujo volumétrico de agua ($\rho = 1000$ kg/m^3 y $\nu = 1{,}02 \times 10^{-6}$ m^2/s) que circula por una tubería de 200 mm de diámetro a una velocidad media de 20 m/s. Si el sensor de presión diferencial escogido mide fiablemente el rango $p_1 - p_2 = 50\,000$ Pa, ¿qué tamaño de medidor será el idóneo para instalar (*a*) un orificio con tomas D:$\frac{1}{2}D$, (*b*) una tobera de radio grande, o (*c*) un venturi? ¿Cuáles serán las pérdidas de carga no recuperables en cada caso?

Solución La incógnita es el coeficiente β del medidor. Como el coeficiente de descarga es una función complicada de β, es necesario recurrir a la iteración o a preparar algún gráfico ingenioso como los diagramas de Moody modificados de las figuras 6.14 y 6.15. Por ahora, operamos por iteración. Hemos puesto $D = 0{,}2$ metros y $V_1 = 2{,}0$ m/s. El número de Reynolds será entonces

$$\mathrm{Re}_D = \frac{V_1 D}{\nu} = \frac{(2{,}0)(0{,}2)}{1{,}02 \times 10^{-6}} = 392\,000$$

La fórmula generalizada (6.139) nos da una velocidad en la garganta de

$$V_t = \frac{V_1}{\beta^2} = \alpha \left[\frac{2(p_1 - p_2)}{\rho} \right]^{1/2}$$

donde todo es conocido excepto α y β. Despejemos β^2

$$\beta^2 = \frac{1}{\alpha} \left(\frac{\rho V_1^2}{2 \Delta p} \right)^{1/2} \qquad (1)$$

Con $V_1 = 2{,}0$ m/s y $\Delta p = 50\,000$ Pa, esto es válido para los tres tipos de medidores. Sustituyendo estos valores numéricos:

$$\beta^2 = \frac{1}{\alpha} \left[\frac{(1000)(2{,}0)^2}{2(50\,000)} \right]^{1/2} = \frac{0{,}2}{\alpha}$$

o

$$\beta = \frac{0{,}447}{\alpha^{1/2}} \qquad (2)$$

La solución depende sólo del coeficiente de flujo apropiado.

(*a*) Un valor inicial bueno para un orificio es $\alpha \approx 0{,}62$. De la expresión (2) tenemos $\beta \approx 0{,}447/(0{,}62)^{1/2} = 0{,}568$. De la ecuación (6.143) o de la figura 6.32 calculamos el coeficiente de descarga

$$C_d = 0{,}6064$$

para

$$\beta = 0{,}568$$

y

$$\mathrm{Re}_D = 392\,000$$

Entonces $E = [1 - (0{,}568)^4]^{-1/2} = 1{,}0565 \qquad \alpha = C_d E = 0{,}6407$

Iterando de nuevo en la expresión (2)

$$\beta = \frac{0{,}447}{(0{,}6407)^{1/2}} = 0{,}558 \qquad C_d = 0{,}6061 \qquad \alpha = 0{,}6378$$

Basta. La convergencia es suficiente y el valor de diseño es

$$\beta \approx 0{,}56 \qquad d = \beta D = 112 \text{ mm} \qquad \textit{Resp. (a)}$$

La velocidad en la garganta es $V_t = V_1 / \beta^2 = 2{,}0/(0{,}56)^2 = 6{,}38$ m/s. La altura cinética correspondiente es

$$\frac{V_t^2}{2g} = \frac{(6{,}38)^2}{2(9{,}81)} = 2{,}07 \text{ m}$$

De la figura 6.34 con $\beta = 0{,}56$ obtenemos $K_m \approx 1{,}7$. La pérdida no recuperable es entonces

$$h_m = K_m \frac{V_t^2}{2g} \approx 1{,}7(2{,}07) = 3{,}5 \text{ m} \qquad \textit{Resp. (a)}$$

(*b*) Una buena estimación para la tobera es $\alpha = 1{,}0$. Iterando en la expresión (2) obtenemos los siguientes resultados:

α	β, *Ec.* (2)	C_d, *Fig. 6.32*	E	$\alpha = EC_d$
1,0	0,447	0,9895	1,0206	1,0099
1,0099	0,445	0,9895	1,0202	1,0095
1,0095	0,445	—	—	—

La convergencia es rápida hacia

$$\beta = 0{,}445 \qquad d = \beta D = 89 \text{ mm} \qquad \textit{Resp. (b)}$$

La velocidad en la garganta es $2{,}0/(0{,}445)^2 = 10{,}1$ m/s; la altura cinética correspondiente es $(10{,}1)^2/[2(9{,}81)] = 5{,}2$ m. De la figura 6.34 tenemos $K_m \approx 0{,}7$. La pérdida en la tobera

$$h_m = 0{,}7\,(5{,}2 \text{ m}) = 3{,}6 \text{ m} \qquad \textit{Resp. (b)}$$

Es prácticamente la misma que para el orificio.

(*c*) En el venturi suponemos $\alpha \approx 1{,}0$ e iteramos en (2):

$$\alpha = 1{,}0 \qquad \beta[\text{Ec. (2)}] = 0{,}447 \qquad C_d(\text{Fig. 6.33}) = 0{,}9806$$
$$= 1{,}0007 \qquad = 0{,}4468 \qquad = 0{,}9806$$

Que converge rápidamente para dar

$$\beta = 0{,}4468 \qquad d = \beta D = 89 \text{ mm} \qquad \textit{Resp. (c)}$$

La velocidad en la garganta es $2{,}0/(0{,}4468)^2 = 10{,}0$ m/s y la altura cinética correspondiente es $(10{,}0)^2/[2(9{,}81)] = 5{,}12$ m. De la figura 6.34 obtenemos $K_m \approx 0{,}15$; de donde

$$h_m = 0{,}15\,(5{,}12 \text{ m}) = 0{,}8 \text{ m} \qquad \textit{Resp. (c)}$$

Este valor es sólo el 22 por 100 de las pérdidas de los otros casos.

REFERENCIAS

1. J. O. Hinze, «Turbulence», 2.ª ed., McGraw-Hill, Nueva York, 1975.
2. H. Schlichting, «Boundary Layer Theory», 6.ª ed., McGraw-Hill, Nueva York, 1968.
3. F. M. White, «Viscous Fluid Flow», McGraw-Hill, Nueva York, 1974.
4. O Reynolds, An Experimental Investigation of the Circumstances Which Determine Whether the Motion of Water Shall Be Direct or Sinuous and of the Law of Resistance in Parallel Channels, *Phil. Trans. R. Soc.*, vol. 184, págs. 935-982, 1883.

5. R. Betchov y W. O. Criminale, «Stability of Parallel Flows», Academic, Nueva York, 1967.
6. H. Rouse y S. Ince, «History of Hydraulics», Iowa Institute of Hydraulic Research, State University of Iowa, Iowa City, 1957.
7. J. Nikuradse, Strömungsgesetze in Rauhen Rohren, *VDI Forschungsh.* 361, 1933; English trans., *NACA Tech. Mem.* 1292.
8. L. F. Moody, Friction Factors for Pipe Flow, *ASME Trans.*, vol. 66; págs. 671-684, 1944.
9. C. F. Colebrook, Turbulent Flow in Pipes, with Particular Reference to the Transition Between the Smooth and Rough Pipe Laws, *J. Inst. Civ. Eng. Lond.*, vol. 11, págs. 133-156, 1938-1939.
10. O. C. Jones, Jr., An Improvement in the Calculation of Turbulent Friction in Rectangular Ducts, *J. Fluids Eng.*, junio 1976, págs. 173-181.
11. R. Berker, «Handbuch der Physik», vol. VII, núm. 2, págs. 1-384, Springer-Verlag, Berlín, 1963.
12. R. M. Olson, «Essentials of Engineering Fluid Mechanics», 2.ª ed., International, Scranton, Pa., 1966.
13. J. P. Zarling, An Analysis of Laminar Flow and Pressure Drop in Complex Shaped Ducts, *J. Fluids Eng.*, diciembre 1976, págs. 702-706.
14. P. W. Runstadler, Jr., y col., Diffuser Data Book, *Creare Inc. Tech. Note* 186, Hanover, N. H., 1975.
15. Flow of Fluids through Valves, Fittings, and Pipe, *Crane Co. Tech. Pap.* 410, Chicago, 1957.
16. «Pipe Friction Manual», 3.ª ed., The Hydraulic Institute, Nueva York, 1961.
17. Hardy Cross, Analysis of Flow in Networks of Conduits or Conductors, *Univ. Ill. Bull.*, 286, noviembre 1936.
18. V. L. Streeter y E. B. Wylie, «Fluid Mechanics», 6.ª ed., McGraw-Hill, Nueva York, 1975.
19. T. A. Marlow y col., Improved Design of Fluid Networks with Computers, *ASCE J. Hydraul. Div.*, julio 1966.
20. Y. Senoo y M. Nishi, Prediction of Flow Separation in Diffuser by a Boundary Layer Calculation, *J. Fluids Eng.*, junio 1977, págs. 379-389.
21. R. W. Fox y S. J. Kline, Flow Regime Data and Design Methods for Curved Subsonic Diffusers, *J. Basic Eng.*, vol. 84, págs. 303-312, 1962.
22. J. P. Holman, «Experimental Methods for Engineers», 2.ª ed., McGraw-Hill, Nueva York, 1971.
23. R. P. Benedict, «Fundamentals of Temperature, Pressure, and Flow Measurement», Wiley, Nueva York, 1969.
24. G. Neumann y W. J. Pierson, Jr., «Principles of Physical Oceanography», Prentice-Hall, Englewood Cliffs, N.J., 1966.
25. U. S. Department of Commerce, «Tidal Current Tables», National Oceanographic and Atmospheric Administration, Washington, 1971.
26. J. A. Shercliff, «Electromagnetic Flow Measurement», Cambridge University Press, Nueva York, 1962.
27. J. A. Miller, A Simple Linearized Hot-Wire Anemometer, *J. Fluids Eng.*, diciembre 1976, págs. 749-752.
28. V. A. Sandborn, «Class Notes for Experimental Methods in Fluid Mechanics», Civil Engineering Department, Colorado State University, Fort Collins, Colo., 1972.
29. D. Eckardt, Detailed Flow Investigations within a High Speed Centrifugal Compressor Impeller, *J. Fluids Eng.*, septiembre 1976, págs. 390-402.

30. H. S. Bean (ed.), «Fluid Meters: Their Theory and Application», 6.ª ed., American Society of Mechanical Engineers, Nueva York, 1971.
31. Measurement of Fluid Flow by Means of Orifice Plates, Nozzles and Ventury Tubes Inserted in Circular Cross Section Conduits Running Full, *Int. Organ. Stand. Rep.* DIS-5167, Geneva, abril 1976.

PROBLEMAS

6.1 Repetir el ejemplo 6.1 cuando el fluido es (*a*) agua a 20° C, (*b*) hidrógeno a 20° C. ¿Qué ejemplos prácticos puede dar de movimiento de la esfera con turbulencia?

6.2 En un ala delgada que se mueve paralelamente a su cuerda la transición en la capa límite aparece a $\mathrm{Re}_x = 2{,}8 \times 10^6$, siendo x la distancia desde el borde de ataque [2, 3]. Si el ala sc mueve a 30 m/s, ¿en qué punto aparecerá la transición a 20° C en (*a*) aire y (*b*) agua.

6.3 Si el ala del problema 6.2 se prueba en un túnel, la transición puede aparecer antes, debido a las fluctuaciones turbulentas de la corriente. Una correlación semiempírica para este caso [3, pág. 466] es

$$\mathrm{Re}_{x_{\mathrm{crit}}}^{1/2} \approx \frac{-1 + (1 + 13{,}25\,\zeta^2)^{1/2}}{0{,}00392\,\zeta^2}$$

donde ζ es el porcentaje de intensidad de la turbulencia. Si el ala se prueba a 30 m/s con un nivel de turbulencia $\zeta = 1$ por 100 y a 20° C, ¿dónde aparecerá la transición si el fluido es (*a*) aire; (*b*) agua? ¿Cómo variará x_{crit} si $\zeta = 2$ por 100?

6.4 En flujo de aceite SAE 30 a 20° C por un tubo de 2 in de diámetro, ¿para qué valor del caudal se presentará la transición? ¿Cuál será este valor si el aceite está a 100° C?

6.5 En la corriente alrededor de un cuerpo o sobre una pared, la transición a la turbulencia puede ser inducida colocando un alambre perturbador de la capa límite, como en la figura P6.5. Si el alambre de la figura P6.5 se coloca en un punto donde la velocidad es U, originará turbulencia si $Ud/\nu = 826$, siendo d el diámetro del alambre [3 pág. 469]. Si el diámetro de la esfera es 20 centímetros y la transición aparece a $\mathrm{Re}_D = 80\,000$, ¿cuál es el diámetro del alambre en milímetros?

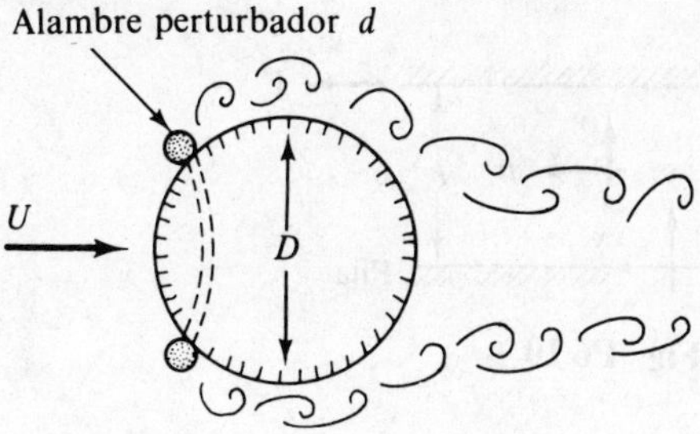

Fig. P6.5

6.6 Un caudal de 400 cm³/s circula a 20° C por un tubo de 8 cm de diámetro. Determinar si el flujo es laminar o turbulento si el fluido es (*a*) hidrógeno, (*b*) aire, (*c*) gasolina, (*d*) agua, (*e*) mercurio, (*f*) glicerina.

6.7 Un flujo de agua entra a 20° C en un tubo de 1 in de diámetro. ¿Cuál es la longitud de entrada si el caudal es (*a*) 0,1 gal/min, (*b*) 1 gal/min, (*c*) 10 gal/min, (*d*) 100 gal/min?

6.8 En un tubo de 3 cm de diámetro entra aceite (densidad relativa 0,9, $\nu = 0{,}0002$ m²/s). ¿Cuál es la longitud de entrada si el flujo volumétrico es (*a*) 0,001 m³/s, (*b*) 0,01 m³/s, (*c*) 0,1 m³/s, (*d*) 1 m³/s?

6.9 Por analogía con la ecuación (6.14) escriba la ecuación diferencial de cantidad de movimiento media para (*a*) la dirección y, (*b*) la dirección z. ¿Cuántos términos de esfuerzos turbulentos aparecen en cada ecuación? ¿Cuántos habrá en total?

6.10 Dos placas infinitas, separadas a una distancia h, son paralelas al plano xz; la superior se mueve como indica la figura P6.10. Entre las placas hay un fluido viscoso a presión constante. Para el caso de flujo laminar con densidad constante, utilice la ecuación (6.7) para obtener la distribución de velocidad del flujo.

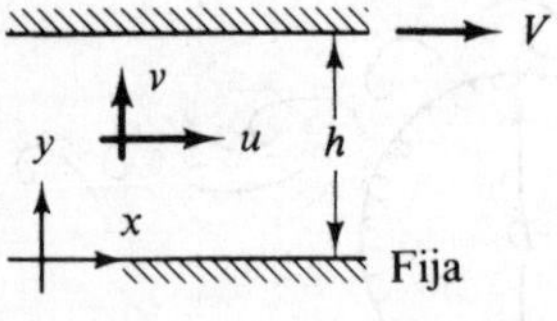

Fig. P6.10

6.11 Repetir el problema 6.10 con flujo turbulento utilizando la ley logarítmica, ecuación (6.21), para describir $u(y)$ entre las placas.

6.12 Calcular el esfuerzo en la pared en el problema 6.10 si $V=5$ m/s y $h=1$ centímetro, con aceite SAE 30 a 20° C.

6.13 Repetir el problema 6.12 con agua a 20° C.

6.14 Igual que el esfuerzo cortante laminar es $\mu\ du/dy$, J. Boussinesq postuló en 1877 que el esfuerzo turbulento obedecía la ley $\tau_{turb}=\varepsilon\ du/dy$, donde ε es la *viscosidad turbillonaria* que es mucho mayor que μ. A partir de la ley logarítmica, ecuación (6.21), obtener una expresión analítica para $\varepsilon(y)$ y calcular el cociente ε/μ en $y=\frac{1}{2}R$ con $\mathrm{Re}_D=10^5$.

6.15 Theodore von Kármán propuso en 1930 que el esfuerzo turbulento podía ser representado por $\tau_{turb}=\varepsilon\ du/dy$, donde $\varepsilon=\rho\kappa^2 y^2\,|du/dy|$ era la *viscosidad turbillonaria* basada en una longitud de mezcla, siendo $\kappa\approx 0{,}41$ la constante de la longitud de mezcla [2, 3]. Suponiendo que cerca de la pared $\tau_{turb}\approx\approx\tau_w$, demostrar que la expresión anterior puede ser integrada para dar la ley logarítmica, ecuación (6.21).

6.16 Un flujo de agua a 20° C circula por un tubo de 16 cm de diámetro en condiciones totalmente desarrolladas. La velocidad en el eje es 12 m/s. Calcular (*a*) Q, (*b*) V, (*c*) τ_w y (*d*) Δp en 100 m de longitud.

6.17 Repetir el problema 6.16 con aceite SAE 30 a 20° C.

6.18 Repetir el problema 6.16 con glicerina a 20° C.

6.19 Entre dos cilindros largos como los de la figura P6.19 se pone en movimiento un fluido viscoso, girando el cilindro interior en sentido antihorario con velocidad angular Ω y con el exterior fijo. Suponiendo flujo laminar estacionario, obtener una expresión para la velocidad tangencial $v_\theta(r)$ entre los cilindros.

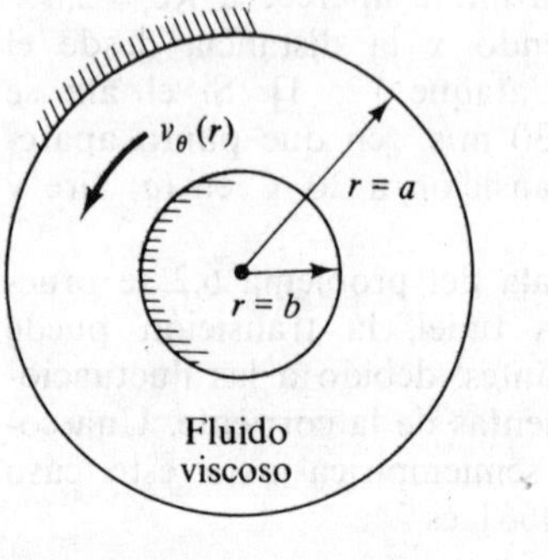

Fig. P6.19

6.20 Repetir el problema 6.19 para el caso en que el cilindro exterior gira y el interior está fijo. ¿Puede sumarse esta solución con la del problema 6.19, cuando ambos cilindros están girando a velocidades diferentes Ω_1 y Ω_2?

6.21 Demuestre cómo analizaría el problema 6.19 en el caso de flujo *turbulento*, usando la ley logarítmica (6.21), algo de física, algo de matemáticas, algunos dibujos y algunas palabras.

6.22 Calcular el esfuerzo sobre los cilindros exterior e interior del problema 6.19 si $a=3$ cm, $b=2$ cm y $\Omega=1800$ rpm para (*a*) agua a 20° C y (*b*) glicerina a 20° C.

6.23 El espacio entre los dos cilindros del problema 6.19 está lleno de fluido viscoso. El cilindro interior se mueve axialmente a velocidad V, y el exterior está fijo. Suponiendo flujo laminar estacionario, obtener una expresión para la distribución axial de la velocidad $v_z(r)$ del fluido.

6.24 Calcular el esfuerzo cortante en la pared de cada cilindro del problema 6.23 si $a=5$ cm, $b=4$ cm y $V=3$ m/s, para (*a*) agua a 20° C y (*b*) glicerina a 20° C.

6.25 Determinar si en flujo laminar estacionario se pueden sumar las soluciones de los problemas 6.19 y 6.23, para el caso en que el cilindro interior gire y se mueva axialmente a la vez.

6.26 Resolver el problema 4.35 haciendo uso de las ecuaciones (6.7) del movimiento laminar estacionario, para hallar la distribución de velocidad $u(y)$ del fluido. ¿Cuál es la condición de contorno adecuada en la superficie libre? Si el fluido es glicerina a 20° C, $h=0{,}05$ in y $\theta=40°$, ¿cuál es el gasto volumétrico por unidad de anchura?

6.27 Resolver el problema 4.40 con las ecuaciones (6.7) de flujo laminar estacionario, para obtener la distribución de velocidad $v_\theta(r)$ del fluido.

6.28 Resolver el problema 4.39 con las ecuaciones (6.7) para flujo laminar no estacionario, para hallar la oscilación $u(y, t)$.

Despreciar las pérdidas localizadas del problema 6.29 *al* 6.84.

6.29 Si en el ejemplo 6.4 el flujo es glicerina a 20° C, calcular (*a*) V, (*b*) Q, (*c*) Re_D y (*d*) τ_w.

6.30 De la tubería de la figura P6.30 sale un caudal $Q=35$ ft³/h de aceite (densidad relativa 0,9) ¿Cuál es la viscosidad cinemática del aceite? El flujo, ¿es laminar?

6.31 En el problema 6.30, ¿cuál sería el caudal Q si el fluido fuera aceite SAE 30 a 20° C?

6.32 Repetir el problema 6.30 con $Q=0{,}02$ ft³/s. Suponer que el tubo es liso ¿Es turbulento el flujo?

6.33 Demostrar que si la ecuación (6.49) es fiable, la posición en que la velocidad local u iguala a la media V, en

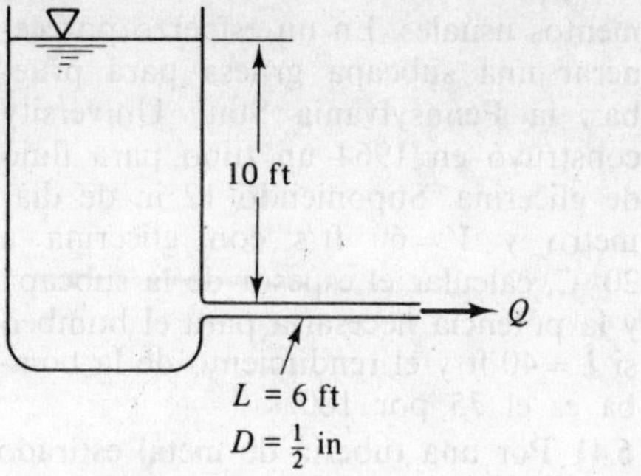

Fig. P6.30

flujo turbulento en tubos, tiene lugar en $r=0{,}777R$ sin influencia del número de Reynolds.

6.34 Calcular la pérdida de carga en 1 milla (5280 ft) de tubería de hierro estirado de 4 in de diámetro por la que circula agua a 20° C y $V=8$ ft/s.

6.35 A través de una tubería de hierro fundido de 20 cm de diámetro y 30 km de longitud circula un flujo de 0,3 m³/s de gasolina a 20° C. Calcular la pérdida de carga y la potencia de bombeo necesaria suponiendo un rendimiento de 0,8.

6.36 A través de un tubo de vidrio de 2 m de largo y 5 mm de diámetro fluye mercurio a 20° C y velocidad media de 2 m/s. Calcular la pérdida de carga en metros y la caída de presión en pascales.

6.37 A través de una tubería de hierro fundido asfaltado de 6 in de diámetro circula un caudal de 1 ft³/s de aceite (densidad relativa 0,9, $\nu=0{,}00003$ ft²/s). El tubo mide 2000 ft de largo y tiene una pendiente hacia arriba de 5°. Calcular la pérdida de carga y la variación de presión p_1-p_2.

6.38 Repetir el problema 6.37 si la tubería tiene una pendiente de 5° hacia abajo. ¿Hay algo interesante en el resultado?

6.39 Deducir la ecuación (6.59) indicando todos los pasos.

6.40 La subcapa viscosa (Fig. 6.9) es habitualmente menor del 1 por 100 del diámetro del tubo y, por tanto, es muy difícil estudiarla con los instrumentos usuales. En un esfuerzo por generar una subcapa gruesa para pruebas, la Pennsylvania State University construyó en 1964 un tubo para flujo de glicerina. Suponiendo 12 in de diámetro y $V=60$ ft/s con glicerina a 20° C, calcular el espesor de la subcapa y la potencia necesaria para el bombeo si $L=40$ ft y el rendimiento de la bomba es el 75 por 100.

6.41 Por una tubería de metal estirado de 10 cm de diámetro fluye alcohol etílico a 20° C y $V=300$ cm/s. Calcular (*a*) la pérdida de carga por cada 100 m de tubo, (*b*) el esfuerzo en la pared, (*c*) la velocidad u en $r=2$ cm. ¿Cuál es la contribución de la rugosidad a la pérdida de carga?

6.42 Un caudal de agua de 0,06 m^3/s circula por un tubo de 15 cm de diámetro y 600 m de longitud. Si la pérdida de carga es 50 m, estimar la rugosidad del tubo en milímetros. Si la rugosidad fuera el doble, ¿en qué factor aumentaría la pérdida de carga?

6.43 Si en el problema 6.42 se duplicara el diámetro, con la misma pérdida de carga, ¿cómo aumentaría el caudal Q?

6.44 Por un tubo liso de 200 ft y 6 in de diámetro fluye gasolina con una pérdida de carga de 9 ft. Calcular el caudal en pies cúbicos por segundo utilizando la figura 6.14 o las ecuaciones (6.66) y (6.67).

6.45 Repetir el problema 6.44 con aceite SAE 30 a 20° C.

6.46 Por un tubo de hierro estirado de 1/2 in de diámetro y 80 ft de longitud fluye agua a 20° C. Calcular (*a*) la velocidad media en pies por segundo, (*b*) el gasto volumétrico.

6.47 Aire en condiciones estándar es obligado a fluir por un tubo de hierro galvanizado de 30 cm de diámetro y 100 m de largo. Si el soplante tiene un rendimiento de 60 por 100 y 3 kW de entrada de potencia, calcular la velocidad media y el flujo volumétrico de aire en el conducto.

6.48 Si hay que bombear agua a 20° C por un tubo de hierro fundido de 150 pies, con 400 gal/min, y la pérdida de carga no puede ser superior a 60 ft, ¿cuál debe ser el diámetro mínimo de la tubería?

6.49 Los depósitos de la figura P6.49 contienen agua a 20° C. Si la tubería es lisa con $L=7000$ m y $D=5$ cm, ¿cuál será el gasto volumétrico si $\Delta z=100$ metros?

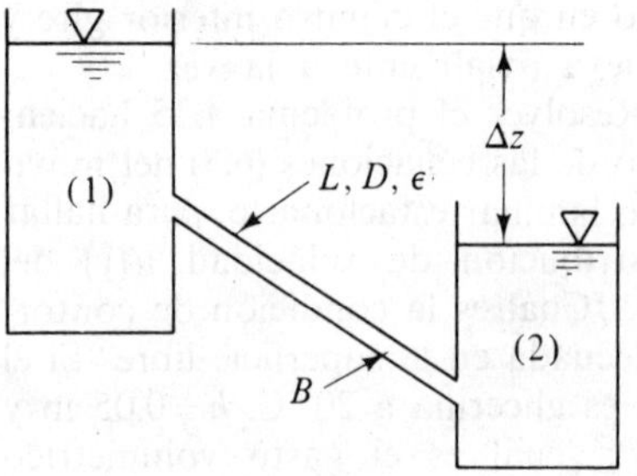

Fig. P6.49

6.50 Repetir el problema 6.49 para calcular Q si $L=2500$ ft, $D=3$ in e $\Delta z=80$ pies. ¿En qué porcentaje disminuiría el caudal si la rugosidad del tubo fuera 0,2 mm?

6.51 En la figura P6.49 supóngase que el tubo es de hierro fundido con $L=$ $=100$ m y $D=10$ cm. Si colocamos en B una bomba con un rendimiento del 75 por 100, ¿cuál deberá ser su potencia si queremos pasar un caudal de 0,05 m^3/s del depósito 2 al 1?

6.52 Si por un tubo de cobre de 60 m se han de hacer pasar 10 m^3/h de alcohol etílico a 20° C, con una pérdida de carga de 30 m, ¿cuál es el diámetro apropiado del tubo?

6.53 Por un tubo de acero comercial de 4 in de diámetro puesto en una pendiente hacia abajo, se pretende llevar 200 gal/min de agua a 20° C por su propio peso. ¿Cuál debe ser el ángulo de la pendiente?

6.54 En el problema 6.53, ¿cuál será el caudal de agua si la pendiente es de 4°?

6.55 Repetir el problema 6.54 con un ángulo de 10°.

6.56 Un depósito contiene 1 m³ de agua a 20° C y un tubo de descarga como se indica en la figura P6.56. ¿Cuál es el gasto volumétrico Q en ese instante?

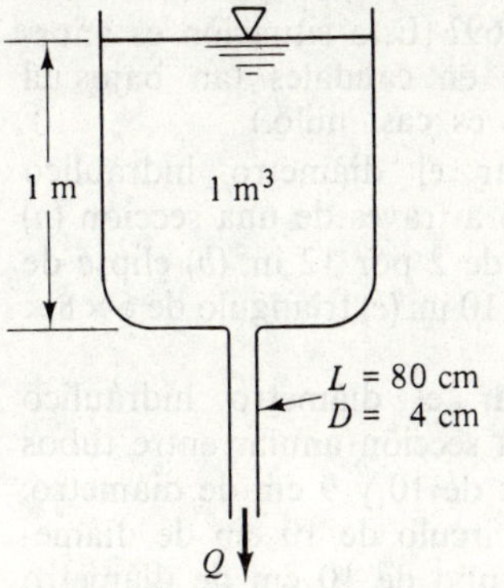

Fig. P6.56

6.57 Repetir el problema 6.56 con aceite SAE 30 a 20° C.

6.58 Supóngase que en el problema 6.56 el flujo inicial es turbulento. A medida que se drena el depósito, ¿puede convertirse el flujo en laminar al disminuir el caudal? Estimar el tiempo que tarda el depósito en vaciarse completamente.

6.59 ¿Cuál debe ser el nivel h del depósito de la figura P6.59, para que el caudal sea 0,02 ft³/s si el tubo es de acero comercial y 0,5 in de diámetro?

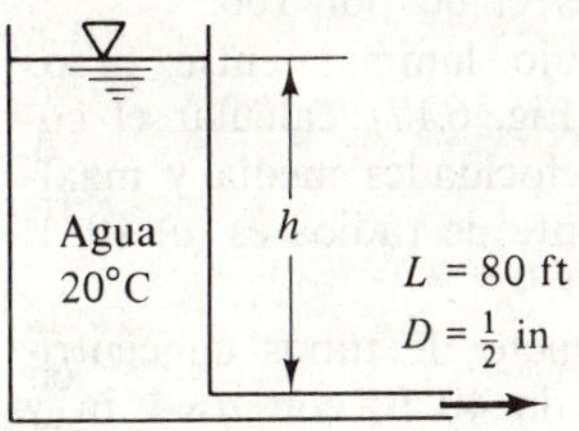

Fig. P6.59

6.60 Repetir el problema 6.59 con aceite SAE 30 a 20° C.

6.61 Usted quiere regar su jardín con una manguera de 100 ft y 0,5 in de diámetro, con una rugosidad de 0,01 in. ¿Cuál será el caudal si la presión manométrica en la entrada es 60 lbf/in²? Si la manguera no llega a todo el jardín, ¿cuál es la máxima distancia a que puede llegar el agua?

6.62 Desde el depósito 1 al 2 de la figura P6.62 se bombea un caudal de 3 ft³/s de agua a 20° C a través de un tubo de 2000 ft. Si el tubo es de hierro fundido con un diámetro de 6 in, y la bomba tiene un rendimiento del 75 por 100, ¿cuál es la potencia de ésta?

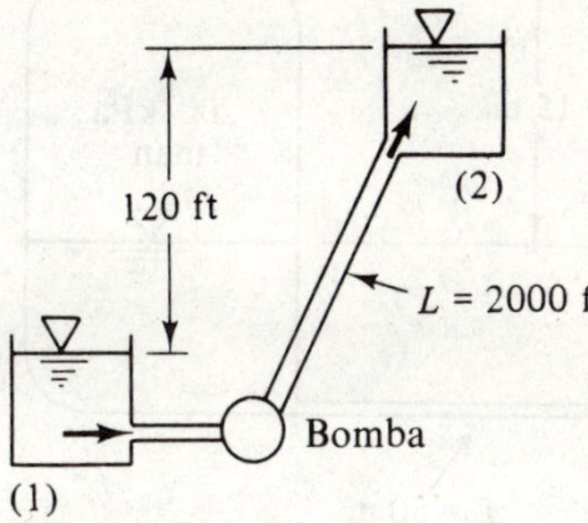

Fig. P6.62

6.63 Suponga que en el problema 6.62 sólo se dispone de una bomba de 80 hp. ¿Qué diámetro debe tener la tubería para que el caudal siga siendo de 3 ft³/s?

6.64 Repetir el problema 6.62 con el depósito 2 cerrado por arriba y manteniendo una presión manométrica en su superficie de 30 lbf/in².

6.65 Se desea montar la instalación del problema 6.62 de la forma más económica. Si la bomba cuesta 125 $ por hp y la tubería 7000 $ por cada pulgada de diámetro, ¿cuál es el mínimo coste para mantener el caudal de 3 ft³/s? Haga las simplificaciones adecuadas.

6.66 La turbina pequeña de la figura P6.66 extrae 400 W del flujo de agua que circula. Ambos tubos son de hierro estirado. Calcular el caudal Q en metros cúbicos por hora. Esquematizar las LNE y LAM.

6.67 El tubo de la figura P6.67 es de acero comercial de 6 cm de diámetro.

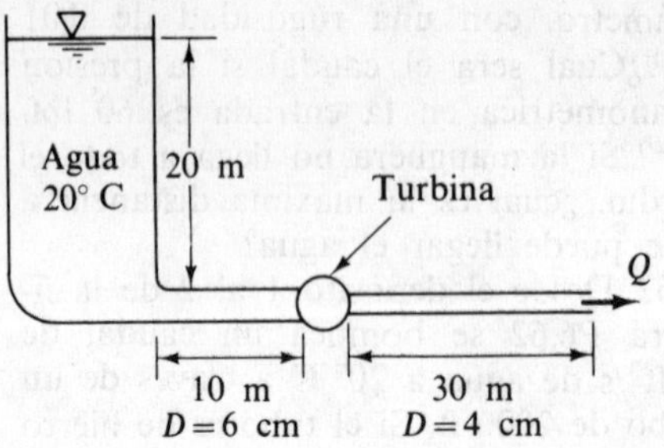

Fig. P6.66

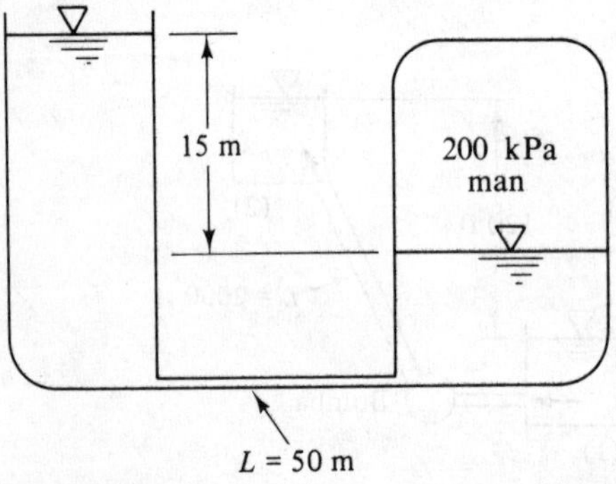

Fig. P6.67

Calcular el caudal si el fluido es aceite SAE 30 a 20°. ¿En qué sentido va el flujo?

6.68 ¿Cuál debe ser el diámetro en el problema 6.67 si se quiere un caudal de 25 m^3/h?

6.69 La curva característica de una bomba centrífuga se muestra en la figura P6.69. Si esta bomba debe mover agua a 20° C por un tubo de 120 m y 30 cm de diámetro, de hierro fundido, ¿cuál será el caudal resultante?

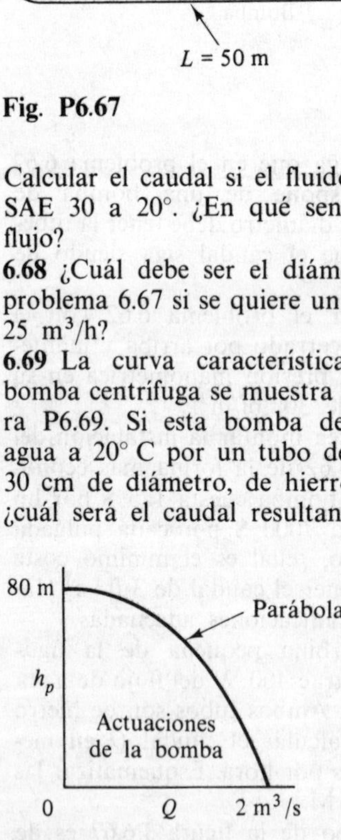

Fig. P6.69

6.70 Repetir el problema 6.69 con gasolina a 20° C. (La altura manométrica hp de la bomba son metros de gasolina.)

6.71 ¿Para qué diámetro de tubo tendremos un caudal de 0,1 m^3/s en el problema 6.69? (Esta situación es anormal porque en caudales tan bajos el rendimiento es casi nulo.)

6.72 Calcular el diámetro hidráulico para el flujo a través de una sección (*a*) rectangular de 2 por 12 in; (*b*) elipse de semiejes 6 y 10 in; (*c*) triángulo de 6 × 8 × × 10 in.

6.73 Calcular el diámetro hidráulico para (*a*) una sección anular entre tubos concéntricos de 10 y 9 cm de diámetro; (*b*) un semicírculo de 10 cm de diámetro; (*c*) un tubo de 10 cm de diámetro lleno hasta la mitad; (*d*) un cuadrado de 10 cm lleno hasta la mitad.

6.74 Entre dos placas paralelas lisas separadas a una distancia de 3 cm fluye aceite SAE 30 a 20° C a una velocidad media de 2 m/s. Calcular la velocidad en el plano medio, y la caída de presión y la pérdida de carga por cada 100 m de longitud.

6.75 Repetir el problema 6.74 con agua a 20° C.

6.76 A través de un conducto de acero de sección cuadrada de 30 cm de lado y 150 m de longitud fluye aire en condiciones estándar, con $V = 20$ m/s. Calcular la pérdida de carga, la caída de presión y la potencia del soplante si su rendimiento es el 60 por 100.

6.77 En el flujo laminar entre tubos concéntricos (Fig. 6.17), calcular el cociente entre velocidades media y máxima si el cociente de radios es (*a*) 10:1; (*b*) 2:1; (*c*) 10:9.

6.78 Un conducto de tubos concéntricos de acero de 40 ft, con $a = 1$ in y $b = 0{,}5$ in, conecta dos depósitos cuya diferencia entre las superficies libres es de 20 ft. Calcular el caudal suponiendo que el fluido es agua a 20° C.

6.79 Demostrar que para flujo laminar entre tubos concéntricos con holgura muy pequeña, el caudal es aproximadamente proporcional al cubo de la diferencia $a-b$.

6.80 Un conducto entre tubos concéntricos con holgura muy pequeña es útil como medidor de viscosidad. Si la longitud es 1 m, $a=50$ mm, $b=49$ mm, el caudal es 0,001 m^3/s y la caída de presión es 250 kPa, ¿cuál es la viscosidad del líquido?

6.81 Un conducto de ventilación de acero lleva aire a 20° C y 1 atm (aproximadamente). El conducto es un triángulo equilátero de 12 in de lado y su longitud es 120 ft. Si el soplante comunica al aire 1 hp, ¿cuál es el caudal?

6.82 Un túnel aerodinámico de madera tiene una sección rectangular de 30 por 120 cm y 50 m de largo. Si el aire fluye a 20° C y 1 atm con 40 m/s de velocidad media, calcular la caída de presión y la potencia del soplante si tiene un rendimiento del 60 por 100.

6.83 Se desea bombear hidrógeno a 20° C y 1 atm por un conducto rectangular liso de 100 m de largo y relación de lados 8:1. Si el caudal es 1 m^3/s y la caída de presión es 75 Pa, ¿cuál será la altura y anchura de la sección?

6.84 A través de un conducto de acero remachado de 4000 ft de largo de sección cuadrada, se quiere bombear un caudal de 150 ft^3/s de aire a 20° C y 1 atm. Si el ventilador proporciona 20 hp al fluido, ¿cuál es el tamaño del conducto?

6.85 Repetir el problema 6.49 incluyendo las pérdidas de una entrada con aristas vivas, la salida y una válvula de esfera abierta. ¿En qué porcentaje disminuye el caudal?

6.86 Repetir el problema 6.59 incluyendo las pérdidas debidas a una entrada de aristas vivas y a una válvula antiretorno completamente abierta. ¿En qué porcentaje se debe aumentar h?

6.87 Dos depósitos que contienen agua a 20° C están conectados por un tubo de 2000 ft y 8 in de diámetro, de hierro fundido, que tiene una entrada redondeada, una salida sumergida y una válvula de compuerta abierta al 75 por 100, un codo de 2 ft de radio y cuatro codos normales de 90°. Si el caudal es 4 ft^3/s, ¿cuál es la diferencia de niveles entre ambos depósitos?

6.88 Una bomba con rendimiento del 70 por 100 sube agua de un depósito a otro cuyo nivel está a 20 ft por encima, como muestra la figura P6.88. El sistema consta de 60 ft de tubo de hierro galvanizado de 2 in de diámetro, con dos codos roscados y una válvula de compuerta totalmente abierta. ¿Cuál es la potencia necesaria con y sin el difusor cónico de 6°? El caudal es 0,3 ft^3/s.

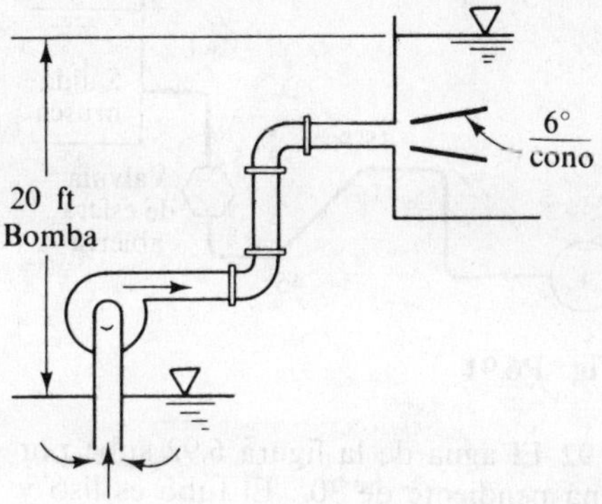

Fig. P6.88

6.89 Los depósitos de la figura P6.89 están conectados por dos tubos de hierro estirado unidos a tope. La entrada y la salida son con aristas vivas. El fluido es agua. Calcular el caudal si el nivel del depósito 1 está 50 ft más alto que el 2.

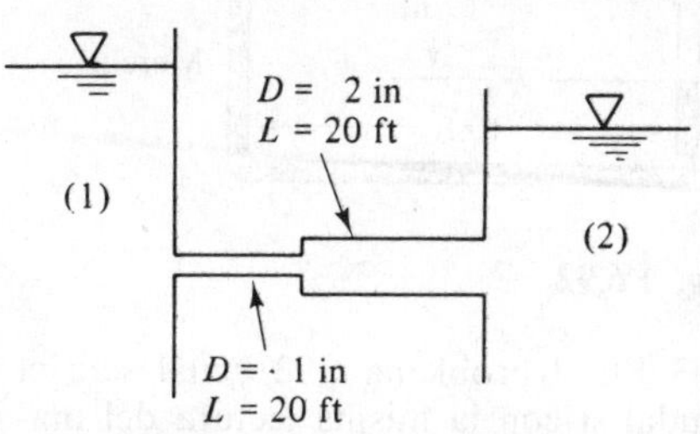

Fig. P6.89

6.90 Repetir el problema 6.89 con el depósito 2 a 50 ft sobre el 1. ¿Cuál es el porcentaje de variación del caudal?

6.91 El sistema de la figura P6.91 consiste en 1200 m de tubo de hierro fundido de 5 cm de diámetro, dos codos de 45° y cuatro de 90° acoplados a los tubos, una válvula de esfera completamente abierta y una descarga abrupta. Si el punto 1 está a 400 m de altura, ¿qué presión manométrica deberá haber en dicho punto para hacer fluir 0,005 m^3/s de agua a 20° C?

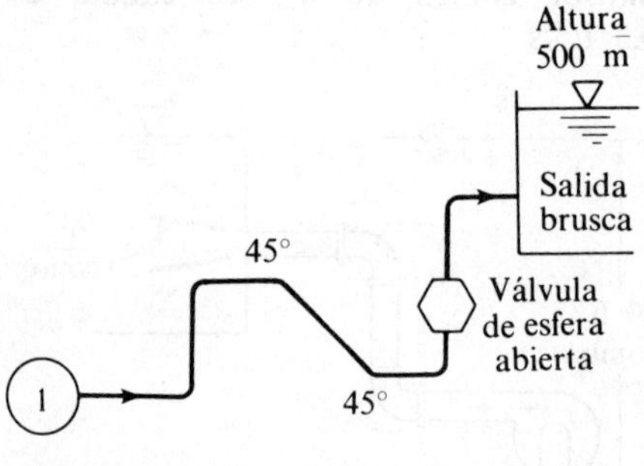

Fig. P6.91

6.92 El agua de la figura 6.92 sube por una pendiente de 30°. El tubo es liso y de 1 in de diámetro. La válvula de esfera está totalmente abierta. Si el manómetro de mercurio indica 7 in, ¿cuál es el caudal?

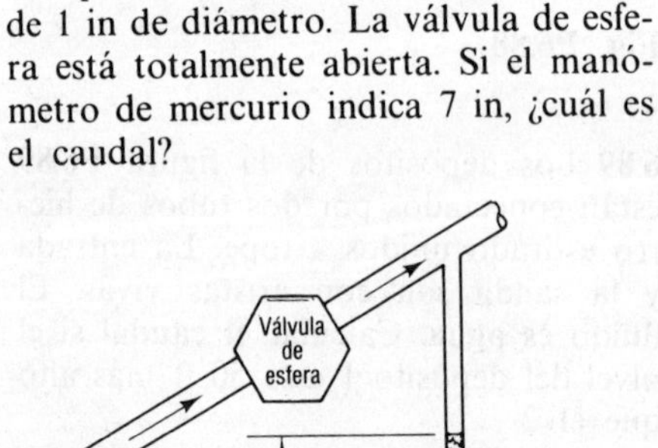

Fig. P6.92

6.93 En el problema 6.92, ¿cuál será el caudal si con la misma lectura del manómetro (*a*) se suprime la válvula y (*b*) se cierra la válvula al 50 por 100?

6.94 En la figura P6.94 hay 200 ft de tubo de 2 in, 40 ft de 6 in y 120 de 3 in, todos de hierro estirado. Hay dos codos de 90° y una válvula de esfera abierta, todos ellos roscados. Si la salida está a altura cero, ¿qué potencia extrae la turbina cuando el caudal de agua es 0,15 ft^3/s?

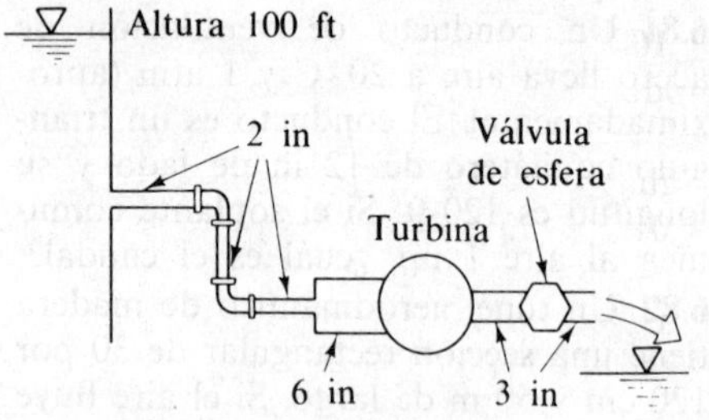

Fig. P6.94

6.95 Una bomba sube agua de un depósito a otro situado a 20 m por encima, a través de un tubo de hierro estirado de 80 m y 10 cm. Las pérdidas localizadas son una entrada y una salida abruptas y varios accesorios roscados: dos codos de 45°, uno de 90° y una válvula de esfera abierta. La curva característica de la bomba es aproximadamente

$$h_p \approx 50 - 60\,000 Q^3$$

con h_p en metros y Q en metros cúbicos por segundo. ¿Cuánto vale Q en esta configuración?

6.96 En el sistema de tubos de hierro fundido de la figura P6.96, la caída de presión es 2 lbf/in^2. Calcular el caudal total y el caudal que pasa por cada rama si el fluido es aceite SAE 30 a 20° C.

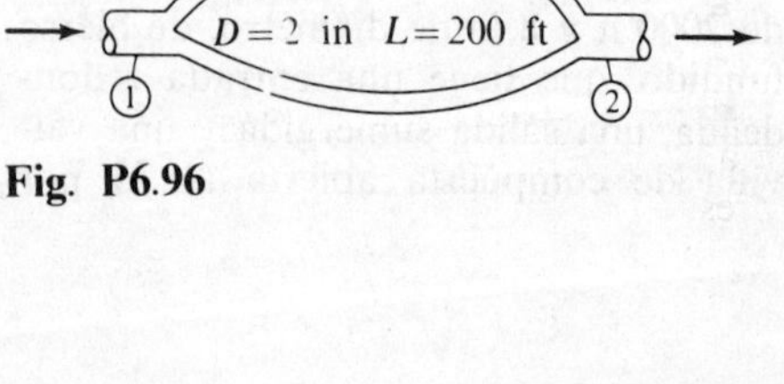

Fig. P6.96

6.97 Repetir el problema 6.96 con agua a 20° C.

6.98 Si los dos tubos de la figura P6.96 se ponen en serie, con la misma caída de presión y despreciando las pérdidas localizadas, ¿cuál será el caudal? El fluido es aceite SAE 30 a 20° C.

6.99 Repetir el problema 6.98 con agua a 20° C.

6.100 En el sistema de la figura P6.100 todas las tuberías son de hierro estirado y 5 cm de diámetro. El fluido es agua a 20° C. Si el caudal total es 0,01 m^3/s, hallar la caída de presión $p_1 - p_2$. ¿Qué fracción de Q va por cada rama? Despreciar las pérdidas localizadas.

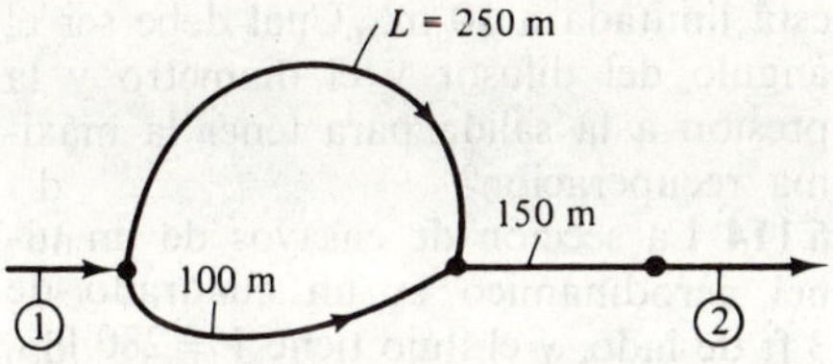

Fig. P6.100

6.101 Repetir el problema 6.100 con gasolina a 20° C.

6.102 En el sistema de la figura P6.102, todos los tubos son de hormigón y con una rugosidad de 0,03 in. Si el caudal total es 15 ft^3/s de agua a 20° C, calcular (*a*) la caída de presión $p_1 - p_2$, (*b*) la forma en que el caudal se divide en las tres ramas.

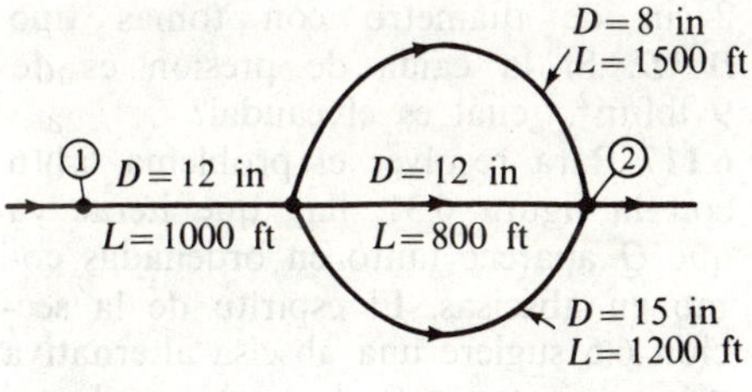

Fig. P6.102

6.103 Calcular el caudal total del sistema de la figura P6.102 si la caída de presión $p_1 - p_2 = 30$ lbf/in^2 y el fluido es gasolina a 20° C. Despreciar las pérdidas localizadas.

6.104 En el sistema de tres depósitos del ejemplo 6.19, calcular el caudal que circula por cada rama si la altura del depósito 2 es $z_2 = 150$ m.

6.105 Los tres tubos de la figura 105 son de hierro fundido: $D_1 = 8$ in, $L_1 = 2000$ ft; $D_2 = 6$ in, $L_2 = 1000$ ft; $D_3 = 9$ in, $L_3 = 1500$ ft. Calcular el caudal en cada tubo si el fluido es agua a 20° C.

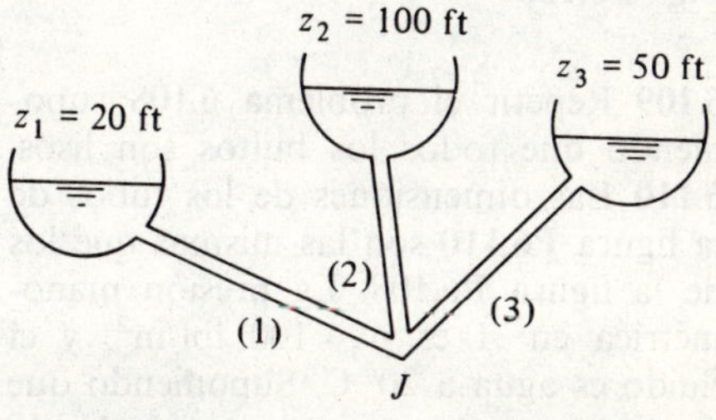

Fig. P6.105

6.106 En la figura P6.106 todos los tubos son de hierro fundido y $p_1 - p_2 = 25$ lbf/in^2. Calcular el caudal total de agua a 20° C.

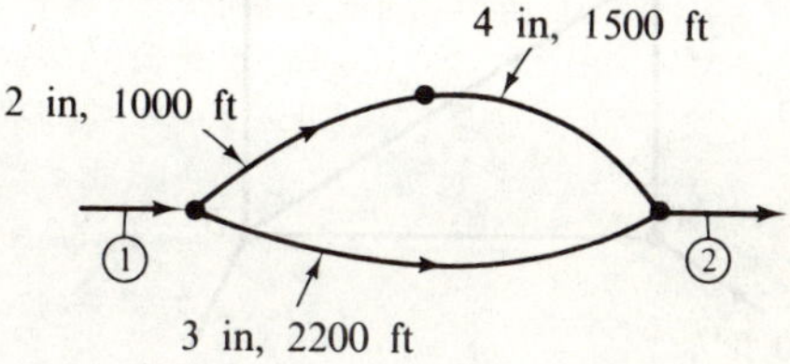

Fig. P6.106

6.107 En la figura P6.106 todos los tubos son de hierro fundido y el caudal total es 0,5 ft^3/s de agua a 20° C. Calcular la caída de presión $p_1 - p_2$ y la forma de dividirse el flujo.

6.108 En la red de la figura P6.108 todos los tubos tienen un coeficiente de fricción de 0,02. La presión manométrica en A es 100 lbf/in^2. Calcular el caudal en todas las ramas y la presión en B, C y D. El fluido es agua a 20° C. *Advertencia:* Los sentidos del flujo pueden sorprenderle.

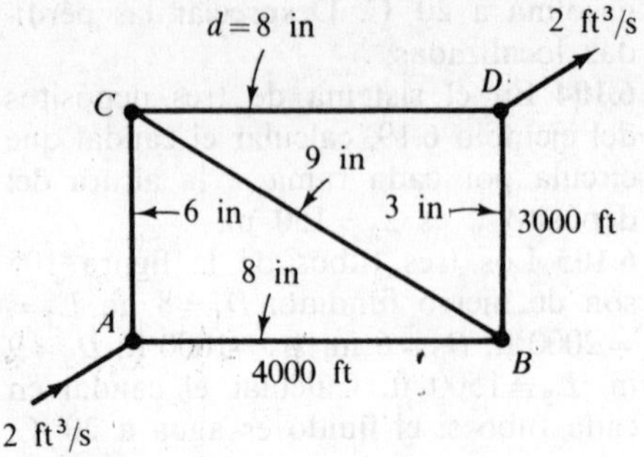

Fig. P6.108

6.109 Repetir el problema 6.108 suponiendo que todos los bultos son lisos.

6.110 Las dimensiones de los tubos de la figura P6.110 son las mismas que los de la figura P6.108. La presión manométrica en A es $p_A = 100$ lbf/in^2, y el fluido es agua a 20° C. Suponiendo que $f = 0{,}02$ en todos los tubos, calcular la presión en B, C y D y el caudal en todos los tubos.

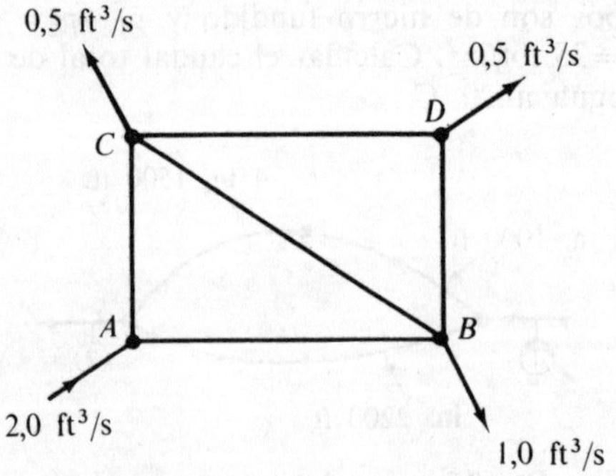

Fig. P6.110

6.111 Los tres tubos de la figura P6.111 son de hierro fundido. Despreciando las pérdidas localizadas, calcular el caudal de agua a 20° C que pasa por cada tubo

6.112 La sección de ensayos de un túnel hidrodinámico tiene 1 m de diámetro y las propiedades del flujo son $V = 20$ m/s, $p = 100$ kPa y $T = 20°$ C. El bloqueo debido a la capa límite es del 9 por 100. Si a la salida se le adapta un difusor cónico para conseguir el

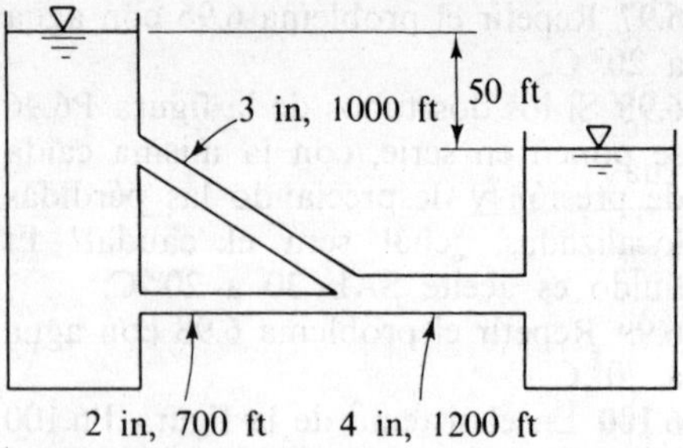

Fig. P6.111

máximo rendimiento, ¿cuáles serán su ángulo, longitud y diámetro y presión a la salida?

6.113 Suponga que en el problema 6.112 la longitud total del difusor está limitada a 10 m. ¿Cuál debe ser el ángulo del difusor y el diámetro y la presión a la salida para tener la máxima recuperación?

6.114 La sección de ensayos de un túnel aerodinámico es un cuadrado de 3 ft de lado, y el flujo tiene $V = 280$ ft/s, $p = 15$ lbf/in^2 y $T = 68°$ F. El bloqueo debido a la capa límite al final de la sección es el 8 por 100. Hallar el ángulo, longitud y presión a la salida de un difusor de paredes planas si se quiere conseguir la máxima recuperación.

6.115 Suponga que en el problema 6.114 la longitud total esté limitada a 30 ft. ¿Cuáles serán en este caso el ángulo y la presión a la salida si se desea la máxima recuperación?

6.116 En un tubo de 4 in por el que circula agua a 20° C hay un orificio de 2 in de diámetro con tomas tipo $D{:}\frac{1}{2}D$. Si la caída de presión es de 9 lbf/in^2, ¿cuál es el caudal?

6.117 Para resolver el problema 6.116 con la figura 6.31, hay que iterar ya que Q aparece tanto en ordenadas como en abscisas. El espíritu de la sección 6.5 sugiere una abscisa alternativa que no contenga Q, de modo que la solución se obtenga directamente. ¿Cómo es la nueva variable a la abscisa en función de C_d y Re_D?

6.118 ¿Cuál es la pérdida no recuperable en el problema 6.116?

6.119 Por una tubería de 5 cm de diámetro fluye un caudal de 20 m^3/h de gasolina a 20° C. Si se colocase un medidor de orificio, de 2 cm de diámetro, ¿cuál sería la caída de presión medida con tomas en los rincones?

6.120 Tenemos que medir 1,2 ft^3/s de alcohol etílico a 20° C que fluyen por un tubo de 5 in, utilizando un medidor de orificio con tomas en los rincones. Si el sensor de presión tiene su máxima fiabilidad a 5 lbf/in^2, ¿cuál debe ser el β del orificio?

6.121 Un tubo pitot (Fig. 6.28*g*) se coloca en una corriente de aire a 60° F y 1 atm. En un manómetro de mercurio se lee una diferencia de presiones de 0,22 in. ¿Cuál es la velocidad del aire?

6.122 La disposición de la figura P6.122 muestra un pitot. Calcular (*a*) la velocidad en el eje, (*b*) el caudal en el conducto, (*c*) el esfuerzo en la pared. El fluido del manómetro es aceite Merian rojo (densidad relativa 0,827).

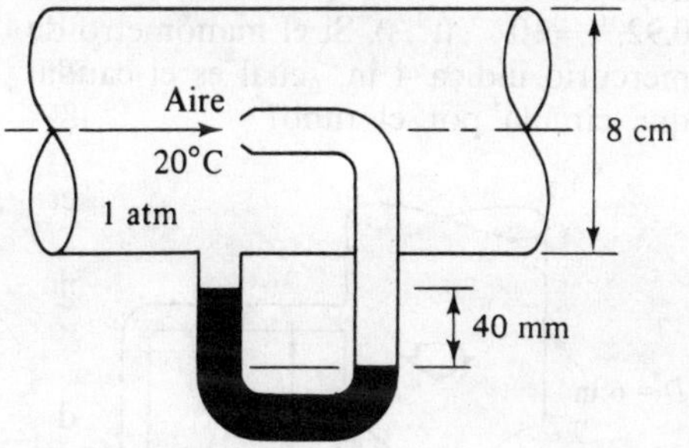

Fig. P6.122

6.123 En el flujo de agua a 20° C de la figura P6.123 se ha colocado un pitot. Calcular (*a*) la velocidad en el eje, (*b*) el caudal. El diámetro del tubo es 8 in.

6.124 En un flujo de helio a 20° C se coloca un pitot, y un manómetro diferencial de agua indica 9 mm. ¿Cuál es la velocidad del helio? ¿Cuál sería la lectura del manómetro si la velocidad fuera 20 m/s?

6.125 Un depósito báscula recibe 100 libras-masa de aceite (densidad relativa 0,92) en 1 min 38 s. ¿Cuál es el caudal?

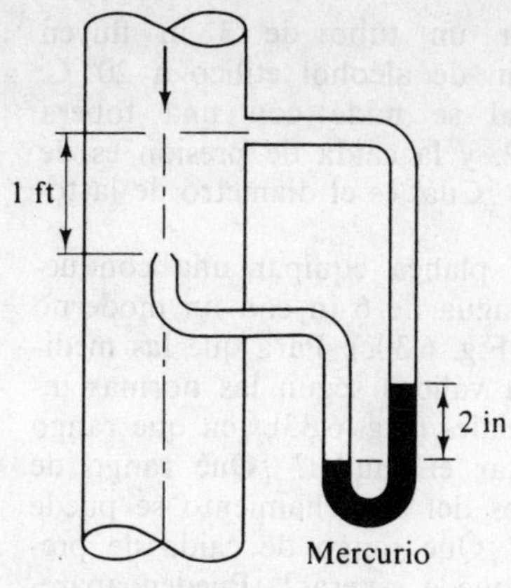

Fig. P6.123

6.126 Un depósito de 3 ft de diámetro y 4 ft de alto se llena de agua a 20° C en 14 min 6 s. ¿Cuál es el caudal, y cuál es el flujo másico?

6.127 Un depósito cilíndrico de 1 m de diámetro está lleno inicialmente de agua a 20° C hasta $h_0 = 2$ m. En el fondo hay un orificio de 3 cm, semejante al de la figura 6.30*b*. ¿Cuál será el caudal de descarga al abrir el orificio? ¿Cuánto tiempo transcurrirá hasta que el nivel baje de 2 a 1,5 m?

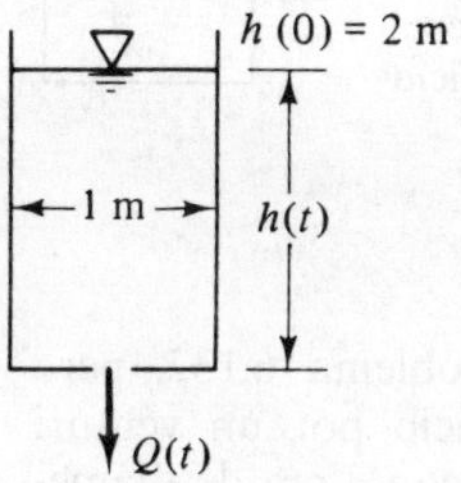

Fig. P6.127

6.128 Por un tubo de 6 in de diámetro fluyen 1000 gal/min de gasolina a 20° C, y el caudal se mide con una tobera de radio suave y 4 in (Fig. 6.30*a*). ¿Cuál es la caída de presión a través de la tobera?

6.129 Con una tobera de curvatura suave y 3 cm de diámetro se mide un flujo de agua que circula por un tubo de 6 cm. Si la caída de presión medida es 40 kPa, ¿cuál es el caudal?

6.130 Por un tubo de 3 in fluyen 12 ft^3/min de alcohol etílico a 20° C. El caudal se mide con una tobera ISA 1932, y la caída de presión es de 1 lbf/in^2. ¿Cuál es el diámetro de la tobera?

6.131 Se planea equipar una conducción de agua de 6 in con un moderno venturi (Fig. 6.30*c*). Para que las medidas sean válidas según las normas internacionales (Fig. 6.33), ¿en qué rango debe estar el caudal? ¿Qué rango de diámetros del estrechamiento se puede utilizar? ¿Qué rango de caída de presión se puede esperar? ¿Pueden aparecer efectos de compresibilidad en la condición de máxima caída de presión?

6.132 En la figura P6.132 el fluido es agua a 20° C. El tubo es liso con entrada y salida abruptas. Calcular el caudal que circula y la caída de presión a través del orificio.

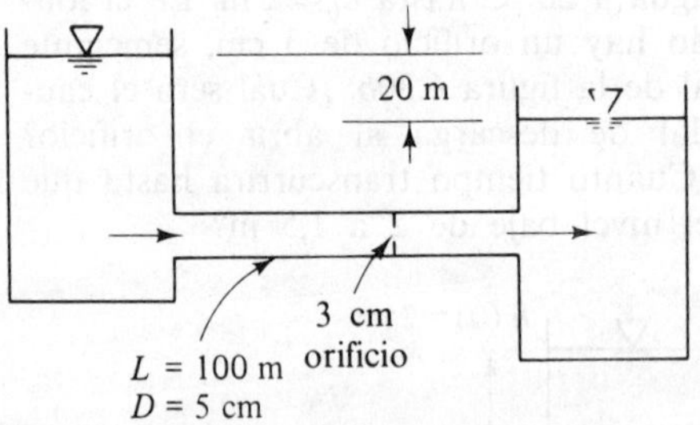

Fig. P6.132

6.133 Repetir el problema 6.132, pero sustituyendo el orificio por un venturi Herschel (Fig. 6.32) con 3 cm de diámetro.

6.134 Un tubo pitot ha medido el siguiente perfil transversal en un flujo de aire por un tubo 6 in de diámetro:

r, in	0	1	2	3	4	5	6
V, ft/s	4,56	4,45	4,31	4,15	3,93	3,57	0,0

Utilizando estos datos sin ninguna otra teoría, calcular el caudal.

6.135 Dos depósitos de agua, de 1 ft^2 de área cada uno, están conectados mediante una tobera de curvatura suave de 0,5 in de diámetro, como muestra la figura P6.135. Si la configuración que se muestra ($h = 1$ ft) es en $t = 0$, calcular el tiempo necesario para que los dos depósitos tengan una diferencia de niveles de 0,1 ft.

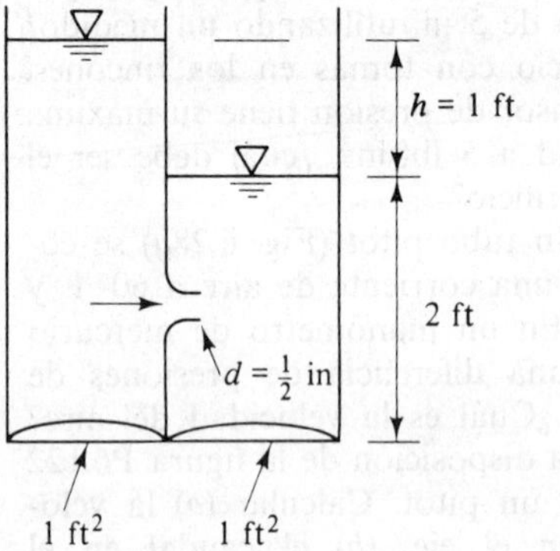

Fig. P6.135

6.136 Por el venturi de la figura P6.136 fluye aceite ligero (densidad relativa 0,92, $\nu = 10^{-5}$ ft^2/s). Si el manómetro de mercurio indica 4 in, ¿cuál es el caudal que circula por el tubo?

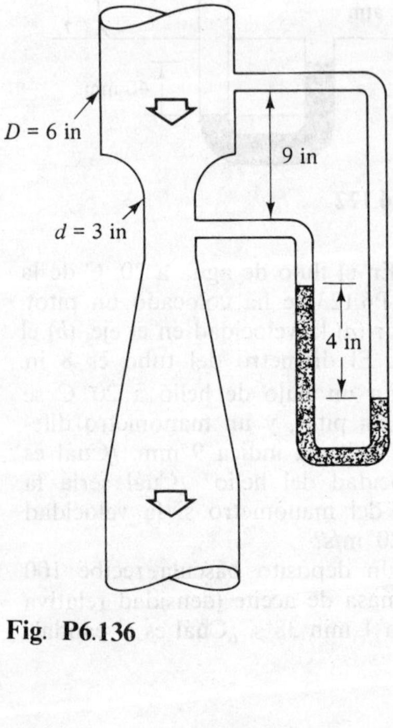

Fig. P6.136

CAPITULO 7

FLUJO EN LA CAPA LIMITE

7.1 INTRODUCCION

En el capítulo anterior se consideró el efecto de la viscosidad en flujos «confinados», como son los flujos en tubos, conductos y difusores. En estos casos el espesor de la capa límite aumenta desde las paredes y pronto ocupa todo el conducto, de modo que los esfuerzos viscosos son dimanantes en el flujo. Por ejemplo, el diagrama de Moody de la figura 6.13 es, esencialmente, una correlación para el esfuerzo en la pared en conductos de sección constante.

En flujos externos, o no confinados, el fluido se mueve alrededor de superficies sólidas, pudiendo desplazarse libremente, independientemente del crecimiento de la capa límite. Por tanto, el flujo lejos del cuerpo puede considerarse prácticamente no viscoso, mientras que se utiliza una técnica muy importante de análisis, que se denomina *teoría de la capa límite* (Sec. 7.3), para determinar el movimiento en la capa viscosa cerca de las paredes, que se «empalma» con la solución exterior no viscosa. Este empalme es tanto más efectivo cuanto mayor es el número de Reynolds, como se ilustra en la figura 7.1.

En la figura 7.1 se muestra una corriente uniforme de velocidad U que se mueve paralelamente a una placa plana delgada de longitud L. Si el número de Reynolds UL/ν es bajo (Fig. 7.1*a*), la región viscosa es muy amplia y se extiende lejos aguas arriba y a los lados de la placa. La placa frena mucho a la corriente incidente, y pequeños cambios en los parámetros del flujo originan grandes cambios en la distribución de presiones a lo largo de la placa. Aunque en principio sería posible empalmar las zonas viscosa y no viscosa mediante un análisis matemático, su interacción es fuerte y no lineal [1-3]. No existe una teoría simple para el análisis de flujos externos en el intervalo de números de Reynolds desde 1 hasta alrededor de 1000. Estos flujos con capas viscosas gruesas se estudian, por lo general, experimentalmente o con modelos numéricos del campo fluido en un ordenador [4].

Los flujos a altos números de Reynolds (Fig. 7.1*b*) son mucho más fácil de tratar mediante acoplamiento de la solución correspondiente a la capa límite con la exterior no viscosa, como lo mostró Prandtl en 1904 por

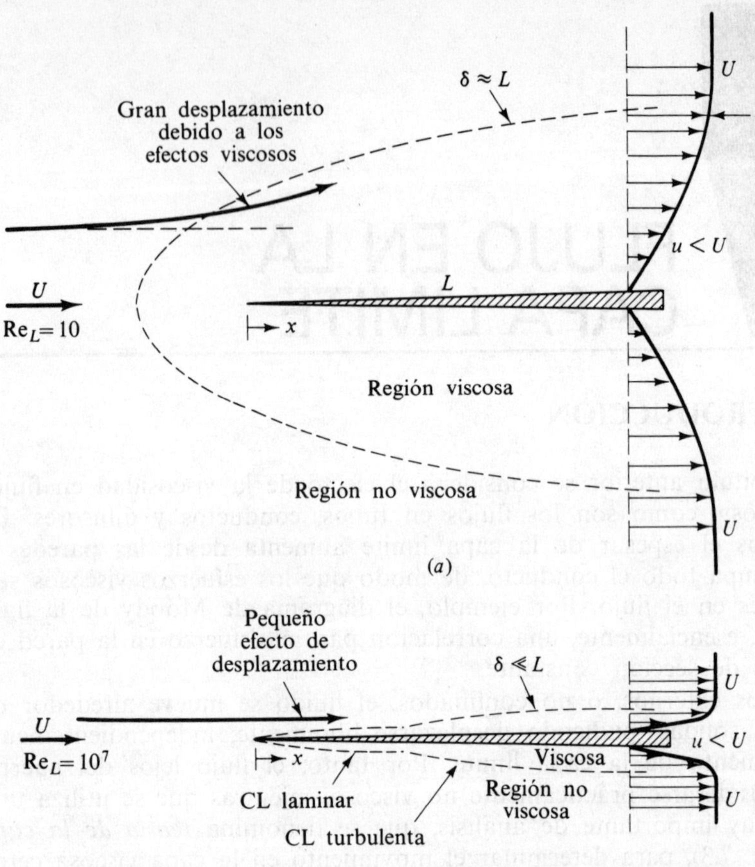

Fig. 7.1 Comparación de los flujos a altos y bajos números de Reynolds alrededor de una placa plana: (*a*) laminar, bajos números de Reynolds; (*b*) flujo a altos números de Reynolds.

primera vez. Las capas viscosas, tanto laminares como turbulentas, son muy delgadas, incluso más delgadas de lo que muestran los dibujos de la figura. Definiremos el espesor δ de la capa límite como el lugar geométrico de los puntos donde la velocidad u paralela a la placa alcanza el 99 por 100 del valor de la velocidad exterior U. Como veremos en la sección 7.4, las fórmulas aceptadas para el espesor de la capa límite de una placa plana son

$$\frac{\delta}{x} \approx \frac{5{,}0}{\mathrm{Re}_x^{1/2}} \quad \text{laminar} \tag{7.1a}$$

$$\frac{0{,}16}{\mathrm{Re}_x^{1/7}} \quad \text{turbulento} \tag{7.1b}$$

donde $Re_x = Ux/\nu$ es el *número de Reynolds local* del flujo a lo largo de la superficie de la placa. La fórmula para el flujo turbulento es aplicable para Re_x mayores que 10^6, aproximadamente.

Algunos valores de δ obtenidos de la ecuación (7.1) son

Re_x	10^4	10^5	10^6	10^7	10^8
$(\delta/x)_{lam}$	0,050	0,016	0,005	—	—
$(\delta/x)_{turb}$	—	—	0,022	0,016	0,011

Los cuadros en blanco indican que la fórmula no es aplicable. En todos los casos las capas límites son tan delgadas que se puede despreciar el efecto de desplazamiento inducido en la corriente no viscosa. De este modo, la distribución de presiones a lo largo de la placa se puede determinar de la teoría no viscosa, como si la capa límite no existiese. Este campo externo de presiones «gobierna», por tanto, el flujo en la capa límite y actúa como una función forzadora en la ecuación de la cantidad de movimiento a lo largo de la superficie. Explicaremos la teoría de la capa límite de las secciones 7.4 y 7.5.

Para cuerpos esbeltos, tales como placas y perfiles paralelos a la corriente incidente, la suposición de que la interacción entre la capa límite y la distribución de presiones de la corriente exterior es despreciable, constituye una excelente aproximación.

Para cuerpos romos, sin embargo, incluso a números de Reynolds muy altos, hay una discrepancia en este concepto de empalme entre la zona viscosa y no viscosa. La figura 7.2 muestra dos esquemas de flujo alrededor de cuerpos romos bidimensionales o tridimensionales. En el esquema idealizado (7.2*a*) hay una película delgada o capa límite alrededor del cuerpo y una estela viscosa muy delgada en la parte posterior. La teoría de la capa límite daría una imagen perfecta para este esquema, pero resulta falsa. En el caso real (7.2*b*), la capa límite es delgada en la zona frontal del cuerpo, de incidencia de la corriente, donde la presión decrece a lo largo de la superficie (gradiente de presión *favorable*). Pero en la parte posterior la capa límite se encuentra con presiones crecientes (gradiente de presión *adverso*) y se desprende, o separa, formándose una estela amplia y pulsatoria (la figura 5.2*a* es una fotografía de un ejemplo específico). La corriente principal se deflecta por causa de la estela, de modo que el flujo exterior es bastante diferente del que predice la teoría no viscosa modificada sólo por los efectos de una capa límite delgada.

No está bien desarrollada la teoría de la interacción fuerte entre las zonas viscosa y no viscosa alrededor de un cuerpo romo. Los flujos como el de la figura 7.2*b* se estudian normalmente de un modo experimental. La referencia 5 es un ejemplo del reciente esfuerzo intensivo para mejorar la teoría de capas límites desprendidas. La referencia 6 es un libro de texto dedicado a flujos desprendidos.

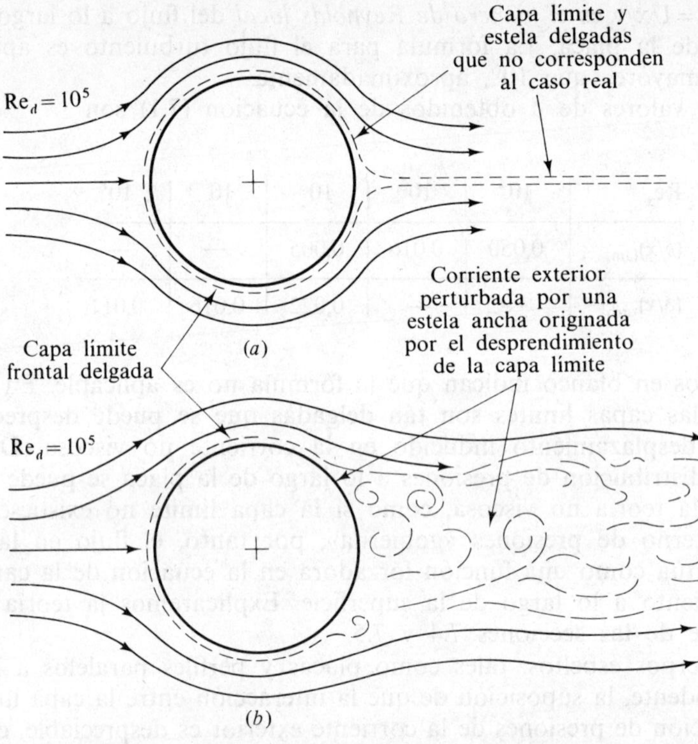

Fig. 7.2 Ilustración de la interacción fuerte entre las regiones viscosa y no viscosa en la parte posterior del flujo alrededor de un cuerpo romo: (*a*) esquema idealizado y falso del flujo alrededor de un cuerpo romo; (*b*) esquema real del flujo.

EJEMPLO 6.1 Una placa plana semiinfinita se sitúa paralelamente a una corriente de agua de 20° C con una velocidad de 20 ft/s. ¿A qué distancia x del borde de ataque el espesor de la capa límite será 1 in?

Solución Puesto que no conocemos el número de Reynolds, debemos averiguar cuál de las ecuaciones (7.1) es aplicable. Para el agua, de la Tabla 1.3, $\nu = 1{,}09 \times 10^{-5}$ ft²/s; por tanto, $U/\nu = (20 \text{ ft/s})/(1{,}09 \times 10^{-5} \text{ ft}^2/\text{s}) = 1{,}89 \times 10^6 \text{ ft}^{-1}$. Con $\delta = 1 \text{ in} = \frac{1}{12}$ ft, probamos con la ecuación (7.1*a*):

Flujo laminar:
$$\frac{\delta}{x} = \frac{5}{(Ux/\nu)^{1/2}}$$

o
$$x = \frac{\delta^2 (U/\nu)}{5^2} = \frac{(\frac{1}{2} \text{ ft})^2 (1{,}84 \times 10^6 \text{ ft}^{-1})}{25} = 511 \text{ ft}$$

Ahora determinamos el número de Reynolds para ver si la fórmula era aplicable:

$$\text{Re}_x = \frac{Ux}{\nu} = \frac{(20 \text{ ft/s})(511 \text{ ft})}{1{,}09 \times 10^{-5} \text{ ft}^2/\text{s}} = 9{,}4 \times 10^8$$

No es aplicable ya que el Re_x máximo para flujo laminar alrededor de una placa plana es 3×10^6. Por tanto, probamos con la ecuación (7.1*b*):

Turbulento:
$$\frac{\delta}{x}=\frac{0,16}{(Ux/\nu)^{1/7}}$$

o
$$x=\left[\frac{\delta(U/\nu)^{1/7}}{0,16}\right]^{7/6}=\left[\frac{(\frac{1}{12}\ \text{ft})(1,84\times10^6\ \text{ft}^{-1})^{1/7}}{0,16}\right]^{7/6}=(4,09)^{7/6}=7,17\ \text{ft}\quad \textit{Resp.}$$

Comprobación
$$Re_x=\frac{(20\ \text{ft/s})(5,17\ \text{ft})}{1,09\times10^{-5}\ \text{ft}^2/\text{s}}=9,5\times10^6$$

Es la condición apropiada para flujo turbulento; hemos encontrado la posición correcta x en el segundo intento.

7.2 ESTIMACIONES CON LA ECUACION INTEGRAL DE CANTIDAD DE MOVIMIENTO

Cuando obtuvimos la ecuación (3.37) de la cantidad de movimiento en forma integral y la aplicamos a la capa límite de una placa plana en el ejemplo 3.11, prometimos hacer un examen más detallado en el capitulo 7. Bien, ¡helo aquí! Revisemos el problema utilizando la figura 7.3.

A lo largo de la placa afilada de la figura 7.3 hay una capa de cortadura de espesor desconocido y variable. La condición de no deslizamiento retarda al fluido, obteniéndose un perfil de velocidad variable $u(y)$, que alcanza el valor de la velocidad exterior $U=$constante en el «espesor» $y=\delta(x)$. Utilizando el volumen de control de la figura 3.11, determinamos la resistencia de la placa en el ejemplo 3.11 (sin hacer ninguna hipótesis acerca de si el flujo es laminar o turbulento), resultando dada por la integral

$$D(x)=\rho b\int_0^{\delta(x)} u(U-u)\ dy \tag{7.2}$$

donde b es la anchura de la placa, en dirección perpendicular al papel, y la integración se hace a lo largo de un plano vertical $x=$constante.

La ecuación (7.2), obtenida por T. von Kármán en 1921 [7], es bella y exacta, pero no nos proporciona el valor de $\delta(x)$. El ejemplo se completó

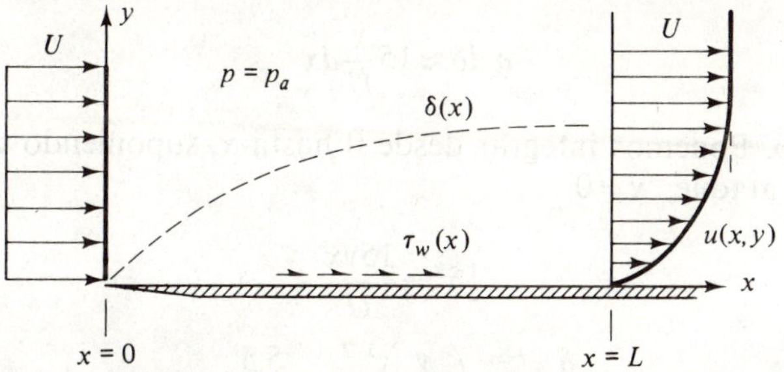

Fig. 7.3 Crecimiento de la capa límite de una placa plana.

con la hipótesis de que el perfil de velocidad era laminar de forma parabólica:

$$u(x, y) \approx U\left(\frac{2y}{\delta} - \frac{y^2}{\delta^2}\right) \qquad 0 \leqslant y \leqslant \delta(x) \tag{7.3}$$

En aquel momento no justificamos bien esta elección, pero ahora nos damos cuenta de que este perfil corresponde a la mitad del perfil parabólico del flujo laminar en un tubo, ecuación (6.40), si se reemplaza $u_{\text{máx}}$ por U y $h/2$ por δ. En la sección 7.4 se mostrará que es una aproximación muy razonable para el perfil $u(x, y)$ de una placa plana.

Análisis de Kármán para la placa plana

Combinando las ecuaciones (7.2) y (7.3), obtuvimos, como resultado final del ejemplo 3.11, que la resistencia es proporcional al espesor

$$D(x) \approx \tfrac{2}{15} \rho U^2 b \delta(x) \tag{7.4}$$

Esto está bien, pero todavía no nos determina el espesor. Kármán [7] resolvió el problema teniendo en cuenta que la resistencia también es la integral, a lo largo de la placa, del esfuerzo en la pared

$$D(x) = b \int_0^x \tau_w(x)\, dx \tag{7.5}$$

Derivando las ecuaciones (7.4) y (7.5) e igualándolas, se obtiene una expresión en la que el esfuerzo en la pared es proporcional al ritmo de variación del espesor.

$$\frac{1}{b}\frac{dD}{dx} = \tau_w \approx \tfrac{2}{15}\rho U^2 \frac{d\delta}{dx} \tag{7.6}$$

Por otra parte, obtenemos una evaluación independiente de τ_w calculando la derivada en la pared del perfil de velocidades supuesto

$$\tau_w = \mu \frac{\partial u}{\partial y}\bigg|_{y=0} \approx \frac{2\mu U}{\delta} \tag{7.7}$$

Eliminando τ_w entre las ecuaciones (7.6) y (7.7) y reagrupando términos, obtenemos

$$\delta\, d\delta \approx 15 \frac{\nu}{U} dx \tag{7.8}$$

donde $\nu = \mu/\rho$. Podemos integrar desde 0 hasta x, suponiendo que $\delta = 0$ en el borde de ataque, $x = 0$

$$\tfrac{1}{2}\delta^2 = \frac{15\nu x}{U}$$

o

$$\frac{\delta}{x} \approx 5{,}5\left(\frac{\nu}{Ux}\right)^{1/2} = \frac{5{,}5}{\mathrm{Re}_x^{1/2}} \tag{7.9}$$

Esta es la estimación del espesor que deseábamos obtener. Es, por supuesto, una expresión aproximada correspondiente a la *teoría integral de cantidad de movimiento de Kármán* [7], pero es asombrosamente precisa, dando sólo un valor un 10 por 100 más alto que la solución exacta conocida que dimos en la ecuación (7.1*a*), para el flujo en la capa límite laminar de una placa plana.

Combinando las ecuaciones (7.9) y (7.7) obtenemos también un valor aproximado para la variación del esfuerzo en la pared a lo largo de la placa

$$c_f = \frac{2\tau_w}{\rho U^2} \approx \left(\frac{\frac{8}{15}}{\mathrm{Re}_x}\right)^{1/2} = \frac{0{,}73}{\mathrm{Re}_x^{1/2}} \tag{7.10}$$

De nuevo, y a pesar de la aproximación (7.3) tan cruda para el perfil de velocidades, esta estimación es sólo un 10 por 100 más alta que la dada, $c_f = 0{,}664/\mathrm{Re}_x^{1/2}$, por la solución exacta, que se expondrá en la sección 7.4. La cantidad adimensional c_f es análoga al coeficiente de fricción f en conductos y se denomina coeficiente de fricción *superficial.*

Una capa límite se puede considerar «delgada» si, por ejemplo, la relación δ/x es menor que 0,1. Cuando esto ocurre, $\delta/x = 0{,}1 = 5\ \mathrm{Re}_x^{1/2}$, el número de Reynolds $\mathrm{Re}_x = 2500$. Para Re_x menor que 2500, la teoría de la capa límite falla porque el espesor es tan grande que tiene un efecto importante en la corriente exterior. El límite superior de Re_x para flujo laminar es alrededor de 3×10^6, para el cual las medidas en una placa plana lisa [8] muestran que se presenta la transición de la capa límite a régimen turbulento. No hay limitación en los valores de los números de Reynolds superiores a 3×10^6, si bien, en la actualidad, el límite práctico es 5×10^9 en superpetroleros.

Espesor de desplazamiento

Otro efecto interesante de la capa límite es el desplazamiento pequeño, pero finito, que origina en las líneas de corriente exteriores. Como se muestra en la figura 7.4, las líneas de corriente exteriores deben deflectar-

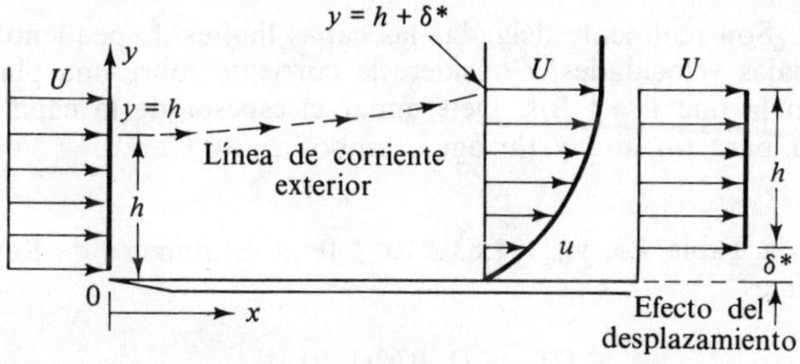

Fig. 7.4 Efecto de desplazamiento de la capa límite.

se hacia arriba una distancia $\delta^*(x)$ para que se satisfaga la conservación de la masa entre la entrada y la salida

$$\int_0^h \rho U b\, dy = \int_0^\delta \rho u b\, dy \qquad \delta = h + \delta^* \tag{7.11}$$

La cantidad δ^* se denomina *espesor de desplazamiento* de la capa límite. Para relacionarlo con $u(y)$, dividamos por b los dos miembros de (7.11), evaluemos la integral del primer miembro, y sumando y restando astutamente U al integrando del segundo miembro, obtenemos

$$Uh = \int_0^\delta (U + u - U)\, dy = U(h + \delta^*) + \int_0^\delta (u - U)\, dy$$

o

$$\delta^* = \int_0^\delta \left(1 - \frac{u}{U}\right) dy \tag{7.12}$$

La relación δ^*/δ varía sólo con el perfil adimensional de velocidades u/U.

Introduciendo la expresión aproximada (7.3) para el perfil de velocidades en la ecuación (7.12), e integrando obtenemos el resultado aproximado

$$\delta^* \approx \tfrac{1}{3}\delta \qquad \frac{\delta^*}{x} \approx \frac{1{,}83}{\mathrm{Re}_x^{1/2}} \tag{7.13}$$

Esta estimación se separa sólo un 6 por 100 del valor dado en la sección 7.4: $\delta^* = 0{,}344\delta = 1{,}721x/\mathrm{Re}_x^{1/2}$. Dado que para grandes Re_x, δ^* es mucho menor que x, y como la pendiente de las líneas de corriente exteriores V/U es proporcional a δ^*/x, resulta que la velocidad normal a la pared es mucho menor que la velocidad paralela a la pared en la corriente exterior. Esta es la hipótesis clave en la teoría de la capa límite (Sec. 7.3).

Dado el éxito de estas estimaciones sencillas hechas por medio de la teoría integral de Kármán con la hipótesis de un perfil de velocidades como el parabólico, concluiremos que esta teoría es útil y efectiva. En las referencias 1 a 3 se dan más detalles de esta teoría.

EJEMPLO 7.2 ¿Son realmente delgadas las capas límites de pequeños objetos en agua y aire a bajas velocidades? Considere la corriente sobre una placa plana de 1 ft de larga en la que $U = 1$ ft/s. Determinar el espesor de la capa límite en el borde de salida para (*a*) aire y (*b*) agua, ambos a 20° C.

Solución (*a*) De la Tabla 1.3, $\nu_{\text{aire}} = 1{,}63 \times 10^{-4}$ ft²/s. El número de Reynolds en el borde de salida es

$$\mathrm{Re}_L = \frac{UL}{\nu} = \frac{(1\ \text{ft/s})(1\ \text{ft})}{1{,}63 \times 10^{-4}\ \text{ft}^2/\text{s}} = 6150$$

Dado que es menor que 10^6, el flujo es laminar, y como es mayor que 2300, esperamos tener una capa límite delgada. De la ecuación (7.1*a*) se obtiene el espesor que es

$$\frac{\delta}{x}=\frac{5{,}0}{(6150)^{1/2}}=0{,}0637$$

o en $x=1$ ft

$$\delta=0{,}0637 \text{ ft}=0{,}765 \text{ in} \qquad \textit{Resp. (a)}$$

(*b*) De la Tabla 1.3 se tiene $\nu_{\text{agua}}=1{,}09\times10^{-5}$ ft²/s. El número de Reynolds es

$$\text{Re}_L=\frac{1(1)}{1{,}09\times10^{-5}}=92\,000$$

De nuevo se satisface la condición de movimiento laminar. El espesor en el borde de salida es

$$\frac{\delta}{x}=\frac{5{,}0}{(92\,000)^{1/2}}=0{,}0165$$

o $\qquad \delta(\text{en } x=1 \text{ ft})=0{,}0165 \text{ ft}=0{,}20 \text{ in} \qquad$ *Resp. (b)*

Por tanto, incluso con velocidades y longitudes tan pequeñas, la aproximación de capa límite es válida tanto en aire como en agua.

7.3 ECUACIONES DE LA CAPA LIMITE

En el capítulo 6 vimos que hay varias docenas de soluciones conocidas para flujos laminares [1 – 3]. Casi ninguna de ellas corresponde a flujos alrededor de cuerpos inmersos en la corriente a pesar de que es una de las principales aplicaciones de la Mecánica de Fluidos. No se conoce ninguna solución exacta en flujo turbulento.

Actualmente se utilizan tres técnicas para tratar los flujos externos: (1) soluciones numéricas en ordenador, (2) experimentación y (3) teoría de la capa límite.

Los métodos numéricos en Mecánica de Fluidos son una herramienta nueva y brillante, descrita en el texto avanzado de Roache [4]. Se han publicado cientos de soluciones numéricas interesantes, y cada año se están mejorando las velocidades de cálculo del ordenador y las presentaciones gráficas. Casi todas las soluciones son laminares, pero hay algunos progresos en el análisis de flujos turbulentos con ordenador [9]. Uno de los temas de investigación frontera se refiere a la modelización numérica precisa de los flujos turbulentos, pero un libro de texto introductorio no constituye el marco adecuado para incluir los métodos numéricos en Mecánica de Fluidos.

El método más corriente de análisis de flujos externos es el experimental. El capítulo 5 describe la técnica del análisis dimensional para la presentación de los resultados, y en los capítulos 5 y 6 se dan varios resultados experimentales. Daremos gran cantidad de resultados experimentales para flujos externos en la sección 7.6.

La tercera herramienta es la teoría de la capa límite, formulada por Ludwig Prandtl en 1904. Seguiremos aquí las ideas de Prandtl y haremos ciertas hipótesis sobre los órdenes de magnitud, que permiten simplificar mucho las ecuaciones (4.38) de Navier-Stokes para dar las ecuaciones de la capa límite, cuya resolución es relativamente fácil, empalmando con el campo exterior no viscoso.

Uno de los grandes éxitos de la teoría de la capa límite es la capacidad de predecir la separación de la corriente que se ilustra en la figura 7.2*b*. Antes de 1904 nadie había pensado que estas capas tan delgadas pudiesen dar lugar a efectos tan fuertes como la separación de la corriente. Desgraciadamente, todavía hoy, la teoría no puede predecir de forma precisa el comportamiento del flujo en la región desprendida ni su interacción con la región exterior. Este es el punto débil de la teoría de la capa límite, que esperamos pueda ser resuelto mediante la investigación intensa en la dinámica de flujos desprendidos [6].

Ecuaciones de la capa límite bidimensional

Consideraremos sólo el flujo bidimensional estacionario y viscoso de un fluido incompresible, con el eje x en la dirección y a lo largo de la pared y el eje y perpendicular a la pared, como en la figura 7.3[1]. Despreciamos la gravedad, que es sólo importante en capas límites donde la flotabilidad sea dominante [2, Sec. 4.12]. Según el capítulo 4, las ecuaciones de la continuidad y cantidad de movimiento son

$$\frac{\partial u}{\partial x}+\frac{\partial v}{\partial y}=0 \qquad (7.14a)$$

$$\rho\left(u\,\frac{\partial u}{\partial x}+v\,\frac{\partial u}{\partial y}\right)=-\frac{\partial p}{\partial x}+\mu\left(\frac{\partial^2 u}{\partial x^2}+\frac{\partial^2 u}{\partial y^2}\right) \qquad (7.14b)$$

$$\rho\left(u\,\frac{\partial v}{\partial x}+v\,\frac{\partial v}{\partial y}\right)=-\frac{\partial p}{\partial y}+\mu\left(\frac{\partial^2 v}{\partial x^2}+\frac{\partial^2 v}{\partial y^2}\right) \qquad (7.14c)$$

Estas ecuaciones deben resolverse para obtener u, v y p con las condiciones de contorno típicas de no deslizamiento y en la entrada y salida. Pero de hecho son bastante difíciles de manejar para la mayoría de los flujos externos.

Prandtl, en 1904, dedujo correctamente que la capa de cortadura debería ser muy delgada si el número de Reynolds es grande, de modo que se cumplen las siguientes relaciones:

Velocidades: $$v \ll u \qquad (7.15a)$$

[1] En una pared curvada, x puede representar la longitud a lo largo de la pared e y es perpendicular a x en cada punto de la pared, siendo despreciables los términos de las ecuaciones de la capa límite que tienen en cuenta la curvatura siempre y cuando el radio de curvatura de la pared sea grande comparado con el espesor de la capa límite [1-3].

Derivadas: $$\frac{\partial}{\partial x} \ll \frac{\partial}{\partial y} \tag{7.15b}$$

La discusión de la sección previa sobre el espesor de desplazamiento fue hecha para justificar estas hipótesis.

Usando estas relaciones se obtiene una gran simplificación de la ecuación (7.14*c*)

$$\frac{\partial p}{\partial y} \approx 0 \quad \text{o} \quad p \approx p(x) \text{ sólo} \tag{7.16}$$

En otras palabras, la ecuación de cantidad de movimiento según el eje *y* se reduce a decir que la presión varía solamente *a lo largo* de la capa límite, y no a través de ella. El término del gradiente de presiones en la ecuación (7.14*b*) se considera conocido de antemano por medio de la ecuación de Bernoulli aplicada a la corriente exterior no viscosa

$$\frac{\partial p}{\partial x} = \frac{dp}{dx} = -\rho U \frac{dU}{dx} \tag{7.17}$$

Es de suponer que ya hemos hecho el análisis no viscoso y se conoce, por tanto, la distribución $U(x)$ a lo largo de la pared (Cap. 8).

También podemos despreciar un término de la ecuación (7.14*b*) debido a las ecuaciones (7.15)

$$\frac{\partial^2 u}{\partial x^2} \ll \frac{\partial^2 u}{\partial y^2} \tag{7.18}$$

Sin embargo, no se puede despreciar ninguno de los dos términos de la ecuación (7.14*a*) de la continuidad; otra advertencia de que la ecuación de la continuidad es siempre imprescindible en el análisis del movimiento de los fluidos.

El resultado que se obtiene es que las ecuaciones (7.14) se reducen a las dos ecuaciones de la capa límite de Prandtl

Continuidad: $$\frac{\partial u}{\partial x} + \frac{\partial v}{\partial y} = 0 \tag{7.19a}$$

Cantidad de movimiento a lo largo de la pared:

$$u \frac{\partial u}{\partial x} + v \frac{\partial u}{\partial y} \approx U \frac{dU}{dx} + \frac{1}{\rho} \frac{\partial \tau}{\partial y} \tag{7.19b}$$

donde $$\tau = \begin{cases} \mu \dfrac{\partial u}{\partial y} & \text{flujo laminar} \\ \mu \dfrac{\partial u}{\partial y} - \rho \overline{u'v'} & \text{flujo turbulento} \end{cases}$$

Estas ecuaciones deben resolverse para determinar $u(x, y)$ y $v(x, y)$, con

$U(x)$ conocida del análisis del flujo exterior no viscoso. Hay dos condiciones de contorno para u y una para v

En $y=0$ (pared): $u=v=0$ (no deslizamiento) (7.20*a*)

En $y=(x)$ (corriente exterior): $u=U(x)$ (empalme) (7.20*b*)

Al contrario que las ecuaciones (7.14) de Navier-Stokes, que son elípticas y deben resolverse simultáneamente en todo el campo fluido, las ecuaciones (7.19) de la capa límite son parabólicas y se resuelven comenzando en el borde de ataque avanzando aguas abajo hasta donde se desee, deteniéndose en el punto de separación o antes, si se prefiere[1].

Las ecuaciones de la capa límite se han resuelto en multitud de casos interesantes tanto de flujos externos como internos, laminares y turbulentos, utilizando la distribución $U(x)$ no viscosa apropiada a cada caso. En las referencias 1 a 3 y 9 se dan detalles completos de la teoría de la capa límite, resultados y comparación con los experimentos. Aquí nos limitaremos principalmente a las soluciones para la placa plana (Sec. 7.4).

7.4 CAPA LIMITE DE LA PLACA PLANA

La solución más clásica y de uso más frecuente de la teoría de la capa límite es la de la placa plana, figura 7.3, correspondiente al régimen laminar o al turbulento.

Flujo laminar

Se puede obtener la solución exacta, para u y v, de las ecuaciones (7.19) de la capa límite en régimen laminar de una placa plana, considerando que la velocidad U de la corriente libre es constante ($dU/dx=0$). La solución fue dada por el alumno de Prandtl, H. Blasius, en su tesis doctoral leída en Göttingen en 1908. Blasius mostró que el perfil de velocidades u/U es sólo función de la variable adimensional compuesta $(y)(U/\nu x)^{1/2}$:

$$\frac{u}{U}=f(\eta) \qquad \eta=y\left(\frac{U}{\nu x}\right)^{1/2} \tag{7.21}$$

La función f no tiene forma analítica conocida [1-3], pero sus valores tabulados se dan en la Tabla 7.1.

Puesto que u/U se aproxima a 1 sólo cuando $y\rightarrow\infty$, se acostumbra a elegir el espesor δ de la capa límite como el valor para el que $u/U=0{,}99$. De la Tabla 7.1 se deduce que esto ocurre cuando $\eta\approx 5$:

$$\delta_{99\%}\left(\frac{U}{\nu x}\right)^{1/2}\approx 5{,}0$$

o

$$\frac{\delta}{x}\approx\frac{5{,}0}{\mathrm{Re}_x^{1/2}} \qquad \text{Blasius (1908)} \tag{7.22}$$

[1] Para más detalles matemáticos, véase referencia 2, sección 2.8.

Tabla 7.1
PERFIL DE VELOCIDADES DE BLASIUS

$y(U/\nu x)^{1/2}$	u/U	$y(U/\nu x)^{1/2}$	u/U
0,0	0,0	2,8	0,81152
0,2	0,06641	3,0	0,84605
0,4	0,13277	3,2	0,87609
0,6	0,19894	3,4	0,90177
0,8	0,26471	3,6	0,92333
1,0	0,32979	3,8	0,94112
1,2	0,39378	4,0	0,95552
1,4	0,45627	4,2	0,96696
1,6	0,51676	4,4	0,97587
1,8	0,57477	4,6	0,98269
2,0	0,62977	4,8	0,98779
2,2	0,68132	5,0	0,99155
2,4	0,72899	∞	1,00000
2,6	0,77246		

Conocido el perfil de velocidades, Blasius pudo determinar el esfuerzo en la pared y el espesor de desplazamiento

$$c_f = \frac{0{,}664}{\mathrm{Re}_x^{1/2}} \qquad \frac{\delta^*}{x} = \frac{1{,}721}{\mathrm{Re}_x^{1/2}} \tag{7.23}$$

Obsérvese que estos valores son muy próximos a los estimados con el método integral, ecuaciones (7.9), (7.10) y (7.13). Cuando c_f se convierte a forma dimensional, se tiene

$$\tau_w(x) = \frac{0{,}332\rho^{1/2}\mu^{1/2}U^{1,5}}{x^{1/2}} \tag{7.24}$$

El esfuerzo en la pared decrece aguas abajo como $x^{1/2}$, a causa del crecimiento de la capa límite, y varía con la potencia 1,5 de la velocidad. Esto contrasta con el flujo laminar en tubos, donde $\tau_w \propto U$ y es independiente de x.

Si sustituimos $\tau_w(x)$ en la ecuación (7.5), obtenemos la resistencia total

$$D(x) = b\int_0^x \tau_w(x)\,dx = 0{,}664 b\rho^{1/2}\mu^{1/2}U^{1,5}x^{1/2} \tag{7.25}$$

La resistencia crece sólo con la raíz cuadrada de la longitud de la placa. El *coeficiente* adimensional de *resistencia* se define como

$$C_D = \frac{2D(L)}{\rho U^2 bL} = \frac{1{,}328}{\mathrm{Re}_L^{1/2}} = 2c_f(L) \tag{7.26}$$

Por tanto, para una placa en régimen laminar, C_D es igual al doble del coeficiente de fricción superficial en el borde de salida ($x=L$). Esta es la resistencia de una cara de la placa solamente.

Kármán también indicó que la resistencia podía calcularse de la ecuación (7.2) de cantidad de movimiento. La forma adimensional de la ecuación (7.2) es

$$C_D=\frac{2}{L}\int_0^\delta \frac{u}{U}\left(1-\frac{u}{U}\right) dy \tag{7.27}$$

Que define una escala de longitud denominada *espesor de cantidad de movimiento* θ, muy utilizada en la teoría integral de Kármán

$$\theta=\int_0^\delta \frac{u}{U}\left(1-\frac{u}{U}\right) dy \tag{7.28}$$

La ecuación (7.27) puede reescribirse como

$$C_D=\frac{2\theta(L)}{L} \tag{7.29}$$

El cálculo de θ a partir del perfil u/U o de C_D da

$$\frac{\theta}{x}=\frac{0{,}664}{\mathrm{Re}_x^{1/2}} \quad \text{placa plana laminar} \tag{7.30}$$

Puesto que δ no está definido de una forma precisa, mientras que el espesor de cantidad de movimiento sí lo está, este último se utiliza a menudo para correlacionar los datos tomados de una gran variedad de capas límites bajo condiciones diferentes. La relación entre los espesores de desplazamiento y cantidad de movimiento, denominada *factor de forma* del perfil, se utiliza mucho en las teorías integrales. Para la capa límite laminar en una placa plana es

$$H=\frac{\delta^*}{\theta}=\frac{1{,}721}{0{,}664}=2{,}59 \tag{7.31}$$

Como veremos más adelante, un valor elevado del factor de forma implica que la separación de la capa límite está próxima a ocurrir.

Si representamos el perfil de Blasius u/U en función de y/δ dado en la Tabla 7.1, podemos ver por qué la teoría integral, ecuación (7.3), da buena aproximación. Esto se ha hecho en la figura 7.5. La aproximación parabólica no se separa mucho del perfil de Blasius; de aquí se deduce que el espesor de cantidad de movimiento no difiere más del 10 por 100 de su verdadero valor. En la figura 7.5 se muestran también tres perfiles de velocidad típicos de la capa límite turbulenta de una placa plana. Obsérvese la forma tan diferente que tienen los perfiles turbulentos con respecto a los laminares. En lugar de descender monótonamente a cero, los perfiles turbulentos son muy planos, decreciendo la velocidad

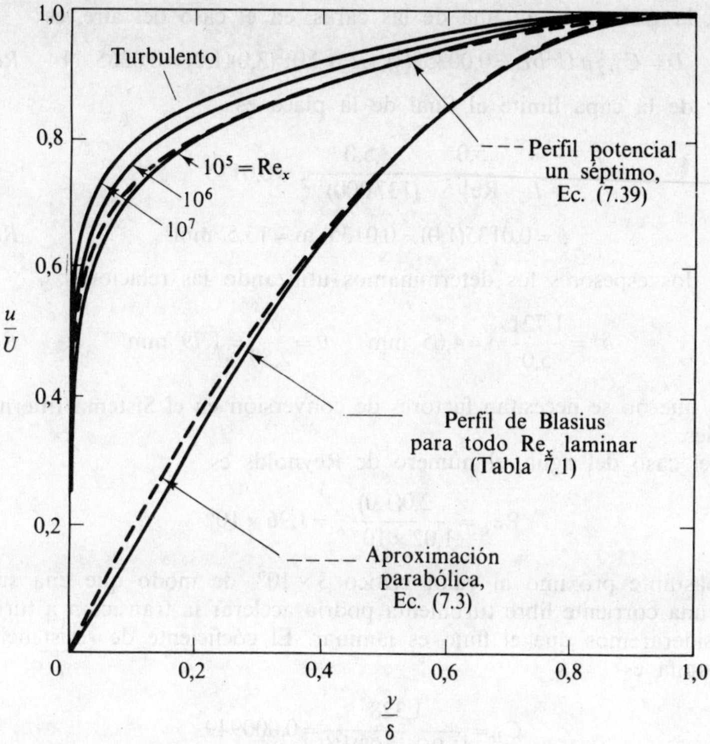

Fig. 7.5 Comparación de los perfiles adimensionales de velocidad de la capa límite laminar y turbulenta de una placa plana.

muy rápidamente cerca de la pared. Como quizá pueda imaginarse, siguen una ley de forma logarítmica y, por tanto, puede utilizarse la teoría integral si se representa su forma apropiadamente.

EJEMPLO 7.3 Una placa plana con $L=1$ m y $b=3$ m, se introduce paralelamente a una corriente de 2 m/s de velocidad. Determinar la resistencia de una de las caras de la placa, así como los espesores δ, δ^* y θ en el borde de salida; en los casos (*a*) aire, $\rho=1{,}23$ kg/m³ y $\nu=1{,}46\times10^{-5}$ m²/s y (*b*) agua, $\rho=1000$ kg/m³ y $\nu=1{,}02\times10^{-6}$ m²/s.

Solución (*a*) El número de Reynolds para el flujo de aire es

$$\frac{VL}{\nu}=\frac{(2{,}0\ \text{m/s})(1{,}0\ \text{m})}{1{,}46\times10^{-5}\ \text{m}^2/\text{s}}=137\,000$$

Puesto que es menor que 3×10^6, suponemos la capa límite laminar. Según la ecuación (7.26), el coeficiente de resistencia es

$$C_D=\frac{1{,}328}{(137\,000)^{1/2}}=0{,}00359$$

Por tanto, la resistencia en una de las caras, en el caso del aire, es

$$D = C_D \tfrac{1}{2}\rho U^2 bL = 0{,}00359(\tfrac{1}{2})(1{,}23)(2{,}0)^2(3{,}0)(1{,}0) = 0{,}0265 \text{ N} \qquad \textit{Resp. (a)}$$

El espesor de la capa límite al final de la placa es

$$\frac{\delta}{L} = \frac{5{,}0}{\text{Re}_L^{1/2}} = \frac{5{,}0}{(137\,000)^{1/2}} = 0{,}0135$$

o

$$\delta = 0{,}0135(1{,}0) = 0{,}0135 \text{ m} = 13{,}5 \text{ mm} \qquad \textit{Resp. (a)}$$

Los otros dos espesores los determinamos utilizando las relaciones:

$$\delta^* = \frac{1{,}721}{5{,}0}\,\delta = 4{,}65 \text{ mm} \qquad \theta = \frac{\delta^*}{2{,}59} = 1{,}79 \text{ mm} \qquad \textit{Resp. (a)}$$

Obsérvese que no se necesitan factores de conversión en el Sistema Internacional de unidades.

(*b*) En el caso del agua, el número de Reynolds es

$$\text{Re}_L = \frac{2{,}0(1{,}0)}{1{,}02 \times 10^{-6}} = 1{,}96 \times 10^6$$

Este es bastante próximo al valor crítico 3×10^6, de modo que una superficie rugosa o una corriente libre turbulenta podría acelerar la transición a turbulenta; pero consideraremos que el flujo es laminar. El coeficiente de resistencia en el caso del agua es

$$C_D = \frac{1{,}328}{(1{,}96 \times 10^6)^{1/2}} = 0{,}000949$$

y

$$D = 0{,}000949(\tfrac{1}{2})(1000)(2{,}0)^2(3{,}0)(1{,}0) = 5{,}70 \text{ N} \qquad \textit{Resp. (b)}$$

La resistencia es 215 veces mayor para el agua, a pesar de que el número de Reynolds es más alto y el coeficiente de resistencia más bajo, porque el agua es 57 veces más viscosa y 813 veces más densa que el aire. Según la ecuación (7.25), para flujo laminar, la resistencia debe ser $(57)^{1/2}(813)^{1/2} = (7{,}35)(28{,}5) = 215$ veces mayor.

El espesor de la capa límite está dado por

$$\frac{\delta}{L} = \frac{5{,}0}{(1{,}96 \times 10^6)^{1/2}} = 0{,}00357$$

o

$$\delta = 0{,}00357(1000 \text{ mm}) = 3{,}57 \text{ mm} \qquad \textit{Resp. (b)}$$

Y para los otros dos espesores

$$\delta^* = \frac{1{,}721}{5{,}0}\,\delta = 1{,}23 \text{ mm} \qquad \theta = \frac{\delta^*}{2{,}59} = 0{,}48 \text{ mm} \qquad \textit{Resp. (b)}$$

La capa límite en el agua es 3,8 veces más delgada que en el aire, correspondiente a la raíz cuadrada de la relación entre las viscosidades cinemáticas del aire y el agua.

Flujo turbulento

No hay ninguna teoría exacta para la capa límite turbulenta de una placa plana; sin embargo, hay muchas soluciones numéricas de las ecuaciones de la capa límite utilizando varios modelos empíricos de la difusitividad turbulenta [9]. El resultado más aceptado se obtiene de un análisis integral similar al que hemos hecho con el perfil aproximado laminar, ecuación (7.3).

Comenzamos con la ecuación (7.27) que es válida para flujo laminar o turbulento. Lo escribimos en la forma en que la escribió Kármán

$$D(x) = \rho U^2 b\theta(x) \tag{7.32}$$

Derivando esta ecuación, igualando con la derivada de la ecuación (7.5) y dividiendo por b se tiene

$$\tau_w(x) = \rho U^2 \frac{d\theta}{dx} \tag{7.33}$$

Obsérvese en la figura 7.5 que los perfiles turbulentos difieren mucho del parabólico. Volviendo a la figura 6.9, vemos que el perfil de velocidades para la placa plana es muy aproximadamente logarítmico, con una zona exterior con pequeño retardo tipo estela y una subcapa viscosa delgada. Por tanto, lo mismo que en el flujo turbulento en tubos, supondremos que la ley logarítmica (6.21) es válida en todo el espesor de la capa límite

$$\frac{u}{u^*} \approx \frac{1}{\kappa} \ln \frac{yu^*}{\nu} + B \tag{7.34}$$

con $\kappa = 0{,}41$ y $B = 5$. En el borde exterior de la capa límite, $y = \delta$ y $u = U$, la ecuación (7.34) toma la forma

$$\frac{U}{u^*} = \frac{1}{\kappa} \ln \left(\frac{\delta u^*}{\nu} \right) + B \tag{7.35}$$

Pero la definición del coeficiente de fricción superficial, ecuación (7.10), es tal que se cumple la identidad:

$$\frac{U}{u^*} \equiv \left(\frac{2}{c_f} \right)^{1/2} \qquad \frac{\delta u^*}{\nu} \equiv \mathrm{Re}_\delta \left(\frac{c_f}{2} \right)^{1/2} \tag{7.36}$$

Por tanto, la ecuación (7.35) es una *ley de fricción superficial* para el flujo turbulento en la placa plana

$$\left(\frac{2}{c_f} \right)^{1/2} \approx 2{,}44 \ \ln \left[\mathrm{Re}_\delta \left(\frac{c_f}{2} \right)^{1/2} \right] + 5{,}0 \tag{7.37}$$

Es una ley complicada, pero podemos al menos resolverla para unos cuantos valores, que damos a continuación:

Re_δ	10^4	10^5	10^6	10^7
c_f	0,00493	0,00315	0,00217	0,00158

Siguiendo una sugerencia de Prandtl, podemos olvidarnos de la compleja ley logarítmica (7.37) y ajustar los números de la tabla por medio de una ley potencial

$$c_f \approx 0{,}02 \ \mathrm{Re}_\delta^{-1/6} \tag{7.38}$$

Que se puede utilizar en el primer miembro de la ecuación (7.33). Para el segundo miembro necesitamos estimar $\theta(x)$ en función de $\delta(x)$. Si utilizamos el perfil logarítmico (7.34), estaríamos hasta la coronilla de hacer integraciones logarítmicas en la ecuación de cantidad de movimiento. En lugar de ello seguiremos otra sugerencia de Prandtl, que indicó que los perfiles turbulentos de la figura 7.5 pueden aproximarse por la ley potencial un séptimo

$$\left(\frac{u}{U}\right)_{\text{turb}} \approx \left(\frac{y}{\delta}\right)^{1/7} \tag{7.39}$$

mostrada en la figura 7.5 con trazos discontinuos. Representa un ajuste excelente de los datos de la capa límite a los números de Reynolds más bajos pero turbulentos, que fueron de los que dispuso Prandtl en su momento. Con esta sencilla aproximación, el espesor de cantidad de movimiento (7.28) puede evaluarse fácilmente

$$\theta \approx \int_0^\delta \left(\frac{y}{\delta}\right)^{1/7} \left[1 - \left(\frac{y}{\delta}\right)^{1/7}\right] dy = \tfrac{7}{72}\delta \tag{7.40}$$

Aceptamos este resultado y sustituimos las ecuaciones (7.38) y (7.40) en la ecuación de Kármán

$$\tau_w = (0{,}02 \ \mathrm{Re}_\delta^{-1/6})\tfrac{1}{2}\rho U^2 = \rho U^2 \frac{d}{dx}(\tfrac{7}{72}\delta)$$

o

$$\mathrm{Re}_\delta^{-1/6} = 9{,}72 \frac{d\delta}{dx} = 9{,}72 \frac{d(\mathrm{Re}_\delta)}{d(\mathrm{Re}_x)} \tag{7.41}$$

Separando variables e integrando con $\delta = 0$ en $x = 0$:

$$\mathrm{Re}_\delta \approx 0{,}16 \ \mathrm{Re}_x^{6/7} \qquad \text{o} \qquad \frac{\delta}{x} \approx \frac{0{,}16}{\mathrm{Re}_x^{1/7}} \tag{7.42}$$

Por tanto, el espesor de la capa límite turbulenta aumenta con $x^{6/7}$, más rápido que el crecimiento laminar $x^{1/2}$. La ecuación (7.42) es la solución del problema, porque todos los demás parámetros se pueden determinar fácilmente. Por ejemplo, combinando las ecuaciones (7.38) y (7.42), obtenemos la variación del coeficiente de fricción

$$c_f \approx \frac{0{,}027}{\mathrm{Re}_x^{1/7}} \tag{7.43}$$

Escrita en forma dimensional

$$\tau_{w,\,\text{turb}} \approx \frac{0{,}0135\ \mu^{1/7}\ \rho^{6/7}\ U^{13/7}}{x^{1/7}} \tag{7.44}$$

La fricción turbulenta decae lentamente con z, crece como ρ y, aproximadamente, como U^2, y es poco sensible a los cambios de viscosidad.

De la ecuación (7.29) podemos obtener el coeficiente de resistencia

$$C_D = \frac{0{,}031}{\text{Re}_L^{1/7}} = \tfrac{7}{6} c_f(L) \tag{7.45}$$

Se observa que C_D es sólo un 16 por 100 más grande que el coeficiente de fricción superficial en el borde de salida [compárese con la ecuación (7.26) para el caso laminar].

El espesor de desplazamiento se puede estimar de la ley potencial un séptimo y de la ecuación (7.12)

$$\delta^* \approx \int_0^\delta \left[1 - \left(\frac{y}{\delta}\right)^{1/7}\right] dy = \tfrac{1}{8}\,\delta \tag{7.46}$$

El factor de forma para la capa límite turbulenta en una placa plana es, aproximadamente,

$$H = \frac{\delta^*}{\theta} = \frac{1/8}{7/72} = 1{,}3 \tag{7.47}$$

Estos son los resultados básicos de la teoría para la capa límite turbulenta de una placa plana.

La figura 7.6 muestra los coeficientes de resistencia de una placa plana en los dos regímenes, laminar y turbulento. Se muestran las relaciones (7.26) y (7.45) para paredes lisas, junto con el efecto de rugosidad que es bastante fuerte. El parámetro apropiado para la rugosidad es, en este caso, x/ε o L/ε, por analogía con el parámetro ε/d para tubos. En régimen turbulento de rugosidad dominante, C_D es independiente del número de Reynolds, de modo que la resistencia varía como U^2 y es independiente de μ. En la referencia 2 se da la teoría para una placa rugosa y en la referencia 1 se da una curva de correlación para el coeficiente de fricción superficial y el de resistencia en régimen turbulento de rugosidad dominante:

$$C_f \approx \left(2{,}87 + 1{,}58\ \log \frac{x}{\varepsilon}\right)^{-2,5} \tag{7.48a}$$

$$C_D \approx \left(1{,}89 + 1{,}62\ \log \frac{L}{\varepsilon}\right)^{-2,5} \tag{7.48b}$$

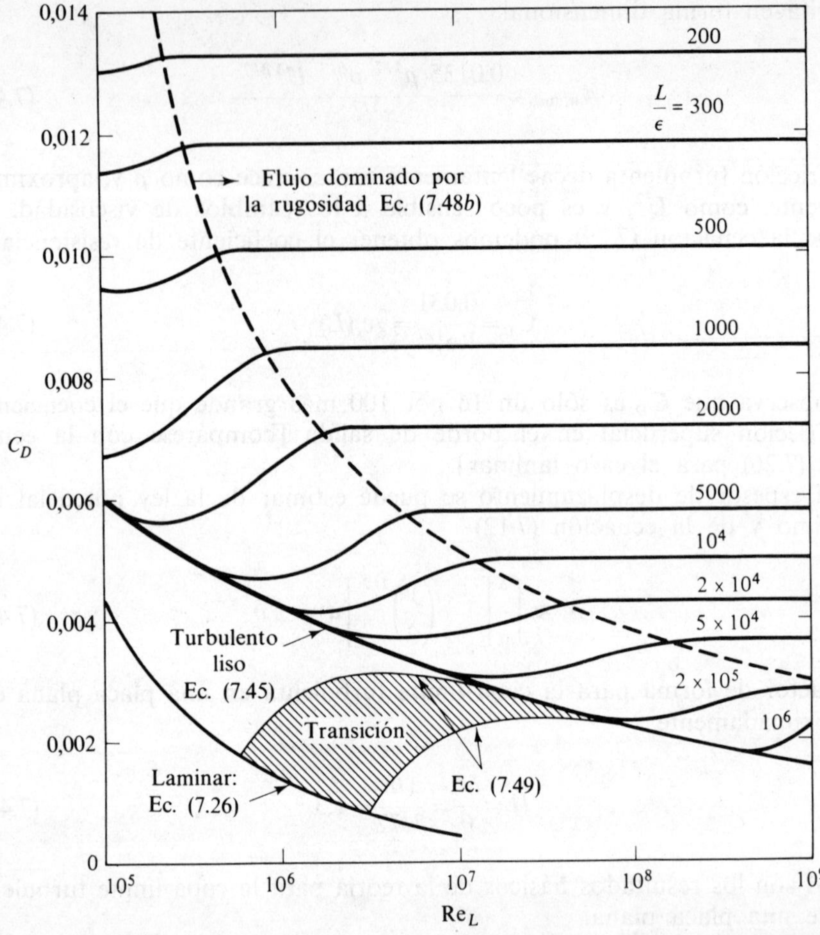

Fig. 7.6 Coeficiente de resistencia de la capa límite laminar y turbulenta de placas planas lisas y rugosas.

La ecuación (7.48*b*) se representa a la derecha de la línea discontinua de la figura 7.6. Esta figura muestra también el comportamiento del coeficiente de resistencia en la región de transición $5 \times 10^5 < \mathrm{Re}_L < 8 \times 10^7$, donde la resistencia laminar en el borde de ataque es una fracción apreciable de la resistencia total. Schlichting [1] sugiere las siguientes expresiones para correlacionar las curvas de resistencia en la transición, de acuerdo con el valor del número de Reynolds $\mathrm{Re}_{\mathrm{trans}}$ para el que se inicia la transición:

$$C_D \approx \begin{cases} \dfrac{0{,}031}{\mathrm{Re}_L^{1/7}} - \dfrac{1700}{\mathrm{Re}_L} & \mathrm{Re}_{\mathrm{trans}} = 5 \times 10^5 \quad (7.49a) \\[2ex] \dfrac{0{,}031}{\mathrm{Re}_L^{1/7}} - \dfrac{8700}{\mathrm{Re}_L} & \mathrm{Re}_{\mathrm{trans}} = 3 \times 10^6 \quad (7.49b) \end{cases}$$

EJEMPLO 7.4 Una hidroala de 1,2 ft de larga y 6 ft de ancha, se sitúa en una corriente de agua de 40 ft/s, con $\rho = 1{,}99$ slugs/ft^3 y $\nu = 0{,}000011$ ft^2/s. Estimar (*a*) el espesor de la capa límite al final de la placa. Estimar la resistencia de fricción para (*b*) flujo turbulento con pared lisa desde el borde de ataque, (*c*) flujo laminar-turbulento con $\mathrm{Re}_{\mathrm{trans}} = 5 \times 10^5$, (*d*) flujo turbulento con pared rugosa de rugosidad $\varepsilon = 0{,}0004$ ft.

Solución (*a*) El número de Reynolds es

$$\mathrm{Re}_L = \frac{UL}{\nu} = \frac{(40\ \mathrm{ft/s})(1{,}2\ \mathrm{ft})}{0{,}000011\ \mathrm{ft^2/s}} = 4{,}36 \times 10^6$$

Por tanto, el flujo en el borde de salida es turbulento. Se tendrá el espesor máximo en el borde de salida, cuando se considere flujo turbulento desde el borde de ataque. De la ecuación (7.42) tenemos,

$$\frac{\delta(L)}{L} = \frac{0{,}16}{(4{,}36 \times 10^6)^{1/7}} = 0{,}018$$

o $\qquad \delta = 0{,}018\,(1{,}2\ \mathrm{ft}) = 0{,}0216$ ft $\qquad$ *Resp.* (*a*)

La capa es 7,5 veces más gruesa que la capa límite laminar al mismo número de Reynolds.

(*b*) El coeficiente de resistencia en un lado de la placa, para flujo turbulento con pared lisa, se obtiene de la ecuación (7.45),

$$C_D = \frac{0{,}031}{(4{,}36 \times 10^6)^{1/7}} = 0{,}00349$$

Por tanto, la resistencia en ambos lados de la placa es, aproximadamente,

$$D = 2C_D(\tfrac{1}{2}\rho U^2)bL = 2(0{,}00349)(\tfrac{1}{2})(1{,}99)(40)^2(6{,}0)(1{,}2) = 80\ \mathrm{lb} \qquad \textit{Resp. (b)}$$

(*c*) Con régimen laminar en el borde de ataque y $\mathrm{Re}_{\mathrm{trans}} = 5 \times 10^5$, es aplicable la ecuación (7.49*a*):

$$C_D = 0{,}00349 - \frac{1700}{4{,}36 \times 10^6} = 0{,}00310$$

La resistencia puede calcularse de nuevo para este valor inferior del coeficiente de resistencia:

$$D = 2C_D(\tfrac{1}{2}\rho U^2)bL = 71\ \mathrm{lb} \qquad \textit{Resp. (c)}$$

(*d*) Finalmente, para la pared rugosa, tenemos

$$\frac{L}{\varepsilon} = \frac{(1{,}2\ \mathrm{ft})}{0{,}0004\ \mathrm{ft}} = 3000$$

Con $\text{Re}_L = 4{,}36 \times 10^6$ vemos en la figura 7.6 que esta condición cae dentro del régimen de rugosidad dominante. Es aplicable, por tanto, la ecuación (7.48*b*):

$$C_D = (1{,}89 + 1{,}62 \log 3000)^{-2{,}5} = 0{,}00644$$

y la estimación de la resistencia es

$$D = 2C_D(\tfrac{1}{2}\rho U^2)bL = 148 \text{ lb} \qquad \textit{Resp. (d)}$$

Por esta rugosidad tan pequeña casi se llega a duplicar la resistencia. Es probable que la resistencia total de la hidroala tenga que multiplicarse todavía por otro factor 2 a causa de los efectos de la separación en el borde de salida.

7.5 CAPA LIMITE CON GRADIENTE DE PRESION[1]

El análisis de la sección anterior para la placa plana debe darnos una buena representación del comportamiento de la capa límite laminar y turbulenta, pero no un aspecto importante: la separación. Prandtl mostró que la separación, como la que se muestra en la figura 7.2*b*, es debida a una pérdida excesiva de cantidad de movimiento del fluido de la capa límite cerca de la pared, cuando el fluido debería moverse aguas abajo con un gradiente adverso de presión, esto es, $dp/dx > 0$. En el caso en que la presión decrece, $dp/dx < 0$, se dice que hay un gradiente favorable y, en estas condiciones, no se presenta nunca la separación. En la corriente sobre un cuerpo sumergido, por ejemplo, el de la figura 7.2*b*, el gradiente favorable se da en la parte frontal del cuerpo y el adverso en la parte posterior, como se discutirá detalladamente en el capítulo 8.

Podemos explicar la separación de la corriente mediante un argumento geométrico a cerca de la derivada segunda de la velocidad u en la pared. De la ecuación (7.19*b*) de cantidad de movimiento particularizada en la pared, donde $u = v = 0$, tenemos

$$\left.\frac{\partial \tau}{\partial y}\right|_{\text{pared}} = \mu \left.\frac{\partial^2 u}{\partial y^2}\right|_{\text{pared}} = -\rho U \frac{dU}{dx} = \frac{dp}{dx}$$

o

$$\left.\frac{\partial^2 u}{\partial y^2}\right|_{\text{pared}} = \frac{1}{\mu}\frac{dp}{dx} \tag{7.50}$$

tanto para flujo laminar como turbulento. Cuando el gradiente de presión es adverso, la derivada segunda de la velocidad particularizada en la pared es positiva, mientras que en la parte exterior de la capa ($y = \delta$) debe ser positiva para empalmar suavemente con la corriente exterior $U(x)$. Por tanto, la derivada segunda debe anularse en algún punto intermedio, punto de inflexión, y el perfil de velocidades en la capa límite con gradiente adverso de presión tendrá una forma típica de la S.

[1] Esta sección puede omitirse sin pérdida de continuidad.

En la figura 7.7 se ilustra el caso general. Con un gradiente favorable (Fig. 7.7*a*), el perfil es convexo, muy redondeado, no hay punto de inflexión y no puede haber separación. Los perfiles laminares de este tipo son muy resistentes a la transición a turbulentos [1-3].

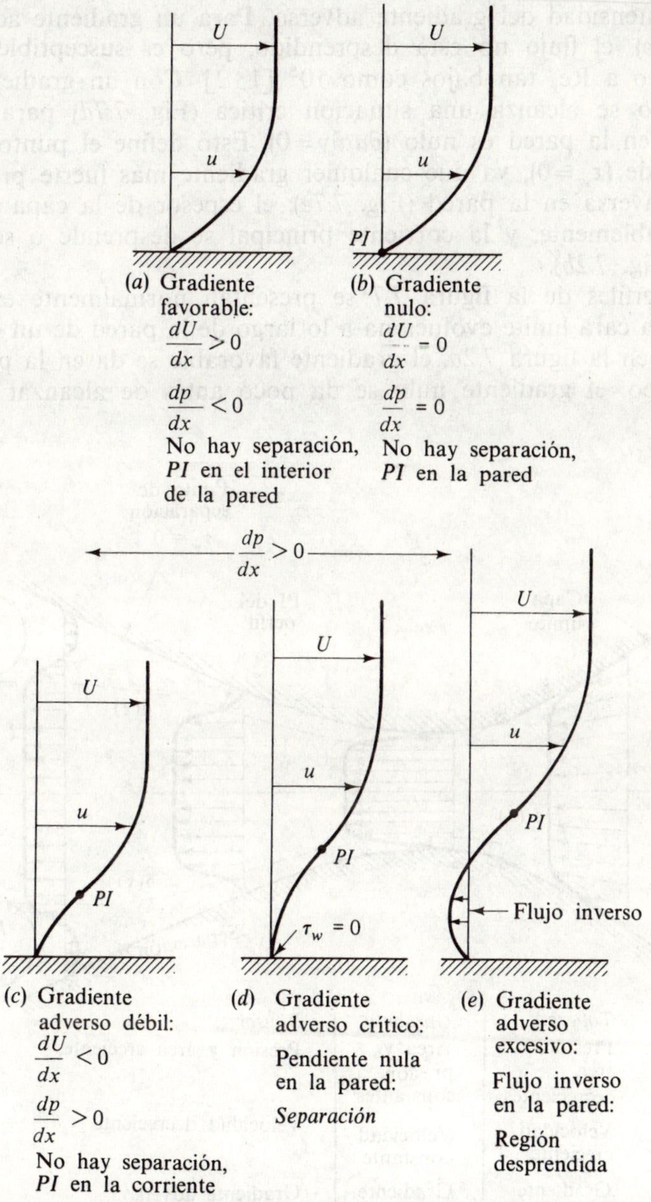

Fig. 7.7 Efecto del gradiente de presión en los perfiles de velocidad de una capa límite. PI = punto de inflexión del perfil.

Con gradiente de presión nulo (Fig. 7.7*b*), el caso de la placa plana por ejemplo, el punto de inflexión está en la propia pared. No puede haber separación y el flujo pasa a turbulento con Re_x no muy diferentes de 3×10^6, como se discutió anteriormente.

Si el gradiente de presión es adverso (Fig. 7.7*c* a *e*), el punto de inflexión (PI) está en la capa límite a una distancia de la pared que aumenta con la intensidad del gradiente adverso. Para un gradiente adverso débil (Fig. 7.7*c*), el flujo no está desprendido, pero es susceptible al paso a turbulento a Re_x tan bajos como 10^5 [1, 2]. Con un gradiente adverso moderado se alcanza una situación crítica (Fig. 7.7*d*) para la cual el esfuerzo en la pared es nulo ($\partial u/\partial y = 0$). Esto define el punto *de separación* donde ($\tau_w = 0$), ya que cualquier gradiente más fuerte producirá corriente inversa en la pared (Fig. 7.7*e*): el espesor de la capa límite crece considerablemente, y la corriente principal se desprende o separa de la pared (Fig. 7.2*b*).

Los perfiles de la figura 7.7 se presentan normalmente en secuencia cuando la cara límite evoluciona a lo largo de la pared de un cuerpo. Por ejemplo, en la figura 7.2*a*, el gradiente favorable se da en la parte frontal del cuerpo, el gradiente nulo se da poco antes de alcanzar el máximo

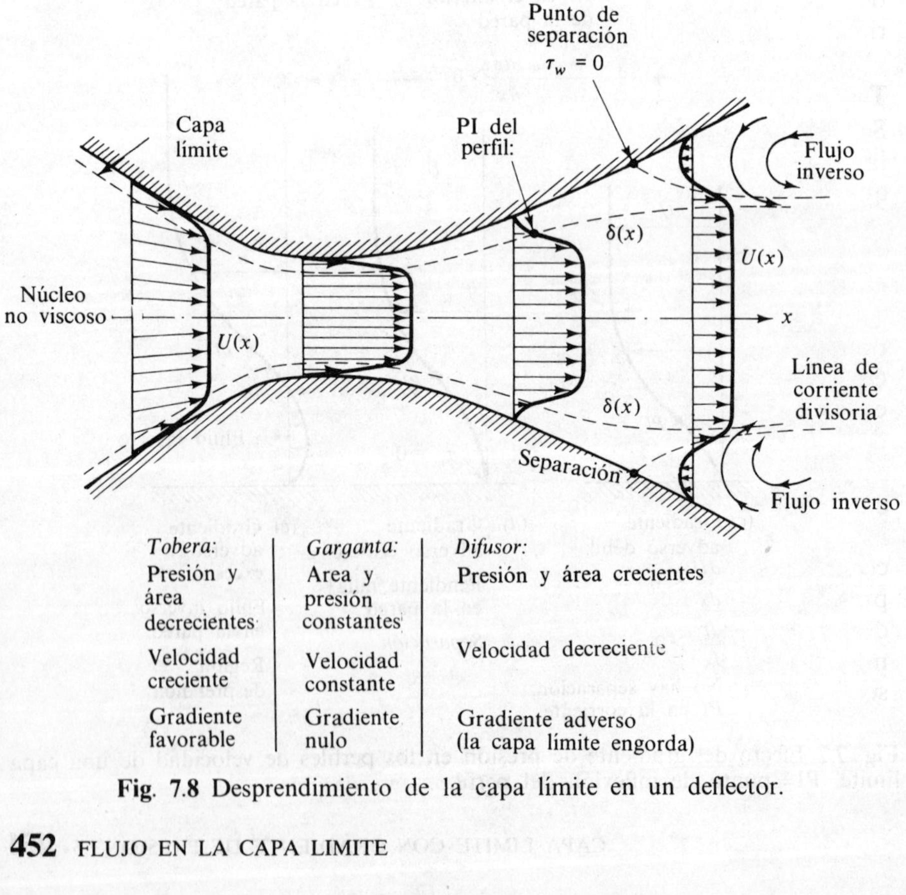

Fig. 7.8 Desprendimiento de la capa límite en un deflector.

grosor del cuerpo y el gradiente adverso posteriormente en la parte dorsal del cuerpo.

Un segundo ejemplo práctico es el flujo en un conducto formado por una tobera convergente, una garganta y un difusor, tal como se muestra en la figura 7.8. El flujo en la tobera convergente es de gradiente favorable y nunca se desprende la corriente, y lo mismo ocurre en la garganta donde el gradiente es próximo a cero. El área creciente del difusor da lugar a velocidades decrecientes y presiones crecientes; por tanto, se tiene un gradiente adverso. Si el ángulo del difusor es demasiado grande, el gradiente adverso es excesivo y la capa límite se desprende de una o de ambas paredes, con flujo inverso, incremento de las pérdidas y una pobre recuperación de presión. En la literatura sobre difusores [10] esta situación se denomina *difusor en pérdida*, un término utilizado también en perfiles aerodinámicos (Sec. 7.6) para indicar el desprendimiento de la capa límite de perfiles. El comportamiento de la capa límite explica por qué un difusor con un ángulo grande tiene pérdidas elevadas (Fig. 6.22) y malas actuaciones (Fig. 6.27).

La teoría actual de la capa límite, sólo permite el cálculo de la misma hasta el punto de desprendimiento, a partir del cual no es válida. Se están desarrollando nuevas técnicas para analizar la interacción fuerte originada por las corrientes desprendidas [5, 6]. Sólo cuando estas teorías demuestran su eficacia, quedará justificadamente delimitada la validez de la teoría de la capa límite.

Teoría integral para la capa límite laminar

Se puede desarrollar una teoría bidimensional de la capa límite tanto laminar como turbulenta a partir de la relación integral de Kármán [7], que generaliza la ecuación (7.33) al caso de $U(x)$ variable

$$\frac{\tau_w}{\rho U^2}=\tfrac{1}{2}c_f=\frac{d\theta}{dx}+(2+H)\frac{\theta}{U}\frac{dU}{dx} \qquad (7.51)$$

donde $\theta(x)$ es el espesor de cantidad de movimiento y $H(x)=\delta^*(x)/\theta(x)$ es el factor de forma. Según la ecuación (7.17) un valor negativo de dU/dx es equivalente a un valor positivo de dp/dx, esto es, un gradiente adverso de presión.

Podemos integrar la ecuación (7.51) para determinar $\theta(x)$ para un valor dado de $U(x)$, si relacionamos c_f y H con el espesor de cantidad de movimiento. Esto se ha hecho examinando los perfiles de velocidad típicos de la capa límite laminar y turbulenta para diversos gradientes de presión. Se dan algunos ejemplos en la figura 7.9, mostrando que el factor de forma H es un buen indicador del gradiente de presión. Los valores más altos de H corresponden a los gradientes adversos más fuertes y la separación se da cuando

$$H\approx\begin{cases}3{,}5 & \text{flujo laminar}\\ 2{,}4 & \text{flujo turbulento}\end{cases} \qquad (7.52)$$

aproximadamente. Los perfiles laminares (Fig. 7.9*a*) presentan claramente la forma típica de S y un punto de inflexión con un gradiente adverso. En los perfiles turbulentos (Fig. 7.9*b*) los puntos de inflexión están normalmente embebidos en la delgada subcapa viscosa, lo que puede verse con dificultad en la figura a causa de su escala.

En la literatura hay multitud de teorías para el movimiento turbulento, pero todas ellas son algebraicamente complicadas y las omitiremos aquí. El lector puede encontrarlas en los textos avanzados [1, 2, 9].

Para flujo laminar hay un método simple y efectivo desarrollado por Thwaites [11], quien encontró que las variables de la ecuación (7.52) pueden correlacionarse con una única variable adimensional λ para el espesor de cantidad de movimiento, definida como

$$\lambda = \frac{\theta^2}{\nu} \frac{dU}{dx} \qquad (7.53)$$

Utilizando una aproximación lineal para esta correlación, Thwaites pudo integrar la ecuación (7.51), obteniendo el resultado

$$\theta^2 = \theta_0^2 + \frac{0{,}45\nu}{U^6} \int_0^x U^5 \, dx \qquad (7.54)$$

donde θ_0 es el espesor de cantidad de movimiento en $x=0$ (que frecuentemente puede tomarse como nulo). La separación ($c_f=0$) se presenta cuando λ toma el valor particular

$$\text{Separación:} \qquad \lambda = -0{,}09 \qquad (7.55)$$

Finalmente. Thwaites correlacionó los valores adimensionales del esfuerzo $S=\tau_w\theta/\mu U$ con λ, y los resultados se pueden ajustar del modo siguiente:

$$S(\lambda) = \frac{\tau_w \theta}{\mu U} \approx (\lambda + 0{,}09)^{0,62} \qquad (7.56)$$

Este parámetro está relacionado con el coeficiente de fricción superficial por la identidad

$$S \equiv \tfrac{1}{2} c_f \, \mathrm{Re}_\theta \qquad (7.57)$$

Las ecuaciones (7.54) a (7.56) constituyen una teoría completa para el esfuerzo de fricción y espesor de la capa límite laminar con $U(x)$ variable, con una aproximación de ± 10 por 100, comparando con las soluciones numéricas de las ecuaciones (7.19) de la capa límite. Los detalles completos de la teoría de Thwaites y otras teorías laminares se dan en las referencias 2 y 3.

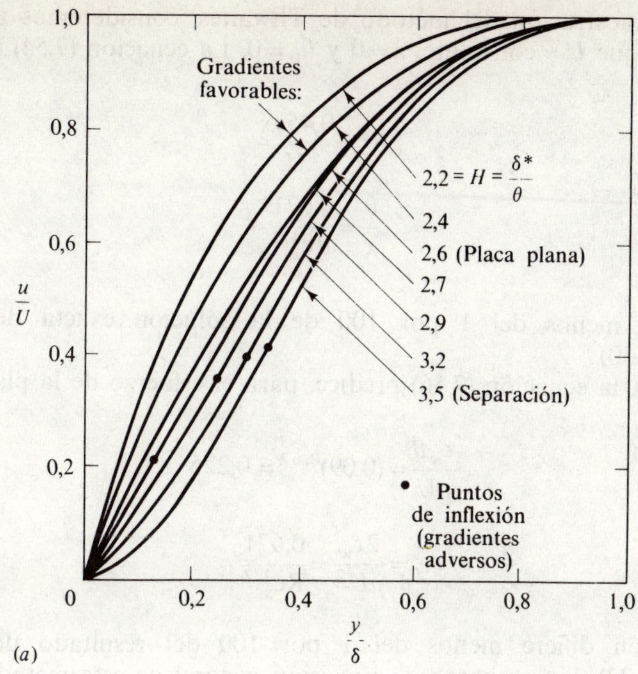

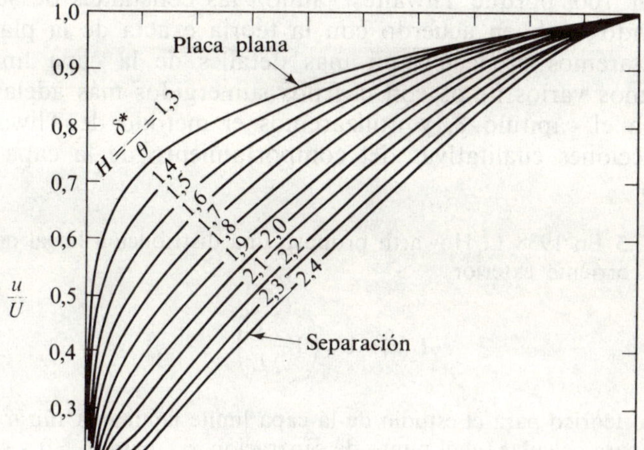

Fig. 7.9 Perfiles de velocidad con gradiente de presión: (*a*) flujo laminar; (*b*) flujo turbulento con gradiente adverso.

Como demostración del método de Thwaites, consideremos una placa plana en la que $U=$constante, $\lambda=0$ y $\theta_0=0$. La ecuación (7.54) se integra para dar

$$\theta^2=\frac{0{,}45\nu x}{U}$$

o

$$\frac{\theta}{x}=\frac{0{,}671}{\mathrm{Re}_x^{1/2}} \tag{7.58}$$

Que difiere menos del 1 por 100 de la solución exacta de Blasius, ecuación (7.30).

Con $\lambda=0$, la ecuación (7.56) predice, para el esfuerzo de la placa plana,

$$\frac{\tau_w \theta}{\mu U}=(0{,}09)^{0{,}62}=0{,}225$$

o

$$c_f=\frac{2\tau_w}{\rho U^2}=\frac{0{,}671}{\mathrm{Re}_x^{1/2}} \tag{7.59}$$

Que también difiere menos del 1 por 100 del resultado de Blasius, ecuación (7.23). Sin embargo, la precisión general de este método es peor que el 1 por 100, porque Thwaites «afinó» las constantes de su correlación, buscando un buen acuerdo con la teoría exacta de la placa plana.

No intentaremos predecir aquí más detalles de la capa límite, pero consideraremos varios flujos con cuerpos sumergidos más adelante, especialmente en el capítulo 8, y utilizaremos el método de Thwaites para hacer predicciones cualitativas del comportamiento de la capa límite.

EJEMPLO 7.5 En 1938 L. Howarth propuso una distribución lineal de velocidades para la corriente exterior

$$U(x)=U_0\left(1-\frac{x}{L}\right) \tag{1}$$

como modelo teórico para el estudio de la capa límite laminar. Utilizar el método de Thwaites para calcular (*a*) el punto de separación x_{sep} para $\theta_0=0$ y compararlo con la solución numérica exacta $x_{\text{sep}}/L=0{,}119863$ dada por H. Wipperman en 1966. (*b*) Calcular también el valor $c_f=2\tau_w/\rho U^2$ cuando $x/L=0{,}1$.

Solución (*a*) En primer lugar obsérvese que $dU/dx=-U_0/L=$constante: la velocidad decrece, la presión crece y el gradiente de presiones es adverso en todas partes. Integrando la ecuación (7.54) se tiene

$$\theta^2=\frac{0{,}45\nu}{U_0^6(1-x/L)^6}\int_0^x U_0^5\left(1-\frac{x}{L}\right)^5 dx=0{,}075\;\frac{\nu L}{U_0}\left[\left(1-\frac{x}{L}\right)^{-6}-1\right] \tag{2}$$

Por tanto, el factor adimensional λ está dado por

$$\lambda = \frac{\theta^2}{\nu}\frac{dU}{dx} = -\frac{\theta^2 U_0}{\nu L} = -0{,}075\left[\left(1-\frac{x}{L}\right)^{-6} - 1\right] \tag{3}$$

Igualaremos este valor a $-0{,}09$ para determinar la separación, de acuerdo con la ecuación (7.55),

$$\lambda_{\text{sep}} = -0{,}09 = -0{,}075\left[\left(1-\frac{x_{\text{sep}}}{L}\right)^{-6} - 1\right]$$

o $$\frac{x_{\text{sep}}}{L} = 1 - (2{,}2)^{-1/6} = 0{,}123 \qquad \textit{Resp. (a)}$$

Superior en algo menos de un 3 por 100 al valor exacto de Wipperman, pero el esfuerzo de cálculo es muy pequeño.

(*b*) Para calcular c_f en $x/L = 0{,}1$ (inmediatamente antes de la separación), determinamos primero λ en este punto utilizando la ecuación (3)

$$\lambda(x = 0{,}1L) = -0{,}075[(1-0{,}1)^{-6} - 1] = -0{,}0661$$

Por tanto, el parámetro de esfuerzo, ecuación (7.56), es

$$S(x = 0{,}1L) = (-0{,}0661 + 0{,}09)^{0{,}62} = 0{,}099 - \tfrac{1}{2}c_f \ \mathrm{Re}_\theta \tag{4}$$

Usando la ecuación (2) o (3) podemos obtener Re_θ en función de Re_L

$$\frac{\theta^2}{L^2} = \frac{0{,}0661}{UL/\nu} = \frac{0{,}0661}{\mathrm{Re}_L}$$

o $$\mathrm{Re}_\theta = 0{,}257\ \mathrm{Re}_L^{1/2} \quad \text{en } \frac{x}{L} = 0{,}1$$

Sustituyendo en la ecuación (4):

$$0{,}099 = \tfrac{1}{2}c_f(0{,}257\ \mathrm{Re}_L^{1/2})$$

o $$c_f = \frac{0{,}77}{\mathrm{Re}_L^{1/2}} \qquad \mathrm{Re}_L = \frac{UL}{\nu} \qquad \textit{Resp. (b)}$$

No podemos determinar el valor numérico de c_f sin conocer, por ejemplo, el valor de $U_0 L/\nu$.

7.6 EXPERIMENTACION EN CORRIENTE EXTERIOR

La teoría de la capa límite es muy interesante y clarificadora y nos da un conocimiento cualitativo sólido del comportamiento de los flujos viscosos, pero, a causa de la separación, la teoría no permite un cálculo completo del campo fluido. Así, por ejemplo, no hay ninguna teoría satisfactoria para determinar las fuerzas sobre un cuerpo cualquiera sumergido en una corriente a un número de Reynolds arbitrario. Por tanto, la experimentación es la llave para tratar estos flujos externos.

Hay miles de trabajos experimentales en la literatura sobre flujos externos. En esta sección daremos una breve descripción de los siguientes problemas sobre flujos exteriores:

1. Resistencia de cuerpos bidimensionales y tridimensionales.
   a. Cuerpos romos.
   b. Con formas fuseladas.
2. Actuaciones de cuerpos sustentadores.
   a. Perfiles y aviones.
   b. Proyectiles y cuerpos con aletas.
   c. Pájaros e insectos.

Para más detalles véase la mina de oro de datos recopilados en el Hoerner [12]. En los próximos capítulos examinaremos datos correspondientes a perfiles supersónicos (Cap. 9), la fricción en canales abiertos (Cap. 10) y actuaciones de turbomáquinas (Cap. 11).

Resistencia de cuerpos sumergidos

Cuando un cuerpo de forma arbitraria se sumerge en una corriente fluida, el fluido ejercerá sobre él fuerzas y momentos. Si el cuerpo tiene una forma y orientación no simétrica, las fuerzas y momentos que ejerce el fluido sobre él tienen componentes según los tres ejes coordenados, como se muestra en la figura 7.10. Es costumbre elegir un eje paralelo a la corriente no perturbada, positivo aguas abajo. La fuerza sobre el cuerpo según este eje se denomina *resistencia*, y el momento alrededor de él *momento de balanceo*. La resistencia corresponde a una pérdida de canti-

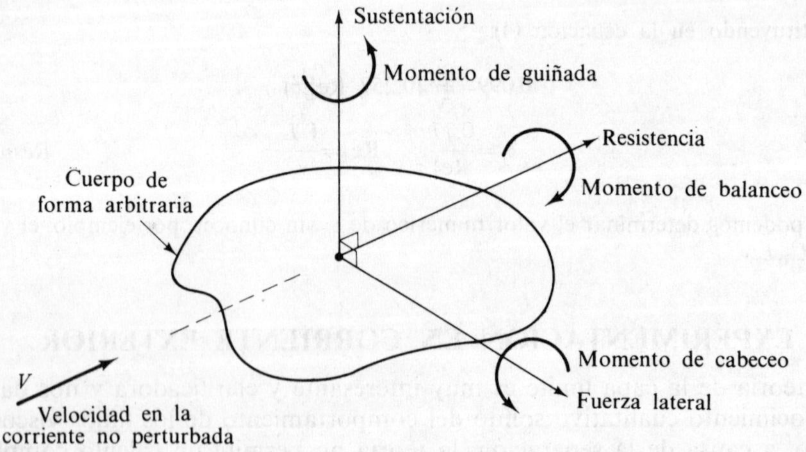

Fig. 7.10 Definición de fuerzas y momentos sobre un cuerpo sumergido en una corriente uniforme.

dad de movimiento y debe vencerse de alguna manera si queremos que el cuerpo avance aguas arriba en la corriente fluida.

Una segunda componente muy importante de la fuerza es la que normalmente equilibra al peso. Se denomina *sustentación* y es perpendicular a la resistencia. El momento alrededor de este eje se denomina de *guiñada*.

La tercera componente, que no proporciona ni pérdida ni ganancia, es la *fuerza lateral* y el momento alrededor de su eje es el de *cabeceo*. De esta fuerza y momentos tridimensionales se ocupan los libros de textos de aerodinámica [por ejemplo, 13]. Aquí nos limitaremos a la discusión de la sustentación y resistencia.

Cuando el cuerpo es simétrico con respecto al plano formado por los ejes de sustentación y resistencia, como es el caso de aviones, barcos y coches moviéndose en el fluido en calma, la fuerza lateral y los momentos de guiñada y balanceo desaparecen, reduciéndose el problema al caso bidimensional: dos fuerzas, sustentación y resistencia, y un momento, el de cabeceo.

Hay una simplificación adicional cuando el cuerpo tiene dos planos de simetría, como en la figura 7.11. Una gran variedad de formas satisfacen esta condición, tales como cilindros, alas y todos los cuerpos de revolución. Si la corriente no perturbada es paralela a la intersección de estos dos planos, denominada *cuerda principal del cuerpo*, hay resistencia, pero no hay sustentación ni fuerza lateral ni momentos[1]. La resistencia para este tipo de cuerpos es la que más se ha medido y la que se encuentra más corrientemente en la literatura, pero si la corriente no perturbada no es paralela a la cuerda, el cuerpo tendrá una orientación no simétrica y, teóricamente, pueden aparecer todas las fuerzas y momentos.

En flujos a baja velocidad alrededor de cuerpos geométricamente semejantes con orientación y rugosidad relativa idénticas, el coeficiente de resistencia será sólo función del número de Reynolds

$$C_D = f(\mathrm{Re}) \qquad (7.60)$$

basado en la velocidad no perturbada V y en la longitud característica del cuerpo L, que normalmente es la cuerda o la longitud del cuerpo paralela a la corriente

$$\mathrm{Re} = \frac{VL}{\nu} \qquad (7.61)$$

El coeficiente de resistencia podría hacerse adimensional con L^2, pero es costumbre hacerlo con el área característica del cuerpo A

$$C_D = \frac{\text{resistencia}}{(\frac{1}{2}\rho V^2 A)} \qquad (7.62)$$

[1] Cuerpos con torbellinos desprendidos, como el cilindro de la figura 5.2, pueden tener una sustentación, fuerza lateral y momentos *oscilantes*, pero su valor medio es nulo.

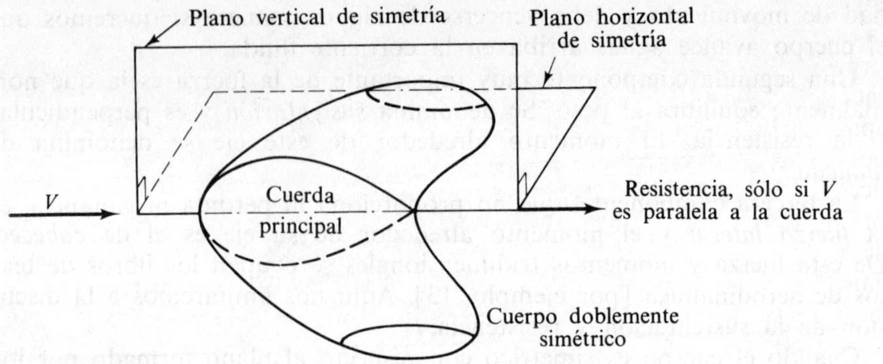

Fig. 7.11 Cuando la corriente incidente es paralela a los dos planos de simetría sólo hay resistencia.

El factor $\frac{1}{2}$ es nuestro tradicional tributo a Euler y Bernoulli. Normalmente el área A es una de los tres tipos:

1. *Area frontal*, área que se ve mirando en la dirección de la corriente; apropiada para cuerpos gruesos cerrados tales como esferas, cilindros, coches, misiles, proyectiles y torpedos.
2. *Area de la forma en planta*, área del cuerpo que se ve mirando desde arriba; apropiada para cuerpos de poco espesor tales como alas e hidroalas.
3. *Area mojada*, que se acostumbra a utilizar en barcos y lanchas.

Cuando se quiere hacer uso de datos de resistencia u otras fuerzas, es importante asegurarse de cuál es la longitud y área utilizadas para adimensionalizar los coeficientes que nos proporcionan.

Como ya hemos mencionado, la teoría para determinar la resistencia es, excepto para la placa plana, poco sólida e inadecuada a causa del desprendimiento. La teoría de la capa límite puede predecir el punto de desprendimiento, pero no permite estimar, ni siquiera aproximadamente, la distribución de presiones (generalmente bajas) en la zona desprendida. La diferencia entre las presiones altas en la región frontal de remanso y las bajas presiones en la región posterior del cuerpo donde la corriente está desprendida, da lugar a una contribución a la resistencia denominada *resistencia de presión*. Esta resistencia debe añadirse a la integral extendida a toda la superficie del cuerpo del esfuerzo en la pared, o *resistencia de fricción*, para obtener la resistencia total:

$$C_D = C_{D,\text{pres}} + C_{D,\text{fric}} \tag{7.63}$$

La contribución relativa de las resistencias de fricción y presión depende de la forma del cuerpo, especialmente de su espesor. La figura 7.12 muestra la resistencia de un cuerpo aerodinámico cilíndrico de dimensión, perpendicular al papel, grande. Cuando el espesor es nulo se reduce a una placa plana y la resistencia es el 100 por 100 de fricción. Cuando el espesor es igual a la cuerda, como en un cilindro circular, la resistencia de fricción es sólo alrededor del 3 por 100 del total. Las resistencias de fricción y presión son aproximadamente iguales cuando la relación espesor/cuerda $t/c = 0{,}25$. Obsérvese que C_D en la figura 7.12*b* varía de forma diferente según se base en el área frontal o en el área de la forma en planta, esta última es la usual para este tipo de cuerpos. Las dos curvas de la figura 7.12*b* se refieren a los mismos datos de la resistencia.

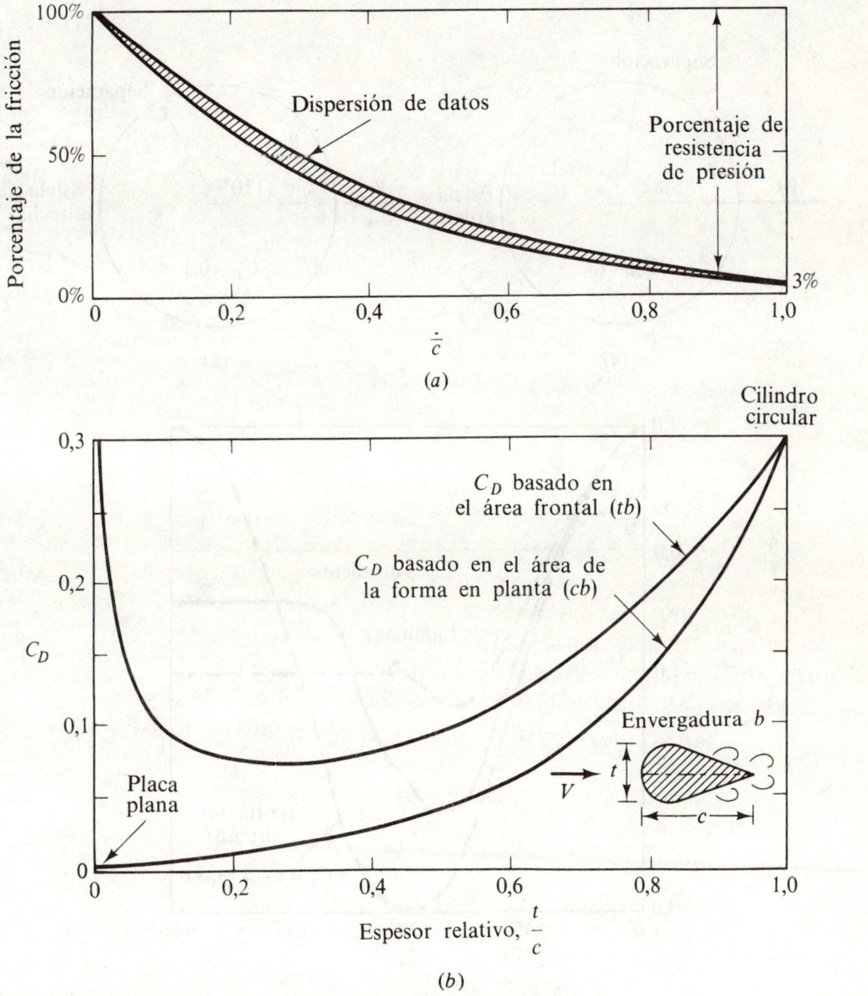

Fig. 7.12 Resistencia de un cilindro bidimensional fuselado a $\mathrm{Re}_c = 10^6$: (*a*) efecto del espesor relativo en el porcentaje de la resistencia de fricción; (*b*) coeficiente de resistencia total, basado en dos áreas diferentes, en función del espesor relativo.

La figura 7.13 ilustra el efecto dramático de la separación de la corriente y el subsiguiente fallo de la teoría de la capa límite. La distribución de presiones sobre un cilindro circular en el caso teórico no viscoso (Cap. 8) corresponde a la línea discontinua de la figura 7.13*c*:

$$C_p = \frac{p - p_\infty}{\frac{1}{2}\rho V^2} = 1 - 4 \ \text{sen}^2\,\theta \tag{7.64}$$

donde p_∞ y V son la presión y velocidad de la corriente no perturbada. La diferencia entre las distribuciones de presión en el caso real, tanto laminar como turbulento, y la del caso teórico no viscoso, figura 7.13*c*, es

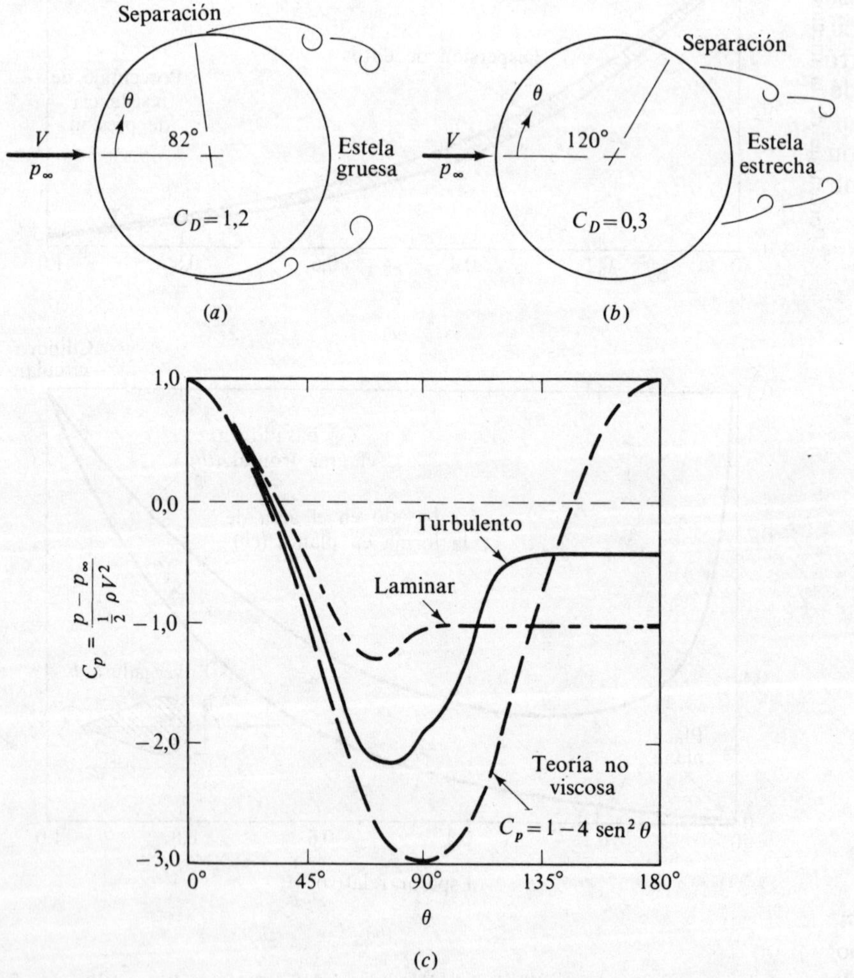

Fig. 7.13 Flujo alrededor de un cilindro circular: (*a*) separación laminar; (*b*) separación turbulenta; (*c*) distribución de presión sobre la superficie, teórica y real.

asombrosa. El flujo laminar es muy vulnerable a los gradientes adversos en la parte posterior del cuerpo y la separación aparece en $\theta = 82°$, que no podría haberse predicho con la teoría no viscosa. La amplia estela y la baja presión en la región desprendida da lugar a una gran resistencia $C_D = 1{,}2$. Por la mayor resistencia de la capa límite turbulenta a la separación, ésta se retrasa hasta $\theta = 120°$, figura 7.13*b*, con una estela más pequeña y mayor presión en la parte posterior, por lo que el coeficiente de resistencia es un 75 por 100 más bajo, $C_D = 0{,}3$. Esto explica la caída brusca de la resistencia en la transición, figura 5.3.

Puede observarse también en una esfera una diferencia marcada entre la separación de la capa límite laminar y turbulenta, figura 7.14. El flujo laminar (Fig. 7.14*a*) se separa alrededor de los 80° con $C_D = 0{,}5$, mientras que en el caso turbulento (Fig. 7.14*b*) se separa a los 120° con $C_D = 0{,}2$. Los números de Reynolds son exactamente iguales y se indujo la transición a turbulenta de la capa límite con una banda rugosa en la parte frontal de la bola. Las pelotas de golf se mueven en este rango de número de Reynolds, las cuales tienen los hoyuelos para asegurar deliberadamente una capa límite turbulenta y tener menor resistencia. De nuevo, la distribución real de presiones en la esfera es muy distinta de la que proporciona la teoría no viscosa.

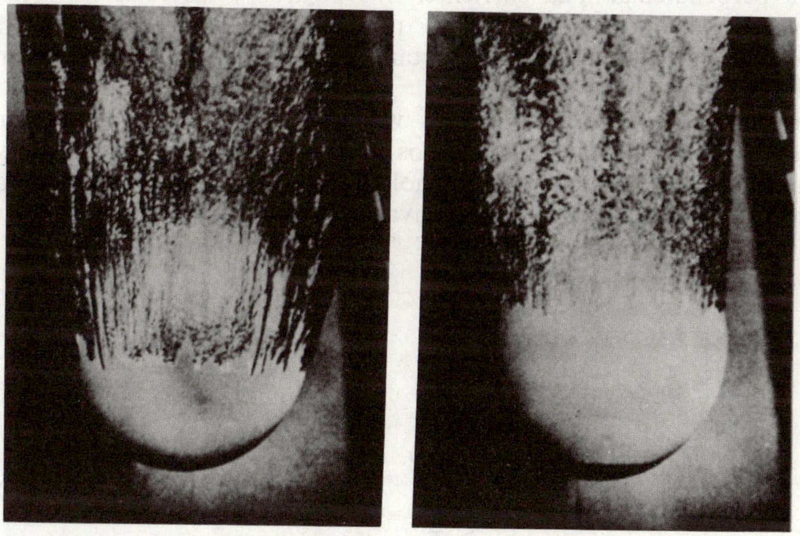

(*a*) (*b*)

Fig. 7.14 Diferencias importantes entre la separación laminar y turbulenta en una bola de 22 cm de diámetro que cae en agua con una velocidad de 7,6 m/s: (*a*) superficie de la bola lisa; (*b*) flujo turbulento, con la misma velocidad, inducido por una banda rugosa. (*Fotografía de la U.S. Navy, Ordnance Test Station, Pasadena annex.*)

No podemos dejar de resaltar la importancia que tiene carenar o fuselar los cuerpos para reducir su resistencia a números de Reynolds por encima de 100. Esto se ilustra en la figura 7.15. En el cilindro rectangular (Fig. 7.15*a*) se produce separación indeseable en todas las esquinas, dando lugar a una resistencia muy alta. Se reduce la resistencia alrededor del 45 por 100, redondeando su parte frontal (Fig. 7.15*b*), pero C_D es todavía alto. Fuselando su parte posterior (Fig. 7.15*c*) se reduce su resistencia en otro 85 por 100, valor mínimo práctico para un espesor dado. Como contraste, el cilindro circular (Fig. 7.15*d*), que tiene la misma resistencia que el cuerpo de la figura 7.15*c*, tiene un espesor ocho veces más pequeño y un área transversal trescientas veces menor que la del caso considerado (Fig. 7.15*c*). Para vehículos de altas actuaciones y otros cuerpos móviles, es esencial la reducción de su resistencia, para lo cual se está haciendo una intensa investigación tanto para aplicaciones aerodinámicas como hidrodinámicas.

En la figura 7.16 se muestra la resistencia en función del número de Reynolds de algunos cuerpos de gran alargamiento (casi bidimensionales). Todos los cuerpos tienen valores altos y próximos de C_D a números de Reynolds muy bajos (movimientos) $\mathrm{Re} \leqslant 1$, mientras que a altos números de Reynolds los valores difieren considerablemente de acuerdo con el carácter más o menos aerodinámico de los cuerpos. Todos los valores de C_D están basados en el área de la forma en planta, excepto para la placa plana perpendicular a la corriente. Los pájaros y las velas no son, por supuesto, muy bidimensionales, ya que tienen un alargamiento modesto. Obsérvese que los pájaros no son tan eficientes como las velas y perfiles modernos [14].

En la Tabla 7.2 se dan algunos valores del coeficiente de resistencia, basado en el área frontal, de cuerpos bidimensionales de formas transversales diversas, a números de Reynolds del orden de 10^5. El comportamiento de los cuerpos con aristas vivas, que tienden a originar el despren-

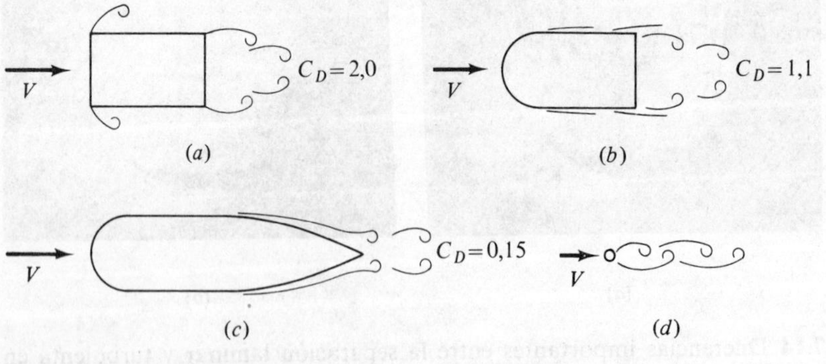

Fig. 7.15 Importancia del carenado de cuerpos para reducir su resistencia (C_D basado en el área frontal): (*a*) cilindro rectangular; (*b*) con morro redondeado; (*c*) con morro redondeado y borde de salida fuselado; (*d*) cilindro circular con la misma resistencia que en el caso (*c*).

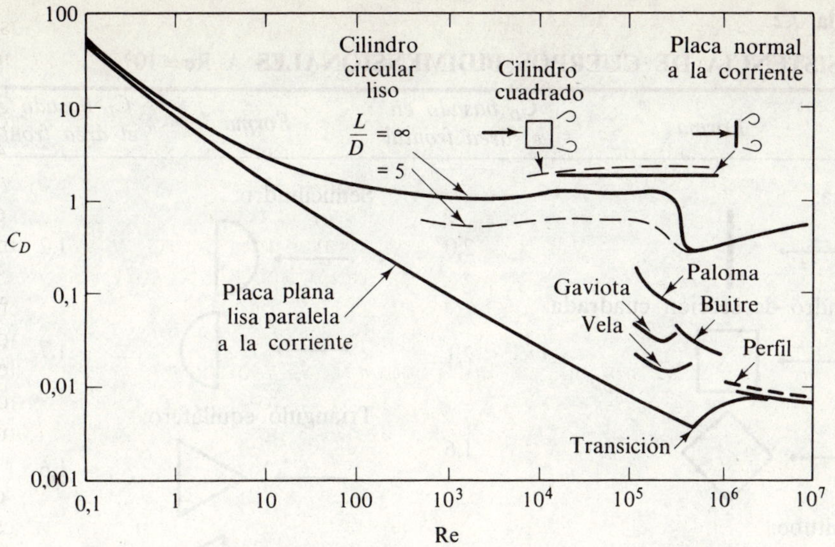

Fig. 7.16 Coeficiente de resistencia en función del número de Reynolds para cuerpos casi bidimensionales.

dimiento de la capa límite, independientemente de su carácter, es poco sensible al número de Reynolds. En los cilindros elípticos, suavemente redondeados, se presenta el efecto de la transición de laminar a turbulenta de las figuras 7.13 y 7.14 y muestran, por tanto, bastante sensibilidad al carácter de la capa límite.

EJEMPLO 7.6 Sobre un pilote cuadrado de 6 in de lado y 20 ft de alto incide una corriente de agua de 5 ft/s, como se muestra en la figura E7.6. Calcular el momento ejercido por la corriente en la base del pilote.

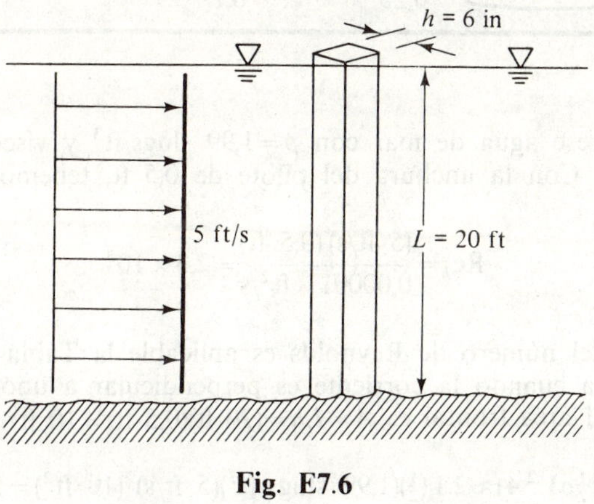

Fig. E7.6

Tabla 7.2

RESISTENCIA DE CUERPOS BIDIMENSIONALES A Re = 10^5

Forma	*C_D basado en el área frontal*	*Forma*	*C_D basado en el área frontal*
Placa:		Semicilindro:	
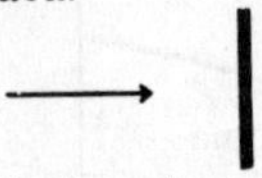	2,0	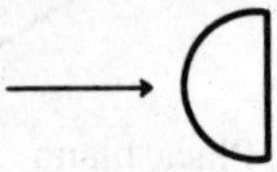	1,2
Cilindro de sección cuadrada:		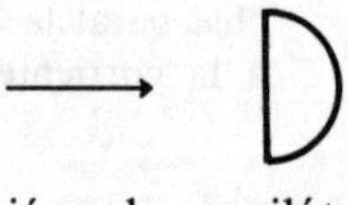	1,7
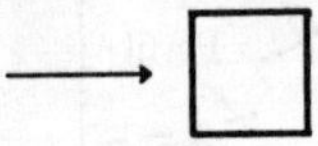	2,1	Triángulo equilátero:	
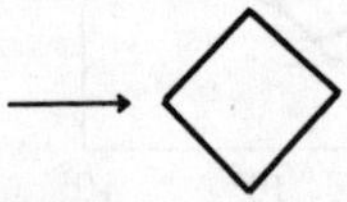	1,6	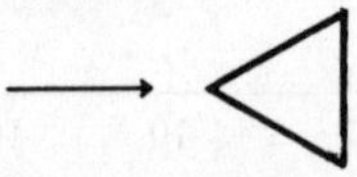	1,6
Semitubo:		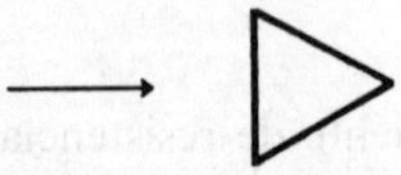	2,0
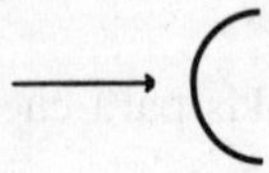	1,2		
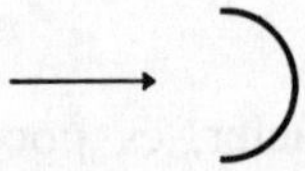	2,3		

Cilindro elíptico:		*Laminar*	*Turbulento*
1:1	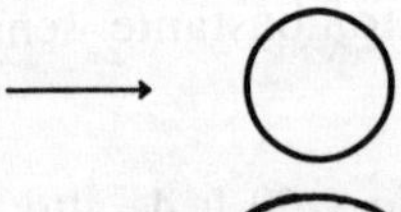	1,2	0,3
2:1	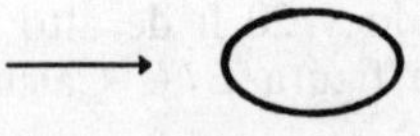	0,6	0,2
4:1		0,35	0,15
8:1		0,25	0,1

Solución Considérese agua de mar con $\rho = 1{,}99$ slugs/ft^3 y viscosidad cinemática $\nu = 0{,}000011$ ft^2/s. Con la anchura del pilote de 0,5 ft, tenemos

$$\mathrm{Re}_h = \frac{(5\ \mathrm{ft/s})\,(0{,}5\ \mathrm{ft})}{0{,}000011\ \mathrm{ft^2/s}} = 2{,}3 \times 10^5$$

Para este valor del número de Reynolds es aplicable la Tabla 7.2. El caso más desfavorable se da cuando la corriente es perpendicular a uno de los lados del pilote, $C_D \approx 2{,}1$. El área frontal es $A = Lh = (20\ \mathrm{ft})(0{,}5\ \mathrm{ft}) = 10\ \mathrm{ft}^2$. La resistencia es

$$F = C_D(\tfrac{1}{2}\rho V^2 A) \approx 2{,}1\,(\tfrac{1}{2})(1{,}99\ \mathrm{slugs/ft^3})(5\ \mathrm{ft/s})^2(10\ \mathrm{ft}^2) = 522\ \mathrm{lb}$$

Si el flujo es uniforme, el punto de aplicación de esta fuerza estará aproximadamente en el punto medio del pilote. Por tanto, el momento en la base es

$$M_0 \approx \frac{FL}{2} = 522(10) = 5220 \text{ ft} \cdot \text{lb} \qquad \textit{Resp.}$$

De acuerdo con la fórmula para la flexión según la resistencia de materiales, el esfuerzo flector en la base será

$$S = \frac{M_0 y}{I} = \frac{(5220 \text{ ft} \cdot \text{lb})(0{,}25 \text{ ft})}{\frac{1}{12}(0{,}5 \text{ ft})^4} = 251000 \text{ lb/ft}^2 = 1740 \text{ lbf/in}^2$$

que, por supuesto, debe multiplicarse por el factor de concentración de esfuerzos debido a las condiciones de encastramiento en el extremo.

En la Tabla 7.3 se dan algunos coeficientes de resistencia de cuerpos tridimensionales. Podemos decir, de nuevo, que las aristas vivas siempre originan la separación de la corriente y una alta resistencia que es independiente del número de Reynolds. Los cuerpos redondeados como el elipsoide tienen una resistencia que depende del punto de separación, de modo que el número de Reynolds y el carácter de la capa límite son importantes. La longitud del cuerpo, por lo general, decrece la resistencia de presión haciendo el cuerpo relativamente más esbelto, pero tarde o temprano la resistencia de fricción la alcanza. Para el cilindro de frentes planos de la Tabla 7.3, la resistencia de presión decrece con L/d, pero la de fricción aumenta, de modo que la resistencia mínima se tiene alrededor de $L/d = 2$.

Los vehículos modernos se están diseñando con resistencia reducida conseguida mediante ensayos en túneles aerodinámicos. Antes de 1974 en Estados Unidos se tenía la idea de aumentar la velocidad para una potencia dada, mientras que en el resto del mundo se pretendía reducir el consumo de combustible. La figura 7.17 muestra el resultado de un ensa-

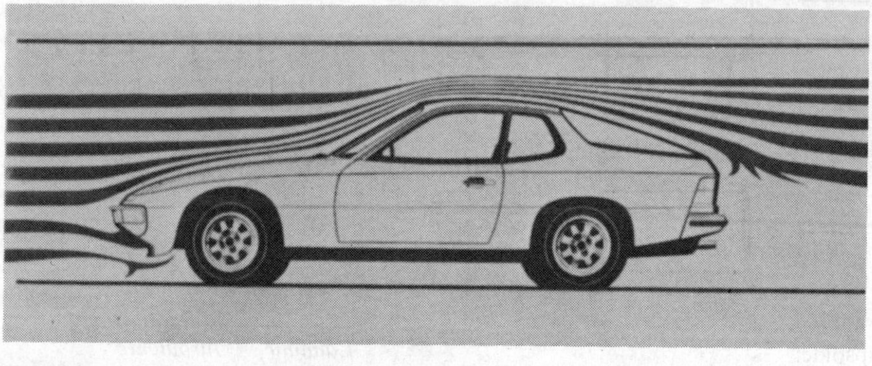

Fig. 7.17 Ensayo de un automóvil moderno en un túnel aerodinámico. Las líneas de corriente se han visualizado inyectando humo aguas arriba. (*Division Porsche/Audi de Volkswagen de América, Inc.*)

Tabla 7.3

RESISTENCIA DE CUERPOS TRIDIMENSIONALES A $Re \approx 10^5$

Cuerpo	*Relación*	C_D *basado en el área frontal*
Cubo:		
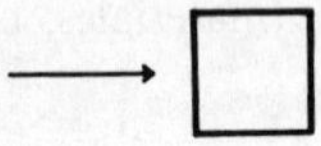		1,07
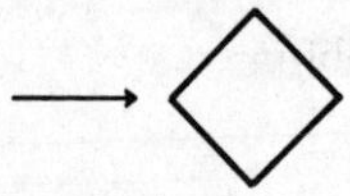		0,81
Cono de 60°:		
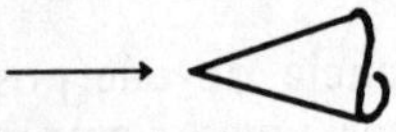		0,5
Disco:		
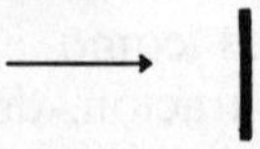		1,17
Copa:		
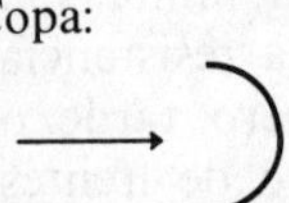		1,4
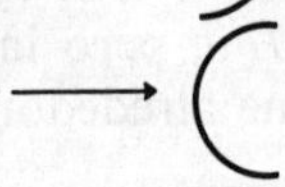		0,4
Paracaídas (baja porosidad):		
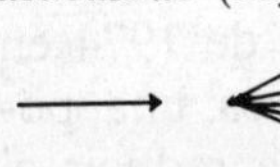		1,2
Placa rectangular:		
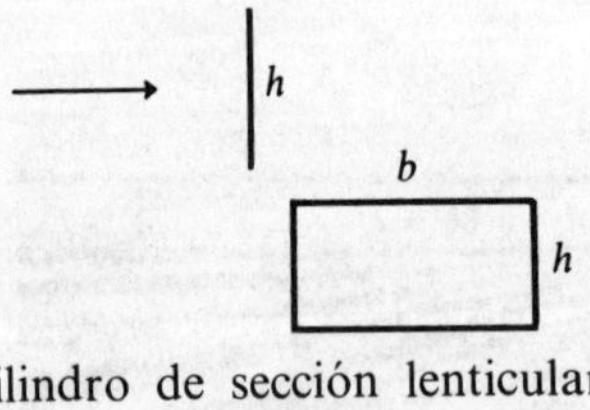	b/h 1	1,18
	5	1,2
	10	1,3
	20	1,5
	∞	2,0
Cilindro de sección lenticular:		
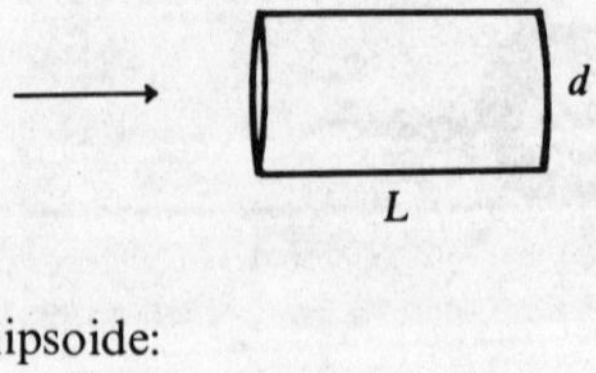	L/d 0,5	1,15
	1	0,90
	2	0,85
	4	0,87
	8	0,99

Elipsoide:		*Laminar*	*Turbulento*
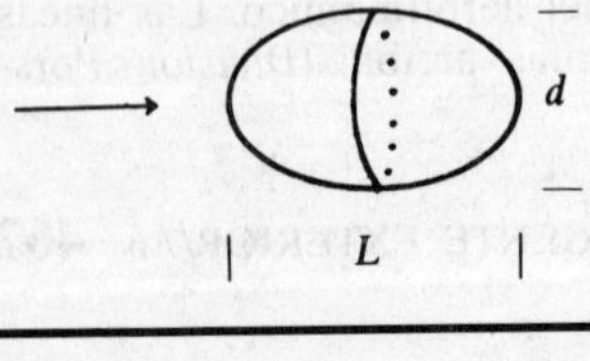	L/d 0,75	0,5	0,2
	1	0,47	0,2
	2	0,27	0,13
	4	0,25	0,1
	8	0,2	0,08

yo en un túnel de un automóvil moderno. Las líneas de corriente se visualizan con humo introducido en la corriente. Este vehículo tiene un coeficiente de resistencia basado en el área frontal de alrededor de 0,3, mientras que los vehículos antiguos, con sus frentes planos y numerosos salientes, tenían $C_D \approx 0{,}9$.

La figura 7.18 muestra la potencia necesaria para mover un camión con remolque hasta velocidades de 80 mi/h (117 ft/s o 36 m/s). La resistencia de rodadura aumenta linealmente con la velocidad y la resistencia del aire en forma cuadrática ($C_D \approx 1$). Las dos son aproximadamente iguales a 55 mi/h, que es el límite de velocidad en los Estados Unidos. Como se muestra en la figura 7.18*b*, la resistencia del aire se reduce mediante un deflector en el techo de la cabina. El ángulo del deflector se ajusta para guiar la corriente de modo suave sobre el techo y los laterales del remolque; se consigue una disminución de C_D de un 20 por 100, a 55 mi/h la resistencia total se reduce en un 10 por 100, con la correspondiente disminución del gasto de combustible y/o el tiempo de viaje del camión. Este tipo de ingeniería de fluidos aplicada puede tener un impacto importante en muchos problemas de transporte del futuro.

EJEMPLO 7.7 Un automóvil rápido con $m = 2000$ kg, $C_D = 0{,}3$ y $A = 1$ m^2, despliega un paracaídas de 2 m para frenar partiendo de una velocidad inicial de 100 m/s. Considerando C_D constante, sin acción de los frenos y sin resistencia de rodadura, calcular la distancia recorrida por el coche y su velocidad después de 1, 10, 100 y 1000 s. Considere para el aire $\rho = 1{,}2$ kg/m^3 y desprecie la interacción entre la estela del coche y el paracaídas.

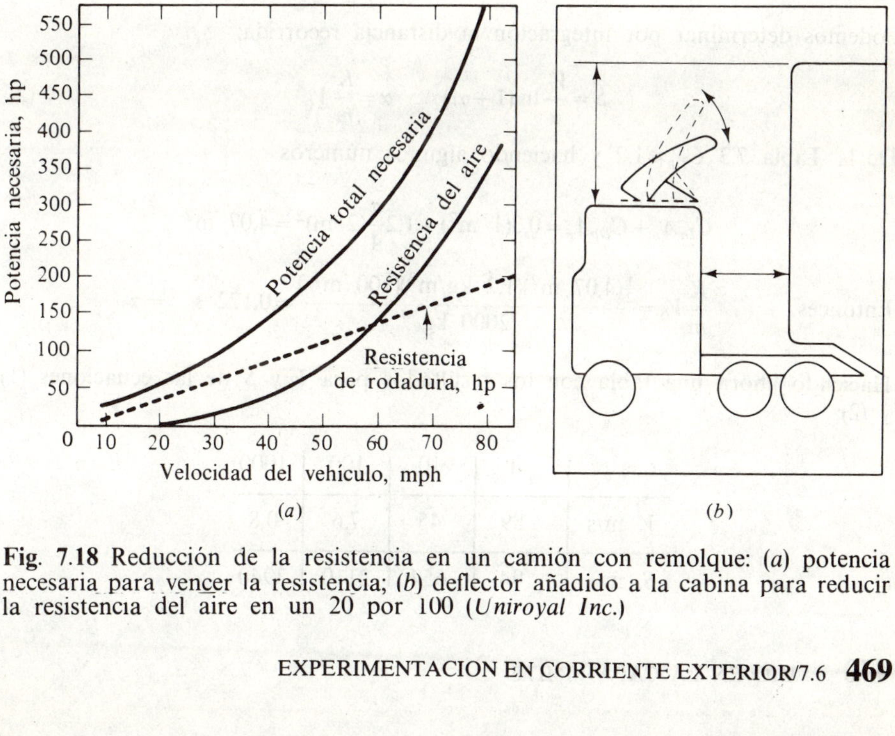

Fig. 7.18 Reducción de la resistencia en un camión con remolque: (*a*) potencia necesaria para vencer la resistencia; (*b*) deflector añadido a la cabina para reducir la resistencia del aire en un 20 por 100 (*Uniroyal Inc.*)

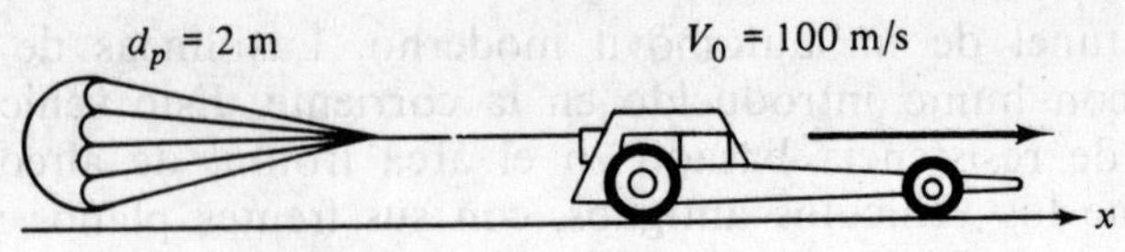

Fig. E7.7

Solución La ley de Newton aplicada en la dirección del movimiento proporciona

$$F_x = m\frac{dV}{dt} = -F_c - F_p = -\tfrac{1}{2}\rho V^2(C_{Dc}A_c + C_{Dp}A_p)$$

donde el subíndice c es para el coche y p para el paracaídas. Reduciéndose a

$$\frac{dV}{dt} = -\frac{K}{m}V^2 \qquad K = \Sigma C_D A\frac{\rho}{2}$$

Separando variables e integrando

$$\int_{V_0}^{V}\frac{dV}{V^2} = -\frac{K}{m}\int_0^t dt$$

o

$$V_0^{-1} - V^{-1} = -\frac{K}{m}t$$

Reagrupando y despejando la V:

$$V = \frac{V_0}{1+(K/m)V_0 t} \qquad K = \frac{(C_{Dc}A_c + C_{Dp}A_p)\rho}{2} \tag{1}$$

Podemos determinar por integración la distancia recorrida:

$$S = \frac{V_0}{\alpha}\ln(1+\alpha t) \qquad \alpha = \frac{K}{m}V_0 \tag{2}$$

De la Tabla 7.3 $C_{Dp} \approx 1{,}2$ y haciendo algunos números

$$C_{Dc}A_c + C_{Dp}A_p = 0{,}3(1\ \text{m}^2) + 1{,}2\frac{\pi}{4}(2\ \text{m})^2 = 4{,}07\ \text{m}^2$$

Entonces $$\frac{K}{m}V_0 = \frac{\tfrac{1}{2}(4{,}07\ \text{m}^2)(1{,}2\ \text{kg/m}^3)(100\ \text{m/s})}{2000\ \text{kg}} = 0{,}122\ \text{s}^{-1} = \alpha$$

Haciendo ahora una tabla con los resultados para V y S de las ecuaciones (1) y (2):

t, s	1	10	100	1000
V, m/s	89	45	7,6	0,8
S, m	94	654	2110	3940

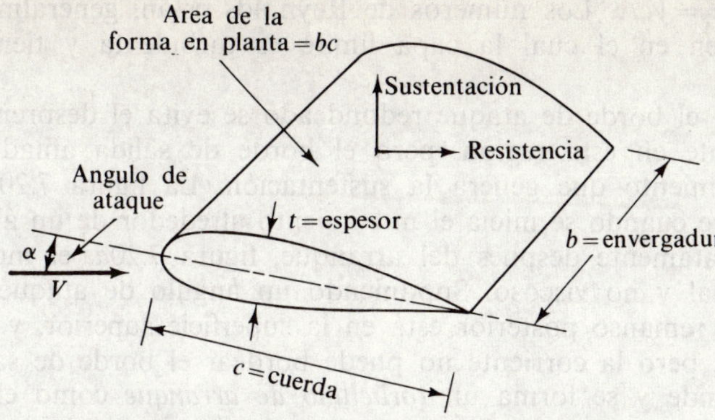

Fig. 7.19 Esquema para definir un perfil sustentador.

La resistencia del aire por sí sola no detendría al coche por completo. Si no utiliza los frenos, todavia estaria moviéndose.

Fuerzas en cuerpos sustentadores

Los cuerpos sustentadores (perfiles, hidrolas o álabes) pretenden proporcionar fuerzas grandes perpendiculares a la corriente no perturbada, con resistencia mínima. Los diseños prácticos convencionales han desarrollado formas no muy diferentes de las alas de los pájaros, esto es, relativamente delgadas ($t/c \leqslant 0{,}18$) con un borde de ataque redondeado y de salida agudo. En la figura 7.19 se esquematiza una forma típica.

Para nuestro propósito consideraremos que el cuerpo es simétrico como en la figura 7.11, con la velocidad no perturbada contenida en el plano vertical. Si la línea de cuerda entre el borde de ataque y salida no es línea de simetría, se dice que el perfil tiene *curvatura.* La línea de curvatura es la línea media entre las superficies superior e inferior del perfil.

El ángulo entre la corriente no perturbada y la cuerda se denomina *ángulo de ataque* α. La sustentación L y la resistencia D varían con este ángulo. Las fuerzas adimensionales están definidas con respecto al área de la forma en planta $A_p = bc$:

Coeficiente de sustentación: $$C_L = \frac{L}{\frac{1}{2}\rho V^2 A_p} \qquad (7.65a)$$

Coeficiente de resistencia: $$C_D = \frac{D}{\frac{1}{2}\rho V^2 A_p} \qquad (7.65b)$$

Si la cuerda no es constante, como ocurre con las alas con estrechamiento de los aviones modernos, $A_p = \int c\, db$.

Para flujo a baja velocidad con una rugosidad dada, C_L y C_D varían con α y con el número de Reynolds basado en la cuerda

$$C_L \text{ o } C_D = f(\alpha, \mathrm{Re}_c) \qquad (7.66)$$

donde $\text{Re}_c = Vc/\nu$. Los números de Reynolds están, generalmente, dentro del margen en el cual la capa límite es turbulenta y tiene un efecto modesto.

Por ser el borde de ataque redondeado se evita el desprendimiento de la corriente en esta región, pero el borde de salida afilado origina el desprendimiento que genera la sustentación. La figura 7.20 muestra lo que ocurre cuando se inicia el movimiento alrededor de un álabe o perfil.

Inmediatamente después del arranque, figura 7.20*a*, el movimiento es irrotacional y no viscoso. Suponiendo un ángulo de ataque positivo, el punto de remanso posterior está en la superficie superior, y no hay sustentación; pero la corriente no puede bordear el borde de salida afilado: se desprende y se forma un *torbellino de arranque* como el de la figura 7.20*b*. Este torbellino de arranque es arrastrado por la corriente aguas abajo, figura 7.20*c* y *d*, formándose una corriente sobre el ala con líneas de corriente que varían gradualmente, abandonando el fluido al perfil en una dirección aproximadamente paralela a la cuerda. En esta situación la sustentación se ha generado por completo, y el torbellino de arranque está lejos aguas abajo. Si cesa la corriente, se origina un torbellino de

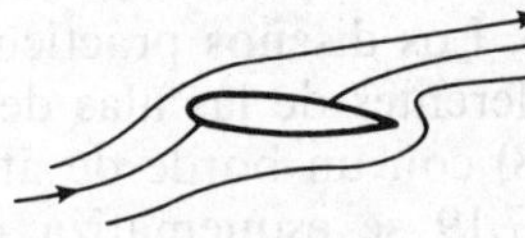

(*a*)

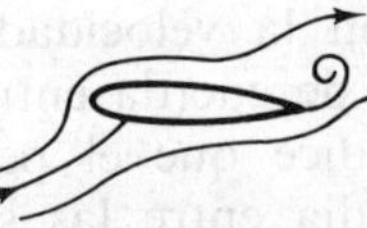

(*b*)

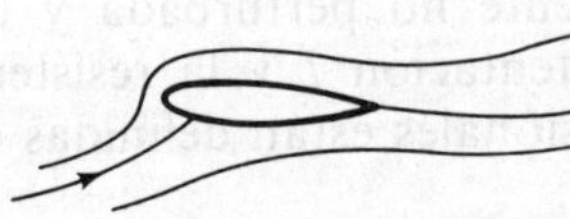

(*c*)

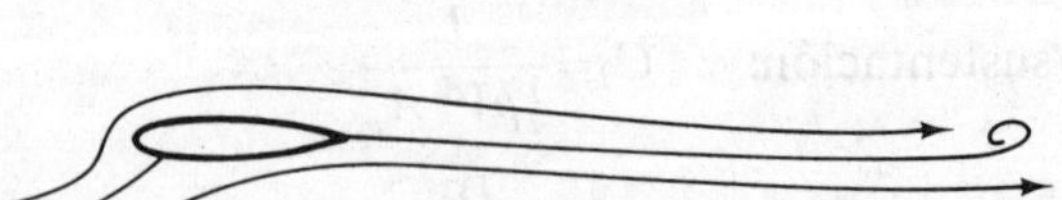

(*d*)

Fig. 7.20 Etapas en la generación de la sustentación: (*a*) arranque: punto de remanso posterior situado en el extradós: no hay sustentación; (*b*) el borde de salida afilado da lugar a desprendimiento de la capa límite, formándose un torbellino de arranque: poca sustentación; (*c*) el torbellino de arranque es arrastrado por la corriente y las líneas de corriente no presentan cambios bruscos en el borde de salida: la sustentación ya es el 80 por 100 de la total; (*d*) el torbellino de arranque se encuentra lejos aguas abajo, la sustentación es la total.

parada de sentido opuesto (el de las aguas del reloj) que también es arrastrado por la corriente. Durante el vuelo, el aumento o disminución de sustentación originará torbellinos de arranque o parada, siempre con el efecto de mantener un flujo paralelo y suave en el borde de salida. Replantearemos esta idea matemáticamente en el capítulo 8. Los detalles del arranque y parada se muestran claramente en la película sobre vorticidad, la número 2 del apéndice C.

A pequeños ángulos de ataque, en la parte posterior del perfil hay un gradiente adverso de presión, pero no lo suficiente para que se desprenda la capa límite. El flujo alrededor del perfil es suave, como en la figura 7.20*d*, la resistencia es baja y la sustentación excelente. Cuando se aumenta el ángulo de ataque, el gradiente adverso en la superficie superior se hace más intenso, formándose, generalmente, una *burbuja de separación*, que crece extendiéndose aguas arriba sobre el extradós[1]. A un ángulo $\alpha = 15$ a 20°, la corriente está completamente desprendida del extradós como muestra la figura 7.21. Se dice que el perfil está en *pérdida*: la sustentación decae mucho, la resistencia aumenta considerablemente y el perfil no funciona aerodinámicamente.

Los primeros perfiles fueron delgados, tomando como modelos las alas de los pájaros. El ingeniero alemán Otto Lilienthal (1848-1896) experimentó con placas planas y con curvatura en un brazo giratorio. El y su hermano Gustav volaron en el primer planeador del mundo en 1891. Horatio Frederick Phillips (1845-1912) construyó el primer túnel aerodinámico en 1884 y midió la sustentación y resistencia de álabes con curvatura. La primera teoría de la sustentación fue propuesta por Frederick W. Lanchester poco después. La teoría moderna de perfiles data de 1905, cuando el hidrodinámico ruso N. E. Joukowsky (1847-1921) desarrolló un teorema de la circulación (Cap. 8) para determinar la sustentación de un perfil de curvatura y espesor arbitrarios. Con esta teoría básica, en la forma ampliada y desarrollada por Prandtl, Kármán y sus discípulos, es posible diseñar ahora perfiles de baja velocidad con cualquier distribución deseada de presiones sobre la superficie y características apropiadas de la capa límite. Hay familias de perfiles, casi todas desarrolladas en Estados Unidos bajo la tutela de la NACA (ahora NASA). La referencia 16 contiene una amplia exposición teórica y datos sobre estos perfiles. En el capítulo 8 discutiremos con más detalle estos temas.

La figura 7.22 muestra la sustentación y resistencia de un perfil simétrico denominado NACA 0009, el último dígito indica que el espesor es del 9 por 100. La sustentación de este perfil a ángulo de ataque cero es nula cuando no tiene flap. Hasta los 12° el coeficiente de sustentación aumenta linealmente con una pendiente de 0,1 por grado o 6 por radián. Esto está de acuerdo con la teoría desarrollada en el capítulo 8:

$$C_{L,\text{teoría}} \approx 2\pi \operatorname{sen}\left(\alpha + \frac{2h}{c}\right) \tag{7.67}$$

[1] Para algunos perfiles la burbuja explota, entrando en pérdida rápida y peligrosamente.

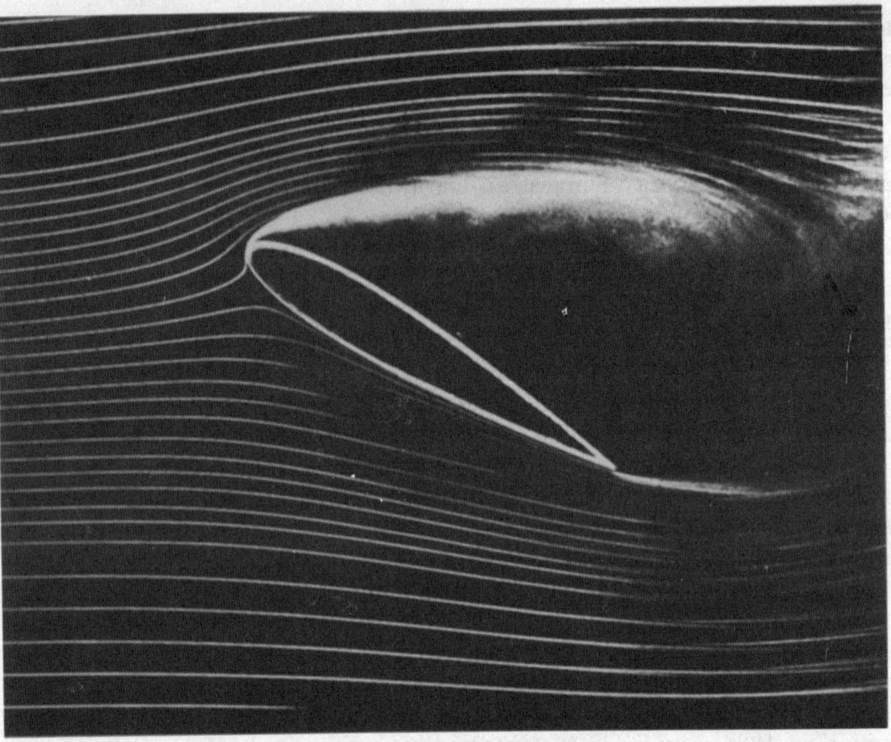

Fig. 7.21 La visualización con humo muestra la corriente desprendida en el extradós de un perfil a grandes ángulos de ataque. [*De la referencia* 19, Illustrated Experiments in Fluid Mechanics (*The NCFMF Book of Film Notes*), *National Committee for Fluid Mechanics Films, Education Development Center, Inc.*, 1972.]

donde h/c es la curvatura máxima expresada como una fracción de la cuerda. El perfil NACA 0009 no tiene curvatura; por tanto, $C_L = 2\pi$ sen $\alpha \approx 0{,}11$, donde α está expresado en grados. Es un acuerdo excelente.

El coeficiente de resistencia para el perfil liso de la figura 7.22 es tan sólo 0,005, que es tan bajo como el de una placa plana en régimen turbulento contabilizando ambas caras de la placa. Esto no es típico de un perfil comercial que tendrá efectos de la rugosidad; por ejemplo, bastaría una mano de pintura para duplicar el coeficiente.

El efecto de aumentar el número de Reynolds se traduce, en la figura 7.22, en un incremento de la sustentación máxima y del ángulo de entrada en pérdida (sin cambio apreciable de la pendiente), así como en una disminución del coeficiente de resistencia. Este efecto es beneficioso, ya que el prototipo probablemente funcionará a un número de Reynolds más alto que el modelo (10^7 o más).

En el despegue o aterrizaje se aumenta la sustentación considerablemente deflectando un flap, como se muestra en la figura 7.22. Esto hace que el perfil sea no simétrico (o con curvatura efectiva), cambiando el

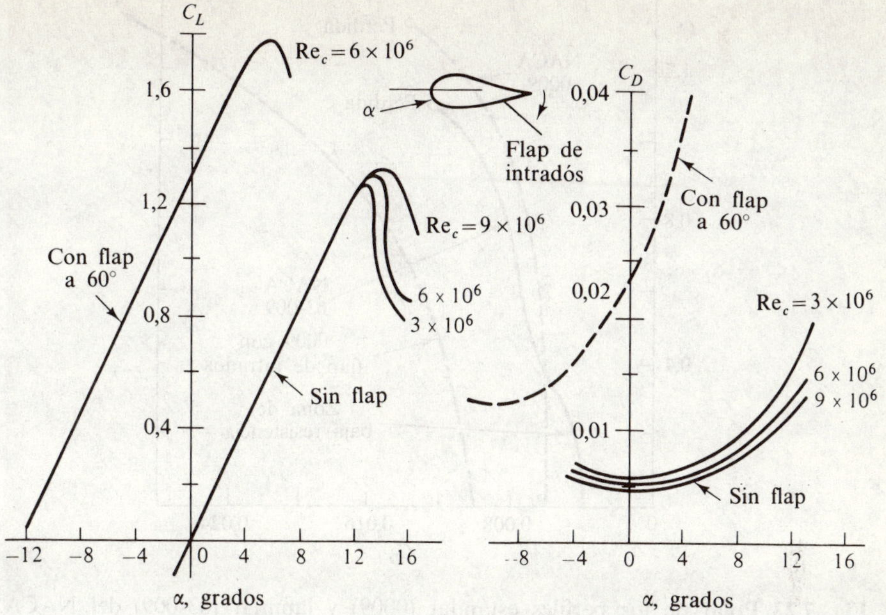

Fig. 7.22 Coeficientes de sustentación y resistencia del perfil simétrico NACA 0009 de envergadura infinita, incluyendo el efecto de la deflexión del flap de intradós. (Téngase en cuenta que la rugosidad puede incrementar C_D en un 100 y hasta 300 por 100.)

ángulo de sustentación nula a $\alpha = -12°$. A causa del flap de intradós también aumenta la resistencia, pero la reducción de las distancias de despegue y aterrizaje bien pueden justificar la necesidad de una potencia adicional de los motores.

Los aviones vuelan en regímenes de crucero a ángulos de ataque pequeños, en cuyo caso la sustentación es mucho mayor que la resistencia. Los valores máximos de la relación sustentación-resistencia para los perfiles corrientes están entre 20 y 50.

Algunos perfiles, como los de la serie NACA 6, están diseñados para que el gradiente de presiones sea favorable en gran parte de la superficie superior a ángulos de ataque pequeños. En este caso apenas hay separación y se retrasa la aparición de la turbulencia; la capa límite es laminar incluso a altos números de Reynolds en gran parte del perfil. En la figura 7.23 se ha representado la polar, curva de sustentación-resistencia, del perfil NACA 0009 a partir de los datos de la figura 7.22, y también la del perfil laminar NACA 63-009, del mismo espesor. El perfil laminar tiene un régimen de baja resistencia a pequeños ángulos de ataque, pero también entra en pérdida a ángulos de ataque menores y con coeficiente de sustentación máxima más bajo. En el régimen de baja resistencia ésta es un 30 por 100 más baja, pero este régimen desaparece si la rugosidad de la superficie es apreciable.

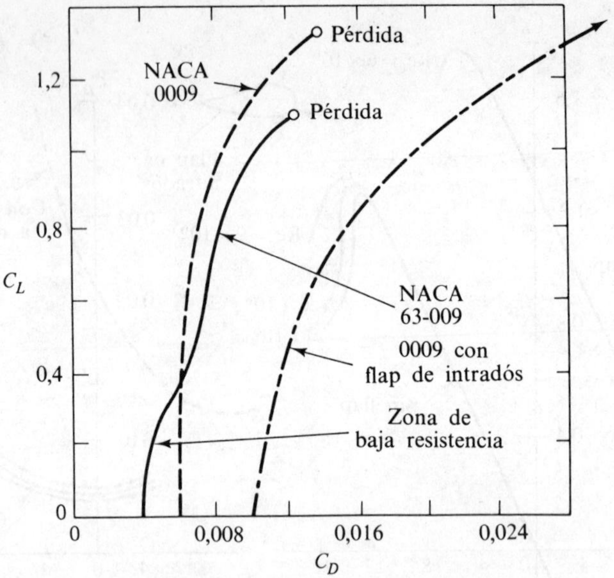

Fig. 7.23 Polar de los perfiles estándar (0009) y laminar (63-009) del NACA.

Todos los datos de las figuras 7.22 y 7.23 son para envergadura infinita, esto es, flujo bidimensional alrededor de alas sin bordes laterales. El efecto de la envergadura finita se puede correlacionar con el cociente adimensional denominado *alargamiento*

$$\mathrm{AR} = \frac{b^2}{A_p} = \frac{b}{\bar{c}} \tag{7.68}$$

donde $\bar{c}$ es la cuerda media. La figura 7.24 muestra los efectos de la envergadura finita. La pendiente de la curva de sustentación disminuye, pero el ángulo de sustentación nula no se modifica, y la resistencia aumenta, pero sin cambiar la resistencia cuando la sustentación es nula. La teoría de alas de envergadura, o alargamiento finito [16], predice que el ángulo de ataque efectivo aumenta, como muestra la figura 7.24, en la cantidad

$$\Delta\alpha \approx \frac{C_L}{\pi \mathrm{AR}} \tag{7.69}$$

Cuando se combina con la ecuación (7.67), la sustentación para envergadura finita toma la forma

$$C_L \approx \frac{2\pi \ \mathrm{sen}\ (\alpha + 2h/c)}{1 + 2/\mathrm{AR}} \tag{7.70}$$

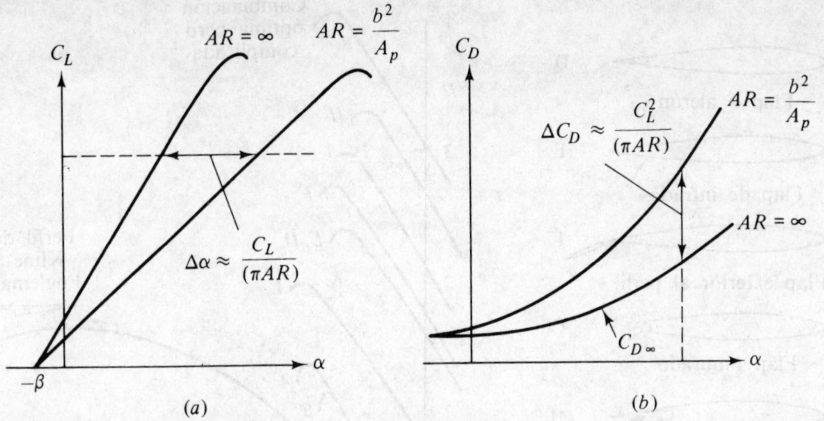

Fig. 7.24 Efecto del alargamiento en la sustentación y resistencia: (*a*) incremento en el ángulo de ataque efectivo; (*b*) incremento en la resistencia inducida.

El correspondiente aumento de resistencia es $\Delta C_D \approx C_L$ sen $\Delta\alpha \approx C_L\ \Delta\alpha$, o

$$C_D \approx C_{D\infty} + \frac{C_L^2}{\pi \mathrm{AR}} \tag{7.71}$$

donde $C_{D\infty}$ es la resistencia para envergadura infinita, como la representada en la figura 7.22. Estas correlaciones concuerdan bien con los experimentos en alas de envergadura finita [16].

La existencia de un coeficiente de sustentación máximo implica la existencia de una velocidad mínima, o *velocidad de entrada en pérdida*, para un avión cuya sustentación equilibre a su peso

$$L = W = C_{L,\text{máx}}(\tfrac{1}{2}\rho V_s^2 A_p)$$

o

$$V_s = \left(\frac{2W}{C_{L,\text{máx}}\rho A_p}\right)^{1/2} \tag{7.72}$$

La velocidad de entrada en pérdida de aviones típicos varía entre 20 y 60 m/s, dependiendo del peso y del valor del $C_{L,\text{máx}}$. El piloto debe mantener la velocidad por encima de $1{,}2V_s$ con objeto de evitar las inestabilidades asociadas a la entrada en pérdida plena.

El flap de intradós de la figura 7.22 es uno de los múltiples mecanismos que se utilizan para obtener una sustentación elevada a bajas velocidades. En la figura 7.25*a* se muestran seis de estos mecanismos, cuyos efectos sustentadores se muestran en la figura 7.25*b*, operando con un perfil estándar (A) y laminar (B). Con el flap de doble ranura se alcanza un $C_{L,\text{máx}} \approx 3{,}4$, y una combinación de éste con el flap de borde de ataque puede proporcionar $C_{L,\text{máx}} \approx 4$. Estas no son curiosidades científicas, ya que el reactor comercial Boeing 727 utiliza durante el aterrizaje un flap de triple ranura junto con un flap de borde de ataque.

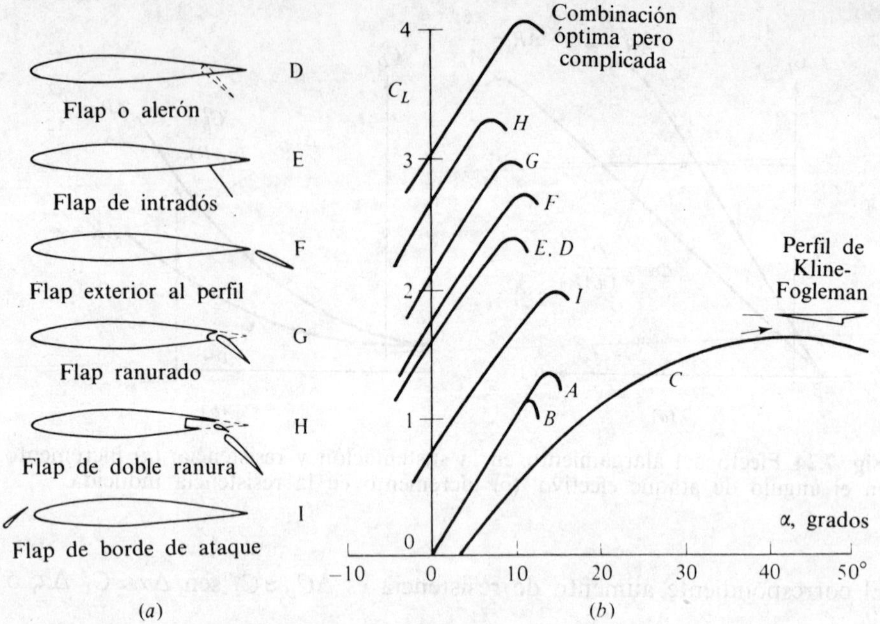

Fig. 7.25 Actuaciones de perfiles con dispositivos hipersustentadores A = NACA 0009; B = NACA 63-009; C = Perfil de Kline-Fogleman (Ref. 17); en (*a*) se muestran los perfiles D a I: (*a*) tipos de dispositivos hipersustentadores; (*b*) coeficiente de sustentación de algunos dispositivos.

En la figura 7.25*b* se muestra también el perfil de Kline-Fogleman [17], señalado con C, que no ha llegado a utilizarse todavía. Los diseñadores, aficionados entusiastas del aeromodelismo, no sabían que la aerodinámica convencional prohíbe un borde de ataque afilado y un rebaje en forma de salto en el intradós antes del borde de salida. El perfil de Kline-Fogleman tiene una resistencia relativamente alta, pero asombrosamente muestra un crecimiento continuo de la sustentación hasta $\alpha = 45°$. De hecho, podemos decir que este perfil no entra en pérdida y proporciona unas actuaciones que varían gradualmente en un margen impresionante en condiciones de vuelo. Los aerodinámicos no han dado todavía ninguna explicación para este comportamiento. Actualmente se está estudiando este perfil en la NASA y puede que tenga o no algún valor comercial.

En las referencias 13, 14 y 16 puede encontrarse más información sobre las actuaciones de superficies sustentadoras. Trataremos este tema de nuevo, brevemente, en el capítulo 8.

EJEMPLO 7.9 Un avión pesa 75 000 lb, tiene un área en planta del ala de 2500 ft^2 y puede suministrar un empuje constante de 12 000 lb. Su alargamiento es 7 y $C_D \approx 0{,}02$. Determinar, despreciando la resistencia de rodadura, la carrera de despegue al nivel del mar, si la velocidad de despegue es 1,2 veces la velocidad de entrada en pérdida. Tómese $C_{L,\text{máx}} = 2$.

Solución De la ecuación (7.72) se obtiene la velocidad de entrada en pérdida que, con la densidad $\rho=0{,}00237$ slug/ft^3 al nivel del mar, resulta

$$V_s=\left(\frac{2W}{C_{L,\text{máx}}\rho A_p}\right)^{1/2}=\left[\frac{2(75\,000)}{2{,}0(0{,}00237)(2500)}\right]^{1/2}=112{,}5\ \text{ft/s}$$

Por tanto, la velocidad de despegue $V_0=1{,}2V_s=135$ ft/s. La resistencia se obtiene de la ecuación (7.71) con AR = 7.

$$C_D\approx 0{,}02+\frac{C_L^2}{7\pi}=0{,}02+0{,}0455C_L^2$$

El equilibrio de fuerzas en la dirección del movimiento da

$$F_x=m\,\frac{dV}{dt}=\text{empuje}-\text{resistencia}=T-kV^2\qquad k=\tfrac{1}{2}C_D\rho A_p \tag{1}$$

Puesto que buscamos la distancia, no el tiempo, haciendo el cambio $dV/dt=$ $=V(dV/ds)$ en la ecuación (1), separando variables e integrando se tiene

$$\int_0^{S_0} dS=\frac{m}{2}\int_0^{V_0}\frac{d(V^2)}{T-kV^2}\qquad k\approx\text{const}$$

o
$$S_0=\frac{m}{2k}\ \ln\frac{T}{T-kV_0^2}=\frac{m}{2k}\ \ln\frac{T}{T-D_0} \tag{2}$$

donde $D_0=kV_0^2$ es la resistencia en el momento de despegar. La ecuación (2) es la relación teórica buscada para la carrera de despegue. En nuestro caso particular tenemos los valores numéricos

$$m=\frac{75\,000}{32{,}2}=2329\ \text{slugs}$$

$$C_{L0}=\frac{W}{\frac{1}{2}\rho V_0^2 A_p}=\frac{75\,000}{\frac{1}{2}(0{,}00237)(135)^2(2500)}=1{,}39$$

$$C_{D0}=0{,}02+0{,}0455(C_{L0})^2=0{,}108$$

$$k\approx\tfrac{1}{2}C_{D0}\,\rho A_p=(\tfrac{1}{2})(0{,}108)(0{,}00237)(2500)=0{,}319\ \text{slug/ft}$$

$$D_0=k_0V_0^2=5820\ \text{lb}$$

Por tanto, la ecuación (2) conduce a

$$S_0=\frac{2329\ \text{slugs}}{2\,(0{,}319\ \text{slug/ft})}\ \ln\frac{12\,000}{12\,000-5820}=3650\ \ln\ 1{,}94=2420\ \text{ft}\qquad \textit{Resp.}$$

En [13] se da un análisis más exacto teniendo en cuenta que k es variable, pero el resultado es prácticamente el mismo, salvo un error del 1 por 100.

REFERENCIAS

1. H. Schlichting, «Boundary Layer Theory», 6.ª ed., McGraw-Hill, Nueva York, 1968.
2. F. M. White, «Viscous Fluid Flow», McGraw-Hill, Nueva York, 1974.

3. L. Rosenhead (ed.), «Laminar Boundary Layers», Oxford University Press, Londres, 1963.
4. P. J. Roache, «Computational Fluid Dynamics», Hermosa, Alburquerque, N. M., 1972.
5. R. H. Pletcher y C. L. Dancey, «A Direct Method of Calculating through Separated Regions in Boundary Layer Flow», *J. Fluids Eng.*, septiembre 1976, páginas 568-572.
6. P. K. Chang, «Control of Flow Separation», McGraw-Hill, Nueva York, 1976.
7. T. von Kármán, On Laminar and Turbulent Friction, *Z. Angew. Math. Mech.*, volumen 1, 1921, págs. 235-236.
8. G. B. Schubauer y H. K. Skramstad, Laminar Boundary Layer Oscillations and Stability of Laminar Flow, *Natl. Bur. Stand. Res. Pap.* 1772, abril 1943 (véase también *J. Aero. Sci.*, vol. 14, 1947, págs. 69-78, y *NACA Rep.* 909, 1947).
9. T. Cebeci y A. M. O. Smith, «Analysis of Turbulent Boundary Layers», Academic, Nueva York, 1974.
10. P. W. Runstadler, Jr., y col., Diffuser Data Book, Creare Inc., *Tech. Note* 186, Hanover, N. H., mayo 1975.
11. B. Thwaites, Approximate Calculation of the Laminar Boundary Layer, *Aeronaut. Q.*, vol. 1, 1949, págs. 245-280.
12. S. F. Hoerner, «Fluid Dynamic Drag», published by the author, Midland Park, N. J., 1965.
13. Dommasch, D. O., S. S. Sherby y T. F. Connally, «Airplane Aerodynamics», 4.ª ed., Pitman, Nueva York, 1967.
14. V. Tucker y G. C. Parrott, Aerodynamics of Gliding Flight of Falcons and Other Birds, *J. Exp. Biol.*, vol. 52, 1970, págs. 345-368.
15. J. P. Comstock (ed.), «Principles of Naval Architecture», Society of Naval Architects and Marine Engineers, Nueva York, 1967.
16. I. H. Abbott y A. E. von Doenhoff, «Theory of Wing Sections», Dover, Nueva York, 1959.
17. R. L. Kline y F. F. Fogleman, Airfoil for Aicraft, U. S. Patent 3 706 430, diciembre 19, 1972.
18. T. Y. Yu y col. (eds.), «Swimming and Flying in Nature: Proceedings of a Symposium», 2 vol., Plenum, Nueva York, 1975.
19. National Committee for Fluid Mechanics Films, «Illustrated Experiments in Fluid Mechanics», M.I.T. Press, Cambridge, Mass., 1972.

PELICULAS RECOMENDADAS

Películas número 1, 2, 8, 9, 11, 14 y 15 del apéndice C.

PROBLEMAS

7.1 Sobre una placa plana fluye aire a 20° C y 15 m/s. Determinar a qué distancia x, desde el borde de ataque, el espesor de la capa límite es (*a*) 10 cm; (*b*) 1 mm.

7.2 Sobre una placa plana fluye mercurio a 20° C con una velocidad de 5 ft/s. Determinar la distancia x desde el borde de ataque para la que el espesor de la capa límite sea (*a*) 1 in; (*b*) 0,01 in.

7.3 Para la validez de la ecuación (7.1*b*) se considera que la capa límite de la placa es turbulenta desde el borde de ataque. Dé un procedimiento para determinar el espesor de la capa límite de forma más precisa cuando el flujo es laminar hasta un punto donde se alcanza $\mathrm{Re}_{x,\mathrm{crit}}$ y turbulento aguas abajo. Aplique este procedimiento al cálculo del espesor de la capa límite para $x=5$ ft, en un flujo de aire a 120 ft/s y 20° C sobre una placa plana. Compárelo con el valor de la ecuación (7.1*b*). Considere $\mathrm{Re}_{x,\mathrm{crit}}=10^6$.

7.4 Aire a 20° C procedente de un depósito fluye entre dos placas planas separadas 10 cm. La velocidad media del aire es 25 m/s, y el espesor de la capa límite es despreciable a la entrada. Estimar a qué distancia de la entrada las capas límites de la placa superior e inferior se encuentran.

7.5 Desde un depósito fluye aceite SAE 30 a 1,5 ft/s y 20° C por un tubo de 6 in de diámetro. Utilizar la teoría de la placa plana para estimar la distancia a la que la capa límite alcanza el centro del tubo.

7.6 Para la capa límite laminar de perfil parabólico dado por la ecuación (7.3), determinar la relación θ/δ y comparar el resultado con las ecuaciones (7.4) y (7.32). Calcular también el factor de forma δ^*/θ.

7.7 Repetir el análisis integral de la sección 7.2 para la placa plana reemplazando el perfil parabólico, ecuación (7.3), por el perfil lineal $u/U \approx y/\delta$. Calcular c_f, θ/x, δ^*/x y H.

7.8 Repetir el problema 7.7, pero utilizando el perfil sinusoidal de velocidades (casi exacto)

$$u/U \approx \operatorname{sen}(\pi y/2\delta)$$

Compárese la forma de este perfil con el de Blasius de la figura 7.5.

7.9 ¿A qué número de Reynolds Re_x las fórmulas para la capa límite laminar y turbulenta en una placa plana predicen el mismo espesor relativo δ/x? ¿Para qué Re_x es 10 veces más gruesa la capa turbulenta? ¿Y 100 veces más gruesa? ¿Puede interpretar el resultado?

7.10 Una placa plana de 40 por 80 cm se introduce en una corriente de glicerina a 20° C y una velocidad de 5 m/s. Determinar la resistencia viscosa de la placa si el lado paralelo a la corriente es (*a*) el corto; (*b*) el largo.

7.11 Repetir el problema 7.10 si el fluido es agua a 20° C. Considere que la transición ocurre cuando $\mathrm{Re}_x = 3 \times 10^6$.

7.12 Repetir el problema 7.11 si la placa es de acero con una rugosidad de 2 mm y el número de Reynolds de transición es 5×10^5.

7.13 Se remolca una placa de 3 m de ancha y 15 m de larga, con una velocidad de 4 m/s, sumergida en agua en reposo a 20° C. Determinar la potencia necesaria para remolcar si la placa es (*a*) lisa; (*b*) rugosa, $\varepsilon = 0{,}25$ mm.

7.14 Un dirigible tiene la forma aproximada de un elipsoide de 250 ft de largo y 50 ft de diámetro. Determinar la resistencia de fricción superficial en libras y la potencia en caballos necesarias para que el dirigible se mueva a 60 mi/h (88 ft/s) en aire en calma a 68° F y 12 $\mathrm{lbf/in^2}$ de presión.

7.15 Un barco tiene 225 m de largo y una superficie mojada de 7200 $\mathrm{m^2}$. Determinar la resistencia de fricción y la potencia necesaria para vencer la fricción si la superficie es lisa y el barco se mueve a 14 nudos en agua de mar a 20° C.

7.16 Un túnel aerodinámico tiene una cámara de ensayos de 6 m de longitud y sección cuadrada de 1 m de lado, por la que se mueve aire a 20° C con una velocidad media de 30 m/s. Se intenta compensar el efecto de crecimiento de la capa límite introduciendo una pequeña apertura angular hacia fuera de las cuatro paredes, con vista a mantener constante la velocidad en la cámara de ensayos. Calcular el ángulo de apertura para que V sea constante entre $x=2$ m y $x=4$ m.

7.17 Una hidroala de 60 cm de larga y 3 m de ancha se mueve en agua a 20° C con una velocidad de 14 m/s. Utilizando la teoría de la placa plana, determinar su resistencia en newtones si $\text{Re}_{tr} = 5 \times 10^5$ cuando (*a*) la pared es lisa y (*b*) es rugosa; $\varepsilon = 0{,}1$ mm.

7.18 Un avión reactor comercial vuela a 550 mi/h a una altura estándar de 35 000 ft. Si tuviese un ala de pared lisa de 22 ft de cuerda y 175 ft de envergadura, determinar la resistencia de fricción del ala y la potencia necesaria para vencerla. Si el ala es rugosa y necesita una potencia de 12 000 hp para vencer la resistencia, determinar la rugosidad del ala.

7.19 El número de Reynolds de transición en un tubo es aproximadamente 2300, ecuación (6.2). ¿Cómo se puede relacionar este valor con el de la placa plana $\text{Re}_{x,\text{crit}}$ si U en la capa límite es análoga a $u_{\text{máx}}$ en el tubo y δ es análogo al radio del tubo? ¿Puede interpretar este resultado en relación con la posibilidad de evitar la transición?

7.20 Puesto que en la figura 7.6 C_D decrece con Re_L tanto en flujo laminar como turbulento sobre una placa plana, ¿significa esto que la resistencia decrece con la velocidad? Definir un parámetro adimensional ξ que pueda representarse en función de Re_L y que muestre directamente la variación de la resistencia con la velocidad. Escribir una expresión para ξ en función de Re_L para el flujo turbulento sobre una placa plana lisa.

7.21 Para ilustrar la posible utilidad del problema 7.20, considere el problema siguiente: sobre una placa plana de 2 m de larga y 6 m de ancha fluye agua a 20° C. Si la resistencia de fricción es 5000 N, ¿cuál es la velocidad del agua?

7.22 La capa límite atmosférica es muy gruesa, pero sigue un comportamiento muy semejante al de la placa plana. Considere un viento de 10 m/s a una altura de 80 m por encima de una playa lisa. Estimar en pascales el esfuerzo que ejerce el aire sobre la playa si las condiciones del aire son las estándar al nivel del mar. ¿Cuál será la velocidad del aire a la altura de su nariz si (*a*) usted está de pie y su nariz está a 170 cm del suelo; (*b*) usted está tumbado en la arena y su nariz está a 17 cm del suelo?

7.23 Haga una extensión del ejemplo 7.5 para representar c_f en función de x/L desde 0 hasta 0,123 para $U_0 L/\nu = 10^6$. Como comparación represente también c_f en función de x/L a partir de la teoría de la placa plana tomando $U = U_0 = \text{constante}$.

7.24 Como caso modelo semejante al del ejemplo 7.5, Howarth propuso también la distribución de velocidades $U = U_0(1 - x^2/L^2)$ con gradiente adverso de presión y determinó, utilizando un método de desarrollos en serie, el punto de separación $x_{\text{sep}}/L = 0{,}271$. Determinar la separación con el método de Thwaites y compare el resultado.

7.25 H. Görtler propuso en 1957 como caso modelo de gradiente adverso

$$U = U_0/(1 + x/L)^n$$

y encontró que le separación para flujo laminar y $n = 1$ se producía en $x_{\text{sep}}/L = 0{,}159$. Compararlo con el método de Thwaites suponiendo $\theta_0 = 0$.

7.26 Repetir el problema 7.25 para $n = 2$ y comparar con el resultado de Görtler, $x_{\text{sep}}/L = 0{,}078$.

7.27 En el flujo alrededor de un cilindro circular de radio R como el de la figura P7.27, la distribución no viscosa de velocidades sobre la superficie es $U = 2U_0 \text{ sen } (x/R)$, donde U_0 es la velocidad no perturbada y x la longitud del arco medida desde el punto de remanso frontal (Cap. 8). Calcular por el método de Thwaites el punto de separación laminar x_{sep}(o θ_{sep}) y compararlo

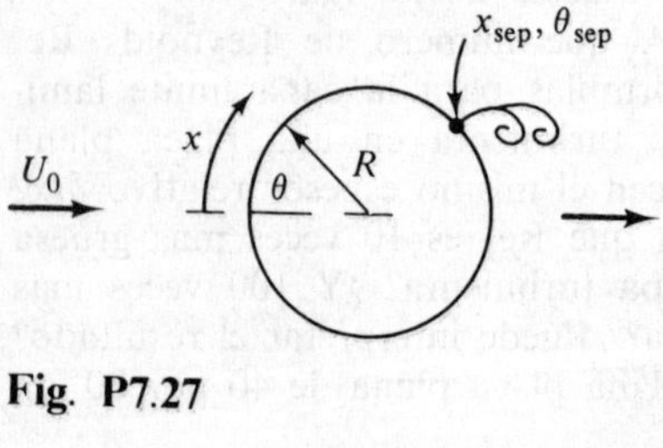

Fig. P7.27

con la solución numérica $x_{sep}/R = 1{,}823$. ($\theta_{sep} = 104{,}5°$) dada por R. M. Terrill en 1960.

7.28 El perfil de velocidades

$$u = U(1 - e^{-4,6y/\delta})$$

corresponde a una curva continua con valores $u=0$ en $y=0$ y $u=0{,}99U$ en $y=\delta$ y, por tanto, parecería razonable que pudiese sustituir al perfil parabólico de la ecuación (7.3). Cuando se utiliza este nuevo perfil en la teoría integral de la capa límite para la placa plana, sección 7.2, se obtienen los resultados $\delta/x = 9{,}2/\mathrm{Re}_x^{1/2}$ y $c_f = 1/\mathrm{Re}_x^{1/2}$, que son un 80 y un 50 por 100 más altos, respectivamente, que los verdaderos. ¿Cuál es la razón de esta discrepancia?

7.29 Considere el difusor de anchura constante b y paredes planas de la figura P7.29, que es similar al de la figura 6.25*a*. Si x se mide desde la entrada y las capas límites de las paredes son delgadas, mostrar que la velocidad $U(x)$ en el difusor está dada aproximadamente por

$$U = U_0/[1 + 2x\ \mathrm{tg}(\theta)/W]$$

donde W es la altura a la entrada. Utilizar el método de Thwaites, junto con esta distribución de velocidades, para determinar el ángulo θ de las paredes para el que el desprendimiento se produce a la salida, cuando la longitud del difusor es $L = 2W$. Obsérvese que el resultado es independiente del número de Reynolds.

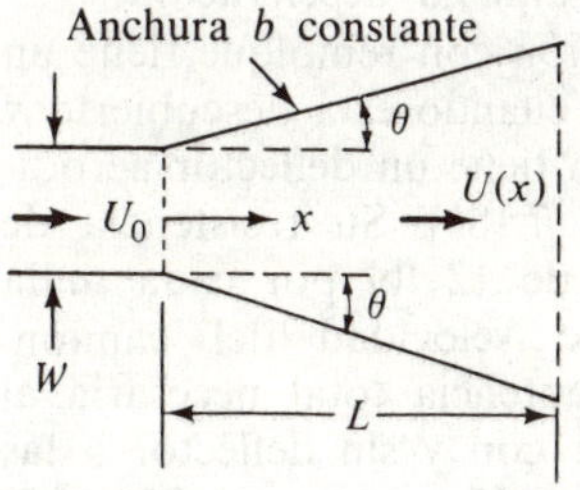

Fig. P7.29

7.30 En la figura P7.30 la pared superior inclinada genera un gradiente favorable de presiones en la cara superior de la placa plana. Utilizar la teoría de Thwaites para obtener un valor aproximado de

$$C_D = F/\tfrac{1}{2}\rho U_0^2 bL$$

en la superficie superior de la placa si $U_0 L/\nu = 10^5$. Compararlo con el de la ecuación (7.26).

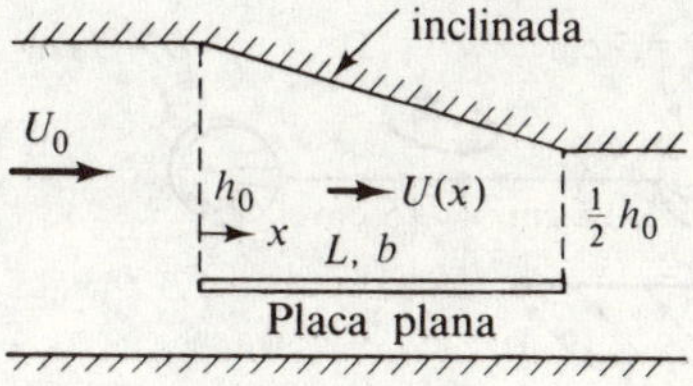

Fig. P7.30

7.31 Una placa plana muy ancha de 0,6 in de larga se introduce en una corriente de aire de 9 m/s en condiciones estándar al nivel del mar. Calcular la resistencia por unidad de anchura si el borde de 0,6 m de longitud de la placa es (*a*) paralelo a la corriente; (*b*) normal a la corriente.

7.32 Según la Tabla 7.2, el C_D de una placa normal a la corriente es 2. Si la corriente incidente tiene una velocidad U_∞ y presión p_∞, mostrar que la presión en la parte posterior de la placa es $p_b \cong p_\infty - \frac{1}{2}\rho U_\infty^2$ si aceptamos que la presión media en la parte frontal de la placa es la de remanso p_0 (realmente es un poco más baja).

7.33 Una chimenea de 2 m de diámetro y 40 m de altura está, en una tormenta, expuesta a vientos de 20 m/s. Determinar la fuerza aerodinámica sobre la chimenea y el momento flector en la base.

7.34 Un bote remolca un tronco de 2 m de diámetro y 25 m de largo en agua a una velocidad de 3,5 m/s. Determinar la potencia necesaria si el eje del tronco es (*a*) paralelo y (*b*) normal a la corriente.

7.35 Un anemómetro tiene dos cazoletas de 5 cm de diámetro unidas al eje de giro por dos varillas de 15 cm cada una, como se muestra en la figura P7.35. Si el par resistente del cojinete del eje de giro es $T_0 = 0{,}01$ N · m, calcular la velocidad angular de giro, Ω, del anemómetro en revoluciones por minuto si $U = (a)$ 5 m/s; (*b*) 10 m/s. Suponga el aire en condiciones estándar al nivel del mar. Puede despreciarse la resistencia de las varillas.

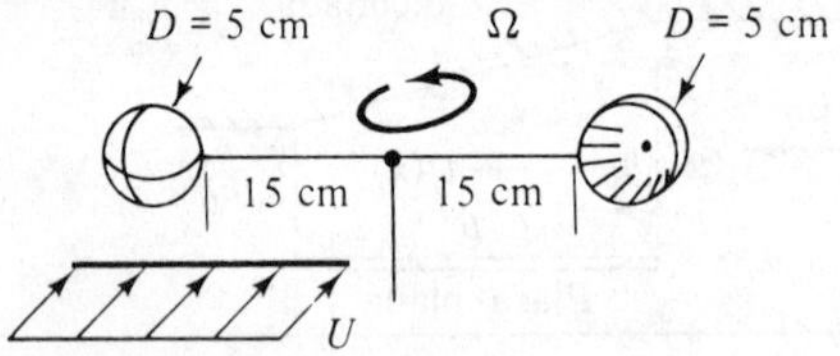

Fig. P7.35

7.36 Un paracaidista se lanza desde un avión a 2400 m de altura estándar, con un paracaídas de 8,4 m de diámetro. El peso total del conjunto es 85 kgf. Determinar (*a*) la velocidad límite de caída a 2400 m y (*b*) el tiempo en caer desde los 2400 a los 1500 m.

7.37 La resistencia de una esfera a números de Reynolds muy bajos, $Re_D \ll 1$, fue calculada analíticamente por G. G. Stokes en 1851: $F = 3\pi\mu VD$ [2, págs. 222-226]. Esta fórmula es un ejemplo de la *ley de Stokes de los movimientos lentos*, donde la inercia es despreciable. Mostrar que el coeficiente de resistencia es $C_D = 24/Re_D$ en este régimen. Se deja caer una esfera de 1 mm de diámetro con una velocidad de 2,5 mm/s en glicerina a 20° C. ¿Es este un movimiento lento? Calcular (*a*) el número de Reynolds, (*b*) la resistencia y (*c*) la densidad relativa de la esfera.

7.38 Un balón de rugby pesa 0,91 lbf y tiene la forma aproximada de un elipsoide de 6 in de diámetro y 12 in de largo (Tabla 7.3). Si se lanza el balón a 45° con una velocidad inicial de 70 ft/s, determinar (*a*) la deceleración inicial y (*b*) la distancia horizontal recorrida, considerando que el aire está en condiciones estándar al nivel del mar. Despréciese la sustentación y el giro.

7.39 Repetir el problema 7.38 si la temperatura es 0° F al nivel del mar.

7.40 Un tanque de sedimentación para agua de un municipio tiene 3 m de profundidad, habiendo un flujo continuo de agua a 30 cm/s. Si se desea que sedimenten todas las partículas de 1 mm de diámetro (densidad relativa 2,6), deben caer al fondo antes de que el agua salga del tanque. ¿Cuál debe ser la longitud mínima del tanque?

7.41 Repetir el problema 7.40 si se busca sedimentar todas las partículas de 0,1 mm de diámetro.

7.42 Una red de pesca está formada por cuerdas de 1/32 in de diámetro, anudadas de tal modo que forman cuadrados de 1 × 1 in. Determinar la resistencia de 1 ft^2 de red cuando es arrastrada perpendicularmente a su plano con una velocidad de 8 ft/s en agua de mar a 20° C. ¿Qué potencia se necesita para arrastrar 500 ft^2 de red?

7.43 Un paracaidista llega a tierra, al nivel del mar, con una velocidad vertical de 3,6 m/s. El peso del conjunto es 100 kgf. ¿Cuál deberá ser el diámetro del paracaídas en metros?

7.44 Un coche de carreras tiene un coeficiente de resistencia de 0,3 y un área frontal de 1 m^2. Se utiliza un paracaídas para frenar el coche desde 80 a 40 m/s en 8 s. ¿Cuál debe ser el diámetro del paracaídas? ¿Qué distancia recorrerá durante la deceleración?

7.45 Un camión con remolque tiene un $C_D A = 85$ ft^2 cuando está descubierto y 75 ft^2 cuando tiene un deflector aerodinámico (Fig. 7.18*b*). Su resistencia de rodadura es de 12 lbf por cada milla por hora de velocidad del camión. Calcular la potencia total necesaria al nivel del mar con y sin deflector a las velocidades (*a*) 55 mi/h y (*b*) 75 mi/h.

7.46 Un camión de reparto cuando está vacío tiene un $C_D A = 3{,}15$ m^2. Determinar la potencia necesaria para mover el camión a 25 m/s cuando

Fig. P7.46

(*a*) está vacío; (*b*) cuando lleva un letrero de 1 por 2 m como el de la figura P7.46, siendo la resistencia de rodadura de 670 N al nivel del mar.

7.47 Una sonda de placa caliente sobre un cono de 60° está montada en el extremo de una varilla de 5 mm de diámetro, en una corriente de aire de 45 m/s al nivel del mar, figura P7.47. Determinar la resistencia total del instrumento, el momento flector en el encastre (punto *B*) y el esfuerzo cortante en el encastre de la varilla en newtones por centímetro cuadrado.

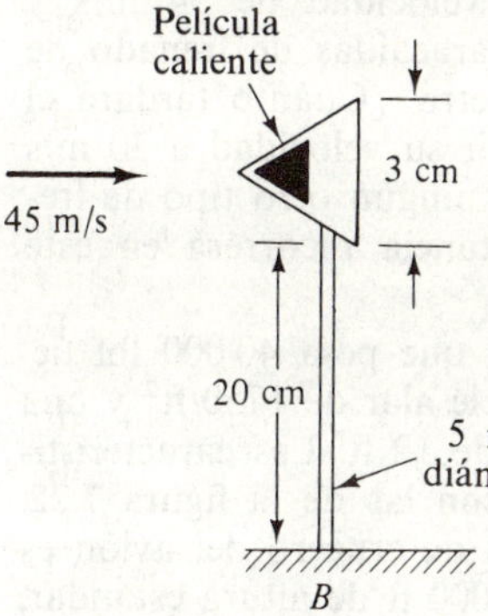

Fig. P7.47

7.48 Un depósito de agua, esférico de 15 m de diámetro, está montado sobre una columna de 1 m de diámetro y 20 m de altura. Determinar el momento flector en el encastre de la columna debido a las fuerzas aerodinámicas durante un huracán con vientos de 35 m/s.

7.49 Un globo inflado con helio está diseñado para tener una velocidad ascensional al nivel del mar de 4,5 m/s. La presión del helio es 140 kPa. El globo y su carga de pago pesan 530 N, sin incluir el peso del helio. Despreciando la resistencia de la carga de pago, determinar el diámetro del globo.

7.50 Repetir el problema 7.49 para una velocidad ascensional de 10 m/s.

7.51 Una burbuja de aire de 1 mm de diámetro se eleva en agua y una gota de agua, también de 1 mm, cae en el aire. ¿Cuál de las dos tiene la velocidad límite más alta? ¿Cuál es la relación entre estas velocidades?

7.52 Una bala de cañón de 15 cm de diámetro (densidad relativa 7,9) se deja caer en el océano estando el agua a 20° C. ¿Cuál será la velocidad límite de la bala? ¿Cuánto tiempo tardará en llegar al punto situado a 3600 m de profundidad?

7.53 Repetir el problema 7.14 estimando la resistencia total y la potencia necesaria del dirigible a partir de la Tabla 7.3. ¿Qué porcentaje de la resistencia total es de fricción?

7.54 En cierto anuncio de la televisión de los años 70 unos fabricantes anunciaban que su champú era superior al de la marca X porque cuando se dejaba caer una perla (densidad relativa 2,5) en su producto bajaba más lenta que en el de la marca X. ¿Qué demuestra este ensayo, y cómo se relaciona con la efectividad del champú?

7.55 Suponga que una partícula de polvo radiactivo se considera de forma esférica y peso específico 26 000 N/m³. ¿Cuántos días tardaría, aproximadamente, la partícula en depositarse en la tierra desde una altura de 10 km si el diámetro de la partícula es (*a*) 1 μm; (*b*) 10 μm?

7.56 Un pilote de un muelle tiene 60 cm de diámetro, está sumergido 12 m en el agua del mar, y está sometido en las mareas a una corriente de 2 m/s. Determinar el momento flector, en newtones-metro, en la base del pilote.

7.57 Un paracaidista de exhibición con

paracaídas cerrado pesa 175 lbf y tiene un $C_D A = 9$ ft^2 cuando desciende en cruz horizontal y 1,2 ft^2 cuando desciende recto y vertical [12, pág. 340]. ¿Cuál es la velocidad límite máxima y mínima que puede alcanzar el paracaidista a 5000 ft de altura estándar?

7.58 Haga un análisis del problema 7.57 para determinar, suponiendo constante $C_D A$, la aceleración del paracaidista que arranca del reposo. Muestre que el paracaidista alcanza el 99 por 100 de la velocidad límite en el instante $t \approx 2{,}65(2W/\rho g^2 C_D A)^{1/2}$. Calcular este tiempo de aceleración, en segundos, para las dos resistencias dadas en el problema 7.57.

7.59 Suponga que el motor de un coche puede suministrar 40 hp a las ruedas. El área frontal del coche es 20 ft^2 y la resistencia de rodadura es 1 lbf por cada milla por hora de velocidad. Calcular la velocidad máxima en millas por hora para (*a*) un coche moderno, $C_D = 0{,}3$; (*b*) un coche antiguo, $C_D = 0{,}9$.

7.60 Un mezclador giratorio está formado por dos canalones semicirculares de 1 m de longitud que giran alrededor de un eje central, como muestra la figura P7.60. Determinar, utilizando el coeficiente de resistencia de la Tabla 7.2, el par necesario para mover el mezclador a velocidad angular Ω en un fluido de densidad ρ. Suponer que el fluido es agua a 20° C y que la potencia disponible máxima es 20 kW. ¿Cuál es la velocidad de giro máxima Ω en revoluciones por minuto?

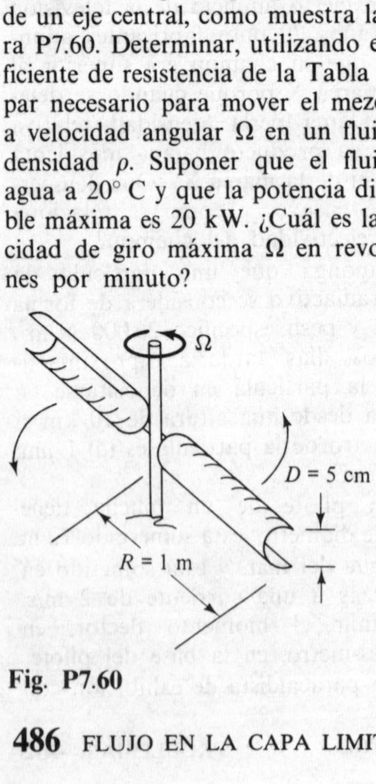

Fig. P7.60

7.61 Una pelota de densidad relativa $s < 1$ se introduce en agua con una velocidad de entrada V_0 penetrando una distancia h y saliendo de nuevo, como muestra la figura P7.61. Haga un análisis dinámico de este problema, considerando constante el coeficiente de resistencia, y obtenga una expresión para h como función de los parámetros del sistema. ¿Cuánto penetrará una pelota de 5 cm de diámetro con $s = 0{,}5$ y $C_D \approx 0{,}47$ si entra en el agua a 10 m/s?

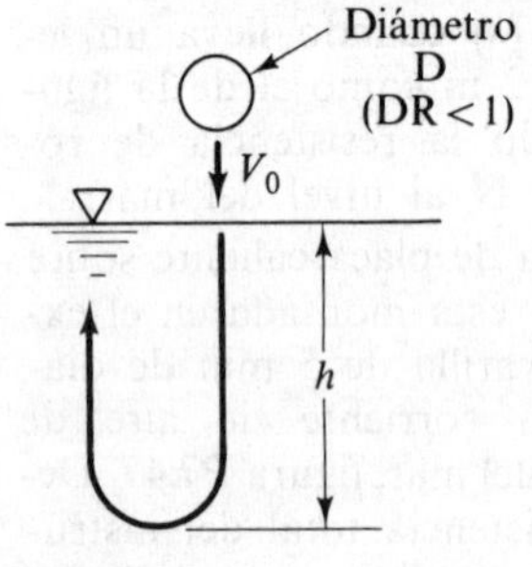

Fig. P7.61

7.62 Un avión de 22 000 kg con un $C_D A = 16$ m^2 toma tierra al nivel del mar con una velocidad de 54 m/s y despliega un paracaídas de frenado de 8,5 m de diámetro. ¿Cuánto tardará el avión en reducir su velocidad a 30 m/s si no se utiliza ningún otro tipo de frenos? ¿Qué distancia recorrerá en este tiempo?

7.63 Un avión que pesa 40 000 lbf tiene una superficie alar de 1750 ft^2 y una cuerda media de 12 ft. Las características del perfil son las de la figura 7.22. Si la velocidad de crucero del avión es 250 mi/h a 10 000 ft de altura estándar, ¿cuál es la resistencia aerodinámica del ala y cuál es la potencia necesaria?

7.64 El avión del problema 7.63 está diseñado para aterrizar a una velocidad $V_0 = 1{,}2\,V_{per}$ utilizando un flap de intradós deflectado 60°. En estas condiciones, ¿cuál es la velocidad de aterrizaje V_0 en millas por hora y cuál es la resistencia? ¿Cuál es la potencia necesaria para despegar a la misma velocidad?

7.65 Suponga que el avión del problema 7.63 tiene la misma potencia de crucero, pero que está equipado con perfiles NACA 63-009 (Fig. 7.23), por supuesto lisos y pulidos. ¿Cuál es la nueva velocidad de crucero y en qué porcentaje se incrementa sobre las 250 mi/h?

7.66 Las ecuaciones (7.70) y (7.71) dan resultados excelentes para alas de envergadura finita con ángulos de ataque inferiores al de entrada en pérdida. Utilícelas para mostrar que el valor máximo de la relación sustentación-resistencia se obtiene cuando $C_D = 2C_{D\infty}$. ¿Cuál es $(L/D)_{\text{máx}}$ y α para un ala simétrica ($h=0$) cuando $AR=7$ y $C_{D\infty}=0{,}006$?

7.67 Un avión o un pájaro en vuelo de planeo tienen un movimiento descendente con velocidad V y ángulo de planeo θ (medido hacia abajo desde la horizontal) tal que el peso queda equilibrado por la sustentación y la resistencia. Mostrar que para esta condición la velocidad de descenso, o componente u de la velocidad hacia abajo, es tal que

$$\frac{u}{V} \approx \operatorname{tg}\theta \approx \frac{\text{resistencia}}{\text{sustentación}}$$

Cuando L/D es máximo se tiene el valor mínimo del ángulo de planeo y también el valor máximo de la distancia de planeo. ¿Cuál será el ángulo mínimo de planeo para el ala del problema 7.66?

7.68 Un velero pesa 2000 N, tiene una superficie alar de 10 m^2 y un alargamiento de 9, estando equipado con perfiles NACA 0009. ¿Cuál es su velocidad de entrada en pérdida en metros por segundo? ¿Cuál es el ángulo mínimo de planeo? ¿Cuál es la distancia máxima que recorre planeando en aire en calma si está inicialmente a 1500 m sobre el nivel del suelo?

7.69 Los valores típicos de la envergadura y superficie alar de un halcón son de 80 cm y 0,11 m^2, respectivamente, con un ángulo de planeo mínimo de 5,5° y $C_L=1{,}1$ [14]. Determinar la resistencia mínima $C_{D\infty}$ del halcón y compararla con la de la figura 7.16.

7.70 Los halcones de características descritas en el problema 7.69 planean normalmente con ángulos de 8° en un rango de velocidades desde 8 a 14 m/s [14]. El peso medio del halcón es de 7 N. Determinar los coeficientes de sustentación y resistencia del halcón a las velocidades de planeo de (*a*) 8 m/s; (*b*) 11 m/s; (*c*) 14 m/s.

7.71 La resistencia mínima, o «parásita», de una paloma se da en la figura 7.16. Una paloma tiene un peso de 1,2 lbf, una envergadura de 2 ft, una superficie alar de 0,85 ft^2 y un $C_{L,\text{máx}}=1{,}5$. ¿Cuál es la velocidad de entrada en pérdida de la paloma? ¿Cuál es su ángulo mínimo de planeo? ¿En qué margen de velocidades puede planear con un ángulo de 10°?

7.72 Antes de la guerra había una controversia, quizá banal, acerca de la razón aerodinámica legítima de volar de los abejorros. El peso medio de los abejorros (*Bombus terrestris*) es 0,88 g, la envergadura alar de 1,73 cm y la superficie alar de 1,26 cm^2. Pueden volar realmente a una velocidad de 10 m/s. Utilizando la teoría de alas fijas, ¿cuál es el coeficiente de sustentación de la abeja a esta velocidad? ¿Es este valor razonable para perfiles típicos?

7.73 El abejorro, aleteando, puede mantenerse con velocidad nula a punto fijo. Utilizando los datos del problema 7.72, idear una teoría para alas batientes donde las alas en el movimiento descendente se aproximan por una pequeña placa normal al flujo (Tabla 7.3) y se desprecia la resistencia en su movimiento ascendente. ¿Cuántos aleteos por segundo de este tipo de alas son necesarios para soportar el peso de la abeja? (Las medidas en abejas muestran una frecuencia de 194 Hz.)

7.74 Supóngase que el avión del problema 7.63 está equipado con todos los mejores mecanismos hipersustentadores de la figura 7.25. ¿Cuál es la velocidad mínima de entrada en pérdida en millas por hora? Determinar la distancia recorrida hasta pararse si toma tierra con $V_0=1{,}25V_{per}$ con $C_L=3$ y $C_D=0{,}2$ constantes y la fuerza de frenado es igual al 20 por 100 del peso en las ruedas.

7.75 Supóngase que el avión del problema 7.63 despega al nivel del mar sin utilizar los flaps y con C_L constante, de modo que la velocidad se despegue es 100 mi/h. Determinar la carrera de despegue si su empuje es de 2500 lbf. ¿En cuánto ha de incrementarse el empuje para despegar en 4000 ft?

7.76 Una embarcación de 2700 kg está equipada con una hidroala de 30 cm de cuerda y 1,8 m de envergadura, con $C_{L,\text{máx}}=1{,}4$ y $C_{D\infty}=0{,}05$. El motor puede suministrar 130 hp. ¿Cuál es la velocidad mínima para la cual la hidroala soporta el peso de la embarcación en agua de mar? ¿Cuál es la velocidad máxima que puede conseguir?

7.77 Un lanzador de pelota base lanza una pelota con efecto a 96 k/h y una velocidad de giro de 1500 rpm alrededor de un eje vertical. Mediante experimentos se han observado en estas condiciones coeficientes de sustentación de 0,3. ¿Cuál será la desviación de la trayectoria curva respecto a la recta cuando la pelota alcance la base a una distancia de 18 m? Suponga que la pelota de 5,2 cm de diámetro pesa 145 grf.

7.78 En Providence, Rhode Island, en 1938, un furgón fue volcado por vientos huracanados de 75 mi/h. El furgón tenía 40 ft de largo, 10 ft de alto y 6 ft de ancho, aproximadamente. Las ruedas dejaban una holgura entre las vías y el furgón de 3 ft de alto. Los rieles estaban situados a 4,8 ft uno de otro. Determinar el valor máximo del peso del furgón. ¿Qué velocidad del viento volcaría un furgón de 35 000 lbf de peso?

CAPITULO

8 FLUJO INCOMPRESIBLE NO VISCOSO

8.1 INTRODUCCION

En este capítulo se trata con detalle el flujo no viscoso, usando las definiciones dadas en las secuencias 4.8 y 4.9 y la experiencia conseguida en los capítulos 6 y 7.

Sabemos que los efectos viscosos quedan confinados, en flujos a altos números de Reynolds (especialmente en flujos externos), a capas límite cerca de las superficies sólidas y a regiones desprendidas y estelas que aparecen cuando hay gradiente adverso de presiones. El flujo fuera de la capa límite es, esencialmente, no viscoso, y además supondremos aquí que es incompresible. Desarrollaremos técnicas para el análisis detallado de flujos no viscosos, los cuales pueden acoplarse con el de la capa límite, como se explicó en el capítulo 7.

La figura 8.1 nos recuerda el problema a tratar. En la parte frontal de casi todos los cuerpos hay una región de gradientes favorables y la capa límite estará adherida y será delgada: la teoría no viscosa dará excelentes resultados para la corriente exterior. En los flujos internos las capas límites crecen desde las paredes y al encontrarse desaparece el núcleo no viscoso. Pero la teoría no viscosa es aplicable en conductos «cortos» tal como la tobera de un túnel aerodinámico. Incluso en un flujo interno de «gran longitud» ($L/D > 10$) estaremos tentados a utilizar la teoría no viscosa como una primerísima aproximación porque es una teoría relativamente fácil, pero debemos tener en mente que tales cálculos son sólo una burda aproximación del flujo interno real.

La teoría no viscosa debería funcionar bien para los flujos externos de la figura 8.1, especialmente cerca de la parte frontal del cuerpo. Si hay desprendimiento de la capa límite en la parte posterior, la corriente desprendida deflectará y modificará las líneas de corriente no viscosas. A menos que la interacción se modele apropiadamente (un área de investigación actual), la teoría será sólo cualitativa en esa zona.

Como vimos en la sección 4.9, las ecuaciones del movimiento para un flujo no viscoso e incompresible son las de continuidad y cantidad de movimiento

$$\nabla \cdot \mathbf{V} = 0 \qquad \rho \frac{d\mathbf{V}}{dt} = -\nabla p + \rho \mathbf{g} \tag{8.1}$$

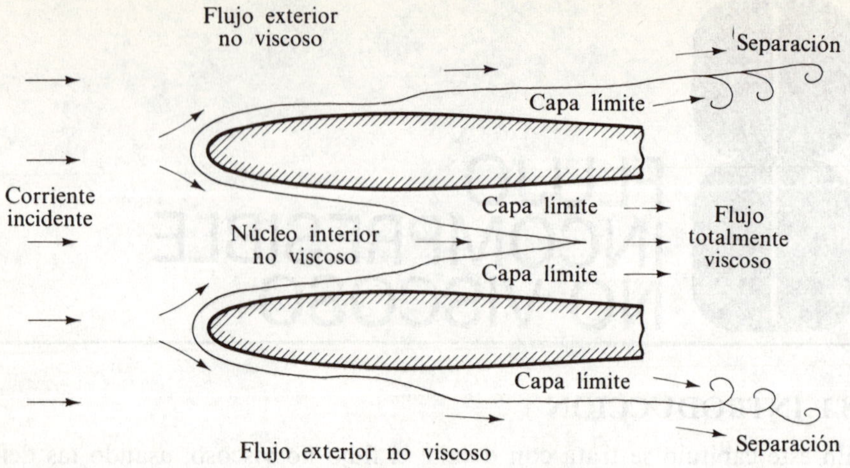

Fig. 8.1 Acoplamiento entre las regiones viscosas y no viscosas de un flujo. La teoría del presente capítulo no es aplicable a la zona de la capa límite.

Deberíamos resolver estas ecuaciones, con las condiciones de contorno apropiadas, para obtener la velocidad y presión; pero de hecho no lo haremos. Si despreciamos (1) los efectos viscosos, (2) los gradientes de entropía, (3) la estratificación y (4) los efectos no inerciales, el flujo será irrotacional, de modo que

$$\mathbf{V} = \nabla\phi$$

o
$$u = \frac{\partial \phi}{\partial x} \qquad v = \frac{\partial \phi}{\partial y} \qquad w = \frac{\partial \phi}{\partial z} \tag{8.2}$$

donde la función escalar ϕ es el potencial de velocidades. La ecuación de la continuidad se convierte en la de Laplace

$$\nabla^2 \phi = 0 \tag{8.3}$$

y la de cantidad de movimiento en la de Bernoulli

$$\frac{\partial \phi}{\partial t} + \frac{p}{\rho} + \tfrac{1}{2}V^2 + gz = \text{const} \tag{8.4}$$

Muchos de nuestros ejemplos serán flujos estacionarios, donde $\partial\phi/\partial t \equiv 0$. Las condiciones de contorno para la ecuación (8.3) son (1) la velocidad conocida en la corriente aguas arriba o en otros contornos de flujo libre

$$\frac{\partial \phi}{\partial x},\ \frac{\partial \phi}{\partial y}\ \text{y}\ \frac{\partial \phi}{\partial z}\ \text{conocidos} \tag{8.5}$$

y (2) no hay velocidad normal a las superficies sólidas fijas

$$\frac{\partial \phi}{\partial n}=0 \tag{8.6}$$

No hay condición para la velocidad tangencial $=\partial\phi/\partial s$ en la superficie sólida que debe determinarse como parte de la solución; aquí s es la coordenada a lo largo de la superficie.

A veces intervienen superficies sólidas en el flujo no viscoso; en tales casos se conoce la presión en dicha superficie, normalmente constante, igual a p_a. La ecuación (8.4) de Bernoulli da una relación entre $V=|\nabla\phi|$ en la superficie y la posición z de dicha superficie libre. Por ejemplo, en flujo estacionario

$$V^2=|\nabla\phi|^2=\text{const}-2gz \tag{8.7}$$

en la superficie libre.

¿Es este procedimiento mejor que utilizar directamente las ecuaciones (8.1)?, efectivamente, sí. El análisis de la ecuación (8.3) de Laplace que constituye la *teoría potencial* está muy bien desarrollado, con libros enteros escritos acerca de ella [1]. Hay muchas técnicas para encontrar las funciones potenciales que satisfacen la ecuación de Laplace, incluyendo (1) superposición de funciones elementales, (2) análisis numérico, (3) transformación conforme, (4) analogías eléctricas y (5) analogías mecánicas. Habiendo determinado $\phi(x, y, z, t)$ mediante alguno de estos procedimientos, determinamos **V** por derivación, ecuación (8.2), y después podemos calcular p de la ecuación (8.4). El procedimiento es bastante directo y se pueden obtener bastantes resultados interesantes, aunque idealizados. Se han escrito libros completos sobre flujos potenciales de fluidos no viscosos (por ejemplo, 2, 3].

Recuerde de la sección 4.7 que si el flujo está descrito por sólo dos coordenadas, existe también la función de corriente ψ. En flujo irrotacional plano, ψ satisface también la ecuación de Laplace. Por ejemplo, en coordenadas xy

$$u=\frac{\partial\psi}{\partial y} \qquad v=-\frac{\partial\psi}{\partial x} \tag{8.8}$$

La condición de irrotacionalidad se reduce a

$$\omega_z=0=\frac{\partial v}{\partial x}-\frac{\partial u}{\partial y}=\frac{\partial}{\partial x}\left(-\frac{\partial\psi}{\partial x}\right)-\frac{\partial}{\partial y}\left(\frac{\partial\psi}{\partial y}\right)=-\nabla^2\psi(x,\ y) \tag{8.9}$$

Por tanto, el flujo plano irrotacional no viscoso requiere que

$$\frac{\partial^2\psi}{\partial x^2}+\frac{\partial^2\psi}{\partial y^2}=0 \tag{8.10}$$

De igual forma, la función de corriente en coordenadas polares es

$$v_r = \frac{1}{r}\frac{\partial \psi}{\partial \theta} \qquad v_\theta = -\frac{\partial \psi}{\partial r} \tag{8.11}$$

La condición de irrotacionalidad es

$$\omega_z = 0 = \frac{1}{r}\frac{\partial}{\partial r}(r v_\theta) - \frac{1}{r}\frac{\partial}{\partial \theta}(v_r) =$$

$$= \frac{1}{r}\frac{\partial}{\partial r}\left(-r\frac{\partial \psi}{\partial r}\right) - \frac{1}{r}\frac{\partial}{\partial \theta}\left(\frac{1}{r}\frac{\partial \psi}{\partial \theta}\right) = -\nabla^2 \psi(r, \theta) \tag{8.12}$$

Que es también la ecuación de Laplace en coordenadas polares

$$\frac{1}{r}\frac{\partial}{\partial r}\left(r\frac{\partial \psi}{\partial r}\right) + \frac{1}{r^2}\frac{\partial^2 \psi}{\partial \theta^2} = 0 \tag{8.13}$$

Las condiciones de contorno son de nuevo velocidad conocida en la corriente libre y que no hay flujo a través de cualquier superficie sólida:

Corriente exterior: $\frac{\partial \psi}{\partial x}, \frac{\partial \psi}{\partial y}$ o $\frac{\partial \psi}{\partial r}, \frac{\partial \psi}{\partial \theta}$ conocidos (8.14*a*)

Superficie sólida: $\psi_{\text{cuerpo}} = \text{const}$ (8.14*b*)

La ecuación (8.14*b*) es particularmente interesante porque cualquier línea ψ constante puede interpretarse como una pared de un cuerpo y esto nos puede conducir a resultados interesantes.

Podemos calcular ϕ o ψ o ambas, y la solución será una *red de flujo* semejante a la de la figura 8.2. Una vez determinadas, cualquier serie de líneas puede considerarse como las líneas ϕ, y las otras serán las ψ. Ambas series de líneas son soluciones de la ecuación de Laplace y pueden hacer cualquiera de los dos papeles.

Una faceta intrigante del flujo potencial es que las ecuaciones (8.3) y (8.10) no contienen parámetros, ni tampoco las condiciones de contorno. Por tanto, las redes de flujo son puramente geométricas, dependiendo sólo de la forma del cuerpo, de la orientación de la corriente libre y, sorprendentemente, de la posición del punto de remanso posterior[1]. No hay número de Reynolds, Froude o Mach que compliquen la semejanza dinámica. En los flujos potenciales no viscosos sólo interviene la semejanza cinemática, sin necesidad de parámetros adicionales.

[1] La posición del punto de remanso posterior establece la circulación alrededor del cuerpo, dando lugar a una sustentación. De otro modo la solución no es única. Ver sección 8.4, ecuación (8.67) y figura 8.22.

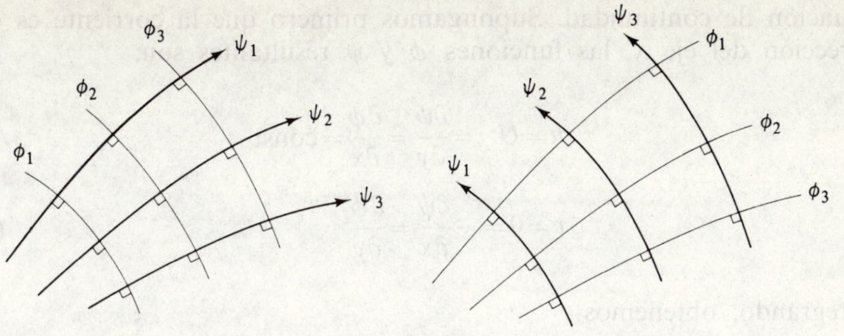

Fig. 8.2 Las líneas de corriente y equipotenciales son ortogonales y pueden invertirse sus papeles si los resultados son útiles: (*a*) flujo no viscoso típico: (*b*) lo mismo que en (*a*) pero con los papeles invertidos.

En el flujo tridimensional potencial no existe en general la función de corriente ψ, pero sí existe la función ϕ y resolveremos la ecuación (8.3) para determinar $\phi(x, y, z, t)$. Para el caso especial de flujo tridimensional axisimétrico existe la función $\psi(r, z)$, pero no satisface la ecuación de Laplace. Incluso en flujo axisimétrico es más corriente obtener ϕ que ψ.

8.2 SOLUCIONES ELEMENTALES EN FLUJOS PLANOS

Se pueden construir varios flujos potenciales de interés a partir de tres tipos de soluciones elementales:

1. Corriente uniforme.
2. Fuentes o sumideros.
3. Torbellinos.

Se pueden sumar los potenciales y las funciones de corriente de estos tres casos para generar varios resultados útiles. Para hacer esto contamos con el principio de superposición, que es válido porque la ecuación de Laplace es lineal. Esto es, si ϕ_1 y ϕ_2 son dos soluciones de la ecuación de Laplace, su suma también lo es. Si

$$\nabla^2\phi_1 = 0 \qquad \text{y} \qquad \nabla^2\phi_2 = 0$$

entonces

$$\nabla^2(\phi_1 + \phi_2) = 0 \tag{8.15}$$

Por supuesto, lo mismo es cierto para dos soluciones ψ_1 y ψ_2. Obtengamos las soluciones elementales.

Corriente uniforme

Una corriente de velocidad U_∞ constante tiene derivadas espaciales nulas y, por tanto, satisface idénticamente la condición de irrotacionalidad y la ecuación de continuidad. Supongamos primero que la corriente es en la dirección del eje x, las funciones ϕ y ψ resultantes son:

$$u = U_\infty = \frac{\partial \psi}{\partial y} = \frac{\partial \phi}{\partial x} = \text{const}$$

$$v = 0 = -\frac{\partial \psi}{\partial x} = \frac{\partial \phi}{\partial y} \tag{8.16}$$

Integrando, obtenemos

$$\psi = U_\infty y + C_1 \qquad \phi = U_\infty x + C_2 \tag{8.17}$$

Las constantes de integración C_1 y C_2 no afectan ni a las velocidades ni a las presiones. Por tanto, las ignoraremos y tomaremos

Corriente uniforme en la dirección x:

$$\psi = U_\infty y \qquad \phi = U_\infty x \tag{8.18}$$

Estas funciones se han representado en la figura 8.3*a* y consisten en una malla de líneas de corriente rectas perpendiculares a líneas equipotenciales también rectas. Es costumbre poner flechas en las líneas de corriente mostrando la dirección del flujo.

En coordenadas polares la ecuación (8.18) toma la forma

Corriente uniforme: $\psi = U_\infty r \text{ sen } \theta \qquad \phi = U_\infty r \cos \theta$ (8.19)

Por supuesto, la representación gráfica es exactamente la misma que la de la figura 8.3*a*.

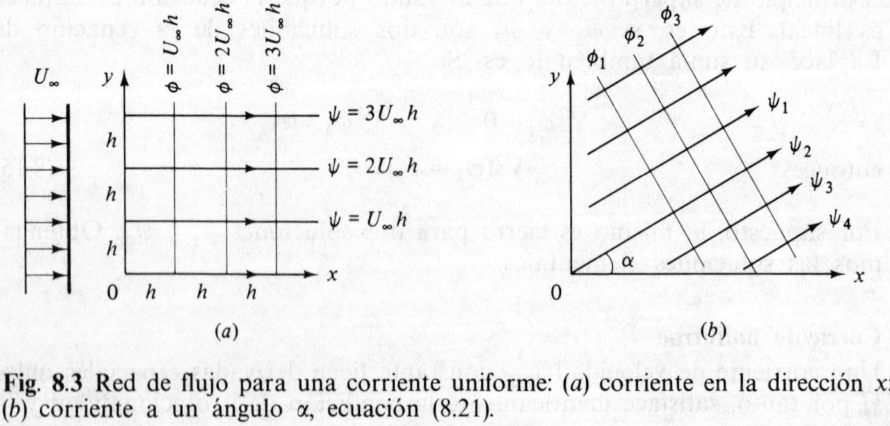

Fig. 8.3 Red de flujo para una corriente uniforme: (*a*) corriente en la dirección x; (*b*) corriente a un ángulo α, ecuación (8.21).

Si generalizamos a la corriente uniforme que forma un ángulo α con el eje x, como en la figura 8.3*b*, necesitamos que

$$u = U_\infty \cos\alpha = \frac{\partial\psi}{\partial y} = \frac{\partial\phi}{\partial x} \qquad v = U_\infty \operatorname{sen}\alpha = -\frac{\partial\psi}{\partial x} = \frac{\partial\phi}{\partial y} \qquad (8.20)$$

Integrando, obtenemos

Para la corriente uniforme a un ángulo α:

$$\psi = U_\infty (y \cos\alpha - x \operatorname{sen}\alpha) \qquad \phi = U_\infty (x \cos\alpha + y \operatorname{sen}\alpha) \qquad (8.21)$$

Esto es útil para problemas de perfiles con ángulo de ataque.

Fuentes o sumideros

Supongamos un tubo delgado situado en el eje z, que estuviese perforado y emitiese transversalmente un caudal uniforme a lo largo de su longitud. Mirando a lo largo del eje z, veríamos un flujo radial como se muestra esquemáticamente en la figura 8.4*a*. En flujo estacionario, la cantidad de fluido que atraviesa una superficie cilíndrica de radio r cualquiera y longitud b es constante

$$Q = v_r(2\pi r b) = \text{const} = 2\pi b m \qquad (8.22)$$

o

$$v_{r,\ \text{fuente}} = \frac{m}{r}$$

donde m es una constante. Si m es positivo tenemos una línea de fuentes o fuente bidimensional y un sumidero bidimensional si m es negativo. Obviamente las líneas de corriente de las fuentes apuntan hacia afuera

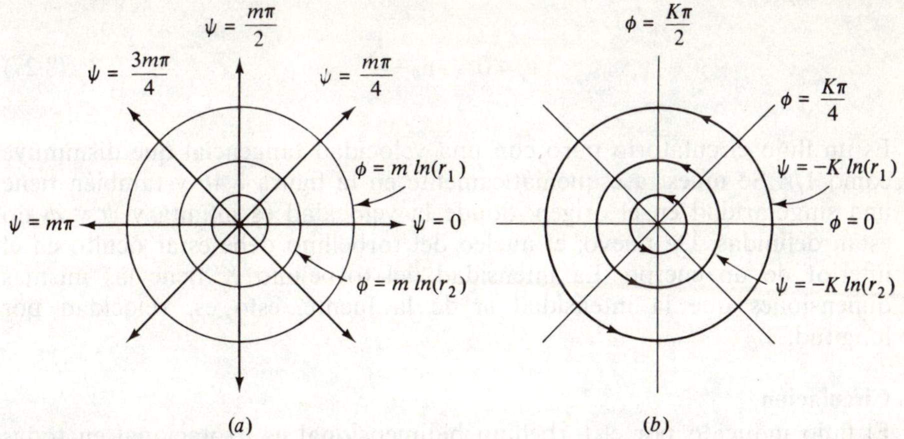

Fig. 8.4 Red de flujo para fuentes y torbellinos bidimensionales: (*a*) fuente, ecuación (8.24): (*b*) los papeles están invertidos en un torbellino, ecuación (8.26).

como en la figura 8.4*a*, y la velocidad tangencial v_θ es cero. Podemos obtener ψ y ϕ en coordenadas polares.

$$v_r = \frac{m}{r} = \frac{1}{r}\frac{\partial \psi}{\partial \theta} = \frac{\partial \phi}{\partial r} \qquad v_\theta = 0 = -\frac{\partial \psi}{\partial r} = \frac{1}{r}\frac{\partial \phi}{\partial \theta} \tag{8.23}$$

Integrando, obtenemos

$$\text{Línea de fuentes o sumideros: } \psi = m\theta \qquad \phi = m \ln r \tag{8.24}$$

Estas se han representado esquemáticamente en la figura 8.4*a* y tienen una forma más simple que la cartesiana.

$$\psi = m \text{ arc tg } \frac{y}{x} \qquad \phi = m \ln (x^2 + y^2)^{1/2} \tag{8.25}$$

Podemos comprobar, por simple sustitución, que ψ y ϕ satisfacen la ecuación de Laplace en cualquier sistema de coordenadas. Haremos hincapié en que esto corresponde a una distribución lineal de fuentes, no a una puntual. Todo el eje z es una línea de singularidades donde la velocidad radial es infinita y ψ y ϕ no están definidas. Cuando en un caso práctico se utiliza la fuente bidimensional, esta singularidad está oculta en el interior de un cuerpo.

Torbellino bidimensional

Supongamos ahora que invertimos los papeles de ϕ y ψ en la ecuación (8.24), tendremos

$$\psi = -K \ln r \qquad \phi = K\theta \tag{8.26}$$

Derivando cualquiera de ellas se obtiene la velocidad

$$v_r = 0 \qquad v_\theta = \frac{K}{r} \tag{8.27}$$

Es un flujo circulatorio puro con una velocidad tangencial que disminuye como $1/r$. Se muestra esquemáticamente en la figura 8.4*b* y también tiene una singularidad en el origen, donde la velocidad es infinita y ψ y ϕ no están definidas. De nuevo, el núcleo del torbellino debe estar oculto en el interior de un cuerpo. La intensidad del torbellino K tiene las mismas dimensiones que la intensidad m de la fuente, esto es, velocidad por longitud.

Circulación

El flujo inducido por el torbellino bidimensional es irrotacional en todas partes excepto en el origen, donde la vorticidad $\nabla \times \mathbf{V}$ es infinita. Esto significa que una cierta integral de línea denominada *circulación* Γ no se anula cuando se integra a lo largo de un circuito que encierra al núcleo del torbellino.

Haciendo referencia a la figura 8.5, la circulación se define como la integral a lo largo de una curva C, en el sentido contrario al de las agujas del reloj, de la componente de la velocidad tangente a la curva por la longitud del arco ds

$$\Gamma = \int_C V \cos \alpha \; ds = \int_C \mathbf{V} \cdot d\mathbf{s} = \int_C (u\,dx + v\,dy + w\,dz) \tag{8.28}$$

De la definición de ϕ, $\mathbf{V} \cdot d\mathbf{s} = \nabla\phi \cdot d\mathbf{s} = d\phi$ para un flujo irrotacional; por tanto, en general, Γ, en un flujo irrotacional, será igual al valor final de ϕ menos el valor inicial de ϕ. Puesto que arrancamos y terminamos en el mismo punto obtendremos $\Gamma = 0$; pero no para un torbellino: con $\phi = K\theta$, ecuación (8.26), hay un cambio de ϕ en una cantidad $2\pi K$ cuando damos una vuelta completa

A lo largo del torbellino: $\qquad \Gamma = 2\pi K \qquad$ (8.29)

Se puede hacer un cálculo alternativo, eligiendo como camino de integración una circunferencia de radio r alrededor del núcleo del torbellino, de la ecuación (8.28)

$$\Gamma = \int_C v_\theta \, ds = \int_0^{2} \frac{K}{r} \; r \; d\phi = 2\pi K \tag{8.30}$$

En general, Γ es igual a la suma algebraica de las intensidades de todos los torbellinos que haya en la región interior a la curva cerrada. En la próxima sección veremos que una región de circulación finita en una corriente estará sometida a una fuerza de sustentación proporcional a U_∞ y Γ.

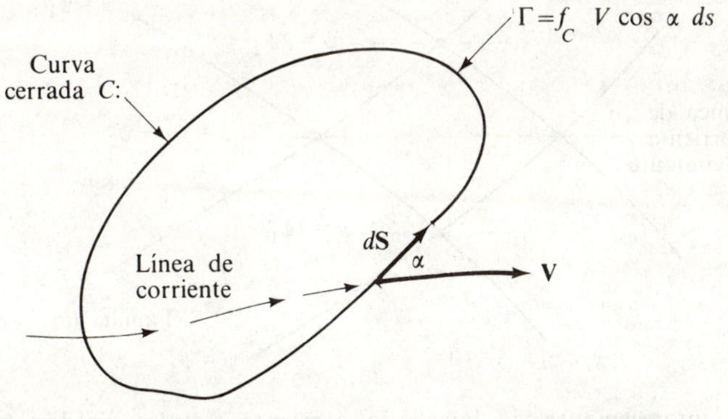

Fig. 8.5 Definición de la circulación Γ del fluido.

8.3 SUPERPOSICION DE SOLUCIONES DE FLUJOS PLANOS

Ahora podemos construir una variedad de flujos potenciales interesantes sin más que sumar los potenciales de velocidad y las funciones de corriente de una corriente uniforme, y de fuentes o sumideros y torbellinos. Por supuesto, muchos de los resultados son clásicos, necesitando sólo de un breve tratamiento aquí.

Para representar las líneas de corriente resultantes de la superposición podemos construir la función combinada $\psi_{tot} = \Sigma\psi_i$ y calcularemos los valores de x en función de y para valores constantes de ψ_{tot}. Pero una curiosa artimaña consiste en dibujar primero una serie de líneas de corriente individuales ψ_i, como se muestra esquemáticamente en la figura 8.6. La intersección entre ellas sirve de guía para dibujar las líneas de corriente combinadas. En la figura 8.6 la intersección de ψ_1 de la familia a con ψ_2 de la familia b es un punto de la línea de corriente combinada $\psi_1 + \psi_2$, lo mismo que la intersección de ψ_2 (familia a) y ψ_1 (familia b). A veces es esta superposición gráfica el camino más rápido para resolver el problema.

Fuente más sumidero de igual intensidad

Consideremos una fuente de intensidad m situada en $(x, y) = (-a, 0)$ combinada con un sumidero de intensidad $-m$ en $(+a, 0)$, como en la figura 8.7. De la figura 8.5a, cada componente tiene unas líneas de corriente radiales que arrancan de sus respectivos núcleos. Estas se han representado en línea suave en la figura 8.7. Para la fuente los valores de ψ aumentan en el sentido contrario a las agujas del reloj, mientras que en el sumidero los valores de ψ aumentan en el sentido de las agujas del reloj. Las líneas de corriente del conjunto pasan a través de las intersecciones, cuya suma tiene un valor constante. Estas se muestran con línea más

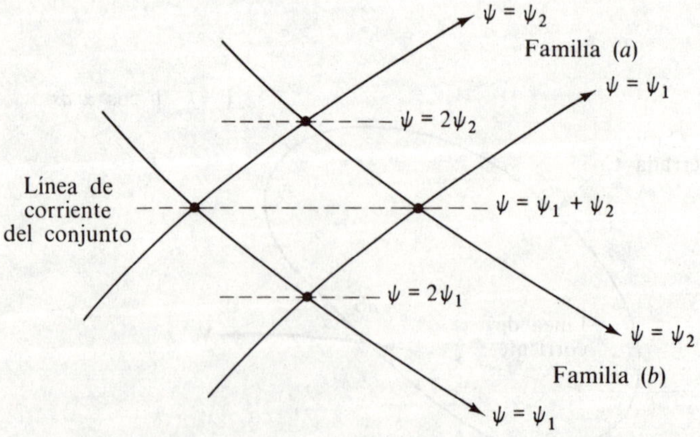

Fig. 8.6 Las intersecciones de líneas de corriente simples pueden unirse para construir las líneas de corriente combinadas.

gruesa y con flechas en la figura 8.7, resultando ser círculos que van de la fuente al sumidero.

Podíamos haber obtenido el mismo resultado analíticamente sumando las funciones de corriente de la fuente y sumidero, teniendo en cuenta la distinta posición de sus núcleos. De la ecuación (8.25)

$$\psi = \psi_{\text{fuente}} + \psi_{\text{sumidero}} = m \text{ arc tg } \frac{y}{x+a} - m \text{ arc tg } \frac{y}{x-a} \tag{8.31}$$

Pero si se da a esta expresión valores constantes diversos y se intenta representar las líneas de corriente sin ningún tipo de guía, encontrará que resulta mucho más laborioso que la solución gráfica.

Una vez que la solución gráfica nos ha revelado la forma de las curvas, podemos transformar la ecuación (8.31) hasta conseguir lo que esperamos encontrar. Utilizando la identidad trigonométrica

$$\text{arc tg } \alpha - \text{arc tg } \beta \equiv \text{arc tg } \frac{\alpha - \beta}{1 + \alpha\beta} \tag{8.32}$$

para reescribir la ecuación (8.31) como

$$\psi = -m \text{ arc tg } \frac{2ay}{x^2 + y^2 - a^2} \tag{8.33}$$

Que puede reagruparse en la forma

$$x^2 + \left(y + a \cot \frac{\psi}{m} \right)^2 = a^2 \csc^2 \frac{\psi}{m} \tag{8.34}$$

Por tanto, las líneas de corriente (ψ constante) son círculos de radio a csc (ψ/m) con centros sobre el eje y en $y = -a \cot(\psi/m)$. Todas las líneas de corriente pasan por los núcleos de la fuente y el sumidero $(\pm a, 0)$.

El potencial de velocidades del conjunto se obtiene de la ecuación (8.25) mediante una superposición análoga a la de la función de corriente:

$$\phi = \tfrac{1}{2} m \ln \frac{(x+a)^2 + y^2}{(x-a)^2 + y^2} \tag{8.35}$$

Después de muchas transformaciones se puede reescribir como

$$\left(x - a \coth \frac{\phi}{m} \right)^2 + y^2 = a^2 \operatorname{csch}^2 \frac{\phi}{m} \tag{8.36}$$

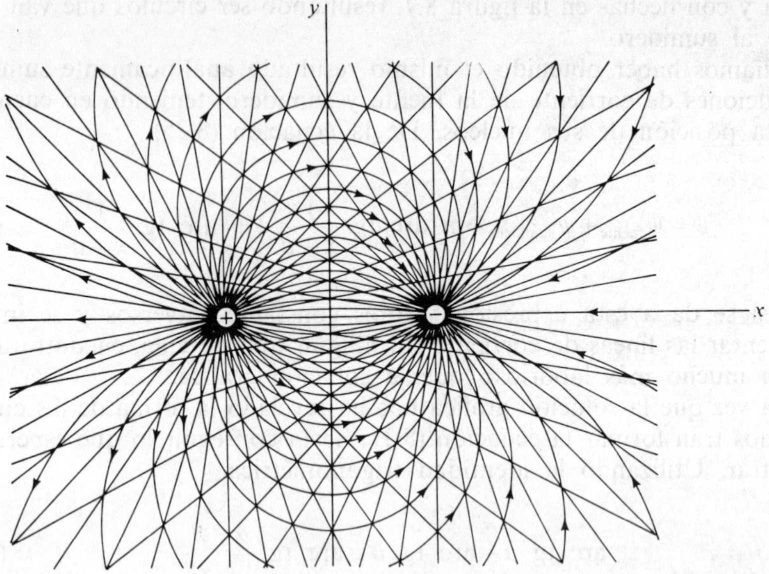

Fig. 8.7 Superposición de una fuente en $x=-a$ con un sumidero de igual intensidad en $x=+a$. Las líneas de corriente son círculos con centros situados sobre el eje y.

Por tanto, las líneas equipotenciales forman una familia de círculos con centros sobre el eje x. Cada círculo ϕ es ortogonal a las líneas de corriente y encierra al núcleo de la fuente o del sumidero. En la ecuación (8.36) coth y csch representan la cotangente y cosecante hiperbólicas, respectivamente.

El doblete

Cuando nos situamos lejos de la fuente y sumidero de la figura 8.7, el esquema del flujo se asemeja a una familia de círculos tangentes en el origen, como en la figura 8.8. En este límite en que la distancia a se hace muy pequeña, el conjunto fuente sumidero se denomina *doblete*. Cuando a se hace pequeño, la intensidad debe hacerse grande para que las velocidades se mantengan finitas; por tanto, mantendremos constante el producto $2am$. Llamémosle λ a esta constante. En este caso la función de corriente del doblete es

$$\psi = \lim_{\substack{a\to 0\\ 2am=\lambda}} \left(-m \text{ arc tg } \frac{2ay}{x^2+y^2-a^2} \right) = -\frac{2amy}{x^2+y^2} = -\frac{\lambda y}{x^2+y^2} \tag{8.37}$$

Hemos utilizado el hecho de que arc tg $\alpha \approx \alpha$ cuando α es pequeño. La cantidad λ se denomina intensidad del doblete.

La ecuación (8.37) puede reagruparse en la forma

$$x^2 + \left(y + \frac{\lambda}{2\psi} \right)^2 = \left(\frac{\lambda}{2\psi} \right)^2 \tag{8.38}$$

de modo que, como ya se dijo, las líneas de corriente son círculos con centros en el eje y y tangentes en el origen. Esta configuración se muestra en la figura 8.8.

De modo análogo se puede obtener el potencial de velocidades del doblete haciendo el límite $a \to 0$ y $2am = \lambda$ en la ecuación (8.35)

$$\phi_{\text{doblete}} = \frac{\lambda x}{x^2 + y^2}$$

o

$$\left(x - \frac{\lambda}{2\phi}\right)^2 + y^2 = \left(\frac{\lambda}{2\phi}\right)^2 \qquad (8.39)$$

Las líneas equipotenciales son círculos tangentes en el origen con sus centros en el eje x. Las líneas equipotenciales se obtienen de la figura 8.8 sin más que girarla 90° en el sentido de las agujas del reloj, y son perpendiculares a las líneas de corriente.

Las funciones correspondientes al doblete pueden escribirse también en coordenadas polares

$$\psi = -\frac{\lambda \operatorname{sen} \theta}{r} \qquad \phi = \frac{\lambda \cos \theta}{r} \qquad (8.40)$$

Estas son las formas convenientes para el análisis de flujos alrededor de cilindros de la próxima sección.

Sumidero más torbellino

Un modelo interesante de flujo, que se ha obtenido en el problema 4.20, se tiene cuando se añade una fuente o un sumidero a un torbellino con el mismo origen. El torbellino más el sumidero se obtiene superponiendo las ecuaciones (8.24) y (8.26)

$$\psi = m\theta - K \ln r \qquad \phi = m \ln r + K\theta \qquad (8.41)$$

En la figura 8.9 se han dibujado las líneas de corriente por el método gráfico. Las líneas radiales igualmente espaciadas para el sumidero se han

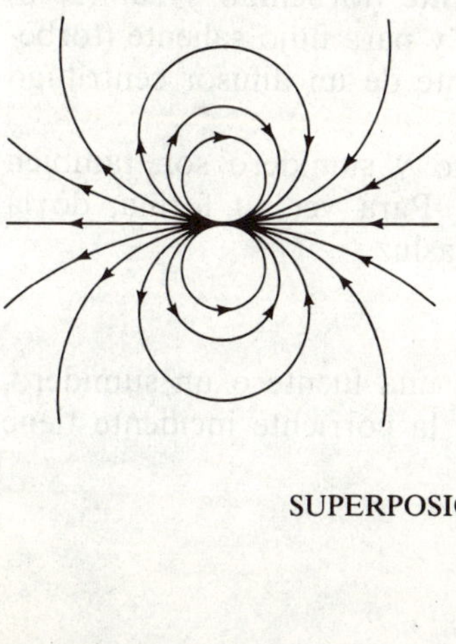

Fig. 8.8 Un doblete, o par fuente-sumidero, es el caso límite de la figura 8.7 cuando se mira desde lejos. Las líneas de corriente son círculos tangentes al eje x en el origen.

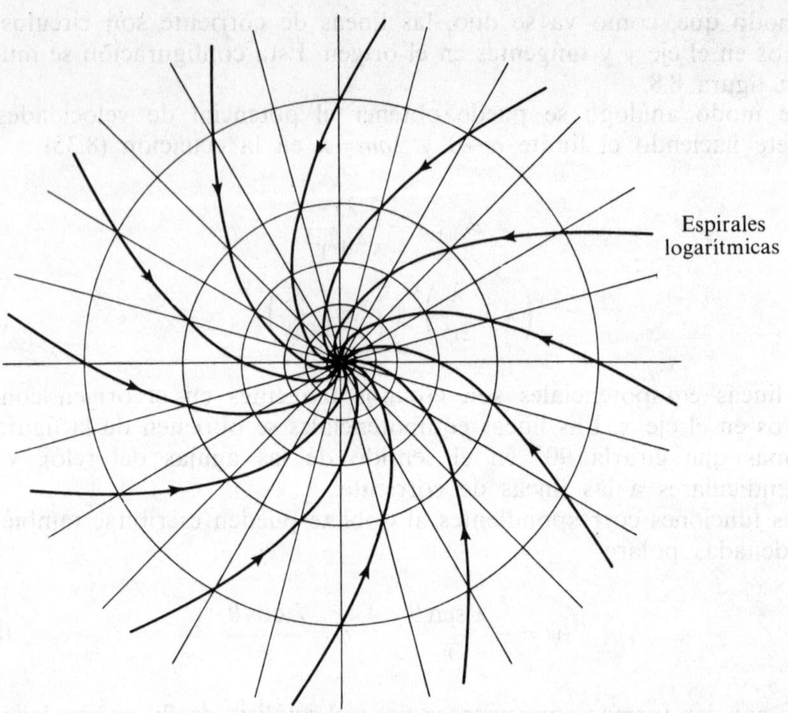

Fig. 8.9 Líneas de corriente para la superposición de un torbellino y un sumidero construidos por el método gráfico, ecuación (8.41).

combinado con círculos del torbellino cuyo diámetro aumenta en la misma relación (aquí se ha tomado como 1,65). Las líneas de corriente pasan por la intersección de estas dos familias y resultan ser espirales dirigidas hacia el origen, o núcleo común. Para un torbellino y una fuente las flechas tienen sentido inverso.

Las líneas de corriente de la ecuación (8.41) son de la forma

$$r = C_1 e^{m\theta/K} \qquad C_1 = e^{\psi/K} = \text{const} \tag{8.42}$$

Que son espirales logarítmicas, o *equiangulares*, que recordará haber estudiado en geometría analítica. Para flujo entrante (torbellino y sumidero) simulan un agujero de drenaje de un depósito, y para flujo saliente (torbellino y fuente) asemejan a las líneas de corriente de un difusor centrífugo sin álabes (Prob. 4.20).

Las líneas equipotenciales para el torbellino y sumidero son también espirales logarítmicas con curvatura opuesta. Para ver su forma, dé la vuelta a la hoja y mantenga la página al trasluz.

Cuerpo semiinfinito de Rankine

Cuando a una corriente uniforme se le añade una fuente o un sumidero, se obtiene un cuerpo de forma interesante. Si la corriente incidente tiene velocidad U_∞ en la dirección del eje x y la fuente está situada en el origen, la función de corriente del conjunto es, en coordenadas polares,

$$\psi = U_\infty r \operatorname{sen} \theta + m\theta \tag{8.43}$$

Para representar las líneas de corriente podemos dar a esta función diversos valores constantes y dibujar las líneas correspondientes o utilizar el método gráfico hallando la intersección de las líneas horizontales de la corriente uniforme con las líneas radiales de la fuente. En cualquier caso el resultado se muestra en la figura 8.10*a*. Un cuerpo semiinfinito aproximadamente elíptico separa a la corriente uniforme de la fuente. La forma de la parte superior del cuerpo está dada por la línea $\psi = \pi m$, o

$$r = \frac{m(\pi - \theta)}{U_\infty \operatorname{sen} \theta} \tag{8.44}$$

de donde podemos dibujar r en función de θ. No es realmente una elipse. La forma de la parte inferior es $\psi = -\pi m$. Las dos partes coinciden en un punto de remanso ($V = 0$) en $x = -a = -m/U_\infty$, donde también cruza la línea $\psi = 0$. Recuerde que las líneas de corriente pueden cruzarse en los puntos de remanso.

Las componentes cartesianas de la velocidad son

$$u = \frac{\partial \psi}{\partial y} = U_\infty + \frac{m}{r} \cos \theta \qquad v = -\frac{\partial \psi}{\partial x} = \frac{m}{r} \operatorname{sen} \theta \tag{8.45}$$

Haciendo $u = v = 0$, se determina la posición del punto de remanso: $\theta = 180°$ y $r = m/U_\infty$ o $(x, y) = (-m/U_\infty, 0)$.

La velocidad resultante en cualquier punto está dada por

$$V^2 = u^2 + v^2 = U_\infty^2 \left(1 + \frac{a^2}{r^2} + 2\frac{a}{r} \cos \theta\right) \tag{8.46}$$

donde hemos sustituido $m = U_\infty a$. Sustituyendo los valores de r de la ecuación (8.44) podemos representar la velocidad U_s a lo largo de la superficie del cuerpo semiinfinito en función de la longitud s del arco medida desde el punto de remanso. Se muestra en la figura 8.10*b*. Hay un gradiente de presión favorable desde el punto de remanso hasta $s \approx 3a$ ($\theta = 63°$), donde $U_{s,\,\text{máx}} = 1{,}26 U_\infty$, a partir de aquí hay un gradiente adverso suave ya que $U_s \to U_\infty$ cuando $s \to \infty$. Podemos aplicar la teoría de la capa límite del capítulo 7 al flujo de la figura 8.10*b* para ver cuándo se desprende la corriente. Con el método de Thwaites, ecuaciones (7.54) y (7.55), no se predice separación. Por tanto, podemos concluir que la figura 8.10*a* representa un flujo muy realista y útil, simulando la parte frontal de un cuerpo cilíndrico inmerso en una corriente.

Cuando $x \to \infty$, las líneas de corriente que representan al cuerpo de la figura 8.10*a* tienden a las líneas rectas $y = \pm \pi a$; esto es, lejos aguas abajo de la fuente el semicuerpo tiene un espesor uniforme de valor $2\pi a$.

El flujo debido a una corriente uniforme y un sumidero está dado por

$$\psi = U_\infty r \text{ sen } \theta - m\theta \tag{8.47}$$

Las líneas de corriente se han representado en la figura 8.10*c* y son la imagen exacta en un espejo de las de la figura 8.10*a*. El punto de remanso está en $x = +a = m/U_\infty$. La distribución de velocidad sobre la superficie se muestra en la figura 8.10*d*. La aplicación del método de Thwaites muestra que el desprendimiento se produce en $s \approx 2{,}2a$ o $\theta \approx 110°$. Por tanto, si la forma del semicuerpo correspondiese a una superficie sólida, el flujo de la figura 8.10*c* no sería realista ya que se produciría la separación y se formaría una estela ancha. Sin embargo, como se muestra en el

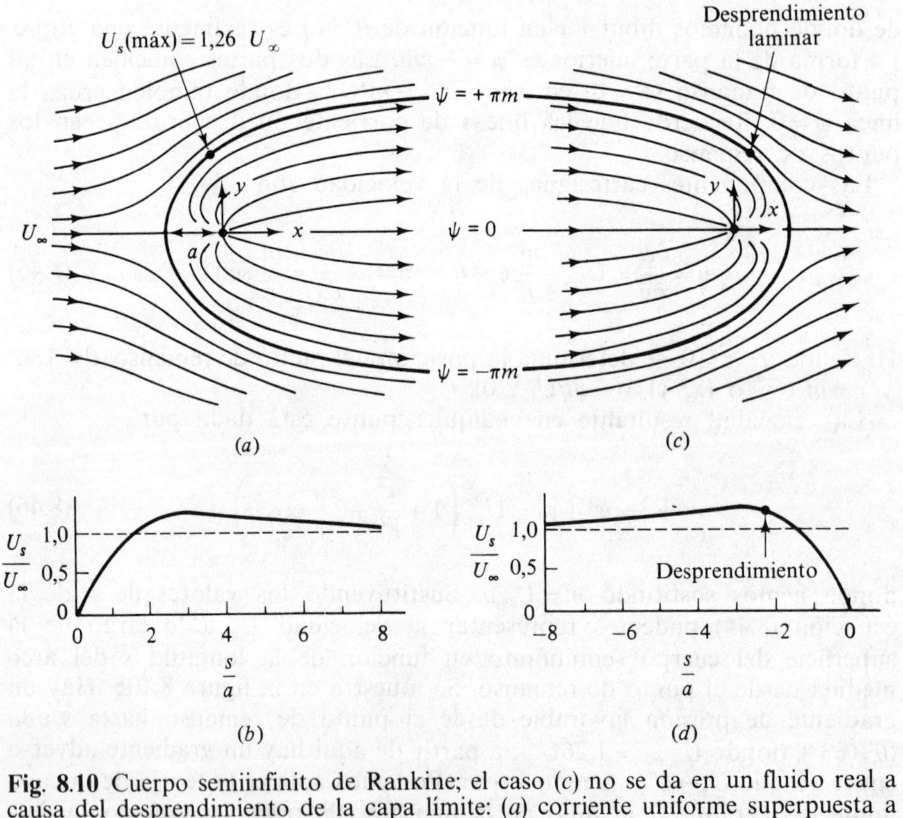

Fig. 8.10 Cuerpo semiinfinito de Rankine; el caso (*c*) no se da en un fluido real a causa del desprendimiento de la capa límite: (*a*) corriente uniforme superpuesta a una fuente para generar un semicuerpo; punto de remanso en $x = -a = -m/U_\infty$; (*b*) ligero gradiente adverso de presión para s/a mayor que 3; no hay desprendimiento. (*c*) La corriente uniforme y un sumidero generan la parte posterior del semicuerpo; punto de remanso en $x = a = m/U_\infty$; (*d*) gradiente de presión adverso fuerte para $s/a > -3$: hay desprendimiento.

ejemplo 8.1, simula correctamente a una corriente real acercándose a un sumidero real, de modo que la forma del semicuerpo es una línea fluida más que una superficie sólida.

EJEMPLO 8.1 La toma de agua para refrigeración de una central costera succiona 1500 ft^3/s de agua del mar donde la profundidad es de 30 ft, como muestra la figura E8.1. Si la velocidad de la corriente de marea que se acerca a la toma es 0,7 ft/s, mostrar (*a*) ¿hasta qué distancia aguas abajo recoge agua la toma?, (*b*) ¿qué anchura *L* de la corriente aguas arriba va a parar al sumidero?

Solución La intensidad *m* del sumidero se obtiene como función del caudal *Q* y de la profundidad *b*, perpendicular al papel, a partir de la ecuación (8.22)

$$m=\frac{Q}{2\pi b}=\frac{1500\ \text{ft}^3/\text{s}}{2\pi(30\ \text{ft})}=7{,}96\ \text{ft}^2/\text{s}$$

Por tanto, de la figura 8.10, las distancias *a* y *L* son

$$a=\frac{m}{U_\infty}=\frac{7{,}96\ \text{ft}^2/\text{s}}{0{,}7\ \text{ft/s}}=11{,}4\ \text{ft} \qquad \textit{Resp. (a)}$$

$$L=2\pi a=2\pi(11{,}4\ \text{ft})=71\ \text{ft} \qquad \textit{Resp. (b)}$$

Corriente uniforme y torbellino

Consideremos una corriente uniforme U_∞ en la dirección del eje *x* y un torbellino de intensidad *K* situado en el origen. Por superposición, la función de corriente del conjunto es

$$\psi=\psi_{\text{c.unif}}+\psi_{\text{torb}}=U_\infty r\ \text{sen}\ \theta-K\ \ln\ r \tag{8.48}$$

Las componentes de la velocidad están dadas por

$$v_r=\frac{1}{r}\frac{\partial\psi}{\partial\theta}=U_\infty\ \cos\ \theta \qquad v_\theta=-\frac{\partial\psi}{\partial r}=-U_\infty\ \text{sen}\ \theta+\frac{K}{r} \tag{8.49}$$

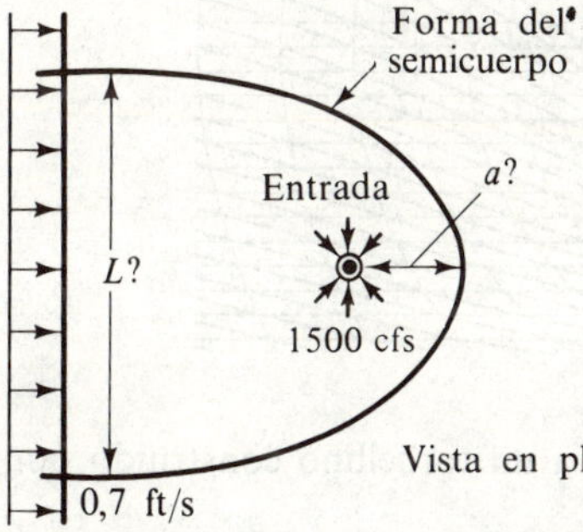

Fig. E8.1

En la figura 8.11 se han representado las líneas de corriente utilizando el método gráfico, mediante la intersección de las líneas de corriente circulares del torbellino con las horizontales de la corriente uniforme.

De la ecuación (8.49), haciendo $v_r = v_\theta = 0$, determinamos el punto de remanso en $\theta = 90°$, $r = a = K/U_\infty$, o $(x, y) = (0, a)$, que es donde la velocidad inducida por el torbellino, K/r en el sentido contrario de las agujas del reloj, iguala a la velocidad de la corriente uniforme U_∞.

Probablemente lo más interesante de este ejemplo es que hay una fuerza no nula, normal a la corriente uniforme, sobre cualquier región que rodee al núcleo del torbellino, pero dejaremos esta discusión para la próxima sección.

Fila infinita de torbellinos

Consideremos una fila infinita de torbellinos de la misma intensidad K y espaciados a una distancia a, como en la figura 8.12a. Se incluye aquí este caso para ilustrar el concepto importante de una *capa de torbellinos.*

Según la ecuación (8.26), el torbellino i de la figura 8.12a tiene una función de corriente $\psi_1 = -K \ln r_i$, de modo que la fila infinita tiene una función de corriente

$$\psi = -K \sum_{i=1}^{\infty} \ln r_i \tag{8.50}$$

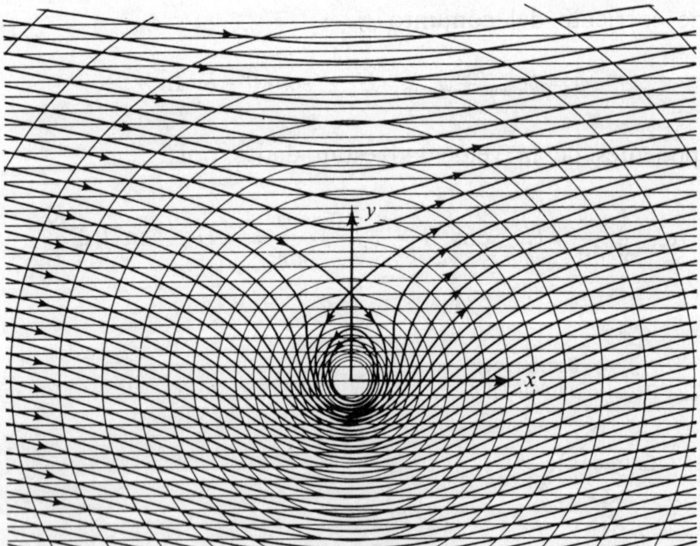

Fig. 8.11 Flujo debido a una corriente uniforme y a un torbellino construido por el método gráfico.

Puede demostrarse [2, Sec. 4.51] que esta suma de infinitos logaritmos es equivalente a la función

$$\psi = -\tfrac{1}{2}K \ \ln \left[\tfrac{1}{2}\left(\cosh \frac{2\pi y}{a} - \cos \frac{2\pi x}{a} \right) \right] \tag{8.51}$$

Dado que en la demostración se utiliza la variable compleja $z = x + iy$, $i = (-1)^{1/2}$, no daremos aquí los detalles de dicha demostración.

Las líneas de corriente, obtenidas de la ecuación (8.51), se representan en la figura 8.12*b*, donde se observa la configuración llamada de *ojo de gato*, con celdas de recirculación que rodean a cada torbellino individual. Por encima de los ojos de gato el flujo es hacia la izquierda y por debajo hacia la derecha. Además, estos flujos hacia izquierda y derecha se hacen uniformes para $|y| \gg a$, como se deduce por derivación de la ecuación (8.51)

$$u = \left.\frac{\partial \psi}{\partial y}\right|_{|y| \gg a} = \pm \frac{\pi K}{a} \tag{8.52}$$

donde el signo más corresponde a la parte de abajo de la fila y el menos a la superior. Estas corrientes hacia la izquierda y la derecha se muestran en la figura 8.12*c*. Insistimos en que este efecto está inducido por una fila de torbellinos: no hay corriente uniforme hacia la fila en este ejemplo.

Capa de torbellinos

Cuando se observa la figura 8.12*b* desde lejos, se ve una corriente uniforme hacia la izquierda por arriba y hacia la derecha por abajo, como en la figura 8.12*c*, y los torbellinos parecen estar tan próximos unos a otros que se ven como una *capa de torbellinos* continua. La intensidad de la capa se define como

$$\gamma = \frac{2\pi K}{a} \tag{8.53}$$

En el caso más general γ puede variar con x. La circulación alrededor de cualquier curva cerrada que encierre una longitud dx de la capa será, ecuaciones (8.28) y (8.52),

$$d\Gamma = u_l \ dx - u_u \ dx = (u_l - u_u) \ dx = \frac{2\pi K}{a} \ dx = \gamma \ dx \tag{8.54}$$

donde los subíndices l y u significan inferior y superior, respectivamente. Por tanto, la intensidad de la capa $\gamma = d\Gamma/dx$ es la circulación de la capa

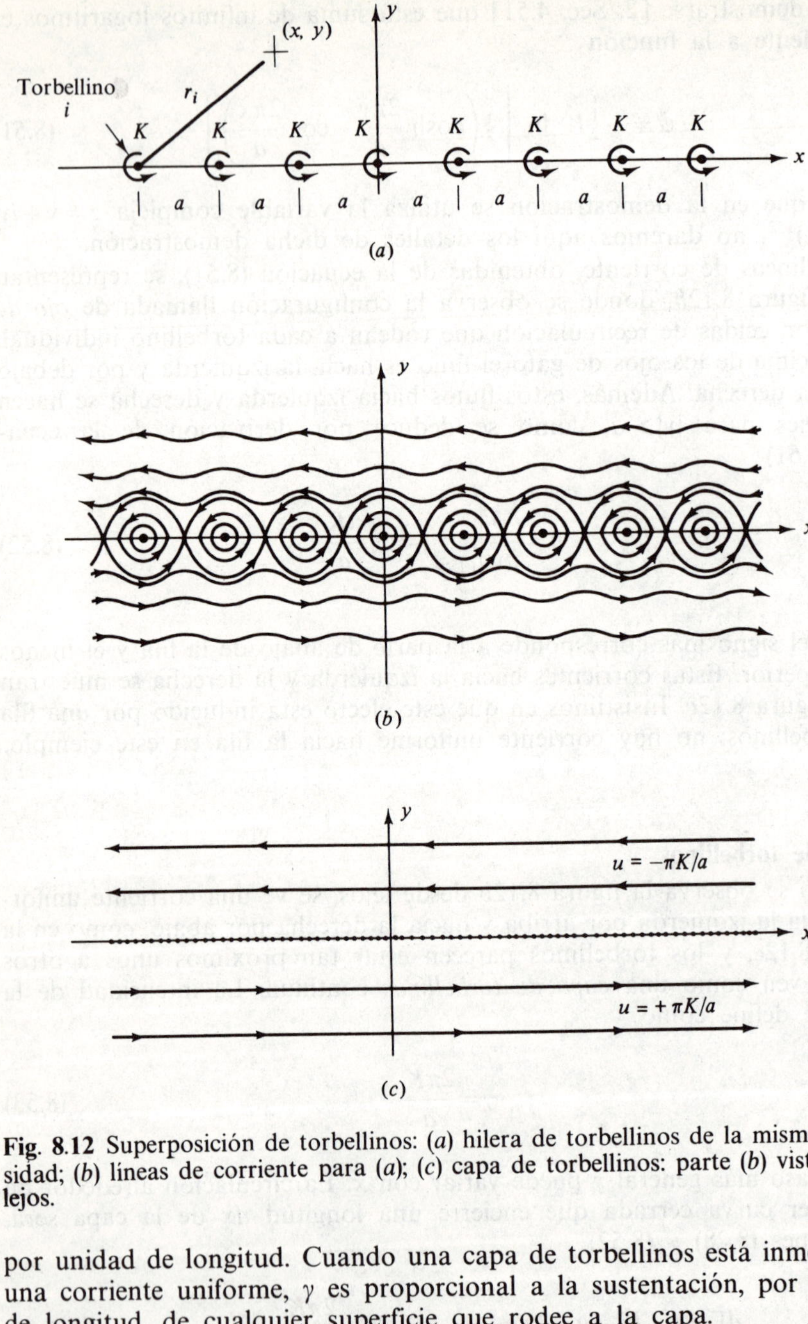

Fig. 8.12 Superposición de torbellinos: (*a*) hilera de torbellinos de la misma intensidad; (*b*) líneas de corriente para (*a*); (*c*) capa de torbellinos: parte (*b*) vista desde lejos.

por unidad de longitud. Cuando una capa de torbellinos está inmersa en una corriente uniforme, γ es proporcional a la sustentación, por unidad de longitud, de cualquier superficie que rodee a la capa.

Obsérvese que no hay velocidad perpendicular a la capa en la superficie de la misma. Por tanto, una capa de torbellino puede simular un cuerpo delgado, por ejemplo, una placa o un perfil delgado. Esta es la base de la teoría de perfiles delgados que se menciona en la sección 8.7.

8.4 FLUJOS PLANOS ALREDEDOR DE CUERPOS CERRADOS

Se pueden construir una gran variedad de cuerpos cerrados superponiendo a una corriente uniforme fuentes, sumideros y torbellinos. El cuerpo será cerrado sólo si el caudal suministrado por la fuente es igual al recogido por el sumidero.

Ovalo de Rankine

Cuando una fuente y un sumidero se alinean en la dirección de una corriente uniforme, como en la figura 8.13*a*, se obtiene una forma cilíndrica denominada *óvalo de Rankine*, que es largo comparado con su anchura.

De las ecuaciones (8.18) y (8.33) la función de corriente del conjunto es

$$\psi = U_\infty y - m \ \mathrm{tg}^{-1} \frac{2ay}{x^2+y^2-a^2} = U_\infty r \ \mathrm{sen} \ \theta + m(\theta_1 - \theta_2) \qquad (8.55)$$

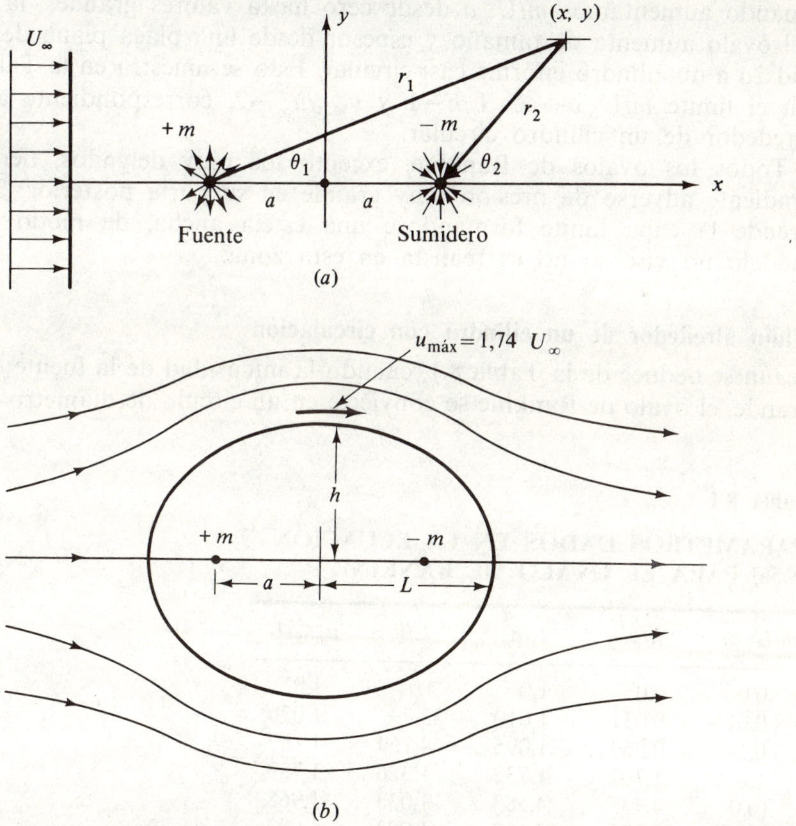

Fig. 8.13 Flujo alrededor de un óvalo de Rankine: (*a*) corriente uniforme más un par fuente-sumidero; (*b*) forma oval y líneas de corriente para $m/U_\infty a = 1$.

Cuando se dibujan las líneas de corriente, ψ constante, a partir de la ecuación (8.55), se obtiene un cuerpo de forma oval como el de la figura 8.13*b*. La semilongitud L y la semianchura h del óvalo dependen de la intensidad relativa de la fuente y de la corriente uniforme, esto es, de la relación $m/U_\infty a$, que en la figura 8.13*b* es igual a 1. Las líneas de corriente circulatorias en el interior del óvalo no son interesantes y normalmente no se muestran. La línea oval es $\psi=0$.

Hay puntos de remanso en la parte frontal y posterior del óvalo, $x=\pm L$, $y=0$, y puntos de velocidad máxima y presión mínima en $x=0$, $y=\pm h$. Todos estos valores son funciones del parámetro adimensional básico $m/U_\infty a$, y se pueden determinar de la ecuación (8.55):

$$\frac{h}{a}=\cot\frac{h/a}{2m/U_\infty a} \qquad \frac{L}{a}=\left(1+\frac{2m}{U_\infty a}\right)^{1/2}$$

$$\frac{u_{\text{máx}}}{U_\infty}=1+\frac{2m/U_\infty a}{1+h^2/a^2} \tag{8.56}$$

Cuando aumentamos $m/U_\infty a$ desde cero hasta valores grandes, la forma del óvalo aumenta de tamaño y espesor desde una placa plana de longitud $2a$ a un cilindro enorme casi circular. Esto se muestra en la Tabla 8.1. En el límite $m/U_\infty a\to\infty$, $L/h\to 1$ y $u_{\text{máx}}/u_\infty\to 2$, correspondiente al flujo alrededor de un cilindro circular.

Todos los óvalos de Rankine, excepto los muy delgados, tienen un gradiente adverso de presión muy grande en su parte posterior. Se desprende la capa límite formándose una estela ancha, de modo que el modelo no viscoso no es realista en esta zona.

Flujo alrededor de un cilindro con circulación

Según se deduce de la Tabla 8.1, cuando la intensidad de la fuente es muy grande, el óvalo de Rankine se convierte en un círculo de diámetro mucho

Tabla 8.1

PARAMETROS DADOS EN LA ECUACION (8.56) PARA EL OVALO DE RANKINE

$m/U_\infty a$	h/a	L/a	L/h	$u_{\text{máx}}/U_\infty$
0,0	0,0	1,0	∞	1,0
0,01	0,031	1,010	32,79	1,020
0,1	0,263	1,095	4,169	1,187
1,0	1,307	1,732	1,326	1,739
10,0	4,435	4,583	1,033	1,968
100,0	14,130	14,177	1,003	1,997
∞	∞	∞	1,000	2,000

mayor que la distancia $2a$ entre fuente y sumidero. Mirando con la escala del cilindro, esto es equivalente a una corriente uniforme y un doblete. Añadiremos también un torbellino en el mismo punto que el doblete, el cual no cambia la forma del cilindro.

Por tanto, la función de corriente para el flujo alrededor de un cilindro circular con circulación, centrado en el origen, es la de una corriente uniforme, más un doblete, más un torbellino situados en el origen

$$\psi = U_\infty r \operatorname{sen} \theta - \frac{\lambda \operatorname{sen} \theta}{r} - K \ln r + \text{const} \tag{8.57}$$

La intensidad λ del doblete tiene unidades de velocidad por longitud al cuadrado. Por conveniencia haremos $\lambda = U_\infty a^2$, donde a es una longitud, e igualaremos a $K \ln a$ la constante arbitraria de la ecuación (8.57). La función de corriente toma la forma

$$\psi = U_\infty \operatorname{sen} \theta \left(r - \frac{a^2}{r} \right) - K \ln \frac{r}{a} \tag{8.58}$$

En la figura 8.14 se han dibujado las líneas de corriente para cuatro valores distintos de la intensidad adimensional del torbellino $K/U_\infty a$. En todos los casos la línea $\psi = 0$ corresponde al círculo de radio $r = a$, esto es, al cuerpo de forma cilíndrica. Cuando la circulación $\Gamma = 2\pi K$ aumenta, crece la velocidad en la parte inferior del cilindro y decrece en la parte superior.

Las componentes de la velocidad están dadas por

$$v_r = \frac{1}{r}\frac{\partial \psi}{\partial \theta} = U_\infty \cos\theta \left(1 - \frac{a^2}{r^2} \right)$$
$$v_\theta = -\frac{\partial \psi}{\partial r} = -U_\infty \operatorname{sen}\theta \left(1 + \frac{a^2}{r^2} \right) + \frac{K}{r} \tag{8.59}$$

La velocidad en la superficie $r = a$ del cilindro es tangencial, como era de esperar

$$v_r(r=a) = 0 \qquad v_\theta(r=a) = -2U_\infty \operatorname{sen}\theta + \frac{K}{a} \tag{8.60}$$

Para pequeños valores de K hay dos puntos de remanso sobre la superficie del cilindro situados a ángulos θ_s donde $v_\theta = 0$, o, según la ecuación (8.60),

$$\operatorname{sen}\theta_s = \frac{K}{2U_\infty a} \tag{8.61}$$

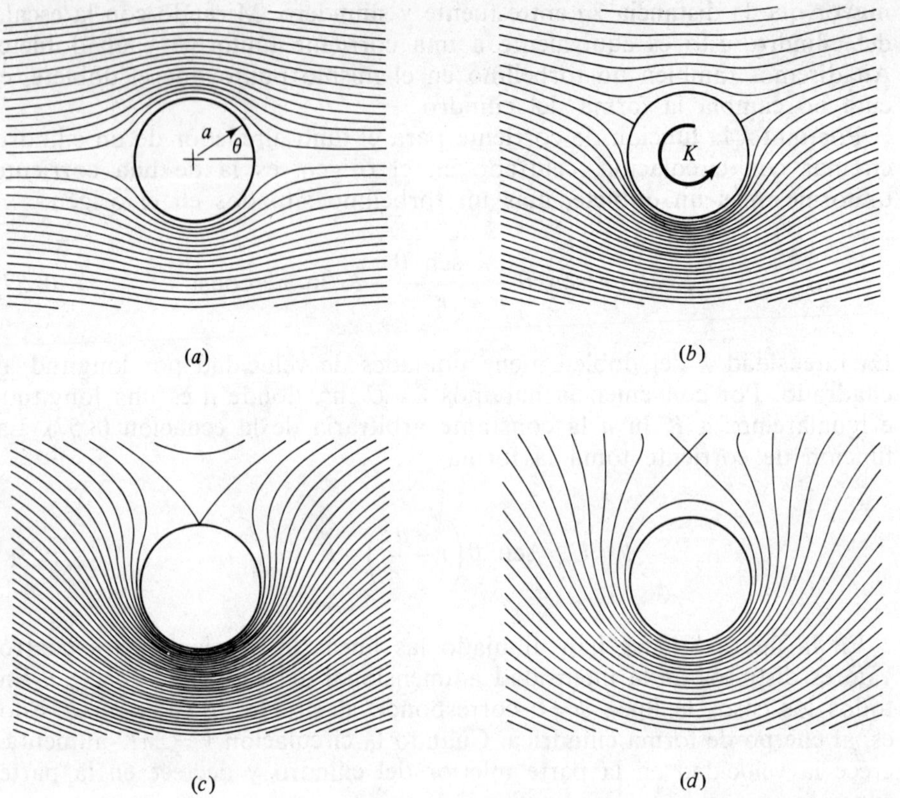

(a) (b) (c) (d)

Fig. 8.14 Flujo alrededor de un cilindro circular con circulación para $K/U_\infty a = (a)$ 0; (*b*) 1; (*c*) 2; (*d*) 3.

La figura 8.14*a* corresponde a $K=0$, $\theta_s=0$ y 180°, o flujo no viscoso doblemente simétrico alrededor de un cilindro circular sin circulación. La figura 8.14*b* corresponde a $K/U_\infty a=1$, $\theta_s=30$ y 150° y la figura 8.14*c* corresponde al caso límite $K/U_\infty a=2$ en que los dos puntos de remanso coinciden en $\theta_s=90°$.

Para $K>2U_\infty a$ la ecuación (8.61) no es válida y sólo hay un punto de remanso fuera del cilindro, como en la figura 8.14*d*, en el punto $y=h$ dado por

$$\frac{h}{a}=\tfrac{1}{2}\,[\beta+(\beta^2-4)^{1/2}] \qquad \beta=\frac{K}{U_\infty a}>2 \tag{8.62}$$

En la figura 8.14*d*, $K/U_\infty a=3$ y $h/a=2{,}6$.

Teorema de Kutta-Joukowski para la sustentación

Para los flujos alrededor del cilindro de la figura 8.14*b* a *d* hay una fuerza hacia abajo, o sustentación negativa, denominada *efecto Magnus*, que es proporcional a la velocidad de la corriente uniforme y a la intensidad del torbellino. Del esquema de las líneas de corriente se deduce que la velocidad en la parte superior del cilindro es más grande que en la parte inferior y, según la ecuación de Bernoulli, la presión es más alta en la parte superior, lo que explica que exista esta fuerza. Por supuesto, no hay fuerzas viscosas ya que nuestra teoría es no viscosa.

La velocidad en la superficie está dada por la ecuación (8.60). La presión p_s se obtiene de la ecuación (8.4) de Bernoulli despreciando la gravedad, y está dada por

$$p_\infty + \tfrac{1}{2}\rho U_\infty^2 = p_s + \tfrac{1}{2}\rho\left(-2U_\infty \text{ sen } \theta + \frac{K}{a}\right)^2$$

o
$$p_s - p_\infty = \tfrac{1}{2}\rho U_\infty^2 (1 - 4 \text{ sen}^2 \theta + 4\beta \text{ sen } \theta + \beta^2) \tag{8.63}$$

donde $\beta = K/U_\infty a$ y p_∞ es la presión en la corriente incidente. Si b es la anchura del cilindro, perpendicular al papel, la resistencia D es la integral sobre la superficie de la componente horizontal de las fuerzas de presión

$$D = -\int_0^{2\pi} (p_s - p_\infty) \cos \theta \; ba \; d\theta \tag{8.64}$$

donde $p_s - p_\infty$ se sustituye de la ecuación (8.63). Pero la integral del $\cos\theta$ multiplicado por cualquier potencia del $\text{sen}\,\theta$ extendida a toda la circunferencia, 2π, es nula. Por tanto, obtenemos el resultado (quizá sorprendente)

$$D(\text{cilindro con circulación}) = 0 \tag{8.65}$$

Esto es un caso particular de la paradoja de D'Alembert mencionada en la sección 1.10:

> De acuerdo con la teoría no viscosa, cualquier cuerpo de forma cualquiera inmerso en una corriente uniforme no tiene resistencia.

D'Alembert publicó este resultado en 1752 indicando él mismo que no concordaba con lo que ocurría en los flujos de fluidos reales. Esta paradoja desafortunada dio pie a una reacción exagerada y todos rechazaron las teorías no viscosas, hasta que Prandtl, en 1904, mostró cuál era el efecto, tan importante en el flujo, de la delgada capa límite viscosa en la parte posterior del cuerpo, como en la figura 7.2*b*, por ejemplo.

La sustentación L perpendicular a la corriente incidente, tomada positiva hacia arriba, está dada por

$$L = -\int_0^{2\pi} (p_s - p_\infty) \text{ sen } \theta \; ba \; d\theta \tag{8.66}$$

Puesto que la integral entre 0 y 2π de cualquier potencia impar del $\text{sen}\,\theta$

es cero, sólo el tercer sumando del paréntesis de la ecuación (8.63) contribuye a la sustentación:

$$L = -\tfrac{1}{2}\rho U_\infty^2 \frac{4K}{aU_\infty} ba \int_0^{2\pi} \operatorname{sen}^2 \theta \, d\theta = -\rho U_\infty (2\pi K) b$$

o

$$\frac{L}{b} = -\rho U_\infty \Gamma \tag{8.67}$$

Obsérvese que la sustentación es independiente del radio del cilindro *a*. Sin embargo, en realidad, como veremos en la sección 8.7, la circulación Γ depende del tamaño y orientación del cuerpo por razones físicas.

La ecuación (8.67) fue generada por W. M. Kutta en 1902 e, independientemente, por N. Joukowski en 1906 en la forma siguiente:

> De acuerdo con la teoría no viscosa, la sustentación por unidad de envergadura de un cilindro de forma arbitraria inmerso en una corriente uniforme es igual a $\rho U_\infty \Gamma$, donde Γ es la circulación total alrededor del cuerpo. La dirección de la sustentación se obtiene girando 90° la dirección de la corriente incidente, en el sentido opuesto a la circulación.

El problema principal del análisis de perfiles, sección 8.7, consiste en determinar la circulación como función de la forma y orientación de los mismos.

Valores experimentales de la sustentación y resistencia en cilindros giratorios

Es casi imposible reproducir experimentalmente el flujo de la figura 8.14 por medio de un doblete y un torbellino, con el mismo centro, y una corriente uniforme. Pero se podría conseguir un modelo para su representación física haciendo girar un cilindro en una corriente. La condición de no deslizamiento en un fluido viscoso obliga al fluido en contacto con el cilindro a moverse tangencialmente con la velocidad $v_\theta = a\omega$. Se debería conseguir una circulación neta Γ mediante este mecanismo de no deslizamiento, pero el valor real resulta ser menor que el 50 por 100 del valor que proporciona la teoría no viscosa, debido, principalmente, a que hay desprendimiento en la parte posterior del cilindro.

En la figura 8.15 se muestran los coeficientes experimentales de sustentación y resistencia, basados en el área frontal *ba*, para cilindros en movimiento giratorio. Según la ecuación (8.65) la resistencia teórica es nula, pero el C_D real es bastante grande, incluso mayor que el del cilindro fijo de la figura 5.3. Según la ecuación (8.67) el coeficiente teórico de sustentación es

$$C_L = \frac{L}{\tfrac{1}{2}\rho U_\infty^2 (2ba)} = \frac{2\pi\rho U_\infty K b}{\rho U_\infty^2 ba} = \frac{2\pi v_{\theta s}}{U_\infty} \tag{8.68}$$

donde $v_{\theta s} = K/a$ es la velocidad periférica del cilindro.

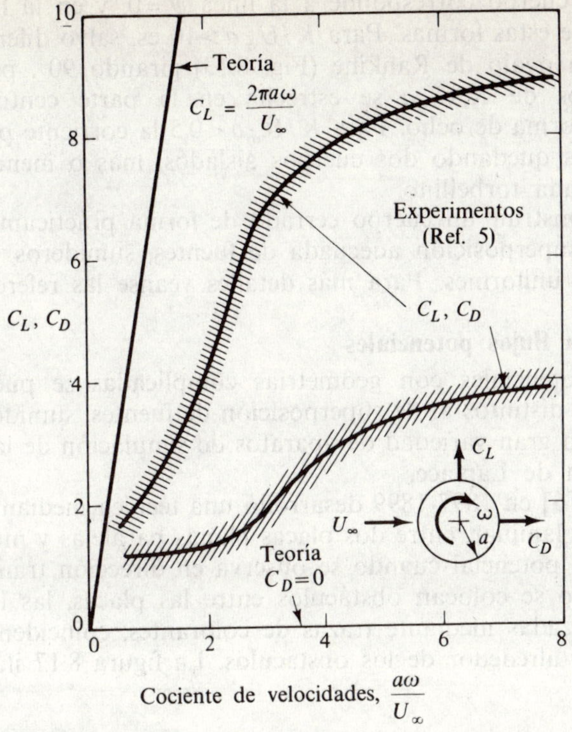

Fig. 8.15 Sustentación y resistencia teórica y experimental para un cilindro que gira. (*De la Ref.* 5.)

La figura 8.15 muestra que la sustentación teórica, ecuación (8.68), es demasiado alta, pero la sustentación medida es bastante respetable, de hecho es mayor que la de un perfil típico con la misma cuerda, por ejemplo, véase figura 7.22. Por tanto, los cilindros giratorios tienen posibilidades prácticas. El rotor de Flettner para barcos, construido en Alemania en 1924, empleó cilindros giratorios verticales que proporcionaban un empuje perpendicular al viento que soplaba sobre el barco. El diseño de Flettner no alcanzó popularidad, pero tales inventos pueden ser más atractivos en esta época de energía cara.

Ovalo de Kelvin

Se puede simular una familia de cuerpos más altos que anchos, superponiendo a una corriente uniforme un par de torbellinos en una línea perpendicular a la corriente incidente. Si U_∞ es hacia la derecha, se sitúa un torbellino de intensidad $-K$ en $y=a$ y el opuesto, $+K$ en $y=a$, como en la figura 8.16. La función de corriente del conjunto es

$$\psi = U_\infty y - \tfrac{1}{2}K \ln \frac{x^2+(y+a)^2}{x^2+(y-a)^2} \qquad (8.69)$$

La forma del cuerpo corresponde a la línea $\psi=0$, y en la figura 8.16 se dan algunas de estas formas. Para $K/U_\infty a>10$ es, salvo diferencias de un 1 por 100, un óvalo de Rankine (Fig. 8.13) girando 90°, pero para valores pequeños de $K/U_\infty a$ se estrecha en la parte central, tomando para 0,5 una forma de ocho. Para $K/U_\infty a<0{,}5$ la corriente pasa entre los dos torbellinos quedando dos cuerpos aislados, más o menos circulares, rodeando a cada torbellino.

Se puede construir un cuerpo cerrado de forma prácticamente arbitraria mediante superposición adecuada de fuentes, sumideros y torbellinos con corrientes uniformes. Para más detalles véanse las referencias 2 a 4.

Analogías para flujos potenciales

Para flujos potenciales con geometrías complicadas se pueden utilizar otros métodos distintos al de superposición de fuentes, sumideros y torbellinos. Hay una gran variedad de aparatos de simulación de las soluciones de la ecuación de Laplace.

Hele-Shaw [6] en 1897-1899 desarrolló una técnica mediante la cual un flujo viscoso y laminar, entre dos placas planas paralelas y muy próximas, simula el flujo potencial cuando se observa en dirección transversal a las placas. Cuando se colocan obstáculos entre las placas, las líneas de corriente, visualizadas mediante trazas de colorantes, coinciden con las del flujo potencial alrededor de los obstáculos. La figura 8.17 ilustra el flujo

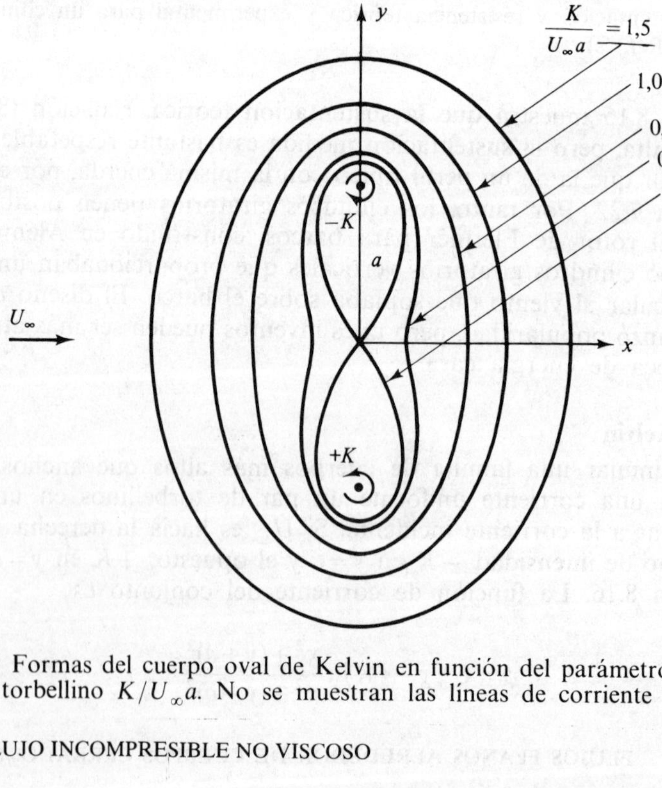

Fig. 8.16 Formas del cuerpo oval de Kelvin en función del parámetro de intensidad del torbellino $K/U_\infty a$. No se muestran las líneas de corriente exteriores.

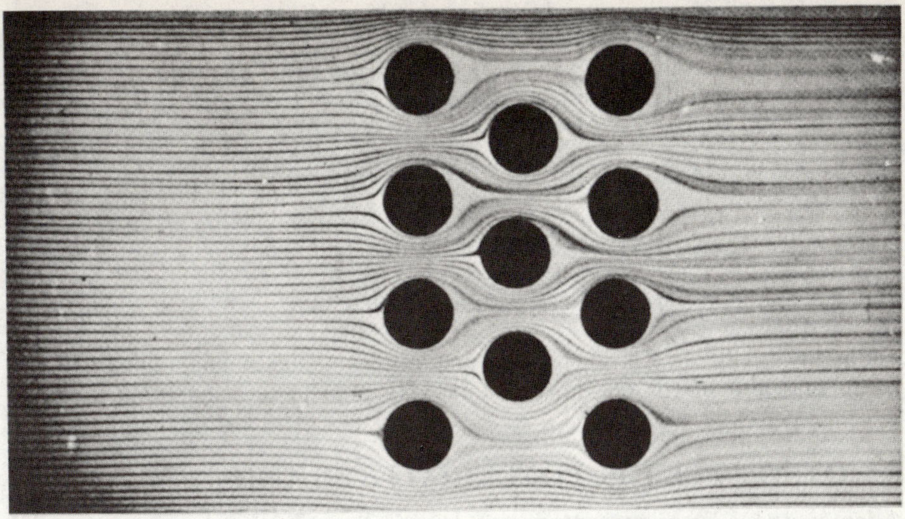

Fig. 8.17 Flujo potencial alrededor de un conjunto de cilindros circulares confinados entre paredes planas, visualizado por el método de Hele-Shaw. (*Tecquipment Ltd., Nottingham, Inglaterra.*)

experimental de Hele-Shaw alrededor de una red de cilindros limitados por dos placas. Este modelo podría utilizarse para analizar el flujo perpendicular al haz de tubos de un cambiador de calor. El aparato de Hele-Shaw permite hacer representaciones excelentes en el laboratorio de las formas de flujos reales.

En la referencia 7 se discuten otras técnicas de representación de flujos fluidos. Los campos electromagnéticos también satisfacen la ecuación de Laplace, siendo el voltaje análogo al potencial de velocidades y las líneas de corriente eléctrica análogas a las líneas de corriente fluida. Hay disponibles trazadores analógicos comerciales [8] que utilizan un papel conductor que puede cortarse con la forma geométrica de los contornos del flujo. Probando con el punzón de un potenciómetro se localizan las líneas de igual voltaje.

Hay también muchos algoritmos numéricos, por diferencias finitas, para resolver la ecuación de Laplace [resumidos en 2, Cap. 10]. En [9, Sección 7.7] se da un procedimiento gráfico manual.

EJEMPLO 8.2 El óvalo de Kelvin de la figura 8.16 tiene $K/U_\infty a = 1$. Calcular la velocidad en la parte superior del óvalo en función de U_∞.

Solución Determinamos la posición del punto más alto $y = h$ a partir de la ecuación (8.69) con $\psi = 0$ y $x = 0$, lo que nos proporciona

$$\frac{h}{a} = \frac{K}{U_\infty a} \ln \frac{1 + h/a}{1 - h/a}$$

Con $K/U_\infty a=1$ y a la vista de la figura 8.16 probamos inicialmente el valor $h/a \approx 1{,}5$, iterando se obtiene $h/a=1{,}5434$.

En el punto más alto del óvalo $v=0$ porque la línea de corriente es horizontal. Por tanto, la velocidad en este punto es, ecuación (8.69),

$$u\Big|_{y=h}=\frac{\partial\psi}{\partial y}\Big|_{y=h}=U_\infty+\frac{K}{h-a}-\frac{K}{h+a}$$

Sustituyendo $K=U_\infty a$ y $h=1{,}5434a$, obtenemos

$$u\Big|_{y=h}=U_\infty(1{,}0+1{,}84-0{,}39)=2{,}45U_\infty \qquad \textit{Resp.}$$

Todos los óvalos de Kelvin, por ser más estrechos, tienen una velocidad en el punto más alto mayor que la del cilindro $2U_\infty$ de la ecuación (8.60).

8.5 OTROS FLUJOS POTENCIALES PLANOS[1]

Además de los casos presentados en las secciones 8.3 y 8.4, se tratan en las referencias 2 a 4 muchos más flujos potenciales de interés. En principio, cualquier flujo potencial plano se puede resolver por el método de la *transformación conforme*, utilizando la variable compleja

$$z=x+iy \qquad i=(-1)^{1/2} \tag{8.70}$$

Cualquier función analítica de la variable compleja z tiene la propiedad de que tanto su parte real como su parte imaginaria son soluciones de la ecuación de Laplace. Si

$$f(z)=f(x+iy)=f_1(x,\ y)+if_2(x,\ y)$$

entonces
$$\frac{\partial^2 f_1}{\partial x^2}+\frac{\partial^2 f_1}{\partial y^2}=0=\frac{\partial^2 f_2}{\partial x^2}+\frac{\partial^2 f_2}{\partial y^2} \tag{8.71}$$

Pondremos como problema la demostración de esto. Lo más notable, si nunca lo ha visto antes, es que las líneas f_1 constante deben ser perpendiculares a las líneas f_2 constante:

$$\left(\frac{dy}{dx}\right)_{f_1=C}=-\frac{1}{(dy/dx)_{f_2=C}} \tag{8.72}$$

También dejaremos la demostración para un problema. Esto es cierto para cualquier $f(z)$ siempre que sea analítica; esto es, debe tener derivada única, df/dz, en cada punto del dominio.

El resultado de las ecuaciones (8.71) y (8.72) es que las funciones f_1 y f_2 pueden interpretarse como la función potencial y la función de corriente

[1] Esta sección se puede omitir sin pérdida de continuidad.

de un flujo no viscoso. Es costumbre que la parte real de $f(z)$ se asocie al potencial de velocidades y la parte imaginaria a la función de corriente

$$f(z)=\phi(x, y)+i\psi(x, y) \tag{8.73}$$

Probaremos con varias funciones $f(z)$ para ver qué tipos de flujos interesantes representan. Por supuesto, ya se han encontrado muchas de ellas, y simplemente recopilaremos aquí algunas.

No entraremos en detalles, pero hay excelentes tratados sobre la técnica de variable compleja, tanto introductorios [4, Cap. 5; 10, Cap. 5] como de nivel más avanzado [2, 3].

Como ejemplo sencillo considérese la función lineal

$$f(z)=U_\infty z=U_\infty x+iU_\infty y \tag{8.74}$$

De la ecuación (8.73) se deduce que $\phi=U_\infty x$ y $\psi=U_\infty y$, que representa una corriente uniforme en la dirección del eje x, ecuación (8.18). Una vez que se haya habituado a utilizar la variable compleja, la solución está prácticamente a su alcance.

La velocidad puede determinarse a partir de ϕ o ψ o mediante derivación directa de $f(z)$

$$\frac{df}{dz}=\frac{\partial\phi}{\partial x}+i\frac{\partial\psi}{\partial x}=-i\frac{\partial\phi}{\partial y}+\frac{\partial\psi}{\partial y}=u-iv \tag{8.75}$$

Por tanto, la parte real de df/dz es igual a $u(x, y)$ y la parte imaginaria a $-v(x, y)$. Para conseguir un resultado práctico, la derivada df/dz debe existir y ser única; de aquí la condición de que f sea una función analítica. Para la ecuación (8.74) $df/dz=U_\infty=u$, es real y, por tanto, $v=0$ como era de esperar.

Algunas veces es conveniente utilizar la variable compleja en coordenadas polares

$$z=x+iy=re^{i\theta}=r\cos\theta+ir\operatorname{sen}\theta \quad \text{donde } r=(x^2+y^2)^{1/2}$$
$$\theta=\operatorname{tg}^{-1}(y/x) \tag{8.76}$$

Esta forma es especialmente conveniente cuando aparecen potencias de z.

Flujo alrededor de esquinas y rincones con ángulo arbitrario

El flujo alrededor de esquinas y rincones es un caso que no puede describirse mediante superposición de fuentes, sumideros y torbellinos. Tiene una representación compleja muy simple

$$f(z)=Az^n=Ar^ne^{in\theta}=Ar^n\cos n\theta+iAr^n\operatorname{sen} n\theta \tag{8.77}$$

donde A y n son constantes.

Según la ecuación (8.73) para este flujo se tiene

$$\phi = Ar^n \cos n\theta \qquad \psi = Ar^n \operatorname{sen} n\theta \tag{8.78}$$

En la ecuación (8.18) se han representado las líneas de corriente dadas por la ecuación (8.78) para cinco valores diferentes de n. Se ve que el flujo representa una corriente que gira un ángulo $\beta = \pi/n$. Los casos de las figuras 8.18*d* y *e* no son realistas ya que en el lado de aguas abajo de la esquina hay desprendimiento de la capa límite debido al gradiente adverso de presión y del cambio brusco de dirección. En general, el desprendimiento se produce siempre aguas abajo de los salientes, o protuberancias, y esquinas, excepto en movimientos lentos a bajos números de Reynolds $\text{Re} < 1$.

Puesto que $360° = 2\pi$ es el ángulo máximo de una esquina, los flujos para $n < 1/2$ no corresponden a esquinas. Tienen una forma peculiar y le pediremos en un problema que represente uno.

Si duplicamos el dibujo de cada una de las figuras 8.18*a* a *c*, obtenemos el flujo en el entorno del punto de remanso de un rincón de ángulo $2\beta = 2\pi/n$. Esto se ha representado en la figura 8.19 para $n = 3{,}2$ y 1,5. Estos flujos son muy realistas; aunque el fluido desliza por la pared, se pueden acoplar bien con la capa límite. Ya tratamos anteriormente, con brevedad, estos flujos en los ejemplos 4.6 y 4.8 y en los problemas 4.45 a 4.48.

Flujo normal a una placa

Trataremos este caso separadamente porque los óvalos de Kelvin de la figura 8.16 degeneran en una placa plana cuando K es pequeño. La placa plana perpendicular a la corriente incidente es un caso extremo digno de interés.

Aunque el resultado es bastante simple, su obtención es muy complicada y se da, por ejemplo, en la referencia 2, sección 9.3. Se necesitan tres cambios de variable compleja, o *transformaciones*, comenzando con la solución del cilindro circular de la figura 8.14*a*. Primero se gira la corriente uniforme quedando dirigida verticalmente hacia arriba, después se aplasta el cilindro dejándolo en forma de una placa plana y, finalmente, la corriente incidente se vuelve a poner horizontal. El resultado final para el potencial complejo es

$$f(z) = \phi + i\psi = U_\infty (z^2 + a^2)^{1/2} \tag{8.79}$$

donde $2a$ es la altura de la placa. Para aislar ϕ o ψ, se elevan al cuadrado ambos miembros y se separan las partes real e imaginaria

$$\phi^2 - \psi^2 = U_\infty^2 (x^2 - y^2 + a^2) \qquad \phi\psi = U_\infty^2 xy \tag{8.80}$$

La función de corriente ψ se obtiene de

$$\psi^4 + \psi^2 U_\infty^2 (x^2 - y^2 + a^2) = U_\infty^4 x^2 y^2 \tag{8.81}$$

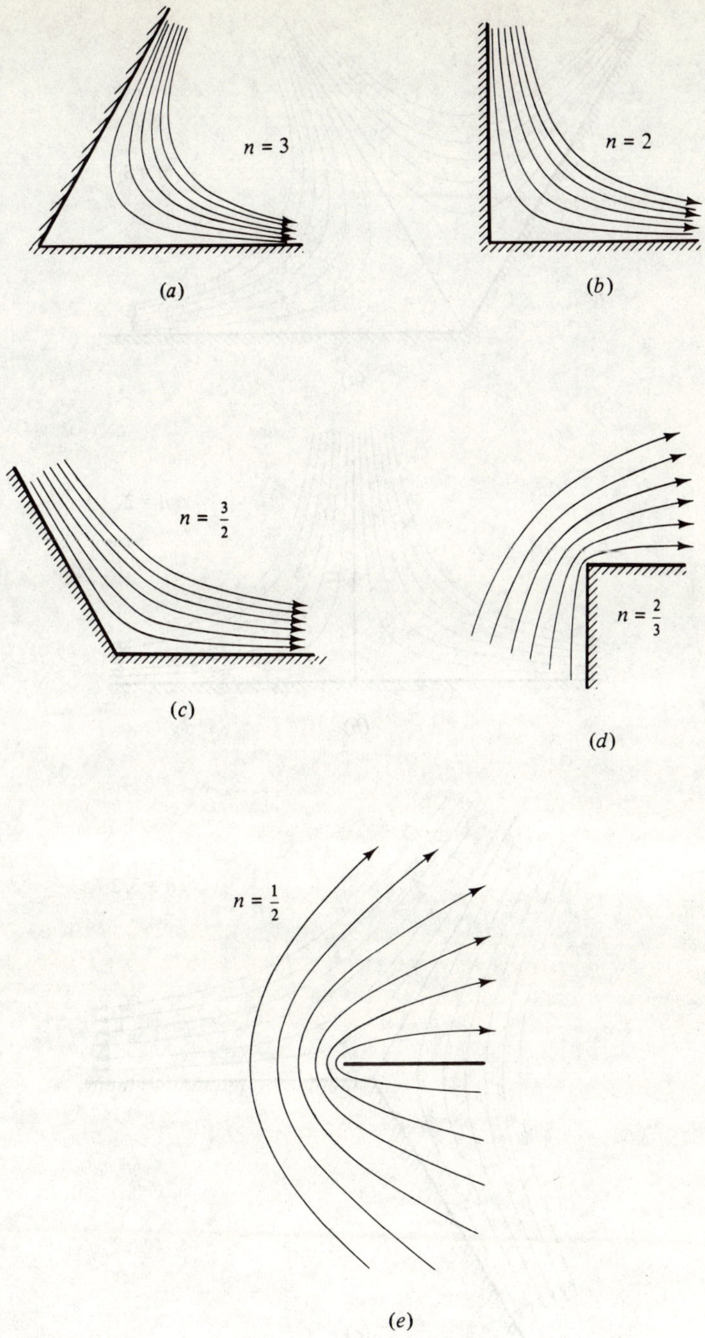

Fig. 8.18 Líneas de corriente para el flujo alrededor de rincones y esquinas, ecuación (8.78): ángulo del rincón o esquina $\beta = (a)$ 60°; (b) 90°; (c) 120°; (d) 270°; (e) 360°.

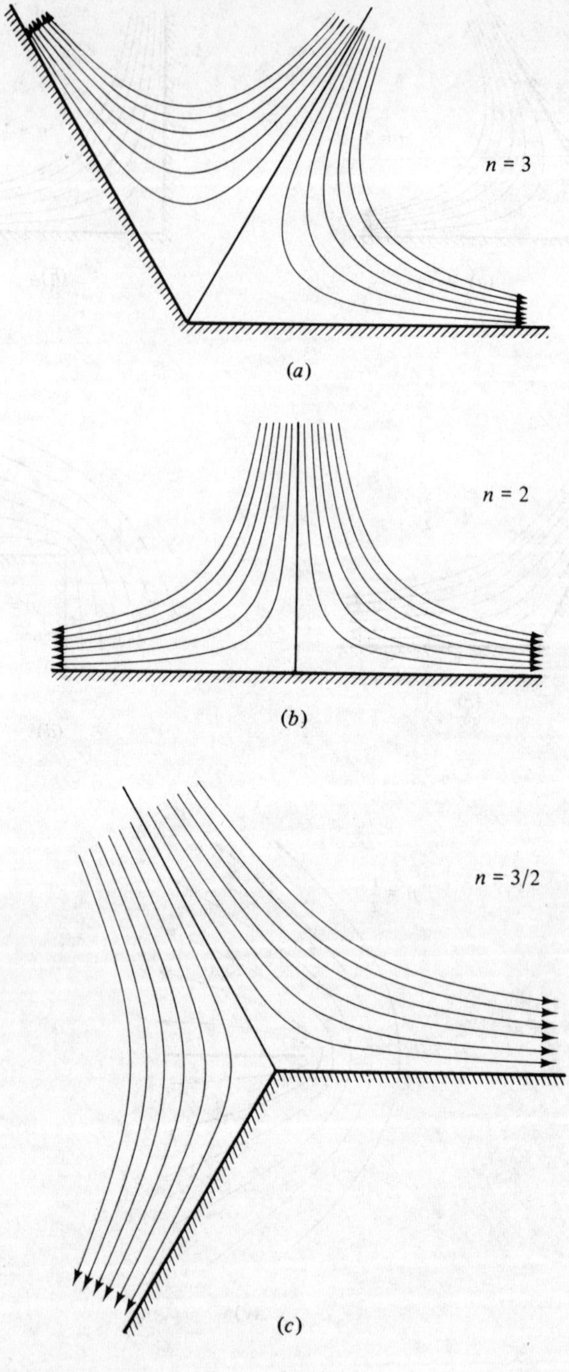

Fig. 8.19 Líneas de corriente en el entorno de puntos de remanso de la ecuación (8.78): ángulo del rincón $2\beta = (a)\ 120°$, $(b)\ 180°$, $(c)\ 240°$.

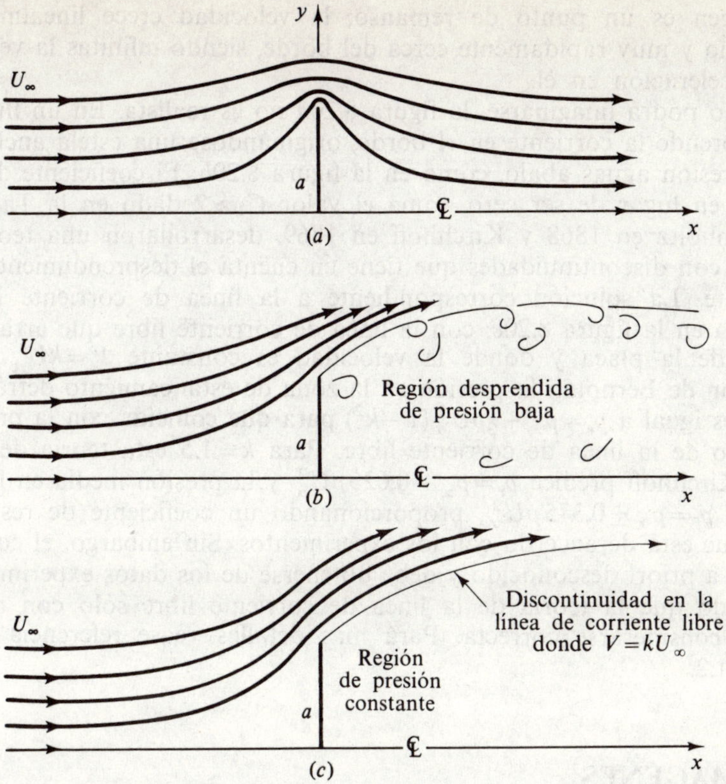

Fig. 8.20 Líneas de corriente en el semiplano superior para el flujo alrededor de una placa plana normal a la corriente incidente y de altura $2a$: (*a*) teoría potencial, ecuación (8.81); (*b*) flujo real medido; (*c*) teoría potencial discontinua con $k \approx 1{,}5$.

En la figura 8.20*a* se ha representado la ecuación (8.81), mostrando una configuración doblemente simétrica de líneas de corriente que se acercan mucho a la placa y después se deflectan, con velocidades muy altas y presiones muy bajas cerca de los extremos de la placa.

La velocidad v_s a lo largo de la placa se determina calculando la df/dz de la ecuación (8.79) quedándonos con la parte imaginaria solamente

$$\left.\frac{v_s}{U_\infty}\right|_{\text{superficie de la placa}} = \frac{y/a}{(1 - y^2/a^2)^{1/2}} \tag{8.82}$$

Se pueden tabular algunos valores de la velocidad en la superficie:

y/a	0,0	0,2	0,4	0,6	0,71	0,8	0,9	1,0
v_s/U_∞	0,0	0,204	0,436	0,750	1,00	1,33	2,07	∞

El origen es un punto de remanso; la velocidad crece linealmente al principio y muy rápidamente cerca del borde, siendo infinitas la velocidad y la aceleración en él.

Como podrá imaginarse, la figura 8.20*a* no es realista. En un flujo real se desprende la corriente en el borde, originándose una estela ancha y de baja presión aguas abajo, como en la figura 8.20*b*. El coeficiente de resistencia, en lugar de ser cero, toma el valor $C_D \approx 2$ dado en la Tabla 7.2.

Helmholtz en 1868 y Kirchhoff en 1869, desarrollaron una teoría potencial con discontinuidades que tiene en cuenta el desprendimiento de la corriente. La solución correspondiente a la línea de corriente libre se muestra en la figura 8.20*c*, con la línea de corriente libre que arranca del borde de la placa y donde la velocidad es constante $V = kU_\infty$. De la ecuación de Bernoulli la presión en la zona de estancamiento detrás de la placa es igual a $p_r = p_\infty + \frac{1}{2}\rho U_\infty^2(1-k^2)$ para que coincida con la presión a lo largo de la línea de corriente libre. Para $k = 1{,}5$ esta teoría de Helmholtz-Kirchhoff predice $p_r = p_\infty - 0{,}625\,\rho U_\infty^2$ y la presión media en la parte frontal $p_f = p_\infty \pm 0{,}375\,\rho U_\infty^2$, proporcionando un coeficiente de resistencia de 2 que está de acuerdo con los experimentos. Sin embargo, el coeficiente k es a priori desconocido y debe obtenerse de los datos experimentales, de modo que la teoría de la línea de corriente libre sólo con reservas puede considerarse correcta. Para más detalles véase referencia 2, sección 11.2.

8.6 IMAGENES[1]

En las soluciones previas los flujos eran ilimitados en extensión, tal es el caso del cilindro circular en una corriente uniforme de anchura infinito, figura 8.14*a*.

Sin embargo, en muchos problemas prácticos hay paredes rígidas que limitan el flujo, por ejemplo, (1) aguas subterráneas cerca de la base de una presa, (2) perfil cerca del suelo simulando el despegue o aterrizaje, o (3) un cilindro, montado en un túnel aerodinámico de anchura pequeña. En tales casos los flujos potenciales básicos no limitados por paredes se pueden modificar incluyendo su efecto mediante el método de las *imágenes*.

Consideremos una fuente bidimensional o línea de fuentes, situada a una distancia a de una pared, como en la figura 8.21*a*. Para simular la pared se sitúa una fuente imagen de igual intensidad y a la misma distancia por debajo de la pared. Por simetría, las dos fuentes dan lugar a una línea de corriente horizontal entre ellas, que equivale a la pared.

En la figura 8.21*b* el torbellino cerca de la pared requiere un torbellino imagen por debajo a la misma distancia, pero con rotación *opuesta*. Hemos sombreado la pared, pero la configuración puede interpretarse como el flujo en la proximidad de un par de torbellinos en un fluido ilimitado.

[1] Esta sección se puede omitir sin pérdida de continuidad.

El efecto suelo sobre un perfil en una corriente uniforme se simula añadiendo el perfil imagen por debajo del suelo con circulación y sustentación opuestas, figura 8.21*c*. Esto parece fácil, pero realmente no lo es porque los perfiles están tan próximos que interaccionan entre ellos y cada uno distorsiona la forma del otro. Como regla, se puede considerar que la distorsión es importante si el cuerpo está a una distancia de la

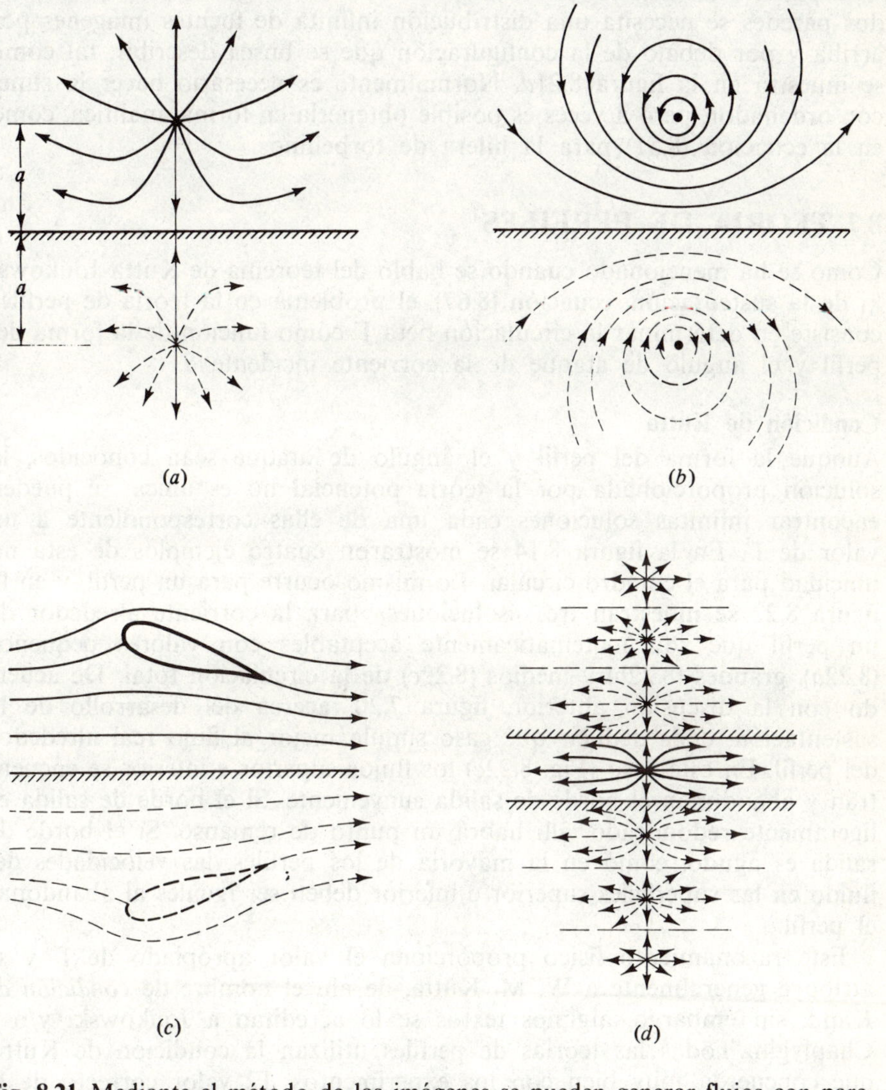

Fig. 8.21 Mediante el método de las imágenes se pueden generar flujos con paredes: (*a*) fuente cerca de una pared con fuente imagen idéntica; (*b*) torbellino cerca de una pared con el torbellino imagen en sentido opuesto; (*c*) perfil con efecto suelo y perfil imagen de circulación opuesta; (*d*) una fuente entre dos paredes necesita de una hilera infinita de imágenes.

pared inferior a dos veces su cuerda. Para eliminar la distorsión es necesario añadir al flujo una serie de imágenes de «corrección», con objeto de recuperar la forma original del perfil aislado. En la referencia 2, sección 7.75, encontrará una buena exposición de este procedimiento, para el que, normalmente, se necesita ordenador, con objeto de sumar los efectos de las imágenes múltiples necesarias.

En la figura 8,21*d* se muestra una fuente en presencia de dos paredes. Una pared sólo requiere una imagen como en la figura 8,21*a*, pero para dos paredes se necesita una distribución infinita de fuentes imágenes por arriba y por debajo de la configuración que se busca describir, tal como se muestra en la figura 8.21*d*. Normalmente es necesario hacer la suma con ordenador, pero a veces es posible obtenerla en forma analítica, como en la ecuación (8.51) para la hilera de torbellinos.

8.7 TEORIA DE PERFILES[1]

Como se ha mencionado cuando se habló del teorema de Kutta-Joukowski de la sustentación, ecuación (8.67), el problema en la teoría de perfiles consiste en determinar la circulación neta Γ como función de la forma del perfil y el ángulo de ataque de la corriente incidente α.

Condición de Kutta

Aunque la forma del perfil y el ángulo de ataque sean conocidos, la solución proporcionada por la teoría potencial no es única: se pueden encontrar infinitas soluciones cada una de ellas correspondiente a un valor de Γ. En la figura 8.14 se mostraron cuatro ejemplos de esta no unicidad para el cilindro circular. Lo mismo ocurre para un perfil, y en la figura 8.22 se muestran tres «soluciones» para la corriente alrededor de un perfil que son matemáticamente aceptables con valores pequeños (8.22*a*), grandes (8.22*b*) y medios (8.22*c*) de la circulación total. De acuerdo con la discusión anterior, figura 7.20, acerca del desarrollo de la sustentación, debe deducir qué caso simula mejor al flujo real alrededor del perfil. En este caso (Fig. 8.22*c*) los flujos superior e inferior se encuentran y abandonan el borde de salida suavemente. Si el borde de salida es ligeramente redondeado, allí habrá un punto de remanso. Si el borde de salida es agudo, como en la mayoría de los perfiles, las velocidades del fluido en las superficies superior e inferior deben ser iguales al abandonar el perfil.

Este razonamiento físico proporciona el valor apropiado de Γ y se atribuye generalmente a W. M. Kutta, de ahí el nombre de *condición de Kutta*; sin embargo, algunos textos se lo acreditan a Joukowski y/o a Chaplygin. Todas las teorías de perfiles utilizan la condición de Kutta, que concuerda muy bien con los experimentos. El valor correcto de la circulación Γ_{Kutta} depende de la velocidad incidente, ángulo de ataque y forma del perfil.

[1] Esta sección se puede omitir sin pérdida de continuidad.

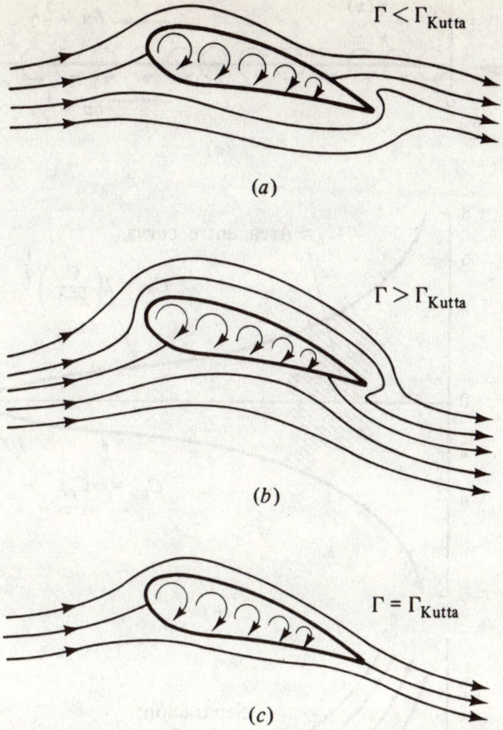

Fig. 8.22 La condición de Kutta simula de forma apropiada el flujo alrededor de un perfil: (*a*) circulación menor de la necesaria, el punto de remanso posterior está en la superficie superior; (*b*) circulación excesiva, el punto de remanso posterior está en la superficie inferior; (*c*) circulación correcta, la condición de Kutta implica que la corriente abandona el borde de salida suavemente.

Teoría de la capa de torbellinos para una placa plana

La placa plana es el perfil más sencillo ya que no tiene ni espesor ni «forma», pero incluso así su teoría no es simple. El problema puede resolverse mediante la transformación conforme [2, pág. 518], pero aquí utilizaremos la capa de torbellinos. La figura 8.23*a* muestra una placa plana de longitud C simulada por una capa de torbellinos de intensidad variable $\gamma(x)$. La corriente libre U_∞ forma un ángulo de ataque α con la cuerda de la placa.

Para que la sustentación sea hacia arriba con el flujo de izquierda a derecha, como se muestra en la figura, la circulación debe ser en el sentido de las agujas del reloj. Recuerde de la figura 8.12*c* que a través de la capa de torbellinos hay un salto de velocidad tangencial que es igual a la intensidad local

$$u_u - u_l = \gamma(x) \tag{8.83}$$

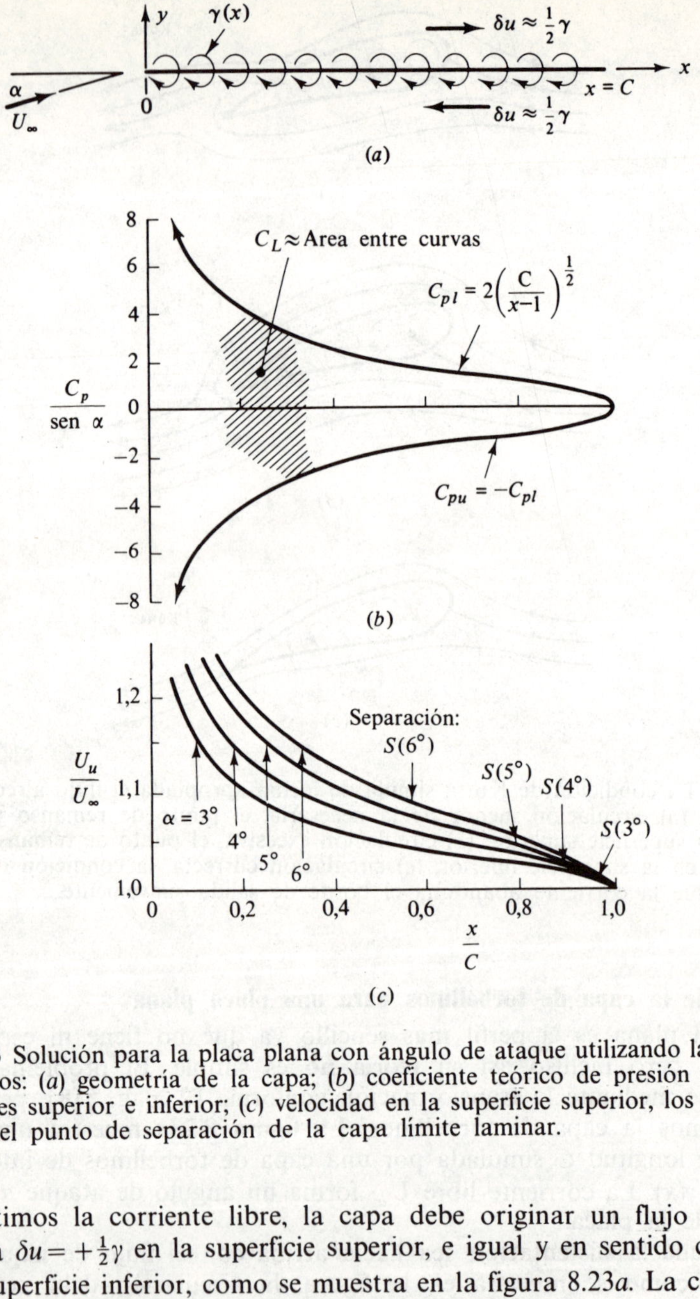

Fig. 8.23 Solución para la placa plana con ángulo de ataque utilizando la capa de torbellinos: (*a*) geometría de la capa; (*b*) coeficiente teórico de presión sobre las superficies superior e inferior; (*c*) velocidad en la superficie superior, los puntos *S* indican el punto de separación de la capa límite laminar.

Si omitimos la corriente libre, la capa debe originar un flujo hacia la derecha $\delta u = +\frac{1}{2}\gamma$ en la superficie superior, e igual y en sentido contrario en la superficie inferior, como se muestra en la figura 8.23*a*. La condición de Kutta para este borde de salida se traduce en que debe desaparecer esta diferencia de velocidades en el borde de salida para que el flujo sea allí suave y paralelo

$$\gamma(C) = 0 \tag{8.84}$$

La solución apropiada debe satisfacer esta condición, después de lo cual se puede calcular la sustentación total sumando la intensidad de la capa, sobre todo el perfil. De la ecuación (8.67) para un perfil de anchura b

$$L=\rho U_\infty b\Gamma \qquad \Gamma=\int_0^C \gamma(x)\,dx \tag{8.85}$$

Una forma alternativa de determinar la sustentación es a partir del coeficiente adimensional de presión C_p en las superficies superior e inferior

$$C_{pu,\,l}=\frac{p_{u,l}-p_\infty}{\frac{1}{2}\rho U_\infty^2}=1-\frac{U_{u,l}^2}{U_\infty^2} \tag{8.86}$$

donde la última expresión proviene de la ecuación de Bernoulli. El cuadrado de la velocidad en la superficie se obtiene combinando la corriente uniforme y las componentes de la velocidad debidas a la capa de torbellinos. De la figura 8.23*a* se tiene:

$$\begin{aligned} U_{u,\,l}^2&=(U_\infty \cos\alpha\pm\delta u)^2+(U_\infty \text{ sen } \alpha)^2=\\ &=U_\infty^2\pm 2U_\infty\delta u\cos\alpha+\delta u^2\approx U_\infty^2\left(1\pm\frac{2\delta u}{U_\infty}\right) \end{aligned} \tag{8.87}$$

donde, en la última expresión, hemos hecho las aproximaciones $\delta u \ll U_\infty$ y $\cos\alpha\approx 1$ por considerar pequeño el ángulo de ataque. En primera aproximación las ecuaciones (8.86) y (8.87) se combinan en la forma

$$C_{pu,\,l}=\mp\frac{2\delta u}{U_\infty}=\frac{\gamma}{U_\infty} \tag{8.88}$$

La sustentación es la integral de la diferencia de presiones extendida a toda la longitud del perfil, supuesto de anchura b

$$L=\int_0^C (p_l-p_u)b\ dx$$

o

$$C_L=\frac{L}{\frac{1}{2}\rho U_\infty^2 bC}=\int_0^1 (C_{pl}-C_{pu})\frac{dx}{C}=\int_0^1 \frac{\gamma}{U_\infty}d\left(\frac{x}{C}\right) \tag{8.89}$$

Las ecuaciones (8.85) y (8.89) son totalmente equivalentes dentro de la aproximación de ángulo de ataque pequeño.

La intensidad de la capa $\gamma(x)$ se determina de la condición de la velocidad normal $v(x)$ es cero en la capa ($y=0$), ya que la capa representa una placa sólida o superficie de corriente. Considerando un elemento de capa

$\gamma\, dx$ situado en x_0, la velocidad v en el punto x de la capa es la debida a un torbellino bidimensional de intensidad $d\Gamma = -\gamma\, dx$

$$dv\Big|_x = \frac{d\Gamma}{2\pi r|_{x_0\to x}} = \frac{-\gamma\, dx}{2\pi(x_0 - x)} \tag{8.90}$$

La velocidad normal en el punto x inducida por toda la capa es

$$v_{\text{capa}} = -\int_0^C \frac{\gamma\, dx}{2\pi(x_0 - x)} \tag{8.91}$$

Mientras tanto, de la figura 8.23*a*, la corriente uniforme induce una velocidad normal en cada punto de la capa dada por

$$v_{\text{corriente}} = U_\infty \text{ sen}\,\alpha \tag{8.92}$$

Haciendo que la suma v_{capa} y $v_{\text{corriente}}$ sea igual a cero, se obtiene la ecuación integral

$$\int_0^C \frac{\gamma\, dx}{x_0 - x} = 2\pi U_\infty \text{ sen}\,\alpha \tag{8.93}$$

que debe resolverse para $\gamma(x)$, con la condición de Kutta $\gamma(C) = 0$ de la ecuación (8.84).

Aunque la ecuación (8.93) es bastante difícil (y no sólo para principiantes), fue resuelta hace tiempo utilizando fórmulas integrales desarrolladas por Poisson en el siglo diecinueve. La intensidad de la capa que satisface la ecuación (8.93) es

$$\gamma(x) = 2U_\infty \text{ sen}\,\alpha\left(\frac{C}{x} - 1\right)^{1/2} \tag{8.94}$$

El coeficiente de presión en la superficie se obtiene de la ecuación (8.88)

$$c_{pu,l} = \mp 2 \text{ sen}\,\alpha\left(\frac{C}{x} - 1\right)^{1/2} \tag{8.95}$$

En textos avanzados [p. ej., 11, Cap. 17] se dan los detalles del cálculo.

En la figura 8.23*b* se han representado los coeficientes de presión de la ecuación (8.95), mostrando que en la superficie superior la presión aumenta continuamente con x, esto es, hay un gradiente adverso de presión. La velocidad en la superficie superior $U_u \approx U_\infty + \delta u = U_\infty + \frac{1}{2}\gamma$ se ha representado en la figura 8.23*c* para varios ángulos de ataque. Por encima de $\alpha = 5°$, la contribución de δu de la capa es alrededor del 20 por 100 de U_∞, de modo que se viola la suposición de pequeña perturbación. En la figura 8.23*c* también se muestran los puntos de desprendimiento de la capa límite laminar calculados por el método de Thwaites, ecuaciones (7.54) y (7.55). La predicción, que es aproximadamente correcta, es que la placa plana tendrá un desprendimiento amplio en la superficie superior, entrando en pérdida, para $\alpha > 6°$.

El coeficiente de sustentación del perfil es proporcional al área entre c_{pl} y c_{pu} de la figura 8.23*b*, de la ecuación (8.89):

$$C_L = \int_0^1 \frac{\gamma}{U} \, d\frac{x}{C} = 2 \text{ sen } \alpha \int_0^1 \left(\frac{C}{x} - 1\right)^{1/2} d\frac{x}{C} = 2\pi \text{ sen } \alpha \approx 2\pi\alpha \qquad (8.96)$$

Este es un resultado clásico al que ya aludimos anteriormente en la ecuación (7.70) sin demostrarlo.

También es interesante el coeficiente de momento alrededor del borde de ataque del perfil, considerado positivo en el sentido contrario de las agujas del reloj

$$C_{M_{\text{LE}}} = \frac{M_{\text{LE}}}{\frac{1}{2}\rho U_\infty^2 bC^2} = \int_0^1 (C_{pl} - C_{pu}) \frac{x}{C} \, d\frac{x}{C} = \frac{\pi}{2} \text{ sen } \alpha = \tfrac{1}{4} C_L \qquad (8.97)$$

Por tanto, el *centro de presiones*, o posición de la sustentación resultante, está situado en el punto un cuarto de la cuerda

$$\left(\frac{x}{C}\right)_{\text{CP}} = \frac{1}{4} \qquad (8.98)$$

sin dependencia del ángulo de ataque en este resultado teórico.

Estos resultados pueden compararse con los resultados experimentales de los perfiles NACA de la figura 8.24. El perfil NACA más delgado tiene $t/C = 0{,}06$, y el más grueso es el de 24 por 100 o $t/C = 0{,}24$. La pendiente de la curva de sustentación $dC_L/d\alpha$ está dentro del 9 por 100 del valor teórico 2π para todas las láminas de perfiles de todos los espesores. Al aumentar el espesor $C_{L,\text{ máx}}$ y el ángulo de entrada en pérdida tienden a aumentar. El ángulo de entrada en pérdida es aproximadamente de 8° cuando $t/C = 0{,}06$ y puede ser incluso menor para una placa plana, comprobándose así las estimaciones hechas para el desprendimiento de la capa límite en la figura 8.23*c*. Las mejores actuaciones para cualquier tipo de perfil corresponden generalmente a espesores del 12 por 100.

Teoría potencial para perfiles gruesos con curvatura

La teoría de perfiles gruesos con curvatura se da en textos avanzados [p. ej., 2 a 4]; en la referencia 13 hay una revisión completa y detallada del comportamiento de perfiles tanto en flujo viscoso como no viscoso.

Básicamente la teoría utiliza la transformación conforme para transformar el flujo alrededor de un cilindro circular con circulación, figura 8.14, en el flujo alrededor de un perfil cualquiera con circulación. Se ajusta la circulación para cumplir la condición de Kutta de flujo suave en el borde de salida.

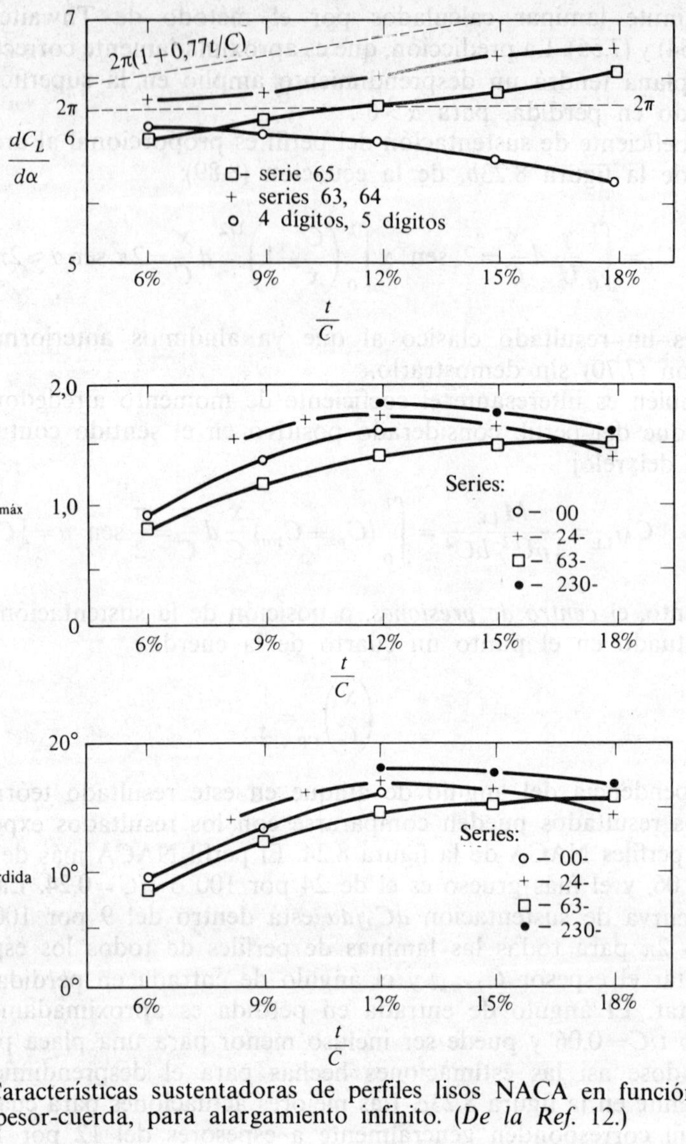

Fig. 8.24 Características sustentadoras de perfiles lisos NACA en función de la relación espesor-cuerda, para alargamiento infinito. (*De la Ref.* 12.)

Prescindiendo de la forma exacta del perfil, la transformación conforme predice que la circulación correcta para cualquier perfil grueso con curvatura es

$$\Gamma_{\text{Kutta}} = \pi b C U_\infty \left(1 + 0{,}77\frac{t}{C}\right) \text{sen } (\alpha + \beta) \tag{8.99}$$

donde $\beta = \text{tg}^{-1}\ (2h/C)$ y h es la flecha máxima, o desviación máxima de la línea media del perfil con respecto a su cuerda, como muestra la figura 8.25*a*.

El coeficiente de sustentación para perfiles de alargamiento infinito es

$$C_L = \frac{\rho U_\infty \Gamma}{\frac{1}{2}\rho U_\infty^2 bC} = 2\pi\left(1+0{,}77\ \frac{t}{C}\right)\ \text{sen}\ (\alpha+\beta) \qquad (8.100)$$

que se reduce a la ecuación (8.96) cuando el espesor y la curvatura son cero. La figura 8.24 muestra que el efecto teórico del espesor $[1+0{,}77\ (t/C)]$ no concuerda con los experimentos. En algunos perfiles aumen-

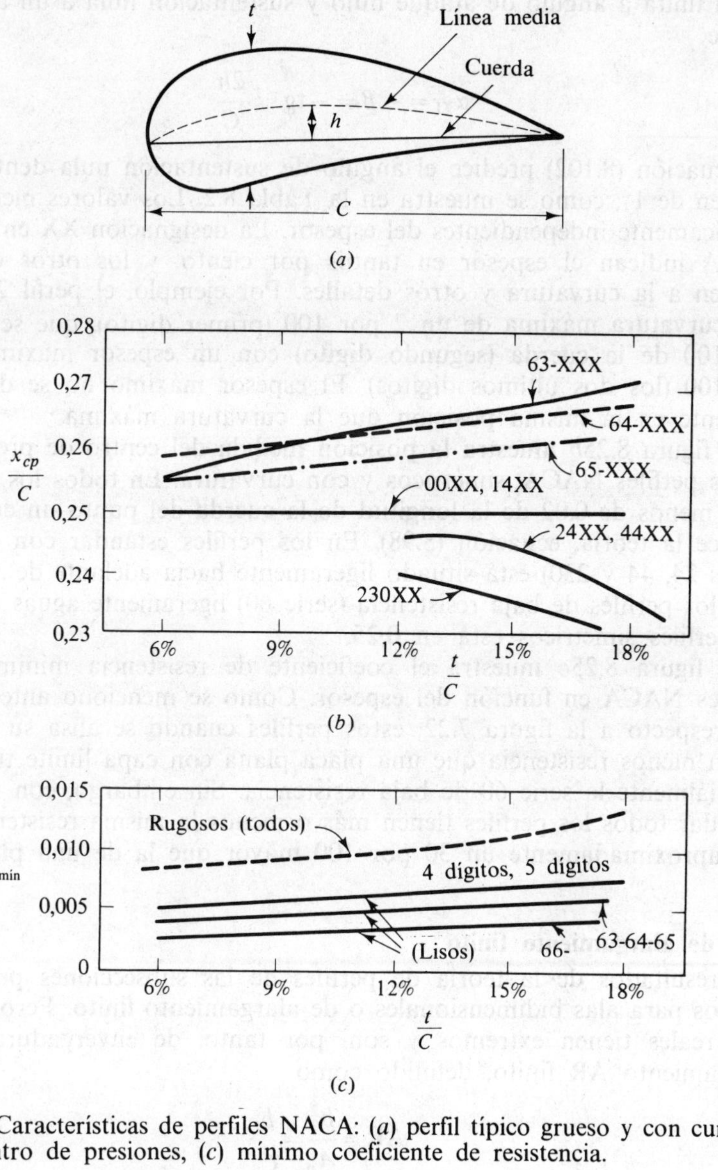

Fig. 8.25 Características de perfiles NACA: (*a*) perfil típico grueso y con curvatura, (*b*) centro de presiones, (*c*) mínimo coeficiente de resistencia.

ta la sustentación con el espesor, en algunos decrece, y no hay ninguna teoría que sea lo suficientemente precisa, la razón principal de la dificultad está en el crecimiento del espesor de la capa límite en la superficie superior que afecta a la «forma» del perfil. Así pues, es costumbre eliminar de la teoría el efecto del espesor

$$C_L \approx 2\pi \text{ sen } (\alpha+\beta) \tag{8.101}$$

La teoría predice correctamente que un perfil con curvatura tiene sustentación finita a ángulo de ataque nulo y sustentación nula a un ángulo de ataque

$$\alpha_{ZL} = -\beta = -\text{tg}^{-1}\frac{2h}{C} \tag{8.102}$$

La ecuación (8.102) predice el ángulo de sustentación nula dentro de un margen de 1°, como se muestra en la Tabla 8.2. Los valores medidos son prácticamente independientes del espesor. La designación XX en las series NACA indican el espesor en tantos por ciento, y los otros dígitos se refieren a la curvatura y otros detalles. Por ejemplo, el perfil 2415 tiene una curvatura máxima de un 2 por 100 (primer dígito), que se da al 40 por 100 de la cuerda (segundo dígito) con un espesor máximo del 15 por 100 (los dos últimos dígitos). El espesor máximo no se da necesariamente en la misma posición que la curvatura máxima.

La figura 8.25*b* muestra la posición medida del centro de presiones de varios perfiles NACA, simétricos y con curvatura. En todos los casos x_{CP} dista menos de 0,02 de la longitud de la cuerda del punto un cuarto que predice la teoría, ecuación (8.98). En los perfiles estándar con curvatura (series 24, 44 y 230) está situado ligeramente hacia adelante de $x/C=0{,}25$ y en los perfiles de baja resistencia (serie 60) ligeramente aguas abajo. En los perfiles simétricos está en 0,25.

La figura 8.25*c* muestra el coeficiente de resistencia mínimo de los perfiles NACA en función del espesor. Como se mencionó anteriormente con respecto a la figura 7.22, estos perfiles cuando se alisa su superficie tienen menos resistencia que una placa plana con capa límite turbulenta, especialmente la serie 60 de baja resistencia. Sin embargo, con rugosidad estándar todos los perfiles tienen más o menos la misma resistencia mínima, aproximadamente un 30 por 100 mayor que la de una placa plana lisa.

Alas de alargamiento finito

Los resultados de la teoría de perfiles de las subsecciones previas son válidos para alas bidimensionales o de alargamiento finito. Pero todas las alas reales tienen extremos y son, por tanto, de envergadura finita o alargamiento AR finito, definido como

$$\text{AR} = \frac{b^2}{A_p} = \frac{b}{\overline{C}} \tag{8.103}$$

Tabla 8.2

ANGULO DE SUSTENTACION NULA EN PERFILES NACA

Series de perfiles	*Curvatura h/C, %*	α_{ZL}, grad, *medido*	*Teoría* $-\beta$, grad.
24XX	2,0	−2,1	−2,3
44XX	4,0	−4,0	−4,6
230XX	1,8	−1,3	−2,1
63-2XX	2,2	−1,8	−2,5
63-4XX	4,4	−3,1	−5,0
64-1XX	1,1	−0,8	−1,2

donde b es la envergadura o distancia entre extremos o puntos del ala y A_p es el área de la forma en planta del ala cuando se ve desde arriba. Los coeficientes de sustentación y resistencia de un ala de alargamiento finito dependen mucho del alargamiento y poco del área de la forma en planta.

Los torbellinos no se pueden terminar en el fluido; deben extenderse hasta los contornos o formar un circuito cerrado. La figura 8.26*a* muestra cómo los torbellinos que proporcionan la circulación alrededor del ala se curvan aguas abajo en los extremos del ala alineándose con la corriente detrás del ala para unirse lejor formando el torbellino de arranque (Figura 7.20). Los torbellinos de mayor intensidad se desprenden de los extremos, pero algunos se desprenden del interior del ala, como muestra esquemáticamente la figura 8.26*b*. La circulación $\Gamma(y)$ de los torbellinos desprendidos es cero en los bordes y, generalmente, tiene un máximo en el plano central, o raíz, del ala. Prandtl en 1918 modeló, de forma fructífera, este flujo reemplazando el ala por una línea sustentadora y una capa semi-infinita de torbellinos de intensidad $\gamma(y)=d\Gamma/dy$, como en la figura 8.26*c*. Cada torbellino elemental $\gamma(\eta)\,dn$ induce una velocidad $dw(y)$ ascendente o descendente, dada por

$$dw(y)=\frac{\gamma(\eta)\,d\eta}{4\pi(y-\eta)} \tag{8.104}$$

en el punto y de la línea sustentadora. Obsérvese el factor 4π en el denominador en lugar de 2π a causa de que los torbellinos se extienden desde 0 a ∞ en lugar de desde $-\infty$ a $+\infty$.

La velocidad total $w(y)$ ascendente, inducida por todos los torbellinos desprendidos, es

$$w(y)=\frac{1}{4\pi}\int_{-(1/2)b}^{(1/2)b}\frac{\gamma(\eta)\,d\eta}{y-\eta} \tag{8.105}$$

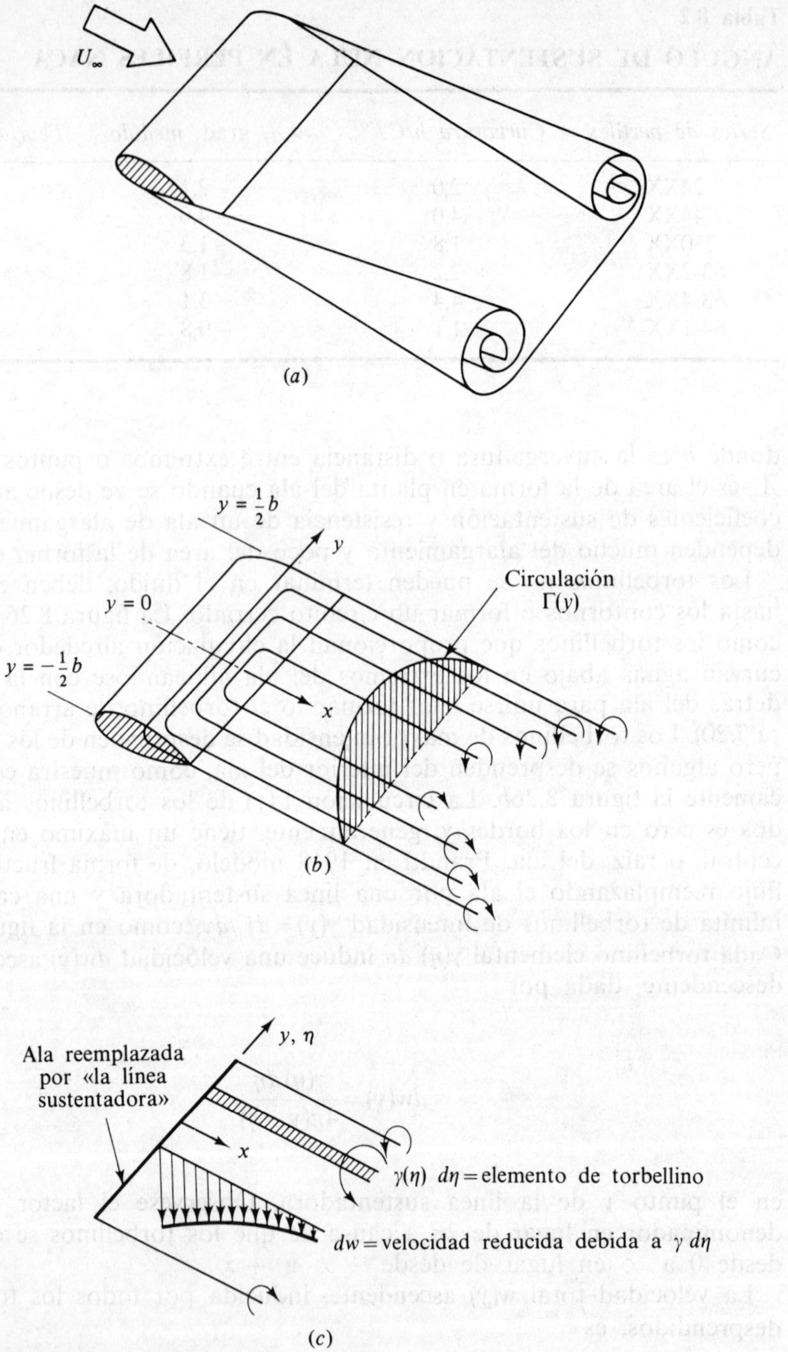

Fig. 8.26 Teoría de la línea sustentadora para alas finitas: (*a*) sistema de torbellinos reales en la estela de un ala; (*b*) simulación del sistema de torbellinos «ligados» al ala; (*c*) velocidad vertical inducida en el ala debida a un elemento infinitesimal de torbellinos desprendidos.

Cuando esta velocidad ascendente se suma vectorialmente con la corriente incidente U_∞, el ángulo de ataque efectivo en esta sección del ala es

$$\alpha_{ef}=\alpha-\alpha_i \qquad \alpha_i=\mathrm{tg}^{-1}\frac{w}{U_\infty}\approx\frac{w}{U_\infty} \tag{8.106}$$

donde hemos hecho uso de la aproximación $w \ll U_\infty$.

El último paso consiste en suponer que la circulación total $\Gamma(y)$ es igual a la de un perfil de la misma forma y al mismo ángulo de ataque efectivo. De la teoría de perfiles delgados, ecuaciones (8.85) y (8.96), tenemos

$$C_L=\frac{\rho U_\infty \Gamma b}{\frac{1}{2}\rho U_\infty^2 bC}\approx 2\pi\alpha_{ef}$$

o

$$\Gamma\approx\pi C U_\infty \alpha_{ef} \tag{8.107}$$

Combinando las ecuaciones (8.105) a (8.107), obtenemos la teoría de Prandtl de la línea sustentadora para un ala de alargamiento finito

$$\Gamma(y)=\pi C(y)U_\infty\left[\alpha(y)-\frac{1}{4\pi U_\infty}\int_{-(1/2)b}^{(1/2)b}\frac{(d\Gamma/d\eta)\,d\eta}{y-\eta}\right] \tag{8.108}$$

Que es una ecuación integrodiferencial para $\Gamma(y)$ con las condiciones $\Gamma(\frac{1}{2}b)=\Gamma(-\frac{1}{2}b)=0$. Esta ecuación es similar a la (8.93) para perfiles delgados, pero mucho más complicada. Una vez que se ha resuelto, la sustentación del ala y la resistencia inducida están dadas por

$$L=\rho U_\infty\int_{-(1/2)b}^{(1/2)b}\Gamma(y)\,dy \qquad D_i=\rho U_\infty\int_{-(1/2)b}^{(1/2)b}\Gamma(y)\alpha_i(y)\,dy \tag{8.109}$$

Tenemos aquí un caso en que la resistencia no es nula en un flujo no viscoso, debido a que la velocidad vertical hace que la sustentación se incline hacia atrás un ángulo α_i de modo que proporciona una resistencia paralela a la dirección de la corriente incidente, $dD_i=dL$ sen $\alpha_i\approx dL\alpha_i$.

La solución completa de la ecuación (8.108) para una forma en planta arbitraria $C(y)$ y una torsión arbitraria $\alpha(y)$ se da en textos avanzados [p. ej., 11, Cap. 19]. Para el caso de un ala de forma en planta elíptica y sin torsión

$$C(y)=C_0\left[1-\left(\frac{2y}{b}\right)^2\right]^{1/2} \tag{8.110}$$

El área y alargamiento del ala son

$$A_p=\int_{-(1/2)b}^{(1/2)b}C\,dy=\tfrac{1}{4}\pi bC_0 \qquad \mathrm{AR}=\frac{4b}{\pi C_0} \tag{8.111}$$

La solución de la ecuación (8.108) para esta $C(y)$ es una distribución de circulación elíptica

$$\Gamma(y)=\Gamma_0\left[1-\left(\frac{2y}{b}\right)^2\right]^{1/2} \tag{8.112}$$

Sustituyendo en la ecuación (8.108) e integrando se obtiene una relación entre Γ_0 y C_0

$$\Gamma_0=\frac{\pi C_0 U_\infty \alpha}{1+2/\mathrm{AR}} \tag{8.113}$$

donde α es constante a lo largo del ala sin torsión.

Sustituyendo en la ecuación (8.109) se obtiene la sustentación para el ala elíptica

$$L=\tfrac{1}{4}\pi^2 b C_0 \rho U_\infty^2 \alpha$$

o

$$C_L=\frac{2\pi\alpha}{1+2/\mathrm{AR}} \tag{8.114}$$

Si generalizamos esto a un ala finita gruesa y con curvatura de forma en planta aproximadamente elíptica, tenemos

$$C_L=\frac{2\pi \text{ sen } (\alpha+\beta)}{1+2/\mathrm{AR}} \tag{8.115}$$

Este resultado se dio sin demostrarlo en la ecuación (7.70). De la ecuación (8.105) la velocidad vertical para el ala elíptica es constante

$$w(y)=\frac{2U_\infty \alpha}{2+\mathrm{AR}}=\text{const} \tag{8.116}$$

Finalmente, el coeficiente de resistencia inducida es, ecuación (8.109),

$$C_{Di}=C_L\frac{w}{U_\infty}=\frac{C_L^2}{\pi\,\mathrm{AR}} \tag{8.117}$$

Se dio también sin demostración en la ecuación (7.71).

En la figura 8.27 se muestra la efectividad de esta teoría cuando se compara con los ensayos en alas no elípticas y con curvatura realizados por Prandtl en 1921 [14]. La figura 8.27*a* y *b* muestra las curvas de sustentación y las curvas polares de resistencia para cinco alargamientos diferentes. Obsérvese que hay un incremento del ángulo de entrada en pérdida y de la resistencia y una disminución en la pendiente de la sustentación cuando disminuye el alargamiento.

La figura 8.27*c* muestra la sustentación representada en función del ángulo de ataque efectivo $\alpha_{ef}=(d+\beta)/(1+2/\text{AR})$, como predice la ecuación (8.115). Estas curvas deberían ser equivalentes a las de un ala de alargamiento infinito, y colapsar todas excepto cerca del desprendimiento. Su pendiente común $dC_L/d\alpha$ es alrededor del 10 por 100 menor que el valor teórico 2π, pero es consistente con los efectos de espesor y de forma observados en la figura 8.24.

La polar de la figura 8.27*d*, que recoge los datos de resistencia, se ha representado ahora restando la resistencia inducida teórica $C_{Di}=C_L^2/(\pi\text{AR})$.

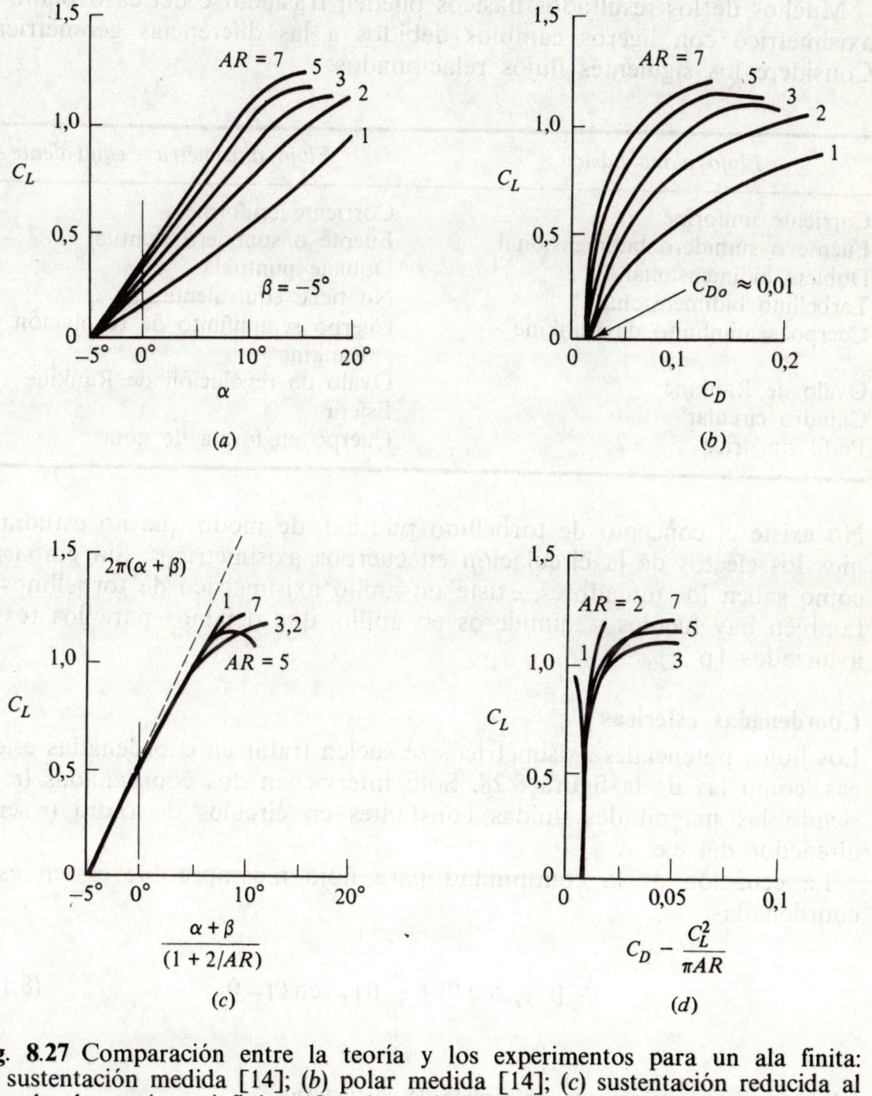

Fig. 8.27 Comparación entre la teoría y los experimentos para un ala finita: (*a*) sustentación medida [14]; (*b*) polar medida [14]; (*c*) sustentación reducida al caso de alargamiento infinito; (*d*) polar reducida al caso de alargamiento infinito.

De nuevo, excepto cerca de la entrada en pérdida, los datos colapsan en una línea única con coeficiente de resistencia correspondiente a alargamiento infinito, aproximadamente constante $C_{D0} \approx 0{,}01$. Concluimos que la teoría para alas finitas es muy efectiva y se puede utilizar en cálculos de diseño.

8.8 FLUJO POTENCIAL AXISIMETRICO[1]

En flujo potencial axisimétrico se puede utilizar la misma técnica de superposición que utilizamos en la sección 8.3 para el flujo plano. Damos aquí algunos ejemplos.

Muchos de los resultados básicos pueden trasladarse del caso plano al axisimétrico con ligeros cambios debidos a las diferencias geométricas. Considere los siguientes flujos relacionados:

Flujo plano básico	*Flujo axisimétrico equivalente*
Corriente uniforme	Corriente uniforme
Fuente o sumidero bidimensional	Fuente o sumidero puntual
Doblete bidimensional	Doblete puntual
Torbellino bidimensional	No tiene equivalente
Cuerpo semiinfinito de Rankine	Cuerpo semiinfinito de revolución de Rankine
Ovalo de Rankine	Ovalo de revolución de Rankine
Cilindro circular	Esfera
Perfil simétrico	Cuerpo en forma de gota

No existe el concepto de torbellino puntual, de modo que no estudiaremos los efectos de la circulación en cuerpos axisimétricos. Sin embargo, como saben los fumadores, existe un anillo axisimétrico de torbellinos, y también hay fuentes y sumideros en anillo, que dejamos para los textos avanzados [p. ej., 3].

Coordenadas esféricas

Los flujos potenciales axisimétricos se suelen tratar en coordenadas esféricas, como las de la figura 8.28. Sólo intervienen dos coordenadas (r, θ), siendo las magnitudes fluidas constantes en círculos de radio $(r \operatorname{sen}\theta)$ alrededor del eje x.

La ecuación de la continuidad para flujo incompresible es, en estas coordenadas,

$$\frac{\partial}{\partial r}(r^2 v_r \operatorname{sen}\theta) + \frac{\partial}{\partial \theta}(r v_\theta \operatorname{sen}\theta) = 0 \tag{8.118}$$

[1] Esta sección puede omitirse sin pérdida de continuidad.

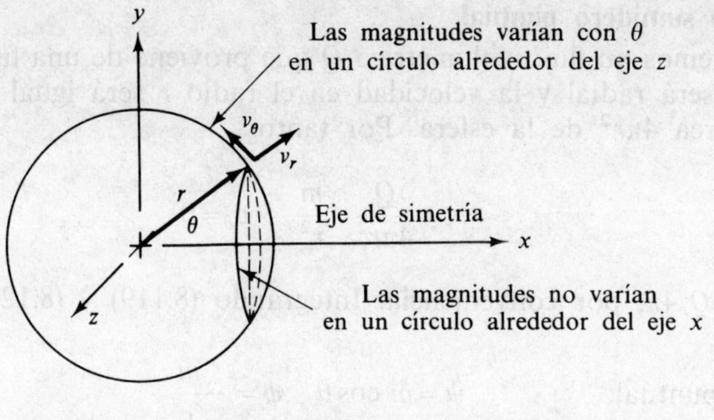

Fig. 8.28 Coordenadas esféricas para flujo axisimétrico.

donde v_r y v_θ son las velocidades radial y tangencial, como muestra la figura. Existe una función de corriente[1] en coordenadas polares

$$v_r = -\frac{1}{r^2 \operatorname{sen}\theta}\frac{\partial\psi}{\partial\theta} \qquad v_\theta = \frac{1}{r \operatorname{sen}\theta}\frac{\partial\psi}{\partial r} \tag{8.119}$$

Existe también potencial de velocidades $\phi(r, \theta)$ tal que

$$v_r = \frac{\partial\phi}{\partial r} \qquad v_\theta = \frac{1}{r}\frac{\partial\phi}{\partial\theta} \tag{8.120}$$

Estas fórmulas sirven para determinar las funciones ψ y ϕ para diversos flujos potenciales axisimétricos elementales.

Corriente uniforme en la dirección del eje x

Una corriente uniforme U_∞ en la dirección x tiene las componentes

$$v_r = U_\infty \cos\theta \qquad v_\theta = -U_\infty \operatorname{sen}\theta \tag{8.121}$$

Sustituyendo en las ecuaciones (8.119) y (8.120) e integrando

Corriente uniforme:

$$\psi = -\tfrac{1}{2}U_\infty r^2 \operatorname{sen}^2\theta \qquad \phi = U_\infty r \cos\theta \tag{8.122}$$

Como de costumbre, se han anulado las constantes arbitrarias.

[1] A menudo se denomina *función de corriente de Stokes*, ya que fue utilizada por Stokes en un trabajo sobre flujo viscoso alrededor de una esfera, escrito en 1851.

Fuente o sumidero puntual

Consideremos un flujo volumétrico Q que proviene de una fuente puntual. El flujo será radial y la velocidad en el radio r será igual a Q dividido por el área $4\pi r^2$ de la esfera. Por tanto

$$v_r = \frac{Q}{4\pi r^2} = \frac{m}{r^2} \qquad v_\theta = 0 \tag{8.123}$$

con $m = Q/4\pi$, por conveniencia. Integrando (8.119) y (8.120) se obtiene

$$\text{Fuente puntual:} \qquad \psi = m\cos\theta \qquad \phi = -\frac{m}{r} \tag{8.124}$$

Para un sumidero puntual hay que cambiar m por $-m$ en la ecuación (8.124).

Doblete puntual

Igual que en las figuras 8.7 y 8.8, situando una fuente en $(x, y) = (-a, 0)$ y un sumidero de igual intensidad en $(+a, 0)$, y haciendo el límite a tendiendo a cero con el producto $2am = \lambda$ constante, se tiene

$$\psi_{\text{doblete}} = \lim_{\substack{a\to 0\\ 2am=\lambda}} (m\cos\theta_{\text{fuente}} - m\cos\theta_{\text{sumidero}}) = \frac{\lambda\,\text{sen}^2\,\theta}{r} \tag{8.125}$$

Dejaremos la obtención de este límite para un problema. El potencial de velocidades para el doblete puntual es

$$\phi_{\text{doblete}} = \lim_{\substack{a\to 0\\ 2am=\lambda}} \left(-\frac{m}{r_{\text{fuente}}} + \frac{m}{r_{\text{sumidero}}} \right) = \frac{\lambda\cos\theta}{r^2} \tag{8.126}$$

En la figura 8.29 se muestran las líneas de corriente y las equipotenciales. Al contrario que en el doblete bidimensional de la figura 8.8, ninguna de estas líneas es un círculo perfecto

Corriente uniforme más una fuente puntual

Combinando las ecuaciones (8.122) y (8.124) se obtiene la función de corriente de una corriente uniforme más una fuente puntual en el origen

$$\psi = -\tfrac{1}{2}U_\infty r^2\,\text{sen}^2\,\theta + m\cos\theta \tag{8.127}$$

Las componentes de la velocidad se obtienen de acuerdo con la ecuación (8.119)

$$v_r = U_\infty \cos\theta + \frac{m}{r^2} \qquad v_\theta = -U_\infty\,\text{sen}\,\theta \tag{8.128}$$

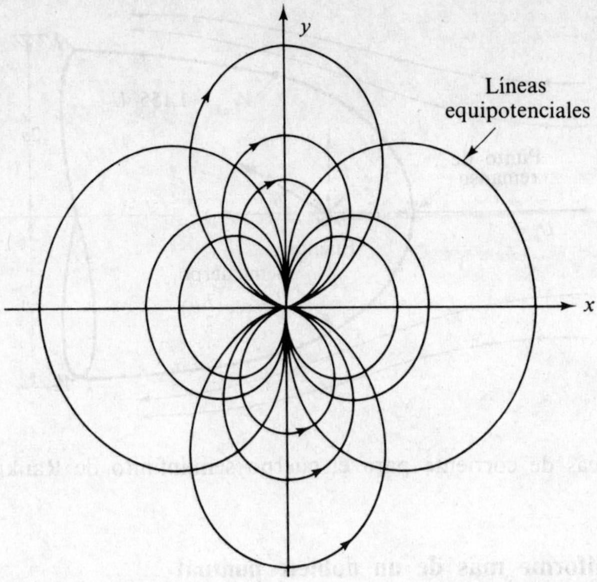

Fig. 8.29 Líneas de corriente y equipotenciales debidas a un doblete puntual en el origen, ecuaciones (8.125) y (8.126).

Haciendo igual a cero estas componentes se obtiene un punto de remanso situado en $\theta = 180°$ y $r = a = (m/U_\infty)^{1/2}$, como se muestra en la figura 8.30. Si hacemos $m = U_\infty a^2$, la función de corriente puede reescribirse como

$$\frac{\psi}{U_\infty a^2} = \cos\theta - \frac{1}{2}\left(\frac{r}{a}\right)^2 \operatorname{sen}^2\theta \qquad (8.129)$$

La superficie de corriente que pasa por el punto de remanso $(r, \theta) = (a, \pi)$ toma el valor $\psi = -U_\infty a^2$ y forma un cuerpo semiinfinito de revolución que encierra a la fuente puntual, como se muestra en la figura 8.30. Este cuerpo semiinfinito puede utilizarse para simular un tubo de pitot. El radio del cuerpo tiende lejos aguas abajo al valor constante $R = 2a$. La velocidad máxima y presión mínima sobre la superficie del cuerpo se da en $\theta = 70{,}5°$; $r = a\sqrt{3}$, $V_s = 1{,}155U_\infty$. Aguas abajo de este punto hay un gradiente adverso de presión ya que V_s decrece lentamente hasta el valor U_∞, pero la teoría de la capa límite no indica que haya desprendimiento. Por tanto, la ecuación (8.129) representa de forma realista el flujo alrededor de un cuerpo semiinfinito de revolución. Pero cuando a la corriente uniforme se le añade un sumidero para representar la parte posterior de un cuerpo de revolución, similar al de la figura 8.10*c*, se produce el desprendimiento y el modelo no viscoso deja de ser realista.

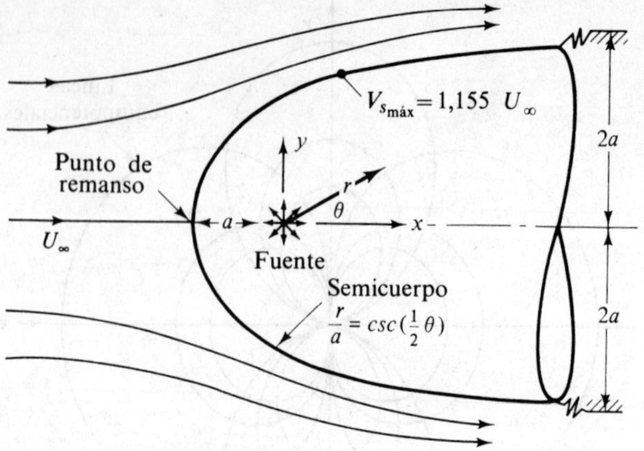

Fig. 8.30 Líneas de corriente para el cuerpo semiinfinito de Rankine de revolución.

Corriente uniforme más de un doblete puntual

La combinación de una corriente uniforme más un doblete puntual, ecuaciones (8.122) y (8.125), da

$$\psi = -\tfrac{1}{2}U_\infty r^2 \operatorname{sen}^2\theta + \frac{\lambda}{r}\operatorname{sen}^2\theta \tag{8.130}$$

Examinando esta relación vemos que la superficie de corriente $\psi = 0$ corresponde a una esfera de radio

$$r = a = \left(\frac{2\lambda}{U_\infty}\right)^{1/3} \tag{8.131}$$

Este flujo es análogo al del cilindro circular de la figura 8.14*a* formado por la combinación de una corriente uniforme y un doblete bidimensional.

Llamando $\lambda = \frac{1}{2}U_\infty a^3$, reescribimos la ecuación (8.130) en la forma

$$\frac{\psi}{\frac{1}{2}U_\infty a^2} = -\operatorname{sen}^2\theta\left(\frac{r^2}{a^2} - \frac{a}{r}\right) \tag{8.132}$$

Se han representado en la figura 8.31 las líneas de corriente para este flujo. Las componentes de la velocidad son, ecuación (8.119),

$$v_r = U_\infty \cos\theta\left(1 - \frac{a^3}{r^3}\right) \qquad v_\theta = -\tfrac{1}{2}U_\infty \operatorname{sen}\theta\left(2 + \frac{a^3}{r^3}\right) \tag{8.133}$$

Como era de esperar, la velocidad radial se anula en la superficie de la esfera $r = a$. Hay un punto de remanso en la parte frontal (a, π) y en

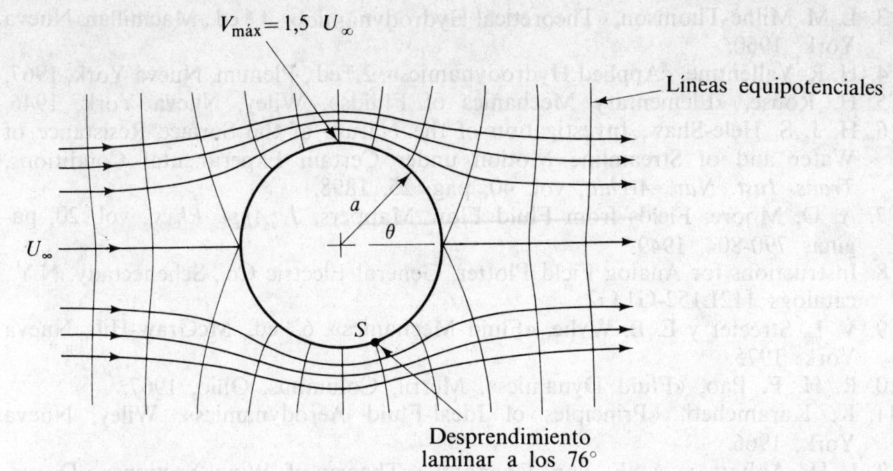

Fig. 8.31 Líneas de corriente y equipotenciales para el flujo no viscoso alrededor de una esfera.

la parte posterior (a, 0) de la esfera. La velocidad máxima se da en (a, $\pm\frac{1}{2}\pi$), donde $v_r = 0$ y $v_\theta = -1,5U_\infty$. La velocidad sobre la superficie es

$$V_s = -v_\theta|_{r=a} = \tfrac{3}{2}U_\infty \operatorname{sen}\theta \tag{8.134}$$

Obsérvese la semejanza con la velocidad máxima sobre el cilindro sin circulación, que, según la ecuación (8.60), es igual a $2U_\infty \operatorname{sen}\theta$.

Como era de esperar, la ecuación (8.134) predice un gradiente adverso de presión en la parte posterior de la esfera ($\theta < 90°$). Si utilizamos esta distribución de velocidades con la teoría de la capa límite laminar (por ejemplo, 15, pág. 374], el desprendimiento se presenta alrededor de $\theta = 76°$, de modo que en el caso de un flujo real alrededor de una esfera se forma una estela amplia en la parte posterior. Esta estela interacciona con la corriente libre y la ecuación (8.134) deja de ser válida incluso en la parte frontal de la esfera. La velocidad máxima medida sobre la esfera es sólo $1,3U_\infty$ y se presenta en torno a $\theta = 107°$ (ver Ref. 15, Sec. 4.9.5, para más detalles).

Aunque hemos intentado cubrir muchos ejemplos diferentes, este capítulo sólo puede servir como una introducción a la teoría de flujos potenciales. Se invita al lector a consultar textos avanzados [p. ej., 2-4, 10-13]. El análisis de algunos ejemplos adicionales se dejará aquí para los problemas.

REFERENCIAS

1. O. D. Kellogg, «Foundations of Potential Theory», Dover, Nueva York, 1953.
2. J. M. Robertson, «Hydrodynamics in Theory and Application», Prentice-Hall, Englewood Cliffs, N.J., 1965.

3. L. M. Milne-Thomson, «Theoretical Hydrodynamics», 4.ª ed., Macmillan, Nueva York, 1960.
4. H. R. Vallentine, «Applied Hydrodynamics», 2.ª ed., Plenum, Nueva York, 1967.
5. H. Rouse, «Elementary Mechanics of Fluids», Wiley, Nueva York, 1946.
6. H. J. S. Hele-Shaw, Investigation of the Nature of the Surface Resistance of Water and of Streamline Motion under Certain Experimental Conditions, *Trans. Inst. Nav. Archit.*, vol. 40, pág. 25, 1898.
7. A. D. Moore, Fields from Fluid Flow Mappers, *J. Appl. Phys.*, vol. 20, páginas 790-804, 1949.
8. Instructions for Analog Field Plotter, General Electric Co., Schenectady, N.Y., catalogs 112L152-G1,G2.
9. V. L. Streeter y E. B. Wylie, «Fluid Mechanics», 6.ª ed., McGraw-Hill, Nueva York, 1975.
10. R. H. F. Pao, «Fluid Dynamics», Merril, Columbus, Ohio, 1967.
11. K. Karamcheti, «Principles of Ideal-Fluid Aerodynamics», Wiley, Nueva York, 1966.
12. I. H. Abbott y A. E. von Doenhoff, «Theory of Wing Sections», Dover, Nueva York, 1959.
13. B. Thwaites (ed.), «Incompressible Aerodynamics», Clarendon Press, Oxford, 1960.
14. L. Prandtl, Applications of Modern Hydrodynamics to Aeronautics, *NACA Rep.* 116, 1921.
15. F. M. White, «Viscous Fluid Flow», McGraw-Hill, Nueva York 1974.

PROBLEMAS

8.1 Demostrar que líneas de corriente $\psi(r, \theta)$ en coordenadas polares, ecuación (8.11), son perpendiculares a las líneas equipotenciales $\phi(r, \theta)$.

8.2 Una corriente uniforme fluye hacia abajo, $u=0$, $v=-U_\infty$. Escribir la función de corriente y el potencial de velocidades para este flujo en (*a*) coordenadas cartesianas y (*b*) coordenadas polares.

8.3 Utilizando coordenadas cartesianas, mostrar que cada componente de la velocidad (u, v, w) de un flujo potencial satisface la ecuación de Laplace.

8.4 La función $1/r$ ¿representa un potencial de velocidades en coordenadas polares? Si es asi, ¿cuál es la función de corriente $\psi(r, \theta)$ asociada?

8.5 Considérese el flujo debido a un torbellino bidimensional en el origen de intensidad K. Determinar, con la ecuación (8.28), la circulación en el sentido de las agujas del reloj y a lo largo de un camino que se inicia en el punto $(r, \theta)=(a, 0)$ y pasa por los puntos $(2a, 0)$, $(2a, 3\pi/2)$ y $(a, 3\pi/2)$ retrocediendo de nuevo por el mismo camino al punto $(a, 0)$. Interprete el resultado.

8.6 Utilizar el método gráfico de la figura 8.7 para representar las líneas de corriente y equipotenciales del flujo debido a una fuente bidimensional de intensidad m situada en $(a, 0)$ más otra de intensidad $2m$ situada en $(-a, 0)$. ¿Cómo es el flujo visto desde lejos?

8.7 Utilizar la ecuación (8.36) para representar las líneas equipotenciales y compararlas con las líneas de corriente del par fuente-sumidero de la figura 8.8.

8.8 Dibujar las líneas de corriente y equipotenciales del flujo debido a una fuente bidimensional de intensidad $2m$ situada en $(a, 0)$ más un sumidero de intensidad $-m$ situado en $(-a, 0)$. ¿Cómo es el flujo visto desde lejos?

8.9 Una fuente bidimensional de intensidad $m=Ua$, donde U es una velocidad de referencia, se sitúa en $(x, y)=(0, a)$ cerca de la «pared» $y=0$. Representar esquemáticamente las líneas de corriente y equipotenciales por encima de la pared, así como el coeficiente de presiones $C_p=(p-p_0)/(\frac{1}{2}\rho U^2)$ a lo largo de la pared, donde p_0 es la presión en (0, 0). ¿Hay algún peligro de que la corriente a lo largo de la pared se desprenda? ¿Dónde está el punto de presión mínima?

8.10 Representar esquemáticamente las líneas de corriente y equipotenciales del flujo debido a un manantial bidimensional de intensidad $2m$ situado en (0, 0) más dos sumideros de intensidad $-m$ cada uno y situados en $(a, 0)$ y $(-a, 0)$. Localizar la posición de los puntos de remanso.

8.11 Utilizando las ecuaciones (8.37) y (8.39) como guía, escribir la función de corriente y el potencial de velocidades de un doblete alineado con el eje y, con la fuente inmediatamente debajo del origen y el sumidero encima.

8.12 Un torbellino bidimensional de intensidad $2K$ en el sentido contrario de las agujas del reloj y situado en $(x, y)= =(0, a)$, se combina con un torbellino situado en $(0, -a)$ de intensidad K en el sentido de las agujas del reloj. Dibujar las líneas de corriente y equipotenciales y determinar el punto de velocidad mínima entre los dos torbellinos.

8.13 El esquema de un torbellino y sumidero de la figura 8.9 puede simular el flujo debido a un huracán estacionario, excepto en que los efectos viscosos pueden despreciarse sólo fuera de un radio finito de aproximadamente 40 m, como se muestra en la figura P8.13. Suponer que la presión en $r=40$ m es 1500 Pa menor que la presión lejos del centro y que la densidad del aire es 1,2 kg/m^3. Suponer además que el flujo de aire que atraviesa la sección $r=40$ m es de 5000 m^3/s por metro de anchura, perpendicular al papel. Calcular (*a*) la velocidad total V en $r=40$ m; (*b*) la intensidad $-m$ del sumidero y K del torbellino en metros cuadrados por segundo; (*c*) la presión en $r=100$ m comparada con la presión en el infinito; (*d*) el ángulo β con el que las líneas de corriente cruzan el círculo de radio $r=40$ m.

8.14 Cuatro fuentes de igual intensidad m se sitúan en las cuatro esquinas de un cuadrado $(x, y)=(a, a)$, $(a, -a)$, $(-a, a)$ y $(-a, -a)$. Esquematizar las líneas de corriente y equipotenciales.

8.15 Una fuente de intensidad $m=1{,}5$ metros cúbicos por segundo por metro de anchura, perpendicular al papel y situada en el origen, se combina con una corriente uniforme en la dirección del eje x de 7,5 m/s. Para el cuerpo semiinfinito que resulta, se pide (*a*) la posición del punto de remanso; (*b*) la altura del cuerpo cuando corta al eje y; (*c*) la altura del cuerpo cuando x es grande; (*d*) la posición (x, y) y valor de la velocidad máxima en la superficie.

8.16 Un cuerpo semiinfinito de Rankine tiene la forma que se muestra en la figura P8.16. Para la velocidad de la corriente y las dimensiones del cuerpo dadas, determinar (*a*) la intensidad m de la fuente en metros cuadrados por

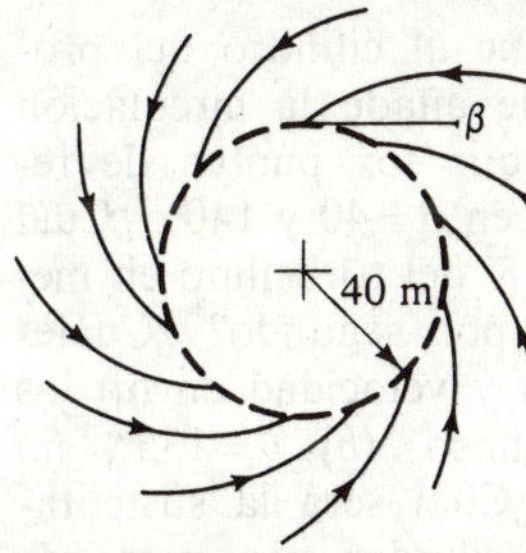

Fig. P8.13

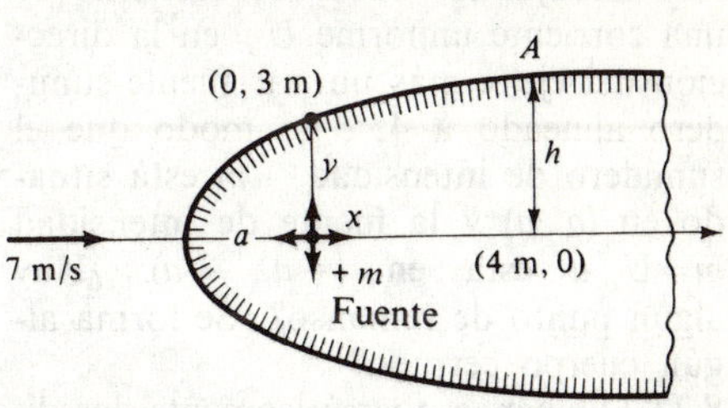

Fig. P8.16

segundo, (*b*) la distancia *a*, (*c*) la distancia *h*, (*d*) la velocidad total en el punto *A*.

8.17 Representar esquemáticamente las líneas de corriente del flujo debido a la superposición de una fuente bidimensional de intensidad *m* situada en $(x, y)=(0, a)$, una fuente igual en $(0, -a)$ y una corriente uniforme $U_\infty = m/a$, donde *a* es una longitud característica.

8.18 Representar esquemáticamente las líneas de corriente de una corriente uniforme U_∞ incidiendo sobre el par fuente-sumidero alineado verticalmente con la fuente en $+a$ y el sumidero en $-a$ según el eje *y*. ¿Da lugar a un cuerpo de forma cerrada?

8.19 Representar esquemáticamente las líneas de corriente de una corriente uniforme U_∞, un sumidero de intensidad $-2m$ en el origen, una fuente de intensidad *m* en $(a, 0)$ y otra fuente de igual intensidad en $(-a, 0)$. ¿Se forma un cuerpo de forma cerrada?

8.20 El desagüe del agua de refrigeración de una central eléctrica, que es esencialmente un colector vertical con salida radial, descarga 3000 ft^3/s en aguas de marea de 25 ft de profundidad. Si la velocidad de desplazamiento de la marea es 1,2 ft/s, ¿a qué distancia, aguas arriba, se situará el punto de remanso? ¿Qué distancia, a la izquierda y derecha, se deflectará la corriente de la marea por el flujo de desagüe? ¿Cuál será la velocidad máxima del flujo en el exterior de la superficie de separación entre el agua de refrigeración y el flujo de la marea?

8.21 Dibujar las líneas de corriente de una corriente uniforme U_∞ en la dirección del eje *x* más un par fuente-sumidero alineado a 45°, de modo que el sumidero de intensidad $-m$ está situado en (a, a) y la fuente de intensidad $m=U_\infty a$ está en $(-a, -a)$. ¿Hay algún punto de remanso? ¿Se forma algún cuerpo cerrado?

8.22 Dibujar esquemáticamente las líneas de corriente del par fuente-sumidero más una corriente uniforme, cuando el sumidero está en $(-a, 0)$ y la fuente en $(a, 0)$, esto es, al revés que en la figura 8.13. Suponga $m=U_\infty a$.

8.23 Un óvalo de Rankine está formado por el par fuente-sumidero bidimensional y una corriente uniforme donde $m=5$ m^2/s, $a=2$ m y $U_\infty=8$ m/s. Determinar la longitud y altura del cuerpo y la velocidad en el punto más alto de éste.

8.24 Cuando se combina un par fuente-sumidero bidimensional, $m=15$ ft^2/s y $a=6$ in, con una corriente uniforme, se forma un óvalo de Rankine cuya altura es de 16 in. ¿Cuál es la velocidad U_∞ de la corriente uniforme y la velocidad en el punto más alto del cuerpo?

8.25 Un óvalo de Kelvin está formado por un par de torbellinos bidimensionales con $K=12$ m^2/s, $a=1$ m y $U_\infty=10$ m/s. ¿Cuáles son la altura, anchura y velocidad en el punto más alto de este óvalo?

8.26 ¿Para qué valor de K/U_∞ a la velocidad en el punto más alto del óvalo de Kelvin es igual a $4U_\infty$? ¿Cuál es la relación h/a en este óvalo?

8.27 Determinar la intensidad λ, en metros cúbicos por segundo, de un doblete que es necesario para simular el flujo sin circulación de una corriente uniforme de 4 m/s alrededor de un cilindro de 1 m de diámetro. Si el fluido es agua a 20° C, ¿cuál es la presión en el punto de remanso si la presión en la corriente libre es 10^5 Pa? ¿Cuál es la presión en el punto más alto del cilindro $(\theta=90°)$? ¿Cuáles son la presión y velocidad en $\theta=135°$?

8.28 Suponga que al cilindro del problema 8.27 se le añade la circulación suficiente para que los puntos de remanso se sitúen en $\theta=40$ y 140°. ¿Cuál es la intensidad *K* del torbellino en metros cuadrados por segundo? ¿Cuáles serán la presión y velocidad en (*a*) los puntos de remanso, (*b*) $\theta=135°$, (*c*) $\theta=90$ y 270°? ¿Cuál será la sustentación teórica del cilindro por metro de longitud?

8.29 ¿Qué circulación K debe añadirse al flujo sobre el cilindro del problema 8.27 para situar los puntos de remanso en el punto más alto del cilindro? ¿Cuánto valdrá la velocidad y presión en el punto más bajo? ¿Cómo interpreta este resultado? ¿Qué valor de K hace que la presión en el punto más bajo del cilindro sea de 5000 Pa?

8.30 Un cilindro de 2 m de diámetro está girando a 1800 rpm en una corriente de aire de 25 m/s. Calcular (*a*) la sustentación y resistencia y (*b*) la sustentación y resistencia reales, por unidad de longitud del cilindro, a partir de los experimentos.

8.31 El rotor del barco original de Flettner tenía, aproximadamente, 100 ft de alto, desplazaba 800 tons y tenía un área mojada de 3500 ft^2. En la figura P8.31 se representan dos rotores de 50 ft de alto y 9 ft de diámetro cada uno, girando a 750 rpm, lo que está fuera del margen de la figura 8.15. Los coeficientes de sustentación y resistencia medidos son 10 y 4, respectivamente. Si el barco está amarrado y sometido a un viento cruzado de 25 ft/s, como en la figura P8.31, ¿cuál será la fuerza del viento paralela y normal a la línea central del barco? Estimar la potencia necesaria para mover los rotores.

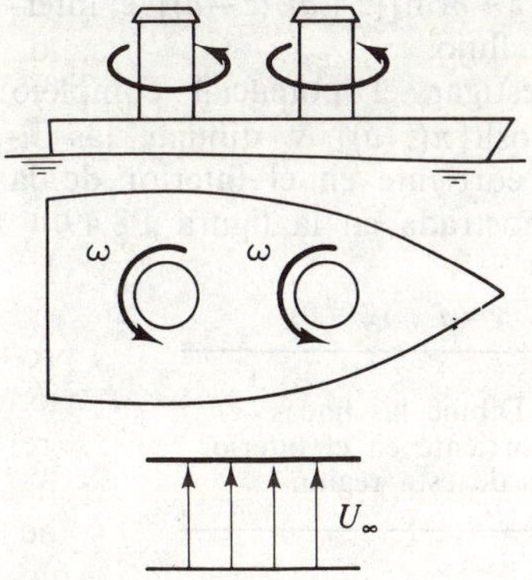

Fig. P8.31

8.32 El barco de la figura P8.31 tiene un coeficiente de resistencia debida al agua $C_D = 0{,}004$. ¿Cuál será la velocidad del barco en agua de mar a 20° C cuando el viento sopla a 25 ft/s y el barco se alinea con la fuerza resultante sobre los rotores? *Guía:* Es un problema de velocidades relativas.

8.33 Repetir el problema P8.32 si el viento es sólo de 15 ft/s.

8.34 Un viento con velocidad U_∞ y presión p_∞ sopla sobre un cobertizo que tiene forma semicilíndrica de radio a y longitud L (Fig. P8.34). La presión interior es p_i. Utilizando la teoría no viscosa, obtener una expresión para la fuerza vertical sobre el cobertizo debida a la diferencia entre p_i y p_s.

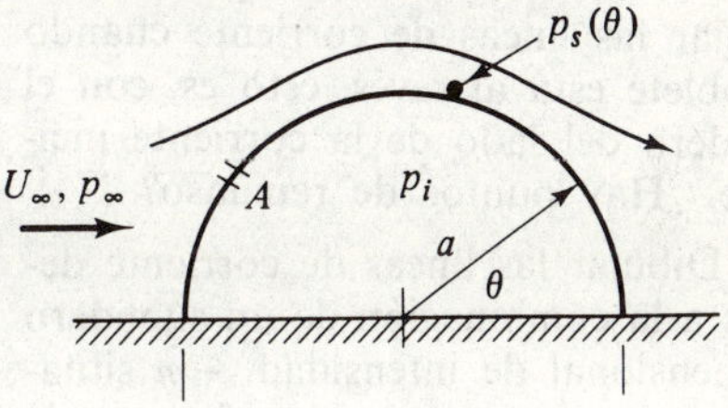

Fig. P8.34

8.35 La fuerza del problema 8.34 puede ser bastante grande cuando los vientos son fuertes. Suponga que se hace un agujero en el punto A del cobertizo para que p_i sea igual a la presión en este punto de la superficie. ¿En qué punto debe situarse el agujero A para que la fuerza sea nula?

8.36 Las líneas de corriente de la figura 8.14*a* son relativas a un cilindro en reposo. Haga una transformación de coordenadas y considere el caso en que lo que se mueve es el cilindro en el seno de un fluido en reposo, como en la figura P8.36. Dibuje las líneas de corriente para este caso.

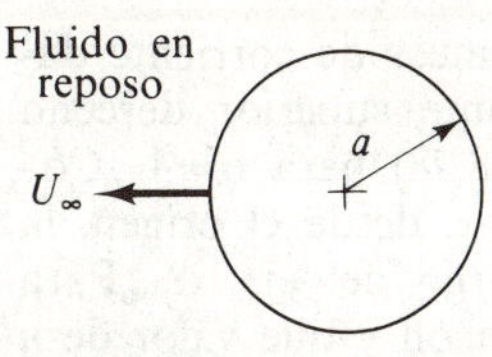

Fig. P8.36

8.37 Para el cilindro de la figura P8.36, moviéndose en fluido en reposo, calcular la energía cinética, por unidad de longitud, del fluido puesto en movimiento cerca del cilindro. Divida esta energía cinética total por el término $\frac{1}{2}U_\infty^2$ para calcular la *masa hidrodinámica*, o *masa aparente*, que se ha de añadir a la del cilindro cuando éste se acelera. ¿Cuál es la relación entre la masa aparente y la masa del cilindro? (Para más detalles, ver Ref. 2, Sec. 6.4.)

8.38 Cuando se añade un doblete a una corriente uniforme de modo que la fuente del doblete esté del lado de la corriente incidente, se obtiene el flujo en torno al cilindro de la figura 8.14*a*. Dibujar las líneas de corriente cuando el doblete está al revés, esto es, con el sumidero del lado de la corriente incidente. ¿Hay puntos de remanso?

8.39 Dibujar las líneas de corriente debidas a la combinación de un sumidero bidimensional de intensidad $-m$ situado en el origen y de dos fuentes de intensidad $+m$ situadas en $(a, 0)$ y $(4a, 0)$. *Guía:* Se formará un cilindro de radio $2a$.

8.40 Por analogía con el problema 8.39, dibujar las líneas de corriente debidas a dos torbellinos bidimensionales de intensidad K, en el sentido opuesto al de giro de las agujas del reloj, situados en $(0, 0)$ y $(4a, 0)$ más otro torbellino de intensidad $-K$, en sentido opuesto, situado en $(a, 0)$. Aparece de nuevo un cilindro circular.

8.41 Uno de los flujos en rincones de la figura 8.19 está dado en coordenadas cartesianas por la función de corriente $\psi = A(3yx^2 - y^3)$. ¿Cuál es? ¿Puede demostrar la correspondencia a partir de la ecuación (8.78)?

8.42 Dibujar las líneas de corriente dadas en el cuadrante superior derecho por la ecuación (8.78) para $n=4$ ¿Cómo aumenta con x, desde el origen, la velocidad a lo largo del eje x? ¿Para qué angulo del rincón y qué valor de n sería lineal con x este incremento? ¿Para qué ángulo del rincón y qué valor de n el incremento variaría como x^5?

8.43 Determinar cualitativamente, a partir de la teoría de la capa límite (Cap. 7), si alguno de los tres flujos en torno al punto de remanso de la figura 8.19 puede sufrir desprendimiento a lo largo de las paredes.

8.44 Para el flujo normal a una placa plana de la figura 8.20*a*, determinar el punto sobre el eje y por encima del borde de la placa donde la velocidad es igual a $1{,}1U_\infty$. Determinar, sobre el eje de las x negativas, (*a*) el punto donde $u = 0{,}5U_\infty$ y (*b*) el punto de deceleración máxima de la corriente.

8.45 La velocidad a lo largo de la placa de la figura 8.20*a* está dada por la ecuación (8.82). Utilizarla junto con la ecuación de Bernoulli para determinar la fuerza de presión en el lado frontal de la placa solamente. ¿Es esta fuerza de resistencia o empuje? Explíquelo.

8.46 El potencial complejo está definido en la ecuación (8.73). Representar esquemáticamente las líneas de corriente de la función $f = iK\ln[z(z-ia)]$, donde K y a son constantes reales, e interprete el resultado. Recuerde que $i = (-1)^{1/2}$.

8.47 Investigar el potencial complejo $f(z) = U_\infty(z + a^2/z)$ e interpretar el flujo.

8.48 Investigar el potencial complejo $f(z) = U_\infty z + m\ln[(z+a)/(z-a)]$ e interpretar el flujo.

8.49 Investigar el potencial complejo $f(z) = A\cosh[\pi(z/a)]$ y dibujar las líneas de corriente en el interior de la región mostrada en la figura P8.49.

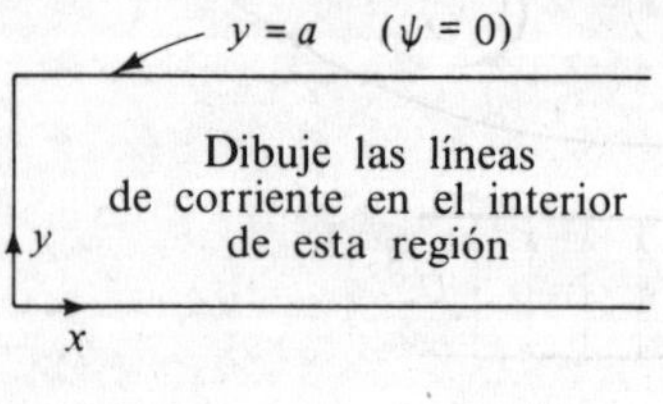

Fig. P8.49

8.50 Demostrar que el potencial complejo $f = U_\infty\{z + \frac{1}{4}a \coth[\pi(z/a)]\}$ representa el flujo en torno a un cuerpo de forma oval situado entre dos placas paralelas $y=\pm\frac{1}{2}a$. ¿Cuál es su aplicación práctica?

8.51 Para el flujo debido a una fuente bidimensional de intensidad m en presencia de una pared, figura 8.21*a*, determinar los dos puntos sobre la pared donde la velocidad del flujo es máxima. ¿Podría haber desprendimiento de la corriente?

8.52 Utilizar el método de las imágenes para determinar el flujo alrededor de un cilindro circular a una distancia $4a$ de una pared, como se muestra en la figura P8.52. Para ilustrar el efecto de la pared calcular las velocidades en los puntos A, B y C, D, comparándolo con el caso del cilindro en un fluido infinito.

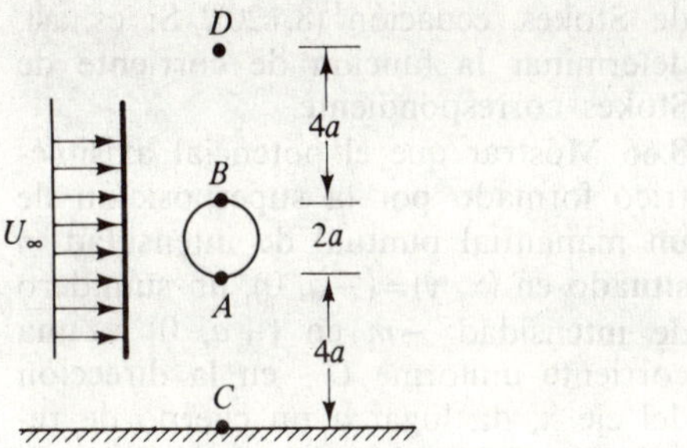

Fig. P8.52

8.53 Utilizar el método de las imágenes para determinar el flujo debido a una fuente bidimensional de intensidad m cerca de dos paredes, como se muestra en la figura P8.53. Dibujar esquemáticamente la distribución de velocidades a lo largo de la pared inferior ($y=0$). ¿Hay algún peligro de desprendimiento a lo largo de esta pared?

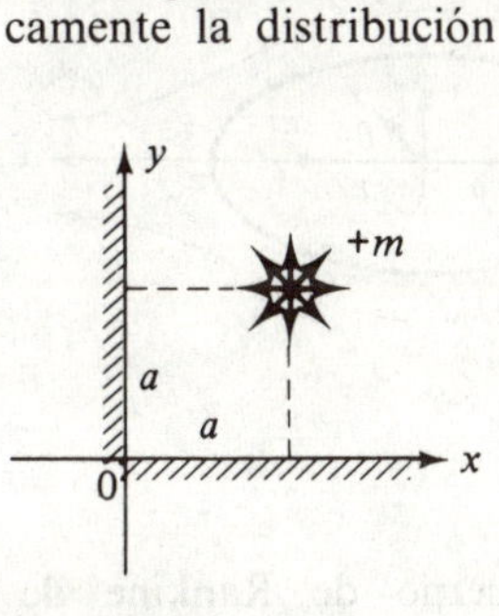

Fig. P8.53

8.54 Explicar el sistema de imágenes que se necesita para simular el flujo debido a un manantial bidimensional situado asimétricamente entre dos paredes paralelas, como se muestra en la figura P8.54. Calcular la velocidad en $x=a$ sobre la pared inferior. ¿Cuántas imágenes son necesarias para determinar esta velocidad con un error de un 1 por 100?

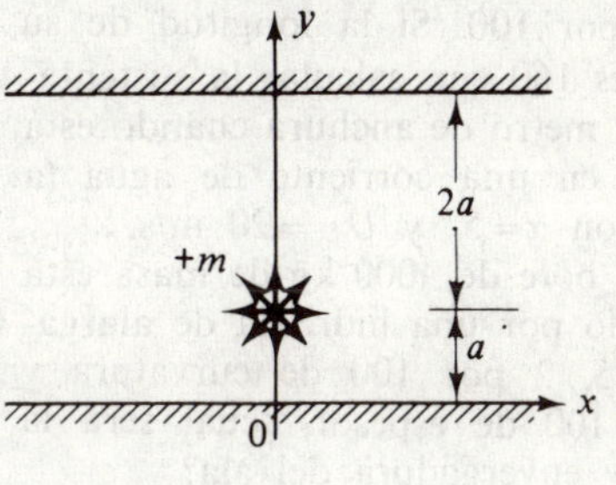

Fig. P8.54

8.55 Indicar el sistema de imágenes necesario para construir el flujo debido a una corriente uniforme sobre un cuerpo semiinfinito de Rankine confinado entre dos paredes paralelas, como en la figura P8.55. Para las dimensiones particulares mostradas en esta figura, determinar la posición de la nariz del cuerpo resultante.

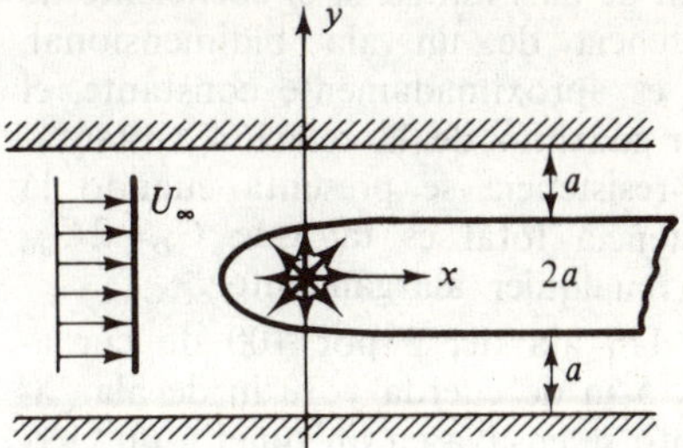

Fig. P8.55

8.56 Discuta cómo podría ser interpretado el flujo del problema 8.39 mediante la construcción de un sistema de imágenes con paredes circulares. ¿Por qué hay dos imágenes en lugar de una?

8.57 El perfil NACA 4415 tiene una curvatura de un 4 por 100 y un 15 por 100 de espesor. Determinar su sustentación teórica para $\alpha = 6°$ en movimiento bidimensional y compararlo con los datos experimentales de la figura 8.24 y la Tabla 8.2. Calcular el coeficiente de momento respecto al borde de ataque y compararlo con los datos de la figura 8.25.

8.58 Un perfil bidimensional tiene una curvatura del 3 por 100 y un espesor del 12 por 100. Si la longitud de su cuerda es 160 cm, calcular la sustentación por metro de anchura cuando está inmerso en una corriente de agua (a 20° C) con $\alpha = 5°$ y $U_\infty = 20$ m/s.

8.59 Un bote de 4000 kg de masa está soportado por una hidroala de alargamiento 5, 2 por 100 de curvatura y 12 por 100 de espesor, ¿cuál será la cuerda y envergadura del ala?

8.60 En un avión en vuelo horizontal y estacionario la sustentación equilibra al peso. Suponga que el avión tiene una masa de 45 000 kg y un ala de 4 m de cuerda, 12 por 100 de espesor y sin curvatura. Si el avión vuela a 6000 m de altura estándar, con $\alpha = 3°$ y a una velocidad de 150 m/s, determinar (*a*) la envergadura del ala, (*b*) el alargamiento y (*c*) la resistencia inducida.

8.61 Mostrar que, de acuerdo con la teoría de alas finitas, si el coeficiente de resistencia de un ala bidimensional, C_{d0}, es aproximadamente constante, el valor máximo de la relación sustentación-resistencia se presenta cuando la resistencia total es tal que $C_D = 2C_{d0}$ para cualquier alargamiento.

8.62 Un ala del 2 por 100 de curvatura, 5 in de cuerda y 30 in de alargamiento se ensaya en un túnel a un cierto ángulo de ataque. El aire circula por el túnel a 200 ft/s en condiciones estándar al nivel del mar y el ala proporciona una sustentación de 30 lbf y una resistencia de 1,5 lbf. A partir de la teoría de alas, determinar (*a*) el ángulo de ataque, (*b*) la resistencia mínima del ala y el ángulo de ataque correspondiente y (*c*) la relación máxima sustentación-resistencia.

8.63 Una hidroala simétrica tiene un área de la forma en planta de 4 m² y se ensaya en agua de mar a 14 m/s. Se encuentra que la relación máxima sustentación-resistencia es de 16 : 1 cuando la sustentación es de 150 000 N. Determinar, a partir de la teoría de alas, el alargamiento y el ángulo de ataque óptimo.

8.64 Determinar si las líneas de corriente de Stokes, ecuación (8.119), son perpendiculares en todas partes a las líneas equipotenciales de Stokes, ecuación (8.120), como es el caso de flujos planos en cartesianas y polares.

8.65 ¿Es la función $\phi = 1/r$ un posible potencial de velocidades axisimétrico de Stokes, ecuación (8.120)? Si es así, determinar la función de corriente de Stokes correspondiente.

8.66 Mostrar que el potencial axisimétrico formado por la superposición de un manantial puntual de intensidad m situado en $(x, y) = (-a, 0)$, un sumidero de intensidad $-m$ en $(+a, 0)$ y una corriente uniforme U_∞ en la dirección del eje x, da lugar a un cuerpo de revolución de Rankine como el de la figura P8.66. Encontrar su expresión analítica para determinar la longitud $2L$ y el diámetro máximo $2R$ del cuerpo en función de m, U_∞ y a.

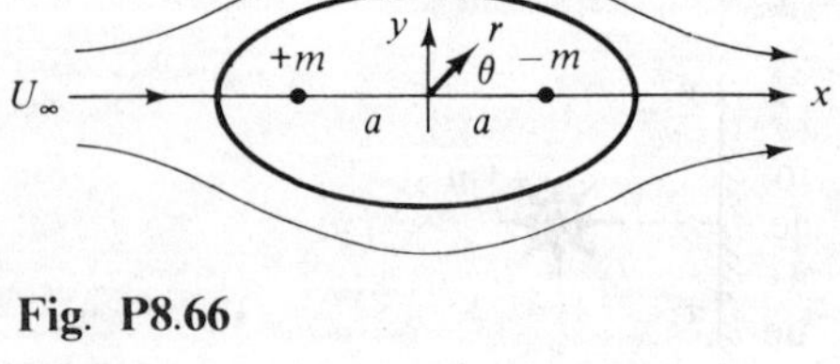

Fig. P8.66

8.67 Para el cuerpo de Rankine de la figura P8.66, suponer que $a = 1$ m,

$U_\infty = 10$ m/s y $m = 20$ m^3/s. Calcular (*a*) la longitud, (*b*) el diámetro máximo y (*c*) la velocidad máxima sobre la superficie del cuerpo.

8.68 Una fuente puntual cuyo caudal es $Q = 1000$ ft^3/s se introduce en una corriente uniforme de 10 ft/s. Para el cuerpo de Rankine semiinfinito y de revolución resultante, calcular (*a*) la distancia de la fuente al punto de remanso, (*b*) el diámetro del cuerpo lejos aguas abajo y (*c*) el punto (r, θ) sobre la superficie del cuerpo donde la velocidad es de 11 ft/s.

8.69 Hemos estudiado la fuente (sumidero) puntual y la fuente (sumidero) bidimensional de longitud infinita. ¿Tiene algún sentido definir una línea de longitud finita de sumideros (fuentes) como en la figura P8.69? Si es así, ¿cómo podría establecer las propiedades matemáticas de tal línea finita de sumideros? Cuando la combina con una corriente uniforme y una fuente puntual de igual intensidad, como en la figura P8.69, ¿resultará un cuerpo de forma cerrada? Haga alguna conjetura y dibuje esquemáticamente algunas de las posibles formas para varios valores del parámetro adimensional $m/U_\infty L^2$.

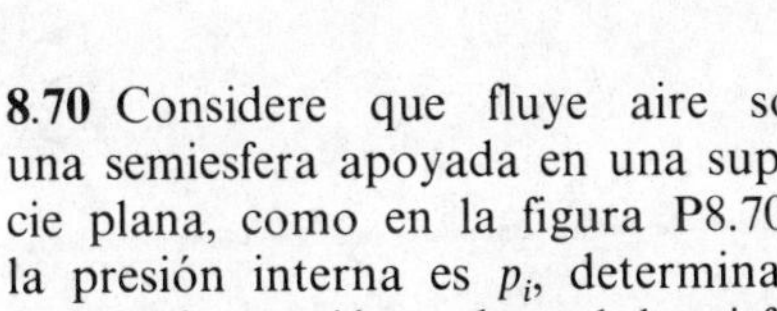

Fig. P8.69

8.70 Considere que fluye aire sobre una semiesfera apoyada en una superficie plana, como en la figura P8.70. Si la presión interna es p_i, determinar la fuerza de presión sobre el hemisferio. Por analogía con el problema 8.35, ¿en qué punto *A* del hemisferio debería situarse un agujero para que, de acuerdo con la teoría no viscosa, esta fuerza fuese nula?

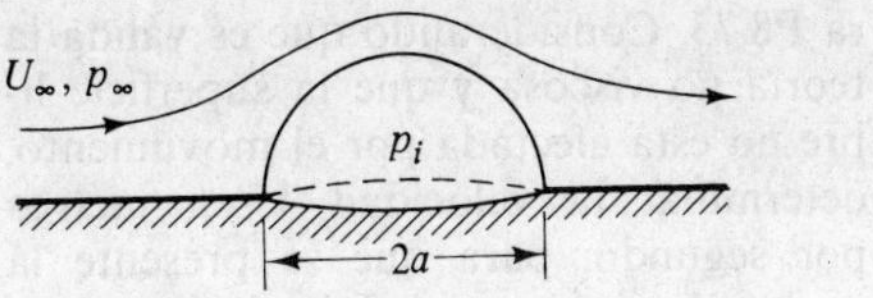

Fig. P8.70

8.71 Por analogía con el problema 8.37 y la figura P8.36, calcular la energía cinética total del fluido, inicialmente en reposo, y puesto en movimiento por el paso de una esfera móvil. Divida esta energía por $\frac{1}{2}U_\infty^2$ para determinar la masa aparente de la esfera y compárela con la masa desplazada por la esfera $\frac{4}{3}\pi a^3 \rho$.

8.72 Por su propia naturaleza, la teoría no viscosa es normalmente incapaz de predecir la resistencia de un cuerpo, pero por analogía con la figura 8.20*c*, podemos analizar el flujo sobre un hemisferio, como el de la figura P8.72. Considere que el flujo en la parte frontal corresponde a la teoría no viscosa alrededor de una esfera, ecuación (8.132), y que la presión en la parte posterior es igual a la del punto más alto. Calcular el coeficiente de resistencia y compararlo con los experimentos (Tabla 7.3). ¿Cuáles son los defectos y limitaciones de este análisis?

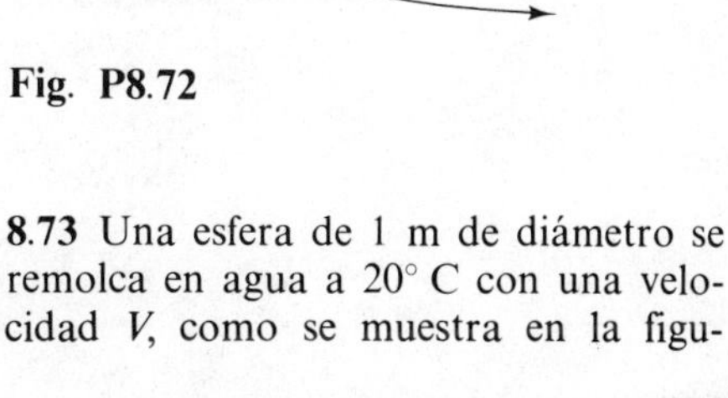

Fig. P8.72

8.73 Una esfera de 1 m de diámetro se remolca en agua a 20° C con una velocidad *V*, como se muestra en la figura P8.73. Considerando que es válida la teoría no viscosa y que la superficie libre no está afectada por el movimiento, determinar la velocidad V en metros por segundo, para que se presente la cavitación en la superficie de la esfera. ¿Dónde aparecerá la cavitación? En estas condiciones, ¿cuál será la presión en el punto A de la esfera que está aguas arriba a 45° de la dirección del movimiento?

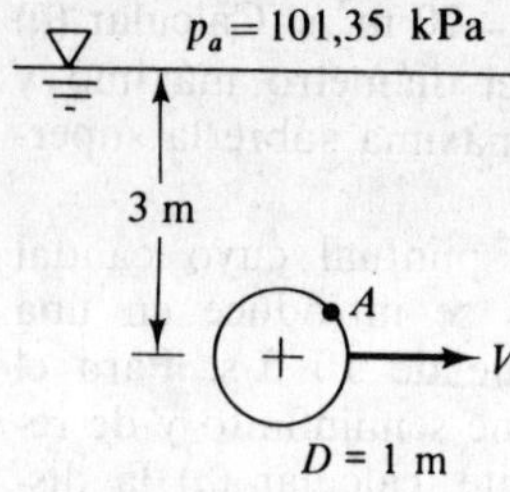

Fig. P8.73

CAPITULO 9

FLUJO COMPRESIBLE

9.1 INTRODUCCION

Hasta aquí apenas se ha considerado la noción de flujo compresible. Por ejemplo, una de las propiedades claves de un fluido compresible, la *velocidad del sonido,* no se definió en el capítulo 1.

Se tocó brevemente este aspecto en el capítulo 4 [Ecs. (4.13) a (4.17)] para indicar cuándo se puede despreciar la compresibilidad inherente a cualquier fluido real. Se halló que el criterio adecuado para considerar casi incompresible un flujo es que el número de Mach sea pequeño

$$Ma = \frac{V}{a} \ll 1 \tag{9.1}$$

donde V es la velocidad del flujo y a la velocidad del sonido en el fluido. Si el número de Mach es pequeño, las variaciones de densidad del fluido suelen ser también pequeñas. La ecuación de la energía queda desacoplada, y los efectos de la temperatura pueden ser omitidos o relegados a un estudio posterior*. La ecuación de estado se transforma en el enunciado simple de que la densidad es constante. Por ello el análisis del flujo incompresible sólo precisa las ecuaciones de continuidad y cantidad de movimiento, como se vio con muchos ejemplos en los capítulos 7 y 8.

El presente capítulo estudia los flujos compresibles, con números de Mach superiores a 0,3, que presentan variaciones apreciables de densidad. Cuando las variaciones de densidad son significativas, la ecuación de estado nos señala que las de presión y temperatura también lo son. Esas grandes variaciones de temperatura implican que la ecuación de la energía no puede suprimirse. Por tanto, el problema se ha complicado al pasar de dos ecuaciones a cuatro:

1. Ecuación de continuidad.
2. Ecuación de cantidad de movimiento.
3. Ecuación de la energía.
4. Ecuación de estado.

* Esto sólo ocurre cuando no hay otros efectos, fricción, adición de calor, como se verá en las últimas secciones de este capítulo (*N. del T.*).

Que deben ser resueltas simultáneamente para obtener las cuatro incógnitas: presión, densidad, temperatura y velocidad (p, ρ, T, V). Por todo ello, la teoría general del flujo compresible es muy complicada y vamos a realizar algunas simplificaciones, especialmente suponer flujo adiabático reversible o *isentrópico*.

Este texto incluye un único capítulo sobre flujo compresible, aunque sobre el tema se han escrito numerosos libros. Las referencias 1 a 6 son introductorias, bastante elementales, mientras que las referencias 7 a 14 son avanzadas. De vez en cuando remitiremos algún aspecto determinado a estos libros.

Advertimos de pasada que hay al menos configuraciones de dos flujos que dependen fuertemente de variaciones de densidad muy pequeñas, la acústica y la convección natural. La acústica [9, 14] es el estudio de la propagación de las ondas sonoras, que se acompaña de pequeñísimas variaciones de densidad, presión y temperatura. La convección natural es ese flujo sutil producido por fuerzas de flotabilidad en un fluido estratificado, con calentamiento desigual o variaciones en la concentración de sustancias sueltas. Aquí vamos a considerar sólo aquellos flujos compresibles en los que la velocidad es del mismo orden de magnitud que la velocidad del sonido.

El gas perfecto

En principio, los cálculos de flujos compresibles se pueden llevar a cabo con cualquier ecuación de estado, y vamos a proponer problemas para usar las tablas de vapor [15], tablas de gases [16] o sobre líquidos, ecuación (1.38). Pero de hecho la mayor parte de los análisis se van a referir a gases perfectos con calores específicos constantes

$$p=\rho RT \qquad R=c_p-c_v=\text{const} \qquad \gamma=\frac{c_p}{c_v}=\text{const} \tag{9.2}$$

En todos los gases reales, c_p, c_v y γ varían con la temperatura, aunque moderadamente; por ejemplo, el c_p del aire aumenta un 30 por 100 cuando la temperatura pasa de 0 a 5000° F (ver Ref. 17, Fig. B.17). Como es muy poco corriente que tengamos que trabajar con tales variaciones de temperatura, supondremos lógicamente que los calores específicos son constantes.

Recordemos de la sección 1.6 que la constante del gas es igual a una constante universal Λ dividida por el peso molecular

$$R_{\text{gas}}=\frac{\Lambda}{M_{\text{gas}}} \tag{9.3}$$

$$\text{donde } \Lambda=49\,720 \ \text{ft}^2/(\text{s}^2\cdot{}^\circ\text{R})=8314 \ \text{m}^2/(\text{s}^2\cdot\text{K})$$

En aire, $M = 28{,}97$ y por ello tomaremos los siguientes valores:

$$R = 1717 \text{ ft}^2/(\text{s}^2 \cdot {}^\circ\text{R}) = 287 \text{ m}^2/(\text{s}^2 \cdot \text{K})$$

$$\gamma = 1{,}400$$

$$c_v = \frac{R}{\gamma - 1} = 4293 \text{ ft}^2/(\text{s}^2 \cdot {}^\circ\text{R}) = 718 \text{ m}^2/(\text{s}^2 \cdot \text{K})$$

$$c_p = \frac{\gamma R}{\gamma - 1} = 6010 \text{ ft}^2/(\text{s}^2 \cdot {}^\circ\text{R}) = 1005 \text{ m}^2/(\text{s}^2 \cdot \text{K}) \tag{9.4}$$

Los valores experimentales de γ para ocho gases comunes están representados en la figura 1.4. A partir de esta figura y el peso molecular se pueden calcular las propiedades de aquellos gases, como en la ecuación (9.4).

Las variaciones de energía interna $\hat{u}$ y entalpia h de un gas perfecto con calores específicos constantes vienen dadas por

$$\hat{u}_2 - \hat{u}_1 = c_v(T_2 - T_1) \qquad h_2 - h_1 = c_p(T_2 - T_1) \tag{9.5}$$

Si los calores específicos son variables debemos integrar $\hat{u} = \int c_v \, dT$ y $h = \int c_p \, dT$ o utilizar las tablas [16].

Proceso isentrópico

La aproximación isentrópica es muy usual en la teoría de flujos compresibles. Las variaciones de entropía se calculan a partir de la primera y la segunda ley de la termodinámica [17, 18]

$$T\,ds = dh - \frac{dp}{\rho} \tag{9.6}$$

Introduciendo $dh = c_p \, dT$ para un gas perfecto, sustituyendo $\rho T = p/R$ y despejando ds obtenemos

$$\int_1^2 ds = \int_1^2 c_p \frac{dT}{T} - R \int_1^2 \frac{dp}{p} \tag{9.7}$$

Si c_p es variable, se necesitan las tablas del gas, pero con c_p constante podemos tener resultados analíticos

$$s_2 - s_1 = c_p \ln \frac{T_2}{T_1} - R \ln \frac{p_2}{p_1} = c_v \ln \frac{T_2}{T_1} - R \ln \frac{\rho_2}{\rho_1} \tag{9.8}$$

Las ecuaciones (9.8) se usan para calcular la variación de entropía a través de una onda de choque (Sec. 9.5) que es un proceso irreversible.

En flujo isentrópico, ponemos $s_2 = s_1$, y obtenemos las relaciones potenciales siguientes

$$\frac{p_2}{p_1} = \left(\frac{T_2}{T_1}\right)^{\gamma/(\gamma-1)} = \left(\frac{\rho_2}{\rho_1}\right)^{\gamma} \tag{9.9}$$

Estas relaciones serán utilizadas en la sección 9.3.

EJEMPLO 9.1 Un flujo de argón circula por un tubo de modo que pasa de unas condiciones iniciales $p_1 = 250$ lbf/in^2 y $\rho_1 = 1{,}16$ lb/ft^3, a otras finales de $p_2 = 30$ lbf/in^2 y $T_2 = 265°$ F. Calcular (*a*) la temperatura inicial, (*b*) la densidad final, (*c*) la variación de entalpia, (*d*) la variación de entropía.

Solución Antes que nada pasemos a las unidades británicas adecuadas:

$$p_1 = 250\,(144) = 36\,000 \text{ lbf/ft}^2 \qquad p_2 = 30\,(144) = 4320 \text{ lbf/ft}^2$$

$$\rho_1 = \frac{1{,}16}{32{,}2} = 0{,}0360 \text{ slug/ft}^3 \qquad T_2 = 265 + 460 = 725° \text{ R}$$

Del apéndice A tenemos que el peso molecular del argón es 39 944 y su relación de calores específicos, figura 1.4, es aproximadamente 1,67. Por tanto, tendremos

$$R = \frac{49\,720}{39\,944} = 1245 \text{ ft}^2/(\text{s}^2 \cdot °\text{R}) \qquad c_p = \frac{1{,}67\,(1245)}{1{,}67 - 1} = 3103 \text{ ft}^2/(\text{s}^2 \cdot °\text{R})$$

La temperatura inicial y la densidad final serán pues

$$T_1 = \frac{p_1}{R\rho_1} = \frac{36\,000}{1245\,(0{,}0360)} = 803° \text{ R} \qquad \textit{Resp. (a)}$$

$$\rho_2 = \frac{p_2}{RT_2} = \frac{4320}{1245\,(725)} = 0{,}00479 \text{ slug/ft}^3 \qquad \textit{Resp. (b)}$$

De la ecuación (9.5) la variación de entalpia es

$$h_2 - h_1 = c_p(T_2 - T_1) = 3103\,(725 - 803) = -242\,000 \text{ (ft} \cdot \text{lbf)/slug (o ft}^2/\text{s}^2) \qquad \textit{Resp. (c)}$$

La entalpia del argón disminuye aguas abajo. Pero no tiene por qué haber refrigeración; por ejemplo, la entalpia puede ser convertida en energía cinética. Finalmente, la variación de entropía se obtiene de la ecuación (9.8)

$$s_2 - s_1 = c_p \ln \frac{T_2}{T_1} - R \ln \frac{p_2}{p_1} = 3103 \ln \frac{725}{803} - 1245 \ln \frac{4320}{36\,000} =$$

$$= -317 + 2640 = 2320 \text{ ft}^2/(\text{s}^2 \cdot °\text{R}) \qquad \textit{Resp. (d)}$$

La entropía del fluido ha aumentado. Si no hay transferencia de calor, esto indica un proceso irreversible. Nótese que la entropía tiene las mismas unidades que la constante del gas o los calores específicos.

Los números de este problema no son arbitrarios. Simulan correctamente el comportamiento del argón fluyendo subsónicamente por un tubo con efectos de fricción importantes (Sec. 9.7).

9.2 VELOCIDAD DEL SONIDO

La velocidad del sonido es la velocidad de propagación de un pulso infinitesimal de presión en un fluido en reposo. Es una propiedad termodinámica del fluido. Comencemos por analizar un pulso de intensidad finita, como en la figura 9.1. En la figura 9.1*a* el pulso, u onda de presión, se mueve a velocidad C hacia el fluido en reposo (p, ρ, T, $V=0$) a la izquierda, dejando detrás al fluido con otras propiedades ($p+\Delta p$, $\rho+\Delta\rho$, $T+\Delta T$) y con velocidad ΔV hacia la izquierda, siguiendo a la onda, pero mucho más despacio. Estos efectos pueden ser calculados mediante el análisis de un volumen de control que incluye la onda. Para evitar los términos no estacionarios que serían necesarios en la figura 9.1*a*, se adopta el volumen de control de la figura 9.1*b* que se mueve a la izquierda a velocidad C. La onda está ahora fija, y el fluido pasa de velocidad C a $C-\Delta V$. Las propiedades termodinámicas no se ven afectadas por este cambio.

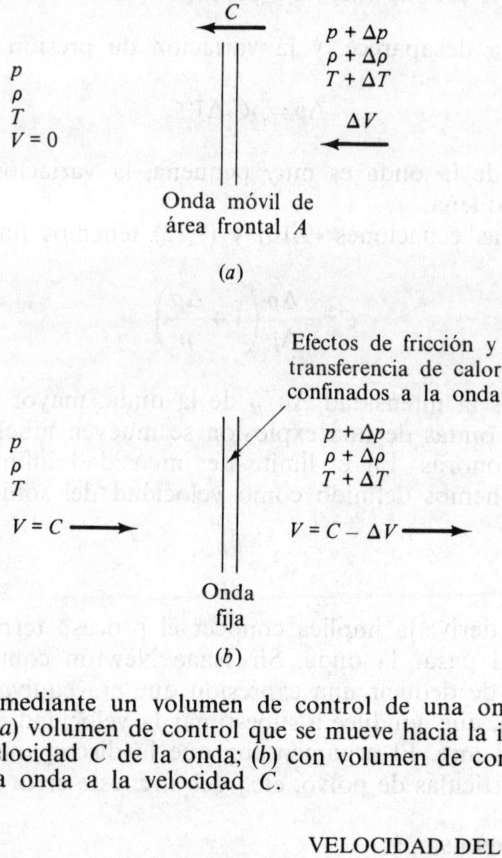

Fig. 9.1 Análisis mediante un volumen de control de una onda de presión de intensidad finita: (*a*) volumen de control que se mueve hacia la izquierda en fluido en reposo, a la velocidad C de la onda; (*b*) con volumen de control fijo, el fluido se mueve hacia la onda a la velocidad C.

En la figura 9.1*b* el flujo es estacionario y unidimensional. La ecuación de continuidad es, pues, según la ecuación (3.24)

$$\rho AC = (\rho + \Delta\rho)(A)(C - \Delta V)$$

o

$$\Delta V = C \frac{\Delta\rho}{\rho + \Delta\rho} \tag{9.10}$$

Esto prueba nuestra idea de que la velocidad inducida en el flujo es mucho menor que la velocidad de la onda *C*. En el límite de una onda de intensidad infinitesimal (onda sonora) esta velocidad es también infinitesimal.

Nótese que no hay gradientes de velocidad a ambos lados de la onda. Por tanto, aunque la viscosidad del fluido sea alta, los efectos de fricción quedan confinados al interior de la onda. Los textos avanzados [por ejemplo, 19, Sec. 3-9.4] muestran que el espesor de las ondas de presión en gases es del orden de 10^{-5} m a la presión atmosférica. Por ello podemos despreciar la fricción con fiabilidad y aplicar la ecuación de cantidad de movimiento unidimensional (3.40) en la onda

$$\Sigma F_{\text{der}} = \dot{m}(V_{\text{sal}} - V_{\text{ent}})$$

o

$$pA - (p + \Delta p)A = (\rho AC)(C - \Delta V - C) \tag{9.11}$$

De nuevo el área desaparece, y la variación de presión queda

$$\Delta p = \rho C \, \Delta V \tag{9.12}$$

Si la intensidad de la onda es muy pequeña, la variación de presión es también muy pequeña.

Combinando las ecuaciones (9.10) y (9.12) tenemos finalmente

$$C^2 = \frac{\Delta p}{\Delta\rho}\left(1 + \frac{\Delta\rho}{\rho}\right) \tag{9.13}$$

Cuanto mayor es la intensidad $\Delta\rho/\rho$ de la onda, mayor es su velocidad; por ejemplo, las ondas de una explosión se mueven mucho más de prisa que las ondas sonoras. En el límite de intensidad infinitesimal, $\Delta\rho \to 0$, tenemos lo que hemos definido como velocidad del sonido *a* del fluido:

$$a^2 = \frac{\partial p}{\partial \rho} \tag{9.14}$$

El cálculo de la derivada implica conocer el proceso termodinámico que sigue el fluido al pasar la onda. Sir Isaac Newton cometió en 1686 el error ya famoso de deducir una expresión que era equivalente a suponer proceso isotermo, que conduce a subestimar la velocidad con un error del 20 por 100 en el aire. El argumentaba que la discrepancia era debida a la «crasitud» (partículas de polvo, etc.) del aire; este error es comprensible ya que fue cometido 180 años antes de que se estableciera con bases rigurosas la segunda ley de la termodinámica.

Ahora sabemos que el proceso es *adiabático* porque no hay gradientes de temperatura excepto dentro de la onda. En ondas sonoras de intensidad casi nula tenemos, por tanto, un proceso adiabático o isentrópico. La expresión correcta de la velocidad del sonido es

$$a=\left(\left.\frac{\partial p}{\partial \rho}\right|_s\right)^{1/2}=\left(\gamma\left.\frac{\partial p}{\partial \rho}\right|_T\right)^{1/2} \tag{9.15}$$

para cualquier fluido, gas o líquido. Incluso los sólidos tienen velocidad del sonido.

En un gas perfecto, de la ecuación (9.2) o (9.9), deducimos

$$a=\left(\frac{\gamma p}{\rho}\right)^{1/2}=(\gamma RT)^{1/2} \tag{9.16}$$

La velocidad del sonido varía como la raíz cuadrada de la temperatura absoluta. Para el aire, con $\gamma=1{,}4$ y $R=1717$ $\mathrm{ft^2/(s^2\,^\circ R)}$, una fórmula fácilmente memorizable es

Aire: $$a(\mathrm{ft/s})\approx 49[T(^\circ\mathrm{R})]^{1/2}$$

$$a(\mathrm{m/s})\approx 20[T(\mathrm{K})]^{1/2} \tag{9.17}$$

A nivel del mar en atmósfera estándar, $T=520^\circ$ R, $a=1117$ ft/s. Disminuye en la alta atmósfera, que está más fría; a 50 000 ft de altitud estándar, $T=389{,}9^\circ$ R y $a=49(389{,}9)^{1/2}=968$ ft/s, un 13 por 100 menos.

La Tabla 9.1 da algunos valores típicos de diversos materiales comunes. En líquidos y sólidos es usual definir un *módulo de compresibilidad K* del material

$$K=-\mathcal{V}\left.\frac{\partial p}{\partial \mathcal{V}}\right|_s=\rho\left.\frac{\partial p}{\partial \rho}\right|_s \tag{9.18}$$

Por ejemplo, en condiciones normales, el módulo de compresibilidad del tetracloruro de carbono es 163 000 $\mathrm{lbf/in^2}$ y su densidad es 3,09 $\mathrm{slugs/ft^3}$. La velocidad del sonido es, por tanto, $[163\,000(144)/(3{,}09)]^{1/2}=2756$ ft/s $=$ $=840$ m/s. El acero tiene un módulo de compresibilidad de 29×10^6 $\mathrm{lbf/in^2}$ y el agua de 320×10^3 $\mathrm{lbf/in^2}$, 90 veces menor.

En sólidos, se supone a veces que el módulo de compresibilidad es equivalente al módulo de elasticidad E de Young, pero de hecho su cociente depende del módulo o coeficiente de Poisson σ

$$\frac{E}{K}=3(1-2\sigma) \tag{9.19}$$

Tabla 9.1

VELOCIDAD DEL SONIDO DE DIVERSOS MATERIALES A 60° F Y 1 atm

Material	*a*, ft/s
Gases:	
H_2	4246
He	3281
Aire	1117
Ar	1040
CO_2	873
CH_4	607
$^{238}UF_6$	297
Líquidos:	
Glicerina	6100
Agua	4890
Mercurio	4760
Alcohol etílico	3940
Sólidos:†	
Aluminio	16 900
Acero	16 600
Madera	13 200
Hielo	10 500

† Ondas planas. Los sólidos tienen también *ondas transversales.*

Los dos son aproximadamente iguales cuando $\sigma = 1/3$, que es aproximadamente lo que ocurre con los metales comunes como el acero y el aluminio.

EJEMPLO 9.2 Calcular en metros por segundo la velocidad del sonido del monóxido de carbono a 200 kPa y 300° C.

Solución De la Tabla A.4 del apéndice, para CO, tomamos un peso molecular de 28,01 y $\gamma \approx 1{,}40$. De la ecuación (9.3) $R_{CO} = 8314/28{,}01 = 297\ m^2/(s^2 \cdot K)$, y la temperatura dada es $300°\ C + 273 = 573\ K$. Así, de la ecuación (9.16) tenemos $a_{CO} = (\gamma RT)^{1/2} = [1{,}40(297) \times (573)]^{1/2} = 488\ m/s$. *Resp.*

9.3 FLUJO ESTACIONARIO ADIABATICO E ISENTROPICO

Como se mencionó en la sección 9.1, la aproximación isentrópica simplifica enormemente el cálculo del flujo compresible. También ocurre con el flujo adiabático, aunque no sea isentrópico.

Considérese un gas a alta velocidad en las proximidades de una pared aislada, como en la figura 9.2. No hay trabajo de partes móviles. Por tanto, cualquier tubo de corriente del flujo satisface la ecuación de la energia de flujo estacionario en la forma (3.85)

$$h_1+\tfrac{1}{2}V_1^2+gz_1=h_2+\tfrac{1}{2}V_2^2+gz_2-q+w_v \tag{9.20}$$

donde el punto 1 está aguas arriba del 2. Deben revisarse los detalles y el desarrollo de la ecuación (3.85). En el ejemplo 3.20 vimos que las variaciones de energía potencial en un gas son extremadamente pequeñas comparadas con los términos de energía cinética y entalpia. Por ello despreciaremos los términos gz_1 y gz_2 en nuestros analisis.

Dentro de las capas límites viscosa y térmica de la figura 9.2 los términos de transferencia de calor y trabajo de esfuerzos viscosos no son nulos. Pero fuera de la capa límite q y w_v son cero por definición, de modo que la corriente exterior satisface la relación

$$h_1+\tfrac{1}{2}V_1^2=h_2+\tfrac{1}{2}V_2^2=\text{const} \tag{9.21}$$

La constante de la ecuación (9.21) es igual a la máxima entalpia que puede alcanzar el fluido cuando se le lleva al reposo adiabáticamente. A este valor h_0 le denominamos *entalpia de remanso*, o de estancamiento, del flujo. La ecuación (9.21) se puede reescribir en la forma

$$h+\tfrac{1}{2}V^2=h_0=\text{const} \tag{9.22}$$

Esto debe cumplirse para el flujo estacionario adiabático de cualquier fluido fuera de la capa límite. La pared de la figura 9.2 puede ser una superficie de un cuerpo o la pared de un conducto. Los detalles se muestran en la figura 9.2; normalmente el espesor de la capa límite térmica δ_T es mayor que el de la capa límite viscosa δ_V debido a que el número de

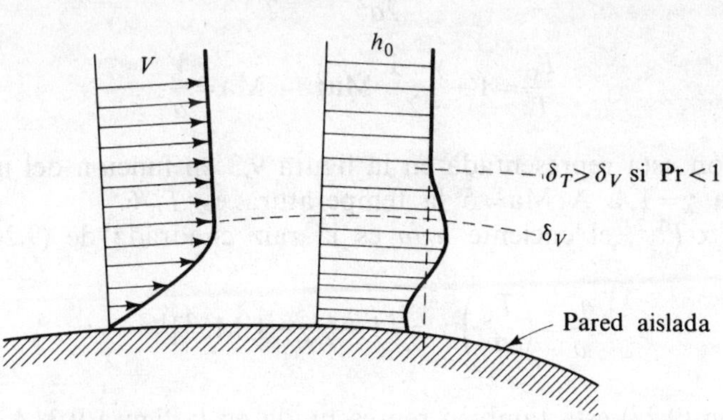

Fig. 9.2 Distribuciones de velocidad y entalpia de remanso en las proximidades de una pared aislante en un flujo típico de gases a alta velocidad.

Prandtl $\mathrm{Pr}=\mu c_p/k$ es menor que la unidad en la mayoría de los gases (ver, por ejemplo, la Ref. 19, Sec. 4-3.3). Nótese que la entalpia de remanso varía dentro de la capa límite térmica, pero su valor medio es el mismo que en la corriente exterior debido al aislamiento de la pared.

En gases no perfectos se necesitan tablas [15, 16] para hacer uso de la ecuación (9.22). Pero en gases perfectos $h=c_p\,T$ y la ecuación (9.22) queda

$$c_p T+\tfrac{1}{2}V^2=c_p T_0 \tag{9.23}$$

Esta es la definición de temperatura de remanso T_0 del flujo adiabático de un gas perfecto, esto es, la temperatura que alcanzaría si se le decelerase hasta el reposo adiabáticamente.

Una interpretación alternativa de la ecuación (9.22) se obtiene si hacemos que la temperatura absoluta tienda a cero, de modo que la velocidad alcanza un valor máximo

$$V_{\text{máx}}=(2h_0)^{1/2}=(2c_p\,T_0)^{1/2} \tag{9.24}$$

Sin añadir más energía, mediante trabajo de partes móviles o transferencia de calor, no puede aparecer una velocidad superior a ésta (Sec. 9.8).

Relaciones del número de Mach

Utilizando la ecuación (9.16) para la velocidad del sonido, la ecuación (9.23) se puede poner en forma adimensional con el número de Mach Ma. Dividiendo toda la ecuación por $c_p\,T$ obtenemos

$$1+\frac{V^2}{2c_pT}=\frac{T_0}{T} \qquad (9.25$$

Según la ley de gases perfectos, $c_pT=[\gamma R/(\gamma-1)]T=a^2/(\gamma-1)$, de modo que la ecuación (9.25) queda

$$1+\frac{(\gamma-1)V^2}{2a^2}=\frac{T_0}{T}$$

o

$$\frac{T_0}{T}=1+\frac{\gamma-1}{2}\mathrm{Ma}^2 \qquad \mathrm{Ma}=\frac{V}{a} \tag{9.26}$$

Esta relación está representada en la figura 9.3 en función del número de Mach para $\gamma=1{,}4$. A $\mathrm{Ma}=5$ la temperatura es $T_0/6$.

Como $a\propto T^{1/2}$, el cociente a_0/a es la raíz cuadrada de (9.26)

$$\frac{a_0}{a}=\left(\frac{T_0}{T}\right)^{1/2}=[1+\tfrac{1}{2}(\gamma-1)\mathrm{Ma}^2]^{1/2} \tag{9.27}$$

La ecuación (9.27) está también representada en la figura 9.3. A $\mathrm{Ma}=5$ la velocidad del sonido se ha reducido al 41 por 100 de su valor de remanso.

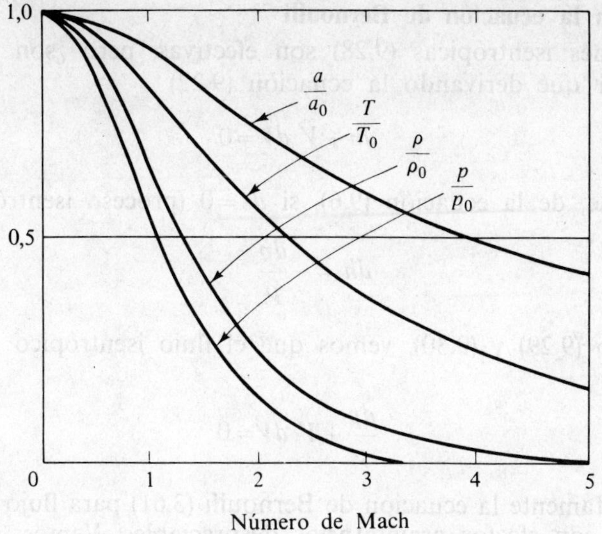

Fig. 9.3 Magnitudes adiabáticas (T/T_0 y a/a_0) e isentrópicas (p/p_0 y ρ/ρ_0) en función del número de Mach, para $\gamma = 1{,}4$.

Relaciones isentrópicas de presión y densidad

Nótese que las ecuaciones (9.26) y (9.27) sólo requieren que el flujo sea adiabático y se cumplen incluso en presencia de irreversibilidades como fricción y a través de ondas de choque.

Si el flujo es además *isentrópico*, las relaciones de presión y densidad, en un gas perfecto, pueden ser calculadas a partir de la ecuación (9.9)

$$\frac{p_0}{p} = \left(\frac{T_0}{T}\right)^{\gamma/(\gamma-1)} = [1 + \tfrac{1}{2}(\gamma - 1)\ \mathrm{Ma}^2]^{\gamma/(\gamma-1)} \tag{9.28a}$$

$$\frac{\rho_0}{\rho} = \left(\frac{T_0}{T}\right)^{1/(\gamma-1)} = [1 + \tfrac{1}{2}(\gamma - 1)\ \mathrm{Ma}^2]^{1/(\gamma-1)} \tag{9.28b}$$

Estas relaciones están asimismo representadas en la figura 9.3; a $\mathrm{Ma} = 5$ la densidad es el 1,13 por 100 de su valor de remanso, y la presión el 0,19 por 100 tan sólo.

Las magnitudes p_0 y ρ_0 son la presión y densidad de remanso, respectivamente, esto es, la presión y la densidad que se alcanzarían si el flujo se detuviera isentrópicamente. En flujo adiabático pero no isentrópico p_0 y ρ_0 conservan su significado local, pero pueden variar a través del flujo a medida que lo hace la entropía por efecto de la fricción o de las ondas de choque. Las magnitudes h_0, T_0 y a_0 son constantes en flujo adiabático no isentrópico (ver la Sec. 9.7 para más detalles).

Relación con la ecuación de Bernoulli

Las relaciones isentrópicas (9.28) son efectivas, pero ¿son realistas? Sí; veremos por qué derivando la ecuación (9.22)

Adiabático:
$$dh + V\,dV = 0 \tag{9.29}$$

Mientras que, de la ecuación (9.6), si $ds = 0$ (proceso isentrópico),

$$dh = -\frac{dp}{\rho} \tag{9.30}$$

Combinando (9.29) y (9.30), vemos que el flujo isentrópico debe ser tal que

$$\frac{dp}{\rho} + V\,dV = 0 \tag{9.31}$$

Que es exactamente la ecuación de Bernoulli (3.61) para flujo estacionario sin fricción con efectos gravitatorios despreciables. Vemos, pues, que la hipótesis de flujo isentrópico es equivalente a utilizar la ecuación de Bernoulli, forma sin fricción de la ecuación de cantidad de movimiento.

Valores críticos en el punto sónico

Los valores de remanso (a_0, T_0, p_0, ρ_0) son una referencia útil en flujo compresible, pero igualmente útiles son las condiciones sónicas, o sea, cuando $\mathrm{Ma} = 1{,}0$. Estas propiedades sónicas, o *críticas*, están marcadas con asteriscos: p^*, ρ^*, a^* y T^*. Están relacionadas con las magnitudes de remanso haciendo en las ecuaciones (9.26) y (9.28) $\mathrm{Ma} = 1{,}0$:

$$\frac{p^*}{p_0} = \left(\frac{2}{\gamma+1}\right)^{\gamma/(\gamma-1)} = 0{,}5283$$

$$\frac{\rho^*}{\rho_0} = \left(\frac{2}{\gamma+1}\right)^{1/(\gamma-1)} = 0{,}6339$$

$$\text{para} \quad \gamma = 1{,}4 \tag{9.32}$$

$$\frac{T^*}{T_0} = \frac{2}{\gamma+1} = 0{,}8333$$

$$\frac{a^*}{a_0} = \left(\frac{2}{\gamma+1}\right)^{1/2} = 0{,}9129$$

En todo flujo isentrópico las condiciones críticas son constantes; en flujo adiabático no isentrópico a^* y T^* son constantes, y p^* y ρ^* variables.

La velocidad crítica V^* es igual a a^* por definición y a menudo se usa como referencia en flujo isentrópico o adiabático

$$V^* = a^* = (\gamma R T^*)^{1/2} = \left(\frac{2\gamma}{\gamma+1} R T_0\right)^{1/2} \tag{9.33}$$

La utilidad de estas propiedades críticas quedará más clara cuando estudiemos el flujo en conductos con fricción o adiación de calor al final de este capítulo.

Fórmulas útiles para aire

Como la mayoría de nuestros problemas se refieren a aire, $\gamma=1{,}4$, las relaciones tipo p/p_0, etc., están tabuladas en la Tabla B.1 del apéndice. Los incrementos en número de Mach en esa tabla son grandes porque se trata de una simple guía: las ecuaciones originales son de manejo trivial con las nuevas calculadoras manuales. Hace 20 años los textos incluían tablas extensas de flujo compresible con incrementos de 0,01 en el número de Mach, de forma que se pudiera interpolar con fiabilidad.

Para $\gamma=1{,}4$, obtenemos las siguientes expresiones de flujo isentrópico y adiabático

$$\frac{T_0}{T}=1+0{,}2\ \mathrm{Ma}^2$$

$$\frac{\rho_0}{\rho}=(1+0{,}2\ \mathrm{Ma}^2)^{2,5}$$

$$\frac{p_0}{p}=(1+0{,}2\ \mathrm{Ma}^2)^{3,5} \qquad (9.34)$$

Si lo que se conoce son las propiedades del flujo, podemos despejar el número de Mach (de nuevo con $\gamma=1{,}4$)

$$\mathrm{Ma}^2=5\left(\frac{T_0}{T}-1\right)=5\left[\left(\frac{\rho_0}{\rho}\right)^{2/5}-1\right]=5\left[\left(\frac{p_0}{p}\right)^{2/7}-1\right] \qquad (9.35)$$

Nótese que estas fórmulas son equivalentes a las ecuaciones de cantidad de movimiento y energía, adiabáticas y sin fricción. Relacionan la velocidad con las propiedades físicas del gas perfecto, pero *no* son la «solución» al problema fluido-dinámico. La solución completa se obtiene incluyendo la ecuación de continuidad, bien unidimensional (Sec. 9.4) o multidimensional (Sec. 9.9).

Una nota final: estas fórmulas de flujo isentrópico son seductoras, y nos tientan para resolver los problemas utilizando directamente las tablas. En la realidad, muchos problemas en que entran la velocidad (dimensional) y la temperatura se pueden resolver más fácilmente con la ecuación original de la energía (9.23) y la de gases perfectos (9.2) como veremos en el siguiente ejemplo.

EJEMPLO 9.3 Un flujo de aire discurre adiabáticamente por un conducto. En el punto 1 la velocidad es 800 ft/s, $T_1=500°$ R, y $p_1=25$ lbf/in$^2=3600$ lbf/ft^2. Calcular (*a*) T_0; (*b*) p_0; (*c*) ρ_0; (*d*) Ma; (*e*) $V_{\text{máx}}$, (*f*) V^*. En el punto 2 aguas abajo $V_2=962$ ft/s y $p_2=2850$ lbf/ft^2. (*g*) ¿Cuál es la presión de remanso p_{02}?

Solución Tomaremos para el aire $\gamma = 1{,}4$, $c_p = 6010$ y $R = 1717$ (en unidades británicas). Conocidas V_1 y T_1 calculamos T_0 con la ecuación (9.23)

$$T_{01} = T_1 + \frac{\frac{1}{2}(V_1)^2}{c_p} = 500 + \frac{\frac{1}{2}(800)^2}{6010} = 500 + 53 = 553° \text{ R} \qquad \textit{Resp. (a)}$$

Con la ecuación (9.35) y el cociente T/T_0 obtenemos Ma

$$\text{Ma}_1^2 = 5\left(\frac{553}{500} - 1\right) = 0{,}53 \qquad \text{Ma}_1 = 0{,}73 \qquad \textit{Resp. (d)}$$

También podemos hacer $a_1 = (\gamma R T_1)^{1/2} \approx 49\,(500)^{1/2} = 1096$ ft/s, de donde $\text{Ma}_1 = V_1/a_1 = 800/1096 = 0{,}73$. La presión de remanso se obtiene de la ecuación (9.34)

$$p_{01} = p_1(1 + 0{,}2\ \text{Ma}_1^2)^{3,5} = 3600\,[1 + 0{,}2\,(0{,}73)^2]^{3,5} = 5130 \text{ lbf/ft}^2 \qquad \textit{Resp. (b)}$$

Antes de calcular la densidad de remanso calculamos la densidad:

$$\rho_1 = \frac{p_1}{RT_1} = \frac{3600}{1717\,(500)} = 0{,}00419 \text{ slug/ft}^3$$

Así $\rho_0 = \rho_1(1 + 0{,}2\ \text{Ma}_1^2)^{2,5} = 0{,}00419[1 + 0{,}2(0{,}73)^2]^{2,5} = 0{,}00540$ slug/ft³ *Resp.* (*c*)

Sin embargo, también la podemos obtener de p_0 y T_0:

$$\rho_0 = \frac{p_0}{RT_0} = \frac{5130}{1717\,(553)} = 0{,}00540 \text{ slug/ft}^3$$

La velocidad máxima se obtiene de la ecuación (9.24)

$$V_{\text{máx}} = (2c_p T_0)^{1/2} = [2(6010)(553)]^{1/2} = 2580 \text{ ft/s} \qquad \textit{Resp. (e)}$$

y la velocidad crítica de (9.33)

$$V^* = \left[\frac{2\,(1{,}4)}{1{,}4 + 1}(1717)\,(553)\right]^{1/2} = 1050 \text{ ft/s} \qquad \textit{Resp. (f)}$$

En el punto 2 la temperatura no es conocida, pero sabemos que el flujo es adiabático, $T_{02} = T_{01} = 553°$ R de la respuesta (*a*). Así podemos calcular T_2 de la ecuación (9.23)

$$T_2 = T_{02} - \frac{\frac{1}{2}V_2^2}{c_p} = 553 - \frac{\frac{1}{2}(962)^2}{6010} = 476° \text{ R}$$

(Intentar calcular T_2 de las relaciones de número de Mach puede ser frustrante por lo laborioso.) La velocidad del sonido $a_2 = (\gamma R T_2)^{1/2} \approx 49(476)^{1/2} = 1069$ ft/s, de donde $\text{Ma}_2 = V_2/a_2 = 962/1069 = 0{,}90$. Finalmente obtenemos

$$p_{02} = p_2(1 + 0{,}2\ \text{Ma}_2^2)^{3,5} = 2850(1 + 0{,}2(0{,}9)^2)^{3,5} =$$
$$= 4820 \text{ lbf/ft}^2 \quad (6 \text{ por } 100 \text{ menor que } p_{01}) \qquad \textit{Resp. (g)}$$

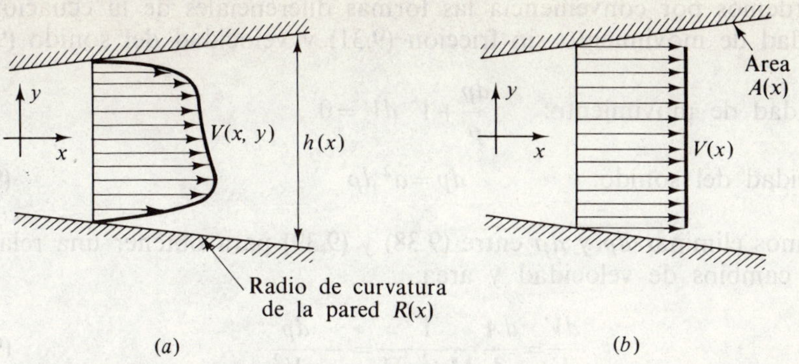

Fig. 9.4 Flujo compresible en un conducto: (*a*) perfil de velocidades para un fluido real; (*b*) aproximación unidimensional.

9.4 FLUJO ISENTROPICO CON CAMBIOS DE AREA

Combinando las relaciones de flujo adiabático y/o isentrópico con la ecuación de continuidad podemos estudiar problemas prácticos de flujos compresibles. Esta sección trata de la aproximación de flujo unidimensional.

La figura 9.4 ilustra esta aproximación unidimensional. Un flujo real, figura 9.4*a*, cumple la condición de no deslizamiento en la pared y el perfil de velocidad $V(x, y)$ varía a través de la sección (compárese con la figura 7.8). Sin embargo, si el cambio de área es pequeño y el radio de curvatura de la pared es grande

$$\frac{dh}{dx} \ll 1 \qquad h(x) \ll R(x) \tag{9.36}$$

el flujo es aproximadamente unidimensional, como en la figura 9.4*b*, con $V \approx V(x)$ consecuencia de la variación de área $A(x)$. Los flujos compresibles en toberas y difusores no siempre satisfacen las condiciones (9.36), pero de todas formas empleamos la teoría unidimensional debido a su simplicidad.

En flujo estacionario unidimensional la ecuación de continuidad es, de la ecuación (3.24)

$$\rho(x)\, V(x)\, A(x) = \dot{m} = \text{const} \tag{9.37}$$

Antes de aplicar esta teoría, podemos conocer algo más derivando la ecuación (9.37)

$$\frac{d\rho}{\rho} + \frac{dV}{V} + \frac{dA}{A} = 0 \tag{9.38}$$

Recordemos por conveniencia las formas diferenciales de la ecuación de cantidad de movimiento sin fricción (9.31) y velocidad del sonido (9.15):

Cantidad de movimiento: $$\frac{dp}{\rho}+V\ dV=0$$

Velocidad del sonido: $$dp=a^2\,d\rho \qquad (9.39)$$

Podemos eliminar dp y $d\rho$ entre (9.38) y (9.39) para obtener una relación entre cambios de velocidad y área:

$$\frac{dV}{V}=\frac{dA}{A}\,\frac{1}{\mathrm{Ma}^2-1}=-\frac{dp}{\rho V^2} \qquad (9.40)$$

Por inspección de esta fórmula, en lugar de resolverla, se nos revela un aspecto fascinante de los flujos compresibles: las variaciones de las propiedades cambian de signo en flujo subsónico y supersónico debido al término Ma^2-1. Hay cuatro combinaciones de variaciones de área y número de Mach, que se indican en la figura 9.5.

En los capítulos anteriores hemos estudiado flujos subsónicos ($\mathrm{Ma}<1$); al aumentar el área la velocidad disminuye y la presión aumenta, por ejemplo en un difusor subsónico. Pero en flujo supersónico ($\mathrm{Ma}>1$) la velocidad aumenta al aumentar el área, como en una tobera supersónica. El mismo comportamiento con cambio de signo aparece en las disminuciones de área, acelerándose el flujo subsónico y frenando el supersónico.

¿Qué ocurre con el punto sónico, $\mathrm{Ma}=1$? Como una aceleración infinita es físicamente imposible, la ecuación (9.40) indica que dV debe ser finita cuando $dA=0$, esto es, en un mínimo de área (garganta) o en un máximo.

Geometría del conducto		*Subsónico* $\mathrm{Ma}<1$	*Supersónico* $\mathrm{Ma}>1$
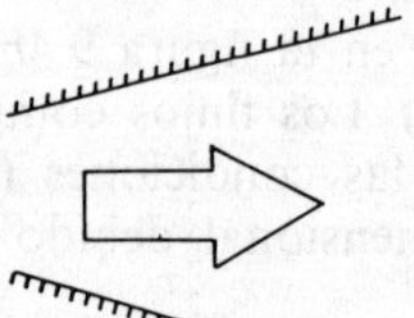	$dA>0$	$dV<0$ $dp>0$ Difusor subsónico	$dV>0$ $dp<0$ Tobera supersónica
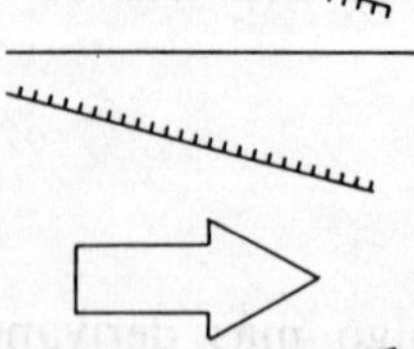	$dA<0$	$dV>0$ $dp<0$ Tobera subsónica	$dV<0$ $dp>0$ Difusor supersónico

Fig. 9.5 Efecto del número de Mach en la variación de las magnitudes fluidas cuando cambia el área del conducto.

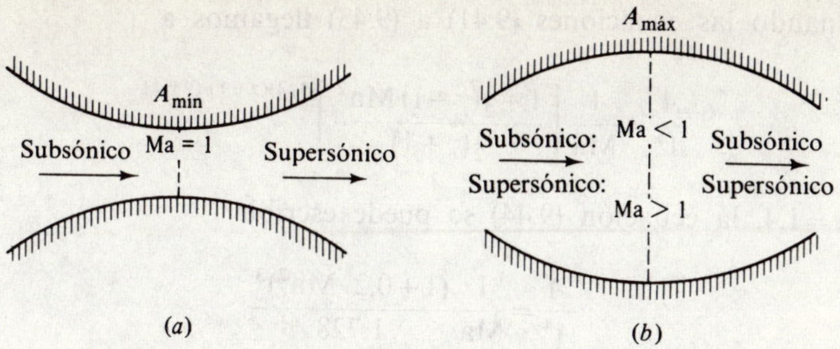

Fig 9.6 La ecuación (9.49) muestra que el flujo a través de una garganta (*a*) puede pasar gradualmente de subsónico a supersónico. El flujo en el vientre (*b*) nunca puede ser sónico, por razones físicas.

En la figura 9.6 se han puesto juntas las configuraciones citadas, utilizando las reglas de la figura 9.5. La garganta o sección convergente-divergente puede acelerar suavemente el flujo desde subsónico hasta supersónico, figura 9.6*a*. Esta es la única forma en que se puede producir un flujo supersónico expansionando un gas desde un depósito. La sección en vientre no puede; el número de Mach se aleja de la condición sónica en lugar de acercarse a ella.

Aunque el flujo supersónico aguas abajo de una tobera exige una garganta sónica, el recíproco no es cierto: un flujo compresible puede pasar por una tobera sin alcanzar condiciones sónicas.

Relaciones para un gas perfecto

Con la ecuación de gases perfectos y las relaciones de flujo isentrópico podemos convertir la ecuación de continuidad (9.37) en una expresión algebraica que relacione el número de Mach con el área. Igualemos el flujo másico al flujo másico sónico (que no tiene por qué presentarse)

$$\rho V A = \rho^* V^* A^*$$

o

$$\frac{A}{A^*} = \frac{\rho^*}{\rho}\frac{V^*}{V} \tag{9.41}$$

Los dos factores del segundo miembro son únicamente funciones del número de Mach en flujo isentrópico. De las ecuaciones (9.28) y (9.32)

$$\frac{\rho^*}{\rho} = \frac{\rho^*}{\rho_0}\frac{\rho_0}{\rho} = \left\{\frac{2}{\gamma+1}\left[1+\tfrac{1}{2}(\gamma-1)\,\mathrm{Ma}^2\right]\right\}^{1/(\gamma-1)} \tag{9.42}$$

De las ecuaciones (9.26) y (9.32) obtenemos

$$\frac{V^*}{V} = \frac{(\gamma R T^*)^{1/2}}{V} = \frac{(\gamma R T)^{1/2}}{V}\left(\frac{T^*}{T_0}\right)^{1/2}\left(\frac{T_0}{T}\right)^{1/2} =$$

$$= \frac{1}{\mathrm{Ma}}\left\{\frac{2}{\gamma+1}\left[1+\tfrac{1}{2}(\gamma-1)\,\mathrm{Ma}^2\right]\right\}^{1/2} \tag{9.43}$$

Combinando las ecuaciones (9.41) a (9.43) llegamos a

$$\frac{A}{A^*}=\frac{1}{\mathrm{Ma}}\left[\frac{1+\frac{1}{2}(\gamma-1)\,\mathrm{Ma}^2}{\frac{1}{2}(\gamma+1)}\right]^{(1/2)(\gamma+1)/(\gamma-1)} \tag{9.44}$$

Para $\gamma=1{,}4$, la ecuación (9.44) se puede escribir

$$\frac{A}{A^*}=\frac{1}{\mathrm{Ma}}\,\frac{(1+0{,}2\ \mathrm{Ma}^2)^3}{1{,}728} \tag{9.45}$$

que está representada en la figura 9.7. Las ecuaciones (9.34) y (9.45) nos permiten resolver cualquier problema isentrópico unidimensional si conocemos, por ejemplo, la forma del conducto $A(x)$ y las condiciones de remanso y suponemos que no hay ondas de choque.

La figura 9.7 muestra que el área mínima que puede haber en el flujo isentrópico en un conducto es la garganta o área crítica. Todas las demás secciones deben tener área A mayor que A^*. En muchos flujos no llega a haber condiciones críticas y el flujo es subsónico o, más raramente, supersónico en todo el conducto.

Bloqueo

De la ecuación (9.41) vemos que A^*/A es igual a $\rho V/\rho^* V^*$, gasto másico por unidad de área relativo al de condiciones críticas. En la figura 9.7 vemos que este cociente pasa de cero en $\mathrm{Ma}=0$ a uno para $\mathrm{Ma}=1$, y vuelve luego a cero a grandes Ma. Así, para condiciones de remanso dadas, el máximo gasto másico posible a través de un conducto tiene lugar cuando en la garganta hay condiciones críticas o sónicas. Decimos entonces que el conducto está *bloqueado* y no puede haber un gasto másico mayor a menos que se agrande la garganta. Si la garganta se constriñe más aún, el gasto másico debe disminuir.

De las ecuaciones (9.32) y (9.33) tenemos que el máximo gasto másico es

$$\dot{m}_{\text{máx}}=\rho^* A^* V^*=\rho_0\left(\frac{2}{\gamma+1}\right)^{1/(\gamma-1)} A^*\left(\frac{2\gamma}{\gamma+1}RT_0\right)^{1/2}=$$
$$=\gamma^{1/2}\left(\frac{2}{\gamma+1}\right)^{(1/2)(\gamma+1)/((\gamma-1)} A^*\rho_0(RT_0)^{1/2} \tag{9.46}$$

Para $\gamma=1{,}4$ esta expresión se reduce a

$$\dot{m}_{\text{máx}}=0{,}6847A^*\rho_0(RT_0)^{1/2}=\frac{0{,}6847p_0A^*}{(RT_0)^{1/2}} \tag{9.47}$$

En flujo isentrópico en conductos, el máximo gasto másico posible es proporcional al área de la garganta y a la presión de remanso e inversamente proporcional a la raíz cuadrada de la temperatura de remanso. Esto es algo abstracto, de modo que lo ilustraremos con ejemplos.

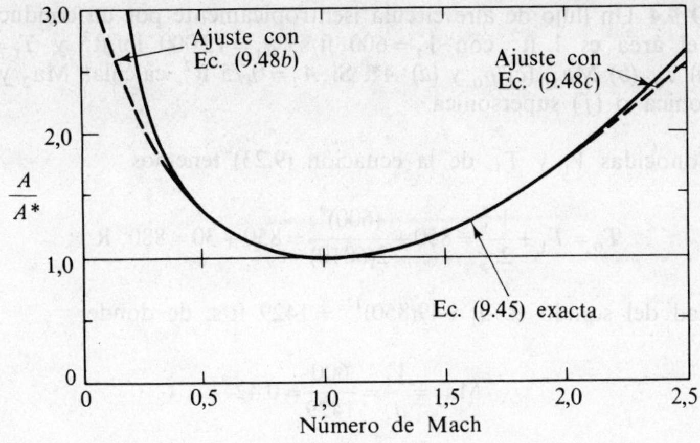

Fig. 9.7 Relación de áreas en función del número de Mach para el flujo isentrópico de un gas perfecto con $\gamma = 1{,}4$.

El único proceso arduo en estos problemas es invertir la ecuación (9.45) para calcular el número de Mach cuando A/A^* es conocida. El autor sólo sabe hacerlo iterando, pero quizá el lector encuentre otro modo. Mientras tanto sugerimos las aproximaciones siguientes, que permiten calcular el número de Mach a partir de A/A^* con un 2 por 100 de error, para $\gamma = 1{,}4$, dentro del rango de cada fórmula:

Flujo subsónico:

$$\mathrm{Ma} \approx \begin{cases} \dfrac{1 + 0{,}27(A/A^*)^{-2}}{1{,}728(A/A^*)} & 1{,}34 < \dfrac{A}{A^*} < \infty \qquad (9.48a) \\[2ex] 1 - 0{,}88\left(\ln \dfrac{A}{A^*}\right)^{0{,}45} & 1{,}0 < \dfrac{A}{A^*} < 1{,}34 \qquad (9.48b) \end{cases}$$

Flujo supersónico:

$$\mathrm{Ma} \approx \begin{cases} 1 + 1{,}2\left(\dfrac{A}{A^*} - 1\right)^{1/2} & 1{,}0 < \dfrac{A}{A^*} < 2{,}9 \qquad (9.48c) \\[2ex] \left[216\dfrac{A}{A^*} - 254\left(\dfrac{A}{A^*}\right)^{2/3}\right]^{1/5} & 2{,}9 < \dfrac{A}{A^*} < \infty \qquad (9.48d) \end{cases}$$

Las expresiones (9.48*a*) y (9.48*d*) son correctas asintóticamente cuando $A/A^* \to \infty$, mientras que (9.48*b*) y (9.48*c*) son simples correlaciones. A pesar de ello, estas últimas son fiables en sus respectivos rangos.

Nótese que para cada valor de A/A^* hay dos soluciones posibles, una subsónica y otra supersónica. La solución adecuada no puede escogerse sin información adicional, por ejemplo, la presión o la temperatura en alguna sección del conducto.

EJEMPLO 9.4 Un flujo de aire circula isentrópicamente por un conducto. En la sección 1 el área es 1 ft² con $V_1 = 600$ ft/s, $p_1 = 12\,000$ lbf/ft² y $T_1 = 850°$ R. Calcular (*a*) T_0, (*b*) Ma_1, (*c*) ρ_0 y (*d*) A^*. Si $A_2 = 0{,}75$ ft², calcular Ma_2 y p_2 si V_2 es (*e*) subsónica o (*f*) supersónica.

Solución Conocidas V_1 y T_1, de la ecuación (9.23) tenemos

$$T_0 = T_1 + \frac{V_1^2}{2c_p} = 850 + \frac{(600)^2}{2(6010)} = 850 + 30 = 880° \text{ R} \qquad \textit{Resp. (a)}$$

La velocidad del sonido es $a_1 \approx 49(850)^{1/2} = 1429$ ft/s; de donde

$$\text{Ma}_1 = \frac{V_1}{a_1} = \frac{600}{1429} = 0{,}42 \qquad \textit{Resp. (b)}$$

Conocido Ma_1 tenemos

$$\frac{p_0}{p_1} = (1 + 0{,}2\ \text{Ma}_1^2)^{3,5} = 1{,}129$$

De donde

$$p_0 = 1{,}129 p_1 = 1{,}129(12\,000) = 13\,550 \text{ lbf/ft}^2 \qquad \textit{Resp. (c)}$$

Análogamente, de la ecuación (9.45),

$$\frac{A_1}{A^*} = \frac{[1 + 0{,}2(0{,}42)^2]^3}{1{,}728(0{,}42)} = 1{,}529$$

De donde

$$A^* = \frac{A_1}{1{,}529} = \frac{1 \text{ ft}^2}{1{,}529} = 0{,}654 \text{ ft}^2 \qquad \textit{Resp. (d)}$$

Si el flujo aguas abajo va a ser realmente supersónico, debe haber una garganta en alguna sección del conducto para producir la expansión necesaria desde Ma_1.

Con $A_2 = 0{,}75$ ft² tenemos $A_2/A^* = 0{,}75/0{,}654 = 1{,}147$. En flujo subsónico utilizamos la ecuación (9.48*b*) para obtener

$$\text{Ma}_2 \approx 1 - 0{,}88(\ln\ 1{,}147)^{0,45} = 0{,}64 \qquad \textit{Resp. (e)}$$

de donde

$$p_2 = \frac{p_0}{[1 + 0{,}2(0{,}64)^2]^{3,5}} = \frac{13\,550}{1{,}317} = 10\,300 \text{ lbf/ft}^2 \qquad \textit{Resp. (e)}$$

Si el flujo en la sección 2 es supersónico, utilizamos la ecuación (9.48*c*)

$$\text{Ma}_2 \approx 1 + 1{,}2(1{,}147 - 1)^{1/2} = 1{,}46 \qquad \textit{Resp. (f)}$$

de donde

$$p_2 = \frac{13\,550}{[1 + 0{,}2(1{,}46)^2]^{3,5}} = \frac{13\,550}{3{,}46} = 3910 \text{ lbf/ft}^2 \qquad \textit{Resp. (f)}$$

Estos valores son fiables (salvo errores) dentro del 1 por 100. Nótese que la presión en el flujo supersónico es mucho menor que en subsónico, con las mismas condiciones de remanso y la misma área del conducto.

EJEMPLO 9.5 Se desea expansionar aire desde $p_0 = 200$ kPa y $T_0 = 500$ K a través de una tobera, hasta un número de Mach de salida 25. Si el gasto másico debe ser de 3 kg/s, calcular (*a*) el área de la garganta y (*b*) la presión, (*c*) la temperatura, (*d*) la velocidad, (*e*) el área a la salida, suponiendo flujo isentrópico con $\gamma = 1{,}4$.

Solución El área de la garganta se obtiene de (9.47), ya que ésta debe ser sónica para producir una salida supersónica:

$$A^* = \frac{\dot{m}(RT_0)^{1/2}}{0{,}6847\, p_0} = \frac{3{,}0\,[287\,(500)]^{1/2}}{0{,}6847\,(200\,000)} = 0{,}00830 \text{ m}^2 = \tfrac{1}{4}\pi D^{*2} \qquad \textit{Resp. (a)}$$

o

$$D_{\text{garganta}} = 10{,}3 \text{ cm} \qquad \textit{Resp. (a)}$$

Conocido el número de Mach a la salida, las relaciones de flujo isentrópico nos dan la presión y la temperatura:

$$p_e = \frac{p_0}{[1+0{,}2\,(2{,}5)^2]^{3,5}} = \frac{200\,000}{17{,}08} = 11\,700 \text{ Pa} \qquad \textit{Resp. (b)}$$

$$T_e = \frac{T_0}{[1+0{,}2\,(2{,}5)^2]} = \frac{500}{2{,}25} = 222 \text{ K} \qquad \textit{Resp. (c)}$$

La velocidad de salida se deduce de la temperatura y del número de Mach:

$$V_e = \text{Ma}_e(\gamma R T_e)^{1/2} = 2{,}5\,[1{,}4\,(287)\,(222)]^{1/2} = 2{,}5\,(299 \text{ m/s}) = 747 \text{ m/s} \qquad \textit{Resp. (d)}$$

El área de salida se deduce de la ecuación (9.45):

$$\frac{A_e}{A^*} = \frac{[1+0{,}2\,(2{,}5)^2]^3}{1{,}728\,(2{,}5)} = 2{,}64 \qquad \textit{Resp. (e)}$$

o

$$A_e = 2{,}64\, A^* = 2{,}64(0{,}0083 \text{ m}^2) = 0{,}0219 \text{ m}^2 =$$

$$= \tfrac{1}{4}\pi D_e^2 \quad \text{o} \quad D_e = 16{,}7 \text{ cm} \qquad \textit{Resp. (e)}$$

Un punto a destacar: el cálculo de A^* no depende en absoluto del número de Mach a la salida. La salida es supersónica; por tanto, la garganta está bloqueada y no se necesita mayor información.

9.5 ONDA DE CHOQUE NORMAL

Una irreversibilidad habitual en flujos supersónicos es la onda de choque normal, esquematizada en la figura 9.8. Excepto a presiones muy bajas estas ondas de choque son muy delgadas (unas micras de espesor) y se comportan como discontinuidades en el campo fluido. Seleccionamos un volumen de control inmediatamente por delante y por detrás de la onda, como en la figura 9.8.

El análisis es idéntico al de la figura 9.1, esto es, la onda de choque es una onda de presión intensa. Para calcular los cambios de todas las propiedades, no sólo la velocidad de la onda, utilizaremos nuestras relaciones básicas de flujo estacionario unidimensional, con la sección 1 aguas arriba y 2 aguas abajo:

Continuidad: $$\rho_1 V_1 = \rho_2 V_2 = G = \text{const.} \tag{9.49a}$$

Cantidad de movimiento: $$p_1 - p_2 = \rho_2 V_2^2 - \rho_1 V_1^2 \tag{9.49b}$$

Energía: $$h_1 + \tfrac{1}{2}V_1^2 = h_2 + \tfrac{1}{2}V_2^2 = h_0 = \text{const} \tag{9.49c}$$

Gas perfecto: $$\frac{p_1}{\rho_1 T_1} = \frac{p_2}{\rho_2 T_2} \tag{9.49d}$$

c_p constante: $$h = c_p T \qquad \gamma = \text{const} \tag{9.49e}$$

Nótese que hemos suprimido las áreas, escribiendo $A_1 \approx A_2$, lo que está justificado por la delgadez de la onda. Los primeros análisis serios de estas relaciones son debidos a W. J. M. Rankine (1870) y a A. Hugoniot (1887), de ahí su nombre de *relaciones de Rankine-Hugoniot*. Si suponemos conocidas las propiedades aguas arriba (p_1, V_1, ρ_1, h_1, T_1), las ecuaciones (9.49) nos permiten calcular las cinco incógnitas (p_2, V_2, ρ_2, h_2, T_2). Debido a que aparece la velocidad al cuadrado, hay dos soluciones, de las cuales sólo es correcta aquella en que $s_2 > s_1$, como indica la segunda ley de la termodinámica.

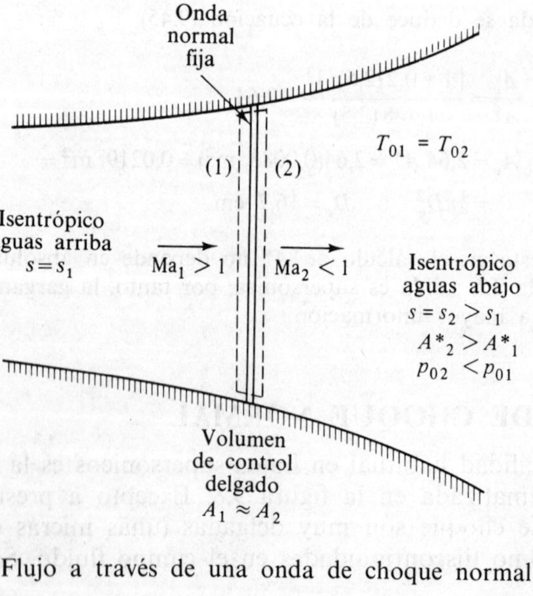

Fig. 9.8 Flujo a través de una onda de choque normal fija.

Las velocidades V_1 y V_2 pueden ser eliminadas de las ecuaciones (9.49) para llegar a la relación de Rankine-Hugoniot

$$h_2-h_1=\tfrac{1}{2}(p_2-p_1)\left(\frac{1}{\rho_2}+\frac{1}{\rho_1}\right) \tag{9.50}$$

Esta relación sólo contiene propiedades termodinámicas y es independiente de la ecuación de estado. Introduciendo la ecuación de gases perfectos $h=c_p T=\gamma p/(\gamma-1)\rho$, la reescribimos en la forma

$$\frac{\rho_2}{\rho_1}=\frac{1+\beta p_2/p_1}{\beta+p_2/p_1} \qquad \beta=\frac{\gamma+1}{\gamma-1} \tag{9.51}$$

Podemos comparar esta relación con la de flujo isentrópico, correspondiente a una onda de presión muy débil en un gas perfecto

$$\frac{\rho_2}{\rho_1}=\left(\frac{p_2}{p_1}\right)^{1/\gamma} \tag{9.52}$$

La variación de entropía a través de la onda de choque se puede calcular también; para un gas perfecto

$$\frac{s_2-s_1}{c_v}=\ln\left[\frac{p_2}{p_1}\left(\frac{\rho_1}{\rho_2}\right)^{\gamma}\right] \tag{9.53}$$

Suponiendo una cierta intensidad p_2/p_1, podemos calcular la relación de densidades y la variación de entropía para $\gamma=1{,}4$, que damos en la tabla siguiente:

$\dfrac{p_2}{p_1}$	ρ_2/ρ_1 *Ec. (9.51)*	ρ_2/ρ_1 *Isentrópico*	$\dfrac{s_2-s_1}{c_v}$
0,5	0,6154	0,6095	−0,0134
0,9	0,9275	0,9275	−0,00005
1,0	1,0	1,0	0,0
1,1	1,00704	1,00705	0,00004
1,5	1,3333	1,3359	0,0027
2,0	1,6250	1,6407	0,0134

Vemos que la variación de entropía es negativa cuando la presión decrece al atravesar la onda, la cual vulnera la segunda ley de la termodinámica. Una onda de rarefacción es imposible en un gas perfecto[1]. También vemos que las ondas de choque débiles ($p_2/p_1 \leqslant 2$) son prácticamente isentrópicas.

[1] Esto también es cierto para la mayoría de los gases; ver referencia 14, sección 7.3.

Relaciones con el número de Mach

En un gas perfecto, las relaciones de las diversas propiedades a través de la onda de choque son únicamente función de γ y del número de Mach aguas arriba Ma_1. Por ejemplo, si eliminamos ρ_2 y V_2 de las ecuaciones (9.49*a*) a (9.49*c*) e introducimos $h=\gamma p/(\gamma-1)\rho$, obtenemos

$$\frac{p_2}{p_1}=\frac{1}{\gamma+1}\left[\frac{2\rho_1 V_1^2}{p_1}-(\gamma-1)\right] \tag{9.54}$$

Pero en un gas perfecto $\rho_1 V_1^2/p_1=\gamma V_1^2/\gamma RT_1=\gamma Ma_1^2$, de forma que la ecuación (9.54) es equivalente a

$$\frac{p_2}{p_1}=\frac{1}{\gamma+1}[2\gamma \ Ma_1^2-(\gamma-1)] \tag{9.55}$$

En esta ecuación vemos que para cualquier γ, $p_2>p_1$ sólo si $Ma_1>1{,}0$. Así, el número de Mach aguas arriba de una onda de choque normal debe ser supersónico para satisfacer la segunda ley de la termodinámica.

¿Qué ocurre con el número de Mach aguas abajo? De la identidad $\rho V^2=\gamma p \ Ma^2$, para gases perfectos, podemos deducir que

$$\frac{p_2}{p_1}=\frac{1+\gamma Ma_1^2}{1+\gamma Ma_2^2} \tag{9.56}$$

que relaciona el salto de presiones con ambos números de Mach. Igualando las ecuaciones (9.55) y (9.56) tenemos

$$Ma_2^2=\frac{(\gamma-1)Ma_1^2+2}{2\gamma Ma_1^2-(\gamma-1)} \tag{9.57}$$

Como Ma_1 debe ser supersónico esta ecuación predice que, para todo $\gamma>1$, Ma_2 debe ser subsónico. Por tanto, una onda de choque normal decelera bruscamente el flujo de condiciones supersónicas a condiciones subsónicas.

Análogamente a lo ya expuesto, la manipulación de las ecuaciones (9.49) nos puede proporcionar numerosas relaciones para ondas de choque en gases perfectos

$$\frac{\rho_2}{\rho_1}=\frac{(\gamma+1)Ma_1^2}{(\gamma-1)Ma_1^2+2}=\frac{V_1}{V_2}$$

$$\frac{T_2}{T_1}=[2+(\gamma-1)Ma_1^2]\frac{2\gamma Ma_1^2-(\gamma-1)}{(\gamma+1)^2 Ma_1^2} \tag{9.58}$$

$$T_{02}=T_{01}$$

$$\frac{p_{02}}{p_{01}}=\frac{\rho_{02}}{\rho_{01}}=\left[\frac{(\gamma+1)Ma_1^2}{2+(\gamma-1)Ma_1^2}\right]^{\gamma/(\gamma-1)}\left[\frac{\gamma+1}{2\gamma Ma_1^2-(\gamma-1)}\right]^{1/(\gamma-1)}$$

De especial interés es el hecho de que la garganta sónica o crítica A^* aumenta al atravesar la onda de choque

$$\frac{A_2^*}{A_1^*} = \frac{\mathrm{Ma}_2}{\mathrm{Ma}_1}\left[\frac{2+(\gamma-1)\,\mathrm{Ma}_1^2}{2+(\gamma-1)\,\mathrm{Ma}_2^2}\right]^{(1/2)(\gamma+1)/(\gamma-1)} \tag{9.59}$$

Todas estas relaciones están tabuladas en la Tabla B.2 y aparecen representadas en la figura 9.9 en función de Ma_1 para $\gamma = 1{,}4$. Vemos que la presión aumenta considerablemente mientras la temperatura y la densidad lo hacen moderadamente. El área crítica A^* aumenta suavemente al principio y rápidamente después. Un fallo típico de los estudiantes en el cálculo de las ondas de choque es no tener en cuenta estos cambios de A^*.

La temperatura de remanso permanece invariable, pero la presión y la densidad de remanso decrecen y en la misma proporción; esto es, el flujo a través de la onda de choque es adiabático pero no isentrópico. Otros principios básicos que gobiernan el comportamiento de las ondas de choque pueden ser resumidos así:

1. El flujo es supersónico aguas arriba y subsónico aguas abajo.
2. En gases perfectos (y también en los fluidos reales, excepto en condiciones termodinámicas extremas) las ondas de rarefacción son imposibles, y únicamente puede haber ondas de compresión.

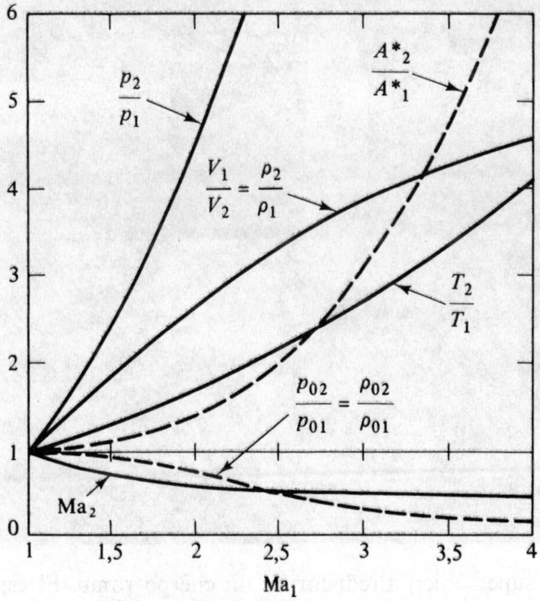

Fig. 9.9 Salto de las magnitudes fluidas a través de una onda de choque normal, para $\gamma = 1{,}4$.

3. La entropía aumenta a través de la onda de choque, con la consiguiente disminución de la presión y la densidad de remanso y aumento del área crítica.
4. Las ondas de choque débiles son prácticamente isentrópicas.

Las ondas de choque normales no aparecen sólo en flujo supersónico en conductos, sino también en gran variedad de flujos externos. Un ejemplo es el flujo supersónico alrededor de un cuerpo romo, como en la figura 9.10. La onda de choque delantera es curva, con una parte esencialmente normal al flujo incidente. Esta región satisface las relaciones de variación de las propiedades expuestas en esta sección. El flujo detrás de la onda de choque es subsónico y está a una temperatura relativamente alta $T_2 > T_1$, de modo que la transferencia convectiva de calor es especialmente alta en esta región.

Las partes no normales de la onda de choque de la figura 9.10 satisfacen las relaciones de ondas oblicuas que se presentarán en la sección 9.9.

Fig. 9.10 Flujo supersónico alrededor de un cuerpo romo. El espesor aparente de la onda de choque y la curvatura de las esquinas del cuerpo se deberá a efectos ópticos. (*Por cortesía del U.S. Army Ballistic Research Laboratory, Aberdeen Proving Ground.*)

Nótense también las ondas oblicuas en los lados del cuerpo. Lo que ha ocurrido es que el flujo subsónico frontal se ha acelerado en las esquinas volviéndose supersónico y a baja presión, y debe aproximarse a las condiciones de presión aguas abajo a través de una segunda onda de choque. Es de señalar la estructura fina de la estela turbulenta en la parte de atrás del cuerpo, figura 9.10. La capa límite turbulenta de las paredes laterales es también fácilmente visible.

El análisis de un flujo supersónico tridimensional complejo como el de la figura 9.10 queda más allá de los objetivos de este libro. Para mayor información ver, por ejemplo, el capítulo 9 de la referencia 14, o el capítulo 16 de la referencia 8.

Ondas de choque móviles

El análisis precedente de una onda de choque fija también es aplicable a una onda móvil si invertimos la transformación utilizada en la figura 9.1. Para simular que el fluido aguas arriba está en reposo, movemos la onda de la figura 9.8 hacia la izquierda a velocidad V_1; esto es, fijamos nuestro sistema de coordenadas a un volumen de control que se mueve con la onda. Entonces el fluido de aguas abajo aparecerá moviéndose hacia la izquierda con la velocidad $V_1 - V_2$ detrás de ésta. Las propiedades termodinámicas no se alteran por esta transformación, de modo que las ecuaciones (9.50) a (9.59) siguen siendo válidas.

EJEMPLO 9.6 Desde un depósito donde $p = 300$ kPa y $T = 500$ K fluye aire a través de la garganta de la figura E9.6. En la sección 1 hay una onda de choque. Calcular (*a*) p_1, (*b*) p_2, (*c*) p_{02}, (*d*) A_2^*, (*e*) p_{03}, (*f*) A_3^*, (*g*) p_3, (*h*) T_{03} e (*i*) I_3.

Solución Las condiciones del depósito son de remanso, y si suponemos flujo unidimensional adiabático y sin fricción, se conservan hasta la sección 1

$$p_{01} = 300 \text{ kPa} \qquad T_{01} = 500 \text{ K}$$

Una onda de choque sólo puede existir cuando Ma_1 es supersónico; por tanto, el flujo ha debido pasar por la garganta en condiciones críticas

$$A_t = A_1^* = 1 \text{ ft}^2$$

El número de Mach Ma_1 lo hallamos de la relación de áreas

$$\frac{A_1}{A_1^*} = \frac{2 \text{ ft}^2}{1 \text{ ft}^2} = 2{,}0$$

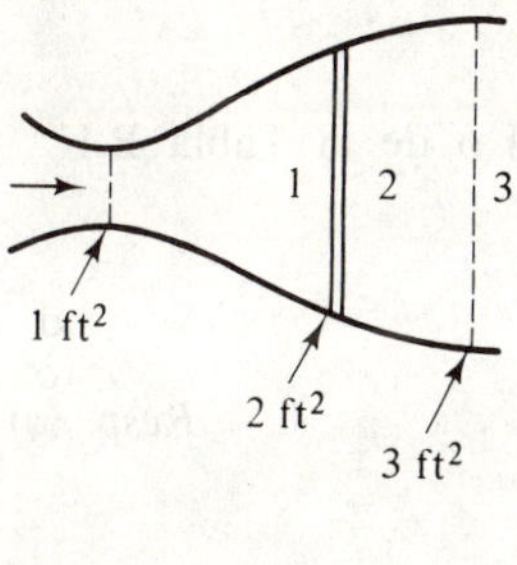

Fig. E9.6

De la ecuación (9.48*c*)

$$\mathrm{Ma}_1 \approx 1 + 1{,}2(2{,}0 - 1)^{1/2} = 2{,}20$$

Iteraciones posteriores con la ecuación (9.45) darían $\mathrm{Ma}_1 = 2{,}1972$, lo que muestra que la ecuación (9.48*c*) da una aproximación satisfactoria. La presión p_1 se obtiene de la relación isentrópica (9.28) (o de la Tabla B.1)

$$\frac{p_{01}}{p_1} = [1 + 0{,}2(2{,}20)^2]^{3,5} = 10{,}7$$

o $$p_1 = \frac{300 \text{ kPa}}{10{,}7} = 28{,}06 \text{ kPa} \qquad \textit{Resp. (a)}$$

La presión p_2 se deduce de Ma_1 con la relación (9.55) o la Tabla B.2

$$\frac{p_2}{p_1} = \frac{1}{2{,}4}[2{,}8(2{,}20)^2 - 0{,}4] = 5{,}48$$

o $$p_2 = 5{,}48(28{,}06) = 154 \text{ kPa} \qquad \textit{Resp. (b)}$$

De manera análoga, para $\mathrm{Ma}_1 = 2{,}2$, $p_{02}/p_{01} = 0{,}628$ según la ecuación (9.58) y $A_2^*/A_1^* = 1{,}592$ según la ecuación (9.59). Así pues

$$p_{02} = 0{,}628(300 \text{ kPa}) = 188 \text{ kPa} \qquad \textit{Resp. (c)}$$

$$A_2^* = 1{,}592(1 \text{ ft}^2) = 1{,}592 \text{ ft}^2 \qquad \textit{Resp. (d)}$$

El flujo de 2 a 3 es isentrópico (aunque a mayor entropía que aguas arriba de la onda de choque). Tendremos pues

$$p_{03} = p_{02} = 188 \text{ kPa} \qquad \textit{Resp. (e)}$$

$$A_3^* = A_2^* = 1{,}592 \text{ ft}^2 \qquad \textit{Resp. (f)}$$

Conociendo A_3^* podemos calcular p_3 a partir de Ma_3, sin necesitar Ma_2 para nada (Ma_2 resulta ser 0,547). La relación de áreas en la sección 3 es

$$\frac{A_3}{A_3^*} = \frac{3 \text{ ft}^2}{1{,}592 \text{ ft}^2} = 1{,}884$$

Como Ma_3 debe ser subsónico, ya que estamos aguas abajo de la onda de choque, utilizamos la ecuación (9.48*a*) para determinarlo

$$\mathrm{Ma}_3 \approx \frac{1 + 0{,}27/(1{,}884)^2}{1{,}728(1{,}884)} = 0{,}330$$

La presión p_3 se obtiene de la relación isentrópica (9.28) o de la Tabla B.1

$$\frac{p_{03}}{p_3} = [1 + 0{,}2(0{,}330)^2]^{3,5} = 1{,}078$$

o $$p_3 = \frac{188 \text{ kPa}}{1{,}078} = 174 \text{ kPa} \qquad \textit{Resp. (g)}$$

Por otro lado, el flujo es adiabático en todo el conducto, y por ello

$$T_{01} = T_{02} = T_{03} = 500 \text{ K} \qquad \textit{Resp. (h)}$$

Finalmente, de la relación adiabática (9.26) tenemos

$$\frac{T_{03}}{T_3} = 1 + 0{,}2(0{,}330)^2 = 1{,}022$$

o

$$T_3 = \frac{500 \text{ K}}{1{,}022} = 489 \text{ K} \qquad \textit{Resp. (i)}$$

Este tipo de problema, con o sin onda de choque, requiere la aplicación directa de relaciones algebraicas y cierta idea sobre la fórmula más adecuada a cada situación.

EJEMPLO 9.7 Una explosión en aire, $\gamma = 1{,}4$, produce una onda de choque esférica que se propaga radialmente en aire en calma y en condiciones normales. En el instante mostrado en la figura E9.7 la presión detrás de la onda es 200 lbf/in^2. Calcular (*a*) la velocidad C de la onda de choque y (*b*) la velocidad V del aire justo detrás de ésta.

Solución (*a*) A pesar de la geometría esférica el flujo a través de la onda se mueve perpendicularmente a ésta; por eso se pueden utilizar las relaciones (9.50) a (9.59). Fijando el volumen de control a la onda móvil, vemos que las condiciones apropiadas en el problema son

$$C = V_1 \qquad p_1 = 14{,}7 \text{ lbf/in}^2 \qquad T_1 = 520° \text{ R}$$

$$V = V_1 - V_2 \qquad p_2 = 200 \text{ lbf/in}^2$$

La velocidad del sonido justo delante de la onda es $a_1 \approx 49\, T_1^{1/2} = 1117$ ft/s. El número de Mach Ma_1 se calcula del salto de presiones

$$\frac{p_2}{p_1} = \frac{200 \text{ lbf/in}^2}{14{,}7 \text{ lbf/in}^2} = 13{,}61$$

De la ecuación (9.55) o de la Tabla B.2

$$13{,}61 = \frac{1}{2{,}4}(2{,}8 \text{ Ma}_1^2 - 0{,}4) \qquad \text{o} \qquad \text{Ma}_1 = 3{,}436$$

Por definición de número de Mach tendremos

$$C = V_1 = \text{Ma}_1\, a_1 = 3{,}436(1117 \text{ ft/s}) = 3840 \text{ ft/s} \qquad \textit{Resp. (a)}$$

(*b*) Para calcular V_2, necesitamos la temperatura o la velocidad del sonido en el interior. Conocido Ma_1 de la ecuación (9.58) o de la Tabla B.2 obtenemos $T_2/T_1 = 3{,}228$. Entonces

$$T_2 = 3{,}228\, T_1 = 3{,}228(520° \text{ R}) = 1679° \text{ R}$$

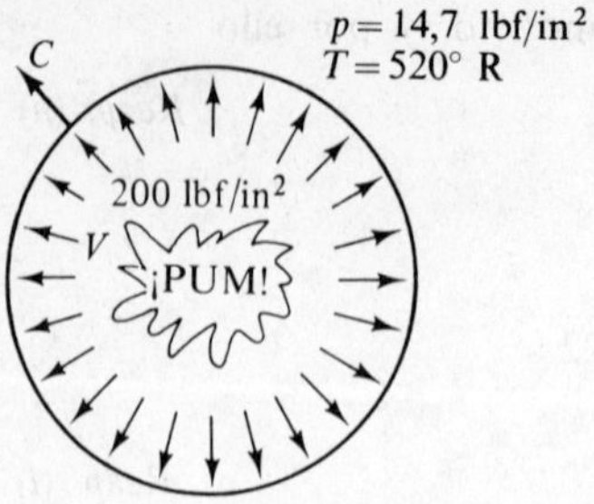

Fig. E9.7

A temperaturas tan altas deberíamos tener en cuenta que el gas no es perfecto o utilizar tablas [16], pero no lo haremos. Simplemente, con la ecuación de la energía (9.23) tenemos

$$V_2^2 = 2c_p(T_1 - T_2) + V_1^2 = 2(6010)(520 - 1679) + (3840)^2 = 815\,000$$

o $$V_2 \approx 903 \text{ ft/s}$$

Nótese que no hemos considerado para nada Ma_2, que es 0,454, ni $a_2 \approx 49\ T_2^{1/2} = 2000$ ft/s.

Finalmente, la velocidad detrás de la onda es

$$V = V_1 - V_2 = 3840 - 902 \approx 2940 \text{ ft/s} \qquad \textit{Resp. (b)}$$

Vemos que una explosión produce un viento breve pero muy intenso al pasar[1].

9.6 OPERACION DE TOBERAS CONVERGENTES Y DIVERGENTES

Combinando las relaciones de flujo isentrópico y ondas de choque normales con el concepto de bloqueo sónico, podemos indicar las características de las toberas convergentes y divergentes.

Tobera convergente

Consideremos en primer lugar la tobera convergente de la figura 9.11*a*. Aguas arriba hay un depósito con presión de remanso p_0. El flujo se produce bajando la presión p_b a la salida, aguas abajo, por debajo de p_0, lo que origina las situaciones *a* y *e* que se muestran en la figura 9.11*b* y *c*.

Si p_b es moderadamente baja, situaciones *a* y *b*, la presión en la garganta es mayor que la crítica p^* que haría sónica la garganta. El flujo es subsónico en toda la tobera y la presión de salida p_e es igual a p_b. El gasto másico predicho por la teoría isentrópica es menor que el valor crítico $\dot{m}_{\text{máx}}$, como muestra la figura 9.11*c*.

[1] Este es el principio de los *tubos de choque*, en los que una explosión controlada produce un flujo breve y a alto número de Mach, que se capta con instrumentos de respuesta rápida. Ver, por ejemplo, la referencia 5, sección 4.5.

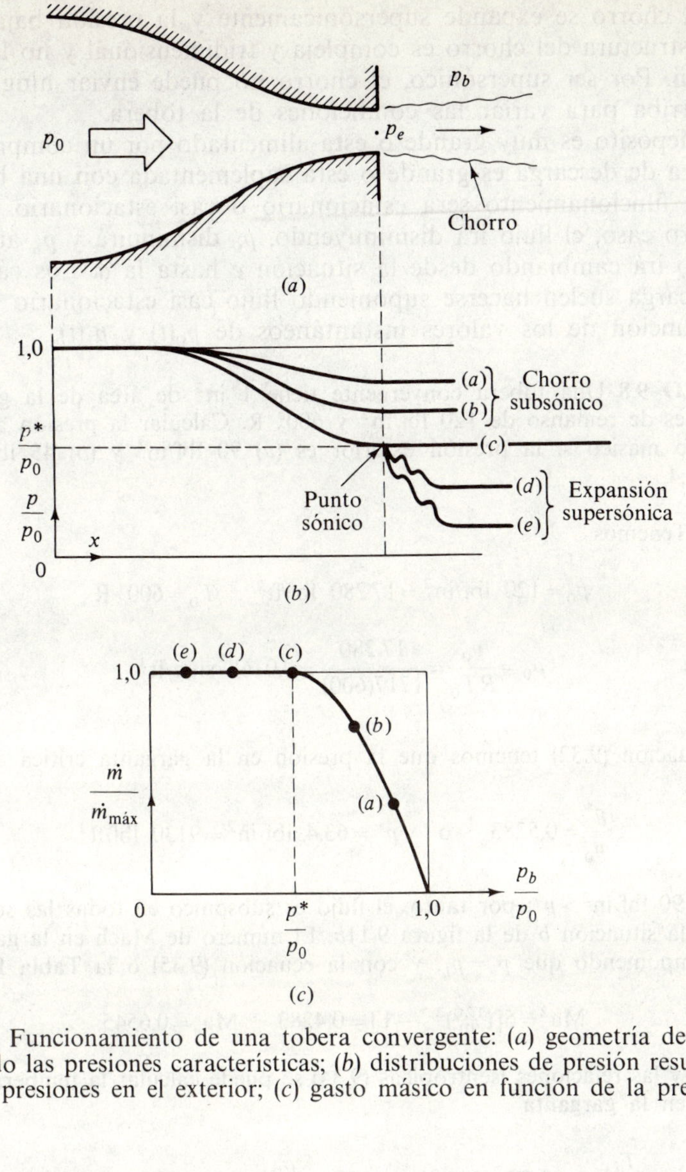

Fig. 9.11 Funcionamiento de una tobera convergente: (*a*) geometría de la tobera mostrando las presiones características; (*b*) distribuciones de presión resultantes de distintas presiones en el exterior; (*c*) gasto másico en función de la presión exterior.

En la condición *c* la presión a la salida es exactamente igual a la crítica p^*. La garganta se hace sónica, el flujo de descarga es sónico con $p_e = p_b$, y el gasto másico es máximo, con el valor de la ecuación (9.46). Aguas arriba de la garganta el flujo es subsónico y obedece a las relaciones isentrópicas basadas en la relación de áreas $A(x)/A^*$ o en la Tabla B.1.

Finalmente, si p_b disminuye por debajo de p^* en los casos *d* y *e*, la tobera ya no responde porque el flujo está bloqueado en su valor máximo. La garganta sigue siendo sónica con $p_e = p^*$ y la distribución en la tobera es la misma que en el caso *c*, como muestra la figura 9.11*b*. A la salida el chorro se expande supersónicamente y la presión baja de p^* a p_b. La estructura del chorro es compleja y tridimensional y no la mostramos aquí. Por ser supersónico, el chorro no puede enviar ninguna señal aguas arriba para variar las condiciones de la tobera.

Si el depósito es muy grande o está alimentado por un compresor, o si la cámara de descarga es grande o está suplementada con una bomba de vacío, el funcionamiento será estacionario o casi estacionario. En cualquier otro caso, el flujo irá disminuyendo, p_0 disminuirá y p_b aumentará, y el flujo irá cambiando desde la situación *e* hasta la *a*. Los cálculos de esta descarga suelen hacerse suponiendo flujo casi estacionario isentrópico, en función de los valores instantáneos de $p_0(t)$ y $p_b(t)$.

EJEMPLO 9.8 Una tobera convergente tiene 1 in² de área de la garganta y condiciones de remanso de 120 lbf/in² y 600° R. Calcular la presión a la salida y el gasto másico si la presión exterior es (*a*) 90 lbf/in² y (*b*) 45 lbf/in². Tomar $\gamma = 1{,}4$.

Solución Tenemos

$$p_0 = 120 \text{ lbf/in}^2 = 17\,280 \text{ lbf/ft}^2 \qquad T_0 = 600° \text{ R}$$

De donde

$$\rho_0 = \frac{p_0}{RT_0} = \frac{17\,280}{1717(600)} = 0{,}0168 \text{ slug/ft}^3$$

De la ecuación (9.32) tenemos que la presión en la garganta crítica es

$$\frac{p^*}{p_0} = 0{,}5283 \qquad \text{o} \qquad p^* = 63{,}4 \text{ lbf/in}^2 = 9130 \text{ lbf/ft}^2$$

(*a*) $p_b = 90$ lbf/in² $> p^*$; por tanto, el flujo es subsónico en todas las secciones y similar a la situación *b* de la figura 9.11*b*. El número de Mach en la garganta se obtiene imponiendo que $p_e = p_b$, y con la ecuación (9.35) o la Tabla B.1 queda

$$\text{Ma}_e^2 = 5[(\tfrac{120}{90})^{2/7} - 1] = 0{,}4283 \qquad \text{Ma}_e = 0{,}6545$$

Con Ma_e y las relaciones isentrópicas (9.34) se puede calcular la temperatura y la densidad en la garganta

$$\frac{T_0}{T_e} = 1 + 0{,}2(0{,}6545)^2 = 1{,}0857 \qquad \frac{\rho_0}{\rho_e} = (1{,}0857)^{2,5} = 1{,}2281$$

Así, $T_e = 600/1{,}0857 = 553°$ R, de modo que $a_e \approx 49(533)^{1/2} = 1152$ ft/s. Y $\rho_e = 0{,}0168/1{,}2281 = 0{,}0137$ slug/ft³. El gasto másico viene dado por

$$\dot{m} = \rho_e A_e V_e = \rho_e A_e(\text{Ma}_e a_e) = 0{,}0137(\tfrac{1}{144}\text{ft}^2)[0{,}6545(1152)] = 0{,}0715 \text{ slug/s} \qquad \textit{Resp. (a)}$$

La presión en la garganta iguala a la presión exterior

$$p_e = p_b = 90 \text{ lbf/in}^2 \qquad \textit{Resp. (a)}$$

(*b*) $p_b = 45$ lbf/in² $< p^*$. Por tanto, la garganta está bloqueada como en el caso *d* de la figura 9.11*b*. La salida es sónica

$$p_e = p^* = 63{,}4 \text{ lbf/in}^2 \qquad \textit{Resp. (b)}$$

El gasto másico máximo se obtiene de la ecuación (9.47)

$$\dot{m} - \dot{m}_{\text{máx}} = \frac{0{,}6847 p_0 A_t}{(RT_0)^{1/2}} = \frac{0{,}6847(17\,280 \text{ lbf/ft}^2)(\frac{1}{144} \text{ ft}^2)}{[1717(600)]^{1/2}} = 0{,}0810 \text{ slug/s} \qquad \textit{Resp. (b)}$$

Cualquier presión exterior menor o igual a $p^* = 63{,}4$ lb/in² producirá el mismo bloqueo. Nótese que el aumento del 50 por 100 en el número de Mach en la garganta, de 0,6545 a 1, aumenta el gasto másico sólo en un 13 por 100, de 0,0715 a 0,0810 slug/s.

Tobera convergente-divergente

Consideremos ahora la tobera convergente-divergente de la figura 9.12*a*. Si la presión exterior p_b es suficientemente baja, habrá flujo supersónico en la parte divergente y pueden aparecer varias situaciones con ondas de choque, como se indica en la figura 9.12*b*.

En las situaciones *A* y *B* de la figura 9.12*b*, la presión exterior no es lo suficientemente baja como para provocar flujo sónico en la garganta, y el flujo será subsónico en toda la tobera. La distribución de presiones se calcula a partir de las relaciones isentrópicas con cambio de área, por ejemplo, de la Tabla B.1. La presión a la salida es $p_e = p_b$, y el chorro es subsónico.

En la situación *C* la relación de áreas A_e/A_t es igual a la crítica A_e/A^* para el Ma_e subsónico de la Tabla B.1. La garganta se hace sónica y el gasto másico alcanza un máximo según se ve en la figura 9.12*c*. El resto de la tobera es subsónica, incluyendo el chorro de salida, y $p_e = p_b$.

Pasemos momentáneamente a la configuración *H*. Aquí p_b es tal que p_b/p_0 es la que corresponde exactamente a la relación A_e/A^* para un Ma_e supersónico en la Tabla B.1. La parte divergente es supersónica en su totalidad, incluyendo el chorro de salida, con $p_e = p_b$. Esta situación se denomina *tobera adaptada* y corresponde a la presión de diseño de un túnel supersónico o de un motor cohete.

Volvamos atrás y supongamos que p_b está entre *C* y *H*, lo cual es imposible según la teoría de flujo isentrópico. Veamos lo que ocurre en los casos *D* a *F* de la figura 9.12*b*. La garganta sigue estando bloqueada, y podemos hacer $p_e = p_b$ situando una onda de choque normal en el lugar adecuado de la sección divergente, dando lugar a un *difusor subsónico* que lleve la presión al valor correcto. El gasto másico sigue siendo máximo, según la figura 9.12*c*. En el caso *F* la onda de choque normal está exactamente en la sección de salida. Cuando tenemos la situación *G* ninguna onda de choque normal es capaz de producir ese cambio, y el flujo se comprime en el exterior en una serie de ondas de choque oblicuas hasta que se alcanza p_b.

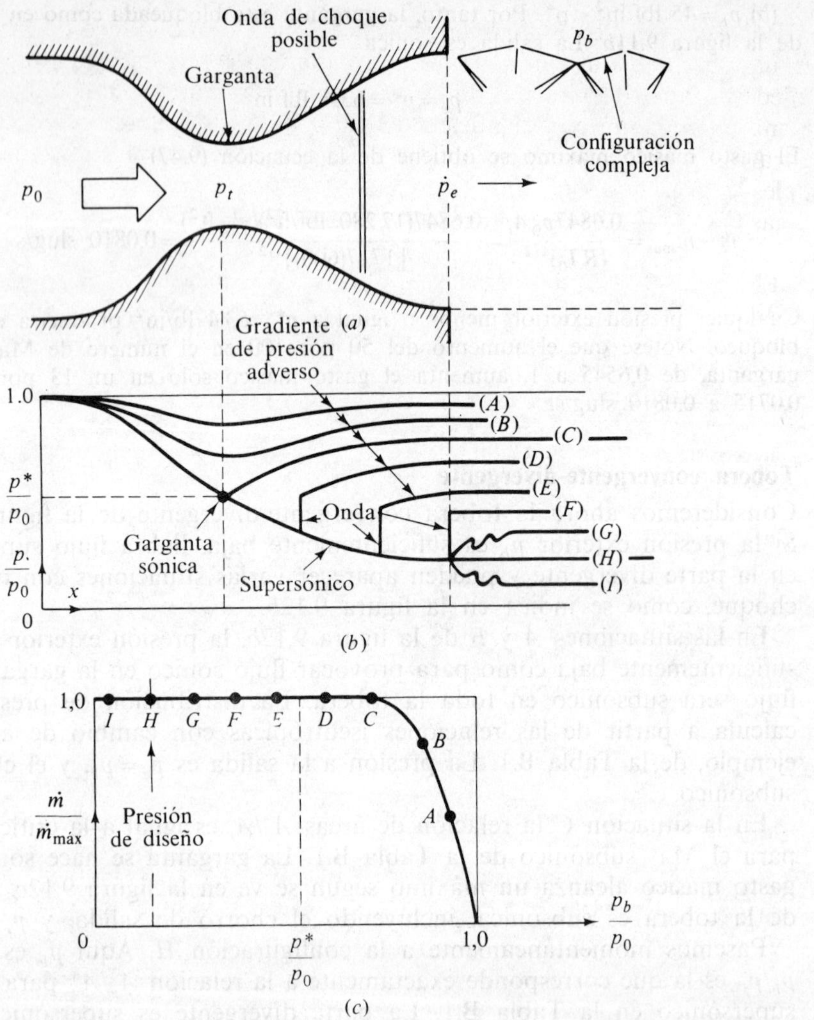

Fig. 9.12 Funcionamiento de una tobera convergente-divergente: (*a*) geometría de la tobera con las posibles configuraciones del flujo; (*b*) distribuciones de presión originadas por distintas presiones en el exterior; (*c*) gasto másico en función de la presión exterior.

Finalmente, en la configuración *I*, p_b es menor que la presión de diseño, curva *H*, pero la tobera está bloqueada y no responde. El chorro de salida se expande en una serie compleja de ondas supersónicas hasta que se alcanza la presión exterior. Para más detalles sobre estas configuraciones fuera de diseño, véase, por ejemplo, la sección 5.4 de la referencia 9.

Nótese que para p_b menor que la del caso *C*, hay flujo supersónico en la tobera y la garganta no puede recibir señales del exterior. El flujo sigue bloqueado y la garganta no tiene información de las condiciones exteriores.

Por otro lado el acoplamiento con la onda de choque está idealizado. Aguas abajo de la onda aparece un gradiente adverso de presión que puede producir separación de la capa límite. La capa desprendida interacciona fuertemente con el núcleo del flujo bloqueándolo (recuérdese la Figura 6.26) y suele producir una serie de ondas de compresión bidimensionales débiles más que una onda única normal (ver, por ejemplo, las páginas 317-318 de la Ref. 14 para más detalles).

EJEMPLO 9.9 Una tobera convergente-divergente tiene una garganta de área 0,002 m^2 y un área de salida de 0,008 m^2. Las condiciones de remanso del aire son $p_0 = 1000$ kPa y $T_0 = 500$ K. Calcular (*a*) la presión de diseño (tobera adaptada) y el gasto másico y la presión a la salida, y el gasto másico si (*b*) $p_b \approx 300$ kPa y (*c*) $p_b \approx 900$ kPa. Suponer $\gamma = 1{,}4$.

Solucion (*a*) Las condiciones de diseño corresponden a flujo isentrópico supersónico con relación de áreas $A_e/A_t = 0{,}008/0{,}002 = 4{,}0$. El número de Mach de adaptación se obtiene por iteración en la fórmula (9.45) o mediante la curva de correlación (9.48*d*)

$$\mathrm{Ma}_{e,\ \text{diseño}} \approx [216(4{,}0) - 254(4{,}0)^{2/3}]^{1/5} \approx 2{,}59 \qquad (\text{exacto} = 2{,}9402)$$

La precisión proporcionada por la curva es satisfactoria. La relación de presiones se obtiene de la ecuación (9.34)

$$\frac{p_0}{p_e} = [1 + 0{,}2(2{,}95)^2]^{3,5} = 34{,}1$$

o

$$p_{e,\ \text{diseño}} = \frac{1000 \text{ kPa}}{34{,}1} = 29{,}3 \text{ kPa} \qquad \textit{Resp. (a)}$$

Como la garganta es sónica en las condiciones de diseño, utilizamos la ecuación (9.47)

$$\dot m_{\text{diseño}} = \dot m_{\text{máx}} = \frac{0{,}6847 p_0 A_t}{(RT_0)^{1/2}} = $$

$$= \frac{0{,}6847(10^6 \text{ Pa})(0{,}002 \text{ m}^2)}{[287(500)]^{1/2}} =$$

$$= 3{,}61 \text{ kg/s} \qquad \textit{Resp. (a)}$$

(*b*) $p_b = 300$ kPa; en este caso estamos lejos de la condición *C* de la figura 9.12*b*, pero también podemos estar por debajo de *F*, en que hay una onda de choque normal a la salida, o sea, podemos estar en el caso *G* con ondas oblicuas a la salida. En el caso *G*, $p_e = p_{e,\ \text{diseño}} = 29{,}3$ kPa, ya que no ha habido ninguna onda. Calculemos la condición *F* suponiendo una onda de choque normal a la salida con $\mathrm{Ma}_1 = 2{,}95$, esto es, el número de Mach de diseño justo aguas arriba de la onda de choque. De la ecuación (9.55)

$$\frac{p_2}{p_1} = \frac{1}{2{,}4}[2{,}8(2{,}95)^2 - 0{,}4] = 9{,}99$$

o

$$p_2 = 9{,}99 p_1 = 9{,}99 p_{e,\text{diseño}} = 293 \text{ kPa}$$

Como es menor que 300 kPa hay una onda de choque un poco antes de la salida (condición *E*). El flujo a la salida es subsónico y con la presión exterior

$$p_e = p_b = 300 \text{ kPa} \qquad \textit{Resp. (b)}$$

Además

$$\dot{m} = \dot{m}_{\text{máx}} = 3{,}61 \text{ kg/s} \qquad \textit{Resp. (b)}$$

La garganta está bloqueada y el flujo másico es máximo.

(*c*) Finalmente, para $p_b = 900$ kPa, estamos cerca de la condición *C*, y calculamos Ma_e y p_e de ésta para comparación. De nuevo $A_e/A_t = 4{,}0$, pero con Ma_e subsónico tomado de la curva (9.48*a*):

$$\text{Ma}_e(C) \approx \frac{1 + 0{,}27/(4{,}0)^2}{1{,}728(4{,}0)} = 0{,}147 \qquad (\text{exacto} = 0{,}14655)$$

La relación de presión isentrópica en esta condición es:

$$\frac{p_0}{p_e} = [1 + 0{,}2(0{,}147)^2]^{3,5} = 1{,}0152$$

o

$$p_e = \frac{1000}{1{,}0152} = 985 \text{ kPa}$$

La presión exterior es menor de 900 k Pa, correspondiendo, pues, a la condición *D* de la figura 9.12*b*. Habrá una onda de choque justo aguas abajo de la garganta y ésta quedará bloqueada

$$p_e = p_b = 900 \text{ kPa} \qquad \dot{m} = \dot{m}_{\text{máx}} = 3{,}61 \text{ kg/s}$$

Con esta relación de áreas tan grande de presión a la salida debe ser mayor de 985 kPa para tener flujo subsónico en la garganta y un gasto másico menor que el máximo.

9.7 FLUJO COMPRESIBLE EN CONDUCTOS CON FRICCION[1]

La sección 9.4 ha mostrado el efecto de cambio de área en un flujo compresible despreciando la fricción y la transferencia de calor. Ahora podríamos añadir estos efectos y considerar la interacción entre ellos, como se hace en textos avanzados (ver, por ejemplo, el capítulo 8 de la referencia 8). En lugar de esto, a título de introducción elemental, esta sección trata solamente el efecto de la fricción, despreciando los cambios de área y la transferencia de calor. Las hipótesis básicas son:

1. Flujo adiabático estacionario unidimensional.
2. Gas perfecto con calores específicos constantes.
3. Conducto recto de área constante.
4. El trabajo motor (de partes móviles) y las variaciones de energía potencial son despreciables.
5. El esfuerzo en la pared responde a correlaciones de coeficientes de fricción de Darcy.

[1] Esta sección puede ser omitida sin pérdida de continuidad.

Así, estamos estudiando un problema de fricción, tipo Moody, pero con grandes cambios de energía cinética, entalpia y presión.

Consideremos el volumen de control de área A y longitud dx de la figura 9.13. El área es constante, pero las demás propiedades (p, ρ, T, h, V) pueden variar con x. Aplicando las tres leyes de conservación al volumen de control obtenemos las siguientes ecuaciones diferenciales

Continuidad: $$\rho V = \frac{\dot{m}}{A} = G = \text{const}$$

o $$\frac{d\rho}{\rho} + \frac{dV}{V} = 0 \tag{9.60a}$$

Cantidad de movimiento según x: $pA - (p+dp)A - \tau_w \pi D\, dx = \dot{m}(V + dV - V)$

o $$dp + \frac{4\tau_w\; dx}{D} + \rho V\; dV = 0 \tag{9.60b}$$

Energía: $h + \frac{1}{2}V^2 = h_0 = c_p T_0 = c_p T + \frac{1}{2}V^2$

$$c_p\; dT + V\; dV = 0 \tag{9.60c}$$

Como estas tres ecuaciones tienen cinco incógnitas, p, ρ, T, V y τ_w, necesitamos dos relaciones adicionales. Una es la de gases perfectos

$$p = \rho RT \quad \text{o} \quad \frac{dp}{p} = \frac{d\rho}{\rho} + \frac{dT}{T} \tag{9.61}$$

Para eliminar τ_w, suponemos que el esfuerzo de fricción local puede obtenerse a partir del coeficiente de fricción de Darcy

$$\tau_w = \tfrac{1}{8} f \rho V^2 = \tfrac{1}{8} f \gamma p \; \text{Ma}^2 \tag{9.62}$$

donde la última forma procede de la definición de velocidad del sonido $a^2 = \gamma p/\rho$. En la práctica f está relacionado con el número de Reynolds local y la rugosidad de la pared, por ejemplo, mediante el diagrama de Moody, figura 6.13.

Las ecuaciones (9.60) y (9.61) son ecuaciones diferenciales de primer orden que, complementadas con (9.62), pueden ser integradas, desde una sección de entrada 1, donde p_1, T_1, V_1, etc., son conocidas, para determinar $p(x)$, $T(x)$, etc., a lo largo del conducto. Es prácticamente imposible eliminar todas las variables menos una para tener una sola ecuación diferencial, para $p(x)$ por ejemplo, aunque todas las ecuaciones se pueden escribir en función del número de Mach Ma(x) y del coeficiente de fricción, utilizando la definición de número de Mach

$$V^2 = \text{Ma}^2\, \gamma RT$$

o $$\frac{2dV}{V} = \frac{2\; d\text{Ma}}{\text{Ma}} + \frac{dT}{T} \tag{9.63}$$

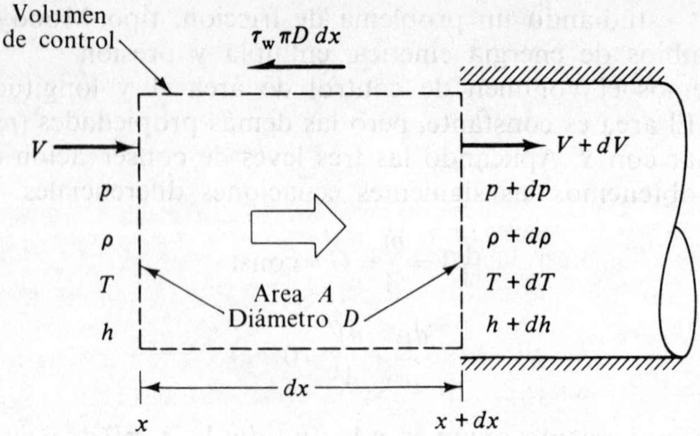

Fig. 9.13 Volumen de control infinitesimal para el flujo en conductos de sección constante con fricción.

Flujo adiabático

Eliminando las variables entre las ecuaciones (9.60) y (9.63) obtenemos las siguientes relaciones prácticas:

$$\frac{dp}{p} = -\gamma \mathrm{Ma}^2 \frac{1 + \frac{1}{2}(\gamma - 1)\mathrm{Ma}^2}{2(1 - \mathrm{Ma}^2)} f \frac{dx}{D} \tag{9.64a}$$

$$\frac{d\rho}{\rho} = -\frac{\gamma \mathrm{Ma}^2}{2(1 - \mathrm{Ma}^2)} f \frac{dx}{D} = -\frac{dV}{V} \tag{9.64b}$$

$$\frac{dp_0}{p_0} = \frac{d\rho_0}{\rho_0} = -\tfrac{1}{2}\gamma \mathrm{Ma}^2 f \frac{dx}{D} \tag{9.64c}$$

$$\frac{dT}{T} = -\frac{\gamma(\gamma - 1)\mathrm{Ma}^4}{2(1 - \mathrm{Ma}^2)} f \frac{dx}{D} \tag{9.64d}$$

$$\frac{d\,\mathrm{Ma}^2}{\mathrm{Ma}^2} = \gamma \mathrm{Ma}^2 \frac{1 + \frac{1}{2}(\gamma - 1)\mathrm{Ma}^2}{1 - \mathrm{Ma}^2} f \frac{dx}{D} \tag{9.64e}$$

Todas ellas excepto dp_0/p_0 tienen el factor $(1 - \mathrm{M}_a^2)$ en el denominador, de modo que muestran, al igual que las fórmulas de cambio de área de la figura 9.5, que los flujos subsónicos y supersónicos tienen efectos opuestos:

Propiedad	*Subsónico*	*Supersónico*
p	Disminuye	Aumenta
ρ	Disminuye	Aumenta
V	Aumenta	Disminuye
p_0, ρ_0	Disminuye	Disminuye
T	Disminuye	Aumenta
Ma	Aumenta	Disminuye
Entropía	Aumenta	Aumenta

A la lista anterior, debemos añadir que la entropía aumenta a lo largo del conducto tanto en subsónico como en supersónico, como consecuencia de la segunda ley de la termodinámica en flujo adiabático. Por la misma razón, la presión y la densidad de remanso disminuyen.

El parámetro clave es el número de Mach. Sea subsónico o supersónico el flujo a la entrada, el número de Mach tiende siempre aguas abajo hacia Ma = 1 ya que es la evolución en la cual aumenta la entropía. Calculando la presión y la densidad con las ecuaciones (9.64*a*) y (9.64*b*), respectivamente, y la entropía con la ecuación (9.53), el resultado puede ser dibujado en función del número de Mach para $\gamma = 1{,}4$, figura 9.14. La máxima entropía se tiene en Ma = 1, y por ello el flujo tiende continuamente hacia el punto sónico. Como p_0 y ρ_0 disminuyen a lo largo del conducto debido a los efectos de la fricción (no isentrópicos), no son adecuadas como propiedades de referencia. En su lugar, las propiedades sónicas p^*, ρ^*, T^*, p_0^* y ρ_0^* son más adecuadas, como referencia constante en el flujo adiabático. Con la teoría podemos calcular los cocientes p/p^*,

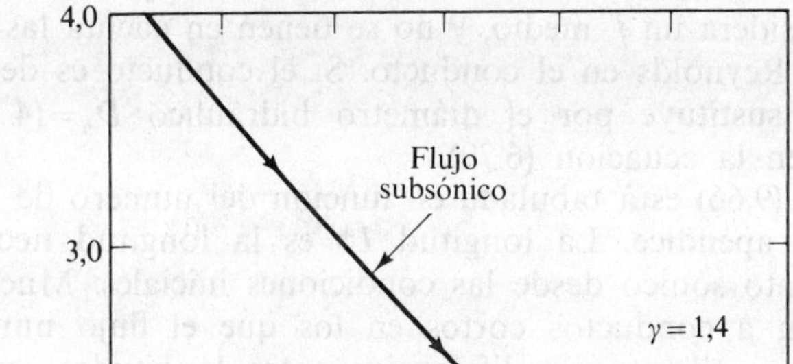

Fig. 9.14 El flujo adiabático y con fricción en un conducto de sección constante siempre tiende a Ma = 1 para que se satisfaga el segundo principio de la termodinámica. La curva representada es independiente del valor del coeficiente de fricción.

T/T^*, etc., en función del número de Mach local y el efecto de la fricción integrado.

Para obtener fórmulas útiles, abordamos la ecuación (9.64*e*) que relaciona el número de Mach con la fricción. Separando variables e integrando tenemos

$$\int_0^{L^*} f \frac{dx}{D} = \int_{\mathrm{Ma}^2}^{1,0} \frac{1-\mathrm{Ma}^2}{\gamma\,\mathrm{Ma}^4\,[1+\frac{1}{2}(\gamma-1)\,\mathrm{Ma}^2]}\, d\,\mathrm{Ma}^2 \tag{9.65}$$

El límite superior es el punto sónico, sea o no alcanzado en el conducto. El inferior se sitúa arbitrariamente en $x=0$, donde el número de Mach es Ma. El resultado de la integración es

$$\frac{\bar{f}L^*}{D} = \frac{1-\mathrm{Ma}^2}{\gamma\,\mathrm{Ma}^2} + \frac{\gamma+1}{2\gamma} \ln \frac{(\gamma+1)\,\mathrm{Ma}^2}{2+(\gamma-1)\,\mathrm{Ma}^2} \tag{9.66}$$

donde $\bar{f}$ es el coeficiente de fricción medio entre 0 y L^*. En la práctica siempre se considera un f medio, y no se tienen en cuenta las variaciones de número de Reynolds en el conducto. Si el conducto es de sección no circular D se sustituye por el diámetro hidráulico $D_h=(4\times \text{área})/\text{perímetro}$, como en la ecuación (6.79).

La ecuación (9.66) está tabulada en función del número de Mach en la Tabla B.3 del apéndice. La longitud L^* es la longitud necesaria para alcanzar el punto sónico desde las condiciones iniciales. Muchos problemas se refieren a conductos cortos en los que el flujo nunca se hace sónico, en ellos utilizaremos diferencias entre longitudes «máximas» o sónicas, tabuladas. Esto es, la longitud ΔL necesaria para pasar de Ma_1 a Ma_2 viene dada por

$$\bar{f}\frac{\Delta L}{D} = \left(\frac{\bar{f}L^*}{D}\right)_1 - \left(\frac{\bar{f}L^*}{D}\right)_2 \tag{9.67}$$

Así se evita la necesidad de tabulaciones distintas para conductos cortos.

Se recomienda calcular el coeficiente de fricción $\bar{f}$ en el diagrama de Moody (Fig. 6.13) con valores medios del número de Reynolds y la rugosidad del conducto. Los datos disponibles [20] sobre fricción en conductos con flujo compresible muestran buena concordancia con el diagrama de Moody en flujo subsónico, pero en supersónico los valores son hasta un 50 por 100 menores que los dados por el coeficiente de fricción equivalente de Moody.

EJEMPLO 9.10 A través de un conducto de 1 in de diámetro fluye aire subsónica y adiabáticamente. El coeficiente de fricción medio es 0,024. ¿Cuál es la longitud necesaria para que el flujo se acelere de $\mathrm{Ma}_1=0{,}1$ hasta $\mathrm{Ma}_2=0{,}5$? ¿Qué longitud adicional se precisaría para alcanzar $\mathrm{Ma}_3=1{,}0$? Tomar $\gamma=1{,}4$.

Solución Utilizamos la ecuación (9.67) con valores de $\bar{f}L^*/D$ obtenidos de la ecuación (9.66) o de la Tabla B.3:

$$\bar{f}\frac{\Delta L}{D}=\frac{0{,}024\ \Delta L}{\frac{1}{12}\text{ ft}}=\left(\frac{\bar{f}L^*}{D}\right)_{\text{Ma}=0{,}1}-\left(\frac{\bar{f}L^*}{D}\right)_{\text{Ma}=0{,}5}=$$

$$=66{,}9216-1{,}0691=65{,}8525$$

Así $$\Delta L=\frac{65{,}8525(\frac{1}{12})}{(0{,}024)}=229\text{ ft}$$ *Resp.* (*a*)

La longitud adicional $\Delta L'$ desde Ma = 0,5 hasta 1,0 se lee directamente en la Tabla B.3 del apéndice

$$f\frac{\Delta L'}{D}=\left(\frac{fL^*}{D}\right)_{\text{Ma}=0{,}5}=1{,}0691$$

o $$\Delta L'=L^*_{\text{Ma}=0{,}5}=\frac{1{,}0691(\frac{1}{12}\text{ ft})}{0{,}024}=$$

$$=3{,}7\text{ ft}$$ *Resp.* (*b*)

Esto es muy típico de estos cálculos: se precisan 229 ft para llevar el flujo a Ma = 0,5 y sólo 3,7 ft para alcanzar condiciones sónicas.

Las fórmulas para otras propiedades del flujo se pueden deducir de las ecuaciones (9.64). La ecuación (9.64*e*) puede usarse para eliminar $f\,dx/D$ de las otras relaciones, dando, por ejemplo, dp/p en función sólo de Ma y $(d\,\text{Ma}^2)/\text{Ma}^2$. Por conveniencia en la tabulación de estos resultados, cada expresión se integra desde (p, Ma) hasta el punto sónico (p^*, 1,0). Los resultados integrados son

$$\frac{p}{p^*}=\frac{1}{\text{Ma}}\left[\frac{\gamma+1}{2+(\gamma-1)\ \text{Ma}^2}\right]^{1/2} \tag{9.68a}$$

$$\frac{\rho}{\rho^*}=\frac{V^*}{V}=\frac{1}{\text{Ma}}\left[\frac{2+(\gamma-1)\ \text{Ma}^2}{\gamma+1}\right]^{1/2} \tag{9.68b}$$

$$\frac{T}{T^*}=\frac{a^2}{a^{*2}}=\frac{\gamma+1}{2+(\gamma-1)\ \text{Ma}^2} \tag{9.68c}$$

$$\frac{p_0}{p_0^*}=\frac{\rho_0}{\rho_0^*}=\frac{1}{\text{Ma}}\left[\frac{2+(\gamma-1)\ \text{Ma}^2}{\gamma+1}\right]^{(1/2)(\gamma+1)/(\gamma-1)} \tag{9.68d}$$

Todas estas relaciones están también recogidas en la Tabla B.3. Para hallar las variaciones entre puntos Ma_1 y Ma_2 que no son sónicos, se utilizan productos de estos cocientes. Por ejemplo,

$$\frac{p_2}{p_1}=\frac{p_2}{p^*}\frac{p^*}{p_1} \tag{9.69}$$

ya que p^* es una constante del flujo.

EJEMPLO 9.11 Suponer, para el caso del ejemplo 9.10, que para $Ma_1=0{,}1$ tenemos $p_1=100$ lbf/in² y $T_1=600°$ R. Calcular en la sección 2 aguas abajo ($Ma_2=0{,}5$) (*a*) p_2; (*b*) T_2; (*c*) V_2; (*d*) p_{02}.

Solución Como información preliminar calculamos V_1 y p_{01} a partir de los datos:

$$V_1=\text{Ma}_1\ a_1=0{,}1[49(600°\text{ R})^{1/2}]=120\text{ ft/s}$$

$$p_{01}=p_1[1+\tfrac{1}{2}(\gamma-1)\text{Ma}_1^2)^{3,5}=100[1+0{,}2(0{,}1)^2]^{3/5}=$$
$$=100{,}7\text{ lbf/in}^2$$

Ahora entramos en la Tabla B.3 o en las ecuaciones (9.68) y obtenemos:

Sección	Ma	p/p^*	T/T^*	V/V^*	p_0/p_0^*
1	0,1	10,9435	1,1976	0,1094	5,8218
2	0,5	2,1381	1,1429	0,5345	1,3399

Con estos cocientes calculamos todas las propiedades aguas abajo:

$$p_2=p_1\frac{p_2}{p^*}\frac{p^*}{p_1}=\frac{100(2{,}1381)}{10{,}9435}=$$
$$=19{,}5\text{ lbf/in}^2 \qquad \textit{Resp. (a)}$$

$$T_2=T_1\frac{T_2}{T^*}\frac{T^*}{T_1}=\frac{600(1{,}1429)}{1{,}1976}=$$
$$=573°\text{ R} \qquad \textit{Resp. (b)}$$

$$V_2=V_1\frac{V_2}{V^*}\frac{V^*}{V_1}=\frac{120(0{,}5345)}{0{,}1094}=$$
$$=586\text{ ft/s} \qquad \textit{Resp. (c)}$$

$$p_{02}=p_{01}\ \frac{p_{02}}{p_0^*}\ \frac{p_0^*}{p_{01}}=\frac{100{,}7(1{,}3399)}{5{,}8218}=$$
$$=23{,}2\text{ lbf/in}^2 \qquad \textit{Resp. (d)}$$

Obsérvese el 77 por 100 de reducción en la presión de remanso debido a la fricción. Las fórmulas son seductoras, de modo que compruebe sus resultados por otros medios.

Bloqueo debido a la fricción

La teoría expuesta predice que, en flujo adiabático con fricción en un conducto de sección constante, el flujo aguas abajo tiende hacia el punto sónico independientemente del número de Mach de entrada Ma_1. Hay una cierta longitud $L^*(Ma_1)$ para la cual el número de Mach de salida se hace exactamente la unidad.

Pero, ¿qué ocurre si la longitud real L es mayor que este «máximo» predicho L^*? En este caso las condiciones del flujo cambian, y hay dos posibilidades.

Entrada subsónica. Si $L > L^*(Ma_1)$, el flujo debe disminuirse hasta que se alcance un número de Mach en la entrada Ma_2 tal que $L = L^*(Ma_2)$. El flujo en la salida es sónico, y el gasto másico se ha reducido por *bloqueo de fricción*. Aumentos ulteriores en la longitud decrecerán el Ma en la entrada y el gasto másico.

Entrada supersónica. En la Tabla B.3 vemos que la fricción tiene una influencia muy importante en el flujo supersónico. Incluso un número de Mach infinito en la entrada se reduce a condiciones sónicas en tan sólo 41 diámetros para $\bar{f} = 0{,}2$. En la figura 9.15 se muestran algunos valores numéricos típicos, suponiendo en la entrada $Ma = 3{,}0$ y $\bar{f} = 0{,}02$. En estas condiciones $L^* = 26$ diámetros. Si L aumenta por encima de $26D$, el flujo no se bloqueará, sino que aparecerá una onda de choque normal en el lugar preciso para que el flujo a la salida sea sónico. La figura 9.15 muestra dos ejemplos, con $L/D = 40$ *y* 53. Al aumentar la longitud, la onda necesaria se sitúa más aguas arriba hasta que, para este caso de la figura 9.15, la onda está en la entrada cuando $L/D = 63$. Si L aumenta más aún, la onda de choque se desplazará aguas arriba hacia la tobera supersónica que alimenta el conducto. El gasto másico sigue siendo el mismo que para el conducto corto, debido a que presumiblemente la tobera de alimentación tiene todavía una garganta sónica. Eventualmente, un conducto muy largo puede provocar el bloqueo de la garganta de la tobera de alimentación, reduciendo, por tanto, el gasto másico. Así, la fricción supersónica cambia la configuración del flujo si $L > L^*$, pero no bloquea el flujo hasta que L es mucho mayor que L^*.

EJEMPLO 9.12 A la entrada de un conducto por el que circula aire se tiene $p_0 = 200$ kPa, $T_0 = 500$ K y $V_1 = 100$ m/s. El coeficiente de fricción es 0,02. Calcular (*a*) la máxima longitud de conducto para estas condiciones, (*b*) el gasto másico si la longitud es 15 m, (*c*) el gasto másico reducido si $L = 30$ m.

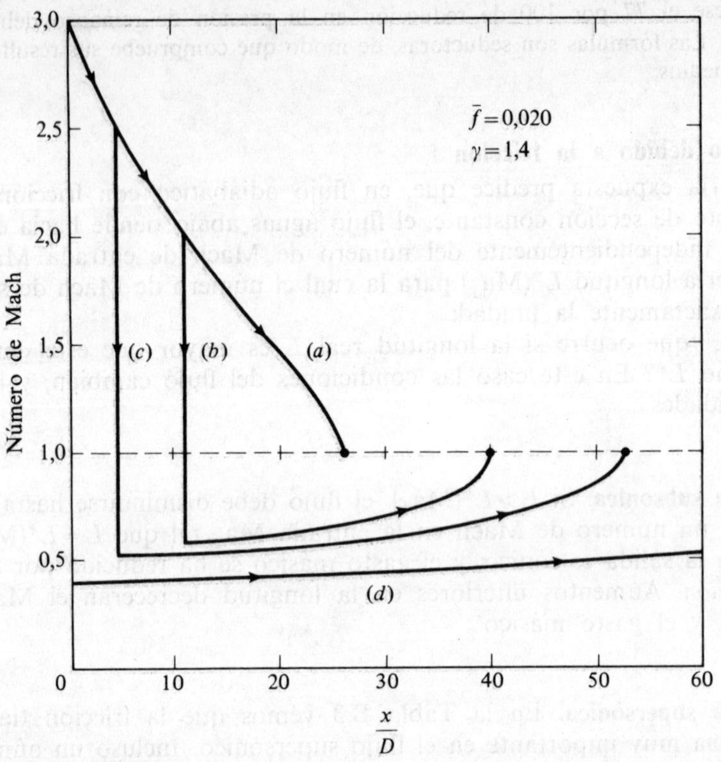

Fig. 9.15 Comportamiento del flujo en un conducto con la condición a la entrada Ma = 3: (*a*) $L/D \leqslant 26$, el flujo es supersónico en todo el conducto; (*b*) $L/D = 40 > L^*/D$, onda de choque normal donde Ma = 2, con flujo subsónico posterior que se acelera hasta ser sónico en la sección de salida; (*c*) $L/D = 53$, la onda de choque se forma ahora donde Ma = 2,5; (*d*) $L/D > 63$, el flujo es ahora totalmente subsónico bloqueándose a la salida.

Solución (*a*) Calculemos en primer lugar

$$T_1 = T_0 - \frac{\frac{1}{2}V_1^2}{c_p} = 500 - \frac{\frac{1}{2}(100 \text{ m/s})^2}{1005 \text{ m}^2/(\text{s}^2 \cdot \text{K})} =$$

$$= 500 - 5 = 495 \text{ K}$$

$$a_1 = (\gamma R T_1)^{1/2} \approx 20(495 \text{ K})^{1/2} = 445 \text{ m/s}$$

Así
$$\text{Ma}_1 = \frac{V_1}{a_1} = \frac{100}{445} = 0{,}225$$

Para este Ma_1, de la ecuación (9.66) o interpolando en la Tabla B.3,

$$\frac{\bar{f}L^*}{D} = 11{,}0$$

La máxima longitud posible de conducto es entonces

$$L^* = \frac{(\bar{f}L^*/D)\mathrm{D}}{\bar{f}} = \frac{11{,}0(0{,}03\ \mathrm{m})}{0{,}02} = 16{,}5\ \mathrm{m} \qquad \textit{Resp. (a)}$$

(*b*) Con $L = 15$ m menor que L^*, el conducto no está bloqueado y el gasto másico se obtiene de las condiciones a la entrada

$$\rho_{01} = \frac{p_0}{RT_0} = \frac{200\,000\ \mathrm{Pa}}{287(500\ \mathrm{K})} = 1{,}394\ \mathrm{kg/m^3}$$

$$\rho_1 = \frac{\rho_{01}}{[1 + 0{,}2(0{,}225)^2]^{2,5}} = \frac{1{,}394}{1{,}0255} = 1{,}359\ \mathrm{kg/m^3}$$

de donde
$$\dot{m} = \rho_1 A V_1 = (1{,}359\ \mathrm{kg/m^3})\left[\frac{\pi}{4}(0{,}03\ \mathrm{m})^2\right](100\ \mathrm{m/s}) =$$

$$= 0{,}0961\ \mathrm{kg/s} \qquad \textit{Resp. (b)}$$

(*c*) Como $L = 30$ m es mayor que L^*, el conducto debe estar bloqueado de manera que $L = L^*$, lo que corresponde a un Ma_1 inferior en la entrada:

$$L^* = L = 30\ \mathrm{m}$$

$$\frac{\bar{f}L^*}{D} = \frac{0{,}02(30\ \mathrm{m})}{0{,}03\ \mathrm{m}} = 20{,}0$$

De la ecuación (9.66) o interpolando en la Tabla B.3 hallamos que este valor de 20,0 corresponde a

$$\mathrm{Ma}_{1,\,\mathrm{bloq}} = 0{,}174 \qquad (23\%\ \text{menor})$$

$$T_{1,\,\mathrm{nuevo}} = \frac{T_0}{1 + 0{,}2(0{,}174)^2} = 497\ \mathrm{K}$$

$$a_{1,\,\mathrm{nuevo}} \approx 20(497\ \mathrm{K})^{1/2} = 446\ \mathrm{m/s}$$

$$V_{1,\,\mathrm{nuevo}} = \mathrm{Ma}_1\, a_1 = 0{,}174(446) = 77{,}6\ \mathrm{m/s}$$

$$\rho_{1,\mathrm{nuevo}} = \frac{\rho_{01}}{[1 + 0{,}2(0{,}174)^2]^{2,5}} = 1{,}373\ \mathrm{kg/m^3}$$

$$\dot{m}_{\mathrm{nuevo}} = \rho_1 A V_1 = 1{,}373\left[\frac{\pi}{4}(0{,}03)^2\right](77{,}6) =$$

$$= 0{,}0753\ \mathrm{kg/s} \quad (22\%\ \text{menor}) \qquad \textit{Resp. (c)}$$

Flujo isotermo con fricción

La hipótesis de flujo adiabático con fricción es adecuada a flujos con alta velocidad en conductos cortos. En conductos largos, como los gaseoductos de gas natural, el estado del gas se aproxima más a un flujo isotermo.

El análisis es el mismo, excepto que la ecuación de la energía (9.60*c*) se sustituye por la relación

$$T = \text{const} \qquad dT = 0 \tag{9.70}$$

De nuevo es posible escribir las variaciones de todas las propiedades en función del número de Mach. La integración del número de Mach en función de la fricción da

$$\frac{\bar{f} L_{\text{máx}}}{D} = \frac{1 - \gamma \text{Ma}^2}{\gamma \text{Ma}^2} + \ln\,(\gamma \text{Ma}^2) \tag{9.71}$$

que es la analogía isoterma a la ecuación (9.66) del flujo adiabático.

Esta relación proporciona el resultado interesante de que $L_{\text{máx}}$ no se alcanza en el punto sónico, sino en $\text{Ma}_{\text{crit}} = (1/\gamma)^{1/2} = 0{,}845$, para $\gamma = 1{,}4$. El flujo a la entrada, sea subsónico o supersónico, tiende aguas abajo hacia este valor límite del número de Mach. Si la longitud del tubo L es mayor que $L_{\text{máx}}$ de la ecuación (9.71), un flujo subsónico se bloqueará a un Ma_1 y gastos másicos menores y un flujo sónico producirá un ajuste con onda de choque similar al de la figura 9.15.

La salida isoterma bloqueada no es sónica, y por ello el uso de asterisco es inadecuado. Sean p', ρ' y V' las propiedades en el punto de bloqueo $L = L_{\text{máx}}$. El análisis isotermo conduce a las siguientes relaciones con el número de Mach:

$$\frac{p}{p'} = \frac{1}{\text{Ma}\ \gamma^{1/2}} \qquad \frac{V}{V'} = \frac{\rho'}{\rho} = \text{Ma}\ \gamma^{1/2} \tag{9.72}$$

El análisis completo y ejemplos diversos se pueden encontrar en textos avanzados (por ejemplo, en la Ref. 8, Sec. 6.4).

Un interesante subproducto del análisis isotermo es la relación exacta entre caída de presión y flujo másico en el conducto. Como contraste, en flujo adiabático es prácticamente imposible eliminar el número de Mach entre las ecuaciones (9.66) y (9.68*a*) para obtener una relación directa entre la caída de presión y la fricción. Consecuentemente, el problema usual de predecir en el caso adiabático el flujo másico, para una caída de presión dada, sólo puede resolverse con un proceso de iteración laborioso.

En flujo isotermo podemos sustituir $V^2 = G^2/(p/RT)^2$ en la ecuación (9.60*b*) para obtener

$$\frac{p\,dp}{G^2 RT} + \tfrac{1}{2} f\,\frac{dx}{D} + \frac{dV}{V} = 0 \tag{9.73}$$

Pero como de las ecuaciones (9.60*a*) y (9.61) con $dT = 0$ tenemos $dV/V = -d\rho/\rho = -dp/p$, de modo que la ecuación (9.73) queda

$$\frac{2p\,dp}{G^2 RT} + f\,\frac{dx}{D} - \frac{2dp}{p} = 0 \tag{9.74}$$

Como G^2RT es constante en flujo isotermo, son diferenciales exactas y pueden ser integradas desde $(x, p)=(0, p_1)$ hasta (L, p_2), dando

$$G^2 = \left(\frac{\dot{m}}{A}\right)^2 = \frac{p_1^2 - p_2^2}{RT[\bar{f}L/D + 2\ \ln\ (p_1/p_2)]} \tag{9.75}$$

De esta manera en flujo isotermo tenemos una expresión explícita del gasto másico en función de la caída de presión en el conducto. Si no cree que la ecuación (9.75) es una maravilla intente resolver este mismo problema en flujo adiabático con las relaciones del número de Mach o la Tabla B.3.

La ecuación (9.75) tiene un defecto: eliminado el número de Mach no se puede reconocer el fenómeno del bloqueo. Por tanto, se debe comprobar el realismo físico de una solución de la ecuación (9.75) calculando el número de Mach a la salida Ma_2 para asegurarse de que no es mayor que $(1/\gamma)^{1/2}$ si la entrada es subsónica.

EJEMPLO 9.13 En un conducto de 1 in de diámetro entra aire a velocidad subsónica con $p_1 = 30$ lbf/in^2 y $T_1 = 550°$ R. Si el tubo tiene 10 ft de longitud y $\bar{f} = 0{,}025$ y la presión a la salida es $p_2 = 20$ lbf/in^2, calcular el gasto másico para (*a*) flujo isotermo y (*b*) adiabático.

Solución (*a*) En flujo isotermo utilizamos la ecuación (9.75). Tendremos

$$\frac{\bar{f}L}{D} + 2\ \ln\frac{p_1}{p_2} = \frac{0{,}025(10\ \text{ft})}{\frac{1}{12}\text{ft}} + 2\ \ln\ \tfrac{30}{20} =$$

$$= 3{,}0 + 0{,}81 = 3{,}81$$

$$G^2 = \frac{[30(144\ \text{lbf/ft}^2)]^2 - [20(144\ \text{lbf/ft}^2)]^2}{[1717\ \text{ft}^2/(\text{s}^2\cdot{}^\circ\text{R})](550°\ \text{R})(3{,}81)} = 2{,}88\ (\text{lbf}^2\cdot\text{s}^2)/\text{ft}^6$$

o
$$G = 1{,}70\ (\text{lbf}\cdot\text{s})/\text{ft}^3 = 1{,}70\ \text{slugs}/(\text{s}\cdot\text{ft}^2)$$

$$A = \tfrac{1}{4}\pi D^2 = \tfrac{1}{4}\pi(\tfrac{1}{12}\ \text{ft})^2 = 0{,}00545\ \text{ft}^2$$

De donde
$$\dot{m} = GA = 1{,}70(0{,}00545) = 0{,}00926\ \text{slug/s} \qquad \textit{Resp. (a)}$$

Comprobemos los números de Mach de entrada y salida

$$a_1 = a_2 \approx 49(550°\ \text{R})^{1/2} = 1149\ \text{ft/s}$$

$$\rho_1 = \frac{p_1}{RT} = \frac{30(144)}{1717(550)} = 0{,}00457\ \text{slug/ft}^3$$

$$\rho_2 = \frac{p_2}{RT} = \frac{20(144)}{1717(550)} = 0{,}00305\ \text{slug/ft}^3$$

Entonces $$V_1=\frac{G}{\rho_1}=\frac{1,70}{0,00457}=371 \text{ ft/s}$$

$$\mathrm{Ma}_1=\frac{V_1}{a_1}=\frac{371}{1149}=0,323$$

$$V_2=\frac{G}{\rho_2}=557 \text{ ft/s} \qquad \mathrm{Ma}_2=\frac{557}{1149}=0,484$$

Como están por debajo del bloqueo, la solución es correcta.

(*b*) En flujo adiabático lo único que se le ocurre al autor es imaginar un Ma_1, calcular $(\bar{f}L^*/D)_1$, restar $\bar{f}\,\Delta L/D=3,0$ para obtener $(fL^*/D)_2$, leer Ma_2 y finalmente calcular $p_1/p_2=(p_1/p^*)/(p_2/p^*)$, y ver si sale $30/20=1,5$, que es la relación de presiones dada. Si esto ocurre tenemos la solución correcta. Si no, hay que intentar con otro Ma_1 e iterar hasta que lleguemos a la solución adecuada. Es difícil hacer una estimación inicial de Ma_1 sin otros cálculos previos. La relación isoterma (9.75) proporciona una estimación adecuada de, digamos, $\mathrm{Ma}_1 \approx 0,3$ para este problema. Los cálculos adiabáticos se indican en la tabla siguiente:

Ma_1	$(\bar{f}L^*/D)_1$	$(\bar{f}L^*/D)_2$	Ma_2	p_1/p_2
0,30	5,2993 − 3,0 =	2,2993	0,4005	1,344
0,32	4,4467 − 3,0 =	1,4467	0,4604	1,454
0,33	4,0821 − 3,0 =	1,0821	0,4985	1,531
0,326	4,2235 − 3,0 =	1,2235	0,4823	1,498

El último valor es suficientemente bueno: $\mathrm{Ma}_1=0,326$, $p_1/p_2 \approx 1,5$.

$$V_1=\mathrm{Ma}_1\, a_1=0,326(1149)=375 \text{ ft/s}$$

$$\dot{m}=\rho_1 A V_1=0,00457(0,00545)(375)=$$

$$=0,00935 \text{ slug/s} \quad (1\% \text{ más})$$ *Resp.* (*b*)

Ha sido mucho trabajo para obtener un 1 por 100 de diferencia respecto a la relación isoterma simple (9.75)

9.8 FLUJO EN CONDUCTOS SIN FRICCION Y CON ADICION DE CALOR[1]

La adición o sustracción de calor tiene un efecto interesante en un flujo compresible. En textos avanzados [p. ej., 8, Cap. 8] se considera el efecto combinado de transferencia de calor acoplado con la fricción y los cambios de área en un conducto. Aquí nos restringiremos al análisis de la transferencia de calor sin fricción en un conducto de sección constante.

Consideremos el volumen de control infinitesimal de la figura 9.16. Entre las secciones 1 y 2 se añade (o se extrae) una cantidad de calor δQ

[1] Esta sección puede omitirse sin pérdida de continuidad.

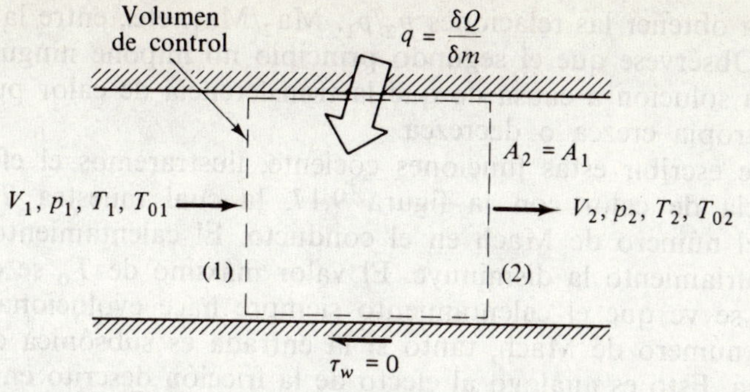

Fig. 9.16 Volumen de control infinitesimal para el flujo en un conducto de sección constante sin fricción y con adición de calor. La longitud del elemento no interviene en esta teoría simplificada.

a cada masa elemental δm que pasa a través del volumen. Sin fricción ni cambios de área, los principios de conservación para este volumen de control son bastante simples

Continuidad: $$\rho_1 V_1 = \rho_2 V_2 = G = \text{const} \tag{9.76a}$$

Cantidad de movimiento según x: $$p_1 - p_2 = G(V_2 - V_1) \tag{9.76b}$$

Energía: $$\dot{Q} = \dot{m}(h_2 + \tfrac{1}{2}V_2^2 - h_1 - \tfrac{1}{2}V_1^2)$$

o $$q = \frac{\dot{Q}}{\dot{m}} = \frac{\delta Q}{\delta m} = h_{02} - h_{01} \tag{9.76c}$$

El calor transferido da lugar a un cambio en la entalpia de remanso del flujo. No especificaremos cómo se transfiere el calor —combustión, reacción nuclear, evaporación, condensación, o intercambio a través de las paredes—, simplemente diremos que se transfiere un calor q por unidad de masa entre las secciones 1 y 2. Indicaremos aquí que el intercambio de calor con la pared no es un buen candidato para esta teoría debido a que la convección desde la pared está ligada inevitablemente con la fricción, que hemos despreciado.

Para completar el análisis utilizaremos la ecuación de estado y las relaciones de definición del número de Mach para gases perfectos

$$\frac{p_2}{\rho_2 T_2} = \frac{p_1}{\rho_1 T_1} \qquad h_{02} - h_{01} = c_p(T_{02} - T_{01})$$

$$\frac{V_2}{V_1} = \frac{\text{Ma}_2 a_2}{\text{Ma}_1 a_1} = \frac{\text{Ma}_2}{\text{Ma}_1}\left(\frac{T_2}{T_1}\right)^{1/2} \tag{9.77}$$

Para un calor $q = \delta Q/\delta m$ dado o, análogamente, para un incremento $h_{02} - h_{01}$ dado, las ecuaciones (9.76) y (9.77) se pueden resolver algebraicamente para obtener las relaciones p_2/p_1, Ma_2/Ma_1, etc., entre la entrada y la salida. Obsérvese que el segundo principio no impone ninguna restricción a esta solución a causa de que la transferencia de calor puede hacer que la entropía crezca o decrezca.

Antes de escribir estas funciones cociente, ilustraremos el efecto de la transferencia de calor con la figura 9.17, la cual muestra T_0 y T en función del número de Mach en el conducto. El calentamiento aumenta T_0 y el enfriamiento la disminuye. El valor máximo de T_0 se da cuando $Ma = 1$, y se ve que el calentamiento siempre hace evolucionar hacia la unidad al número de Mach, tanto si la entrada es subsónica como si es supersónica. Esto es análogo al efecto de la fricción descrito en la sección anterior. La temperatura de un gas perfecto aumenta cuando el Mach evoluciona $Ma = 0$ a $Ma = 1/\gamma^{1/2}$ y después decrece. Hay, pues, una región peculiar, o al menos inesperada, donde con el calentamiento (T_0 creciente) decrece la temperatura del gas, la diferencia se refleja en un gran aumento de la energía cinética. Para $\gamma = 1{,}4$ esta zona peculiar está comprendida entre $Ma = 0{,}845$ y 1 (información interesante, pero no muy útil).

La lista completa de los efectos del cambio de T_0 en las propiedades del flujo es la siguiente:

	Calentamiento		Enfriamiento	
	Subsónico	*Supersónico*	*Subsónico*	*Supersónico*
T_0	Crece	Crece	Decrece	Decrece
Ma	Crece	Decrece	Decrece	Crece
p	Decrece	Crece	Crece	Decrece
ρ	Decrece	Crece	Crece	Decrece
V	Crece	Decrece	Decrece	Crece
p_0	Decrece	Decrece	Crece	Crece
s	Crece	Crece	Decrece	Decrece
T	†	Crece	‡	Decrece

† Crece hasta $Ma = 1/\gamma^{1/2}$ y decrece después.
‡ Decrece hasta $Ma = 1/\gamma^{1/2}$ y crece después.

Probablemente lo más significativo de esta lista es que la presión de remanso p_0 siempre decrece por el calentamiento tanto si el flujo es subsónico como supersónico. Así, si bien el calentamiento aumenta el número de Mach del flujo, también acarrea una pérdida en la presión susceptible de recuperación.

Relaciones en función del número de Mach

Las ecuaciones (9.76) y (9.77) pueden reescribirse en función del número de Mach y tabularse los resultados. Por conveniencia consideraremos que

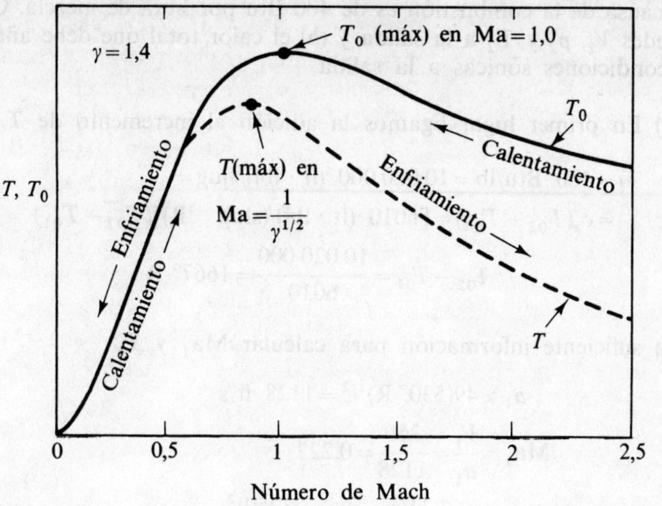

Fig. 9.17 Efecto de la adición de calor en el número de Mach.

la sección de salida es sónica, Ma = 1, con magnitudes de referencia T_0^*, T^*, p^*, ρ^*, V^* y p_0^*. Consideraremos un número de Mach arbitrario a la entrada. Las ecuaciones (9.76) y (9.77) toman la forma siguiente:

$$\frac{T_0}{T_0^*}=\frac{(\gamma+1)\ \mathrm{Ma}^2\ [2+(\gamma-1)\ \mathrm{Ma}^2]}{(1+\gamma\ \mathrm{Ma}^2)^2} \tag{9.78a}$$

$$\frac{T}{T^*}=\frac{(\gamma+1)^2\ \mathrm{Ma}^2}{(1+\gamma\ \mathrm{Ma}^2)^2} \tag{9.78b}$$

$$\frac{p}{p^*}=\frac{\gamma+1}{1+\gamma\ \mathrm{Ma}^2} \tag{9.78c}$$

$$\frac{V}{V^*}=\frac{\rho^*}{\rho}=\frac{(\gamma+1)\ \mathrm{Ma}^2}{1+\gamma\ \mathrm{Ma}^2} \tag{9.78d}$$

$$\frac{p_0}{p_0^*}=\frac{\gamma+1}{1+\gamma\ \mathrm{Ma}^2}\left[\frac{2+(\gamma-1)\ \mathrm{Ma}^2}{\gamma+1}\right]^{\gamma/(\gamma-1)} \tag{9.78e}$$

En la Tabla B.4 del apéndice B están tabuladas todas estas fórmulas en función del número de Mach. Estas tablas son muy útiles si se dan las propiedades Ma_1, V_1, etc., a la entrada, pero son algo incómodas si los datos se refieren a T_{01} y T_{02}. Ilustrémoslo con un ejemplo.

EJEMPLO 9.14 Una mezcla combustible-aire que puede considerarse termodinámicamente equivalente a un gas con $\gamma = 1{,}4$, entra en una cámara de combustión, en forma de conducto, con $V_1 = 250$ ft/s, $p_1 = 20$ lbf/in^2 y $T_1 = 530°$ R. La adición de calor a causa de la combustión es de 400 Btu por libra de mezcla. Calcular (*a*) las magnitudes V_2, p_2 y T_2 a la salida y (*b*) el calor total que debe añadirse para conseguir condiciones sónicas a la salida.

Solución (*a*) En primer lugar ligamos la adición al incremento de T_0 del gas:

$$q = 400 \text{ Btu/lb} = 10\,020\,000 \text{ (ft} \cdot \text{lbf)/slug} =$$
$$= c_p(T_{02} - T_{01}) = [6010 \text{ (ft} \cdot \text{lbf)/(slug} \cdot {}^\circ\text{R)}](T_{02} - T_{01})$$

Así
$$T_{02} - T_{01} = \frac{10\,020\,000}{6010} = 1667^\circ \text{ R}$$

Tenemos la suficiente información para calcular Ma_1 y T_0:

$$a_1 \approx 49(530^\circ \text{ R})^{1/2} = 1128 \text{ ft/s}$$
$$\text{Ma}_1 = \frac{V_1}{a_1} = \frac{250}{1128} = 0{,}222$$
$$T_{02} = T_1 + \frac{\frac{1}{2}V_1^2}{c_p} = 530 + \frac{\frac{1}{2}(250)^2}{6010} = 535^\circ \text{ R}$$

Utilizando ahora la ecuación (9.78*a*) o interpolando en la Tabla B.4 para determinar los valores correspondientes a $\text{Ma}_1 = 0{,}222$

$$\frac{T_{01}}{T_0^*} = 0{,}2084$$

Por tanto
$$T_0^* = \frac{T_{01}}{0{,}2084} = \frac{535}{0{,}2084} = 2568^\circ \text{ R}$$

Podemos ahora calcular los valores en la sección de salida

$$T_{02} = T_{01} + (T_{02} - T_{01}) = 535 + 1667 = 2202^\circ \text{ R}$$

Y por tanto
$$\frac{T_{02}}{T_0^*} = \frac{2202}{2568} = 0{,}8575$$

De la ecuación (9.78*a*) o por interpolación en la Tabla B.4 encontramos

$$\text{Ma}_2 \approx 0{,}638$$

Conocidos los números de Mach a la entrada y salida, tabulamos los cocientes de velocidad, presión y temperatura del modo siguiente:

	(1)	(2)
Ma	0,222	0,638
V/V^*	0,110	0,623
p/p^*	2,246	1,529
T/T^*	0,248	0,951

Por tanto, las magnitudes a la salida están dadas por

$$p_2 = \frac{p_1(p_2/p^*)}{p_1/p^*} = \frac{20(1{,}529)}{2{,}246} = 13{,}6\ \text{lbf/in}^2 \qquad \textit{Resp. (a)}$$

$$V_2 = \frac{V_1(V_2/V^*)}{V_1/V^*} = \frac{250(0{,}623)}{0{,}110} = 1415\ \text{ft/s} \qquad \textit{Resp. (a)}$$

$$T_2 = \frac{T_1(T_2/T^*)}{T_1/T^*} = \frac{530(0{,}951)}{0{,}248} = 2030°\ \text{R} \qquad \textit{Resp. (a)}$$

(*b*) La adición máxima de calor permitida sin que se produzca bloqueo es aquella que hace el Mach de salida igual a la unidad:

$$T_{02} = T_0^* = 2568°\ \text{R}$$

Entonces

$$q_{\text{máx}} = c_p(T_0^* - T_{01}) = 6010(2568 - 535) =$$

$$= 12\,220\,000\ \text{(ft} \cdot \text{lbf)/slug} = 488\ \text{Btu/lb} \qquad \textit{Resp. (b)}$$

Efectos de bloqueo debidos al calentamiento simple

La ecuación (9.78*a*) y la Tabla B.4 indican que la temperatura de remanso máxima, consecuencia del calentamiento simple, corresponde a T_0^*, o salida sónica. Por tanto, para unas condiciones de entrada dadas, sólo se puede añadir una cierta cantidad de calor al flujo, por ejemplo, los 488 Btu/lb del ejemplo 9.14. Para una entrada subsónica no hay límite teórico en la adición de calor: el flujo se reduce por bloqueo más y más a medida que se añade más calor, tendiendo a cero la velocidad de entrada. Para flujo supersónico, incluso si Ma_1 es infinito, hay un valor finito de la relación $T_{01}/T_4^* = 0{,}4898$ para $\gamma = 1{,}4$. Por tanto, si se añade calor sin límite a un flujo supersónico, se forma una onda de choque normal para acomodar el flujo a los valores requeridos de las magnitudes fluidas.

En flujo subsónico no hay límite teórico para el enfriamiento: el flujo a la salida se hace más y más lento y la temperatura se aproxima a cero. En flujo supersónico sólo es posible un enfriamiento finito antes de que el flujo a la salida alcance un número de Mach infinito, con $T_{02}/T_0^* = 0{,}4898$ y temperatura de salida nula. El enfriamiento supersónico se presenta en muy pocas aplicaciones prácticas.

EJEMPLO 9.15 ¿Qué ocurrirá al flujo de entrada en el ejemplo 9.14, si la adición de calor excede 600 Btu/lb y la presión y la temperatura de remanso a la entrada son fijas? ¿Cuánto ha de disminuir el gasto másico?

Solución Para $q = 600$ Btu/lb $= 15\,025\,000$ (ft · lbf)/slug, el flujo se bloquea a la salida con una temperatura de remanso de

$$T_{02} = T_0^* = T_{01} + \frac{q}{c_p} = 535 + \frac{15\,025\,000}{6010} =$$

$$= 535 + 2500 = 3035°\ \text{R}$$

Por tanto, $T_{01}/T_0^* = 535/3035 = 0{,}1763$, y el flujo se bloqueará hasta que este valor corresponda al número de Mach subsónico apropiado. De la ecuación (9.78*a*) o de la Tabla B.4 para $T_{01}/T_0^* = 0{,}1763$ se tiene

$$\mathrm{Ma}_{1,\text{nuevo}} = 0{,}202$$

Se ha especificado que se mantienen los valores de T_{01} y p_1. Las otras magnitudes a la entrada deberán cambiar de acuerdo con Ma_1:

$$T_1 = \frac{T_{01}}{1 + 0{,}2\,(0{,}202)^2} = \frac{535}{1{,}008} = 531°\ \mathrm{R}$$

$$a_1 \approx 49\,(531°\ \mathrm{R})^{1/2} = 1129\ \mathrm{ft/s}$$

$$V_1 = \mathrm{Ma}_1\, a_1 = 0{,}202\,(1129) = 228\ \mathrm{ft/s}$$

$$\rho_1 = \frac{p_1}{RT_1} = \frac{20\,(144)}{1717\,(531)} = 0{,}00316\ \mathrm{slug/ft^3}$$

Finalmente: $$\frac{\dot{m}_{\text{nuevo}}}{A} = \rho_1 V_1 = 0{,}00316(228) = 0{,}720\ \mathrm{slug/(s \cdot ft^2)}$$

Este valor es un 9 por 100 inferior al gasto másico de 0,791 $\mathrm{slug/(s \cdot ft^2)}$ del ejemplo 9.14, debido al bloqueo por el exceso de calor añadido.

Relaciones para las ondas de choque normales

Las relaciones para las ondas de choque normales de la sección 9.5 están ocultas como un caso especial de las relaciones para la transferencia de calor. En la Tabla B.4 o en la figura 9.17 vemos que para una temperatura de remanso menor que T_0^* hay dos estados del flujo que satisfacen las relaciones para la transferencia de calor, uno subsónico y otro supersónico. Estos dos estados tienen (1) el mismo valor de T_0, (2) el mismo gasto másico y (3) el mismo valor de $p + \rho V^2$. Por tanto, estos dos estados son exactamente equivalentes a las condiciones en cada lado de una onda de choque normal. El segundo principio obliga a que el número de Mach Ma_1 aguas arriba sea supersónico.

Para ilustrar este punto, tomemos $\mathrm{Ma}_1 = 3$ y de la Tabla B.4 se lee $T_{01}/T_0^* = 0{,}6540$ y $p_1/p^* = 0{,}1765$. Ahora, para el mismo valor $T_{02}/T_0^* = 0{,}6540$, utilizando la Tabla B.4 o la ecuación (9.78*a*), se obtiene $\mathrm{Ma}_2 = 0{,}4752$ y $p_2/p^* = 1{,}8235$. El valor de Ma_2 es exactamente el que se lee en la Tabla B.2 de ondas de choque como el Mach aguas abajo cuando $\mathrm{Ma}_1 = 3$. El cociente de presiones para estos dos estados es $p_2/p_1 = (p_2/p^*)/(p_1/p^*) = 1{,}8235/0{,}1765 = 10{,}33$, que de nuevo es lo que leeríamos en la Tabla B.2 cuando $\mathrm{Ma}_1 = 3$. Esta ilustración sólo pretende mostrar el fundamento físico de las relaciones para la transferencia simple de calor: sería estúpido calcular las ondas de choque normales de este modo.

9.9 FLUJO SUPERSONICO BIDIMENSIONAL

Hasta este momento sólo hemos considerado flujo compresible unidimensional. Con esto se han ilustrado muchos efectos importantes, pero en una visión completamente unidimensional del mundo no tendrían cabida las ondas móviles tan características de los flujos supersónicos. La única «onda móvil» que podríamos mostrar en una teoría unidimensional es la onda de choque normal, que sólo representa una discontinuidad en el flujo en el conducto.

Ondas de Mach

Cuando añadimos una nueva dimensión al flujo, la propagación de ondas en seguida se hace evidente si el movimiento es supersónico. En la figura 9.18 se muestra una construcción gráfica que aparece en todos los libros de texto de mecánica de fluidos introducida por Ernts Mach en 1887. La figura muestra el esquema de las perturbaciones de presión (ondas sonoras) emitidas por una pequeña partícula moviéndose a la velocidad U en un fluido en reposo cuya velocidad del sonido es a.

Cuando la partícula se mueve, choca continuamente con las partículas fluidas de los alrededores, enviando hacia afuera ondas sonoras esféricas que emanan de cada punto a lo largo de su recorrido. En la figura 9.18 se muestran algunos de estos frentes de perturbación esféricos. El comportamiento de estos frentes es bastante diferente según sea subsónica o supersónica la velocidad de la partícula.

En la figura 9.18*a* la partícula se mueve subsónicamente $U<a$, (Ma$=$ $=U/a<1$. Las perturbaciones esféricas se alejan en todas las direcciones sin alcanzarse unas a otras. Avanzan también por delante de la partícula, porque recorren una distancia δt en el intervalo de tiempo δt, durante el cual la partícula sólo ha recorrido la distancia $U\,\delta t$. Por tanto, cuando un cuerpo se mueve subsónicamente su presencia se percibe en todo el campo fluido: se puede «oír» o «sentir» el incremento de presión debido a un cuerpo que se acerca antes de que llegue. Aparentemente, esta es la razón por la que una paloma en la carretera remonta el vuelo para evitar ser alcanzada por un coche, sin volverse a mirar.

A la velocidad sónica, $U=a$, figura 9.18*b*, las perturbaciones se mueven a la misma velocidad que la partícula y se acumulan a la izquierda de ella formando un cierto tipo de «frente» que lleva el nombre de *onda de Mach* en honor a Ernst Mach. Ninguna perturbación se desplaza aguas arriba de la partícula. Si nos situamos a la izquierda de la partícula, no «oiremos» al móvil que se acerca. Si la partícula tocase su bocina, no podríamos oír nada: la paloma no oiría al coche que se acercase a la velocidad del sonido.

En movimiento supersónico, $U>a$, la falta de aviso previo del peligro es mucho más pronunciada. Las esferas de la perturbación no pueden seguir el rápido movimiento de la partícula que las originó. Todas ellas son arrastradas detrás de la partícula y son tangentes a una superficie cónica denominada *cono de Mach*. De acuerdo con la figura 9.18*c*, el ángulo del cono de Mach es

$$\mu=\operatorname{sen}^{-1}\frac{a\,\delta t}{U\,\delta t}=\operatorname{sen}^{-1}\frac{a}{U}=\operatorname{sen}^{-1}\frac{1}{\mathrm{Ma}} \tag{9.79}$$

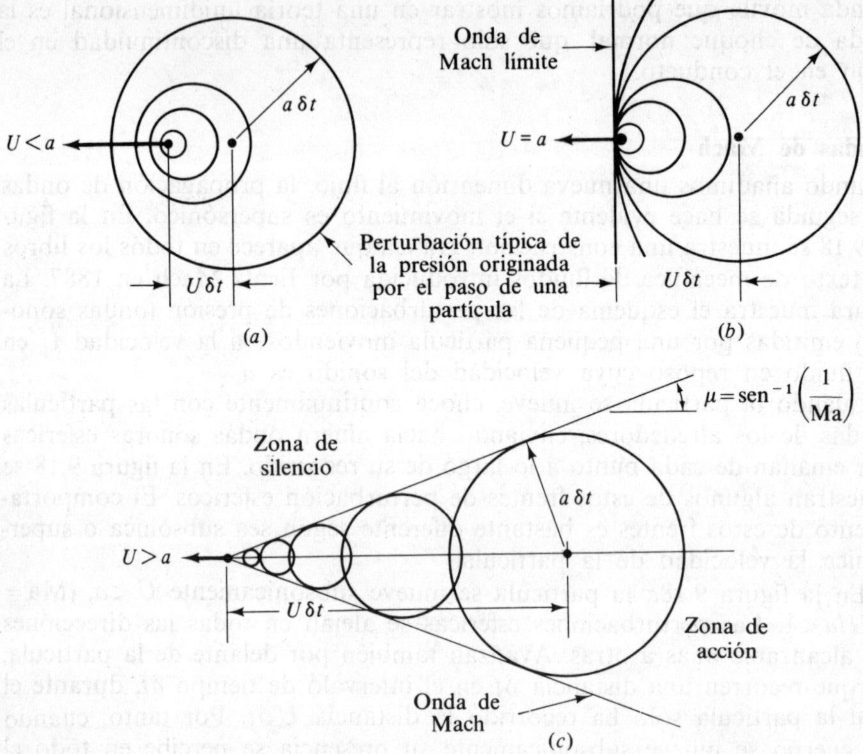

Fig. 9.18 Tipos de ondas generadas por una partícula que se mueve a velocidad U en un fluido en reposo cuya velocidad del sonido es a: (a) movimiento subsónico, (b) sónico, (c) supersónico.

Cuanto mayor es el número de Mach de la partícula, tanto más esbelto es el cono de Mach; por ejemplo, $\mu = 30°$ cuando $\text{Ma} = 2$ y es $11{,}5°$ cuando $\text{Ma} = 5$. En el caso límite de flujo sónico, $\text{Ma} = 1$, $\mu = 90°$: el cono de Mach se convierte en un frente plano que se mueve con la partícula, como indica la figura 9.18*b*.

No podríamos «oír» la perturbación originada por la partícula supersónica de la figura 9.18*c* a menos que estemos en la *zona de acción* en el interior del cono de Mach. No hay peligro de que las perturbaciones alcancen nuestro oído si estamos en la *zona de silencio*, fuera del cono. Por tanto, un observador en el suelo por debajo de un avión supersónico no oye el estampido o *bang sónico* debido al cono que viaja ligado al avión hasta cierto tiempo después de haber pasado éste.

La onda de Mach no tiene por qué ser cónica: se forman ondas semejantes a causa de pequeñas perturbaciones de forma cualquiera en movimientos supersónicos respecto al fluido ambiente. Por ejemplo, la «partícula» de la figura 9.18*c* podría ser el borde de ataque de una placa afilada que formaría una cuña de Mach del mismo ángulo μ. Las ondas de Mach se forman también a causa de las pequeñas rugosidades o irregularidades de la capa límite en un túnel supersónico o en la superficie de un cuerpo en movimiento supersónico. Observe de nuevo la figura 9.10: las ondas de Mach son claramente visibles a lo largo de la superficie del cuerpo aguas abajo de la onda de choque, especialmente en la esquina posterior. Su ángulo es de unos 30°, indicando que el número de Mach es aproximadamente 2 a lo largo de su superficie. Un sistema más complicado de ondas de Mach es el que emana de un proyectil supersónico en la figura 9.19. El cambio en los ángulos de Mach indica que hay un número de Mach variable sobre la superficie del cuerpo. A lo largo de la superficie también se forman ondas de choque oblicuas.

EJEMPLO 9.16 Un observador en el suelo no oye el estampido sónico originado por un avión que se mueve a 5 km de altura hasta que éste lo ha sobrepasado en 9 km. ¿Cuál es el número de Mach aproximado del avión? Suponga que la perturbación es pequeña, y desprecie la variación de la velocidad del sonido con la altura.

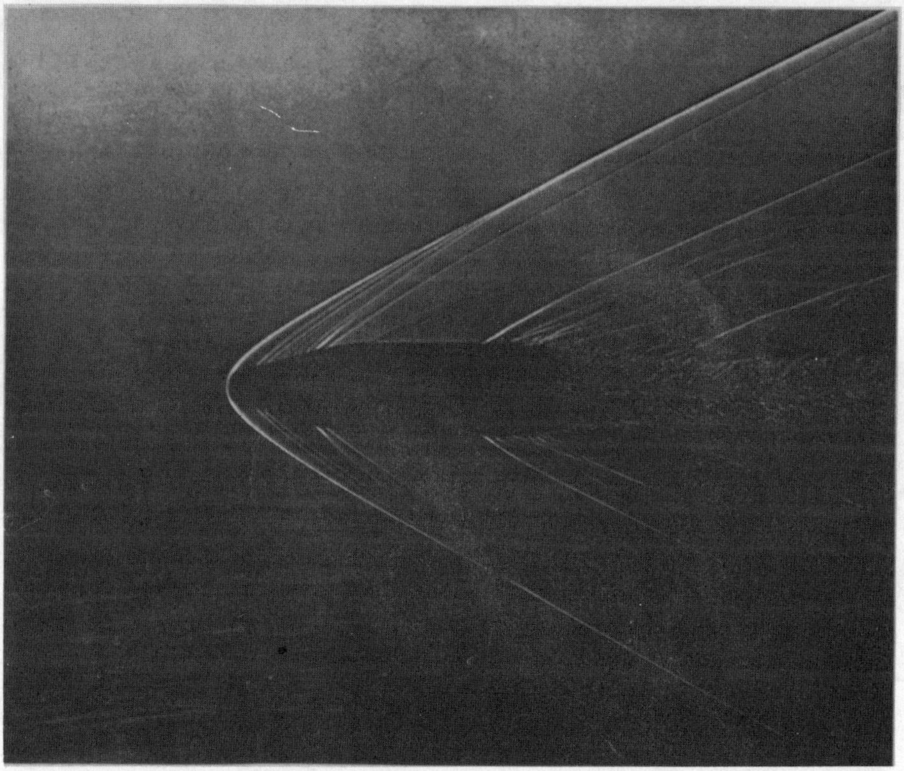

Fig. 9.19 Sistema de ondas producidas por un proyectil que se mueve con $Ma \approx 2$. Las líneas gruesas son ondas de choque oblicuas y las líneas finas son ondas de Mach. (*Por cortesía del U.S. Army Ballistic Research Laboratory, Aberdeen Proving Ground.*)

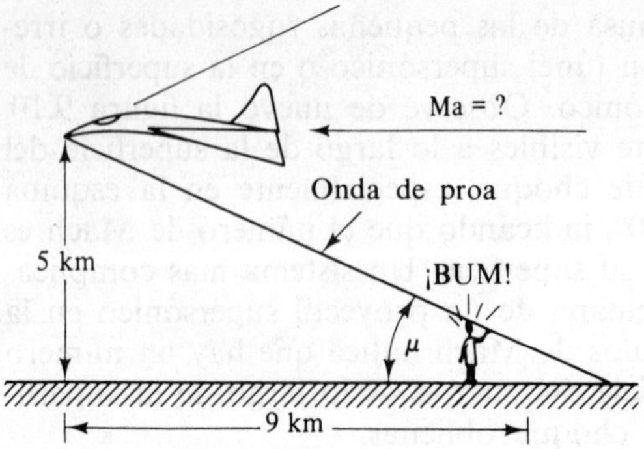

Fig. E9.16

Solución Una perturbación como la originada por un avión da lugar a ondas de choque oblicuas cuyo ángulo es mayor que el ángulo μ de la onda de Mach que se curvan hacia atrás debido a la variación de la velocidad del sonido en la atmósfera. Si despreciamos estos efectos, la altura y distancia miden el ángulo μ, como se ve en la figura E9.16. Entonces

$$\operatorname{tg} \mu = \frac{5\ \text{km}}{9\ \text{km}} = 0{,}5556 \qquad \text{o} \qquad \mu = 29{,}05°$$

Por tanto, de la Ec. (9.79), $\quad \text{Ma} = \csc \mu = 2{,}06$ *Resp.*

Onda de choque oblicua

Las figuras 9.10 y 9.19 y nuestras observaciones anteriores indican que se puede formar una onda de choque formando un ángulo con la corriente incidente supersónica. Tal onda deflectará la corriente un ángulo θ, al contrario que las ondas de choque normales, para las cuales el flujo aguas abajo mantiene la misma dirección. En esencia, las ondas de choque oblicuas se deben a la necesidad de deflectar una corriente supersónica un cierto ángulo. Una cuña finita en el borde de ataque de un cuerpo o una rampa en la pared de un túnel supersónico pueden ser ejemplos típicos.

La figura 9.20 muestra los aspectos geométricos del flujo a través de una onda de choque oblicua. El estado 1 corresponde, como para las ondas de choque normales de la figura 9.8, a las condiciones aguas arriba y el estado 2 es aguas abajo. El ángulo de la onda β es arbitrario y la velocidad aguas abajo V_2 aparece deflectada un ángulo θ que es función de β y de las condiciones del estado 1 aguas arriba. El flujo aguas arriba es siempre supersónico, pero el Mach aguas abajo $\text{Ma}_2 = V_2/a_2$ puede ser subsónico, sónico o supersónico, dependiendo de los datos.

Es conveniente analizar el flujo descomponiéndolo en sus componentes normal y tangencial con respecto a la onda, como se muestra en la figura 9.20. Para un volumen de control delgado que incluye a la onda, podemos obtener las siguientes relaciones integrales, con $A_1 = A_2$ a cada lado de la onda:

Continuidad: $$\rho_1 V_{n1} = \rho_2 V_{n2} \qquad (9.80a)$$

Cantidad de movimiento normal: $$p_1 - p_2 = \rho_2 V_{n2}^2 - \rho_1 V_{n1}^2 \tag{9.80b}$$

Cantidad de movimiento tangencial: $$0 = \rho_1 V_{n1}(V_{t2} - V_{t1}) \tag{9.80c}$$

Energía: $$h_1 + \tfrac{1}{2}V_{n1}^2 + \tfrac{1}{2}V_{t1}^2 = h_2 + \tfrac{1}{2}V_{n2}^2 + \tfrac{1}{2}V_{t2}^2 = h_0 \tag{9.80d}$$

De la ecuación (9.80*c*) vemos que no hay cambio en la velocidad tangencial a través de la onda de choque oblicua

$$V_{t2} = V_{t1} = V_t = \text{const} \tag{9.81}$$

Por tanto, la velocidad tangencial sólo afecta como un sumando constante $\frac{1}{2}V_t^2$ a la energía cinética en cada miembro de la ecuación de la energía (9.80*d*). Podemos concluir que las ecuaciones (9.80) son idénticas a las relaciones (9.49) para las ondas de choque normales, con V_1 y V_2 reemplazadas por las componentes normales V_{n1} y V_{n2}. Todas las relaciones de la sección 9.5 pueden usarse para calcular las magnitudes a través de una onda de choque oblicua. La estratagema consiste en utilizar los números de Mach «normales» en lugar de Ma_1 y Ma_2:

$$\text{Ma}_{n1} = \frac{V_{n1}}{a_1} = \text{Ma}_1 \text{ sen } \beta$$

$$\text{Ma}_{n2} = \frac{V_{n2}}{a_2} = \text{Ma}_2 \text{ sen } (\beta - \theta) \tag{9.82}$$

Por tanto, para un gas perfecto con calores específicos constantes, las relaciones entre las magnitudes a través de la onda de choque oblicua son las análogas a las ecuaciones (9.55) a (9.58), reemplazando Ma_1 por Ma_{n1}

$$\frac{p_2}{p_1} = \frac{1}{\gamma+1}\left[2\gamma \text{ Ma}_1^2 \text{ sen}^2 \beta - (\gamma-1)\right] \tag{9.83a}$$

$$\frac{\rho_2}{\rho_1} = \frac{\text{tg } \beta}{\text{tg } (\beta-\theta)} = \frac{(\gamma+1) \text{ Ma}_1^2 \text{ sen}^2 \beta}{(\gamma-1) \text{ Ma}_1^2 \text{ sen}^2 \beta + 2} = \frac{V_{n1}}{V_{n2}} \tag{9.83b}$$

$$\frac{T_2}{T_1} = [2 + (\gamma-1) \text{ Ma}_1^2 \text{ sen}^2 \beta] \frac{2 \text{ Ma}_1^2 \text{ sen}^2 \beta - (\gamma-1)}{(\gamma+1)^2 \text{ Ma}_1^2 \text{ sen}^2 \beta} \tag{9.83c}$$

$$T_{02} = T_{01}$$

$$\frac{p_{02}}{p_{01}} = \left[\frac{(\gamma+1) \text{ Ma}_1^2 \text{ sen}^2 \beta}{2 + (\gamma-1) \text{ Ma}_1^2 \text{ sen}^2 \beta}\right]^{\gamma/(\gamma-1)} \left[\frac{\gamma+1}{2\gamma \text{ Ma}_1^2 \text{ sen}^2 \beta - (\gamma-1)}\right]^{1/(\gamma-1)} \tag{9.83d}$$

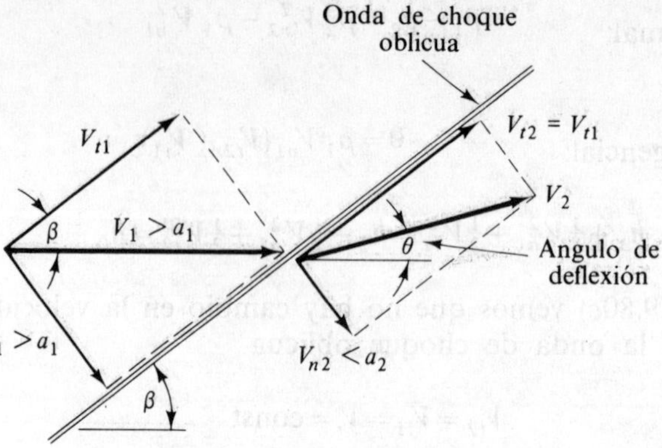

Fig. 9.20 Geometría del flujo a través de una onda de choque oblicua.

Todos estos resultados están tabulados en la Tabla B.2 para ondas de choque normales. Si en su momento le pareció extraño el uso en esta tabla de los números de Mach Ma_{n1} y Ma_{n2}, ahora lo comprenderá claramente, ya que la tabla es también válida para las ondas de choque oblicuas.

Reflexionando sobre todo esto, podemos comprender que el flujo a través de una onda de choque oblicua es el flujo que vería un observador que se desplazase en la dirección de la onda de choque normal (Fig. 9.8) con la velocidad V_t. Por tanto, las ondas de choque normales y oblicuas están relacionadas por una transformación galileana, o inercial, de velocidades y, por tanto, satisfacen las mismas ecuaciones básicas.

Si continuamos con esta analogía del corredor a lo largo de la onda de choque, encontramos que el ángulo de deflexión θ aumenta con la velocidad V_t hasta un máximo y después decrece. De la geometría de la figura 9.20 el ángulo de deflexión está dado por

$$\theta = \mathrm{tg}^{-1}\frac{V_t}{V_{n2}} - \mathrm{tg}^{-1}\frac{V_t}{V_{n1}} \qquad (9.84)$$

Si derivamos θ con respecto a V_t y hacemos el resultado igual a cero, encontramos que la deflexión máxima se da cuando $V_t/V_{n1} = (V_{n2}/V_{n1})^{1/2}$. Si sustituimos esto en la ecuación (9.84) obtenemos

$$\theta_{\text{máx}} = \mathrm{tg}^{-1}\, r^{1/2} - \mathrm{tg}^{-1}\, r^{-1/2} \qquad r = \frac{V_{n1}}{V_{n2}} \qquad (9.85)$$

Por ejemplo, si $Ma_{n1} = 3$, de la Tabla B.2 encontramos que $V_{n1}/V_{n2} = 3{,}8571$ y su raíz cuadrada es 1,9640. Por tanto, la ecuación (9.85) predice una deflexión máxima de $\mathrm{tg}^{-1}\,(1{,}9640) - \mathrm{tg}^{-1}\,(1/1{,}9640) = 36{,}03°$. La deflexión está bastante limitada incluso para Ma_{n1} infinito: de la Tabla B.2 para este caso $V_{n1}/V_{n2}=6$, y de la ecuación (9.85) obtenemos $\theta_{\text{máx}}=45{,}58°$.

La idea de deflexión limitada y otros hechos se hacen más evidentes si dibujamos algunas de las soluciones de las ecuaciones (9.83). Para un valor dado de V_1 y a_1, considerando que $\gamma=1{,}4$, podemos dibujar todas las posibles soluciones para V_2 aguas abajo de la onda. En la figura 9.21 se hace esto utilizando como coordenadas las componentes de la velocidad V_x y V_y, con x paralela a V_1. Tal dibujo se denomina *hodógrafo*. La línea gruesa, que parece un perfil, es el lugar, o *polar de la onda*, de todas las soluciones físicamente posibles para el valor dado de Ma_1. Las dos líneas discontinuas en forma de cola de pez son soluciones asociadas a expansiones con incrementos de V_2; son físicamente imposible porque violan el segundo principio.

Examinando la polar de la onda en la figura 9.21, vemos que para una deflexión dada de ángulo θ pequeño, la línea correspondiente cruza a la polar en dos posibles puntos que corresponden a: la onda *intensa*, que decelera mucho al flujo, y la onda *débil*, que proporciona una deceleración mucho más pequeña. El flujo aguas abajo de la onda intensa es siempre subsónico, mientras que detrás de la onda débil es normalmente supersónico, pero a veces es subsónico si la deflexión es grande. Ambos tipos de ondas fuertes y débiles se dan en la práctica: la onda débil es la más corriente, pero la onda fuerte se da cuando hay bloqueo grande del flujo o altas presiones aguas abajo.

La figura 9.21 muestra que, dado que la polar de la onda es de tamaño finito, hay una deflexión máxima $\theta_{\text{máx}}$, que corresponde a la tangente a la polar trazada desde el origen. Esto concuerda con el análisis cinemático que nos condujo a la ecuación (9.85). ¿Qué ocurriría si se intentase forzar a un flujo supersónico a deflectarse un ángulo mayor que $\theta_{\text{máx}}$? La res-

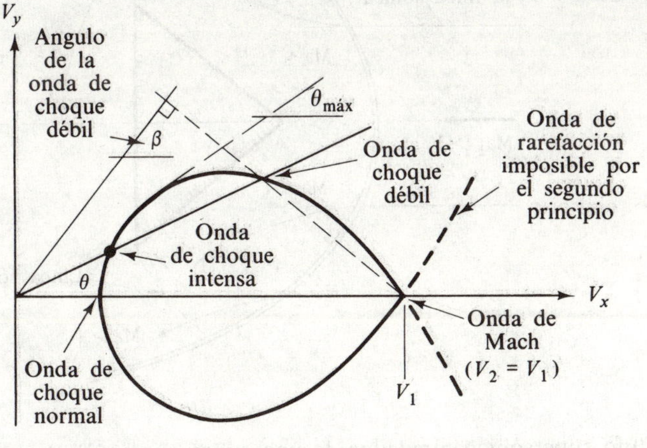

Fig. 9.21 Hodógrafa polar de la onda de choque oblicua, mostrando las dos soluciones (fuerte y débil) para ángulos de deflexión pequeños y la no existencia de solución para las deflexiones grandes.

puesta se muestra en la figura 9.22 para el flujo alrededor de un cuerpo en forma de cuña.

En la figura 9.22*a* el semiángulo de la cuña θ es menor que $\theta_{máx}$, y entonces se forma una onda de choque oblicua en el vértice con el ángulo β, adecuado para que la corriente incidente se deflecte el ángulo θ. Si excluimos el pequeño efecto del crecimiento de la capa límite (ver, por ejemplo, Ref. 19, Sec. 7-5.2), el número de Mach Ma_2 es constante a lo

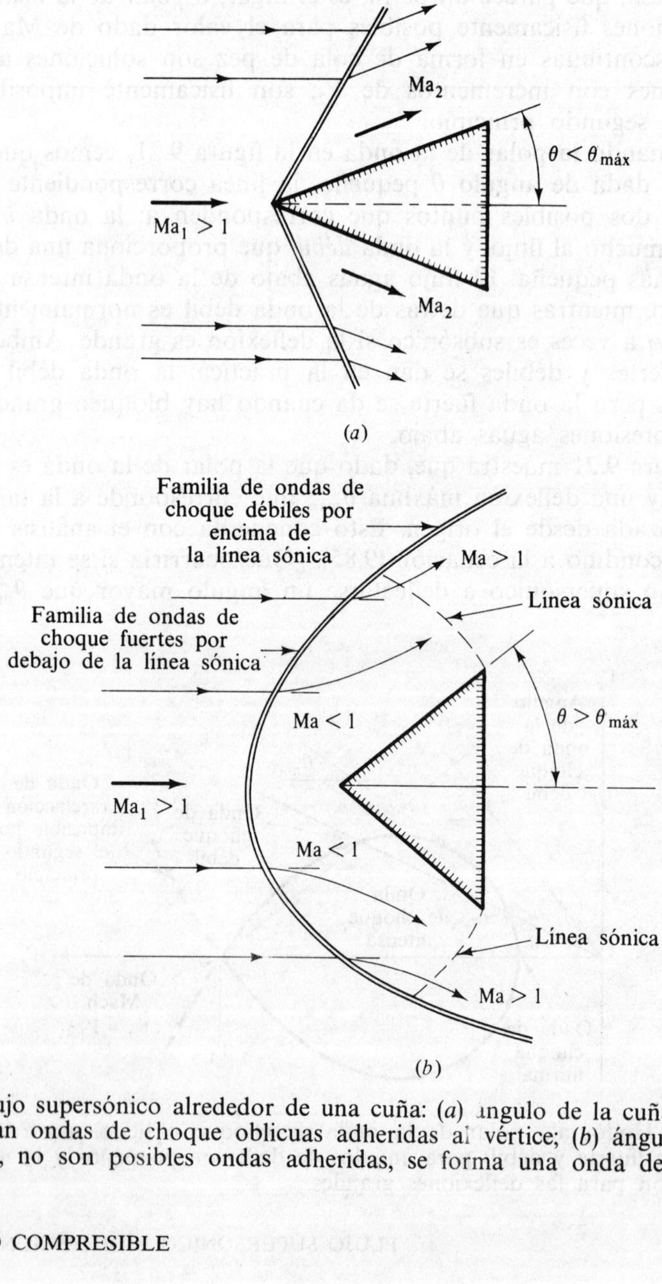

Fig. 9.22 Flujo supersónico alrededor de una cuña: (*a*) ángulo de la cuña pequeño, se forman ondas de choque oblicuas adheridas al vértice; (*b*) ángulo de la cuña grande, no son posibles ondas adheridas, se forma una onda de choque desprendida.

largo de la superficie de la cuña y está dado por la solución de las ecuaciones (9.83). La presión, densidad y temperatura a lo largo de la superficie también son aproximadamente constantes, como predicen las ecuaciones (9.83). Cuando el flujo alcanza el borde final de la cuña, se expande a un número de Mach más alto y se forma una estela (que no se muestra) similar a la de la figura 9.10.

En la figura 9.22*b* el semiángulo de la cuña es mayor que $\theta_{\text{máx}}$, y la onda de choque deja de estar adherida. No puede deflectarse al flujo el ángulo superior al $\theta_{\text{máx}}$ con una única onda de choque, pero de algún modo debe bordear a la cuña. En la proa del cuerpo se forma una onda de choque desprendida que induce en el flujo deflexiones con ángulos menores que $\theta_{\text{máx}}$. Posteriormente el flujo se curva, se expande y se deflecta subsónicamente alrededor de la cuña, haciéndose sónico y después supersónico cuando pasa por la región de la esquina. El flujo en cada punto de la onda curvada satisface las relaciones (9.83) para la onda de choque oblicua para el valor particular de β en el punto considerado y el valor dado Ma_1. Cada punto a lo largo de la onda curvada se corresponde con un punto de la polar de la onda de la figura 9.21. Los puntos de la onda curvada cercanos al vértice de la cuña corresponden a la familia de las ondas de choque fuertes, y los puntos de la onda al otro lado de la línea sónica son de la familia de las ondas débiles. El análisis de ondas de choque desprendidas es extremadamente complejo, y se acude frecuentemente a la experimentación utilizando, por ejemplo, el método óptico de las sombras (umbrioscopia) de la figura 9.10.

Partiendo de las ecuaciones (9.83) se puede dibujar o calcular la familia completa de las soluciones para la onda de choque oblicua. Para un valor dado de γ, el ángulo β de la onda varía sólo con Ma_1 y θ, ecuación (9.83*b*). Utilizando una identidad trigonométrica para tg $(\beta-\theta)$, esta expresión se puede reescribir en una forma más conveniente

$$\operatorname{tg}\theta=\frac{2\cot\beta\,(\text{Ma}_1^2\operatorname{sen}^2\beta-1)}{\text{Ma}_1^2(\gamma+\cos 2\beta)+2} \tag{9.86}$$

Se muestran en la figura 9.23 todas las posibles soluciones de la ecuación (9.86) para $\gamma=1{,}4$. Para deflexiones $\theta<\theta_{\text{máx}}$ hay dos soluciones, como era de esperar: onda de choque débil (β pequeño) y onda de choque fuerte (β grande). La línea de puntos y rayas corresponde a $\theta_{\text{máx}}$ y está dada por la ecuación (9.85). La línea a trazos se ha añadido para mostrar los puntos donde Ma_2 es exactamente sónico. Vemos que hay una pequeña región cerca de la deflexión máxima en la que el flujo aguas abajo de la onda débil es subsónico.

Para la familia de ondas de choque débiles con deflexión nula ($\theta=0$) se cumple la relación para el ángulo de la onda

$$\beta=\mu=\operatorname{sen}^{-1}\frac{1}{\text{Ma}_1} \tag{9.87}$$

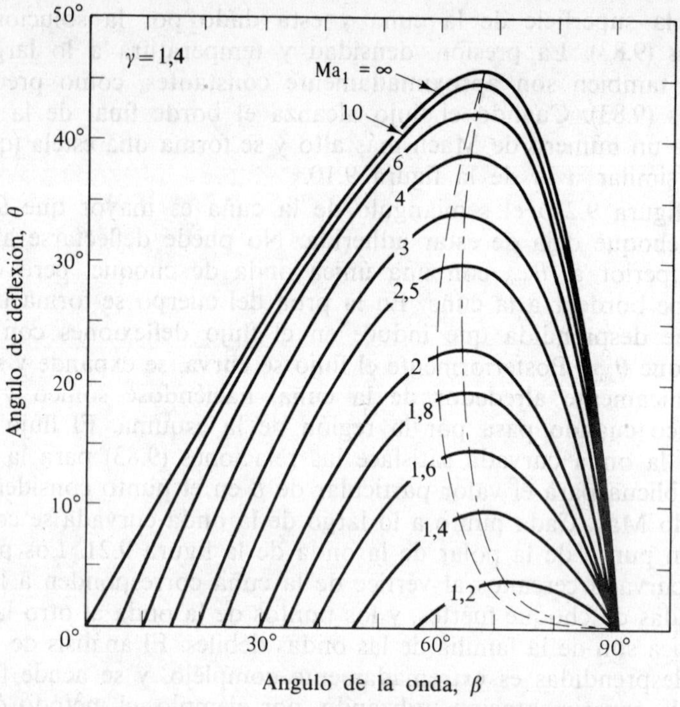

Fig. 9.23 Angulo de deflexión de la corriente en función del de la onda de choque oblicua para varios números de Mach de la corriente incidente, $\gamma=1{,}4$: —-—-— lugar geométrico de los $\theta_{\text{máx}}$ que divide a las ondas en fuertes (derecha) y débiles (izquierda); ——— situación de los puntos sónicos que divide a Ma_2 en subsónico (derecha) y supersónico (izquierda).

Por tanto, las ondas débiles con deflexión muy pequeña son equivalentes a las ondas de Mach. Por otra parte, también las ondas de choque fuertes convergen a las ondas de choque normales, $\beta=90°$, cuando la deflexión se anula.

Ondas de choque muy débiles

Para cualquier valor finito de θ el ángulo β de una onda débil es mayor que el ángulo de Mach μ. Para valores pequeños de θ la ecuación (9.86) se puede desarrollar en serie de potencias de tg θ, obteniéndose la relación siguiente para el ángulo de la onda:

$$\text{sen } \beta = \text{sen } \mu + \frac{\gamma+1}{4 \cos \mu} \text{tg } \theta + \cdots \mathcal{O}(\text{tg}^2\ \theta) \cdots \qquad (9.88)$$

Para Ma_1 entre 1,4 y 20 y deflexiones menores que 6°, esta relación predice el valor de β con un error menor de 1° para las ondas débiles. Para obtener la solución de la ecuación (9.86), para deflexiones más grandes, se puede utilizar la expresión anterior como valor inicial en un proceso iterativo.

También se pueden utilizar desarrollos en serie de potencias del ángulo de deflexión para calcular los saltos a través de la onda oblicua de las demás magnitudes fluidas. De particular interés es el salto de presiones dado por la ecuación (9.83*a*), para el cual el resultado linealizado para una onda de choque débil es

$$\frac{p_2 - p_1}{p_1} = \frac{\gamma \,\mathrm{Ma}_1^2}{(\mathrm{Ma}_1^2 - 1)^{1/2}} \operatorname{tg} \theta + \cdots \mathcal{O}(\operatorname{tg}^2 \theta) \cdots \qquad (9.89)$$

La forma diferencial de esta relación se utilizará en la sección próxima para desarrollar una teoría para las expansiones supersónicas debidas a cambios de pendiente. En la figura 9.24 se muestra el incremento de presiones a través de una onda de choque débil calculado con la ecuación (9.38*a*) en función del ángulo de deflexión; las curvas, para deflexiones pequeñas, se hacen rectas, con pendientes dadas por la ecuación (9.89).

Finalmente, es instructivo determinar el salto de entropía a través de una onda de choque muy débil. Utilizando la misma técnica de desarro-

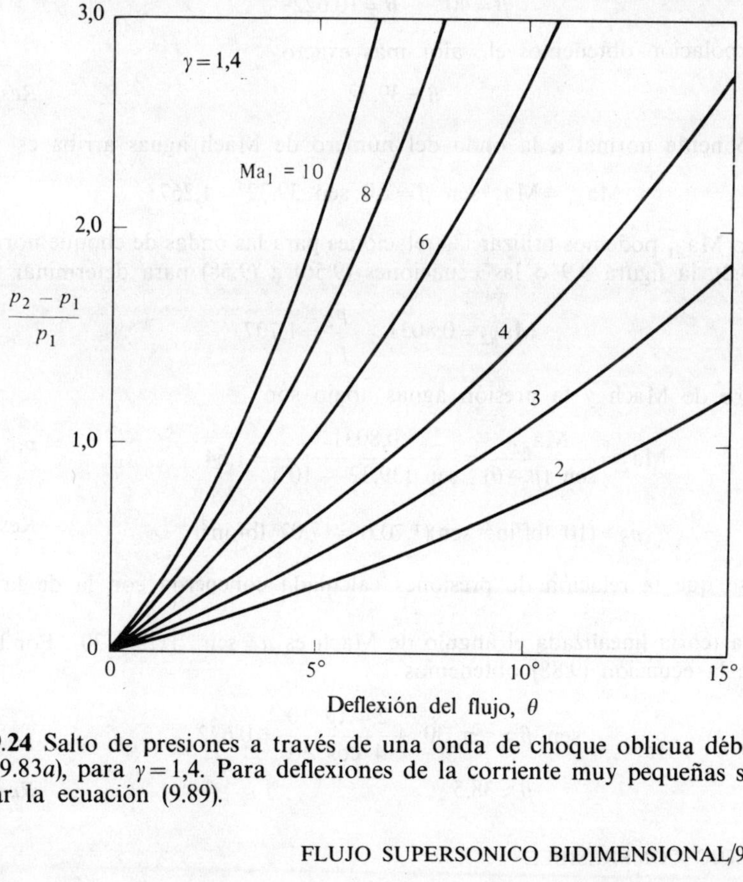

Fig. 9.24 Salto de presiones a través de una onda de choque oblicua débil, ecuación (9.83*a*), para $\gamma = 1{,}4$. Para deflexiones de la corriente muy pequeñas se puede utilizar la ecuación (9.89).

llos en serie, se puede obtener el siguiente resultado para deflexiones pequeñas:

$$\frac{s_2-s_1}{c_p}=\frac{(\gamma^2-1)\ \mathrm{Ma}_1^6}{12(\mathrm{Ma}_1^2-1)^{3/2}}\ \mathrm{tg}^3\ \theta+\cdots\ \mathcal{O}\ (\mathrm{tg}^4\ \theta)\cdots \tag{9.90}$$

El incremento de entropía varía con el cubo del ángulo de deflexión. Por tanto, las ondas de choque muy débiles son prácticamente isentrópicas, hecho que se utilizará también en la sección próxima.

EJEMPLO 9.17 Una corriente de aire, $\mathrm{Ma}=2$ y $p=10$ lbf/in², es obligada a girar 10° a causa de una rampa en la superficie de un cuerpo. Se forma una onda de choque oblicua débil, como la indicada en la figura E9.17. Para $\gamma=1{,}4$, determinar, utilizando la teoría exacta de ondas de choque oblicuas, (*a*) el ángulo de la onda β; (*b*) Ma_2; (*c*) p_2. Utilizando la teoría linealizada estimar (*d*) β y (*e*) p_2.

Solución Conocidos $\mathrm{Ma}_1=2$ y $\theta=10°$, calculamos β mediante la ecuación (9.38*b*) o (9.86). De la figura 9.23 leemos $\beta\approx 39°$ con un error de 1° más o menos. Si queremos más aproximación, podemos sustituir 39 y 40° en la ecuación (9.86), viendo cuánto se desvía θ de 10°:

Ec. (9.86)($\mathrm{Ma}_1=2{,}0$): $\beta=39°$ $\theta=9{,}7102°$

$\beta=40°$ $\theta=10{,}6229°$

Por interpolación obtenemos el valor más exacto

$$\beta=39{,}32° \qquad \textit{Resp. (a)}$$

La componente normal a la onda del número de Mach aguas arriba es

$$\mathrm{Ma}_{n1}=\mathrm{Ma}_1\ \ \mathrm{sen}\ \ \beta=2{,}0\ \ \mathrm{sen}\ \ 39{,}32°=1{,}267$$

Conocido Ma_{n1} podemos utilizar las relaciones para las ondas de choque normales (Tabla B.2), la figura 9.9 o las ecuaciones (9.56) a (9.58) para determinar

$$\mathrm{Ma}_{n2}=0{,}8031 \qquad \frac{p_2}{p_1}=1{,}707$$

El número de Mach y la presión aguas abajo son

$$\mathrm{Ma}_2=\frac{\mathrm{Ma}_{n2}}{\mathrm{sen}\ (\beta-\theta)}=\frac{0{,}8031}{\mathrm{sen}\ (39{,}32°-10°)}=1{,}64 \qquad \textit{Resp. (b)}$$

$$p_2=(10\ \ \mathrm{lbf/in^2}\ \ \mathrm{sen})(1{,}707)=17{,}07\ \ \mathrm{lbf/in^2} \qquad \textit{Resp. (c)}$$

Obsérvese que la relación de presiones calculada concuerda con la de la figura 9.24.

Para la teoría linealizada el ángulo de Mach es $\mu=\mathrm{sen}^{-1}(1/2)=30°$. Por tanto, mediante la ecuación (9.88) obtenemos

$$\mathrm{sen}\ \ \beta\approx\mathrm{sen}\ \ 30°+\frac{2{,}4\ \ \mathrm{tg}\ \ 10°}{4\ \ \cos\ \ 30°}=0{,}622$$

o $$\beta\approx 38{,}5° \qquad \textit{Resp. (d)}$$

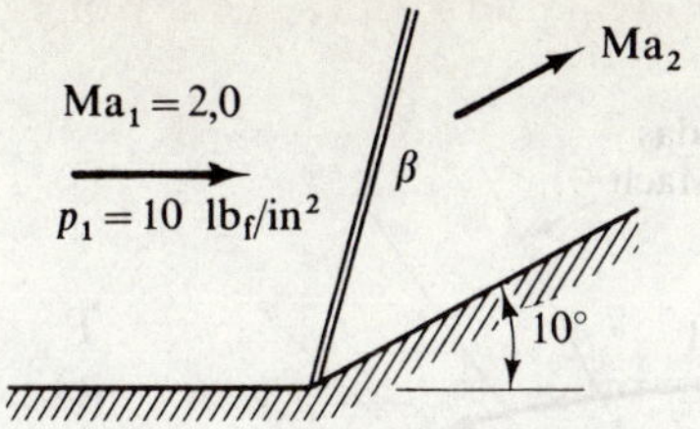

Fig. E9.17

Y de la ecuación (9.89) obtenemos

$$\frac{p_2}{p_1} \approx 1 + \frac{1{,}4(2)^2 \ \text{tg}\ 10°}{(2^2-1)^{1/2}} = 1{,}57$$

o $$p_2 \approx 1{,}57(10\ \text{lbf/in}^2) \approx 15{,}7\ \text{lbf/in}^2 \qquad \textit{Resp. (e)}$$

Estas estimaciones son razonables a pesar de que 10° no es realmente una deflexión «pequeña».

9.10 ONDAS DE EXPANSION DE PRANDTL-MEYER

La solución para la onda de choque oblicua de la sección 9.9 corresponde a una deflexión finita θ que obstaculiza el paso de una corriente supersónica disminuyendo su número de Mach y su velocidad. En esta sección se tratan los cambios graduales, principalmente de *expansión*, en la dirección de la corriente; esto es, aquellos casos en que se aumenta el área de paso del flujo, con lo que aumenta el número de Mach y la velocidad. Los cambios de las magnitudes se realizan mediante incrementos infinitesimales, y se pueden aplicar las relaciones (9.88) y (9.89). Las deflexiones locales de la corriente son infinitesimales de modo que el flujo es casi isentrópico de acuerdo con la ecuación (9.90).

En la figura 9.25 se muestran cuatro ejemplos, uno de los cuales (Figura 9.25*c*) no corresponde a un cambio gradual. La compresión gradual de la figura 9.25*a* es esencialmente isentrópica, con un incremento gradual de la presión a lo largo de la superficie, pero el ángulo de Mach decrece a lo largo de la superficie y las ondas tienden a coalescer a cierta distancia de la pared originando una onda de choque oblicua. En la expansión gradual de la figura 9.25*b* el número de Mach aumenta gradualmente a lo largo de la pared, las ondas de Mach que se forman divergen sin interseccionar nunca y el proceso es isentrópico.

La compresión brusca de la figura 9.25*c* no va acompañada de ondas de Mach: se forma una onda de choque oblicua y el flujo no es isentrópico. Esto es lo que podríamos ver en la figura 9.25*a* si nos situamos lejos de la pared. Por último, la expansión brusca de la figura 9.25*d* es isentrópica, formándose un abanico centrado de ondas de Mach que arranca de la esquina. Obsérvese que a lo largo de cualquier línea de corriente que pase a través del abanico, el número de Mach y la velocidad van aumentando gradualmente. Cuando nos encontramos muy cerca de la esquina, el

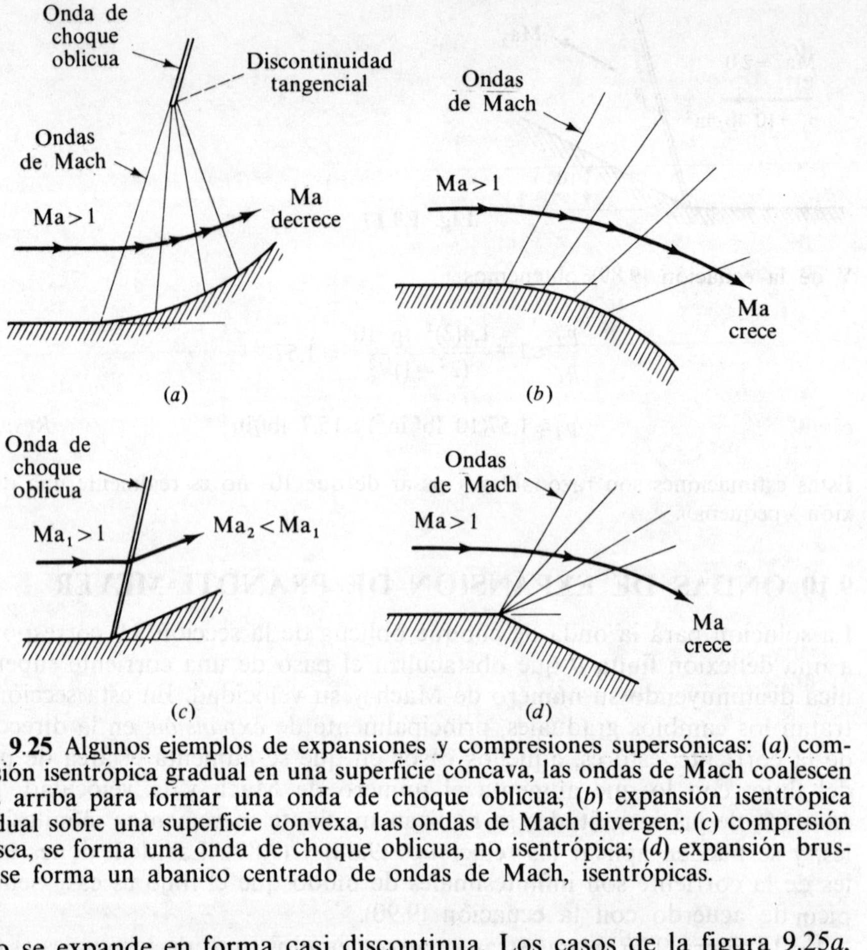

Fig. 9.25 Algunos ejemplos de expansiones y compresiones supersónicas: (*a*) compresión isentrópica gradual en una superficie cóncava, las ondas de Mach coalescen más arriba para formar una onda de choque oblicua; (*b*) expansión isentrópica gradual sobre una superficie convexa, las ondas de Mach divergen; (*c*) compresión brusca, se forma una onda de choque oblicua, no isentrópica; (*d*) expansión brusca, se forma un abanico centrado de ondas de Mach, isentrópicas.

flujo se expande en forma casi discontinua. Los casos de la figura 9.25*a*, *b* y *d* pueden resolverse mediante la teoría de las ondas supersónicas de Prandtl-Meyer que daremos en esta sección, y que fue desarrollada por Ludwig Prandtl y su estudiante Theodor Meyer en 1907-1908.

Nótese que ninguna de estas observaciones tiene sentido si el número de Mach aguas arriba es subsónico, ya que no existen ondas de Mach, ni de choque en flujos subsónicos.

La función de Prandtl-Meyer para un gas perfecto

Consideremos una deflexión infinitesimal del flujo $d\theta$, tal como la de las dos primeras ondas de Mach de la figura 9.25*a*. En este límite, las ecuaciones (9.88) y (9.89) se reducen a

$$\beta \approx \mu = \operatorname{sen}^{-1} \frac{1}{\mathrm{Ma}} \tag{9.91a}$$

$$\frac{dp}{p} \approx \frac{\gamma\, \mathrm{Ma}^2}{(\mathrm{Ma}^2-1)^{1/2}}\, d\theta \tag{9.91b}$$

Puesto que el flujo es prácticamente isentrópico, partiendo de la ecuación diferencial de cantidad de movimiento para el flujo no viscoso de un gas perfecto tenemos

$$dp = -\rho V\,dV = -\gamma p\ \mathrm{Ma}^2 \frac{dV}{V} \tag{9.92}$$

Combinando las ecuaciones (9.91*a*) y (9.92) para eliminar *dp*, obtenemos una relación entre el incremento del ángulo de deflexión y el incremento de velocidad

$$d\theta = -(\mathrm{Ma}^2-1)^{1/2} \frac{dV}{V} \tag{9.93}$$

Esta ecuación puede integrarse, si somos capaces de relacionar *V* con Ma, para darnos una relación para ángulos de deflexión finitos. Hacemos esto a través de la definición del número de Mach

$$V = \mathrm{Ma}\ a$$

o

$$\frac{dV}{V} = \frac{d\,\mathrm{Ma}}{\mathrm{Ma}} + \frac{da}{a} \tag{9.94}$$

Finalmente, podemos eliminar *da*/*a* ya que el flujo es isentrópico y por tanto a_0 es constante para un gas perfecto

$$a = a_0[1+\tfrac{1}{2}(\gamma-1)\ \mathrm{Ma}^2]^{-1/2}$$

o

$$\frac{da}{a} = \frac{-\tfrac{1}{2}(\gamma-1)\ \mathrm{Ma}\ d\,\mathrm{Ma}}{1+\tfrac{1}{2}(\gamma-1)\ \mathrm{Ma}^2} \tag{9.95}$$

Eliminando *dV*/*V* y *da*/*a* entre las ecuaciones (9.93) a (9.95), obtenemos una relación entre el ángulo de deflexión y el número de Mach

$$d\theta = -\frac{(\mathrm{Ma}^2-1)^{1/2}}{1+\tfrac{1}{2}(\gamma-1)\ \mathrm{Ma}^2}\ \frac{d\,\mathrm{Ma}}{\mathrm{Ma}} \tag{9.96}$$

Antes de integrar esta expresión hagamos la observación de que su uso principal es para las expansiones, esto es, Ma aumenta cuando θ disminuye. Por tanto, por conveniencia, definiremos el ángulo de Prandtl-Meyer ω(Ma), que aumenta cuando θ disminuye y es cero en el punto sónico

$$d\omega = -d\theta \qquad \omega = 0 \text{ cuando } \mathrm{Ma} = 1 \tag{9.97}$$

Por consiguiente, integramos la ecuación (9.96) desde el punto sónico hasta un valor arbitrario de Ma

$$\int_0^{\omega} d\omega = \int_1^{\mathrm{Ma}} \frac{(\mathrm{Ma}^2-1)^{1/2}}{1+\tfrac{1}{2}(\gamma-1)\ \mathrm{Ma}^2}\ \frac{d\ \mathrm{Ma}}{\mathrm{Ma}} \tag{9.98}$$

Evaluando las integrales se obtiene el resultado

$$\omega(\text{Ma}) = K^{1/2}\ \text{tg}^{-1}\left(\frac{\text{Ma}^2-1}{K}\right)^{1/2} - \text{tg}^{-1}\ (\text{Ma}^2-1)^{1/2} \tag{9.99}$$

donde $K = \dfrac{\gamma+1}{\gamma-1}$

Esta es la *función de Prandtl-Meyer para la expansión supersónica*, que se ha representado en la figura 9.26 y tabulado en la Tabla B.5 para $\gamma = 1{,}4$. El ángulo ω cambia al principio, rápidamente, tendiendo a un valor límite cuando $\text{Ma} \to \infty$:

$$\omega_{\text{máx}} = \frac{\pi}{2}(K^{1/2}-1) = 130{,}45^\circ \quad \text{si } \gamma = 1{,}4 \tag{9.100}$$

Por tanto, un flujo supersónico se expande hasta número de Mach infinito, con velocidad máxima y temperatura nula mediante una deflexión finita.

Una expansión o compresión gradual entre dos números de Mach finitos Ma_1 y Ma_2, ninguno de ellos menor que la unidad, se puede describir refiriendo el ángulo de giro $\Delta\omega$ a la diferencia de los ángulos de Prandtl-Meyer, mediante la relación

$$\Delta\omega_{1\to 2} = \omega(\text{Ma}_2) - \omega(\text{Ma}_1) \tag{9.101}$$

El cambio $\Delta\omega$ puede ser positivo (expansión) o negativo (compresión) siempre y cuando los números de Mach extremos sean supersónicos. Ilustrémoslo con un ejemplo.

EJEMPLO 9.18 Supóngase que fluye aire ($\gamma = 1{,}4$) a un $\text{Ma}_1 = 3$ y con $p_1 = 200$ kPa. Calcular el número de Mach y la presión aguas abajo para (*a*) una expansión cuya deflexión es de 20° y (*b*) una compresión gradual cuya deflexión es también de 20.

Solución (*a*) La presión de remanso es

$$p_0 = p_1[1 + 0{,}2(3{,}0)^2]^{3,5} = 7347 \text{ kPa}$$

que debe ser la misma aguas abajo. Para $\text{Ma}_1 = 3$, de la Tabla B.5 o de la ecuación (9.99) obtenemos $\omega_1 = 49{,}757^\circ$. El flujo se expande hasta unas nuevas condiciones tales que

$$\omega_2 = \omega_1 + \Delta\omega = 49{,}757^\circ + 20^\circ = 69{,}757^\circ$$

Con la ecuación (9.99) o mediante interpolación en la Tabla B.5, este valor corresponde a

$$\text{Ma}_2 = 4{,}32 \qquad \textit{Resp. (a)}$$

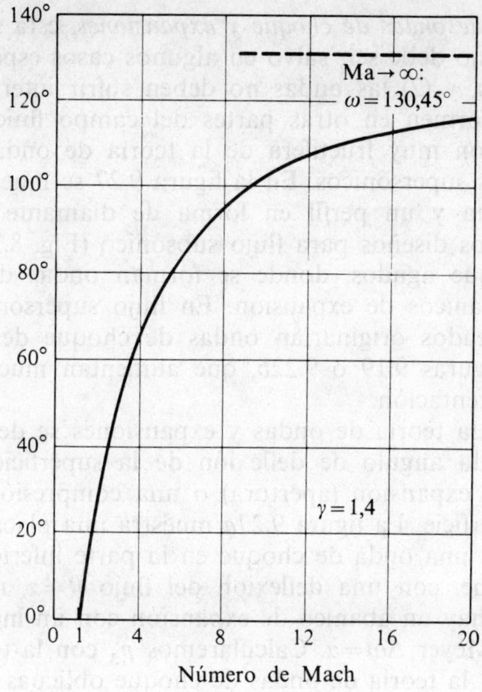

Fig. 9.26 Expansión supersónica de Prandtl-Meyer, ecuación (9.99), para $\gamma = 1{,}4$.

La presión en las nuevas condiciones es

$$p_2 = \frac{p_0}{[1+0{,}2(4{,}32)^2]^{3,5}} = \frac{7347}{230{,}1} = 31{,}9 \text{ kPa} \qquad \textit{Resp. (a)}$$

(*b*) El flujo se comprime a un valor más bajo del ángulo de Prandtl-Meyer

$$\omega_2 = 49{,}757° - 20° = 29{,}757°$$

De nuevo, de la ecuación (9.99) o de la Tabla B.5 obtenemos

$$\text{Ma}_2 = 2{,}125 \qquad \textit{Resp. (b)}$$

$$p_2 = \frac{p_0}{[1+0{,}2(2{,}125)^2]^{3,5}} = \frac{7347}{9{,}51} = 773 \text{ kPa} \qquad \textit{Resp. (b)}$$

Análogamente, los cambios de densidad y temperatura se calculan teniendo en cuenta que T_0 y ρ_0 son constantes en un flujo isentrópico.

Aplicación a perfiles supersónicos

Las teorías de la onda de choque oblicua y de la expansión de Prandtl-Meyer se pueden utilizar conjuntamente para analizar un cierto número de flujos supersónicos de interés práctico. Este matrimonio, que se traduce en la *teoría de ondas de choque y expansiones*, está sujeto a dos condiciones: (1) el flujo debe ser, salvo en algunos casos especiales, supersónico en todas partes, y (2) las ondas no deben sufrir interferencias con otras ondas que se formen en otras partes del campo fluido.

Una aplicación muy fructífera de la teoría de ondas de expansión se refiere a perfiles supersónicos. En la figura 9.27 se muestran dos ejemplos, una placa plana y un perfil en forma de diamante. Estos perfiles, en contraste con los diseños para flujo subsónico (Fig. 8.25), deben de tener bordes de ataque agudos, donde se forman ondas de choque oblicuas adheridas o abanicos de expansión. En flujo supersónico, los bordes de ataque redondeados originarían ondas de choque desprendidas a proa, como en las figuras 9.19 ó 9.22*b*, que aumentan mucho la resistencia y reducen la sustentación.

Para aplicar la teoría de ondas y expansiones se debe tener en cuenta el valor de cada ángulo de deflexión de la superficie para ver cuándo conduce a una expansión (apertura) o una compresión (contracción) del flujo en la superficie. La figura 9.27*a* muestra una placa plana con ángulo de ataque. Hay una onda de choque en la parte inferior, que arranca del borde de ataque, con una deflexión del flujo $\theta=\alpha$, mientras que en la parte superior hay un abanico de expansión con un incremento del ángulo de Prandtl-Meyer $\Delta\omega=\alpha$. Calcularemos p_3 con la teoría de las expansiones y p_2 con la teoría de ondas de choque oblicuas. La fuerza sobre la placa es, por tanto, $F=(p_2-p_1)Cb$, donde C es la longitud de la cuerda y b la envergadura (suponiendo que no hay efectos del borde del ala). Esta fuerza es normal a la placa, de modo que la sustentación, perpendicular a la corriente incidente, es $L=F\cos\alpha$ y la resistencia, paralela a la corriente incidente, es $D=F$ sen α. Los coeficientes adimensionales C_L y C_D tienen la misma definición que en el flujo a bajas velocidades, ecuación (7.65), excepto que aquí se usa frecuentemente la identidad $\frac{1}{2}\rho V^2 \equiv \frac{1}{2}\gamma p \text{ Ma}^2$ para un gas perfecto

$$C_L=\frac{L}{\frac{1}{2}\gamma p_\infty \text{Ma}_\infty^2 \, bC} \qquad C_D=\frac{D}{\frac{1}{2}\gamma p_\infty \text{Ma}_\infty^2 \, bC} \tag{9.102}$$

Los valores típicos del coeficiente de sustentación en movimiento supersónico son mucho más pequeños que el valor subsónico $C_L\approx 2\pi\alpha$, pero la sustentación puede ser mucho mayor a causa del valor mucho más grande de $\frac{1}{2}\rho V^2$ a velocidades supersónicas.

En el borde de salida de la placa de la figura 9.27*a* se forma una onda de choque y un abanico de expansión, en posiciones inversas a las del borde de ataque, para deflectar las dos corrientes de modo que queden paralelas y a la misma presión en la estela. Estas corrientes no tienen, sin embargo, la misma velocidad a causa de las diferentes intensidades de las ondas de choque de las superficies superior e inferior; por tanto, se forma una capa de torbellinos detrás del perfil. Aunque esto es muy interesante, en la teoría puede ignorarse completamente la estructura de lo que ocurre detrás del borde de ataque, ya que no afecta a la presión en la

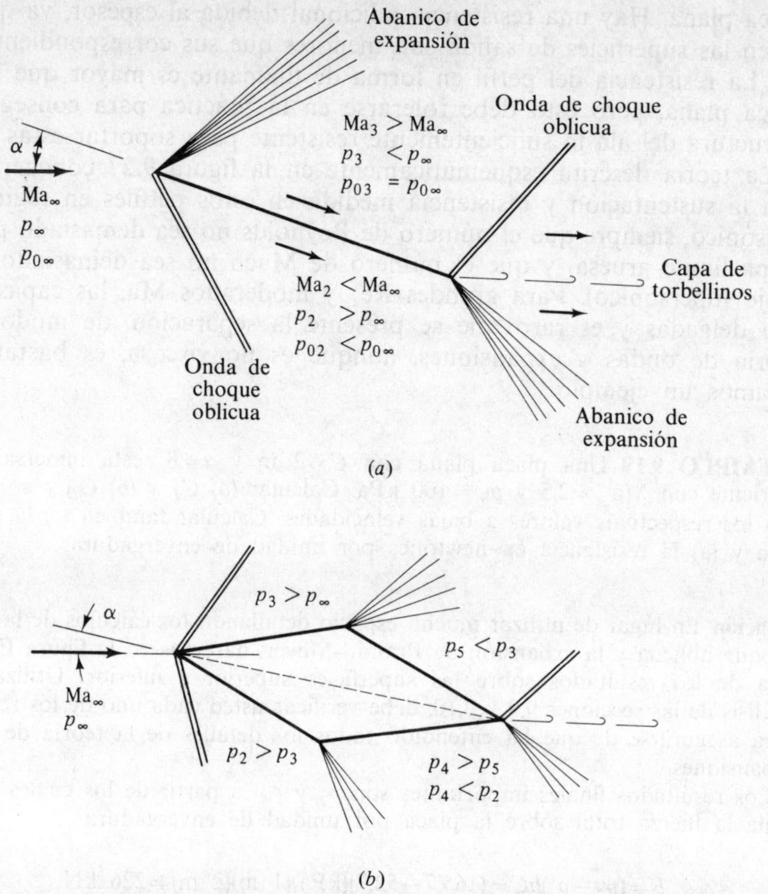

Fig. 9.27 Perfiles supersónicos: (*a*) placa plana, presión más alta en el intradós, resistencia debida a la pequeña componente de la fuerza neta de presión en la dirección de la corriente incidente; (*b*) perfil de doble cuña, presiones más altas en las dos caras del intradós, resistencia adicional a causa del espesor del perfil.

superficie: en flujo supersónico el perfil no puede «oír» las perturbaciones de la estela.

En el perfil en forma de diamante de la figura 9.27*b* hay que añadir dos ondas más al flujo. Para el ángulo de ataque α de la figura, menor que el semiángulo de la cuña del borde de ataque, hay dos ondas de choque en el borde de ataque, la de la parte superior es mucho más débil que la de la inferior. De cada punto angular de la parte central arranca un abanico de expansión: el incremento del ángulo de Prandtl-Meyer $\Delta\omega$ es igual a la suma de los semiángulos de las cuñas del borde de ataque y de salida. Finalmente, la configuración del borde de salida es similar a la de la placa plana (9.27*a*) y puede ignorarse en el cálculo. Las presiones p_2 y p_4 sobre las superficies inferiores son mayores que las correspondientes de las superficies superiores, y la sustentación es casi la misma que la de la placa plana. Hay una resistencia adicional debida al espesor, ya que p_4 y p_5 en las superficies de salida son menores que sus correspondientes p_2 y p_3. La resistencia del perfil en forma de diamante es mayor que la de la placa plana, pero esto debe tolerarse en la práctica para conseguir una estructura del ala lo suficientemente resistente para soportar estas fuerzas.

La teoría descrita esquemáticamente en la figura 9.27 concuerda bien con la sustentación y resistencia medida en estos perfiles en régimen supersónico, siempre que el número de Reynolds no sea demasiado pequeño (capa límite gruesa) y que el número de Mach no sea demasiado grande (flujo hipersónico). Para grandes Re_C y moderados Ma, las capas límites son delgadas y es raro que se presente la separación, de modo que la teoría de ondas y expansiones, aunque es no viscosa, es bastante útil. Veamos un ejemplo.

EJEMPLO 9.19 Una placa plana con $C=2$ m y $\alpha=8°$ está inmersa en una corriente con $\mathrm{Ma}_\infty=2{,}5$ y $p_\infty=100$ kPa. Calcular (*a*) C_L y (*b*) C_D y compararlo con los respectivos valores a bajas velocidades. Calcular también (*c*) la sustentación y (*d*) la resistencia en newtones por unidad de envergadura.

Solución En lugar de utilizar mucho espacio detallando los cálculos de la onda de choque oblicua y la expansión de Prandtl-Meyer, daremos en la figura E9.19 una lista de los resultados sobre las superficies superior e inferior. Utilizando los análisis de las secciones 9.9 y 9.10, debe verificar usted cada uno de los resultados, para asegurarse de que ha entendido todos los detalles de la teoría de ondas y expansiones.

Los resultados finales importantes son p_2 y p_3, a partir de los cuales se determina la fuerza total sobre la placa por unidad de envergadura

$$F=(p_2-p_3)bC=(165{,}7-52{,}7)(\mathrm{kPa})(1\ \mathrm{m})(2\ \mathrm{m})=226\ \mathrm{kN}$$

Los valores de la sustentación y resistencia, por metro de envergadura, son

$$L=F\ \cos 8°=224\ \mathrm{kN} \qquad \textit{Resp. (c)}$$

$$D=F\ \mathrm{sen}\ 8°=31\ \mathrm{kN} \qquad \textit{Resp. (d)}$$

Estas fuerzas son muy grandes para un ala de sólo 2 m² de área.

De la ecuación (9.102), el coeficiente de sustentación es

$$C_L=\frac{224\ \mathrm{kN}}{\frac{1}{2}(1{,}4)(100\ \mathrm{kPa})(2{,}5)^2(2\ \mathrm{m}^2)}=0{,}256 \qquad \textit{Resp. (a)}$$

En el caso de bajas velocidades, la ecuación (8.96) proporciona $C_L=2\pi$ sen $8°=$ $=0{,}874$, que es 3,4 veces mayor.

De la ecuación (9.102), el coeficiente de resistencia es

$$C_D=\frac{31\ \mathrm{kN}}{\frac{1}{2}(1{,}4)(100\ \mathrm{kPa})(2{,}5)^2(2\ \mathrm{m}^2)}=0{,}036 \qquad \textit{Resp. (b)}$$

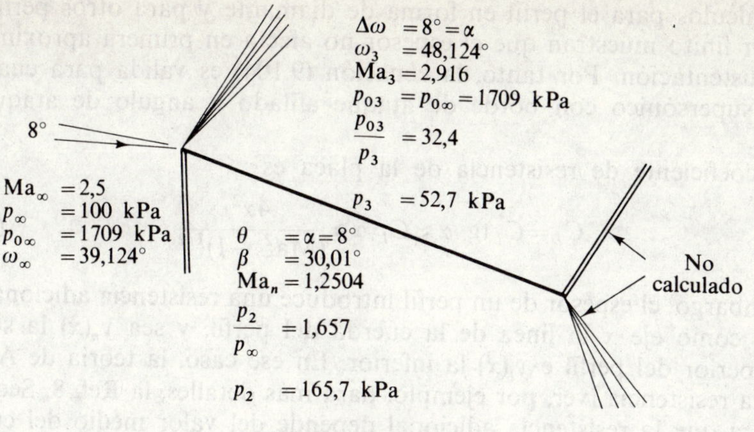

Fig. E9.19

Para el perfil NACA 0009 de la figura 7.22 se obtiene para $\alpha = 8°$ un C_D aproximadamente igual a 0,009, unas 4 veces inferior.

Obsérvese que esta teoría supersónica predice una resistencia finita a pesar de considerar flujo no viscoso con alargamiento infinito. Esta resistencia se denomina *resistencia de onda*, y vemos que la paradoja de D'Alembert, resultante del valor nulo de la resistencia de un cuerpo, no se da en régimen supersónico.

Teoría de perfiles delgados

A pesar de la simplicidad de la geometría de la placa plana, los cálculos del ejemplo 9.19 fueron laboriosos. Ackeret [21] en 1925 desarrolló unas expresiones simples, pero, sin embargo, muy efectivas para el cálculo de la sustentación, resistencia y centro de presiones en perfiles supersónicos, partiendo de la suposición de que el espesor y el ángulo de ataque son pequeños.

La teoría está basada en las expresiones linealizadas (8.89), donde tg θ es aproximadamente igual a la deflexión de la superficie relativa a la corriente incidente, que denominamos con 1; $Ma_1 = Ma_\infty$. Para la placa plana la fuerza total F está basada en

$$\frac{p_2 - p_3}{p_\infty} = \frac{p_2 - p_\infty}{p_\infty} - \frac{p_3 - p_\infty}{p_\infty} =$$

$$= \frac{\gamma\, Ma_\infty^2}{(Ma_\infty^2 - 1)^{1/2}}\,[\alpha - (-\alpha)] \qquad (9.103)$$

Sustituyendo en la ecuación (9.102) se obtiene el coeficiente de sustentación linealizado para una placa plana

$$C_L \approx \frac{(p_2 - p_3)bC}{\frac{1}{2}\gamma p_\infty\, Ma_\infty^2 bC} \approx \frac{4\alpha}{(Ma_\infty^2 - 1)^{1/2}} \qquad (9.104)$$

Los cálculos para el perfil en forma de diamante y para otros perfiles de espesor finito muestran que el espesor no afecta en primera aproximación a la sustentación. Por tanto, la ecuación (9.104) es válida para cualquier perfil supersónico con borde de ataque afilado a ángulo de ataque pequeño.

El coeficiente de resistencia de la placa es

$$C_D = C_L \operatorname{tg} \alpha \approx C_L \alpha \approx \frac{4\alpha^2}{(\mathrm{Ma}_\infty^2 - 1)^{1/2}} \tag{9.105}$$

Sin embargo, el espesor de un perfil introduce una resistencia adicional. Elijamos como eje x la línea de la cuerda del perfil, y sea $y_u(x)$ la superficie superior del perfil e $y_l(x)$ la inferior. En ese caso, la teoría de Ackeret para la resistencia (ver, por ejemplo, para más detalles, la Ref. 8, Sec. 14.6) muestra que la resistencia adicional depende del valor medio del cuadrado de las pendientes de las superficies superior e inferior, definido por

$$\overline{y'^2} = \frac{1}{C} \int_0^C \left(\frac{dy}{dx} \right)^2 dx \tag{9.106}$$

La expresión final para la resistencia es [8, pág. 475]

$$C_D \approx \frac{4}{(\mathrm{Ma}_\infty^2 - 1)^{1/2}} [\alpha^2 + \tfrac{1}{2}(\overline{y_u'^2} + \overline{y_l'^2})] \tag{9.107}$$

Todos estos resultados concuerdan razonablemente con cálculos más exactos, y su extrema simplicidad los hace atractivos frente a la teoría, laboriosa pero más exacta, de ondas y expansiones. Considérese el ejemplo siguiente.

EJEMPLO 9.20 Repetir las partes (*a*) y (*b*) del ejemplo 9.19 utilizando la teoría linealizada de Ackeret.

Solución De las ecuaciones (9.104) y (9.105), para $\mathrm{Ma}_\infty = 2{,}5$ y $\alpha = 8° = 0{,}1396$ rad, tenemos

$$C_L \approx \frac{4\,(0{,}1396)}{(2{,}5^2 - 1)^{1/2}} = 0{,}244$$

$$C_D = \frac{4\,(0{,}1396)^2}{(2{,}5^2 - 1)^{1/2}} = 0{,}034 \qquad \textit{Resp.}$$

Que dan resultados inferiores en sólo un 5 por 100 a los de los cálculos más exactos del ejemplo 9.19.

Otro resultado de la teoría linealizada de Ackeret es una expresión para la posición x_{CP} del centro de presión de la distribución de fuerzas sobre el perfil:

$$\frac{x_{\mathrm{CP}}}{C} = 0{,}5 + \frac{S_u - S_l}{2\alpha C^2} \tag{9.108}$$

donde S_u es el área del perfil comprendida entre la superficie superior y la cuerda, y S_l el área entre la cuerda y la superficie inferior. Para un perfil simétrico $S_l = S_u$ y el valor de x_{CP} corresponde al punto medio de la cuerda, en contraste con el resultado para perfiles a bajas velocidades, ecuación (8.98), donde el valor de x_{CP} corresponde al punto un cuarto de la cuerda.

La diferencia de dificultades entre la teoría simplificada de Ackeret y la teoría de ondas y expansiones crece aún más para perfiles gruesos, como se muestra en el siguiente ejemplo.

EJEMPLO 9.21 Por analogía con el ejemplo 9.19 analizar el perfil en forma de diamante, o de doble cuña, con 2° de semiángulo y una cuerda $C = 2$ m a ángulo de ataque $\alpha = 8°$ y $\mathrm{Ma}_\infty = 2{,}5$. Calcular C_L y C_D mediante (*a*) la teoría de ondas y expansiones y (*b*) con la teoría de Ackeret. Indicar la diferencia con el ejemplo 9.19.

Solución (*a*) Omitiremos de nuevo los detalles de la teoría de ondas de choque y expansiones, dando solamente una lista de resultados en la figura E9.21 para los cuatro elementos de la superficie del perfil. Consideremos que $p_\infty = 100$ kPa. Hay una fuerza F normal a la cuerda y una fuerza P paralela a ella. Para la fuerza normal, la diferencia de presiones en la primera mitad del perfil es $p_2 - p_1 = 186{,}4 - 65{,}9 = 120{,}5$ kPa, y en la segunda mitad es $p_4 - p_5 = 146{,}9 - 48{,}8 = 98{,}1$ kPa. La medida de la diferencia de presiones es $\frac{1}{2}(120{,}5 + 98{,}1) = 109{,}3$ kPa, de modo que la fuerza normal es

$$F = (109{,}3 \text{ kPa})(2 \text{ m}^2) = 218{,}6 \text{ kN}$$

Para la fuerza P en la dirección de la cuerda, la diferencia de presiones en el extradós es $p_3 - p_5 = 65{,}9 - 48{,}8 = 17{,}1$ kPa y en el intradós es $p_2 - p_4 = 186{,}4 - 146{,}9 = 39{,}5$ kPa. El valor medio de la diferencia es $\frac{1}{2}(17{,}1 + 39{,}5) = 28{,}3$ kPa, que cuando se multiplica por el área frontal (espesor máximo por 1 m de envergadura) da

$$P = (28{,}3 \text{ kPa})(0{,}07 \text{ m})(1 \text{ m}) = 2{,}0 \text{ kN}$$

Ambas fuerzas F y P contribuyen a la sustentación y resistencia. La sustentación, perpendicular a la corriente no perturbada, es

$$L = F \cos 8° - P \operatorname{sen} 8° = 216{,}2 \text{ kN}$$

y

$$D = F \operatorname{sen} 8° + P \cos 8° = 32{,}4 \text{ kN}$$

Para calcular los coeficientes, el denominador de la ecuación (9.102) es el mismo que en el ejemplo 9.19: $\frac{1}{2}\gamma p_\infty \mathrm{Ma}_\infty^2 bC = \frac{1}{2}(1{,}4)(100 \text{ kPa})(2{,}5)^2(2 \text{ m}^2) = 875$ kN. Por tanto, la teoría de ondas y expansiones proporciona

$$C_L = \frac{216{,}2 \text{ kN}}{875 \text{ kN}} = 0{,}247$$

$$C_D = \frac{32{,}4 \text{ kN}}{875 \text{ kN}} = 0{,}0370 \qquad \textit{Resp. (a)}$$

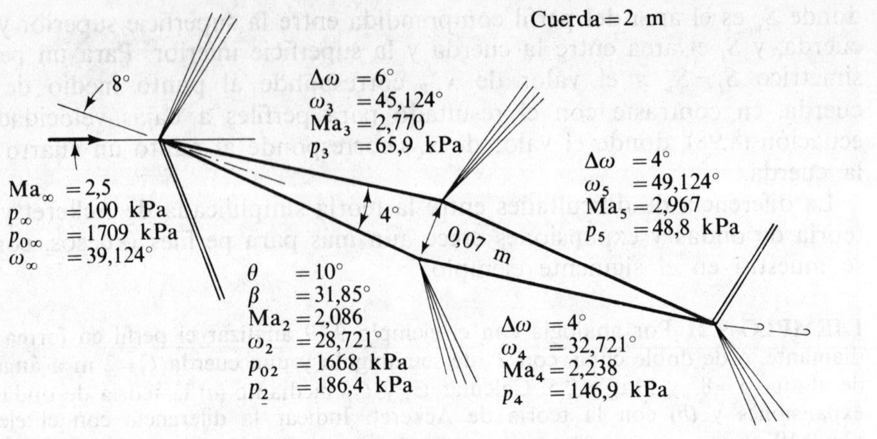

Fig. E9.21

(*b*) Con la teoría de Ackeret, C_L es el mismo que en el ejemplo 9.20:

$$C_L = \frac{4(0,1396)}{(2,5^2 - 1)^{1/2}} = 0,244 \qquad \textit{Resp. (b)}$$

Resultando un 1 por 100 inferior al obtenido con la teoría de ondas y expansiones. Para la resistencia necesitamos los valores medios de los cuadrados de las pendientes, ecuación (9.106)

$$\overline{y_u'^2} = \overline{y_l'^2} = \text{tg}^2\, 2° = 0,00122$$

Por tanto, la ecuación (9.107) nos proporciona el resultado linealizado

$$C_D = \frac{4}{(2,5^2 - 1)^{1/2}}\left[(0,1396)^2 + \tfrac{1}{2}(0,00122 + 0,00122)\right] = 0,0362 \qquad \textit{Resp. (b)}$$

Que es un 2 por 100 inferior al de la teoría de ondas y expansiones. Podríamos juzgar la teoría de Ackeret como «satisfactoria». La teoría de Ackeret predice $p_2 = 167$ kPa (-11 por 100), $p_3 = 60$ kPa (-9 por 100), $p_4 = = 140$ kPa (-5 por 100) y $p_5 = 33$ kPa (-6 por 100).

Flujo tridimensional supersónico

Hemos ido tan lejos como hemos podido en un tratamiento introductorio del flujo compresible. Por supuesto hay mucho más y se invita al lector a estudiarlo en las referencias del final del capítulo.

Los flujos supersónicos tridimensionales son muy complejos, especialmente si los cuerpos son romos, pues en torno a ellos hay zonas de flujos subsónico y transónico; ver, por ejemplo, la figura 9.10. Algunos flujos admiten, sin embargo, un tratamiento teórico muy exacto; tal es el caso del flujo

Fig. 9.28 Fotografía, obtenida por umbrioscopia, del flujo alrededor de un cono de 8° de semiángulo a Ma = 2. Se ve claramente la capa límite turbulenta. Las líneas de Mach se curvan ligeramente y el número de Mach varía desde 1,98 inmediatamente detrás de la onda, hasta 1,9 en la superficie. (*Por cortesía del U.S. Army Ballistic Research Laboratory, Aberdeen Proving Ground.*)

alrededor de un cono con ángulo de ataque nulo, figura 9.28. La teoría exacta del flujo alrededor de un cono se da en textos avanzados [p. ej., 8, Cap. 17], y se han publicado tablas para describir esa solución [22, 23]. Hay semejanzas entre el flujo alrededor de conos y el flujo alrededor de cuñas representado en la figura 9.22: una onda de choque oblicua adherida al vértice, una capa límite turbulenta delgada y un abanico de expansión en el borde posterior. Sin embargo, el ángulo de deflexión debida a la onda de choque cónica es inferior al semiángulo del cono, lo que ocurre en el caso de la cuña. Hay también, como en el caso de la cuña, un ángulo máximo del cono por encima del cual la onda de choque se desprende, de modo análogo al de la figura 9.22*b*. Para $\gamma = 1{,}4$ y $Ma_\infty = \infty$ el semiángulo máximo del cono para que la onda esté adherida es aproximadamente 57°, mientras que para la cuña es 45,6°.

Fig. 9.29 Ensayo en túnel aerodinámico del interceptor supersónico Cobra P-530. Se ha visualizado el flujo en la superficie manchándola con gotas de aceite. (*Northrup Corporation.*)

Para cuerpos de formas más complicadas se recurre a la experimentación en túneles supersónicos. En la figura 9.29 se muestra un modelo de un avión interceptor que se ensaya en un túnel con flujo supersónico. El análisis teórico es muy complicado a causa de las uniones y cambios múltiples en los bordes y forma del ala. Se ha untado la superficie con gotas de aceite antes del ensayo, para visualizar la evolución de la capa límite y las zonas de separación.

Como veremos en el próximo capítulo, hay una interesante analogía entre la dinámica de ondas de choque y las ondas superficiales que se forman en un canal abierto. En el capítulo 11 de la referencia 14 se explica cómo se puede utilizar un canal hidrodinámico para la simulación de experimentos en flujos supersónicos.

Al igual que en otras áreas de la mecánica de fluidos, no deberían omitirse los aspectos visuales de los flujos compresibles, pues son muy llamativos y tienen un gran valor educativo. Se recomiendan las películas sobre flujo compresible de la Shell Film Library del apéndice *C*, tanto para novatos como para expertos.

REFERENCIAS

1. A. Y. Pope, «Aerodynamics of Supersonic Flight», 2.ª ed., Pitman, Nueva York, 1958.
2. A. B. Cambel y B. H. Jennings, «Gas Dynamics», McGraw-Hill, Nueva York, 1958.
3. F. Cheers, «Elements of Compressible Flow», Wiley, Nueva York, 1963.
4. J. E. John, «Gas Dynamics», Allyn & Bacon, Boston, 1969.
5. A. J. Chapman y W. F. Walker, «Introductory Gas Dynamics», Holt, Nueva York, 1971.
6. B. W. Imric, «Compressible Fluid Flow», Halstead, Nueva York, 1974.
7. R. Courant y K. O. Friedrichs, «Supersonic Flow and Shock Waves», Interscience, Nueva York, 1948.
8. A. H. Shapiro, «The Dynamics and Thermodynamics of Compressible Fluid Flow», 2 vols., Ronald, Nueva York, 1953.
9. H. W. Liepmann y A. Roshko, «Elements of Gasdynamics», Wiley, Nueva York, 1957.
10. R. von Mises, «Mathematical Theory of Compressible Fluid Flow», Academic, Nueva York, 1958.
11. J. A. Owczarek, «Gas Dynamics», International Textbook, Scranton, Pa., 1964.
12. W. G. Vincenti y C. Kruger, «Introduction to Physical Gas Dynamics», Wiley, Nueva York, 1965.
13. W. D. Hayes y R. F. Probstein, «Hypersonic Flow Theory», vol. 1, Academic, Nueva York, 1966.
14. P. A. Thompson, «Compressible Fluid Dynamics», McGraw-Hill, Nueva York, 1972.
15. American Society of Mechanical Engineers, «ASME Steam Tables», Nueva York, 1967.
16. J. H. Keenan y J. Kaye, «Gas Tables», Wiley, Nueva York, 1948.
17. W. C. Reynolds y H. C. Perkins, «Engineering Thermodynamics», McGraw-Hill, Nueva York, 1977.
18. K. Wark, «Thermodynamics», 3.ª ed., McGraw-Hill, Nueva York, 1977.
19. F. M. White, «Viscous Fluid Flow», McGraw-Hill, Nueva York, 1974.
20. J. H. Keenan y E. P. Neumann, Measurements of Friction in a Pipe for Subsonic and Supersonic Flow of Air, *J. Appl. Mech.*, vol. 13, núm. 2, pág. A-91, 1946.
21. J. Ackeret, Air Forces on Airfoils Moving Faster than Sound Velocity, *NACA Tech. Mem.* 317, 1925.
22. Z. Kopal, Tables of Supersonic Flow around Cones, *M.I.T. Center Anal. Tech. Rep.* 1, 1947 (ver también *Tech. Rep.* 3 y 5, 1947).
23. J. L. Sims, Tables for Supersonic Flow around Right Circular Cones at Zero Angle of Attack, NASA SP-3004, 1964 (ver también NASA SP-3007).
24. Ames Research Staff, Equations, Tables, and Charts for Compressible Flow, *NACA Rep.* 1135, 1953.
25. L. Rosenhead, «A Selection of Graphs for Use in Calculations of Compressible Flow», Clarendon Press, Londres, 1954.

PELICULAS RECOMENDADAS

Películas números 10 y 18 a 22 del apéndice C.

PROBLEMAS

9.1 Un gas fluye adiabáticamente a través de un conducto. En la sección 1, $p_1 = 200$ lbf/in², $T_1 = 250°$ F y $V_1 = 250$ pies por segundo, mientras que aguas abajo $V_2 = 1100$ ft/s y $p_p = 40$ lbf/in². Calcular T_2 en grados Fahrenheit y $s_2 - s_1$ en Btu/(lbm · °F) si el gas es (*a*) aire ($\gamma = 1{,}4$), (*b*) argón ($\gamma = 1{,}67$) y (*c*) vapor.

9.2 Si se calientan 5 kg de oxígeno, en un tanque cerrado a 200 kPa desde 100 a 300° C, calcular la presión final, el calor añadido y el incremento de entropía.

9.3 Se tiene vapor a 400° F y 60 lbf/in² de presión y se comprime isentrópicamente hasta 100 lbf/in². ¿Cuál es la nueva temperatura en grados Fahrenheit?

9.4 En un conducto de sección constante entra dióxido de carbono ($\gamma = 1{,}28$) a 400° F, 100 lbf/in² y 500 ft/s. Las magnitudes aguas abajo son $V_2 =$ $= 1000$ ft/s y $T_2 = 900°$ F. Calcular (*a*) p_2, (*b*) el calor añadido entre estas secciones y (*c*) el gasto másico por unidad de área. *Guía:* en este problema se necesita la ecuación de la continuidad.

9.5 Cuando se añaden 10 kJ de calor a 2 kg de un gas perfecto en un recipiente cerrado, la temperatura del gas aumenta 5° C. Si la relación de calores específicos del gas es 1,3, ¿cuál es su peso molecular?

9.6 Entra vapor en un conducto con $p_1 = 50$ lbf/in², $T_1 = 36°$ F, $V_1 = 200$ fts/s y sale con $p_2 = 100$ lbf/in², $T_2 = 800°$ F y $V_2 = 1200$ ft/s. ¿Cuánto calor se ha añadido en Btu por libra?

9.7 Un cierto avión vuela al mismo número de Mach independientemente de su altura de vuelo. Cuando está a 10 000 m de altura estándar, vuela a una velocidad que es 100 km/h inferior a su velocidad al nivel del mar. ¿Cuál es su número de Mach?

9.8 Calcular la velocidad del sonido, a 400° F y 1 atm, del (*a*) aire, (*b*) oxígeno, (*c*) hidrógeno, (*d*) monóxido de carbono, (*e*) vapor de agua y (*f*) $^{238}UF_6$($\gamma \approx 1{,}2$).

9.9 Suponiendo que el agua sigue la ecuación de estado (1,38) de los líquidos con $n = 7$ y $B = 3000$, calcular el módulo de compresibilidad y la velocidad del sonido cuando la presión es (*a*) 1 atm y (*b*) 1100 atm (correspondiente a la mayor profundidad del océano).

9.10 El módulo de compresibilidad del mercurio a 1 atm es $2{,}8 \times 10^{10}$ Pa, aproximadamente. Tiene también un valor de $n \approx 7$, en la ecuación (1,38). ¿Cuál es el valor de B, en la ecuación (1,38), que predice mejor el módulo de compresibilidad? Estimar con ello el módulo de compresibilidad y la velocidad del sonido del mercurio a 2000 atmósferas.

9.11 Las propiedades de un gas denso (presión alta y temperatura baja) se aproximan a menudo por la ecuación de estado de Van der Waals [16 pág. 270 o 17, pág. 575]:

$$p = \frac{\rho R T}{1 - b_1 \rho} - a_1 \rho^2$$

donde las constantes a_1 y b_1 se pueden determinar en función de la temperatura y presión críticas: para el aire, $a_1 = 27R^2T_c^2/64p_c = 9 \times 10^5$(lbf · ft⁴)/slug² y $b_1 = RT_c/8p_c = 0{,}65$ ft³/slug. Determinar una expresión analítica para la velocidad del sonido para un gas de Van der Waals. Suponiendo $\gamma = 1{,}4$, calcular la velocidad del sonido del aire en pies por segundo a $-100°$ F y 20 atmósferas para (*a*) un gas perfecto y (*b*) un gas de Van der Waals.

9.12 ¿Por qué (*a*) el agua y el mercurio y (*b*) el aluminio y el acero tienen aproximadamente la misma velocidad del sonido (véase Tabla 9.1) a pesar de que los segundos materiales de cada pareja son mucho más pesados? ¿Se puede predecir este comportamiento mediante la teoría molecular?

9.13 Una onda sonora se propaga en el aire a 20° C y 1 atm, dando un incremento de presión $\Delta p = 10$ Pa. Determinar (*a*) el incremento de densidad, (*b*) el incremento de temperatura y (*c*) el incremento de velocidad a través de la onda.

9.14 Un pulso débil de presión Δp se propaga en aire en calma. Discutir el tipo de pulso que se refleja y cuál es la condición de contorno que debe satisfacerse cuando el pulso se acerca normalmente a la superficie y después se refleja en (*a*) una pared sólida y (*b*) en la superficie libre de un líquido.

9.15 El flujo de un gas a alta velocidad tiene $V = 2500$ ft/s, $p = 20$ lbf/in^2 y $T = 400°$ F. Calcular la presión y temperatura que tendría el gas si se llevase al reposo isentrópicamente, para (*a*) aire, (*b*) argón y (*c*) vapor.

9.16 Un gas fluye con $V = 300$ m/s, $p = 100$ kPa y $T = 150°$ C. Calcular la velocidad máxima que este gas puede conseguir mediante una expansión adiabática, para (*a*) aire, (*b*) helio.

9.17 El avión Concorde vuela a $M = 2{,}2$ y 12 000 m de altura estándar. Estimar la temperatura del aire en grados centígrados en su punto de remanso frontal. ¿A qué número de Mach debería volar para que la temperatura en este punto de remanso fuese de 430° C?

9.18 Se ensaya el modelo de un avión en un túnel a $M = 2{,}5$. El túnel está alimentado por un depósito cuya presión y temperatura son $1{,}4 \times 10^6$ Pa y 235° C, respectivamente. Calcular (*a*) la presión; (*b*) la temperatura; (*c*) la velocidad, y (*d*) el gasto másico por unidad de área en la sección de ensayos.

9.19 Para el flujo a bajas velocidades la presión de remanso puede calcularse de la ecuación de Bernoulli, $p_0 = p + \frac{1}{2}\rho V^2$. Para el flujo de un gas perfecto a altas velocidades debe usarse la ecuación (9.28*a*). Mostrar que la ecuación (9.28*a*) admite el desarrollo en serie siguiente:

$$p_0 = p + \frac{1}{2}\rho V^2\left(1 + \frac{1}{4}\,\mathrm{Ma}^2 + \frac{2-\gamma}{24}\,\mathrm{Ma}^4 + \cdots\right)$$

Para $\gamma = 1{,}4$, ¿a qué número de Mach difiere $p_0 - p$ un 5 por 100 del valor incompresible? Suponga que un tubo pitot mide $p_0 - p$ en flujo subsónico y que la velocidad se determina mediante la aproximación $V^2 = 2(p_0 - p)/\rho_0$. ¿A qué número de Mach tendrá este cálculo un error del 2 por 100?

9.20 Por un conducto fluye aire isentrópicamente. En la sección 1 se tiene $\mathrm{Ma}_1 = 0{,}6$, $T_1 = 250°$ C y $p_1 = 300$ kPa. En la sección 2 es $\mathrm{Ma}_2 = 3{,}1$. Calcular (*a*) p_2, (*b*) T_2 y (*c*) ρ_{02}.

9.21 El gas almacenado en un depósito a 700 kPa y 260° C se expande isentrópicamente a través de una tobera hasta velocidad sónica. Calcular los valores sónicos p^*, T^* y V^* si el fluido es (*a*) aire y (*b*) vapor de agua.

9.22 Un tubo pitot estático se sitúa en corriente subsónica de aire y se mide $p_0 = 120$ kPa, $p = 80$ Pa y $T_0 = 100°$ C. Calcular la velocidad del aire suponiendo (*a*) flujo compresible y (*b*) flujo incompresible.

9.23 A través de un conducto fluye aire adiabáticamente. En una sección se tiene $V_1 = 120$ m/s, $T_1 = 90°$ C y $p_1 = 240$ kPa, mientras que aguas abajo $V_2 = 330$ m/s y $p_2 = 120$ kPa. Calcular (*a*) Ma_2, (*b*) $U_{\text{máx}}$ y (*c*) p_{02}/p_{01}.

9.24 Un avión vuela a 6000 m de altura estándar. La temperatura del aire en el punto de remanso frontal es de 150° C. Determinar la velocidad del avión en km/h.

9.25 La temperatura del aire en la sección de salida de una tobera es de 60° C y la velocidad de 360 m/s. ¿Cuál

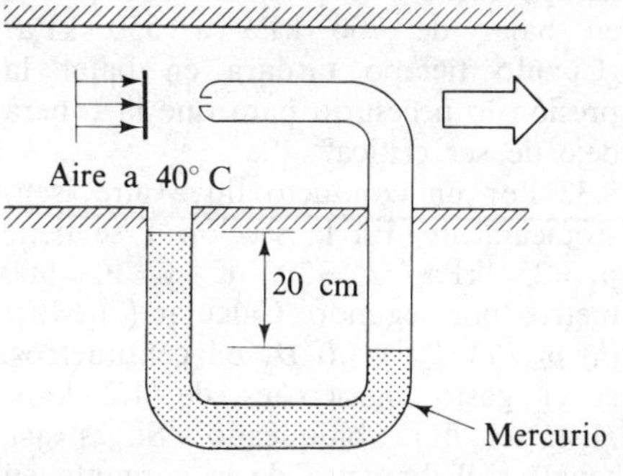

Fig. P9.26

es el número de Mach y la temperatura de remanso en esta sección? Si el flujo en la tobera es adiabático, ¿cuánto vale el número de Mach aguas arriba donde $T = 90°$ C?

9.26 Si se sabe que la velocidad del aire en un conducto es de 230 m/s, utilice la medida del manómetro de mercurio de la figura P9.26 para determinar la presión estática en el conducto.

9.27 Mostrar que para el flujo isentrópico de un gas perfecto la velocidad del gas puede calcularse mediante

$$V^2 = 2c_p T_0 \left[1 - \left(\frac{p}{p_0} \right)^{(\gamma-1)/\gamma} \right]$$

si un tubo estático de pitot mide p_0, p y T_0. ¿Cuál será la fuente de error si se forma una onda de choque delante del tubo de pitot?

9.28 Desde un depósito, donde $p = 300$ kilopascales y $T = 500$ K, fluye aire isentrópicamente hacia un conducto, donde en la sección 1 se tiene $A_1 = 0{,}2$ metros cuadrados y $V_1 = 600$ m/s. Calcular (*a*) Ma_1; (*b*) T_1; (*c*) p_1; (*d*) $\dot{m}$, y (*e*) A^*. ¿Está bloqueado el flujo?

9.29 El aire de un depósito a 700 kPa y 15° C se descarga a la atmósfera, donde $p_a = 100$ kPa, a través de una tobera convergente de 0,65 cm^2 de área mínima. Calcular el gasto másico inicial.

9.30 Repetir el problema 9.29 si tenemos vapor a 700 kPa y 230° C.

9.31 Si el volumen del depósito en el problema 9.29 es de 1,5 m^3, ¿cuánto tiempo tardará la presión del depósito en bajar de 700 kPa a 550 kPa? ¿Cuánto tiempo tardará en bajar la presión lo necesario para que la tobera deje de ser crítica?

9.32 Por un conducto fluye aire isentrópicamente. En la sección 1 se tiene $p_1 = 25$ kPa, $T_1 = 300°$ K y $V_1 = 900$ metros por segundo. Calcular (*a*) Ma_1; (*b*) p_0; (*c*) T_0, y (*d*) D_1 en centímetros, si el gasto másico es de 1,2 kg/s. ¿Está el flujo bloqueado? Si es así, ¿cuál es el diámetro de la garganta en centímetros?

9.33 Se expande aire isentrópicamente desde $p_0 = 1000$ kPa y $T_0 = 90°$ C hasta una sección donde $A_1 = 20$ cm^2 y $p_1 = 30$ kPa. Calcular (*a*) Ma_1; (*b*) V_1; (*c*) el área de la garganta, y (*d*) $\dot{m}$. En la sección 2, entre la garganta y la sección 1, el área es 10 cm^2. ¿Cuánto vale Ma_2?

9.34 Suponga que se añade a la tobera convergente del problema 9.29 una tobera divergente de área de salida 2,5 cm^2. Calcular el nuevo gasto másico inicial. ¿Será el flujo de salida subsónico o supersónico?

9.35 Las magnitudes fluidas en un punto aguas arriba de la garganta de una tobera convergente-divergente son $V_1 = 200$ m/s, $T_1 = 300$ K y $p_1 = 125$ kPa. Si el flujo a la salida es supersónico, calcular, con la teoría isentrópica, (*a*) $\dot{m}$ y (*b*) A_1. El área de la garganta es 25 cm^2.

9.36 El área mínima de un túnel transónico para ensayos disminuye porque el efecto de bloqueo del modelo puede ser importante. Suponga que en la sección de ensayos el número de Mach es 1,1 y el área de la sección 1 ft^2, para aire con $T_0 = 427°$ R. De acuerdo con la teoría unidimensional, determinar el porcentaje de incremento de velocidad en la sección de ensayos si el valor del área de la sección transversal del modelo es 0,005 ft^2 (0,5 por 100 de bloqueo).

9.37 En el problema 3.34 no conocíamos nada acerca del flujo compresible, de modo que suponíamos conocidas las condiciones p_2 y T_2 a la salida y calculábamos V_2 como una aplicación de la ecuación de la continuidad. Suponga que el diámetro de la garganta es 3 in. Para las condiciones de remanso dadas en la cámara del cohete de la figura P3.34 y suponiendo $\gamma = 1{,}4$ y un peso molecular de 26, calcular, de acuerdo con la teoría unidimensional, la velocidad de salida, presión y temperatura. Si $p_a = 14{,}7$ lbf/in^2, calcular el empuje de acuerdo con el análisis del problema 3.68. El empuje es independiente de la temperatura de remanso (compruébelo, si lo desea, cambiando T_0 por 2000° R). ¿Por qué?

9.38 Para el flujo de aire en un conducto convergente-divergente, con salida supersónica, se tiene $p_0 = 200$ lbf/in², y el área de la garganta es 1 in². Determinar la presión en las dos secciones, una en cada lado de la garganta, donde $A = 2$ in².

9.39 Las condiciones aguas arriba de una onda de choque normal son $V_1 = 600$ m/s, $T_{01} = 500$ K, $p_{01} = 700$ kPa. Calcular las condiciones aguas abajo Ma_2, V_2, T_2, p_2 y p_{02}. El fluido es aire.

9.40 Por una tobera convergente-divergente fluye aire desde un depósito, donde $p_0 = 400$ kPa. El área de la garganta es 10 cm². Donde el área es $A = 15$ cm² se sitúa una onda de choque normal. Calcular la presión inmediatamente aguas abajo de esta onda.

9.41 Calcular, para el problema 9.40, la presión y el número de Mach en una sección aguas abajo de la onda de choque donde $A = 30$ cm².

9.42 Un depósito muy grande con aire, a la presión $p_0 = 200$ lbf/in², se descarga a la atmósfera, donde $p_a = 14{,}7$ lbf/in², a través de una tobera convergente-divergente de 1 in² de área mínima. ¿Cuál es el área de salida de la tobera para la que (*a*) la presión de salida coincide con la atmosférica y (*b*) en la sección de salida hay una onda de choque normal?

9.43 Las condiciones aguas arriba de una onda de choque normal son $V_1 = 800$ m/s, $p_1 = 100$ kPa y $T_1 = 300$ K. ¿Cuánto valen V_2 y p_2 aguas abajo? ¿Cuánto valdría p_2 si el cambio de V_1 a V_2 se hubiese realizado isentrópicamente? El fluido es aire.

9.44 Si el tubo pitot del problema 9.22 se introduce en una corriente supersónica de aire, delante del orificio del tubo se sitúa una onda de choque normal. Suponga que con la sonda se lee $p_0 = 177$ kPa, $p = 152$ kPa y $T_0 = 300$ K. ¿Cuánto valen el número de Mach (supersónico) y la velocidad aguas arriba de la onda de choque?

9.45 Una explosión atómica genera una onda de choque que se propaga en aire en reposo a 14,7 lbf/in² y 520° R. La presión inmediatamente detrás de la onda de choque es 5000 lbf/in². Suponiendo $\gamma = 1{,}4$, ¿cuál es la velocidad C de la onda y la velocidad V del fluido inmediatamente detrás de ella?

9.46 La onda de choque normal debida a una explosión se propaga a 1000 m/s en aire en reposo a 20° C y 101 kPa. ¿Cuánto valen la presión, velocidad y temperatura detrás de la onda?

9.47 El aire de un depósito muy grande está a 100° F y 20 lbf/in², y se descarga a la atmósfera a través de una tobera convergente de 1 in² de área mínima. Calcular $\dot{m}$ en libras por segundo si la presión atmosférica es (*a*) 14,7 lbf/in², (*b*) 10 lbf/in² y (*c*) 1 lbf/in².

9.48 En un depósito hay aire a 120 kilopascales y 300 K y se descarga a la atmósfera a través de una tobera convergente de 5 cm² de área mínima a un ritmo de 0,12 kg/s. ¿Cuánto vale la presión ambiente? ¿Cuál es el máximo gasto posible a presiones ambientales más bajas?

9.49 El sistema de dos depósitos de la figura P9.49 tiene dos toberas convergentes idénticas de 1 in² de área mínima. El depósito 1 es muy grande y el 2 es lo bastante pequeño como para poder suponer iguales los gastos de entrada y salida. El flujo en las toberas es isentrópico, pero la entropía aumenta entre 1 y 3 a causa de la disipación debida al chorro en el depósito 2. Calcular el gasto másico (si no sabe hacer-

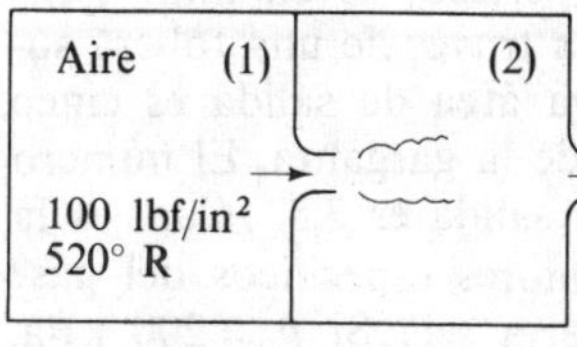

Fig. P9.49

lo, consulte la referencia 14, págs. 312-314, que contiene una buena exposición del tema).

9.50 Con referencia al problema 3.68, mostrar que el empuje de un cohete en el vacío está dado por

$$F=\frac{p_0 A_e(1+\gamma \mathrm{Ma}_e^2)}{\left(1+\dfrac{\gamma-1}{2}\mathrm{Ma}_e^2\right)^{\gamma/(\gamma-1)}}$$

donde A_e = área de salida

Ma_e = número de Mach a la salida

p_0 = presión de remanso en la cámara de combustión

Obsérvese que la temperatura de remanso no interviene en el empuje.

9.51 Una tobera supersónica con un área de salida de 8 cm^2 descarga aire con Ma = 2,5, p = 101 kPa y T = 300 K. Calcular (*a*) la velocidad de salida, (*b*) p_0, (*c*) T_0, (*d*) el área de la garganta y (*e*) el gasto másico.

9.52 Por una tobera convergente-divergente de 1 in^2 de área mínima y 4 in^2 de área de salida fluye aire con p_0 = 100 lbf/in² y T_0 = 800° R. Calcular el gasto másico, presión de salida y número de Mach de salida si el flujo a la salida es (*a*) subsónico y (*b*) supersónico.

9.53 Suponga que el flujo en la tobera del problema 9.52 no es isentrópico, por tener una onda de choque normal donde el área es 2,5 in². Calcule de nuevo $\dot{m}$, p_e y Ma_e.

9.54 ¿Para qué margen de presiones de salida habrá una onda de choque normal en alguna sección de la tobera del problema 9.52?

9.55 Un gas perfecto se expande isentrópicamente a través de una tobera supersónica cuya área de salida es cinco veces el área de la garganta. El número de Mach a la salida es 3,8. ¿Cuál es la relación de calores específicos del gas? ¿Qué gas podría ser? Si p_0 = 200 kPa, ¿cuál es la presión de salida?

9.56 Un flujo de aire con p_0 = 300 kPa y T_0 = 500° R pasa a través de una tobera convergente-divergente, cuya área de la garganta es 1 cm² y área de salida 4 cm², a un depósito, siendo el gasto másico de 195,2 kg/h. ¿Para qué margen de presiones en el depósito es posible este gasto?

9.57 Un neumático de automóvil contiene 2,5 ft³ de aire a 50 lbf/in² y 520° R. Si se pincha con un agujero, de 0,03 in de diámetro, que se asimila a una tobera convergente, determinar el tiempo que tarda en bajar la presión del neumático a 30 lbf/in². La presión atmosférica es 14,7 lbf/in².

9.58 El motor de un cohete espacial da un empuje de 1 millón de libras cuando la tobera funciona adaptada en su punto de diseño ($p_e = p_a$). Si la presión y temperatura en la cámara son 500 lbf/in² y 5000° R, respectivamente, y el gas puede suponerse aire con γ = 1,4, calcular en pies el diámetro de la garganta del motor.

9.59 A través de una tobera supersónica, con A_t = 1 cm² y A_3 = 3 cm², fluye aire con T_0 = 600 K. El gasto másico es 148,5 kg/h. Un tubo de pitot estático situado en la sección de salida mide p_0 = 200 kPa y p = 191,5 kPa. ¿Cuál es la velocidad de salida? ¿Hay alguna onda de choque normal en la tobera? Si es así, ¿cuál es el número de Mach inmediatamente aguas arriba de la onda?

9.60 En un tubo de 1 in de diámetro y 40 ft de largo entra aire con V_1 = 240 ft/s, p_1 = 80 lbf/in² y T_1 = 600° R y fluye adiabáticamente, con fricción. El coeficiente de fricción es 0,022. Calcular V_2, p_2, T_2 y p_{02} al final del tubo. ¿Cuánto habría que alargar el tubo para que el flujo a la salida fuese sónico?

9.61 En un tubo, con L/D = 40, entra aire con V_1 = 200 m/s y T_1 = 300 K. El flujo a la salida está bloqueado. ¿Cuál es el coeficiente de fricción medio del conducto si el flujo es adiabático?

9.62 El aire de un depósito, p_0 = 100 lbf/in² y T_0 = 520 K, fluye a través de una tobera convergente hacia un tubo de 1 in de diámetro. ¿Cuál será el gasto másico si la longitud del tubo es (*a*) 0 ft, (*b*) 1 ft y (*c*) 10 ft? Suponga $\bar{f}=0{,}025$. La presión fuera del conducto es despreciable.

9.63 En el problema 9.62, ¿qué longitud de tubo se necesita para que el gasto sea 10 slugs/h?

9.64 En un tubo cuadrado de 5 × 5 cm entra aire con $V_1=900$ m/s y $T_1=300$ K. El coeficiente de fricción es 0,018. ¿Para qué longitud del tubo se decelerará el flujo hasta Ma = 1? Si la longitud del tubo es de 2 m, ¿habrá una onda de choque en el tubo? Si es así, ¿cuál es el número de Mach aguas arriba de esta onda?

9.65 En un conducto de 4 cm de diámetro y $\bar{f}=0{,}025$ entra aire con $p_0=150$ kPa, $T_0=400$ K y $V_1=120$ m/s. Para flujo adiábatico calcular (*a*) la longitud máxima del conducto para estas condiciones, (*b*) el gasto másico y la presión de remanso a la salida si la longitud del tubo es de 5 m y (*c*) el valor reducido del gasto másico cuando $L=20$ m.

9.66 En un tubo de 0,5 in de diámetro entra aire subsónicamente con $p_1=60$ lbf/in^2 y $T_1=600°$ R. La longitud del tubo es 20 ft, $\bar{f}=0{,}022$ y la presión en el depósito donde descarga el tubo 20 lbf/in^2. Calcular el gasto másico suponiendo (*a*) flujo isotermo y (*b*) flujo adiabático.

9.67 Hemos sido incapaces de encontrar una fórmula, análoga a la ecuación (9.75), que relacionase para flujo adiabático el gasto másico con la caída de presión, pero se puede obtener la fórmula siguiente que relaciona las densidades en el flujo adiabático en un conducto:

$$\rho_1^2=\rho_2^2+\rho^{*2}\left(\frac{2\gamma}{\gamma+1}\frac{\bar{f}L}{D}+2\ln\frac{\rho_1}{\rho_2}\right)$$

Compruebe que esta fórmula es correcta. ¿Cuál es la desventaja de utilizarla para predecir el gasto másico en función del cambio de densidades?

9.68 En un tubo de fundición de 1 in de diámetro y 20 ft de largo entra aire con $V_1=200$ ft/s, $p_1=40$ lbf/in^2 y $T_1=520°$ R. Calcular la presión a la salida y el gasto másico usando el diagrama de Moody para determinar el coeficiente de fricción.

9.69 Ha de transportarse aire a 320 K a través de un tubo de 300 m de largo. Si $\bar{f}=0{,}025$, ¿cuál es el diámetro mínimo de un conducto que pueda transportar el flujo sin que haya bloqueo para $V_1=$(*a*) 50 m/s, (*b*) 100 m/s, (*c*) 400 m/s? Suponga flujo adiabático.

9.70 Una mezcla de aire-combustible, que se supone equivalente a aire, entra en una cámara de combustión con $V_1=100$ m/s y $T_1=400$ K. ¿Para qué cantidad de calor en kilojulios por kilogramo el flujo de salida estará bloqueado? ¿Cuál será el número de Mach y la temperatura a la salida si se añaden 1000 kJ/kg durante la combustión?

9.71 ¿Qué le ocurre al flujo de entrada del problema 9.70 si se añaden 2000 kJ/kg de calor siendo p_{01} y T_{01} los mismos? ¿Cuánto se reduce el gasto másico?

9.72 En un tubo de 4 in de diámetro entra aire a 15 lbf/in^2, 70° F y 200 ft/s. Suponiendo flujo sin fricción, ¿qué calor en Btu por libra y qué flujo de calor en Btu por segundo son necesarios para que la temperatura a la salida sea 1200° F ¿Cuánto valdrán la presión, velocidad y número de Mach a la salida?

9.73 Un motor de reacción que se mueve a 900 ft/s a 20 000 ft de altura estándar toma 100 lb/s de aire y se añaden 200 Btu/lb en la cámara de combustión. El área del conducto de la cámara es 5 ft^2 y el aire entra en la cámara a 12 lbf/in^2 y 500° R. Después de la combustión el aire se expande isentrópicamente, a través de una tobera convergente, hasta la presión atmosférica a la salida. Determinar (*a*) el diámetro de la garganta de la tobera, (*b*) la velocidad en la sección de salida y (*c*) el empuje producido por el motor.

9.74 En una cámara de combustión entra aire a 100 m/s, 300 K y 80 kPa. La combustión le proporciona al aire 500 kJ/kg. ¿Cuál será la velocidad y el número de Mach a la salida y la caída de la presión de remanso? ¿Qué adición de calor bloqueará al flujo?

9.75 Un observador, que está al nivel del mar, no oye a un avión volando a 6000 m de altura hasta que lo sobrepasa en 11 km. Determinar el número de Mach y la velocidad del avión.

9.76 Una partícula que se mueve hacia la izquierda a velocidad uniforme en aire estándar al nivel del mar genera las dos esferas de perturbación mostradas en la figura P9.76. Calcular el Ma y V de la partícula.

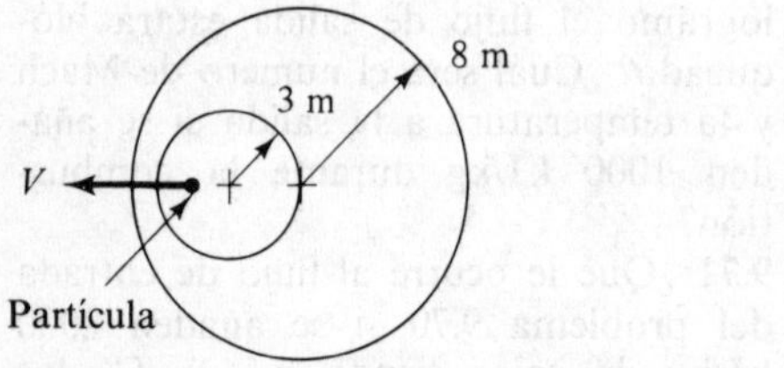

Fig. P9.76

9.77 Repetir el problema 9.76 para las dos esferas de perturbación mostradas en la figura P9.77. ¿Cuál es el ángulo de Mach?

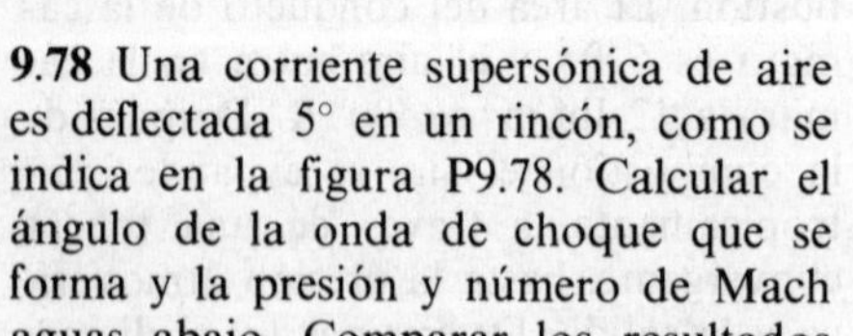

Fig. P9.77

9.78 Una corriente supersónica de aire es deflectada 5° en un rincón, como se indica en la figura P9.78. Calcular el ángulo de la onda de choque que se forma y la presión y número de Mach aguas abajo. Comparar los resultados con los de la teoría de pequeñas perturbaciones.

9.79 Una corriente supersónica se deflecta 5° en una esquina, como muestra la figura P9.79. Calcular el número de

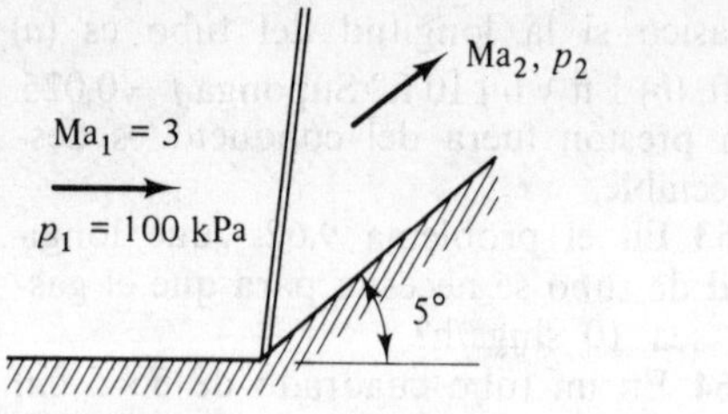

Fig. P9.78

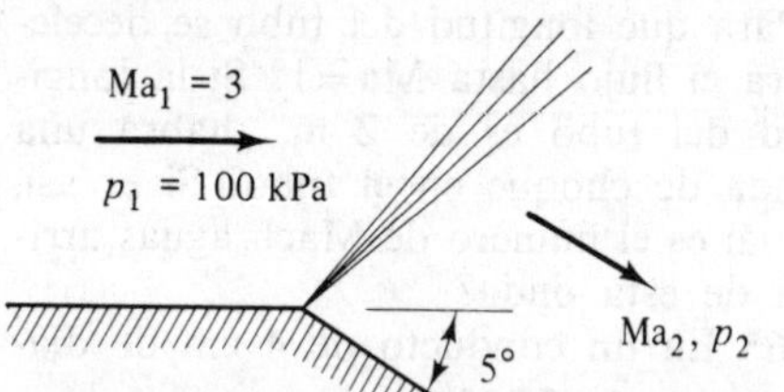

Fig. P9.79

Mach y la presión aguas abajo de la esquina y comparar con la teoría de pequeñas perturbaciones.

9.80 Un termistor en forma de aguja situado en una corriente supersónica mide una temperatura estática de −10° F. La sonda origina una perturbación cónica de semiángulo 25°. Determinar el número de Mach, velocidad y la temperatura de remanso de la corriente.

9.81 ¿Pueden interaccionar con una onda de choque oblicua las ondas de Mach aguas arriba de la misma? Suponiendo flujo supersónico aguas abajo de una onda de choque oblicua, ¿pueden interaccionar con ella las ondas de Mach en esta región? Demostrar que, para pequeños ángulos de deflexión θ, el ángulo β de la onda de choque está comprendido entre μ_1 y $\mu_2 + \theta$ para cualquier número de Mach.

9.82 Un flujo supersónico con $\text{Ma}_1 = 3$ y $p_1 = 100$ kPa se comprime isentrópicamente como consecuencia de la deflexión gradual total a 20° de una pared. A continuación se expande isentrópicamente alrededor de una esquina los mismos 20°. ¿Coincidirán las condiciones finales con las iniciales? ¿Qué ocurrirá si se hace primero la expansión y después la compresión?

9.83 Hacia una rampa de compresión fluye aire, como se indica en la figura P9.83. Una protuberancia en el punto *a* de la pared origina una onda con un ángulo de 30°, mientras que la onda de choque que se genera forma un ángulo de 50°. ¿Cuál es (*a*) el ángulo θ de la rampa y (*b*) el ángulo ϕ de la onda originada por la protuberancia en *b*?

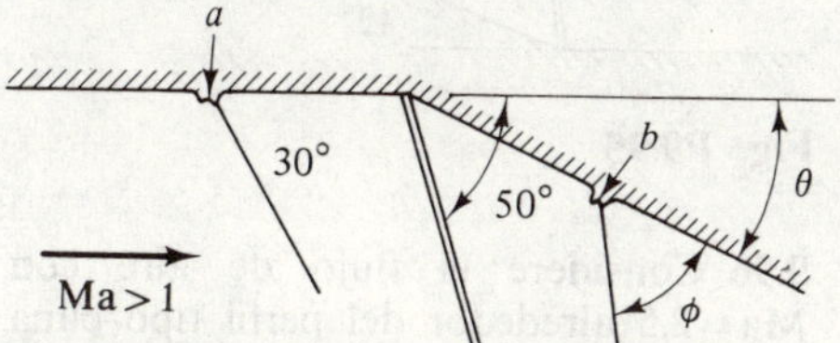

Fig. P9.83

9.84 Hacia una cuña de 16° fluye aire con ángulo de ataque nulo, Ma = 3 y $p = 10$ lbf/in², figura P9.84. Si el vértice de la cuña apunta hacia la corriente, ¿cuál será la presión en *A*? Si el vértice de la cuña apunta en la dirección de la corriente, ¿cuál será la presión en el punto *B*?

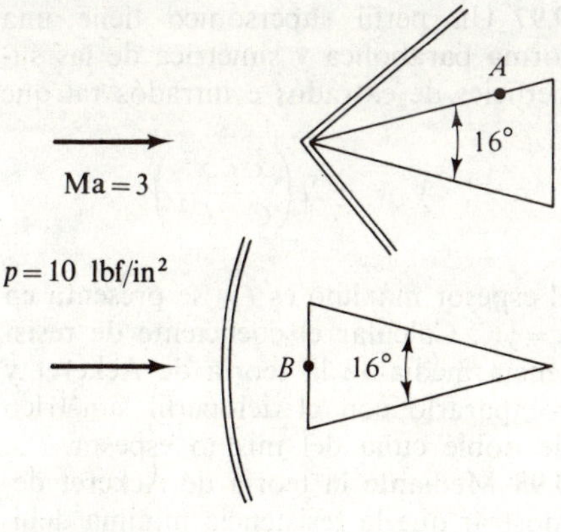

Fig. P9.84

9.85 Cuando una onda de choque oblicua alcanza una pared sólida, se refleja como otra onda oblicua de la intensidad suficiente para que el flujo de salida Ma_3 sea paralelo a la pared. Para las condiciones de la figura P9.85, ¿cuánto vale el número de Mach Ma_3 y el ángulo ϕ si el fluido es aire?

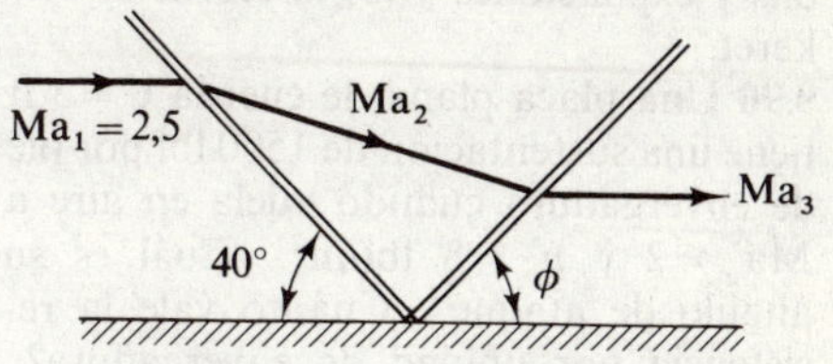

Fig. P9.85

9.86 Si en el problema 9.85 la presión de la corriente incidente es $p_1 = 100$ kilopascales, ¿cuál es la presión p_3 a la salida?

9.87 Una tobera convergente-divergente, con una relación área de salida a área mínima de 4 : 1 y $p_0 = 50$ kPa, opera con flujo sobreexpansionado (caso *I* de la Fig. 9.12) como muestra la figura P9.87. La presión fuera es $p_a = 10$ kPa, menor que la presión en la sección de salida de la tobera, de modo que se forman ondas de expansión exteriores. Para las condiciones dadas, ¿cuál deberá ser el número de Mach Ma_2 y el ángulo ϕ del borde del chorro? Suponga $\gamma = 1{,}4$.

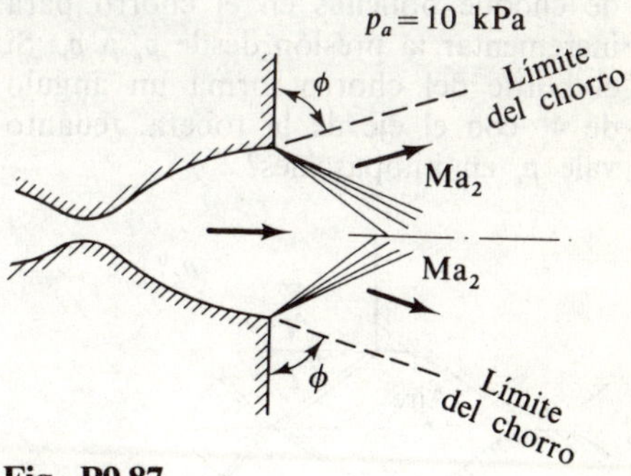

Fig. P9.87

9.88 Un flujo de aire con $Ma_1 = 3$ se deflecta 20° mediante una onda de choque oblicua. ¿Qué ángulo de expansión isentrópica se necesita para que el flujo vuelva a tener (*a*) el mismo Ma_1; (*b*) la misma presión p_1?

9.89 Considere un flujo de aire con $Ma_\infty = 3$ y $p_\infty = 100$ kPa sobre una placa plana con ángulo de ataque $\alpha = 6°$. Calcular los coeficientes de sustentación y resistencia mediante (*a*) la teoría de ondas y expansiones y (*b*) la teoría de Ackeret.

9.90 Una placa plana de cuerda $C = 3$ ft tiene una sustentación de 1500 lbf por pie de envergadura cuando vuela en aire a $Ma_\infty = 2$ y $p_\infty = 8$ lbf/in^2. ¿Cuál es su ángulo de ataque? ¿Cuánto vale la resistencia por unidad de envergadura?

9.91 Repetir el ejemplo 9.21 para un ángulo de ataque de 4°. ¿Es lineal con α el coeficiente de sustentación en el margen entre 0 y 8°? ¿Es parabólico con α el coeficiente de resistencia en este margen?

9.92 Repetir el ejemplo 9.21, suponiendo que la doble-cuña es asimétrica, la anterior con un ángulo de 5° y la posterior de 3°.

9.93 Si el cuerpo de la figura 9.28 fuese una cuña en lugar de un cono, ¿cuál sería (*a*) el ángulo de la onda y (*b*) el número de Mach en la superficie?

9.94 La tobera supersónica de la figura P9.94, con $A_e/A_t = 3$, opera con flujo subexpansionado (caso *G* de la figura 9.12). La presión en el depósito es de 300 kPa. Se forma un sistema de ondas de choque oblicuas en el chorro para incrementar la presión desde p_e a p_r. Si el borde del chorro forma un ángulo de 4° con el eje de la tobera, ¿cuánto vale p_r en kilopascales?

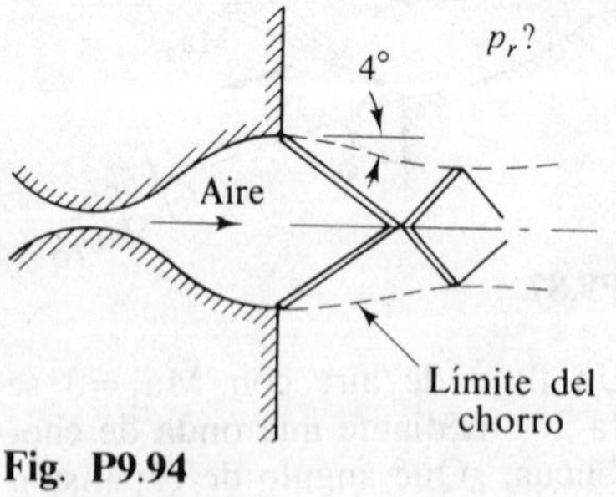

Fig. P9.94

9.95 Un flujo de aire con Ma = 2,2 se comprime primero a causa de un rincón de 12° y posteriormente a causa de otro cuyo ángulo es θ, figura P9.95. ¿Cuál es el valor máximo de θ para que la segunda onda esté adherida? ¿Se cortarán las dos ondas para algún θ menor que $\theta_{máx}$?

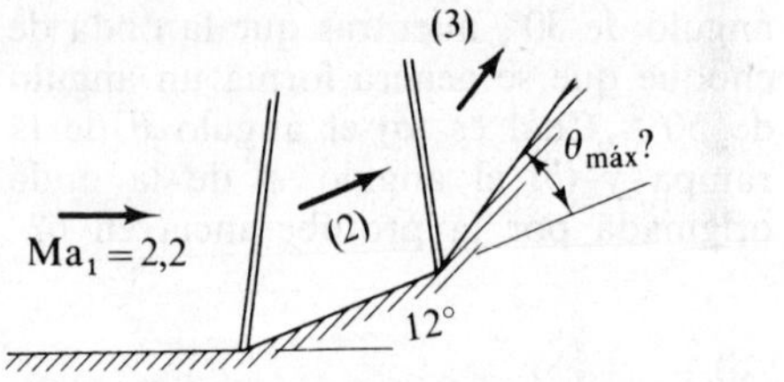

Fig. P9.95

9.96 Considere el flujo de aire con Ma = 2,5 alrededor del perfil tipo cuña de ángulos de 4°, que muestra la de la figura P9.96. Calcular los coeficientes de sustentación y resistencia cuando

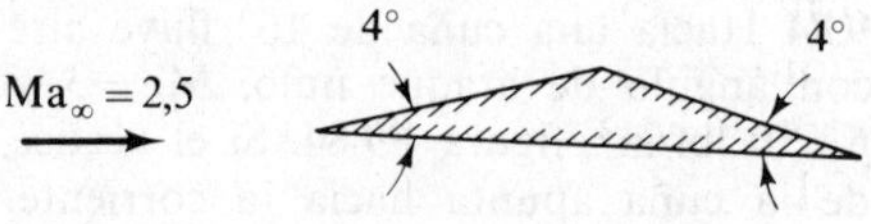

Fig. P9.96

$\alpha =$ (*a*) 0° y (*b*) 5°. Comparar los resultados con los de la teoría de Ackeret.

9.97 Un perfil supersónico tiene una forma parabólica y simétrica de las superficies de extradós e intradós tal que

$$y_{u,l} = \pm 2t\left(\frac{x}{C} - \frac{x^2}{C^2}\right)$$

el espesor máximo es *t* y se presenta en $x = \frac{1}{2}C$. Calcular el coeficiente de resistencia mediante la teoría de Ackeret y compararlo con el del perfil simétrico de doble cuña del mismo espesor.

9.98 Mediante la teoría de Ackeret demostrar que la resistencia mínima debida al espesor, para un perfil supersónico de forma dada con bordes de ataque y salida agudos y espesor dado, corresponde a una doble cuña simétrica.

CAPITULO 10

FLUJO EN CANALES ABIERTOS

10.1 INTRODUCCION

Puede decirse que el flujo en canales abiertos es, simplemente, el movimiento con superficie libre de un líquido en un conducto. Hay muchos ejemplos prácticos, tanto artificiales (acueductos, aliviaderos, canales, vertederos, zanjas de drenaje, alcantarillas) como naturales (arroyos, ríos, estuarios, inundaciones). Este capítulo introduce el análisis elemental de estos flujos, que están dominados por los efectos de la gravedad.

La presencia de la superficie libre, que está normalmente a la presión atmosférica, ayuda y complica a la vez el análisis. Ayuda porque la presión puede considerarse constante a lo largo de la superficie libre, la cual es entonces equivalente a la línea piezométrica (LP) del flujo. A diferencia del movimiento en conductos cerrados, el gradiente de presiones no interviene en canales abiertos, donde el balance de fuerzas se restringe a la gravedad y fricción[1]. La superficie libre complica el análisis porque su forma es desconocida a priori: la profundidad cambia cuando cambian las condiciones y debe de determinarse como parte de la solución, especialmente en problemas no estacionarios con movimiento de ondas.

Antes de proseguir haremos notar, aquí también, que hay libros enteros escritos sobre hidráulica de canales abiertos [1-4]. También hay textos especializados en movimiento de ondas [5, 6] y de aspectos ingenieriles de corrientes costeras con superficies libres [7]. El presente capítulo es sólo una introducción a tratamientos más amplios y detallados.

La aproximación unidimensional

Un canal abierto presenta siempre dos paredes laterales y la solera, donde el fluido satisface la condición de no deslizamiento. Como consecuencia, incluso un canal recto tiene una distribución tridimensional de velocidades. En la figura 10.1 se muestran las líneas de velocidad constante correspondientes a medidas realizadas en canales rectos. Los perfiles son bastante complejos, es típico que la velocidad máxima se presente en el

[1] La tensión superficial es generalmente poco importante, porque los canales abiertos son normalmente bastante grandes y tienen un número de Weber alto.

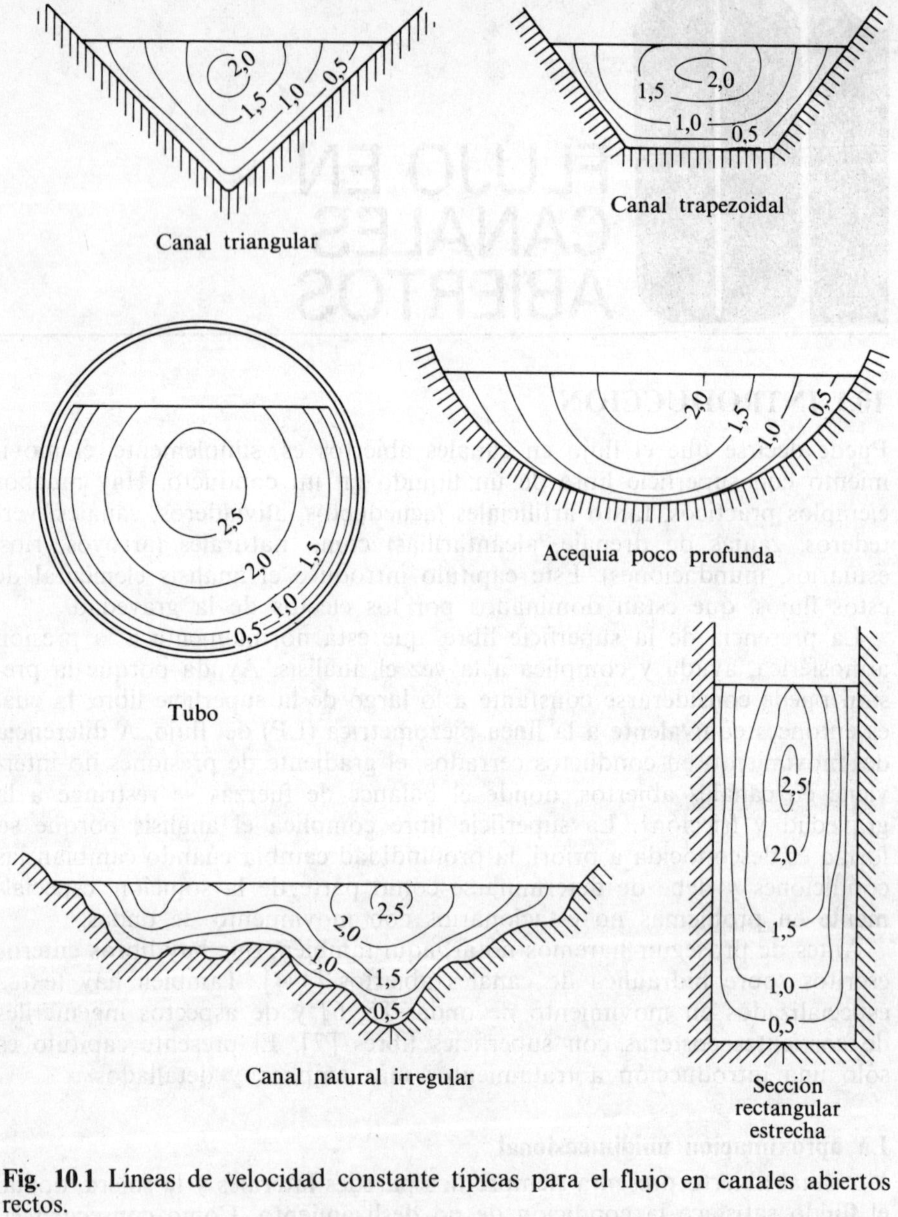

Fig. 10.1 Líneas de velocidad constante típicas para el flujo en canales abiertos rectos.

plano central un 20 por 100 por debajo de la superficie libre. En canales muy anchos y poco profundos la velocidad máxima se presenta cerca de la superficie, y el perfil de velocidades es aproximadamente logarítmico desde la base a la superficie libre, como en la ecuación (6.93). En canales no circulares hay movimientos secundarios similares a los de la figura 6.18 para flujos en conductos cerrados. Si el canal tiene curvas o meandros, los movimientos secundarios se intensifican a causa de los efectos centrífugos, apareciendo velocidades más altas cerca del borde exterior del codo. Los canales naturales curvados están sometidos a fuerte erosión en la solera y a efectos de acumulación de depósitos.

Se ha hecho poco trabajo teórico sobre distribuciones de velocidad como las de la figura 10.1. En cambio, la aproximación ingenieril consiste en considerar movimiento unidimensional con una velocidad media $V(x)$ en cada sección transversal $A(x)$, donde x es la distancia a lo largo del canal. Puesto que las variaciones de densidad son despreciables en el movimiento de líquidos a bajas velocidades, el gasto volumétrico Q es constante a lo largo del canal en movimiento estacionario según se deduce de la ecuación de la continuidad

$$Q = V(x)A(x) = \text{const} \tag{10.1}$$

Una segunda relación entre la velocidad y el espesor se obtiene de la ecuación de Bernoulli incluyendo las pérdidas por fricción. Si los puntos 1 (aguas arriba) y 2 (aguas abajo) están en la superficie libre, $p_1 = p_2 = p_a$ y, para movimiento estacionario, tenemos

$$\frac{V_1^2}{2g} + z_1 = \frac{V_2^2}{2g} + z_2 + h_f \tag{10.2}$$

donde h_f es la pérdida de carga por fricción. La fricción en la pared en el flujo en canales es bastante similar al del flujo estacionario en conductos y se puede correlacionar adecuadamente con el diagrama de Moody (Figura 6.13) o la fórmula

$$\frac{1}{f^{1/2}} = -2{,}0 \ \log\left(\frac{\varepsilon/D_h}{3{,}7} + \frac{2{,}51}{\mathrm{Re}_{D_h} f^{1/2}}\right) \tag{10.3}$$

para el flujo turbulento con una pared rugosa, donde $f = 8\tau_w/\rho V^2$ y D_h, el diámetro hidráulico es igual a $4A/P$. En muchos de los análisis de canales abiertos se utiliza el radio hidráulico R_h, igual a la cuarta parte del diámetro hidráulico

$$R_h = \tfrac{1}{4}D_h = \frac{A}{P} \tag{10.4}$$

La cantidad P es el *parámetro mojado*, que incluye los cajeros y la solera del canal pero no la superficie libre y por supuesto tampoco los cajeros por encima del nivel del agua. Por ejemplo, si un canal rectangular tiene una anchura b, una altura h y contiene una capa de agua de calado y, el perímetro mojado es

$$P = b + 2y \tag{10.5}$$

no $2b + 2h$.

Los canales abiertos son normalmente amplios y profundos y contienen agua que tiene una viscosidad baja; por tanto, casi siempre el movimiento es turbulento. El único flujo laminar en canales de importancia práctica es el movimiento de capas delgadas que aparecen cuando el agua de lluvia discurre por las calles y pistas de aeropuertos.

Clasificación del movimiento según la variación de la profundidad

El método más corriente de clasificar los movimientos en canales abiertos es según el grado de la profundidad. El caso más simple y más ampliamente analizado es el *flujo uniforme*, donde la profundidad permanece constante (y también la velocidad en movimiento estacionario). Las condiciones de flujo uniforme se tienen aproximadamente en canales de cauce recto, pendiente constante y sección constante. Un canal con flujo uniforme se dice que tiene su *profundidad normal* y_n, que es un parámetro de diseño importante.

Si la pendiente o la sección transversal del canal cambian o si hay una obstrucción en la corriente, la profundidad cambia y se dice que el movimiento es *variable*. El movimiento es *lentamente variable* si la aproximación unidimensional es válida y *rápidamente variable* si no lo es. Algunos ejemplos de este método de clasificación se muestran en la figura 10.2. Los tipos de flujo se pueden resumir como sigue:

1. Movimiento uniforme (profundidad y pendiente constantes).
2. Movimiento variable.
   a. Lentamente variable (unidimensional).
   b. Rápidamente variable (tridimensional).

Generalmente el movimiento uniforme está separado del rápidamente variable por una región de movimiento lentamente variable. El movimiento lentamente variable se puede analizar con una ecuación diferencial de primer orden (Sec. 10.6), pero el movimiento rápidamente variable requiere normalmente experimentación o teoría potencial tridimensional.

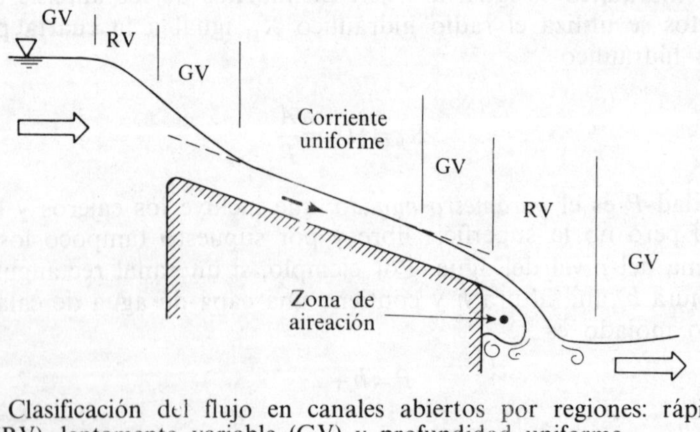

Fig. 10.2 Clasificación del flujo en canales abiertos por regiones: rápidamente variable (RV), lentamente variable (GV) y profundidad uniforme.

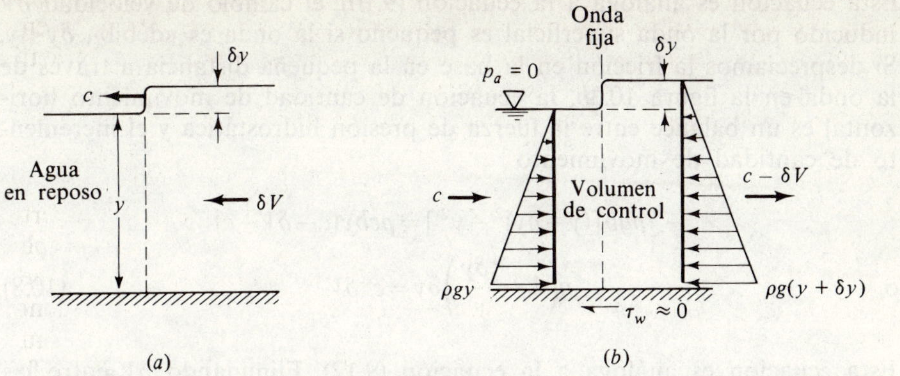

Fig. 10.3 Análisis de la propagación de una onda superficial infinitesimal en agua en reposo: (*a*) onda móvil, referencia no inercial; (*b*) onda fija, referencia inercial.

Clasificación del movimiento según el número de Froude

Una segunda clasificación muy interesante es según el valor del número adimensional de Froude, que para un canal rectangular muy ancho toma la forma $\mathrm{Fr} = V/(gy)^{1/2}$, donde y es la profundidad del agua. Los tres regímenes del movimiento son

$$\begin{aligned} &\mathrm{Fr} < 1{,}0 \quad \text{movimiento subcrítico} \\ &\mathrm{Fr} = 1{,}0 \quad \text{movimiento crítico} \\ &\mathrm{Fr} > 1{,}0 \quad \text{movimiento supercrítico} \end{aligned} \tag{10.6}$$

Como se ha mencionado en la sección 9.10, hay una gran analogía con el número de Mach para los tres regímenes del movimiento compresible: subsónico ($\mathrm{Ma} < 1$), sónico ($\mathrm{Ma} = 1$) y supersónico ($\mathrm{Ma} > 1$). Proseguiremos la analogía en la sección 10.4.

El denominador del número de Froude $(gy)^{1/2}$ es la velocidad de una onda superficial infinitesimal. Obtendremos esta velocidad haciendo referencia a la figura 10.3*a* , en la que se muestra una onda de altura δy propagándose a la velocidad c en un líquido en reposo. Para conseguir un régimen estacionario, fijamos los ejes a la onda como se muestra en la figura 10.3*b*, de modo que el agua en reposo respecto a tierra se mueve con respecto a estos ejes con una velocidad c hacia la derecha. La figura 10.3 es análoga a la figura 9.1, correspondiente al análisis de la velocidad del sonido de un fluido.

Para el volumen de control de la figura 10.3*b*, la ecuación de continuidad para movimiento unidimensional en un canal de anchura b es

$$\rho c y b = \rho (c - \delta V)(y + \delta y) b$$

o

$$\delta V = c \frac{\delta y}{y + \delta y} \tag{10.7}$$

Esta ecuación es análoga a la ecuación (9.10); el cambio de velocidad δV inducido por la onda superficial es pequeño si la onda es «débil», $\delta y \ll y$. Si despreciamos la fricción en la base en la pequeña distancia a través de la onda en la figura 10.3*b*, la ecuación de cantidad de movimiento horizontal es un balance entre la fuerza de presión hidrostática y el incremento de cantidad de movimiento

$$-\tfrac{1}{2}\rho g b[(y+\delta y)^2 - y^2] = \rho c b y(c - \delta V - c)$$

o

$$g\left(1+\frac{\frac{1}{2}\delta y}{y}\right)\delta y = c\ \delta V \tag{10.8}$$

Esta ecuación es análoga a la ecuación (9.12). Eliminando δV entre las ecuaciones (10.7) y (10.8), obtenemos la expresión de la velocidad de propagación de la onda

$$c^2 = gy\left(1+\frac{\delta y}{y}\right)\left(1+\frac{\frac{1}{2}\delta y}{y}\right) \tag{10.9}$$

De un modo análogo a lo expresado por la ecuación (9.13), cuanto mayor es la altura de la onda δy tanto mayor es c y más rápida es la onda. En el límite de una onda infinitesimal $\delta y \to 0$, la velocidad de propagación resulta

$$c_0^2 = gy \tag{10.10}$$

Esta es la velocidad de una onda superficial, equivalente a la velocidad del sonido a en un fluido, y, por tanto, el número de Froude en el flujo en canales $\mathrm{Fr} = V/c_0$ es análogo al número de Mach.

Como en dinámica de gases, el flujo en canales puede acelerarse desde movimiento subcrítico a crítico y a supercrítico y volver a ser movimiento subcrítico a través de una onda de choque normal llamada *resalto hidráulico* (Sec. 10.5). Esto se ilustra en la figura 10.4. El movimiento aguas arriba de la compuerta del canal es subcrítico. Se acelera a crítico y

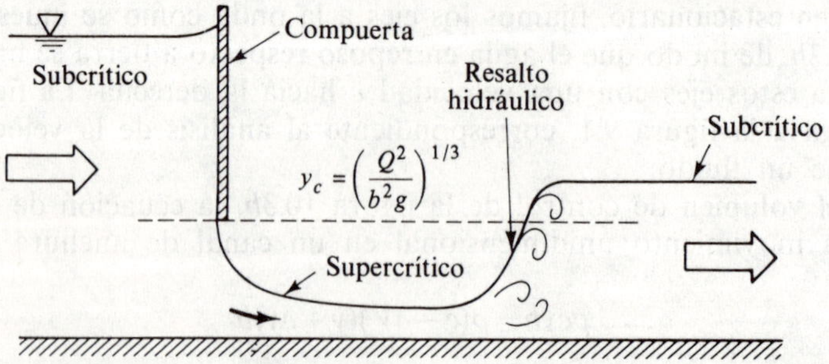

Fig. 10.4 El flujo bajo una compuerta se acelera de subcrítico a crítico y supercrítico y después vuelve, mediante un resalto, a subcrítico.

supercrítico cuando pasa por debajo de la compuerta, que hace el papel de una «tobera». Posteriormente, aguas abajo, la corriente pasa a subcrítica a través de una «onda de choque», porque la altura del «depósito» de aguas abajo es demasiado grande para mantener la corriente supercrítica. El lector puede observar la semejanza con el movimiento de gases en toberas que se muestran en la figura 9.12.

En la figura 10.4 se ha representado como referencia la profundidad crítica $y_c = (Q^2/b^2 g)^{1/3}$ por medio de una línea discontinua. Al igual que la profundidad normal y_n, y_c es un parámetro importante para caracterizar el flujo en canales abiertos (véase Sec. 10.4).

La referencia 8 contiene una excelente discusión de los distintos regímenes del movimiento en canales abiertos.

10.2 CORRIENTE UNIFORME; LA FORMULA DE CHÉZY

El movimiento uniforme puede darse en canales largos y rectos de sección y pendiente constante. El calado del agua es constante de valor $y = y_n$, y la velocidad $V = V_0$ también es constante. Sea $S_0 = \operatorname{tg}\theta$ la pendiente, donde θ es el ángulo que la solera del canal forma con la horizontal, considerada positiva para flujo de bajada. Con $V_1 = V_2 - V_0$ la ecuación (10.2) toma la forma

$$h_f = z_1 - z_2 = S_0 L \tag{10.11}$$

donde L es la longitud del canal entre las secciones 1 y 2. La pérdida de carga equilibra, por tanto, la disminución de altura del canal. El movimiento es esencialmente turbulento y completamente desarrollado, de modo que puede utilizarse la relación de Darcy-Weisbach, ecuación (6.30)

$$h_f = f\frac{L}{D_h}\frac{V_0^2}{2g} \qquad D_h = 4R_h \tag{10.12}$$

usando $D_h = 4A/P$ para acomodarla a canales no circulares.

Combinando las ecuaciones (10.11) y (10.12) se obtiene una expresión para la velocidad en el movimiento uniforme en canales

$$V_0 = \left(\frac{8g}{f}\right)^{1/2} R_h^{1/2} S_0^{1/2} \tag{10.13}$$

Para un canal de rugosidad y forma dada, la cantidad $(8g/f)^{1/2}$ es constante y puede representrse por C. La ecuación (10.13) queda

$$V_0 = C(R_h S_0)^{1/2} \qquad Q = CA(R_h S_0)^{1/2} \tag{10.14}$$

Estas son las llamadas *fórmulas de Chézy*, obtenidas por primera vez por el ingeniero francés Antoine Chézy mediante sus experimentos en el río

Sena y en el Canal Courpalet en 1769. La cantidad C, llamada *coeficiente de Chézy*, varía desde aproximadamente 60 $ft^{1/2}/s$ para pequeños canales rugosos a 160 $ft^{1/2}/s$ para grandes canales lisos (de 30 a 90 $m^{1/2}/s$ en unidades del Sistema Internacional).

Gran parte de la investigación en hidráulica durante el siglo pasado se dedicó a buscar la correlación del coeficiente de Chézy con la rugosidad, forma y pendiente de varios canales abiertos. Las correlaciones más populares se debieron a Ganguillet y Kutter en 1869, Manning en 1889, Bazin en 1897 y Powell en 1950 [9]. Todas estas formulaciones se discuten con detalle en la referencia 3, capítulo 5. Aquí nos ocuparemos de la correlación de Manning, la más popular.

Correlación de Manning de la rugosidad

Las pérdidas por fricción en el movimiento uniforme en canales no pueden realmente ser muy diferentes de las del movimiento turbulento completamente desarrollado en tubos, ecuación (10.3). Los canales son bastante rugosos y los números de Reynolds superan a 10^6, de modo que el efecto del número de Reynolds puede despreciarse en la ecuación (10.3) en la aproximación rugosa

Movimiento totalmente rugoso:

$$\frac{1}{f^{1/2}} \approx 2{,}0 \log \frac{3{,}7 D_h}{\varepsilon} \tag{10.15}$$

En la figura 10.5 se ha representado la ecuación (10.15) en línea continua. Es ligeramente curvada, pero puede aproximarse por la línea recta discontinua de ajuste potencial

$$f \approx 0{,}18 \left(\frac{\varepsilon}{D_h}\right)^{1/3} = 0{,}113 \left(\frac{\varepsilon}{R_h}\right)^{1/3} \tag{10.16}$$

que es muy exacta en el margen típico de rugosidades relativas de los canales abiertos $0{,}001 < \varepsilon/D_h < 0{,}05$.

Si adoptamos la ecuación (10.16) como una simple curva de ajuste, el coeficiente de Chézy toma la forma

$$C \approx (8{,}4 g^{1/2} \varepsilon^{-1/6}) R_h^{1/6} \tag{10.17}$$

Este es exactamente el tipo de variación que encontró Manning correlacionando los datos de resistencia de un canal en 1889.

Manning expresó su correlación en la forma

$$C = \frac{1{,}49}{n} [R_h(\text{ft})]^{1/6} = \frac{1{,}0}{n} [R_h(\text{m})]^{1/6} \tag{10.18}$$

donde n es llamado el *coeficiente de rugosidad de Manning* y se considera adimensional; esto es, se considera el mismo valor tanto si se utilizan

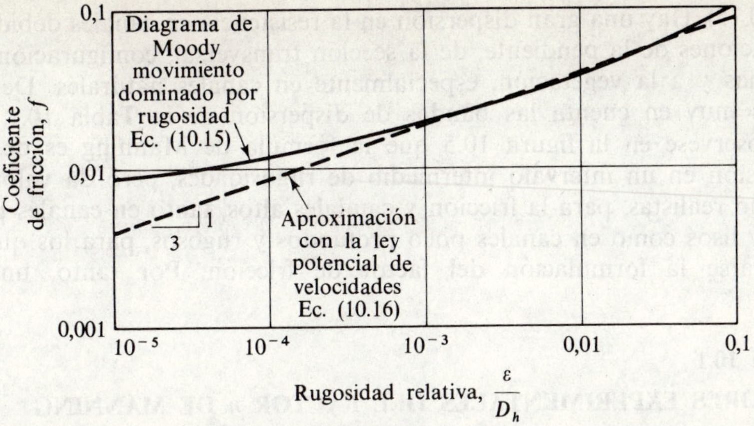

Fig. 10.5 Coeficiente de fricción para flujos con rugosidad dominante en tubos, aplicable al flujo en canales abiertos rugosos.

unidades del Sistema Internacional o británicas, de ahí el cambio en el numerador de 1,0 (Sistema Internacional) a $1{,}49 = (3{,}2808 \text{ ft/m})^{1/3}$ para unidades británicas[1].

Comparando las ecuaciones (10.17) y (10.18) vemos que el coeficiente de Manning n varía como la rugosidad de la pared elevada a la potencia un sexto

$$n \approx 0{,}0313[\varepsilon \text{ (ft)}]^{1/6} = 0{,}0382[\varepsilon \text{ (m)}]^{1/6} \qquad (10.19)$$

Así pues, la fórmula de Manning para la velocidad del movimiento uniforme

$$V_0 \text{(ft/s)} \approx \frac{1{,}49}{n} [R_h\text{(ft)}]^{2/3} S_0^{1/2} \qquad Q = V_0 A \qquad (10.20)$$

puede usarse indistintamente con la ecuación (10.13), con el mismo grado de aproximación. Para el Sistema Internacional de unidades la fórmula de Manning toma la forma

$$V_0 \text{(m/s)} \approx \frac{1{,}0}{n} [R_h\text{(m)}]^{2/3} S_0^{1/2} \qquad (10.21)$$

En la Tabla 10.1 se dan algunos valores del coeficiente n de Manning, junto con la rugosidad equivalente de superficies típicas de canales. Hay un factor de variación de 10 en las rugosidades desde las de un canal liso de vidrio ($n = 0{,}01$) a las de una zona de inundación con arboleda

[1] Una discusión interesante acerca de la historia y «dimensionalidad de la fórmula de Manning se da en la referencia 3, págs. 105-106. Recuerde que en el ejemplo 1.4 dimos esta fórmula como peligrosa acerca de sus unidades.

($n = 0{,}15$). Hay una gran dispersión en la resistencia en canales debido a las variaciones de la pendiente, de la sección transversal, configuración de las mismas y a la vegetación, especialmente en canales naturales. Deben tenerse muy en cuenta las bandas de dispersión de la Tabla 10.1.

Obsérvese en la figura 10.5 que la fórmula de Manning es de buena precisión en un intervalo intermedio de rugosidades, pero da valores bajos, no realistas, para la fricción y caudales altos, tanto en canales profundos y lisos como en canales poco profundos y rugosos, para los que debe utilizarse la formulación del factor de fricción. Por tanto, un canal

Tabla 10.1

VALORES EXPERIMENTALES DEL FACTOR *n* DE MANNING†

		Altura media de la rugosidad, ε	
	n	ft	mm
Canales artificiales:			
Vidrio	0,010 ± 0,002	0,0011	0,3
Latón	0,011 ± 0,002	0,0019	0,6
Acero, liso	0,012 ± 0,002	0,0032	1,0
Pintado	0,014 ± 0,003	0,0080	2,4
Riveteado	0,015 ± 0,002	0,012	3,7
Hierro fundido	0,013 ± 0,003	0,0051	1,6
Cemento, pulido	0,012 ± 0,002	0,0032	1,0
No pulido	0,014 ± 0,002	0,0080	2,4
Madera cepillada	0,012 ± 0,002	0,0032	1,0
Teja de arcilla	0,014 ± 0,003	0,0080	2,4
Enladrillado	0,015 ± 0,002	0,012	3,7
Asfáltico	0,016 ± 0,003	0,018	5,4
Metal ondulado	0,022 ± 0,005	0,12	37
Mampostería de cascotes	0,025 ± 0,005	0,26	80
Canales excavados en la tierra:			
Limpio	0,022 ± 0,004	0,12	37
Con guijarros	0,025 ± 0,005	0,26	80
Con maleza	0,030 ± 0,005	0,8	240
Pedregoso, cantos rodados	0,035 ± 0,010	1,5	500
Canales naturales:			
Limpios y rectos	0,030 ± 0,005	0,8	240
Amplios, aljibes profundos	0,040 ± 0,010	3	900
Grandes ríos	0,035 ± 0,010	1,5	500
Zonas inundadas:			
Terreno de pastos, labranza	0,035 ± 0,010	1,5	500
Poca maleza	0,05 ± 0,02	6	2000
Mucha maleza	0,075 ± 0,025	15	5000
Arboles	0,15 ± 0,05	?	?

† En la referencia 3, págs. 118-122, se da una lista más completa.

natural puede tener un valor variable de n según sea la profundidad del agua. Por ejemplo, el río Mississippi, cerca de Memphis, Tennessee, tiene un valor de $n=0{,}030$ con profundidad normal de 20 ft, mientras que con una riada de 40 ft de profundidad es $n=0{,}032$ y $n=0{,}040$ con una profundidad de 5 ft en época de estío. El valor de n también está afectado por el crecimiento de la vegetación estacional y factores tales como la erosión del fondo.

EJEMPLO 10.1 Un canal de hormigón pulido de 8 ft de ancho tiene una pendiente de 0,5° y una profundidad de 4 ft. Determinar el caudal Q en pies cúbicos por segundo (ft^3/s) en corriente uniforme por (*a*) la fórmula de Manning y (*b*) con el coeficiente de fricción.

Solución (*a*) De la Tabla 10.1 $n \approx 0{,}012$ y $\varepsilon \approx 0{,}0032$ ft para un canal de cemento alisado. La pendiente es $S=\text{tg } 0{,}5°=0{,}00873$. Para una profundidad $y=4$ ft, las propiedades geométricas son:

$$A=by=(8\ \text{ft})(4\ \text{ft})=32\ \text{ft}^2$$

$$P=b+2y=8+2(4)=16\ \text{ft}$$

$$R_h=\frac{A}{P}=\frac{32\ \text{ft}^2}{16\ \text{ft}}=2{,}0\ \text{ft}$$

$$D_h=4R_h=8{,}0\ \text{ft}$$

De la fórmula de Manning en unidades británicas se obtiene el caudal

$$Q=\frac{1{,}49}{n}AR_h^{2/3}S^{1/2}=\frac{1{,}49}{0{,}012}(32\ \text{ft}^2)(2{,}0)^{2/3}(0{,}00873)^{1/2}=$$

$$=589\ \text{ft}^3/\text{s} \qquad \textit{Resp. (a)}$$

(*b*) Con la formulación del coeficiente de fricción, tenemos $\varepsilon/D_h=(0{,}0032\ \text{ft})/(8\ \text{ft})=0{,}0004$, ligeramente por debajo del margen de validez de la fórmula de Manning en la figura 10.5. De la ecuación (10.15) el coeficiente de fricción es

$$f^{-1/2}=2{,}0\ \log\frac{3{,}7}{0{,}0004}=7{,}93 \qquad f=0{,}0159$$

$$C=\left(\frac{8g}{f}\right)^{1/2}=\left[\frac{8(32{,}2)}{0{,}0159}\right]^{1/2}=127\ \text{ft}^{1/2}/\text{s}$$

de donde

$$Q=ACR_h^{1/2}S^{1/2}=(32)(127)(2{,}0)^{1/2}(0{,}00873)^{1/2}=$$

$$=538\ \text{ft}^3/\text{s}\ (9\ \text{por}\ 100\ \text{menor}) \qquad \textit{Resp. (b)}$$

La exactitud es comparable, el cálculo con el coeficiente de fricción viene a ser más exacto, pero también más engorroso.

Cuando se da la profundidad normal como en el ejemplo 10.1, el cálculo de Q es directo. Sin embargo, si el dato es Q, el cálculo de la profundi-

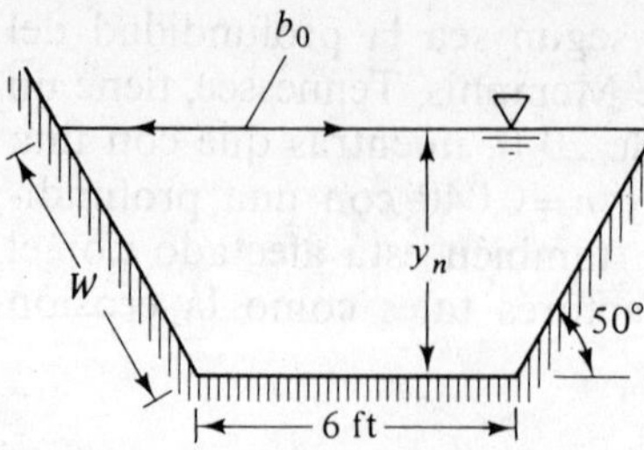

Fig. E10.2

dad normal y_n requiere tanteos porque R_h es una función complicada de y_n. Considérese el siguiente ejemplo.

EJEMPLO 10.2 Por el canal asfáltico de sección trapezoidal de la figura E10.2 circula un caudal de 300 ft^3/s de agua en las condiciones de corriente uniforme cuando $S = 0{,}0015$. ¿Cuál es la profundidad normal y_n?

Solución De la Tabla 10.1 se obtiene, para el asfalto, $n \approx 0{,}016$ y $\varepsilon = 0{,}018$ ft. El área y el radio hidráulico son funciones de y_n, que es desconocido.

$$b_0 = 6 \text{ ft} + 2y_n \cot 50°$$

$$A = \tfrac{1}{2}(6 + b_0)y_n = 6y_n + y_n^2 \cot 50°$$

$$P = 6 + 2W = 6 + 2y_n \csc 50°$$

De la fórmula (10.20) de Manning con $Q = 300$ ft^3/s, tenemos

$$300 = \frac{1{,}49}{0{,}016}(6y_n + y_n^2 \cot 50°)\left(\frac{6y_n + y_n^2 \cot 50°}{6 + 2y_n \csc 50°}\right)^{2/3}(0{,}0015)^{1/2}$$

o $$(6y_n + y_n^2 \cot 50°)^{5/3} = 83{,}2(6 + 2y_n \csc 50°)^{2/3}$$

que debe resolverse para y_n. Análogamente, en el análisis con el coeficiente de fricción, se determina f a partir de ε/D_h y ponemos

$$Q = 300 \text{ ft}^3/\text{s} = \left(\frac{8g}{f}\right)^{1/2} A(R_h S_0)^{1/2}$$

Probablemente el procedimiento más simple consiste en suponer una serie de valores de y_n, determinar Q y ver si es próximo a 300 ft^3/s. A continuación se da la tabulación de algunos valores:

	y_n ft			
	4,0	4,5	5,0	4,6
Q, ft^3/s, Manning	234	291	354	<u>303</u>
Coeficiente de fricción	230	285	347	<u>297</u>

Las dos formulaciones proporcionan prácticamente el mismo valor que $\varepsilon/D_h \approx 0{,}004$, que está dentro del rango de validez de la fórmula de Manning. La profundidad normal es, por interpolación,

$$y_n \approx \begin{cases} 4{,}58 \text{ ft} & \text{Manning} \\ 4{,}63 \text{ ft} & \text{coeficiente de fricción} \end{cases} \qquad \textit{Resp.}$$

Si con el mismo caudal cambiamos n en X por ciento, la profundidad normal cambiará alrededor de los dos tercios de X por ciento. Para este problema si reducimos, por ejemplo, n en un 25 por 100 a 0,012, la profundidad normal es 3,92 ft para los 300 ft^3/s, según la fórmula de Manning, alrededor del 15 por 100 más baja que la dada por los cálculos anteriores.

10.3 CANALES MAS EFICIENTES PARA CORRIENTE UNIFORME

La simplicidad de la formulación (10.20) de Manning nos facilita, al analizar el movimiento en canales, la determinación de las formas de las secciones de resistencia más baja para unas condiciones dadas. El problema más común es el de maximizar R_h para un área del flujo y caudal dados. Puesto que $R_h = A/P$, maximizar R_h para un área A dada es lo mismo que minimizar el perímetro mojado P. No hay una solución general para secciones transversales arbitrarias, pero un análisis de la sección trapezoidal mostrará los resultados fundamentales.

Sea θ el ángulo del trapecio dado en la figura 10.6. Para un valor dado de θ, el área transversal del flujo es

$$A = by + \alpha y^2 \qquad \alpha = \cot\ \theta \qquad (10.22)$$

El perímetro mojado es

$$P = b + 2W = b + 2y(1+\alpha^2)^{1/2} \qquad (10.23)$$

Eliminando b entre (10.22) y (10.23) se obtiene

$$P = \frac{A}{y} - \alpha y + 2y(1+\alpha^2)^{1/2} \qquad (10.24)$$

Para minimizar P, calculamos dP/dy para A y α constantes y la hacemos nula. El resultado es

$$A = y^2[2(1+\alpha^2)^{1/2} - \alpha] \qquad P = 4y(1+\alpha^2)^{1/2} - 2\alpha y \qquad R_h = \tfrac{1}{2}y \qquad (10.25)$$

El último resultado es muy interesante: para cualquier ángulo θ, la sección transversal más eficiente es aquella para la que el radio hidráulico es la mitad de la profundidad.

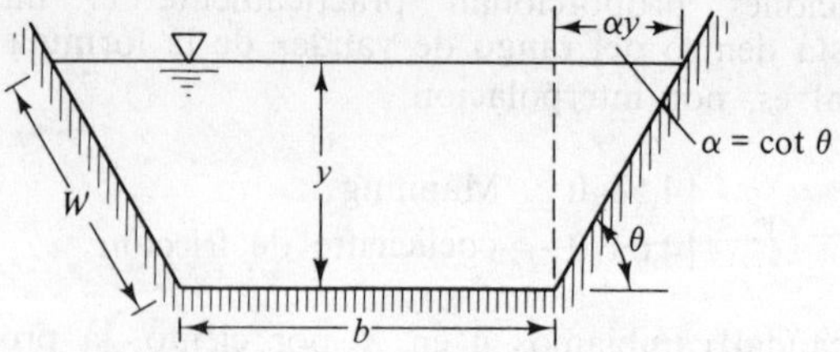

Fig. 10.6 Geometría de un canal de sección trapezoidal.

Puesto que un rectángulo es un trapecio con $\alpha = 0$, la sección rectangular más eficiente es aquella que

$$A = 2y^2 \qquad P = 4y \qquad R_h = \tfrac{1}{2}y \qquad b = 2y \tag{10.26}$$

Para determinar el calado correcto y, estas relaciones deben resolverse junto con la fórmula (10.20) de Manning para un caudal Q dado.

Angulo óptimo de trapecio

Las ecuaciones (10.25) son válidas para cualquier valor de α. ¿Cuál es el mejor valor de α para una profundidad y área dadas? Para contestar a esta pregunta, hacemos $dP/d\alpha = 0$ de la ecuación (10.24) con A e y constantes. El resultado es

$$2\alpha = (1 + \alpha^2)^{1/2} \qquad \alpha = \cot\theta = \frac{1}{3^{1/2}}$$

o

$$\theta = 60° \tag{10.27}$$

Entonces, la mejor sección trapezoidal es un semihexágono.

Mediante cálculos semejantes se muestra que el canal de sección circular parcialmente lleno de mayor eficiencia corresponde al semicírculo, $y = \frac{1}{2}D$. De hecho, el semicírculo es la mejor de todas las secciones posibles del canal (mínimo perímetro mojado para un área de flujo dada). Sin embargo, el porcentaje de mejora sobre el semihexágono, por ejemplo, es muy pequeño.

EJEMPLO 10.3 ¿Cuáles son las dimensiones óptimas de un canal rectangular de ladrillo diseñado para llevar 5 m^3/s de agua en corriente uniforme con $S_0 = 0{,}001$?

Solución De la ecuación (10.26) $A = 2y^2$ y $R_h = \frac{1}{2}y$. De la fórmula (10.21) de Manning en el Sistema Internacional de unidades, con $n \approx 0{,}015$ obtenido de la Tabla 10.1 da

$$Q = \frac{1{,}0}{n} A R_h^{2/3} S_0^{1/2}$$

o

$$5\ \text{m}^3/\text{s} = \frac{1{,}0}{0{,}015}(2y^2)(\tfrac{1}{2}y)^{2/3}(0{,}001)^{1/2}$$

de donde se obtiene

$$y^{8/3}=1,882 \ \ m^{8/3}$$

$$y=1,27 \ \ m \qquad \textit{Resp.}$$

Los valores del área y anchura son

$$A=2y^2=3,214 \ \ m^2 \qquad b=\frac{A}{y}=2,535 \ \ m \qquad \textit{Resp.}$$

Es instructivo ver qué caudal pasaría por un caudal de sección transversal semihexagonal y un semicírculo de la misma área de 3,214 m².

Para el semihexágono, con $\alpha=1/3^{1/2}=0,577$, la ecuación (10.25) predice

$$A=y_{HH}^2[2(1+0,577^2)^{1/2}-0,577]=1,732 \ \ y_{HH}^2$$

o $y_{HH}=1,362$ m, de donde $R_h=\frac{1}{2}y=0,681$ m. El caudal para el semihexágono es entonces

$$Q=\frac{1,0}{0,015}(3,214)(0,681)^{2/3}(0,001)^{1/2}=5,25 \ \ m^3/s$$

un 5 por 100 superior al del rectángulo.

Para un semicírculo, $A=3,214$ $m^2=\pi D^2/8$, o $D=2,861$ m; por tanto, $P=\frac{1}{2}\pi D=4,494$ y $R_h=A/P=3,214/4,484=0,715$ m. El caudal para el semicírculo será entonces

$$Q=\frac{1,0}{0,015}(3,214)(0,715)^{2/3}(0,001)^{1/2}=5,42 \ \ m^3/s$$

aproximadamente un 8 por 100 mayor que el del rectángulo y un 3 por 100 mayor que el del semihexágono.

10.4 ENERGIA ESPECIFICA; PROFUNDIDAD CRITICA

Como sugirió Bakhmeteff [1] en 1911, la energía específica E es un parámetro muy útil para la descripción del movimiento en canales

$$E=y+\frac{V^2}{2g} \tag{10.28}$$

donde y es la profundidad del agua. En la figura 10.7*a* se ve que E es la altura de la línea de nivel energético (LNE) por encima de la solera del canal. Para un caudal dado hay normalmente dos estados posibles para la misma energía específica.

Canales rectangulares

Consideremos las posibles alturas en una sección dada del canal. Sea $q=Q/b-Vy$ el caudal por unidad de anchura de un canal rectangular.

Entonces, con q constante, la ecuación (10.28) toma la forma

$$E = y + \frac{q^2}{2gy^2} \qquad q = \frac{Q}{b} \tag{10.29}$$

La figura 10.7*b* es una representación de y en función de E para q constante, obtenida de la ecuación (10.29). Hay un valor mínimo de E para un cierto valor de y denominado *profundidad crítica*. Haciendo $dE/dy = 0$ para q constante encontramos que $E_{\text{mín}}$ es cuando

$$y = y_c = \left(\frac{q^2}{g}\right)^{1/3} = \left(\frac{Q}{b^2 g}\right)^{1/3} \tag{10.30}$$

La energía mínima es

$$E_{\text{mín}} = E(y_c) = \tfrac{3}{2} y_c \tag{10.31}$$

La profundidad y_c corresponde a una velocidad en el canal igual a la velocidad de propagación C_0 de las ondas superficiales dada por la ecuación (10.10). Para ver esto, reescribimos la ecuación (10.30) como

$$q^2 = gy_c^3 = (gy_c)y_c^2 = V_c^2 y_c^2 \tag{10.32}$$

De donde se obtiene que la velocidad crítica en el canal es

$$V_c = (gy_c)^{1/2} = C_0 \qquad \text{Fr} = 1 \tag{10.33}$$

Para $E < E_{\text{mín}}$ no existe solución en la figura 10.7*b* y, por tanto, tal movimiento es físicamente imposible. Para $E > E_{\text{mín}}$ existen dos soluciones: (1) profundidad grande con $V < V_c$, denominada *subcrítica*, y (2) pequeña profundidad con $V > V_c$, llamada *supercrítica*. En corriente subcrítica, las per-

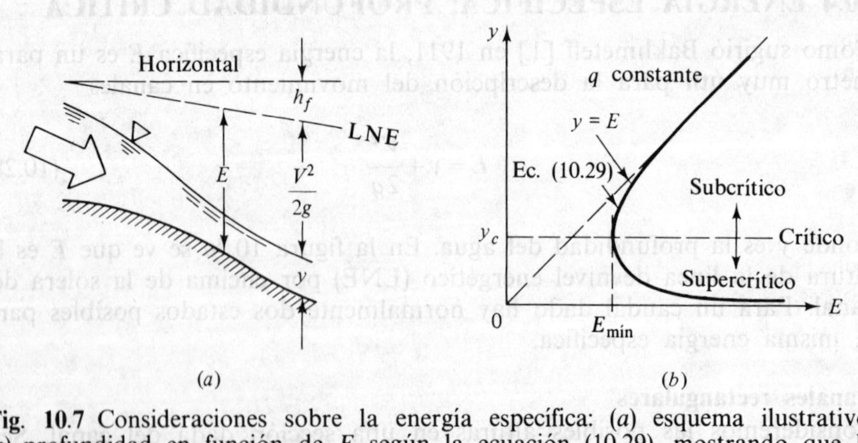

Fig. 10.7 Consideraciones sobre la energía específica: (*a*) esquema ilustrativo; (*b*) profundidad en función de E según la ecuación (10.29), mostrando que la energía específica mínima se da cuando la profundidad es crítica.

turbaciones pueden propagarse aguas arriba porque la velocidad de las ondas es $C_0 > V$. En corriente supercrítica las ondas son arrastradas aguas abajo: aguas arriba es zona de silencio, y una pequeña obstrucción de la corriente generará ondas en forma de cuña análogas a las ondas de Mach de la figura 9.18*c*[1]. El ángulo de estas ondas es

$$\mu = \operatorname{sen}^{-1}\frac{c_0}{V} = \operatorname{sen}^{-1}\frac{(gy)^{1/2}}{V} \tag{10.34}$$

Puede utilizarse el ángulo de la onda y la profundidad para medir la velocidad cuando es supercrítica.

Se puede tener corriente crítica uniforme si la pendiente tiene el valor apropiado S_c para el que la velocidad es crítica. Para un canal rectangular ancho ($b \gg y$) es $R_h = y$, de modo que de la fórmula (10.14) de Chézy el caudal crítico será

$$q = Cy_c(y_c S_c)^{1/2} = (gy_c^3)^{1/2}$$

o

$$S_c = \frac{g}{C^2} = \frac{f}{8} \approx \frac{gn^2}{\xi y_c^{1/3}} \tag{10.35}$$

donde $\xi = 1$ en el Sistema Internacional de unidades y 2,208 en unidades británicas. Para canales totalmente rugosos el rango aproximado de variación de la pendiente crítica es desde 0,002 a 0,006 según la fórmula (10.15) de Moody:

ε/R_h	0,001	0,01	0,1
S_c	0,0018	0,0031	0,0066

Para canales estrechos $R_h \neq y$ hay que modificar la ecuación (10.35).

En la figura 10.7*b* puede observarse que se originan grandes cambios en la profundidad y, con pequeños cambios de E en las proximidades de $E_{\text{mín}}$, efectos análogos a los de los pequeños cambios en el área de una tobera cerca del punto sónico en la figura 9.7. Entonces el flujo crítico es neutralmente estable y a menudo está acompañado por ondas y ondulaciones de la superficie libre. Los constructores de canales deben evitar que existan grandes trayectos con flujo próximo al crítico.

EJEMPLO 10.4 Un canal de tierra y limpio de sección rectangular y muy ancho tiene un caudal $q = 50\ \text{ft}^3/(\text{s} \cdot \text{ft})$. (*a*) ¿Cuál es la profundidad crítica? (*b*) ¿Qué tipo de flujo hay si $y = 3$ ft? (*c*) ¿Cuál es la pendiente crítica?

Solución (*a*) De la Tabla 10.1, $n \approx 0{,}022$ y $\varepsilon \approx 0{,}12$ ft. La profundidad crítica se obtiene de la ecuación (10.30)

$$y_c = \left(\frac{q^2}{g}\right)^{1/3} = \left(\frac{50^2}{32{,}2}\right)^{1/3} = 4{,}27\ \text{ft} \qquad \textit{Resp. (a)}$$

[1] Esta es la base de la analogía hidráulica para la experimentación del flujo supersónico de gases [10, Cap. 11].

(*b*) Si la profundidad real es 3 ft, que es menor que y_c, la corriente será *supercrítica*. *Resp.* (*b*)

(*c*) La pendiente crítica se obtiene de la ecuación (10.35), considerando $y=y_c$

$$S_c \approx \frac{gn^2}{\xi y_c^{1/3}} = \frac{32{,}2(0{,}022)^2}{2{,}208(4{,}27)^{1/3}} =$$

$$= 0{,}00435 \qquad \theta = 0{,}25° \qquad \textit{Resp. (c)}$$

Si hacemos el análisis con la fórmula de Moody, $\varepsilon/D_h = 0{,}12/4(4{,}27) = 0{,}00703$. De la ecuación (10.15) $f^{-(1/2)} = 2\log(3{,}7/0{,}00703) = 5{,}44$, de donde $f = 0{,}0338$ y

$$S_c = \frac{f}{8} = 0{,}00423 \qquad \theta = 0{,}24°$$

Como es normal, los análisis por las fórmulas de Manning y Moody dan resultados muy precidos.

Canales no rectangulares

Si la anchura del canal varía con *y*, la energía específica debe escribirse en la forma

$$E = y + \frac{Q^2}{2gA^2} \tag{10.36}$$

El punto crítico de mínima energía se obtiene de $dE/dy=0$ para Q constante. Puesto que $A=A(y)$, la ecuación (10.36) nos proporciona, para $E=E_{\text{mín}}$,

$$\frac{dA}{dy} = \frac{gA^3}{Q^2} \tag{10.37}$$

Pero $dA = b_0\, dy$, donde b_0 es la anchura del canal en la superficie libre. Por tanto, la ecuación (10.37) es equivalente a

$$A_c = \left(\frac{b_0 Q^2}{g}\right)^{1/3} \tag{10.38a}$$

$$V_c = \frac{Q}{A_c} = \left(\frac{gA_c}{b_0}\right)^{1/2} \tag{10.38b}$$

Para un caudal Q dado y para una forma del canal dada $A(y)$ y $b_0(y)$ son conocidos, de modo que las ecuaciones (10.38) deben resolverse por iteración o gráficamente para encontrar el área crítica A_c, para la cual puede determinarse V_c.

El número de Froude efectivo para un canal no rectangular es

$$\mathrm{Fr} = \frac{V}{V_c} = \frac{V}{(gA_c/b_0)^{1/2}} \tag{10.39}$$

De nuevo, Fr menor que (mayor que) 1 corresponde a condiciones subcríticas (supercríticas).

Para corriente uniforme la pendiente crítica puede calcularse combinando la ecuación (10.38*a*) con la fórmula de Chézy

$$Q^2 = \frac{gA_c^3}{b_0} = C^2 A_c^2 R_h S_c$$

o

$$S_c = \frac{f}{8}\frac{P}{b_0} = \frac{gn^2}{\xi R_h^{1/3}}\frac{P}{b_0} \tag{10.40}$$

donde de nuevo $\xi = 1{,}0$ (2,208) para unidades del Sistema Internacional (británico). La cantidad P/b_0 es la unidad para un canal rectangular muy ancho.

EJEMPLO 10.5 El canal triangular de 50° de la figura E10.5 tiene un caudal $Q = 16\ \mathrm{m^3/s}$. Calcular (*a*) y_c, (*b*) V_c y (*c*) S_c si $n = 0{,}018$.

Solución (*a*) Es una sección transversal sencilla porque todas las magnitudes geométricas pueden escribirse directamente en función de la profundidad *y*

$$P = 2y \csc 50° \qquad A = y^2 \cot 50°$$
$$R_h = \tfrac{1}{2}y \cos 50° \qquad b_0 = 2y \cot 50°$$

Las condiciones críticas satisfacen la ecuación (10.38*a*)

$$gA_c^3 = b_0 Q^2$$

o

$$g(y_c^2 \cot 50°)^3 = (2y_c \cot 50°)Q^2$$

de donde

$$y_c = \left(\frac{2Q^2}{g \cot^2 50°}\right)^{1/5} =$$
$$= \left[\frac{2(16)^2}{9{,}81(0{,}839)^2}\right]^{1/5} = 2{,}37\ \mathrm{m} \qquad \textit{Resp. (a)}$$

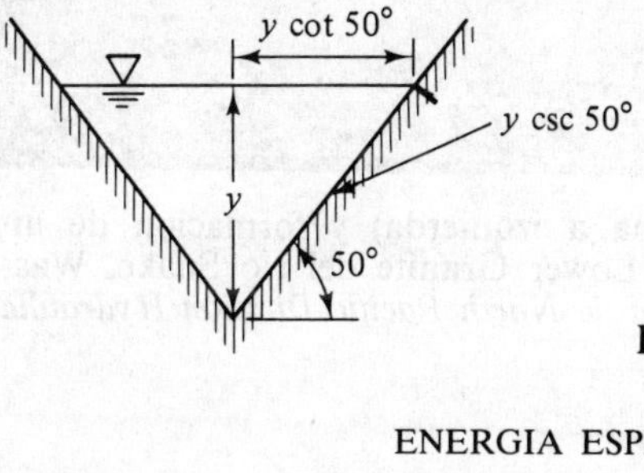

Fig. E10.5

(*b*) Con y_c conocido, de las ecuaciones (1) obtenemos $P_c = 6{,}18$ m, $R_{hc} = 0{,}760$ m, $A_c = 4{,}70$ m^2 y $b_{0c} = 3{,}97$ m. La velocidad crítica de la ecuación (10.38*b*) es

$$V_c = \frac{Q}{A_c} = \frac{16 \text{ m}^3/\text{s}}{4{,}70 \text{ m}^2} = 3{,}41 \text{ m/s} \qquad \textit{Resp. (b)}$$

(*c*) Con $n = 0{,}018$, calculamos la pendiente crítica de la ecuación (10.40)

$$S_c = \frac{gn^2 P}{\xi R_h^{1/3} b_0} = \frac{9{,}81(0{,}018)^2(6{,}18)}{1{,}0(0{,}760)^{1/3}(3{,}97)} = 0{,}00542$$

La aproximación de Moody da $f = 0{,}0276$ y $S_c = 0{,}00537$.

10.5 EL RESALTO HIDRAULICO

Una corriente supercrítica en un canal abierto aguas abajo puede cambiar bruscamente a subcrítica a través de un resalto hidráulico, como se muestra en la figura 10.4. La corriente aguas arriba es rápida y poco profunda y aguas abajo es lenta y profunda, análogamente a las ondas de choque normales de la figura 9.8. Si bien la onda de choque tiene un espesor

Fig. 10.8 Flujo en un aliviadero (de derecha a izquierda) y formación de un resalto hidráulico en el modelo de la presa Lower Granite del río Snake, Washington. Modelo a escala 1 : 42,5. (*Por cortesía de North Pacific Division Hydraulic Laboratory, U.S. Army Corps of Engineers.*)

infinitesimal, el resalto hidráulico es bastante grueso, de 4 a 6 veces la profundidad y_2 aguas abajo [11].

El resalto hidráulico es muy efectivo en disipar energía mecánica ya que es extremadamente turbulento, lo que es un rasgo característico a tener en cuenta en aplicaciones a presas de tranquilización y vertederos [12]. La figura 10.8 muestra el resalto que se forma en la base de un dique de vertedero en un modelo de ensayo. Es muy importante que tales resaltos se sitúen en lugares diseñados especialmente; de otro modo en la solera del canal se formarían socavones por la agitación turbulenta. Los resaltos también mezclan fluidos de modo muy efectivo y tienen aplicaciones en tratamiento de aguas y aguas residuales.

Clasificación

El principal parámetro que afecta a las características de un resalto hidráulico es el número de Froude $\mathrm{Fr}_1 = V_1/(gy_1)^{1/2}$ de la corriente aguas arriba. El número de Reynolds y la geometría del canal tienen un efecto secundario. Como se detalla en la referencia 11 y se ilustra en la figura 10.9, se pueden resumir los siguientes regímenes de operación:

1. $\mathrm{Fr}_1 < 1$: *Resalto imposible*, se viola el segundo principio de la termodinámica.
2. $\mathrm{Fr}_1 = 1$ a 1,7: Onda estacionaria, u *ondular*, extensión del *resalto* alrededor de $4y_2$; disipación baja, menor del 5 por 100.
3. $\mathrm{Fr}_1 = 1{,}7$ a 2,5: La superficie va elevándose suavemente con pequeños remolinos, se conoce como *resalto débil*; la disipación es del 5 al 15 por 100.
4. $\mathrm{Fr}_1 = 2{,}5$ a 4,5: Inestable, *resalto oscilante*; cada pulsación irregular genera una gran onda que recorre kilómetros aguas abajo, dañando los márgenes del canal y otras estructuras. No es recomendable para condiciones de diseño. Disipación del 15 al 45 por 100.
5. $\mathrm{Fr}_1 = 4{,}5$ a 9: Estable, bien equilibrado, *resalto estacionario*; tiene las mejores características, no es sensible a las condiciones aguas abajo. Es el mejor régimen de diseño. La disipación es del 45 al 70 por 100.
6. $\mathrm{Fr}_1 > 9$: Tempestuoso, *resalto fuerte* algo intermitente, pero con buenas características. Disipación del 70 al 85 por 100.

Se pueden encontrar más detalles en la referencia 11 y en la referencia 3, capítulo 15.

Teoría para un resalto hidráulico horizontal

Un resalto en un canal con bastante pendiente puede estar afectado por la diferencia de niveles de la solera del canal. Sin embargo, el efecto es pequeño si la pendiente no es muy grande, de modo que la teoría clásica considera que el resalto tiene lugar en una solera horizontal.

El lector debe saber que este problema ya ha sido analizado en la sección 10.1. Un resalto hidráulico es equivalente a la onda fija de la figura 10.3*b*, donde el cambio de profundidad δy no es despreciable. Si V_1

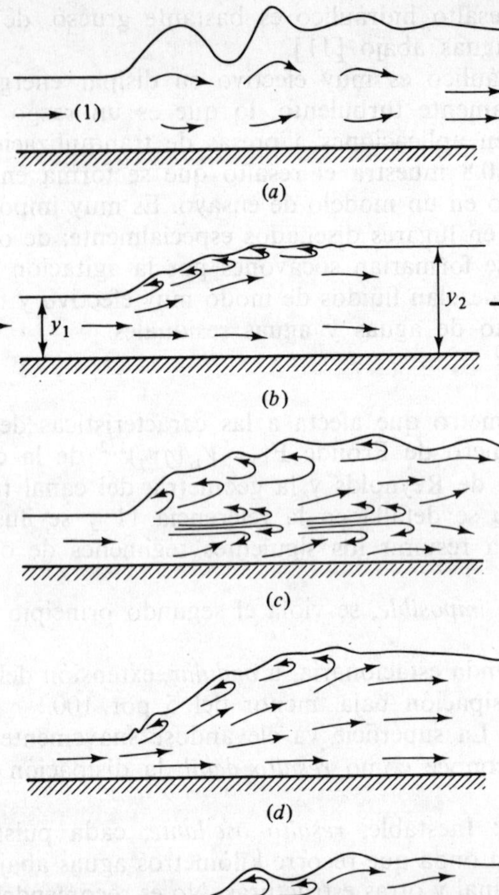

Fig. 10.9 Clasificación de los resaltos hidráulicos: (*a*) $\mathrm{Fr}_1 = 1$ a 1,7: resalto ondular; (*b*) $\mathrm{Fr}_1 = 1{,}7$ a 2,5: resalto débil; (*c*) $\mathrm{Fr}_1 = 2{,}5$ a 4,5: resalto oscilante; (*d*) $\mathrm{Fr}_1 = 4{,}5$ a 9: resalto estacionario; (*e*) $\mathrm{Fr}_1 > 9$: resalto fuerte. (*Adaptado de la referencia* 11.)

e y_1 son conocidos aguas arriba, V_2 e y_2 se obtienen aplicando la ecuación de la continuidad y cantidad de movimiento en el sentido longitudinal a través de la onda, como en las ecuaciones (10.7) y (10.8). Por tanto, la ecuación (10.9) da la solución apropiada al resalto hidráulico si interpretamos C e y en la figura 10.3*b* como las condiciones aguas arriba V_1 e y_1, y siendo $C - \delta V$ e $y + \delta y$ las condiciones aguas abajo V_2 e y_2. La ecuación (10.9) toma la forma

$$V_1^2 = \tfrac{1}{2} g y_1 \eta(\eta + 1) \tag{10.41}$$

donde $\eta = y_2/y_1$. Introduciendo el número de Froude $\text{Fr}_1 = V_1/(gy_1)^{1/2}$ y resolviendo esta ecuación de segundo grado en η se obtiene

$$\frac{2y_2}{y_1} = -1 + (1 + 8\ \text{Fr}_1^2)^{1/2} \tag{10.42}$$

con y_2 conocido, V_2 se obtiene de la ecuación de continuidad para un canal muy ancho

$$V_2 = \frac{V_1\, y_1}{y_2} \tag{10.43}$$

Finalmente, la energía disipada a través del resalto se obtiene de la ecuación de la energía

$$h_f = E_1 - E_2 = \left(y_1 + \frac{V_1^2}{2g}\right) - \left(y_2 + \frac{V_2^2}{2g}\right) \tag{10.44}$$

Sustituyendo y_2 y V_2 de las ecuaciones (10.42) y (10.43), después de bastantes transformaciones algebraicas se obtiene que

$$h_f = \frac{(y_2 - y_1)^3}{4y_1 y_2} \tag{10.45}$$

La ecuación (10.45) muestra que la energía disipada es positiva, que es un requerimiento del segundo principio de la termodinámica, sólo si $y_2 > y_1$. Se necesita entonces que sea $\text{Fr}_1 > 1$ en la ecuación (10.42); esto es, la corriente aguas arriba debe ser supercrítica. Finalmente, la ecuación (10.43) muestra que $V_2 < V_1$ y la corriente aguas abajo es subcrítica. Todos estos resultados concuerdan con nuestra experiencia previa del análisis de las ondas de choque normales.

La presente teoría se refiere a resaltos hidráulicos en canales horizontales muy anchos. Para la teoría correspondiente a canales prismáticos o con pendiente véanse textos avanzados [p. ej., 3, Caps. 15 y 16].

EJEMPLO 10.6 El agua fluye en un canal muy ancho con $q = 10\ \text{m}^3/(\text{s} \cdot \text{m})$ e $y_1 = 1{,}25$ m. Si la corriente alcanza un resalto hidráulico, calcular (*a*) y_2; (*b*) V_2; (*c*) Fr_2; (*d*) h_f; (*e*) el porcentaje de energía disipada; (*f*) la potencia disipada por unidad de anchura, y (*g*) el incremento de temperatura debido a la disipación si $c_p = 4200\ \text{J/(kg} \cdot {}^\circ\text{C)}$.

Solución (*a*) La velocidad aguas arriba es

$$V_1 = \frac{q}{y_1} = \frac{10\ \text{m}^3/(\text{s} \cdot \text{m})}{1{,}25\ \text{m}} = 8{,}0\ \text{m/s}$$

El número de Froude aguas arriba es por tanto

$$\mathrm{Fr}_1=\frac{V_1}{(gy_1)^{1/2}}=\frac{8{,}0}{[9{,}81(1{,}25)]^{1/2}}=2{,}285$$

De la figura 10.9 se deduce que éste es un resalto débil. La profundidad y_2 se obtiene de la ecuación (10.42):

$$\frac{2y_2}{y_1}=-1+[1+8(2{,}285)^2]^{1/2}=5{,}54$$

o $$y_2=\tfrac{1}{2}y_1(5{,}54)=\tfrac{1}{2}(1{,}25)(5{,}54)=3{,}46 \text{ m} \qquad \textit{Resp. (a)}$$

(*b*) De la ecuación (10.43) la velocidad aguas abajo es

$$V_2=\frac{V_1\,y_1}{y_2}=\frac{8{,}0(1{,}25)}{3{,}46}=2{,}89 \text{ m/s} \qquad \textit{Resp. (b)}$$

(*c*) El número de Froude aguas abajo es

$$\mathrm{Fr}_2=\frac{V_2}{(gy_2)^{1/2}}=\frac{2{,}89}{[9{,}81(3{,}46)]^{1/2}}=0{,}496 \qquad \textit{Resp. (c)}$$

(*d*) Como era de esperar, Fr_2 es subcrítico. De la ecuación (10.45) la disipación es

$$h_f=\frac{(3{,}46-1{,}25)^3}{4(3{,}46)(1{,}25)}=0{,}625 \text{ m} \qquad \textit{Resp. (d)}$$

(*e*) El porcentaje de energía disipada refiere h_f a la energía aguas arriba

$$E_1=y_1+\frac{V_1^2}{2g}=1{,}25+\frac{(8{,}0)^2}{2(9{,}81)}=4{,}51 \text{ m}$$

Por tanto $$\text{Porcentaje de pérdidas}=(100)\frac{h_f}{E_1}=\frac{100(0{,}625)}{4{,}51}=14\,\% \qquad \textit{Resp. (e)}$$

(*f*) La potencia disipada por unidad de anchura es

$$\text{Potencia}=\rho g q h_f=(9800 \text{ N/m}^3)[10 \text{ m}^3/(\text{s}\cdot\text{m})](0{,}625 \text{ m})=$$
$$=61{,}3 \text{ kW/m} \qquad \textit{Resp. (f)}$$

(*g*) Finalmente, el gasto másico es $\dot{m}=\rho q(1000 \text{ kg/m}^3)[10 \text{ m}^3/(\text{s}\cdot\text{m})]=10\,000$ kg/(s · m), y el incremento de temperatura es

$$\text{Potencia}=\dot{m}c_p\,\Delta T$$

o $$61\,300 \text{ W/m}=[10\,000 \text{ kg/(s}\cdot\text{m)}][4200 \text{ J/(kg}\cdot{}^\circ\text{C)}]\,\Delta T$$

de donde

$$\Delta T=0{,}0015^\circ\text{C} \qquad \textit{Resp. (g)}$$

La disipación es grande, pero el incremento de temperatura es despreciable.

10.6 FLUJO LENTAMENTE VARIABLE[1]

En los casos prácticos tanto la pendiente del canal como la profundidad del agua varían con la posición, como en la figura 10.2. Es posible un análisis aproximado si el flujo es lentamente variable, esto es, si las pendientes son pequeñas y sus cambios no demasiado bruscos. Las hipótesis básicas son

1. Pendiente lentamente variable.
2. Profundidad del agua lentamente variable (sin resaltos hidráulicos).
3. Sección transversal lentamente variable.
4. Distribución unidimensional de velocidades.
5. Distribución de presiones aproximadamente hidrostática.

El flujo viene entonces determinado por la ecuación de continuidad (10.1) más la ecuación de la energía con pérdidas por fricción incluidas. Las dos incógnitas en movimiento estacionario son la velocidad $V(x)$ y la profundidad del agua $y(x)$, donde x es la distancia a lo largo del canal.

Ecuación diferencial básica

Considérese el tramo dx del canal representado en la figura 10.10. Se muestran todos los términos que intervienen en la ecuación de la energía para movimiento estacionario; y el balance entre las secciones situadas en x y $x+dx$ es

$$\frac{V^2}{2g}+y+S_0\ dx=S\ dx+\frac{V^2}{2g}+d\ \frac{V^2}{2g}+d\ \frac{V^2}{2g}+y+dy$$

o

$$\frac{dy}{dx}+\frac{d}{dx}\left(\frac{V^2}{2g}\right)=S_0-S \qquad (10.46)$$

donde S_0 es la pendiente de la solera (positiva cuando es como en la figura 10.10) y S es la pendiente de la línea de nivel energético o línea de carga LNE (que cae debido a las pérdidas por fricción).

Para eliminar la derivada de la velocidad, diferenciamos en la ecuación de la continuidad

$$\frac{dQ}{dx}=0=A\ \frac{dV}{dx}+V\frac{dA}{dx} \qquad (10.47)$$

Pero $dA=b_0\ dy$, donde b_0 es la anchura del canal en la superficie. Eliminando dV/dx entre las ecuaciones (10.46) y (10.47), obtenemos

$$\frac{dy}{dx}\left(1-\frac{V^2b_0}{gA}\right)=S_0-S \qquad (10.48)$$

[1] Esta sección puede omitirse sin pérdida de continuidad.

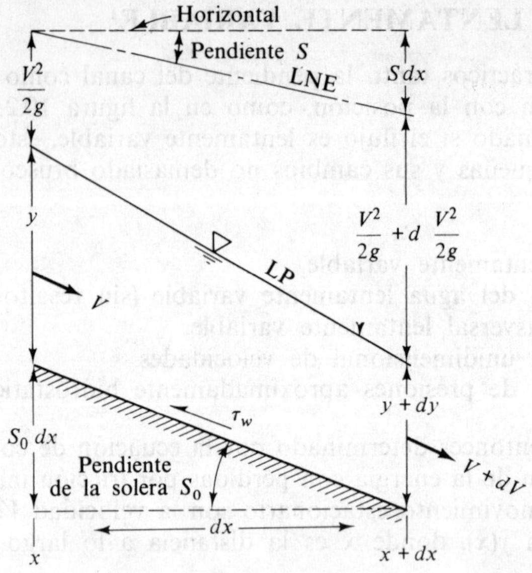

Fig. 10.10 Balance energético entre dos secciones de un canal abierto con flujo lentamente variable.

Finalmente, obsérvese que de la ecuación (10.39) $V^2 b_0/gA$ es el cuadrado del número de Froude local de la corriente en el canal. La forma final de la ecuación para el flujo lentamente variable es

$$\frac{dy}{dx} = \frac{S_0 - S}{1 - \mathrm{Fr}^2} \tag{10.49}$$

Esta ecuación cambia de signo según que el número de Froude sea subcrítico o supercrítico y es análoga a la fórmula (9.40) para el cambio de área en dinámica de gases en flujo unidimensional.

El numerador de la ecuación (10.49) cambia de signo según que S_0 sea mayor o menor que S, que es la pendiente equivalente de la corriente uniforme con el mismo caudal Q.

$$S = S_{0n} = \frac{dh}{dx} f = \frac{f}{D_h} \frac{V^2}{2g} = \frac{V^2}{R_h C^2} \tag{10.50}$$

donde C es el coeficiente de Chézy. El comportamiento de la solución de la ecuación (10.49) depende entonces del valor relativo de la pendiente local del canal $S_0(x)$, comparada con (1) corriente uniforme, $y = y_n$ y (2) corriente crítica, $y = y_c$.

Clasificación de las soluciones

Es habitual comparar la pendiente del canal S_0 con la pendiente crítica S_c, dada por la ecuación (10.40), para el mismo valor de Q. Hay cinco tipos de valores para S_0, dando lugar a doce tipos distintos de soluciones, todos ellos representados en la figura 10.11:

Tipo de pendiente	*Notación para la pendiente*	*Curvas solución*
$S_0 > S_c$	Aguda	S-1, S-2, S-3
$S_0 = S_c$	Crítica	C-1, C-3
$S_0 < S_c$	Suave	M-1, M-2, M-3
$S_0 = 0$	Horizontal	H-2, H-3
$S_0 < 0$	Adversa	A-2, A-3

Las letras S, C, M, H y A representan los cinco tipos de pendientes. Los números 1, 2 y 3 indican la posición del punto inicial en la curva representativa de la solución con respecto a la profundidad normal y_n y a la profundidad crítica y_c. En las soluciones del tipo 1, el punto inicial está por encima de y_n y de y_c, y en todos los casos la solución $y(x)$ muestra una profundidad del agua creciente, separándose de y_n e y_c. En las soluciones del tipo 2, el punto inicial está entre y_n e y_c, y si no hay cambio de S_0 o de la rugosidad, la solución tiende asintóticamente hacia el valor más bajo de y_n o y_c. En los casos del tipo 3, el punto inicial está por debajo de y_n e y_c y la solución muestra cómo y tiende asintóticamente hacia la menor de estas profundidades.

La figura 10.11 muestra el carácter básico de las soluciones locales, pero en la práctica S_0 varía, por supuesto, con x y en la solucion global se empalman los diferentes casos para formar un perfil $y(x)$ continuo compatible con una condición inicial y un caudal Q dados. Una excelente discusión de varias soluciones compuestas se da en la referencia 3, capítulo 9; véase también referencia 13, sección 12.5.

Solución numérica

Para el análisis práctico del flujo lentamente variable, se necesita normalmente cálculo numérico. Un esquema numérico simple pero efectivo consiste en escribir la ecuación (10.46) en forma de diferencias finitas entre dos profundidades y e $y + \Delta y$

$$\Delta x \approx \frac{E(y+\Delta y) - E(y)}{(S_0 - S_{\text{av}})} \tag{10.51}$$

donde $E = y + V^2/2g$ varía sólo con y porque Q se considera constante. Se puede estimar la pendiente media S_{av} de la línea de nivel energético LNE y se calcula con la ecuación (10.10), usando la aproximación de Moody o de Manning

$$S_{\text{av}} \approx \frac{f_{\text{av}} V_{\text{av}}^2}{8gR_{h,\text{av}}} \approx \frac{n^2 V_{\text{av}}^2}{\xi R_{h,\text{av}}^{4/3}} \tag{10.52}$$

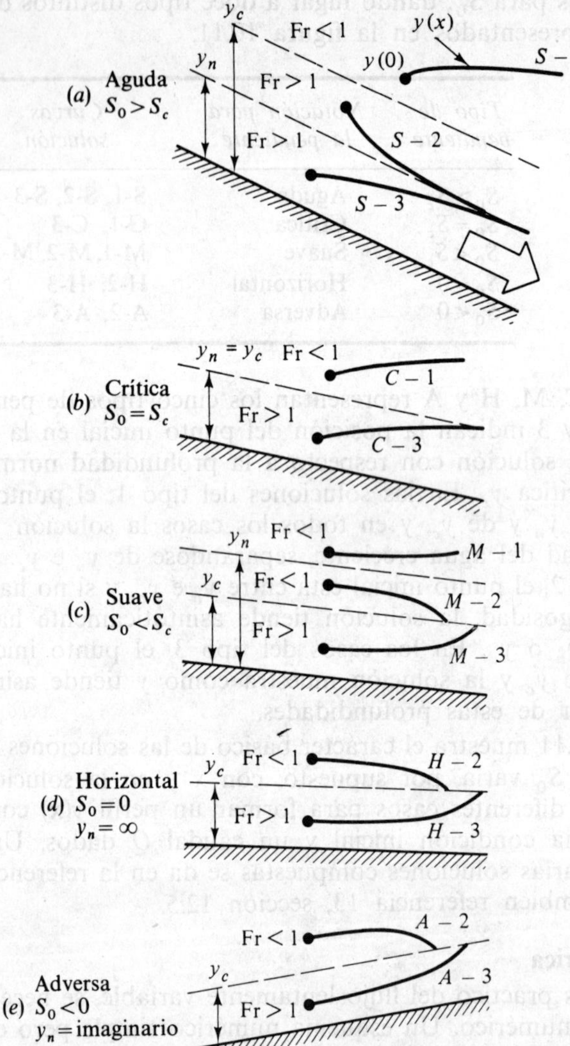

Fig. 10.11 Flujo lentamente variable para los cinco tipos de pendientes del canal, mostrando las doce curvas correspondientes a soluciones básicas.

donde $\xi = 1$ en el Sistema Internacional de Unidades y 2,208 en el británico. La velocidad media y el radio hidráulico se pueden estimar mediante

$$V_{av} \approx \tfrac{1}{2}[V(y) + V(y + \Delta y)] \qquad R_{h,av} \approx \tfrac{1}{2}[R_h(y) + R_h(y + \Delta y)] \tag{10.53}$$

Alternativamente, se puede calcular S en y y en $y + \Delta y$ y *después* promediar. Finalmente, la pendiente media del canal será

$$S_{0,av} \approx \tfrac{1}{2}[S_0(x) + S_0(x + \Delta x)] \tag{10.54}$$

Puesto que Δx no se conoce hasta que no haya sido utilizada la ecuación (10.51), puede ser necesario iterar un poco para determinar $S_{0,\text{av}}$ con más precisión. Se debería seleccionar el intervalo Δy bastante pequeño para asegurar que $S_{0,\text{av}} \approx S_0(x)$.

Comenzando en $x = 0$ con un valor inicial y_0, la ecuación (10.51) nos permite calcular Δx tanto aguas arriba como aguas abajo; utilizando valores pequeños de Δy, posteriormente se calcula $x = \Sigma \Delta x$ y se puede construir el perfil $y(x)$. Ilustrémoslo con un ejemplo. En la referencia 3, capítulo 10, se dan más detalles del cálculo y en la referencia 4, página 538, se da un pequeño programa de ordenador para la ecuación (10.51). Desde el punto de vista físico debería conocerse el tipo de solución con que nos encontramos (M-2, C-3, S-1, etc.) antes de comenzar los cálculos, pero no es necesario para el cálculo matemático.

EJEMPLO 10.7 Utilicemos los datos del ejemplo 10.4 para determinar una parte de la forma del perfil. Dado un canal ancho con $n = 0{,}022$, $S_0 = 0{,}0048$ y $q = 50$ $ft^3/(s \cdot ft)$. Si $y_0 = 3$ ft en $x = 0$, ¿a qué distancia $x = L$ a lo largo del canal la profundidad es $y_L = 4$ ft? Utilícese la formulación de Manning y los incrementos $\Delta y = 0{,}2$ ft. ¿Está situada la profundidad de 4 ft aguas arriba o aguas abajo?

Solución Puesto que el ejemplo 10.4 proporciona el resultado $y_c = 4{,}27$ ft, sabemos que el flujo es supercrítico; y el valor dado de $S_0 = 0{,}0048$ es mayor que $S_c = 0{,}00435$ del ejemplo 10.4, de modo que la pendiente es mayor y tendremos un perfil *S*.

La profundidad normal se determina haciendo $q = 50$ en la fórmula (10.20) de Manning con $R_h = y_n$

$$q = \frac{1{,}49}{0{,}022}[y_n(1 \text{ ft})]\, y_n^{5/3}\,(0{,}0048)^{1/2} = 50$$

o
$$y_n = 4{,}14 \text{ ft}$$

Por tanto, y_0 e y_L son menores que y_n, que a su vez es menor que y_c y *debemos* estar en una curva S-3, como en la figura 10.11*a*. Para la solución numérica, tabularemos y desde 3 hasta 4 en intervalos de 0,2, calculando seis valores de $V = q/y$, $E = y + V^2/2g$ y $S = n^2V^2/2{,}028y^{4/3}$, para los cuales S_{av} e Δx se obtiene de la ecuación (10.51). La pendiente $S_0 = 0{,}0048$ es constante.

y	$V = 50/y$	$E = y + V^2/2g$	S	S_{av}	Δx	$x = \Sigma \Delta x$
3,0	16,67	7,313	0,01407			0,0
				0,01271	40,7	
3,2	15,62	6,991	0,01135			40,7
				0,01031	42,3	
3,4	14,71	6,758	0,00927			83,0
				0,00847	44,4	
3,6	13,89	6,595	0,00766			127,4
				0,00703	48,0	
3,8	13,16	6,488	0,00640			175,4
				0,00590	56,4	
4,0 ft	12,50	6,426	0,00539			$L = 231{,}8$ ft

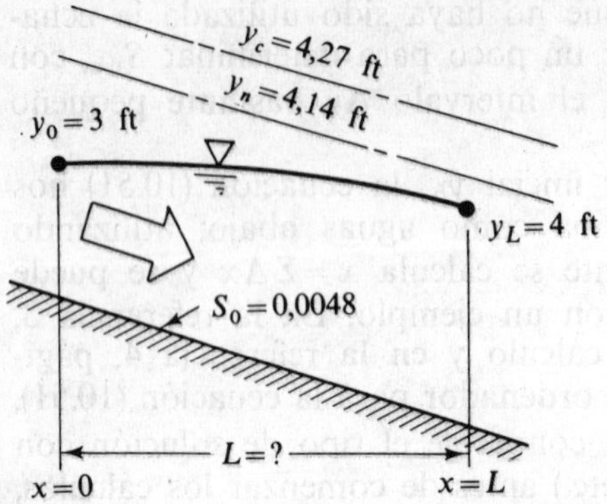

Fig. E10.7

Para este incremento de profundidad de 0,2 ft, la teoría del flujo lentamente variable predice una longitud de unos 238 ft necesaria para que la profundidad aumente de 3 a 4 ft en este movimiento supercrítico. Utilizando 10 incrementos, al reducir Δy a 0,1 ft, obtendríamos un valor de $L = 235{,}2$ ft (no se muestran los cálculos).

Está claro que la profundidad $y = 4$ ft está situada *aguas abajo*. *Resp.*

Obsérvese que los Δx calculados aumentan cuando la profundidad aumenta. Cuando $y \rightarrow y_n = 4{,}14$ ft, $\Delta x \rightarrow \infty$; esto es, el perfil se aproxima asintóticamente a la profundidad normal.

10.7 MEDIDA DE CAUDALES CON VERTEDEROS[1]

Un vertedero es una obstrucción en la solera de un canal que debe ser sobrepasado por la corriente. Para ciertas geometrías simples el caudal Q se correlaciona con la altura H que, sobre el vertedero, tiene el agua aguas arriba. Por ello un vertedero es un medidor, elemental pero efectivo, del caudal en canales abiertos.

La figura 10.12 muestra dos vertederos corrientes, de paredes delgada y gruesa, que consideraremos muy anchos. En ambos casos, el flujo aguas arriba es subcrítico, se acelera a crítico cerca de la cima del vertedero y rebosa en forma de una *lámina* supercrítica, que chapotea en la corriente aguas abajo. En ambos casos, el caudal q por unidad de anchura es proporcional a $H^{3/2}$, donde H es la profundidad de la corriente aguas arriba medida desde la cresta del vertedero. La correlación cambia si la lámina del líquido queda adherida a la pared del vertedero aguas abajo. (El rebosadero de la figura 10.8 es un tipo de vertedero no aireado, de corriente adherida, que también puede calibrarse en la forma $q = cH^{3/2}$.)

Análisis de vertedero de pared delgada

Se puede analizar el flujo en vertederos despreciando la fricción y utilizando teoría potencial (Cap. 8), teniendo en cuenta la superficie libre desconocida. Las soluciones son complicadas, pero de gran exactitud (p. ej., 15].

[1] Esta sección se puede omitir sin pérdida de continuidad.

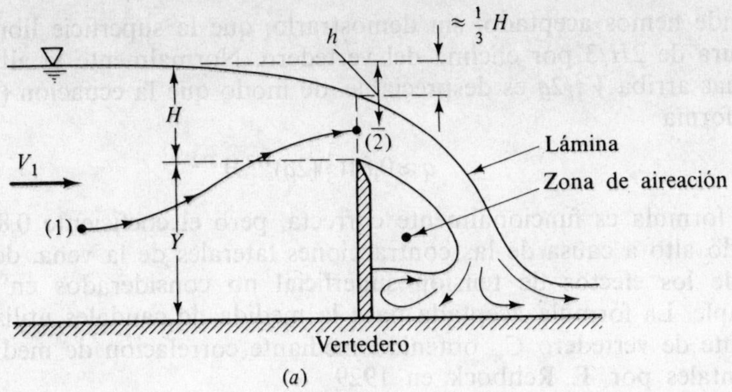

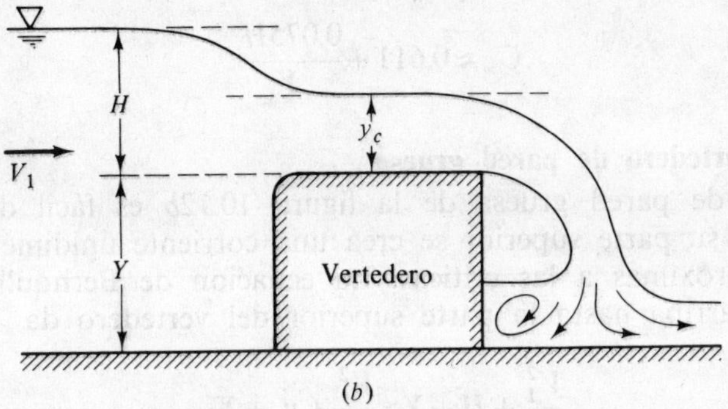

Fig. 10.12 Flujo sobre vertederos aireados anchos: (*a*) pared delgada; (*b*) pared gruesa.

Se atribuye al ingeniero francés J. V. Boussinesq, en 1909, una teoría unidimensional y sin fricción muy simple. Como se esquematiza en la figura 10.12*a*, se estima la distribución de velocidades $V_2(h)$ por encima del vertedero mediante la ecuación de Bernoulli referida al punto 1 aguas arriba. De la figura 10.12*a*,

$$\frac{V_1^2}{2g}+H+Y\approx\frac{V_2^2}{2g}+H+Y-h$$

o $$V_2^2=2gh+V_1^2 \tag{10.55}$$

Entonces el caudal sobre el vertedero es aproximadamente

$$q=\int_{H/3}^{H} V_2\ dh=\int_{H/3}^{H}(2gh+V_1^2)^{1/2}\,dh=$$

$$=\tfrac{2}{3}(2g)^{1/2}\left[\left(H+\frac{V_1^2}{2g}\right)^{3/2}-\left(\frac{H}{3}+\frac{V_1^2}{2g}\right)^{3/2}\right] \tag{10.56}$$

donde hemos aceptado, sin demostrarlo, que la superficie libre tiene una altura de $2H/3$ por encima del vertedero. Normalmente la altura cinética aguas arriba $V_1^2/2g$ es despreciable, de modo que la ecuación (10.56) toma la forma

$$q \approx 0{,}81(\tfrac{2}{3})(2g)^{1/2}H^{3/2} \tag{10.57}$$

La fórmula es funcionalmente correcta, pero el coeficiente 0,81 es demasiado alto a causa de las contracciones laterales de la vena, de la fricción y de los efectos de tensión superficial no considerados en esta teoría simple. La fórmula aceptada para la medida de caudales utiliza un coeficiente de vertedero C_w obtenido mediante correlación de medidas experimentales por T. Rehbock en 1929

$$q = \tfrac{2}{3}C_w(2g)^{1/2}H^{3/2} \tag{10.58}$$

donde

$$C_w \approx 0{,}611 + \frac{0{,}075H}{Y}$$

Análisis de vertedero de pared gruesa

El vertedero de pared gruesa de la figura 10.12*b* es fácil de analizar porque sobre su parte superior se crea una corriente unidimensional de condiciones próximas a las críticas. La ecuación de Bernoulli aplicada desde aguas arriba hasta la parte superior del vertedero da

$$\frac{V_1^2}{2g} + H + Y \approx \frac{V_c^2}{2g} + y_c + Y \tag{10.59}$$

Puesto que $V_c^2 = gy_c$, de la ecuación (10.33) podemos escribir

$$y_c \approx \frac{2H}{3} + \frac{V_1^2}{3g} \approx \frac{2H}{3} \tag{10.60}$$

que justifica la hipótesis utilizada en la ecuación (10.56) sin demostrar. El caudal está dado por

$$q = (gy_c^3)^{1/2} = g^{1/2}\left(\frac{2H}{3} + \frac{V_1^2}{3g}\right)^{3/2} \tag{10.61}$$

Si despreciamos la carga aguas arriba, ésta se reduce a

$$q \approx (3^{-(1/2)})(\tfrac{2}{3})(2g)^{1/2}H^{3/2} \tag{10.62}$$

Por comparación con la ecuación (10.58), el vertedero de pared ancha tiene un coeficiente teórico $C_w = 3^{-(1/2)} = 0{,}577$. La fórmula recomendada en la referencia 16 varía con la altura del vertedero

$$C_w = \frac{0{,}65}{(1 + H/Y)^{1/2}} \tag{10.63}$$

Véase referencia 3, páginas 55-57, para una descripción de los resultados de ensayos.

EJEMPLO 10.8 Un vertedero en un canal horizontal tiene 12 ft de ancho y 4 ft de alto. La profundidad del agua aguas arriba es de 5,2 ft. Estimar el caudal si el vertedero es (*a*) de pared delgada; (*b*) de pared gruesa.

Solución (*a*) Se ha dado $Y=4$ ft e $Y+H=5,2$ ft; por tanto, $H=1,2$ ft. Para el vertedero de pared delgada el coeficiente de la ecuación (10.58) es

$$C_{w,\mathrm{SC}}=0{,}611+\frac{0{,}075(1{,}2\ \mathrm{ft})}{4\ \mathrm{ft}}=0{,}634$$

de modo que el caudal por unidad de anchura es

$$q=\tfrac{2}{3}(0{,}634)[2(32{,}2)]^{1/2}(1{,}2)^{3/2}=4{,}46\ \mathrm{ft}^3/(\mathrm{s}\cdot\mathrm{ft})$$

El caudal total es

$$Q_{\mathrm{SC}}=qb=[4{,}46\ \mathrm{ft}^3/(\mathrm{s}\cdot\mathrm{ft})](12\ \mathrm{ft})=53{,}5\ \mathrm{ft}^3/\mathrm{s} \qquad \textit{Resp. (a)}$$

(*b*) Las contracciones laterales [3, pág. 390] lo reducen en un 2 por 100. El coeficiente para el vertedero de pared gruesa es de la ecuación (10.63)

$$C_{w,\mathrm{BC}}=\frac{0{,}65}{(1+1{,}2/4{,}0)^{1/2}}=0{,}570$$

Puesto que todo lo demás es igual, simplemente reescalamos el resultado del vertedero de pared delgada

$$Q_{\mathrm{BC}}=\frac{Q_{\mathrm{SC}}C_{w,\mathrm{BC}}}{C_{w,\mathrm{SC}}}=\frac{53{,}5(0{,}570)}{0{,}634}=48{,}1\ \mathrm{ft}^3/\mathrm{s} \qquad \textit{Resp. (b)}$$

Las contracciones laterales son despreciables. Podemos corregir el resultado teniendo en cuenta la energía cinética aguas arriba que podemos calcular: $V_1\approx q/(H+Y)=(48{,}1/12)/5{,}2=0{,}77$ ft/seg. Por tanto, $H'=H+V_1^2/2g=1{,}209$ ft, y utilizando H' en lugar de H en la ecuación (10.62) se obtiene 48,7 ft³/s o un 1 por 100 más.

REFERENCIAS

1. B. A. Bakhmeteff, «Hydraulics of Open Channels», McGraw-Hill, Nueva York, 1932.
2. S. M. Woodward y C. J. Posey, «Steady Flow in Open Channels», Wiley, Nueva York, 1941.
3. Ven Te Chow, «Open Channel Hydraulics», McGraw-Hill, Nueva York, 1959.
4. F. M. Henderson, «Open Channel Flow», Macmillan, Nueva York, 1966.
5. J. J. Stoker, «Water Waves», Interscience, Nueva York, 1957.
6. B. Kinsman, «Wind Waves: Their Generation and Propagation on the Ocean Surface», Prentice-Hall, Englewood Cliffs, N.J., 1965.

7. A. T. Ippen, «Estuary and Coastline Hydrodynamics», McGraw-Hill, Nueva York, 1966.
8. J. M. Robertson y H. Rouse, The Four Regimes of Open Channel Flow, *Civ. Eng.*, vol. 11, núm. 3, págs. 169-171, marzo 1941.
9. R. W. Powell, Resistance to Flow in Rough Channels, *Trans. Am. Geophys. Union*, vol. 31, núm. 4, págs. 575-582, agosto 1950.
10. P. A. Thompson, «Compressible-Fluid Dynamics», McGraw-Hill, Nueva York, 1972.
11. U.S. Bureau of Reclamation, Research Studies on Stilling Basins, Energy Dissipators, and Associated Appurtenances, *Hydraul. Lab. Rep.* Hyd-399, junio 1, 1955.
12. E. A. Elevatorski, «Hydraulic Energy Dissipators», McGraw-Hill, Nueva York, 1959.
13. R. M. Olson, «Essentials of Engineering Fluid Mechanics», 2.ª ed., International Textbook, Scranton, Pa., 1966.
14. J. K. Vennard y R. L. Street, «Elementary Fluid Mechanics», 5.ª ed., Wiley, Nueva York, 1975.
15. J. S. McNown y col., Applications of the Relaxation Technique in Fluid Mechanics, *Proc. ASCE*, vol. 120, págs. 650-686, julio 1953.
16. H. A. Doeringsfeld y C. L. Barker, Pressure-Momentun Theory Applied to the Broad-crested Weir, *ASCE Trans.*, vol. 106, págs. 934-946, 1941.

PELICULAS RECOMENDADAS

Películas numeradas 7, 12, 24, 25, 27 a 33 y 36 en el apéndice C.

PROBLEMAS

10.1 La fórmula para la velocidad de propagación de ondas superficiales, ecuación (10.9) o (10.10), es independiente de las propiedades físicas del líquido, esto es, de la densidad, viscosidad o tensión superficial. ¿Significa esto que las ondas se propagan a la misma velocidad en agua, mercurio, gasolina y glicerina? Explíquelo.

10.2 Una onda superficial de 2 cm de altura se propaga en agua en reposo con profundidad de 50 cm. Calcular la velocidad de la onda c y la velocidad δV inducida por la onda.

10.3 El flujo en el canal de agua de la figura P10.3 tiene superficie libre en tres lugares. ¿Se puede clasificar como un flujo en canales abiertos? Explíquelo. ¿Qué representa la línea discontinua?

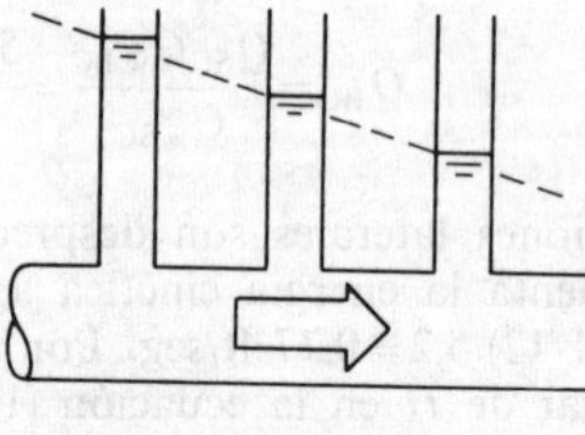

Fig. P10.3

10.4 En el drenaje laminar de una capa ancha y poco profunda de agua de profundidad h_0 en un pavimento de poca pendiente S_0, mostrar que el caudal por unidad de anchura es $q = gy_0^3 S_0 / 3\nu$. (Recordar los problemas 4.35 y 6.26.)

10.5 Para el problema 10.4, mostrar, por comparación con la fórmula de Chézy, que el coeficiente de fricción es $f = 24/\mathrm{Re}$, donde el número de Reynolds está definido como $\mathrm{Re} = V_{av} y_0 / \nu = q/\nu$.

10.6 En el problema 10.5 el flujo es laminar sólo por debajo de Re = 500. Si $S_0 = 0{,}001$, ¿cuál es la profundidad máxima y_0 posible para el flujo laminar de agua a 20° C?

10.7 Un canal rectangular de 3 m de ancho tiene una profundidad de agua de 2 m. Si la pendiente es 0,4° y la superficie es de cemento no pulido, calcular el caudal con flujo uniforme utilizando las fórmulas (*a*) de Manning y (*b*) de Moody.

10.8 Un canal trapezoidal similar al de la figura 10.6 tiene $b = 10$ ft, $\theta = 25°$ e $y = 3{,}5$ ft. Calcular el caudal con flujo uniforme para un canal de tierra y limpio cuyo $S_0 = 0{,}0002$.

10.9 Para el canal del problema 10.8 calcular la profundidad normal y_n si el caudal es 200 ft^3/s.

10.10 En canales lisos el valor efectivo de la *n* de Manning puede aumentar apreciablemente con el tamaño del canal. Si la rugosidad $\varepsilon = 0{,}001$ ft, utilizar la fórmula de Moody para calcular la *n* de Manning para R_h igual a (*a*) 1 ft y (*b*) 8,75 ft.

10.11 Por un canal circular de metal ondulado para drenaje en caso de tormenta, que tiene una pendiente de 4 ft por milla, fluye agua llenando la mitad del canal. Estimar el caudal si el diámetro es de 8 ft.

10.12 La fórmula (10.14) de Chézy es independiente de la densidad y viscosidad del líquido. ¿Significa esto que el agua, mercurio, gasolina y glicerina tendrán el mismo caudal en un canal abierto dado? Explíquelo.

10.13 Un acueducto trapezoidal (Figura 10.6) tiene $b = 6$ m y $\theta = 35°$ y transporta 50 m^3/s de agua cuando $y = 3$ m. Si $n = 0{,}014$, ¿cuál es la caída en altura necesaria por kilómetro?

10.14 En el problema 10.13, si todos los demás parámetros permanecen invariables, ¿cuál deberá ser la profundidad del agua si el caudal es sólo 20 metros cúbicos por segundo?

10.15 Un canal triangular (Fig. E10.5) tiene un ángulo entre lados de 45° y una pendiente de 0,0005. Si está recubierto con asfalto, ¿cuál será la profundidad normal cuando el caudal es (*a*) 100 ft^3/s; (*b*) 10 ft^3/s?

10.16 Un canal rectangular enladrillado con $S_0 = 0{,}002$ se diseña para transportar 225 ft^3/s de agua en flujo uniforme. Hay un argumento según el cual la anchura del canal debería ser 4 ft u 8 ft. ¿Qué diseño necesita menos ladrillos y en qué porcentaje menos?

10.17 En época de crecidas un canal natural consiste a menudo en un canal principal profundo más dos lechos laterales, como en la figura P10.17. Los lechos laterales son normalmente poco profundos y rugosos. Si el canal tiene la misma pendiente en todas partes, ¿cómo calcularía el caudal en esta situación? Suponga que $y_1 = 20$ ft, $y_2 = 5$ pies, $b_1 = 40$ ft, $b_2 = 100$ ft, $n_1 = 0{,}020$, $n_2 = 0{,}40$ con una pendiente de 0,0002. Estimar el caudal en pies cúbicos por segundo (ft^3/s).

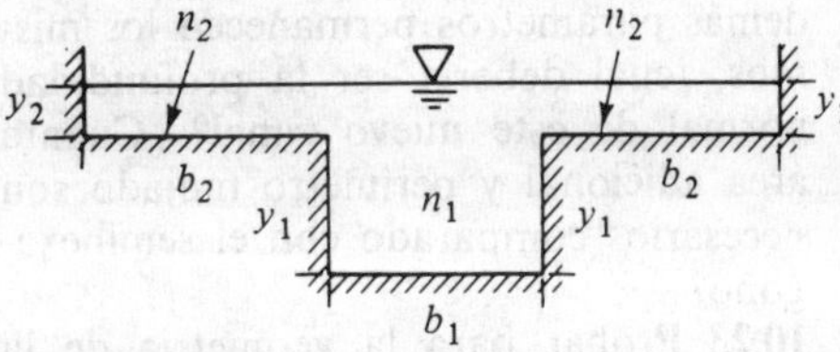

Fig. P10.17

10.18 Un canal rectangular tiene $b = 10$ pies e $y = 3$ ft. Si *n* y S_0 son los mismos, ¿cuál es el diámetro de un canal semicircular por el que circule el mismo caudal? Comparar los dos perímetros mojados.

10.19 Para el canal circular, parcialmente lleno, de la figura P10.19, mostrar que para valores dados de S_0 y *n* la velocidad medida en flujo uniforme es máxima cuando $y = 0{,}813D$. Mostrar que el caudal máximo se da cuando $y = 0{,}938D$.

10.20 Para el conducto circular de la figura P10.19 considere $n = 0{,}016$, $D = 3$ metros y una pendiente de 0,2°. Calcular la profundidad normal cuando el caudal es 20 m^3/s.

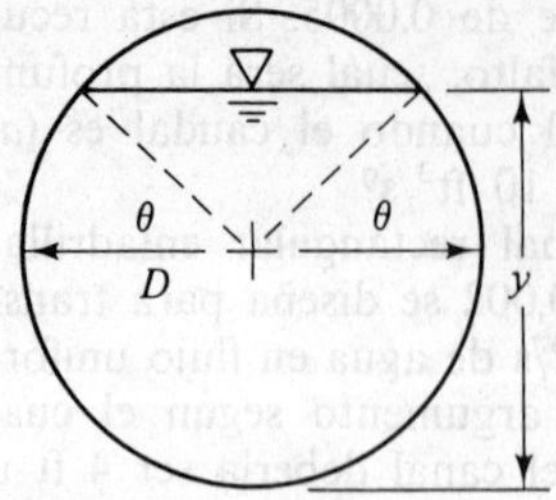

Fig. P10.19

10.21 Un canal trapezoidal con $n=0{,}022$ y $S_0=0{,}0003$ tiene forma de semihexágono buscando la eficiencia máxima. ¿Cuál debe ser la longitud del lado del hexágono si circulan por el canal 225 ft^3/s de agua? ¿Cuál es el caudal de un canal semicircular de la misma área transversal y los mismos S_0 y n?

10.22 Suponga que para evitar desprendimientos de tierra se reduce a $\theta=20°$ el ángulo de los cajeros del canal trapezoidal del problema 10.21. Si los demás parámetros permanecen los mismos, ¿cuál debería ser la profundidad normal de este nuevo canal? ¿Cuánta área adicional y perímetro mojado son necesarios comparado con el semihexágono?

10.23 Probar para la geometría de la figura P10.19 que el canal circular más eficiente (máximo R_h para un área dada A) es un semicírculo.

10.24 ¿Cuáles son las dimensiones óptimas de un canal rectangular de madera cepillada para transportar 100 ft^3/s con $S_0=0{,}0005$?

10.25 Repetir el problema 10.24 para un canal trapezoidal recubierto de asfalto con sus lados laterales inclinados 45°. ¿Cuánto caudal adicional fluye por un canal semicircular de la misma área?

10.26 Una pequeña obstrucción en un canal crea una onda en forma de cuña de semiángulo 25° en la superficie libre de la corriente, como se ve desde arriba en la figura P10.26. Si la profundidad del agua es 15 cm, ¿cuál es la velocidad de la corriente?

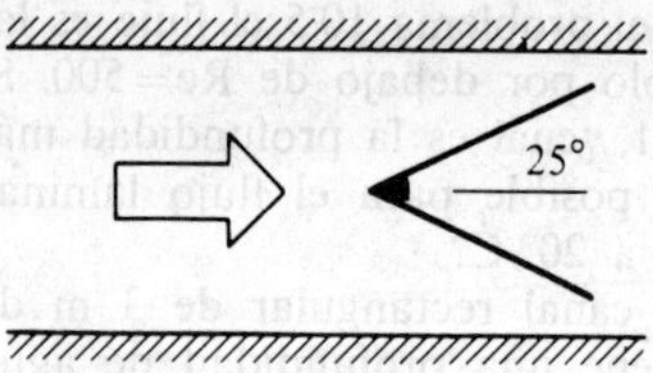

Fig. P10.26

10.27 Replantear la figura 10.7*b* dibujando q en función de y para E constante. ¿Aparece el máximo de q cuando la profundidad es crítica?

10.28 Un río muy ancho, recto y limpio tiene un caudal $q=125$ $ft^3/(s \cdot ft)$. ¿Cuál es la profundidad crítica? Si la profundidad es 15 ft, ¿cuál es el número de Froude del río? Calcular la pendiente crítica mediante los análisis de Manning y Moody.

10.29 Calcular la profundidad crítica del canal enladrillado del problema 10.16 para las dos anchuras 4 y 8 ft.

10.30 Calcular la profundidad y la pendiente críticas para el canal trapezoidal del problema 10.13 cuando $Q=50$ metros cúbicos por segundo.

10.31 Para el río del problema 10.28 calcular la profundidad y_2 que tiene la misma energía específica que con la profundidad dada $y_1=15$ ft. Estas se denominan profundidades *conjugadas*. ¿Cuánto vale Fr_2?

10.32 Un canal triangular de teja de arcilla tiene los lados con pendiente de 60°. Si por el canal circulan 10 m^3/s, calcular (*a*) la profundidad crítica, (*b*) la velocidad crítica y (*c*) la pendiente crítica.

10.33 Mostrar que la forma más eficiente para un canal abierto de sección triangular (Fig. E10.5) es aquella en que la pendiente de los lados es 45°.

10.34 Un canal rectangular de 6 ft de ancho y 3 ft de profundidad tiene una pendiente crítica de 0,009. Calcular la altura de la rugosidad de la superficie del canal y el caudal crítico Q_c.

10.35 Por un canal rectangular de cemento no pulido, de 10 m de ancho y una pendiente de 4 m/km, fluye agua.

Calcular la profundidad y el caudal si el flujo es crítico.

10.36 Un conducto circular de metal ondulado con $D=6$ ft se diseña para que circulen 30 ft^3/s en flujo uniforme cuando está medio lleno. ¿Qué pendiente es necesaria en pies por milla? ¿Cuál es el número de Froude?

10.37 Por un canal muy ancho fluye un caudal de agua $q=20$ $ft^3/(s \cdot ft)$, $y_1=1$ ft y se forma un resalto hidráulico. Calcular y_2, V_2, Fr_2, h_f, el porcentaje de energía disipada y la potencia disipada por unidad de anchura. ¿Cuál es la profundidad crítica?

10.38 De acuerdo con la teoría, ¿para qué número de Froude Fr_1 la energía disipada en un resalto hidráulico es exactamente el 50 por 100?

10.39 El flujo en un canal muy ancho tiene una profundidad de 0,60 m y después de atravesar un resalto hidráulico la profundidad es de 1,5 m. Determinar la velocidad aguas arriba y aguas abajo del resalto. ¿Cuál es la profundidad crítica de este flujo?

10.40 Mostrar que el número de Froude aguas abajo de un resalto hidráulico está dado por $Fr_2=8^{1/2}\ Fr_1/[(1+8\ Fr_1^2)^{1/2}-1]^{3/2}$. ¿Es correcta esta fórmula si permutamos los subíndices 1 y 2?, ¿por qué?

10.41 La corriente aguas abajo de un resalto hidráulico en un canal rectangular tiene una profundidad de 10 m y una velocidad de 3 m/s. ¿Cuáles son la velocidad y profundidad aguas arriba del resalto? ¿Cuál es la profundidad crítica de la corriente?

10.42 En la base de un rebosadero hay un resalto hidráulico con una profundidad de agua de 0,6 m aguas arriba y 3,6 m aguas abajo. Si el rebosadero tiene una anchura de 30 m, ¿cuánta potencia se está disipando en el resalto? ¿Qué porcentaje de disipación representa?

10.43 En una cierta sección de un canal rectangular de 3 m de ancho la profundidad es de 1,2 m y el caudal de 162 m^3/s. Si se forma un resalto hidráulico, ¿estará situado aguas arriba o aguas abajo de esta sección?

10.44 Un resalto hidráulico móvil se propaga aguas arriba en un fluido que se mueve lentamente o está en reposo, como en la figura 10.3*a*. Supóngase que el fluido en reposo tiene una profundidad de 3 m y que el fluido detrás del resalto tiene una profundidad de 5 m. ¿Cuál será la velocidad de propagación del resalto?

10.45 Repetir el problema 10.44 considerando que el fluido aguas arriba se mueve hacia el resalto con una velocidad de 4 m/s respecto a tierra. ¿Cuál será la velocidad de propagación del resalto respecto a tierra?

10.46 Considerar el flujo con la compuerta de la figura P10.46. Si $y_1=10$ ft y se desprecian todas las pérdidas excepto la disipación en el resalto, calcular y_2, y_3 y el porcentaje de disipación. Represente esquemáticamente el flujo a escala, incluyendo la línea piezométrica (LP). El canal es horizontal y muy ancho.

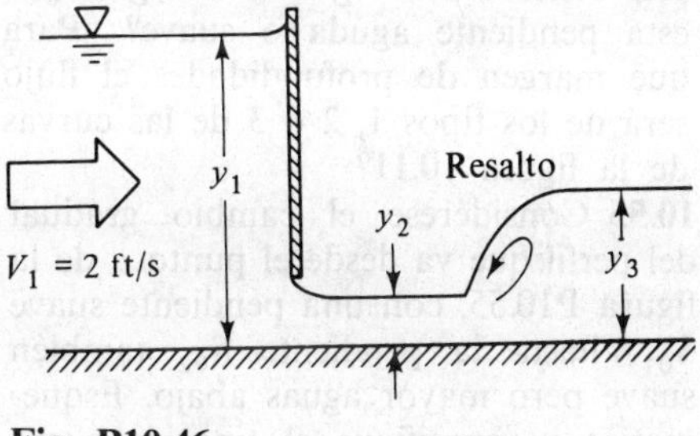

Fig. P10.46

10.47 Para el flujo bajo la compuerta de la figura P10.46 a partir de los valores medidos de y_1 e y_3 se puede deducir el valor del caudal de un modo aproximado. Suponiendo que V_1 es desconocido pero $y_1=10$ ft e $y_3=5$ ft. Estimar el caudal q en $ft^3/(s \cdot ft)$. ¿Es éste un procedimiento razonable de medir?

10.48 Mostrar cómo se simplifica la ecuación (10.46) si el flujo en el canal es uniforme.

10.49 En una sección de un canal rectangular de 10 ft de ancho con $n = 0{,}015$ y $S_0 = 0{,}001$, $Q = 300$ ft^3/s. Calcular las profundidades normal y crítica. ¿La pendiente es aguda o suave? ¿En qué tipo de perfil lentamente variable de la figura 10.11 nos encontramos si $y = (a)$ 2 ft, (b) 4 ft, (c) 6 ft?

10.50 Repetir el problema 10.49 considerando $S_0 = 0{,}005$.

10.51 Si se incluye la fricción en la solera en el flujo de la figura P10.46, los espesores y_2 e y_3 variarán con x. ¿En que tipo de curvas de la figura 10.11 estarían y_2 e y_3?

10.52 Por un canal muy ancho, $S_0 = 0{,}005$, construido de tierra y limpio, fluye un caudal $q = 10$ $m^3/(s \cdot m)$ de agua. ¿Es una pendiente aguda? ¿Para qué margen de profundidades el flujo será de los tipos 1, 2 ó 3 de las curvas de la figura 10.11?

10.53 Repetir el problema 10.52 si la pendiente del canal es $S_0 = 0{,}002$.

10.54 Por un canal triangular recubierto de asfalto, con una pendiente de los lados de 45° y $S_0 = 0{,}009$, fluyen 125 pies cúbicos por segundo de agua. ¿Es esta pendiente aguda o suave? ¿Para qué margen de profundidades el flujo será de los tipos 1, 2 ó 3 de las curvas de la figura 10.11?

10.55 Considérese el cambio gradual del perfil que va desde el punto a de la figura P10.55, con una pendiente suave S_{01}, hasta la pendiente S_{02} también suave pero mayor aguas abajo. Esquematice y especifique el tipo de curva $y(x)$ esperada.

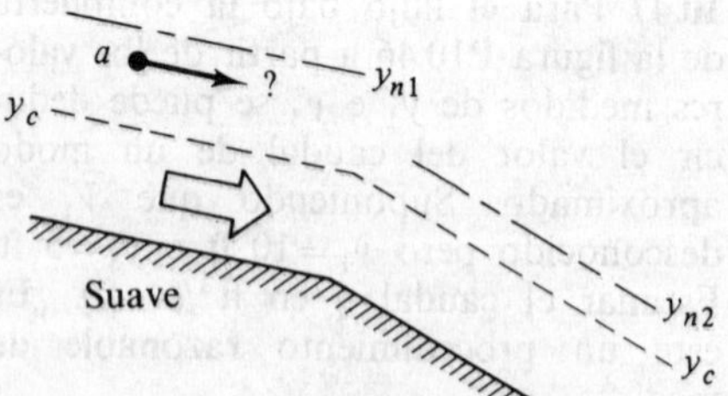

Fig. P10.55

10.56 Repetir el problema 10.55 pero esta vez considerar el canal de la figura P10.56, en el cual la pendiente cambia de suave a aguda. Esquematizar y especificar el tipo de curva $y(x)$ esperada, considerando flujo lentamente variable.

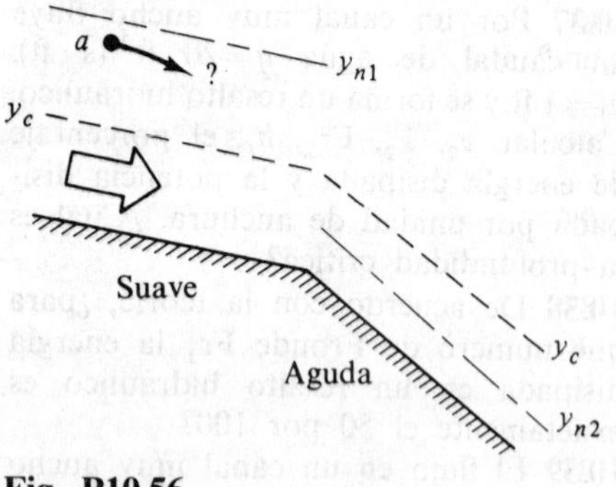

Fig. P10.56

10.57 En la figura P10.57 la pendiente del canal cambia de aguda a menos aguda. Comenzando en el punto a, esquematice y especifique el tipo de curva $y(x)$ esperada con la teoría de flujo lentamente variable.

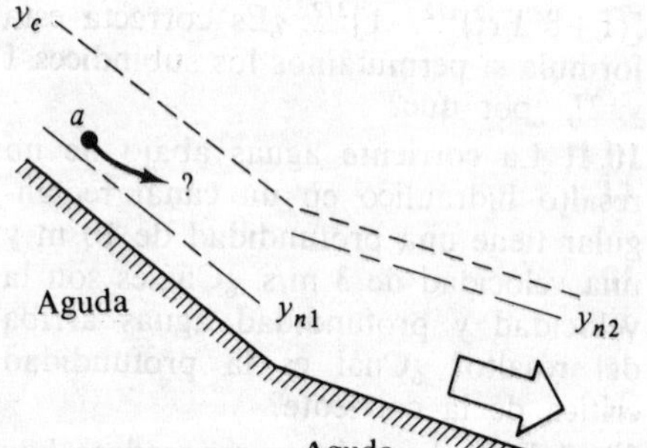

Fig. P10.57

10.58 Repetir el ejemplo 10.7 para determinar la longitud L, utilizando (a) cuatro incrementos $\Delta y = 0{,}25$ ft y (b) utilizando un gran incremento $\Delta y = 1$ pie. ¿Es suficiente la aproximación?

10.59 Supondremos que el valor y_2, calculado con la teoría no viscosa en el problema 10.46, se da inmediatamente aguas abajo de la compuerta en $x=0$. Si el canal es horizontal con $n=0{,}015$ y no hay resalto hidráulico, calcular con la teoría de flujo lentamente variable la distancia $x=L$ aguas abajo, donde $y=2$ ft.

10.60 El flujo discurre por un canal muy ancho con $n=0{,}018$ y una pendiente adversa $S_0=-0{,}001$. Estimar con la teoría de movimiento lentamente variable la distancia necesaria para que la profundidad pase de 2,5 a 2 m si $q=3{,}5$ $m^3/(s \cdot m)$.

10.61 Por un canal rectangular de 20 ft de ancho y $n=0{,}025$ fluyen 500 ft^3/s de agua. Un dique aumenta la profundidad a 15 ft como en la figura P10.61. Utilizando la teoría de movimiento lentamente variable, calcular la distancia L aguas arriba en la que la profundidad del agua es 10 ft si la pendiente del canal es $S_0=0{,}0015$. ¿Qué tipo de solución corresponde a la llamada *curva de remanso*?

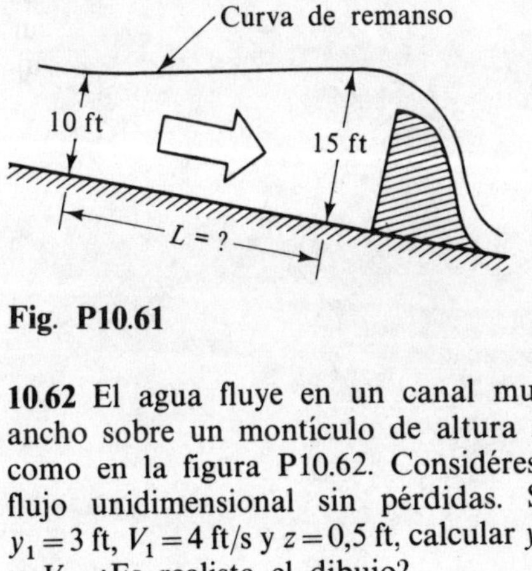

Fig. P10.61

10.62 El agua fluye en un canal muy ancho sobre un montículo de altura z, como en la figura P10.62. Considérese flujo unidimensional sin pérdidas. Si $y_1=3$ ft, $V_1=4$ ft/s y $z=0{,}5$ ft, calcular y_2 y V_2. ¿Es realista el dibujo?

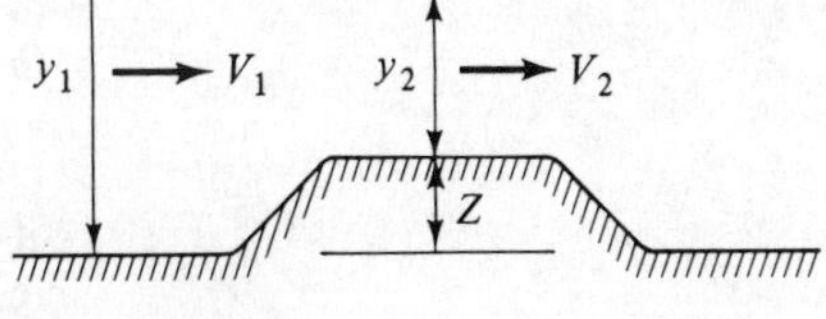

Fig. P10.62

10.63 En el problema 10.62, para un valor dado de y_1 y V_1, ¿qué altura z podría hacer crítica a V_2?

10.64 Repetir el problema 10.62 para $V_1=15$ ft/s. ¿Es realista el dibujo?, ¿por qué?

10.65 Con referencia a la figura P10.62, mostrar que cuando en un canal muy ancho el agua fluye a la velocidad V y profundidad y y pasa sobre un pequeño montículo de altura δz, el nivel de agua cambia en una cantidad $\delta y \approx \delta z/(1-\mathrm{Fr}^{-2})$, donde

$$\mathrm{Fr}=V/(gy)^{1/2}$$

es el número de Froude de la corriente aguas arriba. Esquematice el efecto para $\mathrm{Fr}=0{,}9$ y 1,1.

10.66 La figura P10.66 muestra un canal con cambio de anchura acompañado por un cambio de profundidad del agua, a veces llamado *efecto venturi en canales*. Determinar el caudal en el canal si $b_1=5$ m, $b_2=3$ m, $y_1=2$ metros e $y_2=1{,}5$ m. Despréciense las pérdidas.

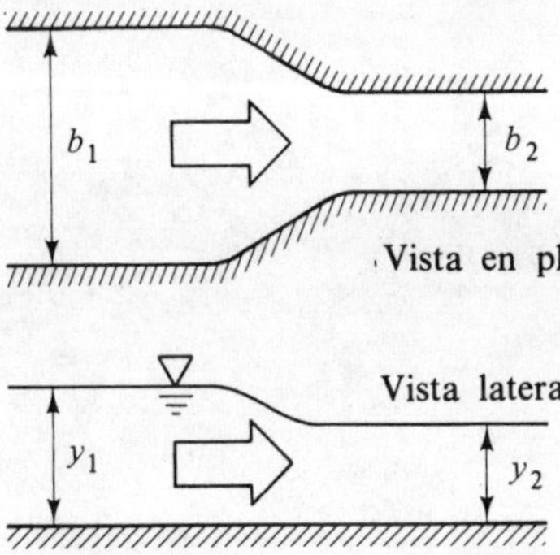

Fig. P10.66

10.67 En el canal de transición de la figura P10.66, si $b_1=4$ ft, $b_2=3$ ft, $y_1=2$ ft y $Q=30$ ft^3/s, calcular y_2 y V_2 considerando que no hay pérdidas. ¿Por qué no hay solución para $Q=35$ ft^3/s?

10.68 Un vertedero en un canal horizontal tiene 8 m de ancho y 1 m de alto. Si la profundidad aguas arriba es 2 m, determinar el caudal para (*a*) un vertedero de pared delgada y (*b*) de pared gruesa.

10.69 Utilizando un análisis similar al de la figura 10.12*a*, mostrar que el caudal por el vertedero de entalladura en *V* de la figura P10.69 está dado por

$$Q = C_w \tfrac{8}{15}(2g)^{1/2}\ \mathrm{tg}\,\alpha H^{5/2}$$

Los experimentos muestran que C_w varía desde 0,65 con $\alpha = 5°$ a 0,58 con $\alpha = 50°$.

10.70 La correlación de Rehbock de los coeficientes de un vertedero, ecuación (10.58), realmente sugirió un término dimensional adicional,

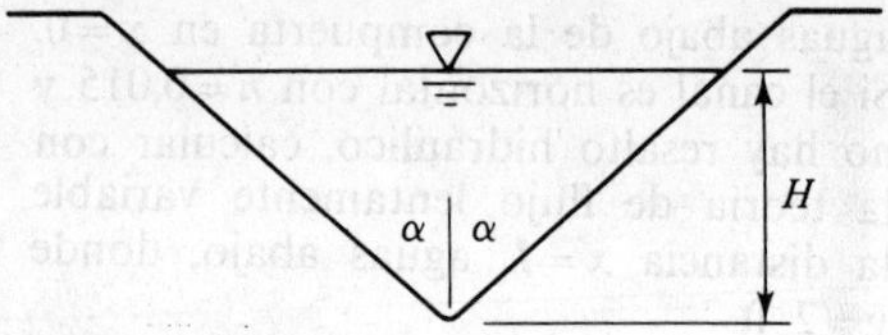

Fig. P10.69

$$C_w \approx 0{,}611 + 0{,}075(H/Y) + 1/[305\,H(\mathrm{ft})]$$

¿Qué parámetro adimensional relacionado con las propiedades del agua debería tenerse en cuenta para justificar este término?

CAPITULO

11 TURBOMAQUINAS

11.1 INTRODUCCION Y CLASIFICACION

Una turbomáquina es un sistema mecánico que añade energía a un fluido o extrae energía de él. Se utiliza el término *bomba* para la máquina que añade energía al fluido: la máquina que extrae energía, se llama *turbina.* El prefijo turbo- es una palabra latina que significa «giro» o «rotación», indicando que las turbomáquinas giran de algún modo. Esto es generalmente cierto para las turbinas, pero hay varios tipos de bombas que no giran.

La bomba es probablemente el ingenio más antiguo que se conoce para transferir energía a un fluido. Al menos dos tipos datan de antes de Cristo: (1) las norias usadas en Asia y Africa hace 3000 años y comunes todavía hoy, y (2) la bomba de tornillo de Arquímedes (alrededor del 250 a.C.), todavía construida hoy para bombear mezclas de sólidos y líquidos.

A un aparato que bombea líquidos se le llama simplemente bomba, pero si bombea gases se usan tres nombres diferentes dependiendo del incremento de presión conseguido. Una bomba de gas se llama *ventilador* cuando el incremento de presión está en torno a los 7×10^3 Pa; un *soplante* cuando está entre 7×10^3 Pa y 3×10^5 Pa; y un *compresor* cuando está por encima de 3×10^5 Pa.

Clasificación de las bombas

Hay dos tipos básicos de bombas: de desplazamiento positivo y dinámicas o de intercambio de cantidad de movimiento. Hay hoy en el mundo varios miles de millones de cada tipo en uso.

Las bombas de desplazamiento positivo (BDP) tienen un contorno móvil que, por cambios de volumen, obliga al fluido a avanzar a través de la máquina. Se abre una cavidad en la que el fluido penetra a través de la toma. Después se cierra la cavidad y se expulsa el fluido por la abertura de salida. Un ejemplo clásico es el corazón de los mamíferos, existiendo una gran variedad de versiones mecánicas. Se pueden clasificar como sigue:

A. Recíprocas.
  1. Pistón o émbolo.
  2. Diafragma.
B. Giratorias.
  1. Rotor simple.
    a. Paleta deslizante.
    b. Tubo flexible.
    c. Tornillo.
    d. Peristáltica.
  2. Rotor múltiple.
    a. Engranaje.
    b. Lóbulo.
    c. Tornillo.
    d. Pistón circunferencial.

Todas las BDP suministran un caudal pulsatorio o periódico como consecuencia de que la cavidad se abre, atrapa y expulsa al fluido. Su gran ventaja es el bombeo de cualquier fluido independientemente de la viscosidad.

La figura 11.1 muestra esquemas de los principios de operación de siete de estas BDP. Es raro que estas máquinas funcionen a la inversa, es decir, como turbinas o extractores de energía, el motor de vapor (pistón alternativo) es la excepción clásica.

Las bombas dinámicas añaden simplemente cantidad de movimiento al fluido por medio de paletas o álabes giratorios, o ciertos dispositivos especiales. No hay volúmenes cerrados: el fluido incrementa su cantidad de movimiento mientras se mueve a través de pasajes abiertos, y después convierte su alta velocidad en incremento de presión al salir a través de un difusor. Las bombas dinámicas pueden clasificarse como sigue:

A. Giratorias.
  1. Centrífugas o de flujo de salida radial.
  2. Flujo axial.
  3. Flujo mixto (entre radial y axial).
B. Diseño especial.
  1. Bomba de chorro o eyector.
  2. Bombas electromagnéticas para metales líquidos.
  3. Actuadores: martinetes hidráulicos o neumáticos.

En este capítulo nos concentramos en los diseños giratorios, a veces llamadas bombas rotodinámicas. Otros diseños, tanto de BDP como de bombas dinámicas, se tratan en textos especializados (p ej., 25].

Las bombas dinámicas proporcionan generalmente un mayor caudal que las BDP y una descarga más estacionaria, pero son poco efectivas para bombear líquidos muy viscosos. Las bombas dinámicas generalmente necesitan ser cebadas; esto es, si están llenas con gas, no pueden succionar el líquido, situado por debajo, hasta su entrada. Las BDP, por

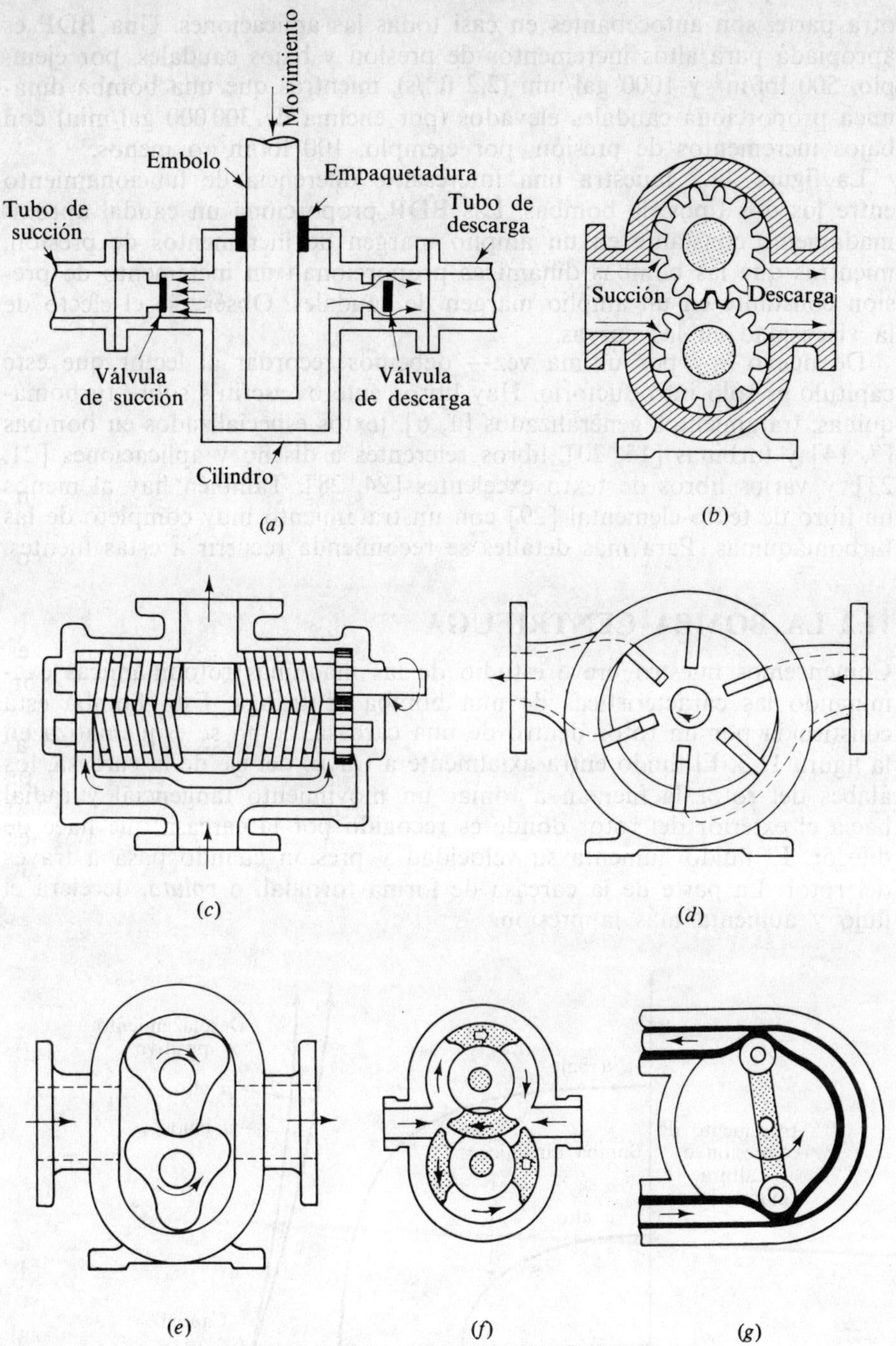

Fig. 11.1 Dibujo esquemático de bombas de desplazamiento positivo: (*a*) pistón alternativo o émbolo; (*b*) bomba externa de engranajes; (*c*) bomba de tornillo doble; (*d*) paleta deslizante; (*e*) bomba de tres lóbulos; (*f*) doble pistón circunferencial; (*g*) tubo flexible barredor.

otra parte, son autocebantes en casi todas las aplicaciones. Una BDP es apropiada para altos incrementos de presión y bajos caudales, por ejemplo, 500 lbf/in^2 y 1000 gal/min (2,2 ft^3/s), mientras que una bomba dinámica proporciona caudales elevados (por encima de 300 000 gal/min) con bajos incrementos de presión, por ejemplo, 100 lbf/in^2 o menos.

La figura 11.2 muestra una interesante diferencia de funcionamiento entre los dos tipos de bombas. Las BDP proporciona un caudal aproximadamente constante en un amplio margen de incrementos de presión, mientras que las bombas dinámicas proporcionan un incremento de presión constante en un amplio margen de caudales. Obsérvese el efecto de la viscosidad en las curvas.

De nuevo —y por última vez— debemos recordar al lector que este capítulo es sólo introductorio. Hay libros enteros escritos sobre turbomáquinas: tratamientos generalizados [1, 6], textos especializados en bombas [7, 14] y turbinas [15, 20], libros referentes a diseño y aplicaciones [21, 23], y varios libros de texto excelentes [24, 28]. También hay al menos un libro de texto elemental [29] con un tratamiento muy completo de las turbomáquinas. Para más detalles se recomienda recurrir a estas fuentes.

11.2 LA BOMBA CENTRIFUGA

Comencemos nuestro breve estudio de las máquinas rotodinámicas examinando las características de una bomba centrífuga. Esta bomba está constituida por un rotor dentro de una carcasa, como se esquematiza en la figura 11.3. El fluido entra axialmente a través del eje de la carcasa, los álabes del rotor la fuerzan a tomar un movimiento tangencial y radial hacia el exterior del rotor donde es recogido por la carcasa que hace de difusor. El fluido aumenta su velocidad y presión cuando pasa a través del rotor. La parte de la carcasa de forma toroidal, o *voluta*, decelera el flujo y aumenta más la presión.

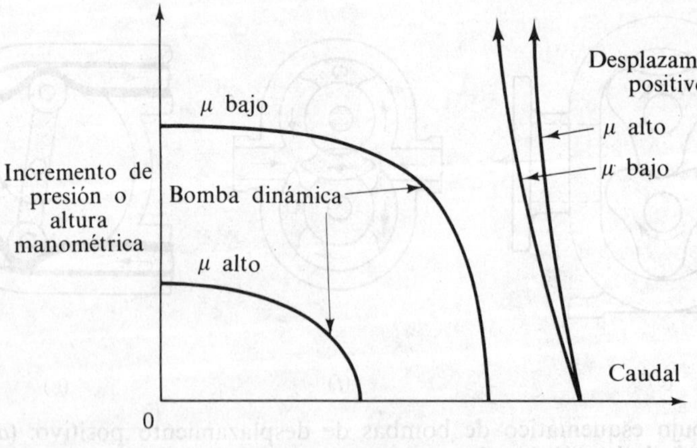

Fig. 11.2 Comparación de las curvas características típicas de bombas dinámicas y de desplazamiento positivo a velocidad constante.

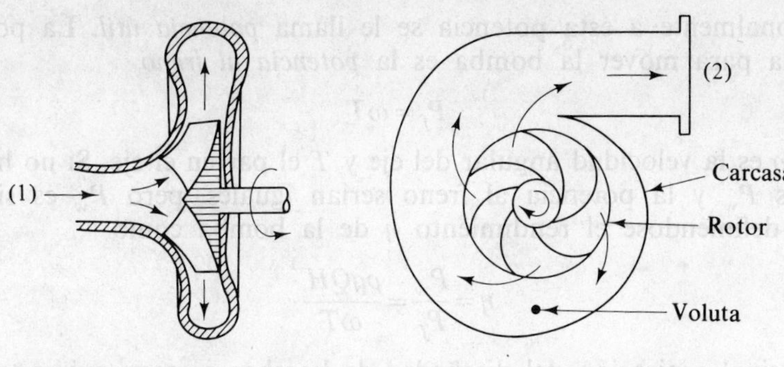

Fig. 11.3 Vista esquemática de una bomba centrífuga típica.

Normalmente los álabes están curvados hacia atrás, como en la figura 11.3, pero existen también diseños de álabes radiales y curvados hacia adelante, con lo cual se cambia ligeramente la presión a la salida de la bomba. Los álabes pueden ser *abiertos*, esto es, separados de la parte frontal de la carcasa sólo por una pequeña holgura, o *cerrados*, es decir, protegidos de la carcasa a ambos lados por un disco. El difusor puede no tener álabes, como en la figura 11.3, o equipado con álabes fijos para ayudar al guiado del fluido hacia la salida.

Parámetros básicos de salida

Básicamente la bomba aumenta la carga del fluido entre los puntos 1, el ojo, y 2, la salida. Considerando el flujo estacionario de la ecuación (3.88), despreciando los efectos viscosos y de conducción de calor, este cambio se representa por la altura manométrica H:

$$H=\left(\frac{p}{\rho g}+\frac{V^2}{2g}+z\right)_2-\left(\frac{p}{\rho g}+\frac{V^2}{2g}+z\right)_1=h_s-h_f \tag{11.1}$$

donde h_s es la carga suministrada por la bomba y h_f la carga perdida. La altura manométrica H es un parámetro básico de salida para cualquier bomba. Puesto que la ecuación (11.1) es aplicable a fluidos incompresibles, debe modificarse para compresores donde hay grandes cambios de densidad.

Normalmente V_1 y V_2 son prácticamente iguales, z_2-z_1 no suele ser más de un metro, de modo que la altura manométrica es esencialmente proporcional al incremento de presión estática

$$H\approx\frac{p_2-p_1}{\rho g}=\frac{\Delta p}{\rho g} \tag{11.2}$$

La potencia dada al fluido es igual al producto del peso específico por el caudal y por la altura manométrica

$$P_w=\rho g Q H \tag{11.3}$$

Tradicionalmente a esta potencia se le llama *potencia útil.* La potencia necesaria para mover la bomba es la *potencia al freno*

$$P_f = \omega T \tag{11.4}$$

donde ω es la velocidad angular del eje y T el par en el eje. Si no hubiese pérdidas P_w y la potencia al freno serían iguales, pero P_w es siempre menor, definiéndose el rendimiento η de la bomba como

$$\eta = \frac{P_w}{P_f} = \frac{\rho g Q H}{\omega T} \tag{11.5}$$

La principal aspiración del diseñador de bombas es conseguir que η sea lo más grande posible en el margen más grande de valores del caudal Q.

El rendimiento es resultado, básicamente, de tres factores, volumétrico, hidráulico y mecánico. El rendimiento volumétrico es

$$\eta_v = \frac{Q}{Q + Q_L} \tag{11.6}$$

donde Q_L es el caudal perdido debido a las fugas por las holguras entre carcasa y rotor. El rendimiento hidráulico es

$$\eta_h = 1 - \frac{h_f}{h_s} \tag{11.7}$$

en cuyo valor intervienen tres tipos de pérdidas: (1) pérdidas por *desprendimiento* a la entrada, debido a un acoplamiento imperfecto entre el flujo de entrada y el borde de ataque de los álabes, (2) pérdidas por *fricción* en los canales entre álabes, y (3) pérdidas por *recirculación* del fluido debido a causa del mal acoplamiento entre la corriente y la dirección de salida de los álabes.

Finalmente, el rendimiento mecánico es

$$\eta_m = 1 - \frac{P_{fm}}{P_f} \tag{11.8}$$

donde P_{fm} es la potencia perdida a causa de la fricción mecánica en los cojinetes, prensaestopas y otros puntos de contacto en la máquina.

Por definición, el rendimiento total es simplemente el producto de estos tres rendimientos

$$\eta \equiv \eta_v \eta_h \eta_m \tag{11.9}$$

El proyectista tiene que trabajar en las tres áreas para mejorar la bomba.

Teoría elemental de bombas

Podría pensarse que las ecuaciones (11.1) a (11.9) fuesen relaciones de la teoría de bombas. No es así; son meras definiciones de los parámetros de las bombas y no pueden usarse en ningún sentido predictivo. Actualmente, a pesar de la larga historia del desarrollo de las bombas, la teoría de bombas es todavía bastante tentativa y esquemática, y todavía muchas mejoras de diseño se deben a ensayos y a la experiencia. Después de todo, las turbomáquinas tienen una geometría tridimensional compleja con efectos viscosos importantes que excluye cualquier teoría simple. Los recientes desarrollos de la anemometría láser, figura 6.28*h*, nos permite actualmente hacer una medida detallada de los flujos internos [30]. Es muy posible que en los próximos diez años se podrán utilizar tales datos junto a soluciones tridimensionales obtenidas con ordenadores para tener capacidad de predicción. Japikse [31] hace una revisión de los recientes avances en el análisis numérico del flujo en turbomáquinas.

Para construir una teoría elemental de las actuaciones de las bombas, consideramos flujo unidimensional y combinamos un campo de velocidades idealizado a través del rotor con el teorema del momento de la cantidad de movimiento para un volumen de control, ecuación (3.71).

Los diagramas de velocidades ideales se muestran en la figura 11.4. Se considera que el fluido entra en el rotor en $r = r_1$ con la componente de velocidad w_1 con la misma dirección angular β, del álabe y con la componente circunferencial de velocidad $u_1 = \omega r_1$, igual a la velocidad del borde de entrada del rotor. Su velocidad absoluta a la entrada es entonces la suma de los vectores w_1 y u_1, representada por V_1. Análogamente, el flujo de salida en $r = r_2$ con componentes w_2, paralela al ángulo del álabe β_2, más la velocidad del borde de salida $u_2 = \omega r_2$ proporciona como velocidad resultante V_2.

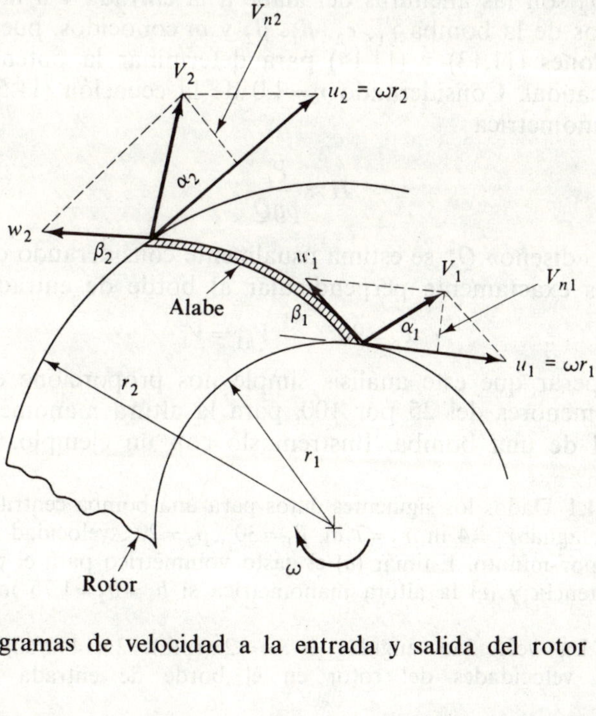

Fig. 11.4 Diagramas de velocidad a la entrada y salida del rotor idealizado de una bomba.

Hemos aplicado el teorema del momento de la cantidad de movimiento a una turbomáquina en el ejemplo 3.18 (Fig. 3.16) y llegamos al resultado

$$T = \rho Q(r_2 V_{t2} - r_1 V_{t1}) \tag{11.10}$$

para el par aplicado T donde V_{t1} y V_{t2} son las componentes circunferenciales de la velocidad absoluta del fluido. La potencia suministrada al fluido es

$$P_w = \omega T = \rho Q(u_2 V_{t2} - u_1 V_{t1}) \tag{11.11}$$

De la geometría de la figura 11.4, las componentes tangenciales de velocidad son

$$V_{t1} = V_1 \cos\alpha_1 = V_{n1} \cot\alpha_1$$
$$V_{t2} = V_2 \cos\alpha_2 = V_{n2} \cot\alpha_2 \tag{11.12}$$

donde V_{n1} y V_{n2} son las componentes radiales de la velocidad absoluta a la entrada y salida del rotor. Despreciando las pérdidas, tenemos una expresión para la potencia al freno

$$P_f \approx P_w = \rho Q(u_2 V_{n2} \cot\alpha_2 - u_1 V_{n1} \cot\alpha_1) \tag{11.13}$$

Utilizando la ecuación de la continuidad se pueden determinar las componentes radiales de la velocidad en las secciones de entrada y salida del rotor como función del caudal

$$Q = 2\pi r_1 b_1 V_{n1} = 2\pi r_2 b_2 V_{n2} \tag{11.14}$$

donde b_1 y b_2 son las anchuras del álabe a la entrada y a la salida. Con los parámetros de la bomba r_1, r_2, β_1, β_2 y ω conocidos, pueden utilizarse las ecuaciones (11.13) y (11.14) para determinar la potencia ideal en función del caudal. Considerando $\eta = 1{,}0$ de la ecuación (11.5) se obtiene la altura manométrica

$$H \approx \frac{P_f}{\rho g Q} \tag{11.15}$$

El caudal de «diseño» Q^* se estima usualmente considerando que el flujo a la entrada es exactamente perpendicular al borde de entrada del rotor

$$Q = Q^*: \qquad \alpha_1 = 90° \qquad V_{n1} = V_1 \tag{11.16}$$

Podemos esperar que este análisis simple nos proporcione estimaciones, con errores menores del 25 por 100, para la altura manométrica, potencia y caudal de una bomba. Ilustrémoslo con un ejemplo.

EJEMPLO 11.1 Dados los siguientes datos para una bomba centrífuga comercial para bombear agua: $r_1 = 4$ in, $r_2 = 7$ in, $\beta_1 = 30°$, $\beta_2 = 20°$, velocidad de giro $= 1440$ revoluciones por minuto. Estimar (*a*) el gasto volumétrico para el punto de diseño, (*b*) la potencia y (*c*) la altura manométrica si $b_1 = b_2 = 1{,}75$ in.

Solución (*a*) La velocidad angular es $\omega = 2\pi(\text{rpm}) = 2\pi(1440/60) = 150{,}8$ rad/s. Entonces las velocidades del rotor en el borde de entrada y salida son

$u_1 = \omega r_1 = (150{,}8)(4/12) = 50{,}3$ ft/s, y $u_2 = \omega r_2 = (150{,}8)(7/12) = 88{,}0$ ft/s. Del diagrama de velocidades a la entrada, figura E11.1*a*, con $\alpha_1 = 90°$ obtenemos para el punto de diseño

$$V_{n1} = u_1 \text{ tg } 30° = 29{,}0 \text{ ft/s}$$

por consiguiente el caudal es

$$Q = 2\pi r_1 b_1 V_{n1} = 2\pi \frac{4}{12} \frac{1{,}75}{12} (29{,}0) =$$

$$= (8{,}87 \text{ ft}^3/\text{s})(60 \text{ s/min})\left(\frac{1728}{231} \text{ gal/ft}^3\right) =$$

$$= 3980 \text{ gal/min}$$ *Resp.* (*a*)

(La bomba real suministra alrededor de 3500 gal/min.)

(*b*) La velocidad radial a la salida se obtiene de Q

$$V_{n2} = \frac{Q}{2\pi r_2 b_2} = \frac{8{,}87}{2\pi(7/12)(1{,}75/12)} = 16{,}6 \text{ ft/s}$$

Esto nos permite construir el diagrama de velocidades a la salida como en la figura E11.1*b*, dado $\beta_2 = 20°$. La componente tangencial es

$$V_{t2} = u_2 - V_{n2} \cot \beta_2 = 88{,}0 - 16{,}6 \cot 20° = 42{,}4 \text{ ft/s}$$

$$\alpha_2 = \text{tg}^{-1} \frac{16{,}6}{42{,}4} = 21{,}4°$$

La potencia suministrada al agua se obtiene de la ecuación (11.11) con $V_{t1} = 0$ en el punto de diseño

$$P_w = \rho Q u_2 V_{t2} = (1{,}94 \text{ slugs/ft}^3)(8{,}87 \text{ ft}^3/\text{s})(88{,}0 \text{ ft/s})(42{,}4 \text{ ft/s}) =$$
$$= 64\,100 \text{ (ft} \cdot \text{lbf)/s} \div 550 = 117 \text{ hp}$$ *Resp.* (*b*)

(La bomba real le suministra al agua una potencia de unos 125 hp, necesitando una potencia al freno de 147 hp con un rendimiento del 87 por 100.)

(*c*) Finalmente, al altura manométrica se determina de la ecuación (11.15)

$$H \approx \frac{P_w}{\rho g Q} = \frac{64\,100 \text{ (ft} \cdot \text{lbf)/s}}{(62{,}4 \text{ lbf/ft}^3)(8{,}87 \text{ ft}^3/\text{s})} = 116 \text{ ft}$$ *Resp.* (*c*)

(La bomba proporciona realmente una altura manométrica de 140 ft.) En las referencias citadas [p. ej., 6, 14 y 25] se dan métodos para obtener los resultados con mejor aproximación.

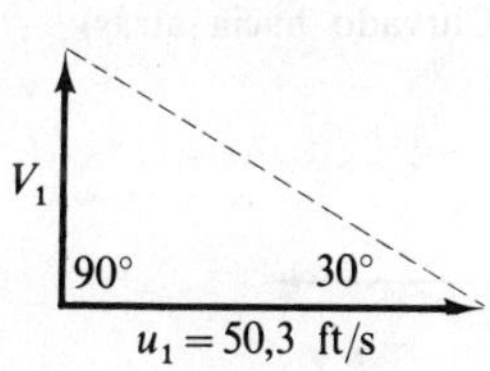

Fig. E11.1a

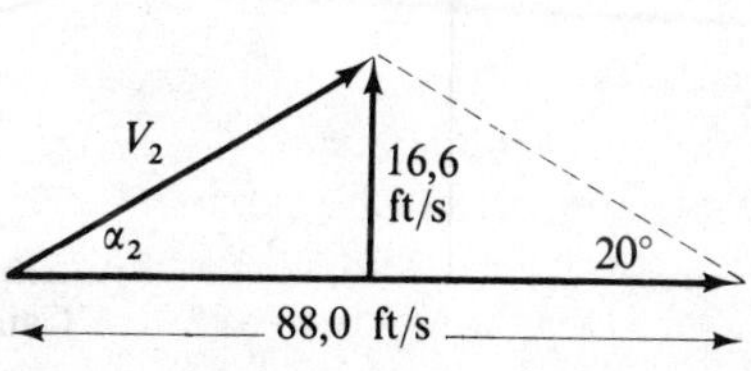

Fig. E11.1b

Efecto del ángulo del álabe en la altura manométrica

La teoría simple descrita anteriormente se puede utilizar para predecir un efecto importante del ángulo del álabe. Si despreciamos la cantidad de movimiento angular a la entrada, la potencia teórica suministrada al líquido es

$$P_w = \rho Q u_2 V_{t2} \tag{11.17}$$

donde $$V_{t2} = u_2 - V_{n2} \cot \beta_2 \qquad V_{n2} = \frac{Q}{2\pi r_2 b_2}$$

Entonces, de la ecuación (11.15) la altura manométrica toma la forma

$$H \approx \frac{u_2^2}{g} - \frac{u_2 \cot \beta_2}{2\pi r_2 b_2 g} Q \tag{11.18}$$

La altura manométrica varía linealmente con el caudal Q, siendo u_2^2/g para caudal nulo, donde u_2 es la velocidad del borde de salida del álabe. La pendiente es negativa si $\beta_2 < 90°$ (álabes curvados hacia atrás) y positiva para $\beta_2 > 90°$ (álabes curvados hacia adelante). Este efecto se muestra en la figura 11.5, solamente aplicable para caudales bajos.

Cuando la pendiente es positiva pueden presentarse *oscilaciones de bombeo*, un fenómeno oscilatorio en el cual el punto de funcionamiento de la bomba «persigue» al punto de funcionamiento normal. Las oscilaciones de bombeo en el caso de las bombas simplemente pueden dar lugar a un mal funcionamiento de las mismas; sin embargo, en el caso de compresores pueden presentarse problemas mayores. Por esta razón se prefiere generalmente un diseño con álabes radiales o curvados hacia atrás.

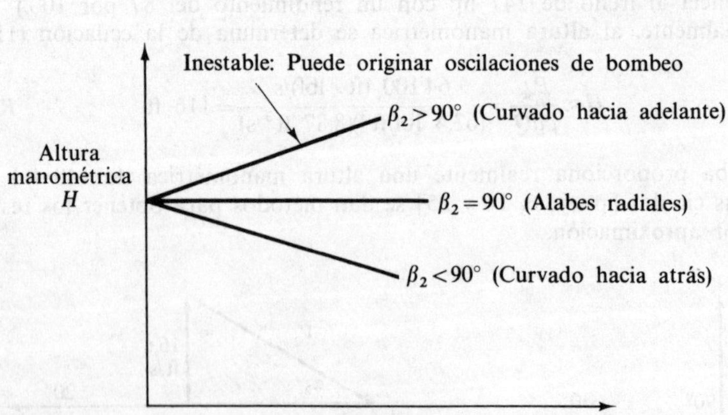

Fig. 11.5 Efecto teórico del ángulo de salida del álabe en la curva característica altura manométrica función del caudal de una bomba.

11.3 CURVAS CARACTERISTICAS DE BOMBAS Y REGLAS DE SEMEJANZA

Dado que la teoría dada en las secciones previas es un tanto cualitativa, la única forma de obtener las curvas características se apoya en los ensayos. Por el momento nos referiremos a la bomba centrífuga en particular. Los principios generales y la presentación de los datos son exactamente los mismos para bombas helicocentrífugas y axiales y compresores.

Las curvas características se trazan casi siempre para velocidad de giro del eje n (en rpm, normalmente) constante. El caudal Q (normalmente en galones por minuto para líquidos y pies cúbicos por minuto para gases) se toma como variable independiente básica. Como variables dependientes, o de «salida», se consideran la altura manométrica H (incremento de presión Δp para gases), la potencia al freno (P_f) y el rendimiento η.

La figura 11.6 muestra las curvas características típicas de una bomba centrífuga. La altura manométrica es aproximadamente constante a caudales bajos y después decrece hasta cero para $Q = Q_{\text{máx}}$. A la velocidad de giro y tamaño del rotor considerados, la bomba no puede suministrar más caudal que $Q_{\text{máx}}$. La parte de pendiente positiva de la curva correspondiente a la altura manométrica se muestra a trazos; esta región, como se ha mencionado, puede ser inestable y originar oscilaciones de bombeo.

La curva de la potencia al freno suministrada por el motor de la bomba de la figura 11.6 crece monótonamente con el caudal hasta cerca de $Q_{\text{máx}}$, donde empieza a decrecer. La parte descendente se muestra en trazo discontinuo porque también es potencialmente inestable, ya que puede originar sobrecarga del motor durante un período transitorio. De hecho el peligro de sobrecarga es mucho más serio en bombas axiales en las que la potencia al freno decrece más rápidamente, incluso con caudales bajos.

Finalmente, en la figura 11.6 el rendimiento crece hasta un máximo situado alrededor del 60 por 100 de $Q_{\text{máx}}$. Este es el caudal de diseño

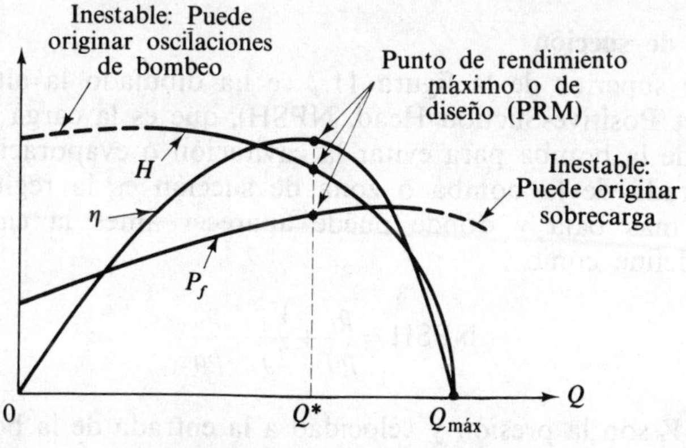

Fig. 11.6 Curvas características de una bomba centrífuga típica a velocidad de giro constante.

Q^* o punto de máximo rendimiento (PMR), $\eta = \eta_{\text{máx}}$. La altura manométrica y la potencia en el PMR se denominarán H^* y P_f^*, respectivamente. Obsérvese que η es cero en el origen (caudal nulo) y en $Q_{\text{máx}}$ (altura manométrica nula). Obsérvese también que la curva $\eta(Q)$ no es independiente, ya que se puede calcular fácilmente de los datos $H(Q)$ y $P_f(Q)$, de acuerdo con la relación dada en la ecuación (11.5), $\eta = \rho g Q H / P_f$.

Curvas características medidas

La figura 11.7 muestra las curvas características reales de una bomba centrífuga comercial. La figura 11.7*a* es para un tamaño básico de carcasa con tres diámetros diferentes de rotor. Están representadas las curvas de la altura manométrica $H(Q)$, y también líneas de potencia y el rendimiento constante. No se muestra el caudal máximo, ya que está fuera del margen de funcionamiento normal, que es próximo al PMR. Por supuesto, todas las magnitudes están representadas con sus dimensiones [pies, caballos, galones por minuto (1 U.S. gal = 213 in^3)], ya que se supone que van dirigidas a los usuarios. La figura 11.7*b* representa la misma bomba diseñada con una carcasa un 20 por 100 más grande, una velocidad de giro menor y tres diámetros de rotor más grandes. Si se comparan las dos bombas puede presentarse una pequeña confusión: la bomba más grande produce exactamente el mismo caudal, pero sólo la mitad de potencia y la mitad de altura manométrica. Esto se comprenderá rápidamente mediante las reglas de semejanza que formularemos.

Un punto a menudo no tenido en cuenta es que curvas como las de la figura 11.7 son estrictamente aplicables sólo a un fluido de una cierta densidad y viscosidad, en este caso agua. Si la bomba se usase para bombear, por ejemplo, mercurio, la potencia al freno debería ser unas trece veces más alta, mientras que Q, H y η apenas cambiarían. Pero en ese caso H deberá interpretarse como metros de *mercurio*, no metros de agua. Si la bomba se utilizase con aceite SAE 30, todos los valores (potencia al freno, Q, H y η) cambiarían debido al gran cambio de viscosidad (número de Reynolds). De nuevo, esto se clarificará con las reglas de semejanza.

Altura neta de succión

En la parte superior de la figura 11.7 se ha dibujado la altura neta de succión (Net Positive-Suction Head, NPSH), que es la carga disponible a la entrada de la bomba para evitar la cavitación o evaporación del líquido. La entrada de la bomba o zona de succión es la región donde la presión es más baja y donde puede aparecer antes la cavitación. La NPSH se define como

$$\text{NPSH} = \frac{p_i}{\rho g} + \frac{V_i^2}{2g} - \frac{p_v}{\rho g} \qquad (11.19)$$

donde p_i y V_i son la presión y velocidad a la entrada de la bomba y p_v es la presión de vapor del líquido. Dado el primer miembro, NPSH, por las curvas características de la bomba, debemos asegurar que el segundo

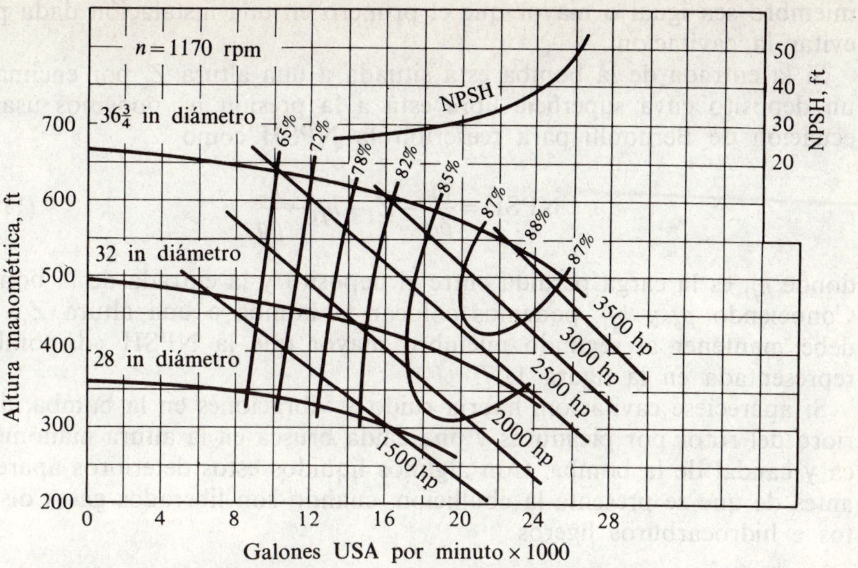

(*a*)

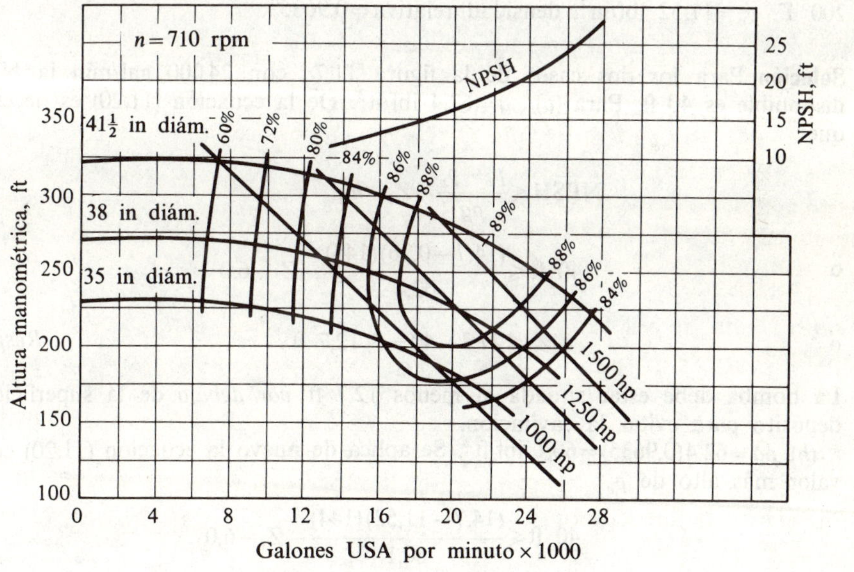

(*b*)

Fig. 11.7 Curvas características medidas en dos modelos de una bomba centrífuga para agua: (*a*) carcasa básica con tres tamaños de rotor; (*b*) carcasa un 20 por 100 más grande con tres rotores más grandes girando a menor velocidad. (*Ingersoll-Rand Corporation Cameron Pump Division.*)

miembro sea igual o mayor que el primero en una instalación dada para evitar la cavitación.

Si la entrada de la bomba está situada a una altura Z_i por encima de un depósito cuya superficie libre está a la presión p_a, podemos usar la ecuación de Bernoulli para reescribir la NPSH como

$$\text{NPSH} = \frac{p_a}{\rho g} - Z_i - h_{fi} - \frac{p_v}{\rho g} \tag{11.20}$$

donde h_{fi} es la carga perdida entre el depósito y la entrada de la bomba. Conociendo p_a y h_{fi}, podemos colocar la bomba a una altura Z_i, que debe mantener al segundo miembro mayor que la NPSH «disponible» representada en la figura 11.7.

Si apareciese cavitación, habría ruido y vibraciones en la bomba, deterioro del rotor por picaduras y una caída brusca en la altura manométrica y caudal de la bomba. Con algunos líquidos estos deterioros aparecen antes de que se presente la ebullición, cuando son liberados gases disueltos e hidrocarburos ligeros.

EJEMPLO 11.2 La bomba de 32 in de la figura 11.7*a* es para bombear 24 000 gal/min de agua a 2270 rpm desde un depósito cuya superficie libre está a una presión de 14,7 lbf/in². Si la carga perdida desde el depósito hasta la entrada de la bomba es 6 ft, ¿dónde debe estar situada la entrada de la bomba para evitar la cavitación para agua a (*a*) 60° F, $p_v = 0{,}26$ lbf/in², densidad relativa $= 1{,}0$ y (*b*) 200° F, $p_v = 11{,}52$ lbf/in², densidad relativa $= 0{,}9635$?

Solución Para los dos casos de la figura 11.7*a* con 24 000 gal/min la NPSH disponible es 40 ft. Para (*a*) $\rho g = 62{,}4$ lbf/ft³. De la ecuación (11.20) es necesario que

$$\text{NPSH} \leqslant \frac{p_a - p_v}{\rho g} - Z_i - h_{fi}$$

o

$$40 \text{ ft} \leqslant \frac{(14{,}7 - 0{,}26)(144)}{62{,}4} - Z_i - 6{,}0$$

o

$$Z_i \leqslant 27{,}3 - 40 = -12{,}7 \text{ ft} \qquad \textit{Resp. (a)}$$

La bomba debe estar situada al menos 12,7 ft *por debajo* de la superficie del depósito para evitar la cavitación.

(*b*) $\rho g = 62{,}4(0{,}9635) = 60{,}1$ lbf/ft². Se aplica de nuevo la ecuación (11.20) con el valor más alto de p_v

$$40 \text{ ft} \leqslant \frac{(14{,}7 - 11{,}52)(144)}{60{,}1} - Z_i - 6{,}0$$

o

$$Z_i \leqslant 1{,}6 - 40 = -38{,}4 \text{ ft} \qquad \textit{Resp. (b)}$$

La bomba debe estar ahora situada al menos 38,4 ft por debajo de la superficie del depósito. Estas severas condiciones no son normales, ya que una bomba de gran caudal necesita una gran NPSH.

Curvas características adimensionales de bombas

Para una forma de bomba dada, las variables de salida H y la potencia al freno dependerán por lo menos del caudal Q, diámetro del rotor D y velocidad del eje n. Otros posibles parámetros son la densidad del fluido ρ, viscosidad μ y rugosidad de la superficie ε. Así pues, las curvas de características de la figura 11.7 son equivalentes a las siguientes relaciones funcionales[1]:

$$gH=f_1(Q,\ D,\ n,\ \rho,\ \mu,\ \varepsilon) \qquad P_f=f_2(Q,\ D,\ n,\ \rho,\ \mu,\ \varepsilon) \tag{11.21}$$

Esto es una aplicación directa de los principios del análisis dimensional del capítulo 5. De hecho se dio como un ejercicio (Probs. 5.15 y 5.16). Para cada función en la ecuación (11.21) hay siete variables y tres dimensiones primarias (M, L y T); por tanto, podemos esperar obtener $7-3=4$ parámetros adimensionales, y este es el caso. El lector puede comprobar a modo de ejercicio que las formas adimensionales de las ecuaciones (11.21) son

$$\frac{gH}{n^2D^2}=g_1\left(\frac{Q}{nD^3},\ \frac{\rho nD^2}{\mu},\ \frac{\varepsilon}{D}\right)$$

$$\frac{P_f}{\rho n^3D^5}=g_2\left(\frac{Q}{nD^3},\ \frac{\rho nD^2}{\mu},\ \frac{\varepsilon}{D}\right) \tag{11.22}$$

Las cantidades $\rho nD^2/\mu$ y ε/D son el número de Reynolds y la rugosidad relativa, respectivamente. Tres nuevos parámetros aparecen en las bombas:

$$\text{Coeficiente de caudal } C_Q=\frac{Q}{nD^3}$$

$$\text{Coeficiente manométrico } C_H=\frac{gH}{n^2D^2}$$

$$\text{Coeficiente de potencia } C_P=\frac{P_f}{\rho n^3D^5} \tag{11.23}$$

Obsérvese que sólo el coeficiente de potencia contiene a la densidad del fluido, los parámetros C_Q y C_H son de tipo cinemático.

La figura 11.7 no da ninguna información acerca de los efectos viscosos y de la rugosidad. Los números de Reynolds varían de 0,8 a $1{,}5\times10^7$, probablemente el flujo es completamente turbulento en todos los canales de paso. La rugosidad no se da, variando mucho entre las bombas comerciales. Pero a tales altos números de Reynolds esperamos más o menos el mismo porcentaje de efecto en todas las bombas. Por tanto, es común suponer que el número de Reynolds y la rugosidad relativa tienen un efecto constante de modo que las ecuaciones (11.23) se reducen, aproximadamente, a

$$C_H\approx C_H(C_Q) \qquad C_P\approx C_P(C_Q) \tag{11.24}$$

[1] Utilizamos gH como variable porque esta es la combinación que aparece en la definición de H.

Para bombas geométricamente semejantes, esperamos que los coeficientes manométrico y de potencia sean (aproximadamente) funciones únicas del coeficiente de caudal. Debemos observar si las bombas son geométricamente semejantes al menos aproximadamente porque (1) los constructores colocan rotores de diferente tamaño en la misma carcasa, violando entonces la semejanza geométrica, y (2) las bombas grandes tienen una relación más pequeña entre la rugosidad y holguras con el diámetro del rotor que las bombas pequeñas. Además, los líquidos más viscosos tendrán un efecto del número de Reynolds más importante; por ejemplo, un aumento de la viscosidad por un factor de 3 o más produce un efecto claramente visible en C_H y C_P.

El rendimiento η es adimensional y está determinado de forma única por los otros tres. Varía también con C_Q

$$\eta \equiv \frac{C_H C_Q}{C_P} = \eta(C_Q) \tag{11.25}$$

Podemos comprobar la validez de las ecuaciones (11.24) y (11.25) con los datos de la figura 11.7. Los diámetros del rotor de 32 in y 38 in son aproximadamente un 20 por 100 diferentes en tamaño, y también la relación entre el tamaño del rotor y la carcasa es la misma. Los parámetros C_Q, C_H y C_P están calculados con n en revoluciones por segundo, Q en pies cúbicos por segundo [(galones por minuto)/448,8], H y D en pies, $g = 32{,}2$ ft/s^2, y la potencia al freno en caballos [1 hp = 550(ft · lbf)/s]. Los resultados adimensionales se han dibujado en la figura 11.8. Se ha definido también el coeficiente adimensional de altura neta de succión

$$C_{HS} = \frac{g(\text{NPSH})}{n^2 D^2} = C_{HS}(C_Q) \tag{11.26}$$

Puede verse que los coeficientes C_P y C_{HS} se correlacionan casi perfectamente como una función única de C_Q, mientras que los valores para η y C_H se desvían en un pequeño porcentaje. Los dos últimos parámetros son más sensibles a pequeñas discrepancias en el modelo de semejanza; puesto que la bomba más grande tiene menor rugosidad relativa y menores holguras y un número de Reynolds un 40 por 100 más grande, proporciona una altura manométrica un poco mayor y es más eficiente. El resultado global es una resonante victoria para el análisis dimensional.

En la figura 11.8 el punto de rendimiento máximo es aproximadamente

$$\eta_{\text{máx}} \approx 0{,}88: \quad C_{Q*} \approx 0{,}115 \quad C_{P*} \approx 0{,}65$$
$$C_{H*} \approx 5{,}0 \quad C_{HS*} \approx 0{,}37 \tag{11.27}$$

Estos valores pueden usarse para estimar las características en el PMR de bombas de cualquier tamaño de esta familia geométricamente semejante. Del mismo modo, la altura manométrica para caudal nulo es $C_H(0) \approx 6{,}0$, y por extrapolación $C_P(0) \approx 0{,}25$ y el caudal máximo $C_{Q\text{máx}} \approx 0{,}23$. Obsérvese, sin embargo, que la figura 11.8 no da información fiable acerca de, por ejemplo, las bombas con los rotores de 28 in o 35 in de la

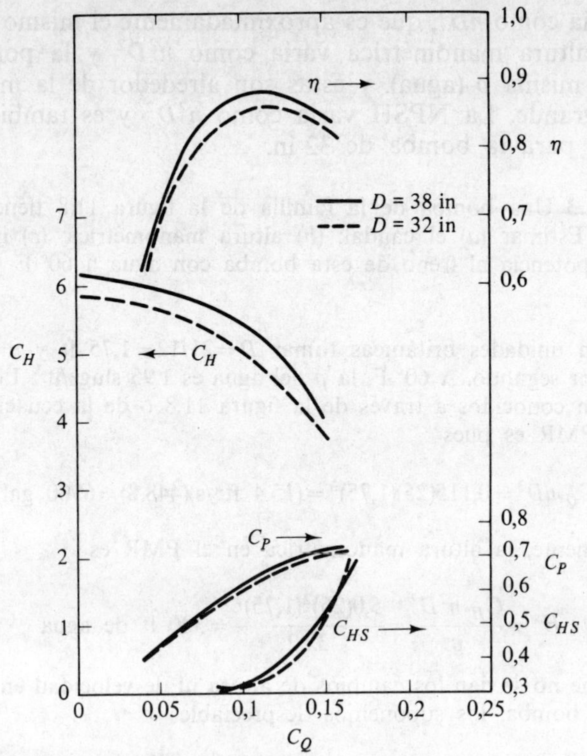

Fig. 11.8 Curvas características adimensionales de una bomba, obtenidas de los valores de la figura 11.7. Estos números no son representativos para otros diseños de bombas.

figura 11.7, las cuales tienen una relación tamaño del rotor a carcasa diferente y deben correlacionarse separadamente.

Comparando los valores de n^2D^2, nD^3 y n^3D^5 para las dos bombas de la figura 11.7, podemos ver rápidamente por qué la bomba más grande tiene el mismo caudal, pero menor potencia y menor altura manométrica:

	D, ft	n, r/s	*Caudal* nD^3, ft³/s	*Altura manométrica* n^2D^2/g, ft	*Potencia* $\rho n^3D^5/550$, hp
Fig. 11.7*a*	$\frac{32}{12}$	$\frac{1170}{60}$	370	84	3527
Fig. 11.7*b*	$\frac{38}{12}$	$\frac{710}{60}$	376	44	1861
Cociente			1,02	0,52	0,53

El caudal varía como nD^3, que es aproximadamente el mismo para ambas bombas. La altura manométrica varía como n^2D^2 y la potencia como n^3D^5 para la misma ρ (agua), y éstas son alrededor de la mitad para la bomba más grande. La NPSH varía como n^2D^2 y es también la mitad como mucho para la bomba de 32 in.

EJEMPLO 11.3 Una bomba de la familia de la figura 11.8 tiene $D=21$ in y $n=1500$ rpm. Estimar (*a*) el caudal; (*b*) altura manométrica; (*c*) incremento de presión, y (*d*) potencia al freno de esta bomba con agua a 60° F y rendimiento máximo.

Solución (*a*) En unidades británicas tomar $D=21/12=1{,}75$ ft y $n=1500/60=25$ revoluciones por segundo. A 60° F, la ρ del agua es 1,95 slugs/ft³. Los parámetros en el PMR son conocidos a través de la figura 11.8 o de la ecuación (11.27). El caudal en el PMR es pues

$$Q^*=C_{Q^*}nD^3=0{,}115(25)(1{,}75)^3=(15{,}4\ \text{ft}^3/\text{s})(448{,}8)=6900\ \text{gal/min} \quad \textit{Resp. (a)}$$

(*b*) Análogamente, la altura manométrica en el PMR es

$$H^*=\frac{C_{H^*}n^2D^2}{g}=\frac{5{,}0(25)^2(1{,}75)^2}{32{,}2}=300\ \text{ft de agua} \qquad \textit{Resp. (b)}$$

(*c*) Puesto que no se dan los cambios de altura ni de velocidad entre la entrada y salida de la bomba, los suponemos despreciables

$$\Delta p\approx\rho gH=1{,}94(32{,}2)(300)=18\,600\ \text{lbf/ft}^2=129\ \text{lbf/in}^2 \qquad \textit{Resp. (c)}$$

(*d*) Finalmente, la potencia en el PMR es

$$P^*=C_{P^*}\rho n^3D^3=0{,}65(1{,}94)(25)^3(1{,}75)^3=$$

$$=\frac{323\,000\ (\text{ft}\cdot\text{lbf})/\text{s}}{550}=590\ \text{hp} \qquad \textit{Resp. (d)}$$

EJEMPLO 11.4 Queremos construir una bomba de la familia de la figura 11.8 que proporcione 3000 gal/min de agua a 1200 rpm cuando el rendimiento es máximo. Estimar (*a*) el diámetro del rotor; (*b*) el caudal máximo; (*c*) la altura manométrica a caudal nulo, y (*d*) la NPSH a rendimiento máximo.

Solución (*a*) 3000 gal/min = 6,68 ft³/s y 1200 rev/min = 20 rev/s. En el PMR tenemos

$$Q^*=C_{Q^*}nD^3=6{,}68\ \text{ft}^3/\text{s}=(0{,}115)(20)D^3$$

o

$$D=\left[\frac{6{,}68}{0{,}115(20)}\right]^{1/3}=1{,}43\ \text{ft}=17{,}1\ \text{in} \qquad \textit{Resp. (a)}$$

(*b*) El Q máx está relacionado con Q^* por la relación de los coeficientes de caudal

$$Q_{\text{máx}}=\frac{Q^*C_{Q,\text{máx}}}{C_{Q^*}}\approx\frac{3000(0{,}23)}{0{,}115}=6000\ \text{gal/min} \qquad \textit{Resp. (b)}$$

(*c*) De la figura 11.8 estimamos que el coeficiente de altura manométrica a caudal nulo es 6,0. Por tanto

$$H(0) \approx \frac{C_H(0)n^2D^2}{g} = \frac{6{,}0(20)^2(1{,}43)^2}{32{,}2} = 152 \text{ ft} \qquad \textit{Resp. (c)}$$

(*d*) Finalmente, de la ecuación (11.27), la NPSH en el PMR es aproximadamente

$$\text{NPSH}^* = \frac{C_{HS*}n^2D^2}{g} = \frac{0{,}37(20)^3(1{,}43)^2}{32{,}2} = 9{,}4 \text{ ft} \qquad \textit{Resp. (d)}$$

Esta es una bomba pequeña, y por tanto será menos eficiente que las bombas de la figura 11.8, probablemente alrededor del 82 por 100 como máximo.

Reglas de semejanza

El éxito de la figura 11.8 en correlacionar los datos de bombas nos lleva a reglas simples para comparar las características de bombas. Si las bombas 1 y 2 son de la misma familia geométrica y están operando en puntos homólogos (la misma posición en un gráfico adimensional como el de la figura 11.8), la relación entre sus caudales, alturas manométricas y potencias pueden relacionarse como sigue:

$$\frac{Q_2}{Q_1} = \frac{n}{n_1}\left(\frac{D_2}{D_1}\right)^3$$

$$\frac{H_2}{H_1} = \left(\frac{n_2}{n_1}\right)^2\left(\frac{D_2}{D_1}\right)^2$$

$$\frac{P_2}{P_1} = \frac{\rho_2}{\rho_1}\left(\frac{n_2}{n_1}\right)^3\left(\frac{D_2}{D_1}\right)^5 \qquad (11.28)$$

Estas son las reglas de semejanza, que pueden usarse para estimar el efecto de cambio de fluido, velocidad, o tamaño de cualquier turbomáquina dinámica, bomba o turbina, dentro de una familia geométricamente semejante. Estrictamente hablando, deberíamos esperar que $\eta_2 = \eta_1$ con semejanza perfecta, pero hemos visto que las bombas grandes son más eficientes, con números de Reynolds grandes y menor rugosidad y holguras relativas. Una fórmula empírica para estimar el cambio en el rendimiento debido al tamaño fue dada por Moody [32]

$$\frac{1-\eta_2}{1-\eta_1} \approx \left(\frac{D_1}{D_2}\right)^{1/4} \qquad (11.29)$$

Esta fórmula, primero desarrollada para turbinas, es muy usada tanto en bombas como en turbinas cuando hay ausencia de datos de rendimientos.

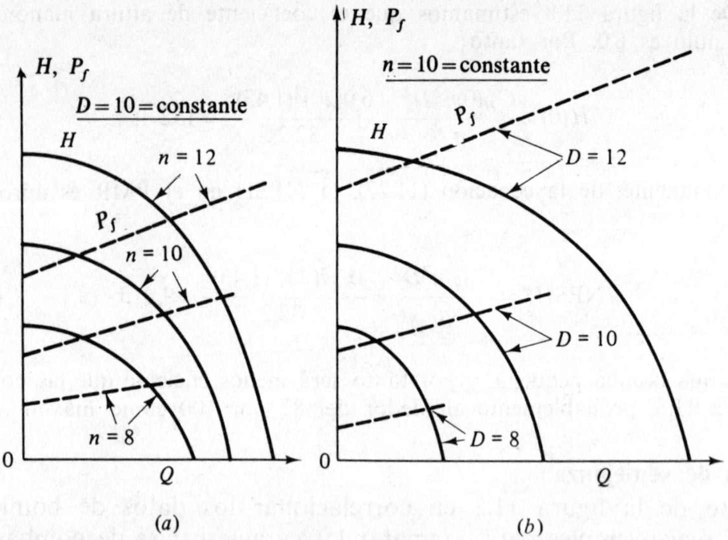

Fig. 11.9 Efecto de cambio de tamaño y velocidad de giro en las curvas características de bombas semejantes: (*a*) tamaño fijo y un 20 por 100 de cambio en la velocidad de giro; (*b*) cambio de tamaño de un 20 por 100 y velocidad de giro constante.

Un gráfico que muestra las reglas de semejanza implícitas en las ecuaciones (11.28) se da en la figura 11.9, mostrando el efecto de cambios de velocidad y diámetro en las características de las bombas. En la figura 11.9*a* el tamaño se mantiene constante y la velocidad varía en un 20 por 100, mientras que en la figura 11.9*b* se muestra un cambio de un 20 por 100 en tamaño con velocidad constante. Las curvas se han dibujado a escala, pero con unidades arbitrarias. La altura manométrica y la potencia al freno cambian de magnitud, pero la forma permanece igual. El efecto de la velocidad (Fig. 11.9*a*) es sustancial, pero el efecto del tamaño es bastante más dramático (Fig. 11.9*b*), especialmente en la potencia al freno, que varía como D^5. Vemos, pues, que es posible, generalmente, dada una familia de bombas, elegir el tamaño y velocidad para adaptar la bomba a una gran variedad de sistemas.

Efecto de la viscosidad

Las bombas centrífugas se usan a menudo para bombear aceites y otros líquidos viscosos con viscosidades 1000 veces la del agua. Los movimientos son poco turbulentos y a veces laminares, con un efecto grande del número de Reynolds en las actuaciones. La figura 11.10 muestra las curvas típicas de la altura manométrica y potencia al freno en función del caudal obtenidas mediante ensayos. Las viscosidades altas originan una caída dramática en la altura manométrica y caudal y un aumento en la potencia necesaria. El rendimiento también decrece, sustancialmente, de acuerdo con los siguientes resultados típicos:

μ/μ_{agua}	1,0	10,0	100	1000
$\eta_{máx}$, %	85	76	52	11

Por encima de los $300\mu_{agua}$ el deterioro de las actuaciones es tan grande que es recomendable una bomba de desplazamiento positivo.

11.4 BOMBAS HELICOCENTRIFUGAS Y AXIALES: LA VELOCIDAD ESPECIFICA

En las secciones previas hemos visto que las bombas centrífugas modernas son máquinas formidables, capaces de proporcionar alturas manométricas muy grandes y caudales razonables con rendimientos excelentes. Pueden servir para ser acopladas a gran variedad de sistemas. Pero básicamente la bomba centrífuga da gran altura manométrica y bajo caudal. Para ver que el diseño centrífugo no es conveniente para algunos sistemas, considérese el siguiente ejemplo.

EJEMPLO 11.5 Queremos utilizar una bomba centrífuga de la familia de la figura 11.8 para suministrar 100 000 gal/min de agua a 60° F con una altura manométrica de 25 ft. ¿Cuál debe ser (*a*) el tamaño de la bomba y velocidad, y (*b*) la potencia al freno considerando que opera al máximo rendimiento?

Solución (*a*) Introduciendo la altura manométrica y el caudal conocidos por las ecuaciones (11.27) para el PMR:

$$H^* = 25 \text{ ft} = \frac{C_{H^*} n^2 D^2}{g} = \frac{5{,}0 n^2 D^2}{32{,}2}$$

$$Q^* = 100\,000 \text{ gal/min} = 222{,}8 \text{ ft}^3/\text{s} = C_{Q^*} n D^3 = 0{,}115 n D^3$$

Las dos incógnitas son n y D. Resolviendo el sistema anterior

$$D = 12{,}4 \text{ ft} \qquad n = 1{,}03 \text{ r/s} = 62 \text{ rpm} \qquad \textit{Resp. (a)}$$

(*b*) La potencia para el máximo rendimiento es, de la ecuación (11.27),

$$P_f^* \approx C_{P^*} \rho n^3 D^5 = \frac{0{,}65(1{,}94)(1{,}03)^3(12{,}4)^5}{550} = 720 \text{ hp} \qquad \textit{Resp. (b)}$$

La solución del ejemplo 11.5 es matemáticamente correcta, pero proporciona una bomba grotesca: un rotor de más de 12 pies de diámetro, girando tan lentamente que podrían visualizarse los caballos paseando en un círculo alrededor del eje.

Hay otros diseños de bombas dinámicas que pueden proporcionar una altura manométrica baja y un caudal alto. Por ejemplo, hay un tipo de bomba de 38 in, 710 rpm, p. ej., con los mismos parámetros de entrada que en la figura 11.7*b*, que puede suministrar los 25 pies de altura mano-

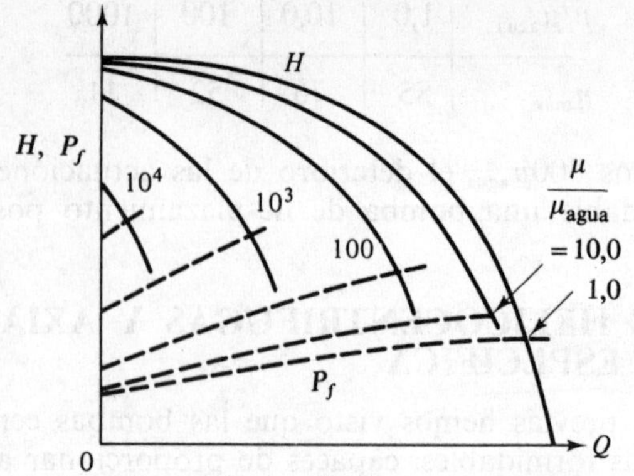

Fig. 11.10 Efecto de la viscosidad en las curvas características de bombas centrífugas.

métrica y los 100 000 gal/min de caudal del ejemplo 11.5. Esto se consigue permitiendo al fluido pasar a través del rotor con una componente axial y menor componente centrífuga. Los conductos pueden ampliarse para el caudal incrementado con aumentos pequeños en el tamaño, pero la caída en la velocidad radial en la salida disminuye la altura manométrica producida. Estas son las bombas dinámicas de las familias helicocentrífugas (en parte radiales, parte axiales) y axiales (del tipo hélice). Algunos diseños de álabes están esquematizados en la figura 11.11, que introduce un nuevo parámetro de «diseño» interesante, la velocidad específica, N_s o N'_s.

La velocidad específica

En muchas aplicaciones de las bombas se conoce la altura manométrica y el caudal para el sistema particular, más un rango de velocidades dictadas por las velocidades del motor eléctrico o exigencias de la cavitación. El proyectista selecciona el mejor tamaño y forma (centrífuga, helicocentrífuga, axial) de la bomba. Para ayudar a esta selección, necesitamos un parámetro adimensional que relacione la velocidad, caudal y altura manométrica, pero no el tamaño. Esto se consigue eliminando el diámetro entre C_Q y C_H, aplicando el resultado sólo en el PMR. Esta relación se llama *velocidad específica* y tiene una forma adimensional y también una forma práctica algo vaga

Forma rigurosa:
$$N'_s = \frac{C_{Q^*}^{1/2}}{C_{H^*}^{3/4}} = \frac{n(Q^*)^{1/2}}{(gH^*)^{3/4}} \tag{11.30a}$$

Forma vaga pero común:
$$N_s = \frac{(\text{r/min})(\text{gal/min})^{1/2}}{[H(\text{ft})]^{3/4}} \tag{11.30b}$$

En otras palabras, los ingenieros prácticos no se molestan en cambiar n a revoluciones por segundo o Q^* a pies cúbicos por segundo o incluir la

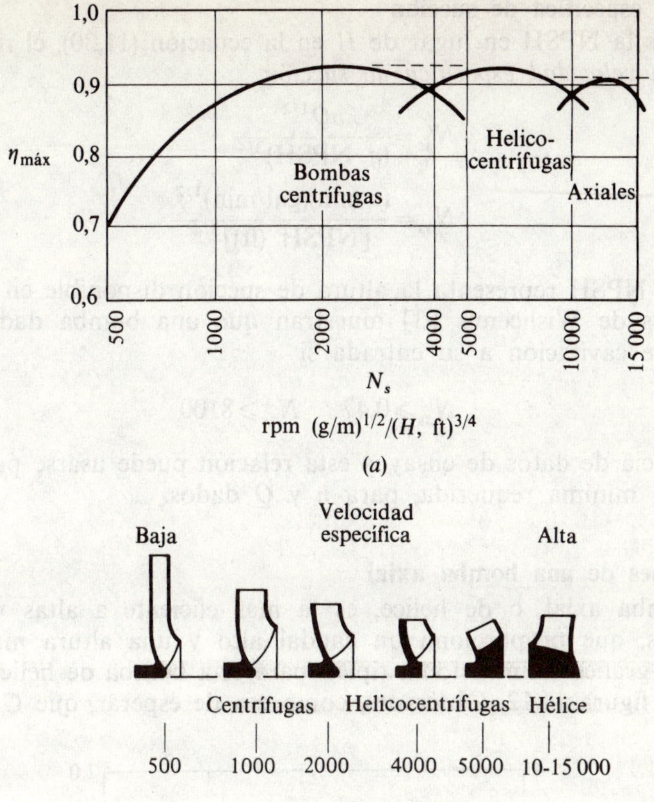

Fig. 11.11 Rendimiento máximo (*a*) y diseño del rotor (*b*) de las familias de bombas en función de la velocidad específica.

gravedad con la altura manométrica; no obstante, esta última podría ser necesaria para, por ejemplo, una bomba en la luna. El factor de conversión es

$$N_s = 17\,182\, N'_s \tag{11.31}$$

Obsérvese que N_s se aplica sólo al PMR; por tanto, una familia de bombas semejantes está caracterizada por un único número. Por ejemplo, la familia de la figura 11.8 tiene $N'_s \approx (0{,}115)^{1/2}/(5{,}0)^{3/4} = 0{,}1014$, $N_s = 1740$, prescindiendo del tamaño o velocidad.

Resulta que la velocidad específica está directamente relacionada con el diseño de bomba más eficiente, como se muestra en la figura 11.11. N_s bajos significan Q bajos y H altos, por tanto una bomba centrífuga, y N_s grandes implican bombas axiales. La bomba centrífuga es mejor para N_s entre 500 y 4000, la bomba helicocentrífuga entre 4000 y 10 000 y la bomba axial por encima de 10 000. Obsérvense los cambios en la forma del rotor cuando N_s aumenta.

Velocidad específica de succión

Si usamos la NPSH en lugar de H en la ecuación (11.30), el resultado se denomina *velocidad específica de succión*

$$\text{Rigurosa:} \qquad N'_{ss} = \frac{nQ^{1/2}}{(g\ \text{NPSH})^{3/4}} \tag{11.32a}$$

$$\text{Vaga:} \qquad N_{ss} = \frac{(\text{r/min})(\text{gal/min})^{1/2}}{[\text{NPSH (ft)}]^{3/4}} \tag{11.32b}$$

donde la NPSH representa la altura de succión disponible en el sistema. Los datos de Wislicenus [3] muestran que una bomba dada presenta peligro de cavitación a su entrada si

$$N'_{ss} \geqslant 0{,}47 \qquad N_{ss} \geqslant 8100 \tag{11.33}$$

En ausencia de datos de ensayos esta relación puede usarse para estimar la NPSH mínima requerida, para n y Q dados.

Actuaciones de una bomba axial

Una bomba axial, o de hélice, es la más eficiente a altas velocidades específicas, que proporciona un caudal alto y una altura manométrica baja. Un gráfico adimensional típico para una bomba de hélice se muestra en la figura 11.12. Obsérvese, como era de esperar, que C_Q es alto y

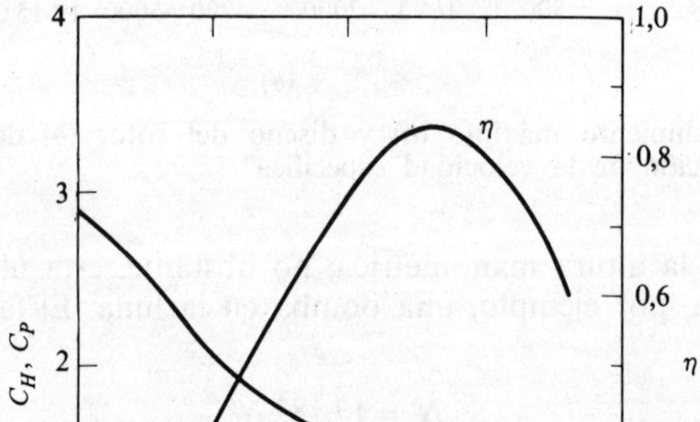

Fig. 11.12 Curvas características adimensionales de una bomba axial típica, $N_s = 12\,000$, obtenidas de los datos dados por Stepanoff [14] para una bomba de 14 in girando a 690 rpm.

C_H bajo cuando se compara con la figura 11.8. La altura manométrica cae rápidamente con el caudal, de modo que grandes cambios en la altura manométrica del sistema originarán cambios pequeños en el flujo. La curva de potencia decae también con la altura manométrica, lo que puede originar posibles sobrecargas si el caudal decreciese rápidamente. Finalmente, la curva del rendimiento es bastante estrecha y triangular, en comparación con la curva del rendimiento de una bomba centrífuga ancha y de forma parabólica (Fig. 11.8).

De la figura 11.12 $C_{Q^*} \approx 0{,}55$, $C_{H^*} \approx 1{,}07$ y $\eta_{\text{máx}} \approx 0{,}84$. De estos datos obtenemos $N_s' \approx (0{,}55)^{1/2}/(1{,}07)^{3/4} = 0{,}705$, $N_s = 12\,000$. El relativo bajo rendimiento se debe al pequeño tamaño de la bomba: $D = 14$ in, $n = 690$ rpm, $Q^* = 4400$ gal/min.

Si repitiésemos el ejemplo 11.5 utilizando ahora la figura 11.12, encontraríamos que con esta familia de bombas de hélice se pueden suministrar los 25 pies de altura manométrica y el caudal de 100 000 gal/min con $D = 46$ in y $n = 430$ rpm, y una potencia al freno de 750 hp, lo que representa un diseño mucho más razonable, incluso con posibles mejoras a mayores N_s.

Actuaciones de la bomba en función de la velocidad específica

La velocidad específica es un parámetro tan efectivo que se usa como un indicador tanto de las actuaciones como del rendimiento. La figura 11.13 muestra una correlación del rendimiento óptimo de las bombas en fun-

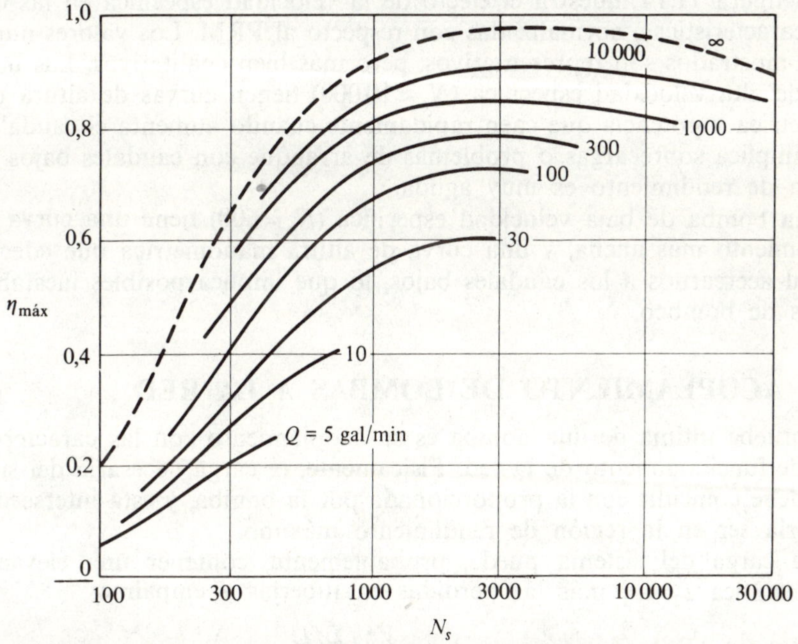

Fig. 11.13 Rendimiento máximo de bombas en función del caudal y de la velocidad específica. (*Adaptada de las curvas de las referencias* 3 *y* 25.)

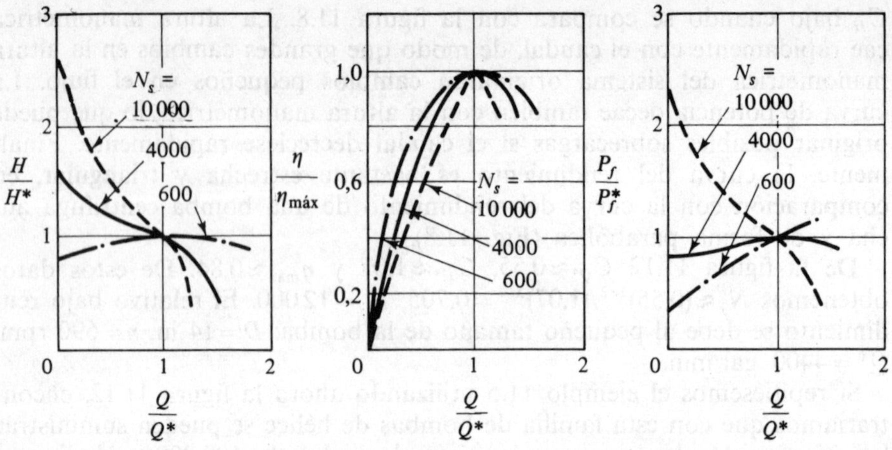

Fig. 11.14 Efecto de la velocidad específica en las curvas características de las bombas.

ción de la velocidad específica y del caudal. Como el parámetro dimensional Q da de algún modo una medida tanto del tamaño como del número de Reynolds y aumenta con Q. Cuando este tipo de correlaciones fue primero publicado por Wislicenus [3] en 1947, llegó a conocerse como *la* curva de la bomba: un desafío a todos los fabricantes. Podemos comprobar que las bombas de las figuras 11.7 y 11.12 se ajustan muy bien a la correlación.

La figura 11.14 muestra el efecto de la velocidad específica en las curvas características, normalizadas con respecto al PRM. Los valores numéricos mostrados son representativos, pero más bien cualitativos. Las bombas de alta velocidad específica ($N_s \approx 10\,000$) tienen curvas de altura manométrica y potencia que caen rápidamente cuando aumenta el caudal, lo que implica sobrecargas o problemas de arranque con caudales bajos. Su curva de rendimiento es muy aguda.

Una bomba de baja velocidad específica ($N_s = 600$) tiene una curva de rendimiento más ancha, y una curva de altura manométrica que «decrece» al acercarnos a los caudales bajos, lo que implica posibles inestabilidades de bombeo.

11.5 ACOPLAMIENTO DE BOMBAS A LA RED

La prueba última de una bomba es su acoplamiento con las características de funcionamiento de la red. Físicamente, la carga necesaria del sistema debe coincidir con la proporcionada por la bomba, y esta intersección debería ser en la región de rendimiento máximo.

La carga del sistema puede, probablemente, contener una elevación hidrostática $z_2 - z_1$ más las pérdidas en tuberías y empalmes

$$H_{sist} = (z_2 - z_1) + \frac{V^2}{2g}\left(\frac{\Sigma f L}{D} + \Sigma K\right) \quad (11.34)$$

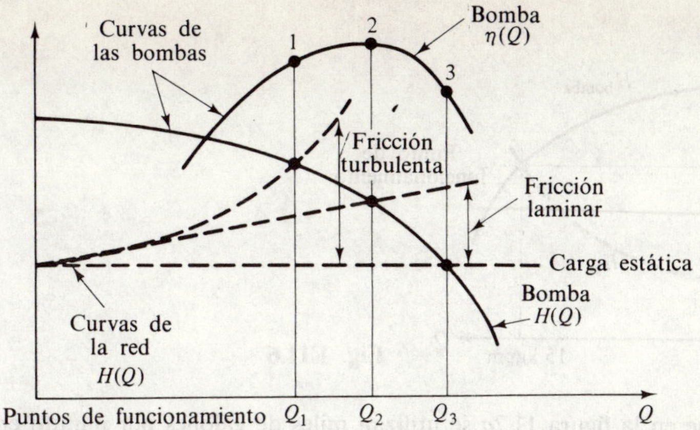

Fig. 11.15 Ilustración de los puntos de funcionamiento de una bomba para tres tipos de curvas de la red.

donde ΣK representa las pérdidas locales y V es la velocidad del fluido en el conducto principal. Puesto que V es proporcional al caudal de la bomba Q, la ecuación (11.34) representa la curva de carga necesaria del sistema $H_s(Q)$. En la figura 11.15 se muestran tres ejemplos: carga estática $H_s = a$, carga estática más fricción laminar $H_s = a + bQ$, una carga estática más fricción turbulenta $H_s = a + cQ^2$. La intersección de las curvas del sistema con la curva característica de la bomba $H(Q)$ determina el punto de funcionamiento. En la figura 11.15 el punto de funcionamiento con fricción laminar corresponde al rendimiento máximo, mientras que las curvas turbulenta y estática cortan a la característica de la bomba fuera del punto de diseño. Esto puede ser inevitable si las variables del sistema cambian, el tamaño de la bomba o su velocidad debería cambiarse si su punto de operación está continuamente fuera de diseño. Por supuesto un acoplamiento perfecto puede no ser posible porque las bombas comerciales tienen sólo tamaños y velocidades discretas. Ilustremos estos conceptos con un ejemplo.

EJEMPLO 11.6 Queremos utilizar la bomba de 32 in de la figura 11.7*a* a 1170 rpm para bombear agua a 60° F de un depósito a otro 120 pies más alto a través de una tubería de 1500 pies de largo y 16 in de diámetro D con un coeficiente de fricción $f = 0{,}030$. (*a*) ¿Cuál será el punto de funcionamiento y el rendimiento? (*b*) ¿A qué velocidad debe cambiarse la bomba para que funcione en el PMR?

Solución (*a*) En los depósitos las velocidades son nulas; por tanto, la carga del sistema es

$$H_s = z_2 - z_1 + \frac{V^2}{2g}\frac{fL}{D} = 120 \text{ ft} + \frac{V^2}{2g}\frac{0{,}030(1500 \text{ ft})}{\frac{16}{12}\text{ ft}}$$

Por continuidad en la tubería, $V = Q/A = Q/[\frac{1}{4}\pi(\frac{16}{12}\text{ ft})^2]$, y sustituyendo V en la ecuación anterior tenemos

$$H_s = 120 + 0{,}269Q^2 \qquad Q \text{ en ft}^3/\text{s} \tag{1}$$

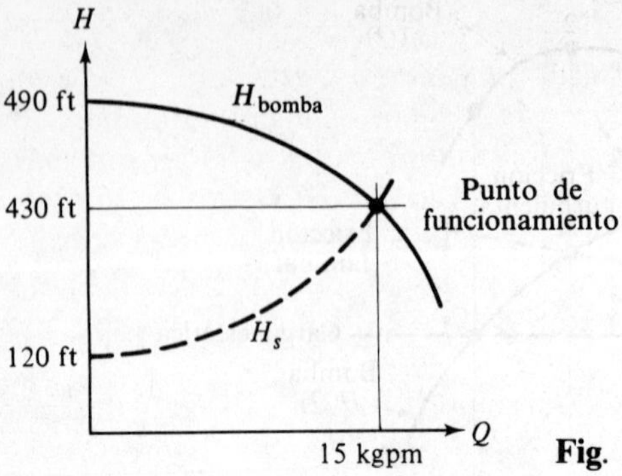

Fig. E11.6

Puesto que en la figura 11.7*a* se utilizan miles de galones por minuto en abscisas, convertimos el valor de Q en la ecuación (1) a estas unidades:

$$H_s = 120 + 1{,}335Q^2 \qquad Q \text{ en (gal/min)} \times 10^3 \tag{2}$$

Podemos representar la ecuación (2) en la figura 11.7*a* y vemos que corta a la curva de la altura manométrica de la bomba de 32 in como en la figura E11.6. Una solución gráfica de aproximadamente

$$H \approx 430 \text{ ft} \qquad Q \approx 15\,000 \text{ gal/min}$$

El rendimiento es alrededor del 82 por 100, ligeramente fuera del punto de diseño.

Una solución analítica es posible si la curva de la altura manométrica de la bomba se aproxima por una parábola, la cual es muy próximamente cierta

$$H_{\text{bomba}} \approx 490 - 0{,}26Q^2 \qquad Q \text{ en (gal/min)} \times 10^3 \tag{3}$$

Las ecuaciones (2) y (3) proporcionan el punto de funcionamiento:

$$490 - 0{,}26Q^2 = 120 + 1{,}335Q^2$$

o

$$Q^2 = \frac{490-120}{0{,}26+1{,}335} = 232$$

$$Q = 15{,}2 \times 10^3 \text{ gal/min} = 15\,200 \text{ gal/min} \qquad \textit{Resp. (a)}$$

$$H = 490 - 0{,}26(15{,}2)^2 = 430 \text{ ft} \qquad \textit{Resp. (a)}$$

(*b*) Para cambiar el punto de funcionamiento al PMR, cambiamos n que cambia $Q \propto n$ y $H \propto n^2$. De la figura 11.7*a*, en el PMR, $H^* \approx 386$ ft; por tanto, para cualquier n, $H^* = 386(n/1170)^2$. También se tiene $Q^* = 20 \times 10^3$ gal/min; entonces para cualquier n, $Q^* = 20(n/1170)$. Igualando H^* con H_s, ecuación (2), tenemos

$$H^* = 386\left(\frac{n}{1170}\right)^2 \approx 120 + 1{,}335\left(20\frac{n}{1170}\right)^2$$

que proporciona $n^2 < 0$. Por tanto, es imposible funcionar en este sistema y con esta bomba en el PMR.

Bombas combinadas en paralelo

Si una bomba proporciona la altura manométrica adecuada, pero un caudal demasiado bajo, una solución posible consiste en combinar dos bombas similares en paralelo, por ejemplo, compartiendo la misma succión y condiciones a la entrada. Una disposición en paralelo se utiliza también si varía el caudal de demanda, de modo que se usa una bomba para caudales bajos y la segunda bomba se arranca para caudales mayores. Ambas bombas deben disponer de válvulas que eviten flujo inverso cuando una se para.

Las dos bombas en paralelo no necesitan ser idénticas. Físicamente, sus caudales deben sumarse para la misma altura manométrica, como se ilustra en la figura 11.16. Si la bomba A tiene una altura manométrica mayor que la bomba B, no debe añadirse la bomba B hasta que la carga de operación sea menor que la altura manométrica de la bomba B a caudal nulo. Puesto que la curva del sistema crece con Q, el caudal total suministrado Q_{A+B} será menor que los caudales por separado Q_A+Q_B, pero mayor que el suministrado por cada una de ellas. Para una curva del sistema muy horizontal (estática), dos bombas semejantes en paralelo suministrarán aproximadamente el doble caudal. La potencia al freno del conjunto se obtiene sumando la potencia de cada una de las bombas A y B a la misma altura manométrica del punto de operación. El rendimiento del conjunto es igual a $\rho g(Q_{A+B})(H_{A+B})/550\ p_{f(A+B)}$.

Si las bombas A y B no son idénticas, como en la figura 11.16, la bomba B no debe funcionar y no puede arrancarse si el punto de funcionamiento está por encima de su altura manométrica a caudal nulo.

Bombas combinadas en serie

Si una bomba proporciona el caudal adecuado, pero una altura manométrica demasiado baja, considérese una bomba semejante añadida en serie, con la salida de la bomba B unida directamente al lado de succión de la bomba A. Como se esquematiza en la figura 11.17, el principio físico para

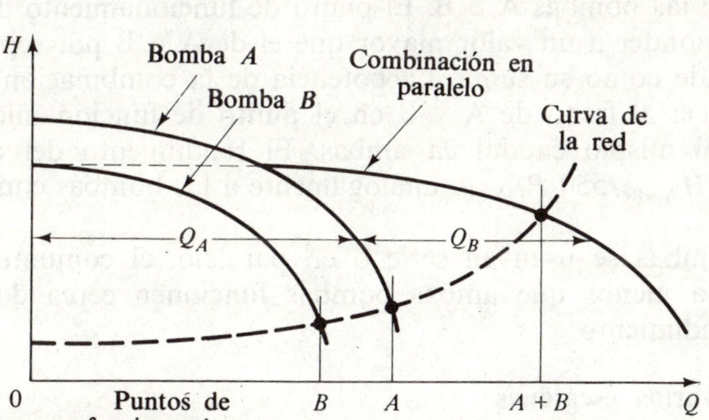

Fig. 11.16 Curvas características y puntos de funcionamiento de dos bombas por separado y conectadas en paralelo a la red.

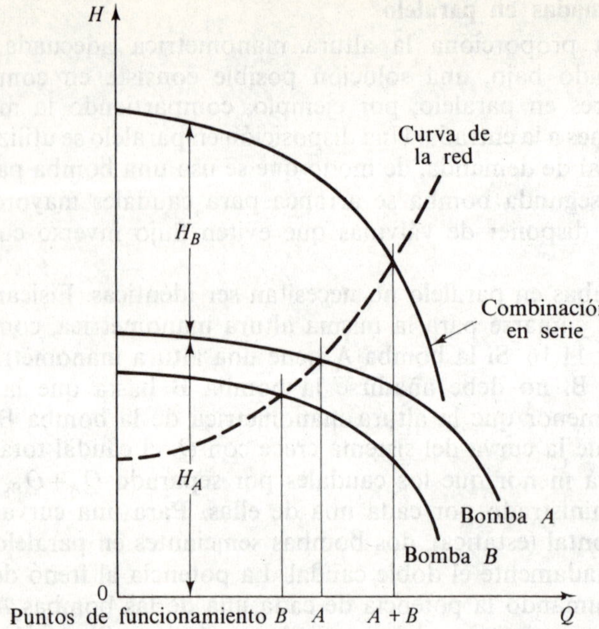

Fig. 11.17 Curva característica de dos bombas conectadas en serie.

la combinación en serie es que se sumen las alturas manométricas de cada bomba para el mismo caudal, para dar la curva característica de la combinación. Las dos bombas no necesitan ser idénticas, ya que solamente deben suministrar el mismo caudal; podrían tener diferentes velocidades aunque normalmente ambas están movidas por un mismo eje.

La necesidad de una combinación en serie da lugar a curvas características que decaen rápidamente con el caudal; esto es, la altura manométrica del conjunto es mayor que cualquiera de la que puede proporcionar cada una de las bombas A o B. El punto de funcionamiento del conjunto debe corresponder a un valor mayor que el de A o B por separado, pero no tan grande como su suma. La potencia de la combinación es la suma de la potencia al freno de A y B en el punto de funcionamiento correspondiente al mismo caudal en ambas. El rendimiento del conjunto es $\rho g(Q_{A+B}) \times (H_{A+B})/550\ Pf_{(A+B)}$, análogamente a las bombas combinadas en paralelo.

Si las bombas se usan en serie o en paralelo, el conjunto será poco económico a menos que ambas bombas funcionen cerca del punto de máximo rendimiento.

Bomba de varios escalones

Para funcionamiento continuado con alturas manométricas muy altas, la solución es una bomba de varios escalones, con la salida de un rotor conectada directamente con la entrada del siguiente. Se han agrupado bombas centrífugas, helicocentrífugas y axiales hasta formar unos 50 escalones, con alturas manométricas por encima de 8000 pies de agua e incrementos de presión por encima de 5000 lbf/in^2. La figura 11.18 muestra la sección de un compresor centrífugo para propano de siete escalones, que proporciona un incremento de presión de 300 lbf/in^2, un caudal de 40 000 pies cúbicos por minuto con 35 000 hp.

EJEMPLO 11.7 Ampliación del ejemplo 11.6, investigando la utilización de dos bombas de 32 in en paralelo para suministrar más caudal. ¿Es más eficiente?

Solución Puesto que las bombas son idénticas cada una suministra $\frac{1}{2}Q$ a la misma velocidad de 1170 rpm. La curva del sistema es la misma y el punto de funcionamiento se obtiene de

$$H = 490 - 0{,}26(\tfrac{1}{2}Q)^2 = 120 + 1{,}335Q^2$$

o $$Q^2 = \frac{490-120}{1{,}335+0{,}065} \qquad Q = 16\,000 \text{ gal/min} \qquad \textit{Resp.}$$

Este es sólo el 7 por 100 mayor que cuando se utiliza una sola bomba. Cada bomba suministra $\frac{1}{2}Q = 8130$ gal/min, para el cual el rendimiento es sólo el 60 por 100. La potencia total necesaria es 3200 hp, mientras que una única bomba necesita sólo 2000 hp.

EJEMPLO 11.8 Supóngase que la altura de elevación del ejemplo 11.6 se aumenta de 120 a 500 pies, superior a la que la bomba de 32 in puede suministrar. Realizar el ejemplo suponiendo que se usan dos bombas de 32 in en serie a 1170 revoluciones por minuto.

Solución Puesto que las dos bombas son idénticas, la altura manométrica total es el doble que la de una bomba, el valor 120 de la curva del sistema hay que reemplazarlo por 500. El punto de funcionamiento se obtiene de

$$H = 2(490 - 0{,}26Q^2) = 500 + 1{,}335Q^2$$

o $$Q^2 = \frac{980-500}{1{,}335+0{,}52} \qquad Q = 16{,}1 \times 10^3 \text{ gal/min} \qquad \textit{Resp.}$$

La carga en el punto de funcionamiento es $500 + 1{,}335(16{,}1)^2 = 845$ ft, el 97 por 100 mayor que para una sola bomba del ejemplo 11.6. Cada bomba suministra $16{,}1 \times 10^3$ gal/min, que según la figura 11.7*a* proporciona un rendimiento del 83 por 100, un acoplamiento al sistema bastante bueno. Para bombear en este punto de funcionamiento se necesitan 4100 hp, unos 2050 hp cada bomba.

11.6 TURBINAS

Una turbina extrae energía de un fluido que posee una carga elevada; pero sería demasiado simple decir que una turbina es una bomba que gira al revés. Básicamente hay dos tipos: de reacción y de impulso, la diferencia está en la forma de transformar la carga. En las turbinas de reacción, el fluido llena por completo los canales entre álabes, y el cambio

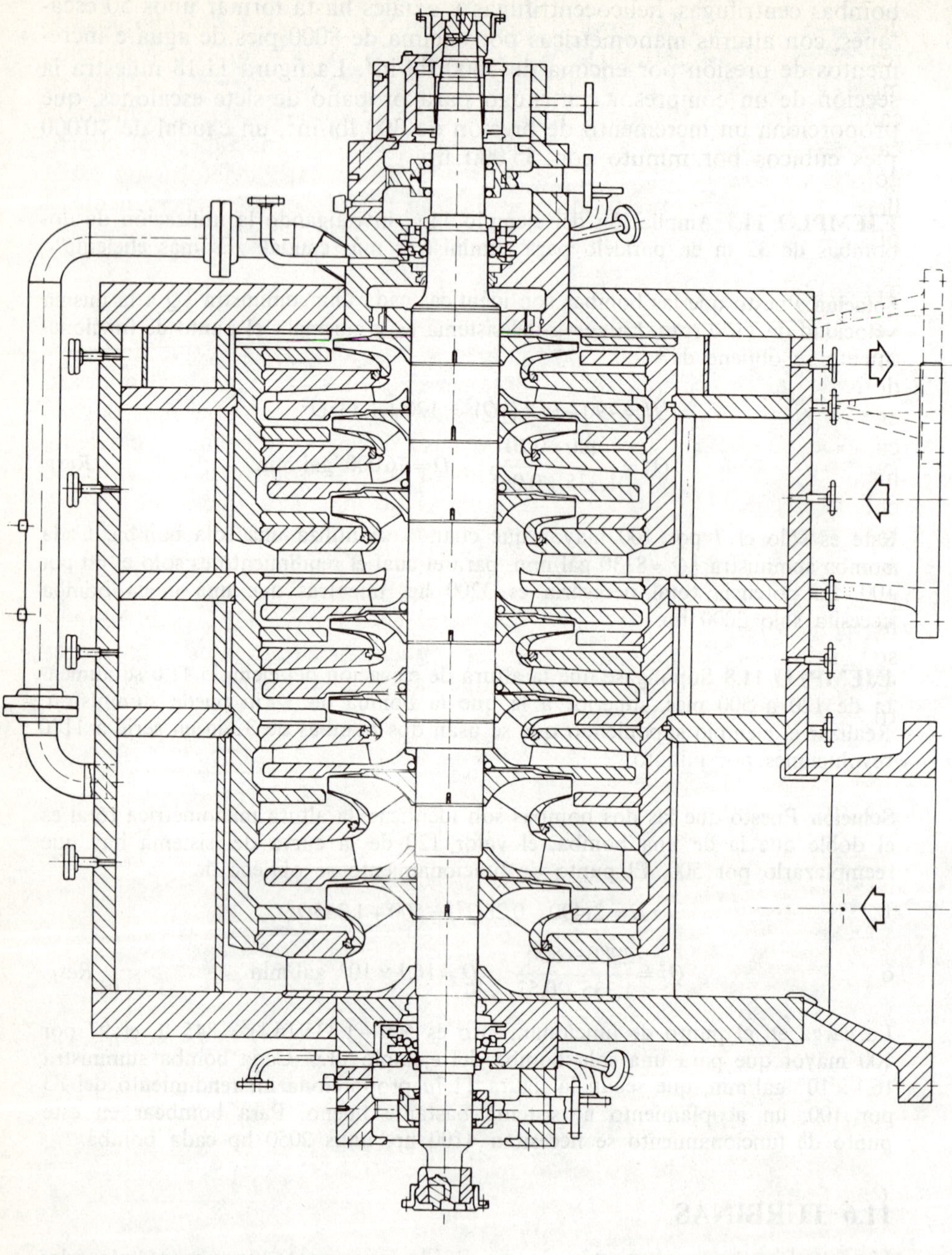

Fig. 11.18 Sección transversal de un compresor centrífugo, de siete escalones, para propano que suministra 40 000 ft^3/min con una potencia de 35 000 hp y un incremento de presión de 300 lbf/in^2. Obsérvese la segunda entrada en el escalón 5 y el cambio en el diseño del rotor. (*DeLaval-Stork V.O.F., Centrifugal Compressor Division.*)

de carga o caída de presión tiene lugar en el rotor. Los diseños de reacción son de tipo radial, helicocentrífugo y axial y son, esencialmente, máquinas diseñadas para admitir el fluido con alta energía y extraer su cantidad de movimiento. Una turbina de impulso convierte primero la carga en un chorro de alta velocidad por medio de una tobera, el chorro golpea a los álabes cuando van pasando. Los canales del rotor no están llenos por completo de fluido y el flujo en los álabes es, esencialmente, a presión constante.

Turbinas de reacción

Las turbinas de reacción son de baja carga y altos caudales. El flujo es opuesto al de una bomba, entrando por la sección de mayor diámetro y descargando a través del ojo después de ceder la mayor parte de su energía al rotor. Los primeros diseños fueron muy poco eficientes porque carecían de álabes guía a la entrada para dirigir suavemente la corriente hacia los canales del rotor. La primera turbina centrípeta eficiente fue construida en 1849 por James B. Francis, un ingeniero americano [34], y todos los diseños radiales o helicocentrífugos son llamados ahora *Turbinas Francis*. Con cargas todavía más bajas pueden construirse más compactas con un flujo puramente axial y son llamadas *turbinas de hélice*. La hélice puede ser de palas fijas o ajustables (tipo Kaplan), estas últimas son mecánicamente complicadas, pero mucho más eficientes a bajas potencias. La figura 11.19 muestra esquemáticamente diseños de rotor para turbinas Francis y de hélice.

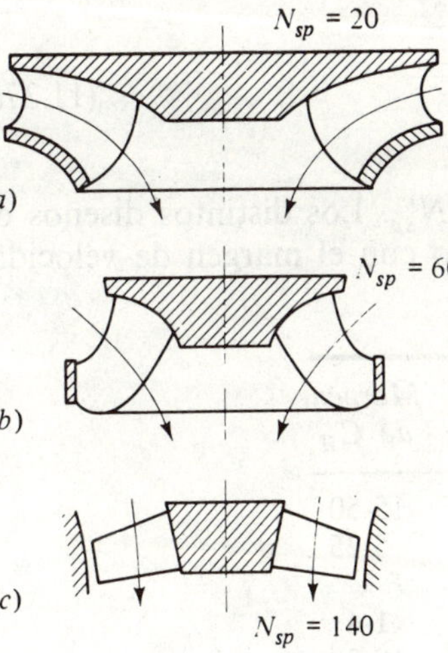

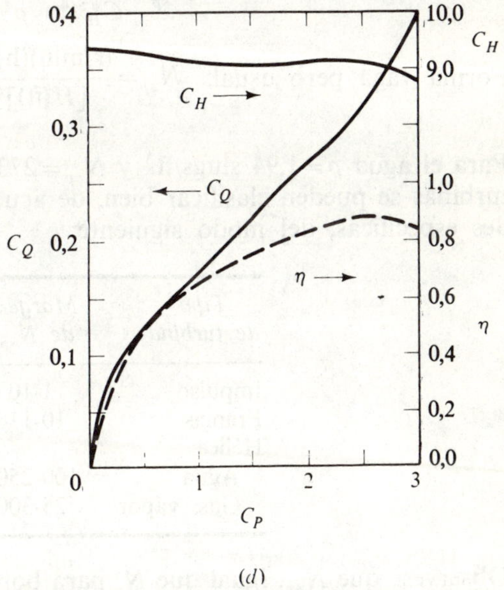

Fig. 11.19 Turbinas de reacción (*a*) Francis (tipo radial); (*b*) Francis (helicocentrípeta); (*c*) hélice (axial); (*d*) curvas características para una turbina Francis, $n = 600$ revoluciones por minuto, $D = 2{,}25$ ft, $N_{sp} = 29$.

Velocidad específica en turbinas

Los parámetros de las turbinas son similares a los de las bombas, pero la variable independiente es la potencia de salida, que depende del caudal Q, de la altura neta disponible H, de la velocidad del rotor n y del diámetro D. El rendimiento es la potencia de salida dividida por la potencia disponible ρgQH. Las formas adimensionales son C_Q, C_H y C_P, definidas como para las bombas, ecuaciones (11.23). Sin los efectos del número de Reynolds y de la rugosidad relativa, las relaciones funcionales se escriben con C_P como variable independiente

$$C_H = C_H(C_P) \qquad C_Q = C_Q(C_P) \qquad \eta = \frac{P_f}{\rho gQH} = \eta(C_P) \tag{11.35}$$

La figura 11.19*d* muestra las curvas características típicas de una pequeña turbina Francis radial. El punto de rendimiento máximo se denomina *potencia normal*, y los valores para esta turbina particular son

$$\eta_{\text{máx}} = 0{,}89 \qquad C_{P*} = 2{,}70 \qquad C_{Q*} = 0{,}34 \qquad C_{H*} = 9{,}03 \tag{11.36}$$

Un parámetro que relaciona la potencia de salida con la altura neta, independientemente del tamaño, se obtiene eliminando el diámetro entre C_H y C_P. Se denomina *velocidad específica de turbinas*:

Forma rigurosa: $$N'_{sp} = \frac{C_P^{*1/2}}{C_H^{*5/4}} = \frac{n(\text{hp})^{1/2}}{\rho^{1/2} H^{5/4}} \tag{11.37a}$$

Forma vaga pero usual: $$N_{sp} = \frac{(\text{r/min})(\text{hp})^{1/2}}{[H(\text{ft})]^{5/4}} \tag{11.37b}$$

Para el agua $\rho = 1{,}94$ slugs/ft^3 y $N_{sp} = 273{,}3\ N'_{sp}$. Los distintos diseños de turbinas se pueden clasificar bien, de acuerdo con el margen de velocidades específicas, del modo siguiente:

Tipo de turbina	*Margen de N_{sp}*	*Margen de C_H*
Impulso	1-10	15-50
Francis	10-110	5-25
Hélice:		
Agua	100-250	1-4
Gas, vapor	25-300	10-80

Obsérvese que N_{sp}, igual que N_s para bombas, se define sólo con respecto al PMR y tiene un valor único para una familia de turbinas dadas. En la figura 11.19*d*, $N_{sp} = 273{,}3(2{,}70)^{1/2}/(9{,}03)^{5/4} = 29$, independientemente del tamaño.

Al igual que las bombas, las turbinas de gran tamaño son generalmente más eficientes, y la fórmula (11.29) de Moody se puede usar para estimar el rendimiento en ausencia de datos.

Turbinas de impulso

Para grandes cargas y potencias relativamente bajas, esto es, bajos N_{sp}, una turbina de reacción requeriría velocidades demasiado altas, pero también por las altas presiones en el rotor requeriría una carcasa de mucho espesor. La turbina de impulso de la figura 11.20 es ideal para esta situación. Puesto que N_{sp} es bajo, n será bajo y la alta presión está confinada a la pequeña tobera, que convierte la carga en un chorro de alta velocidad V_j a la presión atmosférica. El chorro golpea a las cucharas e imparte un cambio de cantidad de movimiento similar al que aparece en el análisis del volumen de control para álabes móviles en el ejemplo 3.10 o el problema 3.57. Las cucharas tienen una forma de copa elíptica dividida por la mitad como en la figura 11.20*b*. Se denominan *turbinas Pelton*, en honor a Lester A. Pelton (1829-1908), que realizó el primer diseño eficiente.

Según el ejemplo 3.10, la fuerza y la potencia cedida a una turbina Pelton son, teóricamente,

$$F = \rho Q(V_j - u)(1 - \cos\beta)$$
$$P = Fu = \rho Q u(V_j - u)(1 - \cos\beta) \qquad (11.38)$$

donde $u = 2\pi nr$ es la velocidad lineal de la cuchara y r es el *radio de paso*, o distancia del chorro al eje de giro de la rueda. El ángulo $\beta = 180°$ de la cuchara da la máxima potencia, pero es físicamente poco práctico. En la

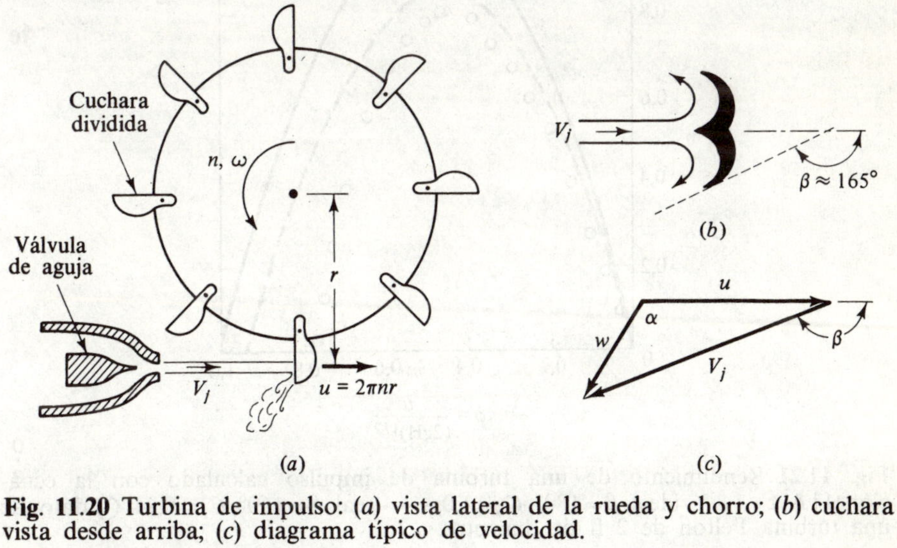

Fig. 11.20 Turbina de impulso: (*a*) vista lateral de la rueda y chorro; (*b*) cuchara vista desde arriba; (*c*) diagrama típico de velocidad.

práctica $\beta \approx 165°$, o $1-\cos\beta \approx 1{,}966$, sólo el 2 por 100 menor que el correspondiente a la potencia máxima.

La potencia teórica de una turbina de impulso, según la ecuación (11.38), es parabólica en u y es máxima cuando $dP/du=0$, o

$$u^* = 2\pi n^* r = \tfrac{1}{2} V_j \tag{11.39}$$

Para una tobera perfecta, toda la altura neta se convierte en velocidad del chorro, $V_j=(2gH)^{1/2}$. Realmente, dado que hay unas pérdidas en la tobera del 2 al 8 por 100, se utiliza un coeficiente de velocidad C_v

$$V_j = C_v(2gH)^{1/2} \qquad 0{,}92 \leqslant C_v \leqslant 0{,}98 \tag{11.40}$$

Combinando las ecuaciones (11.35) y (11.40), el rendimiento teórico de una turbina de impulso es

$$\eta = 2(1-\cos\beta)\,\phi\,(C_v-\phi) \tag{11.41}$$

donde $\phi = \dfrac{u}{(2gH)^{1/2}}$ = factor de velocidad periférica

El rendimiento máximo se obtiene cuando $\phi = \frac{1}{2} C_v \approx 0{,}47$.

La figura 11.21 muestra la ecuación (11.41) representada para una turbina ideal ($\beta=180°$, $C_v=1{,}0$) y para condiciones de trabajo típicas ($\beta=160°$, $C_v=0{,}94$). El último caso predice $\eta_{\text{máx}}=85$ por 100 para $\phi=0{,}47$, pero los datos de ensayo para una turbina Pelton de 24 in proporcionan un rendimiento algo menor debido a las holguras, fricción

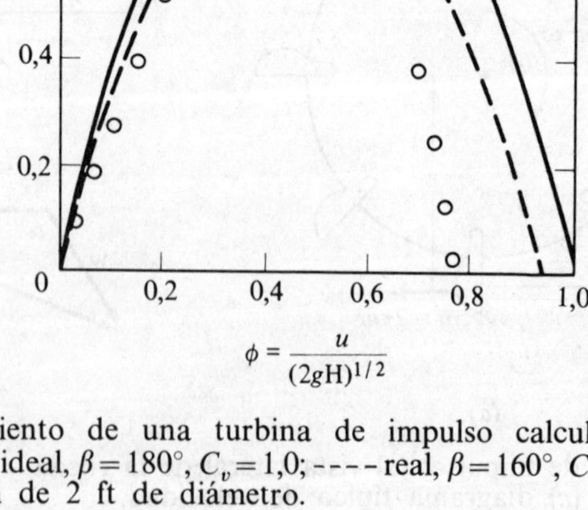

Fig. 11.21 Rendimiento de una turbina de impulso calculado con la ecuación (11.41): ——— ideal, $\beta=180°$, $C_v=1{,}0$; - - - - real, $\beta=160°$, $C_v=0{,}94$; ○ datos de una turbina Pelton de 2 ft de diámetro.

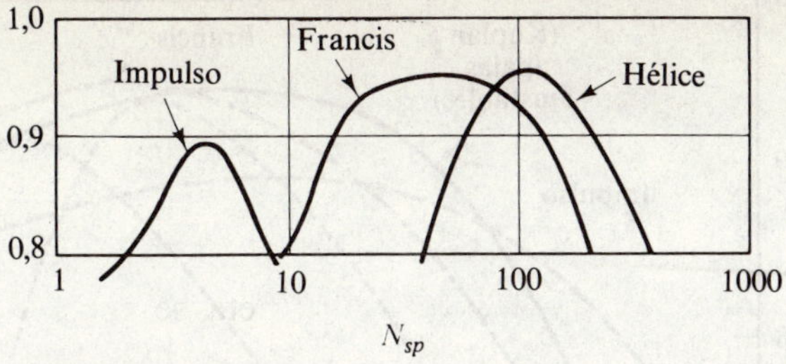

Fig. 11.22 Rendimiento máximo de turbinas de distintos diseños.

mecánica, el chapoteo y el flujo no uniforme en la cuchara. Para este ensayo $\eta_{\text{máx}} = 80$ por 100, y, generalmente hablando, una turbina de impulso no llega a ser tan eficiente como una Francis o de hélice en el PMR.

La figura 11.22 muestra el rendimiento máximo de los tres tipos de turbinas, mostrando la importancia de la velocidad específica N_{sp} como herramienta de selección para el diseñador. Estos rendimientos son máximos y se han obtenido de máquinas de gran tamaño diseñadas cuidadosamente.

La potencia disponible en la turbina puede variar debido a los cambios de altura neta o de caudal, ambos cambios son comunes en instalaciones tales como plantas hidroeléctricas. La demanda de potencia a la turbina también puede variar de ligera a fuerte, el cambio de respuesta se realiza variando el caudal ajustando una válvula de compuerta o de aguja (Figura 11.20*a*). Los tres tipos de turbinas tienen un rendimiento bastante uniforme en función de la potencia extraída, como se muestra en la figura 11.23. Especialmente eficiente es la turbina de hélice de palas orientables (tipo Kaplan), mientras que la peor es la de hélice de palas fijas. El término *potencia nominal* en la figura 11.23 es la mayor potencia de suministro garantizada por el constructor, mientras que la *potencia normal* es la suministrada a rendimiento máximo.

Para más detalles de diseño y operación de las turbomáquinas se recomienda especialmente la referencia 29, donde se trata el tema de un modo muy interesante y fácilmente inteligible.

EJEMPLO 11.8 Investigar la posibilidad de utilizar (*a*) una turbina Pelton similar a la de la figura 11.21 o (*b*) una turbina Francis de la familia de la figura 11.19*d*, para suministrar 30 000 hp con una altura neta de 1200 ft.

Solución (*a*) De la figura 11.22 se obtiene que la turbina Pelton es más eficiente

$$N_{sp} \approx 4{,}5 = \frac{(\text{r/min})(30\,000\ \text{hp})^{1/2}}{(1200\ \text{ft})^{1,25}}$$

o

$$n = 183\ \text{rpm} = 3{,}06\ \text{r/s}$$

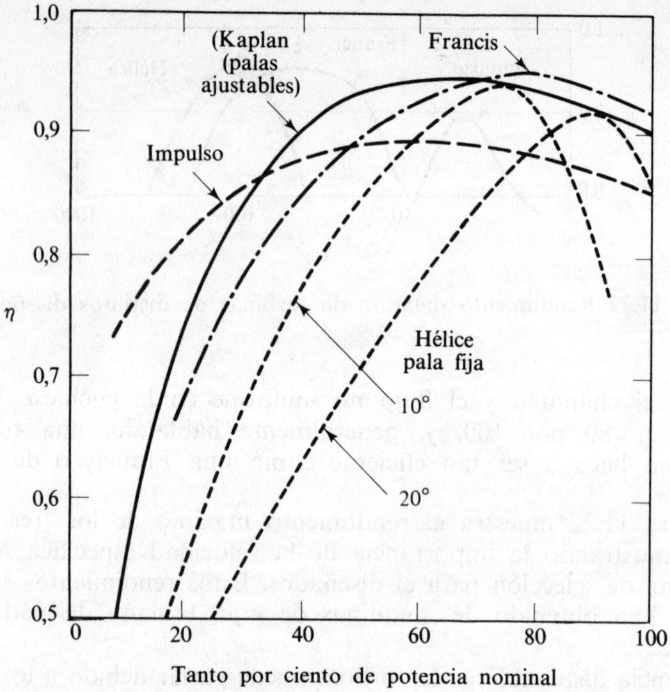

Fig. 11.23 Rendimiento en función del nivel de potencia para varios diseños de turbinas, a velocidad y altura neta constantes.

De la figura 11.21 el punto de máximo rendimiento es cuando

$$\phi \approx 0{,}47 = \frac{\pi D(3{,}06 \text{ r/s})}{[2(32{,}2)(1200)]^{1/2}}$$

o $$D = 13{,}6 \text{ ft}$$

Esta turbina Pelton es quizá un poco lenta y un poco grande. Se podría reducir D e incrementar n aumentando N_{sp} hasta 6 ó 7, por ejemplo, y aceptando una pequeña reducción en el rendimiento. O bien se podría usar una configuración de doble rueda, suministrando 15 000 hp cada una, la cual cambia D y n en un factor de $2^{1/2}$:

$$\text{Rueda doble: } n = (183)2^{1/2} = 260 \text{ rpm} \qquad D = \frac{(13{,}6)}{2^{1/2}} = 9{,}6 \text{ ft}$$

(*b*) La turbina Francis de la figura 11.19*d* debe tener

$$N_{sp} = 29 = \frac{(\text{r/min})(30\,000 \text{ hp})^{1/2}}{(1200 \text{ ft})^{1,25}}$$

o $$n = 1183 \text{ rpm} = 19{,}7 \text{ r/s}$$

Entonces, de la ecuación (11.36) el coeficiente de potencia óptima es

$$C_{P*} = 2{,}70 = \frac{P}{\rho n^3 D^5} = \frac{30\,000(550)}{(1{,}94)(19{,}7)^3 D^5}$$

o $$D^5 = 412 \quad D = 3{,}33 \text{ ft} = 40 \text{ in}$$

Esta turbina es más rápida de lo normal, y la carcasa debe aguantar 1200 ft de agua o alrededor de 520 lbf/in^2 de presión interna, pero el tamaño de 40 in es tremendamente atractivo. Las turbinas Francis están operando ahora con alturas netas superiores a los 1500 ft.

REFERENCIAS

1. S. L. Dixon, «Fluid Mechanics of Turbomachinery», 2.ª ed., Pergamon, Oxford, 1975.
2. A. Betz, «Introduction to the Theory of Flow Machines», Pergamon, Nueva York, 1966.
3. G. F. Wislicenus, «Fluid Mechanics of Turbomachinery», 2.ª ed., McGraw-Hill, Nueva York, 1965.
4. G. T. Csanady, «Theory of Turbomachines», McGraw-Hill, Nueva York, 1964.
5. D. H. Norrie, «An Introduction to Incompressible Flow Machines», American Elsevier, Nueva York, 1963.
6. D. G. Shepherd, «Principles of Turbomachinery», Macmillan, Nueva York, 1956.
7. A. J. Stepanoff, «Pumps and Blowers: Two-Phase Flow», Wiley, Nueva York, 1965.
8. T. B. Ferguson, «The Centrifugal Compressor Stage», Butterworth, Londres, 1963.
9. I. J. Karassick y R. Carter, «Centrifugal Pumps», Dodge, Nueva York, 1960.
10. J. H. Horlock, «Axial Flow Compressors», Butterworth, Londres, 1958.
11. A. J. Stepanoff, «Turboblowers», Wiley, Nueva York, 1955.
12. F. A. Kristal y F. A. Annett, «Pumps», 2.ª ed., McGraw-Hill, Nueva York, 1953.
13. H. Addison, «Centrifugal and Rotodynamic Pumps», Chapman & Hall, Londres, 1948.
14. A. J. Stepanoff, «Centrifugal and Axial Flow Pumps», Wiley, Nueva York, 1948.
15. J. H. Horlock, «Axial Flow Turbines», Butterworth, Londres, 1966.
16. A. W. Judge, «Small Gas Turbines», Chapman & Hall, Londres, 1960.
17. J. F. Lee, «Theory and Design of Steam and Gas Turbines», McGraw-Hill, Nueva York, 1954.
18. H. Constant, «Gas Turbines and Their Problems», Todd, Londres, 1953.
19. W. J. Kearton, «Steam Turbine Theory and Practice», 6.ª ed., Pitman, 1951.
20. H. A. Sorensen, «Gas Turbines», Ronald, Nueva York, 1951.
21. T. G. Hicks y T. W. Edwards, «Pump Application Engineering», McGraw-Hill, Nueva York, 1971.
22. R. A. Wallis, «Axial Flow Fans: Design and Practice», Newnes, Londres, 1961.
23. T. G. Hicks, «Pump Operation and Maintenance», McGraw-Hill, Nueva York, 1958.

24. «Pump Selector for Industry», Worthington Pump, Mountainside, N.J., 1977.
25. I. J. Karassick y col., «Pump Handbook», MacGraw-Hill, Nueva York, 1976.
26. Engineering Equipment Users Association, «Guide to the Selection of a Rotodynamic Pump», Constable, Londres, 1972.
27. R. Walker, «Pump Selection», Ann Arbor Science Publishers, Ann Arbor Mich., 1972.
28. Hydraulic Institute, «Standards of the Hydraulic Institute», 11.ª ed., Nueva York, 1965.
29. R. L. Daugherty y J. B. Franzini, «Fluid Mechanics», McGraw-Hill, 7.ª ed., Nueva York, 1977.
30. D. Eckardt, Detailed Flow Investigations within a High Speed Centrifugal Compressor Impeller, *J. Fluids Eng.*, septiembre 1976, págs. 390-402.
31. D. Japikse, Review: Progress in Numerical Turbomachinery Analysis, *J. Fluids Eng.*, diciembre 1976, págs. 592-606.
32. L. F. Moody, The Propeller Type Turbine, *ASCE Trans.*, vol. 89 pág. 628, 1926.
33. H. Gartmann (ed.), «DeLaval Engineering Handbook», 3.ª ed., McGraw-Hill, Nueva York, 1970.
34. J. B. Francis, «Lowell Hydraulic Experiments», 5.ª ed., Van Nostrand, Princeton, N.J., 1909.

PROBLEMAS

11.1 Describir la geometría y funcionamiento de una bomba peristáltica de desplazamiento positivo que se encuentra en la naturaleza.

11.2 ¿Cuál debería ser la clasificación técnica de las siguientes turbomáquinas: (*a*) ventilador de una vivienda; (*b*) un molino de viento; (*c*) una hélice de avión; (*d*) una bomba de combustible de un coche; (*e*) un eyector; (*f*) una transmisión hidráulica, y (*g*) una turbina de vapor de una planta de potencia?

11.3 Una BDP puede bombear casi todo tipo de fluidos, pero hay siempre un límite con muy altas viscosidades para las cuales funcionan muy mal. ¿Podría explicar cuál es la razón probable?

11.4 La figura 11.2*c* muestra una bomba de tornillo doble. Dibuje una bomba de un solo tornillo y explique su funcionamiento. ¿Cómo funcionaba la bomba de tornillo de Arquímedes?

11.5 ¿Qué tipo de bomba se muestra en la figura P11.5? ¿Cómo funcionaba?

Fig. P11.5

11.6 Una BDP tiene un diámetro de 8 in y 4 in de recorrido. Su cigüeñal gira a 240 rpm. ¿Cuántos galones por minuto suministrará al 100 por 100 de rendimiento volumétrico?

11.7 Si la BDP del problema 11.6 suministra agua a una altura manométrica de 20 ft, ¿qué potencia se necesita con un rendimiento del 80 por 100?

11.8 Una bomba suministra 1500 litros por minuto de agua a 20° C con un incremento de presión de 300 kPa. El incremento de energía cinética y potencial es despreciable. Si el motor que la mueve le suministra una potencia de 9 kW, ¿cuál es su rendimiento global?

11.9 ¿Cuál es mejor, una BDP o una bomba centrífuga, para (*a*) grandes caudales; (*b*) grandes incrementos de presión; (*c*) autocebado; (*d*) bajo desgaste en sus partes móviles; (*e*) flujo de salida estacionaria; (*f*) bombear fluidos de viscosidad grande?

11.10 Una bomba suministra 300 galones por minuto de agua a 60° F con un rendimiento del 85 por 100 y su motor le proporciona 22 hp. ¿Cuál es la altura manométrica e incremento de presión resultante?

11.11 Una bomba suministra 50 galones por minuto de gasolina a 60° F. A la entrada $p_1 = 15$ lbf/in^2, $z_1 = 2$ ft y $v_1 = 5$ ft/s, y a la salida $p_2 = 80$ lbf/in^2, $z_2 = 8$ ft y $v_2 = 10$ ft/s. Si la bomba tiene un rendimiento del 82 por 100, ¿qué potencia ha de suministrarle el motor?

11.12 Demostrar que para las condiciones de la ecuación (11.16) la altura manométrica teórica suministrada por una bomba centrífuga se puede escribir como $H = (u_2 v_2 \cos \alpha_2)/g$.

11.13 Una bomba centrífuga tiene $r_1 = 6$ in, $r_2 = 12$ in, $b_1 = 3$ in, $b_2 = 2$ in, $\beta_1 = 20°$ y $\beta_2 = 10°$, y gira a 1200 rpm. Si el fluido es agua a 60° F, estimar los valores teóricos de Q, H y P_w.

11.14 Una bomba centrífuga tiene $r_2 = 8$ in, $b_2 = 1{,}5$ in y $\beta_2 = 30°$ y bombea 2700 gal/min cuando gira a 1500 rpm. Estimar la altura manométrica teórica y la potencia cedida al agua.

11.15 Repetir el problema 11.14 para un diámetro de rotor de 14 in.

11.16 Una bomba centrífuga suministra 900 gal/min de agua a 1500 rpm a una altura manométrica de 120 ft. ¿Cuál será el caudal y la altura manométrica homólogos cuando gira a 1300 revoluciones por minuto?

11.17 Si la bomba de 28 in de diámetro de la figura 11.7*a*, para agua, gira a 1000 rpm, ¿qué altura manométrica y potencia al freno resultará cuando el caudal es 14 000 gal/min?

11.18 Si la bomba de 41,5 in de diámetro de la figura 11.7*b*, para agua, gira a 850 rpm, ¿qué altura manométrica y caudal proporcionará si la potencia al freno es 2150 hp?

11.19 ¿A qué velocidad en revoluciones por minuto debe girar la bomba de 35 in de diámetro de la figura 11.7*b* para producir una altura manométrica de 400 ft y suministrar un caudal de 20 000 gal/min? ¿Qué potencia al freno necesitará? *Guía:* Ajústese $H(Q)$ mediante una expresión.

11.20 Los ensayos realizados por la Byron Jackson Co. con una bomba centrífuga, para agua, de 14,62 in de diámetro a 2134 rpm, proporcionan los siguientes datos:

Q, ft^3/s	0	2	4	6	8	10
H, ft	340	340	340	330	300	220
P_f, hp	135	160	205	255	330	330

¿Cuál es el PMR? ¿Cuál es la velocidad específica? Estimar el caudal máximo posible.

11.21 Para la bomba del problema 11.20, ¿a qué velocidad la potencia al freno con caudal nulo es 220 ft? ¿Para qué velocidad será $Q^* = 6{,}5$ ft^3/s? ¿Para qué velocidad la potencia al freno con caudal nulo es 220 hp?

11.22 La bomba del problema 11.20 se utiliza para bombear agua a 60° F por una tubería de fundición de 6 in de diámetro. Todas las demás pérdidas del sistema son despreciables. ¿Cuál será el caudal resultante?

11.23 Se construye una bomba con $D = 24$ in y $n = 1200$ rpm de la misma familia que la del problema 11.20. ¿Cuál será el caudal, altura manométrica, incremento de presión y potencia al freno en el PMR?

11.24 Queremos construir una bomba geométricamente semejante a la del problema 11.20, que suministre 7000 galones por minuto a 950 rpm al rendimiento máximo. ¿Cuál debe ser el diámetro del rotor? ¿Qué altura manométrica y potencia al freno resultarán? Estimar el rendimiento máximo.

11.25 Los datos del problema 11.20 no incluyen la NPSH, ¿podría estimarla para rendimiento máximo?

11.26 La bomba de 36,75 in de la figura 11.7*a* a 1170 rpm se utiliza para bombear agua a 60° F desde un depósito, a través de una tubería de hierro galvanizado de 1000 ft de largo y 12 in de diámetro, a un punto situado 200 ft por encima de la superficie libre del depósito. ¿Cuál será el caudal y la potencia al freno? Si hay 40 ft de tubo después de la bomba, ¿a qué altura debe situarse la entrada de la bomba con respecto a la superficie libre del depósito para evitar la cavitación?

11.27 Repítase el problema 11.26 cambiando la velocidad de giro de la bomba para que el punto de funcionamiento sea cercano al de máximo rendimiento.

11.28 La curva del rendimiento de una bomba centrífuga puede aproximarse por la expresión $\eta \approx aQ - bQ^3$, donde a y b son constantes. Para esta aproximación, ¿cuál es la relación entre Q^* al máximo rendimiento y $Q_{\text{máx}}$? Si el máximo rendimiento es el 90 por 100, ¿cuál es el valor de η cuando (*a*) $Q = \frac{1}{2}Q_{\text{máx}}$; (*b*) $Q = \frac{1}{2}Q^*$?

11.29 Queremos bombear 25 000 galones por minuto de agua caliente (180° F) y disponemos de un motor cuya velocidad de giro es 1600 rpm. Estimar el tipo de bomba, la potencia necesaria y el diámetro del rotor si el incremento de presión necesario para un escalón es (*a*) 25 lbf/in²; (*b*) 200 lbf/in².

11.30 Suponer que la bomba de la figura 11.12 se utiliza para satisfacer las condiciones del problema 11.29. ¿Cuántos escalones necesitaría para proporcionar un incremento de presión de (*a*) 25 lbf/in²; (*b*) 200 lbf/in²?

11.31 Una bomba típica del colector del sótano de una vivienda suministra un caudal de 10 gal/min a una altura manométrica de 20 ft. ¿Cuál es la potencia mínima necesaria para mover esta bomba?

11.32 Supóngase que la bomba de 32 in de la figura 11.7*a* se utiliza para bombear aire con las condiciones de 14,7 lbf/in² de presión y 60° F de temperatura a la entrada. ¿Qué incremento de presión, caudal en pies cúbicos por minuto y potencia al freno resultará si la bomba gira a 1800 rpm?

11.33 El compresor centrífugo Allis-Chalmers D30LR suministra 32 850 pies cúbicos por minuto de SO_2 con un incremento de presión desde 14,0 a 18,0 lbf/in² utilizando un motor de 800 hp a 3550 rpm. ¿Cuál es el rendimiento global? ¿Cuál sería el caudal y ΔP a 3000 rpm? Estimar el diámetro del rotor.

11.34 Queremos bombear 50 000 galones por minuto de gasolina a 60° F a una altura manométrica de 120 ft. Encontrar el tamaño de rotor apropiado, velocidad y potencia al freno necesarios para las familias de bombas de (*a*) figura 11.8 y (*b*) figura 11.12. ¿Cuál es el mejor diseño?

11.35 Si la bomba axial de la figura 11.12 se utiliza para suministrar 65 000 galones por minuto de agua a 1200 revoluciones por minuto, ¿cuál es el tamaño del rotor? ¿Cuáles son la altura manométrica y potencia al freno a caudal nulo? ¿Cuánto vale ΔP?

11.36 El acueducto del río Colorado utiliza bombas Worthington Corp. que suministran 200 ft³/s a 450 rpm con una altura manométrica de 440 ft. ¿Qué tipo de bombas son? Estimar el diámetro del rotor.

11.37 Una bomba de 24 in es semejante a la bomba de 32 in de la figura 11.7*a*. Esta bomba suministra 12 000 galones por minuto de agua, a 1400 revoluciones por minuto, desde un depósito a otro situado a 50 ft más alto a través de una tubería larga. ¿Cuál será el caudal si la velocidad de la bomba se aumenta a 1750 revoluciones por minuto? Considérese que no cambia el coeficiente de fricción en la tubería ni el rendimiento.

11.38 El modelo a escala de una bomba tiene un tamaño de 8 in y suministra 800 gal/min de agua a 180° F girando a 2400 rpm y comienza a cavitar cuando la presión y la velocidad a la entrada son 12 lbf/in^2 y 20 ft/s, respectivamente. ¿Cuál será la NPSH disponible en el prototipo, que es cuatro veces más grande y gira a 1000 rpm?

11.39 La bomba de 32 in de la figura 11.7*a* girando a 1170 rpm se utiliza en una red cuya carga es $H_s(\text{ft}) = 100 + 1{,}5Q^2$, con Q en miles de galones por minuto. Determinar el caudal y potencia al freno necesarias para (*a*) una bomba; (*b*) dos bombas en paralelo; (*c*) dos bombas en serie. ¿Qué configuración es la mejor?

11.40 Se utilizan en serie bombas de 32 in de la figura 11.7*b* girando a 710 revoluciones por minuto para elevar agua a 4000 ft a través de una tubería de fundición de 5000 ft de largo y 18 in de diámetro. ¿Cuántas bombas en serie proporcionarán el máximo rendimiento? Despréciense las pérdidas locales y la cavitación.

11.41 Repítase el problema 11.40 si las bombas giran a 1200 rpm.

11.42 Dos bombas de 32 in de la figura 11.7*a* se montan en paralelo para bombear agua a 60° F a través de una tubería horizontal de 1500 ft. Si $f = 0{,}025$, ¿qué diámetro de tubo asegurará un caudal de 35 000 gal/min para $n = 1170$ rpm?

11.43 Repítase el problema 11.42 para $n = 1350$ rpm.

11.44 La bomba para agua modelo A-12251 de Worthington Corp., funcionando con rendimiento máximo, produce una altura manométrica de 53 ft girando a 3500 rpm, necesita una potencia al freno de 1,1 hp girando a 3200 rpm, y bombea un caudal de 60 gal/min girando a 2940 rpm. ¿Qué tipo de bomba es? ¿Cuál es su rendimiento y cómo es éste comparado con el de la figura 11.13? Estimar el diámetro del rotor.

11.45 Estimar la velocidad específica y diámetro aproximado del rotor de un escalón del compresor de la figura 11.18, suponiendo una presión a la entrada de 15 lbf/in^2 y una velocidad del rotor de 1750 rpm. El peso molecular del propano es 44,06.

11.46 Dos bombas de 32 in de la figura 11.7*a* se montan en serie girando a 1170 rpm para elevar agua a través de una tubería vertical de fundición de 600 ft. ¿Cuál debe ser el diámetro del tubo para funcionar al máximo rendimiento? Despréciense las pérdidas locales.

11.47 Repítase el problema 11.46 para $n = 1350$ rpm.

11.48 Se propone utilizar una bomba de 32 in y otra de 28 in de la figura 11.7*a* montadas en paralelo para bombear agua a 60° F. La carga de la red es $H_s(\text{ft}) = 50 + 0{,}3Q^2$, con Q en miles de galones por minuto. ¿Cuál será la carga y caudal del punto de funcionamiento si ambas bombas giran a 1170 revoluciones por minuto? Si la bomba de 28 in reduce su velocidad por debajo de 1170 rpm, ¿a qué velocidad debe dejar de bombear?

11.49 Demostrar que si se varía la altura neta H de una turbina con apertura de válvula y rendimiento dados, la velocidad variará como $H^{1/2}$ y la potencia de salida como $H^{1/3}$.

11.50 Se tienen que instalar turbinas donde la altura neta es 400 ft y el caudal 250 000 gal/min. Discutir el tipo, número y tamaño de las turbinas que deben seleccionarse si el generador elegido es (*a*) de 48 polos y 60 ciclos ($n = 150$ rpm), y (*b*) de 8 polos ($n = 900$ revoluciones por minuto). ¿Por qué es deseable, desde un punto de vista de planificación, utilizar al menos dos turbinas?

11.51 Las turbinas de la planta Conowingo del río Susquehanna desarrollan una potencia de 54 000 hp cada una girando a 82 rpm bajo una altura neta de 89 ft. ¿Qué tipo de turbinas son? Estimar el caudal y diámetro del rotor.

11.52 Una turbina en la presa Wheeler, en Alabama, utiliza una altura neta de 48 ft para proporcionar 45 000 hp girando a 86 rpm. ¿Qué tipo de turbina es? ¿Cuál es el caudal y tamaño aproximados?

11.53 Una cierta turbina en Suiza proporciona 25 000 hp girando a 500 rpm bajo una cierta altura neta de 5330 ft. ¿Qué tipo de turbina es? Estimar el caudal y tamaño aproximados.

11.54 Una turbina Pelton de 12 ft de diámetro funciona bajo una altura neta de 2000 ft. Estimar la velocidad, potencia de salida y caudal para rendimiento máximo si el diámetro de la tobera a la salida es 4 in.

11.55 Se propone la instalación de unas turbinas bajo una altura neta de 1000 ft y un caudal de 100 ft^3/s. Discutir el tamaño, velocidad y número de turbinas que podrían ser apropiados para (*a*) la turbina Pelton de la figura 11.21 y (*b*) la turbina Francis de la figura 11.19*d*.

11.56 Se plantea utilizar turbinas Francis de la familia de la figura 11.19*d* en una instalación con una altura neta de 600 ft y un caudal de 200 ft^3/s. ¿Cuál es el diámetro del rotor, la velocidad de giro óptimo y la potencia producida?

11.57 Las turbinas Francis y Kaplan están provistas a menudo de *conductos de descarga*, que llevan al caudal de salida a la región de descarga, como se muestra en la figura P11.57. Dar al menos dos ventajas de la utilización de un conducto de descarga.

11.58 Las turbinas también pueden dar lugar a cavitación cuando la presión en el punto 1 de la figura P11.57 es demasiado bajo. Con la NPSH definida por la ecuación (11.20), el criterio empírico dado por Wislicenus [3] para la cavitación es

$$N_{ss} = \frac{(\text{r/min})(\text{gal/min})^{1/2}}{[\text{NPSH (ft)}]^{3/4}} \geqslant 11\,000$$

utilizar este criterio para determinar a qué altura, $z_1 - z_2$, debe estar el ojo del rotor de la figura P11.57 de una turbina Francis con una altura neta de 300 ft, $N_{sp} = 40$ y $p_a = 14$ lbf/in² para que no aparezca la cavitación con agua a 60° F.

11.59 Repítase el problema 11.58 para una velocidad específica $N_{sp} = 100$.

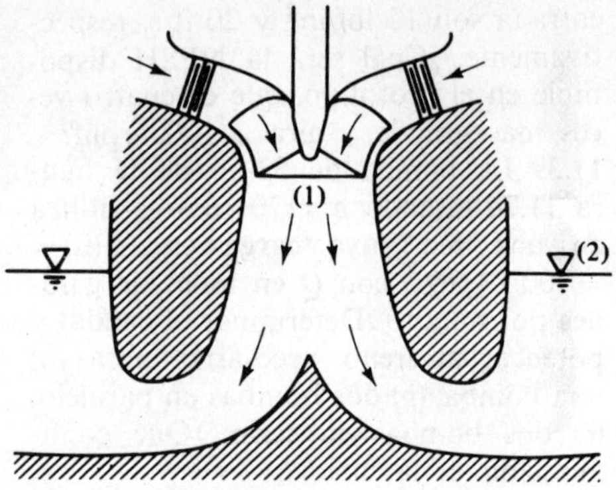

Fig. P11.57

APENDICE A

PROPIEDADES FISICAS DE LOS FLUIDOS

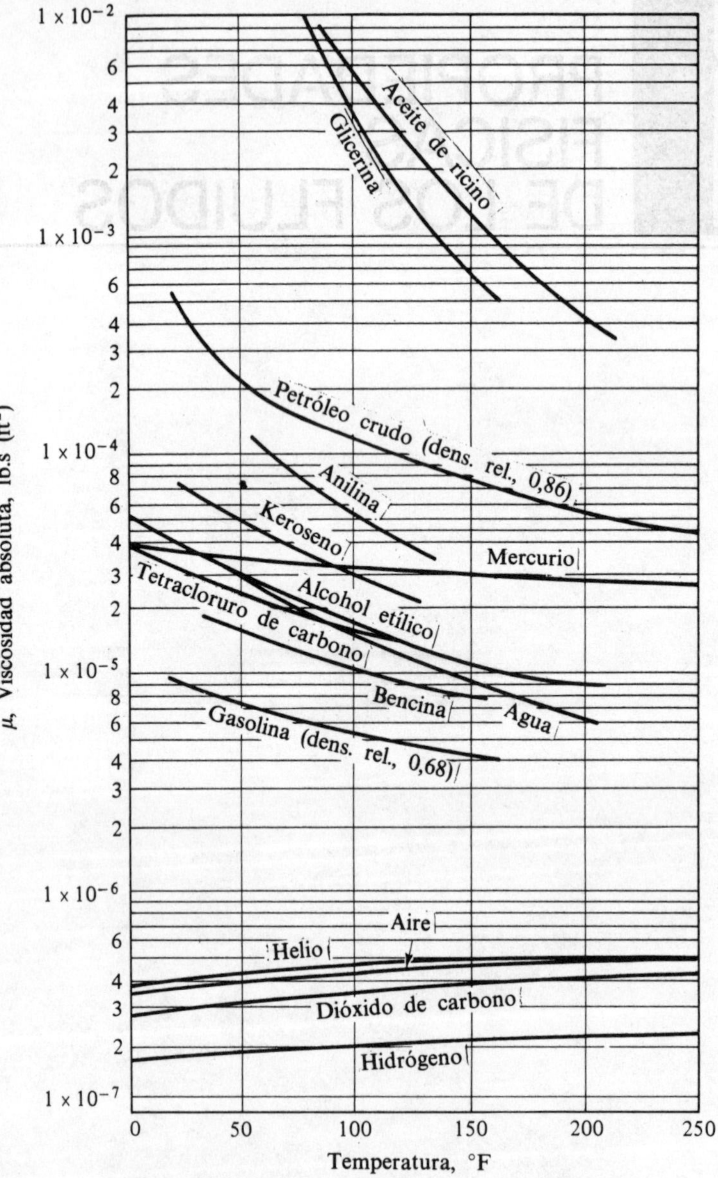

Fig. A.1 Viscosidad absoluta de los fluidos más corrientes a 1 atm.

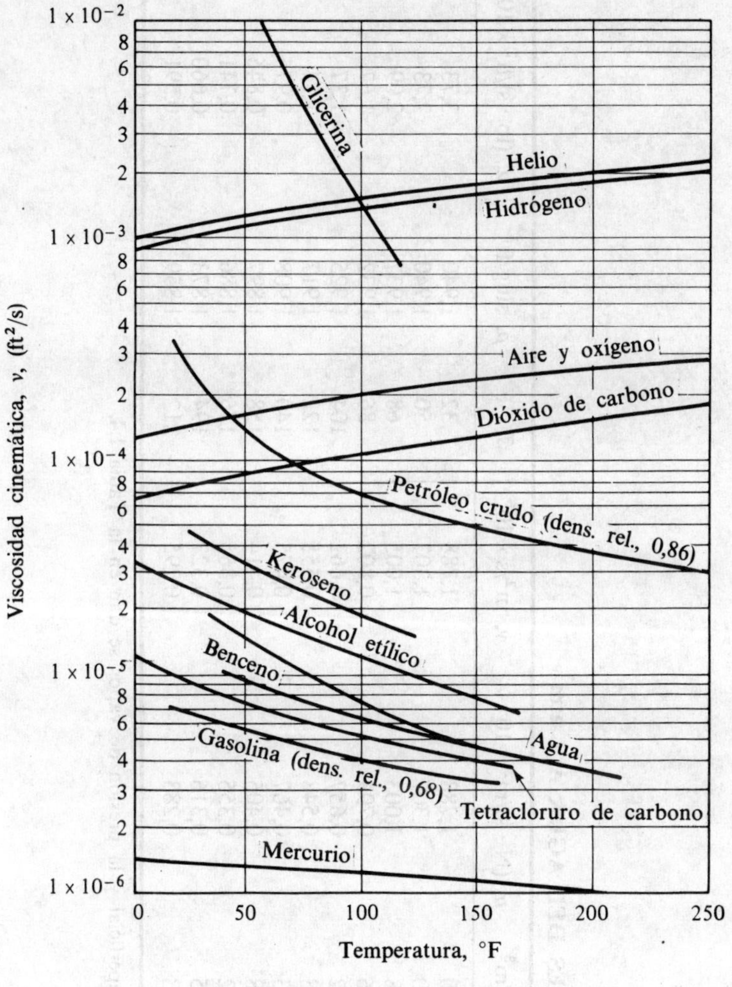

Fig. A.2 Viscosidad cinemática de los fluidos más corrientes a 1 atm.

Tabla A.1

PROPIEDADES DEL AGUA A 1 atm†

T, °C	ρ, kg/m^3	μ, (N · s)/m^2 × 10^3	ν, m^2/s × 10^6	T, °F	ρ, slug/ft^3	μ, (lb · s)/ft^2 × 10^5	ν, ft^2/s × 10^5
0	1000	1,788	1,788	32	1,940	3,73	1,925
10	1000	1,307	1,307	50	1,940	2,73	1,407
20	998	1,003	1,005	68	1,937	2,09	1,082
30	996	0,799	0,802	86	1,932	1,67	0,864
40	992	0,657	0,662	104	1,925	1,37	0,713
50	988	0,548	0,555	122	1,917	1,14	0,597
60	983	0,467	0,475	140	1,908	0,975	0,511
70	978	0,405	0,414	158	1,897	0,846	0,446
80	972	0,355	0,365	176	1,886	0,741	0,393
90	965	0,316	0,327	194	1,873	0,660	0,352
100	958	0,283	0,295	212	1,859	0,591	0,318

† La tensión superficial y la presión de vapor se dan en la Tabla 1.4.

Tabla A.2

PROPIEDADES DEL AIRE A 1 atm

T, °C	ρ, kg/m^3	μ, (N · s)/m^2 × 10^5	ν, m^2/s × 10^5	T, °F	ρ, slug/ft^3 × 10^3	μ, (lb · s)/ft^2 × 10^7	ν, ft^2/s × 10^4
−40	1,52	1,51	0,99	−40	2,94	3,16	1,07
0	1,29	1,71	1,33	32	2,51	3,58	1,43
50	1,09	1,95	1,79	122	2,12	4,08	1,93
100	0,946	2,17	2,30	212	1,84	4,54	2,47
150	0,835	2,38	2,85	302	1,62	4,97	3,07
200	0,746	2,57	3,45	392	1,45	5,37	3,71
250	0,675	2,75	4,08	482	1,31	5,75	4,39
300	0,616	2,93	4,75	572	1,20	6,11	5,12
400	0,525	3,25	6,20	752	1,02	6,79	6,67
500	0,457	3,55	7,77	932	0,89	7,41	8,37

Tabla A.3

PROPIEDADES DE LOS LIQUIDOS MAS CORRIENTES A 1 atm Y 20° C = 68° F

Líquido	ρ, slugs/ft³	μ, (lb · s)/ft² × 10⁵	*Tensión superficial* Υ, lb/ft †	p_v, lbf/ft²	*Módulo de compresibilidad* lbf/in² × 10⁻³
Amoniaco	1,18	0,46	0,00146	19 000	
Benceno	1,71	1,36	0,00198	210	153
Tetracloruro de carbono	3,09	2,02	0,00185	250	140
Etanol	1,53	2,51	0,00156	120	130
Gasolina	1,32	0,61		1 150	
Glicerina	2,45	3110	0,00434	0,0003	630
Keroseno	1,56	4,0	0,0019	65	
Mercurio	26,3	3,25	0,0352	0,000023	3800
Metanol	1,53	1,25	0,00155	280	120
Aceite SAE 10	1,78	170	0,0025		190
Aceite SAE 30	1,78	535	0,0024		200
Agua	1,94	2,09	0,0050	48	317
Agua de mar	1,99	2,23	0,0050	48	330

† En contacto con aire.

Tabla A.4

PROPIEDADES DE LOS GASES MAS CORRIENTES A 1 atm Y 20° C = 68° F

Gas	*Peso molecular*	R, $ft^2/(s^2 \cdot °R)$	ρg, lb/ft^3	μ, $(lb \cdot s)/ft^2 \times 10^7$	*Relación de calores específicos*
H_2	2,016	24.650	0,00523	1,89	1,41
He	4,003	12.420	0,0104	4,11	1,66
H_2O	18,02	2.759	0,0468	2,12	1,33
Ar	39,944	1.244	0,104	4,67	1,67
Aire seco	28,96	1.717	0,0752	3,76	1,40
CO_2	44,01	1.129	0,114	3,10	1,30
CO	28,01	1.774	0,0727	3,80	1,40
N_2	28,02	1.774	0,0727	3,68	1,40
O_2	32,00	1.553	0,0831	4,18	1,40
NO	30,01	1.656	0,0779	3,96	1,40
N_2O	44,02	1.129	0,114	3,02	1,31
Cl_2	70,91	701	0,184	2,16	1,34
CH_4	16,04	3.099	0,0416	2,80	1,32

Tabla A.5
ATMOSFERA ESTANDAR

$p_0 = 2116{,}2\ \text{lbf/ft}^2 = 101{,}33\ \text{kPa}$
$\rho_0 = 0{,}002377\ \text{slug/ft}^3 = 1{,}225\ \text{kg/m}^3$

Altura, ft × 10^{-3}	T, °F	p/p_0	ρ/ρ_0
0	59,0	1,0000	1,0000
1	55,4	0,9644	0,9711
2	51,9	0,9298	0,9428
3	48,3	0,8963	0,9151
4	44,8	0,8637	0,8881
5	41,2	0,8321	0,8616
6	37,6	0,8014	0,8358
7	34,1	0,7717	0,8106
8	30,5	0,7428	0,7860
9	27,0	0,7149	0,7619
10	23,4	0,6878	0,7384
12	16,3	0,6360	0,6931
14	9,2	0,5875	0,6500
16	2,0	0,5420	0,6089
18	−5,1	0,4995	0,5699
20	−12,2	0,4596	0,5328
25	−30,0	0,3712	0,4481
30	−47,8	0,2971	0,3741
35	−65,6	0,2354	0,3100
40	−69,7	0,1852	0,2463
45	−69,7	0,1456	0,1937
50	−69,7	0,1145	0,1523
60	−69,7	0,0708	0,0941
70	−67,4	0,0438	0,0586
80	−62,0	0,0272	0,0359
90	−56,5	0,0170	0,0222
100	−51,1	0,0107	0,0138
150	19,4	0,0013	0,0014

APENDICE B

TABLAS DE FLUJO COMPRESIBLE

Tabla B.1

FLUJO ISENTROPICO DE UN GAS PERFECTO CON $\gamma = 1{,}4$

Ma	p/p_0	ρ/ρ_0	T/T_0	A/A^*
0,0	1,0000	1,0000	1,0000	∞
0,1	0,9930	0,9950	0,9980	5,8218
0,2	0,9725	0,9803	0,9921	2,9635
0,3	0,9395	0,9564	0,9823	2,0351
0,4	0,8956	0,9243	0,9690	1,5901
0,5	0,8430	0,8852	0,9524	1,3398
0,6	0,7840	0,8405	0,9328	1,1882
0,7	0,7209	0,7916	0,9107	1,0944
0,8	0,6360	0,7400	0,8865	1,0382
0,9	0,5913	0,6870	0,8606	1,0089
1,0	0,5283	0,6339	0,8333	1,0000
1,1	0,4684	0,5817	0,8052	1,0079
1,2	0,4124	0,5311	0,7764	1,0304
1,3	0,3609	0,4829	0,7474	1,0663
1,4	0,3142	0,4374	0,7184	1,1149
1,5	0,2724	0,3950	0,6897	1,1762
1,6	0,2353	0,3557	0,6614	1,2502
1,7	0,2026	0,3197	0,6337	1,3376
1,8	0,1740	0,2868	0,6068	1,4390
1,9	0,1492	0,2570	0,5807	1,5553
2,0	0,1278	0,2300	0,5556	1,6875
2,1	0,1094	0,2058	0,5313	1,8369
2,2	0,0935	0,1841	0,5081	2,0050
2,3	0,0800	0,1646	0,4859	2,1931
2,4	0,0684	0,1472	0,4647	2,4031
2,5	0,0585	0,1317	0,4444	2,6367
2,6	0,0501	0,1179	0,4252	2,8960
2,7	0,0430	0,1056	0,4068	3,1830
2,8	0,0368	0,0946	0,3894	3,5001
2,9	0,0317	0,0849	0,3729	3,8498
3,0	0,0272	0,0762	0,3571	4,2346
3,1	0,0234	0,0685	0,3422	4,6573
3,2	0,0202	0,0617	0,3281	5,1209
3,3	0,0175	0,0555	0,3147	5,6286
3,4	0,0151	0,0501	0,3019	6,1837
3,5	0,0131	0,0452	0,2899	6,7896
3,6	0,0114	0,0409	0,2784	7,4501
3,7	0,0099	0,0370	0,2675	8,1691
3,8	0,0086	0,0335	0,2572	8,9506
3,9	0,0075	0,0304	0,2474	9,7990
4,0	0,0066	0,0277	0,2381	10,7187

Tabla B.2

ONDA DE CHOQUE NORMAL EN UN GAS PERFECTO, $\gamma = 1{,}4$

Ma_{n1}	Ma_{n2}	p_2/p_1	$V_1/V_2 = \rho_2/\rho_1$	T_2/T_1	p_{02}/p_{01}	A_2^*/A_1^*
1,0	1,0	1,0	1,0	1,0	1,0	1,0
1,1	0,0118	1,2450	1,1691	1,0649	0,9989	1,0011
1,2	0,8422	1,5133	1,3416	1,1280	0,9928	1,0073
1,3	0,7860	1,8050	1,5157	1,1909	0,9794	1,0211
1,4	0,7397	2,1200	1,6896	1,2547	0,9582	1,0436
1,5	0,7011	2,4583	1,8621	1,3202	0,9298	1,0755
1,6	0,6684	2,8201	2,0317	1,3880	0,8952	1,1171
1,7	0,6406	3,2050	2,1977	1,4583	0,8557	1,1686
1,8	0,6165	3,6133	2,3592	1,5316	0,8127	1,2305
1,9	0,5956	4,0450	2,5157	1,6079	0,7674	1,3032
2,0	0,5774	4,5000	2,6667	1,6875	0,7209	1,3872
2,1	0,5613	4,9783	2,8119	1,7704	0,6742	1,4832
2,2	0,5471	5,4800	2,9512	1,8569	0,6281	1,5920
2,3	0,5344	6,0050	3,0846	1,9468	0,5833	1,7144
2,4	0,5231	6,5533	3,2119	2,0403	0,5402	1,8514
2,5	0,5130	7,1250	3,3333	2,1375	0,4990	2,0039
2,6	0,5039	7,7200	3,4489	2,2383	0,4601	2,1733
2,7	0,4956	8,3383	3,5590	2,3429	0,4236	2,3608
2,8	0,4882	8,9800	3,6635	2,4512	0,3895	2,5676
2,9	0,4814	9,6450	3,7629	2,5632	0,3577	2,7954
3,0	0,4752	10,3333	3,8571	2,6790	0,3283	3,0456
3,1	0,4695	11,0450	3,9466	2,7986	0,3012	3,3199
3,2	0,4643	11,7800	4,0315	2,9220	0,2762	3,6202
3,3	0,4596	12,5383	4,1120	3,0492	0,2533	3,9483
3,4	0,4552	13,3200	4,1884	3,1802	0,2322	4,3062
3,5	0,4512	14,1250	4,2609	3,3151	0,2129	4,6960
3,6	0,4474	14,9533	4,3296	3,4537	0,1953	5,1200
3,7	0,4439	15,8050	4,3949	3,5962	0,1792	5,5806
3,8	0,4407	16,6800	4,4568	3,7426	0,1645	6,0801
3,9	0,4377	15,5783	4,5156	3,8928	0,1510	6,6213
4,0	0,4350	18,5000	4,5714	4,0469	0,1388	7,2069
4,1	0,4324	19,4450	4,6245	4,2048	0,1276	7,8397
4,2	0,4299	20,4133	4,6749	4,3666	0,1173	8,5227
4,3	0,4277	21,4050	4,7229	4,5322	0,1080	9,2591
4,4	0,4255	22,4200	4,7685	4,7017	0,0995	10,0522
4,5	0,4236	23,4583	4,8119	4,8751	0,0917	10,9053
4,6	0,4217	24,5200	4,8532	5,0523	0,0846	11,8222
4,7	0,4199	25,6050	4,8926	5,2334	0,0781	12,8065
4,8	0,4183	26,7133	4,9301	5,4184	0,0721	13,8620
4,9	0,4167	27,8450	4,9659	5,6073	0,0667	14,9928
5,0	0,4152	29,0000	5,0000	5,8000	0,0617	16,2032
∞	0,3780	∞	6,0000	∞	0,0	∞

Tabla B.3

FLUJO ADIABATICO EN UN CONDUCTO DE SECCION CONSTANTE PARA $\gamma = 1,4$

Ma	$\bar{f}L^*/D$	p/p^*	T/T^*	$\rho^*/\rho = V/V^*$	p_0/p_0^*
0,0	∞	∞	1,2000	0,0	∞
0,1	66,9216	10,9435	1,1976	0,1094	5,8218
0,2	14,5333	5,4554	1,1905	0,2182	2,9635
0,3	5,2993	3,6191	1,1788	0,3257	2,0351
0,4	2,3085	2,6958	1,1628	0,4313	1,5901
0,5	1,0691	2,1381	1,1429	0,5345	1,3398
0,6	0,4908	1,7634	1,1194	0,6348	1,1882
0,7	0,2081	1,4935	1,0929	0,7318	1,0944
0,8	0,0723	1,2893	1,0638	0,8251	1,0382
0,9	0,0145	1,1291	1,0327	0,9146	1,0089
1,0	0,0000	1,0000	1,0000	1,0000	1,0000
1,1	0,0099	0,8936	0,9662	1,0812	1,0079
1,2	0,0336	0,8044	0,9317	1,1583	1,0304
1,3	0,0648	0,7285	0,8969	1,2311	1,0663
1,4	0,0997	0,6632	0,8621	1,2999	1,1149
1,5	0,1360	0,6065	0,8276	1,3646	1,1762
1,6	0,1724	0,5568	0,7937	1,4254	1,2502
1,7	0,2078	0,5130	0,7605	1,4825	1,3376
1,8	0,2419	0,4741	0,7282	1,5360	1,4390
1,9	0,2743	0,4394	0,6969	1,5861	1,5553
2,0	0,3050	0,4082	0,6667	1,6330	1,6875
2,1	0,3339	0,3802	0,6376	1,6769	1,8369
2,2	0,3609	0,3549	0,6098	1,7179	2,0050
2,3	0,3862	0,3320	0,5831	1,7563	2,1931
2,4	0,4099	0,3111	0,5576	1,7922	2,4031
2,5	0,4320	0,2921	0,5333	1,8257	2,6367
2,6	0,4526	0,2747	0,5102	1,8571	2,8960
2,7	0,4718	0,2588	0,4882	1,8865	3,1830
2,8	0,4898	0,2441	0,4673	1,9140	3,5001
2,9	0,5065	0,2307	0,4474	1,9398	3,8498
3,0	0,5222	0,2182	0,4286	1,9640	4,2346
3,1	0,5368	0,2067	0,4107	1,9866	4,6573
3,2	0,5504	0,1961	0,3937	2,0079	5,1210
3,3	0,5632	0,1862	0,3776	2,0278	5,6286
3,4	0,5752	0,1770	0,3623	2,0466	6,1837
3,5	0,5864	0,1685	0,3478	2,0642	6,7896
3,6	0,5970	0,1606	0,3341	2,0808	7,4501
3,7	0,6068	0,1531	0,3210	2,0964	8,1691
3,8	0,6161	0,1462	0,3086	2,1111	8,9506
3,9	0,6248	0,1397	0,2969	2,1250	9,7990
4,0	0,6331	0,1336	0,2857	2,1381	10,7187

Tabla B.4

FLUJO SIN FRICCION EN UN CONDUCTO CON TRANSFERENCIA DE CALOR PARA $\gamma = 1{,}4$

Ma	T_0/T_0^*	p/p^*	T/T^*	V/V^*	p_0/p_0^*
0,0	0,0	2,4000	0,0	0,0	1,2679
0,1	0,0468	2,3669	0,0560	0,0237	1,2591
0,2	0,1736	2,2727	0,2066	0,0909	1,2346
0,3	0,3469	2,1314	0,4089	0,1918	1,1985
0,4	0,5290	1,9608	0,6151	0,3137	1,1566
0,5	0,6914	1,7778	0,7901	0,4444	1,1140
0,6	0,8189	1,5957	0,9167	0,5745	1,0753
0,7	0,9085	1,4235	0,9929	0,6975	1,0431
0,8	0,9639	1,2658	1,0255	0,8101	1,0193
0,9	0,9921	1,1246	1,0245	0,9110	1,0049
1,0	1,0000	1,0000	1,0000	1,0000	1,0000
1,1	0,9939	0,8909	0,9603	1,0780	1,0049
1,2	0,9787	0,7958	0,9118	1,1459	1,0194
1,3	0,9580	0,7130	0,8592	1,2050	1,0437
1,4	0,9343	0,6410	0,8054	1,2564	1,0776
1,5	0,9093	0,5783	0,7525	1,3012	1,1215
1,6	0,8842	0,5236	0,7017	1,3403	1,1756
1,7	0,8597	0,4756	0,6538	1,3746	1,2402
1,8	0,8363	0,4335	0,6089	1,4046	1,3159
1,9	0,8141	0,3964	0,5673	1,4311	1,4033
2,0	0,7934	0,3636	0,5289	1,4545	1,5031
2,1	0,7741	0,3345	0,4936	1,4753	1,6162
2,2	0,7561	0,3086	0,4611	1,4938	1,7434
2,3	0,7395	0,2855	0,4312	1,5103	1,8860
2,4	0,7242	0,2648	0,4038	1,5252	2,0450
2,5	0,7101	0,2462	0,3787	1,5385	2,2218
2,6	0,6970	0,2294	0,3556	1,5505	2,4177
2,7	0,6849	0,2142	0,3344	1,5613	2,6343
2,8	0,6738	0,2004	0,3149	1,5711	2,8731
2,9	0,6635	0,1879	0,2969	1,5801	3,1359
3,0	0,6540	0,1765	0,2803	1,5882	3,4344
3,1	0,6452	0,1660	0,2650	1,5957	3,7408
3,2	0,6370	0,1565	0,2508	1,6025	4,0871
3,3	0,6294	0,1477	0,2377	1,6088	4,4655
3,4	0,6224	0,1397	0,2255	1,6145	4,8783
3,5	0,6158	0,1322	0,2142	1,6198	5,3280
3,6	0,6097	0,1254	0,2037	1,6247	5,8173
3,7	0,6040	0,1190	0,1939	1,6293	6,3488
3,8	0,5987	0,1131	0,1848	1,6335	6,9255
3,9	0,5937	0,1077	0,1763	1,6374	7,5505
4,0	0,5891	0,1026	0,1683	1,6410	8,2268
∞	0,4898	0,0	0,0	1,7143	∞

Tabla B.5

EXPANSION DE PRANDTL-MEYER PARA $\gamma = 1{,}4$

Ma	ω, deg	Ma	ω, deg
1,0	0,0		
1,1	1,336	5,1	77,841
1,2	3,558	5,2	78,732
1,3	6,170	5,3	79,596
1,4	8,987	5,4	80,433
1,5	11,905	5,5	81,245
1,6	14,860	5,6	82,032
1,7	17,810	5,7	82,795
1,8	20,725	5,8	83,537
1,9	23,586	5,9	84,256
2,0	26,380	6,0	84,955
2,1	29,097	6,1	85,635
2,2	31,732	6,2	86,295
2,3	34,283	6,3	86,937
2,4	36,747	6,4	87,561
2,5	39,124	6,5	88,168
2,6	41,415	6,6	88,759
2,7	43,621	6,7	89,335
2,8	45,746	6,8	89,895
2,9	47,790	6,9	90,441
3,0	49,757	7,0	90,973
3,1	51,650	7,1	91,491
3,2	53,470	7,2	91,996
3,3	52,222	7,3	92,489
3,4	56,907	7,4	92,970
3,5	58,530	7,5	93,440
3,6	60,091	7,6	93,897
3,7	61,595	7,7	94,345
3,8	63,044	7,8	94,781
3,9	64,439	7,9	95,208
4,0	65,785	8,0	95,625
4,1	67,082	8,1	96,032
4,2	68,333	8,2	96,430
4,3	69,541	8,3	96,819
4,4	70,706	8,4	97,200
4,5	71,832	8,5	97,572
4,6	72,919	8,6	97,936
4,7	73,970	8,7	98,293
4,8	74,986	8,8	98,642
4,9	75,969	8,9	98,984
5,0	76,920	9,0	99,318

APENDICE

PELICULAS DE MECANICA DE FLUIDOS

En el catálogo de películas del ASME, páginas 151 a 155 del número de junio de 1876 del *Journal of Fluids Engineering*, se da una lista de películas de mecánica de fluidos. Todas las películas están almacenadas para la venta y préstamo por las Engineering Societies Library, United Engineering Center, 345 East 47th St., New York, NY 10017.

Todas las películas citadas en este libro pueden comprarse o pedirse prestadas a los organismos que las han producido. A continuación se da una breve lista.

Encyclopedia Brittanica Educational Corp., 425 North Michigan Ave., Chicago IL 60611:

1. The Fluid Dynamics of Drag (119 min).
2. Vorticity (44 min).
3. Flow Visualization (31 min).
4. Deformation of Continuous Media (38 min).
5. Pressure Fields and Fluid Acceleration (30 min).
6. Surface Tension in Fluid Mechanics (29 min).
7. Waves in Fluids (33 min).
8. Secondary Flow (30 min).
9. Boundary Layer Control (25 min).
10. Channel Flow of a Compressible Fluid (29 min).
11. Low Reynolds Number Flows (33 min).
12. Flow Instabilities (27 min).
13. Cavitation (27 min).
14. Fundamentals of Boundary Layers (24 min).
15. Turbulence (29 min).
16. Eulerian and Lagrangian Descriptions in Fluid Mechanics (27 min).
17. Three film loops: (*a*) The Sink Vortex (FM-70), (*b*) Techniques for Visualization for Low-Speed Flows, Part 1 (FM-21), and (*c*) Part 2 (FM-22).

Shell Film Library, 1433 Sadlier Circle, W. Drive, Indianapolis, IN 46239:

18. Approaching the Speed of Sound (27 min).
19. Transonic Flight (20 min).

20. Beyond the Speed of Sound (19 min).
21. Schlieren (20 min).
22. High Speed Flight (20 min).

University of Iowa, Media Library, Audiovisual Center, Iowa City, IA 52242:

23. Introduction to the Study of Fluid Motion (25 min).
24. Fundamental Principles of Flow (23 min).
25. Fluid Motion in a Gravitational Field (24 min).
26. Characteristics of Laminar and Turbulent Flow (26 min).

St. Anthony Falls Hydraulic Laboratory, Mississippi River at 3d Ave. S.E., Minneapolis, MN 55414:

27. Hydraulic Model Studies (20 min).
28. Some Phenomena of Open Channel Flow (33 min).
29. Flow in Culverts (20 min).
30. Spillway Design, Guayabo Dam, El Salvador (15 min).
31. Surface Waves (24 min).

U.S. Army Engineers Waterways Experiment Station, P.O. Box 631, Vicksburg, MS 39180:

32. Speaking of Models (20 min).

Association Sterling Films, 600 Grand Ave., Ridgefield, NJ 07657:

33. Four Experiments in Hydraulics (17 min).

Engineering Societies Library, 345 East 47th Street, New York, NY 10017:

34. Turbulent Flow (An Introductory Lecture) (35 min).
35. Flow Separation and Formation of Vortices (16 min).
36. Hydraulic Analogy for Flow Studies (24 min).
37. Visual Cavitation Studies of Mixed Flow Pump Impellers (22 min).

APENDICE D
FACTORES DE CONVERSION

Durante el período de transición al sistema métrico de unidades en este siglo veinte, hay necesidad constante de conversión de unidades entre el sistema británico y el internacional. En la Tabla 1.2 se ha dado una lista de los factores de conversión más corrientes. Aquí se dan algunos adicionales, junto con los factores de conversión a unidades tradicionales o coloquiales (millas, galones, etc.), que todavía aparecen en problemas prácticos.

Longitud	*Temperatura*
1 ft = 12 m = 0,3048 m 1 mi = 5280 ft = 1609,344 m 1 milla náutica (nmi) = 6076 ft = 1852 m 1 yard = 3 ft	$°F = \frac{9}{5}°C + 32$ $°C = \frac{5}{9}(°F - 32)$ $°R = °F + 459{,}69$ $K = °C + 273{,}16$
Velocidad	*Fuerza*
1 ft/s = 0,3048 m/s 1 mi/h = 1,466666 ft/s = 0,44704 m/s 1 nudo = 1 nmi/h = 1,6878 ft/s = 0,5144 m/s	1 lbf = 4,448222 N 1 kgf = 2,2046 lbf = 9,80665 N 1 U.S. (baja) ton = 2000 lbf
Volumen	*Potencia*
1 ft^3 = 0,028317 m^3 1 U.S. gal = 231 in^3 = 0,0037854 m^3 1 L = 0,001 m^3 = 0,035315 ft^3	1 hp = 550 (ft · lbf)/s = 745,7 W 1 (ft · lbf)/s = 1,3558 W
Caudal	*Densidad*
1 gal/min = 0,002228 ft^3/s = 0,06309 L/s 1×10^6 gal/día = 1,5472 ft^3/s	1 slug/ft^3 = 515,38 kg/m^3
Presión	*Masa*
1 lbf/ft^2 = 47,88 Pa 1 lbf/in^2 = 144 lbf/ft^2 = 6895 Pa 1 atm = 2116,2 lbf/ft^2 = 14,696 lbf/in^2 = 101 325 Pa	1 slug = 32,174 lb = 14,594 kg

Energía	Peso específico
1 ft · lbf = 1,35582 J 1 Btu = 252 cal = 1055,056 J = 778,17 ft · lbf	1 lbf/ft^3 = 157,09 N/m^3
Viscosidad	*Viscosidad cinemática*
1 slug/(ft · s) = 47,88 kg/(m · s) 1 poise (p) = 1 g/(cm · s) = 0,1 kg/(m · s)	1 ft^2/h = 0,000025806 m^2/s 1 stoke (st) = 1 cm^2/s = 0,0001 m^2/s
Calor específico o constante del gas	
1 (ft · lbf)/(slug · °R) = 0,16723 (N · m)/(kg · K) 1 Btu/(lb · °F) = 4186,8 J/(kg · K)	

APENDICE E
ECUACIONES DEL MOVIMIENTO EN COORDENADAS CILINDRICAS

Se dan aquí las ecuaciones del movimiento de un fluido newtoniano e incompresible con valores constantes de μ, k y c_v en coordenadas cilíndricas (r, θ, z), relacionadas con las coordenadas cartesianas (x, y, z) como se indica en la figura 4.2:

$$x = r \cos\theta \qquad y = r \operatorname{sen}\theta \qquad z = z \tag{E.1}$$

Las componentes de la velocidad son v_r, v_θ y v_z. Las ecuaciones son:

Continuidad:

$$\frac{1}{r}\frac{\partial}{\partial r}(rv_r) + \frac{1}{r}\frac{\partial}{\partial \theta}(v_\theta) + \frac{\partial}{\partial z}(v_z) = 0 \tag{E.2}$$

Derivada convectiva:

$$\mathbf{V} \cdot \nabla = v_r \frac{\partial}{\partial r} + \frac{1}{r} v_0 \frac{\partial}{\partial \theta} + v_z \frac{\partial}{\partial z} \tag{E.3}$$

Operador Laplaciana:

$$\nabla^2 = \frac{1}{r}\frac{\partial}{\partial r}\left(r\frac{\partial}{\partial r}\right) + \frac{1}{r^2}\frac{\partial^2}{\partial \theta^2} + \frac{\partial^2}{\partial z^2} \tag{E.4}$$

Ecuación de cantidad de movimiento según r:

$$\frac{\partial v_r}{\partial t} + (\mathbf{V} \cdot \nabla)v_r - \frac{1}{r} v_\theta^2 = -\frac{1}{\rho}\frac{\partial p}{\partial r} + g_r + \nu\left(\nabla^2 v_r - \frac{v_r}{r^2} - \frac{2}{r^2}\frac{\partial v_\theta}{\partial \theta}\right) \tag{E.5}$$

Ecuación de cantidad de movimiento según θ:

$$\frac{\partial v_\theta}{\partial t} + (\mathbf{V} \cdot \nabla)v_\theta + \frac{1}{r} v_r v_\theta = -\frac{1}{\rho r}\frac{\partial p}{\partial \theta} + g_\theta + \nu\left(\nabla^2 v_\theta - \frac{v_\theta}{r^2} + \frac{2}{r^2}\frac{\partial v_r}{\partial \theta}\right) \tag{E.6}$$

Ecuación de cantidad de movimiento según z:

$$\frac{\partial v_z}{\partial t}+(\mathbf{V}\cdot\nabla)v_z=-\frac{1}{\rho}\frac{\partial p}{\partial z}+g_z+\nu\,\nabla^2 v_z \tag{E.7}$$

Ecuación de la energía:

$$\rho c_v\left[\frac{\partial T}{\partial t}+(\mathbf{V}\cdot\nabla)T\right]=k\nabla^2 T+\mu[2(\varepsilon_{rr}^2+\varepsilon_{\theta\theta}^2+\varepsilon_{zz}^2)+\varepsilon_{\theta z}^2+\varepsilon_{rz}^2+\varepsilon_{r\theta}^2] \tag{E.8}$$

donde

$$\varepsilon_{rr}=\frac{\partial v_r}{\partial r} \qquad \varepsilon_{\theta\theta}=\frac{1}{r}\left(\frac{\partial v_\theta}{\partial\theta}+v_r\right)$$

$$\varepsilon_{zz}=\frac{\partial v_z}{\partial z} \qquad \varepsilon_{\theta z}=\frac{1}{r}\frac{\partial v_z}{\partial\theta}+\frac{\partial v_\theta}{\partial z}$$

$$\varepsilon_{rz}=\frac{\partial v_r}{\partial z}+\frac{\partial v_z}{\partial r} \qquad \varepsilon_{r\theta}=\frac{1}{r}\left(\frac{\partial v_r}{\partial\theta}-v_\theta\right)+\frac{\partial v_\theta}{\partial r}$$

INDICE